파인만의 물리학 강의 II

최신 개정판

The Feynman

파인만의 물리학 강의II 최신 개정판

LECTURES ON PHYSICS

DEFINITIVE EDITION

리처드 파인만 · 로버트 레이턴 · 매슈 샌즈

VOLUME II

승산

The Feynman Lectures On Physics

Authorized translation from the English language edition, entitled THE FEYNMAN LECTURES ON PHYSICS, THE DEFINITIVE EDITION VOLUME 2, 2nd Edition, ISBN: 0805390472 by FEYNMAN, RICHARD P.; LEIGHTON, ROBERT B.; SANDS, MATTHEW, published by Pearson Education, Inc, publishing as Benjamin Cummings, Copyright © 2006 California Institute of Technology.

리처드 파인만에 대하여

리처드 파인만은 1918년에 뉴욕 브루클린에서 출생하였으며, 1942년에 프린스턴 대학교에서 박사학위를 받았다. 그는 어린 나이에도 불구하고 2차 세계대전 중 로스앨러모스(Los Alamos)에서 진행된 맨해튼 프로젝트(Manhattan Project)에 참여하여 중요한 역할을 담당하였으며, 그 후에는 코넬 대학교와 캘리포니아 공과대학(Caltech, California Institute of Technology)에서 학생들을 가르쳤다. 1965년에는 도모나가 신이치로(朝永振一郎)와 줄리언 슈윙거(Julian Schwinger)와 함께, 양자전기역학(quantum electrodynamics)을 완성한 공로로 노벨 물리학상을 수상하였다.

파인만은 양자전기역학이 갖고 있었던 기존의 문제점들을 말끔하게 해결하여 노벨상을 수상했을 뿐만 아니라, 액체 헬륨에서 나타나는 초유동(superfluidity) 현상을 수학적으로 규명하기도 했다. 그 후에는 겔만(Murray Gell-Mann)과 함께 베타 붕괴 현상을 일으키는 약한 상호작용을 연구하여 이 분야의 초석을 다졌으며, 이로부터 몇 년 후에는 높은 에너지에서 양성자들이 충돌하는 과정을 설명해 주는 파톤 모형(parton model)을 제안하여 쿼크(quark) 이론의 발전에 커다란 업적을 남겼다.

이 대단한 업적들 외에도, 파인만은 여러 가지 새로운 계산법과 표기법을 물리학에 도입하였다. 특히 그가 개발한 파인만 다이어그램(Feynman diagram)은 기본적인 물리 과정을 개념화하고 계산하는 강력한 도구로서, 최근의 과학 역사상 가장 훌륭한 아이디어로 손꼽히고 있다.

파인만은 경이로울 정도로 능률적인 교사이기도 했다. 그는 학자로 일하는 동안 수많은 상을 받았지만, 파인만 자신은 1972년에 받은 외르스테드 메달(Oersted Medal, 훌륭한 교육자에게 수여하는 상)을 가장 자랑스럽게 생각했다. 1963년에 처음 출판된 『파인만의 물리학 강의』를 두고 〈사이언티픽 아메리칸(Scientific American)〉의 한 비평가는 다음과 같은 평을 내렸다. "어렵지만 유익하며, 학생들을 위한 배려로 가득 찬 책. 지난 25년간 수많은 교수들과 신입생들을 최상의 강의로 인도했던 지침서." 파인만은 또 일반 대중에게 최첨단의 물리학을 소개하기 위해 『물리 법칙의 특성(The Character of Physical Law)』과

『일반인을 위한 파인만의 QED 강의(QED : The Strange Theory of Light and Matter)』를 집필하였으며, 현재 물리학자들과 학생들에게 최고의 참고서와 교과서로 통용되고 있는 수많은 전문 서적을 남겼다.

리처드 파인만은 물리학 이외의 분야에서도 여러 가지 활동을 했다. 그는 챌린저(Challenger)호 진상조사위원회에서도 많은 업적을 남겼는데, 특히 낮은 온도에서 원형 고리(O-ring)의 민감성에 대한 유명한 실험은 오로지 얼음물 한 잔으로 참사 원인을 규명한 전설적인 사례로 회자되고 있다. 그리고 세간에는 잘 알려져 있지 않지만, 그는 1960년대에 캘리포니아 주의 교육위원회에 참여하여 진부한 교과서의 내용을 신랄하게 비판한 적도 있었다.

리처드 파인만의 업적들을 아무리 나열한다 해도, 그의 인간적인 면모를 보여 주기에는 턱없이 부족하다. 그가 쓴 가장 전문적인 글을 읽어 본 사람들은 알겠지만 다채로우면서도 생동감 넘치는 그의 성품은 그의 모든 저작에서 생생한 빛을 발하고 있다. 파인만은 물리학자였지만 틈틈이 라디오를 수리하거나 자물쇠 따기, 그림 그리기, 봉고 연주 등의 과외 활동을 즐겼으며, 마야의 고대 문헌을 해독하기도 했다. 항상 주변 세계에 대한 호기심을 갖고 있던 그는 경험주의자의 위대한 표상이었다.

리처드 파인만은 1988년 2월 15일 로스앤젤레스에서 세상을 떠났다.

개정판에 붙이는 머리말

리처드 파인만이 『파인만의 물리학 강의』라는 세 권의 책으로 출간된 물리학 입문 코스를 가르친 지도 어느덧 40년이 넘는 세월이 흘렀다. 지난 40년간 물리적 세계에 대한 우리의 이해에는 많은 변화가 있었으나, 파인만 강의록은 그러한 세파를 견뎌 냈다. 강의록은 파인만 특유의 물리적 통찰과 교수법 덕분에 처음 출간되었던 당시와 마찬가지로 오늘날에도 여전히 위력적이다. 또한 전 세계적으로 물리학에 갓 입문한 학생들뿐만 아니라 원숙한 물리학자들에 이르기까지 널리 읽히고 있다. 적어도 12개의 언어로 번역되었으며, 영어로 발행된 부수만 해도 150만 부가 넘는다. 이렇게 오랫동안, 이토록 광범위한 영향을 끼친 물리학 책은 아마 없을 것이다.

이번에 새롭게 발간된 『파인만의 물리학 강의 : 개정판』은 두 가지 점에서 기존의 판과 다르다. 그동안 발견된 모든 오류들이 정정되었으며, 새로이 제4권이 함께 출간되었다는 점이다. 제4권은 강의록에 딸린 부록으로, 『파인만의 물리학 길라잡이(Feynman's tips on physics) : 강의에 딸린 문제 풀이』(가제)이다. 이 부록은 파인만의 강의 코스에서 추가된 내용들로 구성되어 있다. 문제 풀이에 대해 파인만이 행한 세 번의 강의와 관성 유도에 관한 한 번의 강의, 그리고 파인만의 동료인 로버트 레이턴(Robert B. Leighton)과 로쿠스 포크트(Rochus Vogt)가 마련한 문제와 해답이 바로 그것이다.

개정판이 나오게 된 경위

원래 세 권의 파인만 강의록은 파인만과 함께 공저자인 로버트 레이턴과 매슈 샌즈(Matthew Sands)에 의해 파인만의 1961~1963년도 강의 코스의 칠판 사진과 녹음테이프를 토대로 매우 서둘러 제작되었다.*[1] 따라서 오류가 없을 수 없었다. 파인만은 그 후 수년간 전 세계의 독자들과 칼텍의 학생들 및 교수진이 발견한 오류들의 긴 목록을 작성해 나갔다. 파인만은 1960년대부터 1970년대 초반까지는 바쁜 와중에도 시간을 내어 1권과 2권에 대해 지적된 모든 오류들을 검토하여 추후에 인쇄된 책에는 정정된 내용이 실리도록 하였다. 하지만 오류를 수정해야 한다는 파인만의 책임감이 3권까지 지속되지는 못했다. 자연을 탐구하며 새로운 것을 발견하는 흥분에 비하면 정정 작업은 재미가 없었기 때문이다.*[2] 1988년에 그가 갑작스레 세상을 떠난 후엔, 검토되지 않은 오류들의 목록이 칼텍의 문서보관소에 예치되었으며, 거기서 잊혀진 채 묻혀 있었다.

---

*[1] 파인만의 강의가 기획되어 세 권의 책으로 나오게 된 경위는 강의록의 권두에 있는 특별 머리말과 파인만의 머리말, 그리고 서문에 잘 나와 있다. 또한 이번에 새로 발간된 부록에 실려 있는 매슈 샌즈의 회상도 참고하기 바란다.

*[2] 1975년에 그는 3권에 대한 오류 점검에 착수하였지만 다른 일들로 바빴기 때문에 작업을 마무리하지 못했으며, 결국 정정은 이루어지지 않았다.

2002년에 랠프 레이턴(Ralph Leighton, 로버트 레이턴의 아들로 파인만과 절친한 사이였음)이 기존의 잊혀져 있던 오류와 자신의 친구인 마이클 고틀리브(Michael Gottlieb)가 수집한 새로운 오류의 긴 목록을 내게 알려 왔다. 레이턴은 칼텍 당국에서 이 모든 오류를 바로잡아 새롭게 『파인만의 물리학 강의 : 개정판』을 만들고 동시에 자신과 고틀리브가 준비하고 있던 『부록』도 함께 출판하자고 제안하였다. 레이턴은 또한 부록에 들어갈 고틀리브가 편집한 네 개의 강의 원고에 물리학상의 오류가 없다는 것을 확인받기 위해서, 그리고 세 권의 강의록 개정판과 함께 부록이 공식적으로 한 세트로 출간되는 것에 대해 칼텍의 동의를 얻기 위해 내게 도움을 청했다.

파인만은 나의 우상이었으며 개인적으로 가까운 친구였다. 나는 오류의 목록과 부록의 내용을 보자마자 도움을 주기로 약속했다. 때마침 나는 부록의 물리학적 내용과 강의록의 오류를 세밀하게 검토해 나갈 적임자를 알고 있었다. 바로 마이클 하틀(Michael Hartl) 박사였다.

하틀은 최근에 칼텍에서 물리학으로 박사학위를 받았으며, 칼텍 역사상 대학원생으로서는 유일하게 학부생들이 뽑은 뛰어난 강사에 선정되어 평생 공로상을 받기도 하였다. 하틀은 물리를 깊게 이해하고 있으며, 내가 아는 물리학자 중에서 가장 꼼꼼한 사람 중 하나로서 파인만만큼이나 뛰어난 선생이다.

그리하여 우리는 다음과 같이 하기로 결정했다. 랠프 레이턴과 마이클 고틀리브는 부록에 실을 네 강의에 대해서 판권 소유자인 파인만의 자녀 칼(Carl)과 미셸(Michelle)로부터 허락을 받고, 부록의 연습문제와 답에 대해서는 레이턴 자신과 로쿠스 포크트의 검사를 받아 원고를 작성하기로 하였다(그들은 이 일을 아주 잘 해냈다). 레이턴과 고틀리브 그리고 파인만의 자녀들은 부록의 내용에 대한 최종적인 권한을 나에게 위임했다. 칼텍 당국, 즉 물리학, 수학 및 천문학부장인 톰 톰브렐로(Tom Tombrello)는 기존 강의록 세 권의 새로운 개정판에 대해 감독 권한을 나에게 위임했고 부록이 개정판과 한 세트로 출간되는 것에 동의해 주었다. 그리고 모두가 마이클 하틀이 나를 대신하여 개정판에 관련된 오류를 검토하고 부록의 물리학적인 내용과 글의 스타일을 편집하는 데 동의했다. 나의 임무는 하틀이 작업한 결과를 살펴보고 네 권 모두에 대해 최종적인 승인을 하는 것이었다. 그리고 마지막으로 에디슨-웨슬리(Addison-Wesley) 출판사에서 이 프로젝트를 마무리 짓기로 했다.

다행스럽게도 위의 과정은 끝까지 순조롭게 잘 진행되었다! 만약 파인만이 살아 있었다면 우리가 만들어 낸 결과에 대해 자랑스럽게 생각하고 기뻐했으리라 믿는다.

오류

이번 개정판에서 수정된 오류들은 다음 세 가지 출처에서 나온 것이다. 80퍼센트 정도는 마이클 고틀리브가 수집한 것이고, 나머지 대부분은 1970년대 초반에 이름 모를 독자들로부터 출판사를 거쳐 파인만에게 답지한 긴 목록에 있던 것이다. 그 밖의 것들은 다양한 독자들로부터 파인만이나 우리에게 도착한 단편적인 짧은 목록에 있던 것이다.

수정된 오류들의 유형은 주로 다음 세 가지 종류이다. (i)문장 중에 있는 오타 (ii)그림이나 표 또는 수식에서 발견된 대략 150개 정도 되는 수학적인 오타—부호가 틀렸거나, 숫자가 잘못되었거나(가령, 4여야 할 것이 5로 되어 있거나 하는 것), 아래 첨자가 빠져 있거나, 수식에서 괄호나 항이 잘못된 것들. (iii)장(章)이나, 그림 또는 표에 대한 잘못된 상호참조 약 50여 개. 이러한 종류의 오타들은 원숙한 물리학자들에게는 그다지 큰 문제가 되지 않지만, 파인만이 다가가려고 했던 대상인 학생들의 입장에서는 매우 혼란스럽고 짜증 나는 것일 수 있다.

놀랍게도 부주의로 인해 발생한 물리적으로 문제가 있는 오류는 단 두 개뿐이었다 : 제1권 45-4쪽을 보면 기존 판에서는 "고무줄을 잡아당기면 온도가 내려가고"라고 되어 있으나 개정판에서는 "올라가고"라고 정정되었다(한글판의 45-5쪽에 해당되며 한글판은 이미 "올라가고"라고 정정되어 있다 : 옮긴이). 그리고 개정판 제2권 5장의 마지막 페이지를 보면 "……밀폐된 (그리고 접지된) 도체의 내부 공간에서 정전하의 분포 상태와 상관없이, 공동의 외부에는 전기장이 형성되지 않는다……"라고 되어 있는데 이전의 판에서는 '접지된'이라는 부분이 빠져 있었다. 이 두 번째 오류는 많은 독자들이 파인만에게 지적한 것인데, 그중에는 강의록의 이 잘못된 단락을 믿고 시험을 친 윌리엄 앤드 메리 대학(The College of William and Mary)의 학생이었던 뷸라 엘리자베스 콕스(Beulah Elizabeth Cox)도 있었다. 1975년에 파인만은 콕스 양에게 이렇게 썼다.* "담당 교사가 콕스 양에게 점수를 주지 않은 건 당연한 일입니다. 왜냐하면 그가 가우스 법칙을 사용해서 보여 주었듯이 콕스 양의 답안은 틀렸기 때문입니다. 과학에서는 세심하게 끌어내어진 논의와 논리를 믿어야지 권위를 믿어선 안 됩니다. 또한 책을 읽을 때도 정확하게 읽고 이해해야 합니다. 이 부분은 나의 실수이며 따라서 책은 틀렸습니다. 아마 당시에 나는 접지된 도체구를 생각하고 있었을 겁니다. 그게 아니라면 내부에서 전하를 이리저리 움직여도 외부에는 아무런 영향도 주지 않는다는 사실을 염두에 두고 있었을 겁니다. 어떻게 그렇게 된 것인지는 확실치 않지만 어리석게도 내가 실수한 겁니다. 그리고 나를 믿은 콕스 양 역시 실수한 겁니다."

파인만은 이 오류뿐만 아니라 다른 오류들도 알고 있었으므로 심기가 불편

---

* 『정상궤도에서 벗어난 완벽하게 합리적인 일탈—리처드 파인만의 편지(Perfectly Reasonable Deviations from the Beaten Track, The Letters of Richard P. Feynman)』, 미셸 파인만 편집(베이직 북스, 뉴욕, 2005), 288~289쪽.

했다. 파인만은 1975년에 출판사로 보낸 서신에서 "단순한 인쇄상의 오류로 볼 수 없는 2권과 3권의 물리학적 오류"에 대해서 언급했다. 내가 알고 있는 오류는 이것이 전부이다. 또 다른 오류의 발견은 미래 독자들의 도전 과제이다! 이러한 용도로 마이클 고틀리브는 www.feynmanlectures.info라는 웹사이트를 개설하고 있는데, 여기에는 이번 개정판에서 정정된 모든 오류들과 함께 향후에 미래의 독자들이 발견하게 될 새로운 오류들이 게시될 것이다.

부록

이번에 새로이 출간된 제4권, 『파인만의 물리학 길라잡이(Feynman's tips on physics) : 강의에 딸린 문제 풀이』는 매혹적인 책이다. 이 책의 하이라이트는 원 강의록에 있는 파인만의 머리말에서 언급된 네 개의 강의다. 강의록의 머리말에서 파인만은 이렇게 적고 있다. "첫해에는 문제 풀이법에 대하여 세 차례에 걸쳐 강의를 했었는데, 그 내용은 이 책에 포함시키지 않았다. 그리고 회전계에 관한 강의가 끝난 후에 관성 유도에 관한 강의가 당연히 이어졌지만, 그것도 이 책에서 누락되었다."

마이클 고틀리브는 랠프 레이턴과 함께 파인만의 강의 녹음테이프와 칠판 사진을 토대로 부록에 실릴 네 개의 강의에 대한 원고를 작성하였다. 이러한 작업 방식은 40여 년 전 랠프의 아버지와 매슈 샌즈가 원래의 세 권의 강의록을 만들어 냈던 방식과 크게 다르지 않았지만, 이번엔 그 당시와 달리 시간상의 촉박함은 없었다. 다만 한 가지 아쉬운 것은 원고를 검토해 줄 파인만이 없다는 점이었다. 파인만의 역할은 매슈 샌즈가 담당하였다. 그는 원고를 읽어 본 다음 고틀리브에게 고칠 점을 알려 주고 조언을 해 주었다. 그 후에 하틀과 내가 최종적으로 검토하였다. 다행히도 고틀리브가 파인만의 네 강의를 생생하게 글로 잘 옮겨 놓아서 우리가 맡은 일은 수월하게 끝났다. 이들 네 개의 '새로운' 강의는 즐겁게 읽혀지는데, 특히 파인만이 하위권 학생들에게 조언해 주는 대목이 그러하다.

이들 '새로운' 강의와 함께 부록에 실려 있는 매슈 샌즈의 회고담 역시 유쾌하다—『파인만의 물리학 강의』가 구상되어 세상에 나오기까지의 과정을 43년이 지난 시점에서 회상한 것이다. 또한 부록에는 파인만 강의록과 병행해서 사용할 목적으로 1960년대 중반에 로버트 레이턴과 로쿠스 포크트가 마련한 유익한 연습문제와 해답이 실려 있다. 그 당시 칼텍의 학생으로서 이 문제들을 풀어 본 나의 몇몇 동료 물리학자들의 말에 따르면 문제들이 매우 잘 만들어졌으며 많은 도움이 되었다고 한다.

개정판의 구성

이 개정판은 쪽수가 로마 숫자로 매겨진 머리글로 시작되는데, 이는 초판이 나온 지 한참 지나서 비교적 '최근'에 추가된 것들이다. 이 머리말과 파인만에 대한 짧은 소개, 그리고 1989년에 게리 노이게바우어(Gerry Neugebauer, 그는 기존 세 권의 강의록을 만드는 과정에 관여했었다)와 데이비드 굿스타인[David Goodstein, "기계적 우주(The Mechanical Universe)" 강좌와 동영상물의 창안자이다—이 교육방송 TV 시리즈물은 전 세계적으로 백만 명 정도의 학생들이 시청했다고 한다 : 옮긴이]이 쓴 특별 머리말이 그것이다. 뒤이어 나오는, 아라비아 숫자 1, 2, 3, …으로 쪽수가 매겨진 본문은 수정된 오류들을 제외하면 원래의 초판과 동일하다.

파인만 강의에 대한 기억

이들 세 권의 강의록은 자체로서 완비된 교육용 서적이다. 이것은 또한 파인만의 1961~1963년도 강의에 대한 역사적 기록이기도 하다. 이 강좌는 칼텍의 모든 신입생과 2학년생들이 자신의 전공과 무관하게 반드시 수강해야 하는 것이었다.

독자들은 나와 마찬가지로, 파인만의 강의가 당시의 그 학생들에게 어떤 영향을 미쳤을지 궁금할 것이다. 파인만 자신은 머리말에서 "학부생의 입장에서 볼 때는 결코 훌륭한 강의가 아니었을 것이다"라고 써, 다소 부정적인 관점을 피력하였다. 굿스타인과 노이게바우어는 1989년 특별 머리말에서 뒤섞인 관점을 나타내고 있으며, 반면에 샌즈는 새 부록에 실린 회고담에서 훨씬 더 긍정적인 관점을 피력하고 있다. 궁금한 나머지 나는 2005년 봄에 거의 무작위로 1961~1963년에 강의를 들었던 칼텍의 학생들(약 150명 정도) 중에서 17명을 뽑아서 이메일을 보내거나 대화를 나눠 보았다. 몇몇은 수업을 굉장히 힘들어했지만, 개중에는 쉽게 강의 내용을 알아들은 사람들도 있었다. 그들의 전공은 물리학뿐만 아니라 천문학, 수학, 지질학, 공학, 화학, 생물학 등으로 다양했다.

그간의 세월로 인해서 그들의 기억이 감상적인 색조로 물들어 있을지도 모르겠지만, 대략 80퍼센트 정도는 파인만의 강의를 대학 시절의 중요한 장면으로 기억하고 있었다. "마치 교회에 나가는 것 같았다", 강의는 "지적으로 거듭나는 경험"이었다, "평생에 손꼽을 만한 경험이었다, 아마도 내가 칼텍에서 얻은 가장 중요한 소득일 것이다", "나는 생물학 전공이었지만 파인만의 강의는 나의 학부 시절 경험 중 가장 인상에 남는 것이었다……. 하지만 고백하건대 당시에 나는 숙제를 할 수 없어서 제출한 적이 거의 없었다", "나는 이 강의 코스에서 가장 촉망 받는 극소수의 학생들 중 하나였다. 강의를 놓친 적이 없었으며…… 아직도 발견의 순간에 파인만이 짓던 환희의 표정이 생생하게 기억난다……. 그의 강의는 정서적 충격을 주었는데 인쇄된 강의록에서는 그러한 느낌을 받기가 어려워 보인다."

이와는 대조적으로, 몇몇 학생들은 대략 크게 두 가지 이유로 부정적인 기억을 갖고 있었다. (i) "강의에 출석해도 숙제 문제를 푸는 방법은 습득할 수가 없었다. 파인만은 능수능란해서 갖가지 트릭을 알고 있었으며 특정 상황에서 어떤 근사가 가능한지를 알고 있었다. 그리고 신입생들은 갖지 못한 경험에서 나온 직관력과 천재성도 갖고 있었다." 파인만과 그의 동료들도 이러한 문제를 알고 있었으며, 이제 부록에 실리게 된 내용을 통하여 부분적으로 이 문제를 해결하고자 했던 것이다. 레이턴과 포크트의 문제와 해답, 그리고 파인만의 문제 풀이에 관한 강의가 그것이다. (ii) "교재도 없었고 강의 내용과 관련된 참고서도 없었기 때문에 다음 강의에서 어떤 내용이 논의될지 알 수가 없었다는 점, 그러므로 예습할 책이 없었다는 점은 대단히 불만스러웠다……. 강의실에서 강의를 들을 때는 흥미진진하고 이해할 수 있었지만 밖으로 나와서 세세한 내용을 재구성해 보려고 하면 꽉 막혀 버리기 일쑤였다." 물론 이 문제는 『파인만의 물리학 강의』의 성문판(成文版) 세 권이 나오면서 해결되었다. 이 책들은 그 후로 칼텍의 학생들이 다년간 공부한 교재가 되었으며, 오늘날까지도 파인만이 남긴 가장 위대한 유산 중 하나로 남아 있다.

감사의 글

이번 『파인만의 물리학 강의 : 개정판』은 랠프 레이턴과 마이클 고틀리브의 최초의 추진력과 마이클 하틀의 뛰어난 오류 정정 솜씨 없이는 불가능했을 것이다. 수정 작업의 근거가 된 오류의 목록을 제공해 준 이름 모를 독자들과 고틀리브에게 감사의 말을 전하고 싶다. 그리고 톰 톰브렐로, 로쿠스 포크트, 게리 노이게바우어, 제임스 하틀(James Hartle), 칼과 미셸 파인만, 그리고 아담 블랙(Adam Black)이 이번 일에 보내 준 지원과 사려 깊은 조언 및 조력에도 감사를 드린다.

킵 손(Kip S. Thorne)
캘리포니아 공과대학 이론물리학 파인만좌 교수

2005년 5월

특별 머리말

파인만의 명성은 말년에 이르러 물리학계를 넘어선 곳까지 알려지게 되었다. 우주왕복선 챌린저호가 참사를 당했을 때 진상조사위원회의 일원으로 활동하면서, 파인만은 대중적 인물이 되었다. 또한 그의 엉뚱한 모험담이 일약 베스트셀러가 되면서 아인슈타인 못지않은 대중적 영웅이 되기도 했다. 노벨상을 수상하기 전인 1961년에도, 그의 명성은 이미 전설이 되어 있었다. 어려운 이론을 쉽게 이해시키는 그의 탁월한 능력은 앞으로도 오랜 세월 동안 전설로 남을 것이다.

파인만은 진정으로 뛰어난 스승이었다. 당대는 물론, 현 시대를 통틀어서 그와 필적할 만한 스승은 찾기 힘들 것이다. 파인만에게 있어서 강의실은 하나의 무대였으며, 강의를 하는 사람은 교과 내용뿐만 아니라 드라마적인 요소와 번뜩이는 기지를 보여 줘야 할 의무가 있는 연극배우였다. 그는 팔을 휘저으며 강단을 이리저리 돌아다니곤 했는데, 뉴욕타임스의 한 기자는 "이론물리학자와 서커스 광대, 현란한 몸짓, 음향 효과 등의 절묘한 결합"이라고 평했다. 그의 강연을 들어 본 사람은 학생이건, 동료건, 또는 일반인들이건 간에 그 환상적인 강연 내용과 함께 파인만이라는 캐릭터를 영원히 잊지 못할 것이다.

그는 강의실 안에서 진행되는 연극을 어느 누구보다도 훌륭하게 연출해 냈다. 청중의 시선을 한곳으로 집중시키는 그의 탁월한 능력은 타의 추종을 불허했다. 여러 해 전에 그는 고급 양자역학을 강의한 적이 있었는데, 학부 수강생들로 가득 찬 강의실에는 대학원생 몇 명과 칼텍 물리학과의 교수들도 끼어 있었다. 어느 날 강의 도중에 파인만은 복잡한 적분을 그림(다이어그램)으로 나타내는 기발한 방법을 설명하기 시작했다. 시간축과 공간축을 그리고, 상호작용을 나타내는 구불구불한 선을 그려 나가면서 한동안 청중의 넋을 빼앗는가 싶더니, 어느 순간에 씨익 웃으며 청중을 향해 이렇게 말하는 것이었다. "……그리고 이것을 '바로 그' 다이어그램(THE daigram)이라고 부릅니다!" 그 순간, 파인만의 강의는 절정에 달했고 좌중에서는 우레와 같은 박수갈채가 터져 나왔다.

파인만은 이 책에 수록된 강의를 마친 후에도 여러 해 동안 칼텍의 신입생들을 대상으로 하는 물리학 강의에서 특별 강사로 나서기도 했다. 그런데 그가 강의를 한다는 소문이 퍼지면 강의실이 미어터질 정도로 수강생들이 모여들었기 때문에, 수강 인원을 조절하기 위해서라도 개강 전까지 강사의 이름을 비밀에 부쳐야 했다. 1987년에 초신성이 발견되어 학계가 술렁이고 있을 때, 파인만은 휘어진 시공간에 대한 강의를 하면서 이런 말을 한 적이 있다. "티코 브라헤(Tycho Brahe)는 자신만의 초신성을 갖고 있었으며, 케플러도 초신성을 갖고 있었습니다. 그리고 그 후로 400년 동안은 어느 누구도 그것을 갖지 못했지요. 그런데 지금 저는 드디어 저만의 초신성을 갖게 되었습니다!" 학생들은 숨을 죽이며 그다음에 나올 말을 기다렸고, 파인만은 계속해서 말을 이어 나갔다. "하나의 은하 속에는 10^{11}개의 별이 있습니다. 이것은 정말로 큰 숫자입니다. 그런데 이 숫자를 소리 내서 읽어 보면 단지 천억에 불과합니다. 우리나라 국가 예산의

1년간 적자 액수보다도 작단 말입니다. 그동안 우리는 이런 수를 가리켜 '천문학적 숫자'라고 불러 왔습니다만, 이제 다시 보니 '경제학적' 숫자라고 부르는 게 차라리 낫겠습니다." 이 말이 끝나는 순간, 강의실은 웃음바다가 되었고 재치 어린 농담으로 청중을 사로잡은 파인만은 강의를 계속 진행해 나갔다.

파인만의 강의 비결은 아주 간단했다. 칼텍의 문서보관소에 소장된 그의 노트에는 1952년 브라질에 잠시 머물면서 자신의 교육 철학을 자필로 남겨 놓은 부분이 아직도 남아 있다.

> "우선, 당신이 강의하는 내용을 학생들이 왜 배워야 하는지, 그 점을 명확하게 파악하라. 일단 이것이 분명해지면 강의 방법은 자연스럽게 떠오를 것이다."

파인만에게 자연스럽게 떠오른 것은 한결같이 강의 내용의 핵심을 찌르는 영감 어린 아이디어들이었다. 한번은 어떤 공개 강연석상에서 '한 아이디어의 타당성을 증명할 때, 그 아이디어를 맨 처음 도입하면서 사용된 데이터를 다시 사용할 수 없는 경우도 있다'는 것을 설명하다가 잠시 논지에서 벗어난 듯 느닷없이 자동차 번호판에 관한 이야기를 꺼냈다. "오늘 저녁에 저는 정말로 놀라운 일을 겪었습니다. 강의실로 오는 길에 차를 몰고 주차장으로 들어갔는데, 정말 기적 같은 일이 벌어진 겁니다. 옆에 있는 자동차의 번호판을 보니 글쎄, ARW 357번이 아니겠습니까? 이게 얼마나 신기한 일입니까? 이 주에서 돌아다니는 수백만 대의 자동차 중에서 하필이면 그 차와 마주칠 확률이 대체 얼마나 되겠습니까? 기적이 아니고서는 불가능한 일이지요!" 이렇듯 평범한 과학자들이 흔히 놓치기 쉬운 개념들도, 파인만의 놀라운 '상식' 앞에서는 그 모습이 명백하게 드러나곤 했다.

파인만은 1952년부터 1987년까지 35년 동안 칼텍에서 무려 34개 강좌를 맡아서 강의했다. 이 중에서 25개 강좌는 대학원생을 위한 과목이었으며, 학부생들이 이 강좌를 들으려면 따로 허가를 받아야 했다(종종 수강 신청을 하는 학부생들이 있었고, 거의 언제나 수강이 허락되었다). 파인만이 오로지 학부생만을 위해 강의를 한 것은 단 한 번뿐이었는데, 이 강의 내용을 편집하여 출판한 것이 바로 『파인만의 물리학 강의』이다.

당시 칼텍의 1~2학년생들은 필수 과목으로 지정된 물리학을 2년 동안 수강해야 했다. 그러나 학생들은 어려운 강의로 인해 물리학에 매혹되기보다는 점점 흥미를 잃어 가는 경우가 많았다. 이런 상황을 개선하기 위하여, 학교 측에서는 신입생들을 대상으로 한 강의를 파인만에게 부탁하게 되었고, 그 강의는 2년 동안 계속되었다. 파인만이 강의를 수락했을 때, 이와 동시에 수업의 강의 노트를 책으로 출판하기로 결정했다. 그러나 막상 작업에 들어가 보니 그것은 애초에 생각했던 것보다 훨씬 더 어려운 일이었다. 이 일 때문에 파인만 본인은 물론이고 그의 동료들까지 엄청난 양의 노동을 감수해야 했다.

강의 내용도 사전에 결정해야만 했다. 파인만은 자신의 강의 내용에 관하여 대략적인 아웃트라인만 설정해 두고 있었기 때문에, 이것 역시 엄청나게 복잡한 일이었다. 파인만이 강의실에 들어가 운을 떼기 전에는 그가 무슨 내용으로 강의를 할지 아무도 몰랐던 것이다. 또한 칼텍의 교수들은 학생들에게 내줄 과제물들을 선정하는 등 파인만이 강의를 진행하는 데 필요한 잡다한 일들을 최선을 다해 도와주었다.

물리학의 최고봉에 오른 파인만이 왜 신입생들의 물리학 교육을 위해 2년 이상의 세월을 투자했을까? 내 개인적인 짐작이긴 하지만, 거기에는 대략 세 가지의 이유가 있었을 것이다. 첫째로, 그는 다수의 청중에게 강의하는 것을 좋아했다. 그래서 대학원 강의실보다 훨씬 큰 대형 강의실을 사용한다는 것이 그의 성취동기를 자극했을 것이다. 두 번째 이유로, 파인만은 진정으로 학생들을 염려해 주면서, 신입생들을 제대로 교육시키는 것이야말로 물리학의 미래를 좌우하는 막중대사라고 생각했다. 그리고 가장 중요한 세 번째 이유는 파인만 자신이 이해하고 있는 물리학을 어린 학생들도 알아들을 수 있는 쉬운 형태로 재구성하는 것에 커다란 흥미를 느꼈다는 점이다. 이 작업은 자신의 이해 수준을 가늠해 보는 척도였을 것이다. 언젠가 칼텍의 동료 교수 한 사람이 파인만에게 질문을 던졌다. “스핀이 1/2인 입자들이 페르미-디랙의 통계를 따르는 이유가 뭘까?” 파인만은 즉각적인 답을 회피하면서 이렇게 말했다. “그 내용으로 1학년생들을 위한 강의를 준비해 보겠네.” 그러나 몇 주가 지난 후에 파인만은 솔직하게 털어놓았다. “자네도 짐작했겠지만, 아직 강의 노트를 만들지 못했어. 1학년생들도 알아듣게끔 설명할 방법이 없더라구. 그러니까 내 말은, 우리가 아직 그것을 제대로 이해하지 못하고 있다는 뜻이야. 내 말 알아듣겠나?”

난해한 아이디어를 일상적인 언어로 쉽게 풀어내는 파인만의 특기는 『파인만의 물리학 강의』 전반에 걸쳐 유감없이 발휘되고 있다. 특히 이 점은 양자역학을 설명할 때 가장 두드러지게 나타난다. 그는 물리학을 처음 배우는 학생들에게 경로 적분법(path integral)을 강의하기도 했다. 이것은 물리학 역사상 가장 심오한 문제를 해결해 준 경이로운 계산법으로서, 그 원조가 바로 파인만 자신이었다. 물론 다른 업적도 많이 있었지만, 경로 적분법을 개발해 낸 공로를 전 세계적으로 인정받은 그는 1965년에 줄리언 슈윙거, 도모나가 신이치로와 함께 노벨 물리학상을 수상하였다.

파인만의 강의를 들었던 학생들과 동료 교수들은 지금도 그때의 감동을 떠올리며 고인을 추모하고 있다. 그러나 강의가 진행되던 당시에는 분위기가 사뭇 달랐었다. 많은 학생들이 파인만의 강의를 부담스러워했고, 시간이 갈수록 학부생들의 출석률이 저조해지는 반면에 교수들과 대학원생들의 수가 늘어나기 시작했다. 그 덕분에 강의실은 항상 만원이었으므로, 파인만은 정작 강의를 들어야 할 학부생이 줄어들고 있다는 사실을 눈치 채지 못했을 것이다. 돌이켜 보면, 파인만 스스로도 자신의 강의에 만족하지 않았던 것 같다. 1963년에 작성된 그의 강의록 머리말에는 다음과 같은 글귀가 적혀 있다. “내 강의는 학생들에게 큰 도움을 주지 못했다.” 그의 강의록들을 읽고 있노라면, 그가 학부생들이 아닌 동료 교수들을 향하여 이렇게 외치고 있는 듯하다. “이것 봐! 내가 이 어려운 문제를 얼마나 쉽고 명쾌하게 설명했는지 좀 보라구! 정말 대단하지 않은가 말이야!”

그러나 파인만의 명쾌한 설명에도 불구하고 그의 강의로부터 득을 얻은 것은 학부생들이 아니었다. 그 역사적인 강의의 수혜자들은 주로 칼텍의 교수들이었다. 그들은 파인만의 역동적이고 영감 어린 강의를 편안한 마음으로 감상하면서 마음속으로는 깊은 찬사를 보내고 있었다.

파인만은 물론 훌륭한 교수였지만, 그 이상의 무언가를 느끼게 하는 사람이었다. 그는 교사 중에서도 가장 뛰어난 교사였으며, 물리학의 전도를 위해 이 세상에 태어난 천재 중의 천재였다. 만약 그의 강의가 단순히 학생들에게 시험 문제를 푸는 기술을 가르치기 위한 것이었다면 『파인만의 물리학 강의』는 성공작으로 보기 어려울 것이다. 더구나 강의의 의도가 대학 신입생들을 위한 교재 출판에 있었다면 이것 역시 목적을 이루었다고 볼 수 없다. 그러나 그의 강의록은 현재 10개 국어로 번역되었으며, 2개 국어 대역판도 네 종류나 된다. 파인만은 자신이 물리학계에 남긴 가장 큰 업적이 무엇이라고 생각했을까? 그것은 QED도 아니었고 초유체 헬륨 이론도, 폴라론(polaron) 이론도, 파톤(parton) 이론도 아니었다. 그가 생각했던 가장 큰 업적은 바로 붉은 표지 위에 『파인만의 물리학 강의』라고 선명하게 적혀 있는 세 권의 강의록이었다. 그의 유지를 받들어 위대한 강의록의 기념판이 새롭게 출판된 것을 기쁘게 생각한다.

데이비드 굿스타인(David Goodstein)
게리 노이게바우어(Gerry Neugebauer)
캘리포니아 공과대학

1989년 4월

The Feynman LECTURES ON PHYSICS

파인만의 물리학 강의 II: 전자기학, 물성

리처드 파인만

캘리포니아 공과대학 이론 물리학 석좌 교수

로버트 레이턴

캘리포니아 공과대학 교수

매슈 샌즈

스탠퍼드 대학 교수

승산

리처드 파인만의 머리말

이 책은 내가 1961~1962년에 칼텍의 1~2학년생들을 대상으로 강의했던 내용을 편집한 것이다. 물론, 강의 내용을 그대로 옮긴 것은 아니다. 편집 과정에서 상당 부분이 수정되었고, 전체 강의 내용 중 일부는 이 책에서 누락되었다. 강의의 수강생은 모두 180명이었는데, 일주일에 두 번씩 대형 강의실에 모여서 강의를 들었으며, 15~20명씩 소그룹을 이루어 조교의 지도하에 토론을 하는 시간도 가졌다. 그리고 실험 실습도 매주 한 차례씩 병행하였다.

우리가 이 강좌를 개설한 의도는 고등학교를 갓 졸업하고 칼텍에 진학한 열성적이고 똑똑한 학생들이 물리학에 꾸준한 관심을 갖게끔 유도하자는 것이었다. 사실 학생들은 그동안 상대성 이론이나 양자역학 등 현대물리학의 신비로운 매력에 끌려 기대에 찬 관심을 갖다가도, 일단 대학에 들어와 2년 동안 물리학을 배우다 보면 다들 의기소침해지기 일쑤였다. 장대하면서도 파격적인 현대물리학을 배우지 못하고, 기울어진 평면이나 정전기학 등 다소 썰렁한 고전물리학을 주로 강의했기 때문이다. 이런 식으로 2년을 보내면 똑똑했던 학생들도 점차 바보가 되어 가면서, 물리학을 향한 열정도 차갑게 식어 버리는 경우가 다반사였다. 그래서 우리 교수들은 우수한 학생들의 물리학을 향한 열정을 유지시켜 줄 수 있는 특단의 조치를 강구해야 했다.

이 책에 수록된 강의들은 대략적인 개요만 늘어놓은 것이 아니라 꽤 수준 높은 내용을 담고 있다. 나는 강의의 수준을 수강생 중 가장 우수한 학생에게 맞추었고, 심지어는 그 학생조차도 강의 내용을 완전히 소화할 수 없을 정도로 난이도를 높였다. 그리고 강의의 목적을 제대로 이루기 위해 모든 문장들을 가능한 한 정확하게 표현하려고 많은 애를 썼다. 이 강의는 학생들에게 물리학의 기초 개념을 세워 주고 앞으로 배우게 될 새로운 개념의 주춧돌이 될 것이기 때문이다. 또한 나는 이전에 배운 사실로부터 필연적으로 수반되는 새로운 사실이 무엇인지를 학생들이 스스로 깨닫도록 유도하였다. 개연성이 없는 경우에는 그것이 학생들이 이미 알고 있는 사실로부터 유도되지 않은 새로운 아이디어임을 강조하여 '목적 없이 끌려가는 수업'이 되지 않도록 신경을 썼다.

강의가 처음 시작되었을 때, 나는 학생들이 고등학교에서 기하광학과 기초화학 등을 이미 배워서 알고 있다고 가정하였다. 그리고 어떤 정해진 순서를 따라가지 않고 필요에 따라 다양한 내용들을 수시로 언급함으로써 적극적인 학생들의 지적 호기심을 자극시켰다. 완전히 준비되었을 때에만 입을 열어야 한다는 법이 어디 있는가? 이 책에는 충분한 설명 없이 간략하게 언급된 개념들이 도처에 널려 있다. 그리고 이 개념들은 사전 지식이 충분히 전달된 후에 자세히 다룸으로써 학생들이 성취감을 느낄 수 있도록 하였다.

적극적인 학생들에게 자극을 주는 것도 중요했지만, 강의에 별 흥미를 갖지 못하거나 강의 내용을 거의 이해하지 못하는 학생들도 배려해야 했다. 이런 학생들은 내 강의를 들으면서 지적 성취감을 느끼지는 못하겠지만, 적어도 강의 내용의 핵심을 이루는 아이디어만은 건질 수 있도록 최선을 다했다. 내가 하는 말을 전혀 알아듣지 못한 학생이 있다 해도 그것은 전혀 실망할 일이 아니었다. 나는 학생들이 모든 것을 이해하기를 바라지 않았다. 논리의 근간을 이루는 핵심적 개념과 가장 두드러지는 특징 정도만 기억해 준다면 그것으로 대만족이었다. 사실, 어린 학생들이 강의를 들으면서 무엇이 핵심적 개념이며 무엇이 고급 내용인지를 판단하는 것은 결코 쉬운 일이 아니었을 것이다.

이 강의를 진행해 나가면서 한 가지 어려웠던 것은, 강의에 대한 학생들의 만족도를 가늠할 만한 제도적 장치가 전혀 마련되지 않았다는 것이다. 이것은 정말로 심각한 문제였다. 그래서 나는 지금도 내 강의가 학생들에게 얼마나 도움이 되었는지 감도 못 잡고 있다. 사실, 내 강의는 어느 정도 실험적 성격을 띠고 있었다. 만일 내게 똑같은 강좌를 다시 맡아 달라는 부탁이 들어온다면, 절대 그런 식으로는 하지 않을 것이다. 솔직히 말해서, 또다시 맡지 않았으면 좋겠다. 그러나 내가 볼 때, 물리학에 관한 한 첫해의 강의는 그런대로 만족스러웠다고 생각한다.

두 번째 해에는 그다지 만족스럽지 못했다. 이 강의에서는 주로 전기와 자기현상을 다루었는데, 보통의 평범한 방법 이외의 기발한 착상으로 이 현상을 설명하고 싶었지만, 결국 나의 강의는 평범함의 범주를 크게 벗어나지 못했다. 그래서 전기와 자기에 관한 강의는 별로 잘했다고 생각하지 않는다. 2년째 강의가 마무리될 무렵에, 나는 물질의 기본 성질에 관한 내용을 추가하여 기본 진동과 확산 방정식의 해, 진동계, 직교 함수 등을 소개함으로써 '수리물리학'의 진수를 조금이나마 보여 주고 싶었다. 만일 이 강의를 다시 하게 된다면, 이것을 반드시 실천에 옮길 것이다. 그러나 내가 학부생 강의를 다시 하리란 보장이 전혀 없었으므로 양자역학의 기초 과정을 시도해 보는 것이 좋겠다는 의견이 나왔다. 그 내용은 강의록 3권에 수록되었다.

나중에 물리학을 전공할 학생이라면 양자역학을 배우기 위해 3학년이 될 때까지 기다릴 수도 있겠지만, 다른 과를 지망하는 다수의 학생들은 장차 자신의 전공 분야에서 필요한 기초를 다지기 위해 물리학을 수강하는 경우가 많았다. 그런데 보통의 양자역학 강좌는 주로 물리학과의 고학년을 대상으로 하고 있었기 때문에 이들이 그것을 배우려면 너무 오랫동안 기다려야 했다. 즉, 다른 과를 지망하는 학생들에게 양자역학은 '그림의 떡'이었던 것이다. 그런데 전자공학이나 화학 등의 응용 분야에서는 양자역학의 그 복잡한 미분 방정식이 별로 쓰이지 않는다. 그래서 나는 편미분 방정식과 같은 수학적 내용들을 모두 생략한 채로 양자역학의 기본 원리를 설명하기로 마음먹었다. 통상적인 접근 방식과 거의 정반대라 할 수 있는 이 강의는 이론물리학자라면 한 번쯤 시도해 볼 만한 가치가 충분히 있었다. 그러나 강의가 막바지에 이르면서 시간이 너무 부족했기 때문에, 나 자신도 만족할 만한 유종의 미를 거두지는 못했다(에너지 띠나 진폭의 공간 의존성 등에 대하여 좀 더 자세히 설명하려면, 적어도 3～4회의 강의가 더 필요했다). 또한 이런 식의 강의를 처음 해보았기 때문에 학생들로부터 별 반응이 없는 것도 내게는 악재로 작용했다. 역시 양자역학은 고학년을 상대로 가르치는 것이 정상이다. 앞으로 이 강의를 또 맡게 된다면 그때는 지금보다 잘할 수 있을 것 같다.

나는 수강생들로 하여금 소모임을 조직하여 별도의 토론을 하도록 지시했기 때문에 문제 풀이에 관한 강의를 따로 준비하지는 않았다. 첫해에는 문제 풀이법에 대해 세 차례에 걸쳐 강의를 했었는데, 그 내용은 이 책에 포함시키지 않았다. 그리고 회전계에 관한 강의가 끝난 후에 관성 유도에 관한 강의가 당연히 이어졌지만, 그것도 이 책에서 누락되었다. 다섯 번째와 여섯 번째 강의는 내가 외부에 나가 있었기 때문에 매슈 샌즈 교수가 대신 해 주었다.

이 실험적인 강의가 얼마나 성공적이었는지는 사람들마다 의견이 분분하여 판단을 내리기가 어렵다. 내가 보기에는 다소 회의적이다. 학부생의 입장에서 볼 때는 결코 훌륭한 강의가 아니었을 것이다. 특히, 학생들이 제출한 시험 답안지를 볼 때, 아무래도 이 강의는 실패작인 것 같다. 물론 개중에는 강의를 잘 따라온 학생들도 있었다. 강의실에 들어왔던 동료 교수들의 말에 의하면, 거의 모든 내용을 이해하고 과제물도 충실하게 제출하면서 끝까지 흥미를 잃지 않은 학생이 10～20명 정도 있었다고 한다. 내 생각에, 이 학생들은 최고 수준의 기초물리학을 터득한 학생들로서 내가 주로 염두에 두었던 대상이기도 하다. 그러나 역사가인 기번(Gibbon)이 말했던 대로 "수용할 자세가 되어 있지 않은 학생에게 열성적인 교육은 별 효과가 없다."

사실 나는 어떤 학생도 포기하고 싶지 않다. 강의 중 내가 부지불식간에 그런 실수를 저질렀을지도 모르지만, 순전히 강의가 어렵다는 이유만으로 우수한 학생이 낙오되는 것은 누구에게나 불행한 일이다. 그런 학생들을 돕는 방법 중 하나는 강의 중에 도입된 새로운 개념의 이해를 돕는 연습문제를 부지런히 개발하는 것이다. 연습문제를 풀다 보면 난해한 개념들이 현실적으로 다가오면서 그들의 마음속에 분명하게 자리를 잡게 될 것이다.

그러나 뭐니 뭐니 해도 가장 훌륭한 교육은 학생과 교사 사이의 개인적인 접촉, 즉 새로운 아이디어에 관하여 함께 생각하고 토론하는 분위기를 조성하는 것이다. 이것이 선행되지 않으면 어떤 방법도 성공을 거두기 어렵다. 강의를 그저 듣기만 하거나 단순히 문제 풀이에 급급해서는 결코 많은 것을 배울 수 없다. 그런데 학교에서는 가르쳐야 할 학생 수가 너무나 많기 때문에 이 이상적인 교육을 실천할 수가 없다. 그러므로 우리는 대안을 찾아야 한다. 이 점에서는 나의 강의가 한몫을 할 수도 있을 것 같다. 학생 수가 비교적 적은 집단이라면, 이 강의록으로부터 어떤 영감이나 아이디어를 떠올릴 수 있을 것이다. 그들은 생각하는 즐거움을 느낄 것이고, 한 걸음 더 나아가서 아이디어를 더욱 큰 규모로 확장할 수도 있을 것이다.

1963년 6월

리처드 파인만(Richard P. Feynman)

서문

지난 사십여 년간 리처드 파인만은 물리적 세계의 신비한 작동 방식에 호기심을 집중했으며, 그 혼돈 속에서 질서를 찾기 위해 지력(知力)을 기울여 왔다. 이제 그는 신입생들을 위한 물리학 강의에 2년간 자신의 능력과 에너지를 쏟아부었다. 이를 위해 파인만은 그가 보유한 지식의 정수를 뽑아내어 어린 학생들이 이해할 수 있으리라 생각되는 언어로 물리학자의 자연관을 그려 냈다. 그의 강의는 명석하고 명쾌한 사고의 전개, 독창적이고 신선한 접근 방식, 그리고 호소력 짙은 열정적 언변으로 진행되었다. 그것은 지켜보는 것만으로도 즐거운 일이었다.

첫해의 강의는 강의록 1권의 바탕이 되었다. 이 강의록 2권은 두 번째 해에 진행한 강의의 일부에 해당하는 기록이다—이것은 1962~1963학년도에 2학년 학생들에게 가르친 것이다. 둘째 해의 후반부 강의는 강의록 3권에 수록될 것이다.

둘째 해의 강의 중 처음 3분의 2는 거의 대부분 전기와 자기의 물리를 다루는 데 할애되었다. 이것은 두 가지 목적을 위한 것이었다. 첫 번째 목적은 학생들에게 물리학의 위대한 장(章)들 중에서 완전한 한 장—즉, 초창기 프랭클린의 암중모색에서부터 맥스웰의 위대한 종합을 거쳐, 물성에 관한 로렌츠의 전자 이론에 이르는, 그리고 아직도 미해결 문제인 전자기 자체 에너지(self-energy)의 문제에서 끝나는 물리학의 위대한 장—을 보여 주려는 것이었다. 그리고 두 번째는, 학생들에게 일찌감치 벡터장의 미적분학을 소개하여 탄탄하게 장이론(field theory)의 수학으로 입문할 수 있게 하려는 것이었다. 수학적 방법의 일반적 쓰임새를 강조하기 위해서, 우리는 다른 물리 분야의 관련된 주제를 분석할 때 종종 그에 상응하는 전기적 대응을 함께 사용하였다. 강의 내내 우리는 수학의 일반성(즉, "동일한 모양의 방정식은 동일한 해를 갖는다"는 사실)을 분명하게 인식시키려고 노력하였다. 그리고 이 점을 교과 과정 중의 시험과 연습 문제에서도 강조하였다.

전자기에 관련된 장들이 끝난 다음에는 탄성에 관한 두 개의 장과 유체 흐름에 관한 두 개의 장이 나온다. 각 주제의 첫 번째 장에서는 기초적이고 실용적인 측면을 다루었고, 두 번째 장에서는 그 주제와 관련된 복잡 다양한 현상들을 전체적으로 개관하려고 하였다. 이 네 개의 장은 별다른 손실 없이 건너뛰어도 되는데, 왜냐하면 3권을 공부하는 데 필요한 내용이 아니기 때문이다.

둘째 해의 거의 마지막 4분의 1은 양자역학의 입문에 할애되었다. 이 부분은 3권에 수록되었다. 파인만의 강의를 기록함에 있어서 우리는 단순히 말을 옮겨 적는 것 이상을 하고 싶었다. 우리는 원래의 강의가 기반으로 하고 있던 아이디어들이 가능한 한 책 속에서도 명확하게 드러날 수 있도록 노력하였다. 몇몇 강의에서는 원래의 녹취록의 단어들을 약간씩 고치기만 하면 되었다. 반면 다른 강의들의 경우에는 전체적인 재구성과 재작업이 필요하기도 했다. 종종 우리는 표현의 균형과 투명성을 높이기 위하여 새로운 자료를 추가해야 할 필요성을 느꼈다. 이러한 편집 과정이 진행되는 동안 내내 우리는 파인만 교수의 도움과 조언을 받았다.

강의에서 말로 내뱉어진 100만 개가 넘는 단어를 꽉 짜여진 바쁜 일정 속에서 수미일관된 책으로 변환하는 작업은 만만치 않은 일거리였는데, 특히 새로운 교과 과정의 도입에 따르는—자세한 설명을 하는 모임을 준비하고, 학생들을 만나고, 연습 문제와 시험 문제를 고안해 내고, 채점을 하는 등의—여러 가지 성가신 부담들이 수반되다 보니 더더욱 힘들었다. 많은 두뇌와 일손이 동원되었다. 때때로 우리는 파인만의 믿음직한 원래 모습, 즉 부드럽게 손질된 초상화를 재현해 낼 수 있었다고 믿는다. 또 어떤 때는 이러한 이상적인 목표에 못 미치기도 했다. 성공한 부분은 도와주신 모든 분들의 덕분이며, 실패한 부분에 대해서는 유감스럽게 생각한다.

제1권의 서문에서 자세히 밝힌 바와 같이 이 강의는 캘리포니아 공과대학의 물리 교육과정 개정위원회[의장 레이턴(R. B. Leighton) 교수, 그리고 네어(H. V. Neher) 교수와 샌즈(M. Sands) 교수]가 기획하고 감독해 온 프로그램의 일환으로서, 포드 재단으로부터 재정적인 지원을 받은 것이다. 덧붙여, 코게이(T. K. Caughey), 클레이턴(M. L. Clayton), 쿠르시오(J. B. Curcio), 하틀(J. B. Hartle), 하비(T. W. H. Harvey), 이스라엘(M. H. Israel), 카르자스(W. J. Karzas), 카바나(R. W. Kavanagh), 레이턴(R. B. Leighton), 매슈스(J. Mathews), 플레셋(M. S. Plesset), 워렌(F. L. Warren), 훨링(W. Whaling), 윌츠(C. H. Wilts), 그리고 짐머만(B. Zimmerman) 교수는 강의록 2권의 교과 내용 준비에 여러모로 도움을 주었다. 또한 블루(J. Blue), 채플린(G. F. Chapline), 클로저(M. J. Clauser), 돌렌(R. Dolen), 힐(H. H. Hill), 그리고 타이틀(A. M. Title) 교수는 간접적으로 교과 과정의 진행을 거들어 주었다. 노이게바우어(G. Neugebauer) 교수는 자신에게 부여된 임무를 초월하여 성의를 다해 헌신적으로 이 일의 모든 면에 기여했다.

하지만 여기서 여러분이 읽을 물리 이야기는 리처드 파인만의 비범한 능력과 성실성이 없었다면 존재하지 않았을 것이다.

매슈 샌즈(Matthew Sands)

1964년 3월

차례

파인만의 물리학 강의 II

리처드 파인만에 대하여
개정판에 붙이는 머리말
특별 머리말
리처드 파인만의 머리말
서문

CHAPTER 1. 전자기

1-1 전기력 1-1
1-2 전기장과 자기장 1-5
1-3 벡터장의 특성 1-6
1-4 전자기학의 법칙들 1-7
1-5 '장'이란 무엇인가? 1-12
1-6 과학과 기술에서 전자기학의 역할 1-14

CHAPTER 2. 벡터장의 미분

2-1 물리학의 이해 2-1
2-2 스칼라장과 벡터장 — *T*, ***h*** 2-2
2-3 장의 도함수 — 그래디언트 2-5
2-4 ∇ 연산자 2-8
2-5 ∇의 적용 2-9
2-6 열 흐름의 미분 방정식 2-11
2-7 벡터장의 2계 도함수 2-13
2-8 조심할 점들 2-16

CHAPTER 3. 벡터장의 적분

3-1 벡터의 적분 : $\nabla\Psi$의 선적분 3-1
3-2 벡터장의 플럭스 3-3
3-3 정육면체에서 나오는 플럭스 : 가우스 정리 3-6
3-4 열전도 : 확산 방정식 3-8
3-5 벡터장의 서큘레이션 3-11
3-6 사각형 둘레로의 서큘레이션 : 스톡스 정리 3-12
3-7 컬이 0인 장과 다이버전스가 0인 장 3-14
3-8 요약 3-16

CHAPTER 4. 정전기학

4-1 정역학 4-1
4-2 쿨롱의 법칙 : 중첩 4-3
4-3 전기 퍼텐셜(전위) 4-5
4-4 $\boldsymbol{E} = -\nabla\phi$ 4-8
4-5 $\boldsymbol{E}$의 플럭스 4-10
4-6 가우스의 법칙과 $\boldsymbol{E}$의 다이버전스 4-13
4-7 구형 전하에 의한 전기장 4-14
4-8 장선과 등퍼텐셜(등전위) 면 4-15

CHAPTER 5. 가우스 법칙의 응용

5-1 정전기학 = 가우스의 법칙 + ··· 5-1
5-2 정전기장에서의 평형 5-1
5-3 도체에서의 평형 5-3
5-4 원자의 안정성 5-4
5-5 선전하 분포에 의한 전기장 5-4
5-6 평판 전하 분포 : 두 개의 평판 5-5
5-7 구형 전하 분포 : 구 껍질 5-6
5-8 점전하의 전기장은 정확히 $1/r^2$에 비례하는가? 5-7
5-9 도체의 전기장 5-11
5-10 도체 공동 내부의 전기장 5-12

CHAPTER 6. 여러 가지 상황에서의 전기장

6-1 정전기 퍼텐셜 방정식 6-1
6-2 전기 쌍극자 6-2
6-3 벡터 방정식에 관한 한마디 6-5
6-4 그래디언트로 표현한 쌍극자 퍼텐셜 6-6
6-5 임의의 전하 분포에 대한 쌍극자 근사법 6-8
6-6 대전된 도체의 전기장 6-11
6-7 거울상을 이용하는 방법 6-11
6-8 무한 도체 평면 근처의 점전하 6-12
6-9 도체구 근처의 점전하 6-14
6-10 평행판 축전기 6-16
6-11 고전압 절연 파괴 6-18
6-12 장 방출 현미경 6-19

CHAPTER 7. 여러 가지 상황에서의 전기장(계속)

7-1 정전기장 계산법 7-1
7-2 2차원 전기장 : 복소 변수의 함수 7-2
7-3 플라스마 진동 7-7
7-4 전해질 용액 속의 콜로이드 입자들 7-10
7-5 그리드의 정전기장 7-13

CHAPTER 8. 정전기 에너지

8-1 균일한 구형 전하 분포의 정전기 에너지 8-1
8-2 축전기의 에너지. 대전된 도체에 작용하는 힘 8-2
8-3 이온 결정의 정전기 에너지 8-6
8-4 핵 내부에서의 정전기 에너지 8-8
8-5 정전기장의 에너지 8-13
8-6 점전하의 에너지 8-16

CHAPTER 9. 대기 중의 전기

9-1 대기 중의 전기 퍼텐셜 그래디언트 9-1
9-2 대기 중의 전류 9-2
9-3 대기 전류의 근원 9-5
9-4 뇌우 9-6
9-5 전하 분리의 메커니즘 9-10
9-6 낙뢰 9-13

CHAPTER 10. 유전체

10-1 유전 상수 10-1
10-2 분극 벡터 ***P*** 10-3
10-3 분극 전하 10-4
10-4 유전체의 정전기학 방정식 10-8
10-5 유전체의 전기장과 힘 10-9

CHAPTER 11. 유전체의 내부

11-1 분자 쌍극자 11-1
11-2 전자의 분극 11-1
11-3 극성 분자 : 배향 분극 11-4
11-4 유전체 공동에서의 전기장 11-7
11-5 액체의 유전 상수 : 클라우지우스-모소티 방정식 11-9
11-6 고체 유전체 11-10
11-7 강유전성 : $BaTiO_3$ 11-11

CHAPTER 12. 정전기학과 유사한 물리계들

12-1 방정식이 같으면 해도 같다 12-1
12-2 열 흐름 : 무한 평면 경계 근처의 점 열원 12-2
12-3 팽팽하게 당겨진 막 12-6
12-4 중성자의 확산 : 균질한 매질 내에 고르게 분포된 구형의 중성자원 12-8
12-5 비회전성 유체의 흐름 : 구의 주변을 흐르는 유체 12-11
12-6 조도 : 평면파 형태의 균일한 조명 12-14
12-7 자연에 내재하는 단일성 12-16

CHAPTER 13. 정자기학

13-1 자기장 13-1
13-2 전류 : 전하의 보존 13-1
13-3 전류에 작용하는 자기력 13-3
13-4 정상 전류에 의한 자기장 : 앙페르의 법칙 13-4
13-5 직선 도선과 솔레노이드에 의한 자기장 : 원자 전류 13-6
13-6 전기장과 자기장의 상대성 13-8
13-7 전류와 전하의 변환 13-14
13-8 중첩의 원리 : 오른손 규칙 13-15

CHAPTER 14. 여러 가지 상황에서의 자기장

14-1 벡터 퍼텐셜 14-1
14-2 이미 알고 있는 전류에 의한 벡터 퍼텐셜 14-4
14-3 직선 도선 14-6
14-4 긴 솔레노이드 14-7
14-5 작은 전류 고리에 의한 자기장 : 자기 쌍극자 14-9
14-6 회로의 벡터 퍼텐셜 14-11
14-7 비오-사바르의 법칙 14-12

CHAPTER 15. 벡터 퍼텐셜

15-1 전류 고리에 작용하는 힘 : 자기 쌍극자의 에너지 15-1
15-2 역학적 에너지와 전기적 에너지 15-4
15-3 정상 전류의 에너지 15-8
15-4 ***B***와 ***A*** 15-9
15-5 벡터 퍼텐셜과 양자역학 15-11
15-6 정역학에서는 맞지만, 동역학에서는 틀리는 것 15-19

CHAPTER 16. 유도 전류

16-1 모터와 발전기 16-1
16-2 변압기와 인덕턴스 16-5
16-3 유도 전류에 작용하는 힘 16-7
16-4 전기공학 16-11

CHAPTER 17. 전자기 유도 법칙

17-1 전자기 유도의 물리학 17-1
17-2 "플럭스 규칙"의 예외 17-3
17-3 유도 전기장에 의한 입자의 가속 : 베타트론 17-4
17-4 역설적인 문제 17-7
17-5 교류 전원 17-8
17-6 상호 인덕턴스 17-12
17-7 자체 인덕턴스 17-14
17-8 인덕턴스와 자기 에너지 17-16

CHAPTER 18. 맥스웰 방정식
18-1 맥스웰 방정식 18-1
18-2 새로운 항의 효과 18-4
18-3 고전물리학의 모든 것 18-6
18-4 진행하는 전자기장 18-7
18-5 빛의 속도 18-12
18-6 맥스웰 방정식의 해법 : 퍼텐셜과 파동 방정식 18-13

CHAPTER 19. 최소 작용의 원리
특강—거의 실제 강의 그대로 19-1
강의 후에 추가된 주석 19-19

CHAPTER 20. 자유 공간에서 맥스웰 방정식의 해
20-1 자유 공간에서의 파동 : 평면파 20-1
20-2 3차원 파동 20-10
20-3 과학적 상상력 20-12
20-4 구면파 20-15

CHAPTER 21. 전하와 전류를 포함한 맥스웰 방정식의 해
21-1 빛과 전자기파 21-1
21-2 점전하에 의해 발생한 구면파 21-3
21-3 맥스웰 방정식의 일반해 21-5
21-4 진동하는 쌍극자에 의한 장 21-7
21-5 움직이는 전하에 의한 퍼텐셜 : 리나르트-비헤르트의 일반해 21-12
21-6 일정한 속도로 움직이는 전하에 의한 퍼텐셜 : 로렌츠 공식 21-16

CHAPTER 22. 교류 회로
22-1 임피던스 22-1
22-2 전원 22-7
22-3 이상적인 소자들로 구성된 회로망 : 키르히호프의 법칙 22-10
22-4 등가 회로 22-14
22-5 에너지 22-15
22-6 사다리 회로망 22-17
22-7 필터 22-19
22-8 그 밖의 회로 소자들 22-22

CHAPTER 23. 공동 공진기
23-1 실제의 회로 소자들 23-1
23-2 고주파 영역에서의 축전기 23-3
23-3 공진 공동 23-8
23-4 공동 모드 23-11
23-5 공동과 공진 회로 23-13

CHAPTER 24. 도파관
24-1 전송 선로 24-1
24-2 직사각형 도파관 24-5
24-3 차단 주파수 24-8
24-4 인도된 파동의 속도 24-9
24-5 인도된 파동의 관측 24-10
24-6 도파관 배관 24-11
24-7 도파관 모드 24-14
24-8 인도된 파동을 바라보는 또 다른 관점 24-14

CHAPTER 25. 전기동역학의 상대론적 표현
25-1 4차원 벡터 25-1
25-2 스칼라 곱(내적) 25-4
25-3 4차원 그래디언트 25-8
25-4 4차원 표기법으로 기술한 전기동역학 25-11
25-5 움직이는 전하의 4차원 퍼텐셜 25-12
25-6 전기동역학 방정식의 불변성 25-13

CHAPTER 26. 전자기장의 로렌츠 변환
26-1 움직이는 전하의 4차원 퍼텐셜 26-1
26-2 일정한 속도로 움직이는 점전하에 의한 장 26-3
26-3 장의 상대론적 변환 26-6
26-4 상대론적 표기법으로 나타낸 운동 방정식 26-14

CHAPTER 27. 전자기장의 에너지와 운동량
27-1 국소 보존 27-1
27-2 에너지 보존과 전자기학 27-2
27-3 전자기장 내의 에너지 밀도와 에너지 흐름 27-4
27-4 장 에너지의 모호성 27-8
27-5 에너지 흐름의 예 27-9
27-6 장 운동량 27-12

CHAPTER 28. 전자기적 질량
28-1 점전하의 장 에너지 28-1
28-2 움직이는 전하의 장 운동량 28-2
28-3 전자기적 질량 28-4
28-4 전자가 자신에게 미치는 힘 28-5
28-5 맥스웰 이론을 수정하려는 시도 28-8
28-6 핵력장 28-17

CHAPTER 29. 전기장 및 자기장 속에서의 전하의 운동
29-1 균일한 전기장 및 자기장 속에서의 운동 29-1
29-2 운동량 분석 29-2
29-3 정전 렌즈 29-3
29-4 자기 렌즈 29-4
29-5 전자 현미경 29-5

29-6 가속기 가이드 장 29-6
29-7 교대-그래디언트 포커싱 29-8
29-8 교차하는 전기장과 자기장 속에서의 운동 29-11

CHAPTER 30. 결정의 기하학적 구조

30-1 결정 내부의 기하학 30-1
30-2 결정의 화학적 결합 30-3
30-3 결정의 성장 30-4
30-4 결정격자 30-4
30-5 2차원 대칭성 30-6
30-6 3차원 대칭성 30-9
30-7 금속의 강도 30-10
30-8 전위와 결정의 성장 30-12
30-9 브래그-나이 결정 모델 30-13

CHAPTER 31. 텐서

31-1 분극률 텐서 31-1
31-2 텐서 성분의 변환 31-3
31-3 에너지 타원체 31-5
31-4 다른 텐서들 : 관성 텐서 31-9
31-5 크로스 곱(외적) 31-11
31-6 응력 텐서 31-12
31-7 고차 랭크의 텐서들 31-15
31-8 전자기 운동량의 4차원 텐서 31-17

CHAPTER 32. 밀한 물질의 굴절률

32-1 물질의 분극 32-1
32-2 유전체 내의 맥스웰 방정식 32-4
32-3 유전체 내의 파동 32-6
32-4 복소 굴절률 32-10
32-5 혼합물의 굴절률 32-11
32-6 금속 내의 파동 32-13
32-7 저주파 및 고주파 근사 : 침투 깊이와 플라스마 주파수 32-14

CHAPTER 33. 표면에서의 반사

33-1 빛의 반사와 굴절 33-1
33-2 밀한 물질 내의 파동 33-2
33-3 경계 조건 33-6
33-4 반사파와 투과파 33-10
33-5 금속에서의 반사 33-15
33-6 내부 전반사 33-16

CHAPTER 34. 물질의 자성

34-1 반자성과 상자성 34-1
34-2 자기 모멘트와 각운동량 34-3
34-3 원자 자석의 세차 운동 34-6
34-4 반자성 34-7
34-5 라모어의 정리 34-8
34-6 고전역학으로 반자성이나 상자성을 설명할 수 없는 이유 34-10
34-7 양자역학에서의 각운동량 34-12
34-8 원자의 자기 에너지 34-15

CHAPTER 35. 상자성과 자기 공명

35-1 양자화된 자기 상태 35-1
35-2 슈테른-게를라흐의 실험 35-4
35-3 라비의 분자 빔 방법 35-5
35-4 덩어리 물질의 상자성 35-8
35-5 단열 소자 냉각 35-12
35-6 핵자기 공명 35-14

CHAPTER 36. 강자성

36-1 자화 전류 36-1
36-2 장 $\boldsymbol{H}$ 36-7
36-3 자화 곡선 36-8
36-4 철심 인덕턴스 36-10
36-5 전자석 36-13
36-6 자발 자화 36-14

CHAPTER 37. 자성체

37-1 강자성의 이해 37-1
37-2 열역학적 성질 37-6
37-3 이력 곡선 37-7
37-4 강자성체 37-13
37-5 특이한 자성체 37-15

CHAPTER 38. 탄성

38-1 훅의 법칙 38-1
38-2 균일한 변형 38-3
38-3 비틀림 막대 : 층밀림 파 38-7
38-4 휘어진 보 38-12
38-5 갑자기 휘는 현상(좌굴 현상) 38-14

CHAPTER 39. 탄성체

39-1 변형률 텐서 39-1
39-2 탄성 텐서 39-5
39-3 탄성체 내부의 움직임 39-8
39-4 비탄성 거동 39-11
39-5 탄성 상수의 계산 39-14

CHAPTER 40. 마른 물의 흐름

40-1 유체정역학 40-1
40-2 운동 방정식 40-3
40-3 정상 흐름—베르누이의 정리 40-7
40-4 순환 흐름 40-12
40-5 소용돌이선 40-14

CHAPTER 41. 젖은 물의 흐름

41-1 점성 41-1
41-2 점성 흐름 41-5
41-3 레이놀즈수 41-6
41-4 원통을 지나는 흐름 41-9
41-5 점성 → 0의 극한 41-12
41-6 쿠에트 흐름 41-13

CHAPTER 42. 휘어진 공간

42-1 휘어진 2차원 공간 42-1
42-2 3차원 공간의 곡률 42-7
42-3 우리가 살고 있는 공간은 휘어져 있다 42-9
42-4 시공간의 기하학 42-10
42-5 중력과 등가 원리 42-12
42-6 중력장 안의 시계 42-13
42-7 시공간의 곡률 42-16
42-8 휘어진 시공간 속에서의 운동 42-17
42-9 아인슈타인의 중력 이론 42-19

역자후기
찾아보기

CHAPTER 01
전자기

1-1 전기력
1-2 전기장과 자기장
1-3 벡터장의 특성
1-4 전자기학의 법칙들
1-5 '장'이란 무엇인가?
1-6 과학과 기술에서 전자기학의 역할

복습 과제 :
제1권 12장 〈힘〉

1-1 전기력

중력과 같이 거리의 제곱에 반비례하면서 중력보다 10억 배나 강한 힘이 작용한다고 상상해 보자. 그리고 이 힘에는 양(+)과 음(−)으로 분류되는 두 종류의 "물질"이 관계하고 있어서, 무조건 당기기만 하는 중력의 경우와는 달리 같은 종류의 물질은 서로 밀치고, 다른 종류의 물질은 서로 끌어당긴다고 상상해 보자. 이 힘이 범우주적으로 작용한다면 과연 어떤 일이 일어날 것인가?

이러한 양(+)의 물질들을 한 곳에 모아 놓으면 엄청난 힘으로 서로 밀치면서 사방으로 흩어질 것이다. 음(−)의 물질들을 한 곳에 모아 놓아도 결과는 마찬가지다. 그러나 양(+)과 음(−)의 물질을 골고루 섞어서 모아 놓으면 사정은 전혀 달라진다. 다른 종류들끼리는 엄청나게 강한 힘으로 끌어당기지만 같은 종류들끼리는 거의 같은 세기로 밀쳐 내고 있으므로, 이들 사이에 작용하는 힘이 완전히 상쇄되어 견고한 혼합물을 이룰 것이다. 이러한 혼합물 여러 개가 가까운 거리에 놓여 있다 해도, 이들 사이에는 아무런 힘도 작용하지 않을 것이다.

실제로 자연에는 이러한 힘이 존재한다. 바로 전기력(electrical force)이다. 이 세상을 구성하고 있는 모든 물질들은 양(+)전하를 띤 양성자와 음(−)전하를 띤 전자로 이루어져 있다. 그러나 이들이 섞여 있는 상태에서는 힘이 완벽하게 상쇄되어 버리기 때문에, 우리 옆에 다른 사람이 서 있어도 당기거나 밀쳐 내는 힘을 느끼지 못한다. 만일 힘의 일부가 상쇄되지 않고 남아 있다면 우리는 그것을 금방 느낄 수 있다. 사람의 몸을 이루는 전자의 개수와 양성자의 개수의 비율이 지금처럼 1:1이 아니라 1.01:1이었다면, 다른 사람과 한 팔 간격으로 떨어져 서 있을 때 서로 밀치는 힘의 세기는 상상을 초월한다. 과연 얼마나 강한 힘이 작용할까? 엠파이어스테이트 빌딩을 들어 올릴 정도? 아니다. 건물 하나쯤 날리는 것은 일도 아니다. 그러면 에베레스트 산을 들어 올릴 정도? 아니다! 이런 경우, 두 사람이 서로 밀쳐 내는 힘은 지구를 들어 올릴 수 있을 정도로 강하다!

우리 주변에서 흔히 볼 수 있는 대부분의 물체들은 이와 같이 엄청난 세기의 힘이 완벽한 균형을 이루고 있기 때문에 단단한 강도를 유지하고 있는 것이다. 예를 들어, 엠파이어스테이트 빌딩은 강풍이 불어도 좌우로 8피트 이상 흔들리지 않는다. 위에서 말한 전기력이 모든 전자와 양성자들을 원래 있던 자리에 붙들어 놓고 있기 때문이다. 그러나 물질을 원자적 스케일에서 들여다보면 일반적으로 양전하와 음전하의 개수가 일치하지 않으므로 '상쇄되지 않고 남은' 전기력이 존재한다. 양전하와 음전하의 개수가 동일한 물체 A, B가 서로 가까이 놓여 있을 때에도 이들 사이에는 커다란 알짜 전기력이 작용할 수 있다. 개개의 전하들 사이에 작용하는 전기력은 거리의 제곱에 반비례하기 때문이다. 물체 A의 음전하와 물체 B의 양전하 사이의 거리가 물체 A의 음전하와 물체 B의 음전하 사이의 거리보다 가까우면 알짜 힘이 생길 수 있다. 이런 경우에는 당기는 힘이 미는 힘보다 더 커지므로, 두 물체는 여분의 전하가 없어도 서로 잡아당기게 된다. 원자들 사이에 작용하는 힘과 분자를 결합시켜 주는 화학적 힘의 정체는 전하의 균형이 완벽하지 않은 곳이나 거리가 아주 짧은 미시적 영역에서 작용하는 전기력이다.

여러분은 원자가 핵 속의 양성자와 바깥쪽에 있는 전자로 구성되어 있다는 사실을 잘 알고 있을 것이다(원자핵 속에는 중성자도 있지만 전하가 없으므로 다른 입자들과 전기력을 주고받지 않는다). 그렇다면 당장 다음과 같은 질문이 떠오른다. "전기력이 그토록 강한데, 양성자와 전자는 왜 서로 들러붙지 않는가?" 그것은 바로 '양자 효과(quantum effect)' 때문이다. 만일 우리가 전자와 양성자 사이의 거리를 강제로 줄이려고 하면, 전자는 불확정성 원리에 따라 더욱 큰 제곱 평균 운동량(mean square momentum)을 갖게 된다. 바로 이러한 '요동 현상' 때문에, 전하를 띤 입자들이 전기력에 의해 접근할 수 있는 거리에는 분명한 한계가 있다.

또 다른 질문도 제기할 수 있다. "핵자(양성자와 중성자)들을 단단하게 결합시켜 주는 힘은 무엇인가?" 양성자들은 원자핵이라는 좁은 공간 안에 다닥다닥 붙어 있으며, 다들 알다시피 이들은 모두 양전하를 띠고 있다. 그렇다면 양성자들은 엄청난 전기적 척력에 의해 원자핵 밖으로 튀어나와야 하는데, 사실은 그렇지 않다. 원자핵 내부에는 전기력뿐만 아니라 전기력보다 훨씬 강한 핵력이 작용하고 있기 때문이다. 양성자들 사이에는 전기적 척력이 작용하고 있지만, 이들을 결합시키는 핵력은 전기력보다 훨씬 강하기 때문에 좁은 공간 안에서 단단히 뭉쳐진 상태를 유지할 수 있는 것이다. 핵력은 전기력보다 훨씬 더 강하다. 그러나 힘의 세기가 $1/r^2$보다 더 빨리 줄어들기 때문에 아주 짧은 거리에서만 작용하며, 이러한 특성은 매우 중요한 결과를 초래한다. 원자핵 속에 들어 있는 양성자의 수가 지나치게 많으면 원자핵의 크기가 너무 커져서, 극히 짧은 거리에서만 작용하는 핵력으로는 이들을 계속 붙들어 놓을 수가 없다. 예를 들어, 양성자를 92개 갖고 있는 우라늄의 원자핵은 매우 불안정하다. 핵력은 가장 가까이 있는 양성자(또는 중성자)들 사이에서 주로 작용하는 반면, 전기력은 훨씬 더 긴 거리에 걸쳐 작용하므로, 원자핵 내의 '모든' 양성자들 사이에는 전기적 척력이 작용한다. 물론, 원자핵 속에 양성자가 많으면 많을수록 척력은 더욱 강해진다. 따라서 양성자가 92개나 되는 우라늄의 원자핵은 전기적 척력이 너무 강해서 거의 분열되기 직전의 불안정한 상태를 아슬아슬하게 유지하고 있다. 이러한 상태의 원자핵은 가볍게 "툭" 치기만 해도(적당히 빠르게 움직이는 중성자를 핵과 충돌시키면 된다) 두 조각으로 분열된다. 그리고 분열된 조각은 모두 양전하를 띠고 있으므로 엄청난 전기적 척력에 의해 서로 반대 방향으로 튀어 나간다. 이때 분열된 원자핵의 전기적 반발력에 의한 운동 에너지를 파괴의 목적으로 사용한 것이 바로 원자 폭탄이다. 사람들은 이 에너지를 보통 '핵'에너지라고 부르지만, 엄밀하게 따지면 전기적 척력이 핵력(인력)보다 커지면서 나타나는 '전기' 에너지에 해당된다.

마지막으로 또 하나의 질문을 던져 보자. "전자는 몸뚱이 전체가 음전하로 되어 있고 핵력도 작용하지 않는데, 왜 더 이상 분열되지 않는 것일까?" 전자의 내부에 음전하가 골고루 분포되어 있다면 각 부분은 다른 부분을 밀쳐 낼 것이다. 그런데 전자는 왜 우라늄의 원자핵처럼 분열되지 않는 것일까? 전자에 그런 '부분'이라는 것이 과연 존재하긴 하는 것일까? 확실치는 않지만, "전기력은 서로 다른 점전하들 사이에서만 작용하는 힘이고, 전자는 하나의 점에 불과하기 때문에 자기 자신에게는 힘을 미치지 않는다"고 말할 수도 있다. 물론 이것은 짐작에 불과하다. 한 가지 분명한 것은, 전자와 관련된 이 의문이 완벽한 전자기학 이론을 구축하는 데 심각한 걸림돌로 작용한다는 점이다. 지금까지 그 누구도 이 간단한 질문에 마땅한 답을 제시하지 못했다. 이 문제는 나중에 좀 더 자세히 다룰 예정이다.

위에서 언급한 바와 같이, 물질의 구조는 전기력과 양자역학적 효과의 조합에 의해 결정된다. 어떤 물질은 딱딱하고 어떤 물질은 부드럽다. 또 어떤 물질은 전기적인 전도체(conductor, 내부의 전자들이 자유롭게 이동할 수 있는 물질)이고 어떤 물질은 부도체(insulator, 내부의 전자들이 원자에게 꽉 잡혀서 움직이지 못하는 물질)이다. 이러한 성질들이 어떻게 발현되는지는 나중에 생각해 보기로 하고, 일단은 매우 간단한 경우에 한하여 전기력의 특성을 살펴보자. 우선, 전기와 관련된 법칙을 먼저 언급하는 것이 순서일 것 같다[여기에는 자성(magnetism)도 포함되는데, 사실 전기와 자기는 동일한 현상의 다른 측면에 불과하다].

전기력은 중력과 마찬가지로 전하들 사이의 거리의 제곱에 반비례하는데, 이것을 쿨롱의 법칙(Coulomb's law)이라 한다. 그러나 '움직이는 전하'는 이 법칙으로 완벽하게 설명할 수 없다. 전기력은 전하의 운동 상태에 따라 복잡하게 변한다. 움직이는 전하들 사이에 작용하는 힘의 일부를 자기력(magnetic force)이라고 하는데, 사실 이것은 전기적 효과의 한 측면에 불과하다. 그래서 이들을 한데 묶어 "전자기(electromagnetism)"라고 부른다.

전자기력이 따르는 중요한 일반적 원리를 알고 있으면 전기와 자기 현상을 비교적 쉽게 다룰 수 있다. 실험에 의하면, 어떤 특정한 전하에 작용하는 힘은 (다른 전하의 개수나 운동 상태에 상관없이) 그 전하의 위치와 속도, 그리고 전하량에만 관계한다. 속도 $\boldsymbol{v}$로 운동하는 전하 q에 작용하는 힘 $\boldsymbol{F}$는

$$\boldsymbol{F} = q(\boldsymbol{E} + \boldsymbol{v} \times \boldsymbol{B}) \tag{1.1}$$

로 쓸 수 있다. 여기서 $\boldsymbol{E}$는 전하 q가 놓여 있는 위치에서의 전기장(electric field)이고, $\boldsymbol{B}$는 그 위치에서의 자기장(magnetic field)을 나타낸다. 식 (1.1)로

그리스 소문자들과 자주 쓰이는 그리스 대문자

소문자	대문자	이름
α		알파(alpha)
β		베타(beta)
γ	Γ	감마(gamma)
δ	Δ	델타(delta)
ϵ		엡실론(epsilon)
ζ		제타(zeta)
η		에타(eta)
θ	Θ	세타(theta)
ι		이오타(iota)
κ		카파(kappa)
λ	Λ	람다(lambda)
μ		뮤(mu)
ν		뉴(nu)
ξ	Ξ	크사이(xi 혹은 ksi)
o		오미크론(omicron)
π	Π	파이(pi)
ρ		로우(rho)
σ	Σ	시그마(sigma)
τ		타우(tau)
υ	Υ	웁실론(upsilon)
ϕ	Φ	화이(phi)
χ		카이(chi 혹은 khi)
ψ	Ψ	프사이(psi)
ω	Ω	오메가(omega)

부터 알 수 있는 중요한 사실은, 우주에 존재하는 모든 전하들로부터 야기되는 전기력이 두 개의 벡터 $\boldsymbol{E}$, $\boldsymbol{B}$로 요약된다는 것이다. 이 벡터의 값은 전하 q의 위치에 따라 다르며, 시간에 따라 달라질 수도 있다. 또한 전하 q의 값이 달라졌을 때 이 입자에 미치는 힘은 전하량에 비례해서 달라진다(물론 실제 상황에서 개개의 전하들은 주변의 모든 전하들에게 힘을 행사하기 때문에, 한 입자의 전하량을 바꿔 놓으면 다른 전하들의 운동 상태가 달라져서 장의 값이 바뀔 수도 있다).

제1권에서 우리는 한 입자에 미치는 힘을 알고 있을 때 입자의 운동을 예측하는 방법을 배웠다. 식 (1.1)과 운동 방정식을 결합하면

$$\frac{d}{dt}\left[\frac{m\boldsymbol{v}}{(1-v^2/c^2)^{1/2}}\right] = \boldsymbol{F} = q(\boldsymbol{E} + \boldsymbol{v} \times \boldsymbol{B}) \tag{1.2}$$

가 된다. 즉, $\boldsymbol{E}$와 $\boldsymbol{B}$가 주어지면 전하를 가진 입자의 운동을 알 수 있다. 따라서 다음으로 우리가 할 일은 $\boldsymbol{E}$와 $\boldsymbol{B}$가 어떻게 발생하는지를 알아내는 것이다.

장의 발생과 관련된 가장 중요한 원리는 다음과 같다. 한 무리의 전하들이 움직이면서 장 $\boldsymbol{E}_1$을 만들고, 또 다른 무리의 전하들이 장 $\boldsymbol{E}_2$를 만든다고 가정해 보자. 만일 두 무리의 전하들이 동시에 존재한다면, 발생되는 장은 다음과 같이 단순 합으로 계산된다.

$$\boldsymbol{E} = \boldsymbol{E}_1 + \boldsymbol{E}_2 \tag{1.3}$$

이것이 바로 '중첩의 원리(superposition principle)'이며, 자기장의 경우에도 똑같이 적용된다.

일견 매우 단순해 보이는 이 원리 속에는 심오한 사실이 담겨 있다. 즉, 움직이는 '단일' 전하가 만드는 전기장과 자기장을 구할 수만 있다면 전기역학(electrodynamics)의 모든 법칙이 완성된다는 것이다. 전하 A에 작용하는 힘을 알고 싶으면 나머지 모든 전하 B, C, D…가 만드는 $\boldsymbol{E}$와 $\boldsymbol{B}$를 일일이 계산한 후 이들을 모두 더하여 전체 전기장과 자기장을 구하고, 그로부터 전하 A에 작용하는 힘을 구하면 된다. 만일 단일 전하가 만드는 장을 간단하게 구할 수 있다면, 이로부터 전기역학의 법칙을 깔끔하게 표현할 수 있을 것이다. 그러나 안타깝게도 현실은 그렇지 않다. 제1권의 28장을 읽은 사람들은 알고 있겠지만, 단일 전하에 의한 장은 매우 복잡한 법칙을 따른다.

전자기학의 법칙을 가장 단순하고 쉽게 표현하는 방식은 여러분이 예상하는 것과 사뭇 다르다. 한 전하가 다른 전하에 미치는 힘을 나열하면 다 될 것 같지만, 사실 이것은 그다지 좋은 방법이 아니다. 물론, 모든 전하들이 정지해 있는 경우에는 쿨롱의 법칙으로 기술하는 것이 가장 쉽다. 그러나 전하들이 움직이고 있으면 시간 지연 효과와 가속도 등의 요인 때문에 상황은 훨씬 복잡해진다. 따라서 앞으로 우리는 전하들 사이의 힘에 관한 법칙을 나열하는 방식으로 전기역학을 서술하지는 않을 것이다. 곧 알게 되겠지만, 전기역학의 법칙들을 가장 쉽게 다룰 수 있는 접근법은 따로 있다.

1-2 전기장과 자기장

먼저 전기장 $\boldsymbol{E}$와 자기장 $\boldsymbol{B}$의 개념을 좀 더 확장할 필요가 있다. 앞에서 나는 이들을 '단위 전하가 느끼는 힘'으로 정의했었다. 지금부터는 전하가 없는 지점에서 전기장과 자기장을 논하고자 한다. 전하가 공간상의 어떤 위치에 놓였을 때 힘을 받는다면, 전하를 제거해도 그 위치에는 여전히 "무언가가 있다"고 말할 수 있다. 시간 t에서 점 (x, y, z)에 놓여 있는 어떤 전하가 식 (1.1)로 주어지는 힘 $\boldsymbol{F}$를 느낀다면, 우리는 (x, y, z)라는 지점에서 벡터 $\boldsymbol{E}$와 $\boldsymbol{B}$를 정의할 수 있다. 즉, $\boldsymbol{E}(x, y, z, t)$와 $\boldsymbol{B}(x, y, z, t)$를 '시간 t일 때 (x, y, z)에 위치한' 단위 전하에 작용하는 힘으로 해석하자는 것이다. 단, 단위 전하는 문제의 장을 발생시킨 다른 전하들의 위치나 운동 상태에 어떠한 영향도 주지 않아야 한다.

이 방법을 그대로 따르면 공간상의 모든 점 (x, y, z)에서 두 개의 벡터 $\boldsymbol{E}$와 $\boldsymbol{B}$를 정의할 수 있다. 물론 두 벡터는 시간에 따라 변할 수도 있다. 다시 말해서, 전기장과 자기장은 공간 좌표 x, y, z와 시간 t에 따라 달라지는 일종의 벡터 함수이다. 벡터의 성분이 정해지면 하나의 벡터가 정의되므로, 전기장 벡터 $\boldsymbol{E}(x, y, z, t)$는 x, y, z와 t에 의존하는 '세 개'의 함수를 나타낸다. 물론 자기장 벡터 $\boldsymbol{B}(x, y, z, t)$도 세 개의 성분으로 이루어져 있다.

$\boldsymbol{E}$(또는 $\boldsymbol{B}$) 뒤에 굳이 "장(field)"이라는 꼬리말을 붙이는 이유는, 이들이 공간상의 모든 점에서 정의될 수 있기 때문이다. 장(場)이란, 공간상의 각 지점마다 다른 값을 갖는 물리량을 일컫는 용어이다. 예를 들어, 온도를 나타내는 함수도 일종의 장으로서(단, 온도는 벡터가 아닌 스칼라장이다), 흔히 $T(x, y, z)$로 표현한다. 그런데 온도는 시간에 따라 변할 수도 있으므로 온도장의 값을 결정하는 변수에는 시간 t도 포함되어야 한다. 즉, 공간의 온도를 나타내는 정확한 함수는 $T(x, y, z, t)$이다. 장의 또 다른 예로서, 유체의 "속도장(velocity field)"을 들 수 있다. 시간 t, 위치 (x, y, z)에서 유체의 속도는 $\boldsymbol{v}(x, y, z, t)$로 표현된다. 속도는 원래 벡터이므로 유체의 속도를 나타내는 장은 벡터장이다.

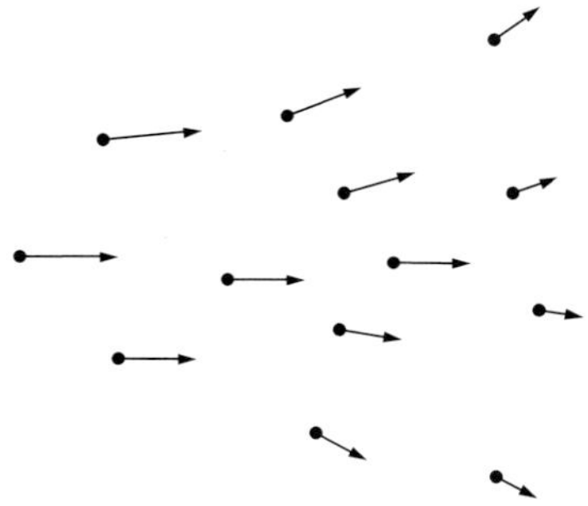

그림 1-1 화살표를 여러 개 그림으로써 벡터장을 표현할 수 있다. 화살표의 크기와 방향을 그 자리에서의 벡터장의 값이 되도록 그리면 된다.

다시 전자기장으로 돌아가 보자. 전자기장은 전하들로부터 복잡한 규칙을 따라 생성되지만, 다음과 같은 분명한 특성을 갖고 있다—한 점에서 장의 값과 그 근방에서 장의 값 사이에는 매우 간단한 관계가 성립한다. 이 관계는 미분 방정식의 형태로 표현되며, 이러한 특성을 이용하면 전자기장을 수학적으로 완벽하게(그리고 간단명료하게) 서술할 수 있다. 이것이 바로 위에서 언급했던 '전기역학의 법칙을 표현하는 가장 간단한 방법'이다.

장의 거동을 머릿속에 그리는 방법에는 여러 가지가 있다. 그중에서 가장 정확한 방법은(동시에 가장 추상적이기도 하다) 장을 '위치와 시간을 변수로 갖는' 수학적 함수로 생각하는 것이다. 공간의 각 지점마다 장의 세기와 방향을 나타내는 화살표를 그려 넣어서 벡터장을 가시화할 수도 있다(그림 1-1 참조). 또는 모든 지점에서 벡터에 접하는 선을 그릴 수도 있다. 즉, 장의 방향을 따라 기다란 곡선 화살표를 그리는 것이다. 이렇게 하면 벡터의 크기에 대한 정보를 잃게 되는데, 장이 약한 곳에서는 선의 간격을 넓게 벌리고 강한 곳에서는 촘촘하게 붙여서 장의 세기를 구별할 수 있다. 그렇다면 선을 얼마나 촘촘하게 그려야 하는가? 일단은 선에 수직한 단위 단면적을 관통하는 선의 개수가 장의 세기에 비례하도록 그려 넣기로 하자. 물론 이것은 근사적인 표현일 뿐이다. 이 표현법을 충실히 따르려면 중간 중간에 선들을 추가로 그려 넣어야 한다. 그림 1-2는 그림 1-1의 벡터장을 장선(field lines)으로 나타낸 것이다.

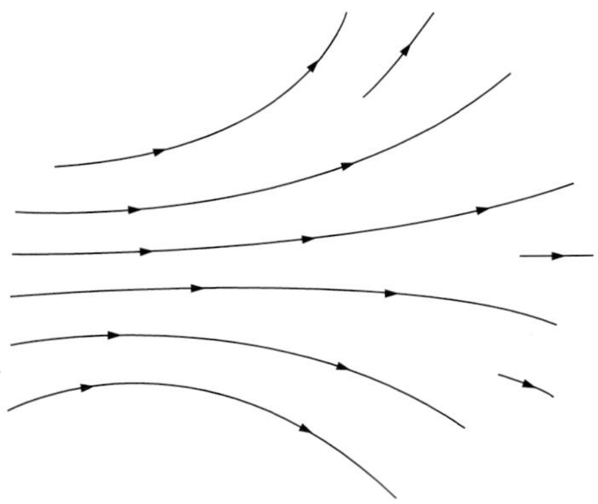

그림 1-2 선을 여러 개 그림으로써 벡터장을 나타낼 수도 있다. 각 점에서 벡터장의 방향에 접하도록 선을 그리고 선들의 밀도를 벡터장의 크기에 비례하도록 그리면 된다.

1-3 벡터장의 특성

벡터장을 이용하여 전기의 법칙을 서술할 때, 다음의 두 법칙을 이용하면 많은 수고를 덜 수 있다. 여기 임의의 폐곡면 하나가 주어져 있다. 지금 우리는 폐곡면이 완전히 닫혀 있는지, 아니면 내부로부터 무언가가 밖으로 흘러나오는지를 알고 싶다. 다시 말해서, 폐곡면 속을 채우고 있는 장의 외부 유출 여부를 알고 싶다는 뜻이다. 예를 들어, 유체의 속도장이 주어졌을 때 어떤 폐곡면 상에서 "유체의 속도는 항상 바깥쪽을 향하는가?" 또는 더욱 일반적으로 "단위 시간당 흘러들어 오는 유체의 양과 흘러 나가는 유체의 양 중 어느 쪽이 더 많은가?" 등을 물어볼 수 있다. 단위 시간당 표면을 통해 흘러 나가는 유체의 알짜 양을 "속도의 플럭스(flux)"라고 한다. 임의의 면적 요소를 통과하는 유량은 (면적 요소에 수직한 속도 성분)×(면적 요소의 면적)과 같다. 그리고 임의의 폐곡면에 대하여 밖으로 나가는 알짜 유량, 즉 플럭스는 폐곡면의 바깥쪽을 향하며 표면에 수직한 속도 성분의 평균에 표면적을 곱한 값과 같다.

$$\text{플럭스} = (\text{수직 방향의 평균 성분}) \times (\text{표면적}) \tag{1.4}$$

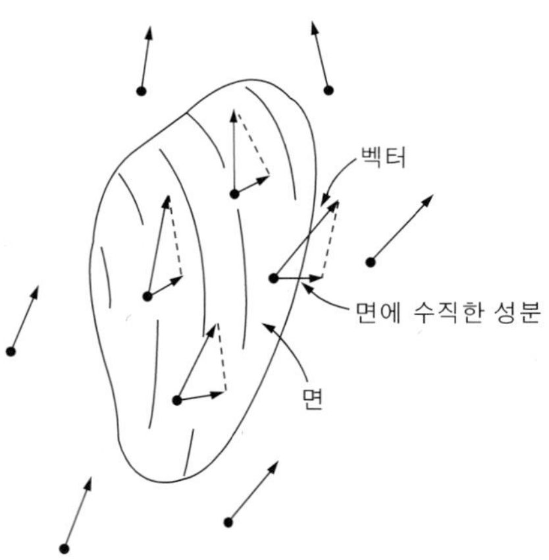

그림 1-3 어떤 면을 관통하는 벡터장의 플럭스는 벡터의 수직 성분의 평균값 곱하기 그 면의 면적으로 정의된다.

전기장의 경우에도 밖으로 흘러 나가는 무언가를 정의할 수 있다. 물론 이것도 플럭스라고 부른다. 그러나 '전기장의 플럭스'라고 해서 실제로 어떤 물질이 흘러가는 것은 아니다. 전기장은 어떤 물질의 이동 속도를 뜻하지 않기 때문이다. 하지만 이 경우에도 '장의 평균 수직 성분'이라는 수학적 양은 매우 중요한 역할을 한다. 아무튼, 전기장에 대해서도 식 (1.4)의 정의를 따라 '전기 플럭스(electric flux)'라는 용어를 사용하기로 하자. 플럭스는 완전히 닫힌 폐곡면뿐만 아니라 임의의 유한한 곡면에서도 매우 유용한 개념이다. 폐곡면의 경우와 마찬가지로, 열린 곡면을 통과하는 플럭스는 (벡터의 평균 수직 성분)×(표면적)으로 정의된다. 이 아이디어는 그림 1-3에 도식적으로 표현되어 있다.

벡터장이 갖고 있는 두 번째 성질은 면이 아닌 선과 관련되어 있다. 우리는 유체의 속도장에 대하여 다음과 같이 흥미로운 질문을 제기할 수 있다. "유체는 소용돌이치고 있는가?" 이 질문을 좀 더 수학적인 언어로 바꾸면 다음과 같다. "현재 유체의 내부에서 어떤 폐곡선을 따라 알짜 순환 운동이 진행되고 있는가?" 그림 1-4처럼, 특정한 폐곡선을 이루는 가느다란 관 내부의 유체만 남기고 나머지를 순간적으로 동결시켰다고 가정해 보자(관의 직경은 균일하다). 그렇다면 남은 유체는 관을 따라 순환할 것인가? 관 바깥쪽의 액체는 이미 얼음이 되어 더 이상 움직일 수 없지만, 관 내부의 액체는 원래 갖고 있던 운동량이 있으므로 계속 움직일 것이다. 구체적으로 말해서, 한쪽 방향의 운동량이 반대 방향의 운동량보다 크다면 액체는 관을 따라 흐르게 된다. 이렇게 나타난 관 내부 액체의 속력에 관의 길이를 곱한 양을 '서큘레이션(circulation)'이라고 정의하자. 이 아이디어를 전과 같은 방법으로 확장하면 (실제로 무언가가 흐르지 않더라도) 임의의 벡터장에 대한 서큘레이션을 정의할 수 있다. 임의의 벡터장에 대하여 '임의의 가상 폐곡선을 따라 나타나는 서큘레이션'은 (그 벡터의 접선 방향 성분의 평균값)×(폐곡선의 길이)로 정의된다(그림 1-5 참조).

$$\text{서큘레이션} = (\text{접선 방향 성분의 평균값}) \times (\text{폐곡선의 길이}) \qquad (1.5)$$

이 값을 직접 계산해 보면, 순간적으로 유체를 얼렸을 때 얼지 않은 관 내부 액체의 (순환) 속력에 비례하는 값이 얻어진다.

지금까지 설명한 두 가지 아이디어(플럭스와 서큘레이션)를 적절히 조합하면 전기 및 자기와 관련된 모든 법칙을 기술할 수 있다. 지금 당장 그 법칙의 중요성을 깨닫지는 못하겠지만, 전자기학이 어떤 식으로 표현되는지는 대충 짐작할 수 있을 것이다.

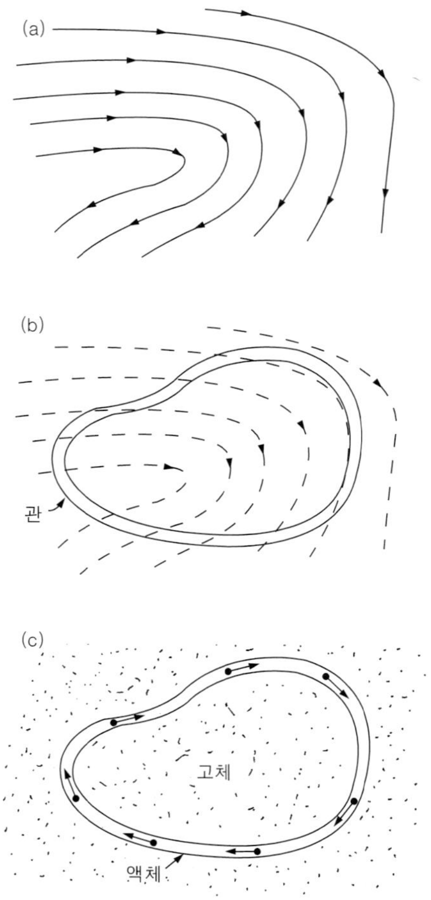

그림 1-4 (a) 액체 내의 속도장. 그림 (b)와 같이 임의의 폐곡선을 따라 놓여진 일정한 단면의 관을 상상해 보자. 관 바깥의 모든 액체가 일순간에 얼어붙는다면, 관 내부의 액체는 (c)와 같이 순환할 것이다.

1-4 전자기학의 법칙들

전자기학의 첫 번째 법칙은 전기장의 플럭스와 관련되어 있다.

$$\text{임의의 폐곡면을 통과하는 전기장 } \boldsymbol{E}\text{의 플럭스} = \frac{\text{폐곡면 내부의 전하량}}{\epsilon_0} \qquad (1.6)$$

여기서 ϵ_0는 편의를 위해 도입한 상수이다[상수 ϵ_0는 보통 '엡실론 제로(epsilon-zero)' 또는 '엡실론 너트(epsilon-naught)'로 읽는다]. 폐곡면의 바로 바깥쪽에 강력한 전기장을 발생하는 전하가 지천으로 깔려 있다 해도, 폐곡면의 내부에 전하가 존재하지 않으면 폐곡면 위에서 전기장 $\boldsymbol{E}$의 평균 수직 성분은 0이며, 따라서 폐곡면을 통과하는 알짜 플럭스도 0이다. 이런 식의 표현이 얼마나 위력적인지를 실감하기 위해, 한 가지 사실을 증명해 보자. 단일 전하(single charge)에 의해 생성되는 전기장이 구형 대칭성(spherical symmetry)을 갖고 있다는 점을 고려하면, 식 (1.6)은 쿨롱의 법칙과 동일해진다. 이 사실을 어떻게 증명할 수 있을까? 먼저 점전하(point charge)를 중심으로 하는 구면을 그려 보자. 그러면 구면 위의 모든 점에서 전기장의 수직 성분은 동일한 크기를 갖게 된다. 전기장은 반경 방향을 향하고 있고, 점전하와 구면 사이의 거리는 모든 방향으로 똑같기 때문이다. 이런 상황에서, 식 (1.6)은 (구면 위에서의 전기장)×(구의 표면적), 즉 밖으로 흘러 나가는 전기장의 플럭스는 구면 내부의 전하량에 비례한다는 것을 주장하고 있다. 만일 구의 반경을 증가시키면 표면적은 반경의 제곱에 비례하여 늘어나게 된다. 그러나 이런 경우에도 구면에 수직한 전기장의 평균 성분에 표면적을 곱한 값은 여전히 내부 전하량과 같아야 하므로, 전기장의 세기는 거리의 제곱에 반비례해야 한다. 즉, 점전하에 의한 전기장이 거리의 제곱에 반비례한다는 쿨롱의 법칙이 유도되는 것이다.

공간상에 고정되어 있는 임의의 폐곡선을 상정한 후, 그 곡선을 따라 전기장의 서큘레이션을 계산해 보면 일반적으로 0이 되지 않는다(단, 쿨롱장의 경우는 예외적으로 0이 된다). 전기장에 대한 두 번째 법칙은 다음과 같다. 임의의 유한한 개곡면(열린 곡면) S의 경계선을 C라 할 때, 전기장의 서큘레이션과 자기장의 플럭스 사이에는

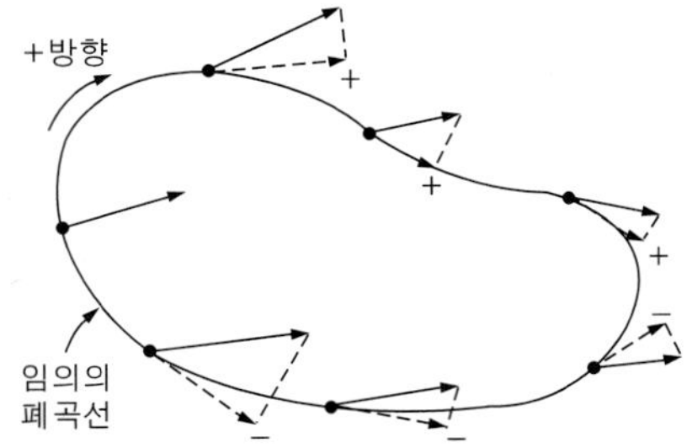

그림 1-5 벡터장의 서큘레이션은 벡터의 접선 방향 성분의 평균값 곱하기 폐곡선의 길이이다(물론 이때, 벡터의 접선 성분은 곡선의 방향성에 부합되도록 취해야 한다).

$$\text{폐곡선 } C\text{에 대한 } \boldsymbol{E}\text{의 서큘레이션} = -\frac{d}{dt}(S\text{를 통과하는 } \boldsymbol{B}\text{의 플럭스}) \tag{1.7}$$

의 관계가 성립한다.

자기장 $\boldsymbol{B}$에 대하여 이에 상응하는 두 가지 법칙을 추가하면 전자기장을 기술하는 법칙이 완성된다.

$$\text{임의의 폐곡면을 통과하는 } \boldsymbol{B}\text{의 플럭스} = 0 \tag{1.8}$$

또한 폐곡선 C를 경계로 하는 곡면 S에서는 다음의 관계가 성립한다.

$$c^2(\text{폐곡선 } C\text{에 대한 } \boldsymbol{B}\text{의 서큘레이션}) = \frac{d}{dt}(S\text{를 통과하는 } \boldsymbol{E}\text{의 플럭스}) + \frac{S\text{를 통과하는 전류의 플럭스}}{\epsilon_0} \tag{1.9}$$

식 (1.9)에 등장하는 상수 c^2은 광속의 제곱을 나타낸다. 이런 상수가 식에 등장하는 이유는 자기(magnetism)라는 현상이 전기(electricity) 현상의 상대론적 효과에 해당되기 때문이다. 그리고 상수 ϵ_0는 전류의 단위를 맞추기 위해 끼워 넣은 상수이다.

식 (1.6)~(1.9)에 식 (1.1)을 더하면 전자기학의 모든 법칙이 망라된다.* 여러분도 기억하다시피, 뉴턴의 운동 법칙은 겉모습이 매우 간단하지만 풀이 과정이 만만치 않아서 다 배우는 데 꽤 오랜 시간이 걸렸다. 그러나 전자기학의 법칙은 표현 자체도 복잡하고 풀이 과정은 더욱 복잡하다. 그래서 전자기학의 내용을 모두 이해하려면 상당히 긴 시간이 걸린다. 그러므로 이 강의를 듣는 학생들은 각오를 단단히 다져야 할 것이다.

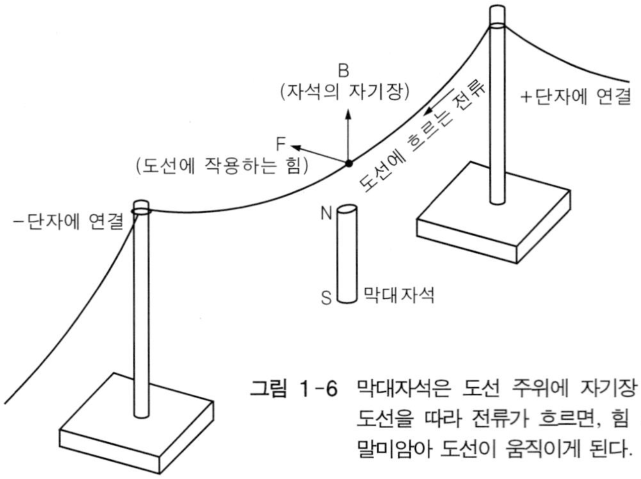

그림 1-6 막대자석은 도선 주위에 자기장 $\boldsymbol{B}$를 형성한다. 도선을 따라 전류가 흐르면, 힘 $\boldsymbol{F} = qv \times \boldsymbol{B}$로 말미암아 도선이 움직이게 된다.

* 단, 서큘레이션의 방향을 결정하는 부호에 대한 규약이 추가되어야 한다.

전기역학의 법칙은 전기장과 자기장의 상호 관계를 개념적으로 보여 주는 일련의 실험을 통해 예시될 수 있다. 우리는 머리를 빗을 때마다 식 (1.1)의 첫 번째 항을 항상 경험하고 있으므로 그 항에 대한 실험은 생략한다. 식 (1.1)의 두 번째 항은 그림 1-6과 같이 막대자석 위로 지나가는 도선을 따라 전류를 흘려보냄으로써 가시화할 수 있다. 전류가 흐르기 시작하면 도선은 힘 $\boldsymbol{F}=q\boldsymbol{v}\times\boldsymbol{B}$에 의해 움직이게 된다. 전류는 도선 내부의 전하가 특정 속도 $\boldsymbol{v}$로 움직이는 현상이고, 자석에서 생성된 자기장은 움직이는 전하에 힘을 미치므로, 도선은 옆으로 밀리게 된다.

만일 도선이 왼쪽으로 밀린다면, 자석은 오른쪽으로 밀리는 힘을 받을 것이다(그렇지 않다면 이 장치를 차량에 적용하여 운동량 보존 법칙을 초월한 추진 장치를 만들 수 있다! 물론 말도 안 되는 이야기다). 힘이 너무 미약해서 자석의 움직임을 감지하기가 쉽진 않겠지만, 나침반의 자석처럼 민감하게 움직이는 자석이라면 미세한 반응을 보일 것이다.

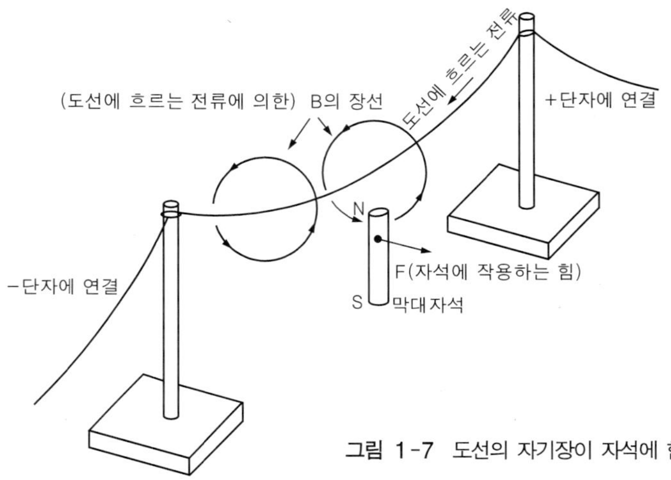

그림 1-7 도선의 자기장이 자석에 힘을 가한다.

도선은 무슨 수로 자석에 힘을 행사하는 것일까? 도선에 흐르는 전류가 스스로 자기장을 형성하기 때문이다. 식 (1.9)의 마지막 항을 보면, 전류가 $\boldsymbol{B}$의 서큘레이션을 야기시킨다는 사실을 알 수 있다. 이런 경우에, $\boldsymbol{B}$의 장선(field line)은 그림 1-7과 같이 도선을 중심으로 동심원을 그리게 되고, 이로부터 자석에 힘이 가해지는 것이다.

식 (1.9)에 의하면, 도선에 흐르는 전류의 양이 일정할 때 $\boldsymbol{B}$의 서큘레이션은 도선을 에워싸는 임의의 폐곡선에 대하여 모두 같다. 따라서 임의의 폐곡선(예를 들어, 원이라고 하자)이 도선에서 점점 멀어질수록(반경이 커질수록) 둘레의 길이도 늘어나므로, $\boldsymbol{B}$의 접선 방향 성분은 줄어들어야 한다. 즉, 길고 곧은 도선의 주변에 형성되는 자기장의 세기는 도선으로부터의 거리에 반비례한다는 것을 알 수 있다.

이로써 우리는 도선을 통해 흐르는 전류가 자기장을 만들어 내며, 자기장은 전류가 흐르는 도선에 힘을 행사한다는 사실을 확인하였다. 그렇다면 전류가 흐르는 도선 근처에 또 다른 도선을 갖다 놓으면 각자 자기장을 형성하여 상대방

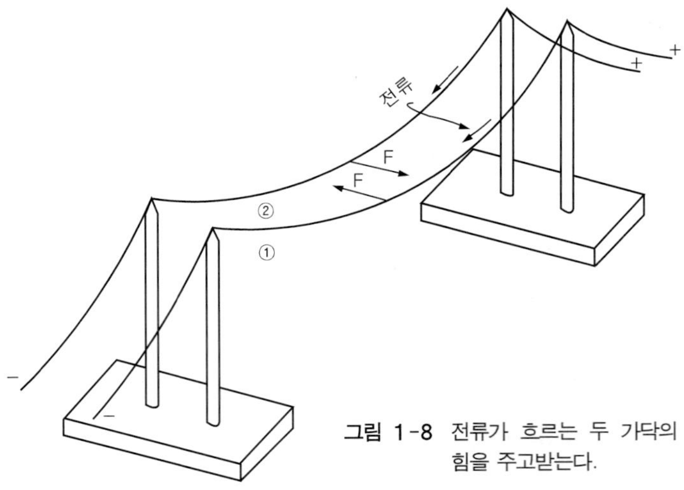

그림 1-8 전류가 흐르는 두 가닥의 도선은 서로 힘을 주고받는다.

에게 힘을 행사할 것이다. 이러한 상황은 그림 1-8에 표현되어 있다. 전류가 같은 방향으로 흐르면 도선은 서로 잡아당기고, 반대 방향일 때는 서로 밀어낸다.

간단히 말해서, 자석뿐만 아니라 전류도 자기장을 만들어 낼 수 있다. 그런데 잠깐! 여러분은 자석의 정체를 제대로 알고 있는가? 만일 자기장이 움직이는 전하에 의해 만들어지는 것이라면, 막대자석이나 말굽자석이 만들어 내는 자기장도 전류 때문에 생기는 것일까? 그런 것 같기도 하다. 그림 1-7에서 우리는 막대자석 대신 코일을 사용할 수도 있다(그림 1-9 참조). 코일에 전류를 흘려보내면 자석을 사용했을 때와 마찬가지로 도선이 움직이는 것을 볼 수 있다. 코일 속을 흐르는 전류가 자석을 흉내 내고 있기 때문이다. 따라서 쇠붙이로 만들어진 자석은 마치 내부에 영구적인 전류가 흐르고 있는 것처럼 행동한다고 생각할 수 있다. 실제로 자석은 철 원자의 내부에 영구 전류가 흐르고 있다. 그림 1-7에서 자석에 작용하는 힘은 식 (1.1)의 두 번째 항에 해당된다.

그렇다면 영구 전류의 정체는 과연 무엇일까? 한 가지 요인은 원자핵 주변을 공전하고 있는 전자에서 찾아볼 수 있다. 철의 경우는 예외이지만, 몇몇 물질에서는 전자의 공전이 자성의 원인으로 작용한다. 또 전자는 원자핵 주위를 공전하면서 팽이처럼 자전(spin)도 하고 있다(지구의 자전과 비슷하다). 이 자전에

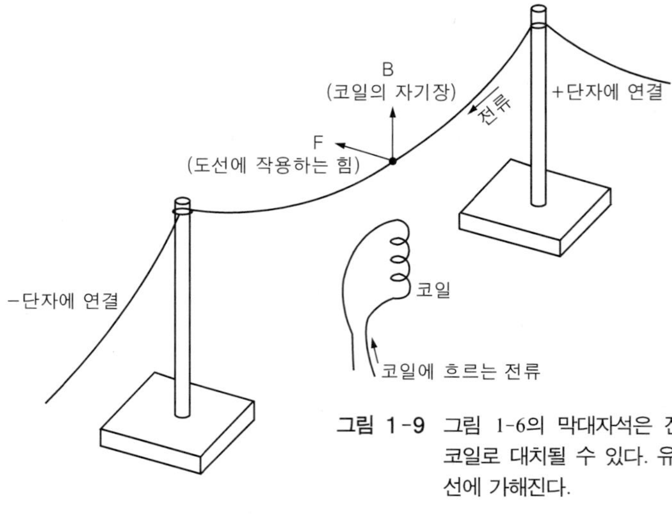

그림 1-9 그림 1-6의 막대자석은 전류가 흐르는 코일로 대치될 수 있다. 유사한 힘이 도선에 가해진다.

의한 전류 때문에 철의 자기장이 생기는 것이다(사실 이 문제는 고전적인 개념만으로는 설명할 수 없다. 제대로 이해하려면 양자역학을 알아야 한다. 지구의 자전과 "비슷하다"고 말한 것도 이런 이유 때문이다). 대부분의 물질에서는 전자들이 제각기 나름대로의 축으로 자전하고 있기 때문에 전류 효과가 서로 상쇄되어 자성이 나타나지 않지만, 철의 경우는 (나중에 설명하게 될 신비스런 이유로) 상당수의 전자들이 같은 축으로 자전하기 때문에 자성이 나타나는 것이다.

자석의 자기장도 전류로부터 생기므로, 자석을 기술하기 위해 식 (1.8)이나 (1.9)에 새로운 항을 추가할 필요는 없다. 자전하는 전자의 순환 전류를 비롯하여, '모든' 전류를 빠짐없이 고려해 주면 이 법칙은 절대로 틀리는 법이 없다. 또한 식 (1.6)의 우변에는 전하(electrical charge)와 관련된 항이 있지만, 식 (1.8)의 우변에는 이에 상응하는 '자하(magnetic charge)'가 없다는 것을 명심하기 바란다. 자하는 지금까지 단 한 번도 발견되지 않았다.

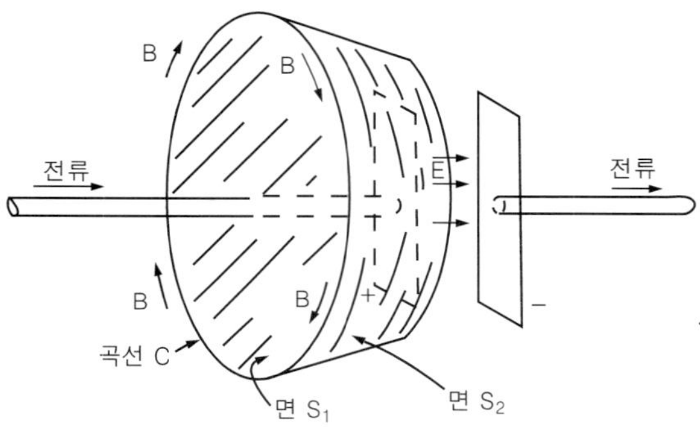

그림 1-10 곡선 C 둘레로의 $\boldsymbol{B}$의 서큘레이션은 면 S_1을 관통해 지나가는 전류로 주어지거나, 또는 면 S_2를 관통하는 $\boldsymbol{E}$의 플럭스의 변화율로 주어진다.

식 (1.9)의 우변에 있는 첫 번째 항은 맥스웰(Maxwell)이 이론적으로 발견한 항으로서, 매우 중요한 의미를 담고 있다. 수식을 간단히 직역하면 "시간에 따라 변하는 전기장은 자기장을 만들어 낸다"는 뜻으로 풀이할 수 있다. 첫 번째 항이 없으면 방정식은 당장 모순에 봉착하게 된다. 이 항을 누락시키면 "닫히지 않은 회로에서는 전류가 흐를 수 없다"는 결론이 내려지는데, 사실 이런 회로에도 전류는 얼마든지 흐를 수 있다. 예를 들어, 두 개의 평행판으로 이루어진 축전기(capacitor)를 생각해 보자. 그림 1-10에 보이는 바와 같이 이 축전기는 지금 전류가 한쪽 판으로 흘러들어 가고 다른 쪽 판에서는 흘러나오면서 충전되고 있는 중이다. 이제, 둘 중 한쪽 도선 주위에 폐곡선을 그리고, 그림 1-10처럼 도선을 자르고 지나가는 가상의 면 S_1으로 폐곡선의 안쪽을 채워 보자. 식 (1.9)에 따르면 곡선 C에 대한 $\boldsymbol{B}$의 서큘레이션(곱하기 c^2)은 도선을 흐르는 전류(나누기 ϵ_0)로 주어진다. 그렇다면 이 상황에서 그릇처럼 생긴 또 하나의 면 S_2를 추가하여 축전기 사이의 빈 공간을 포함시키면 어떻게 될까? 이 면을 지나는 전류는 분명히 0이다. 그러나 가상의 면을 추가했다고 해서 실제의 자기장에 변화가 생길 리는 없다! $\boldsymbol{B}$의 서큘레이션은 가상의 면과 상관없이 항상 같아야 한다. 식 (1.9)의 우변 첫 번째 항은 두 번째 항과 결합하여 S_1과 S_2에 대해서 같은 결과를 준다. 그리고 S_2에서 $\boldsymbol{B}$의 서큘레이션은 평행판 사이의 전기장 $\boldsymbol{E}$의 플럭스의 변화율로 주어지며, $\boldsymbol{E}$는 식 (1.9)가 정확하게 맞아떨어지도록 변한다. 맥스웰은 처음으로 이 항의 필요성을 알아냄으로써, 전자기학의 방정식을 완성한 인물이 되었다.

그림 1-6의 실험 장치를 이용하면 전자기학의 다른 법칙들을 증명할 수 있다. 공중에 매달려 있는 도선의 양 끝을 전원에서 분리하여 검류계(galvanometer)에 연결해 보자. 그리고 자석에 의해 형성된 자기장에 수직한 방향으로 도선을 '밀면' 전류가 검출된다. 이것은 식 (1.1)로부터 유도되는 또 하나의 결론과 일치한다. 즉, 도선 속의 전자들이 힘 $\boldsymbol{F}=q\boldsymbol{v}\times\boldsymbol{B}$를 '느끼는' 것이다. 자석의 자기장 $\boldsymbol{B}$와 전자의 속도 $\boldsymbol{v}$가 서로 수직하도록 세팅되었으므로, 전자에 작용하는 힘의 방향은 도선의 방향과 일치하며, 전자는 도선을 따라 검류계를 향해 움직이기 시작한다.

이와는 반대로, 도선을 그대로 놔두고 자석을 움직이면 어떻게 될까? 상대성 이론에 입각하여 생각해 보면, 두 경우 모두 동일한 결과가 얻어져야 한다. 실제로 후자의 경우에도 검류계에서 유사한 전류가 검출된다. 자기장이 어떻게 정지해 있는 전하에게 힘을 미치는 것일까? 식 (1.1)에 의하면, 이 경우에는 전기장이 존재하게 된다. 움직이는 자석이 전기장을 만드는 것이다. 식 (1.7)을 보면 그 이유를 대략적으로 알 수 있다. 이 식은 발전기와 변압기 등 실용적인 장치에서 일어나는 많은 현상을 설명해 주고 있다.

식 (1.7)과 식 (1.9)를 결합하면 '복사(radiation)'라는 전자기적 효과를 설명할 수 있다. 이것은 위에서 언급한 방정식들로부터 얻을 수 있는 가장 중요한 결론인데, 그 이유는 대략 다음과 같다. 시간이 흐름에 따라 점차 증가하는 자기장이 있다고 가정해 보자. 도선에 갑자기 전류를 흘려보내면 이런 상황을 만들 수 있다. 그러면 식 (1.7)에 의해 전기장의 서큘레이션이 발생한다. 그런데 전기장의 세기가 점점 커져서 (자기장의 변화율에 해당하는) 서큘레이션을 만들어 내면, 식 (1.9)에 의해 자기장의 서큘레이션도 발생할 것이다. 이렇게 자기장이 변하면 또다시 새로운 전기장의 서큘레이션이 생성되고…… 상황은 이와 같이 꼬리에 꼬리를 물고 진행된다. 장을 만들어 내는 전하와 전류만 있으면 다른 전하와 전류가 전혀 없어도 장은 공간 속을 퍼져 나갈 수 있다. 바로 이러한 현상 덕분에 우리는 서로를 볼 수 있는 것이다! 이 모든 내용은 전자기장의 방정식 속에 고스란히 담겨 있다.

1-5 '장'이란 무엇인가?

우선, 이 주제를 바라보는 방식에 대하여 몇 가지 사항을 짚고 넘어가고자 한다. 여러분은 이렇게 따질 수도 있다. "플럭스와 서큘레이션이라는 개념은 너무 추상적입니다. 공간의 모든 점에는 전기장이 존재하고, 거기에 이러이러한 '법칙들'이 존재한다는 것은 대충 알 것 같습니다. 그런데 실제로 그곳에서는 대체 어떤 일이 벌어지고 있는 겁니까? 예를 들어, '전하들 사이에 무언가가 오가고 있다'는 식으로 설명할 수는 없는 건가요?" 내가 보기에, 그런 질문을 하는 것은 여러분의 편견 때문이다. 대다수의 물리학자들은 "두 물체 사이에 아무것도 존재하지 않으면 직접적인 상호작용을 할 수 없다"고 믿고 있다(그런데 이미 생각해 낸 아이디어를 어떻게 생각할 수 없다고 주장하는지, 나는 그것이 궁금하다!). 그들은 이렇게 말한다. "생각해 보라. 우리가 아는 힘이라고는 한 물체가 다른 물체에 직접 작용하는 것밖에 없지 않은가? 매개체 없이 작용하는 힘이란 존재할 수 없다." 그런데 한 물체와 다른 물체가 '직접 작용한다'는 것은 구체적으로 어떤 과정을 의미하는가? 자세히 따지고 보면 한 물체가 다른 물체에 직접 닿는 경우는 없다. 제아무리 강하게 충돌한다 해도, 접근할 수 있는 거리에는 한계가 있다. 그리고 짧은 거리에서는 전기력이 강하게 작용한다. 그러므로 '직접 닿는' 작용도 전기력으로 설명되어야 한다. 전기력을 우리에게 친숙한 '근육의 힘' 같은 개념으로 설명하려는 것은 한마디로 말해 어불성설이다. 근육의 힘도 궁극적으로는 전기력으로 설명되기 때문이다! 그러므로 올바른 질문은 다음과 같다. "전기적 효과를 기술하는 가장 편리한 방법은 무엇인가?" 어떤 사람들은 전하들 사이의 원격 상호작용(interaction at a distance)으로 전기력을 표현하고 있는데, 이렇게 되면 법칙이 아주 복잡해진다. 또 다른 사람들은 장선(field line)을 선호한다. 그들은 항상 머릿속에 장선을 떠올리면서, 벡터 $\boldsymbol{E}$와 $\boldsymbol{B}$의 개념은 너무 추상적이라고 반박한다. 그러나 장선은 장을 기술하는 '대략적인' 표기법에 불과하기 때문에, 이것만으로는 관련 법칙들을 정확하게 표현할 수 없다. 또한 장선의 개념에는 전자기학의 가장 근본적인 원리 중 하나인 '중첩의 원리(principle of superposition)'가 누락되어 있다. 두 무리의 전하들이 만들어 내는 장선의 형태를 '각각' 안다고 해도, 두 무리가 동시에 만들어 내는 장선의 형태에 대해서는 전혀 알 길이 없다. 반면에, 두 벡터를 단순히 더하는 중첩의 원리는 수학적으로 아주 쉬운 개념이다. 장선은 생동감 있는 그림을 제공한다는 측면에서 좋은 점도 있지만, 단점도 만만치 않다. 또한 전기력을 '직접적인 작용'으로 생각하면 정지된 전하들을 고려할 때 매우 편리하지만, 고속으로 움직이는 전하를 다룰 때는 끔찍하게 번거로워진다.

그러므로 가장 좋은 방법은 추상적인 장의 개념을 사용하는 것이다. 개념 자체가 추상적이라는 점이 별로 달갑지 않겠지만, 이보다 좋은 방법이 없기 때문에 어쩔 수 없이 익숙해져야 한다. 전자기장을 모종의 톱니바퀴나 장선, 또는 어떤 매질의 운동으로 표현하려 했던 물리학자들은 장의 개념을 사용했을 때보다 훨씬 많은 노력을 기울여야 했다. 1843년에 매컬러프(McCullough)가 결정(結晶) 내부에서 빛의 움직임을 서술하는 정확한 방정식을 발견했을 때, 사람들은 그에게 이렇게 말했다. "그럴듯하군요, 그런데 역학적 성질이 당신의 방정식에 부합되는 물질은 실제로 존재하지 않습니다. 빛은 어떤 '매질' 내에서 일어나는 진동이므로, 당신의 추상적인 방정식은 설득력이 없습니다." 당시 사람들이 좀 더 열린 마음을 가졌다면, 우리는 빛의 거동에 대한 정확한 방정식을 훨씬 더 일찍 알 수 있었을 것이다.

자기장의 경우, 우리는 다음과 같은 점을 지적할 수 있다. 만일 여러분이 톱니바퀴나 끈 같은 물체를 이용하여 자기장을 성공적으로 표현했다고 가정해 보자. 그리고 동일한 속력으로 서로 평행하게 움직이는 두 전하 사이에 일어나는 현상을 이 논리로 설명해 보자. 전하는 움직이고 있으므로 두 줄기의 전류가 흐른다고 볼 수 있고(그림 1-8에 있는 도선의 전류처럼) 그에 상응하는 자기장이 형성될 것이다. 그러나 만일 관측자가 전하와 함께 움직이고 있다면, 그는 두 개의 전하가 정지해 있다고 생각할 것이며, 그의 눈에 자기장은 관측되지 않을 것이다. 전하와 함께 움직이면서 관측했더니 '톱니바퀴'나 '끈'이 온데간데없이 사라진 것이다! 전기 현상을 설명하기는커녕, 새로운 문제만 야기시키고 말았다. 멀쩡하게 존재했던 톱니바퀴가 어떻게 사라질 수 있다는 말인가?! 장선 그리기를 좋아하는 사람들도 이와 비슷한 난관에 봉착하게 된다. 장선이 전하와 함께 움직이는지의 여부는 논할 수 없을 뿐만 아니라, 어떤 좌표계에서는 완전히 사라져 버리기도 한다.

실제로 자기장은 상대론적인 효과이다. 방금 전에 언급했던 '나란히 움직이는 두 전하'의 경우, 전하의 운동에 대하여 v^2/c^2정도 크기의 상대론적 보정이 가해져야 한다고 예상할 수 있는데, 이 보정이 바로 자기력에 해당된다. 그렇다면 그림 1-8에서 두 도선 사이에 작용하는 자기력은 어떻게 설명해야 하는가? 이 경우에 자기력은 전혀 '상대론적 보정'이 아닌 것처럼 보인다. 또한 도선 속을 흐르는 전자의 속도는 평균적으로 초당 0.01cm정도이므로(여러분 스스로 계산해 보라), v^2/c^2은 약 10^{-25}이다. 이 정도면 거의 무시해도 될 만한 '보정' 같지만, 사실은 그렇지 않다! 그림 1-8과 같은 환경에서 자기력은 운동하는 전자들 사이에 작용하는 '정상적인' 전기력의 10^{-25}배에 불과하지만, 도선의 내부에는 전자의 수와 양성자의 수가 동일하기 때문에, 전하가 거의 완벽하게 균형을 이루어 '정상적인' 전기력은 나타나지 않는다. 전기력이 균형을 이루어 상쇄되는 정도는 10^{-25}보다 훨씬 더 정밀하며, 우리가 자기력이라고 부르는 이 작은 상대론적 보정 항만이 상쇄되지 않은 채로 남아서 주도적인 역할을 하게 되는 것이다.

과거의 물리학자들이 실제로 벌어지는 상황을 제대로 이해하지 못한 상태에서 v^2/c^2의 단위까지 일치하는 방정식을 발견할 수 있었던 것은, 전기적 효과가 거의 완벽에 가깝게 상쇄되기 때문이었다. 그래서 상대성 이론이 발견된 후에도 전자기학의 법칙은 수정될 필요가 없었다. 고전역학과는 달리 전자기학은 이미 v^2/c^2 단위의 정밀도를 갖고 있었던 것이다.

1-6 과학과 기술에서 전자기학의 역할

마지막으로, 고대 그리스인들이 연구했던 많은 자연현상들 중에서 가장 신기하게 취급되었던 두 가지 현상에 대하여 언급하고자 한다. 그들은 호박을 문지르면 작은 파피루스 조각을 들어 올릴 수 있다는 사실을 알고 있었다. 그리고 마그네시아(Magnesia) 섬에는 쇠붙이를 끌어당기는 신기한 바위가 있었다. 똑똑하기로 유명했던 그리스인들이었지만, 전기 및 자기 효과와 관련하여 그들이 알고 있었던 현상은 이 두 가지가 전부였다. 왜 그랬을까? 주된 이유는 앞서 말한 대로 양전하와 음전하가 거의 완벽에 가깝게 균형을 이루고 있기 때문이다. 그 후로 과학자들은 새로운 현상을 순차적으로 규명해 왔지만, 그들이 발견한 것은 궁극적으로 호박과 천연 자석의 다른 측면에 불과했다. 오늘날 우리는 화학 반응과 생명 현상까지도 전자기학을 통해 이해해야 한다는 것을 잘 알고 있다.

전자기학에 대한 이해가 점차 깊어지면서, 예전에는 상상도 못했던 기술이 개발되기 시작했다. 전신을 이용하여 멀리 떨어져 있는 사람과 교신할 수 있게 되었고, 멀리 있는 사람과 무선으로 이야기할 수 있게 되었으며, 대규모의 전력 시스템을 가동할 수 있게 되었다. 발전소로부터 수백 마일 떨어진 곳에 전기를 공급하여 산업과 과학의 발달을 촉진한 것도, 따지고 보면 모두 전자기학의 덕분이었다.

오늘날 우리는 전자기학을 더욱 세밀한 분야에 응용하고 있다. 전기력은 엄청나게 강하지만 상황에 따라서는 아주 약할 수도 있으므로, 이것을 적절히 제어하면 다양한 분야에 이용할 수 있다. 요즘 우리가 사용하는 전기 관련 장비들은 극도로 예민하여, 수백 마일 밖에 있는 사람의 움직임이 얇은 금속 막대 속의 전자에 미치는 영향을 분석하여 그 사람의 행동거지를 파악할 수 있을 정도이다. 그 막대를 안테나로 사용하면 거실에서 TV를 시청할 수 있다!

먼 훗날 인류가 역사를 되돌아보면서 위대한 역사적 사건을 꼽는다면, 거기에는 19세기에 완성된 맥스웰의 전자기학이 반드시 포함될 것이다. 그러나 이와 비슷한 시기에 일어났던 미국의 독립 전쟁은 지엽적인 사건으로 치부될 가능성이 높다.

CHAPTER 02

벡터장의 미분

2-1 물리학의 이해

2-1 물리학의 이해
2-2 스칼라장과 벡터장 — T, $\boldsymbol{h}$
2-3 장의 도함수 — 그래디언트
2-4 ∇ 연산자
2-5 ∇의 적용
2-6 열 흐름의 미분 방정식
2-7 벡터장의 2계 도함수
2-8 조심할 점들

복습 과제 :
제1권 11장 〈벡터〉

물리학자는 문제를 여러 가지 관점에서 바라보는 능력이 있어야 한다. 현실적인 물리 문제들은 대체로 복잡하기 짝이 없다. 운동 방정식(대체로 미분 방정식이다)을 알고 있다 해도, 계(system) 자체가 너무 복잡하여 방정식을 풀 수 없는 경우가 대부분이다. 그러나 이상적인 조건하에서 해의 특성을 이해하고 있다면, 실제 물리계의 거동에 관하여 매우 유용한 정보를 얻을 수 있다. 장선(field line), 축전용량(capacitance), 저항(registance), 그리고 인덕턴스(inductance)와 같은 개념들은 이런 점에서 매우 유용하다. 앞으로 여러분은 이런 것들을 분석하면서 꽤 많은 시간을 보내게 될 것이다. 이 과정을 반복적으로 거치다 보면, 복잡한 전자기적 상황들도 점차 이해하게 될 것이다. 그러나 장선과 같은 방법론적 개념들은 모든 상황에 적용될 수 없다. 전자기학의 법칙을 가장 정확하게 표현하는 방법은 바로 '미분 방정식(differential equation)'이다. 미분 방정식은 근본적이라는 장점이 있고, 현재까지 우리가 아는 한 정확하다. 이미 미분 방정식을 수강한 학생들도 다시 한 번 돌이켜 볼 것을 권한다. 거기에는 버릴 것이 단 하나도 없다.

다양한 환경에서 발생하는 사건들을 이해하려면 약간의 시간이 걸린다. 여러분은 방정식을 풀어야 하고, 방정식을 풀 때마다 해의 특성을 배워 나갈 것이다. 미분 방정식의 해를 머릿속에 넣어 두고 있으면, 그 의미를 장선이나 다른 개념과 연관시키면서 더욱 깊은 이해를 도모할 수 있다. 이것이 물리 방정식을 진정으로 '이해하는' 방법이다. 물리학이 수학과 다른 것은 바로 이런 이유 때문이다. 수학자 또는 수학적으로 편향된 사람들이 물리학을 공부할 때에는 종종 물리적인 시각을 잃어버리기 때문에 길에서 벗어나는 경우가 많다. 그들은 이렇게 말한다. "보라. 전자기학의 모든 것은 이 미분 방정식(맥스웰 방정식) 속에 다 들어 있다. 전자기와 관련된 모든 현상들이 이 방정식으로 설명된다는 것은 물리학자들도 인정한 사실이다. 방정식은 꽤 복잡하지만 결국은 수학 방정식에 지나지 않는다. 따라서 이 방정식을 머릿속에서 완전히 삶아 먹는다면 물리학에 대한 이해도 같이 따라올 것이다." 하지만 현실은 그렇지가 않다. 이런 생각으로 물리학을 연구하는 수학자들은(실제로 학계에는 이런 사람들이 꽤 많다) 물리학에 거의 기여를 하지 못할 뿐만 아니라, 사실 수학에도 별 도움을 주지 못한다. 이들이 실패할 수밖에 없는 이유는 현실 세계에서 발생하는 물리적 상황들이 엄청나게 복잡하기 때문이다. 그래서 물리학을 공부하려면 방정식에 대한 폭넓은 이해가 절실히 요구된다. 그런데 수학적 의미를 초월하여 방정식을 더욱 '폭넓게' 이해하려면 대체 무엇을 어떻게 해야 하는가? 이 문제에 관해서는 디랙(Dirac)의 충고에 귀를 기울일 필요가 있다. "방정식을 직접 풀지 않고서도 해의 특성을 알아내는 방법을 발견했을 때, 나는 비로소 그 방정식의 의미를 이해하게 된다." 주어진 상황에서 방정식을 풀지 않고서도 어떤 일이 벌어질지 미리 예견할 수 있을 때, 우리는 그 방정식을 진정으로 '이해했다'고 말할 수 있는 것이다. '물리적 이해'는 전혀 수학적이지 않고 정확하지도 않지만, 물리학자에게는 반드시 필요한 덕목이다.

물리학과에서 제공하는 학부 수준의 강의는 대개 물리적 개념들을 서서히 발전시키는 방식으로 진행된다. 가장 간단하고 이상적인 상황에서 시작하여 점차 복잡한 상황으로 옮겨 가는 식이다. 이런 과정을 거치다 보면 전에 배웠던 내용들이 일반적으로 맞지 않는다는 사실을 수시로 깨닫게 되겠지만, 혼란스러워할 필요는 없다. 좀 더 복잡한 시스템을 알게 되었다면, 과거에 배웠던 이상적인 시스템은 그냥 머릿속에서 지워 버리면 된다. 예를 들어, "전기력은 거리의 제곱에 반비례한다"는 쿨롱의 법칙은 항상 적용되는 법칙이 아니다. 그래서 우리는 이와 정반대의 접근법을 시도하기로 한다. 즉, '완벽한' 법칙을 먼저 언급한 후에 가장 단순한 경우로 되돌아가서 해를 구하고, 다시 그곳을 출발점으로 삼아 이해의 폭을 점진적으로 넓혀 가는 식으로 강의를 진행할 것이다.

이러한 접근 방식은 실험을 통해 얻어진 정보들로부터 전자기학을 완성해 나갔던 과거의 접근 방식과 정반대이다. 지난 200년간 물리학을 이끌어 온 사람들은 한결같이 천재적인 두뇌의 소유자들이었기에, 그들이 이룩한 것을 한 학기 또는 1년 만에 모두 배우는 것은 애초부터 불가능하다. 그리고 안타깝게도 이 강의는 실험실이 아닌 강의실에서 한정된 시간 동안 진행되기 때문에, 전자기학의 새로운 지평을 열었던 유명한 실험들과 역사적인 사실들을 모두 다룰 수는 없다. 그러므로 여러분은 강의 시간에 빠진 내용들을 실험실에서 보충해야 한다. 전자기학과 관련된 역사적 사실들을 알고 싶다면 『브리태니커 백과사전』도 커다란 도움이 될 것이다. 또한 시중에 나와 있는 다양한 전자기학 교재를 활용하면 우리의 강의에서 누락된 부분을 보충할 수 있을 것이다.

2-2 스칼라장과 벡터장—T, $\boldsymbol{h}$

지금부터 추상적인 수학적 관점에서 전기와 자기 이론을 재조명해 보자. 물론, 우리의 최종 목적은 수학적인 이해가 아니라 1장에 제시된 법칙들의 물리적 의미를 이해하는 것이다. 그러나 당분간은 수학의 숲을 헤치고 나가야 하므로, 일단은 수학 표기법에 익숙해져야 한다. 지금부터 당분간 전자기학은 잊어버리고, 수학적인 의미의 벡터장(vector field)에 관심을 집중해 보자. 벡터장은 전자기학뿐만 아니라 물리학의 모든 분야에서 매우 중요하게 사용되는 핵심적 개념이다. 보통의 미적분학과 마찬가지로, 벡터장의 미적분 역시 물리학의 전 분야에 걸쳐 광범위하게 사용되고 있다.

일반적으로, 벡터는 아래의 대수 법칙을 만족한다. 처음 보는 사람도 있겠지만, 대부분의 학생들은 이미 알고 있으리라 믿는다.

$$\boldsymbol{A} \cdot \boldsymbol{B} = \text{스칼라} = A_xB_x + A_yB_y + A_zB_z \tag{2.1}$$

$$\boldsymbol{A} \times \boldsymbol{B} = \text{벡터} \tag{2.2}$$

$$(\boldsymbol{A} \times \boldsymbol{B})_z = A_xB_y - A_yB_x$$

$$(\boldsymbol{A} \times \boldsymbol{B})_x = A_yB_z - A_zB_y$$

$$(\boldsymbol{A} \times \boldsymbol{B})_y = A_zB_x - A_xB_z$$

$$\boldsymbol{A} \times \boldsymbol{A} = 0 \tag{2.3}$$

$$\boldsymbol{A} \cdot (\boldsymbol{A} \times \boldsymbol{B}) = 0 \tag{2.4}$$

$$\boldsymbol{A} \cdot (\boldsymbol{B} \times \boldsymbol{C}) = (\boldsymbol{A} \times \boldsymbol{B}) \cdot \boldsymbol{C} \tag{2.5}$$

$$\boldsymbol{A} \times (\boldsymbol{B} \times \boldsymbol{C}) = \boldsymbol{B}(\boldsymbol{A} \cdot \boldsymbol{C}) - \boldsymbol{C}(\boldsymbol{A} \cdot \boldsymbol{B}) \tag{2.6}$$

또한 우리는 미적분학을 통해 다음 두 가지 등식이 성립한다는 것을 알고 있다.

$$\Delta f(x, y, z) = \frac{\partial f}{\partial x}\Delta x + \frac{\partial f}{\partial y}\Delta y + \frac{\partial f}{\partial z}\Delta z \tag{2.7}$$

$$\frac{\partial^2 f}{\partial x\, \partial y} = \frac{\partial^2 f}{\partial y\, \partial x} \tag{2.8}$$

당연한 이야기지만, 식 (2.7)은 Δx, Δy, Δz가 0에 가까울 때에 한하여 성립한다.

물리적 장의 가장 간단한 형태는 스칼라장(scalar field)이다. 스칼라장이란, 각 지점마다 하나의 숫자(스칼라)가 할당되어 있는 장을 의미한다. 물론 그 숫자는 시간에 따라 변할 수도 있지만, 당분간은 시간을 고려하지 않기로 한다. 지금 당장 우리의 관심은 '임의의 한 순간'에 나타나는 스칼라장의 형태이다. 스칼라장의 한 가지 예로, 한쪽이 가열되면서 다른 쪽은 냉각되고 있는 고체 덩어리를 생각해 보자. 이 물체의 온도는 위치에 따라 복잡한 방식으로 변할 것이므로, 직교 좌표 x, y 그리고 z에 따라 변하는 함수로 표현된다. 즉, 온도는 스칼라장이다.

스칼라장을 상상하는 한 가지 방법은 장의 값이 동일한 모든 지점들을 포함

벡터를 쓰는 법

어떤 사람들은 이렇게 쓰고

또 다른 사람들은 이렇게 쓰기도 한다..

우리는 다음과 같은 방식을 선호한다.

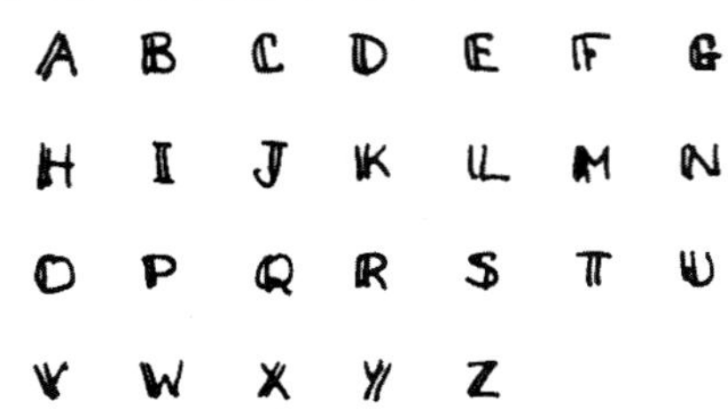

소문자는 조금 어렵다.

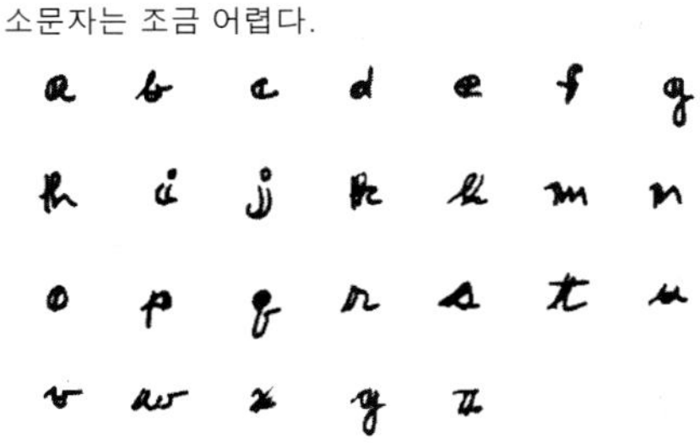

나름대로 자기만의 방식을 고안해서 쓸 수도 있다.

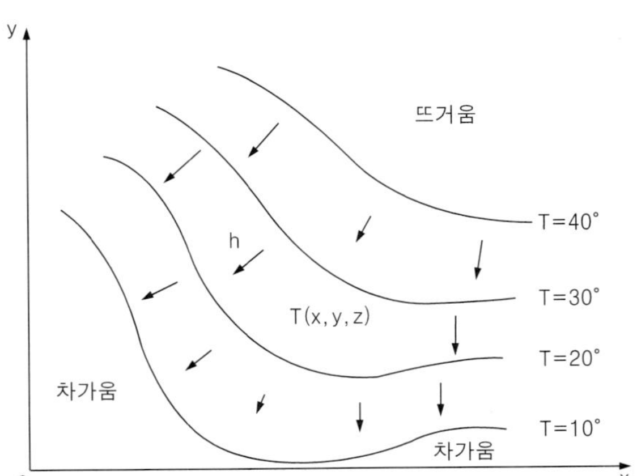

그림 2-1 온도 T는 스칼라장의 예이다. 공간상의 각 점 (x, y, z)에 하나의 수 $T(x, y, z)$가 부여되어 있다. $T=20°$로 표시된 면 위의 모든 점에서 (그림에서는 $z=0$에서의 곡선으로 보임) 온도가 같다. 화살표는 열 흐름 벡터 $\boldsymbol{h}$를 나타낸다.

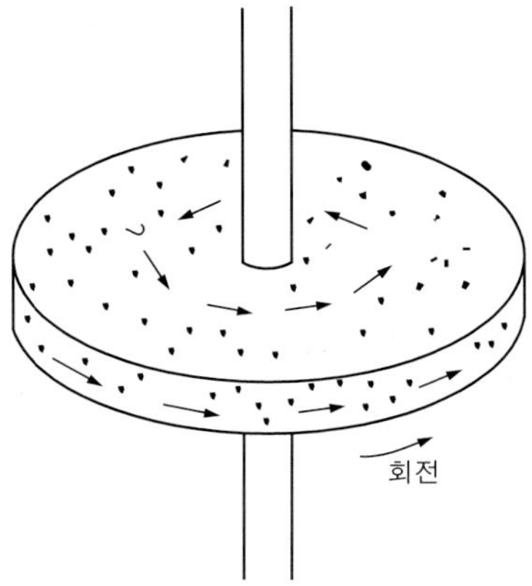

그림 2-2 회전하는 물체에서 원자들의 속도는 벡터장의 예이다.

하는 가상의 면, 즉 "윤곽(contour)"을 머릿속에 그리는 것이다. 이것은 지도에 그려진 등고선과 같은 개념으로 이해할 수 있다. 단, 온도장의 경우에는 이 윤곽을 등온면(isothermal surface, 또는 isotherm)이라 부른다(온도가 같은 지점들이 1차원 선을 형성하면 등온선, 2차원 면을 형성하면 등온면이라 한다. isotherm에는 이 두 가지 의미가 모두 포함되어 있다 : 옮긴이). 그림 2-1은 온도장의 한 예를 그림으로 표현한 것으로, $z=0$일 때 온도 T가 x와 y에 따라 어떻게 변하는지를 보여 주고 있다.

벡터장은 스칼라장보다 조금 복잡하지만, 기본적인 아이디어는 매우 단순하다. 공간상의 각 지점마다 벡터가 주어져 있고 이들이 위치에 따라 달라진다면, 이 모든 벡터들을 하나의 벡터장으로 표현할 수 있다. 예를 들어, 회전하는 물체를 생각해 보자. 회전하는 물체의 내부에서 각 지점이 움직이는 속도는 위치에 따라 달라지는 벡터 함수로 나타낼 수 있다(그림 2-2 참조). 물체 안에서 열이 흐르는 경우도 마찬가지다. 물체 내부의 온도가 각 지점마다 다른 값을 갖는다면, 열이 흐르는 방향은 각 지점마다 달라진다(열은 뜨거운 곳에서 차가운 곳으로 흐른다). 즉, 열의 흐름이란 '방향성'을 갖는 물리량인 것이다. 지금부터 이 물리량을 벡터 $\boldsymbol{h}$로 표기하자. $\boldsymbol{h}$의 크기는 각 지점을 흐르는 열의 양을 나타낸다. 그림 2-1에는 $\boldsymbol{h}$의 크기와 방향이 같이 그려져 있다.

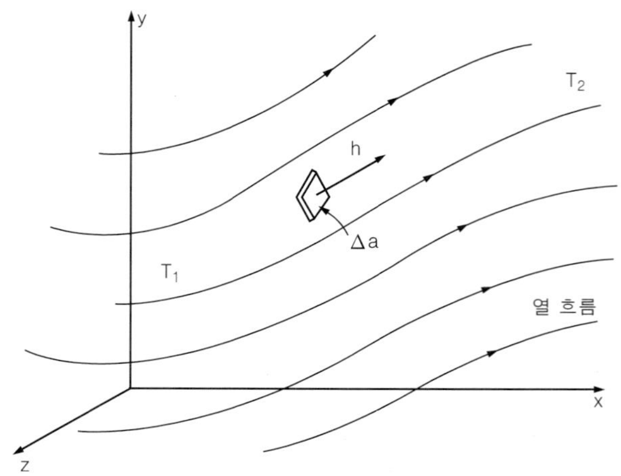

그림 2-3 열 흐름은 일종의 벡터장이다. 벡터 $\boldsymbol{h}$는 흐름의 방향을 가리킨다. 벡터의 크기는 열 흐름에 수직하게 놓인 면적 요소를 통해 단위 시간당 전달되는 에너지를 면적 요소의 넓이로 나눈 값이다.

자, 이제 $\boldsymbol{h}$를 좀 더 정확하게 정의해 보자. 임의의 한 지점에서 열 흐름 벡터의 크기는, 그 지점에서 열이 흐르는 방향에 수직한 단위 면적을 단위 시간에 통과하는 열에너지의 양으로 정의된다. 그림 2-3에서 보는 바와 같이, 열 흐름 벡터는 각 지점에서 열이 흐르는 방향을 가리키고 있다. 단위 시간에 작은 면적 Δa를 통과하는 열에너지의 양을 ΔJ라 하면, $\boldsymbol{h}$는

$$\boldsymbol{h} = \frac{\Delta J}{\Delta a}\boldsymbol{e}_f \tag{2.9}$$

로 표현된다. 여기서 $\boldsymbol{e}_f$는 그 지점에서 열이 흐르는 방향을 나타내는 단위 벡터(unit vector, 길이가 1인 벡터)이다.

벡터 $\boldsymbol{h}$는 각 성분을 통해 정의될 수도 있다. 여기서 한 가지 질문을 던져 보자. "임의의 각도로 서 있는 미소 면적을 통과하는 열에너지의 양은 얼마인

가?” 그림 2-4는 열 흐름에 수직한 미소 면적 Δa_1과 기울어진 미소 면적 Δa_2를 보여 주고 있다. 여기서 벡터 $\boldsymbol{n}$은 면적 Δa_2에 수직한 단위 벡터이며, $\boldsymbol{n}$과 $\boldsymbol{h}$ 사이의 각도 θ는 ($\boldsymbol{h}$와 Δa_1이 서로 수직이므로) Δa_1과 Δa_2의 사이각과 같다. 그렇다면 Δa_2를 통과하는 ‘단위 면적당’ 열의 흐름은 얼마나 될까? Δa_2를 통과하는 흐름은 Δa_1을 통과하는 흐름과 동일해야 한다. 왜냐하면 이 지점에서 열이 흐르는 방향은 Δa_1에 수직하고, 이 방향에서 바라봤을 때 Δa_1과 Δa_2의 ‘유효 면적’은 동일하기 때문이다. 두 면적 사이에는 $\Delta a_1 = \Delta a_2 \cos\theta$의 관계가 성립하므로, Δa_2를 통과하는 열의 흐름은 다음과 같다.

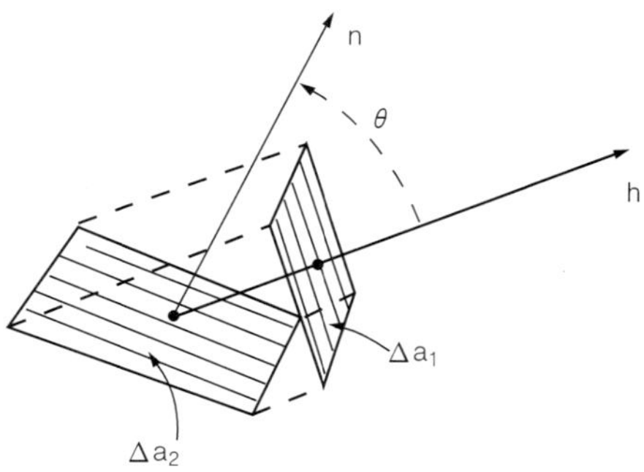

그림 2-4 Δa_2를 관통하는 열 흐름은 Δa_1을 관통하는 것과 동일하다.

$$\frac{\Delta J}{\Delta a_2} = \frac{\Delta J}{\Delta a_1}\cos\theta = \boldsymbol{h}\cdot\boldsymbol{n} \tag{2.10}$$

이 방정식의 의미는 다음과 같다 — 단위 법선 벡터가 $\boldsymbol{n}$으로 주어진 임의의 면적 요소를 (단위 시간, 단위 면적당) 통과하는 열의 양은 $\boldsymbol{h}\cdot\boldsymbol{n}$으로 주어진다. 즉, 면적 요소 Δa_2에 수직한 방향으로 흐르는 열의 성분이 $\boldsymbol{h}\cdot\boldsymbol{n}$이라는 뜻이다. 이것은 (굳이 원한다면) $\boldsymbol{h}$에 대한 정의로 사용할 수도 있다. 그러면 지금부터 이와 비슷한 개념을 다른 벡터장에 적용해 보자.

2-3 장의 도함수 — 그래디언트

장의 값이 시간에 따라 변하는 경우, 그 변하는 정도는 시간 t에 대한 도함수로 나타낼 수 있다. 물론, 변화율의 개념은 시간뿐만 아니라 공간에도 적용할 수 있다. 사실, 지금 우리의 관심은 시간에 따른 변화가 아니라 위치에 따른 변화이므로, 공간(위치)에 대한 미분을 먼저 고려해야 한다. 그런데 공간을 나타내는 변수는 x, y, z로 무려 세 개나 있다. 이들 중 대체 어떤 변수로 미분해야 우리가 원하는 변화율을 얻을 수 있을까?

오만 가지 좌표계를 동원한다 해도, 물리 법칙은 결코 달라지지 않는다. 올바른 법칙이라면 우리가 설정한 좌표계에 상관없이 양변이 모두 스칼라이거나 모두 벡터인 형태로 표현될 것이다. 그렇다면 스칼라장의 도함수는 어떻게 정의해야 하는가? $\partial T/\partial x$라고 말할 수 있을까? 이것은 스칼라인가, 아니면 벡터인가? 아니면 제3의 그 무엇일까? 사실 이 도함수는 스칼라도, 벡터도 아니다. x축을 다르게 잡으면 $\partial T/\partial x$도 달라지기 때문이다. 이런 식의 미분은 세 가지 $\partial T/\partial x$, $\partial T/\partial y$, $\partial T/\partial z$가 가능한데, 3차원 공간에서 정의된 벡터는 세 개의 성분을 갖고 있으므로 이들도 벡터가 될 가능성이 있다.

$$\left(\frac{\partial T}{\partial x},\ \frac{\partial T}{\partial y},\ \frac{\partial T}{\partial z}\right) \overset{?}{=} \text{벡터} \tag{2.11}$$

물론, 세 개의 성분을 갖고 있다고 해서 무조건 벡터가 되는 것은 아니다. 진짜 벡터라면, 좌표축을 회전시켰을 때 각 성분들이 일정한 규칙에 따라 변환되어야 한다. 따라서 지금 우리의 할 일은 T의 도함수들이 좌표계의 회전에 대하여 어떻게 변하는지를 확인하는 것이다. 결론부터 말하자면, 식 (2.11)은 벡터의 성질을 만족한다. 즉, 좌표를 회전시켰을 때 각 도함수들이 일정한 규칙에 따라 변환된다는 뜻이다.

증명하는 방법은 여러 가지가 있는데, 그중 한 가지 방법은 좌표계와 무관한 질문을 던진 후 역시 좌표계와 무관한 답을 유추해 내는 것이다. 예를 들어, $S = \boldsymbol{A}\cdot\boldsymbol{B}$이고 $\boldsymbol{A}$와 $\boldsymbol{B}$가 벡터이면 (제1권의 11장에서 증명한 바와 같이) S가 스칼라임은 이미 알고 있는 사실이다. "좌표계가 바뀌어도 S는 변하지 않는다"는 사실을 실제로 확인해 보지 않고서도 S가 스칼라임을 자신 있게 주장할 수 있다. S는 두 벡터의 내적(dot product)이기 때문에 결코 변하지 않는다. 이와 마찬가지로, $\boldsymbol{A}$가 벡터임을 알고 있고, 세 개의 숫자 B_1, B_2, B_3에 대하여 다음의 연산

$$A_xB_1 + A_yB_2 + A_zB_3 = S \tag{2.12}$$

가 모든 좌표계에서 동일한 결과를 준다면, B_1, B_2, B_3는 어떤 벡터 $\boldsymbol{B}$의 성분 B_x, B_y, B_z가 되어야만 하는 것이다.

이제 온도장에 대해 생각해 보자. 공간상에서 $\Delta\boldsymbol{R}$만큼 떨어진 두 점 P_1, P_2를 취하여 P_1에서의 온도를 T_1, P_2에서의 온도를 T_2라 하자. 그러면 두 점 사이의 온도 차는 $\Delta T = T_2 - T_1$이 된다. 온도는 물리적인 실체이므로, 일단 한 지점에서 측정된 온도는 좌표를 제멋대로 바꿔도 절대로 변하지 않는다(지금 우리는 시간에 따른 온도 변화를 고려하지 않고 있다). 따라서 ΔT는 좌표계에 무관한 스칼라이다.

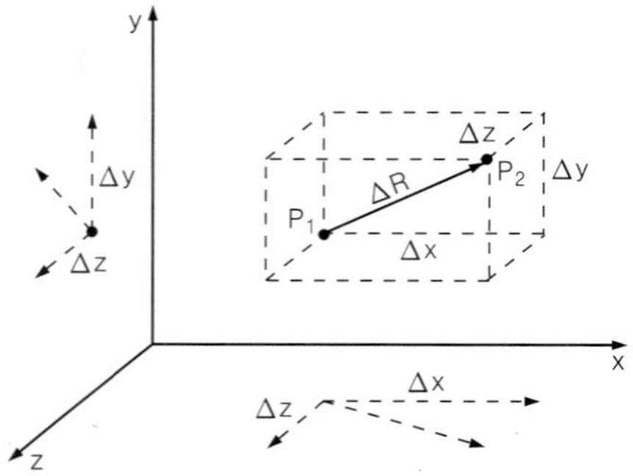

그림 2-5 벡터 $\Delta\boldsymbol{R}$의 성분은 Δx, Δy, Δz이다.

좌표축을 잘 설정하면 $T_1 = T(x, y, z)$, $T_2 = T(x+\Delta x, y+\Delta y, z+\Delta z)$로 쓸 수 있다. 여기서 Δx, Δy, Δz는 벡터 $\Delta\boldsymbol{R}$의 성분을 나타낸다(그림 2-5). 그리고 식 (2.7)에 의해, ΔT는 다음과 같이 표현될 수 있다.

$$\Delta T = \frac{\partial T}{\partial x}\Delta x + \frac{\partial T}{\partial y}\Delta y + \frac{\partial T}{\partial z}\Delta z \tag{2.13}$$

방정식 (2.13)의 좌변은 스칼라이고 우변은 어떤 벡터의 성분인 Δx, Δy, Δz에 세 개의 편도함수를 각각 곱하여 더한 것이다. 그러므로 세 개의 수

$$\frac{\partial T}{\partial x},\quad \frac{\partial T}{\partial y},\quad \frac{\partial T}{\partial z}$$

는 어떤 벡터의 x, y, z성분임을 알 수 있다. 지금부터 이 벡터를 ∇T로 표기하자. 기호 ∇['델(del)'이라고 함]은 Δ를 뒤집어 놓은 모양으로, 미분 연산이 관련되어 있음을 시사하고 있다. ∇T를 읽는 방법은 여러 가지가 있는데, '델-T'나 '그래디언트(gradient) T' 또는 '그래드(grad) T'로 읽기도 한다.

$$\text{grad } T = \nabla T = \left(\frac{\partial T}{\partial x},\ \frac{\partial T}{\partial y},\ \frac{\partial T}{\partial z}\right)^* \tag{2.14}$$

---

* 우리의 표기법에서 (a, b, c)는 x, y, z성분이 각각 a, b, c인 벡터를 나타낸다. 단위 벡터 $\boldsymbol{i}$, $\boldsymbol{j}$, $\boldsymbol{k}$를 사용하고 싶다면

$$\nabla T = \boldsymbol{i}\frac{\partial T}{\partial x} + \boldsymbol{j}\frac{\partial T}{\partial y} + \boldsymbol{k}\frac{\partial T}{\partial z}$$

로 쓸 수도 있다.

이 표기법을 사용하면 식 (2.13)을 다음과 같이 간결한 형태로 표현할 수 있다.

$$\Delta T = \nabla T \cdot \Delta \boldsymbol{R} \tag{2.15}$$

이 식의 의미를 일상적인 말로 표현하면 다음과 같다. "인접한 두 점 사이의 온도 차는 T의 그래디언트와 두 점 사이의 변위 벡터의 내적과 같다." 또한 식 (2.15)는 ∇T가 벡터임을 분명하게 보여 주고 있다.

아직도 확신이 서지 않는가? 그렇다면 다른 방법으로 증명해 보자(사실, 알고 보면 똑같은 증명이다. 단지 설명이 좀 더 장황해진 것뿐이다). 나는 지금 ∇T의 각 성분들이 변하는 규칙이 $\boldsymbol{R}$의 성분들이 변하는 규칙과 동일하다는 것을 증명할 참이다. 이 증명이 성공한다면 ∇T는 제1권의 11장에서 언급한 벡터의 원래 정의에 의해 의심의 여지없는 벡터가 된다. 새로운 좌표계 x', y', z'에서 $\partial T/\partial x'$, $\partial T/\partial y'$, $\partial T/\partial z'$을 각각 계산해 보자. 문제가 복잡해지는 것을 방지하기 위해 $z = z'$이라 가정하자. 즉, 새로운 좌표계의 z축과 원래 좌표계의 z축은 동일하다는 뜻이다($z \neq z'$인 경우는 여러분 스스로 증명해 보기 바란다).

우선, 그림 2-6(a)와 같이 xy좌표계에 대하여 반시계 방향으로 θ만큼 회전한 $x'y'$좌표계를 취한다(시계 방향으로 돌려도 상관없다). 이때, 임의의 한 점의 좌표 (x, y)는 새로운 좌표계에서

$$x' = x\cos\theta + y\sin\theta \tag{2.16}$$

$$y' = -x\sin\theta + y\cos\theta \tag{2.17}$$

가 된다. 이 식을 x와 y에 대하여 풀면

$$x = x'\cos\theta - y'\sin\theta \tag{2.18}$$

$$y = x'\sin\theta + y'\cos\theta \tag{2.19}$$

가 얻어진다. 한 쌍의 숫자들이 위와 동일한 규칙을 따라 변환된다면, 그것은 어떤 벡터의 성분임이 분명하다.

이제 그림 2-6(b)에 그려진 것처럼 인접한 두 점 P_1, P_2 사이의 온도 차에 대해 생각해 보자. 지금 P_1과 P_2는 x축과 나란한 선 상에 위치하고 있으므로 $\Delta y = 0$이다. 따라서

$$\Delta T = \frac{\partial T}{\partial x}\Delta x \tag{2.20}$$

로 쓸 수 있다.

이 값을 $x'y'$좌표계에서 계산하면 어떻게 될 것인가? 일단은 식 (2.7)에 의해 다음과 같이 쓸 수 있다.

$$\Delta T = \frac{\partial T}{\partial x'}\Delta x' + \frac{\partial T}{\partial y'}\Delta y' \tag{2.21}$$

그런데 그림 2-6(b)를 보면

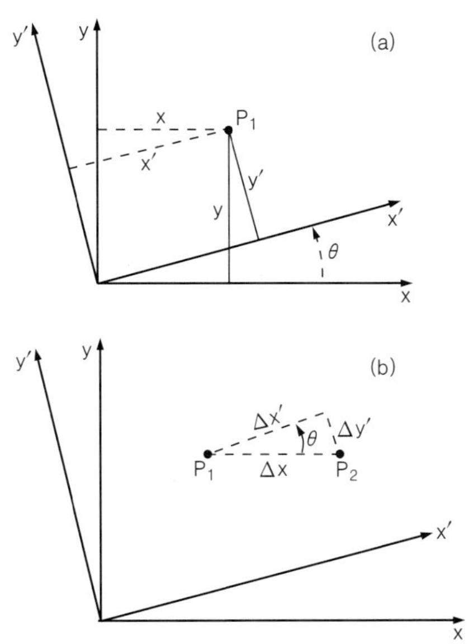

그림 2-6 (a)회전된 좌표계로의 변환 (b)간격 $\Delta \boldsymbol{R}$의 특별한 경우로 x축에 평행할 때

$$\Delta x' = \Delta x \cos\theta \tag{2.22}$$

이고, Δx가 양수일 때 $\Delta y'$는 음수이므로

$$\Delta y' = -\Delta x \sin\theta \tag{2.23}$$

임을 알 수 있다. 이들을 식 (2.21)에 대입하면 다음과 같은 결과가 얻어진다.

$$\Delta T = \frac{\partial T}{\partial x'}\Delta x \cos\theta - \frac{\partial T}{\partial y'}\Delta x \sin\theta \tag{2.24}$$

$$= \left(\frac{\partial T}{\partial x'}\cos\theta - \frac{\partial T}{\partial y'}\sin\theta\right)\Delta x \tag{2.25}$$

또한 식 (2.25)와 (2.20)을 비교하면 다음의 결과가 얻어진다.

$$\frac{\partial T}{\partial x} = \frac{\partial T}{\partial x'}\cos\theta - \frac{\partial T}{\partial y'}\sin\theta \tag{2.26}$$

이로써 우리는 $\partial T/\partial x$를 $\partial T/\partial x'$과 $\partial T/\partial y'$으로 표현하는 데 성공하였다. 이것은 앞에서 x를 x'과 y'으로 표현한 것과 동일한 형태이다. 따라서 우리는 $\partial T/\partial x$가 어떤 벡터의 x성분이라는 결론을 내릴 수 있다. 동일한 계산을 반복하면 $\partial T/\partial y$와 $\partial T/\partial z$도 각각 어떤 벡터의 y, z성분이라는 결론이 내려진다. 그러므로 $\boldsymbol{\nabla} T$는 벡터임이 분명하다. 이것은 스칼라장 T를 미분하여 만들어진, 일종의 벡터장이다.

2-4 ∇ 연산자

이제 여러분은 매우 재미있고 기발한 연산을 수행할 수 있게 되었다. 수학이 아름답게 보이는 것은 바로 이러한 연산들이 존재하기 때문이다. $\boldsymbol{\nabla} T$가 벡터임을 증명한 우리의 논리는 T의 구체적인 형태와 전혀 무관하다. 다시 말해서, T가 '임의의 스칼라장'으로 대체된다고 하더라도 $\boldsymbol{\nabla} T$는 '항상' 벡터라는 것이다. T의 생김새에 관계없이 변환 식은 항상 동일한 형태로 나타나므로, 매번 번거롭게 T를 달고 다닐 필요가 없다. 그래서 방정식 (2.26)에서 T를 떼어 내고, 다음과 같은 연산자 식으로 바꿔 쓸 수 있다.

$$\frac{\partial}{\partial x} = \frac{\partial}{\partial x'}\cos\theta - \frac{\partial}{\partial y'}\sin\theta \tag{2.27}$$

제임스 진스(James Jeans)는 이 미분 연산자를 가리켜 "미분 사냥감을 노리고 있는 굶주린 연산자"라고 표현했다.

미분 연산자 자체도 벡터의 성분과 동일한 규칙을 따라 변환되므로, 이들을 한데 묶으면 다음과 같은 '벡터 연산자'가 정의된다.

$$\boldsymbol{\nabla} = \left(\frac{\partial}{\partial x}, \frac{\partial}{\partial y}, \frac{\partial}{\partial z}\right) \tag{2.28}$$

여기서 각각의 성분을 다음과 같은 기호로 표기하기도 한다.

$$\nabla_x = \frac{\partial}{\partial x}, \quad \nabla_y = \frac{\partial}{\partial y}, \quad \nabla_z = \frac{\partial}{\partial z} \tag{2.29}$$

우리는 T로부터 그래디언트라는 연산자를 추출해 낸 것이다. 이 얼마나 멋진 아이디어인가!

그러나 ∇은 어떤 숫자나 함수가 아니라 연산자에 불과하기 때문에, 혼자 있을 때는 아무런 의미도 갖지 못한다. 그렇다면 스칼라 뒤에 ∇을 붙여서 $T\nabla$이라고 쓴 것은 무슨 의미일까? 역시 아무런 의미도 없다. 이것의 x성분은

$$T\frac{\partial}{\partial x} \tag{2.30}$$

인데, 이것은 수가 아니라 일종의 연산자일 뿐이다. 그러나 벡터 대수학(algebra of vector)에 따르면 $T\nabla$과 같은 연산자도 벡터라고 해야 할 것이다.

이제, ∇의 오른쪽에 함수 T를 붙여 보자(∇T). 이것은 미분 연산자 ∇이 함수 T에 적용되었음을 뜻한다. 보통의 대수학에서는 일반적으로

$$TA = AT \tag{2.31}$$

와 같이 교환 법칙이 성립하지만, 연산자 대수학은 보통의 벡터 대수학과는 약간 다른 성질을 갖고 있다. 엉뚱한 결과를 낳지 않으려면 연산의 순서를 제대로 지켜야 한다. 즉, "모든 미분 연산자는 오른쪽에 있는 함수만 상대한다"는 기본 수칙을 잊지 말아야 한다. 사실, 복잡한 것은 하나도 없다. 연산자 ∇이 일상적인 미분 연산자(d/dx)와 동일한 규칙을 따른다는 사실만 명심하면 된다. 미분 '당하는' 양은 항상 ∇의 오른쪽에 붙는다. 순서를 바꾸면 방정식 자체가 무의미해지거나, 다른 연산자와 맞물려 대형 사고가 일어날 수도 있으니 조심하기 바란다.

미분 연산자의 순서 문제를 이해했다면, $T\nabla$은 미분 사냥감을 기다리는 배고픈 연산자이고 ∇T는 사냥이 이미 끝난 배부른 연산자임을 한눈에 알 수 있을 것이다. ∇T는 더 이상 대기 상태에 있는 연산자가 아니라, 물리적 의미를 갖는 벡터이다. ∇T는 T의 공간적인 변화율을 나타낸다. ∇T의 x성분은 T가 x방향으로 얼마나 빨리 변하는지를 말해 주며, y성분과 z성분도 각각 y방향, z방향에 대한 변화율을 나타낸다. 그렇다면 이들을 성분으로 갖는 벡터 ∇T는 어느 방향을 향하고 있을까? 식 (2.15)를 보면, 임의의 방향에 대한 T의 변화율은 ∇T의 그 방향 성분과 같다는 것을 알 수 있다. 따라서 벡터 ∇T는 성분이 가장 큰 방향, 즉 'T가 가장 급격하게 변하는 방향'을 가리킨다. 다시 말해서, ∇T는 함수 T로 만들어진 언덕에서 경사가 가장 급한 쪽을 가리키는 벡터이다.

2-5 ∇의 적용

벡터 미분 연산자 ∇을 이용하여 미분 이외의 다른 대수 연산을 수행할 수 있을까? 이 점을 확인하기 위해 미분 연산자와 벡터를 조합해 보자. 벡터 두 개가 주어지면 내적을 계산할 수 있으므로, 다음과 같이 연산자와 벡터의 내적을 취해 보자.

$$(\text{벡터}) \cdot \nabla \qquad \text{또는} \qquad \nabla \cdot (\text{벡터})$$

첫 번째 것은 내적을 취한 후에도 여전히 연산자이므로 아무런 의미도 없다. 앞으로 오른쪽에 어떤 사냥감이 걸려드느냐에 따라 결과는 얼마든지 달라질 수 있다. 그러나 두 번째 내적은 이미 미분이 끝난 상태로서, 구체적인 스칼라장을 의미한다($\boldsymbol{A} \cdot \boldsymbol{B}$는 항상 스칼라임을 상기하라).

이제, 연산자 ∇과 앞에서 정의했던 벡터 $\boldsymbol{h}$의 내적을 계산해 보자. 각 성분별로 쓰면

$$\nabla \cdot \boldsymbol{h} = \nabla_x h_x + \nabla_y h_y + \nabla_z h_z \tag{2.32}$$

또는

$$\nabla \cdot \boldsymbol{h} = \frac{\partial h_x}{\partial x} + \frac{\partial h_y}{\partial y} + \frac{\partial h_z}{\partial z} \tag{2.33}$$

가 된다. 물론 이 값은 좌표 변환에 대하여 불변이다. 만일 이 연산을 다른 좌표계(예를 들면 $x'y'$좌표계 등)에서 수행했다면 다음과 같은 결과가 얻어졌을 것이다.*

$$\nabla' \cdot \boldsymbol{h} = \frac{\partial h_{x'}}{\partial x'} + \frac{\partial h_{y'}}{\partial y'} + \frac{\partial h_{z'}}{\partial z'} \tag{2.34}$$

얼핏 보기에는 결과가 다른 것 같지만, 사실은 식 (2.33)과 완전히 동일하다. 즉, 공간상의 모든 지점에서

$$\nabla' \cdot \boldsymbol{h} = \nabla \cdot \boldsymbol{h} \tag{2.35}$$

의 관계가 성립한다. 따라서 $\nabla \cdot \boldsymbol{h}$는 어떤 물리적 양을 나타내는 스칼라장이다. 그러나 ∇의 성분과 $\boldsymbol{h}$의 성분의 순서가 섞이면 사정은 달라진다. 예를 들어, $\partial h_y / \partial x$는 스칼라도 아니고 벡터의 성분도 아니다.

$\nabla \cdot$(벡터)로 표현되는 스칼라양들은 물리학에서 매우 중요한 역할을 하기 때문에 별도의 이름을 갖고 있다. '다이버전스(divergence)'라는 물리량이 바로 그것인데, 다음과 같이 쓴다.

$$\nabla \cdot \boldsymbol{h} = \text{div } \boldsymbol{h} = \text{"다이버전스 } \boldsymbol{h}\text{"} \tag{2.36}$$

∇T의 경우와 마찬가지로, $\nabla \cdot \boldsymbol{h}$도 나름대로 물리적인 의미를 갖고 있는데, 자세한 설명은 잠시 뒤에 할 예정이다.

벡터 연산자 ∇을 이용하여, 또 어떤 연산을 할 수 있을지 알아보자. 벡터의 외적(cross product)은 어떨까? 우리는 다음과 같은 결과를 짐작할 수 있다.

$$\nabla \times \boldsymbol{h} = \text{벡터} \tag{2.37}$$

---

* 지금 우리는 $\boldsymbol{h}$를 '세 개의 변수를 가지는 수학적인 함수'가 아니라, 공간상의 각 위치에 따라 달라지는 '물리적인 양'으로 간주하고 있다. $\boldsymbol{h}$를 x, y, z나 x', y', z'으로 미분하려면, 먼저 $\boldsymbol{h}$를 '미분에 적절한 변수를 가진 함수'로 표현해야 한다.

식 (2.2)에 제시되어 있는 외적의 정의에 따라 실제로 연산을 해보면, $\nabla \times \boldsymbol{h}$가 벡터임을 어렵지 않게 증명할 수 있다. 이 벡터의 각 성분들은 다음과 같다.

$$(\nabla \times \boldsymbol{h})_z = \nabla_x h_y - \nabla_y h_x = \frac{\partial h_y}{\partial x} - \frac{\partial h_x}{\partial y} \tag{2.38}$$

$$(\nabla \times \boldsymbol{h})_x = \nabla_y h_z - \nabla_z h_y = \frac{\partial h_z}{\partial y} - \frac{\partial h_y}{\partial z} \tag{2.39}$$

$$(\nabla \times \boldsymbol{h})_y = \nabla_z h_x - \nabla_x h_z = \frac{\partial h_x}{\partial z} - \frac{\partial h_z}{\partial x} \tag{2.40}$$

$\nabla \times \boldsymbol{h}$는 "컬(curl of) $\boldsymbol{h}$"라고 읽는다. 하고많은 이름들 중에 굳이 이런 이름이 붙은 이유는 나중에 설명할 것이다.

지금까지 공부한 내용을 요약해 보자. 우리는 벡터 미분 연산자 ∇의 세 가지 조합을 다음과 같이 정의하였다.

$$\begin{aligned} \nabla T &= \text{grad } T = \text{벡터} \\ \nabla \cdot \boldsymbol{h} &= \text{div } \boldsymbol{h} = \text{스칼라} \\ \nabla \times \boldsymbol{h} &= \text{curl } \boldsymbol{h} = \text{벡터} \end{aligned}$$

이 조합을 적절히 활용하면 좌표계와 상관없이 일관된 체계 속에서 벡터장의 공간적 변화를 기술할 수 있다.

벡터 미분 연산자 ∇을 적절하게 사용한 대표적인 사례로는, 1장에서 언급했던 전자기학의 법칙들이 고스란히 담겨 있는 맥스웰 방정식(Maxwell's equation)을 들 수 있다.

맥스웰 방정식

$$\begin{aligned} &(1) \quad \nabla \cdot \boldsymbol{E} = \frac{\rho}{\epsilon_0} \\ &(2) \quad \nabla \times \boldsymbol{E} = -\frac{\partial \boldsymbol{B}}{\partial t} \\ &(3) \quad \nabla \cdot \boldsymbol{B} = 0 \\ &(4) \quad c^2 \nabla \times \boldsymbol{B} = \frac{\partial \boldsymbol{E}}{\partial t} + \frac{\boldsymbol{j}}{\epsilon_0} \end{aligned} \tag{2.41}$$

여기서 ρ(로)는 단위 부피당 전하량을 나타내는 "전하 밀도(electric charge density)"이고, $\boldsymbol{j}$는 단위 시간당 단위 면적을 통과하는 전하의 흐름, 즉 "전류 밀도(electric current density)"이다. 고전 전자기학의 모든 것은 이 네 개의 방정식에 고스란히 담겨 있다. 똑똑히 보라. 물리학의 역사와 인류의 생활 방식을 송두리째 바꿔 놓은 위대한 법칙이 단 네 줄의 우아하고 간결한 형태의 방정식으로 요약되지 않았는가! 이것이 바로 우리가 채택한 새로운 표기법의 위력이다!

2-6 열 흐름의 미분 방정식

물리 법칙이 벡터 표기법으로 표현되는 또 다른 사례를 들어 보자. 지금부터 설명할 법칙은 (맥스웰 방정식처럼) 정밀한 법칙은 아니지만, 많은 종류의 금속과

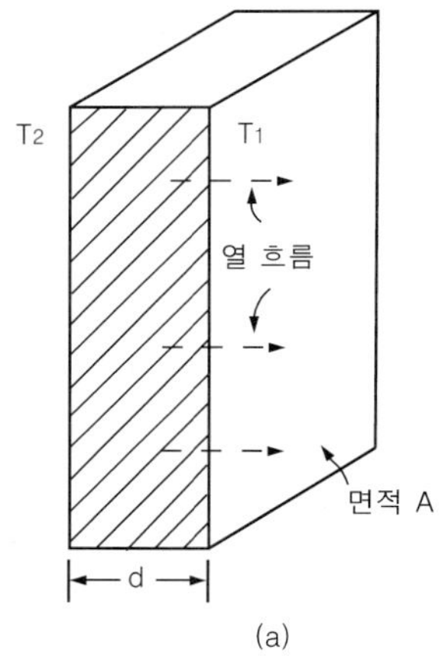

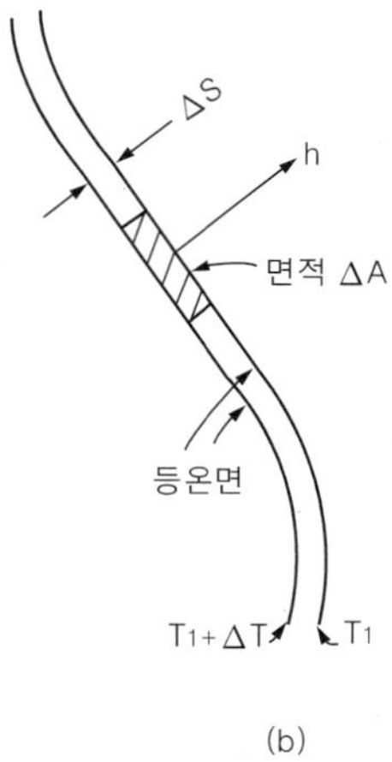

그림 2-7 (a)판을 관통하는 열 흐름 (b)등온면에 평행한 무한히 작은 판

몇몇 비금속 물질의 열 전달 과정을 제법 정확하게 서술하고 있다. 여기, 금속판 하나가 우리에게 주어졌다고 가정해 보자. 한쪽 면의 온도가 T_2이고, 다른 쪽 면의 온도가 T_1이라면($T_2 > T_1$), 열은 금속판을 통해 T_2에서 T_1으로 흐를 것이다[그림 2-7(a)]. 이때, 열의 흐름은 금속판의 면적 A와 온도 차에 비례하고, 두 면 사이의 거리 d에는 반비례한다(즉, 온도 차가 같으면 판이 얇을수록 더 많은 열이 흘러간다). 단위 시간에 판을 통과하는 열에너지를 J라 하면, 다음과 같은 관계가 성립한다.

$$J = \kappa(T_2 - T_1)\frac{A}{d} \tag{2.42}$$

여기서 κ(카파)는 비례 상수로서, 흔히 '열전도율(thermal conductivity)'이라 한다.

이보다 복잡한 경우에는 어떤 일이 일어날 것인가? 방금 예로 들었던 금속판에서, 특정 부위의 온도가 이상하게 분포되어 있다고 가정해 보면 어떨까? 이 부분을 확대한 그림이 그림 2-7(a)라고 가정하자. 이 부분의 표면을 그림 2-7(b)와 같이 등온면에 평행하도록 맞춰 놓으면, 이 조그만 판에 대해서도 식 (2.42)는 여전히 성립할 것이다.

이 조그만 판의 면적을 ΔA라 하면, 단위 시간당 열의 흐름은

$$\Delta J = \kappa \Delta T \frac{\Delta A}{\Delta s} \tag{2.43}$$

이다. 여기서 Δs는 판의 두께를 나타낸다. 앞에서 정의한 것처럼 $\Delta J/\Delta A$는 벡터 $\boldsymbol{h}$의 크기이고, $\boldsymbol{h}$의 방향은 열이 흐르는 방향이다. 열은 $T_1 + \Delta T$에서 T_1을 향해 흐를 것이므로, $\boldsymbol{h}$는 그림 2-7(b)에서 보는 바와 같이 등온선(면)에 수직한 방향으로 형성된다. 또한 $\Delta T/\Delta s$는 위치에 따른 T의 변화율을 의미한다. 그런데 위치의 변화는 등온선에 수직한 방향으로 일어나기 때문에, $\Delta T/\Delta s$는 'T의 최대 변화율'에 해당되며, 따라서 $\boldsymbol{\nabla} T$의 크기와 일치한다. 그리고 $\boldsymbol{\nabla} T$의 방향은 $\boldsymbol{h}$의 방향과 정반대이므로, 이 점을 감안하여 식 (2.43)을 벡터 방정식으로 표기하면 다음과 같다.

$$\boldsymbol{h} = -\kappa \boldsymbol{\nabla} T \tag{2.44}$$

(음의 부호는 열이 높은 곳에서 낮은 곳으로 흐른다는 것을 의미한다.) 식 (2.44)가 바로 물질 내부에서의 열전도를 나타내는 미분 방정식이다. 여러분은 이것이 적절한 벡터 방정식임을 한눈에 알 수 있을 것이다. κ가 단순한 숫자라면 양변은 분명히 벡터이다. 이것은 직사각형 판에 대한 식 (2.42)의 일반화된 형태이다. 나중에 우리는 (2.42)와 같은 물리학의 기초 방정식들을 세련된 벡터 표기법으로 쓸 수 있게 될 것이다. 벡터 표기법을 사용하면 방정식이 간단해질 뿐만 아니라, 좌표계의 선택과 무관하게 방정식의 '물리적 내용'이 분명하게 나타난다.

2-7 벡터장의 2계 도함수

지금까지 우리는 1계 도함수만 다뤄 왔다. 2계 도함수가 중요하지 않아서 그런 것이 아니다. 단지 순서상 뒤로 밀린 것뿐이다. 2계 도함수를 만들어 낼 수 있는 가능한 조합은 다음과 같다.

$$\begin{aligned}&\text{(a)} \quad \nabla \cdot (\nabla T)\\ &\text{(b)} \quad \nabla \times (\nabla T)\\ &\text{(c)} \quad \nabla(\nabla \cdot \boldsymbol{h})\\ &\text{(d)} \quad \nabla \cdot (\nabla \times \boldsymbol{h})\\ &\text{(e)} \quad \nabla \times (\nabla \times \boldsymbol{h})\end{aligned} \tag{2.45}$$

가능한 조합은 이것뿐이다. 여러분도 각자 확인해 보기 바란다.

제일 먼저 식 (b)부터 살펴보자. 이 식은

$$\boldsymbol{A} \times (\boldsymbol{A} T) = (\boldsymbol{A} \times \boldsymbol{A})\, T = 0$$

과 동일한 형태이다. 따라서

$$\text{curl (grad } T) = \nabla \times (\nabla T) = 0 \tag{2.46}$$

임을 알 수 있다. 이 식을 성분별로 풀어 쓰면 0이 되는 이유를 분명하게 알 수 있다.

$$\begin{aligned}[\nabla \times (\nabla T)]_z &= \nabla_x(\nabla T)_y - \nabla_y(\nabla T)_x\\ &= \frac{\partial}{\partial x}\left(\frac{\partial T}{\partial y}\right) - \frac{\partial}{\partial y}\left(\frac{\partial T}{\partial x}\right)\end{aligned} \tag{2.47}$$

편미분은 순서에 무관하므로[식 (2.8)참조] 이 값은 당연히 0이며, 다른 성분들도 마찬가지다. 그러므로 $\nabla \times (\nabla T)$는 T의 형태에 상관없이 항상 0임을 알 수 있다.

또 다른 예를 들어 보자. 항상 0이 되는 연산은 이것 말고도 또 있다. 임의의 벡터와 그 벡터를 포함하는 두 벡터의 외적에 내적을 취하면 항상 0이다. 말로 하면 좀 혼란스럽지만, 기호로 표기하면 아래와 같이 간단명료해진다.

$$\boldsymbol{A} \cdot (\boldsymbol{A} \times \boldsymbol{B}) = 0 \tag{2.48}$$

$\boldsymbol{A} \times \boldsymbol{B}$는 외적의 정의에 의해 $\boldsymbol{A}$에 수직하며, 서로 수직한 두 벡터의 내적은 항상 0이므로 위의 연산은 당연히 0이 되어야 한다. 이 식을 미분 연산자 버전으로 바꾼 것이 식 [2.45(d)]이다.

$$\nabla \cdot (\nabla \times \boldsymbol{h}) = \text{div (curl } \boldsymbol{h}) = 0 \tag{2.49}$$

각 성분별로 연산을 수행하면 쉽게 증명할 수 있다.

지금부터 두 가지 수학 정리를 증명 없이 소개하고자 한다. 이것은 물리학을 공부하는 학생이라면 반드시 알아 두어야 할 중요한 정리이므로, 반드시 머릿속에 넣어 두기 바란다.

물리 문제를 다루다 보면, 어떤 벡터장 $\boldsymbol{A}$의 컬이 0이 되는 경우가 종종 있다. 우리는 식 (2.46)에서 그래디언트의 컬이 항상 0임을 이미 확인하였다. 따라서 $\nabla \times \boldsymbol{A} = 0$이면, $\boldsymbol{A}$는 어떤 함수의 그래디언트로 표현될 것이다. 이것이 바로 내가 소개하려는 첫 번째 정리다. 즉, $\boldsymbol{A}$의 컬이 0이면 $\boldsymbol{A} = \nabla \psi$를 만족하는 스칼라 함수 ψ가 반드시 존재한다는 것이다.

정리 :

$$\begin{aligned} &\nabla \times \boldsymbol{A} = 0\text{이면} \\ &\boldsymbol{A} = \nabla \psi\text{를 만족하는} \\ &\psi\text{가 반드시 존재한다.} \end{aligned} \tag{2.50}$$

$\boldsymbol{A}$의 다이버전스가 0인 경우에도 이와 유사한 정리가 성립한다. 우리는 식 (2.49)에서 컬의 다이버전스가 항상 0임을 확인하였다. 따라서 $\operatorname{div} \boldsymbol{D} = 0$이면 $\boldsymbol{D}$는 어떤 벡터장 $\boldsymbol{C}$의 컬로 표현될 수 있다.

정리 :

$$\begin{aligned} &\nabla \cdot \boldsymbol{D} = 0\text{이면} \\ &\boldsymbol{D} = \nabla \times \boldsymbol{C}\text{를 만족하는} \\ &\boldsymbol{C}\text{가 반드시 존재한다.} \end{aligned} \tag{2.51}$$

이상과 같이, 두 개의 ∇ 연산자로 만들 수 있는 다섯 가지의 조합들 중 두 가지는 항상 0임을 알 수 있다. 그러면 지금부터 0이 되지 않는 나머지 조합들에 대해 알아보자. 첫 번째 조합은 $\nabla \cdot (\nabla T)$이었다. 이 값은 일반적으로 0이 아니다. 성분별로 계산해 보면

$$\begin{aligned} \nabla T &= \boldsymbol{i}\, \nabla_x T + \boldsymbol{j}\, \nabla_y T + \boldsymbol{k} \nabla_z T \\ \nabla \cdot (\nabla T) &= \nabla_x(\nabla_x T) + \nabla_y(\nabla_y T) + \nabla_z(\nabla_z T) \\ &= \frac{\partial^2 T}{\partial x^2} + \frac{\partial^2 T}{\partial y^2} + \frac{\partial^2 T}{\partial z^2} \end{aligned} \tag{2.52}$$

이며, 계산 결과는 일반적으로 어떤 숫자로 나타난다. 즉, $\nabla \cdot (\nabla T)$는 스칼라장이다.

이 식을 잘 살펴보면 괄호는 쓰지 않아도 상관없음을 알 수 있다.

$$\nabla \cdot (\nabla T) = \nabla \cdot \nabla T = (\nabla \cdot \nabla)\, T = \nabla^2 T \tag{2.53}$$

보다시피, $\nabla \cdot (\nabla T)$를 정의에 입각하여 풀어썼더니 ∇^2이라는 새로운 연산자가 등장했다. 이것은 스칼라 연산자로서, 물리학에 자주 등장하기 때문에 '라플라시안(Laplacian)'이라는 특별한 이름으로 불린다.

$$\text{라플라시안} = \nabla^2 = \frac{\partial^2}{\partial x^2} + \frac{\partial^2}{\partial y^2} + \frac{\partial^2}{\partial z^2} \tag{2.54}$$

라플라시안은 스칼라 연산자이므로 벡터에 적용시킬 수도 있다. 즉, 직교 좌표계로 나타낸 벡터의 각 성분을 ∇^2을 통해 두 번 미분하면 벡터의 라플라시안이 얻어진다.

$$\nabla^2 \boldsymbol{h} = (\nabla^2 h_x,\ \nabla^2 h_y,\ \nabla^2 h_z)$$

그다음 조합은 $\boldsymbol{\nabla}\times(\boldsymbol{\nabla}\times \boldsymbol{h})$이다. 컬의 컬은 벡터 등식 (2.6)을 이용하여 풀어쓸 수 있다.

$$\boldsymbol{A} \times (\boldsymbol{B} \times \boldsymbol{C}) = \boldsymbol{B}(\boldsymbol{A} \cdot \boldsymbol{C}) - \boldsymbol{C}(\boldsymbol{A} \cdot \boldsymbol{B}) \tag{2.55}$$

여기서 $\boldsymbol{A}$와 $\boldsymbol{B}$를 연산자 $\boldsymbol{\nabla}$로 대치시키고 $\boldsymbol{C} = \boldsymbol{h}$라 하면 다음과 같은 항등식이 얻어진다.

$$\boldsymbol{\nabla} \times (\boldsymbol{\nabla} \times \boldsymbol{h}) = \boldsymbol{\nabla}(\boldsymbol{\nabla} \cdot \boldsymbol{h}) - \boldsymbol{h}(\boldsymbol{\nabla} \cdot \boldsymbol{\nabla}) \cdots ???$$

잠깐! 무언가가 틀렸다. 처음 두 개 항은 벡터임이 분명하지만, 마지막 항은 아무런 의미도 없다. 그것은 여전히 연산자에 불과하다. 이런 문제가 발생한 이유는 미분이 가해지는 순서를 제대로 지키지 않았기 때문이다. 식 (2.55)를 다시 보면, 우변의 두 번째 항의 순서를 다음과 같이 바꿔도 상관없음을 알 수 있다.

$$\boldsymbol{A} \times (\boldsymbol{B} \times \boldsymbol{C}) = \boldsymbol{B}(\boldsymbol{A} \cdot \boldsymbol{C}) - (\boldsymbol{A} \cdot \boldsymbol{B})\boldsymbol{C} \tag{2.56}$$

이제야 좀 정리가 된 것 같다. 이제 각 벡터를 연산자로 대치시키면 다음과 같이 말끔한 결과가 얻어진다.

$$\boldsymbol{\nabla} \times (\boldsymbol{\nabla} \times \boldsymbol{h}) = \boldsymbol{\nabla}(\boldsymbol{\nabla} \cdot \boldsymbol{h}) - (\boldsymbol{\nabla} \cdot \boldsymbol{\nabla})\boldsymbol{h} \tag{2.57}$$

이것이 제대로 된 결과이다. 자세한 증명은 여러분이 직접 해보기 바란다. 벡터와 관련된 모든 증명이 그렇듯이, 성분별로 줄줄이 풀어 쓰면 생각보다 쉽게 해결된다. 우변의 두 번째 항은 방금 전에 정의했던 라플라시안이므로,

$$\boldsymbol{\nabla} \times (\boldsymbol{\nabla} \times \boldsymbol{h}) = \boldsymbol{\nabla}(\boldsymbol{\nabla} \cdot \boldsymbol{h}) - \nabla^2 \boldsymbol{h} \tag{2.58}$$

로 쓸 수 있다.

이로써 우리는 $\boldsymbol{\nabla}(\boldsymbol{\nabla}\cdot \boldsymbol{h})$를 제외하고 $\boldsymbol{\nabla}$이 두 번 등장하는 모든 가능한 조합을 살펴보았다. $\boldsymbol{\nabla}(\boldsymbol{\nabla}\cdot \boldsymbol{h})$도 벡터장이긴 하지만, 특별한 물리적 의미를 담고 있지 않기 때문에 달리 할 이야기는 없다. 그저 때때로 나타나는 벡터장이라는 정도만 알고 있으면 된다.

지금까지 얻은 결과들을 표로 만들어 정리해 보자.

$$\begin{aligned}
&\text{(a)} \quad \boldsymbol{\nabla} \cdot (\boldsymbol{\nabla} T) = \nabla^2 T = \text{스칼라장} \\
&\text{(b)} \quad \boldsymbol{\nabla} \times (\boldsymbol{\nabla} T) = 0 \\
&\text{(c)} \quad \boldsymbol{\nabla}(\boldsymbol{\nabla} \cdot \boldsymbol{h}) = \text{벡터장} \\
&\text{(d)} \quad \boldsymbol{\nabla} \cdot (\boldsymbol{\nabla} \times \boldsymbol{h}) = 0 \\
&\text{(e)} \quad \boldsymbol{\nabla} \times (\boldsymbol{\nabla} \times \boldsymbol{h}) = \boldsymbol{\nabla}(\boldsymbol{\nabla} \cdot \boldsymbol{h}) - \nabla^2 \boldsymbol{h} \\
&\text{(f)} \quad (\boldsymbol{\nabla} \cdot \boldsymbol{\nabla})\boldsymbol{h} = \nabla^2 \boldsymbol{h} = \text{벡터장}
\end{aligned} \tag{2.59}$$

여러분은 내가 $(\boldsymbol{\nabla} \times \boldsymbol{\nabla})$을 따로 고려하지 않았다는 사실을 눈치 챘을 것이다. 왜 그랬는지 짐작이 가는가?

2-8 조심할 점들

지금까지 우리는 일반적인 벡터 대수학을 미분 연산자 ∇의 대수에 적용시켜서 여러 가지 유용한 결과를 유도하였다. 그러나 이 과정에는 도처에 함정이 도사리고 있기 때문에 각별한 주의를 기울여야 한다. 지금은 가장 빠지기 쉬운 두 가지 함정을 소개하고 다음 장으로 넘어갈 것이다. 우선 첫 번째로 다음과 같은 연산을 생각해 보자.

$$(\nabla\psi)\times(\nabla\phi)?$$

이 값이 얼마가 될지 감이 잡히는가? 개중에는 0이라고 생각하는 사람도 있을 것이다. 하긴, 동일한 벡터의 외적, 즉 $\boldsymbol{A}\times\boldsymbol{A}$는 항상 0이므로

$$(\boldsymbol{A}a)\times(\boldsymbol{A}b)$$

와 비슷한 위의 식도 얼핏 보기엔 0이 될 것 같다. 그러나 이 경우에 두 연산자 ∇은 같은 것이 아니다! 첫 번째 ∇은 ψ에 적용되고, 두 번째 ∇은 ϕ에 적용되었기 때문이다. 기호상으로는 똑같은 ∇이지만 가해진 함수(미분 사냥감)가 다르기 때문에, 이들은 다른 연산자로 취급해야 한다. 그래디언트의 특성으로 미루어 봐도, 벡터 $\nabla\psi$의 방향은 함수 ψ에 따라 달라지고 $\nabla\phi$는 ϕ에 따라 달라질 것이므로, 이들이 나란할 이유는 어디에도 없다.

$$(\text{일반적으로})\qquad (\nabla\psi)\times(\nabla\phi)\neq 0$$

다행히도, 우리가 앞으로 공부하게 될 과정에는 이와 같은 연산이 등장하지 않는다(그러나 임의의 스칼라장에 대하여 $\nabla\times\nabla\psi=0$은 항상 성립한다. 여기 등장하는 두 개의 ∇은 동일한 함수에 적용되기 때문이다).

두 번째 함정은 다음과 같다. 지금까지 나열한 등식들은 직교 좌표계에서 가장 간단하게 표현된다. 예를 들어, $\nabla^2\boldsymbol{h}$의 x성분은 다음의 관계를 만족한다.

$$(\nabla^2\boldsymbol{h})_x=\left(\frac{\partial^2}{\partial x^2}+\frac{\partial^2}{\partial y^2}+\frac{\partial^2}{\partial z^2}\right)h_x=\nabla^2h_x \tag{2.60}$$

그러나 이런 관계는 직교 좌표계에서만 유용하다. 극좌표계로 넘어가서 $\nabla^2\boldsymbol{h}$의 반경 방향($\boldsymbol{r}$방향) 성분을 계산해 보면, ∇^2h_r과 전혀 같지 않다. 왜 그럴까? 그 이유는 간단하다. 벡터 대수를 다룰 때에는 각 벡터의 방향이 고정되어 있지만, 벡터장을 다룰 때는 벡터의 방향이 위치에 따라 달라지기 때문이다. 예를 들어, 극좌표계에서 반경 방향은 위치에 따라 달라지기 때문에 각 성분들을 미분하기가 그리 만만치 않다. 심지어는 상수 벡터장의 경우에도 그 반경 성분은 위치에 따라 달라진다.

직교 좌표계에 안주하면서 문제를 풀어 간다면 이런 혼란스러움을 피할 수 있다. 그러나 한 가지 예외적인 경우는 꼭 언급하고 넘어가야겠다. 라플라시안 ∇^2은 스칼라이므로 어떤 좌표계(예를 들면 극좌표계)를 사용해도 상관없다. 그러나 라플라시안은 미분 연산자이기 때문에, 이것을 스칼라가 아닌 벡터장에 적용하는 경우, 그 벡터는 각 성분의 방향이 고정된 직교 좌표계로 표현되어 있어

야 한다. 앞으로 우리는 벡터 미분 방정식을 성분별로 쓰고 싶을 때, 모든 벡터 장을 직교 좌표계의 x, y, z성분으로 표현할 것이다.

CHAPTER 03
벡터장의 적분

3-1 벡터의 적분 : ∇Ψ의 선적분
3-2 벡터장의 플럭스
3-3 정육면체에서 나오는 플럭스 : 가우스 정리
3-4 열전도 : 확산 방정식
3-5 벡터장의 서큘레이션
3-6 사각형 둘레로의 서큘레이션 : 스톡스 정리
3-7 컬이 0인 장과 다이버전스가 0인 장
3-8 요약

3-1 벡터의 적분 : ∇Ψ의 선적분

2장에서 우리는 장의 도함수와 이들을 표기하는 미분 연산자에 대하여 알아보았다. 도함수를 취하는 방식에 따라 벡터장이 되기도 하고, 스칼라장이 되기도 한다. 여러 가지 공식을 유도하긴 했지만, 2장에서 공부한 내용은 결국 하나의 규칙으로 요약된다. $\partial/\partial x$, $\partial/\partial y$, $\partial/\partial z$는 벡터 연산자 $\boldsymbol{\nabla}$을 이루는 세 개의 성분이라는 것이다. 이 장에서는 장(場)의 도함수가 갖는 물리적 의미를 집중적으로 알아보고자 한다. 이 내용을 공부하고 나면 벡터장 방정식의 의미를 좀 더 깊이 이해할 수 있을 것이다.

그래디언트 연산(스칼라 함수에 $\boldsymbol{\nabla}$을 취하는 연산)의 의미에 대해서는 이미 언급했으므로, 그다음 단계인 다이버전스와 컬 연산의 의미에 대해 알아보자. 이 두 가지 양의 물리적 의미는 벡터의 적분과 이들을 연결시켜 주는 방정식을 통해 가장 정확하게 이해할 수 있다. 그러나 불행히도 이런 방정식들은 2장에서 유도한 항등식들처럼 간단하게 벡터 대수에 대입해서 유도할 수 없기 때문에, 처음부터 새로 익히는 수밖에 없다. 앞으로 세 개의 적분 방정식을 언급하게 될 텐데, 이들 중 하나는 그런대로 쉽게 이해할 수 있지만 나머지 둘은 결코 만만치 않다. 우리의 목적은 적분 방정식을 유도하고 물리적 의미를 이해하는 것이다. 사실, 이들은 모두 수학적인 정리이다. 이 정리들은 다이버전스와 컬의 의미를 이해하는 데 도움이 될 뿐만 아니라, 나중에 일반적인 물리 이론들을 이해하는 데에도 커다란 도움이 된다. 이 수학적 정리들이 장론(theory of field)에서 차지하는 위치는 에너지 보존 정리가 입자계의 역학(mechanics of particles)에서 차지하는 위치와 비슷하다. 이와 같은 수학의 일반적인 정리들은 물리학을 이해하는 데 매우 중요한 역할을 한다. 사실, 이 정리들은 (아주 간단한 경우를 제외하고) 실질적인 문제를 푸는 데는 별로 도움이 되지 않는다. 하지만 다행히도 전자기학의 기초 과정에는 앞으로 공부하게 될 세 개의 적분 공식만으로 해결할 수 있는 간단한 문제들이 자주 등장한다. 물론 문제의 난이도가 높아지면 이런 방법은 더 이상 써먹을 수 없다.

먼저, 그래디언트가 포함된 적분 공식부터 알아보기로 하자. 이 관계식은 매우 간단한 아이디어를 담고 있다 — 그래디언트는 장의 변화율을 나타내는 양이므로, 그 변화율을 적분하면 전체 변화량을 얻을 수 있다. 스칼라장 $\psi(x, y, z)$

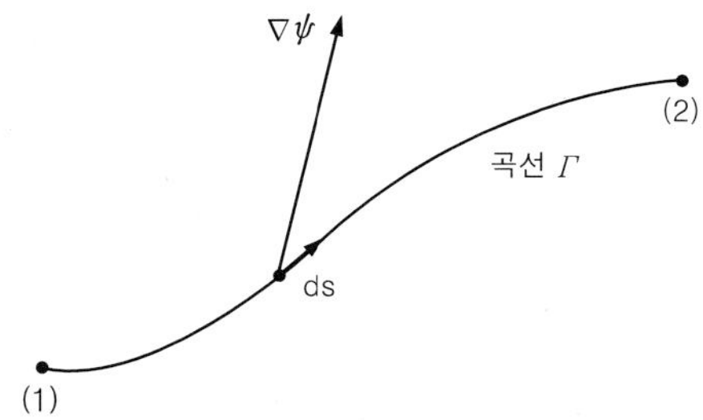

그림 3-1 식 (3.1)에 사용된 용어들, 벡터 $\nabla\psi$는 선분 요소 ds 자리에서 취하여진다.

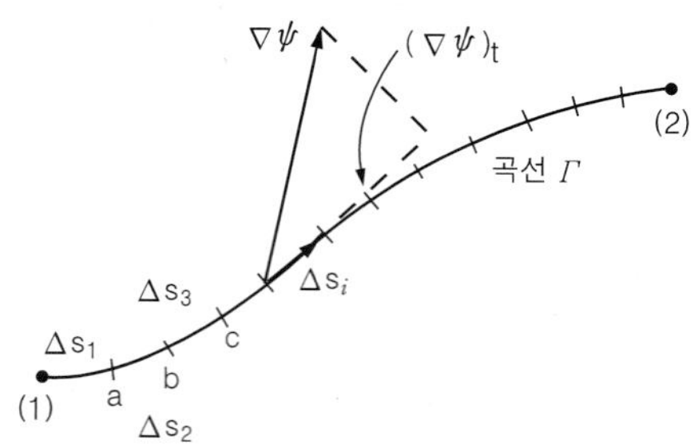

그림 3-2 선적분은 어떤 합의 극한값이다.

를 예로 들어 보자. 두 점 (1)과 (2)에서 스칼라장의 값은 각각 $\psi(1)$과 $\psi(2)$로 주어진다[수고를 덜기 위해 (x_2, y_2, z_2)를 (2)로 표기한 것이다. 따라서 $\psi(2)$는 $\psi(x_2, y_2, z_2)$를 의미한다]. 그림 3-1에서처럼 점 (1)과 점 (2)를 연결하는 임의의 곡선을 Γ라 하면, 아래와 같은 관계가 성립한다.

정리 1

$$\psi(2) - \psi(1) = \int_{(1)\ \Gamma\text{를 따라가며}}^{(2)} (\nabla\psi) \cdot d\boldsymbol{s} \tag{3.1}$$

이 적분은 벡터 $\nabla\psi$와 곡선 Γ의 미소 선분 벡터 $d\boldsymbol{s}$[방향은 (1)에서 (2)로 향함]의 내적을 곡선 Γ를 따라 (1)에서 (2)까지 더해 가는 '선적분(line integral)'이다.

그렇다면 선적분이란 대체 무엇인가? 스칼라 함수 $f(x, y, z)$와 두 점 (1)과 (2)를 잇는 곡선 Γ를 생각해 보자. Γ는 그림 3-2와 같이 잘게 쪼개진 선분 조각(곡선을 아주 미세한 조각으로 잘라 낸 조각들. 이들은 곡선의 일부지만 길이가 너무 짧아서 직선으로 간주할 수 있다)들로 연결된 곡선으로 생각할 수 있다. 각 미소 선분의 길이를 Δs_i라고 하자. 여기서 i는 1, 2, 3, …의 정수값을 갖는 첨자이다. 그러면 선적분

$$\int_{(1)\ \Gamma\text{를 따라가며}}^{(2)} f\, ds$$

는 다음의 합의 극한값을 의미한다.

$$\sum_i f_i \Delta s_i$$

여기서 f_i는 i번째 선분 조각에서의 함수값이다[i번째 조각은 극한을 취했을 때 점으로 간주할 수 있고, 한 점에서 함수 f는 유일한 값 f_i를 갖는다]. 그리고 위에서 말하는 극한값이란, 곡선을 무한히 잘게 나누어 갈 때($\Delta s_i \to 0$) $\sum f_i \Delta s_i$가 수렴하는 값을 의미한다.

언뜻 보기에 식 (3.1)의 적분과 위의 선적분이 다른 것처럼 보이지만, 사실은 그렇지 않다. f가 $\nabla\psi$의 $\Delta\boldsymbol{s}$방향 성분으로 대치된 것뿐이다. 이 접선 방향 성분을 $(\nabla\psi)_t$라 하면 다음의 관계가 성립한다.

$$(\nabla\psi)_t \Delta s = (\nabla\psi) \cdot \Delta\boldsymbol{s} \tag{3.2}$$

식 (3.1)의 적분은 이런 항들을 모두 더한다는 뜻이다.

의미는 이 정도로 해 두고, 지금부터는 식 (3.1)이 성립하는 이유를 알아보기로 하자. 2장에서 배운 바와 같이, $\nabla\psi$의 $\Delta\boldsymbol{R}$방향 성분은 그 방향에 대한 ψ의 변화율을 나타낸다. 그리고 그림 3-2의 (1) 지점에서 a 지점을 향한 미소 선분 벡터는 $\Delta\boldsymbol{s}_1$이므로, 정의에 의하여

$$\Delta\psi_1 = \psi(a) - \psi(1) = (\nabla\psi)_1 \cdot \Delta\boldsymbol{s}_1 \tag{3.3}$$

이 된다. 이제 위치를 오른쪽으로 한 단계씩 이동시켜서 동일한 논리를 적용하면

$$\psi(b) - \psi(a) = (\nabla\psi)_2 \cdot \Delta\boldsymbol{s}_2 \tag{3.4}$$

가 얻어진다. 여기서 $(\nabla\psi)_1$과 $(\nabla\psi)_2$는 각각 미소 선분 $\Delta\boldsymbol{s}_1$과 $\Delta\boldsymbol{s}_2$가 놓인 위치에서 계산된 그래디언트 값이다. 식 (3.3)과 (3.4)를 더하면

$$\psi(b) - \psi(1) = (\nabla\psi)_1 \cdot \Delta\boldsymbol{s}_1 + (\nabla\psi)_2 \cdot \Delta\boldsymbol{s}_2 \tag{3.5}$$

가 된다. 이런 식으로 (2) 지점까지 계속 더해 나가다 보면, 최종적으로 다음과 같은 결과가 유도된다.

$$\psi(2) - \psi(1) = \sum_i (\nabla\psi)_i \cdot \Delta\boldsymbol{s}_i \tag{3.6}$$

점 (1)과 (2)가 고정되어 있다면 좌변은 곡선의 구간을 잘게 나누는 방식에 상관없이 항상 같은 값을 가지므로, 우변의 $\Delta\boldsymbol{s}_i$를 0으로 가져가도 식 (3.6)은 성립한다. 즉, 식 (3.1)의 정리가 증명된 것이다.

이 결과는 점 a, b, c, …를 택하는 방법이나, 점 (1)과 (2)를 잇는 곡선 Γ를 잡는 방법에 상관없이 항상 성립한다. 다시 말해서, 정리 (3.1)은 점 (1)에서 출발하여 (2)로 도착하는 임의의 곡선에 대해 성립한다.

표기법에 대한 한마디 : 편의상 괄호를 생략한 채

$$(\nabla\psi) \cdot d\boldsymbol{s} = \nabla\psi \cdot d\boldsymbol{s} \tag{3.7}$$

로 써도 전혀 혼란스럽지 않다. 이 표기법으로 첫 번째 적분 정리를 다시 쓰면 다음과 같다.

정리 1

$$\psi(2) - \psi(1) = \underset{\substack{\text{점 (1)과 (2)를 잇는} \\ \text{임의의 곡선}}}{\int_{(1)}^{(2)}} \nabla\psi \cdot d\boldsymbol{s} \tag{3.8}$$

3-2 벡터장의 플럭스

두 번째 적분 정리인 다이버전스 정리로 들어가기 전에, 열의 흐름과 관련된 중요한 개념부터 짚고 넘어가는 것이 좋을 것 같다. 앞에서 우리는 단위 시간당 단위 면적을 통해 흘러가는 열의 흐름을 나타내는 벡터를 $\boldsymbol{h}$라고 정의했었다. 어떤 물질 내에서 폐곡면 S로 둘러싸인 체적 V를 생각해 보자(그림 3-3). 이 '체적'으로부터 밖으로 흘러나오는 열량을 어떻게 계산할 수 있을까? 두말할 것도 없이, '폐곡면' S를 통해 방출되는 전체 열량을 계산하면 된다.

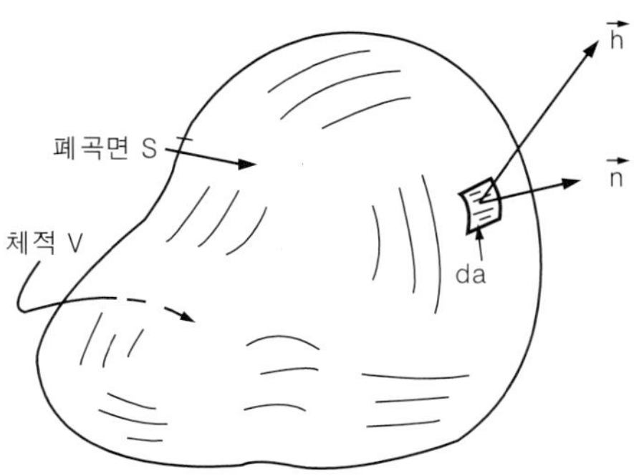

그림 3-3 폐곡면 S는 체적 V를 정의한다. 단위 벡터 $\boldsymbol{n}$은 면적 요소 da에 수직하고 밖을 향한다. 그리고 $\boldsymbol{h}$는 그 면적 요소에서의 열 흐름 벡터이다.

미소 면적 요소의 면적을 da라 하자. 이 기호는 2차원 미분을 의미한다. 예를 들어, da가 xy평면 위에 있다고 가정해 보자. 그러면

$$da = dx\,dy$$

가 된다. 나중에 우리는 3차원 체적 적분도 다루게 될 것이므로, 미리 준비하는 의미에서 정육면체 모양의 미소 체적 요소 dV도 정의해 두자.

$$dV = dx\,dy\,dz$$

개중에는 da를 d^2a로 표기하는 사람도 있는데, 이렇게 쓰면 면적분이라는 의미가 분명해진다. 또한 dV를 d^3V로 표기한다. 여러분은 면적=2차원, 체적=3차원임을 잘 알고 있을 것이므로, 여기서는 굳이 이런 표기를 사용할 필요가 없을 줄로 안다.

면적 요소 da를 통하여 밖으로 흘러나오는 열량은 $(da)\times$(벡터 $\boldsymbol{h}$ 중 da에 수직한 성분)이다. 폐곡면에 수직하면서 바깥쪽을 향하는 단위 벡터를 $\boldsymbol{n}$이라 하면(그림 3-3), 우리가 구하고자 하는 $\boldsymbol{h}$의 성분은

$$h_n = \boldsymbol{h} \cdot \boldsymbol{n} \tag{3.9}$$

이며, 면적 요소 da를 통과하는 열량은

$$\boldsymbol{h} \cdot \boldsymbol{n}\, da \tag{3.10}$$

이다. 임의의 면을 통하여 흘러나오는 총 열량을 구하려면 모든 면적 요소의 기여를 더하면 된다. 다시 말해서, 식 (3.10)을 전 표면에 대하여 적분한다는 뜻이다.

$$S\text{를 통해 흘러나오는 총 열량} = \int_S \boldsymbol{h} \cdot \boldsymbol{n}\, da \tag{3.11}$$

이 표면 적분을 "곡면 S를 통과하는 $\boldsymbol{h}$의 플럭스"라고 한다. 원래 플럭스(flux)는 '흐르는 양(flow)'을 의미하는 단어이다. 따라서 이 표면 적분은 면을 통해 흘러나오는 $\boldsymbol{h}$의 흐름양에 해당된다. 이 경우 $\boldsymbol{h}$는 '흐름 밀도(current density)'로 생각할 수 있고, $\boldsymbol{h}$의 표면 적분은 S를 뚫고 바깥쪽으로 흘러 나가는 총 열량이라고 생각할 수 있다. 다시 말해서, 식 (3.11)은 단위 시간당 방출되는 열에너지(joules/second)에 해당된다.

이 개념은 무언가가 실제로 흐르지 않는 상황에도 적용할 수 있다. 예를 들어, 우리가 원하기만 하면 어떤 표면에 대한 전기장의 수직 성분을 표면 전체에 대하여 적분할 수 있다. 전기장은 실제적인 흐름과 상관없지만, 이런 경우에도 '플럭스'라고 부른다.

$$\text{면 } S\text{를 통과하는 전기장 } \boldsymbol{E}\text{의 플럭스} = \int_S \boldsymbol{E} \cdot \boldsymbol{n}\, da \tag{3.12}$$

그러므로 지금부터 플럭스의 개념을 일반화시켜서 "임의의 표면에 대한 벡터의 수직 성분을 표면 적분한 양"으로 정의하자. 이 새로운 정의는 닫혀 있지 않은 개곡면(開曲面)에도 적용될 수 있다.

다시 열 흐름 문제로 돌아가서, 열에너지가 보존되는 특별한 경우를 생각해 보자. 예를 들어, 어떤 물질이 초기에 가열된 후 더 이상 열의 출입이 없다고 가정해 보자. 이런 경우에 어떤 폐곡면 밖으로 흘러나오는 알짜 열 흐름이 있다면 (물체의 내부에서는 열이 흐를 수 있다), 폐곡면 내부의 열은 반드시 줄어들어야 한다. 그러므로 열이 보존되는 상황에서는

$$\int_S \boldsymbol{h} \cdot \boldsymbol{n}\, da = -\frac{dQ}{dt} \tag{3.13}$$

의 관계가 성립한다. 여기서 Q는 폐곡면 내부의 열량을 나타낸다. 폐곡면 S를 통과하는 열의 플럭스는 S 내부에 함유되어 있는 총 열량 Q의 시간 변화율에 (−)부호를 붙인 것과 같다. 이러한 해석이 가능한 이유는 물체의 내부에서 열이 흐르는 경우를 생각했기 때문이고 또한 열이 보존된다고 가정했기 때문이다. 만일 곡면 내부에서 열이 계속적으로 발생하고 있다면, 곡면 내부의 총 열량에 대하여 말할 수 없을 것이다.

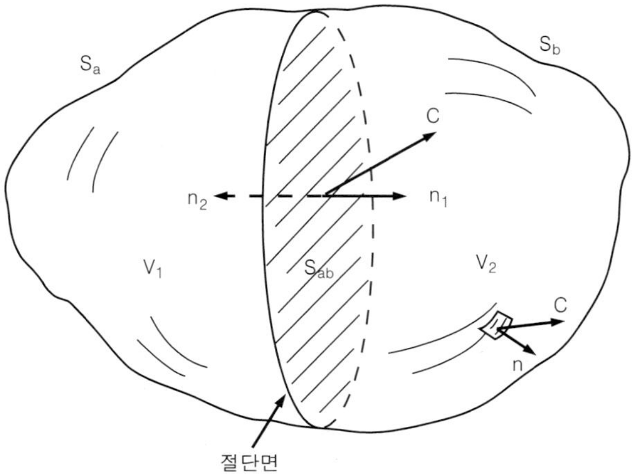

그림 3-4 면 S 내부의 체적 V는 "절단"면 S_{ab}에 의해 둘로 나뉜다. 그 결과 면 $S_1=S_a+S_{ab}$로 둘러싸인 체적 V_1과 면 $S_2=S_b+S_{ab}$로 둘러싸인 체적 V_2가 생성된다.

이 시점에서, 벡터의 플럭스와 관련된 한 가지 흥미로운 사실을 지적하고 넘어가고자 한다. 굳이 머릿속에 그려 보고 싶다면 열 흐름 벡터를 상상할 수도 있겠지만, 앞으로 언급될 모든 내용들은 열 흐름 벡터뿐만 아니라 임의의 벡터장 $\boldsymbol{C}$에 대하여 성립한다. 예를 들어, 체적 V를 둘러싸고 있는 폐곡면 S를 상상해 보자. 그림 3-4와 같이 V를 두 구획으로 나누면 폐곡면도 두 개로 나눠진다. 체적 V_1은 원래 곡면의 일부분 S_a와 잘라 낸 단면 S_{ab}로 이루어진 폐곡면 S_1으로 둘러싸여 있고, 체적 V_2는 원래 곡면의 나머지 부분 S_b와 잘라 낸 단면 S_{ab}로 이루어진 폐곡면 S_2로 둘러싸여 있다. 여기서 한 가지 질문을 던져 보자. 둘로 분리된 폐곡면과 이들에게 둘러싸인 체적에 대하여 플럭스를 각각 계산한 후 이 값을 서로 더해 주면 원래 체적에서의 플럭스와 같을 것인가? 답은 "Yes!"이다. S_1과 S_2의 공통 부분인 S_{ab}를 통과하는 플럭스는 정확히 상쇄되기 때문이다. V_1에서 밖으로 나오는 벡터를 $\boldsymbol{C}$라고 했을 때, S_1을 뚫고 밖으로 흘러나오는 플럭스는 다음과 같이 쓸 수 있다.

$$S_1\text{을 통과하는 플럭스} = \int_{S_a} \boldsymbol{C} \cdot \boldsymbol{n}\, da + \int_{S_{ab}} \boldsymbol{C} \cdot \boldsymbol{n}_1\, da \tag{3.14}$$

또한 V_2로부터 흘러나오는 플럭스는 다음과 같다.

$$S_2\text{를 통과하는 플럭스} = \int_{S_b} \boldsymbol{C} \cdot \boldsymbol{n}\, da + \int_{S_{ab}} \boldsymbol{C} \cdot \boldsymbol{n}_2\, da \tag{3.15}$$

그림 3-4에 나와 있는 것처럼, S_{ab}가 S_1에 속할 때 단위 수직 벡터 $\boldsymbol{n}_1$은 오른쪽

을 향하고, S_{ab}가 S_2에 속할 때 단위 수직 벡터 $\boldsymbol{n}_2$는 왼쪽을 향하고 있다. 다시 말해서, $\boldsymbol{n}_1 = -\boldsymbol{n}_2$이다. 따라서

$$\int_{S_{ab}} \boldsymbol{C} \cdot \boldsymbol{n}_1\, da = -\int_{S_{ab}} \boldsymbol{C} \cdot \boldsymbol{n}_2\, da \tag{3.16}$$

임을 알 수 있다. 이제 식 (3.14)와 (3.15)를 더하면 S_1과 S_2를 통과하는 플럭스의 합이 되는데, 두 번째 항들이 서로 상쇄되기 때문에 결국은 단일 폐곡면 $S = S_a + S_b$를 통과하는 플럭스와 똑같아진다.

그러므로 전체 폐곡면 S를 통해 밖으로 나가는 플럭스는 두 부분으로 나누어진 곡면을 통과하는 플럭스의 합으로 생각할 수 있다. 물론, 원래의 곡면을 더 잘게 세분해도 결과는 마찬가지다. 여러분이 원한다면 V_1을 다시 둘로 나눌 수도 있다. 이 경우에도 위와 동일한 논리가 적용된다. 원래의 체적을 어떤 식으로 분할해도, 각각의 작은 조각들에 대한 플럭스들의 총합은 원래 체적에서 얻어지는 플럭스와 항상 같다.

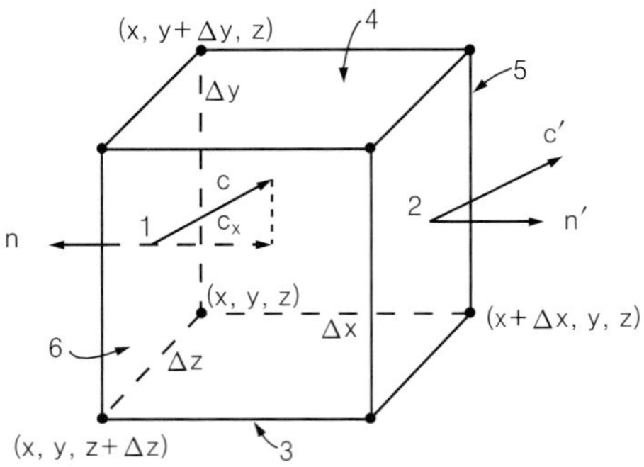

그림 3-5 작은 정육면체 밖으로 나오는 C의 플럭스 계산하기

3-3 정육면체에서 나오는 플럭스 : 가우스 정리

이번에는 작은 정육면체에서 밖으로 흘러나오는 플럭스로부터 중요한 관계식을 유도해 보자.* 여기, 그림 3-5와 같이 각 모서리가 좌표축과 나란하도록 놓여 있는 조그만 정육면체가 있다. 정육면체의 꼭지점 8개 중에서 원점에 가장 가까운 꼭지점의 좌표를 x, y, z라 하고, 정육면체의 x방향 길이를 Δx, y방향의 길이를 Δy, 그리고 z방향의 길이를 Δz라 하자. 우리의 목적은 이 정육면체의 표면을 통과하는 벡터장 $\boldsymbol{C}$의 플럭스를 계산하는 것이다. 방법은 간단하다. 여섯 개의 면을 통과하는 각각의 플럭스들을 계산하여 모두 더하면 된다. 제일 먼저 그림 3-5에 '1'이라고 표시된 면부터 생각해 보자. 이 면에서 '바깥쪽으로' 흘러나오는 플럭스는 $\boldsymbol{C}$의 x방향 성분의 부호를 바꿔서 그 면에 대해 적분한 값과 같다. 즉, 면 1에 대한 플럭스는

$$-\int C_x\, dy\, dz$$

이다. 지금 우리는 아주 작은 정육면체를 생각하고 있으므로, C_x를 '면 1의 중앙 지점 (1)에서의 값'인 $C_x(1)$로 근사할 수 있다. 또한 면 1의 면적은 $\Delta y\, \Delta z$이므로 위의 적분은

$$\text{면 1을 통과하는 플럭스} = -C_x(1)\, \Delta y\, \Delta z$$

이다. 마찬가지로, 면 2로부터 흘러나오는 플럭스는 다음과 같다.

$$\text{면 2를 통과하는 플럭스} = C_x(2)\, \Delta y\, \Delta z$$

---

* 지금부터 펼칠 논리는 임의의 직육면체에 똑같이 적용된다. 또한 지금은 직교 좌표계를 사용하고 있지만 최종적인 벡터 관계식은 모든 좌표계에서 성립한다.

$C_x(1)$과 $C_x(2)$는 다른 위치에 대한 $\boldsymbol{C}$의 값이므로, 일반적으로 약간 다른 값을 가질 것이다. 그런데 Δx가 충분히 작은 경우에는

$$C_x(2) = C_x(1) + \frac{\partial C_x}{\partial x}\Delta x$$

로 쓸 수 있다. 물론 위 식의 우변에는 $(\Delta x)^2$, $(\Delta x)^3$, … 등이 포함된 고차 항들도 줄줄이 붙어 있어야 하지만, Δx가 아주 작은 경우만을 고려한다면 무시할 수 있다. 따라서 면 2를 통과하는 플럭스는

$$\text{면 2를 통과하는 플럭스} = \left[C_x(1) + \frac{\partial C_x}{\partial x}\Delta x\right]\Delta y\ \Delta z$$

가 되고, 면 1과 면 2를 통하는 플럭스를 더하면

$$\text{면 1과 면 2를 통과하는 플럭스} = \frac{\partial C_x}{\partial x}\Delta x\ \Delta y\ \Delta z$$

가 된다. 여기서 미분은 면 1의 중앙점 $(x,\ y+\Delta y/2,\ z+\Delta z/2)$에서 취해야 하지만, 육면체가 충분히 작으면 면의 중앙이나 모서리$(x,\ y,\ z)$나 별 차이가 없어진다.

나머지 두 쌍의 면(상하/전후)에 대해 동일한 계산을 거치면

$$\text{면 3과 면 4를 통과하는 플럭스} = \frac{\partial C_y}{\partial y}\Delta x\ \Delta y\ \Delta z$$

$$\text{면 5와 면 6을 통과하는 플럭스} = \frac{\partial C_z}{\partial z}\Delta x\ \Delta y\ \Delta z$$

가 얻어진다.

육면체의 총 플럭스는 여섯 개의 면에 대한 플럭스를 모두 더한 값과 같다.

$$\int_{\text{육면체}} \boldsymbol{C}\cdot\boldsymbol{n}\,da = \left(\frac{\partial C_x}{\partial x} + \frac{\partial C_y}{\partial y} + \frac{\partial C_z}{\partial z}\right)\Delta x\ \Delta y\ \Delta z$$

우변에 있는 도함수들의 합은 정의에 의해 $\nabla\cdot\boldsymbol{C}$이며, $\Delta x\,\Delta y\,\Delta z$는 체적 ΔV이다. 그러므로 임의의 벡터장 $\boldsymbol{C}$는 '아주 작은 정육면체'에 대하여

$$\int_{\text{표면}} \boldsymbol{C}\cdot\boldsymbol{n}\,da = (\nabla\cdot\boldsymbol{C})\Delta V \tag{3.17}$$

의 관계를 만족한다. 이 식을 말로 풀어 쓰면 다음과 같다. "미소 정육면체의 표면 밖으로 흘러나오는 플럭스는 벡터의 다이버전스에 미소 정육면체의 체적을 곱한 양과 같다." 이것이 바로 다이버전스의 물리적 의미이다. 즉, 점 $\boldsymbol{P}$에서 계산한 벡터의 다이버전스는 그 점 근방에서 계산된 단위 체적당 플럭스(밖으로 흘러 나가는 $\boldsymbol{C}$)와 같다.

이와 같이, $\nabla\cdot\boldsymbol{C}$는 미소 체적 밖으로 흘러나오는 $\boldsymbol{C}$의 플럭스와 밀접하게 연관되어 있다. 육면체가 아닌 임의의 유한한 체적에 대해서는 앞에서 증명했던 플럭스 분할 규칙(임의의 체적에 대한 총 플럭스는 잘게 나눈 각 부분의 플럭스

를 더한 것과 같다)을 이용하면 된다. 다시 말해서, 벡터의 다이버전스를 전체 체적에 대해 적분하면 총 플럭스를 구할 수 있다는 뜻이다. 이로써 우리는 하나의 중요한 결론에 도달하였다—"임의의 폐곡면에 대하여 어떤 벡터장의 수직 성분을 적분한 값은, 그 폐곡면으로 둘러싸인 체적에 대하여 벡터장의 다이버전스를 적분한 값과 같다." 이것이 바로 그 유명한 '가우스 정리(Gauss' theorem)'이다.

가우스 정리

$$\int_S \boldsymbol{C} \cdot \boldsymbol{n}\, da = \int_V \nabla \cdot \boldsymbol{C}\, dV \tag{3.18}$$

여기서 S는 임의의 폐곡면이고 V는 S로 둘러싸여 있는 체적을 의미한다.

3-4 열전도 : 확산 방정식

가우스 정리와 친목을 다지는 의미에서, 금속 내에서 열이 퍼져 나가는 상황을 예로 들어 보자. 우리에게 주어진 금속은 얼마 전까지 열심히 가열되다가 지금은 열 공급이 끊긴 상태이다. 즉, 이 금속은 지금 식어 가는 중이다. 더 이상의 열원이 없으므로 열에너지의 총량은 보존된다. 그렇다면 임의의 시간에 조그만 영역 안에 함유되어 있는 열량은 얼마나 될까? 영역의 표면을 통해 빠져나가는 열량만큼 내부의 열량은 '감소하고' 있을 것이다. 이 영역을 조그만 정육면체로 잡으면 식 (3.17)에 의해

$$\text{외부로 방출되는 열량} = \int_{\text{정육면체}} \boldsymbol{h} \cdot \boldsymbol{n}\, da = \nabla \cdot \boldsymbol{h}\, \Delta V \tag{3.19}$$

가 되고, 이 값은 정육면체의 내부에서 일어나는 열량의 손실률과 같아야 한다. 단위 체적당 열을 q라 하면 정육면체 내부의 열량은 $q\Delta V$이고, 열의 손실률은 다음과 같다.

$$-\frac{\partial}{\partial t}(q\,\Delta V) = -\frac{\partial q}{\partial t}\Delta V \tag{3.20}$$

식 (3.19)와 (3.20)을 비교하면,

$$-\frac{\partial q}{\partial t} = \nabla \cdot \boldsymbol{h} \tag{3.21}$$

임을 알 수 있다.

이 방정식은 물리학에서 자주 등장하므로 잘 기억해 두기 바란다. 이것은 바로 보존 법칙을 나타내는 방정식으로서, 지금의 경우에는 열량의 보존을 나타내고 있다. 식 (3.13)은 동일한 물리적 사실을 다른 방식으로 표현한 것이다. 위 식은 보존 법칙을 미분 형태로 표현한 것이고, 식 (3.13)은 적분 형태로 나타낸 것 뿐이다.

우리는 식 (3.13)을 미소 정육면체에 적용하여 식 (3.21)을 얻었다. 물론 이

과정은 역으로 진행될 수도 있다. 면 S로 둘러싸인 커다란 체적 V에 대하여 가우스 정리를 적용하면

$$\int_S \boldsymbol{h} \cdot \boldsymbol{n}\, da = \int \nabla \cdot \boldsymbol{h}\, dV \tag{3.22}$$

가 된다. 여기에 식 (3.21)을 대입하면 우변의 적분이 $-dQ/dt$가 되면서 식 (3.13)이 재현된다.

또 다른 경우를 생각해 보자. 어떤 물체 내부의 미세한 영역에서 화학 반응에 의해 열이 발생되고 있다. 또는 전류에 의해 가열되고 있는 아주 작은 저항에 전선들이 연결되어 있는 상황을 생각해도 된다. 어떤 경우이건 간에, 한 지점에서 매 초당 W의 열량이 발생하고 있다고 가정하자. 또한 열원을 제외한 나머지 공간에서 열은 보존되고 있으며, 열이 오랫동안 발생하고 있어서 각 지점의 온도는 더 이상 변하지 않는다고 가정하자. 그렇다면 금속 내부의 각 지점에서 열 흐름 벡터 $\boldsymbol{h}$는 어떤 형태일까? 각 지점을 흐르는 열의 양은 얼마나 될까?

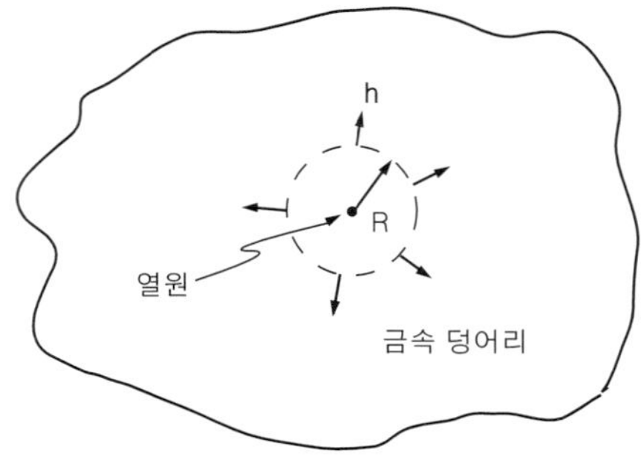

그림 3-6 점 열원 부근의 영역 내에서, 열 흐름은 방사상으로 바깥쪽을 향한다.

열원을 에워싸는 임의의 폐곡면에 대하여 $\boldsymbol{h}$의 수직 성분을 적분하면, 그 결과는 항상 W와 일치한다. 열의 흐름이 끊이지 않는다고 가정했으므로, 점 열원(point source)에서 발생하는 모든 열은 우리가 잡은 폐곡면을 통해 흘러 나가야 한다. '임의의' 폐곡면에 대해 적분했을 때, 그 값이 항상 W와 일치하는 벡터장을 구하는 것은 그리 만만한 작업이 아니다. 그러나 열원에 중심을 둔 반경 R의 구면을 폐곡면으로 선택하면 벡터장을 비교적 쉽게 구할 수 있다. 열의 흐름은 구의 반경 방향으로 진행된다고 가정하자(그림 3-6 참조). 물체가 충분히 크면 내부 깊숙한 곳의 $\boldsymbol{h}$는 반경 방향이고, 우리가 잡은 구면 위에서는 $\boldsymbol{h}$의 크기가 모두 같을 것이다. 이것은 수학적인 논리가 아니라 물리적 직관으로부터 유추한 것이다. 물리 문제를 풀 때는 수학보다 직관이 유용할 때가 많다.

벡터 $\boldsymbol{h}$가 반경 방향이고 구대칭적일 때, 구면에 대한 $\boldsymbol{h}$의 수직 성분의 적분은 아주 간단하게 계산할 수 있다. 구면 위에서는 수직 성분이라는 것이 바로 $\boldsymbol{h}$ 자체의 크기이고, 이 값은 구면의 모든 점에서 동일하기 때문에 적분 기호 밖으로 빼낼 수 있다. 반경 R인 구의 표면적은 $4\pi R^2$이므로,

$$\int_S \boldsymbol{h} \cdot \boldsymbol{n}\, da = h \cdot 4\pi R^2 \tag{3.23}$$

이 된다(여기서 h는 $\boldsymbol{h}$의 크기를 나타낸다). 이 적분은 열원의 열 발생률인 W와 같아야 하므로

$$h = \frac{W}{4\pi R^2}$$

또는

$$\boldsymbol{h} = \frac{W}{4\pi R^2}\boldsymbol{e}_r \tag{3.24}$$

을 얻을 수 있다. 여기서 $\boldsymbol{e}_r$은 반경 방향의 단위 벡터이다. 보다시피 $\boldsymbol{h}$는 W에 비례하고 열원으로부터의 거리의 제곱에 반비례한다.

방금 우리가 얻은 결과는 점 열원의 근방에서 열이 흐르는 경우에 한하여 적용될 수 있다. 이제 열이 보존된다는 조건만 그대로 두고, 가장 일반적인 경우에 성립되는 방정식을 구해 보자. 임의의 열원, 또는 흡수체(열원과는 반대로 열을 흡수하는 것)가 있을 때, 물체 내부의 전 지역에서 일어나는 상황을 다루자는 것이다. 우리는 2장에서 열전도에 대한 미분 방정식을 이미 유도했다. 식 (2.44)에 의하면

$$\boldsymbol{h} = -\kappa \boldsymbol{\nabla} T \tag{3.25}$$

이다(정확한 관계식은 아니지만 금속류의 물질에서는 꽤 잘 들어맞는다). 물론 이 식은 열원을 포함하지 않은 영역에만 적용할 수 있다. 그리고 식 (3.21)은 열이 보존된다는 가정하에서 유도된 것이다. 이제, 식 (3.21)과 (3.25)를 결합하면

$$-\frac{\partial q}{\partial t} = \boldsymbol{\nabla} \cdot \boldsymbol{h} = -\boldsymbol{\nabla} \cdot (\kappa \boldsymbol{\nabla} T),$$

가 되고, κ가 상수인 경우에는

$$\frac{\partial q}{\partial t} = \kappa \boldsymbol{\nabla} \cdot \boldsymbol{\nabla} T = \kappa \nabla^2 T \tag{3.26}$$

이다. 여기서 q는 단위 부피 안에 들어 있는 열량이고 $\boldsymbol{\nabla} \cdot \boldsymbol{\nabla} = \nabla^2$은 앞에서 정의했던 라플라시안 연산자이다.

$$\nabla^2 = \frac{\partial^2}{\partial x^2} + \frac{\partial^2}{\partial y^2} + \frac{\partial^2}{\partial z^2}$$

여기에 한 가지 가정을 추가하면 매우 흥미로운 방정식을 얻어 낼 수 있다. 물체의 온도가 단위 체적당 열량에 비례한다고 가정하면(즉, 물질의 비열이 일정하다는 뜻이다. 대부분의 경우는 이 가정을 만족한다),

$$\Delta q = c_v \Delta T$$

또는

$$\frac{\partial q}{\partial t} = c_v \frac{\partial T}{\partial t} \tag{3.27}$$

로 쓸 수 있다. 보다시피, 열의 변화율은 온도의 변화율에 비례한다. 여기서 비례상수 c_v는 물체의 단위 체적당 비열을 나타낸다. 식 (3.26)과 (3.27)을 결합하면

$$\frac{\partial T}{\partial t} = \frac{\kappa}{c_v} \nabla^2 T \tag{3.28}$$

를 얻을 수 있다. 즉, 각 지점에서 시간에 대한 온도 T의 변화율은 T의 라플라시안, 즉 온도의 공간 분포 상태를 나타내는 함수의 2계 도함수에 비례한다. 이로써 우리는 온도 T가 만족하는 (x, y, z 및 t에 대한) 미분 방정식을 성공적으로 유도하였다.

식 (3.28)은 '열 확산 방정식(heat diffusion equation)'이라고 하는데, 종종

$$\frac{\partial T}{\partial t} = D \nabla^2 T \tag{3.29}$$

의 형태로 쓰기도 한다. 여기서 D는 확산 계수(diffusion constant)이며, 지금의 경우는 κ/c_v와 같다.

확산 방정식은 물리학에서 빈번하게 등장한다. 기체나 중성자 또는 다른 입자의 확산 방정식도 위와 같은 형태로 기술된다. 우리는 제1권의 43장에서 확산 현상을 이미 다룬 바 있다. 그러나 지금은 가장 일반적인 상황에서 확산 현상을 기술하는 완벽한 방정식을 갖게 되었다. 나중에 특별한 상황에서 온도 변화를 계산할 때 확산 방정식을 직접 풀어 볼 예정이다. 지금 당장은 벡터장에 관한 다른 정리들을 마무리 짓기로 하자.

3-5 벡터장의 서큘레이션

다이버전스와 비슷한 방식으로 컬(curl)의 특성을 분석해 보자. 앞에서 우리는 느닷없이 폐곡면에 대한 적분을 운운하다가 어찌어찌하다 보니 가우스 정리를 얻었다. 폐곡면에 대해 적분하면 다이버전스가 된다는 것을 대체 어떻게 알았을까? 직접 계산을 해보지 않고 이들 사이의 연관성을 유추하는 것은 거의 불가능하다. 컬의 경우에도 이런 상황은 똑같이 반복된다. 지금부터 나는 벡터에 대하여 '무언가'를 계산한 후에, 그 결과를 컬과 연결시킬 참이다. 그 '무언가'란, 바로 벡터장의 서큘레이션이다. $\boldsymbol{C}$를 임의의 벡터장이라 하고, 임의의 폐곡선을 따라 완전히 한 바퀴 돌아가며 폐곡선과 나란한 $\boldsymbol{C}$의 성분을 취하여 적분해 보자. 이 값을 '주어진 폐곡선에 대한 벡터장의 서큘레이션(circulation)'이라고 한다. 우리는 이미 이 장의 앞부분에서 $\nabla\psi$를 선적분한 경험이 있다. 지금부터 우리가 할 일은 $\nabla\psi$의 선적분과 똑같은 작업을 임의의 벡터장 $\boldsymbol{C}$에 대해서 수행하는 것이다.

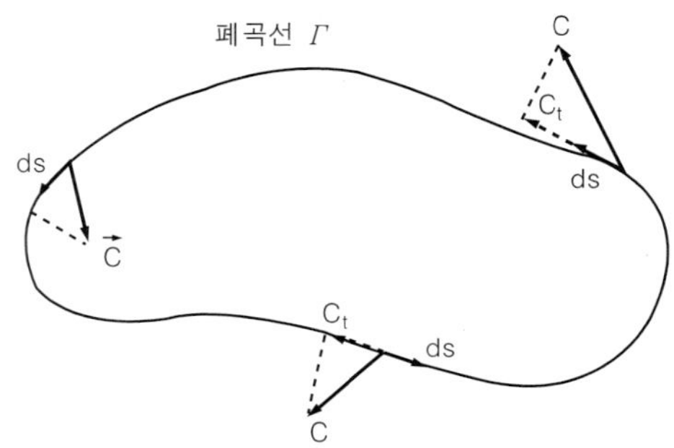

그림 3-7 곡선 Γ 둘레로의 $\boldsymbol{C}$의 서큘레이션은 $\boldsymbol{C}$의 접선 방향 성분 C_t의 선적분이다.

공간상의 임의의 폐곡선을 Γ라 하자. 물론 Γ는 가상의 곡선이다(그림 3-7 참조). 벡터 $\boldsymbol{C}$의 성분들 중 Γ와 나란한 방향의 성분(접선 성분)을 취하여 선적분한다는 것은

$$\oint_\Gamma C_t\, ds = \oint_\Gamma \boldsymbol{C} \cdot d\boldsymbol{s} \tag{3.30}$$

를 계산한다는 뜻이다. 이 선적분은 한 점에서 시작하여 다른 점에서 끝나는 적분이 아니라 '닫힌 폐곡선을 따라 한 바퀴 돌아 출발점으로 되돌아오는' 적분임을 명심하기 바란다. 적분 기호의 허리춤에 걸려 있는 작은 동그라미는 '한 바퀴 돌면서 적분한다'는 점을 강조하는 기호이다. 이 적분을 '폐곡선 Γ에 대한 벡터장 $\boldsymbol{C}$의 서큘레이션'이라고 하는데, 이 명칭은 원래 유체의 순환흐름(circulation)에서 유래되었다. 그러나 플럭스의 경우와 마찬가지로 이 명칭은 임의의 벡터장에 두루 사용되고 있으므로, 서큘레이션이라고 해서 굳이 무언가가 순환하는 장면을 떠올릴 필요는 없다.

플럭스의 경우와 마찬가지로, 폐곡선을 두 부분으로 분할한 후 각 부분에 대

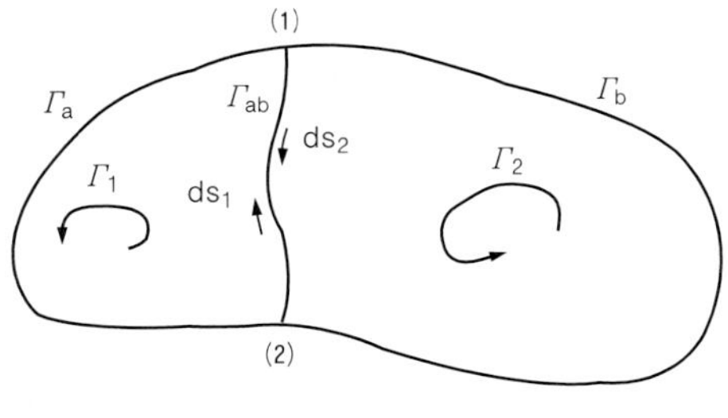

그림 3-8 전체 폐곡선 둘레로의 서큘레이션은 두 폐곡선 Γ_1과 Γ_2 둘레로의 서큘레이션의 합과 같다 : $\Gamma_1 = \Gamma_a + \Gamma_{ab}$, $\Gamma_2 = \Gamma_b + \Gamma_{ab}$

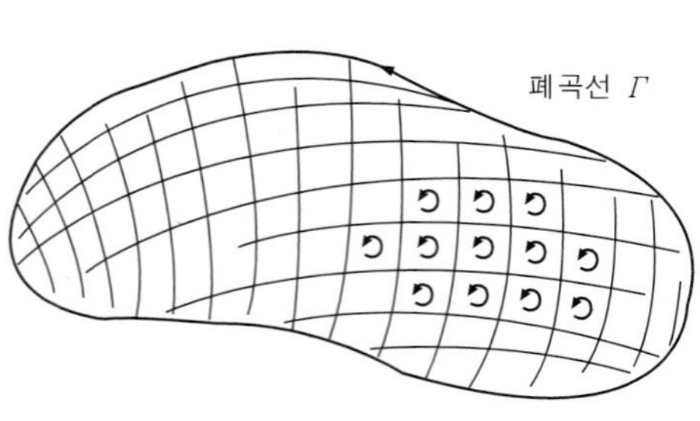

그림 3-9 폐곡선 Γ를 경계로 삼는 어떤 면을 하나 택한다. 그 면을 근사적으로 사각형 모양의 작은 구역들로 잘게 나눈다. Γ 둘레로의 서큘레이션은 이 미세한 작은 사각형 둘레로의 서큘레이션들의 합과 같다.

한 서큘레이션을 더하면 전체 폐곡선의 서큘레이션과 같아진다. 그림 3-7의 폐곡선을 그림 3-8과 같이 점 (1)과 (2)를 연결하는 선으로 분할하면 두 개의 폐곡선 Γ_1과 Γ_2가 만들어진다. Γ_1은 원래의 폐곡선에서 (1)과 (2)의 왼쪽 부분에 해당되는 Γ_a와 '절단선' Γ_{ab}로 이루어져 있고, Γ_2는 원래 폐곡선의 나머지 부분인 Γ_b와 절단선 Γ_{ab}로 이루어져 있다.

Γ_1에 대한 서큘레이션은 Γ_a와 Γ_{ab}를 따라 적분함으로써 얻어진다. 마찬가지로 Γ_2에 대한 서큘레이션은 Γ_b와 Γ_{ab}를 따라 적분하면 된다. 단, Γ_{ab}를 따라 적분할 때에는 소속 경로가 Γ_1이냐 또는 Γ_2이냐에 따라 부호가 달라진다. 그림에서 보다시피 경로의 방향이 정반대이기 때문이다. 그리고 Γ_1과 Γ_2에 대한 적분은 같은 방향(그림에서는 반시계 방향)으로 수행되어야 한다.

앞서 펼쳤던 논리를 그대로 따르면, 두 적분을 더한 결과가 원래의 폐곡선 Γ에 대한 선적분과 일치한다는 것을 알 수 있다. Γ_{ab}에 대한 적분은 서로 상쇄되기 때문에, Γ_1과 Γ_2에 대한 서큘레이션을 더하면 원래의 외곽선에 대한 서큘레이션과 일치하게 된다. 물론, 주어진 폐곡선을 더욱 작은 폐곡선으로 세분해도 결과는 마찬가지다. 작은 폐곡선들에 대한 서큘레이션을 모두 더하면 인접한 공통 부분은 항상 상쇄되므로, 원래의 단일 폐곡선에 대한 서큘레이션과 같아진다.

이제 원래의 폐곡선이 어떤 곡면의 경계라고 가정해 보자. 원래의 곡선을 경계로 하는 곡면은 무한히 많지만, 우리가 내릴 결론은 곡면의 구체적인 형태와 무관하다. 우선, 그림 3-9와 같이 원래의 폐곡선을 '곡면 위에 놓여 있는 작은 폐곡선'들로 잘게 나눈다. 곡면의 모양에 상관없이 폐곡선들을 충분히 잘게 나누면, 각각의 작은 폐곡선들은 평면의 경계선으로 취급할 수 있다. 그렇다면 원래의 큰 폐곡선 Γ에 대한 서큘레이션은 작은 사각형들의 경계선에 대한 서큘레이션의 합과 일치한다.

3-6 사각형 둘레로의 서큘레이션 : 스톡스 정리

그렇다면 작은 사각형의 경계선에 대한 서큘레이션은 어떻게 계산해야 하는가? 사각형들은 공간상에서 어떤 방향으로 놓여 있는가? 특정한 방향으로 놓여 있다면 계산이 아주 쉬워진다. 예를 들어, 작은 사각형이 좌표 평면 중 한 평면 위에 놓여 있다고 가정해 보자. 아직은 좌표축의 방향에 대해 아무런 언급도 하지 않았으므로, 작은 사각형 하나가 그림 3-10과 같이 xy평면 위에 놓이도록 좌표축을 설정하면 된다. 앞으로 우리가 얻게 될 결과가 벡터의 형태로 표현된다면, 평면의 방향에 상관없이 항상 같은 결과가 얻어진다고 주장할 수 있을 것이다.

이제 작은 사각형의 둘레를 따라가며 벡터장 $\boldsymbol{C}$의 서큘레이션을 계산해 보자. 사각형을 충분히 작게 잡으면 벡터 $\boldsymbol{C}$는 사각형의 각 변에서 거의 변하지 않을 것이므로 선적분을 쉽게 할 수 있다(사각형은 작을수록 좋으므로, 수학적으로 '무한히 작은' 사각형을 잡는 것이 최선이다). 그림의 왼쪽 아래 꼭지점 (x, y)에서 출발하여 화살표 방향을 따라가 보자. 첫 번째 변 (1)에서 $\boldsymbol{C}$의 접선 성분은 $C_x(1)$이고 변의 길이는 Δx이므로, 이 구간에서 적분값은 $C_x(1)\Delta x$이다. 마찬가지로, 두 번째 변 (2)에 대한 적분은 $C_y(2)\Delta y$이며, 세 번째 변 (3)에 대한 적분은 $-C_x(3)\Delta x$, 네 번째 변 (4)에서는 $-C_y(4)\Delta y$가 얻어진다. 여기서 음의 부호는 적분 방향이 반대이기 때문에 붙은 것이다. 따라서 전체 적분은 다음과 같다.

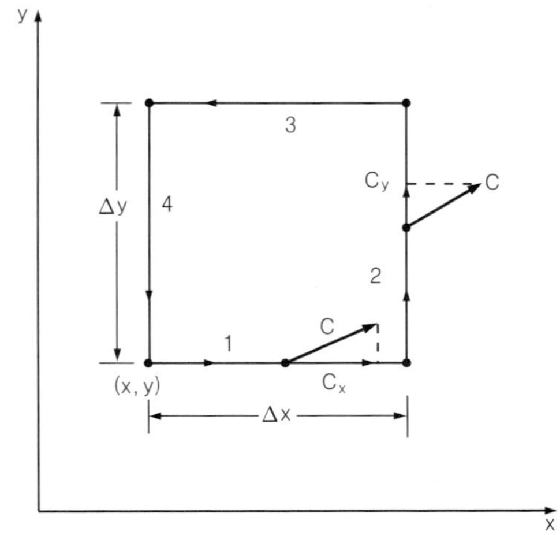

그림 3-10 하나의 작은 사각형 둘레에서 $\boldsymbol{C}$의 서큘레이션 계산하기

$$\oint \boldsymbol{C}\cdot d\boldsymbol{s} = C_x(1)\Delta x + C_y(2)\Delta y - C_x(3)\Delta x - C_y(4)\Delta y \tag{3.31}$$

여기서 첫 번째 항과 세 번째 항을 묶으면

$$[C_x(1) - C_x(3)]\Delta x \tag{3.32}$$

가 된다. 방금 전에, "면적이 매우 작은 사각형의 각 변에서 벡터장의 값은 거의 균일하다"고 했으므로, 식 (3.32)는 당연히 0이 될 것 같다. 물론 일차적인 근사만 고려한다면 위의 값은 0이다. 그러나 C_x의 변화율을 고려하면 미세한 차이를 표현할 수 있다. 즉,

$$C_x(3) = C_x(1) + \frac{\partial C_x}{\partial y}\Delta y \tag{3.33}$$

의 관계가 성립한다. 더욱 정확한 근사를 취하면 $(\Delta y)^2$에 비례하는 항도 포함되겠지만, 나중에 $\Delta y \to 0$인 극한을 취할 것이므로 고차 항들은 무시해도 상관없다. 식 (3.33)을 식 (3.32)에 대입하면

$$[C_x(1) - C_x(3)]\Delta x = -\frac{\partial C_x}{\partial y}\Delta x\,\Delta y \tag{3.34}$$

가 된다. 여기서 도함수 $\partial C_x/\partial y$는 (x, y)에서 계산한 값을 취한다.

식 (3.31)의 우변에 있는 나머지 두 항에 대해서도 동일한 과정을 거치면

$$C_y(2)\,\Delta y - C_y(4)\,\Delta y = \frac{\partial C_y}{\partial x}\Delta x\,\Delta y \tag{3.35}$$

가 얻어진다. 따라서 미소 사각형 둘레에 대한 서큘레이션은

$$\left(\frac{\partial C_y}{\partial x} - \frac{\partial C_x}{\partial y}\right)\Delta x\,\Delta y \tag{3.36}$$

가 되는데, 괄호 안에 들어 있는 내용을 자세히 살펴보면 바로 $\nabla\times\boldsymbol{C}$의 z성분임을 알 수 있다. 그리고 $\Delta x\,\Delta y$는 미소 사각형의 면적에 해당된다. 따라서 서큘레이션에 대한 식 (3.36)은

$$(\nabla\times\boldsymbol{C})_z\,\Delta a$$

로 쓸 수 있다. 그런데 z성분은 면적 요소에 '수직한' 방향의 성분이므로, 미소 사각형의 둘레에 대한 서큘레이션은 다음과 같이 벡터 형태로 표현할 수 있다.

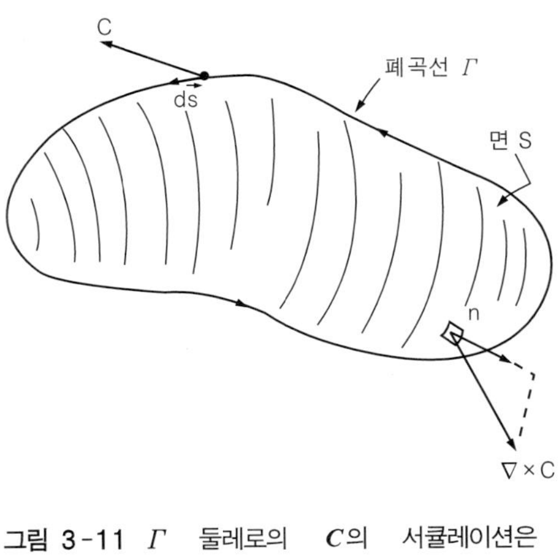

그림 3-11 Γ 둘레로의 $\boldsymbol{C}$의 서큘레이션은 $\nabla\times\boldsymbol{C}$의 수직 성분의 면적분과 같다.

$$\oint \boldsymbol{C}\cdot d\boldsymbol{s} = (\nabla\times\boldsymbol{C})_n\Delta a = (\nabla\times\boldsymbol{C})\cdot\boldsymbol{n}\,\Delta a \tag{3.37}$$

위의 관계식을 말로 풀어 쓰면 다음과 같다. "미소 사각형에 대한 벡터 $\boldsymbol{C}$의

서큘레이션은 $\boldsymbol{C}$의 컬의 (사각형에 대한) 수직 성분에 사각형의 면적을 곱한 것과 같다."

임의의 폐곡선 Γ에 대한 벡터의 서큘레이션과 벡터의 컬 사이에는 이와 같은 관계가 성립한다. 그림 3-11과 같이 폐곡선의 내부를 임의의 표면 S로 채워 보자. 그리고 그 표면을 분할하여 만들어진 미소 사각형들의 테두리에 대하여 벡터의 서큘레이션을 모두 더해 보자. 말로 하면 꽤 복잡한 것 같지만, 방금 증명한 대로 이 합은 간단한 적분으로 표현된다. 이것이 바로 그 유명한 '스톡스 정리(Stokes' theorem)'이다.

스톡스 정리

$$\oint_{\Gamma} \boldsymbol{C} \cdot d\boldsymbol{s} = \int_{S} (\boldsymbol{\nabla} \times \boldsymbol{C})_n \, da \tag{3.38}$$

여기서 S는 경계가 Γ로 주어진 임의의 곡면이다.

이 시점에서 부호와 관련하여 한 가지 약속을 해 둘 필요가 있다. 그림 3-10에서 z축의 방향은 오른손 좌표계를 사용했을 때 종이 위를 뚫고 나오는 방향이다. 선적분을 양(+)의 회전 방향으로 수행하면 벡터 $\boldsymbol{C}$의 서큘레이션은 $\boldsymbol{\nabla} \times \boldsymbol{C}$의 z성분과 같다. 만일 적분을 반대 방향으로 수행한다면 적분 결과의 부호가 반대로 바뀔 것이다. 그렇다면 일반적으로 $\boldsymbol{\nabla} \times \boldsymbol{C}$의 수직 성분의 '양의 방향'은 어떻게 선택해야 하는가? 양의 수직 방향은 그림 3-10과 같이 적분을 수행하는 방향과 관계되어 있다. 일반적인 경우는 그림 3-11에 그림으로 표시해 놓았다.

이 관계를 기억하는 한 가지 방법은 오른손 규칙을 사용하는 것이다. 즉, 오른 엄지손가락을 제외한 나머지 네 개의 손가락으로 $d\boldsymbol{s}$의 양의 방향을 따라 곡선 Γ를 감쌌을 때, 엄지손가락이 향하는 방향이 곡면 S에 수직한 '양'의 방향이다.

3-7 컬이 0인 장과 다이버전스가 0인 장

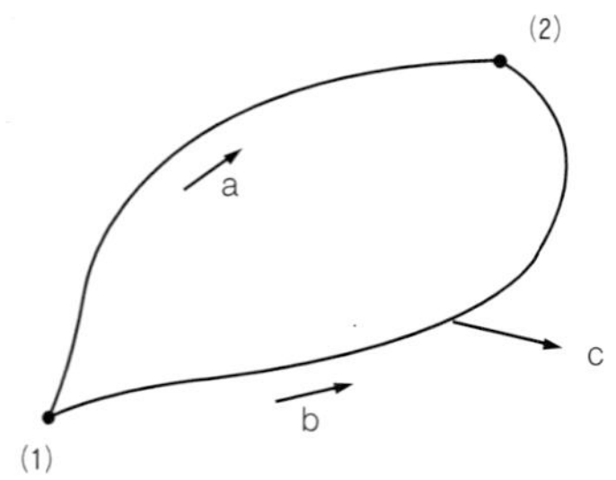

그림 3-12 $\boldsymbol{\nabla} \times \boldsymbol{C} = 0$이면, 폐곡선 Γ 둘레의 서큘레이션은 0이 된다. 지점 (1)에서 지점 (2)까지 $\boldsymbol{C} \cdot d\boldsymbol{s}$를 a 경로를 따라 선적분한 값은 b 경로를 따라 선적분한 값과 같아야 한다.

스톡스 정리로부터 유도되는 몇 가지 결론을 생각해 보자. 모든 공간에서 컬이 0인 벡터장에 스톡스 정리를 적용하면 임의의 폐곡선에 대한 서큘레이션은 항상 0이 되어야 한다. 이런 경우, 그림 3-12와 같이 폐곡선 위에서 두 점 (1)과 (2)를 임의로 선택했을 때, 점 (1)에서 점 (2)까지 접선 성분을 선적분한 값은 경로에 무관하게 항상 같아야 한다. 다시 말해서, 점 (1)에서 점 (2)까지의 선적분은 두 점의 위치에만 의존하는 양이다. 제1권의 14장에서도 이와 비슷한 같은 논리를 적용한 적이 있다. 그곳에서 우리는 "임의의 폐곡선을 따라 한 바퀴 돌면서 어떤 양을 선적분한 값이 항상 0이 된다면, 양 끝점에만 의존하는 함수의 차이로 적분 결과를 표현할 수 있다"는 사실을 증명했다. 이로부터 우리는 퍼텐셜(potential)이라는 개념을 정의했으며, 더 나아가서 벡터장이 퍼텐셜 함수의 그래디언트로 표현된다[제1권의 식 (14.13) 참조].

따라서 컬이 0인 임의의 벡터장은 어떤 스칼라 함수의 그래디언트로 표현할 수 있다. 즉 모든 지점에서 $\boldsymbol{\nabla} \times \boldsymbol{C} = 0$이면, $\boldsymbol{C} = \boldsymbol{\nabla}\psi$인 ψ(프사이)가 반드시 존

재한다는 것이다. 따라서 벡터의 컬이 0인 경우에는 그 벡터와 그래디언트로 연결되어 있는 스칼라장 ψ를 이용하여 벡터장의 특성을 기술할 수 있다.

또 다른 사실을 증명해 보자. 임의의 스칼라장 ϕ(화이)에 그래디언트를 취한 후($\nabla\phi$) 임의의 폐곡선에 대하여 이 벡터장을 적분한 값은 항상 0이 되어야 한다. 점 (1)에서 (2)까지 $\nabla\phi$를 선적분한 결과는 $[\phi(2)-\phi(1)]$인데, 적분 경로가 폐곡선이면 시작점과 끝점이 동일하므로 이 값은 당연히 0이다.

$$\oint_{\text{폐곡선}} \nabla\phi \cdot d\boldsymbol{s} = 0$$

여기에 스톡스 정리를 적용하면 임의의 곡면에 대하여

$$\int \nabla \times (\nabla\phi) \cdot \boldsymbol{n}\, da = 0$$

임을 알 수 있다. 그런데 '모든' 곡면에 대해 위의 적분이 0이 되려면 $\nabla\times\nabla\phi$가 항상 0이 되는 수밖에 없다. 따라서

$$\nabla \times (\nabla\phi) = 0 \quad \text{(항상)}$$

즉, 임의의 스칼라장의 그래디언트에 컬을 취한 값은 항상 0이 되어야 한다. 2-7절에서는 벡터 대수를 이용하여 이와 동일한 사실을 증명한 바 있다.

이제 그림 3-13과 같이 '작은' 폐곡선 Γ를 커다란 풍선 모양의 곡면 S로 채운 특별한 경우를 살펴보자. 이때, 폐곡선이 점점 작아져서 점이 되면(즉, 곡면의 경계가 사라지면서 폐곡면이 되면) 어떻게 될까? 벡터 $\boldsymbol{C}$가 공간 전체에서 유한한 값을 갖는다면, 폐곡선 Γ에 대한 선적분은 폐곡선이 작아짐에 따라 0에 가까운 값으로 수렴해야 한다. 적분 값은 대략 Γ의 둘레 길이에 비례하는데, 둘레의 길이가 0에 가까워지기 때문이다. 그리고 여기에 스톡스 정리를 적용하면 $(\nabla\times\boldsymbol{C})_n$의 면적분 역시 0으로 사라져야 한다. 표면이 점점 닫힐수록(Γ가 오그라들수록), 전에 있던 값을 상쇄시키는 무언가가 새로 나타난다는 뜻이다. 이로부터 우리는 새로운 정리를 얻게 된다.

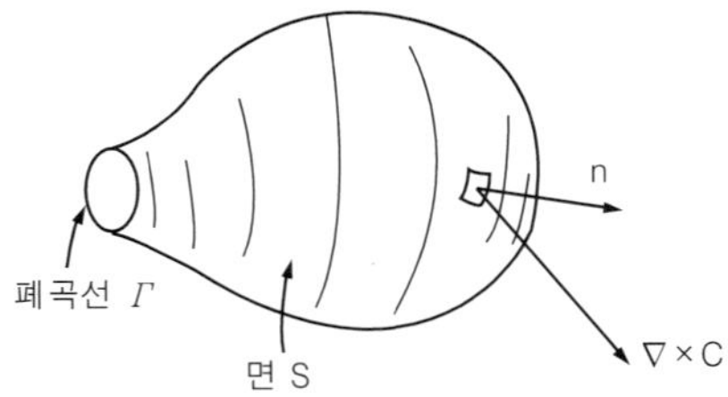

그림 3-13 점점 폐곡면으로 되는 극한을 생각해 보면, $(\nabla\times\boldsymbol{C})_n$의 면적분이 0임을 알 수 있다.

$$\int_{\text{임의의 폐곡면}} (\nabla \times \boldsymbol{C})_n\, da = 0 \tag{3.39}$$

위의 식을 벡터장의 표면 적분에 관한 정리와 결합시키면 재미있는 결과를 얻어 낼 수 있다. 가우스 정리에 의하면, 폐곡면에 대한 표면 적분은 다이버전스의 체적 적분과 같으므로, 가우스 정리를 벡터 $\nabla\times\boldsymbol{C}$에 대해 적용하면,

$$\int_{\text{폐곡면}} (\nabla \times \boldsymbol{C})_n\, da = \int_{\text{내부 체적}} \nabla \cdot (\nabla \times \boldsymbol{C})\, dV \tag{3.40}$$

가 되어, 우변의 적분도 0이 되어야 한다.

$$\int_{\text{임의의 체적}} \nabla \cdot (\nabla \times \boldsymbol{C})\, dV = 0 \tag{3.41}$$

이것은 임의의 벡터장 $\boldsymbol{C}$에 대해 항상 성립한다. 또한 식 (3.41)은 임의의 체적에 대해 성립하므로 피적분 함수가 공간상의 모든 점에서 0이 되는 수밖에 없다. 즉,

$$\text{(공간상의 모든 지점에서)} \qquad \nabla \cdot (\nabla \times \boldsymbol{C}) = 0$$

이다. 이것은 2-7절에서 벡터 대수를 통해 얻은 결과와 동일하다. 이쯤 했으면 모든 것들이 어떻게 맞아 돌아가는지 감 잡았을 줄로 믿는다.

3-8 요약

이 장에서 배운 내용들을 정리해 보자. 아래 적어 놓은 내용은 2장과 3장을 요약한 것이다.

1. 세 개의 연산자 $\partial/\partial x$, $\partial/\partial y$, $\partial/\partial z$는 벡터 연산자 ∇의 세 개의 성분으로 생각할 수 있다. 이 연산자를 벡터로 취급하여 벡터 대수를 통해 얻은 결과는 모두 참이다.

$$\nabla = \left(\frac{\partial}{\partial x},\ \frac{\partial}{\partial y},\ \frac{\partial}{\partial z}\right)$$

2. 두 점에서 스칼라장의 값의 차이는 두 점 사이를 잇는 임의의 곡선을 따라 스칼라장의 그래디언트의 접선 성분을 선적분한 것과 같다.

$$\psi(2) - \psi(1) = \int_{\substack{(1) \\ \text{임의의 곡선}}}^{(2)} (\nabla \psi) \cdot d\boldsymbol{s} \tag{3.42}$$

3. 폐곡면에 대해 임의의 벡터의 수직 성분을 면적분한 값은 그 폐곡면으로 둘러싸인 체적에 대해 벡터의 다이버전스를 체적 적분한 값과 같다(가우스 정리).

$$\int_{\text{폐곡면}} \boldsymbol{C} \cdot \boldsymbol{n}\, da = \int_{\text{내부 체적}} (\nabla \cdot \boldsymbol{C})\, dV \tag{3.43}$$

4. 폐곡선 둘레로 임의의 벡터의 접선 성분을 선적분한 값은 그 폐곡선을 경계로 하는 임의의 곡면에 대하여 벡터의 컬의 수직 성분을 면적분한 값과 같다(스톡스 정리).

$$\int_{\text{경계}} \boldsymbol{C} \cdot d\boldsymbol{s} = \int_{\text{곡면}} (\nabla \times \boldsymbol{C}) \cdot \boldsymbol{n}\, da \tag{3.44}$$

CHAPTER 04

정전기학

4-1 정역학

4-1 정역학
4-2 쿨롱의 법칙 : 중첩
4-3 전기 퍼텐셜(전위)
4-4 $\boldsymbol{E}=-\nabla\phi$
4-5 $\boldsymbol{E}$의 플럭스
4-6 가우스의 법칙과 $\boldsymbol{E}$의 다이버전스
4-7 구형 전하에 의한 전기장
4-8 장선과 등퍼텐셜(등전위)면

복습 과제 :
제1권 13, 14장 〈일과 위치 에너지〉

지금부터 전자기 이론에 관한 본격적인 공부를 시작해 보자. 전자기학의 모든 것은 맥스웰 방정식 속에 들어 있다.

맥스웰 방정식 :

$$\nabla\cdot\boldsymbol{E}=\frac{\rho}{\epsilon_0} \tag{4.1}$$

$$\nabla\times\boldsymbol{E}=-\frac{\partial\boldsymbol{B}}{\partial t} \tag{4.2}$$

$$c^2\nabla\times\boldsymbol{B}=\frac{\partial\boldsymbol{E}}{\partial t}+\frac{\boldsymbol{j}}{\epsilon_0} \tag{4.3}$$

$$\nabla\cdot\boldsymbol{B}=0 \tag{4.4}$$

이 방정식들은 상당히 복잡한 상황까지 기술할 수 있다. 그러나 처음부터 복잡한 문제를 다루는 것보다, 비교적 간단한 상황에 대한 풀이법을 충분히 익힌 후에 점차 난이도를 높여 가는 것이 바람직하다. 가장 쉬운 경우는 시간이 흘러도 장이 변하지 않는 경우인데, 이를 정적인 상태(static state)라고 한다. 정적인 상태에서 모든 전하들은 영구적으로 공간상에 고정되어 있으며, 설령 움직인다 해도 회로 안에서 일정하게 흐르는 경우(시간이 흘러도 ρ와 $\boldsymbol{j}$가 변하지 않는 경우)로 한정된다. 이런 조건하에서 맥스웰 방정식에 등장하는 시간에 대한 장의 미분 항들은 모두 0이 되어, 맥스웰 방정식은 다음과 같이 간단해진다.

$$\epsilon_0 c^2=\frac{10^7}{4\pi}$$

$$\frac{1}{4\pi\epsilon_0}\approx 9\times 10^9$$

$$[\epsilon_0]=\text{쿨롱}^2/\text{뉴턴}\cdot\text{미터}^2$$

정전기학 :

$$\nabla\cdot\boldsymbol{E}=\frac{\rho}{\epsilon_0} \tag{4.5}$$

$$\nabla\times\boldsymbol{E}=0 \tag{4.6}$$

정자기학 :

$$\nabla\times\boldsymbol{B}=\frac{\boldsymbol{j}}{\epsilon_0 c^2} \tag{4.7}$$

$$\nabla\cdot\boldsymbol{B}=0 \tag{4.8}$$

맥스웰 방정식은 네 개로 되어 있지만, 정적인 상태로 한정시켜 놓고 보면 둘씩 짝을 이룬다는 것을 알 수 있다. 전기장 $\boldsymbol{E}$는 처음 두 개의 방정식에만 나

타나고, 자기장 $\boldsymbol{B}$는 마지막 두 개의 방정식에만 나타난다. 즉, 정적인 상태에서 전기장과 자기장은 서로 연결되어 있지 않다. 이것은 전하와 전류가 정적인 경우, 전기와 자기는 서로 구분되는 현상임을 의미한다. 축전기가 충전되고 있거나 자석이 움직일 때처럼 전하와 전류가 시간에 따라 변해야만 $\boldsymbol{E}$와 $\boldsymbol{B}$의 상호 연관성이 비로소 드러나게 된다. 시간에 따른 장의 변화가 크게 나타나서 맥스웰 방정식의 시간 미분 항들이 무시할 수 없을 정도로 커지면 $\boldsymbol{E}$와 $\boldsymbol{B}$는 독립성을 상실하고 서로에게 영향을 주기 시작한다.

정역학에 관한 위의 방정식을 들여다보면 정전기학(electrostatics)과 정자기학(magnetostatics)이라고 하는 두 가지 주제가 벡터장의 수학적인 성질을 공부하는 데 아주 이상적임을 알 수 있다. 정전기학은 '컬이 0이고 다이버전스만 주어진' 벡터장의 좋은 사례이고, 정자기학은 이와 반대로 '다이버전스가 0이고 컬만 주어진' 벡터장의 좋은 사례이다. 전자기 이론의 통상적인 학습 방법은 정전기학을 먼저 익힌 후에 다이버전스와 같은 수학적 개념을 공부하는 것이다(여러분은 이 방법이 더 낫다고 생각할지도 모른다). 정자기학과 컬은 그 후에 다룬다. 그리고 마지막 단계에 가면 전기와 자기는 하나로 통합된다. 그러나 이 강좌에서는 벡터의 미적분학을 출발점으로 삼았다. 지금부터 처음 두 개의 (맥스웰) 방정식에 등장하는 전기장 $\boldsymbol{E}$(정전기장)에 벡터의 미분을 적용시켜 보자.

우선 가장 간단한 경우, 즉 모든 전하의 위치가 구체적으로 지정되어 있는 경우를 생각해 보자. 만일 정전기학이 전자기 이론의 모든 것이라면(앞으로 두 개의 장에 걸쳐 강의할 예정이다) 인간의 삶은 정말로 단순하고 무의미해질 것이다. 이제 곧 알게 되겠지만, 정전기학의 모든 내용은 쿨롱의 법칙과 몇 가지 적분으로부터 유도될 수 있다. 하지만 실질적인 정전기학 문제에서는 전하의 위치를 알아내는 것부터가 결코 쉽지 않다. 그저 우리는 물질의 특성에 따라 전하들이 나름의 방식으로 분포되어 있다는 사실을 알고 있을 뿐이다. 전하가 취하는 위치는 전기장 $\boldsymbol{E}$에 따라 달라지고, 전하의 위치가 달라지면 전기장이 변한다. 이런 식으로 영향을 주고받으면서 사정은 점점 더 복잡해진다. 예를 들어, 대전된 물체를 도체나 절연체에 가까이 가져가면 도체나 절연체 내에 있는 전자나 양성자들이 움직일 것이다. 식 (4.5)에서 전하 밀도를 나타내는 ρ(전기장을 만드는 근원) 중 일부는 우리가 가까이 가져간 (대전된 물체의) 전하일 수도 있지만, 나머지는 도체 내에서 이동된 전하들이다. 따라서 전기장을 계산하려면 대전체와 도체(또는 절연체)의 전하를 모두 고려해야 한다. 앞으로 여러분은 점점 더 어렵고 흥미로운 문제와 마주치게 될 것이다. 제4장의 주제는 정전기학이지만, 강의 시간의 한계 때문에 정전기학의 좀 더 아름답고 미묘한 문제들을 폭넓게 다루지는 못할 것 같다. 이 강의에서는 모든 전하들의 위치를 미리 알고 있는 경우(또는 그렇다고 가정할 수 있는 경우)만을 다룰 예정이다. 복잡한 문제를 다룰 때에는 가장 간단한 경우부터 공략하는 것이 최선이기 때문이다.

4-2 쿨롱의 법칙 : 중첩

앞서 소개한 식 (4.5)와 (4.6)을 출발점으로 삼는 것이 논리적일 것이다. 그러나 어딘가 다른 곳에서 시작한 후 나중에 다시 이 식으로 돌아오는 것이 더 쉬울 수도 있다. 어떤 방법을 택하건, 우리는 동일한 결과를 얻는다. 그래서 나는 "정지해 있는 두 전하들 사이에 작용하는 힘은 두 전하의 곱에 비례하고 둘 사이의 거리의 제곱에 반비례한다"는 쿨롱의 법칙을 출발점으로 삼아 이야기를 풀어나갈 것이다. 전기력은 두 전하를 연결하는 직선 상에서 작용한다.

쿨롱의 법칙 :

$$\boldsymbol{F}_1 = \frac{1}{4\pi\epsilon_0}\frac{q_1 q_2}{r_{12}^2}\,\boldsymbol{e}_{12} = -\boldsymbol{F}_2 \tag{4.9}$$

$\boldsymbol{F}_1$은 전하 q_1이 받는 힘이고, $\boldsymbol{e}_{12}$는 q_2에서 q_1으로 향하는 단위 벡터이며, r_{12}는 두 전하 사이의 거리를 나타낸다. 전하 q_2에 작용하는 힘 $\boldsymbol{F}_2$는 $\boldsymbol{F}_1$과 크기가 같고 방향은 반대이다.

비례 상수는 어떤 역사적인 이유에서 $1/4\pi\epsilon_0$로 쓰고 있다. 우리가 흔히 사용하는 mks 단위계에서 이 값은 정확하게 (광속)$^2\times10^{-7}$으로 정의된다. 그런데 광속은 대략 3×10^8미터/초이므로, 비례 상수의 값은 대략 9×10^9이며, 단위는 뉴턴·미터^2/쿨롱^2 또는 볼트·미터/쿨롱이다.

$$\begin{aligned}\frac{1}{4\pi\epsilon_0} &= 10^{-7}c^2 \qquad (\text{정의})\\ &= 9.0\times10^9 \quad (\text{실험값})\end{aligned} \tag{4.10}$$

단위 : 뉴턴·미터^2/쿨롱^2

또는 볼트·미터/쿨롱

전하가 두 개 이상인 경우에는 쿨롱의 법칙 이외에 한 가지 사실을 더 고려해야 한다. 즉, 임의의 한 전하에 가해지는 총 힘은 나머지 개개의 전하들이 그 전하에 가하는 쿨롱 힘들의 벡터 합으로 나타난다는 것이다. 이것을 "중첩의 원리"라고 한다. 쿨롱의 법칙과 중첩의 원리를 적용하면 정전기학의 모든 현상을 기술할 수 있다. 정전기학은 이것이 전부이다. 방정식 (4.5)와 (4.6)에도 그 이상의 정보는 담겨 있지 않다.

쿨롱의 법칙을 적용할 때는 전기장의 개념을 도입하는 것이 편리하다. 전기장 $\boldsymbol{E}(1)$을 'q_1에 작용하는 단위 전하당 힘'이라고 정의하자(이 힘은 q_1 주변에 있는 나머지 모든 전하들에 의한 힘이다). 식 (4.9)를 q_1으로 나누면 q_1을 제외한 나머지 전하들이 q_1에 작용하는 '단위 전하당 힘'이 얻어진다(q_1은 자기 자신에게 아무런 힘도 행사하지 않는다고 가정한다 : 옮긴이).

$$\boldsymbol{E}(1) = \frac{1}{4\pi\epsilon_0}\frac{q_2}{r_{12}^2}\,\boldsymbol{e}_{12} \tag{4.11}$$

q_1이 그 자리에 없더라도, $\boldsymbol{E}(1)$은 점 (1)에서의 어떤 성질을 기술하는 물리량으로 취급할 수 있다. 물론 q_1을 제외한 모든 전하는 원래의 위치에 그대로 있다고

가정한다. 이렇게 계산된 $\boldsymbol{E}(1)$을 '위치 (1)에서의 전기장'이라고 한다.

전기장 $\boldsymbol{E}$는 3차원 벡터이므로, 식 (4.11)에는 세 개의 식이 들어 있다. 그 중 x성분만 따로 써 보면

$$E_x(x_1,\ y_1,\ z_1) = \frac{q_2}{4\pi\epsilon_0} \frac{x_1 - x_2}{[(x_1 - x_2)^2 + (y_1 - y_2)^2 + (z_1 - z_2)^2]^{3/2}} \tag{4.12}$$

가 되고, y, z성분들도 이와 유사한 형태로 표현된다.

전하가 여러 개 있는 경우, 점 (1)에서의 전기장 $\boldsymbol{E}(1)$은 개개의 전하들이 발생시키는 전기장의 합으로 주어진다. 물론 개개의 전기장은 (4.11)이나 (4.12)와 동일한 형태이다. q_j를 j번째 전하의 크기라 하고 r_{1j}를 q_j로부터 점 (1)까지의 거리라고 하면, q_j가 위치 (1)에 만드는 전기장은 다음과 같이 쓸 수 있다.

$$\boldsymbol{E}(1) = \sum_j \frac{1}{4\pi\epsilon_0} \frac{q_j}{r_{1j}^2} \boldsymbol{e}_{1j} \tag{4.13}$$

물론, 이 벡터의 x성분은

$$E_x(x_1,\ y_1,\ z_1) = \sum_j \frac{1}{4\pi\epsilon_0} \frac{q_j(x_1 - x_j)}{[(x_1 - x_j)^2 + (y_1 - y_j)^2 + (z_1 - z_j)^2]^{3/2}} \tag{4.14}$$

이다. 나머지 성분도 비슷한 방식으로 쓸 수 있다.

실제로 전하는 전자나 양성자의 형태로 '띄엄띄엄' 분포되어 있지만, 이 사실을 무시한 채 전하를 '연속적으로 분포되어 있는 양'으로 간주하면 전기장의 계산이 훨씬 간편해진다. 미시 세계에서 벌어지고 있는 구체적인 사건을 특별히 문제 삼지 않는다면 이렇게 가정해도 무방하다. 일반적으로, 전하의 분포 상태는 "전하 밀도" $\rho(x,\ y,\ z)$라는 함수로 기술된다. 점 (2)에 위치한 조그만 체적 ΔV_2 안에 있는 전하량을 Δq_2라 하면, ρ는 다음과 같이 정의된다.

$$\Delta q_2 = \rho(2)\Delta V_2 \tag{4.15}$$

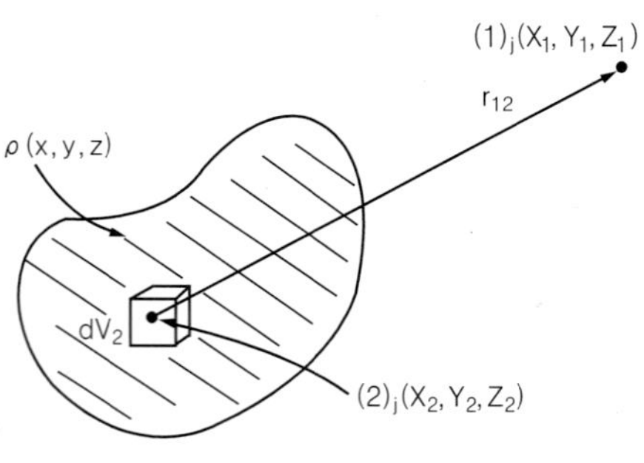

그림 4-1 점 (1)에서의 전기장 $\boldsymbol{E}$는 전하 분포에 대한 적분으로 구해진다. 점 (1)은 전하 분포의 내부에 있어도 상관없다.

전하 분포가 주어져 있을 때 쿨롱의 법칙을 사용하려면 식 (4.13)이나 (4.14)에 등장하는 합($\sum$)을 '전하가 분포되어 있는 전 공간에 대한 적분'으로 바꿔 주어야 한다.

$$\boldsymbol{E}(1) = \frac{1}{4\pi\epsilon_0} \int_{\text{전 공간}} \frac{\rho(2)\ \boldsymbol{e}_{12}\, dV_2}{r_{12}^2} \tag{4.16}$$

개중에는 다음과 같은 표기법을 선호하는 사람도 있다.

$$\boldsymbol{e}_{12} = \frac{\boldsymbol{r}_{12}}{r_{12}}$$

여기서 $\boldsymbol{r}_{12}$는 그림 4-1처럼 점 (2)에서 (1)로 향하는 변위 벡터이다. 이 표기법을 사용하여 $\boldsymbol{E}$를 다시 쓰면

$$\boldsymbol{E}(1) = \frac{1}{4\pi\epsilon_0} \int_{\text{전 공간}} \frac{\rho(2)\ \boldsymbol{r}_{12}\, dV_2}{r_{12}^3} \tag{4.17}$$

가 된다. 이 적분을 이용하여 무언가를 계산하고자 한다면 각 성분별로 하나씩 다루어야 한다. 식 (4.16)이나 (4.17)의 x성분을 써 보면 다음과 같다.

$$E_x(x_1,\ y_1,\ z_1) = \int_{\text{전 공간}} \frac{(x_1 - x_2)\ \rho(x_2,\ y_2,\ z_2)\ dx_2\ dy_2\ dz_2}{4\pi\epsilon_0[(x_1 - x_2)^2 + (y_1 - y_2)^2 + (z_1 - z_2)^2]^{3/2}} \quad (4.18)$$

사실, 이 공식을 써먹을 일은 별로 없다. 그런데도 굳이 여기에 적어 놓은 것은 "모든 전하의 위치를 알고 있기만 하면 정전기장에 관한 모든 문제를 완벽하게 풀 수 있다"는 점을 강조하기 위해서다. 전하가 주어져 있을 때, 장(field)은 어떻게 계산해야 하는가? 길게 생각할 것 없이, 위의 적분을 수행하면 된다. 다소 복잡해 보이긴 하지만, 이것은 단지 3차원 적분일 뿐이다. 적분이 어렵다면 컴퓨터가 대신 해 줄 수도 있다!

위의 적분 공식을 쓰면 평판형 전하 분포나, 선형 전하 분포, 구면 껍질 전하 분포, 또는 임의의 정해진 전하 분포에 의해 형성되는 전기장을 구할 수 있다. 장선을 그린다거나, 퍼텐셜을 논하거나, 또는 다이버전스를 계산하는 와중에도 이미 답은 이 공식에 의해 주어져 있다는 사실을 항상 기억하기 바란다. 장선과 퍼텐셜, 다이버전스 등은 적분을 직접 하지 않고 기발한 추측으로 답을 손쉽게 구하는 보조 도구에 불과하다. 물론 기발한 추측을 자유자재로 구사하는 경지에 이르려면 온갖 종류의 새로운 기교를 배워야 한다. 현실적으로 생각해 보면, 기발한 추측을 떠올리면서 똑똑한 척하는 것보다 직접 적분을 해 버리는 것이 속 편할지도 모른다. 하지만 이 강의에서는 직관적인 방법들을 동원하여 '똑똑하게' 답을 구해 보고자 한다. 이제 전기장의 몇 가지 다른 특성에 관해 알아보자.

4-3 전기 퍼텐셜(전위)

제일 먼저 할 일은 정전기 퍼텐셜의 개념을 도입하는 것이다. 이것은 전하를 어떤 한 위치에서 다른 위치로 이동시키고자 할 때 요구되는 일과 밀접하게 관련되어 있다. 한 가지 질문을 던져 보자. 어떤 전하 분포로부터 발생되는 전기장 속에서, 전하를 한 위치에서 다른 위치로 이동시킬 때 얼마나 많은 일을 해야 하는가? 전하를 전기적인 힘과 '반대 방향으로' 이동시킬 때 요구되는 일의 양은, 전기력의 운동 방향 성분에 음(−)의 부호를 붙여서 이동 경로를 따라 적분한 값과 같다. 한 전하를 점 a에서 b까지 이동시키려면,

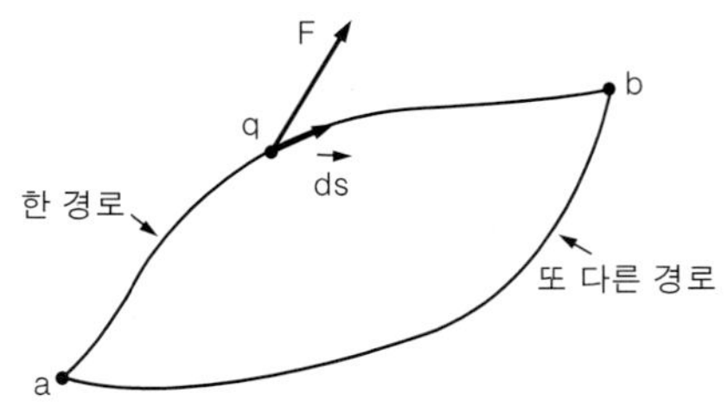

그림 4-2 전하를 a에서 b까지 옮기는 데 소요되는 일은 선택한 경로를 따라 $\boldsymbol{F}\cdot d\boldsymbol{s}$를 적분한 다음 부호를 바꾼 값과 같다.

$$W = -\int_a^b \boldsymbol{F}\cdot d\boldsymbol{s}$$

만큼의 일을 해야 한다. 여기서 $\boldsymbol{F}$는 이동 경로 상의 각 점에서 전하에 '가해지는' 전기력이고, $d\boldsymbol{s}$는 적분 경로의 미소 변위 벡터이다(그림 4-2 참조).

그렇다면 '단위 전하'를 이동시킬 때 소요되는 일은 얼마나 될까? 단위 전하에 가해지는 힘은 전하가 있는 지점의 전기장과 동일하다. 따라서 위의 식에 들어 있는 $\boldsymbol{F}$를 $\boldsymbol{E}$로 바꿔 주면 된다. 이렇게 계산된 일을 W(단위)라 부르기로 하자.

$$W(\text{단위}) = -\int_a^b \boldsymbol{E} \cdot d\boldsymbol{s} \tag{4.19}$$

일반적으로 이런 종류의 적분은 경로에 따라 달라진다. 그러나 식 (4.19)가 a에서 b까지의 경로에 따라 달라진다면, $a \to b$를 연결하는 특정 경로를 따라 전하를 옮긴 후에 다른 $b \to a$경로를 따라 원위치로 가져오면 전기장으로부터 일을 얻을 수 있게 된다. 즉, W의 값이 작은 경로를 따라 b까지 간 후, 다른 경로를 따라 a로 되돌아오면 전하에게 '해 준' 일보다 더 많은 일을 얻게 된다.

장으로부터 에너지를 얻는 것은 원리적으로 얼마든지 가능하다. 앞으로 우리는 그러한 장을 실제로 다루게 될 것이다. 이런 경우에는 전하의 이동이 어떤 '기관(machinery)'에 힘을 가하게 된다. 만일 이 '기관'이 가해진 힘의 반대 방향으로 움직인다면 에너지를 잃게 되고, 따라서 전체 에너지는 보존될 것이다. 그러나 정전기학에서는 이런 기관이 존재하지 않는다. 전기장을 발생시킨 전하는 다른 전하에 힘을 가하지만, 그와 동시에 다른 전하로부터 똑같은 크기의 힘을 되돌려 받고 있다. 이들에게도 쿨롱의 힘이 '반작용(reaction)'으로 작용하고 있는 것이다. 그런데 정전기적 상태에서는 나머지 전하들이 모두 고정되어 있다고 가정하고 있으므로 이 반작용에 의한 힘은 나머지 전하들에게 아무런 일도 하지 못한다. 즉, 에너지 보존 법칙이 정전기적 상황에서도 성립한다면, 나머지 전하들로부터 에너지를 얻어 낼 방법은 없다. 우리는 에너지 보존 법칙이 항상 성립할 것을 믿어 의심치 않지만, 좀 더 분명한 증거를 대기 위해 이 결과를 쿨롱의 법칙으로부터 유도해 보자.

먼저 단일 전하 q에 의해 발생한 전기장에서 어떤 일이 일어나는지 알아보자. q에서 r_a만큼 떨어진 거리에 있는 점을 a라 하고, r_b만큼 떨어진 거리에 있는 점을 b라 하자. 그리고 '시험 전하(test charge)'라고 하는 또 다른 전하를 a에서 b까지 움직여 보자. 이왕이면 계산이 가장 쉬운 경로를 따라 움직이는 것이 좋겠다. 일단은 그림 4-3의 (a)와 같이 원호를 따라간 후에, 다시 반경 방향을 따라 이동시켜 보자. 이 특수한 경로 상에서 소요되는 일을 계산하는 것은 누워서 떡 먹기나 다름없다(그렇지 않으면 굳이 이런 경로를 택하지 않았을 것이다). a에서 a'까지 가는 동안에는 아무런 일도 소요되지 않는다. 쿨롱의 법칙에 의하면 점전하의 주변에 생성되는 전기장은 항상 반경 방향인데, 전하가 이동한 방향이 이와 직각을 이루고 있기 때문이다. 그다음, a'에서 b까지 가는 경로에서는 이동 방향이 전기장의 방향과 같고, 전기장의 크기는 $1/r^2$을 따라 변한다. 그러므로 시험 전하를 a에서 b까지 움직이는 데 필요한 일은

$$-\int_a^b \boldsymbol{E} \cdot d\boldsymbol{s} = -\frac{q}{4\pi\epsilon_0}\int_{a'}^b \frac{dr}{r^2} = -\frac{q}{4\pi\epsilon_0}\left(\frac{1}{r_a} - \frac{1}{r_b}\right) \tag{4.20}$$

임을 알 수 있다.

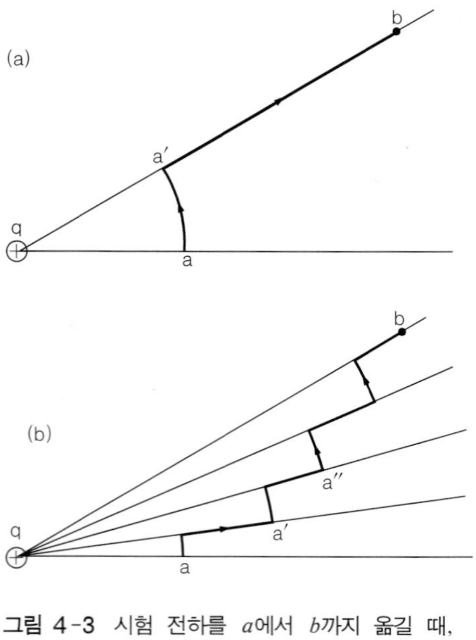

그림 4-3 시험 전하를 a에서 b까지 옮길 때, 두 경로에 대한 일의 양은 같다.

이제 경로를 조금 변형시켜서, 그림 4-3(b)와 같이 계단형으로 움직여 보자. 즉, 잠시 동안 원호를 따라가다가 경로를 꺾어서 반경 방향을 따라가고, 다시 잠깐 동안 원호를 따라가다가 다시 방향을 꺾어 반경 방향으로 이동하는 식이다. 이 경우에도 작은 원호 방향으로 이동할 때에는 일이 소요되지 않고 반경 방향

으로 갈 때만 $1/r^2$을 적분하면 된다. 첫 번째 반경 방향으로 이동할 때에는 r_a에서 $r_{a'}$까지 적분하고, 그다음 반경 방향으로 진행할 때에는 $r_{a'}$에서 $r_{a''}$까지 적분하여, 이 결과를 모두 더하면 그만이다. 여러분도 짐작하다시피, 이 모든 적분 값의 합은 r_a에서 r_b까지 '한 번에' 적분한 값과 동일하다. 즉, 처음에 생각했던 적분 경로($a \to a' \to b$)와 방금 고려한 계단형 경로에 대하여 적분 결과가 동일하다는 것이다. 계단형 경로를 더욱 촘촘하게 세분해도 결과는 달라지지 않는다.

매끈한 곡선 경로를 따라간다면 어떻게 될까? 이런 경우에도 위와 같은 결론이 내려질 것인가? 이 문제는 제1권 13장에서 이미 논의된 바 있다. 그때 사용했던 논리를 똑같이 적용하면, 단위 전하를 a에서 b까지 옮기는 데 소요되는 일은 경로와 무관하다는 결론을 얻을 수 있다.

$$\left.\begin{matrix} W(\text{단위}) \\ a \to b \end{matrix}\right\} = -\int_{a \atop \text{임의의 경로}}^{b} \boldsymbol{E} \cdot d\boldsymbol{s}$$

단위 전하에 해 준 일은 양 끝점에만 관계하고 경로에는 무관하므로, 소요되는 일은 '두 수의 차이'로 표현된다. 이 사실은 다음과 같은 방법으로 확인할 수 있다. a와 b 사이에 임의의 점 P_0를 잡은 후, P_0를 '거쳐 가는' 경로를 따라 적분해 보자(이런 경로도 무한히 많다). P_0에서 a까지 가는 데 필요한 일을 $\phi(a)$라 하고, P_0에서 b까지 가는 데 필요한 일을 $\phi(b)$라 하자(그림 4-4 참조). 그러면 a에서 P_0까지 가는 데 소요되는 일은 $-\phi(a)$이며, 우리의 적분은 다음과 같이 쓸 수 있다.

$$-\int_a^b \boldsymbol{E} \cdot d\boldsymbol{s} = \phi(b) - \phi(a) \tag{4.21}$$

보다시피 식 (4.21)의 우변은 두 지점에 대한 함수 ϕ값의 차이에만 의존하고 있으므로, P_0의 위치는 구체적으로 정할 필요가 없다[즉, 식 (4.21)은 P_0의 위치에 관계없이 항상 성립한다]. 그러나 P_0의 위치를 임의의 한 점으로 선택하고 나면, 함수 ϕ의 값은 공간상의 모든 점에서 명확하게 결정된다. ϕ는 공간상의 모든 지점에서 고유의 값이 할당된 스칼라장이며, 일반적으로 x, y, z의 함수이다. 앞으로 이 스칼라 함수 ϕ를 '정전기 퍼텐셜(electrostatic potential)'이라 부르기로 하자.

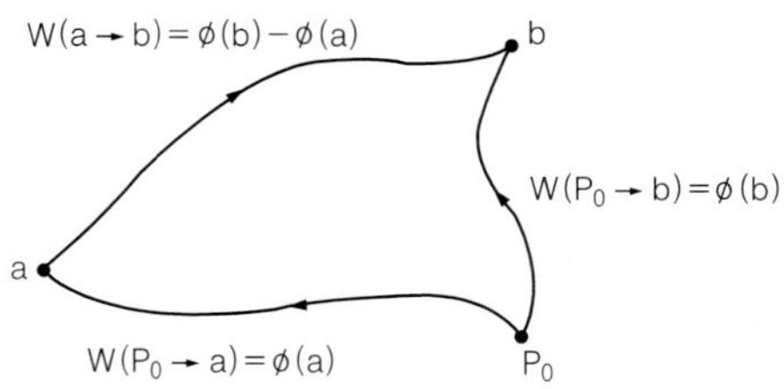

그림 4-4 a에서 b까지 임의의 경로를 따라 이동할 때 소요되는 일은 a와 b 사이의 임의의 점 P_0에서 a까지 가는 데 소요되는 일의 마이너스에 P_0에서 b까지 가는 데 소요되는 일을 더한 것과 같다.

정전기 퍼텐셜 :

$$\phi(P) = -\int_{P_0}^{P} \boldsymbol{E} \cdot d\boldsymbol{s} \tag{4.22}$$

앞으로 알게 되겠지만, 기준점 P_0를 무한대로 잡는 것이 가장 편리하다. 이런 기준을 택하면 원점에 놓인 단일 전하에 대한 퍼텐셜 ϕ는 식 (4.20)으로부터 다음과 같이 주어진다.

$$\phi(x, y, z) = \frac{q}{4\pi\epsilon_0}\frac{1}{r} \tag{4.23}$$

여러 개의 전하로부터 발생하는 전기장은 각각의 전하에서 발생한 전기장들의 합으로 표현할 수 있다(중첩 원리). 퍼텐셜을 구하기 위해 이 합을 적분하면 '적분의 합'에 이르게 되는데, 이때 각 항(적분)은 개개의 전하에 대한 퍼텐셜을 의미한다. 따라서 우리는 "수많은 전하에 의해 형성되는 전체 퍼텐셜은 각각의 개별 전하에 의한 퍼텐셜들의 합과 같다"는 결론에 이르게 된다. 즉, 퍼텐셜에 대해서도 중첩 원리가 성립하는 것이다. 한 무리의 점전하, 또는 연속적인 전하 분포에 의한 전기장을 계산할 때와 동일한 논리를 적용하면, '위치 (1)'에서의 퍼텐셜은 다음과 같이 구할 수 있다.

$$\phi(1) = \sum_j \frac{1}{4\pi\epsilon_0} \frac{q_j}{r_{1j}} \tag{4.24}$$

$$\phi(1) = \frac{1}{4\pi\epsilon_0} \int \frac{\rho(2)\, dV_2}{r_{12}} \tag{4.25}$$

퍼텐셜 함수 ϕ는 편의상 도입한 개념이 아니라, 구체적인 물리적 의미를 갖는 함수이다. 퍼텐셜이란, 단위 전하를 어떤 기준점으로부터 특정 위치까지 이동시켰을 때 단위 전하가 갖는 위치 에너지(potential energy)를 의미한다.

4-4 $E = -\nabla\phi$

여러분은 이렇게 반문할 수도 있다. "저기요, 전하에 가해지는 힘과 관련된 모든 정보는 전기장 $\boldsymbol{E}$에 이미 다 들어 있잖아요? 그런데 왜 ϕ라는 새로운 함수를 도입해서 제 머리를 복잡하게 만드시는 거예요?" 거기에는 그럴 만한 이유가 있다. 전기장을 직접 계산하는 것보다, ϕ로부터 전기장을 구하는 것이 훨씬 쉽기 때문이다! 퍼텐셜 함수 ϕ를 미분하면 아주 쉽게 전기장을 구할 수 있다. 예를 들어, 공간상의 두 점 x와 $x+\Delta x$를 생각해 보자. 두 지점의 y와 z좌표는 같다고 가정한다. 이때, 단위 전하를 한 지점에서 다른 지점으로 옮기려면 얼마큼의 일을 해 주어야 할까? x에서 $x+\Delta x$까지 수평축을 따라 단위 전하를 이동시킬 때 소요되는 일은 두 점에서의 퍼텐셜의 차이로 나타난다.

$$\Delta W = \phi(x+\Delta x, y, z) - \phi(x, y, z) = \frac{\partial\phi}{\partial x}\Delta x$$

한편, 동일한 경로에 대하여 전기장을 거슬러 가면서 해 준 일은 다음과 같다.

$$\Delta W = -\int \boldsymbol{E}\cdot d\boldsymbol{s} = -E_x \Delta x$$

위의 두 식을 비교하면 다음과 같은 결과가 얻어진다.

$$E_x = -\frac{\partial\phi}{\partial x} \tag{4.26}$$

y와 z성분에 대해서도 동일한 계산을 반복하면 $E_y = -\partial\phi/\partial y$, $E_z = -\partial\phi/\partial z$임을 알 수 있다. 이 결과를 벡터 표기법으로 나타내면

$$\boldsymbol{E} = -\nabla\phi \tag{4.27}$$

가 되는데, 사실 이것은 식 (4.22)를 미분한 것과 동일한 형태이다. 전하 분포가 알려져 있는 경우에는 식 (4.24)나 (4.25)로부터 퍼텐셜을 구할 수 있고, 여기에 식 (4.27)을 적용하면 전기장을 구할 수 있다. 또한 식 (4.27)은 앞에서 벡터 미적분에 관하여 언급했던 내용과 일치한다. 즉, 임의의 스칼라장 ϕ에 대하여

$$\int_a^b \nabla\phi \cdot d\boldsymbol{s} = \phi(b) - \phi(a) \tag{4.28}$$

가 성립한다.

식 (4.25)에 의하면 스칼라 퍼텐셜 ϕ는 $\boldsymbol{E}$와 비슷하게 3차원 적분으로 표현된다. $\boldsymbol{E}$ 대신 ϕ를 계산하는 것이 과연 우리에게 도움이 될까? 물론이다. 벡터 $\boldsymbol{E}$를 직접 계산하려면 성분별로 세 번의 적분을 수행해야 하지만, ϕ는 스칼라이므로 적분을 한 번만 하면 된다. 게다가 $1/r$의 적분은 x/r^3의 적분보다 좀 더 간단하다. 대부분의 경우, $\boldsymbol{E}$를 직접 계산하는 것보다 ϕ를 먼저 계산한 후에 그래디언트를 취하여 $\boldsymbol{E}$를 구하는 편이 훨씬 쉽다. 물론, 어떤 방법으로 구하건 결과는 달라지지 않는다.

퍼텐셜 ϕ에는 물리적으로 깊은 의미가 담겨 있다. 전술한 바와 같이, 쿨롱의 법칙에 등장하는 $\boldsymbol{E}$는 ϕ가 식 (4.22)로 주어져 있을 때, $\boldsymbol{E} = -\text{grad}\,\phi$로 주어진다. 그런데 $\boldsymbol{E}$가 어떤 스칼라장의 그래디언트로 표현된다면, 2장에서 강조한 대로 $\boldsymbol{E}$의 컬은 0이 되어야 한다.

$$\nabla \times \boldsymbol{E} = 0 \tag{4.29}$$

눈치 챘겠지만, 이것은 바로 정전기학의 두 번째 기본 방정식인 식 (4.6)이다. 즉, 우리는 쿨롱의 법칙으로부터 발생되는 전기장 $\boldsymbol{E}$가 위의 조건을 만족한다는 사실을 증명한 셈이다. 지금까지는 모든 것이 잘 맞아 들어가고 있다.

우리는 퍼텐셜을 정의하기 전에 이미 $\nabla \times \boldsymbol{E} = 0$을 증명한 거나 마찬가지다. 왜냐하면 닫힌 경로에 대하여

$$\oint \boldsymbol{E} \cdot d\boldsymbol{s} = 0$$

임을 이미 증명했기 때문이다. 3장에서 우리는 이런 조건을 만족하는 장의 컬 ($\nabla \times \boldsymbol{E}$)이 어디에서나 0이 된다는 것을 확인한 바 있다. 정전기장은 컬이 0인 벡터장의 한 예이다.

또는 식 (4.11)로 주어진 점전하의 전기장에 대해서 $\nabla \times \boldsymbol{E} = 0$임을 직접 보일 수도 있다. 이것은 벡터 미분의 좋은 예제이므로 직접 계산해 볼 것을 권한다. 만일 계산 결과가 0으로 나왔다면, 여러 개의 (또는 연속적인) 전하 분포에 의한 전기장의 컬도 중첩 원리에 의해 0이 된다는 것을 알 수 있다.

여기서 한 가지 짚고 넘어갈 것은, 힘이 항상 반경 방향으로 작용하는 경우, (힘의 종류에 관계없이) 소요되는 일은 적분 경로에 무관하며, 그에 대응하는 퍼텐셜이 항상 존재한다는 점이다. 지금까지 우리가 진행해 온 논리를 보면, 적분값이 경로에 무관해진 근본적인 이유는 단일 전하에서 발휘되는 힘이 항상 반경

방향으로 작용하면서 구대칭성을 띠고 있기 때문이다. “힘의 크기가 $1/r^2$에 비례한다”는 특성은 이 결과에 아무런 영향도 미치지 않는다. 힘이 r에 관한 다른 형태의 함수로 표현되는 경우에도 “거리에만 관계하고 각도에 무관”하면, 그 힘(또는 힘으로부터 유도된 장)의 컬은 항상 0이다. 퍼텐셜이 존재한다는 것과 $\boldsymbol{E}$의 컬이 항상 0이라는 특성은 정전기력의 ‘방향’과 ‘대칭성’에서 기인하는 결과이다. 그렇기 때문에 식 (4.28)[또는 (4.29)]은 정전기학 법칙의 일부를 표현하고 있을 뿐이다.

4-5 E의 플럭스

지금부터 ‘역 제곱 법칙을 만족하는 힘’과 직접적으로 연관되어 있는 장 방정식을 유도해 보자. 일부 사람들은 장이 거리의 제곱에 반비례해서 변하는 것을 지극히 당연하게 생각하는 경향이 있다. 물질이 퍼져 나가는 경우에는 대부분 이런 규칙을 따르기 때문이다. 하나의 광원에서 빛이 방출되는 경우를 생각해 보자. 꼭지점을 광원으로 하는 가상의 원뿔을 잡았을 때, 그 원뿔에 의해 잘려진 구면을 통과하는 빛의 총량은 구의 반경(꼭지점에서 표면까지의 거리)에 상관없이 항상 일정하다. 빛에너지가 보존된다면 반드시 그래야만 한다. 따라서 단위면적에 도달하는 빛의 양, 즉 빛의 세기는 구면의 면적에 반비례하여 줄어들 것이다. 즉, 빛의 세기는 광원으로부터의 거리의 제곱에 반비례해서 줄어든다는 뜻이다. 여러분은 전기장도 이와 같은 이유로 거리의 제곱에 반비례한다고 생각할지 모른다. 그러나 전기장이 빛과 동일하게 ‘퍼져 나간다고’ 단정 지을 만한 근거는 어디에도 없다. 전기장은 ‘총량이 보존되는 어떤 물리량의 흐름’으로 볼 수 없기 때문이다. 예를 들어, 전기장을 마치 날아가는 총알처럼 각 지점에서의 방향과 속도로 표현한다면, 그리고 이 모형에서 총알의 수가 보존된다면(즉, 한 번 발사된 총알이 도중에 사라지는 경우가 없다면), 전기장이 역 제곱 법칙을 따른다고 추측할 수 있다. 그러나 이런 물리적 아이디어가 설득력을 가지려면 수학적으로 표현될 수 있어야 한다. 만일 전기장이 발사된 총알과 동일한 성질을 갖는다면 전기장의 세기는 거리의 제곱에 반비례할 것이고, 그 거동을 방정식으로 기술할 수 있을 것이다. “전기장은 총알로 되어 있다”고 사람들에게 주장하지만 않는다면, 머릿속으로 이렇게 생각해도 아무런 문제가 없다. 그러나 이런 식의 ‘비유’는 올바른 수학적 표현을 얻기 위해 편의상 도입한 모형임을 잊지 말아야 한다.

우리도 잠시 동안 전기장을 모종의 ‘흐름’으로 간주해 보자. 이 흐름은 모든 곳에서 보존된다. 단, 전기장이 시작되는 지점은 있어야 하므로 전하가 있는 곳은 이 가정에서 제외한다. 흐르는 내용물이 무엇이건 간에, 전기장은 전하에서 발생되어 공간 속으로 퍼져 나가는 ‘그 무엇’이다. 만일 $\boldsymbol{E}$가 이러한 흐름을 나타내는 벡터라면($\boldsymbol{h}$가 열 흐름을 나타내는 벡터였던 것처럼), 그것은 점전하 근방에서 $1/r^2$을 따라 변할 것이다. 이제 이 모델을 이용하여 역 제곱 법칙을 좀 더 깊이 있고 추상적인 방법으로 표현해 보자. (“저…… 교수님, 저는 ‘역 제곱 법

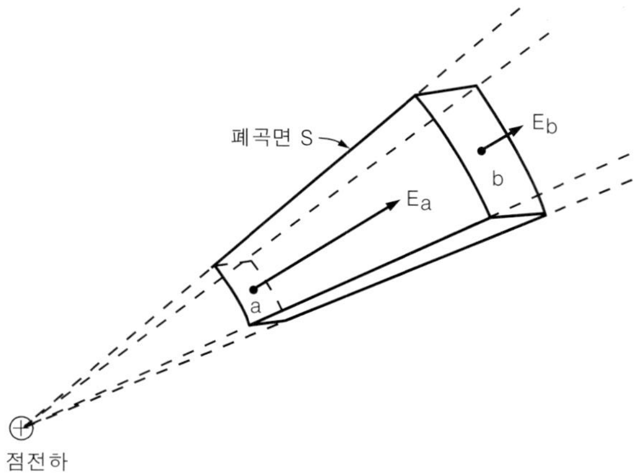

그림 4-5 면 S에서 나오는 $\boldsymbol{E}$의 플럭스는 0이다.

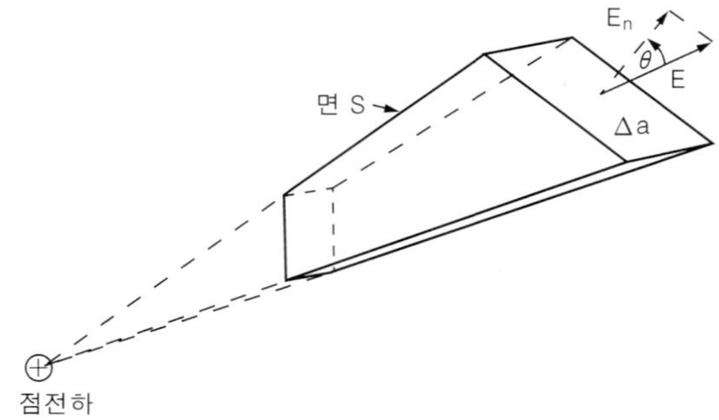

그림 4-6 면 S에서 나오는 $\boldsymbol{E}$의 플럭스는 0이다.

칙'을 충분히 이해하고 있거든요? 아주 간단명료하잖아요. 이토록 단순한 법칙을 직접적으로 표현했으면 됐지, 왜 골치 아프게 같은 것을 빙 둘러서 간접적으로 표현하려는 것인가요?"라고 따지고 싶겠지만, 조금만 참기 바란다. 잠시 후면 그 이유가 분명해질 것이다.)

질문을 하나 던져 보자. 한 점전하 근방의 임의의 폐곡면으로부터 흘러나오는 $\boldsymbol{E}$의 '흐름'은 어떻게 표현될 수 있을까? 먼저, 그림 4-5와 같이 간단한 경우부터 생각해 보자. 만일 $\boldsymbol{E}$가 어떤 흐름이라면, 굵은 선으로 그려진 박스로부터 흘러나오는 알짜 흐름은 0이 되어야 한다. 이것은 $\boldsymbol{E}$의 수직 성분에 대한 표면적분, 즉 $\boldsymbol{E}$의 플럭스가 만족하는 조건이기도 하다. 반경 방향과 평행한 면 위에서는 수직 성분이 0이고, 구면 위에서의 수직 성분 E_n은 바로 $\boldsymbol{E}$의 크기와 같다. 단, E_n의 부호는 작은 면(아래쪽 면)에서 $(-)$이고 큰 면에서는 $(+)$이다. $\boldsymbol{E}$의 크기는 $1/r^2$을 따라 작아지고 표면적은 반대로 r^2에 비례하여 증가하므로, 이들을 곱한 값은 r과 무관하다. a면을 통해 안으로 들어오는 $\boldsymbol{E}$의 플럭스는 b 면을 통해 밖으로 나가는 플럭스와 정확하게 상쇄된다. 따라서 폐곡면 S를 통해 밖으로 흘러나오는 전체 흐름은 0이며, 이 결과는 다음과 같이 쓸 수 있다.

$$\int_S E_n\,da = 0 \tag{4.30}$$

다음으로, 양쪽 끝 면이 반경 방향에 대하여 기울어져 있는 경우에도 식 (4.30)이 여전히 성립한다는 것을 증명해 보자. 물론 이것은 일반적으로 성립하는 성질이지만, 양쪽 끝 면이 충분히 작은 경우에 한해서 증명하는 것으로 충분하다. 그림 4-6에 그려진 도형의 옆면은 반경 방향과 평행하고, 양쪽 끝 면은 반경 방향에 대하여 θ만큼 기울어져 있다. 그림에는 양 끝 면들이 제법 커 보이지만, 실제로는 매우 작다. 따라서 전기장 $\boldsymbol{E}$는 면 위에서 거의 균일한 값을 가지며, 면 중심에서의 전기장 값을 '대표 값'으로 사용할 수 있다. 면이 반경 방향에 대하여 각도 θ만큼 기울어져 있다고 했으므로, 면적은 $1/\cos\theta$만큼 증가하지만, E_n, 즉 면에 수직한 $\boldsymbol{E}$의 성분은 $\cos\theta$만큼 줄어들 것이다. 따라서 $E_n\Delta a$는 면과 반경 방향 사이의 각도에 상관없이 항상 일정한 값을 갖는다. 따라서 전체 표면 S를 통해 밖으로 흘러나오는 플럭스는 각도에 상관없이 항상 0이다.

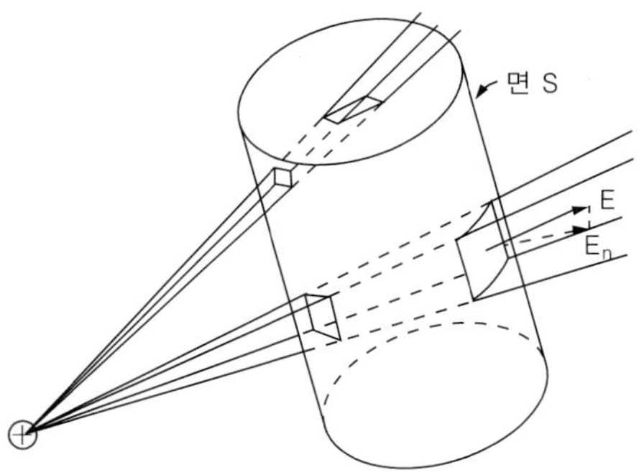

그림 4-7 임의의 체적은 무한히 작은 각뿔들로 이루어져 있다고 볼 수 있다. 각뿔의 한쪽 끝에서 나오는 $\boldsymbol{E}$의 플럭스는 다른 한쪽 끝에서 나오는 플럭스와 부호만 다르고 값은 같다. 따라서 면 S에서 나오는 총 플럭스는 0이다.

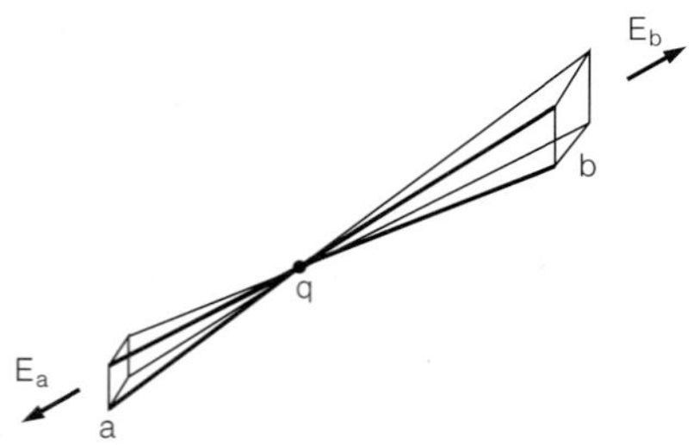

그림 4-8 전하가 면 내부에 있는 경우, 밖으로 흘러나오는 플럭스는 0이 아니다.

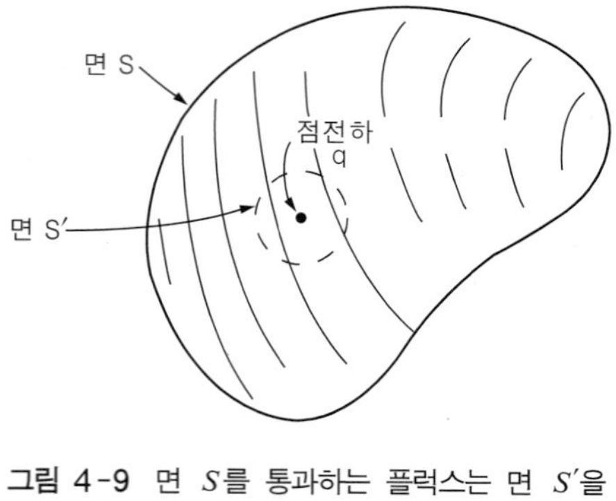

그림 4-9 면 S를 통과하는 플럭스는 면 S'을 통과하는 플럭스와 같다.

임의의 폐곡면 S에 대하여 총 플럭스가 0이라는 사실은 쉽게 증명할 수 있다. 임의의 체적은 그림 4-6과 같이 수많은 부분 체적의 합으로 생각할 수 있다. 그리고 부분 체적의 표면은 서로 마주 보는 표면들이 쌍을 이루고 있다. 그런데 마주 보는 표면들에 대한 플럭스는 위에서 증명한 바와 같이 항상 상쇄될 것이므로, 전체 표면을 통해서 나오는 플럭스는 결국 0이 되는 것이다. 이 아이디어는 그림 4-7에 도식적으로 표현되어 있다. 이로써 우리는 점전하가 만드는 장 안에서 (점전하를 포함하지 않는) '임의의' 폐곡면 S에서 나오는 총 플럭스는 0이라는 일반적인 결과를 증명한 것이다.

그러나 잠깐! 여기서 한 가지 짚고 넘어갈 사항이 있다. 이 증명은 폐곡면 S가 전하를 포함하고 있지 않을 때에만 유효하다. 만일 점전하가 S의 내부에 있다면 어떤 결과가 나올까? 그림 4-8에 예시된 것처럼, 이 경우 역시 임의의 폐곡면 S는 전하를 관통하는 반경 방향으로 나열된 한 쌍의 면으로 세분할 수 있다. 그러면 두 면 a, b를 통과하는 플럭스는 같고 부호까지도 '같다.' 즉, 전하를 둘러싼 폐곡면을 통과하는 플럭스는 0이 아니다. 왜 그럴까? 약간의 기교를 부리면 그 이유를 알 수 있다. 그림 4-9처럼 원래의 폐곡면 S 속에 전하를 둘러싸고 있는 더 작은 폐곡면 S'을 잡은 후, S'을 완전히 '도려냈다고' 가정해 보자(단, 전하는 그 자리에 그대로 있다). 그러면 S와 S'으로 둘러싸인 체적이 남으면서, 그 안에는 아무런 전하도 존재하지 않게 된다. 따라서 이 체적에서 흘러나오는 총 플럭스(S'에서 나오는 것도 포함해서)는 0이다. 즉, S'을 지나 체적 '안으로' 들어가는 플럭스와 S를 통해 빠져나오는 플럭스가 같다는 뜻이다.

S'은 S 안에서 아무렇게나 잡아도 상관없으므로, 그림 4-10처럼 전하가 중심에 있는 구면이라고 가정하자. 이렇게 하면 S'을 통해 나오는 플럭스를 쉽게 계산할 수 있다. 이 조그만 구의 반경을 r이라 하면, $\boldsymbol{E}$의 값은 구면 상의 모든 지점에서

$$\frac{1}{4\pi\epsilon_0}\frac{q}{r^2}$$

가 되며, 항상 구면에 수직한 방향을 가리킨다. 이제, $\boldsymbol{E}$의 수직 성분에 구의 표면적을 곱하면 S'을 통과하는 전체 플럭스를 얻을 수 있다.

$$S'\text{을 통과하는 플럭스} = \left(\frac{1}{4\pi\epsilon_0}\frac{q}{r^2}\right)(4\pi r^2) = \frac{q}{\epsilon_0} \tag{4.31}$$

보다시피, 이 값은 구의 반경과 무관하다! 따라서 S를 통해 밖으로 나오는 플럭스도 q/ϵ_0이며, 이 값은 S의 모양이나 크기에 관계없이 오직 내부 전하량 q에 의해 결정된다는 사실을 알 수 있다.

지금까지 우리가 얻은 결론은 다음과 같다.

$$\int_{\text{임의의 폐곡면 } S} E_n\,da = \begin{cases} 0\ ; & q\text{가 } S\text{의 바깥에 있는 경우} \\ \dfrac{q}{\epsilon_0}\ ; & q\text{가 } S\text{의 내부에 있는 경우} \end{cases} \tag{4.32}$$

이제 앞서 언급했던 '총알 모형'으로 돌아가서, 전기장을 총알로 비유한 것 과연 타당한지를 생각해 보자. 우리의 정리에 의하면, 총알 발사 장치인 총을 함하지 않은 폐곡면에 대한 총알의 알짜 흐름은 0이며, 총을 포함한 임의의 폐 면 S를 뚫고 나가는 총알의 개수는 S의 크기나 모양에 상관없이 항상 일정하 . 물론, 총알의 개수는 발사 빈도수에 따라 달라질 것이다. 이렇게 생각하면 전 장을 '보존되는 총알'에 비유한 것은 그런대로 논리적인 것 같다. 하지만 총알 형이 식 (4.32)보다 더 많은 내용을 담고 있을까? 총알 모형을 이용하여 별의 짓을 다 해봐도, 식 (4.32) 이외에는 아무것도 얻을 수 없다. 그 이상의 영역 이 모형을 적용하면 이상한 모순만 발생할 뿐이다. 그래서 오늘날의 물리학자 은 전자기장을 순전히 추상적인 양으로 취급하고 있다.

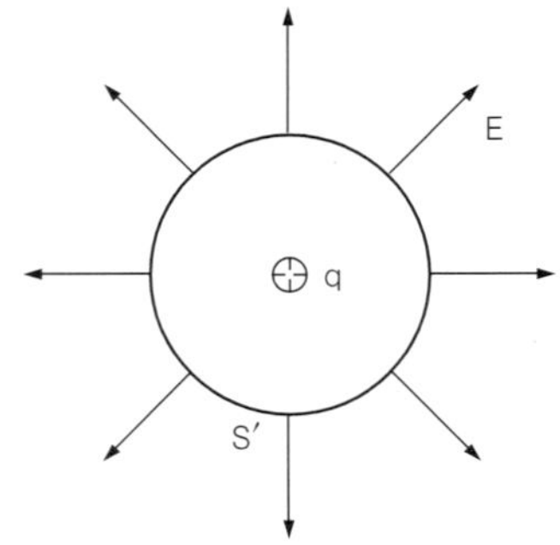

그림 4-10 점전하 q를 포함하고 있는 구면을 통해 흘러나오는 플럭스는 q/ϵ_0이다.

4-6 가우스의 법칙과 E의 다이버전스

식 (4.32)는 정말이지 바라볼수록 아름답다. 그러나 우리는 이 식을 단 하나 점전하가 존재하는 경우에 한하여 증명하였다. 지금부터 두 개의 전하, 즉 한 에 q_1, 또 다른 한 점에 q_2가 있는 경우에도 식 (4.32)가 성립하는지 알아보자. 핏 보기에는 문제가 좀 더 어려워진 것 같다. 플럭스를 구하기 위해 적분해야 는 전기장의 수직 성분이 두 개이기 때문이다. 그러나 전기장의 '중첩 원리'를 용하면 2개가 아니라 200개라고 해도 어려울 것이 전혀 없다. q_1과 q_2에 의한 기장을 각각 $\boldsymbol{E}_1$, $\boldsymbol{E}_2$라 하면, 전체 전기장은 $\boldsymbol{E}=\boldsymbol{E}_1+\boldsymbol{E}_2$이다. 따라서 전하가 개 있을 때, 임의의 폐곡면 S를 통과하는 플럭스는

$$\int_S (E_{1n}+E_{2n})\,da=\int_S E_{1n}\,da+\int_S E_{2n}\,da \tag{4.33}$$

다. 보다시피, 두 개의 전하에 의한 플럭스는 각각의 전하에 의한 플럭스의 합 로 나타난다(따라서 전하의 개수가 많아지면 문제가 어려워지는 것이 아니라 거로워질 뿐이다). 두 개의 전하가 모두 S의 바깥에 존재하는 경우, S를 통과 는 플럭스는 0이다. 또한 q_1이 S 안에 있고 q_2가 바깥에 있다면 첫 번째 적분 q_1/ϵ_0이고 두 번째 적분은 0이다. 그리고 두 전하가 모두 폐곡면 안쪽에 있다 플럭스는 $(q_1+q_2)/\epsilon_0$가 된다. 일반적으로 임의의 폐곡면을 통과하는 플럭스 폐곡면의 내부에 있는 전체 전하량을 ϵ_0로 나눈 값과 같다.

이 결과는 정전기장에 대한 중요한 법칙으로서, 흔히 '가우스의 법칙(Gauss' w)'이라고 한다.

가우스의 법칙 :

$$\int_{\text{임의의 폐곡면 } S} E_n\,da=\frac{\text{내부의 총 전하량}}{\epsilon_0} \tag{4.34}$$

는

$$\int_{\text{임의의 폐곡면 } S} \boldsymbol{E}\cdot\boldsymbol{n}\,da=\frac{Q_{\text{int}}}{\epsilon_0} \tag{4.35}$$

여기서 Q_{int}는 다음과 같다.

$$Q_{\text{int}} = \sum_{S\text{ 내부}} q_i \tag{4.36}$$

전하의 위치를 전하 밀도 ρ로 표현할 때에는 전하량이 $\rho\, dV$인 점전하가 미소 체적 dV 속에 들어 있는 것처럼 생각하면 된다. 이런 경우에 S 안에 들어 있는 총 전하량은 다음과 같은 적분으로 계산할 수 있다.

$$Q_{\text{int}} = \int_{S\text{ 내부 체적}} \rho\, dV \tag{4.37}$$

눈치 빠른 학생들은 이미 알았겠지만, 가우스의 법칙이 위와 같은 모양으로 유도된 것은 쿨롱의 법칙에서 r의 지수가 정확하게 2이기 때문이다. $1/r^3$ 또는 $1/r^n$ 등 r의 지수가 2와 다른 경우에는 가우스 법칙이 성립하지 않는다. 따라서 가우스 법칙은 두 전하들 사이에 적용되는 쿨롱의 법칙을 표현하는 또 다른 방법이다. 실제로 가우스 법칙에서 출발하여 위의 과정을 역으로 따라가면 쿨롱의 법칙을 유도할 수 있다. 전하들 사이의 힘이 반경 방향으로 작용하며 구형 대칭성을 가지는 한, 가우스 법칙과 쿨롱의 법칙은 완전히 동등하다.

가우스 법칙을 미분 형태로 표현해 보자. 우선, 정육면체 모양의 미소 체적 요소에 가우스 법칙을 적용한다. 3장에서 증명한 바와 같이, 미소 정육면체로부터 나오는 $\boldsymbol{E}$의 플럭스는 $\nabla \cdot \boldsymbol{E}$에 정육면체의 체적 dV를 곱한 것과 같다. dV의 내부에 있는 전하량은 전하 밀도 ρ의 정의에 의해 $\rho\, dV$가 되고, 따라서 가우스의 법칙에 의해

$$\nabla \cdot \boldsymbol{E}\, dV = \frac{\rho\, dV}{\epsilon_0}$$

즉

$$\nabla \cdot \boldsymbol{E} = \frac{\rho}{\epsilon_0} \tag{4.38}$$

가 얻어진다. 가우스 법칙의 미분 형태는 바로 정전기학의 첫 번째 기본 방정식인 식 (4.5)이다. 이로써 우리는 정전기학의 두 방정식 (4.5)와 (4.6)이 쿨롱의 법칙과 동등하다는 사실을 증명한 셈이다. 그러면 지금부터, 가우스 법칙을 간단한 상황에 적용해 보자(나중에 더 많은 예제를 다룰 예정이다).

4-7 구형 전하에 의한 전기장

중력 이론을 공부할 때 부딪히는 어려운 문제들 중 하나는 "구형 질량에 의한 힘은 모든 질량이 구의 중심에 모여 있는 점 질량에 의한 힘과 같다"는 정리를 증명하는 것이다. 뉴턴은 중력의 원리를 알아낸 후에도 이 정리에 대한 확신이 없었기 때문에 발표를 몇 년 동안 미뤘었다. 우리는 제1권 13장에서 퍼텐셜을 적분한 후 그래디언트를 사용하여 중력을 구함으로써 이 정리를 증명했었다. 그러나 가우스 법칙이라는 막강한 도구를 이용하면 이 정리를 아주 간단하게 증

명할 수 있다. 단, 지금은 전하가 균일하게 분포된 구에 대해서만 증명할 것이다(정전기학에 관한 법칙은 상수를 제외하고 중력 법칙과 동일하므로 중력장에 대해서도 동일한 방법으로 증명할 수 있다).

다음과 같은 질문을 던져 보자. 전하가 균일하게 분포되어 있는 구의 바깥점 P에서 전기장 $\boldsymbol{E}$는 얼마인가? 구형 전하의 입장에서는 특정한 방향이라는 것이 없으므로, 전기장 $\boldsymbol{E}$는 구의 중심에서 모든 방향을 향해 방사상으로 뻗어 나간다고 가정할 수 있다. 이제, 구형 전하와 중심이 같으면서 점 P를 지나는 가상의 구면을 그려 보자(그림 4-11). 이 면에서 바깥으로 나오는 플럭스는 다음과 같다.

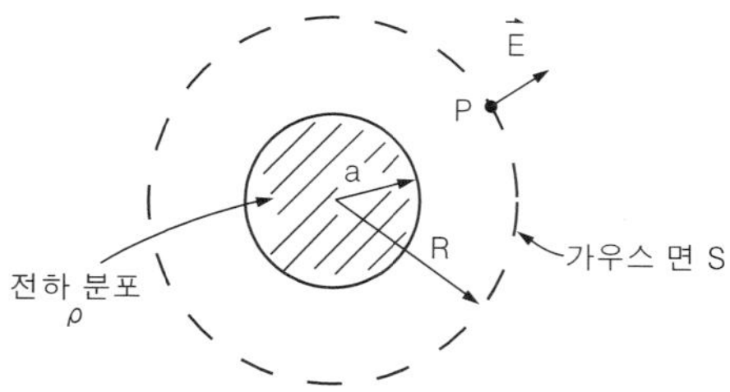

그림 4-11 가우스 법칙을 이용하면 균일한 구형 전하 분포에 의한 전기장을 간단하게 구할 수 있다.

$$\int E_n\, da = E \cdot 4\pi R^2$$

가우스 법칙에 따르면 플럭스는 구 내부의 총 전하량 Q를 ϵ_0로 나눈 것과 같다. 따라서

$$E \cdot 4\pi R^2 = \frac{Q}{\epsilon_0}$$

즉,

$$E = \frac{1}{4\pi\epsilon_0}\frac{Q}{R^2} \tag{4.39}$$

이다. 이 결과는 점전하 Q가 R만큼 떨어진 곳에 만드는 전기장과 완전히 동일하다. 자, 똑똑히 보라. 우리는 뉴턴이 몇 년 동안 해결하지 못했던 문제를 단 세 줄에 걸쳐 증명했다! 물론 그렇다고 해서 우리가 뉴턴보다 똑똑하다는 뜻은 아니다. 이렇게 하면 적분을 사용해서 증명하는 것보다 증명이 훨씬 쉬워진다. 물론 쉽다는 표현은 어폐가 있다. 가우스의 법칙을 이해하기 위해 지금까지 많은 시간을 투자했으므로 실제로 시간이 절약된 것은 아니라고 생각할 수도 있을 것이다. 그러나 앞으로 여러분은 이 법칙을 반복 사용하면서 시간상으로 엄청난 이득을 보게 될 것이다. 이것은 효율성의 문제다.

4-8 장선과 등퍼텐셜(등전위) 면

이제, 정전기장을 기하학적으로 표현해 보자. 폐곡면을 통과하는 플럭스가 내부 전하량에 비례한다는 가우스의 법칙과 퍼텐셜의 그래디언트가 전기장과 같다는 법칙은 기하학적으로 표현될 수 있다. 지금부터 두 가지 사례를 통해 이 사실을 확인해 보기로 하자.

먼저 점전하에 의한 전기장을 예로 들어 보자. 우선, 그림 4-12와 같이 전기장에 접하는 방향으로 화살표를 그린다. 앞서 언급한 대로, 이것을 장선(field lines)이라고 한다. 이 선들은 모든 지점에서 전기장 벡터의 방향을 보여 주고 있다. 그러나 전기장의 특성을 모두 담으려면 각 지점에서 전기장의 크기도 알 수 있어야 한다. 일단은 다음과 같은 규칙을 정해 보자. "전기장의 세기는 전기장에 수직한 면의 단위 면적을 통과하는 장선의 개수, 즉 장선의 '밀도'로 표현된다." 전기장의 방향과 크기에 대한 이 두 가지 규칙을 밑천 삼아, 지금부터 전기장을 그

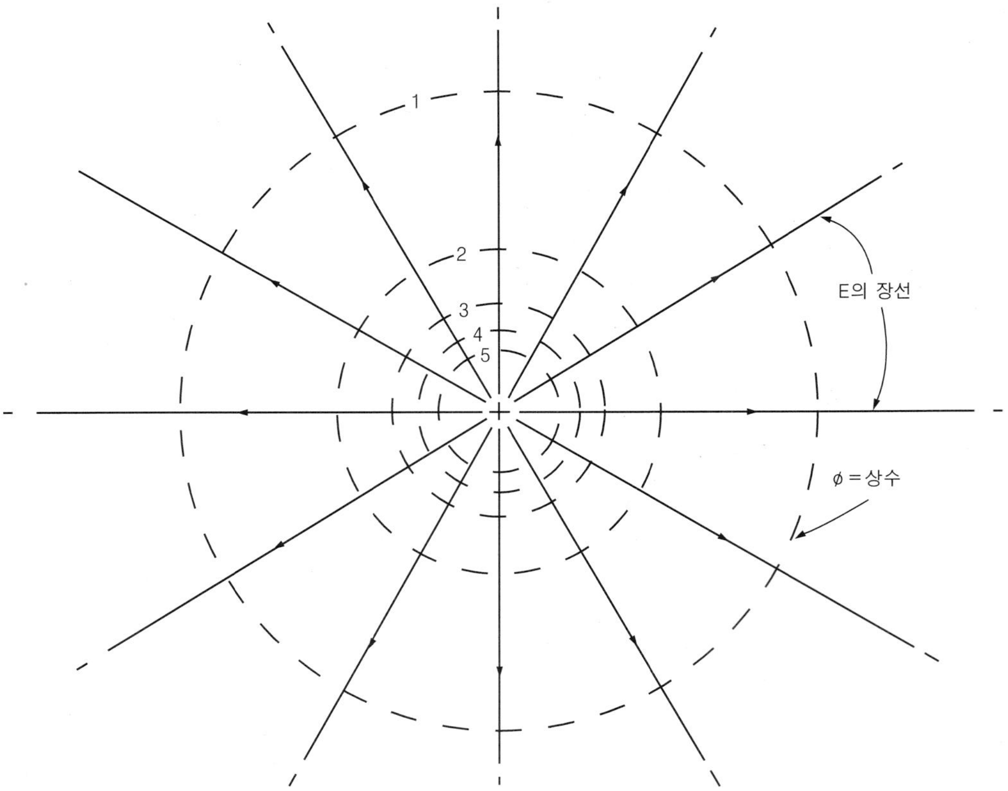

그림 4-12 양의 점전하에 대한 장선과 등퍼텐셜면

림으로 표현해 보자. 점전하의 경우, 장선의 밀도는 $1/r^2$에 비례할 것이다. 그런데 장선에 수직한 반경 r인 구의 표면적은 r^2에 비례한다. 그러므로 전하에서 출발한 선의 개수를 항상 동일하게 유지하면 선의 밀도(촘촘한 정도)는 장의 크기에 비례할 것이다. 여기에 장선이 '연속적'이라는 조건을 추가하면(즉, 양의 전하에서 뻗어 나간 선이 결코 멈추지 않는다면), 장선의 개수는 어떤 거리에서도 동일할 것이다. 장선의 개념을 사용하여 가우스의 법칙을 재서술하면 다음과 같다. "장선은 항상 양전하에서 출발하여 음전하에서 끝난다. 그리고 전하 q에서 출발한 장선의 수는 q/ϵ_0와 같다."

퍼텐셜 ϕ에 대해서도 이와 비슷한 그림을 그릴 수 있다. 퍼텐셜을 그림으로 표현하는 가장 쉬운 방법은 ϕ가 동일한 값을 갖는 면을 그리는 것이다. 이것을 퍼텐셜이 같은 면, 즉 등퍼텐셜면(equipotential surfaces)이라고 한다. 그렇다면 등퍼텐셜면과 장선은 기하학적으로 어떤 관계에 있을까? 다들 알다시피 전기장은 퍼텐셜의 그래디언트이다. 그래디언트는 퍼텐셜이 가장 급격하게 변하는 방향을 나타내고, 따라서 전기장은 등퍼텐셜면과 수직한 방향을 향한다. 만일 $\boldsymbol{E}$가 등퍼텐셜면과 수직하지 않다면 등퍼텐셜면과 평행한 방향으로 전기장 벡터의 성분이 존재한다는 뜻인데, 이렇게 되면 퍼텐셜이 등퍼텐셜면 상에서 변하게 되므로 더 이상 등퍼텐셜면이 될 수 없다. 따라서 등퍼텐셜면은 모든 점에서 반드시 전기장선에 수직해야 한다.

점전하 홀로 존재하는 경우, 등퍼텐셜면은 점전하를 중심으로 하는 구면이 된다. 그림 4-12는 전하에서 나오는 장선과 등퍼텐셜면이 서로 교차하는 것을

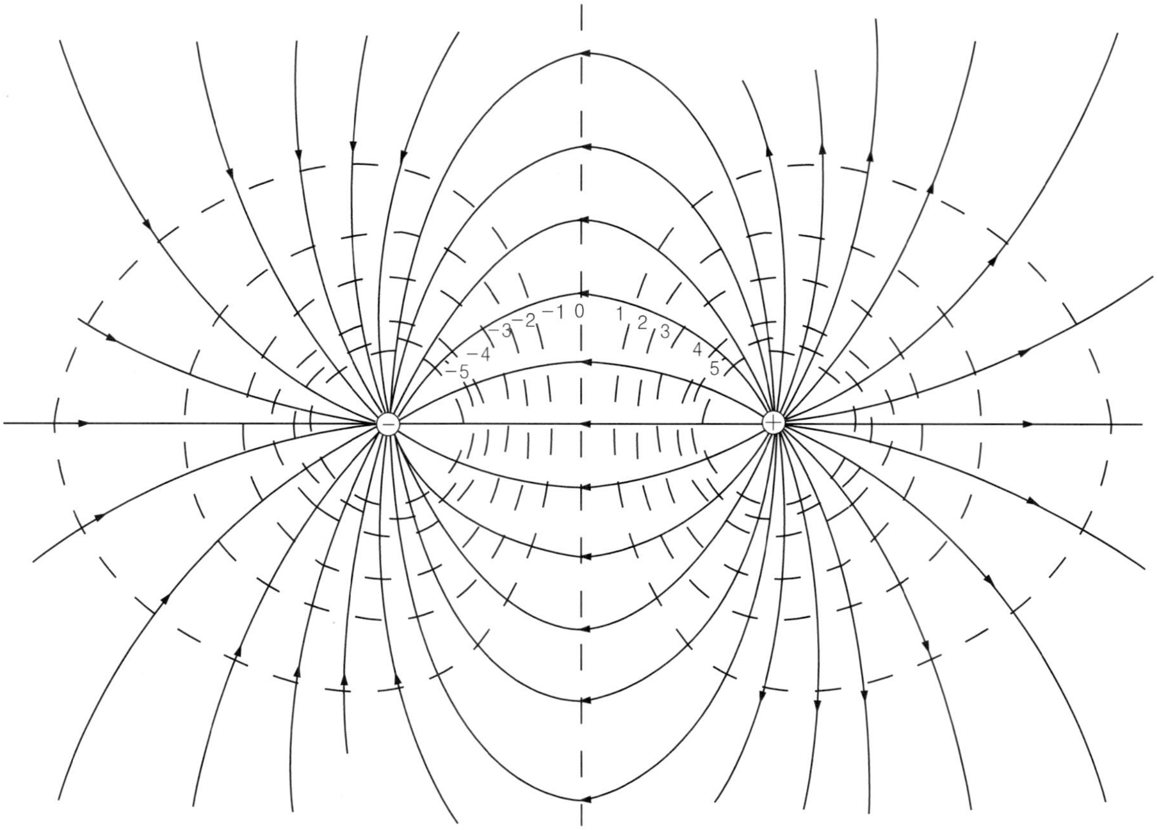

그림 4-13 크기가 같고 부호가 반대인 두 점전하에 의한 장선과 등퍼텐셜면

보여 주고 있다.

두 번째 예로서, 인접한 두 전하(양전하와 음전하) 사이에 형성되는 전기장을 생각해 보자. 이 경우에 전기장은 아주 쉽게 구할 수 있다. 중첩 원리를 이용하여 양전하와 음전하가 만드는 각각의 전기장을 그냥 더하면 된다. 그렇다면 그림 4-12와 같은 그림 두 장을 중첩시키면 될까? 아니다. 불가능하다! 두 그림을 단순히 중첩시키면 장선들이 서로 만나게 되는데, $\boldsymbol{E}$는 한 지점에서 두 가지 방향을 가질 수 없으므로 이런 식으로는 전기장을 표현할 수 없다. 전기장을 그림으로 표현하는 것은 이런 단점을 갖고 있다. 기하학적인 논법으로는 장선의 방향을 쉽게 알아낼 수 없다. 두 개의 그림을 아무리 들여다봐도, 기하학적 논리만으로는 이들이 중첩된 결과를 알아낼 수가 없는 것이다. 전기장을 장선으로 표현하면 전기장의 형태를 시각적으로 이해하는 데 도움이 될 수는 있지만, 전기장의 가장 큰 특징 중 하나인 중첩 원리를 쉽게 표현할 수 없다.

이런 단점에도 불구하고, 장선의 그림은 나름대로 장점이 있기 때문에 기초물리학 교재에 빠지지 않고 등장한다. 식 (4.13)에서 전기장을 계산하고 식 (4.23)으로 퍼텐셜을 계산하면 장선과 등퍼텐셜면을 그릴 수 있으며, 그 결과는 그림 4-13과 같다. 그러나 우리는 먼저 문제를 수학적으로 풀어야 한다!

단위에 대하여

물리량	단위
F	뉴턴
Q	쿨롱
L	미터
W	줄
$\rho \sim Q/L^3$	쿨롱/미터^3
$1/\epsilon_0 \sim FL^2/Q^2$	뉴턴·미터^2/쿨롱^2
$E \sim F/Q$	뉴턴/쿨롱
$\phi \sim W/Q$	줄/쿨롱 = 볼트
$E \sim \phi/L$	볼트/미터
$1/\epsilon_0 \sim EL^2/Q$	볼트·미터/쿨롱

CHAPTER 05

가우스 법칙의 응용

5-1 정전기학 = 가우스의 법칙 +⋯
5-2 정전기장에서의 평형
5-3 도체에서의 평형
5-4 원자의 안정성
5-5 선전하 분포에 의한 전기장
5-6 평판 전하 분포 : 두 개의 평판
5-7 구형 전하 분포 : 구 껍질
5-8 점전하의 전기장은 정확히 $1/r^2$에 비례하는가?
5-9 도체의 전기장
5-10 도체 공동 내부의 전기장

5-1 정전기학 = 가우스의 법칙 +⋯

정전기학은 두 개의 법칙으로 요약된다. 공간상의 임의의 체적에서 흘러나오는(또는 흘러들어 가는) 전기장의 플럭스는 그 체적 내부에 포함된 전하량에 비례한다는 가우스 법칙과 전기장의 서큘레이션이 0이라는 것, 즉 전기장 $\boldsymbol{E}$가 퍼텐셜의 그래디언트로 쓰인다는 법칙($\boldsymbol{E} = -\boldsymbol{\nabla}\phi$)이 바로 그것이다. 정전기학이 내놓는 모든 예측은 이 두 가지 법칙에서 비롯되었다. 그러나 이 법칙들을 수학적으로 서술하는 것과 창의적으로 능수능란하게 응용하는 것은 전혀 다른 문제다. 이번 장에서는 가우스의 법칙을 응용하여 답을 얻을 수 있는 여러 가지 문제를 풀어 보겠다. 우선 몇 가지 정리들을 증명한 후, 전기 도체와 관련하여 가우스의 법칙으로 아주 쉽게 이해할 수 있는 몇 가지 현상들을 살펴볼 것이다. 그러나 두 번째 법칙의 도움 없이 가우스 법칙 하나만 사용한다면 어떤 문제도 풀 수 없다. 특정 문제를 풀려면 가우스의 법칙 이외에 다른 무언가를 추가로 고려해야 한다. 경우에 따라서는 대칭성을 고려하여 전기장의 대략적인 형태를 미리 가정해야 할 때도 있으며, 전기장이 퍼텐셜의 그래디언트라는 사실을 고려해야 하는 경우도 있다.

5-2 정전기장에서의 평형

먼저 다음과 같은 질문을 떠올려 보자. 다른 전하들이 발생시키는 전기장 내에서 어떤 점전하가 역학적으로 안정된 평형 상태를 유지할 수 있을까? 예를 들어, 평면 위에 놓인 정삼각형의 세 꼭지점에 세 개의 음전하를 놓고, 이 정삼각형의 중심에 양전하를 놓으면 그 자리에 그대로 정지해 있을까? (중력을 함께 고려해도 결과는 달라지지 않지만, 일단 중력을 빼고 생각하는 것이 더 간단하다.) 이런 경우, 양전하에 작용하는 힘의 합은 분명히 0이다. 그러나 그 평형 상태가 과연 안정된 상태일까?—아니다.

다른 전하와 완전히 포개져서 한 점이 되는 경우를 제외하면, 어떠한 정전기장에서도 안정된 평형점은 존재하지 않는다. 가우스 법칙을 이용하면 그 이유를 쉽게 알 수 있다. 첫째, 전하가 어떤 특정한 점 P_0에서 평형 상태에 있다면 그 점에서의 전기장은 0이다. 둘째, 그 평형 상태가 안정한 상태라면 점 P_0에서 임의의 방향으로 전하를 움직였을 때, 전하를 원위치로 되돌려 주는 복원력이 작용해야 한다. 즉, 점 P_0 근방의 '모든' 곳에서 전기장의 방향이 P_0를 향하고 있어야 한다는 뜻이다. 그러나 점 P_0에 '현재의 전기장을 생성하는 전하'가 놓여 있지 않는 한, 이것은 가우스 법칙에 위배된다.

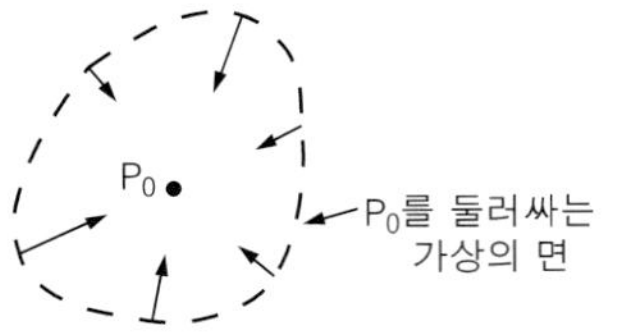

그림 5-1 P_0가 양전하에 대한 안정된 평형점이라면, 주변의 모든 점에서의 전기장은 P_0를 향하고 있을 것이다.

좀 더 자세히 따져 보기 위해 그림 5-1과 같이 점 P_0를 둘러싸는 가상의 폐곡면을 생각해 보자. 이 근방에서 전기장의 방향이 일제히 P_0쪽을 향하고 있다면, 수직 성분의 표면 적분은 결코 0이 될 수 없다. 그림과 같은 경우라면 폐곡면을 통과하는 플럭스는 음수가 되어야 한다. 그러나 가우스의 법칙에 따르면 임의의 폐곡면을 통과하는 전기장의 플럭스는 폐곡면 내부의 총 전하량에 비례해야 한다. 우리의 가정은 P_0가 평형점이라는 것이지, 그곳에 전하가 존재한다고 가정하지는 않았으므로, 이런 전기장은 가우스 법칙에 위배된다. 즉, 음전하가 존재하지 않는 지점에 양전하를 역학적으로 안정되게 놓는 것은 불가능하다. 만일 양전하가 음전하들 사이에 놓여 있다면 평형 상태를 유지할 수도 있다. 단, 이 경우에는 음전하들이 움직이지 않도록 전기력 이외의 다른 힘으로 고정시켜 놓아야 한다!

지금까지의 논리는 전하가 점의 형태로 존재하는 경우에 한하여 적용된다. 그렇다면 상대적인 위치가 고정된 채로 전하들이 복잡하게 분포되어 있는 경우에도 같은 결론이 내려질 것인가? 예를 들어, 막대의 양 끝에 두 개의 동일한 전하가 고정되어 있는 경우를 생각해 보자. 이 물체를 정전기장 속에 놓으면 안정된 평형 상태를 유지할 수 있을까?—유지할 수 없다. 막대에 가해지는 총 힘은 임의의 방향으로 일어난 막대의 변위를 원위치로 되돌릴 수 없다.

임의의 방향으로 놓여 있는 막대에 힘 $\boldsymbol{F}$가 작용한다고 가정해 보자(물론 $\boldsymbol{F}$는 벡터장이다). 위의 논리에 따르면 안정된 평형점에서 $\boldsymbol{F}$의 다이버전스는 음수가 되어야 한다. 그런데 막대에 가해지는 총 힘 $\boldsymbol{F}$는 막대의 한쪽 끝에 붙어 있는 전하에 그 위치에서의 전기장을 곱하고, 다른 쪽 끝에 있는 전하에 그 위치에서의 전기장을 곱해서 더한 것과 같다.

$$\boldsymbol{F} = q_1 \boldsymbol{E}_1 + q_2 \boldsymbol{E}_2 \tag{5.1}$$

또한 $\boldsymbol{F}$의 다이버전스는

$$\nabla \cdot \boldsymbol{F} = q_1 (\nabla \cdot \boldsymbol{E}_1) + q_2 (\nabla \cdot \boldsymbol{E}_2)$$

이다. 전하 q_1과 q_2가 자유 공간에 있다면, $\nabla \cdot \boldsymbol{E}_1$과 $\nabla \cdot \boldsymbol{E}_2$는 0이고, 따라서 $\nabla \cdot \boldsymbol{F} = 0$이 된다. 안정된 평형 상태라면 이 값이 음이 되어야 하는데, 보다시피 계산 결과는 그렇지 않다. 이 논리를 확장하면 자유 공간 속에 전하가 어떻게 배치되어 있건 간에, 이들이 만들어 내는 전기장 안에서는 안정된 평형점이 존재할 수 없다는 것을 알 수 있다.

그러나 어떤 지지 물체나 역학적 구속 조건이 추가된다면 안정된 평형 상태를 만들어 낼 수 있다. 예를 들어, 속이 빈 가느다란 관을 생각해 보자. 그리고 전하는 관의 내부를 자유롭게 이동할 수 있다고 가정하자. 그림 5-2와 같이 관의 양 끝에 양전하를 배치하면 이런 상황을 쉽게 구현할 수 있다. 이렇게 하면

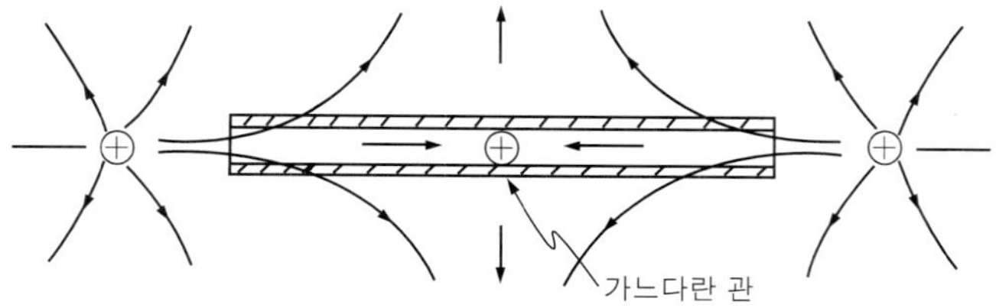

그림 5-2 역학적인 구속력이 존재하면 전하는 평형 상태에 있을 수 있다.

$\boldsymbol{E}$의 다이버전스가 0임에도 불구하고 안정된 평형점이 존재할 수 있다. 물론 이것은 전하가 관의 내벽에 갇혀 있기 때문에 가능한 것이다.

5-3 도체에서의 평형

고정된 전하들로 이루어진 계의 전기장에는 안정된 평형점이 존재하지 않는다. 그렇다면 대전된 도체들로 이루어진 계의 경우는 어떨까? 대전된 도체의 내부에 있는 자유 전자들이 적절히 배치되면 도체의 외부에 안정된 평형점을 만들 수 있을까? 다들 알다시피, 도체 내부의 전하들은 어느 방향으로든 자유롭게 움직일 수 있다. 이것이 바로 도체의 정의이다. 그렇다면 도체의 바깥에 있는 점전하가 살짝 움직였을 때, 도체 내부의 전하들이 어떤 식으로든 적절히 재배치되어 외부 점전하에 복원력을 작용할 수도 있지 않을까? 위에서 사용한 방법으로는 증명할 수 없지만, 여전히 답은 "No!"이다. 이 증명은 훨씬 어렵기 때문에, 대략적인 방향만 언급하고 넘어가기로 한다.

먼저, 전하들이 도체 안에서 재배열될 때, 그 운동은 항상 전체 위치 에너지가 감소하는 방향으로 일어난다는 사실을 명심해야 한다(도체 내에서 전하들이 움직일 때, 일부 에너지는 열로 손실된다). 그런데 앞에서 우리는 전기장을 만들어 내는 전하들이 정지해 있는 경우, 전기장 내의 임의의 평형점(장의 값이 0인 지점) P_0 근방에는 P_0에서 점전하를 움직일 때 계의 에너지가 '감소하는' 방향이 항상 존재한다는 사실을 보인 바 있다(P_0를 '벗어나려는' 힘이 작용하기 때문이다). 도체 위에서의 전하들의 재배치는 어떠한 경우에도 위치 에너지를 감소시키는 방향으로만 일어나며, 따라서 (가상적 일의 원리에 의해) 도체 위의 전하들이 재배치되면서 점전하를 P_0에서 벗어나게 하는 그 방향으로의 힘은 더욱 커진다. 물론 전하의 움직임이 그 반대 방향으로 일어나는 경우는 절대로 없다.

그렇다고 해서 이 결과가 전기장을 이용해서 전하를 붙들어 놓는 것이 불가능함을 의미하지는 않는다. 전기장을 형성하는 전하들의 위치나 전하량을 적절한 보조 장치로 제어한다면 가능할 수도 있다. 중력장 안에서 막대를 세워 놓으면 불안정하다는 것을 모두 알고 있지만, 막대를 손가락 끝에 세워 놓고 평형을 유지하는 기술은 어렵지 않게 습득할 수 있다. 이와 마찬가지로, 전기장을 '시간에 따라 잘 조절하면' 전하를 한 곳에 붙들어 놓을 수 있다. 그러나 모든 전하들이 정지해 있는 정적인 계에서는 결코 전하를 한 곳에 붙들어 놓을 수 없다.

5-4 원자의 안정성

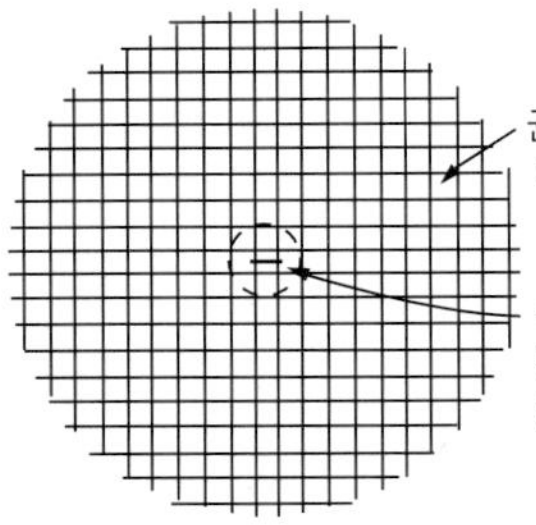

그림 5-3 톰슨의 원자 모형

전하들을 안정된 상태로 배치시키는 것이 불가능하다면, 이 세상의 모든 물질들이 정전기학의 법칙을 따르는 고정된 점전하들(전자와 양성자)로 이루어져 있다는 것은 분명히 부적절한 생각이다. 정적인 배치는 절대로 불가능하다. 어떻게든 기를 써서 정지된 배치를 만들어 놓았다고 해도, 순식간에 허물어지고 말 것이다!

과거의 물리학자들은 물질의 최소 단위인 원자를 상상할 때 그림 5-3과 같이 양전하가 구의 내부에 균일하게 분포되어 있고 음전하(전자)가 양전하 속에 건포도처럼 박혀 있는 광경을 떠올렸다. 이것이 바로 톰슨(Thompson)이 제안했던 최초의 원자 모형이다. 그러나 톰슨의 제자였던 러더퍼드(Rutherford)는 가이거(Geiger)와 마르스덴(Marsden)의 실험 결과를 분석한 끝에 양전하들이 핵 속에 밀집되어 있다는 결론을 내렸다('핵'이라는 용어는 러더퍼드가 처음 사용하였다). 이로써 톰슨이 주장했던 정적인 모델은 폐기되어야 했다. 그 후 러더퍼드와 보어는 그림 5-4와 같이 전자들이 궤도를 따라 움직이는 '동적인 상태'에서 평형이 유지될 수도 있다는 새로운 제안을 내놓았다. 그렇다면 전자들은 궤도 운동을 하면서 항상 핵을 향해 '떨어지고 있어야' 한다. 왜 그럴까? 전자가 원운동을 한다는 것은 곧 가속 운동을 한다는 뜻이고, 가속되는 전하는 복사 에너지를 방출해야 한다. 따라서 전자들은 궤도를 유지하는 데 필요한 운동 에너지를 서서히 잃으면서 핵을 향해 나선 궤도를 그리며 떨어져야 하는 것이다. 역시 이것도 불안정한 모형이다!

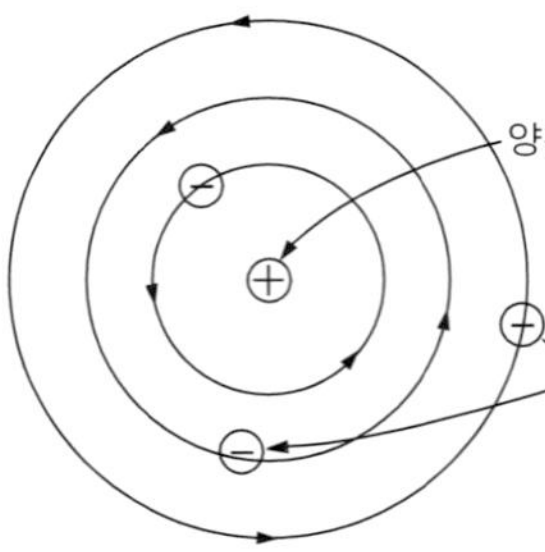

그림 5-4 러더퍼드-보어의 원자 모형

오늘날, 원자의 안정성은 양자역학에 의해 설명된다. 정전기력은 전자를 핵에 최대한 가깝게 끌어당기지만, 전자들은 불확정성 원리에 의해 주어지는 폭만큼 공간적으로 퍼지려는 성향이 있다. 전자를 비좁은 곳에 가둬 두면 운동량의 불확정성이 커지면서 커다란 에너지를 갖게 되고, 전자는 그 에너지를 전기적 인력으로부터 벗어나는 데 사용하는 것이다. 결과적으로, 끌어당기는 힘과 퍼지려는 경향 사이의 전기적 평형 상태는 (전자의 질량이 양성자의 질량보다 훨씬 작으므로) 퍼져 있는 전하가 음전하라는 사실만 제외하면 톰슨의 생각과 크게 다르지 않다.

5-5 선전하 분포에 의한 전기장

가우스의 법칙은 특별한 대칭성(구대칭, 원통 대칭, 평면 대칭 등)을 갖고 있는 정전기장 문제들을 푸는 데 매우 유용하다. 지금부터 가우스 법칙을 적용하여 전기장을 구하는 몇 가지 문제를 풀어 보자. 앞으로 다룰 문제들은 풀이 방법이 너무도 간단명료하기 때문에, 이런 문제를 계속 접하다 보면 "우와! 가우스 법칙은 정말 막강하구나! 이것만 알면 해결하지 못할 문제가 없겠는데?"라고 생각할지도 모른다. 그러나 안타깝게도 현실은 그렇지 않다. 가우스 법칙으로 풀 수 있는 문제는 그리 많지 않다. 정전기장을 계산하는 좀 더 강력한 방법은 나중에 강의할 예정이다.

첫 번째 예로, 원통 대칭성이 있는 경우를 생각해 보자. 여기, 균일하게 대전된 무한히 긴 선형 전하가 있다. 선의 단위 길이당 전하량을 λ라고 하자. 이런 경우에 선 주위의 전기장은 어떻게 될 것인가? 원칙대로 하자면, 대전된 선의 각 부분이 만드는 전기장을 모두 더해야(적분해야) 한다. 그러나 가우스의 법칙과 약간의 물리적 직관을 동원하면 번거로운 적분 과정을 거치지 않고서도 답을 구할 수 있다. 먼저, 전기장의 방향은 선을 중심축으로 하는 원통의 반경 방향으로 뻗어 나갈 것이다. 선전하의 부분이 만드는 전기장의 원통축 방향 성분은 대칭점에서 생성된 전기장의 원통축 방향 성분과 항상 상쇄되기 때문에, 결과적으로 반경 방향의 전기장만 살아남게 된다. 또한 선전하로부터 같은 거리에 있는 모든 점에서 전기장의 크기는 같아야 한다(증명은 어렵지만 공간이 대칭적이라면 반드시 그래야 할 것이다).

이제, 선전하에 가우스 법칙을 적용해 보자. 우선 그림 5-5와 같이 선전하를 중심축으로 하는 가상의 원통 면을 머릿속에 그린다. 가우스 법칙에 따르면, 이 면을 통해 나오는 $\boldsymbol{E}$의 총 플럭스는 원통의 내부에 들어 있는 총 전하를 ϵ_0로 나눈 값과 같다. 또한 전기장은 원통 면에 수직하므로, 원통 면에 수직한 전기장의 성분은 바로 원통 면 위에서의 전기장의 크기와 같다. 그 크기를 E라고 하자. 이제 원통의 반경을 r이라 하고, 편의상 원통의 길이를 1로 가정하자. 원통의 표면을 관통하는 플럭스는 E 곱하기 표면적 $2\pi r$이다(원통의 길이가 1이므로). 그리고 원통의 양쪽 뚜껑 면에서는 전기장과 면의 방향이 나란하기 때문에, 이곳을 통과하는 플럭스는 0이며, 우리가 잡은 가상의 원통 내부에 들어 있는 총 전하량은 λ이다. 자, 이것으로 준비는 끝났다. 남은 문제는 적분을 간단하게 처리하는 것뿐이다. 여기에 가우스 법칙을 적용하면

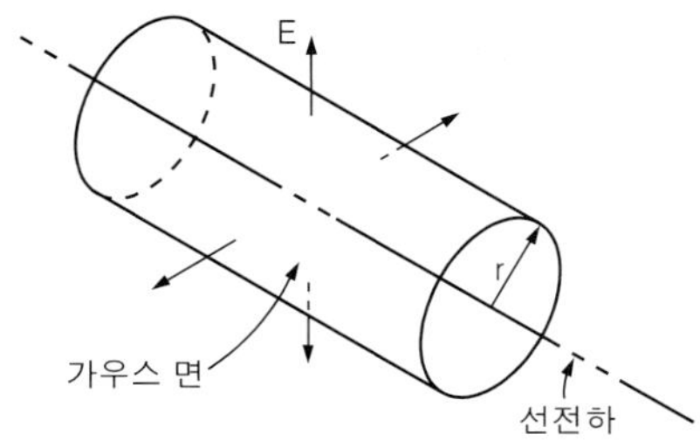

그림 5-5 선전하와 동축을 이루는 원통 모양의 가우스 면

$$E \cdot 2\pi r = \lambda/\epsilon_0$$

즉,

$$E = \frac{\lambda}{2\pi\epsilon_0 r} \tag{5.2}$$

가 된다. 이 얼마나 간단명료한가! 식 (5.2)에서 보다시피, 균일한 선전하에 의한 전기장은 선전하로부터 떨어진 거리에 반비례해서 줄어든다(전기장의 방향은 원통의 반경 방향을 향한다).

5-6 평판 전하 분포 : 두 개의 평판

또 다른 예로, 전하가 고르게 분포되어 있는 평판에서 발생되는 전기장을 계산해 보자. 평판의 면적은 무한대이고 단위 면적당 전하량은 σ이다. 앞서 전개했던 논리를 다시 펼쳐 보면, 평판의 대칭성에 의하여 공간상의 모든 지점에서 전기장의 방향은 항상 평판에 수직해야 하고, '대전된 평판 이외에 그 어떤 곳에도 전하가 존재하지 않는다면' 평판 양쪽에서 전기장은 같은 크기일 것이다. 이 경우에는 가우스 면을 그림 5-6과 같이 평판을 포함하는 직육면체로 잡는 것이 편리하다. 평판에 평행한 직육면체의 두 면의 넓이는 똑같이 A이다. 전기장의 방

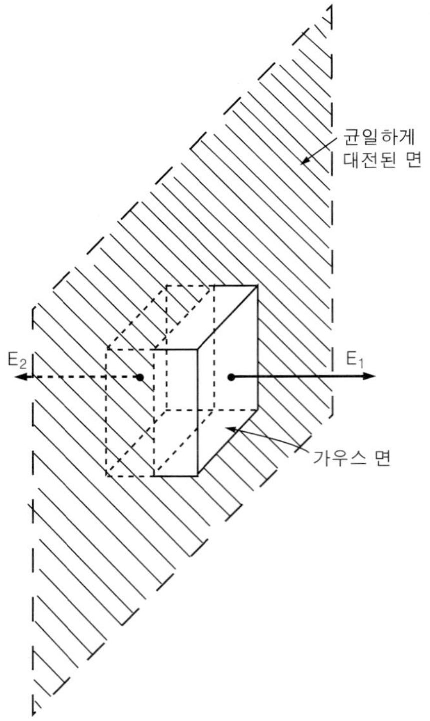

그림 5-6 균일하게 대전된 얇은 판 근처의 전기장은 가상의 상자에 가우스 법칙을 적용하여 구할 수 있다.

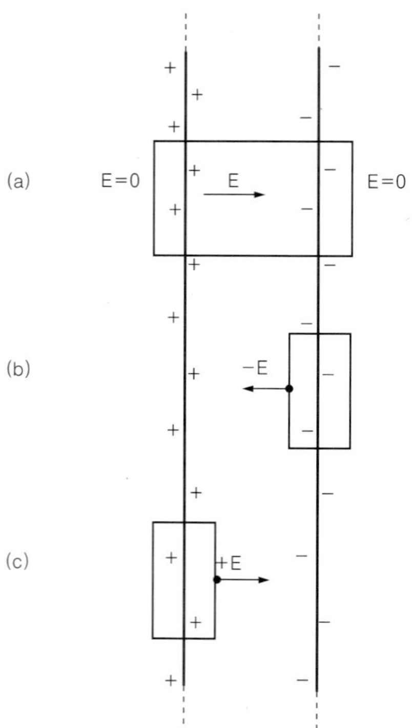

그림 5-7 반대 전하로 대전된 두 평행판 사이의 전기장은 σ/ϵ_0이다.

향은 이 두 면에 수직하고, 다른 네 개의 면과는 평행하다. 따라서 총 플럭스는 ($E\times$평행한 한쪽 면의 넓이)+($E\times$반대쪽 면의 넓이)가 될 것이다(네 개의 옆면은 플럭스에 아무런 기여도 하지 못한다). 직육면체 내부의 총 전하량은 σA이므로, 여기에 가우스 법칙을 적용하면

$$EA + EA = \frac{\sigma A}{\epsilon_0}$$

즉,

$$E = \frac{\sigma}{2\epsilon_0} \tag{5.3}$$

가 얻어진다. 이것은 매우 단순하면서도 중요한 결과이다.

물론, 무한 평면을 잘게 세분하여 각 부분이 만드는 전기장을 전체 평면에 대해 적분해도 이와 동일한 결과를 얻을 수 있다(이 계산은 앞에서 이미 했다). 그러나 가우스 법칙을 이용하면 적분을 거치지 않고 훨씬 더 빠르게 답을 구할 수 있다(물론, 대칭성이 없는 일반적인 전하 분포에 이러한 방법을 적용할 수는 없다).

식 (5.3)은 전하가 평판에만 존재하는 경우에 한하여 사용할 수 있다. 만일 평판 주변에 다른 전하가 존재한다면, 평면 '근처'에서의 총 전기장은 중첩 원리에 의해 식 (5.3)+(다른 전하에 의한 전기장)의 형태로 나타날 것이다. 이런 경우, 가우스 법칙으로부터 알 수 있는 사실은

$$E_1 + E_2 = \frac{\sigma}{\epsilon_0} \tag{5.4}$$

라는 것뿐이다. 여기서 E_1과 E_2는 평판의 양면에서 바깥쪽으로 향하는 전기장을 의미한다.

평행하게 마주 보고 있는 두 개의 평판이 반대 부호의 전하로 대전되어 있는 경우($+\sigma$, $-\sigma$)에도, 외부 세상이 대칭적이라고 가정하면 전기장을 간단하게 구할 수 있다. 각각의 면에 대한 해를 중첩시키거나, 또는 두 면을 모두 포함하는 가우스 면(이 경우엔 직육면체)을 잡아 주면, 평행한 두 평판의 '바깥'에서 전기장이 0임을 쉽게 알 수 있다[그림 5-7(a) 참조]. 그리고 그림 5-7의 (b) 또는 (c)에서처럼, 두 면 중 하나만 포함하는 직육면체 상자를 잡아 보면, 두 평행판 사이의 전기장은 평판이 하나일 때의 전기장의 두 배임을 알 수 있다. 구체적인 결과는 다음과 같다.

$$E\ (\text{평행판 안}) = \sigma/\epsilon_0 \tag{5.5}$$

$$E\ (\text{평행판 밖}) = 0 \tag{5.6}$$

5-7 구형 전하 분포 : 구 껍질

4장에서 우리는 가우스 법칙을 이용하여 균일하게 대전된 구형 전하의 바깥에 형성되는 전기장을 구한 바 있다. 구의 내부에 형성되는 전기장도 이와 동일

한 방법으로 구할 수 있는데, 이것은 원자핵 내부에서 전기장을 계산할 때 좋은 근사식으로 사용되기도 한다. 원자핵 내부의 양성자들은 전기력에 의해 서로 강하게 밀치고 있지만, 전기력보다 훨씬 강한 핵력이 이들을 한 덩어리로 잡아 놓고 있으므로 원자핵의 내부에는 전하가 거의 균일하게 분포되어 있다고 볼 수 있다.

전하가 균일하게 분포되어 있는 반경 R의 구를 생각해 보자. 단위 체적당 전하량은 ρ로 주어져 있다. 전하 분포의 대칭성을 고려하면 전기장은 반경 방향으로 형성될 것이고, 구의 중심에서 같은 거리에 있는 모든 점에서 전기장의 크기는 같을 것이다. 중심으로부터 거리 r만큼 떨어진 곳의 전기장을 구하기 위해, 그림 5-8과 같이 반경이 $r(r<R)$인 가상의 구면을 가우스 면으로 잡아 보자. 이 구면을 통과하는 플럭스는

$$4\pi r^2 E$$

이다. 그리고 가우스 면의 내부에 들어 있는 총 전하량은 가우스 면으로 둘러싸인 체적에 ρ를 곱한 값과 같다. 즉,

$$\frac{4}{3}\pi r^3 \rho$$

이다. 따라서 가우스 법칙에 의해 전기장의 크기는

$$E = \frac{\rho r}{3\epsilon_0} \qquad (r<R) \tag{5.7}$$

임을 알 수 있다. 이 식에서 $r=R$을 대입하면 구의 외부에서 구한 전기장과 같은 결과가 얻어진다(단, 전하 밀도 $\rho=Q/(\frac{4}{3}\pi R^3)$도 대입해야 한다 : 옮긴이). 이로써, 구형 전하의 내부에 형성되는 전기장은 반경(중심으로부터의 거리)에 비례하고, 구의 바깥쪽을 향한다는 사실을 알 수 있다.

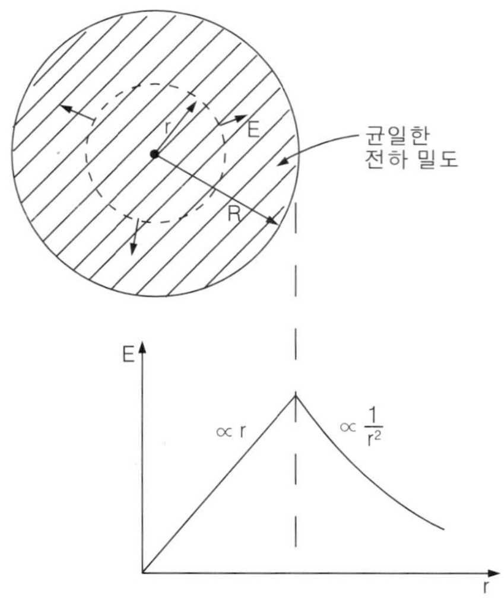

그림 5-8 가우스 법칙은 균일하게 대전된 구 내부의 전기장을 구하는 데 이용될 수 있다.

균일하게 대전된 구 껍질(속이 빈 구)의 경우에도 이와 동일한 논리를 적용할 수 있다. 전기장이 모든 곳에서 반경 방향이고 구대칭적이라는 가정하에 가우스의 법칙을 적용하면, 구 껍질의 외부에 형성되는 전기장은 모든 전하가 구의 중심에 모여 있는 점전하의 경우와 같아지고, 구 껍질 내부에서는 전기장이 0임을 바로 알 수 있다(가우스 면을 껍질 내부에 잡으면, 그 속에는 아무런 전하도 들어 있지 않기 때문이다).

5-8 점전하의 전기장은 정확히 $1/r^2$에 비례하는가?

구 껍질 속에서 전기장이 0인 이유를 좀 더 구체적으로 따져 보자. 가우스 법칙이 성립하는 이유는 쿨롱의 법칙이 정확히 거리의 제곱에 반비례하기 때문이다. 이제, 전하가 균일하게 분포된 구 껍질의 내부에서 임의의 한 점 P를 잡아 보자. 그리고 P를 꼭지점으로 하는 작은 원뿔을 상상하여, 그 원뿔이 확장되어 구 껍질 면과 닿는 부분의 미세 면적을 Δa_1이라 하고, 점 P를 중심으로 대칭점에 해당되는 원뿔의 미세 면적을 Δa_2라 하자(그림 5-9 참조). 점 P에서 두 면

적 요소까지의 거리를 각각 r_1, r_2라 하면 두 면적의 비는

$$\frac{\Delta a_2}{\Delta a_1} = \frac{{r_2}^2}{{r_1}^2}$$

으로 주어진다(구의 내부에 있는 임의의 점 P에 대하여 위 식을 기하학적으로 증명해 보기 바란다).

구의 표면이 균일하게 대전되어 있다면 각 면적 요소에 들어 있는 전하량 Δq는 면적에 비례할 것이므로,

$$\frac{\Delta q_2}{\Delta q_1} = \frac{\Delta a_2}{\Delta a_1}$$

가 된다. 여기에 쿨롱의 법칙을 적용하면, 두 면적 요소에 의해 점 P에 형성되는 전기장 세기의 비는

$$\frac{E_2}{E_1} = \frac{\Delta q_2/{r_2}^2}{\Delta q_1/{r_1}^2} = 1$$

임을 알 수 있다. 보다시피, 두 면의 전기장은 정확하게 상쇄된다. 구 껍질 면의 모든 미세 면적 요소는 항상 반대쪽에 그에 대응되는 미세 면적 요소를 가지고 있으므로, 점 P에서의 총 전기장은 위치에 관계없이 항상 0이다. 그러나 만일 쿨롱의 법칙에서 r의 지수가 정확하게 2가 아니었다면 결과는 달라졌을 것이다.

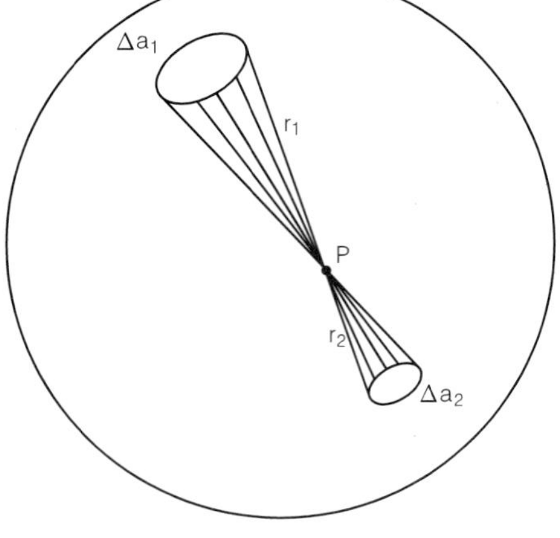

그림 5-9 전하가 균일하게 분포된 구 껍질 내부의 임의의 점 P에서의 전기장은 0이다.

가우스 법칙의 성립 여부는 쿨롱의 힘이 거리의 역 제곱에 비례하는지의 여부에 전적으로 달려 있다. 만일 쿨롱의 힘이 역 제곱 형태에서 조금이라도 벗어나 있다면, 균일하게 대전된 구 껍질의 내부 전기장은 정확하게 상쇄되지 않을 것이다. 예를 들어, 힘이 좀 더 급격하게 변한다면(가령, r의 세제곱에 반비례한다면), 구 껍질 내부의 한 점으로부터 좀 더 가까운 거리에 있는 면적 요소에 의해 형성되는 전기장은 반대편에 있는(더 멀리 떨어져 있는) 면적 요소에 의한 전기장보다 더 커질 것이므로, 양전하로 대전된 구 껍질의 내부에는 반경 방향을 따라 구의 중심으로 향하는 전기장이 형성될 것이다. 이 결과를 잘 활용하면 역 제곱 법칙의 타당성을 검증하는 정교한 장치를 만들 수 있다. 균일하게 대전된 구 껍질 내부의 전기장이 정확히 0인지 아닌지의 여부만 가려낼 수 있다면 검증은 완결된다.

이 아이디어는 실험적으로 구현할 수 있다. 대개의 경우, 물리량을 고도로 정밀하게 측정하는 것은 결코 쉬운 일이 아니다. 1%정도의 오차 이내에서 결과를 내는 것은 그리 어렵지 않지만, 우리의 목적을 이루려면 쿨롱의 법칙을 거의 10억분의 1%까지 정밀하게 측정할 수 있어야 한다. 이 엄청난 작업을 어떻게 실현할 수 있을까? 대전된 두 물체 사이의 힘을 이 정도의 정밀도로 측정하는 것은 현재의 첨단 관측 기술을 총동원한다 해도 도저히 불가능하다. 그러나 가우스 법칙을 증명하는 것이 목적이라면, 대전된 구 내부의 전기장이 어떤 한계 값 '이하'인지를 결정함으로써 법칙의 타당성을 매우 정밀하게 검증할 수 있으며, 쿨롱의 법칙에 등장하는 r의 지수도 결정할 수 있다. 대부분의 고정밀 측정 기술은 이와 같이 어떤 물리량이 서로 같은지, 또는 거의 같은지를 비교하는 식으로

이루어진다.

대전된 구 내부의 전기장을 어떻게 측정해야 할까? 한 가지 방법은 구형 도체의 내부에 어떤 물체를 접촉시켜서 그 물체가 대전되는지를 알아보는 것이다. 대전된 물체에 작은 금속구를 접촉시켰다가 떼어 낸 후, 검전기(electrometer)에 갖다 대면 검전기의 눈금이 움직인다[그림 5-10(a)]. 대전된 구의 외부에는 전기장이 존재하므로 금속구를 갖다 대면 전기장에 의해 일부 전하들이 작은 공 위로 옮겨 가게 된다. 이번에는 대전된 구의 '내부'에 금속구를 갖다 대면 검전기에는 아무런 반응도 나타나지 않는다. 이런 과정을 거치면 구 껍질 내부의 전기장이 정확히 0이라고 단정 지을 수는 없지만, 외부의 전기장에 비해 훨씬 작다는 것은 쉽게 알 수 있으며, 따라서 가우스 법칙이 최소한 근사적으로는 옳다는 것을 확인할 수 있다.

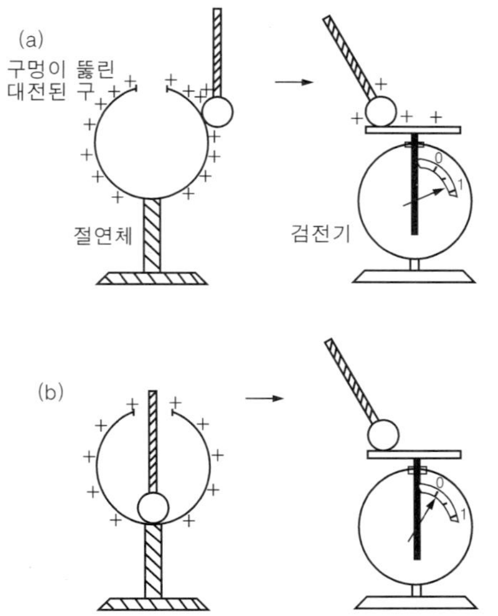

그림 5-10 닫힌 도체 껍질 내부의 전기장은 0이다.

도체구 껍질 내부의 전기장이 0이라는 사실을 최초로 알아낸 사람은 아마도 벤저민 프랭클린(Benjamin Franklin)일 것이다. 그는 이 사실을 매우 신기하게 생각했다. 그는 자신의 관찰 결과를 친구인 프리스틀리(Priestley)에게 알려 주었고, 프리스틀리는 그것이 역 제곱 법칙과 관련이 있을지도 모른다는 의견을 제시했다. 질량이 구 껍질 형태로 분포되어 있을 때, 그 내부의 중력장이 0이라는 것은 당시에도 이미 알려져 있었기 때문이다. 그러나 그 뒤로 18년이 지난 후 쿨롱이 역 제곱 관계를 측정했고, 가우스의 법칙은 그보다 뒤에 발견되었다.

커다란 구 내부에 검전기를 집어넣고 구를 높은 전압으로 대전시켰을 때 검전기의 눈금에 어떤 변화가 나타나는지를 살펴봄으로써, 가우스 법칙은 여러 차례에 걸쳐 매우 정밀하게 검증되어 왔다. 실험 결과, 검전기의 눈금에는 아무런 변화도 나타나지 않았다. 측정 장치의 기하학적 구조와 검전기의 감도를 알고 있으면, 관측될지도 모르는 내부 전기장의 최소 세기를 추정할 수 있으며, 이 값으로부터 역 제곱 법칙이 지수 2에서 벗어나는 최대 한계를 결정할 수 있다. 다시 말해서, 정전기력이 $r^{-2+\epsilon}$의 형태로 변한다고 가정했을 때, ϵ의 상한 값을 결정할 수 있다는 뜻이다. 맥스웰은 이 방법을 이용하여 ϵ이 1/10,000보다 작다는 결론을 얻었다. 그 후 1936년에 플림턴(Plimpton)과 래프턴(Laughton)이 더욱 발전된 관측 기구를 이용하여 동일한 실험을 재수행한 결과, 쿨롱의 법칙의 지수는 10억분의 1 이내의 오차 범위에서 2라는 사실을 확인하였다.

그렇다면 한 가지 재미있는 질문이 떠오른다. 여러 가지 다양한 상황에서 쿨롱의 법칙의 타당성 여부를 얼마나 정확하게 검증할 수 있을까? 방금 위에서 언급한 실험은 수십 센티미터의 거리 정도에서 전기장의 거리 의존성을 알아보는 데 적절한 실험이다. 그렇다면 원자 크기 정도의 영역에서도 역 제곱 법칙이 여전히 성립할 것인가? 예를 들어, 수소 원자의 내부에서 원자핵이 전자를 끌어당기는 힘도 역 제곱 법칙을 따르고 있을까? 물론 전자의 역학적 거동을 서술하려면 양자역학을 사용해야 하지만, 이들 사이에 작용하는 힘은 보통의 정전기력이다. 문제를 구체적으로 풀려면 전자의 위치 에너지를 원자핵까지의 거리의 함수로 표현할 수 있어야 하는데, 쿨롱의 법칙에 의하면 위치 에너지는 거리에 반비례한다. 이렇게 극도로 짧은 거리에서 쿨롱의 법칙의 지수는 얼마나 정밀하게 검증되었을까? 1947년에 램(Lamb)과 레더퍼드(Retherford)는 일련의 실험을 통해 수소 원자의 에너지 준위들 사이의 차이를 정밀하게 측정하여 역 제곱 법칙을 확인하였는데, 그 결과 원자적 스케일, 즉 1옹스트롬(10^{-8}cm) 정도의 거리에서 r의 지수 2는 10억분의 1 오차 이내로 정확하다고 판명되었다.

램-레더퍼드의 실험이 고도로 정밀한 결과를 낼 수 있었던 것은 사실 물리적인 '우연' 덕분이었다. 퍼텐셜이 정확하게 $1/r$에 비례한다면, 수소 원자의 두 개의 에너지 상태는 거의 같은 에너지를 갖는다는 사실이 이론적으로 예측되어 있었다. 이들은 전자가 한 상태에서 다른 상태로 전이할 때 방출되는(또는 흡수되는) 광자의 진동수 ω를 측정함으로써 두 에너지 준위 사이의 미세한 차이 $\Delta E = \hbar\omega$를 알아냈다. 만일 전기력 $1/r^2$의 지수가 2에서 10억분의 1이라도 어긋난다면, 이론적으로 계산된 ΔE는 측정값과 전혀 다르게 나올 것이다.

그러면 더 짧은 거리에서도 지수 2를 사용할 수 있을까? 핵물리학에서 다루는 거리는 대략 10^{-13}cm정도이다. 핵물리학의 실험 결과에 따르면, 이 영역에서도 정전기력이 존재하며 근사적으로 역 제곱 법칙을 따르는 것으로 알려져 있다. 나중에 이에 관한 몇 가지 증거들을 소개할 예정이다. 어쨌거나, 쿨롱의 역 제곱 법칙은 우리가 아는 한 10^{-13}cm정도의 거리에서도 '최소한 근사적으로' 맞는다고 말할 수 있다.

그렇다면 10^{-14}cm정도의 거리에서는 어떻게 될까? 이 영역은 아주 높은 에너지로 가속된 전자와 양성자의 충돌 실험을 통해 도달할 수 있다. 지금까지 알려진 결과에 의하면, 이 정도로 짧은 영역에서는 역 제곱 법칙이 맞지 않는 듯하다. 10^{-14}cm 이하의 영역에서 작용하는 전기력은 일상적인 스케일에서의 전기력보다 약 10분의 1정도 약해지는 것 같다. 그 이유는 두 가지 방법으로 설명할 수 있다. 첫째는 쿨롱 법칙이 그 정도로 짧은 거리에서는 더 이상 성립하지 않는다는 것이고, 둘째는 이 거리 영역에서 전자나 양성자를 더 이상 점전하로 취급할 수 없다는 것이다. 전자나 양성자 중 하나(또는 둘 다)는 어떤 형태로든 공간을 점유하고 있을지도 모른다. 대다수의 물리학자들은 양성자의 전하가 공간적으로 퍼져 있다고 생각하고 있다. 실제로 양성자는 중간자(meson)와 강한 상호작용을 하고 있는데, 이는 양성자가 때때로 주위에 π^+ 중간자를 동반한 중성자 상태로 존재한다는 것을 뜻한다. 이러한 전하 분포는 평균적으로 볼 때 양으로 대전된 작은 구와 같다고 볼 수 있다. 구형 전하의 경우, 구의 내부에서는 $1/r^2$ 법칙이 성립하지 않는다는 것을 우리는 이미 알고 있다. 양성자의 전하는 공간적으로 퍼져 있을 가능성이 농후하긴 하지만, 아직까지 파이온(pion)에 대한 이론이 미완성인 상태이므로 이러한 극미의 거리에서 쿨롱의 법칙이 성립하지 않는다는 첫 번째 가능성 또한 완전히 배제시킬 수는 없다. 이 문제는 아직 미해결 상태로 남아 있다.

또 한 가지 흥미로운 사실이 있다. 역 제곱 법칙은 1m에서나 10^{-10}m에서나 동일하게 적용될 뿐만 아니라, 그 앞에 붙은 계수인 $1/4\pi\epsilon_0$도 변하지 않는다는 사실이다. 이 상수의 오차 한계는 대략 100만분의 15정도이다.

이제, 가우스 법칙의 실험적 검증을 논할 때 간과하고 넘어갔던 중요한 문제를 생각해 보자. 맥스웰의 실험이나 플림턴과 래프턴의 실험에서 사용된 구형 도체는 분명히 완벽한 구가 아니었을 것이다. 그런데 어떻게 그들은 역 제곱 법칙을 자신 있게 주장할 수 있었을까? 그들이 과연 10억분의 1이라는 정밀도로 세밀하게 가공된 도체구를 사용했을까? 그럴 가능성은 거의 없다. 아무리 잘 가공된 금속구라 해도 표면을 자세히 들여다보면 약간의 굴곡이 있을 것이고, 이러한 오차로 인해 구 내부에 전기장이 형성될 수도 있다. 다음 절에서 알게 되겠지만, 실험에 사용되는 도체구는 완벽한 구형일 필요가 없다. 임의의 닫힌 도체 껍질은 모양에 상관없이 내부 전기장이 0이다. 다시 말해서, 실험의 주된 내용은 $1/r^2$에 초점이 맞춰져 있을 뿐, 도체 껍질의 구체적인 형태와는 아무런 상관도 없다(물론, 모양을 구로 택하면 쿨롱의 법칙이 틀렸을 경우에 전기장이 어떻게 될 것인지를 예측하기가 쉬워진다). 그 이유를 확인하기 위해, 우선 도체가 갖고 있는 몇 가지 특성부터 알아보기로 하자.

5-9 도체의 전기장

도체란 자유 전자를 다량으로 함유하고 있는 물체를 말한다. 자유 전자는 도체 내에서 자유롭게 돌아다닐 수 있지만, 도체의 표면을 벗어나지는 못한다. 금속의 내부에는 너무나 많은 자유 전자들이 있기 때문에 외부에서 아주 약한 전기장을 걸어 줘도 수많은 자유 전자들이 그에 반응하여 움직인다. 전자들의 흐름, 즉 전류는 외부에서 에너지가 공급되면 계속 유지될 것이고, 그렇지 않으면 외부 전기장을 적절하게 상쇄시키는 방향으로 배치되면서 이동을 멈출 것이다. 정전기적 상황에서는 전류가 계속 흐르는 경우를 고려할 필요가 없으므로(나중에 정자기학을 공부할 때 다루게 될 것이다), 도체 내부의 모든 곳에서 전기장이 0이 되도록 전자가 배열되고 나면 더 이상 움직이지 않는다[이 과정은 수 밀리초(msec)의 짧은 순간에 이루어진다]. 만일 조금이라도 상쇄되지 않은 전기장이 도체 내부에 남아 있다면, 자유 전자들은 그 전기장의 영향을 받아서 계속 움직일 것이다. 따라서 정전기적으로 유일한 해는 도체 내부의 모든 곳에서 전기장이 0이 되는 경우밖에 없다.

대전된 도체의 내부를 생각해 보자(여기서 '내부'라 함은 겉으로 드러나지 않는 속 부분을 말한다). 금속은 도체이므로 내부의 전기장은 모든 점에서 0이어야 하고, 따라서 퍼텐셜의 그래디언트도 0이다. 이것은 ϕ가 공간적으로 변하지 않는다는 것을 의미한다. 즉 도체의 모든 부분에서 퍼텐셜은 동일한 값을 가지며, 도체 표면은 등퍼텐셜면을 형성한다. 또한 도체 내부의 모든 곳에서 전기장은 항상 0이므로 $\boldsymbol{E}$의 다이버전스는 0이고, 따라서 가우스 법칙에 의하여 도체 내부의 전하 밀도도 0이 되어야 한다.

도체의 내부에 전하가 전혀 존재할 수 없다면, 도체의 전하는 모두 어디로 숨어 버린 것일까? 도체가 '대전되었다'는 것은 과연 무슨 의미일까? 그 많던 전하들은 다 어디로 갔을까? 해답은 다음과 같다. **도체의 전하는 모두 '표면'에 존재한다.** 전하가 표면을 탈출하려면 큰 에너지가 필요하기 때문에 표면에 구속되

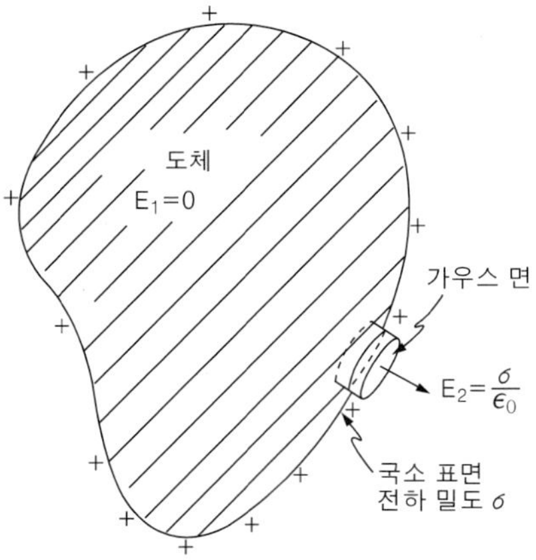

그림 5-11 도체 표면 바로 밖의 전기장은 국소 표면 전하 밀도에 비례한다.

어 있는 것이다. 따라서 자유 전자라 해도 완전히 자유로운 것은 아니다. 나중에 고체물리를 공부하면 "임의의 도체에 대전된 잉여 전하는 평균적으로 도체 표면을 덮고 있는 한두 겹의 원자층 안에 분포한다"는 사실을 알게 될 것이다. 지금 우리의 수준에서는 "도체의 표면이나 내부에 첨가된 전하는 모두 표면으로 모인다"고 말하는 것으로 충분하다. 도체의 내부에는 잉여 전하가 존재하지 않는다.

도체 표면의 바로 밖에서 전기장은 항상 표면에 수직이라는 것도 주목할 만한 사실이다. 표면에 접하는 접선 방향의 전기장 성분은 존재할 수 없다. 만일 접선 방향의 성분이 있다면 전자들이 표면을 따라 이동할 것이기 때문이다. 다시 말해서, 전기장선은 항상 도체의 표면, 즉 등퍼텐셜면과 수직한 방향으로 형성된다.

가우스 법칙을 이용하면 도체 표면의 바로 밖에서 전기장의 세기와 표면의 전하 밀도 사이의 관계를 알 수 있다. 그림 5-11과 같이 도체 면의 안팎에 걸쳐 있는 가상의 작은 원통을 가우스 면으로 잡아 보자. 이 경우 플럭스는 도체 바깥쪽에 있는 면을 통해 나가는 것밖에 없기 때문에, 도체 표면 바로 밖에서의 전기장은 다음과 같다.

도체 표면 바로 밖에서 :

$$E = \frac{\sigma}{\epsilon_0} \tag{5.8}$$

여기서 σ는 국소 표면 전하 밀도를 나타낸다.

도체의 표면에 분포하는 국소 표면 전하에 의한 전기장과 무한 도체 평판의 전기장이 서로 다른 이유는 무엇인가? 다시 말해서, 식 (5.8)은 왜 식 (5.3)의 두 배인가? 도체의 경우에는 우리가 고려하고 있는 국소적인 작은 면적 이외에 도체의 다른 부분에도 전하들이 존재하고 있기 때문이다. 도체의 내부 전기장을 0으로 만들려면 표면 위의 다른 곳에도 전하가 반드시 있어야 한다. 도체 표면 위의 한 점 P 근방의 전하들이 발생시키는 국소 전기장은 도체 표면의 안과 밖에서 $E_{국소} = \sigma_{국소}/2\epsilon_0$이다. 그런데 표면 위에 분포된 나머지 모든 전하들이 서로 '공모하여' 점 P에 $E_{국소}$와 동일한 크기의 전기장을 만들기 때문에, 도체 내부에서의 총 전기장은 상쇄되어 사라지고 바로 바깥쪽의 전기장이 두 배로 커지는 것이다.

5-10 도체 공동 내부의 전기장

이번에는 금속 깡통, 즉 도체의 내부에 공동(cavity, 空洞)이 있는 경우를 생각해 보자. 공동 속에 전하가 존재하지 않는다면(그림 5-12) 금속 공동의 모양에 상관없이 공동 내부의 전기장은 항상 0이다. 지금부터 이 사실을 증명해 보자. 그림 5-12와 같이 공동을 둘러싸면서 도체의 내부에 있는 폐곡면 S를 가우스 면으로 잡는다. 폐곡면 S 위의 모든 점에서 전기장은 0이므로 S를 통과하는 플럭스는 0이고, 따라서 S 내부의 총 전하량도 0이 되어야 한다. 구형 껍질의 경우에는 대칭성을 이용하여 공동 내부에 전하가 존재할 수 없다는 것을 증명할 수 있다. 그러나 구형이 아닌 일반적인 경우에는 이런 논리를 적용할 수 없으므로 도체의 안쪽 면에 같은 양의 양전하와 음전하가 존재할 가능성을 배제할 수 없게 된다. 즉, 그림 5-12와 같이 안쪽 면의 어느 한쪽에 양전하가 있고 다른 쪽에 음전하가 분포된 상황을 생각해 볼 수 있다. 전하가 이런 식으로 분포되어 있다 해도 가우스 법칙에 위배되지 않는다.

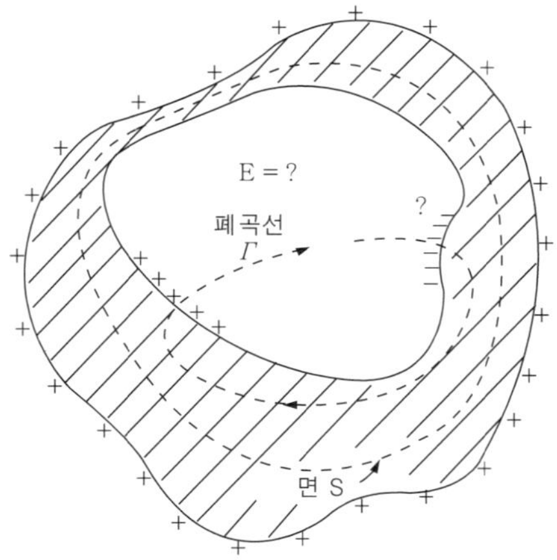

그림 5-12 임의의 모양을 한 도체 공동 내부의 전기장은 얼마인가?

물론 실제로는 안쪽 면에 똑같은 양의 양전하와 음전하가 있다면, 면을 따라 미끄러지듯 이동하여 서로 만나면서 완벽하게 상쇄되어 버린다. 이것은 $\boldsymbol{E}$의 서큘레이션이 0이라는 사실로부터 증명할 수 있다. 도체 안쪽 면의 어느 한 부분에 양전하가 존재하는 경우를 상상해 보자. 그렇다면 안쪽 면 어딘가에 동일한 양의 음전하가 반드시 존재해야 하고, 그 결과 양전하에서 음전하 쪽으로 향하는 전기장이 존재해야 한다(지금 우리는 공동 내부에 자유 전하가 없는 경우를 고려하고 있기 때문이다). 이제, 그림 5-12에서와 같이 양전하에서 음전하 쪽을 향하는 전기장선을 따라 공동 속의 빈 공간을 가로질러 도체 내부를 지나 되돌아오는 가상의 폐곡선 Γ를 따라 전기장을 선적분해 보자. 양전하에서 음전하로 이어지는 전기장선을 따라가며 수행한 선적분은 분명히 0이 되지 않을 것이다. 그러나 도체의 내부에서는 $\boldsymbol{E}=0$이기 때문에 도체 내부를 따라가며 수행한 선적분은 0이다. 따라서

$$\oint_{\Gamma} \boldsymbol{E} \cdot d\boldsymbol{s} \neq 0???$$

이라는 모순된 결과가 얻어진다. 정전기학의 서큘레이션에 대한 정리에 의하면, 정전기장 내에서 임의의 폐곡선에 대한 $\boldsymbol{E}$의 선적분은 항상 0이 되어야 한다. 따라서 도체의 내부에 빈 공동이 있다 해도, 그 안에는 전기장이 존재하지 않으며, 안쪽 면에는 전하도 존재할 수 없다는 결론이 내려진다.

위에서 우리는 한 가지 중요한 전제 조건을 달았다. 즉, 공동의 안쪽에 아무것도 없다는 가정하에 논리를 전개한 것이다. 만일 그 속에 대전된 부도체나 공동과 접촉하지 않은 다른 대전된 도체가 있는 경우에는 공동 내에 전기장이 존재할 수 있다. 물론 이런 경우는 더 이상 '빈' 공동으로 취급할 수 없다.

도체 외부의 전하가 어떻게 분포되어 있건 간에, 도체로 완전히 둘러싸인 공동의 내부에는 전기장이 존재하지 않는다. 금속 깡통의 내부에 전자기기를 넣어서 외부 전기장으로부터 보호하는 '차폐(shielding)'의 원리가 바로 이것이다. 이와 동일한 논리를 적용하면, 밀폐된 (그리고 접지된) 도체의 내부 공간에서 정전하의 분포 상태와 상관없이, 공동의 외부에는 전기장이 형성되지 않는다는 사실도 증명할 수 있다. 즉, 전기장의 차폐는 양 방향으로 모두 이루어진다! 정전기학의 경우(시간에 따라 전기장이 변하지 않는 경우)에는 밀폐되고 접지된 도체의 내부와 외부 공간은 완전히 격리되어 있으며, 다른 쪽에 영향을 미칠 수 없다.

이제 여러분은 쿨롱의 법칙을 그렇게 엄청난 정밀도로 검증하는 것이 가능했던 이유를 이해했을 것이다. 실험에 사용되는 도체 껍질의 모양은 전혀 문제가 되지 않는다. 반드시 구형일 필요도 없고, 직육면체라도 상관없다! 가우스 법칙이 정확하게 성립한다면, 도체 내부의 전기장은 어떤 경우에도 항상 0이다. 금속 깡통의 모양에 신경 쓸 필요 없이, 내부 전기장이 얼마나 0에 가까운지를 측정하

기만 하면 가우스 법칙을 검증할 수 있다는 뜻이다. 바로 이러한 이유 때문에, 백만 볼트가 넘는 고전압으로 대전된 밴더그래프(van de Graff) 발전기의 내부에 사람이 들어가도 사고가 나지 않는 것이다.

CHAPTER 06
여러 가지 상황에서의 전기장

6-1 정전기 퍼텐셜 방정식
6-2 전기 쌍극자
6-3 벡터 방정식에 관한 한마디
6-4 그래디언트로 표현한 쌍극자 퍼텐셜
6-5 임의의 전하 분포에 대한 쌍극자 근사법
6-6 대전된 도체의 전기장
6-7 거울상을 이용하는 방법
6-8 무한 도체 평면 근처의 점전하
6-9 도체구 근처의 점전하
6-10 평행판 축전기
6-11 고전압 절연 파괴
6-12 장 방출 현미경

복습 과제 :
제1권 23장 〈공명〉

6-1 정전기 퍼텐셜 방정식

이 장에서는 여러 가지 다양한 상황에서 전기장의 형태와 변화에 대해 알아보기로 하자. 이를 통해서 여러분은 전기장의 행동 방식에 대한 경험을 쌓고, 전기장을 계산할 때 사용되는 수학적 방법도 배우게 될 것이다.

두말할 것도 없이, 우리가 당면한 수학적인 문제는 아래 두 개의 미분 방정식(정전기학에 관한 맥스웰 방정식)의 해를 구하는 것이다.

$$\nabla \cdot \boldsymbol{E} = \frac{\rho}{\epsilon_0} \tag{6.1}$$

$$\nabla \times \boldsymbol{E} = 0 \tag{6.2}$$

사실, 위의 두 식은 하나의 방정식으로 축약할 수 있다. 두 번째 식을 보면, 전기장을 어떤 스칼라 함수의 그래디언트로 쓸 수 있다는 것을 바로 알 수 있다(3장 7절 참조).

$$\boldsymbol{E} = -\nabla\phi \tag{6.3}$$

여러분이 원한다면, 퍼텐셜 ϕ를 이용하여 전기장의 특성을 완벽하게 기술할 수 있다. 식 (6.3)을 식 (6.1)에 대입하면 퍼텐셜 ϕ가 만족하는 미분 방정식이 다음과 같이 구해진다.

$$\nabla \cdot \nabla\phi = -\frac{\rho}{\epsilon_0} \tag{6.4}$$

ϕ의 그래디언트에 다이버전스를 취하는 연산은 ϕ에 ∇^2이라는 연산자를 적용시킨 것과 같다.

$$\nabla \cdot \nabla\phi = \nabla^2\phi = \frac{\partial^2\phi}{\partial x^2} + \frac{\partial^2\phi}{\partial y^2} + \frac{\partial^2\phi}{\partial z^2} \tag{6.5}$$

따라서 식 (6.4)는 다음과 같이 쓸 수 있다.

$$\nabla^2\phi = -\frac{\rho}{\epsilon_0} \tag{6.6}$$

연산자 ∇^2을 라플라시안(Laplacian)이라 하며, 식 (6.6)을 푸아송 방정식(Poisson equation)이라고 한다. 정전기학의 모든 문제는 수학적인 관점에서 볼 때, “푸아송 방정식의 여러 가지 해 구하기”로 대변될 수 있다. 일단 식 (6.6)을 풀어서 ϕ를 구하면, 전기장은 식 (6.3)으로부터 곧바로 알 수 있다.

우선 전하 밀도 ρ가 x, y, z의 함수로 주어져 있는 특별한 경우를 다뤄 보자. 우리는 식 (6.6)의 일반해를 이미 알고 있으므로, ϕ를 쉽게 구할 수 있다. 모든 점에서 ρ가 알려져 있다면, 점 (1)에서의 퍼텐셜은 다음의 식으로 계산할 수 있다.

$$\phi(1) = \int \frac{\rho(2)\, dV_2}{4\pi\epsilon_0 r_{12}} \tag{6.7}$$

여기서 $\rho(2)$는 위치 (2)에서의 전하 밀도이고, dV_2는 점 (2)에서의 미소 체적, r_{12}는 점 (1)과 (2) 사이의 거리를 나타낸다. 미분 방정식 (6.6)의 해는 (6.7)과 같이 공간에 대한 적분 형태로 표현된다. 물리학에서는 다음과 같은 형태의 방정식이 자주 등장하는데,

$$\nabla^2(\text{something}) = (\text{something else})$$

식 (6.7)은 이 방정식의 전형적인 해이므로 잘 기억해 두기 바란다.

모든 전하들의 위치를 알고 있으면, 정전기장에 관한 문제는 별다른 어려움 없이 해결할 수 있다. 이제 몇 가지 예를 통해서 방정식의 구체적인 해를 구해 보자.

6-2 전기 쌍극자

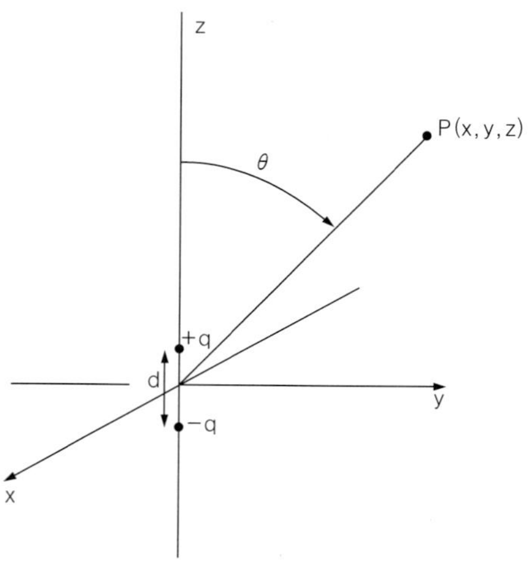

그림 6-1 쌍극자 : 거리 d만큼 떨어진 두 개의 전하 $+q$와 $-q$

먼저, 거리 d만큼 떨어져 있는 두 개의 점전하 $+q$와 $-q$를 생각해 보자. 그림 6-1처럼 z축 상에 전하들이 놓여 있고 두 전하의 가운데를 원점으로 잡으면, 퍼텐셜은 식 (4.24)에 의해 다음과 같이 주어진다.

$$\phi(x, y, z) = \frac{1}{4\pi\epsilon_0}\left[\frac{q}{\sqrt{[z-(d/2)]^2+x^2+y^2}} + \frac{-q}{\sqrt{[z+(d/2)]^2+x^2+y^2}}\right] \tag{6.8}$$

전기장은 퍼텐셜로부터 쉽게 구할 수 있으므로 따로 언급하지는 않겠다. 일단 퍼텐셜을 구했다면 전기장은 언제든지 계산할 수 있다. 따라서 이것으로 두 전하에 관한 문제는 완전히 해결된 셈이다.

실제 상황에서는 두 개의 전하가 아주 가까운 거리에서 마주 보고 있는 경우가 빈번하게 등장한다. 이 문제는 두 전하 사이의 거리에 비해 아주 멀리 떨어진 곳의 전기장을 계산할 때 항상 마주치는 문제이다. 이런 경우에, 서로 가까이 있는 +/− 전하 쌍을 ‘쌍극자(dipole)’라고 한다. 쌍극자는 도처에서 쉽게 찾아볼 수 있다.

안테나에서 아주 가까운 곳에서의 전기장을 문제 삼지 않는다면 ‘쌍극자 안테나’는 두 개의 전하가 가까이 근접해 있는 경우로 취급할 수 있다(우리는 흔히 ‘안테나 속에서 움직이는 전하’에 관심을 가질 때가 많다. 이런 경우에 정전기학

의 방정식을 적용하면 정확한 해를 구할 수는 없지만, 특수한 경우에 한하여 근사적인 답을 구할 수 있다).

쌍극자의 대표적 사례 중 하나는 원자 쌍극자(atomic dipole)이다. 어떤 물질에 전기장이 걸리면, 전자와 양성자는 서로 반대 방향으로 끌려간다. 도체의 경우에는 자유 전자들이 표면 쪽으로 이동하고 그 결과 도체 내부의 전기장은 0이 된다. 그러나 부도체의 경우에는 전자들이 멀리까지 움직일 수 없다. 전자들은 다시 원자핵에 의해 당겨진다. 그러나 전자의 위치는 조금 변하게 된다. 거시적으로 볼 때, 원자나 분자는 외부 전기장 속에서 중성인 상태를 유지하고 있지만, 그 안에 있는 양전하와 음전하 사이에는 약간의 간격이 있기 때문에 미세 쌍극자(microscopic dipole)로 취급할 수 있다. 보통 크기의 물체 근방에서 미세 쌍극자에 의한 전기장에 관심을 가질 때, 우리가 다루는 거리는 미세 쌍극자의 크기에 비해 훨씬 크다.

몇몇 분자들의 경우에는 외부 전기장이 없을 때에도 분자 고유의 형태 때문에 전하들이 약간 떨어져 있다. 예를 들어, 물 분자는 그림 6-2와 같이 산소 원자에 알짜 음전하가 몰려 있고, 두 개의 수소 원자에는 알짜 양전하가 집중되어 있다. 즉, 전체 분자의 전하는 0이지만 양전하와 음전하가 약간의 거리를 두고 집중적으로 분포되어 있는 것이다. 이런 식의 전하 분포는 두 개의 점전하로 이루어진 계보다 훨씬 복잡하다. 그러나 물 분자를 멀리 떨어져서 바라보면 하나의 쌍극자처럼 행동한다. 조금 지나면 알게 되겠지만, 먼 거리에서의 전기장은 전하 분포의 미세한 형태에 민감하지 않다.

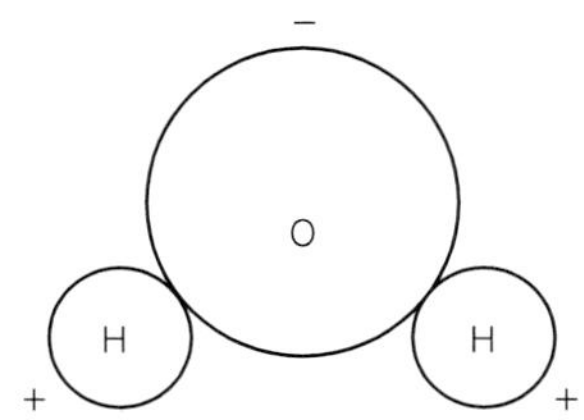

그림 6-2 물 분자 H_2O. 전자구름은 수소 원자보다 산소 원자쪽으로 약간 더 몰려 있다.

서로 부호가 반대인 두 개의 전하가 거리 d만큼 떨어져 있는 경우, 그 근방에 형성되는 전기장을 계산해 보자. d가 0이면 반대 전하가 동일 위치에 놓이게 되므로 두 전하의 퍼텐셜은 상쇄되며, 따라서 전기장은 존재하지 않는다. 그러나 두 전하가 동일 위치에 있지 않다면 식 (6.8)을 d에 대해 전개하여 근사적인 퍼텐셜을 구할 수 있다. d의 1차 항까지만 고려하면

$$\left(z - \frac{d}{2}\right)^2 \approx z^2 - zd$$

$$x^2 + y^2 + z^2 = r^2$$

이고, 이 관계를 이용하면

$$\left(z - \frac{d}{2}\right)^2 + x^2 + y^2 \approx r^2 - zd = r^2\left(1 - \frac{zd}{r^2}\right)$$

이다. 따라서

$$\frac{1}{\sqrt{[z-(d/2)]^2 + x^2 + y^2}} \approx \frac{1}{\sqrt{r^2[1-(zd/r^2)]}} = \frac{1}{r}\left(1 - \frac{zd}{r^2}\right)^{-1/2}$$

이 된다. 여기서 $[1-(zd/r^2)]^{-1/2}$을 이항 전개하고 d^2 이상의 고차 항을 버리면 위의 식은 다음과 같이 된다.

$$\frac{1}{r}\left(1 + \frac{1}{2}\frac{zd}{r^2}\right)$$

마찬가지 방법으로,

$$\frac{1}{\sqrt{[z + (d/2)]^2 + x^2 + y^2}} \approx \frac{1}{r}\left(1 - \frac{1}{2}\frac{zd}{r^2}\right)$$

이고, 이 두 항의 차이를 계산하면 다음과 같은 퍼텐셜이 구해진다.

$$\phi(x, y, z) = \frac{1}{4\pi\epsilon_0}\frac{z}{r^3}qd \tag{6.9}$$

보다시피, 퍼텐셜(또는 퍼텐셜을 미분한 전기장)은 전하와 거리의 곱 qd에 비례한다. 이 값을 두 전하의 '쌍극자 모멘트(dipole moment)'라 하고, 기호로는 p로 표기한다(운동량을 나타내는 p와 혼동하지 말 것!).

$$p = qd \tag{6.10}$$

방정식 (6.9)는 다음과 같이 표현할 수 있다.

$$\phi(x, y, z) = \frac{1}{4\pi\epsilon_0}\frac{p\cos\theta}{r^2} \tag{6.11}$$

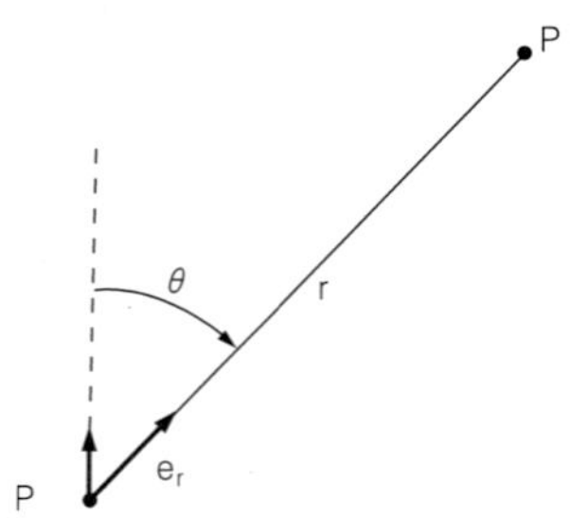

그림 6-3 쌍극자의 벡터 표기

여기서 $z/r = \cos\theta$이고 θ는 쌍극자 모멘트의 축과 점 (x, y, z)를 가리키는 반경 벡터 사이의 각도이다. 이 식에서 보면 쌍극자의 퍼텐셜은 $1/r^2$에 비례하여 줄어든다는 사실을 알 수 있다(점전하에 의한 퍼텐셜은 $1/r$에 비례하여 줄어든다). 따라서 쌍극자의 전기장 $\boldsymbol{E}$는 $1/r^3$에 비례하여 줄어든다.

크기가 p이고 q_-에서 q_+로 향하는 벡터 $\boldsymbol{p}$를 쌍극자 벡터로 정의하면

$$p\cos\theta = \boldsymbol{p}\cdot\boldsymbol{e}_r \tag{6.12}$$

로 쓸 수 있다. 여기서 $\boldsymbol{e}_r$은 반경 방향의 단위 벡터이다(그림 6-3 참조). 또한 점 (x, y, z)를 위치 벡터 $\boldsymbol{r}$로 표기하면

쌍극자 퍼텐셜 :

$$\phi(\boldsymbol{r}) = \frac{1}{4\pi\epsilon_0}\frac{\boldsymbol{p}\cdot\boldsymbol{e}_r}{r^2} = \frac{1}{4\pi\epsilon_0}\frac{\boldsymbol{p}\cdot\boldsymbol{r}}{r^3} \tag{6.13}$$

이 된다. 쌍극자에서 전기장을 측정하려는 점까지의 거리 벡터를 $\boldsymbol{r}$이라 하면, 이 공식은 임의의 방향과 위치를 갖는 모든 쌍극자에 대해 성립한다.

쌍극자에 의한 전기장을 구할 때에는 위에서 구한 ϕ에 그래디언트를 취하면 된다. 예를 들어, 전기장의 z성분은 $-\partial\phi/\partial z$이다. 쌍극자가 z축을 향하고 있는 경우에는 식 (6.9)를 이용해서 다음과 같이 쓸 수 있다.

$$-\frac{\partial\phi}{\partial z} = -\frac{p}{4\pi\epsilon_0}\frac{\partial}{\partial z}\left(\frac{z}{r^3}\right) = -\frac{p}{4\pi\epsilon_0}\left(\frac{1}{r^3} - \frac{3z^2}{r^5}\right)$$

또는

$$E_z = \frac{p}{4\pi\epsilon_0}\frac{3\cos^2\theta - 1}{r^3} \tag{6.14}$$

전기장의 x성분과 y성분은 각각

$$E_x = \frac{p}{4\pi\epsilon_0}\frac{3zx}{r^5}, \quad E_y = \frac{p}{4\pi\epsilon_0}\frac{3zy}{r^5}$$

이다. 위의 두 성분은 z축에 수직한 하나의 성분으로 결합하여 표현할 수 있는데, 이것을 전기장의 횡단 성분(transverse component) $E_\perp$이라 부르기로 하자.

$$E_\perp = \sqrt{E_x{}^2 + E_y{}^2} = \frac{p}{4\pi\epsilon_0}\frac{3z}{r^5}\sqrt{x^2+y^2}$$

또는

$$E_\perp = \frac{p}{4\pi\epsilon_0}\frac{3\cos\theta\sin\theta}{r^3} \tag{6.15}$$

횡단 성분 $E_\perp$은 xy평면 상에 있으며, 쌍극자의 축과 수직을 이룬다. 물론, 전체 전기장의 크기는

$$E = \sqrt{E_z{}^2 + E_\perp^2}$$

이다.

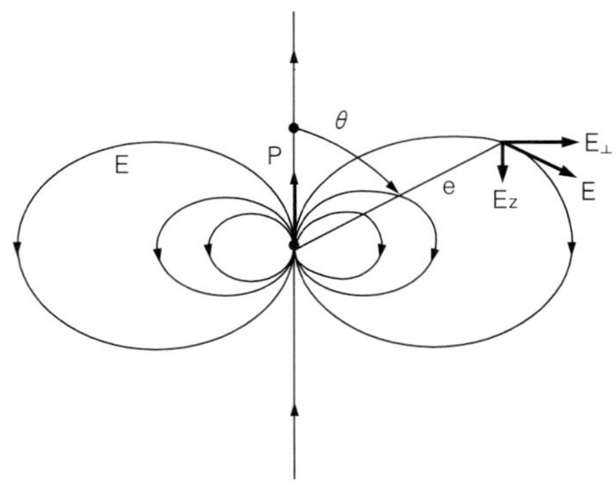

그림 6-4 쌍극자의 전기장

쌍극자에 의한 전기장은 쌍극자로부터 $1/r^3$에 비례하여 줄어든다. 쌍극자와 나란한 축 상에서($\theta=0°$)의 전기장은 $\theta=90°$인 경우에 비해 두 배나 강하다. 이 두 가지 특별한 각도에서의 전기장은 z성분만을 갖고 있으며, 방향은 서로 반대이다(그림 6-4 참조).

6-3 벡터 방정식에 관한 한마디

이 시점에서, 벡터 해석에 관하여 약간의 설명을 추가하고자 한다. 일반적으로 기본적인 증명은 우아한 형태의 방정식으로 표현할 수 있지만, 다양한 계산이나 분석이 필요한 경우에는 문제의 유형에 따라 적절한 좌표계를 선택하는 것이 매우 중요하다. 쌍극자 문제의 경우, 우리는 쌍극자가 임의의 각도로 놓여 있다고 가정하지 않고 z축을 쌍극자의 방향으로 잡음으로써 퍼텐셜을 비교적 쉽게 구할 수 있었다. 이 결과를 벡터 식으로 표현하면 좌표계의 설정과 무관한 형태가 된다. 그러므로 처음부터 임의의 방향을 가정하여 문제를 복잡하게 만들 필요가 전혀 없다. 계산이 가장 간단한 좌표계를 마음대로 선정하여, 최종 결과를 벡터 방정식으로 표현하기만 하면 우리의 목적은 이룬 셈이다. 일단 벡터 방정식이 얻어지면 "어떤 좌표계를 사용했는가?"라는 질문은 더 이상 아무런 의미도 없기 때문이다.

또한 벡터의 다이버전스를 계산할 때에는 $\nabla\cdot\boldsymbol{E}$를 뚫어지게 노려보면서 "이게 도대체 무슨 뜻이야?"라며 고민하지 말고 다음과 같은 수학적 정의를 떠올리는 것이 상책이다.

$$\frac{\partial E_x}{\partial x} + \frac{\partial E_y}{\partial y} + \frac{\partial E_z}{\partial z}$$

여러분이 전기장의 x, y, z성분을 계산할 수 있고, 그 결과를 미분할 수 있다면 다이버전스도 구할 수 있다. 여러분은 다이버전스를 성분별로 풀어 쓰는 것이 조금 덜 세련되고 투박한 방법이라고 생각할지도 모른다. "성분별로 일일이 풀어 쓰지 않고, 모든 문제를 벡터 연산자만으로 깔끔하게 해결할 수 있는 방법이 있지 않을까?"라고 생각할 수도 있다. 그러나 이런 생각은 별 도움이 되지 않는다. 특정한 문제와 처음 마주쳤을 때, 무엇이 어떻게 진행되고 있는지를 이해하려면 성분별로 풀어 쓰는 것이 바람직하다. 알파벳 문자 대신 구체적인 숫자를 식에 대입하거나, 삼각형이 뒤집어져 있는 현란한 기호 대신 구식의 미분 기호를 쓴다고 해서 풀이법이 세련되지 않다고 말할 수는 없다. 경우에 따라서는 이런 식으로 해결하는 것이 더욱 유용하다. 물론 여러분이 전문적인 학술지에 논문을 발표한다면 벡터 방정식으로 표현하는 것이 보기에도 좋고 읽는 사람도 쉽게 이해할 수 있으며, 지면도 절약할 수 있다.

6-4 그래디언트로 표현한 쌍극자 퍼텐셜

쌍극자 퍼텐셜을 나타내는 식 (6.13)을 다음과 같은 형태로 바꿔서 써 보자.

$$\phi = -\frac{1}{4\pi\epsilon_0}\boldsymbol{p}\cdot\nabla\left(\frac{1}{r}\right) \tag{6.16}$$

$1/r$의 그래디언트를 계산하면

$$\nabla\left(\frac{1}{r}\right) = -\frac{\boldsymbol{r}}{r^3} = -\frac{\boldsymbol{e}_r}{r^2}$$

이므로, 식 (6.16)은 식 (6.13)과 동일하다.

이런 기발한 생각을 어떻게 떠올릴 수 있었을까? 원리는 간단하다. 점전하의 전기장에 $\boldsymbol{e}_r/r^2$이 등장한다는 것과, 그 전기장이 $1/r$에 비례하는 퍼텐셜의 그래디언트임을 떠올린 것뿐이다.

쌍극자 퍼텐셜이 식 (6.16)의 형태로 표현되는 데에는 물리적인 이유가 있다. 점전하 q가 직교 좌표의 원점에 놓여 있을 때, (x, y, z)로 표현되는 점 P에서의 퍼텐셜은

$$\phi_0 = \frac{q}{r}$$

로 주어진다(상수 $1/4\pi\epsilon_0$를 계속 달고 다니면 번거롭기만 하다. 그래서 이 상수를 누락시킨 채 논리를 전개한 후, 맨 마지막에 다시 붙여 주기로 한다). 원점에 있는 전하 $+q$를 Δz만큼 위로 움직였을 때, 점 P에서의 퍼텐셜이 $\Delta\phi_+$만큼 변한다고 하자. $\Delta\phi_+$의 값은 얼마인가? 이 값은 전하를 원점에 고정시키고 관측점 P를 아래로 Δz만큼 이동시켰을 때 나타나는 퍼텐셜의 변화와 같을 것이다(그림 6-5 참조). 즉,

$$\Delta\phi_+ = -\frac{\partial\phi_0}{\partial z}\Delta z$$

이다. 여기서 $\Delta z = d/2$라 하자. 이제 $\phi_0 = q/r$을 이용하면, 양전하에 의한 퍼텐셜은 다음과 같이 계산된다.

$$\phi_+ = \frac{q}{r} - \frac{\partial}{\partial z}\left(\frac{q}{r}\right)\frac{d}{2} \tag{6.17}$$

이와 마찬가지로, 음전하에 의한 퍼텐셜은

$$\phi_- = \frac{-q}{r} + \frac{\partial}{\partial z}\left(\frac{-q}{r}\right)\frac{d}{2} \tag{6.18}$$

이며, 전체 퍼텐셜은 다음과 같이 식 (6.17)과 (6.18)의 합으로 주어진다.

$$\begin{aligned}\phi = \phi_+ + \phi_- &= -\frac{\partial}{\partial z}\left(\frac{q}{r}\right)d \\ &= -\frac{\partial}{\partial z}\left(\frac{1}{r}\right)qd \end{aligned} \tag{6.19}$$

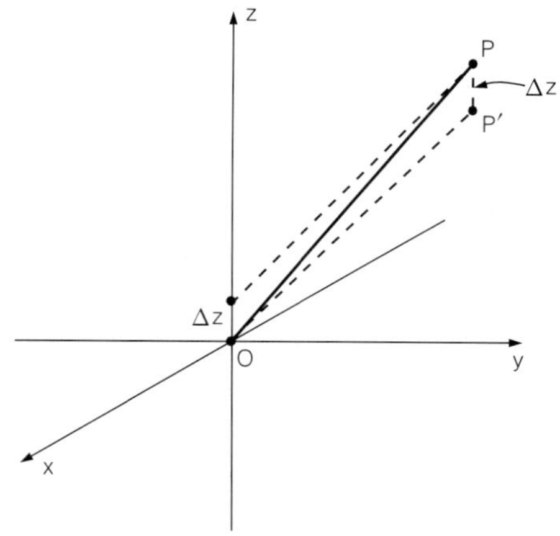

그림 6-5 원점에서 Δz만큼 위에 놓여 있는 점전하에 의한 P점에서의 퍼텐셜은 (P점에서 Δz만큼 아래에 있는) 점 P'에서의 퍼텐셜과 같다.

쌍극자가 다른 방향으로 놓인 경우는 양전하의 변위 벡터를 $\Delta \boldsymbol{r}_+$로 나타낼 수 있다. 이 경우에 식 (6.17)은 아래와 같이 쓸 수 있다.

$$\Delta\phi_+ = -\nabla\phi_0 \cdot \Delta \boldsymbol{r}_+$$

여기서 $\Delta \boldsymbol{r}_+$를 $\boldsymbol{d}/2$로 대치시키고 이전과 같은 과정을 거치면 식 (6.19)는 다음과 같은 형태가 된다.

$$\phi = -\nabla\left(\frac{1}{r}\right)\cdot q\boldsymbol{d}$$

$q\boldsymbol{d} = \boldsymbol{p}$로 바꿔 주고 앞에서 생략했던 상수 $1/4\pi\epsilon_0$를 복원시키면, 위의 식은 식 (6.16)과 일치한다. 이 결과를 다른 각도에서 살펴보면, 식 (6.13)의 쌍극자 퍼텐셜은 다음과 같이 해석될 수 있다.

$$\phi = -\boldsymbol{p}\cdot\nabla\Phi_0 \tag{6.20}$$

여기서 $\Phi_0 = 1/4\pi\epsilon_0 r$은 '단위' 점전하에 의한 퍼텐셜을 나타낸다.

전하 분포를 알고 있는 경우에는 적분을 통하여 퍼텐셜을 구할 수 있지만, 경우에 따라서는 교묘한 기교를 이용하여 시간을 절약할 수 있다. 특히, 중첩 원리를 사용하면 계산이 간단해지는 경우가 종종 있다. 문제에 주어진 전하 분포가 두 가지 전하 분포의 합으로 표현되고, 각 분포에 대한 퍼텐셜을 이미 알고 있다면 최종적인 퍼텐셜은 두 퍼텐셜의 합과 같다. 식 (6.20)도 중첩 원리를 이용하여 구한 것이다. 또 다른 예를 들어 보자.

표면 전하 분포가 고도각(polar angle)의 코사인에 따라 변하는 구면 전하를 상상해 보자. 이런 경우에는 적분이 끔찍하게 복잡하다. 그러나 놀랍게도, 중첩 원리를 이용하면 해답을 아주 쉽게 구할 수 있다. 양전하가 균일하게 분포되어 있는 속이 찬 구와, 음전하가 이와 동일한 밀도로 분포되어 있는 또 하나의 구를 생각해 보자. 그리고 이 두 개의 구는 원래 완전히 겹쳐(전기적으로 중성) 있었다고 가정하자. 이제 양전하 구와 음전하 구를 그림 6-6과 같이 조금 어긋

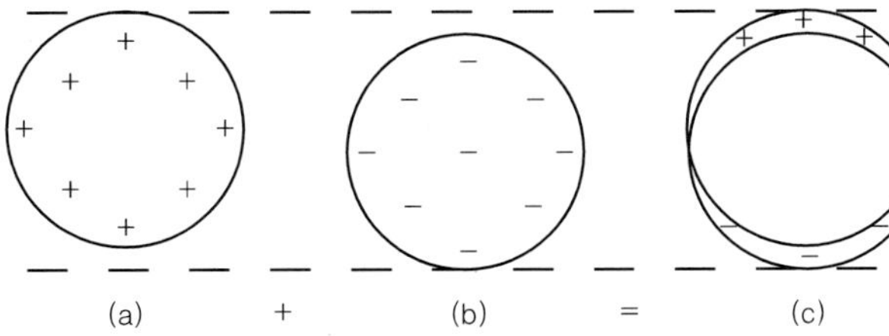

그림 6-6 서로 반대로 균일하게 대전된 두 개의 구를 약간 어긋나게 겹쳐 놓으면 균일하지 않은 표면 전하 분포를 얻을 수 있다.

나게 놓으면 겹쳐진 부분은 여전히 중성이지만 나머지 부분은 전하를 띠게 된다. 이 경우 두 구의 상대적인 변위가 아주 작다면, 알짜 전하는 (구면 위의) 표면 전하와 같을 것이고, 표면 전하 밀도는 고도각의 코사인에 비례하게 된다.

이러한 전하 분포에 의한 퍼텐셜은 적분할 필요 없이 중첩 원리를 이용하여 간단하게 구할 수 있다. 앞에서 배운 바와 같이, 구의 바깥에서 볼 때 구형 전하 분포에 의한 퍼텐셜은 점전하의 경우와 동일하다. 또한 약간 어긋나 있는 두 개의 구형 전하 분포는 점전하가 두 개 있는 경우와 같다. 따라서 퍼텐셜은 바로 쌍극자의 퍼텐셜로 표현될 것이다.

이러한 방식으로 생각하면 반경이 a인 구의 표면 전하 분포가

$$\sigma = \sigma_0 \cos\theta$$

일 때, 이 구의 외부에 형성되는 전기장은 쌍극자 모멘트가

$$p = \frac{4\pi\sigma_0 a^3}{3}$$

인 쌍극자가 만드는 전기장과 같음을 보일 수 있다. 또한 구 내부에서의 전기장은 다음과 같은 상수 값을 갖는다는 것도 보일 수 있다.

$$E = \frac{\sigma_0}{3\epsilon_0}$$

각 θ가 $+z$축으로부터 측정한 값이라면, 구 내부의 전기장은 음의 z방향을 향한다. 지금 다룬 예제는 인위적으로 만들어 낸 것이 아니라, 전자기학을 공부하다 보면 종종 마주치는 상황이다. 이 문제는 나중에 유전체를 다룰 때 다시 언급될 것이다.

6-5 임의의 전하 분포에 대한 쌍극자 근사법

쌍극자가 만드는 전기장은 두 개의 점전하가 가까이 놓여 있는 경우 이외에 다른 상황에서도 나타날 수 있다. 예를 들어, 물 분자(그림 6-2)와 같이 복잡한 전하 분포를 갖는 물체로부터 멀리 떨어진 곳에서 이 물체가 만드는 전기장을 계산해 보자. 지금부터 할 일은, 물체의 크기에 비해 상대적으로 먼 거리에서의 전기장이 비교적 간단한 형태로 표현될 수 있음을 보이는 것이다.

전기장을 만들어 내는 전하 분포가 그림 6-7과 같이 어떤 제한된 구역 안에 들어 있는 점전하 q_i들의 집합이라고 가정해 보자(전하 분포가 연속적인 경우에

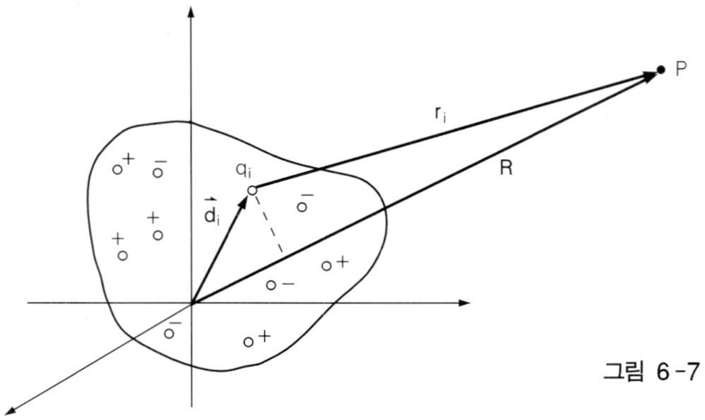

그림 6-7 전하 분포로부터 멀리 떨어진 점 P에서 퍼텐셜 계산하기

는 q_i를 $\rho\, dV$로 대치시키면 된다). i번째 전하 q_i는 전하 무리의 중간 지점(원점)에서부터 변위 $\boldsymbol{d}_i$만큼 떨어진 곳에 위치하고 있다. 그렇다면 위치 벡터 $\boldsymbol{R}$로 표현되는 점 P에서의 퍼텐셜은 어떻게 될까? 단, $\boldsymbol{R}$은 최대 변위 $\boldsymbol{d}_i$보다 훨씬 크다고 가정하자. 그러면 전체 전하 분포에 의한 퍼텐셜은 다음과 같이 주어진다.

$$\phi = \frac{1}{4\pi\epsilon_0}\sum_i \frac{q_i}{r_i} \tag{6.21}$$

여기서 r_i는 점 P에서 전하 q_i까지의 거리(벡터 $\boldsymbol{R}-\boldsymbol{d}_i$의 길이)이다. 전하로부터 관측점 P까지의 거리가 충분히 먼 경우, 모든 r_i를 R이라고 해도(즉, 모든 $\boldsymbol{d}_i$를 무시해도) 그런대로 정확한 답을 얻을 수 있다. 이런 근사법을 사용하면 각각의 항은 q_i/R이 되고, $1/R$은 상수이므로 합의 기호($\sum$) 바깥으로 나올 수 있다. 따라서 식 (6.21)은 아래와 같이 하나의 상수 값으로 명쾌하게 떨어진다.

$$\phi = \frac{1}{4\pi\epsilon_0}\frac{1}{R}\sum_i q_i = \frac{Q}{4\pi\epsilon_0 R} \tag{6.22}$$

여기서 Q는 전하 분포를 이루고 있는 물체의 총 전하량이다. 이렇게 해서 우리는 전하 덩어리로부터 충분히 멀리 떨어진 곳의 퍼텐셜을 구하는 데 성공했다. 우리의 짐작대로, 멀리 떨어진 곳에서는 전하 덩어리가 어떻게 생겼건 간에 무조건 점전하처럼 보인다. 이 사실은 이미 앞에서 언급한 바 있다.

그렇다면 양전하와 음전하의 개수가 같은 경우는 어떻게 될까? 이런 경우에 물체의 총 전하량은 당연히 0이다. 이런 상황은 자연계에서 흔히 찾아볼 수 있다. 모두들 알다시피, 대부분의 물체는 전기적으로 중성이다. 물 분자도 중성이지만, 전하들이 한 점에 모여 있지는 않다. 그러므로 이들을 충분히 가까운 거리에서 바라본다면, 전하들이 미세한 간격을 두고 서로 떨어져 있다는 사실로부터 야기되는 약간의 효과를 관찰할 수 있을 것이다. 중성 물체를 구성하고 있는 임의의 전하 분포에 의한 퍼텐셜을 구하려면 식 (6.22)보다 조금 더 정확한 근사법이 필요하다. 물론 식 (6.21)은 여전히 정확하지만, 지금과 같은 상황에서는 $r_i = R$이라는 단순 근사식을 적용할 수 없다. 우리에게는 r_i에 관한 보다 정밀한 표현이 필요하다. 그림 6-7과 같이 점 P가 전하 분포로부터 충분히 멀리 떨어져 있다면, r_i는 $R-$($\boldsymbol{d}$를 $\boldsymbol{R}$방향으로 투영시킨 크기)로 근사할 수 있다(그림에는 P가 그다지 멀리 있지 않지만, 사실은 까마득하게 멀리 있는 것으로 간주해야 한다). 다시 말해서, $\boldsymbol{R}$방향의 단위 벡터를 $\boldsymbol{e}_R$이라 했을 때 r_i에 대한 '좀 더 정확한 근사'는 다음과 같다.

$$r_i \approx R - \boldsymbol{d}_i \cdot \boldsymbol{e}_R \tag{6.23}$$

지금 당장 우리에게 필요한 것은 $1/r_i$에 대한 근사식이다. $d_i \ll R$이므로, $1/r_i$를 근사적으로 표현하면 다음과 같다.

$$\frac{1}{r_i} \approx \frac{1}{R}\left(1 + \frac{\boldsymbol{d}_i \cdot \boldsymbol{e}_R}{R}\right) \tag{6.24}$$

이 결과를 식 (6.21)에 대입하면 아래와 같은 퍼텐셜을 구할 수 있다.

$$\phi = \frac{1}{4\pi\epsilon_0}\left(\frac{Q}{R} + \sum_i q_i \frac{\boldsymbol{d}_i \cdot \boldsymbol{e}_R}{R^2} + \cdots\right) \tag{6.25}$$

끝에 붙어 있는 세 개의 점은 d_i/R에 관한 고차 항을 가리키는 것으로, 무시해도 상관없다. 사실, 식 (6.25)의 괄호 안에 들어 있는 부분은 $1/r_i$을 $1/R$에 대해 d_i/R의 멱으로 전개한 테일러 급수(Taylor series)이다.

식 (6.25)의 첫 번째 항은 식 (6.22)와 똑같다. 그러나 물체가 전체적으로 중성이라면 이 항은 사라진다. 두 번째 항은 쌍극자의 경우처럼 $1/R^2$에 비례한다. 전하 분포를 나타내는 하나의 특성으로 $\boldsymbol{p}$를 다음과 같이 정의하면

$$\boldsymbol{p} = \sum_i q_i \boldsymbol{d}_i \tag{6.26}$$

식 (6.25)의 두 번째 항은

$$\phi = \frac{1}{4\pi\epsilon_0}\frac{\boldsymbol{p} \cdot \boldsymbol{e}_R}{R^2} \tag{6.27}$$

이 된다. 보다시피 이 항은 쌍극자 퍼텐셜과 정확하게 일치한다. 여기서 $\boldsymbol{p}$를 주어진 전하 분포의 쌍극자 모멘트라고 한다. 사실 이것은 앞에서 정의한 쌍극자 퍼텐셜을 일반화시킨 것이고, 두 개의 점전하만 있는 특별한 경우에는 다시 원래의 정의로 환원된다.

지금까지 알게 된 내용들을 정리해 보자. 전기적으로 중성인 임의의 전하 분포를 충분히 먼 거리에서 바라보았을 때, 이 물체가 발생시키는 퍼텐셜은 쌍극자 퍼텐셜이다. 이것은 $1/R^2$에 비례하고 $\cos\theta$에 따라 변한다. 그리고 퍼텐셜의 세기는 전하 분포의 쌍극자 모멘트에 비례한다. 쌍극자에 의한 퍼텐셜(또는 전기장)이 중요하게 취급되는 것은 바로 이런 이유 때문이다(전하의 부호가 반대인 한 쌍의 점전하만 달랑 있는 경우는 거의 찾아볼 수 없다).

물 분자는 비교적 강한 쌍극자 모멘트를 갖고 있으며, 이로부터 생성되는 전기장은 물의 특성을 반영하고 있다. 또 다른 경우로, CO_2와 같은 분자는 분자 자체의 대칭 구조 때문에 쌍극자 모멘트가 사라진다. 이 경우에 퍼텐셜을 고차항까지 전개하면 $1/R^3$에 비례하는 항이 나타나는데, 이것을 사중극자(quadrupole) 퍼텐셜이라 한다. 자세한 내용은 나중에 다룰 예정이다.

6-6 대전된 도체의 전기장

지금까지는 전하 분포를 처음부터 알고 있는 경우만을 다뤄 왔다. 이런 종류의 문제들은 적분만 제대로 이루어지면 전혀 어려울 것이 없다. 지금부터는 전혀 새로운 종류의 문제, 즉 '대전된 도체 주위의 전기장'을 구하는 문제로 관심을 돌려 보자.

임의의 도체에 전하 Q가 대전되어 있다고 가정해 보자. 이런 경우에는 전하들이 어디에 어떻게 분포되어 있는지 정확하게 말할 수 없다. 전하들은 어떻게든 표면에 분포되어 있을 것이다. 전하의 분포 상태를 알아내는 방법은 없을까? 한 가지 분명한 것은, 표면의 모든 곳에서 퍼텐셜이 일정하다는 점이다. 만일 표면이 등퍼텐셜이 아니라면 도체 내부에 전기장이 존재할 것이고 전기장이 0이 될 때까지 전하들은 계속 움직일 것이다. 일반적으로 이런 문제를 풀 때는 그럴듯한 전하 분포를 가정한 후에 퍼텐셜을 구하는 것이 정석이다. 계산 결과, 퍼텐셜이 표면의 모든 곳에서 일정하게 나왔다면 문제는 옳게 풀린 것이다. 그러나 퍼텐셜이 표면상의 위치에 따라 조금이라도 달라진다면 전하 분포에 대한 애초의 가정이 잘못되었다는 뜻이므로 가정을 조금 바꿔서 계산을 재시도해야 하며, 만족스러운 결과가 얻어질 때까지 이 과정을 반복해야 한다. '올바른' 가정을 찾지 못하면, 이 과정은 영원히 계속될 수도 있다.

그럴듯한 전하 분포를 어떻게 찾을 수 있을까? 이것은 수학적으로 매우 어려운 문제이다. 물론 자연에서는 전하들이 서로 밀고 당기면서 순식간에 평형점을 찾아간다. 그러나 문제를 푸는 입장에서 위와 같이 '두더지 잡기식으로' 해답을 찾는다면 너무 많은 시간이 소요된다. 여러 개의 도체와 전하들이 관련되어 있으면 문제는 엄청나게 복잡해진다. 이런 경우에 정교한 수치해석적인 방법을 동원하지 않으면 거의 해결이 불가능하다. 요즘은 수치해석을 일일이 손으로 할 필요가 없다. 컴퓨터에게 명령을 내리면 그 많은 계산을 순식간에 해치운다.

다소 비현실적인 사례이긴 하지만, 컴퓨터 프로그램을 작성할 필요 없이 직접적인 방법으로 해답을 구할 수 있는 경우도 있다. 몇 가지 기발한 아이디어를 적용하면, 자연으로부터 해답을 '쥐어짜 낼 수 있다.' 지금부터 설명할 첫 번째 기교는 특정 위치에 놓인 전하들에 대하여 이미 구해 놓은 답을 이용하는 것이다.

6-7 거울상을 이용하는 방법

우리는 두 개의 점전하에 의해 발생하는 전기장을 이미 알고 있다. 그림 6-8은 5장에서 계산을 통해 구한 장선과 등퍼텐셜면을 보여 주고 있다. 이제, 그림에서 A라고 표시된 등퍼텐셜면과 정확하게 같은 모양을 한 얇은 금속판을 상상해 보자. 이 금속판을 A의 위치에 정확하게 갖다 놓고 금속판의 퍼텐셜을 조절하여 원래의 값과 일치시키면 물리적으로 아무런 변화가 없으므로 벌어진 상황만 놓고 본다면 금속판이 거기에 있다는 사실을 알 수 없을 것이다.

똑똑히 보라! 방금 우리는 '새로운' 문제를 풀었다! 특정 퍼텐셜을 갖는 도체의 표면이 점전하 근방에 놓여 있는 상황을 연출한 것이다. 등퍼텐셜면에 갖다 놓은 금속 곡면을 연장시켜서 등퍼텐셜면과 완전히 동일한 폐곡면을 만들면 공간은 닫힌 도체 껍질의 내부와 외부, 두 부분으로 나누어진다. 이 상황은 5장 10절에서 제시된 상황과 동일하다. 그곳에서 우리는 도체를 사이에 두고 완전히 분리된 두 영역의 전기장이 서로 아무런 영향도 미치지 못한다는 사실을 확인한 바 있다. 따라서 곡면 도체의 내부에 무엇이 들어 있건 간에, 도체 외부에서의 전기장은 그대로일 것이다. 도체 내부를 모두 도체로 채워도 상황은 달라지지 않는다. 그러므로 우리는 그림 6-9와 같은 상황에서의 전기장을 구한 것이다. 도체 외부에서 전기장은 그림 6-8과 같이 점전하 두 개가 있는 경우와 똑같고, 도체 내부의 전기장은 0이다. 또한 (당연히 그래야 하듯이) 도체 바로 바깥에서의 전기장은 도체 표면과 수직을 이룬다.

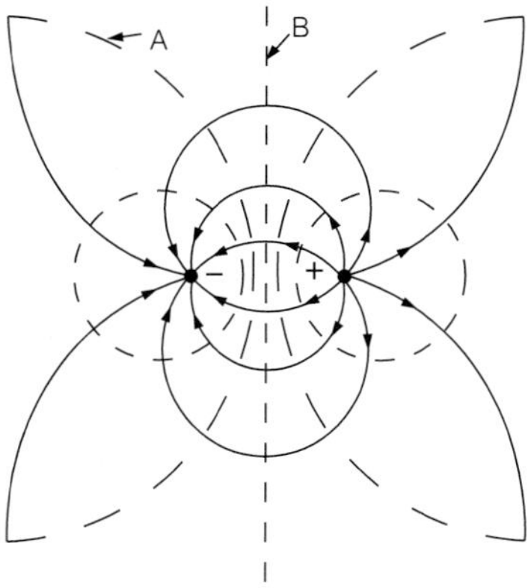

그림 6-8 두 점전하에 대한 장선과 등퍼텐셜면

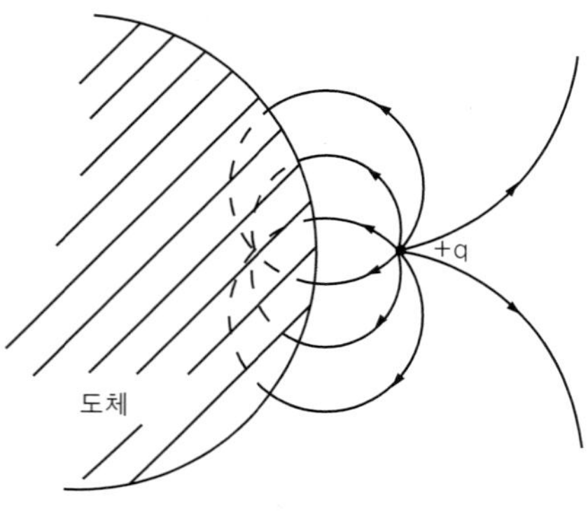

그림 6-9 그림 6-8의 등퍼텐셜면 A와 똑같은 모양의 도체 밖의 전기장

이와 같이, '실제로 존재하는 전하' q와 '적당한 위치에 있는 가상의 점전하' $-q$에 의한 전기장을 계산함으로써 그림 6-9와 같은 상황의 전기장을 구할 수 있다. 이런 경우, 도체 뒤편에 존재한다고 '상상했던' 전하를 '거울상 전하(image charge)'라고 한다.

전자기학 관련 서적을 뒤져 보면 쌍곡선 모양의 도체를 비롯해서 여러 가지 복잡한 모양의 도체에 대한 퍼텐셜 목록이 길게 나열되어 있는 것을 볼 수 있다. 여러분은 이런 복잡한 문제를 대체 어떻게 풀었는지 궁금했을 것이다. 이 해는 정상적인 방법으로 구한 것이 아니라 거꾸로 구한 것이다! 누군가가 전하 분포가 주어진 간단한 문제를 푼 후에, 그 등퍼텐셜면을 관찰하여 새로운 모양의 면을 찾아내고, 그러한 특별한 모양의 도체 표면 밖에서의 전기장을 이러이러하게 기술할 수 있다는 논문을 썼던 것이다.

6-8 무한 도체 평면 근처의 점전하

거울상을 이용한 가장 간단한 예로서 그림 6-8의 등퍼텐셜 평면 B를 생각해 보자. 이것을 적절히 이용하면 도체면 앞에 전하가 놓여 있을 때의 퍼텐셜을 간단하게 구할 수 있다. 그림 6-8의 왼쪽 반을 지우고, B와 똑같이 생긴 도체판을 갖다 놓으면 그림 6-10과 같은 상황이 연출되는데, 여기에 나타나는 장선이 바로 우리가 구하고자 하는 답이다. 평면 B는 두 전하의 가운데 위치하고 있으므로 퍼텐셜(전위)이 0이다. 즉, 우리는 접지된 얇은 금속판 근처에 양전하가 놓여 있을 때의 퍼텐셜과 전기장을 구한 것이다.

지금까지 우리가 구한 것은 전체 전기장이었다. 그렇다면 이 전기장의 원인이 되는 '실제' 전하들은 어떻게 될까? 양의 점전하 이외에도 양의 점전하에 의해 (멀리서 끌려와) 금속판 위에 대전된 음전하들이 있을 것이다. 그러면 지금부터 이 도체 표면에 음전하들이 어떻게 분포될 것인지를 알아보기로 하자. 표면 전하 밀도는 5-9절에서 가우스 법칙을 써서 얻은 결과를 이용하여 구할 수 있다. 도체 바로 바깥에 형성되는 전기장의 수직 성분은 표면 전하 밀도 σ를 ϵ_0로 나눈 값과 같다. 도체 표면 상의 임의의 점에서 전하 밀도는 표면 전기장의 수직

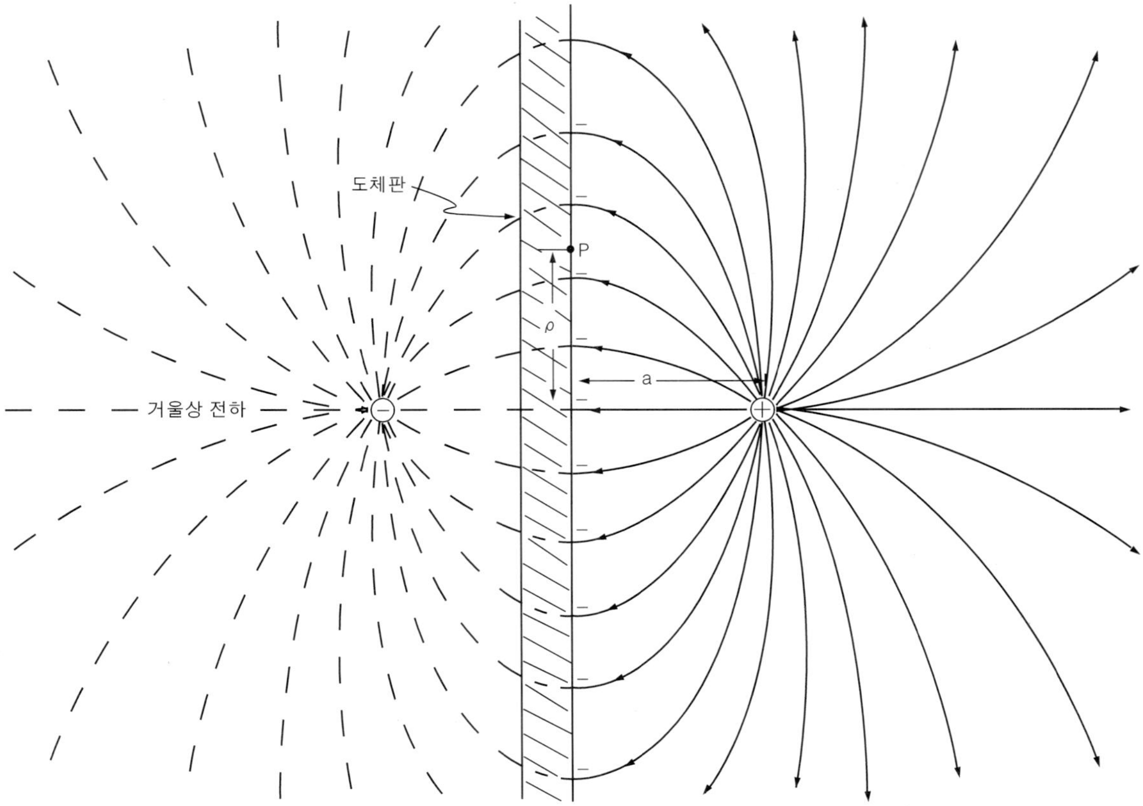

그림 6-10 거울상을 이용하여 구한 도체 평면 근처에 놓인 전하의 전기장

성분으로부터 역으로 계산하여 구할 수 있다. 이미 우리는 모든 지점에서의 전기장을 알고 있으므로 표면 전기장의 수직 성분을 따로 계산할 필요는 없다.

양전하에서 금속판에 내린 수선의 발로부터 거리 ρ만큼 떨어진 표면 위의 한 점 P를 생각해 보자(그림 6-10 참조). 이 점에서의 전기장은 면에 수직이면서 면 속으로 향한다. 양의 점전하가 점 P에 만드는 전기장의 수직 성분은 다음과 같이 쓸 수 있다.

$$E_{n+} = -\frac{1}{4\pi\epsilon_0}\frac{aq}{(a^2+\rho^2)^{3/2}} \tag{6.28}$$

점 P에서의 전체 전기장을 구하려면 음의 거울상 전하에 의해 발생하는 전기장을 식 (6.28)에 더해 주어야 한다. 즉, P점에서의 실제 전기장은 식 (6.28)의 두 배이다. 따라서 도체 표면 위의 임의의 점에서의 전하 밀도 σ는 다음과 같다.

$$\sigma(\rho) = \epsilon_0 E(\rho) = -\frac{2aq}{4\pi(a^2+\rho^2)^{3/2}} \tag{6.29}$$

여기서 구한 표면 전하 밀도를 전체 표면에 대해 적분하면 표면에 유도된 총 전하량이 (당연한 이야기지만) $-q$로 나온다. 이 결과는 각자 계산하여 확인해 보기 바란다.

또 하나의 질문을 던져 보자. "이 점전하에 힘이 작용할 것인가?"—그렇다.

금속판의 표면에 유도된 음전하가 양전하를 당기기 때문이다. 우리는 식 (6.29)로부터 표면 전하 밀도를 알고 있으므로, 적분 과정을 거치면 양의 점전하가 받는 힘을 계산할 수 있다. 또한 양전하에 작용하는 힘은 금속판에 의한 힘 대신 음의 거울상 전하에 의한 힘과 정확하게 같다는 것도 알 수 있다. 왜냐하면 두 경우 모두 금속판 부근에 형성되는 전기장이 똑같기 때문이다. 양의 점전하는 도체판으로 향하는 쪽으로 다음과 같은 크기의 힘을 느낄 것이다.

$$F = \frac{1}{4\pi\epsilon_0}\frac{q^2}{(2a)^2} \tag{6.30}$$

이와 같이 거울상을 이용하면 금속판 위에 유도된 음전하 분포에 대해서 적분을 하지 않고서도 간단한 계산으로 힘을 구할 수 있다.

6-9 도체구 근처의 점전하

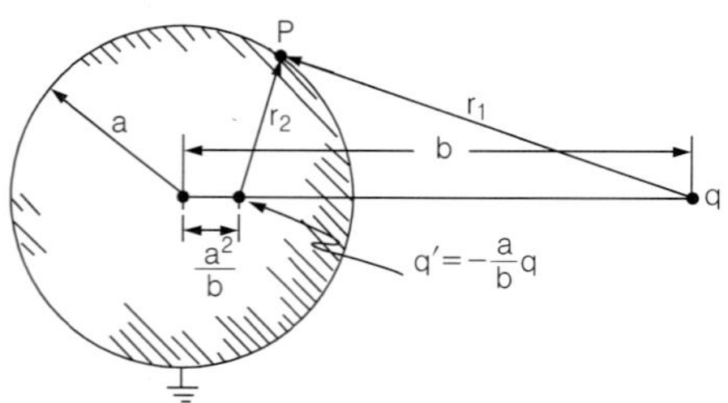

그림 6-11 점전하 q는 접지된 도체구에 전하를 유도하며, 유도된 전하의 전기장은 그림에 표시된 지점에 놓인 거울상 전하 q'에 의한 전기장과 같다.

평면이 아닌 다른 곡면에 대해서도 해답을 쉽게 구할 수 있을까? 평면 다음으로 가장 간단한 모양은 구형(sphere)이다. 그림 6-11과 같이, 접지된 금속구에 점전하 q를 가까이 가져갔을 때 그 주위에 생기는 전기장을 구해 보자. 일단은 등퍼텐셜면이 구면의 형태로 형성되는 간단한 물리적 상황을 찾아야 한다. 다른 사람들이 이미 풀어 놓은 문제들을 열심히 뒤져 보면, "전하량이 다른 두 개의 점전하에 의한 전기장은 구 모양의 등퍼텐셜면을 형성한다"는 복음 같은 메시지를 접하게 된다. 아하! 바로 이것이다! 거울상 전하의 위치를 적절히 선택하고 그 근방의 적절한 위치에 양전하를 갖다 놓으면, 등퍼텐셜면이 금속구의 표면과 일치하도록 만들 수 있을 것 같다. 실제로 다음과 같은 길을 따라가면 해답을 구할 수 있다.

전하 q로부터 b만큼 떨어진 곳에 중심을 둔 반경 a인 구를 상상해 보자. 우리의 1차 목적은 등퍼텐셜면이 이 구면과 일치하는 전하 분포를 알아내는 것이다. 전하 q와 구의 중심을 연결하는 선 상에서, 구의 중심으로부터 a^2/b만큼 떨어진 곳에 전하량이 $q'=-q(a/b)$인 거울상 전하를 갖다 놓으면 구면의 퍼텐셜은 0이 된다.

왜 그럴까? 수학적으로 생각해 보면 그 이유는 자명하다. 두 점으로부터의 거리가 일정한 비율로 유지되는 모든 점들의 궤적을 모아 놓으면 정확한 구면이 만들어지기 때문이다. 그림 6-11을 참조하면, q와 q'에 의해 점 P에 형성되는 퍼텐셜은

$$\frac{q}{r_1}+\frac{q'}{r_2}$$

에 비례한다는 것을 알 수 있다. 따라서 퍼텐셜은 다음의 조건을 만족하는 모든 점에서 0이 될 것이다.

$$\frac{q'}{r_2}=-\frac{q}{r_1} \quad \text{또는} \quad \frac{r_2}{r_1}=-\frac{q'}{q}$$

전하 q'을 중심에서 a^2/b만큼 떨어진 거리에 두면, r_2/r_1의 값은 a/b로 일정하다. 즉,

$$\frac{q'}{q} = -\frac{a}{b} \tag{6.31}$$

이면, 우리가 잡은 구면은 등퍼텐셜면이 되고 구면의 퍼텐셜은 0이다.

퍼텐셜이 0이 아닌 구면에 관심을 갖는다면 어떻게 될까? 이것은 구면 위의 전체 전하가 (우연히도) q'인 경우에만 가능하다. 물론 구가 지표면에 접지되어 있다면 구면에 유도된 전하는 당연히 q'이 될 것이다. 그러나 구가 절연되어 있고 아무런 전하도 대전되어 있지 않다면 어떻게 될 것인가? 또는 전체 전하 Q가 구에 대전되어 있거나, 등퍼텐셜면의 퍼텐셜이 0이 아닌 경우에는 어떻게 될 것인가? 이런 경우에는 구의 중심에 또 하나의 점전하 q''을 추가하여 쉽게 해결할 수 있다. 이때 구면은 중첩 원리에 의하여 퍼텐셜의 크기만 변할 뿐, 여전히 등퍼텐셜면으로 남아 있게 된다.

예를 들어, 외부로부터 절연되어 있고 초기 상태에 대전되어 있지 않은 도체구를 양전하 q에 가까이 가져간다면, 이 구의 전체 전하는 항상 0을 유지할 것이다. 이 경우의 해는 앞에서 했던 것처럼 거울상 전하 q'을 도입하고 다음과 같은 제3의 전하

$$q'' = -q' = \frac{a}{b}q \tag{6.32}$$

를 구의 중심에 추가함으로써 구할 수 있다. 이 구의 바깥에 형성되는 전기장은 q와 q' 그리고 q''에 의한 전기장의 중첩으로 주어진다. 이것으로 문제는 완전히 해결되었다.

이제 우리는 도체구와 점전하 q 사이에 당기는 힘이 존재한다는 것을 알았다. 이 힘은 대전되지 않은 중성구와 전하 q 사이에서도 0이 아니다. 그렇다면 이 당기는 힘은 어디에서 오는 것일까? 양전하를 도체구에 가까이 가져가면 양전하가 도체구에 있는 음전하를 자기 쪽으로 끌어당기고 양전하를 반대쪽으로 밀어낸다. 그런데 음전하에 의한 인력이 양전하에 의한 반발력보다 크기 때문에 전체적으로 끌어당기는 힘이 생기는 것이다. 이 당기는 힘의 크기는 q'과 q''에 의해 생성되는 전기장이 q에 가하는 힘을 계산함으로써 구할 수 있다. 전체 힘은 거리 $b-(a^2/b)$만큼 떨어진 두 전하 q와 $q' = -(a/b)q$ 사이에 작용하는 인력과 서로 b만큼 떨어져 있는 두 전하 q와 $q'' = +(a/b)q$ 사이에 작용하는 척력의 합으로 주어진다.

어린 시절 베이킹파우더 상자의 상표에 베이킹파우더 상자 그림이 들어 있고, 또 그 그림 속 상자의 상표에 베이킹파우더 상자 그림이 계속 그려져 있는 것을 보고 호기심을 느낀 사람이라면 다음과 같은 문제도 흥미로울 것이다. 전체 전하가 $+Q$인 도체구와 $-Q$로 대전된 같은 크기의 도체구가 서로 일정한 거리를 두고 마주 보고 있을 때, 이들 사이에 작용하는 힘은 얼마나 될까? 이 문제는 무한개의 거울상 전하를 이용하여 풀 수 있다. 우선 각각의 구를 중심에 있는 점

전하로 근사시킨다. 이 전하들은 상대방 구의 내부에 거울상 전하를 가질 것이다. 이 거울상 전하들은 또다시 거울상 전하들을 가질 것이고, 이들은 또 상대편 구의 내부에 거울상 전하를 갖고⋯⋯ 이런 식으로 무한히 계속된다. 이 해는 베이킹파우더 상자에 있는 그림과 비슷하며, 매우 빠르게 수렴한다.

6-10 평행판 축전기

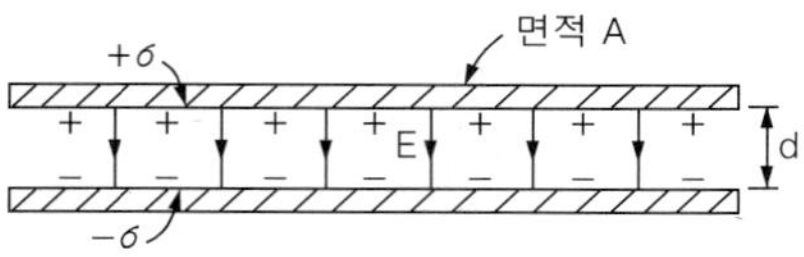

그림 6-12 평행판 축전기

도체와 관련된 다른 종류의 문제를 다루어 보자. 여기, 반대 부호로 대전된 두 개의 금속판이 서로 평행하게 마주 보고 있다. 금속판의 폭은 매우 크고, 이들 사이의 거리는 금속판의 폭에 비해 아주 가깝다고 가정하자. 이 경우, 한쪽 판에 있는 전하들은 다른 쪽 판에 있는 전하들에 의해 서로 끌어당겨질 것이다. 그리고 이 전하들은 판의 안쪽(마주 보고 있는 쪽) 표면을 따라 균일하게 퍼질 것이다. 두 개의 평행판은 그림 6-12와 같이 각각 표면 전하 밀도 $+\sigma$, $-\sigma$를 가질 것이다. 우리는 이 책의 5장에서 평행판 사이의 전기장이 σ/ϵ_0라는 것과 판의 바깥쪽 전기장이 0이라는 사실을 확인하였다. 물론, 평행판의 퍼텐셜은 ϕ_1과 ϕ_2로 서로 다를 것이다. 편의상 퍼텐셜의 차이를 V라고 하자. 이것을 흔히 '전압(voltage)'이라고 한다.

$$\phi_1 - \phi_2 = V$$

(어떤 이들은 V를 퍼텐셜 기호로 사용하기도 하는데, 우리는 ϕ를 사용하기로 한다.)

퍼텐셜 차이, 즉 V는 단위 전하를 한 평면판에서 다른 평면판으로 옮길 때 해야 하는 일에 해당된다. 따라서

$$V = Ed = \frac{\sigma}{\epsilon_0} d = \frac{d}{\epsilon_0 A} Q \tag{6.33}$$

이다. 여기서 $\pm Q$는 각 평행판에 대전된 총 전하량이고, A는 판의 면적, 그리고 d는 두 판 사이의 간격을 나타낸다.

위의 식으로부터, 우리는 전압이 전하량 Q에 비례한다는 것을 알 수 있다. 크기가 같고 부호가 반대인 양/음전하가 각각 대전되어 있는 임의의 두 도체에서도 V와 Q 사이에 비례 관계가 성립한다. 이들 사이의 퍼텐셜 차이, 즉 전압은 전하량에 비례할 것이다(지금 우리는 도체의 주위에 다른 전하가 없다고 가정하고 있다).

이러한 비례 관계는 왜 성립하는 것일까? 그것은 바로 중첩 원리 때문이다. 예를 들어, 한 세트의 전하들에 의한 퍼텐셜과 전기장을 이미 알고 있다고 가정해 보자. 여기에 이와 동일한 해를 중첩시키면 전하량이 두 배로 늘어나고 전기장도 두 배로 커지고, 단위 전하를 한 점에서 다른 점으로 이동시킬 때에도 두 배의 일이 소요된다. 따라서 임의의 두 점 사이의 퍼텐셜 차이는 전하량에 비례한다고 말할 수 있다. 특히, 두 도체 사이의 퍼텐셜 차이는 도체의 전하량에 비례한다. 과거에 이 관계식은 다음과 같은 형태로 표기되었다.

$$Q = CV$$

여기서 C는 비례 관계를 연결해 주는 비례 상수인데, 이를 '축전용량(capacity)'이라 부르며, 두 개의 도체로 이루어진 계를 '축전기(condenser)'라고 한다.* 따라서 평행판 축전기의 축전용량은

$$C = \frac{\epsilon_0 A}{d} \quad (\text{평행판}) \tag{6.34}$$

이다.

사실, 이것은 정확한 공식이 아니다. 두 평행판 사이의 전기장은 우리가 가정했던 것처럼 균일하지 않기 때문이다. 전기장은 평행판 축전기의 끝 부분에서 갑자기 중단되는 것이 아니라, 그림 6-13과 같이 밖으로 두루뭉술하게 삐져나와 있다. 따라서 총 전하량은 앞에서 가정했던 것처럼 σA가 아니라, 가장자리 효과 때문에 약간 수정된다. 얼마나 수정되는지를 알려면 가장자리에서 벌어지는 상황을 면밀히 분석하여 전기장을 다시 계산해야 한다. 복잡한 수학 문제이긴 하지만 해결이 불가능한 것은 아니다. 계산 결과만 언급하면 평행판의 가장자리 부근에서 전하 밀도가 다소 높아진다. 이것은 축전기의 축전용량이 우리가 계산한 것보다 조금 더 크다는 것을 의미한다[축전용량에 대한 좋은 근사식은 식 (6.34)를 그대로 사용하되, 평행판 사이 간격의 $\frac{3}{8}$만큼 판의 각 변을 인위적으로 늘였을 때 얻어지는 면적 A를 사용하는 것이다].

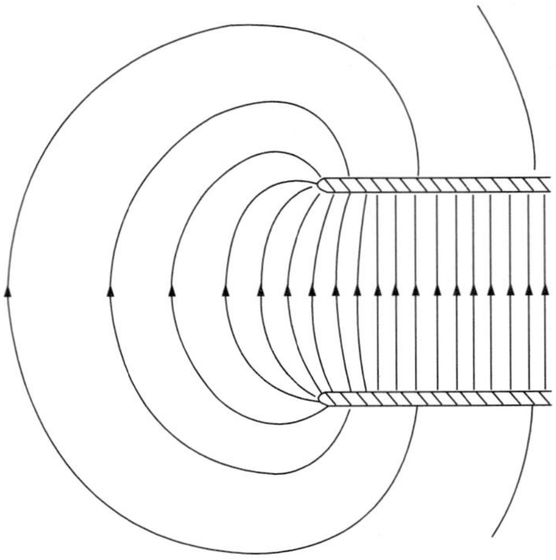

그림 6-13 평행판 가장자리에 형성되는 전기장

지금까지 우리는 마주 보고 있는 두 도체의 축전용량만을 고려했지만, 때때로 사람들은 한 물체의 축전용량을 언급하는 경우가 있다. 예를 들어, "반경 a인 도체구의 축전용량은 $4\pi\epsilon_0 a$이다"라고 말하기도 한다. 이것은 문제의 구가 무한대의 반경을 갖는 구와 마주 보고 있을 때의 축전용량을 말하는 것이다. 즉, $+Q$라는 전하가 반경 a인 도체구에 대전되어 있고, $-Q$의 전하가 무한히 큰 도체구에 대전되어 있다고 가정하는 것이다. 이런 식으로 생각하면 세 개, 또는 그 이상의 도체들에 대한 축전용량을 정의할 수도 있는데, 이 문제는 나중에 다루기로 한다.

지금 우리에게 용량이 매우 큰 축전기가 필요하다고 가정해 보자. 평행판의 면적을 키우고 간격을 좁힐수록 축전용량은 커진다. 실제로는 얇은 알루미늄 은박 사이에 왁스를 먹인 종이를 집어넣고 둥글게 말면 된다(이것을 플라스틱으로 밀봉하면 전형적인 라디오타입 축전기가 된다). 이렇게 하면 전하를 저장하는 데 매우 유리하다. 전하를 구에 저장하면 대전된 양이 많아질수록 퍼텐셜은 급격하게 올라간다. 그러다가 퍼텐셜이 너무 높아지면 스파크가 일어나면서 전하가 공기 중으로 빠져나가기 시작한다. 따라서 많은 양의 전하를 저장해 놓을 수 없다. 그러나 같은 양의 전하를 축전용량이 큰 축전기에 넣으면, 축전기 양단에 걸리는

* 어떤 사람들은 '캐패시티(capacity)'나 '콘덴서(condenser)'라는 용어 대신 '캐패시턴스(capacitance)'나 '캐패시터(capacitor)'를 사용해야 한다고 주장하고 있다. 대부분의 교과서는 이들의 주장을 따르고 있지만, 실험 현장에서 밤을 밝히는 실험물리학자들은 아직도 구식 용어를 사용하고 있으므로 우리도 실험실 용어를 쓰기로 한다.

전압은 그리 높지 않다.

전기 회로에서는 퍼텐셜을 크게 변화시키지 않은 채로 많은 양의 전하를 흡수하거나 전달해야 하는 경우가 종종 발생하는데, 이러한 역할을 수행하는 장치가 바로 축전기이다. 또한 전기 장치나 컴퓨터에서는 특정한 전하량의 변화에 반응하여 전압을 변화시키는 장치로 축전기가 사용된다. 제1권의 23장에서 설명했던 공명 회로(resonant circuit)도 이와 같은 특성을 이용한 것이다.

$$\epsilon_0 \approx \frac{1}{36\pi \times 10^9} \text{ 패럿/미터}$$

C의 단위는 정의에 의해 쿨롱/볼트로 주어진다. 이 단위를 간단히 줄여서 패럿(farad)이라고도 한다. 또한 식 (6.34)으로부터 ϵ_0의 단위는 '패럿/미터'가 되는데, 이것이 가장 일반적으로 사용되는 단위이다. 전형적인 축전기의 크기는 1마이크로-마이크로패럿[1피코패럿(picofarad)]에서 수 밀리패럿(millifarad)에 이르기까지 매우 다양하다. 수 피코패럿의 작은 축전기는 고주파 동조 회로에 사용되고, 수백 혹은 수천 마이크로패럿에 달하는 대용량 축전기는 전압 공급 장치의 필터에 사용된다. 면적이 1cm^2인 한 쌍의 평행판이 1mm 떨어져 있을 때의 축전용량은 대략 1피코패럿 정도이다.

6-11 고전압 절연 파괴

이제, 도체 주위의 전기장이 갖고 있는 몇 가지 특성을 알아보자. 그림 6-14와 같이, 끝이 뾰족하게 생긴 도체를 대전시키면 뾰족한 점 근방에 형성되는 전기장은 다른 부분의 전기장보다 강하다. 그 이유를 대충 설명하면, 전하들은 가능한 한 도체 표면으로 넓게 퍼져 나가려 하고 뾰족한 끝 부분은 평평한 부분으로부터 가장 멀리 떨어져 있는 외딴 지점이기 때문이다. 몇몇 전하들은 뾰족한 부분으로 밀려오게 된다. 이 부분에 모인 전하의 양은 그리 많지 않지만 표면 전하 밀도가 매우 높기 때문에 그 근방의 전기장도 커지는 것이다.

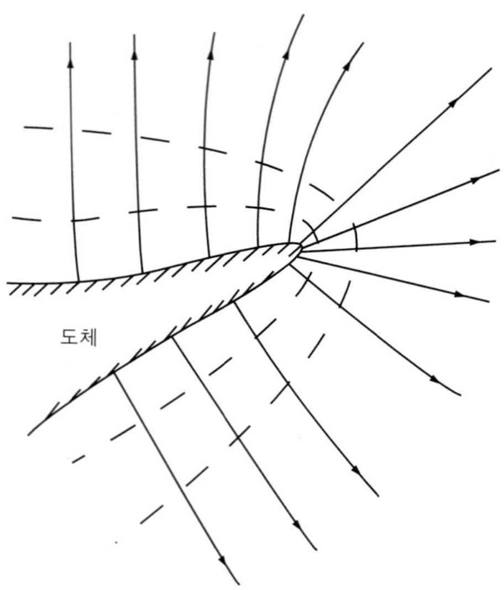

그림 6-14 도체의 뾰족한 부분 근처에는 매우 강한 전기장이 형성된다.

곡률 반경이 가장 작은 뾰족한 부분의 전기장이 다른 부분보다 큰 이유를 알아보기 위해, 그림 6-15와 같이 커다란 구와 조그만 구가 도선으로 연결된 경우를 생각해 보자. 이것은 그림 6-14의 도체를 이상화시킨 그림이다. 여기서 두 도체구를 연결하는 도선은 외부 전기장에 큰 영향을 주지 않는다—도선은 두 개의 구를 등퍼텐셜 상태로 유지하는 가교 역할을 할 뿐이다. 자, 이런 상황에서 어느 쪽 구의 표면이 더 큰 전기장을 갖게 될까? 반경 a인 왼쪽(큰 쪽) 구에 전하 Q가 대전되어 있다면 그 퍼텐셜은 대략

$$\phi_1 = \frac{1}{4\pi\epsilon_0}\frac{Q}{a}$$

로 쓸 수 있다(물론 한쪽 구의 전하는 다른 쪽 구의 전하 분포를 변화시키기 때문에 실제 전하 분포는 구형 대칭을 이루지 않는다. 그러나 지금 우리의 목적은 전기장의 대략적인 크기를 유추하는 것이므로, 구형 전하의 퍼텐셜을 그대로 사용해도 무방하다). 반경 b인 작은 구에 대전된 전하량을 q라 하면, 표면의 퍼텐셜은 대략 다음과 같다.

$$\phi_2 = \frac{1}{4\pi\epsilon_0}\frac{q}{b}$$

그런데 이들 사이는 도선으로 연결되어 있으므로 $\phi_1 = \phi_2$이다. 따라서

$$\frac{Q}{a} = \frac{q}{b}$$

이다. 한편, 표면의 전기장은 표면 전하 밀도에 비례하는데[식 (5.8) 참조], 이는 총 전하량을 반경의 제곱으로 나눈 것과 같다. 이 사실을 종합하면 다음과 같은 결과가 얻어진다.

$$\frac{E_a}{E_b} = \frac{Q/a^2}{q/b^2} = \frac{b}{a} \tag{6.35}$$

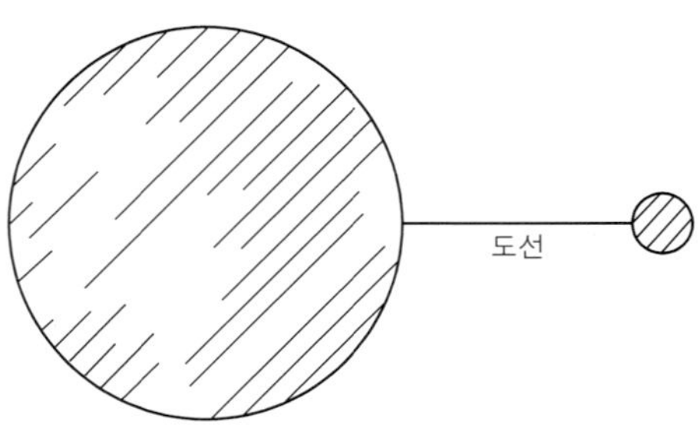

그림 6-15 뾰족한 물체의 전기장은 근사적으로 퍼텐셜이 같은 두 개의 구의 전기장으로 생각할 수 있다.

그러므로 전기장은 작은 구의 표면에서 더 큰 값을 가지며, 구의 반경에 반비례한다는 사실을 알 수 있다.

이 결과는 기술적으로 매우 중요한 의미를 갖고 있다—전기장이 너무 강하면 그 부근의 공기는 절연이 파괴(break down)된다. 즉, 공기 중에 있던 자유 전하(전자나 이온)가 전기장에 의해 충분히 가속되면 공기 중의 다른 원자를 때려 그 안에 있던 전자가 외부로 튀어나오게 된다. 이 과정이 반복되면 이온의 수가 점차 증가하면서 방전이나 스파크가 일어나기 시작한다. 그러므로 어떤 물체를 높은 퍼텐셜로 대전시킬 때 공기 중에서 방전이 일어나지 않게 하려면 물체의 표면에 날카로운 부분이 없도록 매끈하게 다듬어야 한다. 이렇게 하면 전기장이 비정상적으로 커지는 부분이 없어지므로 불의의 사고를 방지할 수 있다.

6-12 장 방출 현미경

대전된 도체의 뾰족한 돌출부 주위에 형성되는 강력한 전기장을 응용한 대표적인 사례로 '장 방출 현미경(field-emission microscope)'을 들 수 있다. 이것은 뾰족한 금속침 주위에 형성되는 강력한 전기장을 기반으로 작동하는 장치로서,* 제작 방법은 다음과 같다. 직경이 약 1000Å 정도 되는 극도로 뾰족한 침을 진공 상태의 유리구 내부의 중심에 장착시킨다(그림 6-16 참조). 유리구의 안쪽 벽은 형광 물질로 된 전도성 박막으로 코팅되어 있다. 그리고 형광 코팅된 안쪽 벽과 뾰족한 침 사이에 높은 전압을 걸어 준다.

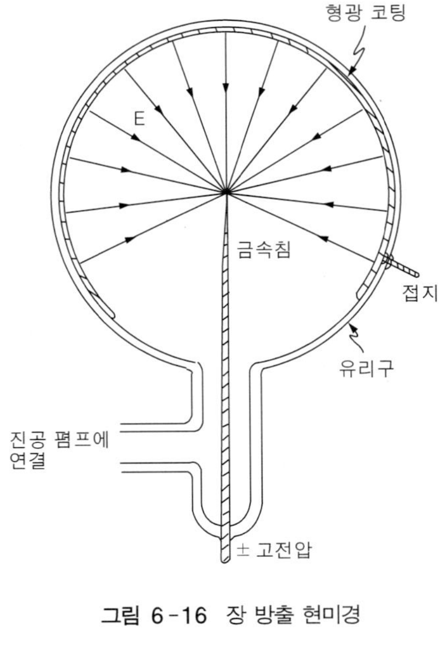

그림 6-16 장 방출 현미경

먼저, 중심에 놓인 침이 안쪽의 형광막에 대하여 상대적으로 음전하로 대전된 경우에 어떤 일이 일어나는지 살펴보자. 전기장선은 뾰족한 점에서 조밀하게 밀집되어 있으며, 전기장의 세기는 40,000,000V/cm까지 높아질 수 있다. 전기장의 세기가 이 정도로 강해지면 금속침의 표면에 있던 전자들이 전기장에 끌려 탈출하게 된다. 이때 탈출한 전자들이 형광면에 부딪히면 텔레비전의 브라운관처럼 빛을 발하게 된다.

* E. W. Müller : "The field-ion microscope," *Advances in Electronics and Electron Physics*, **13**, 83-179 (1960). Academic Press, New York.

형광면 위의 어떤 특정한 점에 도달하는 전자들은 근사적으로 전기장선의 다른 쪽 끝에서 출발한 것으로 볼 수 있다. 왜냐하면 전자들은 침에서 표면까지 이어지는 전기장을 따라 이동할 것이기 때문이다. 이리하여 우리는 뾰족한 침과 관련된 모종의 이미지를 유리구의 표면에서 보게 되는 것이다. 좀 더 자세히 말하면, 이것은 뾰족한 침의 '방사율(emissivity, 금속의 표면에서 전자들이 튀어 나갈 수 있는 정도를 나타내는 양)'을 시각화해서 보여 주는 장치라고 할 수 있다. 해상도가 충분히 높다면 뾰족한 침의 표면에 있는 개개 원자의 위치까지 분별할 수 있을 것이다. 그러나 전자를 이용하는 경우에는 다음과 같은 몇 가지 이유 때문에 이 정도의 해상도를 구현할 수 없다. 첫째, 전자의 양자역학적인 파동의 회절로 인하여 이미지가 흐려진다. 둘째, 전자가 침을 탈출할 때 금속 내부의 전자들의 운동으로 인하여 작지만 비스듬한 방향으로 초기 속도를 갖게 되며, 이 속도의 횡단 성분이 상을 희미하게 만든다. 이와 같은 이유 때문에 장 방출 현미경의 해상도는 25Å 정도로 제한된다.

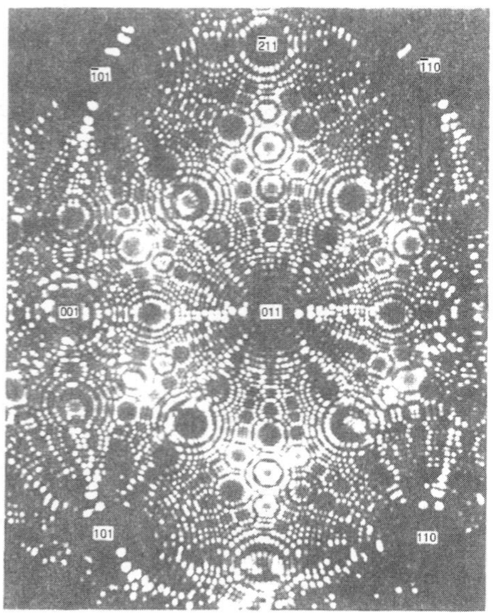

그림 6-17 장 방출 현미경으로 촬영한 영상[자료 제공 : Erwin W. Müller, Research Prof. of Physics, Pennsylvania State University].

그러나 극성을 서로 바꾸어 주고 진공 유리구 속에 약간의 헬륨 가스를 넣어 주면 해상도를 크게 높일 수 있다. 헬륨 원자가 침의 끝 부분과 충돌할 때, 침 주위에 있던 강한 전기장에 의해 헬륨 원자로부터 전자가 분리되면서 양전하를 띤 헬륨 이온이 생성된다. 이 헬륨 이온은 전기장을 따라서 바깥쪽으로 가속되어 형광면과 충돌하게 된다. 헬륨 이온은 전자보다 훨씬 무거우므로 양자역학적인 파장은 아주 짧다. 온도가 너무 높지 않다면 열에 의한 효과도 전자(electron)보다 작을 것이다. 이런 식으로 영상을 흐릿하게 만드는 요인을 제거하면 금속침의 매우 정밀한 영상을 얻을 수 있다. 양이온 장 방출 현미경을 이용하면 2,000,000배까지 확대된 영상을 얻을 수 있는데, 이것은 최고 성능의 전자 현미경으로 얻을 수 있는 영상보다 10배 이상 큰 배율이다.

그림 6-17은 장 방출 현미경으로 촬영한 텅스텐 침의 모습이다. 텅스텐 원자의 중심 부분은 텅스텐 원자들 사이의 공간과는 조금 다른 비율로 헬륨 원자를 이온화시킨다. 형광 스크린 상에 나 있는 반점들은 텅스텐 침의 끝에 있는 각 원자들의 배열 상태를 보여 주고 있다. 반점이 고리 모양으로 나타나는 이유는 커다란 상자 속에 공을 사각형 배열로 차곡차곡 쌓아 올린 모습을 떠올리면 이해할 수 있다. 만일 이 상자를 구형으로 잘라 낸다면 그림에 나타난 원자 구조의 고리 모양과 비슷할 것이다. 과학자들은 장 방출 현미경을 통해 인류 역사상 처음으로 원자를 볼 수 있었다. 장치의 단순함을 생각할 때, 실로 놀라운 업적이 아닐 수 없다.

CHAPTER 07

여러 가지 상황에서의 전기장(계속)

7-1 정전기장 계산법
7-2 2차원 전기장 : 복소 변수의 함수
7-3 플라스마 진동
7-4 전해질 용액 속의 콜로이드 입자들
7-5 그리드의 정전기장

7-1 정전기장 계산법

6장에 이어 이 장에서도 여러 가지 상황에서 전기장의 특성에 대해 생각해 보기로 하자. 먼저, 도체와 관련된 문제를 해결할 때 자주 사용되는 몇 가지 정교한 방법에 대해 알아보자. 물론, 단 한 차례의 강의로 이 기법들을 모두 익힐 수는 없다. 그러나 고난도의 테크닉을 동원해야 풀 수 있는 어려운 문제들을 단순한 아이디어 수준에서 생각해 보는 것도 그런대로 재미있을 것이다. 그다음으로, 전하가 고정되어 있지 않고 도체 위에 분포하지도 않는 경우에 다른 물리 법칙을 이용하여 전하 분포를 결정하는 문제를 살펴볼 것이다.

6장에서 살펴보았듯이 전하 분포가 결정되어 있으면 정전기장을 구하는 문제는 기본적으로 아주 간단하다. 이런 문제는 적분만 하면 된다. 그러나 도체의 경우에는 표면의 초기 전하 분포를 알 수 없기 때문에 문제가 좀 복잡해진다. 전하들은 도체가 등퍼텐셜(등전위)이 되게끔 반드시 도체의 표면에 위치해야만 한다. 이런 경우에 정전기장을 구하는 것은 간단하지도, 명백하지도 않다.

우리는 6장에서 고정된 전하 분포에 대한 등퍼텐셜면을 찾아서 그 면들 중 하나를 도체면으로 대치하는 간접적인 방법을 살펴보았다. 이 방법을 이용하면 구 또는 평면 등의 모양을 한 도체에 대하여 특수해의 목록을 작성할 수 있다. 6장에 소개된 거울상을 이용하는 방법은 간접적인 방법의 한 사례이다. 이번 장에서는 또 다른 방법을 소개할 예정이다.

주어진 문제가 간접적인 방법으로 풀리지 않는다면 좀 더 직접적인 방법을 모색하는 수밖에 없다. 직접적인 방법이란, 도체면에서 ϕ값이 적절한 상수가 되는 라플라스 방정식

$$\nabla^2\phi = 0 \tag{7.1}$$

의 해를 구하는 것이다. 주어진 '경계 조건(boundary condition)'을 고려하여 미분 방정식의 해를 구하는 문제를 흔히 '경계값 문제(boundary-value problem)'라고 하는데, 이는 오래 전부터 사람들의 관심을 끌어 온 수학적 연구 대상이다. 그러나 안타깝게도, 도체의 모양이 복잡한 경우에는 일반적인 해석적 풀이법이 존재하지 않는다. 심지어 양쪽 끝이 막힌 맥주캔 모양의 대전된 금속 원통과 같은 간단한 문제조차도 수학적으로는 엄청나게 어렵다. 도체의 모양이 불규

칙한 경우는 수치해석적인 방법을 이용하여 근사적인 해를 구하는 수밖에 없다. 즉, 수치해석적인 방법만이 '유일한' 일반적 해법인 것이다.

몇몇 문제에 대해서는 식 (7.1)을 직접 풀어서 답을 구할 수 있다. 예를 들어, 타원체 모양의 대전된 도체 문제는 이미 알려져 있는 특수 함수를 사용하여 정확하게 풀 수 있다. 또한 얇은 판에 대한 해는 타원체를 무한히 납작하게 만드는 극한을 취하면 구할 수 있다. 이와 비슷한 방법으로, 바늘 모양에 대한 해는 타원체를 양쪽으로 무한히 길게 늘여서 구할 수 있다. 그러나 일반적으로 적용할 수 있는 유일한 방법은 오직 수치해석적인 방법뿐임을 분명히 기억하기 바란다.

또한 경계값 문제는 물리적으로 대응되는 양(physical analog)을 측정하여 해결할 수도 있다. 라플라스 방정식은 전자기 문제 이외에도 정상 상태의 열 흐름, 비회전성 유체 흐름, 펼쳐진 매질 내에서 전류의 흐름과 탄성막의 변형 등 여러 가지 다양한 물리적 상황에서 수시로 등장한다. 이런 경우에는 전자기 문제와 대응되는 물리적 모형을 구축하여 문제를 해결할 수 있다. 그러한 모형에서 적절한 대응량을 측정하면 원래 문제의 해를 구할 수 있는 것이다. 예를 들어, 2차원 정전기학 문제는 전해질 탱크를 이용하여 풀 수 있다. 이러한 풀이법이 가능한 이유는 균일한 전도성 매질 내부의 퍼텐셜에 대한 미분 방정식이 진공의 경우와 동일하기 때문이다.

어떤 한 방향으로 전기장의 변화가 없거나, 다른 두 방향의 전기장 변화와 비교할 때 무시할 수 있을 정도로 작은 경우가 종종 있다. 이런 경우를 2차원 문제라고 한다. 즉, 전기장이 두 개의 좌표에만 의존한다는 뜻이다. 예를 들어, 대전된 긴 도선이 z축 위에 놓여 있다면 도선에서 그리 멀지 않은 곳의 전기장은 z에 무관하고 x와 y에만 의존하므로 2차원 문제로 취급할 수 있다. 이런 경우에는 z에 대한 도함수가 0이므로 자유 공간에서 ϕ에 대한 방정식은 다음과 같이 간단해진다.

$$\frac{\partial^2\phi}{\partial x^2}+\frac{\partial^2\phi}{\partial y^2}=0 \tag{7.2}$$

2차원 문제는 비교적 간단하기 때문에 해석적인 방법으로 정확히 풀 수 있는 경우가 많다. 지금부터, 복소 함수론의 정리에 기반을 두고 있는 강력한 간접적인 해법에 대해 알아보기로 하자.

7-2 2차원 전기장 : 복소 변수의 함수

복소 변수 $\mathfrak{z}$는 다음과 같이 정의된다.

$$\mathfrak{z}=x+iy$$

(위에 적은 복소 변수 $\mathfrak{z}$는 직교 좌표계의 z와 의미가 다르므로 혼동하지 않도록 조심해야 한다. 앞으로 논의될 전기장은 z좌표와 무관하다.) 따라서 xy평면 위의 모든 점들은 복소 변수 $\mathfrak{z}$에 대응된다. $\mathfrak{z}$를 단일 (복소) 변수로 취급하면, 이를 독립 변수로 취하는 보통의 수학적 함수 $F(\mathfrak{z})$를 생각할 수 있다. 예를 들어,

$$F(z) = z^2$$

또는

$$F(z) = 1/z^3$$

또는

$$F(z) = z \log z$$

등은 모두 독립 변수를 z로 하는 함수이다.

임의의 함수 $F(z)$가 주어지면 $z=x+iy$를 대입하여 x, y의 함수로 표현되는 실수부와 허수부를 구할 수 있다. 예를 들면 다음과 같다.

$$z^2 = (x+iy)^2 = x^2 - y^2 + 2ixy \tag{7.3}$$

임의의 함수 $F(z)$는 x, y의 함수로 표현되는 실수부와 허수부의 합으로 나타낼 수 있다.

$$F(z) = U(x, y) + iV(x, y) \tag{7.4}$$

여기서 $U(x, y)$와 $V(x, y)$는 실함수(real function)이다. 즉, 임의의 복소 함수 $F(z)$로부터 새로운 두 개의 함수 $U(x, y)$와 $V(x, y)$가 파생되는 셈이다. 예를 들어 $F(z)=z^2$인 경우, U와 V는 다음과 같다.

$$U(x, y) = x^2 - y^2 \tag{7.5}$$

과

$$V(x, y) = 2xy \tag{7.6}$$

자, 이제 기적과도 같은 수학 정리를 소개할 시간이 왔다. 자세한 증명은 수학 시간에 따로 배울 기회가 있을 것이므로 여기서는 생략한다(물리학 강의 시간에 모든 수학적 의구심을 해결하려 든다면 강의가 너무 지루해진다. 여러분도 내 생각에 동의할 것이다). 정리의 내용은 다음과 같다. 임의의 '평범한 함수(ordinary function)' $F(z)$에서(좀 더 엄밀한 정의는 수학자들에게 맡겨 두자), 실수부와 허수부에 해당하는 함수 U와 V는 '자동적으로' 다음과 같은 관계를 만족한다.

$$\frac{\partial U}{\partial x} = \frac{\partial V}{\partial y} \tag{7.7}$$

$$\frac{\partial V}{\partial x} = -\frac{\partial U}{\partial y} \tag{7.8}$$

위 식으로부터 함수 U와 V가 각각 다음과 같이 라플라스 방정식을 만족한다는 사실을 쉽게 알 수 있다.

$$\frac{\partial^2 U}{\partial x^2} + \frac{\partial^2 U}{\partial y^2} = 0 \tag{7.9}$$

$$\frac{\partial^2 V}{\partial x^2} + \frac{\partial^2 V}{\partial y^2} = 0 \tag{7.10}$$

식 (7.5)와 (7.6)도 이 관계를 만족한다(각자 확인해 볼 것!).

다시 말해, 2차원 공간에서 정의된 임의의 평범한 함수로부터 라플라스 방정식의 해가 되는 두 개의 함수 $U(x, y)$와 $V(x, y)$를 얻어 낼 수 있다는 뜻이다. 그러므로 U와 V 각각은 '수학적으로 가능한' 정전기 퍼텐셜을 나타낸다. 함수 $F(z)$를 '아무렇게나' 잡아도, 그 함수는 반드시 '모종의' 전기장 문제를 나타낸다. 사실은, U와 V가 '모두' 라플라스 방정식의 해이므로, 함수 $F(z)$는 '두 개의' 전기장 문제에 대응된다. 이제 우리는 정전기학 문제의 해를 얼마든지 길게 써 내려갈 수 있다. 아무렇게나 함수를 만들어 내기만 하면 된다. 그런 다음, 각각의 해에 대응하는 '문제'를 찾으면 문제 풀이는 끝난다. 답부터 구한 다음에 문제를 찾는다는 것이 어째 거꾸로 된 듯한 느낌을 주지만, 어쨌거나 문제가 있고 답도 주어졌으니 우리의 목적은 이룬 셈이다.

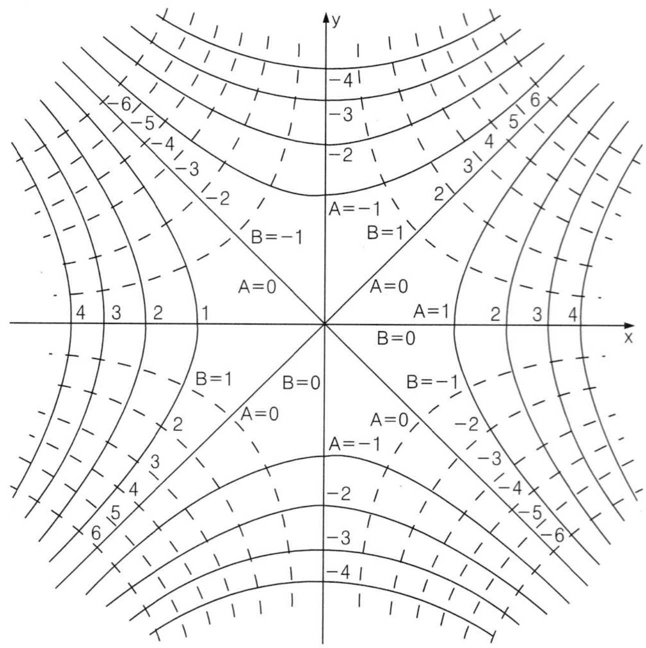

그림 7-1 2차원 정전기장에서 등퍼텐셜을 나타내는 두 세트의 직교하는 곡선들

예를 들어, 함수 $F(z) = z^2$이 물리적으로 어떤 전하 분포를 기술하는지 알아보자. 우선 $F(z)$로부터 두 개의 퍼텐셜 함수 U, V를 구한다[식 (7.5), (7.6)]. 함수 U가 어떤 문제의 해인지 알아보기 위해 $U = A$(상수)라 가정하고 등퍼텐셜 곡선을 구해 보면 다음과 같다.

$$x^2 - y^2 = A$$

다들 알다시피, 이것은 바로 직각 쌍곡선 방정식이다. 다양한 A값에 대하여 쌍곡선을 모두 그려 보면 그림 7-1과 같다. 특히, $A = 0$인 경우에는 원점을 지나는 두 개의 대각선이 된다.

이러한 등퍼텐셜 곡선의 집합은 몇 가지 가능한 물리적 상황에 대응된다. 첫째, 이것은 전하량이 같은 두 점전하의 중간 지점 부근에 형성되는 전기장을 아주 정교하게 나타내고 있다. 둘째, 이것은 도체의 직각 모서리 안쪽에 형성되는

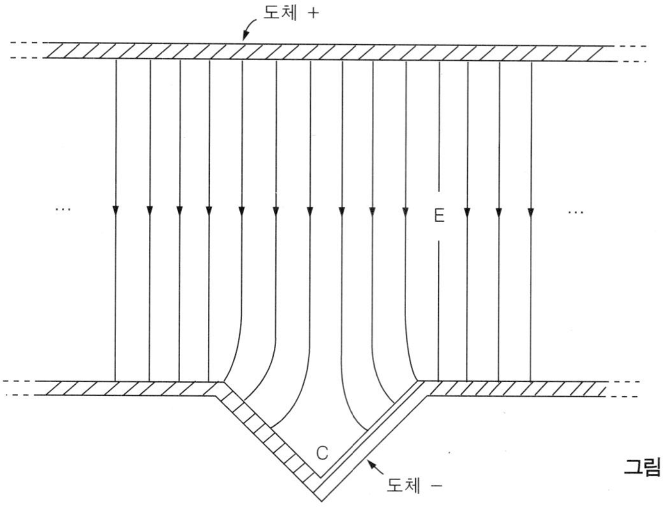

그림 7-2 C점 근처의 전기장은 그림 7-1의 전기장과 같다.

전기장을 나타낸다. 그림 7-2와 같은 모양을 한 두 개의 전극(electrodes)이 서로 다른 퍼텐셜을 유지하고 있다면, C로 표시된 모서리 근처의 전기장은 그림 7-1에서 원점 윗부분의 곡선과 같은 형태가 된다. 굵은 선은 등퍼텐셜 곡선이며, 이들과 직교하는 점선은 전기장선($\boldsymbol{E}$)을 나타낸다. 바늘 끝이나 돌출부에서는 전기장이 강한 반면, 구부러진 곳이나 움푹 파인 곳에서는 전기장이 약해지는 경향이 있다.

방금 언급한 해는 쌍곡선 모양을 한 전극의 직각 모서리 부근에 형성되는 전기장, 또는 적당한 퍼텐셜로 유지된 두 개의 쌍곡선형 도체에도 적용될 수 있다. 그림 7-1의 곡선들을 주의 깊게 들여다보면 재미있는 특성을 발견할 수 있다. 전기장의 x성분, 즉 E_x는 다음과 같이 주어진다.

$$E_x = -\frac{\partial\phi}{\partial x} = -2x$$

즉, 전기장은 축으로부터 떨어진 거리에 비례한다. 입자 빔을 한 점으로 모을 때 사용되는 사중극자 렌즈는 전기장의 이러한 특성을 이용한 것이다(제1권 29-7절 참조). 그림 7-3과 같이 네 개의 쌍곡선 모양의 전극을 이용하면 원하는 형태의 전기장을 만들어 낼 수 있다. 그림 7-3의 장선들은 그림 7-1에서 V(=상수)에 해당하는 점선들을 그대로 옮겨 놓은 것이다. 이로써 우리는 두둑한 보너스까지 받게 되었다! V(=상수)의 곡선은 식 (7.7)과 식 (7.8)에 의해 U(=상수)의 곡선과 서로 직각을 이루고 있으므로, 함수 $F(z)$를 선택할 때마다 함수 U와 V로부터 등퍼텐셜 곡선과 전기장선이 한 세트로 얻어지는 것이다. 물론, 둘 중에 어떤 곡선을 등퍼텐셜 곡선으로 간주하느냐에 따라 문제의 유형은 달라진다.

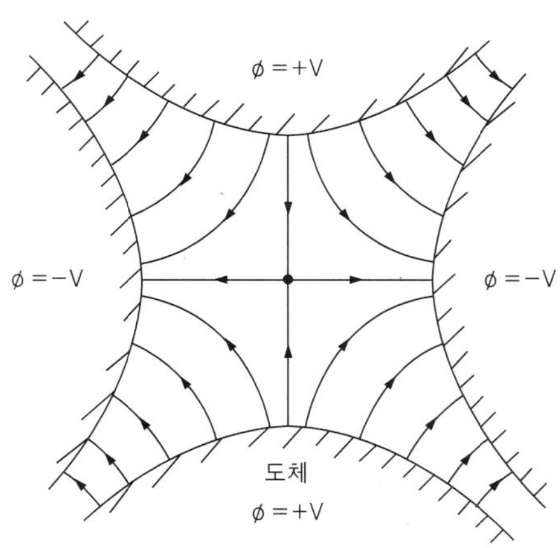

그림 7-3 사중극자 렌즈의 전기장

두 번째 예로, 다음과 같은 함수를 고려해 보자.

$$F(z) = \sqrt{z} \tag{7.11}$$

극좌표를 이용하면 z는 다음과 같이 표기할 수 있다.

$$z = x + iy = \rho e^{i\theta}$$

여기서

$$\rho = \sqrt{x^2 + y^2}$$

이고

$$\tan\theta = \frac{y}{x}$$

이며, 따라서

$$\begin{aligned} F(z) &= \rho^{1/2} e^{i\theta/2} \\ &= \rho^{1/2}\left(\cos\frac{\theta}{2} + i\sin\frac{\theta}{2}\right) \end{aligned}$$

이고, 결과적으로

$$F(z) = \left[\frac{(x^2+y^2)^{1/2}+x}{2}\right]^{1/2} + i\left[\frac{(x^2+y^2)^{1/2}-x}{2}\right]^{1/2} \tag{7.12}$$

이 된다.

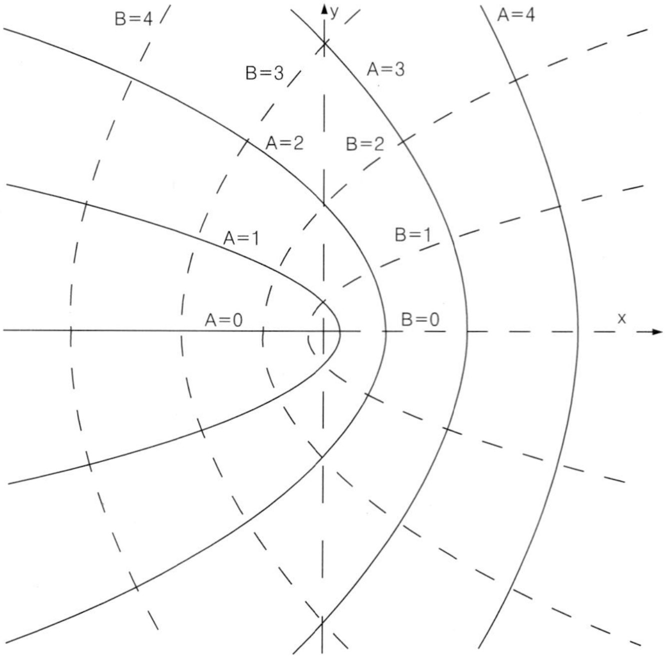

그림 7-4 식 (7.12)에서 $U(x, y)$와 $V(x, y)$가 상수인 곡선

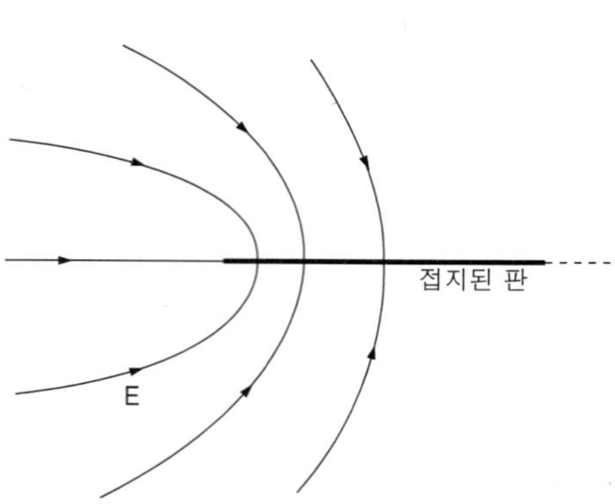

그림 7-5 접지된 얇은 판 가장자리 부근의 전기장

식 (7.12)에서 $U(x, y) = A$와 $V(x, y) = B$에 해당되는 곡선들이 그림 7-4에 제시되어 있다. 식 (7.12)로 서술되는 실제 상황도 여러 가지가 있는데, 가장 흥미로운 경우로는 얇은 판의 가장자리 부근에 형성되는 전기장을 들 수 있다. $B=0$(y축의 우측)을 나타내는 직선을 '대전된 얇은 판'에 대응시키면, 그 주변의 전기장은 여러 가지 A값에 대응되는 곡선들로 주어진다. 이 상황은 그림 7-5에 그려져 있다.

그 밖의 예로는 사각 모서리의 '바깥쪽' 전기장을 나타내는

$$F(z) = z^{3/2} \tag{7.13}$$

과, 선전하의 전기장을 나타내는

$$F(z) = \log z \tag{7.14}$$

그리고 2차원 전기 쌍극자의 전기장, 즉 서로 반대 극성을 띤 두 개의 평행한 선전하가 가까이 놓여 있을 때의 전기장을 나타내는 함수

$$F(z) = 1/z \tag{7.15}$$

등이 있다.

이런 식의 예제는 끝도 없이 나열할 수 있지만, 본 강의에서는 이 정도로 마무리하기로 한다. 한 가지 강조할 것은, 복소 변수를 이용한 풀이법이 2차원 문제에만 적용 가능하며, 어디까지나 간접적인 해법이라는 점이다.

7-3 플라스마 진동

지금부터는 고정된 전하나 도체 표면의 전하가 아닌 두 가지 물리적 현상의 조합에 의해 전기장이 형성되는 경우를 살펴보기로 하자. 쉽게 말해서 전기장이 동시에 두 세트의 방정식, 즉 (1) 전기장과 전하 분포 사이의 관계를 규정하는 정전기학의 방정식들과 (2) 전하의 움직임이나 위치를 결정하는 물리 방정식에 의해 결정되는 경우를 살펴보자는 뜻이다.

첫 번째 예는 전하의 움직임이 뉴턴의 운동 법칙에 의해 기술되는 동역학적인 경우로서, 간단한 예는 플라스마(plasma)에서 찾아볼 수 있다. 플라스마란 이온과 자유 전자로 구성된 기체가 공간상의 한 구역에 분포되어 있는 상태를 말한다. 플라스마의 대표적 사례로는 대기권의 상층부를 구성하고 있는 이온층(ionosphere, '전리층'이라고도 함)을 들 수 있다. 이온층은 태양에서 오는 자외선에 의해 공기 분자로부터 전자들이 떨어져 나가 이온과 자유 전자로 분리되는 대기층이다. 이러한 플라스마에서 양이온은 전자에 비해 엄청나게 무겁기 때문에, 이온들의 운동을 무시하고 전자의 운동만 고려해도 매우 정확한 결과를 얻을 수 있다.

교란되지 않은 평형 상태의 전자 밀도를 n_0라 하자. (교란되지 않은) 플라스마는 전기적으로 중성이므로, 양이온의 밀도도 n_0일 것이다. 이제 어떤 이유에서건 전자들이 평형 상태에서 이탈했다고 가정해 보자. 만일 한 부분의 전자 밀도가 증가했다면 전자들은 서로 밀치게 될 것이고, 원래의 평형 상태로 되돌아가려고 할 것이다. 전자들이 원래의 위치로 되돌아가려고 할 때 전자들은 운동 에너지를 얻게 되어 원래의 평형 위치를 지나쳐 버리면서 결국은 앞뒤로 진동하게 될 것이다. 이것은 음파에서 일어나는 상황과 비슷한데, 음파의 경우에는 기체의 압력이 복원력으로 작용하지만, 플라스마에서는 전자에 작용하는 전기력이 복원력으로 작용한다.

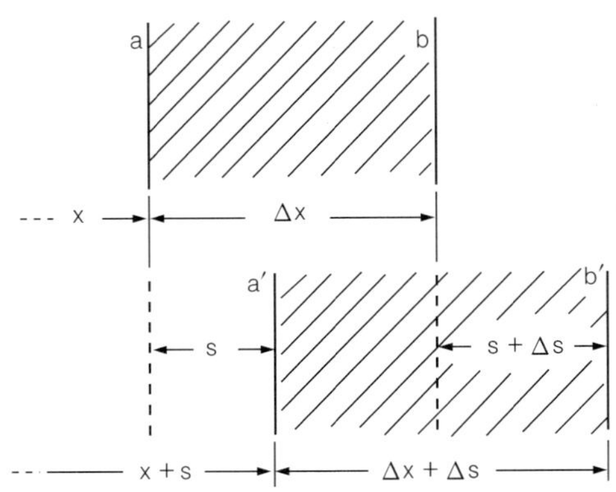

그림 7-6 플라스마 파에서의 운동. 면 a의 전자들은 면 a'으로 이동하고 면 b의 전자들은 면 b'으로 이동한다.

문제를 단순화하기 위해, 운동이 일어나는 공간을 1차원(x축)으로 제한시켜 생각해 보자. 전자의 원래 위치를 x라 하고, 시각 t일 때 평형 상태로부터 $s(x, t)$만큼 이동했다고 가정해 보자. 전자들이 움직였으므로, 일반적으로 전자의 밀도는 변할 것이다. 밀도의 변화는 다음과 같이 쉽게 계산할 수 있다. 그림 7-6을

보면, 전자들은 초기에 두 평면 a와 b 사이에 있었다가 지금은 평면 a'과 b' 사이로 이동하였다. a와 b 사이에 들어 있는 전자의 개수는 $n_0\Delta x$에 비례한다— 이제는 '똑같은' 개수의 전자가 폭이 $\Delta x+\Delta s$인 공간에 들어 있다. 따라서 전자의 밀도는 다음과 같이 변할 것이다.

$$n=\frac{n_0\Delta x}{\Delta x+\Delta s}=\frac{n_0}{1+(\Delta s/\Delta x)} \tag{7.16}$$

밀도의 변화가 아주 작은 경우에는 $[(1+\epsilon)^{-1}$에 대한 이항 전개식을 이용하여$]$ 다음과 같이 쓸 수 있다.

$$n=n_0\left(1-\frac{\Delta s}{\Delta x}\right) \tag{7.17}$$

양이온은 (상대적으로 훨씬 큰 관성 때문에) 가시적인 움직임이 없다고 가정하였으므로, 양이온의 밀도는 여전히 n_0이다. 개개의 전자들은 $-q_e$의 전하를 띠고 있으므로 임의의 위치에서의 평균 전하 밀도는

$$\rho=-(n-n_0)\,q_e$$

또는

$$\rho=n_0 q_e\frac{ds}{dx} \tag{7.18}$$

로 주어진다(여기서는 $\Delta s/\Delta x$를 미분 형태로 표현하였다).

전하 밀도는 맥스웰 방정식에 의하여 다음과 같이 전기장과 관련되어 있다.

$$\nabla\cdot\boldsymbol{E}=\frac{\rho}{\epsilon_0} \tag{7.19}$$

1차원에서(그리고 전자의 이동에 의해 발생한 전기장 이외의 다른 전기장이 없다면) 전기장 $\boldsymbol{E}$의 성분이라고는 E_x 하나뿐이다. 식 (7.18)과 (7.19)를 조합하면 다음과 같은 관계식이 얻어진다.

$$\frac{\partial E_x}{\partial x}=\frac{n_0 q_e}{\epsilon_0}\frac{\partial s}{\partial x} \tag{7.20}$$

식 (7.20)의 양변을 적분하면

$$E_x=\frac{n_0 q_e}{\epsilon_0}s+K \tag{7.21}$$

가 된다. $s=0$일 때 $E_x=0$이므로 적분 상수 K는 0이다.

이동된 위치에 놓여 있는 전자에 미치는 힘은

$$F_x=-\frac{n_0 {q_e}^2}{\epsilon_0}s \tag{7.22}$$

이며, 이 복원력은 전자의 변위 s에 비례한다. 이 힘으로 인해 전자들은 조화 진동(harmonic oscillation)을 하게 된다. 이동된 전자의 운동 방정식은

$$m_e \frac{d^2 s}{dt^2} = -\frac{n_0 q_e^2}{\epsilon_0} s \tag{7.23}$$

이다. 이 식을 보면 전자의 변위 s의 시간적 변화는 조화 진동의 경우와 같다는 것을 알 수 있다. 변위의 시간적 변화는 $\cos \omega t$의 형태로 나타날 것인데, 제1권에서와 같이 지수 함수를 이용해서 나타내면 다음과 같다.

$$e^{i\omega_p t} \tag{7.24}$$

진동의 빈도수, 즉 진동수 ω_p는 식 (7.23)으로부터 구할 수 있다.

$$\omega_p^2 = \frac{n_0 q_e^2}{\epsilon_0 m_e} \tag{7.25}$$

흔히 '플라스마 진동수(plasma frequency)'로 불리는 이 진동수는 플라스마의 특성 값이다.

전자의 전하를 표기할 때, 다음과 같이 정의된 새로운 상수 e를 사용하기도 한다.

$$e^2 = \frac{q_e^2}{4\pi\epsilon_0} = 2.3068 \times 10^{-28} \text{ 뉴턴·미터}^2 \tag{7.26}$$

이 상수를 이용하면 식 (7.25)는

$$\omega_p^2 = \frac{4\pi e^2 n_0}{m_e} \tag{7.27}$$

가 된다. 대부분의 물리학 책에는 이와 같은 형태로 표기되어 있다.

따라서 전자들은 플라스마의 평형 상태가 깨지면서 전자 밀도의 제곱근에 비례하는 고유 진동수(natural frequency) ω_p로 평형 지점 근방에서 조화 진동을 하게 된다. 플라스마 전자는 제1권 23장에서 설명했던 공명계(resonant system)와 비슷한 방식으로 행동한다.

플라스마의 이 자연적 공진(공명 진동) 현상은 몇 가지 재미있는 효과를 나타내기도 한다. 예를 들어, 라디오파(radiowave, 전파)가 이온층을 투과하려면 라디오파의 진동수가 플라스마 진동수보다 높아야 한다. 그렇지 않으면 라디오파는 이온층에서 반사된다. 그러므로 우주에 있는 인공위성과 통신을 하려 한다면 반드시 플라스마 진동수보다는 높은 진동수의 전파를 사용해야 한다. 반면에, 지평선 너머에 있는 라디오 방송국과 교신할 때는 허공으로 날아간 신호가 지상으로 반사되어야 하므로 플라스마 진동수보다 낮은 진동수의 전파를 사용해야 한다.

플라스마 진동은 금속의 내부에서 발생할 수도 있다. 금속의 내부에는 양이온과 자유 전자의 플라스마가 들어 있다고 말할 수 있는데, 이 경우에는 전자의 밀도 n_0와 진동수 ω_p가 매우 큰 값을 갖는다. 양자역학에 의하면 고유 진동수 ω_p로 진동하는 조화 진동자는 에너지가 $\hbar\omega_p$씩 증가하는 계단형 에너지 준위를 갖는다. 알루미늄 박막(foil)을 향해 전자를 빠른 속도로 발사한 뒤 반대편에서 투과해 나오는 전자의 에너지를 정밀하게 측정하면, 금속 내부의 플라스마 진동에 의해 전자의 에너지가 $\hbar\omega_p$만큼 줄어드는 경우가 발생한다. 이 현상이 최초로 관측된 것은 1936년의 일이었는데, 당시 물리학자들은 수백에서 수천 전자볼트의 에너지를 가진 전자가 얇은 금속 박막을 통과하거나 산란될 때 에너지가 계단식으로 사라져 버린다는 사실을 발견했다. 이 현상은 이해되지 않은 채로 남아 있다가 1953년에 이르러서야 봄(bohm)과 파인스(Pines)에 의해서 금속 내부 플라스마 진동의 양자적 들뜸(quantum excitation)으로 설명할 수 있게 되었다.*

7-4 전해질 용액 속의 콜로이드 입자들

지금부터는 전하의 위치가 부분적으로 전하 자신이 만든 퍼텐셜에 의해 결정되는 경우를 살펴보기로 하자. 이로부터 나타나는 효과는 콜로이드(colloid)의 행동 방식에 지대한 영향을 미친다. 콜로이드란 전하를 띤 작은 입자들이 물에 녹아 현탁액(suspension)을 이루고 있는 상태를 말한다. 콜로이드 입자는 미시적이긴 하지만 원자적 스케일에서 볼 때는 그래도 상당히 큰 입자이다. 만일 콜로이드 입자들이 전하를 띠고 있지 않다면 큰 덩어리로 뭉쳐서 응고되려는 경향을 보일 것이다. 그러나 콜로이드는 전하를 띠고 있기 때문에 서로 밀치면서 현탁액 상태로 남아 있는 것이다.

콜로이드 용액에 약간의 소금을 용해시키면 소금은 양이온과 음이온으로 분해된다[이러한 이온 용액을 보통 전해질(electrolyte)이라고 한다]. 콜로이드 입자가 양전하를 띠고 있다고 가정하면, 이들은 음이온을 끌어당기고 양이온은 밀쳐 낼 것이다. 지금부터 콜로이드 입자의 주위를 둘러싸고 있는 이온들이 어떤 식으로 공간상에 분포하게 될지 알아보기로 하자.

문제를 단순화시키기 위해, 이번에도 운동의 범위를 1차원으로 한정시켜 풀어 보자. 콜로이드 입자를 반경이 매우 큰 공이라고 가정하면(물론 원자적 스케일에서!) 콜로이드 입자 표면의 작은 일부분을 평면처럼 취급할 수 있다(새로운 현상을 분석할 때에는 가능한 한 모형을 간단하게 만드는 것이 바람직하다. 우선 '심할 정도로 간단해진' 모형을 상정하여 문제를 이해한 후, 그것을 발판으로 좀 더 정확한 계산을 할 수 있게 되는 것이다).

이온의 전하 밀도를 $\rho(x)$, 그로부터 야기된 전기 퍼텐셜을 ϕ라 하고, 둘 사이의 관계를 맺어 주는 정전기학의 법칙 $\nabla^2\phi=-\rho/\epsilon_0$를 이용하면, 1차원에서 위치에 따른 장의 변화는 다음과 같이 주어진다.

$$\frac{d^2\phi}{dx^2}=-\frac{\rho}{\epsilon_0} \tag{7.28}$$

이 관계를 만족하는 퍼텐셜 $\phi(x)$가 주어졌다면, 이온의 분포 상태는 어떻게 될 것인가? 이런 경우의 이온 분포는 통계역학의 몇 가지 원리들로부터 결정할 수 있다. 결국 우리가 해야 할 일은 통계역학으로 결정되는 이온 분포가 식 (7.

* 최근(1961년 기준) 발표된 연구 논문과 참고 문헌은 C. J. Powell and J. B. Swann, *Phys. Rev.* **115**, 869(1959)를 참고할 것.

28)을 만족하도록 ϕ를 정하는 것이다.

통계역학에 따르면(제1권 40장 참조), 입자들이 역장(force field) 내에서 열적 평형 상태에 있을 때, 위치 x에서 입자의 밀도 n은 다음과 같이 주어진다.

$$n(x) = n_0 e^{-U(x)/kT} \tag{7.29}$$

여기서 $U(x)$는 퍼텐셜 에너지이고 k는 볼츠만 상수, 그리고 T는 절대 온도를 나타낸다.

모든 이온들은 일가(一價)라고 가정하자. 콜로이드 입자의 표면으로부터 x만큼 떨어진 곳에 있는 양이온은 퍼텐셜 에너지 $q_e\phi(x)$를 갖는다. 즉,

$$U(x) = q_e\phi(x)$$

이다. 따라서 양이온의 밀도(n_+)는

$$n_+(x) = n_0 e^{-q_e\phi(x)/kT}$$

이 되고, 이와 마찬가지로 음이온의 밀도는

$$n_-(x) = n_0 e^{+q_e\phi(x)/kT}$$

이 된다. 따라서 총 전하 밀도는

$$\rho = q_e n_+ - q_e n_-$$

또는

$$\rho = q_e n_0 (e^{-q_e\phi/kT} - e^{+q_e\phi/kT}) \tag{7.30}$$

이 된다. 이것을 식 (7.28)과 결합하면 ϕ가 만족해야 할 다음과 같은 조건을 구할 수 있다.

$$\frac{d^2\phi}{dx^2} = -\frac{q_e n_0}{\epsilon_0}(e^{-q_e\phi/kT} - e^{+q_e\phi/kT}) \tag{7.31}$$

위의 방정식은 일반적 해법[양변에 $2(d\phi/dx)$를 곱하고, x에 관하여 적분하는 방식]으로 풀 수 있는 미분 방정식이지만, 문제를 가능한 한 간단히 하기 위해 여기서는 퍼텐셜이 작거나 온도 T가 높은 극단적인 경우만을 취급하기로 한다. ϕ가 작은 경우는 묽은 용액(dilute solution)의 경우에 해당된다. 이 경우에는 지수가 작으므로 근사적으로 다음과 같이 쓸 수 있다.

$$e^{\pm q_e\phi/kT} = 1 \pm \frac{q_e\phi}{kT} \tag{7.32}$$

그러면 식 (7.31)은

$$\frac{d^2\phi}{dx^2} = +\frac{2n_0 q_e^2}{\epsilon_0 kT}\phi(x) \tag{7.33}$$

가 된다. 오른쪽 항의 부호가 양(+)인 것에 주목하라. 즉, ϕ의 해는 진동하지 않고 지수함수적으로 변한다.

식 (7.33)의 일반해는 다음과 같다.

$$\phi = Ae^{-x/D} + Be^{+x/D} \tag{7.34}$$

여기서

$$D^2 = \frac{\epsilon_0 kT}{2n_0 q_e^2} \tag{7.35}$$

이다. 상수 A와 B는 문제의 조건에 의해 결정되어야 한다. 지금까지 생각해 온 문제에서는 x가 무한히 클 때 B가 0이 아니면 퍼텐셜이 무한대로 발산하기 때문에 B는 반드시 0이 되어야 한다. 그러므로 퍼텐셜은 다음과 같다.

$$\phi = Ae^{-x/D} \tag{7.36}$$

이때 A는 콜로이드 입자의 표면($x=0$)에서의 퍼텐셜 값이다.

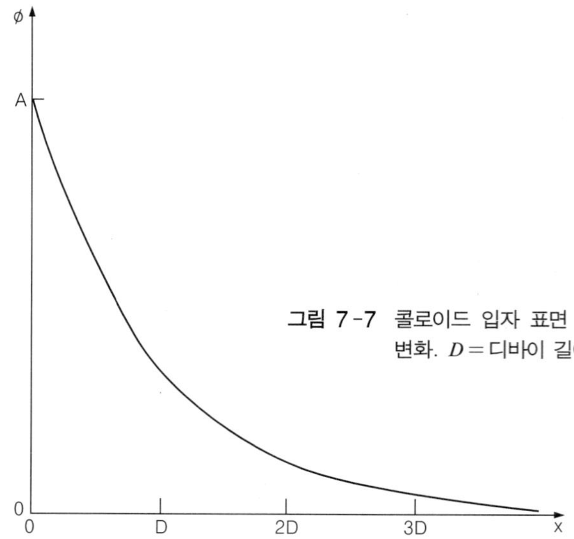

그림 7-7 콜로이드 입자 표면 근처에서의 퍼텐셜 변화. D = 디바이 길이

그림 7-7의 그래프에서 보는 것처럼, 거리가 D만큼 증가할 때마다 퍼텐셜은 $1/e$배씩 감소한다. 이 거리 D를 '디바이 길이(Debye length)'라고 하는데, 이는 전해질 속에서 전하를 띤 큰 입자 주위를 감싸고 있는 이온 피복의 두께를 나타내는 척도이다. 식 (7.35)를 보면 온도가 내려가거나 이온의 밀도(n_0)가 증가함에 따라서 이온 피복이 점점 얇아진다는 사실을 알 수 있다.

식 (7.36)에서 상수 A는 콜로이드 입자의 표면 전하 밀도 σ만 알면 쉽게 구할 수 있다. 다들 알다시피, 평면 도체의 근방에 형성되는 전기장은

$$E_n = E_x(0) = \frac{\sigma}{\epsilon_0} \tag{7.37}$$

이다. 그런데 전기장(E)은 퍼텐셜(ϕ)의 그래디언트이므로

$$E_x(0) = -\left.\frac{\partial \phi}{\partial x}\right|_0 = +\frac{A}{D} \tag{7.38}$$

이다. 위의 두 식을 조합하면

$$A = \frac{\sigma D}{\epsilon_0} \tag{7.39}$$

가 얻어지고, 이 결과를 식 (7.36)에 대입하면 $x=0$일 때 콜로이드 입자 표면에서의 퍼텐셜은 다음과 같이 된다.

$$\phi(0) = \frac{\sigma D}{\epsilon_0} \tag{7.40}$$

이 퍼텐셜 값은 '표면 전하 밀도가 σ이고 평행판 사이의 거리가 D인 축전기의 퍼텐셜 차와 같다.

앞에서 나는 콜로이드 입자들이 전기적 척력 때문에 서로 적정 거리를 유지한다고 말한 적이 있다. 그런데 방금 알아낸 사실에 의하면 입자의 표면에서 조금 떨어진 곳의 전기장은 입자 주위에 모인 이온 피복에 의해 줄어든다. 이온 피복이 충분히 얇아지면 입자들은 서로 부딪힐 확률이 높아질 것이다. 그러다가 콜로이드 입자들이 서로 달라붙으면서 응고 현상이 일어나고, 결국은 침전물이 바닥에 쌓일 것이다. 이제 여러분은 콜로이드에 충분한 양의 소금을 넣었을 때 침전이 발생하는 이유를 이해했을 것이다. 이러한 과정을 '콜로이드의 소금 침전(salting out a colloid)'이라고 한다.

소금 용액이 단백질 분자에 미치는 효과도 흥미로운 사례이다. 단백질 분자는 아미노산(amino acids)이 복잡하게 연결된 길고 유연한 사슬 구조를 형성하고 있다. 단백질 분자에는 다양한 전하가 분포되어 있는데, 가끔씩 알짜 전하(가령 음전하)가 사슬 전체에 걸쳐 분포하는 경우가 있다. 이렇게 되면 단백질 사슬은 음전하들의 상호 척력으로 인해 쭉 펴진 상태가 된다. 용액 내에 그러한 또 다른 사슬 분자가 있다면, 동일한 척력 효과에 의해 서로 일정 거리를 유지하게 된다. 즉, 사슬 분자의 현탁액이 되는 것이다. 이 용액에 소금을 첨가하면 현탁액의 특성이 변한다. 용액에 소금을 첨가하면 디바이 거리가 감소하여 사슬 분자들이 가까이 다가가 서로 휘감기게 된다. 충분한 소금을 용액에 첨가하면 사슬 분자는 침전되어 나올 것이다. 전기력으로 이해할 수 있는 이런 종류의 화학 작용들은 아주 많다.

7-5 그리드의 정전기장

마지막으로, 전기장이 갖고 있는 또 하나의 재미있는 특성을 살펴보자. 이것은 진공관을 만들거나, 전기 장치들을 설계하는 데 이용되며 기타 다른 용도로도 응용될 수 있다. 대전된 도선으로 이루어진 그리드(grid), 즉 망사 모양의 구조에서 발생되는 전기장의 특성이 바로 그것이다. 이번에도 가능한 한 문제를 간단하게 만들기 위해, 평면 위에 무한히 긴 도선들이 일정한 간격으로 평행하게 배열되어 있는 경우를 생각해 보자.

대전된 도선으로 이루어진 그리드 평면을 먼 거리에서 바라보면 마치 평면에 전하가 고루 퍼져 있을 때처럼 균일한 전기장이 관측된다. 그러나 그리드를 향해 점점 다가가면 전기장의 형태가 조금씩 바뀌기 시작할 것이다. 이런 경우에

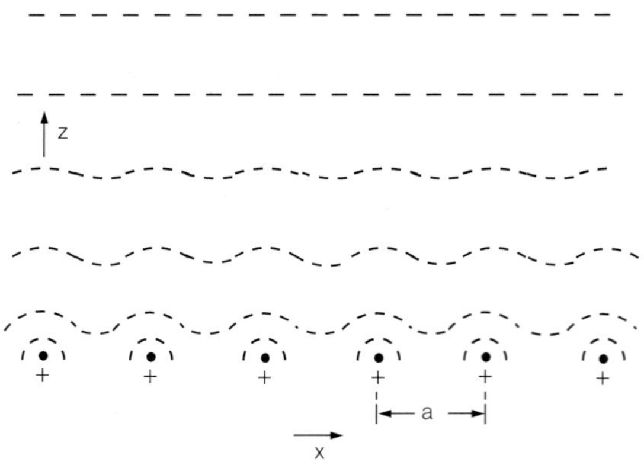

그림 7-8 대전된 도선으로 이루어진 등간격 그리드 위의 등퍼텐셜면

퍼텐셜의 뚜렷한 변화를 실감하려면 그리드에 얼마나 가깝게 접근해야 할까? 그림 7-8은 그리드까지의 거리에 따른 등퍼텐셜면의 개괄적인 형태를 보여 주고 있다. 보다시피, 그리드에 가까이 갈수록 전기장의 변화가 커진다. 그리드 면을 따라 평행하게 이동하면서 바라보면 전기장이 주기적으로 요동치는 것을 관찰할 수 있다.

주기성을 갖는 임의의 양은 사인파(sine waves)의 합으로 쓸 수 있다[푸리에 정리(Fourier's theorem), 제1권 50장 참조]. 이 사실을 이용하여, 앞에서 언급한 장 방정식을 만족하는 적당한 조화 함수(harmonic function)를 찾아보자.

도선이 xy평면 위에서 y축에 평행하게 놓여 있다면 다음과 같은 함수를 퍼텐셜로 가정해 볼 수 있다.

$$\phi(x, z) = F_n(z)\cos\frac{2\pi nx}{a} \tag{7.41}$$

여기서 a는 도선 사이의 간격이고 n은 조화수(harmonic number)이다(긴 도선이라고 가정했으므로 y축 방향으로는 변화가 일어나지 않는다). 완전한 해는 $n=1, 2, 3, \cdots$에 해당되는 모든 항들의 합으로 표현될 것이다.

위에서 가정한 퍼텐셜이 합당한 것이라면 도선 위의 공간(전하가 없는 공간)에서 라플라스 방정식을 만족해야 한다. 즉,

$$\frac{\partial^2\phi}{\partial x^2} + \frac{\partial^2\phi}{\partial z^2} = 0$$

이다. 식 (7.41)의 ϕ에 대하여 위 식을 적용하면 다음과 같이 된다.

$$-\frac{4\pi^2 n^2}{a^2}F_n(z)\cos\frac{2\pi nx}{a} + \frac{d^2F_n}{dz^2}\cos\frac{2\pi nx}{a} = 0 \tag{7.42}$$

위 식을 정리하면

$$\frac{d^2F_n}{dz^2} = \frac{4\pi^2 n^2}{a^2}F_n \tag{7.43}$$

이다. 그러므로

$$F_n = A_n e^{-z/z_0} \tag{7.44}$$

이며, 여기서

$$z_0 = \frac{a}{2\pi n} \tag{7.45}$$

이다. 따라서 조화수가 n인 푸리에 성분이 존재한다면, 그 성분은 특성 거리(characteristic distance) $z_0 = a/2\pi n$에 따라 지수함수적으로 감소한다는 사실을 알 수 있다. 첫 번째 조화 성분($n=1$)을 살펴보면, z가 그리드의 간격 a만큼 증가할 때마다 진폭은 $e^{-2\pi}$배씩 크게 줄어든다. 그리고 나머지 다른 조화 성분들은 그리드로부터 멀어질 때 훨씬 더 급격하게 감소하며, 그리드로부터 a의 몇 배 정도만 떨어져도 장은 거의 균일해진다(진동하는 항들이 아주 작아진다는 뜻이다). 물론, z가 아주 큰 곳에서 균일한 전기장을 나타내는 '조화수가 0인' 장은 항상 그대로 존재한다.

$$\phi_0 = -E_0 z$$

완전한 해를 구하려면, 식 (7.44)의 F_n을 식 (7.41)에 대입한 후 $n=1, 2, 3, \cdots$에 대하여 모두 더한 결과에 위의 항을 추가로 더해 주면 된다. 마지막으로, 총합을 미분했을 때 그리드의 전하 밀도 λ에 부합하는 적절한 전기장이 나오도록 계수 A_n들을 결정하면 모든 과정이 끝난다.

방금 위에서 전개한 방법을 이용하면 정전기를 방지할 때 금속망만 가지고도 금속판을 사용한 것과 거의 동일한 효과가 나는 이유를 설명할 수 있다. 그건, 금속망에서 아주 가까운 곳(즉 그물눈 크기의 몇 배 내외의 거리)을 제외하면, 폐쇄된 금속망 내부의 전기장은 0이 되기 때문이다. 이런 이유 때문에, 민감한 전기 장치를 외부의 전기장으로부터 격리시키고자 할 때 종종 (구리판보다 싸고 가벼운) 구리망을 사용하는 것이다.

CHAPTER 08

정전기 에너지

8-1 균일한 구형 전하 분포의 정전기 에너지

8-1 균일한 구형 전하 분포의 정전기 에너지
8-2 축전기의 에너지. 대전된 도체에 작용하는 힘
8-3 이온 결정의 정전기 에너지
8-4 핵 내부에서의 정전기 에너지
8-5 정전기장의 에너지
8-6 점전하의 에너지

복습 과제 :

제1권 4장 〈에너지의 보존〉

제1권 13, 14장 〈일과 위치 에너지〉

고전역학의 역사를 돌이켜 볼 때, 가장 흥미롭고 중요한 사건은 에너지 보존 법칙의 발견이었다. 역학계의 위치 에너지와 운동 에너지를 잘 고려하면 시간에 따른 계의 구체적인 변화 과정을 모르고 있어도 시간적으로 동떨어져 있는 계의 두 상태 사이의 관계를 알 수 있다. 이번 장에서는 정전계(electrostatic system)의 에너지에 대해 생각해 볼 것이다. 에너지 보존 법칙은 전자기학에서도 역시 막강한 위력을 발휘한다.

정전기학에서 상호작용 에너지를 기술하는 법칙은 매우 간단하다. 사실 우리는 이 법칙을 이미 알고 있다. 두 개의 전하 q_1과 q_2가 거리 r_{12}만큼 떨어져 있다고 가정해 보자. 이런 계에는 에너지가 저장되어 있다. 전하를 이런 식으로 배치하려면 어떻게든 일을 해 주어야 하기 때문이다. 두 개의 전하를 아주 먼 곳으로부터 서로 가까이(둘 사이의 거리가 r_{12}가 될 때까지) 가져오는 데 필요한 일은 다음과 같다.

$$\frac{q_1 q_2}{4\pi\epsilon_0 r_{12}} \tag{8.1}$$

그리고 전하가 여러 개 있는 경우, 임의의 전하에 미치는 총 힘은 나머지 전하들이 미치는 힘을 모두 더해 주면 된다(중첩 원리). 따라서 여러 개의 전하들로 이루어진 계의 총 에너지는 각 전하 쌍에 의한 에너지를 모두 더한 것과 같다. 여러 개의 전하들 중 한 쌍의 전하(q_i, q_j)만을 고려했을 때(그림 8-1), 이들 사이의 에너지는

$$\frac{q_i q_j}{4\pi\epsilon_0 r_{ij}} \tag{8.2}$$

이다. 따라서 모든 전하 쌍의 에너지를 더한 총 정전기 에너지 U는 다음과 같다.

$$U = \sum_{\text{모든 쌍}} \frac{q_i q_j}{4\pi\epsilon_0 r_{ij}} \tag{8.3}$$

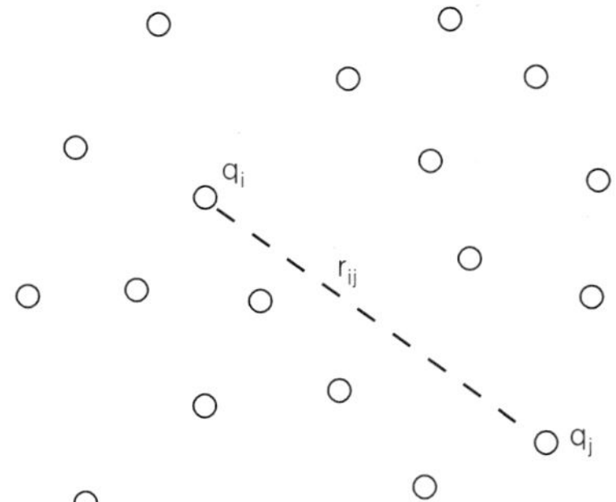

그림 8-1 입자계의 정전기 에너지는 입자 쌍 각각의 정전기 에너지의 총합이다.

전하의 분포가 전하 밀도로 표현된 경우에는 식 (8.3)의 합($\sum$)을 적분으로 바꿔 쓰면 된다.

이 에너지를 두 가지 관점에서 살펴보자. 첫 번째는 에너지의 개념을 정전기

학 문제에 적용해 보는 것이고, 두 번째는 다른 방법으로 에너지를 계산해 보는 것이다. 어떤 특별한 경우에는 식 (8.3)의 합, 또는 그에 해당하는 적분을 계산하는 것보다 일을 직접 계산하는 것이 훨씬 쉽다. 예를 들어, 전하 밀도가 균일한 구형 전하 분포를 만드는 데 필요한 에너지를 계산해 보자. 이것은 전하들을 무한히 먼 지점에서 주어진 구면 위의 지점까지 가져오는 데 필요한 일과 같다.

무한히 얇은 구형 박막을 차곡차곡 쌓아서 구형 전하 분포를 만든다고 가정해 보자. 단계마다 r과 $r+dr$ 사이에 전하를 조금씩 가져다 채워 넣으면서, 최종 반경이 a가 될 때까지 계속해서 구를 만들어 나간다(그림 8-2). 반경이 r이 되었을 때까지 가져온 전하의 총량을 Q_r이라 하면, 여기에 다시 dQ의 전하량을 더하는 데 필요한 일은

$$dU = \frac{Q_r dQ}{4\pi\epsilon_0 r} \tag{8.4}$$

이다. 구의 전하 밀도를 ρ라 하면, 전하량 Q_r은

$$Q_r = \rho \cdot \frac{4}{3}\pi r^3$$

이고, 전하량 dQ는

$$dQ = \rho \cdot 4\pi r^2\, dr$$

이다. 따라서 식 (8.4)는

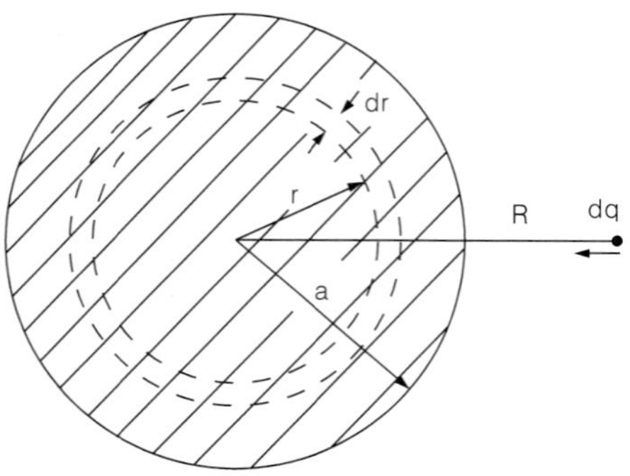

그림 8-2 균일한 구형 전하 분포의 에너지는 구 껍질들을 차곡차곡 쌓아 구를 만든다고 상상함으로써 계산할 수 있다.

$$dU = \frac{4\pi\rho^2 r^4 dr}{3\epsilon_0} \tag{8.5}$$

로 쓸 수 있다. 구형 전하 분포를 형성하는 데 필요한 총 에너지는 dU를 $r=0$에서 $r=a$까지 적분한 값이다. 즉,

$$U = \frac{4\pi\rho^2 a^5}{15\epsilon_0} \tag{8.6}$$

또는 이것을 구의 전체 전하량 Q로 표현하면,

$$U = \frac{3}{5}\frac{Q^2}{4\pi\epsilon_0 a} \tag{8.7}$$

이 된다. 보다시피, 에너지는 총 전하량의 제곱에 비례하고 구의 반경에 반비례함을 알 수 있다. 또한 식 (8.7)로부터 구 내부의 모든 전하 쌍에 대한 $(1/r_{ij})$의 평균값이 $3/5a$라는 해석도 가능하다.

8-2 축전기의 에너지. 대전된 도체에 작용하는 힘

이제 축전기를 대전시키는 데 어느 정도의 에너지가 필요한지 생각해 보자. 축전기의 한쪽 도체판에서 전하량 Q를 취하여 다른 쪽 도체판에 옮겨 놓으면

양쪽 도체판은 $+Q$와 $-Q$로 대전될 것이고, 이때, 축전기에 걸리는 퍼텐셜의 차이는 다음과 같다.

$$V = \frac{Q}{C} \tag{8.8}$$

여기서 C는 축전기의 용량을 나타낸다. 이렇게 축전기를 대전시키려면 어느 정도의 일을 해 주어야 할까? 방금 전과 마찬가지로 전하를 dQ만큼 조금씩 가져와서 대전시켜 나간다고 생각하면, 전하를 가져오는 데 필요한 일은

$$dU = V\,dQ$$

이다. 여기에 식 (8.8)의 표현을 사용하면,

$$dU = \frac{Q\,dQ}{C}$$

가 된다. 이 값을 전하량 0부터 최종 전하량 Q까지 적분해 주면

$$U = \frac{1}{2}\frac{Q^2}{C} \tag{8.9}$$

이 얻어진다. 또는 이 에너지를

$$U = \frac{1}{2}CV^2 \tag{8.10}$$

이라고 쓸 수도 있다.

구형 도체의 축전용량이(전하를 무한히 먼 곳에서 가져올 경우)

$$C_{구} = 4\pi\epsilon_0 a$$

임을 상기하면, 식 (8.9)에서 대전된 구형 도체의 에너지는

$$U = \frac{1}{2}\frac{Q^2}{4\pi\epsilon_0 a} \tag{8.11}$$

임을 바로 알 수 있다. 이것은 물론 총 전하량이 Q인 얇은 구형 박막의 에너지와 같고, 식 (8.7)에서 구한 '균일하게 대전된' 구의 에너지 값의 5/6에 해당된다.

이제 정전기 에너지의 개념을 실제 상황에 적용시켜 보자. 우선, 다음과 같은 질문을 제기해 보자. "축전기의 두 판 사이에 작용하는 힘은 얼마인가? 또는 두 개의 도체가 반대 부호로 대전되어 있을 때, 임의의 축을 중심으로 도체를 회전시키는 데 필요한 토크(torque)는 얼마인가?" 이런 문제들은 식 (8.9)에서 구한 축전기의 정전기 에너지와 가상적 일의 원리(제1권 4장, 13장, 14장)를 이용하면 비교적 쉽게 해결할 수 있다.

이 방법을 이용하여 평행판 축전기의 양면에 걸리는 힘을 계산해 보자. 두 평판 사이의 거리를 원래의 위치에서 Δz만큼 더 벌리려면, 다음과 같은 역학적 일을 해 주어야 한다.

$$\Delta W = F\Delta z \tag{8.12}$$

여기서 F는 두 판 사이에 작용하는 힘이다. 이 일은 축전기에 저장될 것이므로 축전기의 정전기 에너지의 변화량과 같아야 한다.

식 (8.9)에서 축전기의 에너지는 원래

$$U = \frac{1}{2}\frac{Q^2}{C}$$

이었다. 총 전하량은 변하지 않았으므로 에너지의 변화는

$$\Delta U = \frac{1}{2}Q^2\Delta\left(\frac{1}{C}\right) \tag{8.13}$$

이다. 식 (8.12)와 식 (8.13)은 같아야 하므로

$$F\Delta z = \frac{Q^2}{2}\Delta\left(\frac{1}{C}\right) \tag{8.14}$$

이 얻어진다. 또한 이것을

$$F\Delta z = -\frac{Q^2}{2C^2}\Delta C \tag{8.15}$$

로 쓸 수도 있다. 물론 이 힘은 판에 있는 전하들이 서로 당기는 힘이지만, 전하의 구체적인 분포 상황을 알 필요는 없다. 우리에게 필요한 모든 정보는 축전용량의 변화에 모두 들어 있기 때문이다.

이와 같은 접근법은 평판 축전기뿐만 아니라 임의의 모양을 가진 도체에서도 성립되고 다른 방향의 힘의 성분에도 적용될 수 있다. 식 (8.14)에서 F를 우리가 원하는 방향의 힘 성분으로 대치시키고, Δz 대신 해당하는 방향의 미소 변위로 바꿔 쓰면 된다. 또는 어떤 회전축에 붙어 있는 전극에 작용하는 토크 τ를 구하고자 한다면, 가상적 일을 다음과 같이 쓰면 된다.

$$\Delta W = \tau\Delta\theta$$

여기서 $\Delta\theta$는 각도의 작은 변화량을 나타낸다. 물론 $(1/C)$값의 변화 $\Delta(1/C)$도 $\Delta\theta$에 대응되는 식으로 나타날 것이다. 이렇게 하면 그림 8-3과 같은 형태의 가변 축전기에 걸리는 토크를 쉽게 계산할 수 있다.

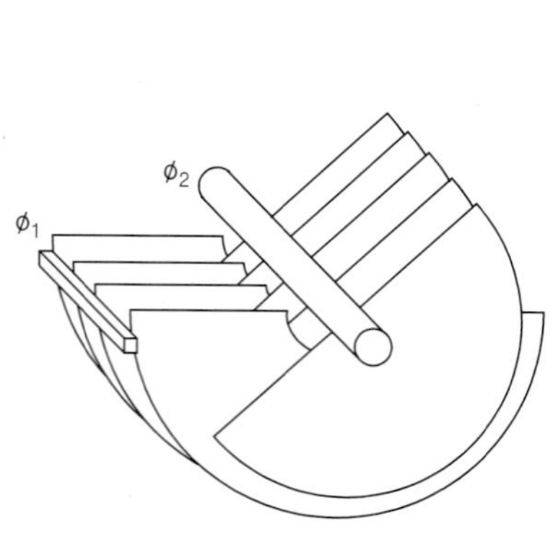

그림 8-3 가변 축전기에 작용하는 토크는 얼마일까?

다시 평행판 축전기의 경우로 돌아가서, 힘을 직접 계산해 보자. 6장에서 유도한 축전용량은

$$\frac{1}{C} = \frac{d}{\epsilon_0 A} \tag{8.16}$$

이고, A는 판의 면적이다. 판 사이의 간격을 Δz만큼 증가시켰을 때, $1/C$의 변화는

$$\Delta\left(\frac{1}{C}\right) = \frac{\Delta z}{\epsilon_0 A}$$

이다. 따라서 식 (8.14)에 의해 평판 사이의 힘은

$$F=\frac{Q^2}{2\epsilon_0 A} \tag{8.17}$$

이 된다.

식 (8.17)을 좀 더 깊이 생각해 보면 힘의 근원을 추적할 수 있다. 평행판의 전하를 $Q=\sigma A$라 하면 식 (8.17)은 다음과 같이 쓸 수 있다.

$$F=\frac{1}{2}Q\frac{\sigma}{\epsilon_0}$$

또한 평행판 사이의 전기장은

$$E_0=\frac{\sigma}{\epsilon_0}$$

이므로, 힘은

$$F=\frac{1}{2}QE_0 \tag{8.18}$$

로 표현된다.

즉, 평판에 걸리는 힘은 (평판 위의 전하량 Q) × (전하에 작용하는 전기장)으로 표현된다. 한 가지 이상한 것은 앞에 1/2이 곱해져 있다는 점이다. 왜 이렇게 되었을까? E_0가 '전하가 있는 위치에서의 전기장'이 아니기 때문이다. 그림 8-4에서와 같이 평행판 위의 전하들이 표면에 얇은 층으로 분포되어 있다고 가정하면 전기장은 전하가 분포하는 층의 안쪽 경계에서 0이고 평행판의 바깥쪽 공간에서는 E_0이므로 표면 전하에 미치는 평균 전기장은 $E_0/2$가 된다. 식 (8.18)에 상수 1/2이 붙어 있는 것은 바로 이런 이유 때문이다.

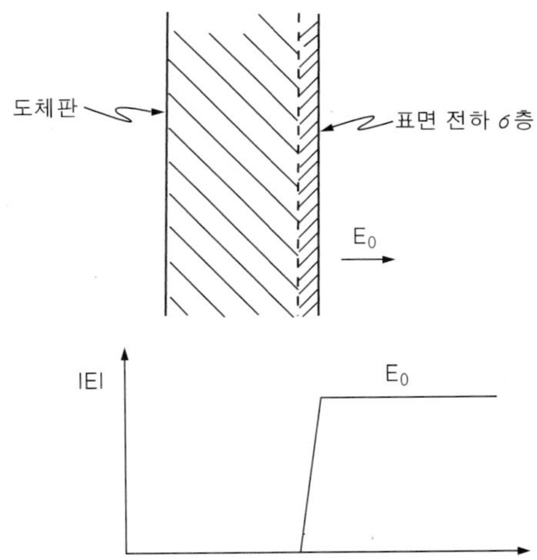

그림 8-4 도체 표면의 전기장은 표면 전하층을 통과할 때 0에서 $E_0=\sigma/\epsilon_0$로 바뀐다.

우리는 가상적 일을 계산할 때, 평행판에 있는 총 전하량이 변하지 않는다고 가정했었다. 평행판은 전기적으로 다른 물체와 연결되어 있지 않기 때문에 총 전하량은 변하지 않는다.

평행판의 양단에 걸리는 퍼텐셜 차가 항상 일정한 상태에서 가상적 변위를 고려하면 상황이 어떻게 달라지는지 알아보자. 이런 경우에는 식

$$U=\frac{1}{2}CV^2$$

과 함께, 식 (8.15) 대신 다음 식을 이용해야 한다.

$$F\Delta z=\frac{1}{2}V^2\Delta C$$

이 경우 힘은 식 (8.15)에서 얻은 값과 크기는 같고($V=Q/C$이므로) 부호가 반대이다! 분명한 것은, 퍼텐셜 차를 일정하게 유지시켜 주는 전원을 차단해도 축전기 판 사이에 걸리는 힘의 방향이 바뀌지는 않는다는 것이다. 또한 반대 전하로 대전된 두 평행판 사이에는 서로 당기는 인력이 작용한다. 따라서 이 경우

에는 가상적 일의 원리가 잘못 적용되었다. 전원에 해 주어야 하는 가상적 일을 고려하지 않은 것이다. 즉, 축전용량이 변할 때 퍼텐셜 차를 V로 일정하게 유지하려면, 전원으로부터 $V\Delta C$만큼의 전하가 공급되어야 한다. 그런데 이 전하는 퍼텐셜 차가 V인 상태에 더해졌으므로, 전압을 일정하게 유지하기 위해 전원이 해 준 일은 $V^2\Delta C$이다. 즉, 역학적으로 해 준 일 $F\Delta z$뿐만 아니라 외부 전하를 가져오는 데 드는 전기적인 일 $V^2\Delta C$도 고려해 주어야 하는 것이다. 이 둘을 더한 것이 바로 축전기의 에너지 변화량이다. 이렇게 생각하면 다시 $F\Delta z = -\frac{1}{2}V^2\Delta C$로 되돌아오게 된다.

8-3 이온 결정의 정전기 에너지

이번에는 정전기 에너지의 개념을 원자물리에 적용해 보자. 원자 사이의 힘은 측정하기가 결코 쉽지 않지만, 원자의 배열 상태가 바뀌면서(화학 반응 등의 경우) 나타나는 에너지의 차이에 관심을 두는 경우가 종종 있다. 근본적인 수준에서 따지고 보면 원자들 사이에 작용하는 힘은 결국 전기력이므로, 모든 화학적 에너지는 사실상 전기적 에너지라고 볼 수 있다.

이온격자(ionic lattice)의 정전기 에너지를 예로 들어 보자. NaCl(소금)과 같은 이온 결정은 양이온과 음이온이 모여 견고한 구형을 이루고 있다. 이들은 전기력에 의해 거의 붙을 때까지 끌어당기지만, 더 가까이 접근하려고 하면 강한 반발력이 작용하기 시작한다.

그러므로 소금 결정 속의 원자들은 견고한 구형 집단으로 근사할 수 있다. X선 회절 실험에 의하면, NaCl 결정은 3차원 정육면체 모양의 격자 구조를 갖고 있다. 그림 8-5는 이 결정의 한 단면으로서, 이온들 사이의 거리는 2.81Å(= 2.81×10^{-8}cm)이다.

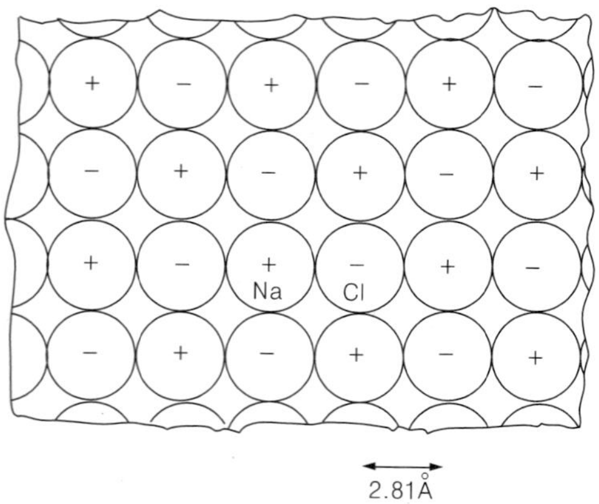

그림 8-5 원자적 스케일에서 본 소금 결정의 단면. Na 이온과 Cl 이온의 격자 배열은 위에 보이는 단면에 수직한 양쪽 단면에서도 동일하다(제1권 그림 1-7 참조).

이런 식의 결정 모형이 과연 옳은 것일까? 이것은 다음과 같은 질문을 통해 검증될 수 있다. "모든 이온들을 결정에서 분리시키는 데 필요한 에너지, 즉 결정을 완전히 이온화시키는 데 필요한 에너지는 얼마인가?" 이 에너지는 소금(NaCl)을 완전히 기화시키는 데 필요한 에너지와, 모든 소금 분자를 Na^+와 Cl^- 이온으로 분리시키는 데 필요한 에너지의 합과 같을 것이다. 실험에 의하면 NaCl 분자 하나당 이온화시키는 데 필요한 총 에너지는 7.92ev이다. 단위 변환을 하면,

$$1\text{ev} = 1.602 \times 10^{-19}\text{joule}$$

이고, 1몰당 분자의 수는 아보가드로 수

$$N_0 = 6.02 \times 10^{23}$$

이므로, 소금을 기화시켜 완전히 이온으로 분해하는 데 필요한 에너지는

$$W = 7.64 \times 10^5\,\text{joules/mole}$$

로도 쓸 수 있다. 물리화학자들은 킬로칼로리(kilocalorie)라는 단위를 즐겨 사

용하는데, 1kcal는 4190joule에 해당된다. 즉, 1ev/mole은 23kcal/mole이다. 화학자라면, 소금 1몰을 모두 이온화시키는 데

$$W = 183\text{kcal/mole}$$

의 에너지가 필요하다고 말할 것이다.

결정에서 이온들을 모두 떼어 내는 데 필요한 일을 계산함으로써, 화학적 에너지를 이론적으로 구할 수 있을까? 우리의 이론에 따르면, 이 과정에 소요되는 총 일의 양은 모든 소금 이온쌍들 사이의 위치 에너지의 합과 같다. 이 합을 구하는 가장 쉬운 방법은 결정 속에서 특정한 이온 한 개를 골라내 다른 모든 이온들과의 사이에서 발생하는 위치 에너지를 계산하는 것이다. 그런데 이런 식으로 계산하면 우리가 원하는 에너지 값의 두 배가 얻어진다. 왜냐하면 이 에너지는 '이온쌍'에 대한 에너지이기 때문이다. 특정 이온 하나에 대한 에너지를 원한다면 이 값을 2로 나눠야 한다. 그러나 한 개의 소금 분자에는 두 개의 이온이 있으므로 위에서 구한 값은 분자 하나당 에너지와 일치한다.

가장 가까운 이온들 사이의 에너지는 e^2/a이다. 여기서 a는 이온의 중심과 중심 사이의 거리이고 e^2은 $q_e^2/4\pi\epsilon_0$이다(지금 다루고 있는 것은 일가의 이온이다). 이 값은 5.12ev인데, 위에서 말한 실험값 7.92ev와 크게 다르지 않다. 그러나 정확한 값을 알려면 무한히 많은 이온들의 효과를 모두 더해 주어야 한다.

우선 같은 줄에 있는 이온들에 대한 항들을 모두 더해 보자. 그림 8-5의 Na 이온을 기준으로 잡고 이것과 동일 수평선 상에 있는 이온들을 생각해 보자. 이때 가장 가까운 이온은 a의 거리에 있는 두 개의 Cl 음이온이며, 그다음으로 $2a$의 거리에 두 개의 Na 양이온이 있다. 이런 식으로 계속 더해 나갔을 때, 에너지의 합을 U_1이라고 하면

$$\begin{aligned} U_1 &= \frac{e^2}{a}\left(-\frac{2}{1}+\frac{2}{2}-\frac{2}{3}+\frac{2}{4}+\cdots\right) \\ &= -\frac{2e^2}{a}\left(1-\frac{1}{2}+\frac{1}{3}-\frac{1}{4}+\cdots\right) \end{aligned} \tag{8.19}$$

이다. 이 급수는 천천히 수렴하기 때문에 계산이 쉽지는 않지만 ln 2로 수렴한다는 사실이 알려져 있다. 따라서 에너지는 다음과 같다.

$$U_1 = -\frac{2e^2}{a}\ln 2 = -1.386\frac{e^2}{a} \tag{8.20}$$

다음으로, 바로 위 줄을 생각해 보면 가장 가까운 것은 거리 a에 있는 음이온이며, 그다음은 $\sqrt{2}a$의 거리에 있는 양이온이다. 그다음은 $\sqrt{5}a$, $\sqrt{10}a\cdots$, 등의 순서로 계속된다. 이들을 모두 더하면 다음과 같다.

$$\frac{e^2}{a}\left(-\frac{1}{1}+\frac{2}{\sqrt{2}}-\frac{2}{\sqrt{5}}+\frac{2}{\sqrt{10}}\cdots\right) \tag{8.21}$$

이와 같은 방법으로 모든 줄에 의한 효과를 더해 주면

$$U = -1.747 \frac{e^2}{a}$$

이 되며, 식 (8.20)에서 한 줄만 고려했던 것보다 조금 큰 값이 얻어진다. $e^2/a = 5.12$ev이므로,

$$U = -8.94\text{ev}$$

이다. 우리가 구한 답은 실험값보다 약 10%정도 크다. 이것은 결정 전체가 전기력(쿨롱의 힘)으로 지탱된다는 우리의 아이디어가 근본적으로 옳다는 것을 보여주는 증거이다. 이로써 우리는 원자물리학을 이용하여 거시적인 물질의 특성을 설명하는 데 성공했다. 좀 더 다양한 사례들에 관해서는 나중에 공부하게 될 것이다. 이와 같이, 원자에 적용되는 법칙들로부터 거시적 물질의 특성을 연구하는 분야를 '고체물리학(solid-state physics)'이라고 한다.

그렇다면 10%의 오차는 어디서 발생한 것인가? 우리의 계산이 실험값과 일치하지 않는 이유는 무엇인가? 이온들이 너무 가까워지면 반발력이 작용하기 때문이다. 이온들은 완벽하게 딱딱한 구가 아니므로, 서로 가까워지면 부분적으로 일그러질 수밖에 없다. 물론 이온의 집합은 흐물흐물하지도 않기 때문에 아주 조금 일그러질 것이다. 그러나 이온의 모양을 변형시키는 데 약간의 에너지가 소모되며, 이온들이 자유롭게 서로 멀어지면 이 에너지는 방출된다. 이온들을 모두 자유롭게 해체시키는 데 필요한 실제 에너지는 우리가 계산한 값보다 조금 작다. 정전기적 인력을 극복하는 데 이온들 사이의 반발력이 약간의 도움을 주는 것이다.

그렇다면 이러한 반발력을 계산에 포함시킬 수는 없을까? 반발력에 관한 법칙을 알고 있다면 진작에 고려했을 것이다. 안타깝게도 반발력의 세부 메커니즘은 아직 알려지지 않았지만, 거시적 스케일에서 측정한 결과를 분석함으로써 반발력의 대략적인 특성을 이해할 수는 있다. 결정 전체의 '압축률'을 측정하면 이온들 사이의 반발력을 좌우하는 법칙을 정량적으로 이해할 수 있으므로, 그것이 결정의 이온화 에너지에 기여하는 정도도 대략적으로 알 수 있다. 물리학자들은 이런 식의 분석법을 이용하여 반발력의 기여도가 정전기적 인력에 의한 기여도의 1/9.4정도라는 사실을 알아냈다(물론 부호는 반대이다). 이렇게 구한 반발 에너지를 정전기적 인력만 고려해서 계산된 에너지에서 빼면, 단위 분자당 이온화 에너지가 7.99ev라는 결론이 내려진다. 이는 측정값인 7.92ev에 더 가까운 값이긴 하지만 아직도 완전히 일치하지는 않는다. 여기에는 고려해야 할 사항이 한 가지 더 있다. 결정의 진동에 의한 운동 에너지도 고려해야 한다. 진동 효과를 고려하여 에너지를 보정해 주면 드디어 실험값과 거의 일치하게 된다. 결국 NaCl과 같은 결정이 갖고 있는 에너지가 대부분 정전기적 에너지라는 우리의 가정이 옳았던 것이다.

8-4 핵 내부에서의 정전기 에너지

원자물리학 분야에서 정전기 에너지와 관련된 또 다른 예를 들어 보자. 좀

더 구체적으로 말해서, 지금부터는 원자핵(atomic nucleus)의 정전기 에너지에 대해 설명할 것이다. 본론으로 들어가기 전에, 우선 양성자와 중성자를 원자핵 내부에 가둬 두는 '핵력'이라는 강력한 힘에 대하여 몇 가지 알아 둘 것이 있다. 원자핵 및 그 구성원인 양성자와 중성자가 처음 발견되었을 무렵에 많은 물리학자들은 "핵자(양성자와 중성자)들 사이에 작용하는 강력도 거리의 제곱에 반비례하는 전기력처럼 어떤 단순한 법칙을 따를지도 모른다"는 순진한 예상을 했었다. 양성자들 사이에 작용하는 힘을 비롯하여 양성자와 중성자, 그리고 중성자와 중성자 사이에 작용하는 힘의 법칙을 알아내기만 하면, 핵자의 특성을 이론적으로 완벽하게 규명할 수 있다고 생각했던 것이다. 이리하여 물리학자들은 핵자들 사이에 작용하는 힘의 법칙을 알아내기 위해 양성자 충돌 실험을 수행하는 거대한 프로젝트를 수행하였다. 그러나 30여 년간의 끈질긴 연구에도 불구하고 단순한 법칙은 발견되지 않았다. 양성자들 사이에 작용하는 힘에 대해서는 엄청난 지식이 축적되었지만, 이들을 한데 묶어 주는 강력(핵력)의 얼개는 눈이 돌아갈 정도로 복잡했다. 핵력을 좌우하는 변수들이 너무 많았기 때문이다.

핵력이 갖고 있는 유별난 특징들을 나열해 보면 다음과 같다. 첫째, 핵력은 전자기력과 달리 두 입자 사이의 거리에만 의존하는 간단한 함수로 나타낼 수 없다. 먼 거리에서는 인력으로 작용하지만, 거리가 가까워지면 척력으로 작용하기 시작한다. 거리에 대한 의존성은 매우 복잡한 함수로 나타나는데, 구체적인 형태는 아직 완전히 밝혀지지 않았다.

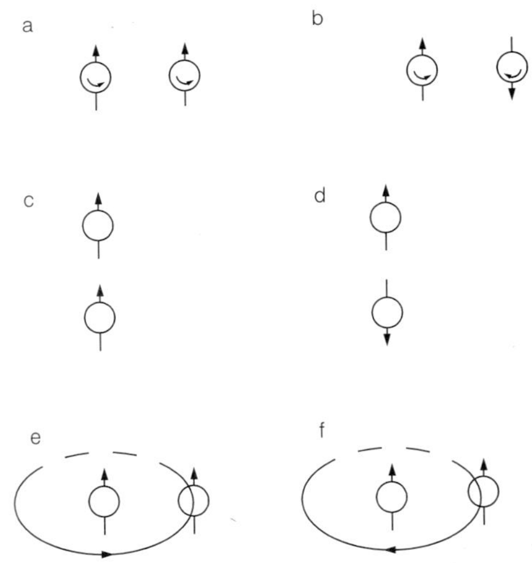

그림 8-6 두 양성자 사이에 작용하는 힘을 좌우하는 요인은 여러 가지가 있다.

둘째, 핵력은 양성자의 스핀 방향에 따라 달라진다. 양성자는 고유의 스핀을 갖고 있는데, 상호작용하는 임의의 두 양성자의 스핀은 같은 방향이거나 정반대 방향, 두 가지 경우가 가능하다. 그리고 그림 8-6(a)와 (b)처럼, 스핀이 평행일 때와 반평행일 때 이들 사이의 핵력은 달라진다. 그냥 달라지는 정도가 아니라 '완전히' 달라진다.

셋째, 그림 8-6의 (c)와 (d)처럼 두 개의 양성자가 스핀 축과 '평행하게' 놓여 있는 경우와 (a)와 (b)처럼 스핀 축과 '수직하게' 놓여 있는 경우에도 핵력은 매우 크게 달라진다.

넷째, 핵력은 자기력과 마찬가지로 양성자의 속도에 따라 달라지는데, 그 달라지는 정도가 자성의 경우보다 훨씬 크게 나타난다. 그리고 핵력이 핵자의 속도에 따라 변하는 것은 상대론적 효과와는 별개의 현상이다. 입자의 이동 속도가 광속보다 훨씬 느릴 때에도 상호작용은 매우 강하게 나타난다. 게다가 핵력의 특성을 좌우하는 것은 관련 입자의 속도뿐만이 아니다. 예를 들어 한 양성자가 다른 양성자 근처에서 움직일 때, 그림 8-6의 (e)와 같이 궤도 각운동량의 방향이 스핀 방향과 일치하는 경우와 (f)처럼 스핀 방향과 반대 방향으로 회전하는 경우, 핵력은 각기 다르게 작용한다. 이러한 특성을 핵력의 '스핀 궤도 부분(spin orbit part)'이라고 한다.

양성자와 중성자, 그리고 중성자와 중성자 사이에 작용하는 힘도 매우 복잡하다. 이 힘의 정체는 아직도 명확하게 규명되지 않고 있다. 알고 있는 사항을 일일이 나열한다면 꽤 긴 목록을 작성할 수 있지만, 단순하고 우아한 법칙으로 축약할 수 없다는 것이 문제이다.

이 모든 사실에도 불구하고, 핵력에는 '단순한' 측면도 있다. 두 개의 중성자 사이에 작용하는 핵력과 두 개의 양성자 사이에 작용하는 핵력, 그리고 양성자와 중성자 사이에 작용하는 핵력이 모두 동일하다는 것이다! 양성자를 중성자로 (또는 그 반대로) 바꿔 놓아도 핵력은 변하지 않는다. 근본적인 이유는 밝혀지지 않았지만, 이것은 π중간자(π-meson)와 기묘한 입자(strange particles) 등 강한 상호작용을 하는 입자들에 한결같이 적용되는 중요한 특성들 중 하나이다.

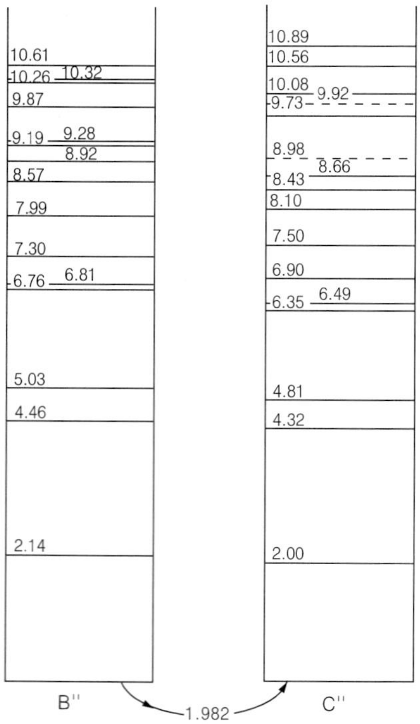

그림 8-7 B^{11}과 C^{11}의 에너지 준위(에너지의 단위는 Mev). C^{11}의 바닥상태 에너지는 B^{11}의 바닥상태 에너지보다 1.982Mev 만큼 높다.

비슷한 핵자들의 에너지 준위를 비교해 보면 이러한 사실을 분명하게 알 수 있다. 양성자 5개와 중성자 6개로 이루어진 B^{11}(보론)의 원자핵을 예로 들어 보자. 핵을 구성하는 11개의 입자들은 서로 핵력을 주고받으면서 복잡하기 그지없는 춤을 추고 있다. 이들이 취할 수 있는 모든 가능한 상태들 중에서 에너지가 가장 낮은 상태를 '바닥상태(ground state)'라고 한다. 핵이 고에너지의 양성자나 다른 입자들에 의해 교란되면 바닥상태를 벗어나 '들뜬상태(excited state)'에 놓이게 된다. 물론, 들뜬상태의 에너지는 바닥상태보다 높다. 핵물리학자들은 [칼텍의 켈로그(Kellogg) 실험실이나 슬로안(Sloan) 실험실 등에 있는] 밴더그래프(Van de Graaff) 발전기를 이용하여 들뜬상태의 에너지를 비롯한 다양한 특성들을 결정한다. 그림 8-7의 왼쪽에는 B^{11}의 바닥상태부터 위쪽으로 들뜬상태 15개의 에너지가 1차원 그래프로 제시되어 있다. 가장 아래의 수평선은 바닥상태를 나타낸다. 첫 번째 들뜬상태는 바닥상태보다 2.14Mev 높은 에너지를 갖고 있으며, 그다음 들뜬상태의 에너지는 바닥상태보다 4.46Mev 위에 있고…… 등이다. 핵물리학의 연구 목표는 이렇게 복잡한 패턴으로 나타나는 에너지 준위 분포를 이론적으로 설명하는 것이다. 그러나 핵의 에너지 준위를 설명하는 완벽한 이론은 아직 정립되지 않았다.

B^{11} 원자핵에서 중성자 하나를 양성자로 바꿔 놓으면 탄소 동위원소의 핵인 C^{11}이 된다. C^{11} 원자핵의 가장 낮은 16개 들뜬상태도 실험을 통해 알려져 있는데, 이 결과는 그림 8-7의 오른쪽에 그려져 있다(점선으로 표시된 부분은 측정값이 불확실하다는 뜻이다).

그림 8-7을 보면 두 핵의 에너지 준위가 매우 유사한 패턴을 보인다는 것을 알 수 있다. 첫 번째 들뜬상태는 두 핵 모두 바닥상태보다 2Mev정도 위에 있다. 그다음으로, 첫 번째와 두 번째 들뜬상태 사이에는 2.3Mev정도의 간격이 존재하며, 0.5Mev정도만 살짝 뛰면 세 번째 준위에 닿게 된다. 네 번째와 다섯 번째 준위 사이는 크게 벌어져 있으며, 다섯 번째와 여섯 번째 준위 사이는 0.1Mev정도로 간격이 매우 좁다. B^{11}과 C^{11}의 원자핵의 에너지 준위는 이와 같이 유사한 패턴으로 계속된다. 열 번째 준위를 넘어가면 유사성이 점차 사라지는 것처럼 보이지만, 에너지를 결정짓는 다른 특성들(각운동량이나 여분의 에너지를 방출하는 방식 등)을 고려하면 유사성은 여전히 계속된다. 우연의 일치라고 보기에는 너무나 비슷하지 않은가? 아무래도 무언가 심오한 법칙이 배후에 숨어 있는 것 같다. 우리는 B^{11}과 C^{11}의 유사성으로부터 "핵의 내부에서 중성자를 양성자로 (또는 그 반대로) 바꿔 놓는다 해도 상황은 크게 달라지지 않는다"는 추론을 제

기할 수 있다. 즉, 중성자끼리의 상호작용과 양성자끼리의 상호작용이 거의 동일하다는 뜻이다. 만일 그렇다면 양성자 5개와 중성자 6개로 이루어진 원자핵은 양성자 6개와 중성자 5개로 이루어진 원자핵과 같다고 볼 수 있다.

B^{11}과 C^{11}의 비교를 통해서는 중성자와 양성자 사이의 상호작용에 대해 아무런 정보도 얻을 수 없다. 왜냐하면 이들 두 핵에서 양성자와 중성자로 만들어 낼 수 있는 조합의 수가 똑같기 때문이다. 그러나 양성자 6개와 중성자 8개로 이루어진 C^{14}의 원자핵과, 양성자 7개, 중성자 7개로 이루어진 N^{14}의 원자핵을 비교해 봐도, 에너지 준위 사이에 분명한 유사성이 존재한다. 그러므로 p-p, n-n, 그리고 p-n의 상호작용은 복잡하긴 하지만 거의 동일하다는 결론을 내릴 수 있다. 이와 같이, 핵력에는 예상 밖의 원리가 존재한다. 핵자들의 상호작용은 매우 복잡한 형태로 일어나지만, 한 쌍의 조합이 어떻게 이루어져 있건 간에, 이들 사이에 작용하는 힘은 동일하다는 것이다.

그러나 약간의 차이점은 있다. 그림 8-7에서 보다시피, 에너지 준위는 정확하게 일치하지 않는다. 또한 C^{11}의 바닥상태 에너지는 B^{11}의 바닥상태 에너지보다 1.982Mev만큼 크다(다시 말해서, 질량이 다르다). 다른 에너지 준위들도 이와 동일한 차이를 보이고 있다. 따라서 양성자와 중성자의 상호작용은 완전히 같지 않다. 물론, 전기력을 포함한 '전체' 힘은 당연히 다를 수밖에 없다. 양성자들 사이에는 전기력이 작용하지만, 전기적으로 중성인 중성자들 사이에는 전기력이 작용하지 않기 때문이다. 혹시 B^{11}과 C^{11}의 차이라는 것이 전기적 상호작용에 기인하는 것은 아닐까? 에너지 준위들 사이의 세부적인 차이들도 전기력 때문에 생긴 것은 아닐까? 핵력은 전기력보다 엄청나게 강하기 때문에, 전기적인 효과는 핵의 에너지 준위에 그다지 큰 영향을 미치지 않을 것이다.

이 논리를 계속 밀고 나가면 어떤 결론이 내려질 것인가? 이 점을 확인하려면 먼저 B^{11}과 C^{11}의 바닥상태 에너지가 다른 이유를 규명해야 한다. 일단은 원자핵을 Z개의 양성자로 이루어진 반경 r의 구로 가정해 보자. 여기에 전하가 균일하게 분포되어 있다면 구의 정전기 에너지는 식 (8.7)로부터

$$U = \frac{3}{5}\,\frac{(Zq_e)^2}{4\pi\epsilon_0 r} \tag{8.22}$$

으로 주어진다. 여기서 q_e는 양성자의 전하량이다. B^{11}은 $Z=5$이고 C^{11}은 $Z=6$이므로 정전기 에너지가 같지 않다.

그런데 지금과 같이 양성자의 개수가 적은 경우에 식 (8.22)는 그다지 좋은 결과를 주지 못한다. 양성자를 점전하로 간주하고 전하가 구 전체에 골고루 퍼져 있다는 가정하에 모든 양성자 쌍 사이의 전기적 에너지를 계산한다면 식 (8.22)에서 Z^2은 $Z(Z-1)$로 대치되어야 한다. 따라서 정전기 에너지는

$$U = \frac{3}{5}\,\frac{Z(Z-1)\,q_e^2}{4\pi\epsilon_0 r} = \frac{3}{5}\,\frac{Z(Z-1)\,e^2}{r} \tag{8.23}$$

이다. 핵의 반경 r을 알고 있으면 식 (8.23)을 이용하여 B^{11}과 C^{11}의 정전기 에너지와 이들 사이의 차이를 계산할 수 있겠지만, 지금은 정반대로 논리를 진행시

킬 것이다. 즉, 바닥상태 에너지의 차이가 전적으로 정전기 에너지의 차이에 기인한다는 가정하에, 측정된 에너지 값으로부터 핵의 반경을 계산할 것이다.

이런 생각이 전적으로 옳은 것은 아니다. B^{11}과 C^{11}의 바닥상태 에너지 차이 1.982Mev에는 정지 질량 에너지가 포함되어 있기 때문이다. 즉, 모든 입자들이 갖고 있는 정지 질량 에너지 mc^2이 바닥상태 에너지에 이미 반영되어 있는 것이다. B^{11} 원자핵에서 중성자 하나를 양성자로 바꾸면 C^{11} 원자핵이 된다. 그런데 양성자는 중성자보다 질량이 작으므로 에너지 차이 중 일부는 양성자와 중성자의 정지 질량 에너지의 차이에서 기인한 것이며, 이 값은 0.784Mev이다.* 따라서 순전히 정전기적 에너지로 설명되어야 할 에너지의 차이는 1.982Mev보다 크다. 즉, 정전기적 에너지의 차이는

$$1.982 + 0.784\text{Mev} = 2.766\text{Mev}$$

이다.

이 값을 이용하여 식 (8.23)에서 B^{11} 또는 C^{11} 핵의 반경을 구하면

$$r = 3.12 \times 10^{-13}\text{cm} \tag{8.24}$$

가 된다.

이 값을 얼마나 신뢰할 수 있을까? 다른 방법으로 핵의 반경을 구하여 식 (8.24)와 비교해 보면 위의 논리를 검증할 수 있을 것이다. 예를 들어, 고속의 입자들을 핵에 충돌시켜서 산란되는 양상을 관찰하면 핵의 반경을 측정할 수 있다. 물리학자들은 이와 같은 실험을 통해, 핵 내부의 모든 곳에서 밀도가 균일하다는 사실을 알아냈다. 즉, 핵의 부피는 핵을 구성하는 입자 수에 비례한다는 것이다. 양성자와 중성자의 개수(합)를 A라 하면(A는 거의 핵의 질량에 비례하는 숫자이다) 측정 결과 핵의 반경은

$$r = A^{1/3} r_0 \tag{8.25}$$

로 주어진다는 것을 알아냈는데, 여기서

$$r_0 = 1.2 \times 10^{-13}\text{cm} \tag{8.26}$$

이다.

이로부터 계산된 B^{11}(또는 C^{11}) 원자핵의 반경은

$$r = (1.2 \times 10^{-13})\,(11)^{1/3} = 2.7 \times 10^{-13}\text{cm}$$

정도이다.

이 결과를 (8.24)와 비교해 보면, B^{11}과 C^{11}의 에너지 차이가 정전기적 현상에서 기인한다는 우리의 가정이 타당하다는 것을 알 수 있다(두 값의 차이는 약 15%정도이다. 핵물리학과 관련된 첫 번째 계산 치고는 제법 정확하다!).

---

* 중성자와 양성자의 정지 질량 차이는 0.784Mev가 아니라 1.293Mev이다. 0.784Mev는 C^{11}이 B^{11}으로 베타 붕괴할 때 핵에서 빠져나오는 양전자의 정지 에너지를 1.293Mev에서 빼 준 값이다.

이론과 실험이 정확하게 일치하지 않는 이유는 다음과 같다. 지금까지 알려진 바에 의하면, 원자핵 내부의 중성자 5개와 양성자 5개는 단단한 덩어리(core)로 뭉쳐 있다. 여기에 핵자 하나가 더해지면, 이 입자는 덩어리에 흡수되지 않고 외곽을 공전하면서 핵의 새로운 구 껍질을 형성한다. 이것이 사실이라면 추가해 준 양성자에 대해서는 정전기 에너지 값을 다르게 잡아야 한다. B^{11}에 대한 C^{11}의 에너지 초과분을

$$\frac{Z_B q_e^2}{4\pi\epsilon_0 r}$$

이라 하면, 이것은 덩어리의 외곽에 한 개의 양성자를 추가하는 데 필요한 에너지에 해당된다. 이 값은 식 (8.23)으로 예측된 값의 5/6이다. 따라서 반경의 새로운 예상치는 식 (8.24)의 5/6이며, 이 값은 직접 측정해서 얻은 반경 값에 좀 더 가깝다.

이로부터 우리는 두 가지 결론을 내릴 수 있다. 첫째, 10^{-13}cm라는 극미의 영역에서도 전기적 법칙은 여전히 적용되고 있다. 둘째, 양성자와 양성자, 중성자와 중성자 그리고 양성자와 중성자 사이에 작용하는 힘 중에서 전기력과 '무관한' 부분은 모두 동일하다.

8-5 정전기장의 에너지

이번에는 정전기장의 에너지를 다른 방법으로 계산해 보자. 이 방법도 기본식 (8.3)과 같이 모든 전하 쌍들 사이의 에너지를 더하는 것에서 출발한다. 우선, 전하의 분포에 대한 에너지 식을 다시 한번 상기해 보자. 미소 체적 dV 속에는 전하가 $\rho\, dV$만큼 있으므로, 식 (8.3)은

$$U = \frac{1}{2}\int_{\text{전 공간}} \frac{\rho(1)\,\rho(2)}{4\pi\epsilon_0 r_{12}}\, dV_1 dV_2 \tag{8.27}$$

로 쓸 수 있다. 적분 기호 앞에 곱해진 $\frac{1}{2}$은 dV_1과 dV_2에 대한 이중 적분 과정에서 동일한 쌍에 의한 에너지가 두 번 더해진 것을 보정해 주는 상수이다(애초부터 두 번 더해지지 않도록 적분 구간을 조절할 수도 있지만, 그러면 표현법과 계산이 모두 번거로워진다). 식 (8.27)에서 dV_2에 대한 적분은 바로 점 (1)에서의 퍼텐셜에 해당된다. 즉,

$$\int \frac{\rho(2)}{4\pi\epsilon_0 r_{12}}\, dV_2 = \phi(1)$$

이다. 이를 사용하여 식 (8.27)을 다시 쓰면

$$U = \frac{1}{2}\int \rho(1)\,\phi(1)\, dV_1$$

이 된다. 이 식에는 점 (2)가 등장하지 않으므로, 다음과 같이 간단하게 표기할 수 있다.

$$U = \frac{1}{2}\int \rho\phi\, dV \tag{8.28}$$

식 (8.28)은 다음과 같이 해석될 수 있다. "전하 $\rho\, dV$에 의한 퍼텐셜 에너지는 이 전하량에 그 위치에서의 퍼텐셜을 곱한 값과 같다." 따라서 전체 에너지는 $\phi\rho\, dV$를 적분하여 $\frac{1}{2}$을 곱한 값이 된다. $\frac{1}{2}$이 계속 따라다니는 이유는 앞서 말한 대로 에너지를 두 번 더했기 때문이다. 두 전하 q_1, q_2 사이의 상호 에너지는 "q_2에 의해 q_1이 있는 지점에 형성된 퍼텐셜×q_1"으로 해석할 수도 있고, 또는 "q_1에 의해 q_2가 있는 지점에 형성된 퍼텐셜×q_2"로 볼 수도 있다. 따라서 두 개의 점전하에 의한 에너지는

$$U = q_1\phi(1) = q_1\frac{q_2}{4\pi\epsilon_0 r_{12}}$$

또는

$$U = q_2\phi(2) = q_2\frac{q_1}{4\pi\epsilon_0 r_{12}}$$

이며, 다음과 같은 형태로 쓸 수도 있다.

$$U = \frac{1}{2}[q_1\phi(1) + q_2\phi(2)] \tag{8.29}$$

식 (8.28)의 적분은 식 (8.29)에서 괄호 안에 들어 있는 두 항의 합에 해당된다. 이것이 바로 인자 $\frac{1}{2}$이 곱해져야 하는 이유이다.

한 가지 흥미로운 질문을 던져 보자. 정전기 에너지는 대체 어디에 저장되어 있는가? 여러분 중에는 "에너지가 어디에 있건, 그게 무슨 상관입니까? 그건 의미 없는 질문 아닌가요?"라며 반론을 제기하고 싶은 사람도 있을 것이다. 전하 두 개가 있으면 이들의 상대적 배치에 따라 퍼텐셜 에너지가 결정된다. 이런 상황에서 에너지가 어느 쪽 전하에 저장되어 있는지, 또는 두 전하 사이의 공간에 저장되어 있는지를 굳이 따질 필요가 있을까? 에너지 보존 법칙을 생각하면, 사실 이런 질문은 의미가 없다. 어떠한 상황에서도 총 에너지가 변하지 않는다면 에너지가 저장되어 있는 위치를 굳이 따지고 들 필요는 없다.

그러나 열역학에 자주 등장하는 열에너지는 분명한 위치를 갖고 있으므로, 이런 맥락에서 생각해 보면 에너지의 위치를 논하는 것어 의미를 가질 수도 있다. 즉, 에너지 보존 법칙을 더욱 넓은 공간으로 확장시키면 한정된 공간 안에서 에너지가 변했을 때 '에너지가 공간 밖으로 흘러 나갔다'고 생각할 수 있다. 과거에 이야기했던 에너지 보존 법칙에 의하면, 일정량의 에너지가 한 곳에서 갑자기 사라지고 동시에 멀리 떨어진 곳에 갑자기 나타난다 해도 에너지 보존 법칙은 여전히 성립한다(즉, 에너지가 두 지점 사이의 공간을 흘러가는 구체적인 과정이 없어도 에너지 보존 법칙에 위배되지 않는다). 그러므로 '에너지가 국소적으로 이곳에서 저곳으로 흘러간다'는 위의 해석은 이러한 기존의 에너지 보존 법칙을 확장한 아이디어로서, 국소적 에너지 보존 원리(principle of the local conservation of energy)라고 한다. 임의의 체적 안에서 에너지가 변했다면 그에 상응

하는 에너지가 밖으로 유출되거나 안으로 유입된다는 것이 이 원리의 핵심이다. 이런 식으로 생각하면 에너지가 국소적으로 보존되는 것이 가능해질 뿐만 아니라, 전체 에너지 보존 법칙보다 더욱 세련된 형태로 에너지의 흐름을 설명할 수 있다. 실제로 자연계에서 에너지는 '국소적으로' 보존된다. 우리는 공간상에서 에너지의 위치와 흐름을 알려 주는 공식을 찾을 수 있다.

물리적으로도 이 개념을 뒷받침할 근거를 찾을 수 있다. 중력 이론에 의하면, 모든 질량은 중력을 발생시킨다. 또한 모든 에너지는 $E=mc^2$을 통해 질량과 동일하게 취급될 수 있으므로, 모든 에너지는 중력을 발생시키고 있다고 할 수 있다. 그러므로 에너지의 위치를 모른다면 질량을 가진 물체의 위치도 알 수 없게 된다. 즉, 중력장의 발생원이 어디에 있는지 알 수 없게 된다는 것이다. 이렇게 되면 중력 이론은 완전한 이론이 될 수 없다.

정전기학만을 문제 삼는다면, 사실 에너지의 위치를 결정할 만한 근거는 없다. 전기역학(electrodynamics)의 모든 것을 담고 있는 맥스웰 방정식을 이용하면 좀 더 많은 이야기를 할 수 있다(그러나 엄밀히 말하면, 답은 유일하지 않다). 이 문제에 대해서는 나중에 자세히 논할 기회가 있을 것이다. 여기서는 정전기장의 특별한 경우에 국한하여 그 결과만을 설명하기로 한다. 전기장이 있는 곳에 에너지가 분포되어 있다고 말하는 것은 논리적으로 그럴듯하다고 할 수 있다. 왜냐하면 전하가 가속 운동을 할 때 전기장을 방출하기 때문이다. 우리는 "빛이나 라디오파와 같은 전자기파가 한 지점에서 다른 지점으로 전파되면 에너지도 같이 전달된다"고 말하곤 한다. 그러나 파동은 전하라는 속성을 갖고 있지 않다. 그러므로 에너지는 파동을 발생시키는 전하가 있는 곳이 아니라 파동이 있는 곳에 존재한다고 보는 것이 타당하다. 그래서 우리는 에너지를 전하와 연관시키지 않고 전하에 의해 생성된 전기장과 연관된 양으로 간주한다. 실제로 우리는 식 (8.28)이 수치상으로

$$U=\frac{\epsilon_0}{2}\int \boldsymbol{E}\cdot\boldsymbol{E}\,dV \tag{8.30}$$

와 같음을 보일 수 있다. 이 식을 그대로 읽어 보면, 전기장이 있는 공간상에는 에너지가 다음과 같은 밀도(단위 부피당 에너지) u로 분포한다는 의미로 해석할 수 있다.

$$u=\frac{\epsilon_0}{2}\boldsymbol{E}\cdot\boldsymbol{E}=\frac{\epsilon_0E^2}{2} \tag{8.31}$$

이 아이디어는 그림 8-8에 도식적으로 제시되어 있다.

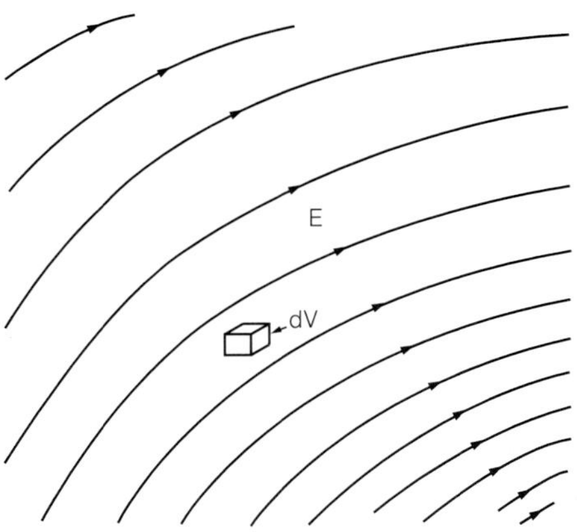

그림 8-8 전기장 내의 모든 체적 요소 $dV=dxdydz$ 속에는 $(\epsilon_0/2)E^2dV$만큼의 에너지가 포함되어 있다.

식 (8.30)이 정전기학의 법칙에 부합된다는 것을 증명하기 위해, 6장에서 구한 전하 밀도 ρ와 퍼텐셜 ϕ의 관계($\rho=-\epsilon_0\nabla^2\phi$)를 식 (8.28)에 대입해 보자. 그 결과는 다음과 같다.

$$U=-\frac{\epsilon_0}{2}\int\phi\nabla^2\phi\,dV \tag{8.32}$$

여기서 피적분 함수를 성분별로 풀어 쓰면

$$\begin{aligned}\phi\nabla^2\phi &= \phi\Big(\frac{\partial^2\phi}{\partial x^2}+\frac{\partial^2\phi}{\partial y^2}+\frac{\partial^2\phi}{\partial z^2}\Big)\\ &= \frac{\partial}{\partial x}\Big(\phi\frac{\partial\phi}{\partial x}\Big)-\Big(\frac{\partial\phi}{\partial x}\Big)^2+\frac{\partial}{\partial y}\Big(\phi\frac{\partial\phi}{\partial y}\Big)-\Big(\frac{\partial\phi}{\partial y}\Big)^2+\frac{\partial}{\partial z}\Big(\phi\frac{\partial\phi}{\partial z}\Big)-\Big(\frac{\partial\phi}{\partial z}\Big)^2\\ &= \boldsymbol{\nabla}\cdot(\phi\,\boldsymbol{\nabla}\phi)-(\boldsymbol{\nabla}\phi)\cdot(\boldsymbol{\nabla}\phi)\end{aligned} \tag{8.33}$$

이다. 따라서 위의 에너지 적분은

$$U=\frac{\epsilon_0}{2}\int(\boldsymbol{\nabla}\phi)\cdot(\boldsymbol{\nabla}\phi)\,dV-\frac{\epsilon_0}{2}\int\boldsymbol{\nabla}\cdot(\phi\,\boldsymbol{\nabla}\phi)\,dV$$

가 된다. 여기에 가우스 정리를 적용하면 두 번째 체적 적분은 다음과 같이 면적 적분으로 변환된다.

$$\int_{\text{체적}}\boldsymbol{\nabla}\cdot(\phi\,\boldsymbol{\nabla}\phi)\,dV=\int_{\text{면적}}(\phi\,\boldsymbol{\nabla}\phi)\cdot\boldsymbol{n}\,da \tag{8.34}$$

모든 전하들이 유한한 공간 안에 존재한다고 가정하고, 면적 적분의 영역을 무한대로 잡아 주면(물론, 체적 적분의 영역도 무한대가 된다) 식 (8.34)를 계산할 수 있다. 좌표계의 원점에 중심을 둔 (매우 큰) 반경 R의 구면을 상정하면 계산이 간단해진다. 전하 분포로부터 멀리 떨어진 곳에서의 퍼텐셜 ϕ는 $1/R$에 비례하고 $\boldsymbol{\nabla}\phi$는 $1/R^2$에 비례한다(전하 분포의 알짜 전하가 0인 경우에는 이보다 더욱 빠르게 감소한다). 구의 표면적은 R^2에 비례하여 커지므로, 면적 적분의 값은 $(1/R)(1/R^2)R^2=1/R$에 비례한다. 따라서 R을 무한대로 잡으면 면적 적분의 값은 0이 된다. 따라서

$$U=\frac{\epsilon_0}{2}\int_{\text{전 공간}}(\boldsymbol{\nabla}\phi)\cdot(\boldsymbol{\nabla}\phi)\,dV=\frac{\epsilon_0}{2}\int_{\text{전 공간}}\boldsymbol{E}\cdot\boldsymbol{E}\,dV \tag{8.35}$$

이다. 즉, 임의의 전하 분포에 대한 에너지는 전기장에 존재하는 에너지 밀도의 적분으로 표현될 수 있다.

8-6 점전하의 에너지

방금 유도된 식 (8.35)에 따르면 하나의 점전하 q도 정전기적 에너지를 갖고 있다. 점전하 q의 전기장은

$$E=\frac{q}{4\pi\epsilon_0 r^2}$$

이고, 점전하로부터 r만큼 떨어진 곳의 에너지 밀도는

$$\frac{\epsilon_0 E^2}{2}=\frac{q^2}{32\pi^2\epsilon_0 r^4}$$

이다. 구 전체를 얇은 구 껍질로 잘게 나눠서(두께 $=dr$, 면적 $=4\pi r^2$) 적분하면 전체 에너지는

$$U=\int_{r=0}^{\infty}\frac{q^2}{8\pi\epsilon_0 r^2}\,dr=-\frac{q^2}{8\pi\epsilon_0}\,\frac{1}{r}\bigg|_{r=0}^{r=\infty} \tag{8.36}$$

가 된다.

$r=\infty$인 극한에서는 별 문제가 없다. 그러나 점전하의 경우에는 $r=0$까지 적분해야 하고, 이 지점에서는 $1/r$이 무한대가 되므로 당장 문제가 발생한다. 처음에 시작할 때, 에너지가 '전하들 사이의 공간'에 존재한다고 했는데, 식 (8.35)에 따르면 점전하의 전기장에는 무한대의 에너지가 들어 있다는 뜻이 된다. 앞에서 한 무리의 점전하에 의한 에너지를 계산할 때[식 (8.3)], 점전하가 자기 자신과 상호작용하면서 생성되는 에너지는 고려하지 않았었다. 연속적인 전하 분포에서 출발하여 식 (8.27)을 얻을 때, 우리는 모든 부분의 무한소 전하와 다른 모든 부분의 무한소 전하들과의 상호작용을 고려하였다. 식 (8.35)도 이와 같은 방법으로 유도된 것이다. 유한한 크기의 점전하에 이 논리를 적용하면 점전하를 이루는 무한소 전하들에 의한 에너지를 고려한 셈이 된다. 식 (8.11)에서 구한 구형 전하 분포의 에너지에서 r을 0으로 보내면 식 (8.36)과 같아진다.

결론적으로 말해서, 공간상에 에너지가 존재한다는 개념과 '무한히 작은 점전하'의 개념은 서로 모순된다고 할 수 있다. 이 상황을 피해 가는 한 가지 방법은 전자와 같은 기본적인 전하를 점전하로 보지 않고 실제로는 점이 아닌 아주 작지만 유한한 크기를 갖는 '전하 분포'의 형태로 존재한다고 생각하는 것이다. 또는 정전기학이 아주 짧은 거리에서 성립하지 않는다거나 국소적 에너지 보존 법칙이 틀렸다고 생각해도 모순을 벗어날 수 있다. 그러나 이들 중 어떤 해석을 선택하더라도 모순이 완벽하게 해결되지는 않는다. 이 문제는 아직도 해결되지 않은 현대물리학의 난제 중 하나이다. 나중에 전자기장의 운동량과 같은 몇 가지 새로운 아이디어를 논의할 때, 우리의 자연관에 따라다니는 이러한 근본적인 난점들에 대해서 좀 더 구체적으로 설명할 예정이다.

CHAPTER 09
대기 중의 전기

9-1 대기 중의 전기 퍼텐셜 그래디언트
9-2 대기 중의 전류
9-3 대기 전류의 근원
9-4 뇌우
9-5 전하 분리의 메커니즘
9-6 낙뢰

참고 문헌 :

Chalmers, J. Alan, *Atmospheric Electricity*, Pergamon Press, London(1957).

9-1 대기 중의 전기 퍼텐셜 그래디언트

평범한 날씨의 광활한 사막이나 바다에서 전기 퍼텐셜은 지표면으로부터 고도가 상승함에 따라 1m당 약 100볼트(V)씩 증가한다. 그러므로 공기 중에는 100V/m의 수직한 전기장 $\boldsymbol{E}$가 항상 존재하며, 이 전기장은 음전하로 대전되어 있는 지표면 쪽을 향한다. 그러므로 우리가 집 밖에 서 있을 때 코 높이에서의 전기 퍼텐셜은 지면에서의 전기 퍼텐셜보다 무려 200V나 높다! 여러분은 이렇게 반문할지도 모른다. "그렇다면 전극 한 쌍을 허공에서 위아래로 1m 간격으로 매달아 놓기만 하면 전등도 밝힐 수 있겠네요?" 또는 이런 질문을 던지고 싶은 사람도 있을 것이다. "우리의 발과 코 사이에 정말로 200V의 퍼텐셜 차이가 존재한다면, 감전 사고가 사방에서 매일같이 일어나야 하는 거 아닌가요?"

우선, 두 번째 질문부터 생각해 보자. 인간의 몸은 성능이 그런대로 괜찮은 전도체이다. 만일 여러분이 땅과 접촉하고 있다면, 여러분의 몸과 지표면은 하나의 등퍼텐셜면을 형성하게 된다. 통상적으로 등퍼텐셜면은 그림 9-1(a)처럼 지면과 평행하지만, 지면에 사람이 서 있을 때는 그림 9-1(b)와 같이 변형된다. 그래서 여러분의 발 높이와 코 높이 사이의 퍼텐셜 차는 거의 0에 가깝다. 음전하가 땅으로부터 여러분의 머리로 이동하면서 장이 변형되었기 때문이다. 음전하들 중 일부는 공기 중에서 모여든 이온에 의해 방전될 수도 있지만, 공기의 전도성은 형편없이 떨어지기 때문에 이런 식으로 새 나가는 전류는 극히 미량에 불

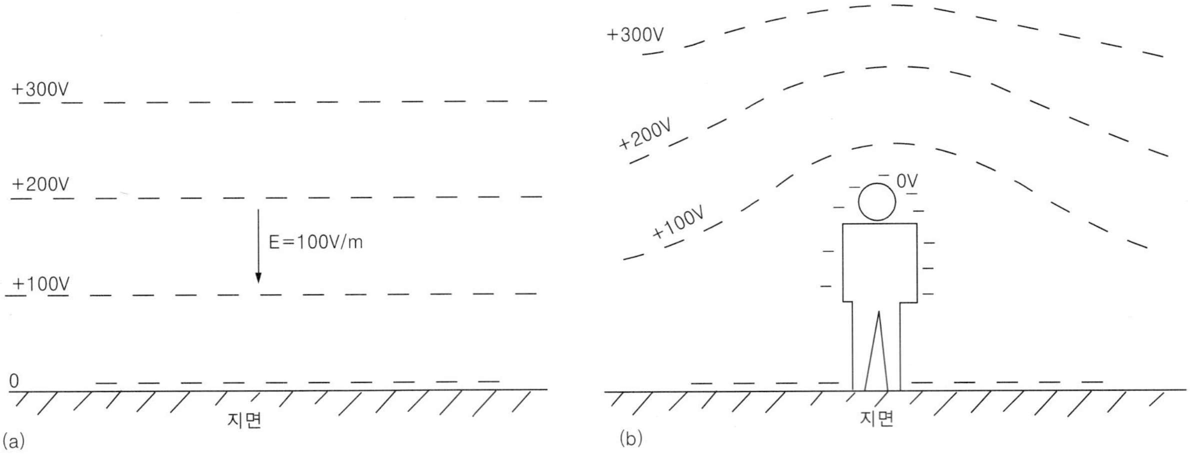

그림 9-1 (a)지표면 위의 퍼텐셜 분포 (b)탁 트인 평지에 서 있는 사람 주위의 퍼텐셜 분포

과하다.

이처럼 물체의 존재 여부에 따라 달라지는 장을 어떻게 측정할 수 있을까? 몇 가지 방법이 있다. 한 가지 방법은 절연된 도체를 지표면 위의 적당한 높이에 설치한 후 공기와 등퍼텐셜을 이룰 때까지 방치해 두는 것이다. 충분히 긴 시간 동안 방치해 두면 도체에서 전하가 빠져나가거나 공기로부터 유입되면서 절연체의 퍼텐셜이 공기와 같아지게 된다. 그런 다음, 도체를 다시 지면으로 가져오면서 이 과정에서 생기는 도체의 퍼텐셜 변화를 측정하는 것이다. 긴 시간 동안 기다리는 것이 싫다면, 조금씩 새는 물통에 물을 담아서 도체로 사용할 수도 있다. 이렇게 하면 전하의 초과분이 새 나가는 물과 함께 외부로 유출되면서 물통과 공기의 퍼텐셜이 같아진다(다들 알고 있듯이, 전하는 도체의 표면에 존재한다. 따라서 물방울이 떨어진다는 것은 '표면의 일부분'이 떨어져 나간다는 것을 의미한다). 물통의 퍼텐셜은 전위계(electrometer)로 측정할 수 있다.

퍼텐셜의 그래디언트(즉, 전기장)를 측정하는 또 다른 방법이 있다. 지표면 근처에 전기장이 존재한다는 것은, 지표면에 전하가 존재한다는 뜻이다($\sigma = \epsilon_0 E$). 지표면에 평평한 금속판 A를 놓고 접지시키면 A는 음전하를 띠게 된다[그림 9-2(a)]. 그리고 지면에 접지된 또 하나의 금속판 B로 A를 가리면 A는 전하를 띠지 않게 된다. 판 A를 가리는 도중에 A에서 지면으로 흐르는 전하량을 측정하면(예를 들어 검류계를 사용해서 접지선을 측정하면), A에 있던 표면 전하 밀도를 알아낼 수 있고, 따라서 전기장도 구할 수 있다.

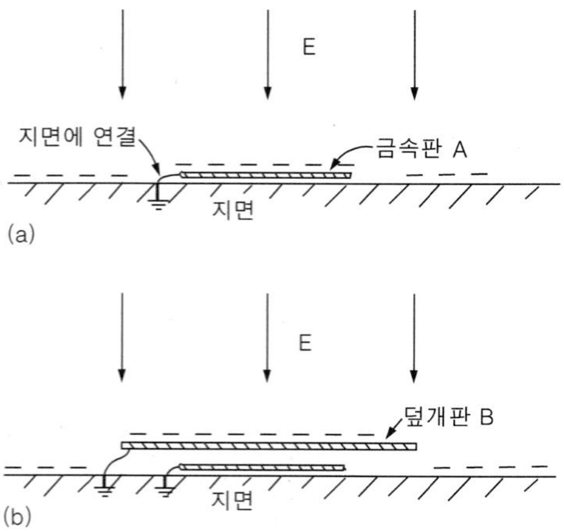

그림 9-2 (a)접지된 금속판의 표면 전하는 지표면과 같다. (b)이 금속판을 접지된 또 다른 금속판으로 덮어서 가리면 원래 금속판의 표면 전하는 사라진다.

지금까지 대기 중의 전기장을 측정하는 방법을 알아보았다. 계속해서 대기 중의 전기장이 어떤 특성을 갖고 있는지 알아보자. 지금까지 알려진 측정 결과에 의하면 대기 중의 전기장은 고도가 높아질수록 강도가 약해지며, 50km 상공에 이르면 거의 0에 가까워진다. 그래서 대부분의 퍼텐셜 변화(E의 적분)는 낮은 고도에서 나타난다. 지표면에서 대기의 꼭대기까지의 총 퍼텐셜 차는 대략 400,000V 정도이다.

9-2 대기 중의 전류

퍼텐셜의 그래디언트 이외에 측정이 가능한 것으로는 대기 중의 전류를 들 수 있다. 지표면과 평행한 면을 관통하는 전류는 1m^{2}당 약 10^{-11}A정도로 극히 미약하다. 공기는 완벽한 절연체가 아니기 때문에, 방금 설명했던 전기장에 의해 미미한 전류가 하늘에서 땅을 향해 흘러내려 오는 것이다.

대기에 전류가 흐르는 이유는 무엇일까? 공기 분자들 중에는 전자 하나를 잃어버리거나 하나를 획득한 이온(산소 이온 등)이 여기저기 존재하고 있다. 이 이온들은 스스로 전기장을 형성하여 주변의 다른 분자들을 잡아당기고 있으므로, 혼자 떨어져서 존재하는 경우는 없다. 각각의 이온은 작은 덩어리를 이루고, 다른 덩어리들과 함께 전기장 속에서 위 또는 아래로 천천히 움직이는데, 이 흐름이 전류로 관측되는 것이다. 그렇다면 공기 중의 이온은 어디서 생성된 것일까? 과거에는 이온이 지구의 방사능에 의해 생성되는 것으로 추측되었다(방사능 물질에서 나오는 방사능이 공기 분자를 이온화시켜서 공기가 전도성을 띠는 것으로 알려져 있었다). 원자핵에서 방출되는 베타선(β-ray)과 같은 입자는 속도가 엄청나게 빠르기 때문에, 이들이 안정된 원자와 충돌하면 전자가 떨어져 나가면서 이온이 만들어질 수 있다. 그렇다면 공기 분자가 이온화되는 경향은 고도가 높아질수록 줄어들어야 한다. 방사능의 원천은 흙 속에 미량으로 존재하는 라듐, 우라늄, 포타슘 등이기 때문이다.

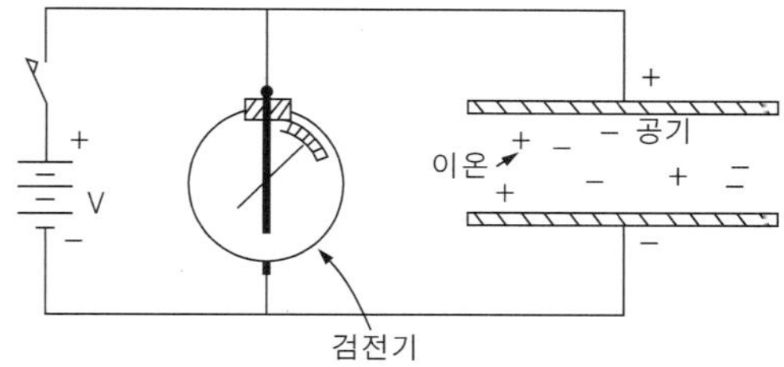

그림 9-3 이온의 움직임에서 비롯되는 공기 전도율의 측정

이 이론을 검증하기 위해, 몇몇 물리학자들은 기구를 타고 하늘 높이 올라가서 공기의 이온화 경향을 측정하였는데[헤스(Hess), 1912년], 희한하게도 고도가 상승할수록 단위 부피당 이온화 경향은 증가하고 있었다!(이때 사용된 실험 기구의 개요는 그림 9-3과 같다. 두 개의 평행판은 주기적으로 퍼텐셜 V로 충전되는데, 두 판은 공기의 전도성으로 인해 서서히 방전된다. 방전율은 전위계로 측정할 수 있다) 이것은 전혀 생각지 못한 의외의 결과였으며, 대기전기학 역사상 가장 극적인 발견이었다. 이로 인해 우주선(cosmic rays)이라는 새로운 주제를 다루는 학문 분야가 태동하여 따로 독립할 정도로 그 파급 효과는 엄청난 것이었다. 그러나 정작 대기전기학 자체는 별로 달라진 게 없었다. 대기의 이온화는 외계에서 날아온 다른 무언가에 의해 일어나고 있었던 것이다. 대기의 이온화 경향을 실험으로 확인하려다가 우주선을 발견하게 된 것이다. 우주선은 우리의 강의 주제와 별 상관이 없으므로, 우주선 입자에 의해 대기 중의 이온이 지속적으로 생성된다는 사실만 말해 두고 넘어가기로 한다. 대기 중의 이온들은 항상 소멸되고 있지만, 한편으로는 외계에서 날아오는 우주선 입자들에 의해 새로운 이온들이 꾸준히 생성되고 있는 것이다.

좀 더 정확하게 말하면, 공기 중에는 분자형 이온뿐만 아니라 다른 종류의 이온들도 섞여 있다. 공기 중에 작은 먼지 알갱이들이 떠돌아다니다가 전하를 띠는 수도 있다. 이 알갱이들을 '핵(nuclei)'이라고 부르기도 한다(물론, 원자핵의 '핵'과는 전혀 다른 뜻이다). 예를 들어, 바다에서 파도가 부서지면 물보라가 공중에 흩어지는데, 이들 중 일부가 증발하면 아주 작은 NaCl 결정이 대기 속을 떠돌게 된다. 그러다가 이들이 주변에서 전하를 취하면 이온이 되는 것이다. 이러한 이온을 '거대 이온(large ions)'이라고 한다.

기동성 면에서는 우주선에 의해 형성되는 작은 이온들이 가장 활발하다. 이 이온들은 덩치가 아주 작기 때문에 100V/m인 공기 중의 전기장 속에서 초속 1cm로 빠르게 움직일 수 있다. 물론, 덩치가 크고 무거운 이온들은 이동 속도가 느리다. 알려진 바에 의하면, 대기 중에 핵이 많을수록 작은 이온들로부터 전하를 취하기가 쉽다. 거대 이온들은 전기장 내에서 아주 느리게 움직이기 때문에 전체 전도성은 감소한다. 따라서 공기의 전도율이 공기에 포함된 먼지의 양에 따라 매우 민감하게 변한다. 다들 알다시피, 먼지는 수면보다 육지에 훨씬 많다. 육지에서는 바람 때문에 먼지가 나기도 하고, 사람들이 뿜어내는 온갖 종류의 오염물질이 도처에 널려 있기 때문이다. 그러므로 지표면 근처의 전기 전도율이 수시로 터무니없이 변하는 것은 그리 놀랄 만한 일이 아니다. 고도가 높은 여러 지점에서 아래로 흐르는 전류는 거의 동일하지만, 지표면 근처에서의 전도성이 워낙 가변적이어서 전압의 그래디언트가 수시로 변하기 때문에 지표면의 특정 장소에서 관찰한 전압의 그래디언트도 크게 변하는 것이다.

공기 중에 표류하는 이온들 때문에 대기의 전도성은 고도가 높아짐에 따라 급격히 증가한다. 여기에는 두 가지 이유가 있다. 첫째로, 우주선에 의한 대기의 이온화 경향이 고도가 높아짐에 따라 증가하기 때문이며 둘째로는 공기의 밀도가 낮아지면서 이온들의 평균 자유 경로(mean free path)가 늘어나 다른 공기 분자와 충돌하기 전까지 전기장 내에서 더 멀리 이동할 수 있기 때문이다. 그래서 높이 올라갈수록 대기의 전도성이 급격히 증가하는 것이다.

대기 중의 전류 밀도는 단위 면적($1m^2$)당 수 마이크로-마이크로암페어($10^{-12}A$)정도밖에 되지 않는다. 그러나 지구의 표면적이 워낙 넓기 때문에, 지표면에 도달하는 전류의 총량은 1800A정도로 항상 균일하다. 물론 이 전류는 양(+)의 전류로서, 지표면에 양전하를 운반해 준다. 다시 말해서, 지구에는 400,000V의 전압과 1800A의 전류(약 700MW의 동력에 해당됨)가 끊임없이 공급되고 있는 것이다!

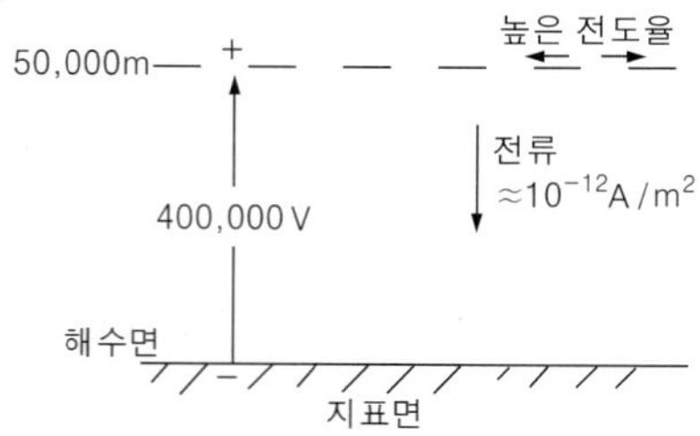

그림 9-4 맑은 대기 중의 전형적인 전기적 상태

이런 엄청난 양의 전류가 하늘에서 내려오면, 지표면의 음전하는 곧바로 방전되어야 한다. 사실, 지구 전체가 방전되는 데 걸리는 시간은 넉넉잡아 30분이면 충분하다. 그러나 모두 알다시피 대기의 전기장은 처음 발견된 후로 지금까지 꾸준하게 일정한 값을 유지하고 있다(물론 인간에게 발견되기 전에도 전기장은 존재했을 것이다). 전기장은 어떻게 유지되고 있는 것일까? 전압을 유지해 주는 원천은 과연 무엇일까? 그리고 전압은 무엇과 지구 사이에 생기는 것일까? 수수께끼는 사방에 널려 있다.

지구는 음(−)이고 대기의 퍼텐셜은 양(+)이다. 고도가 충분히 높아지면 대기의 전도성이 너무 커져서 수평 방향으로는 전압이 거의 변하지 않는다. 우리가 논하고 있는 시간 스케일에서 볼 때, 공기는 효율적인 전도체가 된다. 이런 현상은 50km정도의 높이에서 발생하는데, 이 높이는 태양의 광전 효과에 의해 수많은 이온들이 분포되어 있는 '이온층(ionosphere)'의 고도보다 낮다. 그럼에도 불구하고, "50km정도(전류가 강하하는 높이)의 고도에서 완전 도체면(perfect conducting surface)이 형성되어 있다"고 생각해도 큰 무리가 없을 정도로 공기는 충분한 전도성을 띠게 된다. 이 상황은 그림 9-4에 표현되어 있다. 양전하는 그 높이에서 어떻게 유지되고 있는가? 그리고 양전하는 어떻게 그 높이로 다시 퍼 올려져 재충전될 수 있는가? 양전하가 아래로 내려와 지표면에 도달하면 어떤 식으로든 50km 높이까지 다시 올라가야 한다. 그래야 대기 중의 전류를 설명할 수 있기 때문이다. 이 문제는 한동안 대기전기학의 가장 난해한 수수께끼였다.

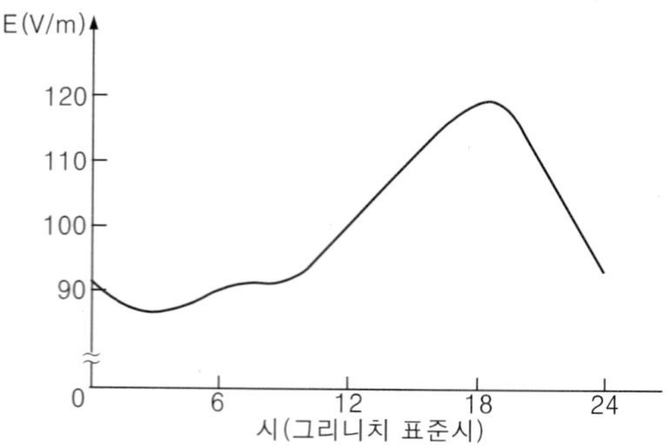

그림 9-5 맑은 날, 해수면 위 대기의 퍼텐셜 그래디언트의 평균 일변화(그리니치 표준시 기준)

지금 우리에게 주어진 단편적인 정보들을 잘 조합하면, 무언가 중요한 사실을 알아낼 수 있을 것 같기도 하다. 여기, 우리의 관심을 끄는 흥미로운 현상이 하나 있다. 짧은 시간 간격으로 해수면 위에서 전류(전류는 퍼텐셜의 그래디언트보다 안정적이다)를 측정하여 얻은 평균값은 하루 사이에 대충 그림 9-5와 같은 양상으로 변한다. 그림에서 보는 바와 같이 전류의 변화폭은 약 ±15%정도인데, 런던 시간으로 오후 7시에 가장 큰 수치를 나타낸다. 여기서 한 가지 신기한 것

은 대서양이나 태평양, 또는 북극해 등 어디에서 전류를 측정하건 간에, 항상 런던 시간으로 오후 7시가 되면 최대값에 도달한다는 사실이다! 전 세계의 어느 곳에서 측정하건 상관없이 전류의 최대값은 런던 시간으로 오후 7시, 최소값은 런던 시간으로 오전 4시에 관측된다. 다시 말해서, 전류의 일변화는 측정 장소의 지역 시간이 아닌 '지구의 절대 시간'에 좌우된다는 것이다. 이것은 "대기의 상층부에서는 가로 방향의 전도성이 매우 높다"는 우리의 생각을 뒷받침해 주는 증거이다. 대기 상층부의 가로 방향 전도성이 매우 높으면 지표면과 상층부 사이의 전압 차가 지역에 따라 달라질 수 없기 때문이다. 실제로 고도에 따른 퍼텐셜의 변화는 범세계적으로 거의 동일하게 나타난다. 그리고 대기 상층부의 전압은 지구의 절대 시간에 따라 15%정도의 등락을 보이고 있다.

9-3 대기 전류의 근원

지금부터는 대기의 상층부에서 지표면을 향해 흐르는 막대한 음전류의 발생원에 대해 알아보자(이 전류 때문에 지표면은 항상 음으로 충전되어 있다). 이 과정에서 과연 어떤 것이 배터리의 역할을 하고 있을까? 배터리의 정체는 그림 9-6에 보이는 뇌우와 그에 동반되는 낙뢰(지표면에 떨어지는 벼락 또는 번개)이

그림 9-6 대기 중의 전기장을 생성해 내는 메커니즘[사진 제공 : William L. Widmayer]

다. 지금까지 알려진 바에 의하면, (언뜻 생각하기와는 달리) 낙뢰가 떨어지는 과정에서는 퍼텐셜이 방전되지 않는다. 낙뢰를 동반한 폭풍은 음전하를 땅으로 실어 나른다. 낙뢰가 떨어질 때 열 번 중 아홉 번은 엄청난 양의 음전하가 지표면에 도달한다. 날씨가 맑은 지역을 통해 서서히 방전되는, 평균 1800A에 상당하는 전하를 지표면에 재충전시켜 주는 것의 정체는 바로 전 세계적으로 발생되는 뇌우인 것이다.

지금도 전 세계적으로 매일 약 40,000번의 천둥번개를 동반한 뇌우(thunderstorm)가 발생하고 있다. 이것이 바로 대기 상층부에 전기를 퍼올려 주고 전압차를 유지시키는 배터리의 정체이다. 이제, 지구의 지리적 여건을 함께 고려해 보자. 브라질에서 오후에 뇌우가 발생되고 아프리카에서는 열대성 뇌우가 발생한다. 기상학자들은 임의의 한 순간에 전 세계적으로 떨어지는 낙뢰의 수를 추정해 왔는데, 이들이 예상한 수치는 측정된 전압 차와 대략적으로 들어맞는다. 천둥번개를 동반한 뇌우의 활동은 지구 전체를 통틀어 런던 시간으로 오후 7시에 최고조에 달한다. 그러나 뇌우를 미리 예측하기란 매우 어려운 일이어서, 이러한 변동성이 알려진 후에야 비로소 어느 정도의 추정이 가능하게 되었다. 추정 작업이 어려운 이유는 세계 구석구석에서 뇌우가 발생하는 횟수를 일일이 파악할 수 있을 정도로 광범위한 관측을 할 수 없기 때문이다. 하지만 '제대로 측정했다'고 생각하는 관측자들이 얻어 낸 결과는 그리니치 표준시(Greenwich Mean Time)로 오후 7시에 전 세계적으로 가장 많은(초당 약 100회) 번개가 친다는 것이다.

배터리의 작동 원리를 이해하기 위해, 뇌우의 정체를 좀 더 자세히 파헤쳐 보자. 뇌우의 내부에서는 어떤 일이 벌어지고 있을까? 일단은 지금까지 알려진 사실만을 언급하기로 한다. 구 내부에 들어 있는 이상적인 완전 도체구의 경우에는 깔끔한 답을 얻을 수 있지만, 실제 자연현상을 다루다 보면 우리가 알고 있는 것이 별로 없다는 사실을 절감하게 된다. 사납게 몰아치는 비바람과 함께 번개가 내리치는 장면을 보고 있노라면, 공포와 호기심이 뒤섞인 묘한 감정을 느끼기 마련이다. 그리고 어떤 식으로든 우리의 감정을 자극하는 자연현상에는 그에 상응하는 복잡함과 신비로움이 깃들어 있다. 아직 우리의 지식이 부족하여 뇌우의 작동 방식을 정확하게 설명할 수는 없지만, 이미 알고 있는 정보를 최대한으로 활용하여 그 속에 감춰져 있는 비밀을 파헤쳐 보자.

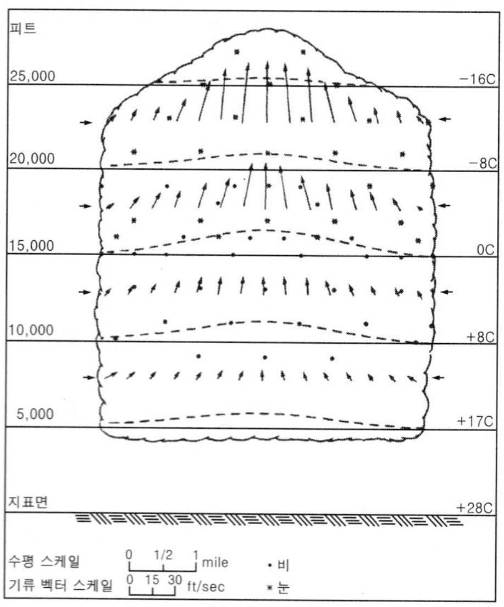

그림 9-7 생성 초기 단계의 뇌우 세포[출처 : 1949년 6월, 미국상무성 기상국 보고서]

9-4 뇌우

일반적으로, 뇌우는 수많은 '세포(cell)'들로 구성되어 있다. 세포들 사이의 간격은 상당히 좁지만 서로에게 거의 영향을 주지 않는다. 그러므로 이 세포들을 개별적으로 분석하는 것이 최선일 것이다. 여기서 말하는 세포란, 모든 기본적 과정이 일어나는 수평 방향의 제한된 구역을 뜻한다. 보통의 경우에는 몇 개의 세포들이 나란히 나열되어 있으며, 각각의 세포에서는 거의 같은 과정들이 약간의 시간차를 두고 일어나고 있다. 그림 9-7은 초기 단계의 뇌우를 구성하는 세포의 이상화된 모습을 나타낸 것이다(실제 상황은 그림보다 훨씬 복잡하다).

특정한 조건하에서(이 조건은 조금 뒤에 언급될 것이다) 대기의 어느 특정 지역에는 상층부로 갈수록 속도가 점점 빨라지는 상승 기류가 존재하는 것으로 밝혀졌다. 온난 다습한 공기가 하층으로부터 상승하면 온도가 떨어지면서 응결 현상이 발생한다. 그림에서 작은 별(*)모양은 눈을 나타내고 점(●)은 비를 나타낸다. 그러나 상승 기류는 굉장히 강하고 눈비의 양은 아주 소량이기 때문에 이 단계에서는 눈이나 비가 내리지 않는다. 이것은 뇌우의 초기 단계로서(지표면에서는 아직 아무런 일도 일어나지 않고 있으므로), 아직 진정한 뇌우라고 할 수는 없다. 그림에서 보는 바와 같이, 따뜻한 공기가 상승하면 측면으로부터 공기가 유입된다. 학자들은 이 점을 오랫동안 무시해 왔지만, 사실 이것은 매우 중요한 사실이다. 아래에서 올라오는 공기뿐만 아니라 양옆에서 딸려 들어오는 공기도 상승 기류에 어느 정도 가담하는 것이다.

공기는 왜 이런 식으로 상승하는가? 다들 알다시피, 고도가 높아질수록 공기는 점점 더 차가워진다. 지표면은 태양에 의해 가열되며, 하늘로 재복사되는 열은 대기 중의 수증기로부터 방출된다. 따라서 낮은 곳의 공기는 따뜻한 데 반하여 높은 고도에서는 공기가 매우 차갑다. 이쯤에서 여러분은 이렇게 말하고 싶을 것이다. “그렇다면 해답은 아주 간단하네요. 따뜻한 공기는 차가운 공기보다 가볍고, 따라서 그런 조합은 역학적으로 불안정하니까 따뜻한 공기가 상승하는 거겠지요.” 물론 높이에 따라 온도가 다르다면 공기는 분명히 ‘열역학적으로’ 불안정하다. 온도의 차이가 있는 대기를 고립시켜 무한정 가만히 놓아두면 대기의 온도는 결국 균일해질 것이다. 하지만 (낮 동안에는) 항상 태양이 내리쬐고 있기 때문에 고립된 대기란 존재할 수 없다. 즉, 이것은 열역학적 평형의 문제가 아니라 ‘역학적 균형’의 문제인 것이다. 고도에 따른 대기의 온도 분포가 그림 9-8과 같다고 가정해 보자. 보통 상황에서는 (a)로 표시된 굵은 곡선을 따라 온도가 내려갈 것이다. 고도가 높을수록 온도는 내려간다. 그런데 대기는 어떻게 안정된 상태를 유지할 수 있을까? 아래의 더운 공기가 차가운 공기를 향해 상승하지 않는 이유는 무엇인가? 해답은 다음과 같다. 공기가 상승하면 공기의 압력이 낮아진다. 그리고 상승하는 ‘공기더미’는 열역학적으로 단열 팽창을 겪게 된다(넓은 지역의 공기를 고려하면 다량의 열 흐름이 일어날 만한 시간적 여유가 없기 때문에 열의 출입이 없다고 볼 수 있다). 그러므로 공기더미는 상승하면서 냉각된다. 이러한 단열 과정에서 온도와 고도 사이의 관계는 그림 9-8의 곡선 (b)와 같다. 아래에서 상승하는 공기는 상승하면서 만나게 되는 주위의 공기보다 차가울 것이다. 그러므로 아랫부분의 따뜻한 공기가 상승할 이유는 없다. 만일 상승한다면 그 공기는 위에 있던 공기보다 차갑게 냉각되어 주변의 공기보다 무거워지므로 다시 하강하게 된다. 습도가 아주 낮고 맑고 화창한 날에는 특정한 비율로 대기의 온도가 떨어지는데, 통상 그 비율은 곡선 (b)로 표현되는 ‘최대 안정 기울기’보다 낮다. 맑은 날의 대기는 역학적으로 안정된 평형을 이루고 있는 것이다.

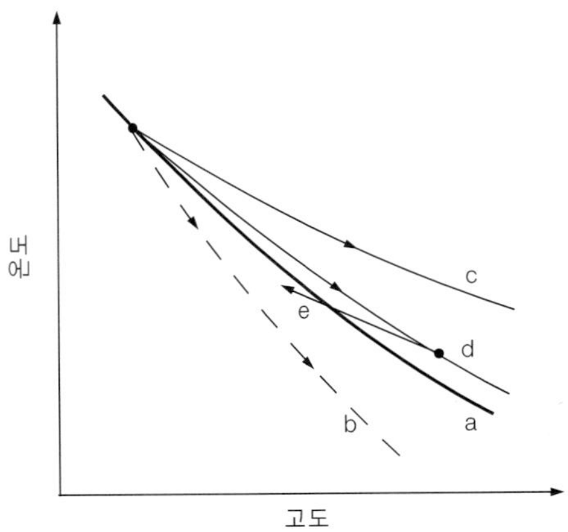

그림 9-8 대기의 온도. (a)정적인 대기 (b)건조한 공기의 단열 냉각 (c)습한 공기의 단열 냉각 (d)주변의 공기가 약간 섞인 습한 공기

반면에, 수증기를 많이 함유한 공기 덩어리가 상승한다면 단열 냉각 곡선은 달라질 것이다. 공기 덩어리가 팽창하면서 온도가 내려가면 내부 수증기는 응결

될 것이고, 응결되는 과정에서 수증기는 열을 발산한다. 그러므로 다습한 공기는 건조한 공기만큼 차가워지지 않는다. 그래서 보통의 공기보다 습한 공기가 상승하기 시작하면 그 공기의 온도는 그림 9-8의 (c)와 같은 곡선을 따르게 될 것이다. 이렇게 되면 공기가 차가워지긴 하겠지만, 같은 고도에 있는 주변의 공기보다는 따뜻하다. 온난 다습한 공기 덩어리가 어떤 이유로든 상승하면 항상 주변의 공기보다는 가볍고 따뜻하므로 공기 덩어리가 계속 상승하여 상당한 고도에 이르게 된다. 이것이 바로 뇌우 세포 내부의 공기가 상승하는 원리이다.

지난 수년 동안 뇌우의 세포는 이런 식으로 간단하게 설명되어 왔다. 그런데 정작 고도에 따른 구름의 온도를 측정해 보니, 곡선 (c)만큼 온도가 높게 나오지 않았다. 그 이유는 습한 '공기 덩어리'가 상승하면서 주변으로부터 공기를 끌어들이고 그로 인해 냉각되기 때문이다. 고도에 따른 온도의 그래프는 곡선 (d)와 같은데, 곡선 (c)보다는 원래의 곡선 (a)에 훨씬 더 가까운 형태이다.

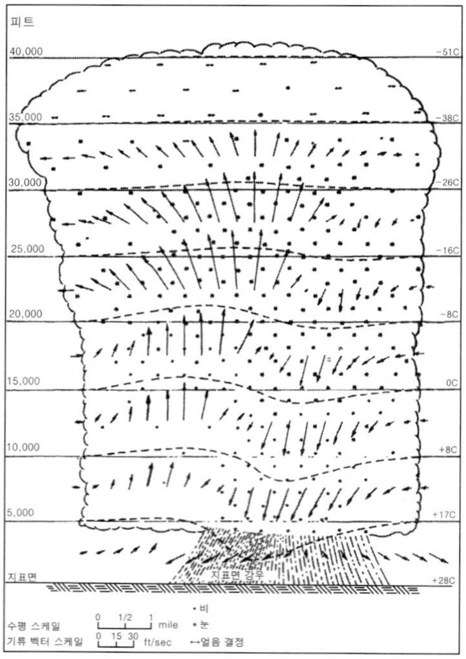

그림 9-9 성숙한 뇌우 세포[출처 : 1949년 6월, 미국상무성 기상국 보고서]

방금 설명한 대류가 시작된 이후, 뇌우 세포의 단면은 그림 9-9와 같다. 이를 두고 흔히 '성숙한' 뇌우라고 한다. 이 단계에서는 빠른 상승 기류가 발생하여 약 10,000~15,000m(가끔은 더 높이)까지 상승한다. 응결된 수분을 함유한 적란운은 보통 시속 60마일 정도의 상승 기류를 타고 일반적인 구름 봉우리의 높이를 넘어서게 된다. 수증기는 상승하면서 응결하여 영하의 온도로 급속 냉각된 작은 물방울이 된다. 영하의 온도에서 물방울은 얼어야 하지만 이 경우에는 즉시 얼지 않고 과냉각된 액체 상태로 존재한다. 대개의 경우, 결정화 과정을 촉발시키는 핵이 주위에 존재하지 않으면 물을 비롯한 여러 액체들은 상전이를 일으키지 않은 채 어는점 밑으로 냉각된다. 물방울은 미세한 NaCl 결정과 같은 작은 물질이 있을 때에만 작은 얼음으로 결빙된다. 이런 경우, 평형 상태에서 물방울들은 줄어들고 얼음 결정은 커지다가 특정 시점에 이르면 물방울의 양이 급격히 줄어들고 얼음의 양은 급격히 증가하게 된다. 또한 물방울과 얼음 결정이 직접 충돌하는 경우도 발생한다. 이 충돌로 인하여 과냉각된 물이 얼음 결정에 달라붙으면서 결정화가 급속도로 이루어진다. 그래서 구름이 팽창하는 어떤 특정 시점에서 커다란 얼음 입자들이 급속히 축적되는 것이다.

얼음 입자가 충분히 무거워지면 상승 기류에도 불구하고 아래로 떨어지기 시작한다. 너무 무거워져서 상승 기류 속에서도 더 이상 버틸 수 없게 되는 것이다. 얼음 입자들이 떨어지면 주변의 공기 일부가 함께 휩쓸려 내려가면서 하강 기류가 발생한다. 그리고 아주 놀랍게도 일단 하강 기류가 시작되면 한동안 지속되는 것을 쉽게 관측할 수 있다. 이제 공기는 스스로 하강하는 것이다!

구름의 실제 온도 분포에 대한 그림 9-8의 곡선 (d)는 습한 공기에 적용되는 곡선 (c)보다 더 가파르다. 따라서 습한 공기가 하강하면 그 온도는 곡선 (c)의 기울기로 천천히 증가할 것이고 곡선 (e)에 나타난 것처럼 습한 공기가 충분히 낮게 하강하면 주변의 온도보다 '낮아질' 것이다. 이렇게 되는 순간에, 공기는 주변보다 밀도가 높아지므로 계속해서 빠르게 떨어진다. 여러분은 이렇게 반문할지도 모른다. "처음에 공기가 저절로 상승했다가 다시 저절로 하강한다면 영구 운동이 되는 거 아닙니까?" 날카로운 지적이지만, 사실 이것은 영구 운동이 아니다. 불안정한 상황에서 따뜻한 공기가 상승할 수밖에 없다면, 그 따뜻한 공기가 있던 자리를 다른 무언가가 대체해야만 한다. 아래로 내려오는 차가운 공기가 따뜻한 공기가 있던 자리를 채우는 것은 사실이지만, 밑으로 내려오는 것은 원래의 공기가 아니라는 점을 명심해야 한다. 특정한 구름이 다른 공기의 유입 없이 상승하고 다시 하강한다는 초창기의 논리는 일종의 수수께끼였다. 하강 기류를 지속시키기 위해 비가 필요하다는 논리는 믿기 어려웠다. 원래부터 있던 많은 양의 공기가 상승하는 공기에 섞인다는 것을 깨닫는 순간, 열역학적 관점에서 상당히 높은 고도에 원래부터 있었던 차가운 공기가 하강할 수 있음을 알 수 있다. 그림 9-9에 그려진 뇌우의 활동은 이런 식으로 설명할 수 있다.

공기가 하강하면 뇌우의 아랫부분에서 비가 내리기 시작하고, 상대적으로 차가운 공기가 지표면에 도달하면서 주위로 퍼지게 된다. 바로 이런 이유 때문에 비가 내리기 직전에 선선한 바람이 부는 것인데, 이것은 우리에게 다가오는 폭풍우를 알려 주는 전령이다. 폭풍우에는 빠르고 불규칙적인 돌풍과 구름 속의 거대한 난류 등이 동반된다. 기본적으로는 상승 기류가 발생하고 그다음에 하강 기류가 발생하는 것인데, 구체적인 과정은 매우 복잡하다.

강우가 시작되는 순간 대규모의 하강 기류가 시작되고, 이와 동시에 전기적 현상도 함께 일어난다. 낙뢰에 관한 설명을 하기 전에, 비가 오기 시작하여 30분 내지 1시간 정도 지난 후 뇌우 세포에서 어떤 일이 일어나는지 알아보고 이야기를 접을까 한다. 세포는 그림 9-10과 같다. 상승 기류의 원인인 따뜻한 공기가 부족해지면서 상승 기류는 더 이상 발생하지 않는다. 강우는 한동안 계속되지만, 마지막 빗방울들이 떨어지고 나면 대기 중에 작은 얼음 결정들이 남아 있음에도 불구하고 사방은 점차 조용해진다. 매우 높은 고도에서 바람은 다른 방향으로 불

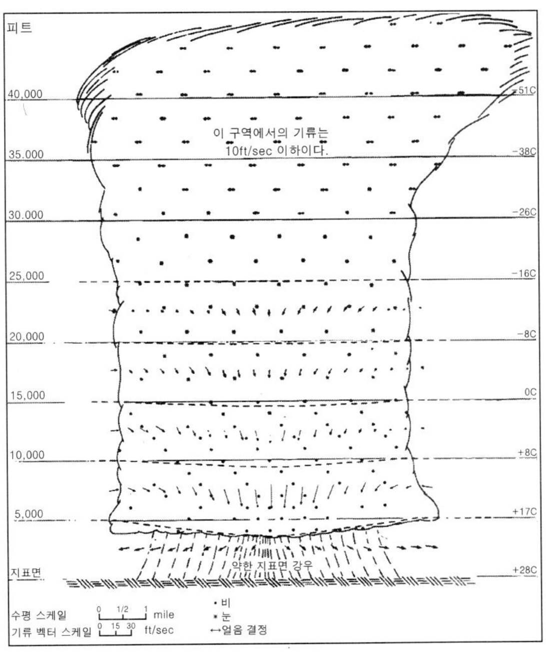

그림 9-10 뇌우 세포의 말기 상태[출처 : 1949년 6월, 미국상무성 기상국 보고서]

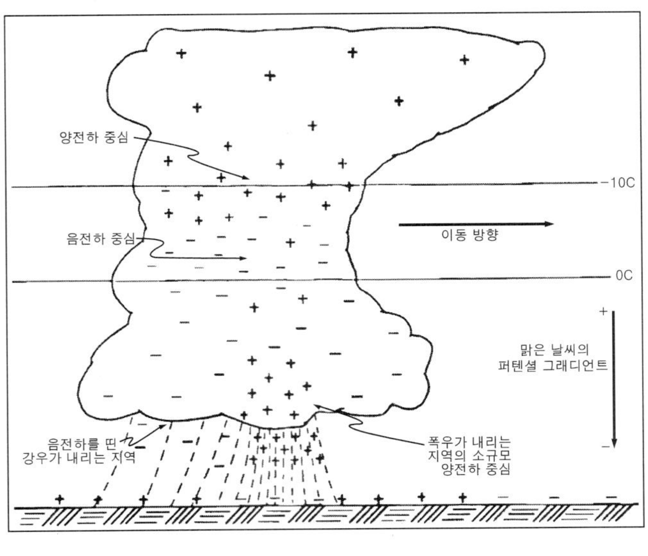

그림 9-11 성숙한 뇌우 세포 내부의 전하 분포[출처 : 1949년 6월, 미국상무성 기상국 보고서]

기 때문에 구름의 꼭대기는 보통 모루(대장간에서 달군 쇠를 올려놓고 두드릴 때 받침으로 쓰는 쇳덩이 : 옮긴이) 모양으로 퍼지게 된다. 이로써 뇌우 세포는 일생을 마치게 된다.

9-5 전하 분리의 메커니즘

지금부터 전하의 형성 및 발달 과정(하늘과 땅에 각각 양전하와 음전하가 분리되어 축적되는 충전 과정 : 옮긴이)에 대해 알아보자. 이것은 우리의 강의 목적에서 볼 때 매우 중요한 문제이다. 뇌우 속을 뚫고 날아가는 비행기 등을 동원한 다양한 실험을 거친 결과, 뇌우 세포 내부의 전하 분포는 그림 9-11과 같다는 사실이 알려졌다(이 실험을 감행한 비행사는 정말로 용감한 사람이었을 것이다!). 뇌우의 상층부는 양전하를 띠며, 구름의 아랫부분은 대부분 음전하를 띠고 있는데, 특히 하단부에는 국소적으로 양전하를 띠고 있는 작은 영역이 존재한다(이것 때문에 많은 학자들이 고민에 빠졌었다). 왜 그럴까? 양전하를 띠는 비가 내리는 부수적인 효과일까? 아니면 뇌우의 배터리 기전에서 필수적인 역할을 하는 부분일까? 아직은 아무도 모른다. 구름의 하층부에 국소적으로 양전하가 존재하지 않았다면 상황은 훨씬 단순해졌을 것이다. 아무튼, 대체로 구름의 아랫부분은 음전하를 띠고 윗부분은 양전하를 띠고 있어야 지구를 음으로 대전시키는 배터리의 역할을 할 수 있다. 양전하들은 지상으로부터 6~7km의 높이에 있으며 그곳의 온도는 약 −20℃ 정도이다. 반면에 음전하들은 3~4km의 높이에 존재하며, 그곳의 온도는 0~−10℃ 정도이다.

구름의 아랫부분에 함유되어 있는 전하들은 지표면과 구름 사이에 2천만 볼트에서 3천만 볼트, 심지어는 1억 볼트의 퍼텐셜 차를 만들어 낼 수 있다. 맑은 기상 조건에서 하늘과 지표면 사이의 퍼텐셜 차가 약 40만 볼트임을 고려할 때, 구름이 만들어 낼 수 있는 퍼텐셜 차는 실로 엄청나다. 이런 고전압은 공기의 절연 파괴(breakdown)를 초래하여 거대한 아크 방전(arc discharge)을 발생시킨다. 절연 파괴가 일어날 때 뇌우 아랫부분의 음전하는 낙뢰를 타고 지표면으로 내려오게 된다.

이제부터 번개의 특성에 대해 좀 더 자세히 알아보자. 공기의 절연이 파괴되는 것은, 무엇보다도 주변에 커다란 전압 차가 있기 때문이다. 번개는 구름 조각이나 구름들 사이에서, 그리고 구름과 지표면 사이에서 발생한다. 한 차례의 방전 섬광(이것이 눈에 띄면 '번개가 친다'고 말한다)을 통해 지면으로 운반되는 전하량은 약 20~30쿨롱 정도이다. 그렇다면 구름은 낙뢰에 의해 소진된 20~30쿨롱의 전하를 얼마나 빨리 복구할 수 있을까? 이것은 구름의 쌍극자 모멘트에 의해 생성되는 전기장을 먼 거리에서 관측함으로써 알아낼 수 있다. 직접 관측해보면 번개가 칠 때 전기장이 갑자기 확 줄어드는 것을 알 수 있는데, 경우에 따라 약간의 차이는 있지만 5초 내외의 짧은 시간 안에 지수함수적으로 이전의 값을 회복한다. 뇌우는 매번 번개가 친 후 다시 충전되는 데 단 5초밖에 걸리지 않는다. 물론 그렇다고 해서 정확히 5초마다 반드시 번개가 친다는 뜻은 아니다.

기하학적 모양 등 여러 가지 상황이 수시로 변하기 때문이다. 중요한 것은 "번개는 불규칙적으로 내리치지만, 원래의 조건으로 복원되는 데에는 약 5초밖에 걸리지 않는다"는 사실이다. 그러므로 뇌우의 발전기 내부에는 대략 4암페어(20쿨롱/5초) 정도의 전류가 흐르고 있는 셈이다. 이는 뇌우의 내부에서 자체적으로 전기가 발생하는 메커니즘을 설명하기 위한 모형은 반드시 충분한 전기를 함유하는 빠르게 작동하는 거대한 장치라는 요건을 갖추어야 함을 뜻한다.

더 깊이 들어가기 전에, 우리의 주제와 별 관계는 없지만 아주 흥미로운 문제인 전기장이 물방울에 미치는 효과에 대해 알아보자. 이것은 전기장을 통과하는 물줄기를 관측함으로써 간단하게 확인할 수 있다. 물론, 뇌우의 내부에 물줄기 같은 것은 없다. 그 안에는 응결된 얼음과 물방울로 이루어진 구름이 존재한다. 그러므로 뇌우의 내부에서 벌어지는 일은 지금부터 언급할 내용과 아무런 관계가 없을지도 모른다. 수도꼭지에 작은 분출구를 연결해서 그림 9-12와 같이 분사각을 높이 치켜들면, 물줄기가 아주 가늘게 분사되다가 끝에 가서 미세한 물방울로 분산될 것이다. 이때 대전된 막대를 분출구 근처로 가져가서 전기장을 형성시키면 물줄기의 형태가 바뀐다. 전기장이 약한 경우, 물줄기는 몇 개의 커다란 물방울로 나뉘는 것을 관찰할 수 있을 것이다. 그러나 강한 전기장을 걸어 주면 물줄기는 약한 전기장을 걸었을 때보다 훨씬 더 많은 수의 미세한 방울로 나누어진다.* 전기장이 약하면 물줄기가 물방울로 쉽게 분리되지 않지만, 강한 전기장을 걸어 주면 물방울로 쉽게 분산되는 경향이 있다.

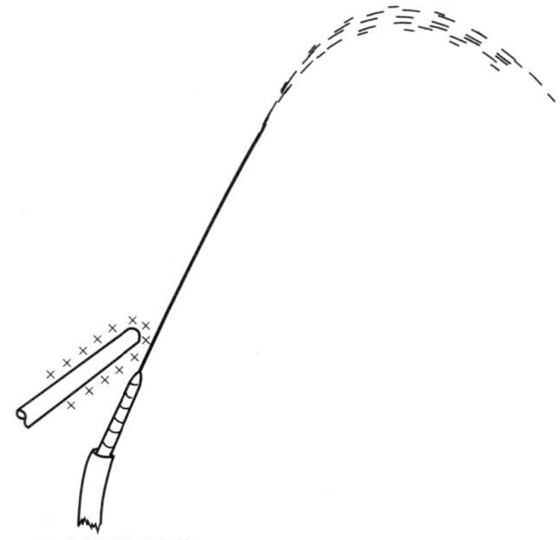

그림 9-12 분출구 근처에 전기장이 있을 때 분사되는 물의 모습

이러한 현상은 다음과 같이 설명될 수 있다. 분출구에서 나오는 물줄기에 약한 전기장을 걸어 주면 물줄기의 한쪽은 살짝 양(+)으로, 다른 쪽은 살짝 음(−)으로 대전된다. 따라서 물줄기가 물방울로 나누어질 때, 한쪽에서는 양으로 대전된 물방울들이 나오고 다른 쪽에서는 음으로 대전된 물방울들이 나올 것이다. 그러면 물방울들은 서로 끌어당기기 때문에 서로 달라붙으려는 경향을 갖게 될 것이다. 즉, 물줄기는 물방울로 쉽게 나누어지지 않는다. 그러나 물줄기 근처에 강한 전기장을 걸어 주면 각 물방울이 품고 있는 전하량이 훨씬 많아지므로, 전하들 사이의 척력으로 인해 물방울이 잘게 나누어지는 경향을 보인다. 이런 경우에 각각의 물방울들은 더 작은 물방울로 잘게 나누어지며, 전하를 띤 작은 물방울들은 서로 밀쳐 내기 때문에 아주 빠르게 분산된다. 그래서 전기장이 강해지면 물줄기는 더욱더 잘게 갈라지는 것이다. 여기서 중요한 것은 상황에 따라서 전기장이 물방울에 상당한 영향을 줄 수 있다는 사실이다. 물론, 뇌우의 내부에서 일어나는 사건은 전혀 알려지지 않았고, 방금 설명한 실험과 반드시 관련이 있는 것도 아니다. 그런데도 굳이 물방울 이야기를 꺼낸 이유는 간단한 요인이 문제를 얼마든지 복잡하게 만들 수 있다는 점을 강조하고 싶었기 때문이다. 사실, 어느 누구도 물방울과 관련된 위의 아이디어를 바탕으로 구름에 적용 가능한 이론을 만들어 내지는 못했다.

뇌우에서 전하가 분리되는 현상을 설명하는 두 가지 이론에 대해 알아보자.

---

* 넓고 얇은 금속판에 물줄기가 떨어지게 하여 소리를 들어 보면 물방울의 크기를 쉽게 판별할 수 있다. 물방울이 클수록 큰 소리가 난다.

모든 이론은 "강우 입자는 한 종류의 전하로 대전되어 있고 공기는 다른 전하로 대전되어 있다"는 아이디어를 담고 있다. 공기 중에서 물방울이나 얼음 입자의 낙하 운동에 의해 전하의 분리가 일어난다는 것이다. 그렇다면 물방울들은 어떻게 대전되는 것일까? 이를 설명하는 오래된 이론 중 하나로 '물방울 파열 이론(breaking-drop theory)'이라는 것이 있다. 이 이론에 의하면 물방울이 바람 속에서 두 쪽으로 나누어지면 물방울은 양전하로 대전되고 공기는 음전하로 대전된다. 그러나 물방울 파열 이론은 몇 가지 취약점을 갖고 있는데, 그중 가장 심각한 것은 전하의 부호가 틀린다는 점이다. 두 번째 문제는, 낙뢰를 동반하는 수많은 온대 지역의 뇌우의 경우엔 높은 고도에서 시작되는 강우의 형태가 물방울이 아니라 얼음이라는 점이다.

물방울의 아랫부분과 윗부분이 다른 전하로 대전되는 과정을 상상할 수 있다면, 그리고 물방울이 고속의 기류 속에서 서로 다른 크기로 나누어지는 이유(예를 들어, 앞부분에는 큰 물방울이 생기고 작은 물방울이 그 뒤를 따르는 이유)를 알 수 있다면, 우리는 하나의 이론을 만들어 낼 수 있다(이것은 기존에 알려진 어떤 이론과도 다른 이론이다!). 그렇다면 공기의 저항 때문에 작은 물방울은 큰 물방울보다 느리게 떨어질 것이고, 그 결과 전하가 자연스럽게 분리될 것이다. 이와 같이, 마음만 먹으면 온갖 종류의 이론을 얼마든지 만들어 낼 수 있다.

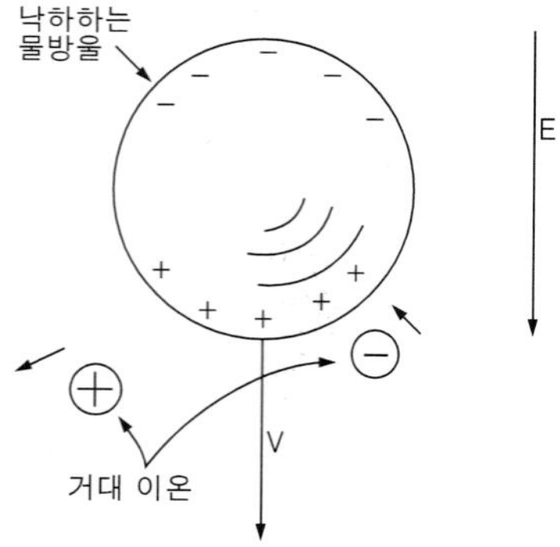

그림 9-13 뇌운 내부에서의 전하 분리를 설명하는 윌슨의 이론

윌슨(C. T. R. Wilson)은 물방울 파열 이론보다 좀 더 그럴듯하고 독창적인 이론을 제시하였다. 얼음으로 설명해도 같은 결과가 얻어지긴 하지만, 지금은 윌슨의 이론대로 물방울에 초점을 맞춰 보자. 물방울이 1m당 약 100볼트의 전기장을 뚫고 음으로 대전된 지표면을 향해 떨어지고 있다고 가정해 보자. 그러면 물방울에는 그림 9-13과 같이 아래는 양전하, 위는 음전하를 띤 쌍극자 모멘트가 유도될 것이다. 그런데 공기 중에는 앞에서 언급한 '핵'이라는 것이 존재한다. 핵의 정체는 느리게 움직이는 거대 이온이다(빠른 이온은 이 이론에서 그다지 중요한 역할을 하지 않는다). 물방울이 떨어지면서 거대 이온에 접근한다고 가정해 보자. 만일 이온이 양전하를 띠고 있다면(즉, 양이온이었다면) 물방울의 밑부분이 양(+)이기 때문에 척력이 작용하여 밀려나게 되고, 따라서 이온은 물방울에 달라붙지 않는다. 이와는 반대로, 이온이 물방울의 위쪽에서 접근한다면 음전하를 띤 물방울의 윗부분에 달라붙을 가능성이 있다. 그러나 물방울은 공기 중에서 낙하하기 때문에 상대적으로 위로 향하는 기류가 발생하며, 공기 중에서 이온의 움직임이 빠르지 않다면 위에서 접근하는 이온들을 날려 버릴 것이다. 따라서 양이온은 물방울의 윗부분에도 달라붙을 수 없다. 물론 이 설명은 느리게 움직이는 거대 이온에만 적용된다. 이러한 유형의 양이온은 떨어지는 물방울의 상하 어느 부위에도 달라붙지 못한다. 반면에, 느리게 움직이는 거대 음이온에 물방울이 접근하면 음이온은 물방울에 끌려가서 달라붙게 될 것이다. 이때 물방울은 음전하를 얻게 되는데, 이는 앞서 말한 전하의 분리와 일치하는 부호임을 알 수 있다. 전하의 부호는 전 지구상에 걸친 원래의 퍼텐셜 차에 의해 이미 결정되어 있다. 물방울에 의해 구름의 아랫부분으로 음전하가 운반되고, 뒤에 남은 양이온은 여러 가지 상승 기류에 의해 구름의 상층부로 밀려 올라갈 것이다. 이 이

론은 상당히 일리가 있으며, 최소한 전하의 부호를 옳게 설명해 준다. 또한 이 이론은 물방울이 액체인 것과는 아무런 상관이 없다. 유전체의 분극 현상에 대하여 공부하고 나면, 얼음 조각도 이와 마찬가지로 행동한다는 것을 알게 될 것이다. 얼음이 전기장 내에 있을 때 얼음의 양쪽 끝 부분에는 음전하와 양전하가 형성된다.

그러나 이 이론에도 몇 가지 문제점이 있다. 첫째, 뇌우가 머금고 있는 총 전하량은 굉장히 크기 때문에, 얼마 지나지 않아 거대 이온의 공급이 부족하게 될 것이다. 그래서 윌슨을 비롯한 여러 사람들은 거대 이온의 생성원이 추가적으로 더 있을 것으로 생각했다. 일단 전하 분리가 시작되면 엄청나게 커다란 전기장이 형성되고, 이 전기장 안에서 공기가 이온화되는 구역들이 생기게 될 것이다. 만일 공기 중에 고도로 충전된 지점이 있거나 물방울과 같은 작은 물체가 있으면 '브러시 방전(brush discharge)'을 일으키기에 충분한 전기장이 집결될 수 있다. 전기장이 충분히 강하면 전기장 속으로 빠져 든 전자들은 충돌을 거듭하면서 엄청난 속력을 얻게 된다. 이 전자들은 다른 원자와 부딪히면서 원자로부터 전자들을 떼어 내어 양이온을 만들며, 원자로부터 떨어져 나온 전자들은 또다시 높은 속력을 얻게 되어 더 많은 원자들과 충돌할 것이다. 이와 같이, 연쇄 반응 내지는 일종의 눈사태 같은 과정이 진행되면서 다량의 이온이 급속히 축적되는 것이다. 양전하들은 원래 있던 곳 부근에 남아 있으므로, 원자가 있던 원래의 위치 주위로 양전하가 분포되는 효과가 나타난다. 물론 더 이상의 강한 전기장은 존재하지 않으므로 일련의 과정은 멈추게 된다. 이것이 바로 브러시 방전의 특성이다. 전기장은 구름 속에서 경미한 브러시 방전이 일어날 정도로 강해질 수 있다. 일단 무언가 일이 시작되면 대규모의 이온화를 촉진시키는 다른 메커니즘이 있을지도 모른다. 하지만 정확한 속사정은 누구도 알 수 없다. 따라서 우리는 아직도 낙뢰의 근본적인 원인을 완벽하게 이해하지 못하고 있다. 확실한 것은 낙뢰가 뇌우에서 비롯된다는 사실 정도이다(물론 낙뢰로부터 열에너지가 방출되고, 그로 인해 천둥이 친다는 것도 알고 있다).

대기 전기의 근원은 최소한 부분적으로는 이해할 수 있다. 뇌우 내부의 기류, 이온, 얼음 조각과 물방울들에 의해 양전하와 음전하가 분리된다. 양전하는 구름의 상층부 쪽으로 밀려 올라가고(그림 9-11 참조), 음전하는 낙뢰를 타고 내려와 지표면에 쌓인다. 양전하는 구름의 상층부에서 이탈한 후 전도율이 높은 공기층으로 편입되어 지구 전역으로 흩어진다. 날씨가 맑은 지역에서 이러한 공기층에 있는 양전하는 우주선과 바다, 그리고 인간의 활동으로 생성된 대기 중의 이온에 의해 천천히 지표면으로 전달된다. 대기는 매우 바쁘게 돌아가는 전기적인 기계인 셈이다!

9-6 낙뢰

낙뢰가 내리칠 때, 그 안에서는 과연 어떤 일이 일어나고 있을까? 이 의문에 관한 최초의 실마리를 제공한 것은 다름 아닌 사진이었다. 끈질기게 낙뢰를 기다

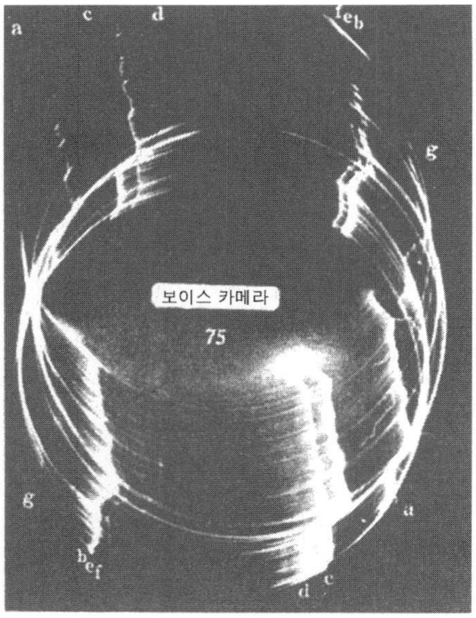

그림 9-14 보이스 카메라로 찍은 낙뢰 섬광의 사진 [출처 : Schonland, Malan, and Collens, *Proc. Roy. Soc. London*(런던 왕립 학회보), Vol. 152 (1935)]

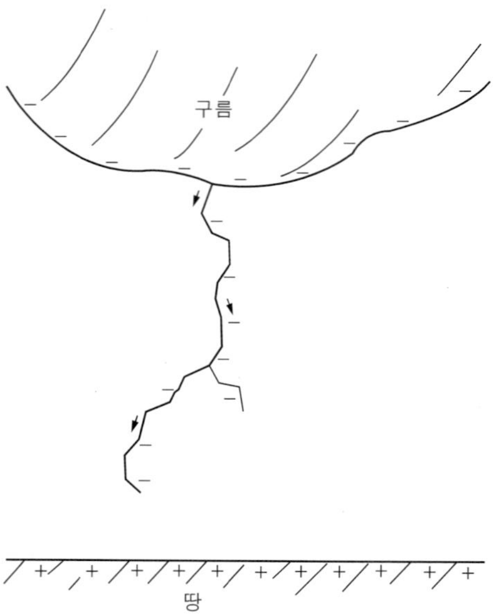

그림 9-15 계단형 선행 방전의 형성

렸다가 끝내 촬영에 성공하여 세상에 공개된 첫 번째 사진은 대부분의 낙뢰가 동일한 경로를 지나는 다중 방전 현상임을 명백하게 보여 주었다. 그 후, 고속으로 회전하는 원반 위에 두 개의 렌즈를 180° 벌려서 장착한 '보이스 카메라(Boys camera)'가 발명되었다. 각각의 렌즈에 찍힌 영상은 필름을 가로질러 이동하여 시간순으로 기록된다. 예를 들어, 낙뢰가 반복되면 두 개의 영상이 나란하게 생기는 식이다. 두 렌즈의 영상을 비교하면 섬광의 시간 순서에 관한 세부 정보를 알아낼 수 있다. 그림 9-14는 보이스 카메라로 찍은 사진이다.

지금부터 낙뢰에 대해 알아보자. 다시 한 번 강조하건대, 우리는 낙뢰의 작동 원리를 정확하게 알지 못하고 있다. 그러므로 낙뢰가 지금과 같은 형상으로 보이는 이유에 대해서는 더 이상 언급하지 않고, 낙뢰의 외형에 대한 정성적인 설명에 주안점을 둘 것이다. 또한 평평한 지면 위에서 구름의 아랫부분이 음전하를 띠는 평범한 경우에 한하여 설명할 것이다. 구름의 전기 퍼텐셜은 그 밑에 있는 지면보다 훨씬 낮으므로, 전자는 지면을 향해 가속된다. 이 과정에서 일어나는 현상은 다음과 같다. 모든 것은 '계단형 선행 방전(step leader)'이라는 현상에서 시작된다(물론, 번개가 칠 때처럼 밝지는 않다). 낙뢰를 찍은 사진을 자세히 보면, 구름에서 시작되어 매우 빠르게(광속의 6분의 1정도) 내려오는 작고 밝은 점을 발견할 수 있다. 이 점들은 약 50m가량 진행한 후 약 0.00005초 동안 멈췄다가 다음 과정으로 넘어가고, 다시 순간적으로 멈췄다가 또 다음 스텝을 밟으며 지면을 향해 내려온다. 이 연속된 스텝을 그려 보면 그림 9-15와 같다. 이 선행 방전은 구름에서 나온 음전하로 채워져 있다. 그림에서 세로줄 전체는 음전하로 가득 차 있다. 또한 선행 방전을 일으키면서 빠르게 움직이는 전하들이 공기를 이온화시키기 때문에, 방전 경로 주변의 공기는 도체가 된다. 선행 방전이 지면에 닿는 순간, 지표면과 구름 사이에는 음전하로 가득 찬 '도선(conducting wire)'이 형성된다. 이렇게 되면 구름 속의 음전하는 구름에서 쉽게 빠져나올 수 있다. 이러한 상황을 처음으로 알게 되는 것은 선행 방전의 선두에 선 전자들이다. 이 전자들이 지표면으로 퍼부어지면서 뒤에 남은 양전하들은 선행 방전의 윗부분에 있는 음전하를 더 많이 끌어당겨 다음 차례의 음전하들이 쏟아져 내리게 한다. 그래서 결국 구름의 한 부분에 있는 모든 음전하들이 세로줄을 따라 빠르고 힘차게 빠져나온다. 그러므로 우리의 눈에 '보이는' 낙뢰는 그림 9-16과 같이 지표면에서 '위를 향하여' 진행한다. 가장 밝은 부분인 주 뇌격(main stroke)을 '귀환 뇌격(return stroke)'이라고 한다. 이로 인해 매우 밝은 섬광과 열이 발생되어 급속한 공기의 팽창을 야기함으로써 천둥이 치게 되는 것이다.

번개가 한 번 내리칠 때 흐르는 전류의 최고치는 약 10,000A정도이고, 이때 대략 20쿨롱의 음전하가 지면으로 운반된다.

이것이 전부가 아니다. 귀환 뇌격이 사라지고 난 뒤 몇백분의 1초가 지나면 또 다른 선행 방전이 내려온다. 하지만 이번에는 잠깐씩 멈추는 현상이 나타나지 않는다. 이것은 '암흑 선행 방전(dark leader)'이라고 하는 것인데 조금의 멈춤도 없이 위에서 아래까지 단번에 내려온다. 이전의 경로에는 가장 쉬운 방전 경로가 될 만큼 충분한 잔해들이 남아 있기 때문에, 암흑 선행 방전은 정확하게 이전의 경로를 따라 전속력으로 내려오게 된다. 새로운 선행 방전 역시 음전하로 가득 채워져 있다. 그것이 "징!" 하고 지면에 닿는 순간, 그 경로를 따라 곧바로 위로 올라가는 귀환 뇌격이 발생한다. 그래서 우리는 번개가 치는 것을 계속해서 반복적으로 보게 되는 것이다. 어떤 때는 번개가 한두 번만 치기도 하고, 어떤 때는 5회에서 10회까지 치기도 하지만, 번개는 항상 빠르게 연속적으로 일어난다. 관측 기록에 의하면, 동일한 경로를 따라 번개가 42회나 반복된 사례도 있다.

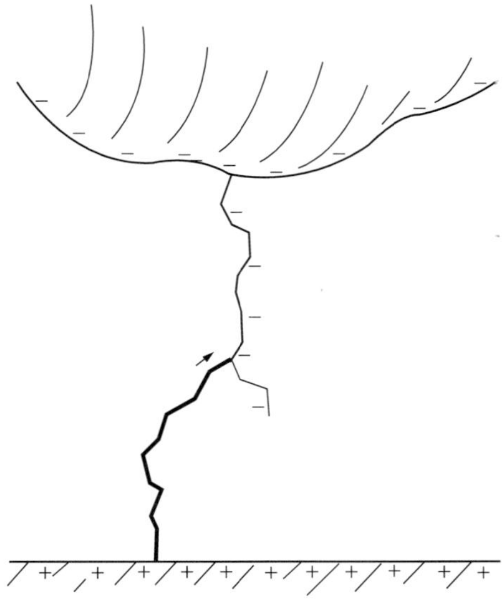

그림 9-16 귀환 뇌격은 선행 방전에 의해 형성된 경로를 따라 위로 올라간다.

가끔씩은 상황이 매우 복잡하게 얽힐 수도 있다. 예를 들어, 계단형 선행 방전이 잠시 멈춘 후에 선행 방전에서 두 개의 스텝이 형성되어 가지를 뻗고 나올 수도 있다. 둘 다 지표면을 향하지만, 그림 9-15와 같이 약간 다른 방향으로 가지를 뻗는 것이다. 이런 경우에, 어떤 가지가 먼저 지표면에 닿는가에 따라 향후 상황은 크게 달라진다. 지표면에 음전하를 쏟아 붓는 밝은 귀환 뇌격이 지표면에 닿은 가지를 타고 올라가는데, 구름으로 올라가는 도중 분기점에 이르렀을 때 다른 쪽 가지를 타고 '내려가는' 밝은 뇌격이 나타난다. 왜 그럴까? 그쪽 가지에 있던 음전하들이 급속히 빠져나가게 되고, 그로 인해 그 부분이 밝게 점화되기 때문이다. 두 번째 가지의 꼭대기에 있는 전하들이 먼저 빠져나가기 시작해서 가지의 나머지 부분의 음전하들이 연달아 빠져나가므로 가지를 따라 아래로 타고 내려가는 밝은 뇌격이 나타나고, 이와 동시에 구름 위쪽을 향해 올라가는 밝은 뇌격이 보이는 것이다. 그러나 만약 2차적인 선행 방전 가지들 중 하나가 원래의 선행 방전과 거의 동시에 지표면에 도달하게 되면, 이따금씩 두 번째 번개의 암흑 선행 방전이 두 번째 가지를 타고 내려가는 경우가 생길 수도 있다. 이런 경우에 우리는 첫 번째 주 섬광과 두 번째 섬광이 서로 다른 장소에 떨어지는 것을 보게 된다. 이것은 원래 아이디어의 변종에 해당된다.

그러나 지면과 매우 가까운 거리에서 일어나는 현상에 대한 설명은 과도하게 단순화된 것이었다. 계단형 선행 방전이 지표면으로부터 100m 이내로 진입했을 때, 선행 방전과 만나기 위한 방전이 지면으로부터 발생한다는 증거가 있다. 아마도 브러시 형태의 방전이 일어날 만큼 충분히 강한 전기장이 그곳에 형성되었기 때문일 것이다. 예를 들어, 건물의 꼭대기에 피뢰침 같은 뾰족한 물체를 설치해 놓으면 선행 방전이 근처에 왔을 때 아주 강한 전기장이 형성될 것이며, 그로 인해서 뾰족한 지점으로부터 방전이 시작되어 위로 올라가 선행 방전과 만나게 된다. 번개는 그러한 지점에 집중적으로 내리치는 경향이 있다.

높은 물체에 번개가 내리친다는 것은 오래 전부터 알려져 있던 사실이다. 페르시아의 왕이었던 크세르크세스(Xerxes)가 그리스와 전쟁을 벌이고 있을 때, 최고의 조언자였던 아타바니스(Artabanis)는 이렇게 말했다. "신이 내린 번개는 항상 커다란 동물에게만 떨어집니다. 신은 그들이 오만방자하게 되는 것을 잠자코 보고만 있지 않습니다. 반면 덩치가 작은 존재들은 신을 화나게 하지 않습니다. 이와 마찬가지로, 신의 번개는 항상 높은 집과 가장 큰 나무에만 떨어집니다." 그리고 그는 그 이유를 이렇게 설명했다. "분명 신은 자만하는 모든 것을 쓰러뜨리는 취미가 있습니다."

현대를 사는 우리들은 높은 나무에 벼락이 떨어지는 이유를 알고 있지만, 그렇다고 해서 군사적 문제에 관하여 2300년 전의 아타바니스보다 더 나은 지혜를 지녔다고 생각한다면 큰 오산이다(계속 우긴다면 정말로 벼락을 맞을지도 모른다!). 우리는 단지 시적인 표현을 쓰지 않고 그 현상을 설명할 수 있을 뿐이다.

CHAPTER 10
유전체

10-1 유전 상수
10-2 분극 벡터 **P**
10-3 분극 전하
10-4 유전체의 정전기학 방정식
10-5 유전체의 전기장과 힘

10-1 유전 상수

이 장에서는 물체가 전기장의 영향을 받을 때 나타나는 특이한 현상들을 알아보기로 하자. 이전의 장에서 우리는 '도체(conductor)'의 특성에 대해서 살펴보았다. 도체를 특징짓는 자유 전자들은 전기장에 반응하여 자유롭게 움직이면서 도체 내부의 전기장이 0이 되도록 재배치된다. 지금부터는 전기가 통하지 않는 '절연체(insulator)'에 대해 생각해 보자. 그냥 쉽게 생각하면 절연체는 전기장 안으로 들어가도 아무런 변화가 없을 것 같다. 그러나 패러데이(Faraday)는 평행판 축전기와 간단한 검전기(electroscope)를 이용하여 전기장 내부에 놓인 절연체에 어떤 변화가 일어난다는 사실을 발견했다. 그는 실험을 통하여 축전기의 평행판 사이에 절연 물질을 삽입하면 축전기의 용량(capacitance)이 증가한다는 사실을 알아냈다. 평행판 사이를 절연체로 가득 채우면 축전용량은 절연 물질의 특성에만 의존하는 인자 κ만큼 증가한다. 절연 물질들을 '유전체(dielectrics)'라고도 한다. 인자 κ는 유전체의 특성을 나타내는 값으로, '유전 상수(dielectric constant)'라고 한다. 물론, 진공에서의 유전 상수는 1이다.

앞으로 우리가 풀어야 할 의문은 다음과 같다. "절연체가 말 그대로 전기를 통하지 못하는 물체라면, 어떻게 이러한 전기적 효과가 나타날 수 있는 것인가?" 축전용량이 증가한다는 실험적 사실을 출발점으로 삼아, 절연체의 내부에서 어떤 일이 벌어지고 있는지 추론해 보자. 평행판 축전기의 위쪽 판에 음전하가 대전되어 있고 아래쪽 판에 양전하가 대전된 상황을 상상해 보자. 판 사이의 거리를 d라 하고 평행판의 면적을 A라 하면, 전에 증명한 대로 축전용량은

$$C = \frac{\epsilon_0 A}{d} \tag{10.1}$$

이다. 그리고 축전기의 전하와 전압 사이의 관계는 다음과 같다.

$$Q = CV \tag{10.2}$$

실험에 의하면, 투명합성수지(lucite)나 유리 같은 절연 물질을 평행판 사이에 삽입하면 축전용량 C가 증가한다. 식 (10.2)에 의하면, 이것은 같은 전하량에 대해서 평행판 사이의 전압 차 V가 줄어들었음을 의미한다. 그런데 전압 차는 축전기를 가로지르는 전기장에 대한 적분으로 정의된다. 따라서 평행판 위의 전

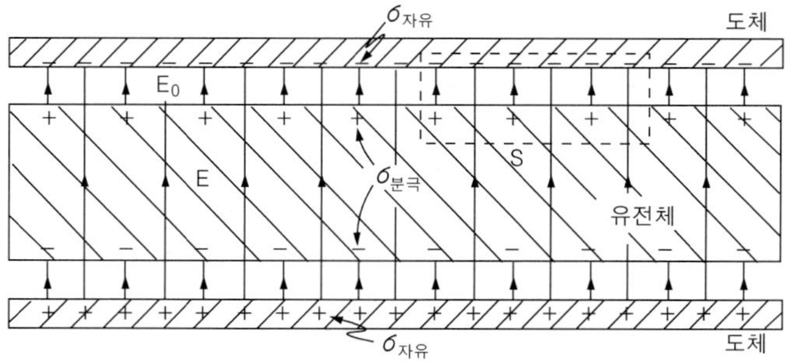

그림 10-1 유전체가 삽입된 평행판 축전기. 전기장의 선이 표시되어 있다.

하량은 변하지 않았는데도 평행판 사이의 전기장이 약해졌다는 결론에 이르게 된다.

전기장이 왜 약해졌을까? 가우스 법칙에 의하면 전기장의 플럭스는 가상적인 가우스 면 안에 들어 있는 전하량에 비례한다. 그림 10-1에서 점선으로 그려 놓은 가우스 면 S를 생각해 보자. 유전체가 삽입되어 전기장이 줄어들었으므로, 가우스 면 내부의 알짜 전하량은 유전체가 없을 때보다 적어야 한다. 그렇다면 필연적으로 유전체의 표면에 양전하가 존재하고 있다는 결론에 이르게 된다. 전기장이 줄어들긴 했지만 전기장이 완전히 사라진 것은 아니므로, 유전체의 표면에 유도된 양전하는 평행판에 있는 음전하보다 적을 것이다. 따라서 이 현상을 이해하려면, 전기장 속에 유전체를 넣었을 때 유전체의 한쪽 면에는 양전하가 유도되고 반대쪽 면에는 음전하가 유도되는 이유를 어떻게든 설명할 수 있어야 한다.

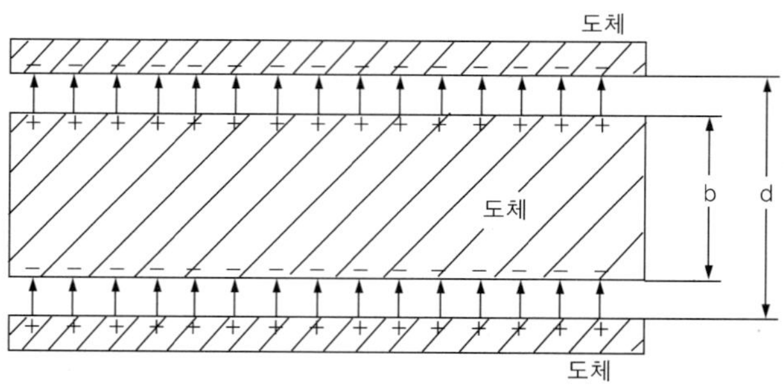

그림 10-2 축전기의 평행판 사이의 공간에 금속판을 넣으면 전하가 유도되면서 금속 내부의 전기장은 0이 된다.

유전체 대신 도체를 삽입했을 때에도 이와 비슷한 현상이 나타난다. 예를 들어, 평행판 사이의 공간에 그림 10-2와 같이 대전되지 않은 도체를 삽입한 경우를 생각해 보자. 평행판 사이의 거리는 d이고, 그 사이에 끼워 넣은 중성 도체의 두께를 b라 하자. 축전기의 전기장에 의해 도체의 위쪽에는 양전하가 유도되고 아래쪽에는 음전하가 유도되어 도체 내부의 전기장은 사라진다. 그리고 각 면에서의 전하 밀도는 변하지 않았으므로, 나머지 공간에서의 전기장(평판의 경우, 전기장은 면 전하 밀도를 ϵ_0로 나눈 값과 같다)은 변하지 않는다. 그렇지만 전압(전기 퍼텐셜의 차이)을 구하기 위해 적분해야 하는 거리는 줄어들었다. 따라서 축전기의 양단에 걸리는 전압은

$$V = \frac{\sigma}{\epsilon_0}(d - b)$$

이다. 그러므로 축전용량에 대한 식 (10.1)에서도 d를 $(d-b)$로 바꿔 주어야

한다.

$$C = \frac{\epsilon_0 A}{d[1-(b/d)]} \tag{10.3}$$

축전용량은 축전기 판 사이에서 도체의 공간 점유율을 나타내는 인자 (b/d)만큼 증가한다.

그러므로 우리는 유전체를 여러 겹으로 겹쳐 있는 얇은 도체판들의 모임으로 간주하는 알기 쉬운 유전체 모형을 생각해 볼 수 있다. 한 가지 문제는, 실제로 대부분의 유전체들은 특별한 방향성을 갖지 않음에도 불구하고 이 모형에서는 도체판에 수직한 축을 상정하고 있다는 점이다. 그래서 생각해 낸 것이 바로 그림 10-3과 같이 "모든 절연 물질들 내부에는 절연에 의해 분리되어 있는 아주 작은 구형 도체들이 들어차 있다"고 가정하는 유전체 모형이다. 유전 상수가 생기는 이유는 각각의 도체구에 유도된 전하들의 효과로 설명될 수 있다. 이것은 패러데이가 관측했던 현상을 설명하기 위해 제시되었던 가장 오래된 유전체 모형 중 하나이다. 좀 더 구체적으로 말해서, 유전체를 이루는 각각의 원자들을 상호 절연된 완전 도체로 간주하자는 것이다. 이 경우, 물질의 유전 상수 κ는 도체구들이 차지하는 공간의 점유율에 의해 결정된다. 그러나 오늘날에 사용되고 있는 유전체 모형은 이것과 다르다.

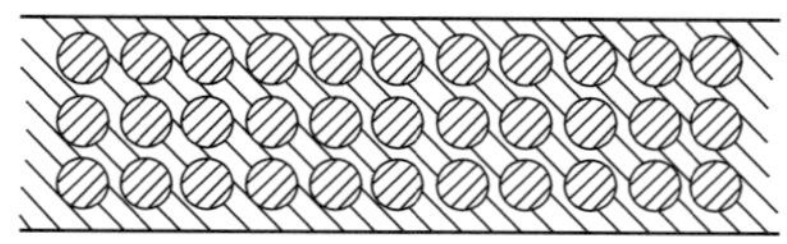

그림 10-3 유전체 모형 : 이상화된 절연체 내부에 매립되어 있는 작은 구형 도체들

10-2 분극 벡터 P

위의 분석을 좀 더 진행해 보면, 유전체 모형에서 완전 도체 영역과 절연 영역이 나뉘어 있다는 아이디어는 본질적인 사항이 아님을 알 수 있다. 실제로 중요한 점은 작은 구들이 외부 전기장의 영향에 의해 모멘트가 유도되는 전기 쌍극자처럼 행동한다는 사실이다. 유전체를 이해하는 데 있어서 본질적인 핵심 사항은 유전체 안에서 조그만 전기 쌍극자들이 굉장히 많이 유도된다는 것이다. 물질 내부의 쌍극자 모형이 작은 도체구를 기반으로 하는지, 또는 어떤 다른 방식에 근거한 것인지는 별로 중요한 문제가 아니다.

원자가 도체구가 아니라면, 전기장은 어떻게 원자에 쌍극자 모멘트를 만들어 낼 수 있을까? 그 이유는 다음 장에서 유전 물질의 내부 기전을 다룰 때 좀 더 자세히 설명할 예정이다. 여기서는 내부 기전을 예시하는 그럴듯한 사례 하나를 들어 보자. 원자의 중심에는 양전하를 띤 핵이 위치하고 있고, 그 주변에는 음전하를 띤 전자들이 분포되어 있다. 여기에 전기장이 걸리면 전자와 핵은 서로 반대 방향으로 움직이게 된다. 그러면 전자의 분포(전자의 궤도, 파동 형태 또는 양자역학의 파동 함수 등 어떤 관점에서 생각하더라도)는 그림 10-4와 같이 변형될 것이다. 이렇게 되면 음전하 분포의 무게 중심이 이동하여, 핵에 집중되어 있는 양전하의 중심과 더 이상 일치하지 않는다. 이러한 전하 분포는 이미 앞에서 다룬 적이 있다. 양전하와 음전하의 중심이 어긋나 있는 원자를 먼 거리에서 바라보면, 1차 근사 이내에서 아주 작은 쌍극자로 간주할 수 있다.

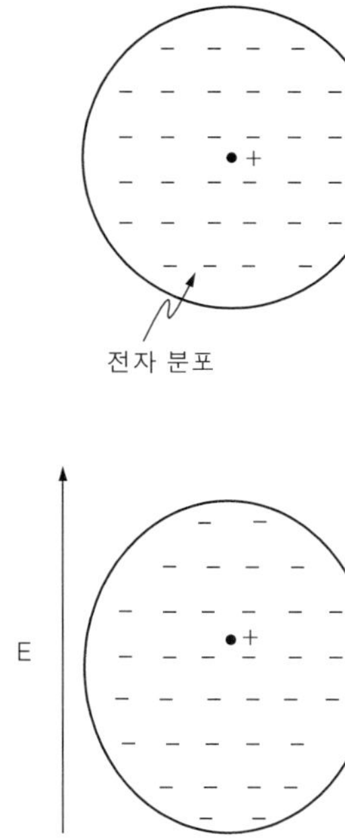

그림 10-4 원자가 전기장 속에 진입하면 원자의 전자 분포는 핵에 대하여 이동한다.

외부 전기장이 아주 세지 않으면, 이로부터 유도된 쌍극자의 크기는 전기장의 세기에 선형적으로 비례할 것이다. 즉, 약한 전기장이 가해지면 전하의 중심이 조금 이동하고, 강한 전기장이 가해지면 그에 비례해서 전하 분포의 중심도 많이 이동한다. 단, 전하 분포의 이동 폭이 가해진 전기장의 세기에 비례하지 않고 너무 크게 벗어나는 경우에는 문제가 복잡해진다. 이 장에서는 원자의 쌍극자 모멘트가 전기장의 세기에 비례한다는 가정하에 모든 논의를 진행할 것이다.

각 원자에서 $+q$와 $-q$의 전하가 변위 벡터 $\boldsymbol{\delta}$만큼 떨어져 있다면 원자 하나당 쌍극자 모멘트는 $q\boldsymbol{\delta}$로 주어진다(축전기 판 사이의 간격을 표기할 때 이미 d라는 문자를 사용했기 때문에 $\boldsymbol{\delta}$로 쓴 것이다). 단위 부피당 원자의 개수를 N이라 하면 '단위 부피당 쌍극자 모멘트'는 $Nq\boldsymbol{\delta}$이다. 이것을 벡터 $\boldsymbol{P}$로 표시하자. 물론 벡터 $\boldsymbol{P}$의 방향은 쌍극자의 방향, 즉 전하 분리를 나타내는 변위 벡터 $\boldsymbol{\delta}$와 같은 방향이다.

$$\boldsymbol{P} = Nq\boldsymbol{\delta} \tag{10.4}$$

일반적으로 유전체 내부에서 $\boldsymbol{P}$는 위치에 따라 달라진다. 그러나 유전체 내부의 모든 점에서 $\boldsymbol{P}$는 항상 전기장 $\boldsymbol{E}$에 비례한다. 이들을 연결하는 비례 상수는 전자가 전기장에 의해 얼마나 변위가 잘 되는가 하는 정도에 의존하는 인자이며, 물질을 구성하는 원자의 종류에 따라 다른 값을 갖는다.

그렇다면 비례 상수의 값을 결정하는 요인은 무엇인가? $\boldsymbol{P}$와 $\boldsymbol{E}$의 비례 관계는 전기장이 아무리 강해도 여전히 성립하는가? 다른 종류의 물질 내부에서 진행되는 과정상의 차이점은 무엇인가? 이런 등등의 질문에 대해서는 나중에 논하기로 하고, 앞으로 당분간은 원자의 쌍극자 모멘트가 전기장의 세기에 비례한다는 단순한 가정하에 그 원인을 추적하는 데 초점을 맞추기로 한다.

10-3 분극 전하

쌍극자 모형을 이용하여 유전체가 삽입된 축전기에서 일어나는 현상을 설명해 보자. 우선, 단위 부피당 쌍극자 모멘트가 0이 아닌 얇은 유전체 판을 생각해 보자. 이런 경우, 쌍극자 모멘트에 의해 판의 어딘가에 '평균적으로' 새로운 전하 분포가 생겼다고 볼 수 있을까? $\boldsymbol{P}$가 균일하다면 그렇게 볼 수 없다. 평균적으로 동일하게 분포되어 있는 양전하와 음전하가 상대적으로 조금 움직인 것뿐이라면, 유전체 내부에는 알짜 전하가 생성되지 않는다. 그러나 $\boldsymbol{P}$가 각 위치마다 다른 값을 갖는다면, 어떤 지역으로 흘러들어 간 전하량이 그 지역에서 흘러나온 전하량보다 많을 수도 있으며, 이런 경우에는 단위 부피당 전하 밀도가 0이 되지 않는다. 유전체가 삽입된 평행판 축전기에서 $\boldsymbol{P}$가 공간적으로 균일하다면 유전체의 표면만 살펴보는 것으로 충분하다. 그림 10-5에 표시된 것처럼 유전체의 위쪽 면에는 전자가 아래쪽으로 δ만큼 밀려 내려왔으므로 양전하만 남게 되고, 아래쪽 면에는 반대로 음전하만 남아 있는 상태가 된다. 즉, 유전체의 표면에 알짜 전하가 모이게 되는데, 이것을 '표면 분극 전하(surface polarization charge)'라고 한다.

표면 전하의 밀도는 다음과 같이 계산할 수 있다. 평판의 면적을 A라 하면

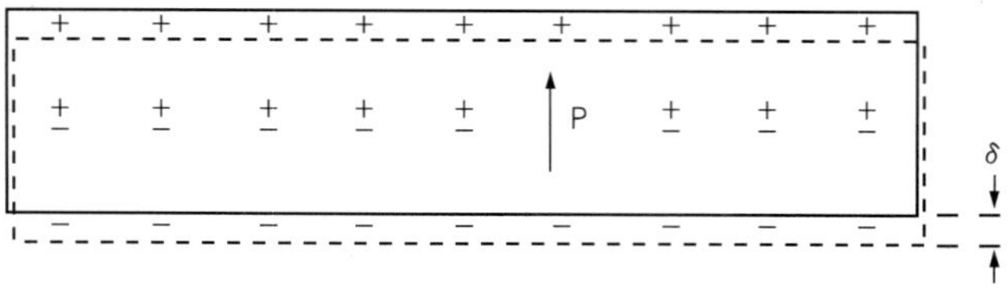

그림 10-5 균일한 전기장 속의 얇은 유전체 판. 양전하는 음전하에 대하여 상대적으로 δ만큼 이동한다.

표면 근처에 있는 전하의 개수는 단위 부피당 원자의 개수 N에 전자의 변위 δ와 A를 곱한 값과 같다. 이렇게 구한 전하의 개수에 전자의 전하량 q_e를 곱하면 총 전하량이 얻어진다. 또한 이 값을 면적 A로 나누면 분극 전하의 표면 밀도가 된다. 따라서 표면 전하 밀도는

$$\sigma_{\text{분극}} = Nq_e\delta$$

이다. 그런데 이것은 바로 앞에서 구한 분극 벡터 $\boldsymbol{P}$의 크기인 P와 동일하다[식 (10.4) 참조].

$$\sigma_{\text{분극}} = P \tag{10.5}$$

다시 말해서, 유전체의 표면 전하 밀도는 유전체 내부의 분극(단위 부피당 쌍극자 모멘트)과 같다. 물론 표면 전하는 한쪽 면에서 양(+)이고 다른 쪽 면에서는 음(−)이다.

이와 같은 유전체를 평행판 축전기 사이에 끼워 넣었다고 가정해 보자. 축전기의 금속판에서 자유롭게 움직이는 전하의 면 전하 밀도를 $\sigma_{\text{자유}}$라 하자. 물론 이것은 처음에 축전기에 충전된 전하를 나타낸다. 여기서 중요한 것은, $\sigma_{\text{분극}}$은 오로지 $\sigma_{\text{자유}}$ 때문에 생긴다는 사실이다. 축전기를 방전시켜서 $\sigma_{\text{자유}}$를 제거하고 나면 $\sigma_{\text{분극}}$도 사라진다. 이것은 유전체 표면의 분극 전하가 밖으로 흘러 나가기 때문이 아니라, 유전체의 내부 구조가 분극이 일어나기 전 상황으로 되돌아가기 때문이다.

그림 10-1의 가우스 면 S에 대하여 가우스 법칙을 적용해 보면, 유전체 내부의 전기장은 전체 전하 밀도를 ϵ_0로 나눈 값과 같아진다. $\sigma_{\text{분극}}$과 $\sigma_{\text{자유}}$는 반대 부호이므로, 전기장 E는

$$E = \frac{\sigma_{\text{자유}} - \sigma_{\text{분극}}}{\epsilon_0} \tag{10.6}$$

이다.

축전기의 금속판과 유전체 표면 사이의 전기장 E_0는 위의 E보다 크다. 왜냐하면 E_0는 오직 $\sigma_{\text{자유}}$에 의해 생성된 전기장이기 때문이다. 그런데 유전체가 축전기 판 사이를 거의 꽉 채우고 있다고 가정하면, 유전체 내부의 전기장이 축전기 판 사이의 거의 모든 전기장을 나타내게 되므로 유전체 내부의 전기장만 고려하면 된다. 식 (10.5)를 이용하면

$$E = \frac{\sigma_{\text{자유}} - P}{\epsilon_0} \tag{10.7}$$

로 쓸 수 있다. 이 식으로부터 전기장을 구하려면 P를 알아야 한다. 지금 우리는

P와 E가 비례 관계에 있다고 가정할 것인데, 그 비례 관계는 보통

$$\boldsymbol{P} = \chi \epsilon_0 \boldsymbol{E} \tag{10.8}$$

로 표현된다. 여기서 비례 상수 χ[그리스 문자 '카이(khi)']를 유전체의 전기 분극률(electric susceptibility)이라고 한다.

그러면 식 (10.7)은

$$E = \frac{\sigma_{자유}}{\epsilon_0} \frac{1}{(1+\chi)} \tag{10.9}$$

이 된다. 즉, 유전체가 삽입되면 전기장이 $1/(1+\chi)$배만큼 줄어든다는 것을 알 수 있다.

평행판 사이의 전압은 전기장을 선적분한 값이다. 지금은 전기장이 균일하므로, 선적분은 단순히 전기장 E에 평행판 사이의 간격 d를 곱한 것과 같다. 따라서 평행판 사이의 전압은 다음과 같다.

$$V = Ed = \frac{\sigma_{자유} d}{\epsilon_0 (1+\chi)}$$

축전기에 대전된 전체 전하는 $\sigma_{자유} A$이다. 따라서 식 (10.2)로 정의된 축전용량은

$$C = \frac{\epsilon_0 A(1+\chi)}{d} = \frac{\kappa \epsilon_0 A}{d} \tag{10.10}$$

가 된다.

이것으로 우리는 실험적으로 관찰된 현상을 성공적으로 설명한 셈이다. 즉, 평행판 축전기에 유전 물질을 삽입했을 때 축전용량은

$$\kappa = 1 + \chi \tag{10.11}$$

배만큼 증가하며, 이 상수는 유전체의 고유한 특성을 나타내는 값이다. 나중에 원자의 분극이 어떻게 일어나는 것인지를 공부하고 나면 이 현상을 좀 더 완벽하게 이해할 수 있을 것이다.

그다음으로, 분극 벡터 $\boldsymbol{P}$가 균일하지 않은 경우를 생각해 보자. 앞서 언급한 대로 이 경우에는 미소 체적의 어느 한쪽 면을 이탈하는 전하량보다 다른 쪽 면으로 몰려 있는 전하량이 더 많을 수도 있기 때문에, 전하 밀도가 0이 아닌 부분이 생기게 된다. 그렇다면 미소 체적에 대한 전하의 유입량 또는 유출량을 어떻게 계산할 수 있을까?

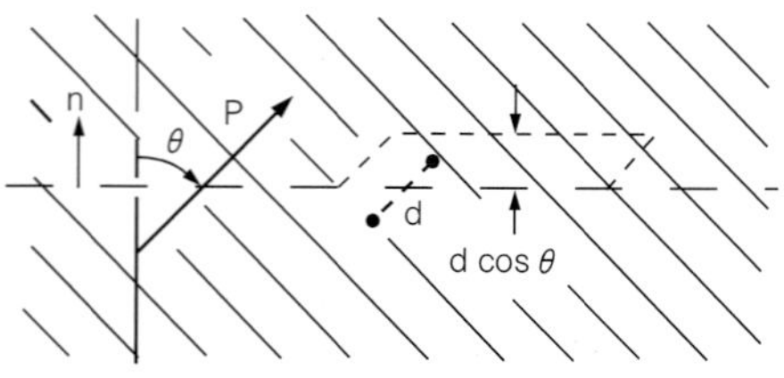

그림 10-6 유전체 내의 가상적인 면적 요소를 관통하는 전하량은 그 면적에 수직한 $\boldsymbol{P}$의 성분에 비례한다.

우선 물질 내에서 분극이 일어날 때, 가상적인 면을 통해 이동하는 전하량을 계산해 보자. 앞에서 평행판 축전기를 다룰 때 지적했던 바와 같이, 분극이 면에 수직한 경우에는 면을 통해 이동하는 전하량은 면의 면적 A에 $\boldsymbol{P}$를 곱한 것과 같다. 물론, 분극 벡터 $\boldsymbol{P}$가 면에 접선 방향이면 그 면을 통과하는 전하의 이동은 없다.

앞에서 도입했던 논리를 그대로 따르면, 임의의 면적 요소를 통해서 이동한

전하량은 그 면에 수직한 $\boldsymbol{P}$의 성분에 비례한다는 것을 쉽게 알 수 있다. 그림 10-6과 그림 10-5를 비교해 보라. 식 (10.5)를 일반화시키면 다음과 같이 쓸 수 있다.

$$\sigma_{\text{분극}} = \boldsymbol{P} \cdot \boldsymbol{n} \tag{10.12}$$

유전체의 '내부에' 어떤 가상적인 면을 생각한다면, 식 (10.12)로부터 가상의 면을 통과하는 전하량을 알 수 있다. 그렇다고 실제로 알짜 표면 전하가 생성되는 것은 아니다. 왜냐하면 면의 양쪽에 크기는 같고 부호가 반대인 전하가 분포되기 때문이다.

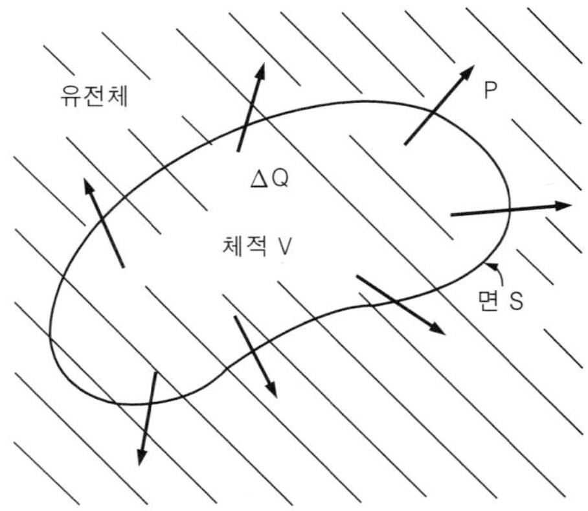

그림 10-7 비균일 분극 $\boldsymbol{P}$는 유전체 안에 알짜 전하를 만들어 낼 수 있다.

그러나 전하가 조금씩 움직이면 체적 전하 밀도가 생길 수 있다. 즉, 분극에 의해서 임의의 체적 V '밖으로' 이탈되는 총 전하량은 $\boldsymbol{P}$의 수직 성분을 S에 대해 면적분한 값이 된다(그림 10-7 참조). 이때, 반대 부호를 띤 같은 양의 전하가 체적 V의 내부에 남아 있게 된다. V 내부의 알짜 전하를 $\Delta Q_{\text{분극}}$이라 하면,

$$\Delta Q_{\text{분극}} = -\int_S \boldsymbol{P} \cdot \boldsymbol{n}\, da \tag{10.13}$$

로 쓸 수 있다. 또한 $\Delta Q_{\text{분극}}$은 체적 전하 밀도가 $\rho_{\text{분극}}$인 전하 분포에 기인하는 것으로 볼 수 있으므로,

$$\Delta Q_{\text{분극}} = \int_V \rho_{\text{분극}}\, dV \tag{10.14}$$

로 쓸 수도 있다. 위의 두 식을 결합하면

$$\int_V \rho_{\text{분극}}\, dV = -\int_S \boldsymbol{P} \cdot \boldsymbol{n}\, da \tag{10.15}$$

가 된다. 이 관계식은 분극된 물질 내부의 전하 밀도와 분극 벡터 $\boldsymbol{P}$ 사이의 관계를 말해 주는 일종의 가우스 법칙으로 생각할 수 있다. 이 식은 (앞에서 구했던) 평행판 축전기에 유전체가 삽입된 경우의 표면 분극 전하에 대한 결과와도 잘 맞아떨어진다. 즉, 그림 10-1의 가우스 면에 대하여 식 (10.15)를 적용하면 $P\Delta A$(면적분) $= \sigma_{\text{분극}}\Delta A$(내부 전하)가 되므로, $\sigma_{\text{분극}} = P$가 얻어진다.

정전기학에서 가우스 법칙을 미분 형태로 바꿔 썼던 것처럼 식 (10.15)도 미분 형태로 표현할 수 있다. 가우스 정리에 의하면

$$\int_S \boldsymbol{P} \cdot \boldsymbol{n}\, da = \int_V \boldsymbol{\nabla} \cdot \boldsymbol{P}\, dV$$

이고, 이것을 식 (10.15)에 대입하면

$$\rho_{\text{분극}} = -\boldsymbol{\nabla} \cdot \boldsymbol{P} \tag{10.16}$$

가 된다. 이 식은 만일 분극 상태가 공간적으로 균일하지 않다면 물체 내부에 $\boldsymbol{P}$의 다이버전스에 해당되는 알짜 전하 밀도가 존재하게 됨을 의미한다. 이것은 실제로 존재하는 '진짜' 전하 밀도이다. 다만, 이 전하의 발생 기원을 강조하는 의미에서 '분극 전하(polarization charge)'라고 부르는 것뿐이다.

10-4 유전체의 정전기학 방정식

지금까지 얻은 결과를 정전기학의 이론과 결합시켜 보자. 기본 방정식은

$$\nabla \cdot \boldsymbol{E} = \frac{\rho}{\epsilon_0} \tag{10.17}$$

이며, 여기서의 ρ는 총 전하 밀도이다. 이 중에서 얼마만큼이 분극 전하인지 구별하기 위해서 ρ를 두 가지 종류의 전하, 즉 비균일 분극에 의한 전하 밀도 $\sigma_{분극}$과 그 밖의 나머지 전하 밀도 $\sigma_{자유}$로 나눠서 생각하는 것이 편리하다. 대부분의 경우, $\sigma_{자유}$는 도체에 대전된 전하 및 공간상의 특정 위치에 놓여 있는 전하를 의미한다. 그러면 식 (10.17)은

$$\nabla \cdot \boldsymbol{E} = \frac{\rho_{자유} + \rho_{분극}}{\epsilon_0} = \frac{\rho_{자유} - \nabla \cdot \boldsymbol{P}}{\epsilon_0}$$

즉,

$$\nabla \cdot \left(\boldsymbol{E} + \frac{\boldsymbol{P}}{\epsilon_0}\right) = \frac{\rho_{자유}}{\epsilon_0} \tag{10.18}$$

와 같이 쓸 수 있다. 물론 $\boldsymbol{E}$의 컬은 항상 0이다.

$$\nabla \times \boldsymbol{E} = 0 \tag{10.19}$$

식 (10.8)의 $\boldsymbol{P}$를 식 (10.18)에 대입하면

$$\nabla \cdot [(1+\chi)\boldsymbol{E}] = \nabla \cdot (\kappa \boldsymbol{E}) = \frac{\rho_{자유}}{\epsilon_0} \tag{10.20}$$

와 같이, 좀 더 간단한 식이 얻어진다. 이것이 바로 유전체에 대한 정전기학 방정식이다. 물리적으로 새롭게 첨가된 내용은 없지만, $\boldsymbol{P}$가 $\boldsymbol{E}$에 비례하고 $\rho_{자유}$를 알고 있다면 계산이 조금 쉬워진다는 장점이 있다.

위 식에서 유전 '상수' κ를 식 (10.20)의 괄호 속에 넣은 이유는 κ가 공간적으로 균일하지 않을 수도 있기 때문이다. κ가 전 공간에서 균일하다면 상수로 취급하여 미분 기호 밖으로 빼낼 수 있고, 그러면 방정식은 전하 밀도가 $\rho_{자유}/\kappa$인 정전기학 방정식과 같아진다. 식 (10.20)은 전기장 내에서 여러 종류의 유전체들이 분포하고 있는 일반적인 경우에도 적용되는데, 방정식을 쓰기는 쉽지만 풀기는 매우 어렵다.

여기서 전자기학의 역사와 관련된 몇 가지 중요한 사실을 짚고 넘어가자. 전기 현상을 연구하던 초기의 물리학자들은 원자에 기반을 둔 분극 메커니즘을 모르고 있었으며, 분극 전하 밀도 $\rho_{분극}$도 그다지 중요하게 취급하지 않았다. 그들은 전하 $\rho_{자유}$만이 실제로 존재하는 전하라고 생각했다. 그래서 맥스웰 방정식을 간단한 형태로 쓰기 위해 $\boldsymbol{E}$와 $\boldsymbol{P}$의 선형 결합으로 만들어진 새로운 벡터 $\boldsymbol{D}$를 다음과 같이 정의하였다.

$$\boldsymbol{D} = \epsilon_0 \boldsymbol{E} + \boldsymbol{P} \tag{10.21}$$

이렇게 하면 겉으로 보기에 식 (10.18)과 식 (10.19)는 다음과 같이 간단해진다.

$$\nabla \cdot \boldsymbol{D} = \rho_{\text{자유}}, \qquad \nabla \times \boldsymbol{E} = 0 \tag{10.22}$$

그러나 이 식을 풀려면 다시 $\boldsymbol{D}$와 $\boldsymbol{E}$의 관계를 알아야 한다. 식 (10.8)이 성립한다면 $\boldsymbol{D}$와 $\boldsymbol{E}$는

$$\boldsymbol{D} = \epsilon_0(1+\chi)\,\boldsymbol{E} = \kappa\epsilon_0\,\boldsymbol{E} \tag{10.23}$$

의 관계를 만족한다. 이 식은 보통 다음과 같은 형태로 표현된다.

$$\boldsymbol{D} = \epsilon\boldsymbol{E} \tag{10.24}$$

여기서 ϵ은 물질의 유전 특성을 나타내는 또 하나의 상수로서 '유전율(permittivity)'이라고 한다(이제 여러분은 앞에 나왔던 ϵ_0의 의미를 이해할 수 있을 것이다. ϵ_0는 '진공의 유전율'이다). 위의 두 식으로부터

$$\epsilon = \kappa\epsilon_0 = (1+\chi)\,\epsilon_0 \tag{10.25}$$

임을 알 수 있다.

오늘날에는 이 문제를 다른 각도에서 해석하고 있다. 즉, 진공 중에서 성립되는 더 단순하면서도 근본적인 방정식들이 존재하며 (전하의 발생 원인을 따지지 않고) 모든 전하를 고려하면 이 방정식들은 항상 정확하다고 보는 것이다. 그리고 편의상 전하의 일부를 분리하여 생각한다거나, 물체 내부에서 진행되는 세부적인 사항에 관심이 없는 경우에는, 원한다면 원래의 방정식을 다루기 편한 형태로 변형시켜서 사용할 수 있다고 보는 것이다.

또 한 가지 강조해 둘 것이 있다. $\boldsymbol{D}=\epsilon\boldsymbol{E}$와 같은 관계식은 물질의 성질을 기술하기 위한 하나의 시도이긴 하지만, 대부분의 물질은 매우 복잡하기 때문에 이와 같이 간단한 식으로 완전히 설명할 수는 없다. 예를 들어, $\boldsymbol{E}$가 아주 커지면 $\boldsymbol{D}$는 더 이상 $\boldsymbol{E}$에 선형적으로 비례하지 않는다. 게다가 일부 물질들은 전기장이 약한 경우에도 비례 관계가 성립하지 않는다. 또한 전기장이 빠르게 변하는 경우에는 비례 '상수'가 시간에 따라 변하는 양이 될 수도 있다. 따라서 이런 종류의 관계식은 훅의 법칙(Hooke's law)과 같은 일종의 근사식으로 받아들여야 하며, 물리학의 심오한 기본 방정식은 될 수 없다. 반면에, 기본 방정식 (10.17)과 (10.19)는 정전기학에 대한 우리의 가장 깊고 완벽한 이해를 표현하고 있다.

10-5 유전체의 전기장과 힘

이제, 유전체 정전기학에 일반적으로 적용되는 몇 가지 정리를 증명해 보자. 앞에서 우리는 축전기의 평행판 사이에 유전체를 삽입하면 축전용량이 일정 비율 증가한다는 사실을 확인하였다. 두 도체 근방의 전 공간이 선형 유전체로 균일하게 채워져 있으면, 축전용량이 증가하는 특성은 축전기의 모양에 상관없이 항상 나타난다는 것을 증명할 수 있다. 유전체가 없을 때, 우리가 풀어야 할 방정식은

$$\nabla \cdot \boldsymbol{E}_0 = \frac{\rho_{\text{자유}}}{\epsilon_0}, \qquad \nabla \times \boldsymbol{E}_0 = 0$$

이다. 유전체가 있는 경우, 첫 번째 식은 다음과 같이 수정된다.

$$\nabla \cdot (\kappa \boldsymbol{E}) = \frac{\rho_{자유}}{\epsilon_0}, \qquad \nabla \times \boldsymbol{E} = 0 \tag{10.26}$$

그런데 κ는 공간상의 모든 점에서 같은 값을 가진다고 가정했으므로, 위의 두 식은 다음과 같이 쓸 수 있다.

$$\nabla \cdot (\kappa \boldsymbol{E}) = \frac{\rho_{자유}}{\epsilon_0}, \qquad \nabla \times (\kappa \boldsymbol{E}) = 0 \tag{10.27}$$

보다시피, $\kappa\boldsymbol{E}$에 대한 식과 $\boldsymbol{E}_0$에 대한 식은 동일한 형태를 취하고 있으므로 $\kappa\boldsymbol{E} = \boldsymbol{E}_0$의 관계가 성립한다는 것을 알 수 있다. 다시 말해서, 유전체로 채워진 공간에서의 전기장은 진공에서의 전기장보다 $1/\kappa$배 작아진다는 뜻이다. 도체 양단에 걸리는 전압은 전기장의 선적분과 같으므로, 전압도 똑같이 $1/\kappa$배 줄어들 것이다. 그러나 축전기의 양단에 대전되어 있는 전하의 양은 두 경우 모두 같으므로, 유전체가 전 공간에 균일하게 채워져 있을 때 축전용량은 κ배 증가한다 [식 (10.2) 참조].

다음으로, 두 개의 대전된 도체들이 유전체 속에 담겨 있을 때, 이들 사이에 작용하는 힘을 계산해 보자. 유전체는 액체 상태로 전 공간에 균일하게 분포되어 있다고 가정하자. 앞에서 우리는 에너지를 거리에 대해 미분하여 힘을 구한 적이 있다. 두 도체에 각각 $\pm Q$의 전하가 대전되어 있다면, 에너지는 $U = Q^2/2C$이다(C는 축전용량이다). 가상적 일의 원리(principle of virtual work)를 이용하여 특정 방향의 힘을 구하려면, 에너지를 그 방향에 대하여 미분하면 된다. 예를 들어, 힘의 x방향 성분 F_x는

$$F_x = -\frac{\partial U}{\partial x} = -\frac{Q^2}{2}\frac{\partial}{\partial x}\left(\frac{1}{C}\right) \tag{10.28}$$

이다. 유전체에 의해 축전용량이 κ배만큼 증가하였으므로, 힘의 성분들은 모두 이와 동일한 비율로 '감소한다.'

여기서 한 가지 강조할 것은, 이 논리가 액체 상태의 유전체에만 성립한다는 사실이다. 유전체가 고체인 경우에는 유전체 내에 매립된 도체의 움직임에 의해 유전체의 역학적인 응력 상태(stress condition)가 달라져서 유전체 내에서 역학적 에너지의 변화가 초래될 뿐만 아니라 전기적인 특성도 변하게 된다. 반면에, 액체 내에서 움직이는 도체는 액체의 특성을 변화시키지 않는다. 액체가 출렁거리며 다른 곳으로 이동하기는 하겠지만, 액체의 전기적 특성은 변하지 않는다.

과거에 출판된 대부분의 전자기학 교과서들은 두 전하 사이에 작용하는 힘이

$$F = \frac{q_1 q_2}{4\pi\epsilon_0 \kappa r^2} \tag{10.29}$$

라는 기본 법칙에서 출발하고 있는데, 사실 이러한 관점은 그리 바람직하지 않다. 우선 이것은 일반적으로 성립되는 법칙이 아니기 때문이다. 식 (10.29)는 전

공간이 액체 유전체로 채워져 있는 경우에 한하여 성립한다. 또한 이 식에서는 κ를 상수로 가정하고 있는데, 이것은 대부분의 물질에서 근사적으로만 성립할 뿐, 결코 전자기학의 기본 법칙이라고 할 수 없다. 이런 식의 접근보다는, '진공' 중에서 점전하들 사이에 적용되는 쿨롱의 법칙으로부터 시작하는 편이 훨씬 낫다. (전하들이 움직이지 않을 때) 쿨롱의 법칙은 항상 옳기 때문이다.

유전체가 고체인 경우에는 무엇이 어떻게 달라지는가? 이것은 아직까지 풀리지 않은 아주 어려운 문제인데, 그 주된 이유는 '어떤 의미에서' 문제 자체가 애매하기 때문이다. 고체 상태의 유전체 내부에 전하가 들어 있다면, 여러 가지 종류의 압력과 변형(strain)이 존재하게 된다. 가상적인 일을 생각할 때는 고체를 압축하는 데 필요한 역학적 에너지도 함께 고려해야 하는데, 고체 상태의 유전 물질에서 '역학적인 힘'과 '전기력'을 구별하기가 쉽지 않다. 이 문제가 아직 풀리지 않는 이유 중 하나는 정확한 답을 반드시 알아야만 하는 절박한 상황에 부딪힌 적이 없었기 때문이다. 앞으로 고체 내부에 얼마만큼의 변형이 내재되어 있는지를 알아야 하는 상황이 발생하면 이 문제도 함께 해결될 가능성이 높다. 그러나 그 결과는 액체 유전체에 대해서 구한 간단한 결과보다 훨씬 복잡할 것이다.

유전체 이론에서 가장 복잡한 문제는 다음과 같다. "대전된 물체는 어떻게 작은 유전체 조각을 끌어올릴 수 있는가?" 건조한 날에 빗으로 머리를 빗은 후 작은 종잇조각에 빗을 갖다 대면 종잇조각들이 달라붙는다. 여러분은 빗과 종이가 서로 다른 전하를 띠고 있으므로 끌어당기는 것이 당연하다고 생각할지도 모른다. 그러나 애초에 종잇조각은 전기적으로 중성이었음에도 불구하고 빗에 끌려온다. 가끔씩은 끌려온 종이가 빗에 닿자마자 바로 떨어져 나가는 경우도 있다. 이 경우에는 딸려온 종이가 빗에 있던 음전하의 일부를 넘겨받아서 전기적인 척력에 의해 밀려 나간다고 해석하면 된다. 하지만 이것은 원래의 질문, 즉 "처음에 종잇조각이 끌려온 이유는 무엇인가?"라는 질문의 해답은 될 수 없다.

그 이유는 유전체가 외부 전기장 속에서 분극되는 현상과 밀접하게 관련되어 있다. 분극에 의해 생성된 양전하와 음전하는 빗에 끌리거나 밀리는 힘을 받는다. 그런데 빗에 가까운 쪽 전기장이 먼 곳의 전기장보다 더 강하기 때문에 종이가 빗 쪽으로 끌려오는 것이다. 빗이 만든 전기장이 전 공간에 걸쳐 균일하다면 종이에 힘을 행사하지 못할 것이다. 무한히 큰 평행판 축전기 사이의 공간에 전기적으로 중성인 종잇조각이 놓여 있다면 아무 쪽으로도 끌리지 않는다. 그러나 이 세상에 무한히 큰 빗은 없다. 종이가 빗에 끌리는 근본적인 이유는 위치에 따라 전기장의 세기가 다르기 때문이다.

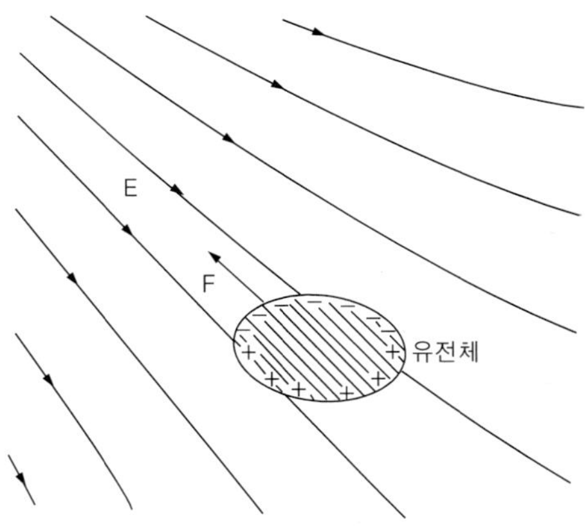

그림 10-8 공간적으로 균일하지 않은 전기장 속에 유전체가 놓이면 전기장이 더 강한 쪽으로 힘을 받는다.

그림 10-8에서 보다시피, 유전체는 항상 전기장이 약한 쪽에서 강한 쪽으로 힘을 받는다. 실제로, 아주 작은 유전체가 받는 힘은 전기장의 '제곱'의 그래디언트에 비례한다는 사실을 증명할 수 있다. 왜 하필이면 제곱일까? 그것은 유전체에 유도되는 분극 전하의 양이 가해 준 전기장의 크기에 비례하고, 주어진 전하량에 대하여 힘도 전기장에 비례하기 때문이다. 그러나 방금 언급한 대로 '알짜' 힘은 '전기장의 제곱'이 공간에 따라 변할 때만 나타난다. 즉, 힘은 전기장의 제

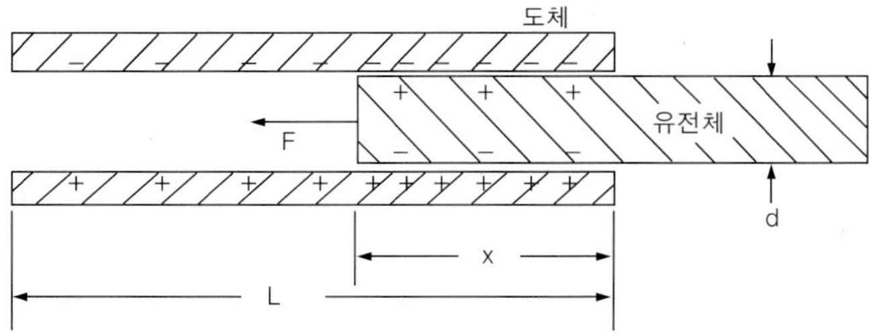

그림 10-9 평행판 축전기 안에 삽입된 유전체 판에 작용하는 힘은 에너지 보존 원리를 이용하여 쉽게 계산할 수 있다.

곱의 그래디언트에 비례하는 것이다. 이들을 연결하는 비례 상수는 주로 물체의 유전 상수에 의해 좌우되며, 물체의 크기와 모양에 따라서도 달라진다.

이와 관련된 문제 중 하나로, 유전체에 걸리는 힘을 아주 정확하게 구할 수 있는 경우가 있다. 그림 10-9와 같이 평행판 축전기의 일부분에만 유전체가 삽입되어 있다면, 이 유전체는 힘을 받아서 안쪽으로 빨려 들어가게 된다. 각 부분에 작용하는 힘을 구하는 것은 결코 만만한 작업이 아니다. 유전체에 작용하는 힘은 축전기 금속판과 유전체 가장자리 부분에 형성되는 복잡한 전기장의 형태와 관련되어 있다. 하지만 이런 것들을 일일이 따지지 않고서도 에너지 보존 원리를 이용하면 힘을 쉽게 계산할 수 있다. 식 (10.28)을 다시 쓰면

$$F_x = -\frac{\partial U}{\partial x} = +\frac{V^2}{2}\frac{\partial C}{\partial x} \tag{10.30}$$

가 된다. 따라서 유전체 판의 위치에 따른 축전용량의 변화를 알면 힘을 간단히 구할 수 있다.

축전기 금속판의 길이를 L, 폭을 W, 평행판 사이의 거리와 유전체의 두께를 d, 그리고 유전체가 삽입된 거리를 x라 하자. 축전용량은 판 위에 있는 자유 전하의 총량을 평행판 양단의 전압으로 나눈 값이다. 앞에서 구한 바에 의하면, 전압이 V로 주어진 경우 자유 전하의 표면 전하 밀도는 $\kappa\epsilon_0 V/d$이다. 그러므로 평행판에 존재하는 전하의 총량은

$$Q = \frac{\kappa\epsilon_0 V}{d}xW + \frac{\epsilon_0 V}{d}(L-x)W$$

이고, 이로부터 축전용량을 구하면

$$C = \frac{\epsilon_0 W}{d}(\kappa x + L - x) \tag{10.31}$$

가 된다. 식 (10.30)으로부터 힘을 계산하면

$$F_x = \frac{V^2}{2}\frac{\epsilon_0 W}{d}(\kappa - 1) \tag{10.32}$$

이 얻어진다. 힘을 반드시 알아야 하는 상황이 아니라면 이 결과는 딱히 써먹을 데가 없다. 그런데도 굳이 이 문제를 언급한 이유는, 유전체에 작용하는 힘을 구할 때 에너지 이론을 적용하면 엄청나게 복잡한 계산을 피해 갈 수 있다는 것을 보여 주고 싶었기 때문이다.

이 장에서는 물체의 분극이 전기장에 비례한다는 것을 사실로 받아들인 채

모든 논리를 진행시켰다. 그러나 물리학적인 관점에서는 분극이 전기장에 비례하는 이유를 따지는 것이 더욱 흥미로울 것이다. 원자적 관점에서 유전 상수의 근원을 이해하고 나면, 다양한 상황에서 실험으로 관측된 유전 상수로부터 역으로 원자나 분자의 구조에 관한 자세한 정보를 얻을 수 있다. 이 내용은 다음 장에서 부분적으로 다룰 예정이다.

CHAPTER 11
유전체의 내부

11-1 분자 쌍극자
11-2 전자의 분극
11-3 극성 분자 : 배향 분극
11-4 유전체 공동에서의 전기장
11-5 액체의 유전 상수 :
클라우지우스-모소티 방정식
11-6 고체 유전체
11-7 강유전성 : $BaTiO_3$

복습 과제 :

제1권 31장 〈굴절률의 근원〉
제1권 40장 〈통계역학〉

11-1 분자 쌍극자

이 장에서는 물질들이 유전체가 되는 이유를 알아보기로 한다. 10장에서 말한 대로, 유전체에 전기장을 걸어 주면 원자 하나에 쌍극자 모멘트가 유도된다. 이 사실을 알고 있으면 유전체와 관련된 전기적 계의 특성을 이해할 수 있다. 전기장 E에 의해 단위 부피당 평균 쌍극자 모멘트 P가 유도되었을 때, 유전 상수 κ는 다음과 같이 주어진다.

$$\kappa - 1 = \frac{P}{\epsilon_0 E} \tag{11.1}$$

식 (11.1)의 적용 방법은 이미 다루었으므로, 지금부터는 물질 내부에 전기장이 존재할 때 분극이 일어나는 메커니즘을 추적해 보자. 우선, 가장 간단한 사례인 기체의 분극 현상부터 논하기로 한다. 기체라 해도 문제가 그다지 만만치는 않다. 기체는 크게 두 가지 종류로 나눌 수 있다. 산소 분자처럼 원자들이 대칭적인 구조를 이루는 기체 분자는 고유 쌍극자 모멘트를 갖지 않는다. 그러나 (산소 원자 하나에 수소 원자 두 개가 비대칭적으로 결합되어 있는) 수증기 분자 같은 비대칭적인 기체 분자들은 영구적인 전기 쌍극자 모멘트를 갖고 있다. 이 책의 6장에서 언급한 대로, 수증기 분자의 내부에서 평균적으로 양전하는 수소 원자 쪽에, 음전하는 산소 원자 쪽에 치우쳐 분포되어 있다. 이런 상태에서는 음전하 분포의 무게 중심과 양전하 분포의 무게 중심이 일치하지 않기 때문에 분자의 전체 전하 분포는 쌍극자 모멘트를 갖게 된다. 이런 분자를 '극성(polar)' 분자라고 한다. 산소 분자는 대칭적인 구조를 가지고 있기 때문에 양전하와 음전하의 무게 중심이 일치하며, 따라서 산소 분자는 '비극성(nonpolar)' 분자이다. 그러나 비극성 분자도 전기장 내에 놓이면 쌍극자가 된다. 그림 11-1은 두 가지 형태의 분자 구조를 보여 주고 있다.

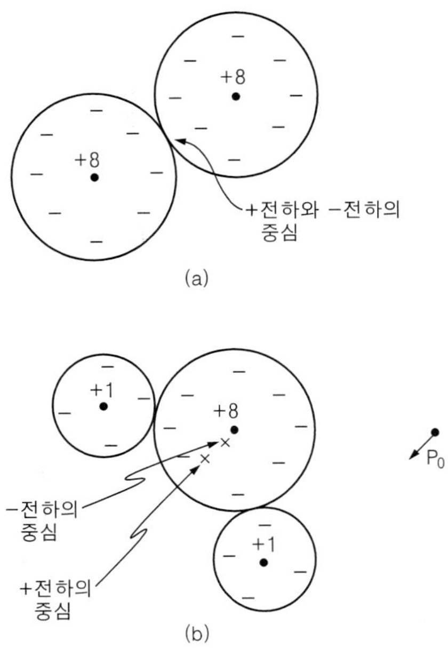

그림 11-1 (a) 쌍극자 모멘트가 0인 산소 분자
(b) 물 분자에는 영구 쌍극자 모멘트 p_0가 존재한다.

11-2 전자의 분극

먼저, 비극성 분자들의 분극 현상에 대해 알아보자. 일단은 가장 간단한 경우인 단원자 기체(헬륨 가스 등)의 경우부터 살펴보기로 한다. 비극성 기체 원자에 외부 전기장이 걸리면 전자는 그림 10-4와 같이 전기장에 의해 한쪽으로 당겨지고 핵은 반대쪽으로 밀리게 된다. 원자는 실험적으로 가해지는 외부 전기장에 대하여 매우 강한 내성을 보이지만, 양전하와 음전하 분포의 무게 중심에 미세한 변위가 일어나면서 쌍극자 모멘트가 유도된다. 전기장이 약한 경우, 전하의 무게 중심이 이동하는 정도는 전기장의 세기에 비례하며, 따라서 쌍극자 모멘트도 전기장의 세기에 비례한다. 이와 같이 쌍극자 모멘트를 유도하는 전자 분포의 변위를 '전자의 분극(electronic polarization)'이라고 한다.

제1권 31장에서 굴절률을 공부할 때, 전기장이 원자에 미치는 영향에 대해서 논의한 바 있다. 지금 그 내용을 잠시 머릿속에 떠올려 보면, 지금부터 우리가 할 일이라는 것이 그 당시에 수행했던 것과 동일한 계산임을 알 수 있을 것이다. 단, 굴절률의 경우에는 시간에 따라 변하는 전기장이 중요한 역할을 했지만, 지금은 시간과 무관한 전기장만 고려하면 된다.

우리는 제1권 31장에서 진동하는 전기장 내에 원자가 놓여 있을 때 전자들의 전하 중심이 다음 방정식을 만족한다고 가정했었다.

$$m\frac{d^2x}{dt^2} + m\omega_0{}^2 x = q_e E \tag{11.2}$$

좌변의 첫 번째 항은 전자의 질량과 가속도의 곱이고 두 번째 항은 복원력을 나타낸다. 그리고 우변은 외부 전기장에 의한 힘이다. 전기장이 진동수 ω로 진동한다면 식 (11.2)의 해는

$$x = \frac{q_e E}{m(\omega_0{}^2 - \omega^2)} \tag{11.3}$$

로서, $\omega = \omega_0$일 때 공명이 일어난다. 1권에서 위의 해를 구했을 때, 우리는 ω_0를 (원자에 따라 가시광선 또는 자외선 영역에서) 흡수되는 빛의 진동수로 해석했었다. 그러나 지금 우리는 전기장이 일정한 경우(즉, $\omega = 0$인 경우)에만 관심이 있기 때문에, 식 (11.2)에서 가속도 항은 필요 없다. 따라서 변위는 다음과 같다.

$$x = \frac{q_e E}{m\omega_0{}^2} \tag{11.4}$$

위의 결과로부터 단원자의 쌍극자 모멘트 p는 다음과 같이 됨을 알 수 있다.

$$p = q_e x = \frac{q_e{}^2 E}{m\omega_0{}^2} \tag{11.5}$$

물론, 이 이론에서 쌍극자 모멘트는 전기장에 비례한다.

사람들은 흔히 식 (11.5)를 다음과 같이 표기한다.

$$\boldsymbol{p} = \alpha\epsilon_0 \boldsymbol{E} \tag{11.6}$$

(여기서도 ϵ_0는 역사적인 이유로 도입되었다.) α는 원자의 분극성을 나타내는 상수로서, 부피(L^3)의 차원을 갖는다. 간단히 말해서, α는 전기장 안에 있는 원자에 쌍극자 모멘트가 유도되는 정도를 나타내는 척도이다. 식 (11.5)와 (11.6)을 비교하면 우리의 단순한 이론으로부터 다음과 같은 결과를 얻을 수 있다.

$$\alpha = \frac{q_e^{\,2}}{\epsilon_0 m\omega_0^{\,2}} = \frac{4\pi e^2}{m\omega_0^{\,2}} \tag{11.7}$$

단위 부피당 N개의 원자가 있는 경우에 단위 부피당 쌍극자 모멘트의 밀도, 즉 분극 $\boldsymbol{P}$는 다음과 같이 주어진다.

$$\boldsymbol{P} = N\boldsymbol{p} = N\alpha\epsilon_0\boldsymbol{E} \tag{11.8}$$

식 (11.1)과 (11.8)을 결합하면 다음과 같은 결과가 얻어진다.

$$\kappa - 1 = \frac{P}{\epsilon_0 E} = N\alpha \tag{11.9}$$

또한 (11.7)을 이용하면

$$\kappa - 1 = \frac{4\pi N e^2}{m\omega_0^{\,2}} \tag{11.10}$$

을 얻을 수 있다.

식 (11.9)로부터, 기체의 유전 상수 κ는 기체의 밀도와 흡수되는 빛의 진동수 ω_0에 따라 달라진다는 것을 알 수 있다.

지금까지 얻은 식은 대략적인 근사식에 불과하다. 왜냐하면 출발점으로 삼았던 식 (11.2)에 양자역학적 요인들이 전혀 고려되지 않았기 때문이다. 한 가지 예로, 우리는 원자의 공명 진동수가 하나뿐이라고 가정했지만, 실제로는 여러 개의 공명 진동수가 존재할 수 있다. 원자의 분극성 α를 정확하게 계산하려면 양자역학을 도입해야 한다. 그러나 대략적인 값을 계산하는 것이 목적이라면 위에서 사용한 고전적인 아이디어만으로도 충분하다.

이 이론을 이용하여 몇 가지 물질의 유전 상수를 얼마나 정확하게 계산할 수 있는지 확인해 보자. 우선, 가장 간단한 원자인 수소부터 알아보자. 수소 원자를 이온화시키는 데 필요한 에너지는 대략 다음과 같다(제1권 38장 참조).

$$E \approx \frac{1}{2}\frac{me^4}{\hbar^2} \tag{11.11}$$

고유 진동수 ω_0의 값을 추정하기 위해, 식 (11.11)을 고유 진동수가 ω_0인 원자 진동자의 에너지 $\hbar\omega_0$와 같다고 놓아 보자. 그러면

$$\omega_0 \approx \frac{1}{2}\frac{me^4}{\hbar^3}$$

이 얻어진다. 이 ω_0값을 식 (11.7)에 대입하면 원자의 분극성은 다음과 같다.

$$\alpha \approx 16\pi\left[\frac{\hbar^2}{me^2}\right]^3 \tag{11.12}$$

여기서 $(\hbar^2/me^2)$은 보어 원자의 바닥상태 궤도의 반경으로서(제1권 38장 참조), 그 값은 약 0.528Å이다. 표준 압력과 표준 온도(1기압, 0°C)에서 기체의 밀도는 2.69×10^{19}원자 수/cm^3이므로, 수소 기체의 유전 상수는 식 (11.9)에 의해 다음과 같이 계산된다.

$$\kappa = 1 + (2.69 \times 10^{19})\,16\pi(0.528 \times 10^{-8})^3 = 1.00020 \qquad (11.13)$$

실험적으로 측정된 수소 기체의 유전 상수는 다음과 같다.

$$\kappa_{\text{실험}} = 1.00026$$

이 정도면 우리의 이론은 꽤 정확한 셈이다. 약간의 오차가 발생한 이유는 실험값 자체가 단원자가 아닌 이원자 분자(수소 기체)로부터 얻어진 것이기 때문이다. 분자를 이루고 있는 원자의 분극이, 홀로 떨어져 있는 원자의 분극과 다르다는 것은 그리 놀라운 일이 아니다. 그러나 분자를 이루기 때문에 생기는 효과는 그다지 크지 않다. 양자역학적으로 정확하게 계산한 수소 원자의 α값은 식 (11.12)보다 약 12%정도 크며(16π가 18π로 바뀐다), 따라서 실험적으로 측정된 유전 상수에 더 가까운 값을 얻게 된다. 어쨌거나, 우리의 '고전적 유전체 모형'은 그런대로 쓸 만하다고 할 수 있다.

이 이론을 검증하는 또 다른 방법은, 들뜬상태로 전이할 때 더 높은 진동수를 필요로 하는 원자에 식 (11.12)를 적용해 보는 것이다. 예를 들어, 수소를 이온화시킬 때에는 13.6V의 에너지로 충분하지만, 헬륨에서 전자를 떼어 내는 데에는 24.6V가 소요된다. 그러므로 헬륨의 흡수 진동수 ω_0는 대략 수소의 2배이며, 따라서 α는 1/4배가 될 것이다. 우리가 예상할 수 있는 값은 대략 다음과 같다.

$$\kappa_{\text{헬륨}} \approx 1.000050$$

실험으로 얻은 값은

$$\kappa_{\text{헬륨}} = 1.000068$$

이다. 대략적인 추정 값이 잘 맞는 것으로 보아, 우리가 올바른 길로 가고 있음을 알 수 있다. 이로써 우리는 비극성 기체의 유전 상수를 '정성적으로' 이해한 셈이지만, 말 그대로 단지 정성적으로 이해한 것일 뿐이다. 왜냐하면 원자 내부에서 진행되고 있는 전자의 운동에 대한 제대로 된 이론을 아직 사용하지 않았기 때문이다.

11-3 극성 분자 : 배향 분극

다음으로, 물 분자와 같이 영구적인 쌍극자 모멘트 p_0를 갖고 있는 분자를 생각해 보자. 전기장이 없을 때, 각각의 쌍극자는 무작위로 임의의 방향을 향하고 있으므로 단위 부피당 알짜 모멘트는 0이다. 여기에 전기장을 걸어 주면 두 가지 현상이 나타난다. 첫째, 전자에 작용하는 전기력 때문에 별도의 쌍극자 모멘트가 추가로 유도된다. 이것은 비극성 분자에서 일어나는 전자의 분극과 비슷한 현상이다. 고도의 정밀성을 요하는 계산에서는 이러한 효과를 고려해야 하겠지만, 지금은 이 효과를 무시하기로 한다(이 효과는 나중에 고려해도 상관없다). 둘째, 전기장은 각각의 쌍극자들을 한 방향으로 정렬시키려는 경향이 있어서, 결과적으로 단위 부피당 알짜 모멘트를 만들어 낸다. 기체의 모든 쌍극자가 일렬로 정렬되면 매우 커다란 분극이 초래되겠지만, 실제로 그런 일은 일어나지 않는다. 일상적인 온도와 전기장 하에서는 열운동에 의한 분자 간의 충돌로 인해 정렬 과정이 방해 받기 때문에 쉽사리 그러한 거대 분극이 생기지는 않는다. 그러나 전기장 안에 놓인 쌍극자들은 어느 정도 알짜로 정렬이 되기 때문에 어느 정도의 분극은 발생한다(그림 11-2 참조). 이렇게 생성된 분극의 크기는 제1권 40장에서 설명한 통계역학적 방법으로 계산할 수 있다.

통계역학적 방법을 사용하려면, 먼저 전기장 안에 있는 쌍극자의 에너지를 알아야 한다. 그림 11-3과 같이 전기장 안에 놓인 쌍극자 모멘트 $\boldsymbol{p}_0$를 생각해 보자. 여기서 양전하의 에너지는 $q\phi(1)$이고, 음전하의 에너지는 $-q\phi(2)$이다. 따라서 쌍극자의 에너지는

$$U = q\phi(1) - q\phi(2) = q\boldsymbol{d}\cdot\nabla\phi$$

즉,

$$U = -\boldsymbol{p}_0\cdot\boldsymbol{E} = -p_0E\cos\theta \tag{11.14}$$

이다. 여기서 θ는 $\boldsymbol{p}_0$와 $\boldsymbol{E}$ 사이의 각도이다. 여러분의 짐작대로, 에너지는 쌍극자가 전기장 방향으로 정렬되었을 때 가장 낮다.

이제 통계역학적인 방법을 동원하여 전기장과 같은 방향으로 정렬되는 쌍극자의 개수를 헤아려 보자. 제1권 40장에 의하면, 열역학적 평형 상태에서 퍼텐셜 에너지가 U인 분자의 상대적 개수는 다음과 같은 양에 비례한다.

$$e^{-U/kT} \tag{11.15}$$

여기서 $U(x, y, z)$는 위치의 함수로 주어지는 퍼텐셜 에너지이다. 식 (11.14)의 퍼텐셜 에너지를 '각도(angle)'에 대한 함수로 표현한 후 동일한 논리를 적용하면 '단위 입체각당' θ로 배향된 분자의 수는 $e^{-U/kT}$에 비례한다.

단위 입체각당 θ로 배향된 분자의 수를 $n(\theta)$라 하면

$$n(\theta) = n_0e^{+p_0E\cos\theta/kT} \tag{11.16}$$

이다. 보통의 전기장과 온도에서 위 식의 지수 값은 매우 작기 때문에, 지수 함수의 급수 전개식을 이용하여 다음과 같이 근사할 수 있다.

$$n(\theta) = n_0\left(1 + \frac{p_0E\cos\theta}{kT}\right) \tag{11.17}$$

모든 각도에 대하여 식 (11.17)을 적분하면 n_0를 구할 수 있다. 적분 결과는 단위 부피당 총 분자 수인 N과 일치해야 한다. 모든 각도에 대한 $\cos\theta$의 평균값은 0이므로, 적분 결과는 n_0에 총 입체각 4π를 곱한 값이 된다. 따라서

$$n_0 = \frac{N}{4\pi} \tag{11.18}$$

임을 알 수 있다.

식 (11.17)에 의하면, 전기장의 역방향($\cos\theta = -1$)보다 전기장 방향($\cos\theta = 1$)으로 배향된 분자의 수가 더 많다. 그러므로 충분히 많은 분자를 포함하는

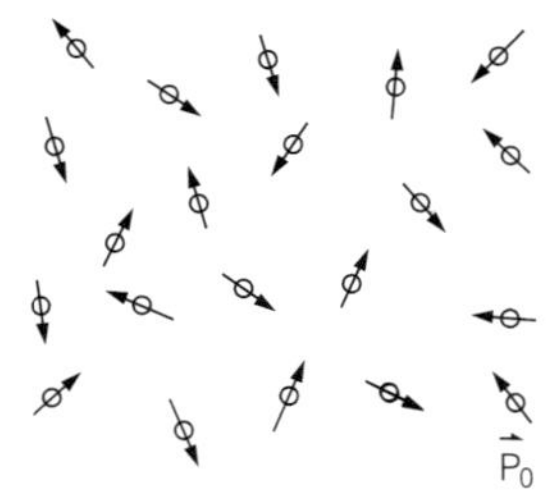

(a)

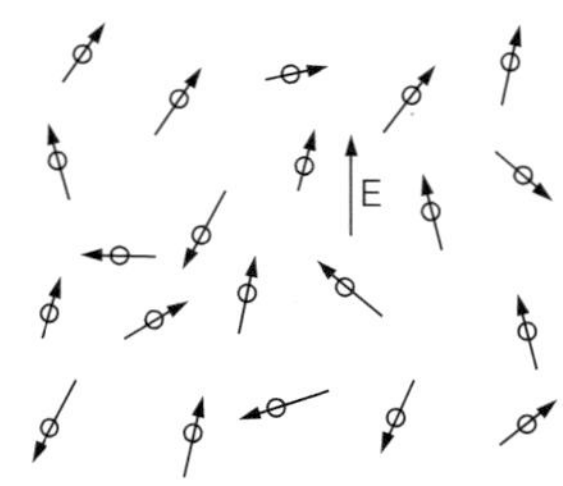

(b)

그림 11-2 (a)기체 상태의 극성 분자에서 각 모멘트들의 방향은 무작위적이다—작은 부피에서의 평균 모멘트는 0이다. (b)전기장이 가해지면 분자들은 평균적으로 어느 정도 한 방향으로 정렬한다.

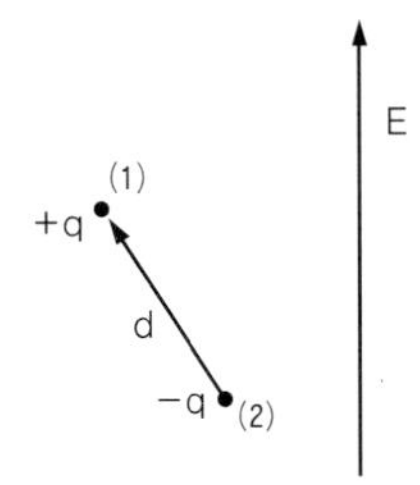

그림 11-3 전기장 $\boldsymbol{E}$ 속에 놓인 쌍극자 $\boldsymbol{p}_0$의 에너지는 $-\boldsymbol{p}_0\cdot\boldsymbol{E}$이다.

임의의 작은 부피에는 단위 부피당 알짜 쌍극자 모멘트, 즉 분극 P가 존재하게 된다. $\boldsymbol{P}$를 구하려면 단위 부피당 모든 분자 쌍극자 모멘트의 벡터 합을 계산해야 한다. 우리는 이 벡터들을 더한 결과가 전기장 $\boldsymbol{E}$와 같은 방향이 된다는 사실을 이미 알고 있으므로, 그 방향의 성분들만 더하면 된다($\boldsymbol{E}$에 수직한 성분들을 모두 더한 결과는 0이 될 것이다).

$$P = \sum_{\text{단위 부피}} p_0 \cos\theta_i$$

이 합은 각도 분포에 대한 적분을 수행하여 구할 수 있다. θ로 배향된 입체각은 $2\pi \sin\theta\, d\theta$이므로,

$$P = \int_0^{\pi} n(\theta)\, p_0 \cos\theta\, 2\pi \sin\theta\, d\theta \tag{11.19}$$

가 된다. 식 (11.17)을 $n(\theta)$에 대입하면,

$$P = -\frac{N}{2}\int_{+1}^{-1}\left(1 + \frac{p_0 E}{kT}\cos\theta\right) p_0 \cos\theta\, d(\cos\theta)$$

가 되고, 간단한 적분을 수행하고 나면 그 결과는 다음과 같다.

$$P = \frac{N p_0^2 E}{3kT} \tag{11.20}$$

보다시피 분극 P는 전기장 E에 비례하므로, 보통의 유전체와 같은 거동을 보일 것이다. 또한 온도가 높을수록 분자들 간의 충돌에 의해 쌍극자의 정렬이 더 많이 흐트러질 것이므로 분극은 온도에 반비례한다. 이러한 $1/T$ 의존성을 퀴리의 법칙(Curie's law)이라고 한다. 위의 식에서 영구 쌍극자 모멘트 p_0가 제곱의 형태(p_0^2)로 등장하는 이유는 다음과 같다. 주어진 전기장 안에서는 쌍극자를 정렬시키는 힘이 p_0에 비례하고, 정렬에 의해 생기는 평균 모멘트도 p_0에 비례한다. 따라서 평균적으로 유도되는 쌍극자 모멘트는 p_0^2에 비례하게 된다.

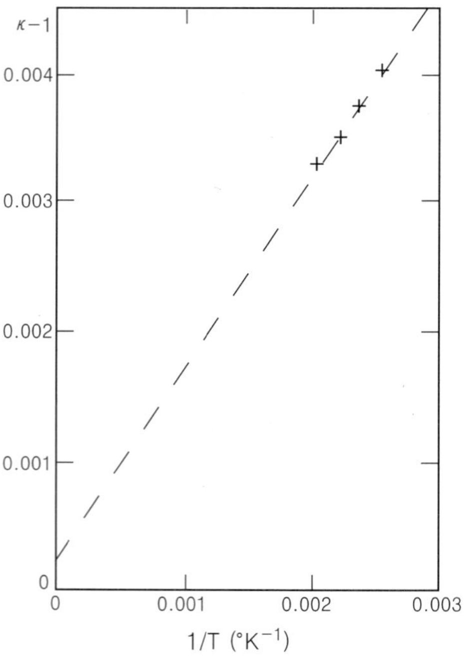

그림 11-4 여러 온도에서 실험적으로 측정한 수증기의 유전 상수

이제 식 (11.20)과 실험 결과를 비교하기 위해 수증기를 예로 들어 보자. 이 경우에는 p_0의 값을 모르기 때문에 P를 직접 계산할 수 없지만, 식 (11.20)으로부터 $\kappa-1$이 온도에 반비례한다는 것을 예측할 수 있으므로 이 점을 확인해 보면 될 것이다.

식 (11.20)으로부터

$$\kappa - 1 = \frac{P}{\epsilon_0 E} = \frac{N p_0^2}{3\epsilon_0 kT} \tag{11.21}$$

을 유도할 수 있다. 따라서 $\kappa-1$은 밀도 N에 비례하고 절대 온도 T에 반비례한다. 유전 상수는 단위 부피당 분자 수가 일정하게 유지되는 조건하에서 다양한 압력과 온도에 대하여 측정되었다*(만일 모든 측정을 일정한 압력에서 수행했다면 단위 부피당 분자 수는 온도가 올라감에 따라 선형적으로 감소할 것이므로

* Sänger, Steiger, and Gächter, *Helvetica Physica Acta* **5**, 200 (1932).

$\kappa-1$은 T^{-1}이 아니라 T^{-2}에 비례했을 것이다). 그림 11-4의 그래프는 $\kappa-1$의 측정값을 $1/T$의 함수로 나타낸 것이다. 이 결과는 식 (11.21)과 놀라울 정도로 잘 일치하고 있다.

극성 분자의 유전 상수는 가해진 전기장의 진동수에 따라 변한다는 또 하나의 특징을 갖고 있다. 무거운 분자가 전기장 방향으로 정렬할 때에는 분자의 관성 모멘트 때문에 어느 정도의 시간이 소요된다. 그래서 진동수가 높은 마이크로파 영역이나 그보다 높은 진동수의 전기장을 가해 주면 분자들이 전기장의 시간적 변화에 발맞추어 정렬하기가 어려워지므로 유전 상수에서 분자의 배향이 차지하는 기여도가 떨어지기 시작한다. 이와는 대조적으로, 전자는 관성이 작기 때문에 광학적 진동수(optical frequencies) 영역까지 전자의 분극성은 변하지 않고 그대로 유지된다.

11-4 유전체 공동에서의 전기장

지금부터, 흥미롭지만 복잡한 문제인 밀도가 큰 물질의 유전 상수에 대해 알아보기로 하자. 액체 헬륨이나 액체 아르곤, 또는 다른 비극성 물질에도 전자의 분극은 존재할 것이다. 그런데 밀도가 높은 물질에서는 $\boldsymbol{P}$가 상당히 클 수 있으므로, 개개의 원자가 느끼는 전기장은 가까운 이웃에 위치한 원자들의 분극으로부터 영향을 받게 된다. 그렇다면 전기장은 각 원자에 어떤 식으로 작용할 것인가?

축전기의 평행판 사이에 액체 헬륨이나 액체 아르곤을 삽입했다고 가정해 보자. 금속판이 충전되어 있다면 액체 내부에 전기장이 형성될 것이다. 그런데 개개의 원자들도 전하를 갖고 있으므로, 전체 전기장 $\boldsymbol{E}$는 이 두 가지 전하에 의한 전기장의 합이 될 것이다. 이렇게 생성된 전기장은 액체 내부에서 위치에 따라 매우 극심하게 변한다. 원자의 내부, 특히 핵 근처에서 전기장은 매우 강하지만, 원자와 원자 사이의 공간에서는 전기장이 비교적 약하다. 두 평행판 사이의 전기 퍼텐셜 차이는 전체 전기장의 선적분으로 주어진다. 세세한 변화를 모두 무시하고 전기장 E의 '평균값'을 구해 보면 바로 V/d가 된다(앞 장에서 우리는 이 값을 사용했었다). 이 값은 원자의 개수가 충분히 많은 공간에서 전기장의 평균값으로 생각해야 한다.

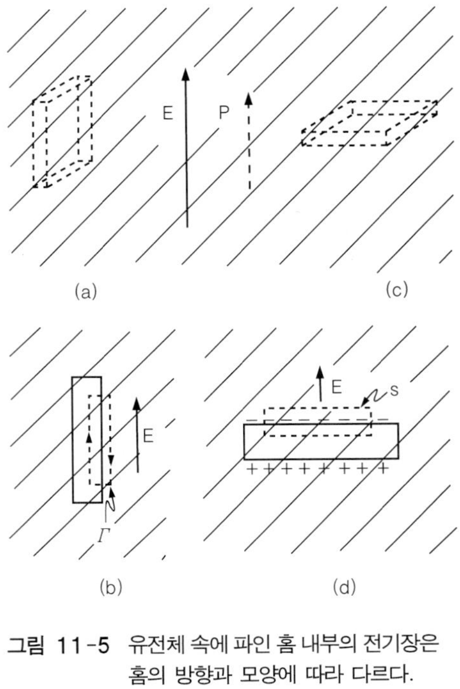

그림 11-5 유전체 속에 파인 홈 내부의 전기장은 홈의 방향과 모양에 따라 다르다.

여러분은 '평균적인' 위치에서 '평균적인' 원자들이 이 평균 전기장의 영향을 받는다고 생각할지도 모른다. 그러나 문제는 그리 간단하지 않다. 유전체 내부에 다양한 모양의 공동(空洞)이 있는 경우를 생각해 보자. 예를 들어, 그림 11-5의 (a)와 같이 분극된 유전체 내부에 전기장에 평행한 방향으로 성냥갑 모양의 홈을 파냈다고 가정해 보자. $\nabla\times\boldsymbol{E}=0$이므로, 그림 (b)에 표시된 경로 Γ를 따라 전기장을 선적분한 결과는 반드시 0이 되어야 한다. 즉, 홈의 내부 경로에서 전기장을 적분한 값은 외부 경로에서 전기장을 적분한 값과 정확하게 상쇄된다. 따라서 길고 좁은 홈의 중앙 부분에서 실제로 관측되는 전기장 E_0는 유전체 내부의 평균 전기장 E와 같다.

그림 11-5의 (c)와 같이 성냥갑 모양의 홈이 넓은 면이 E에 수직한 방향으로 파여 있다면, 홈 내부의 E_0는 E와 같지 않다. 표면에 분극 전하가 생기기 때문이다. 그림 (d)에 점선으로 그려진 면 S에 가우스 법칙을 적용하면 '홈 내부의' E_0를 계산할 수 있다.

$$E_0 = E + \frac{P}{\epsilon_0} \tag{11.22}$$

여기서 E는 유전체 내부의 전기장이다(가우스 면에는 표면 분극 전하 $\sigma_{분극} = P$가 포함되어 있다). 10장에서 언급한 대로 $\epsilon_0 E + P$를 D로 표기했을 때, $\epsilon_0 E_0 = D_0$는 유전체 내부의 D와 같다.

모든 물리량들을 직접적인 관측을 통해 정의하던 전자기학의 초기 시절에, 학자들은 눈에 보이지도 않는 원자를 들먹거리지 않고서도 유전체 내부에서 E와 D를 정의할 수 있다는 사실을 발견하고 쾌재를 불렀다. 평균 전기장 $\boldsymbol{E}$는 전기장의 방향으로 파인 홈 내부에서 관측되는 전기장 $\boldsymbol{E}_0$와 수치적으로 같고, 장 $\boldsymbol{D}$는 장에 수직하게 파인 홈 내부의 전기장 $\boldsymbol{E}_0$를 구하면 측정될 수 있다는 것이었다. 그러나 이 방법으로 측정에 성공한 사람이 없었기에, 이것은 일종의 철학적인 문제로 간주되었다.

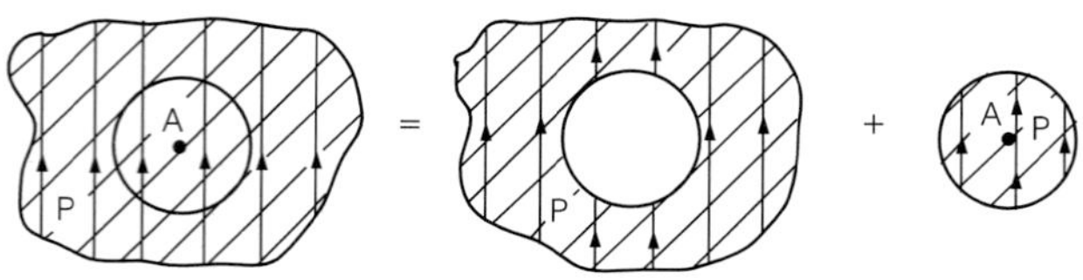

그림 11-6 유전체 내부의 임의의 점 A에서의 전기장은 구형 구멍 내부의 전기장과 구형 플러그에 의한 전기장의 합으로 생각할 수 있다.

구조적으로 그리 복잡하지 않은 대부분의 액체 속에서, 개개의 원자는 주변에 있는 다른 원자들에게 둘러싸여 있다. 이런 상황에서, 주변의 원자들을 대략 평균적으로 '구형의 구멍(spherical hole)'으로 간주해도 크게 틀리지 않는다. 그렇다면 "구형 구멍 내부의 전기장은 어떤 모습인가?"라는 질문을 제기할 수 있다. 균일하게 분극된 물체에서 구형의 구멍을 낸다는 것은, 분극된 물질을 구형으로 도려낸다는 뜻이다. 이 점을 감안하면 위의 질문에 답할 수 있다(구멍을 파내기 전에, 분극은 이미 '고정'되어 있다고 가정해야 한다). 그런데 중첩의 원리에 의해, 구멍을 파내기 전에 유전체 내부에 형성된 전기장은 구 외부의 나머지 부분에 있는 모든 전하들에 의해 발생한 전기장과 분극된 구 내부에 있는 전하들에 의한 전기장의 합과 같다. 즉, 균일한 유전체 내부의 전기장을 E라고 하면 다음과 같이 쓸 수 있다.

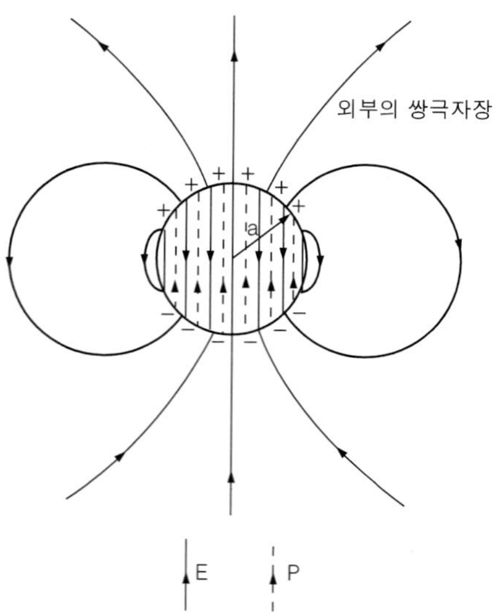

그림 11-7 균일하게 분극된 구의 전기장

$$E = E_{\text{hole}} + E_{\text{plug}} \tag{11.23}$$

여기서 E_{hole}은 구멍 내부의 전기장이고 E_{plug}는 균일하게 분극된 구 내부의 전기장이다(그림 11-6 참조). 균일하게 분극된 구에 의한 전기장은 그림 11-7과 같다. 구 내부의 전기장은 균일하고 그 값은

$$E_{\text{plug}} = -\frac{P}{3\epsilon_0} \tag{11.24}$$

이다. 식 (11.23)을 이용하면

$$E_{\text{hole}} = E + \frac{P}{3\epsilon_0} \tag{11.25}$$

가 얻어진다. 즉, 구형 공동에서의 전기장은 평균 전기장보다 $P/3\epsilon_0$만큼 크다(구형 구멍의 경우는 전기장에 평행한 길쭉한 홈의 경우와 전기장에 수직한 길쭉한 홈의 경우 사이의 1/3 지점에 해당된다).

11-5 액체의 유전 상수 : 클라우지우스-모소티 방정식

액체 내부에서 원자를 분극시키는 전기장은 E가 아니라 E_{hole}일 가능성이 높다. 식 (11.6)에서 분극을 일으키는 전기장으로 식 (11.25)의 E_{hole}을 사용하면 식 (11.8)은 다음과 같이 된다.

$$P = N\alpha\epsilon_0\left(E + \frac{P}{3\epsilon_0}\right) \tag{11.26}$$

즉

$$P = \frac{N\alpha}{1-(N\alpha/3)}\,\epsilon_0 E \tag{11.27}$$

$\kappa-1$은 $P/\epsilon_0 E$와 같으므로, 다음의 관계식이 얻어진다.

$$\kappa - 1 = \frac{N\alpha}{1-(N\alpha/3)} \tag{11.28}$$

이 식은 액체의 유전 상수를 원자의 분극성 α로 표현한 것으로, '클라우지우스-모소티(Clausius-Mossotti)' 방정식이라고 한다.

기체 상태(밀도 N이 작은 상태)에서는 $N\alpha$가 매우 작으므로, $N\alpha/3$은 1보다 훨씬 작다. 따라서 식 (11.28)은 앞에서 구한 식 (11.9)와 같아진다.

$$\kappa - 1 = N\alpha \tag{11.29}$$

식 (11.28)을 몇 가지 실험 결과와 비교해 보자. 기체의 경우, κ의 측정값을 식 (11.29)에 대입하면 α를 구할 수 있다. 예를 들어, 섭씨 0도에서 이황화탄소(CS_2)의 유전 상수는 1.0029이며, 따라서 $N\alpha$는 0.0029이다. 여기서 기체의 밀도는 쉽게 계산 가능하고 액체의 밀도는 데이터북을 뒤지면 알 수 있다. 20°C에서 액체 CS_2의 밀도는 0°C에서 기체 상태일 때의 밀도보다 381배 크다. 이황화탄소가 액화될 때 기본적인 원자의 분극성이 거의 변하지 않는다고 가정하면, 이것은 액체 상태일 때의 N이 기체 상태일 때보다 381배 크다는 것을 의미한다. 액체 상태에서 $N\alpha$는 0.0029의 381배, 즉 1.11이다. 여기서 $N\alpha/3$이 거의 0.4라는 것은 매우 중요한 사실이다. 이 수치로부터 예상되는 유전 상수 값은 2.76인데, 이는 실험값인 2.64와 매우 비슷하다.

방금 설명한 방법을 통해 식 (11.28)로부터 계산된 유전 상수 및 여러 가지 물질들에 대한 실험값들이 표 11-1에 제시되어 있다(『물리 화학 편람(Handbook

표 11-1

기체의 유전 상수로부터 액체의 유전 상수를 계산한 결과

	기체			액체				
물질	κ(실험값)	$N\alpha$	밀도	밀도	비율*	$N\alpha$	κ(예측값)	κ(실험값)
CS_2	1.0029	0.0029	0.00339	1.293	381	1.11	2.76	2.64
O_2	1.000523	0.000523	0.00143	1.19	832	0.435	1.509	1.507
CCl_4	1.0030	0.0030	0.00489	1.59	325	0.977	2.45	2.24
A	1.000545	0.000545	0.00178	1.44	810	0.441	1.517	1.54

* 비율 = 액체의 밀도/기체의 밀도

of Chemistry and Physics)』에서 발췌). 아르곤과 산소의 경우는 이론값과 실험값이 CS_2보다 더 잘 일치하지만, 사염화탄소는 그다지 잘 맞지 않는다. 전체적으로 보면 식 (11.28)이 매우 정확하다는 것을 알 수 있다.

식 (11.28)의 유도 과정은 액체에서 일어나는 '전자의 분극(electronic polarization)'에만 적용할 수 있다. 즉, H_2O와 같은 극성 분자에는 이 식을 적용할 수 없다는 뜻이다. 물에 대하여 위와 같은 계산 과정을 거치면 $N\alpha$의 값이 13.2가 되어 액체의 유전 상수가 음수로 나오지만, 실제로 관측된 물의 κ값은 80이다. 이 문제는 영구 쌍극자를 주의 깊게 취급해야 올바른 답을 구할 수 있는데, 깔끔한 해답은 온사거(Onsager)에 의해 제시되었다. 관심 있는 사람은 키텔(Kittel)의 『고체 물리학 입문(Introduction to Solid State Physics)』에 나와 있는 논의를 참고하기 바란다.

11-6 고체 유전체

이제, 고체의 경우로 넘어가 보자. 고체가 갖고 있는 가장 흥미로운 특성은 전기장을 가하지 않아도 영구적인 분극이 내재되어 있을 수 있다는 것이다. 예를 들어, 왁스 같은 물질에는 영구적인 쌍극자 모멘트를 갖는 기다란 분자들이 들어 있다. 왁스를 녹여서 액체 상태가 되었을 때 강한 전기장을 가해서 일부 쌍극자들을 한 방향으로 정렬시키면, 왁스가 굳어도 그 상태가 그대로 유지된다. 고체는 전기장을 제거해도 영구적인 분극을 가질 수 있다. 이러한 고체를 '일렉트릿(electret)'이라고 한다.

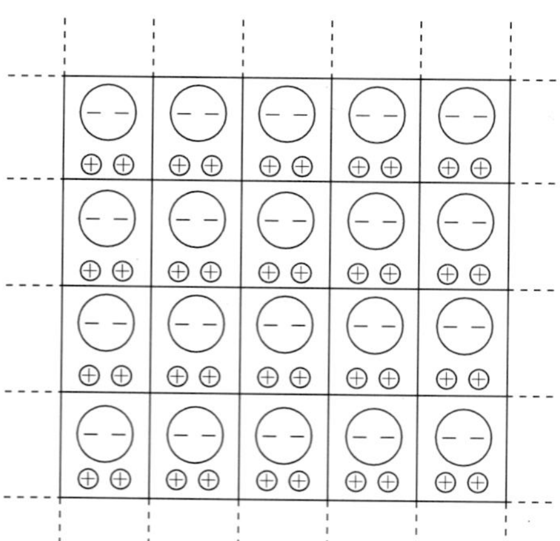

그림 11-8 복잡한 결정격자에는 본래부터 갖추어진 영구 분극 P가 존재할 수 있다.

일렉트릿의 표면에는 영구 분극 전하가 분포되어 있다. 일렉트릿은 '전기적 버전의 자석'이라고 할 수 있다. 그러나 시간이 지나면 공기 중의 자유 전하들이 일렉트릿의 표면에 달라붙어서 결국 표면의 분극 전하를 소멸시키기 때문에 자석만큼 유용하지는 않다. 일렉트릿이 '방전'되면 가시적인 외부 전기장은 사라진다.

고체 내부의 영구 분극 P는 몇몇 결정질의 물질에서도 자연스럽게 나타난다. 이러한 결정체에서 격자를 이루는 각각의 단위세포는 그림 11-8과 같이 동일한 영구 쌍극자 모멘트를 갖는다. 즉, 전기장을 전혀 가하지 않아도 모든 쌍극자들이 한 방향으로 정렬해 있는 것이다. 사실 다수의 복잡한 결정들은 이와 같은 분극을 갖고 있다. 그러나 일렉트릿의 경우와 마찬가지로, 쉽게 방전되어 외부 전기장이 사라져 버리기 때문에 대개의 경우 우리의 눈에 띄지 않는 것이다.

그러나 만약 이러한 결정체 내부의 쌍극자 모멘트가 갑자기 변하면 공기 중을 떠돌던 자유 전하들이 모여서 분극 전하를 상쇄시킬 만한 시간적 여유가 없기 때문에 외부 전기장의 존재가 드러난다. 이 유전체를 축전기 안에 삽입하면 자유 전하들이 전극에 유도된다. 예를 들어, 유전체에 열을 가하면 열팽창 때문에 모멘트가 변하게 된다. 이러한 효과를 '초전기성(pyroelectricity)'이라고 한다. 또한 결정체에 응력(stress)을 가하면(예를 들어, 구부리면) 쌍극자 모멘트에 약간의 변화가 초래되어 '압전기성(piezoelectricity)'이라고 불리는 미세한 전기적 효과가 나타나기도 한다.

영구 쌍극자 모멘트가 없는 결정들에 대해서는 원자의 전자 분극성(electronic polarizability of atoms)을 포함하는 유전 상수 이론을 세울 수 있다. 이 이론은 액체의 경우와 거의 같다. 또한 몇 가지 결정체의 내부에는 회전이 가능한 쌍극자들이 존재하는데, 이 쌍극자들의 회전 운동도 유전 상수 κ에 기여하고 있다. NaCl과 같은 이온 결정에는 '이온 분극성(ionic polarizability)'도 있다. 이러한 결정은 양이온과 음이온이 교대로 체크무늬처럼 배열되어 있는데, 전기장이 가해지면 양이온은 한쪽 방향으로 당겨지고 음이온은 그 반대쪽으로 당겨진다. 즉, 양전하와 음전하가 상대적으로 이동하면서 부피 분극이 생성되는 것이다. 소금 결정의 경도(stiffness)에 관한 데이터로부터 이온 분극성의 크기를 추정할 수 있지만 이번 장에서는 여기까지만 다루기로 한다.

11-7 강유전성 : $BaTiO_3$

지금부터는 거의 그냥 '우연적으로' 내재된 영구 모멘트(built-in permanent moment)를 갖게 된 특별한 종류의 결정에 대해 알아보기로 하자. 이들은 매우 불안정한 상태에 있기 때문에, 온도가 조금만 높아져도 영구 모멘트를 완전히 상실한다. 이와는 대조적으로, 모멘트의 방향이 쉽게 바뀔 수 있는 정육면체 결정 구조의 경우, 전기장이 변하면 쌍극자 모멘트들이 모두 뒤집어지면서 커다란 효과가 발생한다. 이와 같은 물체를 '강유전체(ferroelectric)'라고 한다[철과 같은 강자성체(ferromagnetic)의 '전기역학 버전'이라고 생각하면 된다].

특정한 강유전성 물질 하나를 예로 들어 강유전성의 작동 원리를 이해해 보자. 강유전성은 몇 가지 경로를 통해 유발될 수 있지만, 여기서는 한 가지 신비로운 경우만 집중적으로 다루고자 한다. 우리의 도마에 오른 물질은 티탄산바륨($BaTiO_3$)이다. 이 물질은 그림 11-9와 같이 기본 단위세포들로 이루어진 결정 격자 구조를 갖고 있다. 특정 온도(118°C) 이상에서 티탄산바륨은 아주 큰 유전 상수를 갖는 평범한 유전체에 불과하지만, 이 온도 이하에서는 갑자기 영구 모멘트를 갖게 된다.

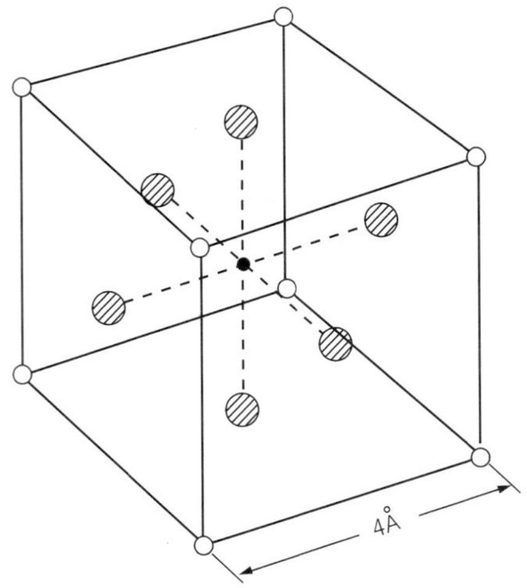

그림 11-9 $BaTiO_3$의 단위세포. 실제로 원자들은 공간을 거의 꽉 채우고 있다. 잘 보이게 하기 위해 원자의 중심부만 나타낸 것이다.

고체의 분극을 계산하려면 각 단위세포 내의 국소 전기장을 먼저 구해야 한다. 이때, 액체의 경우와 마찬가지로 분극 자체로부터 발생하는 전기장을 반드시 포함시켜야 한다. 그러나 결정은 액체처럼 균일하지 않기 때문에, 구 모양의 구멍에서 계산했던 국소적인 전기장을 사용할 수는 없다. 결정에 대해 계산해 보면 식 (11.24)의 상수 1/3과 조금 다른 상수가 등장한다(단순 입방 결정의 경우는 그냥 1/3이다). 그러므로 지금과 같은 초보적 수준의 논의에서는 $BaTiO_3$에 대한 상수를 대충 1/3로 간주해도 무방하다.

여러분은 식 (11.28)을 접했을 때 "만일 $N\alpha$가 3보다 크면 어떻게 될까?"라는 의문을 떠올렸을 것이다. 이런 경우에 κ는 음수가 된다. 물론 이것은 있을 수 없는 일이다. α를 점차 증가시켰을 때 특정한 결정 내에서 어떤 일이 일어나는지 살펴보자. α가 증가함에 따라 분극이 점점 커지고, 따라서 국소 전기장도 점점 강해진다. 그러면 원자들도 더 많이 분극될 것이고, 그 결과 국소 전기장은 더욱 강해진다. 원자의 '탄력'이 충분하면 이 과정은 계속된다. 각 원자의 분극이 전기장에 비례하여 증가한다고 가정하면, 분극이 한없이 커지는 일종의 피드백 과정이 일어나는 것이다. 그런데 $N\alpha=3$이면 이러한 순환 고리에서 벗어나게 된다. 물론, 분극이 무한대가 되는 경우는 없다. 강한 전기장 영역에서는 유도 모멘트와 전기장 사이의 비례 관계가 붕괴되어 우리의 공식을 더 이상 적용할 수 없기 때문이다. 실제로는 자체적으로 생성된 강력한 내부 분극에 의해 격자의 쌍극자들이 단단하게 '고정'되는 것이다.

$BaTiO_3$의 경우에는 전기적 분극 이외에, 정육면체 격자 내에서 티타늄 이온의 미세한 운동으로 생성되는 상당히 큰 이온 분극도 존재한다. 격자 구조에서는 커다란 움직임이 일어날 수 없기 때문에 티타늄 이온은 조금 움직이다가 곧 멈추지만, 이때 결정 세포에 영구 쌍극자 모멘트가 남게 된다.

대부분의 결정에서 이러한 현상은 임의의 온도에서 일어날 수 있다. 티탄산바륨에서 매우 흥미로운 점은, $N\alpha$를 조금만 감소시키면 쌍극자 모멘트가 다시 자유로워지는 미묘한 조건이 존재한다는 것이다. 열팽창으로 인해 온도가 증가하면 N은 감소하기 때문에, 온도를 변화시키면 $N\alpha$를 변화시킬 수 있다. 임계 온도 아래에서 쌍극자 모멘트는 간신히 고정되어 있으므로, 외부 전기장을 걸어주면 분극의 방향을 쉽게 바꿀 수 있다.

이 과정을 좀 더 자세히 분석해 보자. $N\alpha$가 정확히 3일 때의 온도 T_c를 임계 온도라고 한다. 온도가 증가하면 격자는 팽창하고, 그 결과 N은 조금 작아진다. 그런데 격자의 팽창률은 아주 작으므로, 임계 온도 근처에서 $N\alpha$를 다음과 같이 쓸 수 있다.

$$N\alpha = 3 - \beta(T - T_c) \tag{11.30}$$

여기서 β는 열팽창 계수와 비슷한 크기, 즉 1°C당 약 10^{-5} 내지 10^{-6}가량 되는 작은 상수이다. 식 (11.30)을 식 (11.28)에 대입하면

$$\kappa - 1 = \frac{3 - \beta(T - T_c)}{\beta(T - T_c)/3}$$

가 된다. 그런데 $\beta(T-T_c)$가 1보다 작다고 가정하였으므로, 위 식은 근사적으로 다음과 같이 쓸 수 있다.

$$\kappa - 1 = \frac{9}{\beta(T - T_c)} \tag{11.31}$$

물론 이러한 관계는 $T > T_c$인 경우에만 성립한다. 이 식을 보면 임계 온도보다 조금만 더 높아도 κ가 엄청나게 커진다는 것을 알 수 있다. $N\alpha$는 3에 아주 가까운 값이기 때문에, 엄청난 증대 효과가 발생하여 유전 상수의 값은 50,000에서 100,000정도까지 될 수 있다. 또한 이 값은 온도에 매우 민감하다. 유전 상수는 온도에 반비례하는데, $\kappa-1$이 절대 온도에 반비례하는 쌍극자 기체와는 달리, 강유전체의 경우에는 절대 온도와 임계 온도의 차이에 반비례한다[이 법칙을 '퀴리-바이스 법칙(Curie-Weiss law)'이라고 한다].

온도를 임계 온도 아래로 낮추면 어떻게 될까? 그림 11-9와 같은 단위세포로 이루어진 격자의 경우에는 수직선을 따라 이온 사슬을 따로 분리하여 생각할 수 있다. 그중에는 산소와 티타늄 이온들이 번갈아 가며 교대로 배치된 사슬도 있다. 바륨과 산소 이온들로 이루어진 다른 사슬도 있지만, 선을 따라 배치된 간격이 산소와 티타늄 사슬의 경우보다 크다. 이러한 상황은 그림 11-10(a)와 같이 일련의 이온 사슬을 상정하여 간단한 모형으로 가시화할 수 있다. 주 사슬(main chain)이라고 불리는 부분을 따라가면, 이온들 사이의 거리는 격자 상수의 절반에 해당되는 a이고, 동일한 사슬 간의 좌우 간격은 $2a$이다. 그 사이에는 밀도가 약간 작은 사슬도 있지만, 여기서는 무시하기로 한다. 분석을 좀 더 쉽게 하기 위해, 주 이온 사슬의 모든 이온들이 동일하다고 가정하자(그래도 중요한 현상들은 모두 나타나므로, 지나친 단순화는 아니다. 이것은 이론물리학에서 자주 쓰이는 기교이다. 먼저 단순화된 문제를 푼 후에 전체적인 윤곽이 파악되었을 때 복잡한 사항들을 추가시켜 나가면, 도중에 길을 잃지 않고 안전하게 목적지에 도달할 수 있다).

자, 그럼 우리가 가정한 모형에서 어떤 일이 일어나는지 생각해 보자. 각 원자의 쌍극자 모멘트를 p라 하고, 이온 사슬의 한 원자에 작용하는 전기장을 계산해 보자. 제일 먼저 할 일은 다른 모든 원자들로부터 발생한 전기장의 합을 구하는 것이다. 우선 수직 방향의 이온 사슬에 있는 쌍극자에 의한 전기장을 계산해 보자. 다른 사슬들에 의한 효과는 나중에 고려할 것이다. 쌍극자의 축방향을 따라 쌍극자로부터 r만큼 떨어진 곳에 생성되는 전기장은 다음과 같다.

$$E = \frac{1}{4\pi\epsilon_0}\frac{2p}{r^3} \tag{11.32}$$

임의의 한 원자에 대하여 위아래로 같은 거리에 있는 쌍극자들은 같은 방향의 전기장을 생성시키므로, 전체 이온 사슬이 만드는 전기장은

$$E_{\text{사슬}} = \frac{p}{4\pi\epsilon_0}\frac{2}{a^3}\cdot\left(2+\frac{2}{8}+\frac{2}{27}+\frac{2}{64}+\cdots\right) = \frac{p}{\epsilon_0}\frac{0.383}{a^3} \tag{11.33}$$

이 된다. 우리의 모형이 완벽한 입방 결정이었다면, 즉, 옆에 있는 이온 사슬까지의 거리가 a였다면, 0.383은 1/3로 바뀌었을 것이다. 다시 말해서, 옆 사슬이 a만큼 떨어져 있다 해도 총합은 -0.050단위만 달라질 뿐이다. 그러나 우리가 고려하려는 옆 사슬은 $2a$만큼 떨어져 있고, 7장에서 말한 대로 주기적인 구조에 의해 발생하는 전기장은 거리에 따라 지수함수적으로 감소하기 때문에, 이온 사

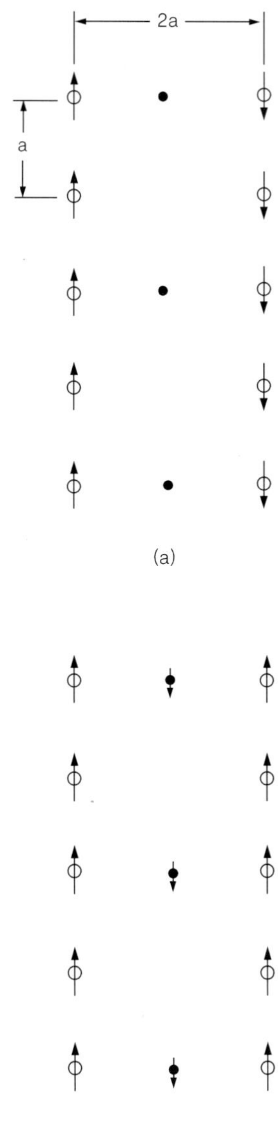

그림 11-10 강유전체 모형. (a)반강유전체 (b)보통의 강유전체

슬들이 전기장에 기여하는 값은 -0.050보다 훨씬 작다. 따라서 나머지 사슬들은 무시해도 상관없다.

이제 탈출 과정이 일어나려면 분극성 α가 어떤 값을 가져야 하는지 알아보자. 식 (11.6)과 마찬가지로, 이온 사슬의 각 원자에 유도된 모멘트 p가 전기장에 비례한다고 가정하자. 원자를 분극시키는 전기장은 식 (11.32)를 이용해서 구한 $E_{\text{사슬}}$이다. 따라서 우리는 다음 두 개의 방정식을 얻게 된다.

$$p = \alpha\epsilon_0 E_{\text{사슬}}$$

$$E_{\text{사슬}} = \frac{0.383}{a^3}\,\frac{p}{\epsilon_0}$$

이것은 일종의 연립 방정식으로서 가능한 해는 E와 p가 모두 0이거나, 또는 E와 p가 유한한 값을 가지면서

$$\alpha = \frac{a^3}{0.383}$$

인 경우가 있을 수 있다. 그러므로 $\alpha = a^3/0.383$이 되면 자체적인 전기장에 의해 유지되는 영구 분극이 발생할 것이다. 티탄산바륨의 경우에 이 임계 등식은 바로 온도가 T_c일 때 성립한다(약한 전기장에 대하여 α가 임계 값보다 크다면 강한 전기장에서는 줄어들 것이며, 따라서 평형 상태에서 우리가 구한 등식이 성립하게 된다).

$BaTiO_3$의 경우에 격자 간격 a가 2×10^{-8}cm이므로, $\alpha = 21.8\times10^{-24}\text{cm}^3$이어야 한다. 실험을 통해 이미 알려져 있는 개별 원자들의 분극성 값들과 비교해 보자. 산소의 경우, 실험으로 측정된 값은 $\alpha = 30.2\times10^{-24}\text{cm}^3$이다. 이 정도면 꽤 잘 맞는 것 같다! 그러나 티타늄은 $\alpha = 2.4\times10^{-24}\text{cm}^3$로서, 다소 실망스럽다. 우리의 모형을 사용하려면 아마도 평균값을 취해야 할 것 같다(교대로 놓인 원자들로 구성된 이온 사슬에 대해 다시 계산을 할 수도 있지만 결과는 거의 같을 것이다). $\alpha(\text{평균}) = 16.3\times10^{-24}\text{cm}^3$인데, 영구 분극을 만들어 내기에는 여전히 작은 값이다.

그러나 잠깐! 지금까지 우리는 전자의 분극성만을 고려해 왔다. 하지만 격자의 내부에는 티타늄 이온의 운동에서 비롯된 이온 분극도 어느 정도 존재하고 있다. 이온 분극성 값이 $9.2\times10^{-24}\text{cm}^3$이기만 하면 모든 것이 제대로 맞아떨어진다(원자가 교대로 배열된 사슬에 대하여 좀 더 정확한 계산을 해보면, 실제로 필요한 이온 분극성 값은 11.9×10^{-24}이다). $BaTiO_3$의 특성을 이해하려면, 이러한 이온 분극성이 존재한다고 가정할 수밖에 없다.

티탄산바륨에서 티타늄이 왜 그 정도로 큰 이온 분극성을 갖는지는 아직 밝혀지지 않았다. 뿐만 아니라, 낮은 온도에서 정육면체의 대각선 방향과 면의 대각선 방향으로 분극되는 정도가 같은 이유도 불분명하다. 여러분은 "그림 11-9에 제시된 구의 실제 크기를 계산해 보면, 주위의 산소 원자들이 만들어 낸 상자 속에서 티타늄이 움직일 수 있는 여유 공간을 발견할 수도 있지 않을까요?"라고 묻고 싶겠지만, 사실은 그렇지 않다. 티타늄은 아주 단단하게 꽉 끼어 있다. 바륨

원자는 약간 느슨하지만, 움직이는 원자로 바륨을 택하면 계산이 전혀 맞지 않는다. 이 문제는 아직 미해결 상태로 남아 있다.

그림 11-10(a)의 간단한 모형으로 돌아와 보면, 하나의 사슬에서 발생하는 전기장은 이웃한 사슬을 반대 방향으로 분극시키려는 경향이 있다. 이는 개별 사슬의 분극이 고정된 방향으로 존재해도, 단위 부피당 알짜 영구 모멘트가 없다는 것을 의미한다! (외부에 전기적 영향은 나타나지 않지만 그래도 모종의 열역학적 효과는 측정 가능하다.) 자연에는 이런 계가 실제로 존재하는데, 반강유전체(antiferroelectric)가 대표적인 사례이다. 그러므로 지금까지 한 설명은 사실 반강유전체에 대한 것이다. 하지만 티탄산바륨은 실제로 그림 11-10(b)와 같은 배열을 이루고 있다. 산소-티타늄 사슬 사이에는 다른 사슬들이 끼어 있기 때문에 모두 같은 방향으로 분극되어 있다. 중간에 끼어 있는 사슬 원자들의 분극 성향이 그리 높지 않거나, 혹은 사슬의 밀도가 좀 떨어져도 어느 정도는 산소-티타늄 사슬과 반대 방향으로 분극된다. 이 사슬에서 나오는 약한 전기장은 바로 이웃한 산소-티타늄 사슬이 첫 번째 (산소-티타늄) 사슬과 평행하게 되도록 영향을 미친다. $BaTiO_3$가 강유전체인 이유는 사이사이에 끼어 있는 원자들 때문이다. 여러분은 또 묻고 싶을 것이다. "그렇다면 O-Ti 사슬 간의 직접적인 영향은 어떻게 되는 겁니까?" 직접적인 영향은 떨어진 거리에 따라 지수함수적으로 감소한다. $2a$만큼 떨어진 '강한' 쌍극자 사슬에 의한 영향은 a만큼 떨어져 있는 '약한' 쌍극자 사슬에 의한 영향보다도 작을 수 있다.

이로써 현재까지 우리가 이해하고 있는 기체, 액체, 고체의 유전 상수에 대한 강의를 마치기로 한다.

CHAPTER 12

정전기학과 유사한 물리계들

12-1 방정식이 같으면 해도 같다
12-2 열 흐름 : 무한 평면 경계 근처의 점 열원
12-3 팽팽하게 당겨진 막
12-4 중성자의 확산 : 균질한 매질 내에 고르게 분포된 구형의 중성자원
12-5 비회전성 유체의 흐름 : 구의 주변을 흐르는 유체
12-6 조도 : 평면파 형태의 균일한 조명
12-7 자연에 내재하는 단일성

12-1 방정식이 같으면 해도 같다

과학이 탄생한 이후 지금까지 축적된 정보의 양은 실로 엄청나다. 아무리 뛰어난 천재라 해도 한 사람이 이 엄청난 정보를 머릿속에 넣어 두는 것은 불가능할 것처럼 보인다. 그러나 물리학에서는 어느 특정 분야의 전문가라 해도 물리학 전반에 걸친 광범위한 지식을 얼마든지 습득할 수 있다. 그 이유는 다음 세 가지로 압축된다. 첫째, 자연에는 에너지 보존 법칙이나 각운동량 보존 법칙과 같이 삼라만상에 두루 적용되는 '보편타당한 원리'가 존재하기 때문이다. 이러한 원리들을 철저히 이해하면 상당히 많은 것들을 한꺼번에 이해할 수 있다. 둘째, 압력을 받고 있는 고체와 같이 복잡다단한 현상들은 기본적으로 전기력 및 양자역학적인 힘에 기인하고 있기 때문에, 전기와 양자역학의 기본 법칙들을 알고 있으면 복잡한 상황에서 일어나는 많은 현상들을 '원리적으로는' 이해할 수 있다. 마지막으로, 가장 놀라운 사실은 (우연의 일치인지는 모르겠지만) **여러 가지 다양한 물리적 현상들이 동일한 형태의 방정식으로 기술되는 경우가 많다는 것이다.** 물론, 어떤 문자 대신 다른 문자가 쓰인다든지 하는 식으로 방정식에 쓰인 기호는 다를 수도 있지만, 방정식의 수학적인 형태가 같다는 뜻이다. 그러므로 하나의 주제를 완전히 파악하고 나면 그와 동일한 방정식으로 기술되는 다른 물리계도 거의 이해한 거나 다름없다.

정전기학에 대한 강의는 11장으로 끝났다. 조금 있으면 자성(magnetism)과 전기동역학(electrodynamics)에 대한 강의가 시작될 것이다. 그러나 진도를 더 나가기 전에, 여러분이 알아야 할 사실이 하나 있다. 정전기학을 공부하는 동안, 여러분은 다른 분야의 물리학에 대해서도 이미 상당한 지식을 쌓았다는 사실이다. 정전기학의 방정식은 다른 물리학 분야에서도 심심치 않게 등장한다. 방정식의 수학적 형태가 같으면 당연히 그 해도 같아야 하므로, 정전기학에서 구한 해를 다른 분야의 용어로 옮겨 주기만 하면 그 분야의 문제를 정전기학에서와 마찬가지로 쉽게(또는 똑같이 어렵게) 해결할 수 있다.

우리가 알고 있는 정전기학의 방정식은

$$\nabla \cdot (\kappa \boldsymbol{E}) = \frac{\rho_{\text{자유}}}{\epsilon_0} \tag{12.1}$$

$$\nabla \times \boldsymbol{E} = 0 \tag{12.2}$$

이다(가장 일반적인 경우를 고려하기 위해, 유전체가 포함된 정전기학 방정식을 적었다). 위의 방정식은 아래와 같이 수학적으로 다른 형태로 표현될 수 있다.

$$\boldsymbol{E} = -\boldsymbol{\nabla}\phi \tag{12.3}$$

$$\boldsymbol{\nabla} \cdot (\kappa \boldsymbol{\nabla}\phi) = -\frac{\rho_{\text{자유}}}{\epsilon_0} \tag{12.4}$$

그런데 위와 같은 방정식으로 기술되는 계는 전기역학적 계뿐만이 아니다. 퍼텐셜(ϕ)의 그래디언트에 어떤 스칼라 함수(κ)를 곱하여 다이버전스를 취한 값이 다른 스칼라 함수($-\rho_{\text{자유}}/\epsilon_0$)와 같아지는 경우는 자연에서 어렵지 않게 찾아볼 수 있다.

정전기학의 모든 내용들은 이와 동일한 방정식으로 기술되는 다른 물리 분야에 그대로 적용할 수 있고, 그 반대의 경우도 가능하다(물론 양 방향으로 다 가능하다. 방정식이 똑같은 다른 물리계의 특성을 이미 알고 있다면, 정전기학 문제에 그대로 적용할 수 있다). 그러면 지금부터 어떤 물리계들이 위와 같은 방정식으로 기술되는지 알아보기로 하자.

12-2 열 흐름 : 무한 평면 경계 근처의 점 열원

우리는 이 책의 3장 4절에서 이미 한 가지 사례를 접한 적이 있다. '열의 흐름'이 바로 그것이다. 부위에 따라 다른 재질로 구성되어 있는 물체를 생각해 보자. 그리고 이 물체 내부의 온도가 위치에 따라 다르다고 가정하자. 온도가 다르면 열의 흐름이 발생하는데, 이것은 벡터 $\boldsymbol{h}$로 나타낼 수 있다. $\boldsymbol{h}$는 열 흐름에 수직한 단위 면적을 단위 시간에 흘러 나가는 열에너지의 양을 나타내며, $\boldsymbol{h}$의 다이버전스는 한 구역에서 빠져나가는 열의 단위 부피당 방출률을 의미한다.

$$\boldsymbol{\nabla} \cdot \boldsymbol{h} = \text{단위 부피당 빠져나가는 열의 방출률}$$

[물론, 이 식은 가우스 법칙과 같이 적분형으로 쓸 수도 있다. 그러면 표면을 통과하는 플럭스는 물질 내부의 열에너지의 변화율과 같다고 해석할 수 있다. 미분형 방정식을 적분형으로(또는 그 반대로) 변환시키는 작업은 정전기학을 공부하면서 이미 익숙해졌을 것이므로 여기서는 생략하기로 한다.]

부위별 열의 방출률 또는 흡수율은 주어진 상황에 따라 달라진다. 예를 들어, 물질 내부에 열원이 있다고 가정해 보자(열원의 예로는 방사성 물질이나 전류에 의해 가열된 저항 등을 들 수 있다). 열원에서 1초 동안 단위 부피당 발생하는 열에너지를 s라고 하자. 물체 내부의 열에너지는 다른 형태의 내부 에너지로 전환될 수 있다(물론 그 반대도 가능하다). 단위 부피당 내부 에너지를 u라 하면, $-du/dt$도 열에너지원이 된다. 따라서

$$\boldsymbol{\nabla} \cdot \boldsymbol{h} = s - \frac{du}{dt} \tag{12.5}$$

로 쓸 수 있다.

지금은 시간에 따라 변하는 것은 전혀 등장하지 않는 정전기학과 비슷한 사례를 논하고 있으므로, 시간에 따른 변화까지 포함하는 완전한 방정식은 고려하지 않을 것이다. 우리의 관심은 일정한 열원에 의해 평형 상태에 도달한 '정상 상태의 열 흐름(steady heat-flow)'이다. 따라서 식 (12.5)의 우변에 있는 두 번째 항은 무시해도 상관없다.

$$\nabla \cdot \boldsymbol{h} = s \tag{12.6}$$

물론 열이 각 위치마다 어떻게 흐르는지를 알려면 또 다른 방정식이 있어야 한다. 많은 경우에 열의 흐름(열류, heat current)은 온도의 공간적 변화율에 비례한다. 즉, 온도의 차이가 클수록 더 많은 열류가 발생한다는 뜻이다. 앞서 지적한 대로 열류 벡터는 온도의 그래디언트에 비례하며, 이들을 연결하는 비례 상수 K는 물질의 특성을 나타내는 값으로서 '열전도율(thermal conductivity)'이라고 한다.

$$\boldsymbol{h} = -K\, \nabla T \tag{12.7}$$

물질의 특성이 위치에 따라서 변하는 경우, K는 위치에 관한 함수 $K(x, y, z)$가 된다. [식 (12.7)은 물질의 특성에 따라 달라지므로 열에너지 보존을 표현하는 식 (12.5)와 같은 근본적인 방정식은 아니다.] 식 (12.7)을 (12.6)에 대입하면

$$\nabla \cdot (K\, \nabla T) = -s \tag{12.8}$$

가 되는데, 보다시피 이것은 식 (12.4)와 동일한 형태이다. 다시 말해서, 정상 상태의 열 흐름 문제는 정전기학 문제와 수학적으로 완전히 동일하다. 이 경우에 열 흐름 벡터 $\boldsymbol{h}$는 전기장 $\boldsymbol{E}$에 대응되고, 온도 T는 ϕ에 대응된다. 이제 여러분은 점 열원이 $1/r$에 비례하는 온도장을 생성하며, 열 흐름은 $1/r^2$에 비례한다는 사실을 알아차렸을 것이다. 이것은 정전기학에서 "점전하는 $1/r$에 비례하는 퍼텐셜을 형성하고 전기장은 $1/r^2$에 비례한다"는 사실을 열 흐름과 관련된 용어로 번역한 것에 불과하다. 일반적으로, 정적인 열과 관련된 문제들은 정전기학과 동일한 방식으로 해결될 수 있다.

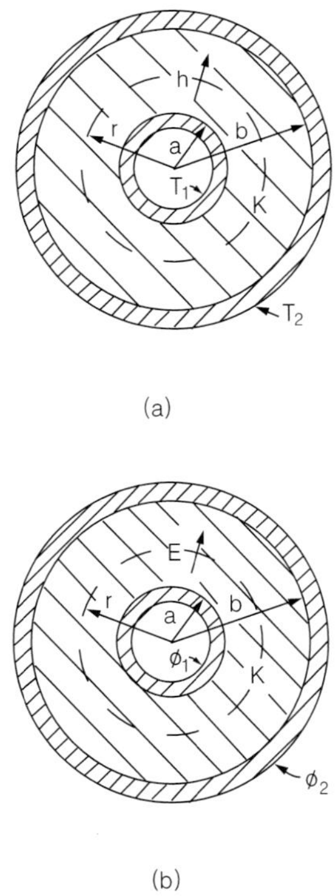

그림 12-1 (a)원통 모양 구조에서 열의 흐름 (b)이와 대응되는 정전기학 문제

간단한 예를 들어 보자. 여기, 반경 a인 원통이 있다. 원통의 내부에 있는 열원에서 열이 꾸준하게 발생하여, 원통의 온도는 T_1으로 유지되고 있다(구체적인 예를 들자면, 이런 원통은 전류가 흐르는 도선이나 내부에 증기가 응집되어 있는 파이프로 생각할 수 있다). 그리고 원통의 표면은 전도율이 K인 소재로 만들어진 동축 단열 피복으로 덮여 있다. 바깥쪽 단열재의 반경을 b라 하고, 외부 온도는 T_2로 일정하다고 가정하자[그림 12-1(a)]. 이런 상황에서, 중심에 있는 도선이나 증기 파이프를 통해 발생하는 열 손실은 얼마나 될까? 길이가 L인 파이프 토막으로부터 손실되는 총 열량을 G라 하고, 지금부터 이 값을 계산해 보자.

이 문제를 어떻게 해결해야 할까? 전혀 고민할 것 없다. 미분 방정식의 형태가 정전기학의 방정식과 동일하므로, 사실 우리는 문제를 푼 것이나 다름없다. 이 문제는 정전기학에서 그림 12-1(b)와 같이 퍼텐셜$=\phi_1$, 반경$=a$인 도체가

퍼텐셜$=\phi_2$, 반경$=b$인 또 하나의 도체와 동심원을 이루고 그 사이에 유전체가 채워져 있는 문제와 동일하다. 여기서 열 흐름 $\boldsymbol{h}$는 전기장 $\boldsymbol{E}$에 대응되므로, 우리가 구하고자 하는 양 G는 단위 길이당 전기장의 플럭스에 해당된다(즉, 단위 길이당 전하량을 ϵ_0로 나눈 값이다). 그런데 정전기학 문제는 가우스 법칙을 이용하여 이미 풀었으므로 열 흐름 문제도 같은 풀이 과정을 따라가면 된다.

이 문제는 원통형 대칭성을 갖고 있으므로 h는 중심까지의 거리에만 의존할 것이다. 따라서 길이 L, 반경 r인 원통 모양의 가우스 면을 생각할 수 있다(그림에는 점선으로 표시되어 있다). 가우스 법칙으로부터, 표면적 $2\pi rL$에 h를 곱한 값은 내부에서 생성되는 총 열량, 즉 앞에서 정의한 G와 같아야 한다.

$$2\pi rLh = G \quad \text{또는} \quad h = \frac{G}{2\pi rL} \tag{12.9}$$

열 흐름은 온도의 그래디언트에 비례하므로

$$\boldsymbol{h} = -K\,\nabla T$$

로 쓸 수 있다. 이 경우에 $\boldsymbol{h}$의 크기는 다음과 같다($\boldsymbol{h}$의 크기는 양수이지만 아래의 식에서는 음의 값도 가능하므로 벡터의 방향이 고려된 크기를 뜻한다 : 옮긴이).

$$h = -K\frac{dT}{dr}$$

식 (12.9)와 위의 식을 결합하면

$$\frac{dT}{dr} = -\frac{G}{2\pi KLr} \tag{12.10}$$

가 된다. 이 식을 $r=a$에서 $r=b$까지 적분하면

$$T_2 - T_1 = -\frac{G}{2\pi KL}\ln\frac{b}{a} \tag{12.11}$$

를 얻는다. 이 식을 G에 대해 풀면

$$G = \frac{2\pi KL(T_1 - T_2)}{\ln(b/a)} \tag{12.12}$$

가 된다. 이 결과는 원통형 축전기에

$$Q = \frac{2\pi\epsilon_0 L(\phi_1 - \phi_2)}{\ln(b/a)}$$

의 전하가 대전되어 있는 경우와 정확하게 일치한다. 동일한 문제이므로(방정식이 똑같으므로) 해가 같은 것도 당연하다. 정전기학에서 습득한 지식을 적절히 활용하면 단열 파이프에 의해 손실되는 열량도 쉽게 계산할 수 있다.

열 흐름에 관한 또 다른 문제를 생각해 보자. 지표면 바로 밑이나 큰 쇳덩어리의 표면 근처에 점 열원이 위치하고 있을 때, 그 주위의 열 흐름은 어떻게 나타날 것인가? 이 경우, 국소적 열원은 지하에서 폭발한 원자폭탄일 수도 있고,

쇳덩어리 속에 섞여 있는 소량의 방사능 물질일 수도 있다.

열전도율이 K인 물질로 균일하게 채워진 무한히 큰 물체를 상상해 보자. 이 물체의 표면 아래로 a만큼 떨어진 곳에 세기가 G인 점 열원이 놓여 있다. 바깥 공기의 열전도율은 무시하기로 하자. 우리에게 주어진 문제는 물체 표면의 온도 분포를 알아내는 것이다.

이 문제는 정전기학에서 유전 상수 κ가 다른 두 종류의 물질이 평면을 경계로 양쪽에 놓여 있는 문제와 비슷한 것 같다. 아하! 문득 머릿속에 유전체와 도체 사이의 경계면 근처에 점전하가 놓여 있던 문제가 떠오른다. 문제를 풀고 나면 유사성이 확실하게 드러날 것이다. 우선, 표면 근처에서 무슨 일이 일어나는지 알아보자. 물체 밖으로 흘러나오는 열은 없다고 가정했으므로, 표면 위에서의 $\boldsymbol{h}$의 수직 성분은 0이다. 그런데 정전기학 문제에서 ($\boldsymbol{h}$에 대응되는) 전기장 $\boldsymbol{E}$의 수직 성분이 표면에서 0이 되는 경우가 있었던가? 아니다. 그런 경우는 단 한 번도 없었다!

정전기학과 유사한 문제를 풀 때는 바로 이 점에 주의해야 한다. 물리적인 이유 때문에 수학적 조건에 어떤 제한이 가해지는 경우가 종종 있기 때문이다. 그래서 몇몇 제한된 경우에 한하여 미분 방정식을 푼다면, 다른 물리적 조건하에서 나올 수 있는 해를 놓칠 수가 있다. 예를 들어, 진공의 열전도율은 0이지만 유전 상수가 0인 물질은 이 세상에 존재하지 않기 때문에, 완벽한 단열재에 대응되는 정전기학 문제는 있을 수 없다. 그러나 이런 경우에도 정전기학과 동일한 방법을 사용하여 공기의 열역학적 특성을 알아낼 수 있다. 다시 말해서, "유전 상수가 0일 때 어떤 일이 일어나는가?"라는 질문을 가상현실에서 제기한 후, 그 결과를 열전도 문제에 적용할 수 있다는 뜻이다(물론, 유전 상수는 0이 될 수 없다. 하지만 어떤 물질의 유전 상수가 매우 큰 경우에는 외부 공기의 유전 상수를 거의 0으로 취급할 수 있다). 표면에 수직한 성분이 '전혀 없는' 전기장을 어떻게 구할 수 있을까? 이런 전기장은 항상 표면과 나란한 방향으로 생성될 것이다. 여러분도 이미 짐작했겠지만, 이 문제는 도체 평면 근처에 점전하가 있는 경우와 정반대이다. 도체의 퍼텐셜은 일정하기 때문에 전기장은 항상 표면에 '수직한' 방향으로 생성되었다. 정전기학에서는 도체판 뒤에 가상의 점전하가 있다고 상상함으로써 해를 구할 수 있었다. 물론, 열 흐름의 경우에도 이와 동일한 접근을 시도할 수 있다. 장의 수직 성분이 표면에서 자동적으로 0이 되도록 만들어 주는 '거울상 열원(image source)'을 도입하면 된다. 이 문제의 해는 그림 12-2에 나와 있다. 표면에서 위로 a만큼 떨어진 곳에 '부호와 세기가 같은' 거울상 열원이 있다면, 표면과 나란한 방향으로 장이 형성될 것이다. 두 개의 열원에 의한 수직 성분은 서로 상쇄된다.

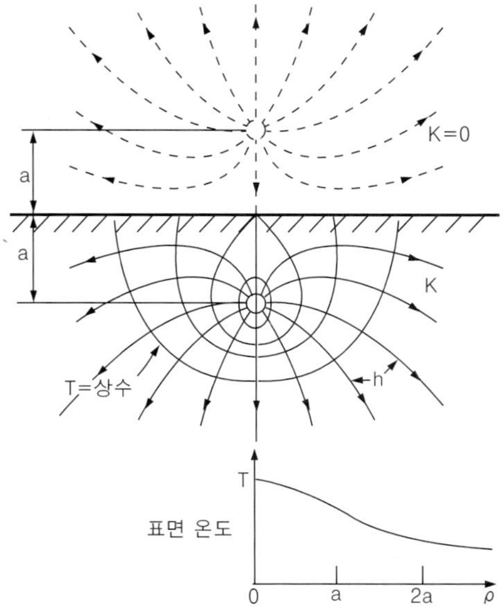

그림 12-2 양질의 열전도체 표면 아래로 거리 a만큼 떨어진 곳에 위치한 점 열원 근처의 등온면과 열의 흐름. 물체 바깥에 보이는 것은 거울상 열원이다.

이것으로 우리의 문제는 해결되었다. 모든 곳의 온도는 두 점전하에 의한 퍼텐셜과 같다! 무한히 큰 매질에서 단 하나의 열원 G로부터 r만큼 떨어진 곳의 온도 T는 다음과 같다.

$$T = \frac{G}{4\pi K r} \tag{12.13}$$

(물론 이 결과는 $\phi=q/4\pi\epsilon_0 r$에서 유추한 것이다.) 거울상 열원과 함께 표현하면 온도는 다음과 같다.

$$T=\frac{G}{4\pi Kr_1}+\frac{G}{4\pi Kr_2} \tag{12.14}$$

위의 식을 이용하면 물체의 모든 지점에서 온도를 구할 수 있다. 그림 12-2에는 몇 개의 등온면과 함께 $\boldsymbol{h}=-K\,\nabla T$로부터 구한 $\boldsymbol{h}$의 곡선이 표현되어 있다.

원래 우리가 구하려고 했던 것은 표면에서의 온도 분포였다. 축으로부터 ρ만큼 떨어진 표면 위의 한 점$(r_1=r_2=\sqrt{\rho^2+a^2})$에서의 온도는 다음과 같다.

$$T(\text{표면})=\frac{1}{4\pi K}\frac{2G}{\sqrt{\rho^2+a^2}} \tag{12.15}$$

이 함수의 곡선도 그림 12-2에 제시되어 있다. 당연한 이야기지만, 열원의 바로 위에서 온도가 가장 높고 멀리 떨어진 곳일수록 온도가 낮아진다. 이것은 지구물리학에서 자주 등장하는 문제이다. 이제 여러분은 이러한 문제들이 정전기학 문제와 같은 종류의 문제라는 것을 충분히 이해했을 것이다.

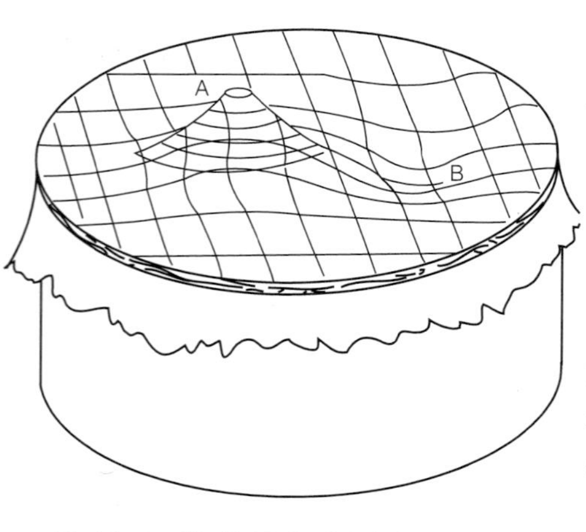

그림 12-3 원통형 틀에 팽팽하게 씌워진 얇은 고무막(북과 유사함). A 지점을 밀어 올리고 B 지점을 내리 누른다면 표면의 모양은 어떻게 변할까?

12-3 팽팽하게 당겨진 막

완전히 다른 물리계가 동일한 방정식으로 기술되는 사례는 이 밖에도 많이 있다. 예를 들어, 얇은 고무막(membrane)을 상상해 보자. 이 막은 수평으로 팽팽하게 잡아당겨진 상태이다(북의 가죽면을 떠올리면 된다). 이제, 그림 12-3처럼 고무막의 한 부분이 밀려 올라가고 다른 한 부분은 아래로 꺼졌다고 가정해 보자. 이러한 상태를 수학적으로 기술할 수 있을까? 지금부터, 막이 변형된 정도가 너무 크지 않은 경우에 한하여 이 문제를 풀어 보자.

막은 팽팽하게 당겨진 상태에 있으므로 분명히 힘이 작용하고 있다. 막의 중간 부분에 칼로 작은 흠집을 내면, 흠집은 양쪽으로 더 크게 벌어질 것이다(그림 12-4 참조). 즉, 고무막에는 일종의 '표면 장력'이 작용하고 있으며, 이 힘은 팽팽히 잡아당겨진 줄에 작용하는 1차원 장력과 비슷하다. 여기서 표면 장력 τ의 크기는 그림 12-4에서와 같이 흠집의 양쪽을 고정시키는 데 필요한 '단위 길이당' 힘으로 정의된다.

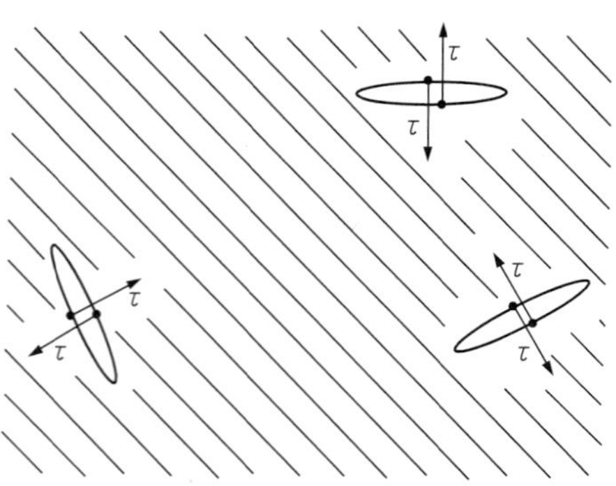

그림 12-4 팽팽하게 당겨진 고무막의 표면 장력 τ는 임의로 그은 선분을 가로지르는 단위 길이당 힘이다.

이제, 고무막의 수직 단면을 살펴보자. 단면은 그림 12-5와 같은 곡선 모양으로 나타날 것이다. 면이 정상적인 위치로부터 벗어난 수직 변위를 u라 하고, 수평면의 좌표를 x, y라 하자(그림 12-5는 x축과 평행한 단면이다).

길이가 Δx이고 너비가 Δy인 작은 표면 조각을 생각해 보면, 조각의 가장자리는 표면 장력으로 인해 힘을 받게 된다. 그림에서 가장자리 1에는 표면에 접선 방향(즉, 수평으로부터 각 θ_1방향)으로 $\tau_1\Delta y$만큼의 힘이 작용하고, 가장자리 2에는 각 θ_2의 방향으로 $\tau_2\Delta y$만큼의 힘이 작용할 것이다(표면 조각의 나머지 두 개의 가장자리에서도 이와 비슷한 힘이 작용하겠지만, 이 힘은 나중에 고려하기로 한다). 가장자리 1과 2에 의해 표면 조각에 가해지는 '위쪽 방향으로의' 알짜 힘은 다음과 같다.

$$\Delta F = \tau_2 \Delta y \sin\theta_2 - \tau_1 \Delta y \sin\theta_1$$

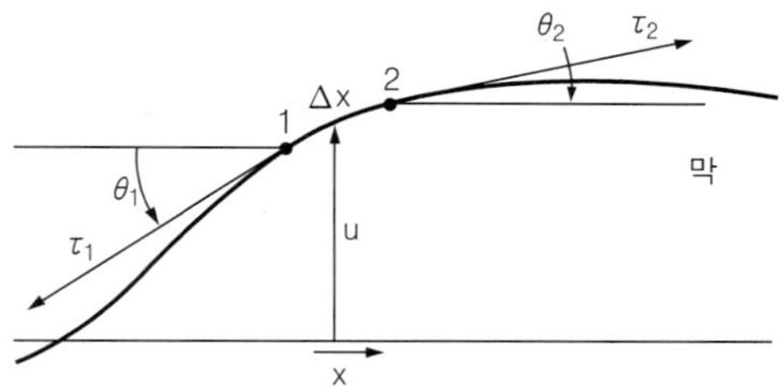

그림 12-5 변형된 막의 단면

일단은 고무막의 변형이 작은 경우, 즉 '경사가 완만한' 경우를 생각해 보자. 이 경우에는 $\sin\theta$를 $\tan\theta$로 대체할 수 있고, 이는 다시 $\partial u/\partial x$로 표현된다. 따라서 위의 식은 다음과 같이 쓸 수 있다.

$$\Delta F = \left[\tau_2\left(\frac{\partial u}{\partial x}\right)_2 - \tau_1\left(\frac{\partial u}{\partial x}\right)_1\right]\Delta y$$

그런데 Δx가 충분히 작으면 (도함수의 정의에 의해) 괄호 안의 양은

$$\frac{\partial}{\partial x}\left(\tau\frac{\partial u}{\partial x}\right)\Delta x$$

가 되고, 따라서

$$\Delta F = \frac{\partial}{\partial x}\left(\tau\frac{\partial u}{\partial x}\right)\Delta x\,\Delta y$$

로 쓸 수 있다.

나머지 두 개의 가장자리에서 작용하는 힘들도 ΔF에 기여하므로, 총 알짜 힘은

$$\Delta F = \left[\frac{\partial}{\partial x}\left(\tau\frac{\partial u}{\partial x}\right) + \frac{\partial}{\partial y}\left(\tau\frac{\partial u}{\partial y}\right)\right]\Delta x\,\Delta y \qquad (12.16)$$

이다.

물론, 막이 혼자서 이런 변형을 일으켰을 리는 없다. 막이 변형되려면 외부에서 힘이 작용해야 한다. 막에 '위쪽으로' 작용하는 '단위 면적당' 힘을 f라 하자(일종의 압력으로 생각할 수 있다). 막이 평형 상태에 있을 때(즉, '정적인' 경우), 외부에서 작용하는 힘은 식 (12.16)으로 표현되는 내부 힘과 평형을 이루어야 한다. 즉,

$$f = -\frac{\Delta F}{\Delta x\,\Delta y}$$

이다. 따라서 식 (12.16)은 다음과 같이 다시 쓸 수 있다.

$$f = -\nabla\cdot(\tau\nabla u) \qquad (12.17)$$

물론 여기서 ∇은 2차원 그래디언트 연산자 $(\partial/\partial x,\ \partial/\partial y)$를 의미한다. 이로써 우리는 가해진 힘 $f(x, y)$와 표면 장력 $\tau(x, y)$, 그리고 막의 변형 $u(x, y)$를 연결하는 미분 방정식을 얻었다. 일반적으로 외력 $f(x, y)$와 표면 장력 $\tau(x, y)$는 위치에 따라 다른 값을 갖는다(3차원 탄성체의 변형도 비슷한 방정식으로 기술되지만, 여기서는 2차원의 경우만 다루기로 한다). 여기서는 장력 τ가 막 전체에 걸쳐 일정한 경우만 다룰 것이다. 이런 경우에 식 (12.17)은 다음과 같이 쓸 수 있다.

$$\nabla^2 u = -\frac{f}{\tau} \tag{12.18}$$

이번에도 정전기학과 동일한 형태의 방정식이 얻어졌다! 단지 문제가 2차원으로 줄어들었을 뿐이다. 변위 u는 ϕ에 대응되고, f/τ는 ρ/ϵ_0에 대응된다. 그러므로 대전된 무한 평면이나 무한 평행 도선, 또는 대전된 원통과 관련된 해들은 팽팽하게 당겨진 막에 적용될 수 있다.

이제, 고무막을 몇몇 특정 지점에서 일정한 '높이'만큼 밀어 올렸다고 가정해 보자(즉, 특정한 지점에서 u의 값을 고정시킨다는 뜻이다). 이는 정전기학 문제에서 특정 지점에 일정한 '퍼텐셜'을 부여하는 것과 같다. 예를 들어, 원형 막대로 막을 밀어 올리면 표면은 그림 12-6과 같은 모양이 될 것이다. 이때 막의 높이 u는 대전된 원통형 막대에 의한 정전기 퍼텐셜 ϕ와 같고, 이 값은 중심으로부터의 거리 r에 따라 $\ln(1/r)$로 줄어든다(전기장 E에 대응되는 막의 '경사'는 $1/r$에 비례한다).

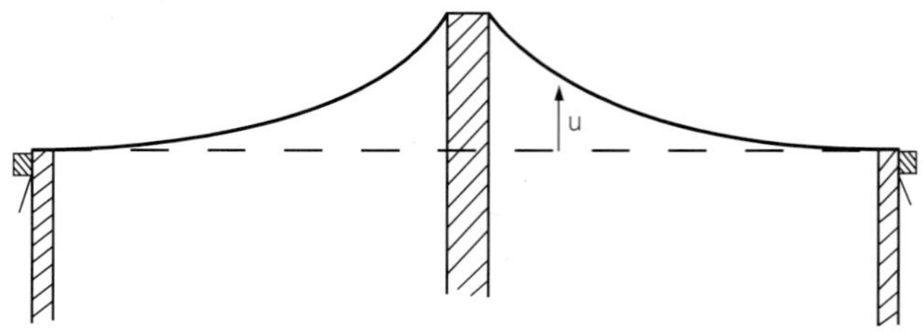

그림 12-6 원형 막대로 밀어 올려진 고무막의 단면. 함수 $u(x, y)$는 매우 긴 선전하 근처의 전기 퍼텐셜 $\phi(x, y)$와 같다.

물리학자들은 복잡한 '전기적' 문제를 실험적으로 해결할 때, 팽팽하게 당겨진 고무막을 종종 이용해 왔다. 정전기학을 이용하여 다른 문제를 푼 것이 아니라, 다른 문제를 이용하여 정전기학 문제를 푼 것이다. 여러 개의 막대와 작대기를 사용하여 전기적 상황에서 전극의 퍼텐셜에 대응하는 높이까지 막을 밀어 올린 후, 원하는 지점에서 높이를 측정하면 곧바로 전기적 퍼텐셜을 얻을 수 있다. 이러한 유추법은 더욱 복잡한 상황에서도 사용될 수 있다. 예를 들어, 작은 공들을 고무막 위에 올려놓았을 때 공들이 움직이는 양상은 그에 대응되는 전기장 하에서 일어나는 전자의 운동과 근사적으로 비슷하다. 즉, 전자의 이동 경로를 눈으로 확인할 수 있는 것이다! 이 방법은 섬광 계수기나 캐딜락의 헤드라이트 불빛을 조절해 주는 광전자 증배관(photomultiplier tube)의 복잡한 기하학적 구조를 설계하는 데 사용되었다. 이러한 유추법은 지금도 사용되고 있지만 정확한 결과를 얻기는 어렵다. 고도의 정밀도를 요하는 경우에는 대형 전자계산기(컴퓨터)를 이용한 수치해석법으로 전기장을 계산해야 한다.

12-4 중성자의 확산 : 균질한 매질 내에 고르게 분포된 구형의 중성자원

정전기학과 동일한 방정식으로 기술되는 또 다른 물리계로서, 확산과 관련된 문제를 들 수 있다. 우리는 제1권 43장에서 단일 기체 내에서 이온의 확산과 한 기체가 다른 기체를 통과할 때 일어나는 확산에 대해 알아보았다. 여기서는 흑연과 같은 물질 속에서 일어나는 중성자의 확산에 대해 알아보자. 흑연(탄소의 순수한 형태 중 하나)을 예로 든 이유는 느리게 움직이는 중성자가 탄소에 흡수되지 않기 때문이다. 즉, 흑연 내에서는 중성자가 자유롭게 돌아다닐 수 있다. 중성자는 핵에 부딪혀 산란되어 다른 방향으로 굴절되기 전에 평균적으로 몇 cm 정도를 똑바로 진행한다. 그러므로 한 변이 수 m인 커다란 흑연 덩어리가 있다면 초기에 한 지점에 있던 중성자들은 다른 곳으로 확산될 것이다. 우리의 목적은 이들의 평균적인 거동(즉, 중성자의 '평균적 흐름')을 기술하는 것이다.

공간상의 한 지점 (x, y, z)에서 부피 요소 ΔV에 들어 있는 중성자의 개수를 $N(x, y, z)\Delta V$라 하자. 중성자들 중 일부는 ΔV로부터 빠져나가고, 어떤 중성자는 ΔV로 들어오기도 한다. 만일 한 영역에 있는 중성자 수가 바로 이웃한 다른 영역에 있는 중성자 수보다 많다면, 처음 영역에서 두 번째 영역으로 나가는 중성자 수는 두 번째 영역에서 되돌아오는 중성자 수보다 많을 것이다(즉, 알짜 흐름이 생긴다는 뜻이다). 제1권 43장에서 언급한 대로, 흐름 벡터 $\boldsymbol{J}$를 이용하여 이 상황을 기술해 보자. 흐름 벡터의 x성분 J_x는 x방향에 수직한 단위 면적을 단위 시간에 통과하는 중성자의 '알짜' 개수이다. 앞에서 구한 바에 의하면

$$J_x = -D\frac{\partial N}{\partial x} \tag{12.19}$$

이다. 여기서 확산 계수 D는 평균 속도 v와 산란되기 전까지 평균 자유 경로(mean-free-path) l에 의해 다음과 같이 주어진다.

$$D = \frac{1}{3}lv$$

따라서 $\boldsymbol{J}$에 대한 벡터 방정식은 다음과 같다.

$$\boldsymbol{J} = -D\nabla N \tag{12.20}$$

임의의 면적 요소 da를 뚫고 흘러가는 중성자의 유동률은 $\boldsymbol{J}\cdot\boldsymbol{n}\,da$이다(여기서 $\boldsymbol{n}$은 늘 그렇듯이, 면에 수직한 단위 벡터이다). 그리고 '어떤 한 부피 요소 바깥으로 빠져나가는' 알짜 흐름은 (익숙한 가우스 정리에 의하면) $\nabla\cdot\boldsymbol{J}dV$이다. 이러한 흐름이 있으면, ΔV 내에서 중성자가 계속 생성되지 않는 한 (예를 들면, 핵반응에 의해) ΔV 내의 중성자 수는 감소하게 된다. 만약 그 부피 안에서 단위 부피, 단위 시간당 S개의 중성자가 생성되고 있다면, ΔV 밖으로 빠져나가는 알짜 흐름은 $(S-\partial N/\partial t)\Delta V$가 될 것이다. 따라서 우리는 다음과 같은 식을 얻게 된다.

$$\nabla\cdot\boldsymbol{J} = S - \frac{\partial N}{\partial t} \tag{12.21}$$

식 (12.21)과 (12.20)을 결합하면 다음과 같은 '중성자 확산 방정식'을 얻을 수 있다.

$$\nabla\cdot(-D\nabla N) = S - \frac{\partial N}{\partial t} \tag{12.22}$$

정적인 경우($\partial N/\partial t=0$), 식 (12.22)는 (12.4)와 같은 형태가 된다! 따라서 중성자의 확산 문제를 풀 때도 정전기학에서 공부했던 지식을 활용할 수 있다. 자, 그러면 지금부터 문제를 본격적으로 풀어 보자. (지금 여러분은 이렇게 묻고 싶을 것이다. "아니, 정전기학에서 똑같은 문제를 이미 풀었는데, 그 짓을 왜 또 해야 합니까?" 별다른 의미는 없다. 다만, 한 번 풀어 본 문제를 다시 풀면 '훨씬 빠르게' 풀 수 있다는 것을 보여 주려는 것뿐이다.)

어떤 물체의 내부에서 우라늄 분열과 같은 과정이 일어나면서 반경 a인 구형 영역 안에 중성자가 균일하게 생성되고 있다고 가정해 보자(그림 12-7). 우리의 목적은 모든 지점에서 중성자의 밀도를 계산하는 것이다. 중성자가 생성되는 영역에서 중성자의 밀도는 얼마나 균일한가? 중성자가 생성되고 있는 구형 영역의 중심과 표면에서 중성자의 밀도는 어떻게 다른가? 답은 쉽게 구할 수 있다. 중성자원의 밀도 S를 전하 밀도 ρ라고 생각하면, 이 문제는 '전하 밀도가 균일한 구'에 대한 문제와 같아진다. N을 구하는 것은 바로 퍼텐셜 ϕ를 구하는 것과 같다. 우리는 이미 균일하게 대전된 구의 내부와 외부에서 전기장을 계산한 적이 있다. 그리고 전기장을 적분하면 퍼텐셜을 구할 수 있다. 외부에서의 퍼텐셜은 $Q/4\pi\epsilon_0 r$이고, 총 전하량 Q는 $4\pi a^3\rho/3$이었다. 그러므로 구 외부의 퍼텐셜은

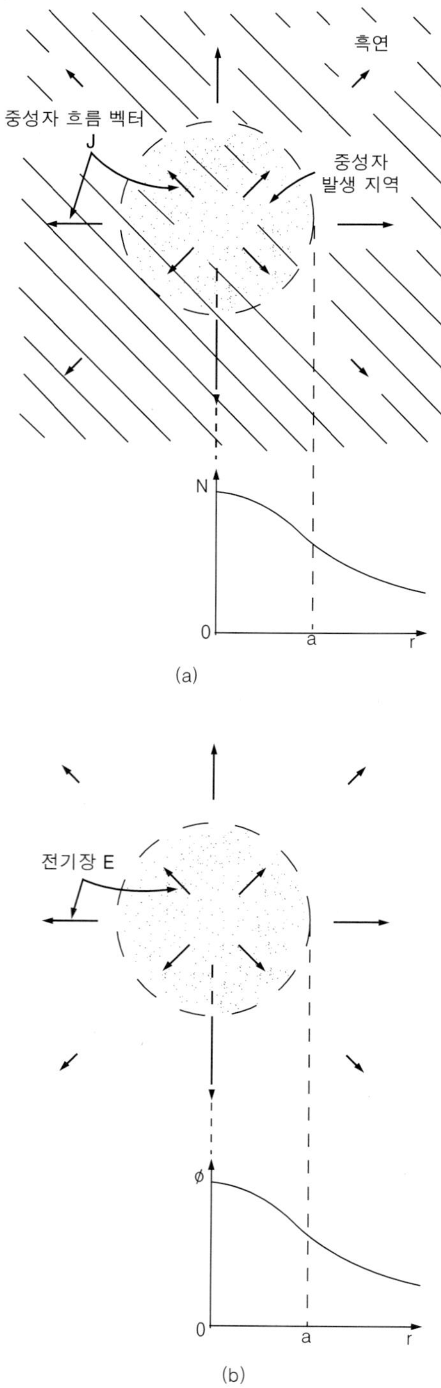

그림 12-7 (a)커다란 흑연 덩어리 속에서 반경 a인 구 내부에 균일하게 분포되어 있는 중성자는 바깥쪽으로 확산해 나간다. 중성자의 밀도 N은 중성자원 중심까지의 거리 r의 함수로 구해진다. (b)이와 유사한 정전기적 상황 : 전하가 균일하게 분포된 구. 여기서 N은 ϕ에 대응되고 $\boldsymbol{J}$는 $\boldsymbol{E}$에 대응된다.

$$\phi_{\text{구 외부}} = \frac{\rho a^3}{3\epsilon_0 r} \tag{12.23}$$

이다. 구 내부에서는 반경 r 안쪽의 총 전하량 $Q(r)=4\pi r^3\rho/3$에 의해 전기장이 결정되며, 그 값은 다음과 같다.

$$E = \frac{\rho r}{3\epsilon_0} \tag{12.24}$$

즉, 구 내부의 전기장은 r에 따라 선형적으로 증가한다. E를 적분하면 ϕ가 얻어지는데, 그 결과는 다음과 같다.

$$\phi_{\text{구 내부}} = -\frac{\rho r^2}{6\epsilon_0} + \text{상수}$$

$r=a$인 지점(구의 표면)에서 $\phi_{\text{구 내부}}$는 $\phi_{\text{구 외부}}$와 같아야 하므로, 위의 적분 상수는 $\rho a^2/2\epsilon_0$가 되어야 한다(여기서 우리는 전하로부터 멀리 떨어진 곳에서 $\phi=0$이라고 가정하고 있는데, 이는 멀리 떨어진 지점에서 중성자의 밀도 N이 0이라는 가정에 해당된다). 그러므로 정리해서 다시 쓰면,

$$\phi_{\text{구 내부}} = \frac{\rho}{3\epsilon_0}\left(\frac{3a^2}{2} - \frac{r^2}{2}\right) \tag{12.25}$$

이다.

따라서 구의 외부에서 중성자의 밀도는

$$N_{\text{구 외부}} = \frac{Sa^3}{3Dr} \tag{12.26}$$

이며, 구의 내부에서는

$$N_{\text{구 내부}} = \frac{S}{3D}\left(\frac{3a^2}{2} - \frac{r^2}{2}\right) \tag{12.27}$$

이 된다. 그림 12-7의 그래프는 N을 r에 대한 함수로 표현한 것이다.

구의 표면에서 중성자의 밀도와 구의 중심에서 중성자의 밀도 사이의 비율은 얼마인가? 중심($r=0$)에서 밀도는 $3a^2/2$에 비례하고 표면($r=a$)에서는 $2a^2/2$에 비례한다. 따라서 밀도의 비는 3/2이다. 즉, 중성자원이 균일한 속도로 중성자를 만들어 낸다 해도, 중성자의 밀도는 균일하지 않다는 뜻이다. 이와 같이, 정전기학에서 공부했던 지식을 잘 활용하면 원자로(nuclear reactor)와 관련된 물리학까지 이해할 수 있다.

확산은 물리학에서 매우 중요한 개념이다. 액체를 통과하는 이온들의 운동이나 반도체를 통과하는 전자들의 운동 등도 동일한 방정식을 따른다. 공부가 깊어질수록 방정식이 같은 문제는 더욱 빈번하게 나타난다.

12-5 비회전성 유체의 흐름 : 구의 주변을 흐르는 유체

이번에는 별로 좋지 않은 사례인 '물의 흐름'을 생각해 보자. 좋지 않다고 하는 이유는 앞으로 사용할 방정식이 완전하지 않아서 이상적인 상황에만 적용될 수 있기 때문이다. 팽팽한 고무막에서 사용한 방정식은 '변형이 작은' 경우에만 적용되는 근사식이었다. 물의 흐름을 다룰 때에는 이런 종류의 근사는 하지 않을 것이다. 그 대신 실제의 물에는 전혀 적용되지 않는 제약 조건을 걸어야 한다. 여기서는 '압축 불가능하고 점성이 없으며 순환흐름도 없는' 액체의 정상 상태 흐름(steady flow)만을 다룰 것이다. 이런 조건을 걸면 물의 흐름은 위치 $\boldsymbol{r}$의 함수인 속도 $\boldsymbol{v}(\boldsymbol{r})$로 나타낼 수 있다. 물의 흐름이 변하지 않고 한결같은 경우라면(정전기학에 비유될 수 있는 유일한 경우이다) $\boldsymbol{v}$는 시간에 무관하다. 유체의 밀도를 ρ라 하면 $\rho\boldsymbol{v}$는 단위 시간에 단위 면적을 통과하는 유체의 질량이며, $\rho\boldsymbol{v}$의 다이버전스는 질량 보존 법칙에 의해 단위 부피에 들어 있는 질량의 시간 변화율이 된다. 지금 당장은 물이 도중에 생성되지도 않고 사라지지도 않는다고 가정할 것이다. 그렇다면 질량 보존 법칙에 의해 $\nabla\cdot\rho\boldsymbol{v}=0$이 되어야 한다(일반적으로 우변은 0이 아니라 $-\partial\rho/\partial t$가 되어야 한다. 그러나 우리는 유체가 압축되지 않는다고 가정했으므로 $-\partial\rho/\partial t=0$이다). ρ는 어디에서나 똑같은 상수이므로 미분 기호 밖으로 빼낼 수 있다. 따라서 유체의 흐름을 나타내는 방정식은 다음과 같이 간단하게 된다.

$$\nabla\cdot\boldsymbol{v}=0$$

매우 좋다! 위의 식은 정전기학의 방정식 $\nabla\cdot\boldsymbol{E}=0$과 동일한 형태이다(전하가 없는 경우에 해당된다). 그러나 이것이 전부가 아니다! 정전기학에서는 $\nabla\cdot\boldsymbol{E}=0$뿐만이 아니라, 한 쌍의 방정식이 맞물려 있다. 정전기학을 제대로 서술하려면 방정식 하나가 더 있어야 한다. 따라서 물의 흐름을 정전기학과 유사한 논리로 이해하려면 $\boldsymbol{v}$의 컬이 0이라는 방정식이 추가되어야 한다. 그러나 실제 액체는 이런 조건을 만족하지 않는다. 대부분의 액체에서 어느 정도의 순환흐름은 있기 마련이다. 앞에서 우리의 관심을 '순환흐름이 없는 유체'로 제한한 것은 바로 이런 이유 때문이다. 이러한 흐름을 흔히 '비회전성(irrotational)' 흐름이라고 한다. 어쨌든 앞에서 언급한 모든 가정을 수용하면 정전기학과 대응되는 유체의 흐름을 상상할 수 있다. 그것은 다음의 방정식으로 기술된다.

$$\nabla \cdot \boldsymbol{v} = 0 \tag{12.28}$$

$$\nabla \times \boldsymbol{v} = 0 \tag{12.29}$$

물론, 모든 물의 흐름이 위의 방정식으로 설명되는 것은 아니다. 이 식은 아주 제한된 경우(표면 장력과 압축률, 그리고 점성을 무시할 수 있으며 비회전성 흐름으로 가정할 수 있는 경우)에 한하여 적용될 수 있다. 그런데 실제 물의 경우에는 이런 가정이 들어맞는 경우가 거의 없어서, 수학자 폰 노이만(John von Neumann)은 식 (12.28)과 (12.29)를 분석하는 학자들을 가리켜 물기 없는 "마른 물(dry water)을 연구하는 사람들"이라고 빈정대기도 했다(유체의 흐름에 관해서는 40~41장에서 좀 더 자세히 다룰 예정이다).

$\nabla \times \boldsymbol{v} = 0$이므로, '마른 물'의 속도 $\boldsymbol{v}$는 어떤 퍼텐셜의 그래디언트로 나타낼 수 있다.

$$\boldsymbol{v} = -\nabla \psi \tag{12.30}$$

ψ의 물리적 의미는 무엇일까? 사실 별로 유용한 의미는 없다. 속도가 어떤 퍼텐셜의 그래디언트로 표현되는 이유는 흐름 자체가 비회전성 흐름이기 때문이다. 정전기학과 비슷한 맥락으로 이해하기 위해 ψ를 '속도 퍼텐셜'이라고 부르긴 하지만, 정전기학의 ψ처럼 퍼텐셜 에너지와 관련된 양은 아니다. $\boldsymbol{v}$의 다이버전스가 0이므로, ψ는 라플라스 방정식을 만족한다.

$$\nabla \cdot (\nabla \psi) = \nabla^2 \psi = 0 \tag{12.31}$$

속도 퍼텐셜 ψ는 자유 공간($\rho = 0$)에서 정전기 퍼텐셜과 동일한 미분 방정식을 만족한다.

이제 비회전성 유체의 흐름에 관한 문제를 하나 골라서, 그 문제가 이 방법으로 해결될 수 있는지 알아보자. 여기, 구형 공 하나가 유체 속에서 추락하고 있다. 공의 속도가 느리면 앞에서 무시하기로 했던 점성이 중요하게 작용하고, 공의 속도가 빠르면 공이 지나간 경로 뒤에 작은 소용돌이(난류)가 발생하여 순환흐름이 생긴다. 그러나 공의 속도가 적당하다면 앞에서 가정한 조건들이 대충 만족되므로, 식 (12.28)과 (12.29)로 물의 운동을 설명할 수 있다.

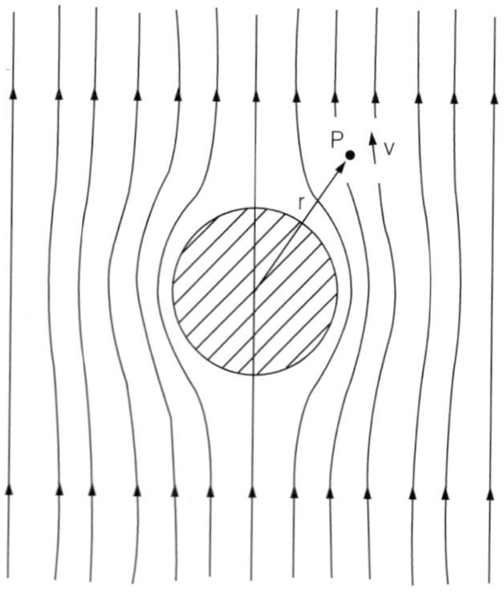

그림 12-8 구를 비켜 지나는 비회전성 유체 흐름의 속도장

'구에 대하여 고정된' 좌표계를 잡으면 여러모로 편리하다(즉, 떨어지는 구의 입장에서 운동을 서술한다는 뜻이다). 이 좌표계에서 다음과 같은 질문을 던져 보자. "구로부터 멀리 떨어진 곳에서 물의 흐름이 균일하다고 가정했을 때, 물은 정지 상태의 구를 어떤 모양으로 비켜 갈 것인가?" 물의 흐름은 구 주변에

서 그림 12-8과 같은 유선을 그릴 것이다. 이 선들은 항상 $\boldsymbol{v}$에 평행하며 정전기학의 전기장선에 대응된다. 우리의 목표는 임의의 지점에서 유체의 속도 $\boldsymbol{v}$를 위치의 함수로 나타내는 것이다.

ψ에 그래디언트를 취하면 속도를 구할 수 있으므로, 퍼텐셜을 먼저 계산해 보자. ψ는 전 공간에 걸쳐 식 (12.31)과 다음 두 가지 조건을 만족해야 한다. (1)유체는 구를 뚫고 지나갈 수 없으며, (2)구로부터 멀리 떨어진 곳에서는 유체의 흐름이 일정하다. 조건 (1)을 만족하려면 $\boldsymbol{v}$는 구의 표면에 수직한 성분을 갖지 않아야 한다. 즉, $r=a$인 지점에서 $\partial\psi/\partial r=0$이 되어야 한다. 그리고 조건 (2)를 만족하려면 $r \gg a$인 모든 지점에서 $\partial\psi/\partial z=v_0$가 되어야 한다. 사실, 엄밀히 따지면 이 문제에 정확히 대응되는 정전기학적 상황은 존재하지 않는다. 굳이 따진다면 이 문제는 균일한 전기장 속에 유전 상수가 0인 구가 놓여 있는 상황으로 해석할 수 있다. 유전 상수$=\kappa$인 구가 균일한 전기장 속에 놓였을 때, 그 주변에 생기는 전기장을 알고 있다면 $\kappa=0$으로 놓음으로써 이 문제의 해를 구할 수 있을 것이다.

우리는 앞에서 정전기학을 공부하긴 했지만, 이런 문제는 아직 풀어 본 적이 없다. 그렇다고 걱정할 필요는 없다. 지금부터 풀면 된다(표기상 $\boldsymbol{v}$와 ψ를 사용하는 것이 이치에 맞지만 여러분은 $\boldsymbol{E}$와 ϕ에 익숙할 것이므로 이들을 쓰기로 한다).

지금 우리에게 주어진 과제는 방정식 $\nabla^2\phi=0$의 해를 구하는 것이다. 단, r이 클 때 $\boldsymbol{E}=-\boldsymbol{\nabla}\phi$는 상수 벡터 $\boldsymbol{E}_0$이고, $\boldsymbol{E}$의 반경 방향의 성분은 $r=a$에서 0이 되어야 한다. 즉,

$$\left.\frac{\partial\phi}{\partial r}\right|_{r=a}=0 \tag{12.32}$$

이 만족되어야 한다.

이 문제에는 '구의 표면에서 $\phi=$상수'의 형태가 아니라, '구의 표면에서 $\partial\phi/\partial r=$상수'라는 새로운 형태의 경계 조건(boundary condition)이 부과되어 있다. 이와 같은 조건하에서는 답을 곧바로 구하기가 쉽지 않다. 우선, 구가 없다면 ϕ는 $-E_0z$였을 것이다. 그리고 전기장 $\boldsymbol{E}$는 z방향이었을 것이고, 모든 곳에서 크기는 E_0로 일정했을 것이다. 앞에서 우리는 균일하게 분극된 구 모양의 유전체를 다룬 적이 있는데, 그때 우리는 분극된 구의 내부에서 전기장은 균일하고, 구의 바깥에는 구 대신 구의 중심에 점 쌍극자가 놓여 있는 경우와 동일한 전기장이 형성된다는 결론을 얻었다. 따라서 우리가 구하고자 하는 해는 균일한 장과 쌍극자장의 중첩으로 표현된다고 추측해 볼 수 있다. 쌍극자의 퍼텐셜은 $pz/4\pi\epsilon_0r^3$이므로(6장 참조), 퍼텐셜은 다음과 같이 가정할 수 있다.

$$\phi=-E_0z+\frac{pz}{4\pi\epsilon_0r^3} \tag{12.33}$$

쌍극자에 의한 전기장은 $1/r^3$에 비례하기 때문에, 먼 거리에서는 전기장 E_0만 남게 된다. 이렇게 가정하면 위에서 언급한 조건 (2)가 자동적으로 만족된다. 그

렇다면 쌍극자의 세기 p는 어떻게 되는가? p를 구하려면 ϕ에 부여된 나머지 조건, 즉 식 (12.32)를 사용해야 한다. ϕ를 r에 대하여 편미분할 때 각 θ를 상수로 보고 미분해야 하므로 ϕ를 z와 r 대신 r과 θ의 함수로 표현해 놓으면 계산이 편해진다. $z=r\cos\theta$이므로 다음과 같이 쓸 수 있다.

$$\phi=-E_0r\cos\theta+\frac{p\cos\theta}{4\pi\epsilon_0r^2} \tag{12.34}$$

$\boldsymbol{E}$의 반경 방향 성분은

$$-\frac{\partial\phi}{\partial r}=+E_0\cos\theta+\frac{p\cos\theta}{2\pi\epsilon_0r^3} \tag{12.35}$$

이다. 식 (12.35)는 $r=a$에서 모든 θ에 대하여 0이 되어야 하는데, 이 조건은 p가 다음의 값을 가질 때 만족된다.

$$p=-2\pi\epsilon_0a^3E_0 \tag{12.36}$$

만일 식 (12.35)의 우변에 있는 두 항에서 θ에 관한 함수가 달랐다면(예를 들어, 하나는 $\cos\theta$이고 다른 하나는 $\sin\theta$였다면), $r=a$에서 모든 θ에 대하여 p가 0이 될 수는 없었을 것이다. 이렇게 아귀가 맞는 것을 보면, 우리가 추측한 식 (12.33)이 틀리지 않았음을 짐작할 수 있다. 물론 추측할 당시에 앞을 내다보긴 했다. 즉, (a) $\nabla^2\phi=0$을 만족하고(모든 전기장은 이 조건을 만족한다), (b) $\cos\theta$에 의존하며 (c) r이 클 때 0이 되는 '또 다른 항'이 필요하다는 것을 미리 알고 있었기 때문에 옳은 답을 얻을 수 있었다. 위의 세 가지 조건을 만족하는 것은 쌍극자에 의한 전기장뿐이다.

식 (12.36)을 이용하여 퍼텐셜을 계산해 보면 다음과 같다.

$$\phi=-E_0\cos\theta\left(r+\frac{a^3}{2r^2}\right) \tag{12.37}$$

따라서, 유체의 흐름에 관한 문제의 해는 다음과 같이 쓸 수 있다.

$$\psi=-v_0\cos\theta\left(r+\frac{a^3}{2r^2}\right) \tag{12.38}$$

이로부터 $\boldsymbol{v}$를 구하는 계산은 누구나 할 수 있을 것으로 믿는다. 유체에 관한 논의는 이 정도로 해 두자.

12-6 조도 : 평면파 형태의 균일한 조명

이번에는 완전히 다른 문제를 다뤄 보자. 이 문제를 풀고 나면 정전기학의 적용 범위가 얼마나 무궁무진한지를 실감하게 될 것이다. 지금부터 할 일은 정전기학에 등장했던 것과 동일한 형태의 '적분'을 다른 경로를 통해 얻어 내는 것이다(이전에 수행해 본 적이 있는 적분이 다른 문제를 푸는 도중에 등장한다면 반가운 마음과 함께 적분의 특성이 머릿속에 떠오를 것이다. 이렇게 되면 새로운 문제의 핵심을 어느 정도 간파한 셈이다). 대표적인 사례로는 조명공학과 관련된

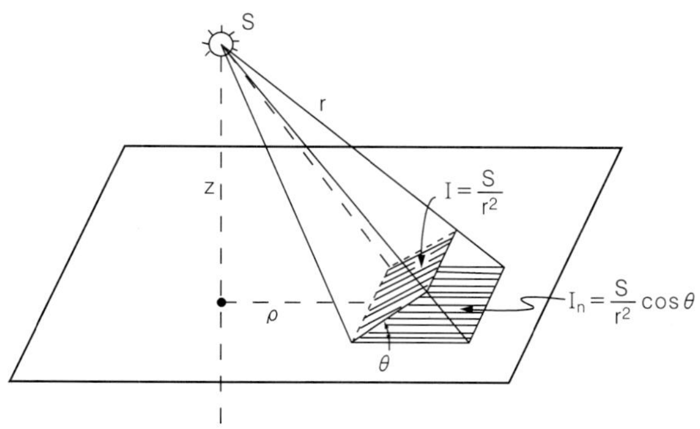

그림 12-9 표면의 조도 I_n은 단위 시간당 표면의 단위 면적에 도달하는 복사 에너지이다.

문제를 들 수 있다. 주어진 평면 위로 a만큼 떨어진 위치에 광원이 매달려 있다고 가정해 보자. 그렇다면 평면의 조도는 얼마나 될까? 다시 말해서, 단위 시간당 평면의 단위 면적에 도달하는 복사 에너지는 얼마나 될까?(그림 12-9 참조) 우리의 광원은 모든 방향으로 고르게 동일한 양의 빛을 방출하고 있다고 가정하자. 이런 경우 빛의 흐름에 '수직한' 단위 면적을 통과하는 복사 에너지의 양은 거리의 제곱에 반비례한다. 빛이 내리쬐는 방향에 수직한 면에서 빛의 세기를 나타내는 식은 점전하가 만들어 내는 전기장과 동일한 형태일 것이다. 빛의 진행 방향에 수직한 면이 수평면과 θ의 각도로 만난다면, 그곳에 도달하는 단위 면적당 에너지 I_n은 $\cos\theta$에 비례한다. θ가 커지면 빛이 비치는 면적은 $1/\cos\theta$만큼 늘어나지만 전달되는 에너지는 똑같기 때문이다. 광원의 세기를 S라 하면 평면의 조도 I_n은 다음과 같다.

$$I_n = \frac{S}{r^2}\boldsymbol{e}_r \cdot \boldsymbol{n} \tag{12.39}$$

여기서 $\boldsymbol{e}_r$은 광원으로부터 뻗어 나오는 단위 벡터이며, $\boldsymbol{n}$은 평면에 수직한 단위 벡터이다. 조도 I_n은 점전하에서 $4\pi\epsilon_0 S$의 강도로 뻗어 나오는 전기장의 평면에 대한 수직 성분에 대응된다. 이 점을 염두에 두면 광원의 배치가 아무리 복잡해도 그에 상응하는 정전기학 문제를 풀어서 답을 찾을 수 있다. 광원의 배치와 똑같이 점전하들을 배치해서 평면에 수직한 전기장 성분을 계산하면 된다.*

이제, 다음과 같은 경우를 생각해 보자. 어떤 실험물리학자가 여러분에게 "실험용 테이블 윗면의 조도가 어디서나 균일해지도록 조명을 설치해 달라"는 주문을 했다고 가정해 보자. 우리가 사용할 수 있는 광원은 긴 원통형 형광등으로써, 축을 따라 균일하게 빛을 방사한다. 대충 추측하건대, 테이블로부터 위쪽으로 z만큼 떨어져 있는 천장에 형광등을 규칙적으로 달아 놓으면 될 것 같다. 가령, 테이블 표면의 조도가 0.1%이내의 오차로 균일해야 하고, 가능한 한 형광등을 아껴야 한다면, 형광등 사이의 간격 b는 최대로 얼마까지 벌어질 수 있을까? 풀이 과정은 다음과 같다. (1)균일하게 대전된 도선들로 이루어진, 간격 b의

* 지금 우리는 빛의 강도가 항상 선형적으로 더해지는 '비간섭성(incoherent)' 광원을 고려하고 있다. 따라서 이에 대응되는 전하는 모두 같은 부호를 갖는다. 또한 지금은 불투명 표면 위에 도달하는 빛에너지를 문제 삼고 있으므로 적분 계산에는 표면을 직접 비추는 광원들만 고려해야 한다(표면 아래에 광원이 있다 해도 적분에 추가하면 안 된다!).

그리드(grid)가 만드는 전기장을 계산한다. (2)그 전기장의 수직 성분을 계산한다. (3)전기장 굴곡의 변동이 1/1000(0.1%)을 넘지 않는 b값을 계산한다.

7장에서 살펴본 바와 같이, 대전된 도선들로 이루어진 그리드가 만드는 전기장은 주기가 b/n(n은 정수)인 사인 함수의 합으로 표현될 수 있다. 각 항의 진폭은 식 (7.44)로 주어진다.

$$F_n = A_n e^{-2\pi nz/b}$$

그리드에서 너무 가깝지 않은 지점의 전기장만을 문제 삼는다면, $n=1$인 경우만 고려하는 것으로 충분하다. 정확한 값을 구하려면 계수 A_n을 모두 결정해야 하지만(계산은 별로 어렵지 않다), 지금은 A_1만 있어도 충분하므로 그 크기는 대략 평균적인 전기장의 세기와 같을 것이다. 그러면 지수 인자로부터 그다음 굴곡의 '상대적' 진폭을 바로 알 수 있다. 지수 인자가 10^{-3}($=1/1000$)이 되려면 b는 $0.91z$가 되어야 한다. 형광등 사이의 간격을 천장 높이의 3/4으로 잡으면, 지수 인자는 1/4000이 되어 우리가 원하는 오차보다 4배 정도 여유가 있으며, 따라서 문제없이 '오차 1/1000 이내의 균일한 조도'를 구현할 수 있다(정확한 계산을 해보면 A_1은 평균적인 장의 두 배가 된다. 따라서 정확한 값은 $b=0.8z$이다). 형광등 사이의 간격이 이렇게 멀어도($b=0.91z$) 위에서 언급된 정도의 균일한 조도를 구현할 수 있다는 것은 매우 놀라운 사실이다(조도가 균일할 것을 요구했을 뿐, 밝기에는 아무런 제한 조건이 없었으므로 이런 결과가 나온 것이다 : 옮긴이).

12-7 자연에 내재하는 단일성

정전기학은 물리학의 다른 분야와 유사한 점이 많기 때문에, 한 번 잘 익혀두면 물리학의 다른 주제를 다루는 방법도 더불어 익힌 셈이 된다. 이 점을 마음속에 잘 새겨 두면 불과 몇 년 뒤에 대부분의 물리학을 심도 깊이 이해하게 될 것이다. 이 장의 목적은 바로 이러한 사실을 강조하는 것이었다.

그러나 이 장을 마감하는 시점에서 다음과 같은 질문이 자연스럽게 떠오른다. "전혀 다른 분야에서 유도된 방정식들이 어떻게 그토록 똑같을 수 있는가?" 아마도 자연의 저변에 '근원적 단일성'이 존재하기 때문일 것이다. 단일성이라…… 말은 그럴듯한데 그 의미가 분명치 않다. 단일성(unity)의 진정한 의미는 무엇인가? 여러 가지 다른 현상들을 서술하는 방정식들이 서로 유사하다는 의미로 생각할 수도 있다. 그러나 이런 식의 해석으로는 아무것도 설명하지 못한다. '근원적 단일성'이라는 말은 "모든 것은 동일한 재료로 만들어졌기 때문에, 동일한 형태의 방정식을 만족한다"는 의미일 수도 있다. 이것도 그럴듯한 설명 같지만 좀 더 생각해 보면 별로 만족스럽지 않다. 정전기 퍼텐셜과 중성자의 확산, 그리고 열 흐름 등의 문제를 풀 때, 우리는 진정 같은 재료로 이루어진 대상을 다루고 있는 것일까? 정전기 퍼텐셜을 과연 온도나 입자의 농도와 동일한 양으로 취급할 수 있을까? 분명히 ϕ는 입자의 열에너지와는 전혀 다른 물리량이고, 막(membrane)의 변위도 온도와는 아무런 관계가 없다. 그렇다면 근원적 단일성이 존재하는 이유는 무엇인가?

사실, 다양한 물리 분야를 주의 깊게 살펴보면 방정식이 완전히 같은 경우는 거의 없다. 중성자의 확산에 대하여 우리가 얻은 방정식은 우리가 관심을 두고 있는 스케일이 평균 자유 경로(mean free path)보다 훨씬 클 때만 적용할 수 있는 근사식에 불과하다. 더욱 짧은 거리를 들여다볼 수 있다면 개개의 중성자들이 이리저리 움직이는 모습이 보일 텐데, 이 운동은 미분 방정식을 풀어서 얻은 매끄럽게 변하는 해와는 전혀 다를 것이다. 미분 방정식 자체가 "중성자들이 공간에 매끄럽게 분포되어 있다"는 가정하에 유도된 근사적인 식이기 때문이다.

혹시 이것이 단서가 아닐까? "모든 현상은 '공간'이라는 공통적인 무대에서 진행된다"는 사실로부터, 어떤 실마리를 찾을 수 있지 않을까? 물리량이 공간에 매끄럽게 분포되어 있다면, '위치에 따른 물리량의 공간적 변화율'도 물리계의 특성을 좌우하는 중요한 요인으로 작용할 것이다. 지금까지 줄곧 그래디언트가 포함된 방정식이 등장했던 이유가 바로 이것이다. 도함수들은 반드시 그래디언트, 혹은 다이버전스의 형태로 방정식 속에 등장해야 한다. 방향이 달라져도 물리 법칙은 불변이고, 변하지 않는 특성은 벡터 방정식으로 표현되기 때문이다. 정전기학의 방정식들은 물리량의 공간 도함수만을 고려하여 얻을 수 있는 가장 간단한 벡터 방정식이다. 그래서 다른 분야의 '단순한' 문제나, 혹은 복잡한 문제를 단순화시킨 문제들이 정전기학 문제와 유사성을 띠는 것이다. 지금까지 다뤘던 모든 문제들의 공통점은 '공간'이 개입되어 있다는 점과, 실제로는 복잡한 현상인 것을 단순한 미분 방정식으로 근사시켰다는 점이다.

그렇다면 또 한 가지 의문이 떠오른다. 정전기학의 방정식도 실제로는 훨씬 더 복잡한 미시 세계를 매끈하게 근사시켜 흉내 낸 것에 불과하지 않을까? 혹시 진짜 세상은 '매우 가까운' 거리에서만 볼 수 있는 정체불명의 작은 입자들(X-ons)로 이루어져 있는 것은 아닐까? 실험실에서는 우리가 너무 큰 스케일에서 관찰하므로 이들의 존재를 인지할 수 없기 때문에, 지금과 같이 매끄러운 방정식이 얻어진 것은 아닐까?

전기동역학은 현존하는 가장 완벽한 이론이지만, 극미의 영역에서 일어나는 현상까지 설명하지는 못한다. 그래서 원리적으로는 이 방정식들이 무언가를 단순화시킨 결과일 가능성도 있다. 이 방정식들은 10^{-14}cm보다 큰 영역에서는 잘 맞지만, 그 이하의 영역에서는 오류가 나타나기 시작한다. 중성자의 '매끄러운' 확산 현상에서 보았던 것처럼, 극미의 영역에 적용되는 복잡하고 신비한 법칙이 우리가 알고 있는 매끄럽게 보이는 방정식 속에 숨어 있을지도 모른다. 하지만 아직까지는 이런 방식으로 전기동역학을 성공적으로 설명하는 이론을 만들어 낸 사람은 없다.

이상하게도, 상대성 이론과 양자역학을 결합시키면 (우리가 전혀 이해하지 못하는 어떤 이유로 인해) 식 (12.4)와 근본적으로 다르면서 모순(실험과 일치하지 않는 모순이 아니라, 이론 자체의 내적인 모순을 의미한다)이 없는 새로운 방정식을 만들어 내는 길이 완전히 막혀 버린다. 예를 들어, 모든 가능한 경우에 대한 확률의 합이 1이 아닌 무한대가 된다거나, 에너지가 복소수로 나타나는 등 터무니없는 결과가 초래되는 것이다. 근원적인 하부 메커니즘의 매끈한 근사식으로 $\nabla^2\phi = -\rho/\epsilon_0$를 이해하면서 동시에 불합리한 결과를 초래하지 않는 전자기 이론은 아직 만들어지지 않았다. 그러나 모든 거리 영역에서 $\nabla^2\phi = -\rho/\epsilon_0$가 성립한다는 가정(아무리 짧은 거리에서도 이 방정식이 성립한다는 가정)도 전자의 전기 에너지가 무한대가 된다는, 아직 아무도 그 탈출구를 찾지 못한 터무니없는 결과를 초래하긴 마찬가지다.

CHAPTER 13

정자기학

13-1 자기장
13-2 전류 : 전하의 보존
13-3 전류에 작용하는 자기력
13-4 정상 전류에 의한 자기장 : 앙페르의 법칙
13-5 직선 도선과 솔레노이드에 의한 자기장 : 원자 전류
13-6 전기장과 자기장의 상대성
13-7 전류와 전하의 변환
13-8 중첩의 원리 : 오른손 규칙

복습 과제 :
제1권 15장 〈특수 상대성 이론〉

13-1 자기장

전하에 작용하는 힘은 전하의 위치뿐만 아니라 전하의 속도에 따라서도 달라진다. 공간상의 모든 점은 '두 개의 벡터'로 특징지어지며, 이 두 벡터로부터 전하가 받는 힘이 결정된다. 첫째, '전기력'은 전하의 속도와 무관하며, 전기장 벡터 $\boldsymbol{E}$로 기술된다. 둘째, '자기력'은 전하의 속도에 따라 달라지는 힘이다. 자기력의 방향에는 특이한 면이 있다. 특정 지점에서 자기력의 '방향'과 '크기'는 전하의 운동 방향에 따라 달라진다. 매 순간 자기력은 항상 전하의 이동 방향과 직각을 이루며, 그림 13-1에서 보는 바와 같이 '공간상의 고정된 한 방향'과도 직각을 이룬다. 마지막으로, 자기력의 크기는 방금 말한 '고정된 한 방향'에 수직한 속도 성분에 비례한다. 자기장 벡터 $\boldsymbol{B}$를 정의하면 이 모든 성질들을 한꺼번에 기술할 수 있다. 자기장 벡터는 공간상의 고정된 방향도 지정해 주며, 동시에 자기력과 속도를 연결하는 비례 상수도 결정해 준다. 자기력은 $q\boldsymbol{v}\times\boldsymbol{B}$로 나타낼 수 있다. 따라서 하나의 전하에 작용하는 총 전자기력은 다음과 같이 쓸 수 있다.

$$\boldsymbol{F} = q(\boldsymbol{E} + \boldsymbol{v} \times \boldsymbol{B}) \tag{13.1}$$

이것을 '로렌츠 힘(Lorentz force)'이라고 한다.

음극선관 부근에 막대자석을 가져가면 자기력의 존재를 쉽게 확인할 수 있다. 전자 빔이 휘는 모양을 관찰하면, 제1권 12장에서 설명했던 것처럼 전자의 운동 방향에 수직한 방향으로 자기력이 작용한다는 사실을 알 수 있다.

자기장 $\boldsymbol{B}$의 단위는 당연히 뉴턴·초/쿨롱·미터이고, 이와 동등한 단위로는 1볼트·초/미터^{2}이 있는데, 경우에 따라서는 웨버/미터^{2}으로 쓰기도 한다.

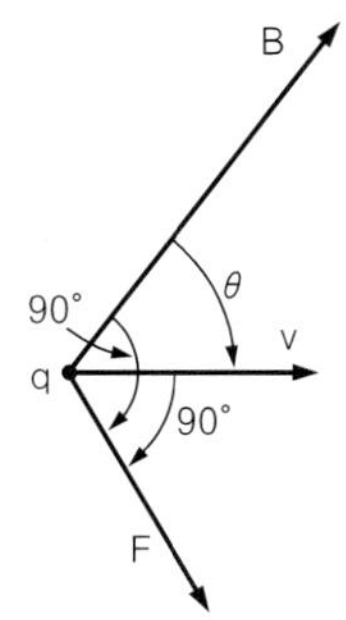

그림 13-1 움직이는 전하에 작용하는 힘 중에서 속도에 의존하는 성분은 $\boldsymbol{v}$와 $\boldsymbol{B}$에 수직이며, 크기는 $\boldsymbol{B}$에 수직한 $\boldsymbol{v}$의 성분, 즉 $v \sin\theta$에 비례한다.

13-2 전류 : 전하의 보존

제일 먼저, 전류가 흐르는 도선에 작용하는 자기력에 대해 알아보기로 하자. 이를 위해서는 우선 전류 밀도라는 새로운 물리량을 정의해야 한다. 전류는 '이동하는 전자'나, 기타 다른 하전 입자들의 알짜 흐름을 의미한다. 열의 흐름을 정의할 때와 마찬가지로, 전하가 흐르는 방향에 수직한 단위 면적을 단위 시간에 통과하는 전하의 양을 전류 밀도로 정의하면 될 것 같다. 그런데 전류는 방향성

을 갖는 양이므로 방금 정의한 크기에 전하가 진행하는 방향을 향하는 벡터를 정의하여 전류 밀도 $\boldsymbol{j}$라 부르기로 하자. 어떤 매질 내의 작은 면적 요소 ΔS를 잡았을 때, 단위 시간에 그 면을 통과하는 전하의 양은 다음과 같다.

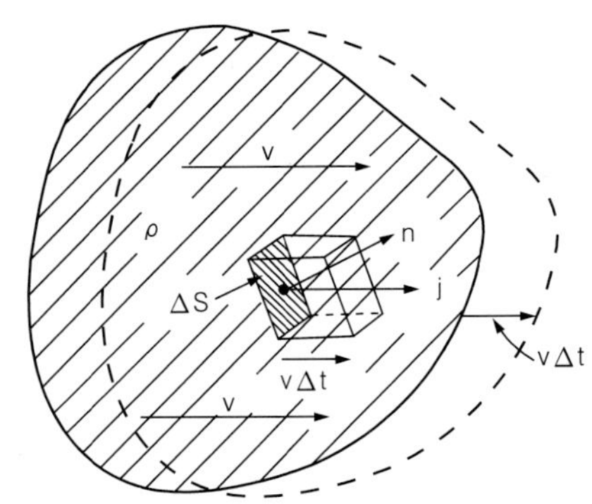

그림 13-2 전하 밀도가 ρ로 주어진 전하 분포가 속도 $\boldsymbol{v}$로 움직일 때, 단위 시간당 ΔS를 통과하는 전하량은 $\rho\boldsymbol{v}\cdot\boldsymbol{n}\Delta S$이다.

$$\boldsymbol{j}\cdot\boldsymbol{n}\Delta S \tag{13.2}$$

여기서 $\boldsymbol{n}$은 ΔS에 수직한 단위 벡터이다.

전류 밀도는 전하 흐름의 평균 속도와 관련된 양이다. 예를 들어 평균 속도 $\boldsymbol{v}$로 흘러가는 전하 분포를 생각해 보자. 그림 13-2와 같이, 시간 Δt 동안 ΔS를 통과한 전하량 Δq는 그림의 평행육면체 안에 들어 있는 전하량과 같을 것이다. 평행육면체의 부피는 ΔS를 $\boldsymbol{v}$에 수직한 방향으로 투사하여 얻은 밑면적에 육면체의 높이 $v\Delta t$를 곱한 값이다. 여기에 전하 밀도 ρ를 곱하면 Δq가 된다. 따라서

$$\Delta q = \rho\boldsymbol{v}\cdot\boldsymbol{n}\Delta S\,\Delta t$$

이다. 단위 시간당 지나가는 전하량은 $\rho\boldsymbol{v}\cdot\boldsymbol{n}\Delta S$이므로, 전류 밀도는

$$\boldsymbol{j} = \rho\boldsymbol{v} \tag{13.3}$$

가 된다.

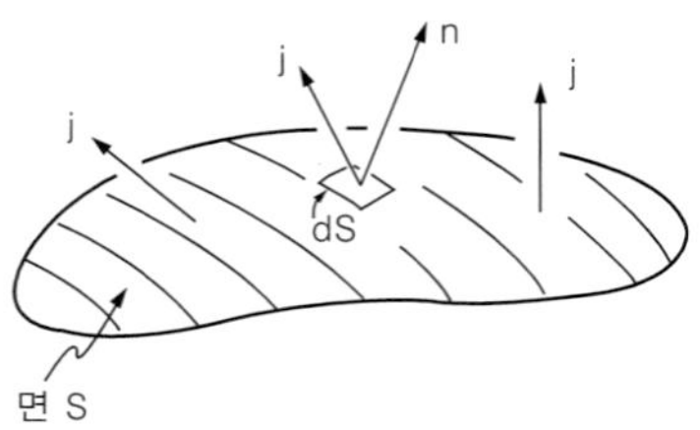

그림 13-3 면 S를 통과하는 전류 I는 $\int \boldsymbol{j}\cdot\boldsymbol{n}dS$이다.

모든 전하 분포가 전자로 이루어져 있고, 각 전자의 전하를 q, 평균 속도를 $\boldsymbol{v}$라 하면 전류 밀도는 다음과 같다.

$$\boldsymbol{j} = Nq\boldsymbol{v} \tag{13.4}$$

여기서 N은 단위 부피당 전하의 개수를 의미한다.

단위 시간당 어떤 면 S를 통과하는 총 전하량을 '전류 I'라고 하는데, 이것은 모든 면적 요소를 통과하는 흐름의 수직 성분을 적분한 것과 같다(그림 13-3 참조).

$$I = \int_S \boldsymbol{j}\cdot\boldsymbol{n}\,dS \tag{13.5}$$

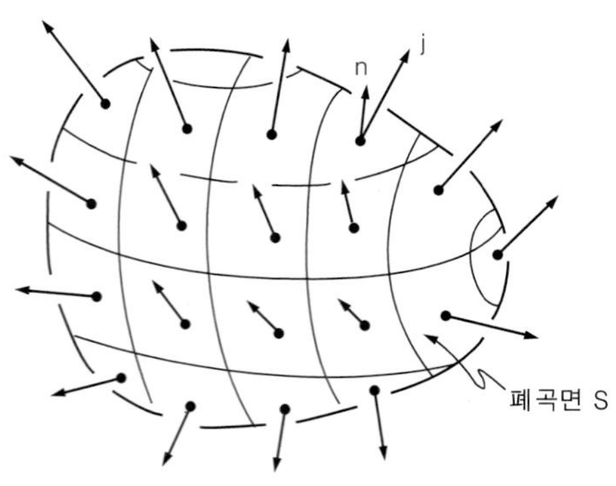

그림 13-4 폐곡면 위에서 $\boldsymbol{j}\cdot\boldsymbol{n}$을 적분한 값은 폐곡면 내부의 총 전하량 Q의 변화율에 마이너스를 붙인 것과 같다.

폐곡면 S를 통해 나오는 전류는 S로 둘러싸인 부피 V에서 전하가 얼마나 빨리 빠져나가는지를 나타내는 양이다. 어떤 경우에도 전하는 새로 생성되거나 사라지지 않는다. 이것은 흔히 '전하 보존 법칙'이라 불리는 물리학의 기본 법칙 중 하나이다. 전하가 한 곳에서 다른 곳으로 이동할 수는 있지만, 갑자기 나타나는 일은 없다(그림 13-4). 전하 보존 법칙을 식으로 쓰면 다음과 같다.

$$\int_{\text{임의의 폐곡면}} \boldsymbol{j}\cdot\boldsymbol{n}\,dS = -\frac{d}{dt}(Q_{\text{내부}}) \tag{13.6}$$

폐곡면 안에 있는 총 전하량은 전하 밀도를 부피에 대하여 적분한 값이다.

$$Q_{\text{내부}} = \int_{S\text{ 내부의 }V} \rho\,dV \tag{13.7}$$

식 (13.6)을 작은 부피 ΔV에 적용하면, 좌변은 $\nabla \cdot \boldsymbol{j} \Delta V$가 된다. 내부의 전하량은 $\rho \Delta V$이므로, 전하 보존 법칙은 다음과 같이 표현될 수도 있다.

$$\nabla \cdot \boldsymbol{j} = -\frac{\partial \rho}{\partial t} \tag{13.8}$$

(가우스 정리가 또 쓰였다!)

13-3 전류에 작용하는 자기력

이제, 전류가 흐르는 도선이 자기장 속에 놓여 있을 때, 도선에 어떤 힘이 작용하는지 알아보자. 전류란, 전하들이 도선 속에서 속도 $\boldsymbol{v}$로 움직이는 현상을 말한다. 이때 개개의 전하가 받는 힘은 다음과 같다[그림 13-5(a)].

$$\boldsymbol{F} = q\boldsymbol{v} \times \boldsymbol{B}$$

이런 전하가 단위 부피당 N개 있다면, 도선 내부의 작은 부피 ΔV 속에는 $N\Delta V$개의 전하가 있을 것이다. 부피 ΔV에 작용하는 총 자기력은 개개의 전하에 걸리는 자기력의 합이므로

$$\Delta \boldsymbol{F} = (N\,\Delta V)(q\boldsymbol{v} \times \boldsymbol{B})$$

이다. 그런데 $Nq\boldsymbol{v}$는 바로 $\boldsymbol{j}$이므로, 위 식은 다음과 같이 쓸 수 있다[그림 13-5(b)].

$$\Delta \boldsymbol{F} = \boldsymbol{j} \times \boldsymbol{B}\,\Delta V \tag{13.9}$$

따라서 단위 부피당 작용하는 힘은 $\boldsymbol{j} \times \boldsymbol{B}$이다.

단면적 A인 도선에 균일한 전류가 흐르고 있을 때, 그림 13-5와 같이 단면적이 A이고 길이가 ΔL인 원통 모양을 미소 부피로 잡아 보자. 그러면 이 부분에 작용하는 힘은 다음과 같이 표현된다.

$$\Delta \boldsymbol{F} = \boldsymbol{j} \times \boldsymbol{B} A\,\Delta L \tag{13.10}$$

여기서 $\boldsymbol{j}A$를 도선에 흐르는 '전류 벡터' $\boldsymbol{I}$라고 하자(전류 벡터의 크기는 도선에 흐르는 전류의 양이고, 방향은 도선과 나란한 방향이다). 그러면 힘은

$$\Delta \boldsymbol{F} = \boldsymbol{I} \times \boldsymbol{B}\,\Delta L \tag{13.11}$$

이 되고, 단위 길이당 작용하는 힘은 $\boldsymbol{I} \times \boldsymbol{B}$가 된다.

이로부터 우리는 중요한 결론을 얻었다. 자기장 속에 놓인 도선이 받는 힘은 각 입자의 전하량과 부호에 상관없이 '전체 전류'에 비례한다는 것이다! 1장에서 설명했던 것처럼, 전류가 흐르는 도선 근처로 자석을 가져가면 도선이 휘어지는 것을 볼 수 있는데, 이 힘이 바로 도선에 작용하는 자기력이다(그림 1-6 참조).

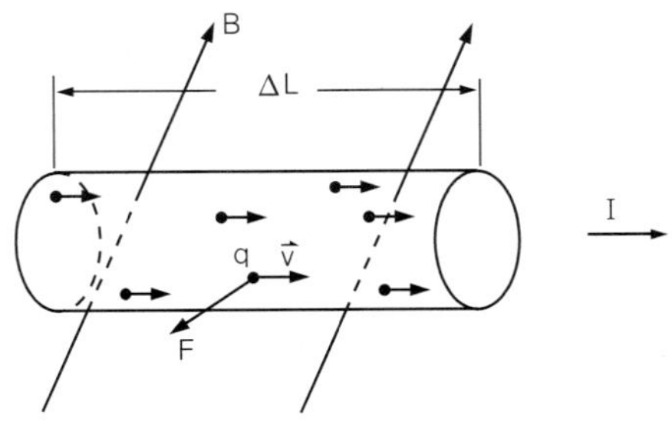

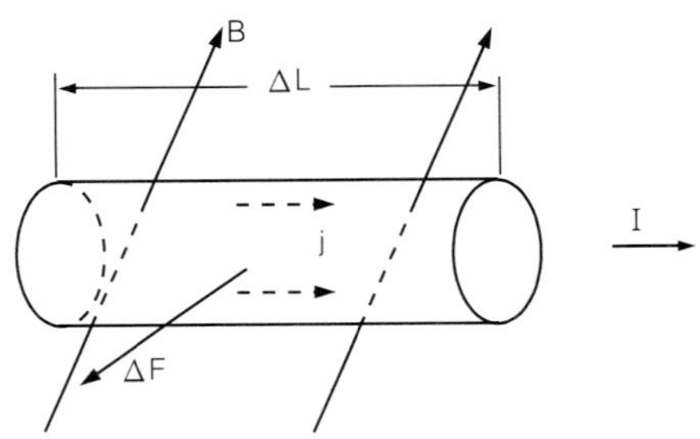

그림 13-5 전류가 흐르는 도선에 작용하는 자기력은 도선 안에서 움직이는 각각의 전하에 작용하는 힘의 합과 같다.

13-4 정상 전류에 의한 자기장 : 앙페르의 법칙

지금까지 우리는 자석에 의해 생성된 자기장이 전류가 흐르는 도선에 힘을 미친다는 사실을 확인하였다. 그런데 여기에도 작용-반작용의 원리가 적용될 것이므로, 도선에 전류가 흐르면 자기장의 발생원인 자석에도 힘이 작용할 것이다.* 전류가 흐르는 도선 근처로 나침반을 가져갔을 때 나침반의 바늘이 움직이는 것은, 이러한 반작용이 실제로 존재한다는 것을 보여 주는 사례이다. 그런데 모든 자석은 다른 자석에 힘을 행사할 수 있으므로, 자석에 힘이 가해진다면 다른 자석이나 다른 자기장이 존재하는 것으로 해석할 수 있다. 즉, 도선에 전류가 흐르면 전류 자체가 자기장을 생성한다고 생각할 수 있다는 것이다. 좀 더 구체적으로 말하면, 움직이는 전하(즉, 전류)가 자기장을 만들어 낸다는 뜻이다. 지금부터 이 현상을 설명하는 법칙, 즉 움직이는 전하에 의해 자기장이 만들어지는 과정을 알아보고자 한다. 여기서 가장 중요한 문제는 이것이다—"특정 전류가 주어졌을 때, 자기장은 어떤 형태로 생성되는가?" 이 의문은 역사에 길이 남을 3종의 실험과 앙페르(Ampere)가 고안한 멋진 논리에 의해 말끔하게 해결되었다. 이 시기의 역사를 돌아보면 흥미로운 사건들이 많이 있지만, 강의 시간이 별로 길지 않은 관계로 역사 공부는 생략하겠다. 맥스웰 방정식은 그동안 수많은 실험을 통해 타당성이 입증되었으므로, 그곳을 출발점으로 삼아 진도를 나가 보자. 맥스웰 방정식에서 시간에 대한 미분 항을 제거하면 다음과 같은 '정자기학(magnetostatics)' 방정식이 얻어진다.

$$\nabla \cdot \boldsymbol{B} = 0 \tag{13.12}$$

$$c^2\,\nabla \times \boldsymbol{B} = \frac{\boldsymbol{j}}{\epsilon_0} \tag{13.13}$$

이 식은 전하 밀도가 불변이고 전류가 항상 일정하여 시간이 흘러도 전기장과 자기장이 변하지 않는 '정적인(static)' 경우에만 성립하는 방정식이다.

그런데 정자기적 상황이라는 것이 실제로 자연에 존재할 수 있을까? 아니다. 엄밀히 따지면 그런 경우는 있을 수 없다. 자기장이 생성되려면 전류가 있어야 하고, 전류는 전하들이 움직여야 생성될 수 있기 때문이다. 그러므로 '정자기학'은 상황을 근사적으로 서술한 이론에 지나지 않는다. 즉, 정자기학은 '수많은 전하들이 역동적으로 움직이면서 끊임없이 변화하는 상황'을 '전하가 균일하게 흐르는 상황'으로 단순화시킨 이론인 것이다. 이렇게 가정한 후에야 비로소 전류 밀도 $\boldsymbol{j}$가 시간에 따라 변하지 않는다고 말할 수 있다. 이런 의미에서 보면 '정자기학'이라는 말보다 '정상 전류(steady current) 이론'이라는 말이 더 어울린다. 전기장과 자기장이 일정하다고 가정하면 맥스웰 방정식에서 시간 미분 항들($\partial \boldsymbol{E}/\partial t$, $\partial \boldsymbol{B}/\partial t$)이 사라지면서 식 (13.12)와 (13.13)이 얻어진다. 또한 임의의 벡터에 컬을 취한 후, 다시 다이버전스를 취한 결과는 항상 0이므로 식 (13.13)에서 $\nabla \cdot \boldsymbol{j} = 0$임을 알 수 있다. 물론 이렇게 되기 위해서는 전기장 $\boldsymbol{E}$가 시간에 따라 변하지 않아야 한다.

---

* 나중에 살펴보겠지만, 전자기력의 경우에 이러한 추측은 일반적으로 옳지 않다!

$\nabla \cdot \boldsymbol{j}=0$을 요구한다는 것은, 전류가 폐곡선을 따라 흐르다가 다시 제자리로 돌아오는 상황만을 고려한다는 뜻이다. 예를 들면, 전류가 고리 모양의 회로를 따라 흐르는 경우가 있다. 물론, 실제의 전기 회로에는 전류를 발생시키는 발전기나 배터리 같은 전원 공급 장치가 포함되어 있다. 그러나 회로에 전하가 충전되거나 방전되는 축전기(condenser)가 있으면 $\nabla \cdot \boldsymbol{j}=0$이 만족되지 않는다(물론, 진도를 더 나가면 동적인 전기장과 자기장을 다루게 되겠지만, 지금 당장은 정상 전류만을 고려하기로 한다).

이제, 식 (13.12)와 (13.13)의 의미를 생각해 보자. 첫 번째 식은 문자 그대로 $\boldsymbol{B}$의 다이버전스가 0이라는 뜻이다. 정전기학의 $\nabla \cdot \boldsymbol{E}=\rho/\epsilon_0$와 비교해 보면, 자기장의 경우에는 전하에 대응되는 양이 존재하지 않는다고 결론지을 수 있다. 즉, 자기장선이 뻗어 나오는 '자하(magnetic charge)'가 존재하지 않는다는 뜻이다. 자기장을 장선으로 표현하면, 자기장'선'은 출발점이나 종착점이 없어야 한다. 그렇다면 자기장은 어디서 발생하는가? 자기장은 반드시 전류가 있어야 나타나고, 자기장의 컬은 전류 밀도에 비례한다. 일단 전류가 흐르면, 전류 둘레에는 항상 고리 형태의 자기장이 형성된다. 자기장은 시작과 끝이 없기 때문에, 대부분의 경우 자기장선은 고리 모양의 닫힌 폐곡선을 그리게 된다. 때로는 간단한 폐곡선이 되지 않는 복잡한 경우도 생길 수 있다. 하지만 어떠한 상황에서도 자기장이 한 점에서 출발하여 사방으로 뻗어 나가는 경우는 없다. 지금까지 '자하'는 단 한 번도 발견된 적이 없는데, 이를 수학적으로 표현한 것이 $\nabla \cdot \boldsymbol{B}=0$이다. 이것은 정자기학뿐만 아니라, 동적인 장에서도 항상 성립하는 사실이다.

식 (13.13)은 전류 밀도 $\boldsymbol{j}$와 자기장 $\boldsymbol{B}$의 관계를 말해 주고 있다. 정전기학에서 $\nabla \times \boldsymbol{E}=0$이었음을 상기할 때, 자기장 $\boldsymbol{B}$는 전기장 $\boldsymbol{E}$와 사뭇 다른 성질을 갖고 있음이 분명하다. $\nabla \times \boldsymbol{E}=0$은 폐곡선을 따라 전기장 $\boldsymbol{E}$를 선적분하면 항상 0이 된다는 것을 의미한다.

$$\oint_{\text{폐곡선}} \boldsymbol{E} \cdot d\boldsymbol{s} = 0$$

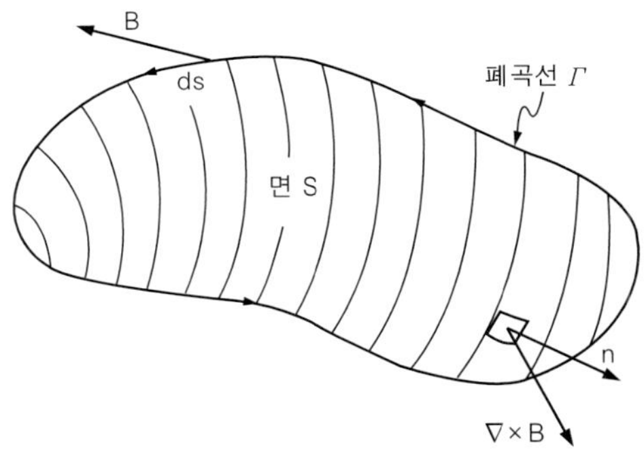

그림 13-6 $\boldsymbol{B}$의 접선 방향 성분의 선적분은 $\nabla \times \boldsymbol{B}$의 수직 성분의 표면 적분과 같다.

위 결과는 스톡스 정리를 사용해서 얻어진 것이다. 스톡스 정리에 의하면, 임의의 벡터장을 임의의 폐곡선에 대하여 선적분한 값은 (그 폐곡선을 둘레로 하는 임의의 면에 대하여) 그 벡터의 컬의 수직 성분을 면적분한 것과 같다. 이 정리를 자기장 벡터에 적용하고 그림 13-6의 기호를 사용하면 다음과 같이 쓸 수 있다.

$$\oint_{\Gamma} \boldsymbol{B} \cdot d\boldsymbol{s} = \int_{S} (\nabla \times \boldsymbol{B}) \cdot \boldsymbol{n}\, dS \tag{13.14}$$

또한 식 (13.13)을 위 식에 대입하면

$$\oint_{\Gamma} \boldsymbol{B} \cdot d\boldsymbol{s} = \frac{1}{\epsilon_0 c^2} \int_{S} \boldsymbol{j} \cdot \boldsymbol{n}\, dS \tag{13.15}$$

가 된다. 식 (13.5)에 의하면 S에 대한 적분은 면 S를 통과하는 총 전류 I에 해당된다. 정상 전류의 경우, 일단 폐곡선 Γ가 주어지면 그 안을 통과하는 전류는 면 S의 형태에 상관없이 항상 일정하다. 그래서 '폐곡선 Γ를 통과하는 전류'

라고 말해도 모호한 구석이 전혀 없다. 일반적으로, 임의의 폐곡선 둘레에 대한 자기장의 서큘레이션은 그 폐곡선을 통과하는 전류 I를 $\epsilon_0 c^2$으로 나눈 것과 같다.

$$\oint_{\Gamma} \boldsymbol{B} \cdot d\boldsymbol{s} = \frac{I_{\Gamma\text{를 통과}}}{\epsilon_0 c^2} \tag{13.16}$$

이것이 바로 그 유명한 '앙페르의 법칙(Ampere's law)'으로서(한국 학생들은 '암페어의 법칙'이라는 표기에 더 익숙할 것이다 : 옮긴이) 정전기학의 가우스 법칙에 대응되는 정자기학의 기본 법칙이다. 앙페르의 법칙만으로는 주어진 전류로부터 자기장을 결정할 수 없다. 일반적으로는 $\nabla \cdot \boldsymbol{B} = 0$도 함께 고려해야 한다. 그러나 다음 절을 공부하면 알 수 있는데, 간단한 대칭성이 있는 특별한 경우에는 앙페르의 법칙을 이용하면 자기장을 쉽게 구할 수 있다.

13-5 직선 도선과 솔레노이드에 의한 자기장 : 원자 전류

도선 주위의 자기장을 계산할 때, 앙페르의 법칙은 막강한 위력을 발휘한다. 문제를 하나 제기해 보자. "원통 모양의 기다란 직선 도선 주위에 형성되는 자기장은 얼마인가?" 일단은 도선 주위의 자기장선이 도선을 중심으로 원을 그린다는 가정에서 출발해 보자. 지금 당장은 다소 의아하겠지만, 이 가정이 타당하다는 것은 문제를 풀면서 차차 알게 될 것이다. 이제, 이러한 가정을 바탕으로 전류가 흐르는 직선 도선에 앙페르의 법칙을 적용하면 자기장의 세기를 쉽게 구할 수 있다. 문제의 대칭성을 이용하면, 도선과 동심원을 이루는 원주 상에서 자기장의 세기가 모두 같다는 것을 알 수 있다(그림 13-7). 바로 이 원주를 따라 식 (13.16)의 적분을 수행하면 계산이 아주 간단해진다. $\boldsymbol{B}$는 적분 경로 상에서 변하지 않는 상수이므로 적분 밖으로 나올 수 있다. 따라서 이 적분은 $\boldsymbol{B}$의 크기에 원의 둘레를 곱한 값이 된다. 원의 반경을 r이라 하면

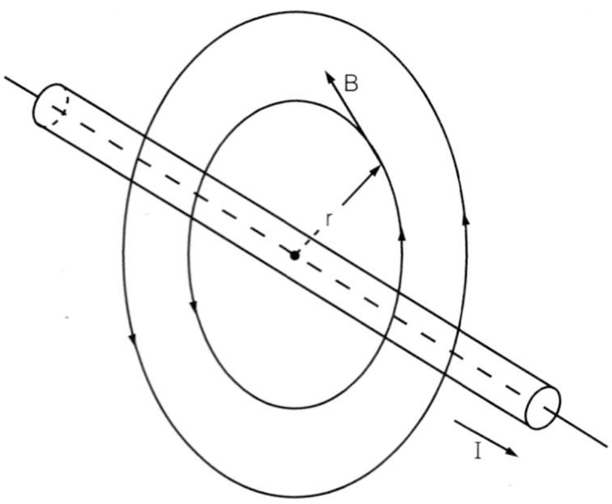

그림 13-7 전류 I가 흐르는 긴 도선 바깥쪽의 자기장

$$\oint \boldsymbol{B} \cdot d\boldsymbol{s} = B \cdot 2\pi r$$

이 되고, 원형 고리를 통과하는 전류는 바로 도선에 흐르는 전류 I이므로,

$$B \cdot 2\pi r = \frac{I}{\epsilon_0 c^2}$$

즉,

$$B = \frac{1}{4\pi\epsilon_0 c^2} \frac{2I}{r} \tag{13.17}$$

를 얻는다. 자기장의 세기는 도선으로부터 떨어진 거리 r에 반비례한다. $\boldsymbol{B}$는 전류 벡터 $\boldsymbol{I}$ 및 $\boldsymbol{r}$에 수직하므로, 벡터 형태로 표현하면 다음과 같다.

$$\boldsymbol{B} = \frac{1}{4\pi\epsilon_0 c^2} \frac{2\boldsymbol{I} \times \boldsymbol{e}_r}{r} \tag{13.18}$$

$1/4\pi\epsilon_0 c^2$은 자주 나타나는 인자이기 때문에 따로 분리하여 표기하였다. 식 (13.17)은 실제로 전류의 단위인 암페어를 정의하는 데 사용된다. 그러므로

$1/4\pi\epsilon_0 c^2 = 10^{-7}$(mks 단위)라는 사실을 기억해 두는 것이 좋다. 즉, 1A의 전류가 흐르는 도선으로부터 1m 떨어진 곳의 자기장은 2×10^{-7}weber/m²이다.

보다시피, 전류는 자기장을 발생시킨다. 따라서 그 부근에 전류가 흐르는 다른 도선이 있다면 그것에도 힘을 미칠 것이다. 두 개의 도선 사이에 작용하는 힘에 대해서는 1장에서 간단하게 살펴본 적이 있다. 두 도선이 서로 평행하면 각각의 도선에 의해 생성되는 자기장은 도선의 방향과 수직하며, 이때 도선은 서로 당기거나 밀치게 된다. 전류의 방향이 같으면 서로 끌어당기고, 전류의 방향이 반대면 서로 밀쳐 낸다.

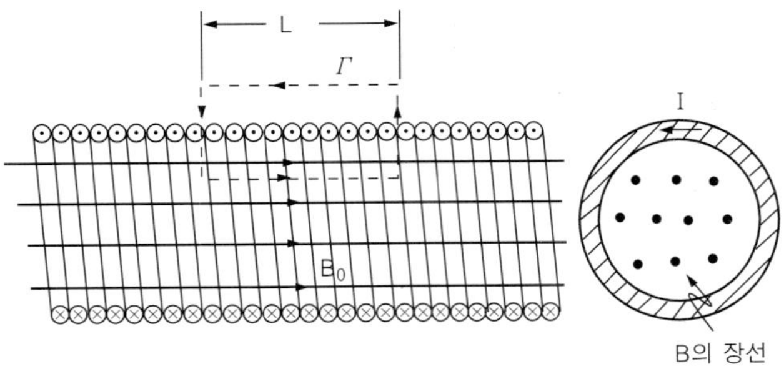

그림 13-8 긴 솔레노이드의 자기장

앙페르의 법칙에 자기장에 대한 지식을 약간 보태면 쉽게 해결할 수 있는 또 다른 문제를 예로 들어 보자. 그림 13-8과 같이 원통에 도선을 촘촘하게 감아서 만든 기다란 코일을 생각해 보자. 이런 코일을 '솔레노이드(solenoid)'라고 한다. 지름에 비해 길이가 아주 긴 솔레노이드의 경우, 바깥쪽에 생성되는 자기장은 내부의 자기장과 비교할 때 그 세기가 아주 작다. 이것은 실험적으로 잘 알려진 사실이다. 이 실험적인 사실과 앙페르의 법칙을 이용하면 솔레노이드 내부 자기장의 세기를 쉽게 계산할 수 있다.

자기장은 솔레노이드의 내부에 존재하므로(그리고 자기장의 다이버전스는 항상 0이므로), 자기장의 방향은 그림 13-8과 같이 코일의 축과 나란해야 한다. 이제, 그림에서 점선으로 표시된 직사각형 모양의 경로 Γ에 대하여 앙페르의 법칙을 적용해 보자. 직사각형의 한 변(길이$=L$)은 솔레노이드의 내부(자기장$=$ $\boldsymbol{B}_0$)를 지나고, 다른 한 변은 솔레노이드 외부(자기장은 거의 0)를 지난다. 그리고 나머지 두 변의 일부는 솔레노이드 내부에 걸쳐 있지만 자기장의 방향과 직각을 이루고, 나머지는 외부에 걸쳐 있다. 따라서 경로 Γ에 대한 $\boldsymbol{B}$의 선적분은 B_0L이고, 이 값은 (길이 L당 도선이 감긴 횟수를 N이라 하면) 경로 Γ를 통과하는 총 전류 NI에 $1/\epsilon_0c^2$을 곱한 값과 같아야 한다. 즉,

$$B_0L = \frac{NI}{\epsilon_0 c^2}$$

이다. 솔레노이드의 '단위 길이당 감긴 횟수'를 n이라 하면 $n=N/L$이므로, 위의 식은 다음과 같이 쓸 수 있다.

$$B_0 = \frac{nI}{\epsilon_0 c^2} \tag{13.19}$$

솔레노이드의 끝 부분에서 자기장은 어떤 모양일까? 아마도 그림 13-9처럼

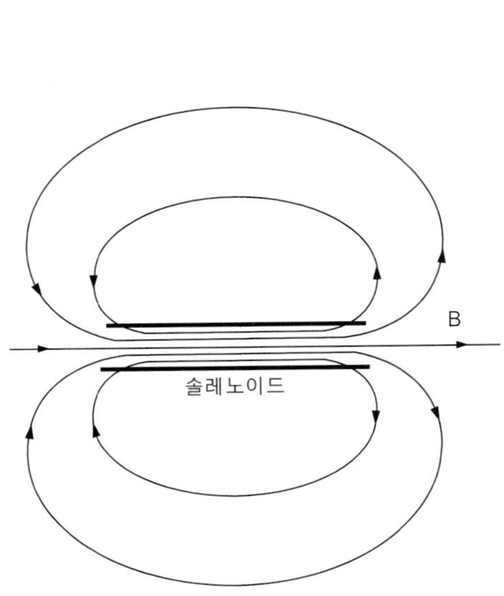

그림 13-9 솔레노이드 바깥쪽의 자기장

끝에서 퍼져 나가 바깥을 한 바퀴 돈 후, 반대쪽 끝으로 되돌아오는 모양일 것이다. 이 자기장은 막대자석의 자기장과 매우 비슷하다. 그렇다면 자석이란 대체 어떤 물건인가? 지금까지 공부한 방정식에 의하면, 자기장은 분명히 전류에 의해 생성된다. 그런데 철로 만들어진 보통의 자석은 배터리나 발전기로 전류를 공급해 주지 않아도 끊임없이 자기장을 발생시키고 있다. 아마도 여러분 중에는 "식 (13.12)나 (13.13)의 우변에 '자석의 밀도'를 나타내는 항을 포함시켜야 하지 않을까?"라고 생각하는 사람도 있을 것이다. 그러나 그런 항은 필요 없다. 철의 자기 효과는 모종의 내부 전류에 기인하는 것이며, 이것은 앞에서 설명한 $\boldsymbol{j}$항에 이미 포함되어 있다.

유전체를 공부할 때 실감했던 것처럼, 모든 물질은 원자적 관점에서 볼 때 끔찍하게 복잡하다. 여러분은 아직 준비가 덜 되었으므로 철과 같은 자성체의 특성은 나중에 다시 자세히 다루기로 하고, 당분간은 모든 자기적 특성이 전류에 의해 발생된다는 사실만 기억하기 바란다. 영구 자석의 내부에는 그냥 "전류가 영구적으로 흐르고 있다"는 정도로 이해하면 된다. 철의 내부에서는 전자의 스핀에 의해 전류가 발생하고 있다. 각각의 전자는 아주 작은 순환 전류에 해당하는 스핀을 갖고 있다. 한 개의 전자가 만드는 자기장은 아주 작지만, 물질 내부에는 수많은 전자들이 우글거리고 있으므로, 이들이 알뜰하게 더해지면 상당히 강한 자기장을 발휘할 것이다. 그러나 일반적으로 전자의 스핀 방향은 무작위로 분포되어 있기 때문에 알짜 효과는 나타나지 않는다. 단, 일부 극소수의 물질에서는 놀랍게도 꽤 많은 전자의 스핀이 같은 방향으로 정렬한다. 특히, 철의 경우에는 원자 하나당 두 개의 전자가 이런 식의 '집단적 거동'에 참여한다. 막대자석의 내부에는 스핀의 방향이 같은 전자들이 상당수 존재하며, 이들은 막대자석의 표면을 따라 순환 전류가 계속해서 흐르는 것과 동일한 효과를 준다(이것은 균일하게 분극된 유전체를 유전체의 표면에 전하가 분포된 것으로 간주했던 것과 비슷한 상황이다). 따라서 자석과 솔레노이드가 비슷한 자기장을 생성하는 것은 결코 우연이 아니다.

13-6 전기장과 자기장의 상대성

"자기력은 전하가 움직이는 속도에 비례한다." 여러분은 이 말을 들으면서 다음과 같은 질문을 떠올렸을 것이다. "속도라니? 대체 어떤 기준틀(reference frame)에서 측정한 속도를 말하는 거지?" 이 장의 초반부에 등장했던 $\boldsymbol{B}$의 정의를 보면, $\boldsymbol{B}$는 분명히 속도에 의존하고 있다. 그런데 속도 벡터는 기준틀에 따라 달라지므로, 눈치 빠른 학생들은 자기장 벡터 $\boldsymbol{B}$도 기준틀에 따라 달라진다는 것을 알아챘을 것이다. 그러나 우리는 자기장을 정의할 때 '적당한 기준틀'에 대하여 단 한마디도 언급하지 않았다.

결론부터 말하면, 어떤 관성틀을 잡건 간에 자기장을 표현하는 데에는 아무런 지장이 없다. 나중에 알게 되겠지만, 전기장과 자기장은 서로 긴밀하게 연관되어 있기 때문에 둘을 동시에 고려하여 하나의 온전한 '전자기장'으로 취급해야

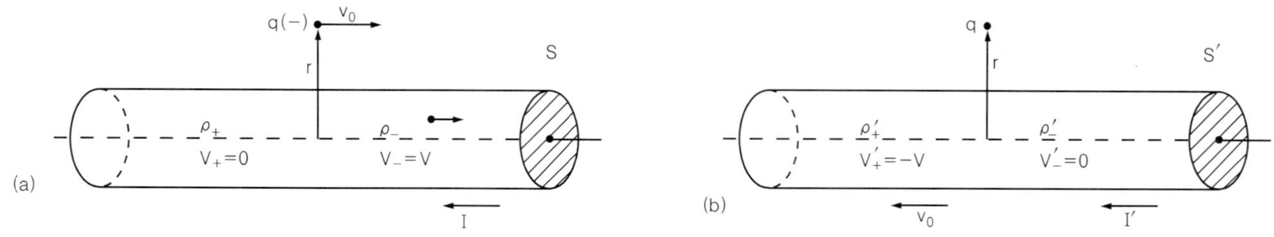

그림 13-10 전류가 흐르는 도선과 전하 q를 띤 입자 사이의 상호작용. S틀에서는(a 부분) 도선이 정지해 있고, S'틀에서는(b 부분) 입자가 정지해 있다.

올바른 서술을 할 수 있다. 정전기학에 등장했던 맥스웰 방정식은 전기장에 대한 한 쌍의 방정식과 자기장에 대한 한 쌍의 방정식이 서로 분리되어 있으므로, 언뜻 보기에는 전기장과 자기장이 서로 무관한 것처럼 느껴진다. 그러나 사실인즉, 전기장과 자기장은 상대성 이론을 통해 상호 불가분의 관계를 맺고 있다. 역사적으로 상대성 이론은 맥스웰 방정식보다 나중에 발견되었다. 사실, 상대성 이론도 아인슈타인이 전자기학을 연구하던 중에 발견한 이론이었다. 지금 당장은 상대성 이론이 전자기학에도 적용된다고 가정하고, 이로부터 어떻게 자기력을 설명할 수 있는지 살펴보기로 하자.

여기, v의 속도로 전류가 흐르는 도선이 있다. 그리고 도선의 중심으로부터 r만큼 떨어진 곳에서 음전하가 도선과 나란한 방향으로 v_0의 속도로 이동하고 있다(그림 13-10). 이 상황을 두 개의 서로 다른 기준틀에서 서술해 보자. 하나는 그림 (a)와 같이 도선에 대해 고정된 틀이고, 다른 하나는 (b)와 같이 움직이는 전하에 대해 고정된 틀이다. 첫 번째 틀을 S라 하고, 나중 것을 S'이라 하자.

S틀에 있는 관측자는 전하에 가해지는 자기력을 관측할 수 있다. 이 힘은 도선 쪽을 향하고 있으므로, 전하는 (운동이 자유롭다면) 도선을 향해 끌려갈 것이다. 그러나 이 상황을 S'틀에서 보면 전하의 속도가 0이므로 자기력이 발생하지 않는다. 그렇다면 전하가 도선 쪽으로 끌려가지 않고 그 자리에 그대로 남아 있다는 말인가? 기준틀이 달라졌다고 해서 눈에 보이는 현상까지 달라질 수 있을까? 상대성 원리가 맞다면, S'틀에서도 전하가 도선 쪽으로 끌려가야 한다. 어떻게 그럴 수 있을까?

전류가 흐르는 도선을 원자적 관점에서 기술해 보자. 구리와 같은 보통의 도체에서 전류가 흐르는 것은 음전하를 띤 자유 전자, 즉 전도 전자(conduction electron)가 움직이고 있기 때문이다. 그 외에 양전하를 띤 핵과, 핵에 구속된 나머지 전자들은 제자리에 고정되어 있다. 전도 전자의 밀도를 ρ_-라 하고, S틀에서 관측한 이들의 속도를 $\boldsymbol{v}$라고 하자. S틀에서 볼 때, 움직이지 않고 고정된 전하의 밀도를 ρ_+라 하면, 이 값은 $-\rho_-$와 같다(도선은 전기적으로 중성이기 때문이다). 따라서 도선 바깥에는 전기장이 없고, 움직이는 전하에는 다음과 같은 로렌츠 힘만이 작용한다.

$$\boldsymbol{F} = q\boldsymbol{v}_0 \times \boldsymbol{B}$$

도선의 축에서 r만큼 떨어져 있는 곳에 생성되는 자기장, 즉 식 (13.18)에 의하면 이 힘은 도선 쪽을 향하고 있으며, 크기는 다음과 같다.

$$F = \frac{1}{4\pi\epsilon_0 c^2} \frac{2Iqv_0}{r}$$

식 (13.4)와 (13.5)를 이용하면, 전류 I를 $\rho_- vA$로 쓸 수 있다. 여기서 A는 도선의 단면적이다. 따라서 로렌츠 힘은 다음과 같이 표현된다.

$$F = \frac{1}{4\pi\epsilon_0 c^2} \frac{2q\rho_- Avv_0}{r} \tag{13.20}$$

일반적으로, 전도 전자의 속도 v와 외부에서 움직이고 있는 전하의 속도 v_0는 어떤 값을 가져도 상관없다. 그러나 v_0와 v가 같은 값을 갖는 특별한 경우만을 고려해도 내용 자체에는 별 차이가 없다. $v_0 = v$이면, 식 (13.20)은 다음과 같이 조금 단순해진다.

$$F = \frac{q}{2\pi\epsilon_0} \frac{\rho_- A}{r} \frac{v^2}{c^2} \tag{13.21}$$

동일한 상황을 S'틀에서 보면 전하는 정지해 있고 도선이 속도 $-v$로(그림에서 왼쪽으로) 움직인다. 이렇게 되면 도선과 같이 움직이는 양전하에 의해 도선 외부에 모종의 자기장 B'이 형성될 것이다. 그러나 도선 외부의 전하는 '정지해' 있으므로 자기력을 느끼지 못한다! 따라서 외부에 놓인 전하에 어떤 힘이 작용한다면, 이는 자기장이 아닌 전기장에 의한 힘일 것이다. 즉, 움직이는 도선이 전기장을 생성한 것이 틀림없다. 그러나 이렇게 되려면 도선이 전하를 띠고 있어야 한다. 다시 말해서, 전류가 흐르는 중성 도선이 움직이면 마치 전하를 띠고 있는 것처럼 보인다는 뜻이다. 언뜻 생각하기엔 전하 보존 법칙에 모순되는 것 같다. 이런 일이 어떻게 가능한 것일까?

좀 더 구체적으로 파고들어가 보자. 일단은 S틀에서 관측한 값을 이용하여 S'틀에서의 전하 밀도를 계산해 보자. 언뜻 보기에 전하 밀도는 변하지 않을 것 같지만, 상대성 이론에 의하면 S와 S'에서는 길이가 달라지기 때문에(제1권 15장 참조) 부피도 달라진다. 그런데 전하 밀도는 부피와 관계된 양이므로 전하 밀도 역시 바뀌게 되는 것이다.

S'틀에서 전하 밀도를 구하려면, 우선 한 무리의 전하가 움직일 때 전하량이 어떻게 달라지는지를 알아야 한다. 상대성 이론에 의하면 움직이는 입자의 겉보기 질량은 $1/\sqrt{1-v^2/c^2}$배로 증가한다. 그렇다면 전하량도 이와 비슷한 패턴으로 증가할까? 아니다! 전하량은 하전 입자의 운동 상태와 상관없이 항상 일정하다. 만일 전하가 질량처럼 변하는 양이었다면, 전하 보존 법칙에 위배되는 사례가 관측되었어야 한다. 몇 가지 예를 통해 전하 보존 법칙을 확인해 보자.

대전되지 않은 도체를 가열하면 그 안에 있는 전하들은 어떻게 될까? 전자와 양성자는 질량이 다르기 때문에 열이 가해졌을 때 속도의 변화도 서로 다르게 나타난다. 아무래도 가벼운 전자의 속도가 더 빨라질 것이다. 만일 전하량이 입자의 속력에 따라 변한다면, 가열된 물체는 전기적으로 중성인 상태를 유지하

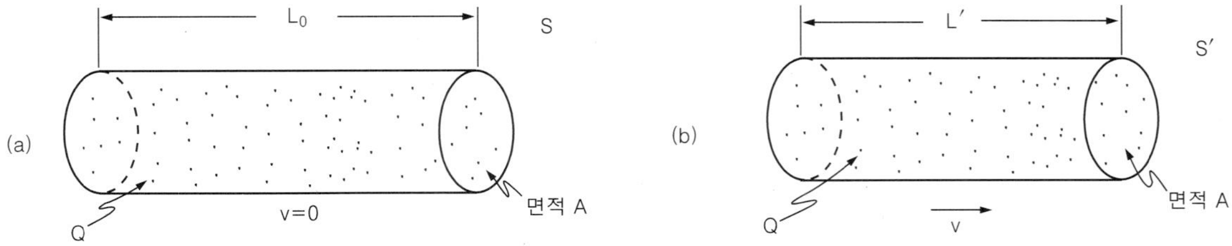

그림 13-11 정지해 있는 하전 입자의 전하 밀도가 ρ_0일 때, 속도 v로 움직이는 틀에서 관측되는 전하 밀도는 $\rho = \rho_0/\sqrt{1-v^2/c^2}$이다.

지 못하고 전하를 띠게 될 것이다. 1장에서 언급한 대로 물체의 전기적 균형이 조금만 깨져도 엄청나게 강한 전기력이 작용하기 때문에, 이 효과는 쉽게 감지될 수 있다. 그러나 지금까지 이런 현상이 관측된 적은 단 한 번도 없다.

또한 물질 내부에서 전자의 평균 속력은 물질의 화학적 조성에 따라 달라진다. 만일 전자의 전하량이 속력에 따라 변한다면, 물체가 화학 반응을 할 때 물체의 알짜 전하량도 변해야 한다. 직접 계산을 해보면, 아주 간단한 화학 반응에서도 전하량이 조금만 변하면 엄청나게 큰 전기장이 생성된다는 것을 알 수 있다. 이러한 효과 역시 관측된 사례가 없다. 따라서 "전하량은 입자의 운동 상태와 무관하게 보존되는 양이다"라는 결론을 내릴 수 있다.

입자가 띠고 있는 전하량 q는 기준틀과 무관한 불변의 스칼라양이다. 즉, 전자 분포에 따른 전하 밀도는 기준틀과 상관없이 단위 부피 속에 들어 있는 전자의 수에 비례한다는 뜻이다. 그러므로 상대론적 길이 수축에 의한 전하 밀도의 변화를 계산할 때에는 부피의 변화만 고려하면 된다.

이 아이디어를 움직이는 도선에 적용해 보자. 정지 상태에서 전하 밀도가 ρ_0인 길이 L_0의 도선에 대전된 총 전하량은 $Q=\rho_0 L_0 A$이다. 이 도선을 속도 v로 움직이는 기준틀에서 보면 도선의 길이가 아래의 식만큼 짧아진 것처럼 보일 것이다.

$$L = L_0\sqrt{1 - v^2/c^2} \tag{13.22}$$

그러나 도선의 단면적 A는 운동 방향에 수직하므로 변하지 않는다(그림 13-11 참조).

움직이는 틀에서 관측한 전하 밀도를 ρ라 하면, 총 전하량은 ρLA이다. 그리고 전하량은 모든 계에서 불변이므로, 이 값은 $\rho_0 L_0 A$와 같아야 한다. 즉, $\rho L = \rho_0 L_0$ 또는 식 (13.22)에 의해 다음과 같이 쓸 수 있다.

$$\rho = \frac{\rho_0}{\sqrt{1 - v^2/c^2}} \tag{13.23}$$

보다시피, 움직이는 전하 분포의 전하 밀도는 움직이는 물체의 질량이 상대론적으로 변하는 방식과 동일한 패턴으로 증가한다.

이제, 위에서 구한 결과를 도선 내부의 양전하 밀도 ρ_+에 적용해 보자. 도선 내부의 양전하들은 S틀에서 볼 때 정지해 있다. 그러나 이 도선은 S'틀에 대하여 v의 속도로 움직이고 있으므로, S'틀에서 바라본 양전하 밀도는 다음과 같다.

$$\rho'_+ = \frac{\rho_+}{\sqrt{1 - v^2/c^2}} \tag{13.24}$$

도선 내부의 음전하들은 S'틀에서 볼 때 정지해 있다. 따라서 S'틀에서 음전하 밀도는 '정지 전하 밀도' ρ_0와 같다. 즉, 식 (13.23)에서 $\rho_0 = \rho'_-$이다. 그리고 음전하들이 속도 v로 움직이고 있는 정지해 있는 도선, 즉 S틀에서 바라본 음전하 밀도는 ρ_-이다. 따라서 전도 전자에 대하여

$$\rho_- = \frac{\rho'_-}{\sqrt{1 - v^2/c^2}} \tag{13.25}$$

즉,

$$\rho'_- = \rho_-\sqrt{1 - v^2/c^2} \tag{13.26}$$

임을 알 수 있다.

이제 두 식을 잘 살펴보면, S'틀에서 전기장이 나타나는 이유를 알 수 있다. S'틀의 도선이 다음과 같은 알짜 전하 밀도 ρ'을 갖기 때문이다.

$$\rho' = \rho'_+ + \rho'_-$$

이 결과를 식 (13.24)와 (13.26)을 써서 표현하면 다음과 같다.

$$\rho' = \frac{\rho_+}{\sqrt{1 - v^2/c^2}} + \rho_-\sqrt{1 - v^2/c^2}$$

정지해 있는 도선은 원래 전기적으로 중성이므로 $\rho_- = -\rho_+$이다. 따라서

$$\rho' = \rho_+\frac{v^2/c^2}{\sqrt{1 - v^2/c^2}} \tag{13.27}$$

이다. S'에서 볼 때 움직이는 도선은 양전하를 띠게 되고, 따라서 외부에 정지해 있는 전하에 전기장 E'이 작용하는 것이다. 앞에서 우리는 전하가 원통 모양으로 균일하게 분포되어 있을 때 그 주변에 형성되는 정전기장을 계산한 적이 있다. 그때 얻었던 결과에 따르면, 원통의 중심축으로부터 거리 r만큼 떨어진 곳에 형성되는 전기장의 세기는 다음과 같다.

$$E' = \frac{\rho' A}{2\pi\epsilon_0 r} = \frac{\rho_+ A v^2/c^2}{2\pi\epsilon_0 r\sqrt{1 - v^2/c^2}} \tag{13.28}$$

이 식에 의하면 도선 외부의 음전하는 도선 쪽으로 끌리는 힘을 받게 된다. 적어도 힘의 방향에 있어서는 S와 S'의 관점이 일치하는 것을 확인할 수 있다. 즉, S'틀에서의 전기력은 S틀에서의 자기력과 방향이 같다는 것이다.

S'틀에서 전기력의 세기는 다음과 같이 주어진다.

$$F' = \frac{q}{2\pi\epsilon_0}\frac{\rho_+ A}{r}\frac{v^2/c^2}{\sqrt{1 - v^2/c^2}} \tag{13.29}$$

이 힘 F'과 식 (13.21)에서 얻었던 힘 F를 비교하면, 두 가지 관점에서 바라보았을 때 두 힘의 세기가 거의 동일하다는 것을 알 수 있다. 정확하게는

$$F' = \frac{F}{\sqrt{1 - v^2/c^2}} \tag{13.30}$$

의 관계가 성립한다. 그러므로 속도가 아주 빠르지 않은 경우에는 두 힘의 크기가 같다고 할 수 있다. 다시 말해서, 속도가 그다지 빠르지 않은 경우에 전기와 자기는 "동일한 현상을 바라보는 두 가지 방식"인 것이다.

하지만 실제로는 그 이상이다. 여기에는 더욱 심오한 원리가 숨어 있다. "기준계가 바뀌면 힘도 변한다"는 사실을 고려하면, 방금 말한 동일한 현상을 바라보는 두 가지 방식은 모든 속도에 대해서 언제나 동일한 '물리적' 결과를 준다는 것을 알 수 있다.

정말 그런지 확인하기 위해, 다음과 같은 질문을 던져 보자. 그림 13-10에서 도선의 외부에 있는 입자에 잠시 동안 힘을 가했다면, 입자의 세로 방향 운동량(transverse momentum)은 어떻게 될까? 제1권 16장에서 말한 바와 같이 S와 S'계는 '가로 방향을 따라' 멀어져 가고 있으므로, 세로 방향 운동량은 두 계에서 달라질 이유가 없다. 세로축을 y라 하고, Δp_y와 $\Delta p'_y$를 비교해 보자. 상대론적 운동 방정식 $\boldsymbol{F} = d\boldsymbol{p}/dt$를 사용하면 Δt의 시간이 흐른 후에 S계에서 관측한 입자의 세로 방향 운동량의 변화 Δp_y는 다음과 같다.

$$\Delta p_y = F\,\Delta t \tag{13.31}$$

이 상황을 S'계에서 봤을 때, 세로 방향 운동량의 변화는

$$\Delta p'_y = F'\,\Delta t' \tag{13.32}$$

이다. 물론, Δp_y와 $\Delta p'_y$는 각각에 해당되는 시간 간격 Δt와 $\Delta t'$에 대하여 비교해야 한다. 제1권 15장에서 공부한 바와 같이, 움직이는 입자의 시간 간격은 정지해 있는 입자의 시간 간격보다 '더 긴 것처럼' 보인다. 초기 상태에 입자는 S'계에 대하여 정지해 있었으므로, 짧은 시간 간격 Δt는 다음과 같이 길어질 것이다.

$$\Delta t = \frac{\Delta t'}{\sqrt{1 - v^2/c^2}} \tag{13.33}$$

자, 이것으로 모든 문제가 해결되었다. 식 (13.31)과 (13.32)로부터

$$\frac{\Delta p'_y}{\Delta p_y} = \frac{F'\,\Delta t'}{F\,\Delta t}$$

을 얻을 수 있는데, 식 (13.30)과 (13.33)을 대입하면 이 값은 정확하게 1이 된다.

지금까지 얻은 결론을 정리해 보자. 한 입자가 움직이고 도선이 정지해 있는 좌표계(S)와, 입자는 정지해 있고 도선이 움직이는 좌표계(S')에서 입자의 운동을 따로 분석해 본 결과, 두 경우 모두 '물리적으로 동등한' 결과가 얻어졌다. 첫 번째 경우에는 입자에 자기력만 작용했고, 두 번째 경우에는 전기력만 작용했다. 이 두 가지 관점은 그림 13-12에 도식적으로 표현되어 있다(S'계에도 자기장 $\boldsymbol{B}'$이 존재하지만, 전하가 정지해 있으므로 힘을 받지 않는다).

물론, 다른 좌표계를 택하면 $\boldsymbol{E}$와 $\boldsymbol{B}$가 '섞여서' 나타날 수도 있다. 전기력과

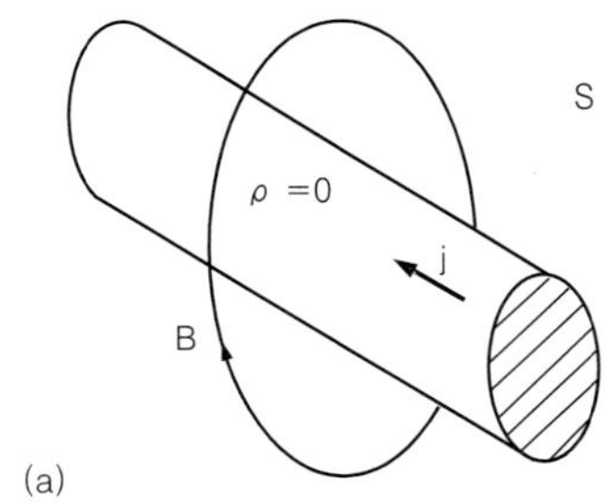

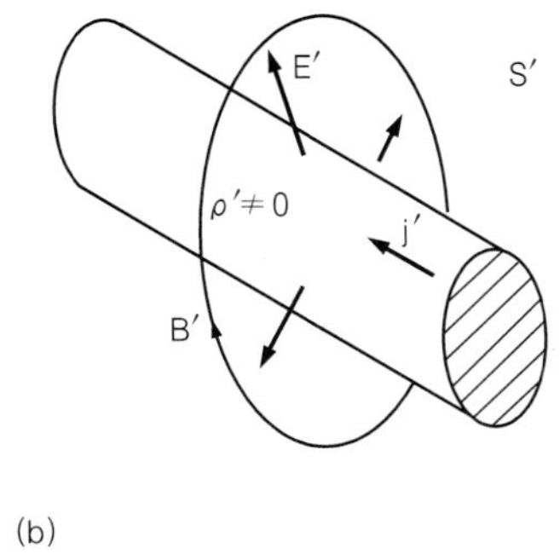

그림 13-12 S계에서 전하 밀도는 0이고 전류 밀도는 $\boldsymbol{j}$이다. 여기에는 오직 자기장만 있을 뿐이다. S'계에서는 전하 밀도가 ρ'이고, 전류 밀도도 $\boldsymbol{j}'$으로 달라진다. 여기서는 자기장이 $\boldsymbol{B}'$으로 달라질 뿐만 아니라, 전기장 $\boldsymbol{E}'$도 존재한다.

자기력은 입자들 간의 전자기적 상호작용이라는 '단일' 현상의 한 부분일 뿐이다. 전자기적 상호작용이 전기와 자기로 나뉘는 양상은 어떤 기준틀을 선택하느냐에 따라 매우 민감하게 달라진다. 그러나 전체적인 전자기적 상호작용 자체는 변하지 않는다. 즉, 아인슈타인의 상대성 이론과 모순되지 않으려면 전기와 자기를 함께 고려해야 한다.

기준틀이 달라지면 전기장과 자기장이 서로 다르게 배합되므로, 기준틀을 바꿀 때는 $\boldsymbol{E}$와 $\boldsymbol{B}$가 어떻게 변하는지에 대해서 세심한 주의를 기울여야 한다. 예를 들어, '전기장선이나 자기장선'을 물리적 실체로 간주한다면 커다란 혼란에 빠질 것이다. 좌표계가 바뀌면 장선(field line)들이 사라질 수도 있기 때문이다. 움직이는 S'계에서는 전기장선이 존재하지만, 속도 v로 그 옆을 지나가는 S계에서는 전기장선을 찾을 수 없을 것이다! 그러므로 "자석을 움직이면 그에 해당되는 자기장선도 자석과 함께 움직인다"는 식으로 생각하면 안 된다. '움직이는 장선의 속력'이라는 말은 잘못 사용된 것이다. 장(field)이라는 것은 공간에서 한 지점의 상태를 설명하는 수단일 뿐이다. 특히, $\boldsymbol{E}$와 $\boldsymbol{B}$는 움직이는 입자에 작용하는 힘을 설명하기 위해 도입된 개념이다. 따라서 "'움직이는' 자기장이 전하에 행사하는 힘의 크기는 얼마인가?"라는 질문은 잘못된 것이다. 전하에 작용하는 힘은 전하가 위치한 지점에서 $\boldsymbol{E}$와 $\boldsymbol{B}$의 값으로 주어지며, $\boldsymbol{E}$와 $\boldsymbol{B}$의 '발생원'이 움직인다 해도 식 (13.1)은 변하지 않는다(발생원의 움직임에 의해 변하는 것은 $\boldsymbol{E}$와 $\boldsymbol{B}$의 값이다). 수학적으로 우리는 '모종의 관성틀에 대하여' x, y, z, t의 함수로 주어지는 전기장과 자기장만을 다루는 것이다.

나중에 우리는 '공간을 진행해 나가는 전기장과 자기장의 파동', 즉 빛에 관한 이야기를 하게 될 것이다. 사실, 이것은 줄을 따라 전달되는 '파동'과 별반 다르지 않다. 즉, 파동이 진행할 때는 '줄' 자체가 파의 진행 방향으로 움직이는 것이 아니라, 줄의 '변위(displacement)'가 시간에 따라 한 지점에서 다른 지점으로 전달되는 것이다. 이와 마찬가지로, 전자기파(electromagnetic wave)가 진행한다는 것은 시공간 속에서 '전자기장의 세기가 변한다'는 것을 의미한다. 따라서 앞으로 (나를 포함하여) 누군가가 어떤 상황에서 '움직이는 장'이라고 말하면, 그것은 장이 통째로 움직인다는 뜻이 아니라 '장이 변하고 있다'는 뜻을 짧고 간단하게 표현한 것으로 받아들여야 한다.

13-7 전류와 전하의 변환

앞 절에서 우리는 도선 밖에 있는 입자의 속도와 도선 내부에 있는 전도 전자의 속도를 똑같이 v로 가정했었다. 여러분은 이것을 너무 제한된 경우라고 생각했을지도 모른다. 물론, 둘 다 임의의 속도를 가진다고 가정하고 모든 논리를 처음부터 다시 시작할 수도 있다. 그러나 이보다는 전하와 전류 밀도가 4차원 벡터(four-vector)의 성분이라는 점을 이용하면 훨씬 간단하게 일반화시킬 수 있다(제1권 17장 참조).

'전하가 정지되어 있는' 틀에서 전하 밀도를 ρ_0라 하면, '전하의 속도가 $\boldsymbol{v}$로 관측되는' 틀에서의 전하 밀도는 다음과 같다.

$$\rho = \frac{\rho_0}{\sqrt{1 - v^2/c^2}}$$

그리고 이 틀에서 전류 밀도는

$$\boldsymbol{j} = \rho \boldsymbol{v} = \frac{\rho_0 \boldsymbol{v}}{\sqrt{1 - v^2/c^2}} \tag{13.34}$$

이다.

$\boldsymbol{v}$의 속도로 움직이는 입자의 상대론적 에너지 U와 운동량 $\boldsymbol{p}$는 다음과 같이 표현된다.

$$U = \frac{m_0 c^2}{\sqrt{1 - v^2/c^2}}, \quad \boldsymbol{p} = \frac{m_0 \boldsymbol{v}}{\sqrt{1 - v^2/c^2}}$$

여기서 m_0는 입자의 정지 질량이다. 또한 우리는 U와 $\boldsymbol{p}$가 상대론적 4차원 벡터를 이룬다는 사실을 이미 알고 있다. ρ와 $\boldsymbol{j}$는 U, $\boldsymbol{p}$와 똑같은 방식으로 속도 $\boldsymbol{v}$에 의존하므로, ρ와 $\boldsymbol{j}$도 상대론적 4차원 벡터일 것이다. 도선 내부의 전도 전자의 속도와 도선 바깥에 있는 입자의 속도 $\boldsymbol{v}_0$가 다른 경우를 분석하려면 임의의 속도로 움직이는 도선에 의한 전자기장을 계산해야 하는데, 이때 ρ와 $\boldsymbol{j}$가 상대론적 4차원 벡터라는 사실이 핵심적인 역할을 한다.

x방향을 따라 속도 $\boldsymbol{u}$로 움직이는 좌표계에서 ρ와 $\boldsymbol{j}$를 표현하려고 한다면, 이들이 (x, y, z, t)와 동일한 방식으로 변한다는 사실로부터 다음 관계식을 얻을 수 있다(제1권 15장 참조).

$$\begin{aligned}
x' &= \frac{x - ut}{\sqrt{1 - u^2/c^2}}, & j'_x &= \frac{j_x - u\rho}{\sqrt{1 - u^2/c^2}} \\
y' &= y, & j'_y &= j_y \\
z' &= z, & j'_z &= j_z \\
t' &= \frac{t - ux/c^2}{\sqrt{1 - u^2/c^2}}, & \rho' &= \frac{\rho - uj_x/c^2}{\sqrt{1 - u^2/c^2}}
\end{aligned} \tag{13.35}$$

이 변환 식을 이용하면 기준틀이 달라졌을 때 전하 및 전류 밀도가 어떻게 변하는지를 알 수 있다. 즉, 어떤 기준틀을 사용하건 간에, 일단 전하와 전류를 알고 있으면 맥스웰 방정식을 이용하여 그 기준틀에서 전자기 문제를 해결할 수 있다. 앞에서 구한 '입자의 운동'은 어떠한 기준틀을 선택하더라도 항상 똑같이 나올 것이다. 전자기장의 상대론적 변환에 대해서는 나중에 따로 강의할 예정이다.

13-8 중첩의 원리 : 오른손 규칙

이 장을 끝내기 전에 정자기학에 관하여 두 가지 사항을 짚고 넘어가고자 한다. 첫째로, 자기장에 대한 기본 방정식

$$\nabla \cdot \boldsymbol{B} = 0, \quad \nabla \times \boldsymbol{B} = \boldsymbol{j}/c^2\epsilon_0$$

는 $\boldsymbol{B}$와 $\boldsymbol{j}$에 대해 선형적이다. 즉, 자기장에도 중첩의 원리를 적용할 수 있다는 뜻이다. 서로 다른 두 개의 정상 전류가 만들어 낸 자기장은 개개의 전류가 만들어 낸 자기장의 합과 같다. 두 번째로 언급할 점은 오른손 규칙(예를 들어, 전류에 의해 생성되는 자기장의 오른손 규칙 등)에 관한 것이다. 앞에서 우리는 철로 만들어진 자석의 자성이 궁극적으로 전자의 스핀에서 비롯된다는 것을 확인하였다. 스핀을 가진 전자가 만드는 자기장의 방향은 위에서 언급한 오른손 규칙을 통해 스핀의 축과 관련되어 있다. 자기장 벡터 $\boldsymbol{B}$와 같이(외적이나 컬이 포함된 벡터) '손잡이 규칙(handed rule)'에 의해 방향이 결정되는 벡터를 '축성 벡터(axial vector)'라고 한다[참고로, 오른손이나 왼손과는 무관하게 절대적인 방향이 결정되는 벡터를 '극성 벡터(polar vector)'라고 한다. 변위와 속도, 힘, 전기장 등은 극성 벡터이다].

그러나 전자기학에서 '물리적으로 측정 가능한' 양은 왼손과 오른손을 구별하지 않는다. 전자기적 상호작용은 거울 반전에 대하여 대칭적이다(제1권 52장 참조). 두 전류 사이에 작용하는 자기력은 오른손 규칙이나 왼손 규칙과 무관하다. 뿐만 아니라, 지금까지 우리가 유도한 전자기학의 모든 방정식들은 오른손 규칙을 쓰건, 왼손 규칙을 쓰건 상관없이 언제나 같은 결과를 준다. 기본 방정식을 충실히 따라가면 오른손-왼손 규칙과 무관하게, 같은 방향으로 평행하게 흐르는 전류들은 항상 서로 당기고, 반대 방향으로 흐르는 전류는 서로 밀어낸다는 일관된 결론에 이르게 된다(왼손 규칙을 사용하여 힘을 구해 보라. 틀림없이 같은 결과를 얻게 될 것이다). 인력이나 척력은 좌우를 구별하지 않는 극성 벡터이다. 이것은 전류로부터 힘을 구하는 과정에서 오른손 규칙이 두 번 사용되기 때문이다. 전류로부터 자기장 $\boldsymbol{B}$를 구할 때 한 번, 그리고 그 자기장이 다른 전류에 미치는 힘을 구할 때 또 한 번 사용된다. 오른손 규칙을 두 번 사용하는 것은, 왼손 규칙을 두 번 사용하는 것과 똑같다. 만일 오른손 규칙 대신 왼손 규칙을 사용하면 자기장 $\boldsymbol{B}$의 방향은 모두 반대가 될 것이다. 그러나 이와 관련된 모든 힘들(좀 더 정확히 말하면 우리가 관찰하는 물체의 가속도들)은 변하지 않는다.

최근에 물리학자들이 발견한 놀라운 사실에 의하면, 물리 법칙 중에는 거울 반사에 대하여 불변이 아닌 경우도 있다. 그러나 전자기학의 법칙들은 이러한 기본 대칭성을 확실하게 갖고 있다.

CHAPTER 14

여러 가지 상황에서의 자기장

14-1 벡터 퍼텐셜
14-2 이미 알고 있는 전류에 의한 벡터 퍼텐셜
14-3 직선 도선
14-4 긴 솔레노이드
14-5 작은 전류 고리에 의한 자기장 : 자기 쌍극자
14-6 회로의 벡터 퍼텐셜
14-7 비오-사바르의 법칙

14-1 벡터 퍼텐셜

이 장에서도 정상 전류에 의한 자기장, 즉 정자기학에 대한 이야기를 계속 진행해 보자. 자기장과 전류는 아래의 기본 방정식을 통해 서로 연결되어 있다.

$$\nabla \cdot \boldsymbol{B} = 0 \tag{14.1}$$

$$c^2 \nabla \times \boldsymbol{B} = \frac{\boldsymbol{j}}{\epsilon_0} \tag{14.2}$$

지금부터, 대칭성이나 직관의 도움 없이 위의 방정식을 오직 수학적인 방법만으로 풀어 보자. 정전기학에서는 모든 전하의 위치를 알면 전기장을 쉽게 구할 수 있었다. 주어진 전하 분포를 식 (4.25)에 대입하여 적분하면 스칼라 퍼텐셜을 곧바로 구할 수 있고, 이렇게 구한 퍼텐셜 ϕ에 그래디언트를 취하면 전기장을 얻을 수 있다. 이와 마찬가지로, 자기장의 경우에도 움직이는 전하에 의한 전류 밀도 $\boldsymbol{j}$를 알고 있으면 자기장을 계산할 수 있다.

정전기학에서는 (전기장의 컬이 0이라는 사실로부터) 전기장 $\boldsymbol{E}$를 어떤 스칼라장 ϕ의 그래디언트로 나타낼 수 있었다. 그런데 자기장의 경우는 $\boldsymbol{B}$의 컬이 항상 0인 것은 아니기 때문에, 일반적으로 $\boldsymbol{B}$를 어떤 스칼라의 그래디언트로 표현할 수 없다. 그러나 $\boldsymbol{B}$의 '다이버전스'는 항상 0이므로, 자기장 $\boldsymbol{B}$를 다른 어떤 벡터의 '컬'로 표현할 수는 있다. 2-8절에서 살펴보았듯이 임의의 벡터에 대한 컬의 다이버전스는 항상 0이기 때문이다. 따라서 자기장 $\boldsymbol{B}$는

$$\boldsymbol{B} = \nabla \times \boldsymbol{A} \tag{14.3}$$

로 쓸 수 있다. 이 식을 성분별로 쓰면

$$\begin{aligned} B_x &= (\nabla \times \boldsymbol{A})_x = \frac{\partial A_z}{\partial y} - \frac{\partial A_y}{\partial z} \\ B_y &= (\nabla \times \boldsymbol{A})_y = \frac{\partial A_x}{\partial z} - \frac{\partial A_z}{\partial x} \\ B_z &= (\nabla \times \boldsymbol{A})_z = \frac{\partial A_y}{\partial x} - \frac{\partial A_x}{\partial y} \end{aligned} \tag{14.4}$$

가 된다. $\boldsymbol{B} = \nabla \times \boldsymbol{A}$이면 식 (14.1)은 항상 성립한다. 왜냐하면 이 관계를 만족하는 임의의 $\boldsymbol{A}$에 대하여 항등적으로

$$\nabla \cdot \boldsymbol{B} = \nabla \cdot (\nabla \times \boldsymbol{A}) = 0$$

이기 때문이다. 이러한 벡터장 $\boldsymbol{A}$를 '벡터 퍼텐셜(vector potential)'이라고 한다.

여러분은 스칼라 퍼텐셜의 정의만으로는 스칼라 퍼텐셜이 완전하게 결정되지 않는다는 것을 기억할 것이다. 즉 ϕ가 어떤 문제의 해라면, 그 해에 어떤 상수를 더한 퍼텐셜 ϕ'도 동일한 문제의 해가 된다.

$$\phi' = \phi + C$$

상수에 그래디언트를 취한 ∇C는 항상 0이기 때문에, ϕ'을 택해도 똑같은 전기장이 얻어진다. 다시 말해서, ϕ와 ϕ'은 물리적으로 동등한 결과를 주는 해인 것이다.

이와 마찬가지로, 하나의 자기장에 대응되는 벡터 퍼텐셜도 단 하나로 결정되지 않는다. 자기장 $\boldsymbol{B}$는 벡터 퍼텐셜 $\boldsymbol{A}$를 미분하여(컬을 취하여) 얻어지는 벡터이므로, $\boldsymbol{A}$에 상수 벡터를 더해도 $\boldsymbol{B}$는 달라지지 않는다. 그러나 $\boldsymbol{A}$는 전기장과 달리 하나의 자유도를 더 갖고 있다. 즉, $\boldsymbol{A}$에 어떤 스칼라장의 그래디언트를 더해도 자기장은 달라지지 않는다. 정말로 그런지 구체적으로 살펴보자. 자기장 $\boldsymbol{B}$에 대응되는 벡터 퍼텐셜 $\boldsymbol{A}$가 있을 때, 다른 벡터 퍼텐셜 $\boldsymbol{A}'$이 동일한 자기장 $\boldsymbol{B}$에 대응되려면 어떤 조건을 만족해야 하는가? 자기장은 벡터 퍼텐셜의 컬이므로, $\boldsymbol{A}$와 $\boldsymbol{A}'$이 동일한 자기장에 대응되려면 이들의 컬이 같아야 한다.

$$\boldsymbol{B} = \nabla \times \boldsymbol{A}' = \nabla \times \boldsymbol{A}$$

따라서

$$\nabla \times \boldsymbol{A}' - \nabla \times \boldsymbol{A} = \nabla \times (\boldsymbol{A}' - \boldsymbol{A}) = 0$$

이 되어야 한다. 임의의 벡터에 컬을 취한 결과가 0이면, 그 벡터는 어떤 스칼라 ψ의 그래디언트로 나타낼 수 있다. 즉, $\boldsymbol{A}' - \boldsymbol{A} = \nabla \psi$로 쓸 수 있다. 다시 말해서 만일 $\boldsymbol{A}$가 주어진 문제를 만족시키는 벡터 퍼텐셜이라면, 거기에 임의의 스칼라 ψ의 그래디언트를 더해서 만들어진 새로운 벡터

$$\boldsymbol{A}' = \boldsymbol{A} + \nabla \psi \tag{14.5}$$

도 동일한 문제의 해가 된다는 뜻이다.

우리는 전기장을 공부할 때 (편의를 위해) 아주 먼 거리에서 스칼라 퍼텐셜 ϕ의 값을 0으로 잡았었다. 자기장의 경우도 이와 마찬가지로 $\boldsymbol{A}$에 적절한 기준을 정해 두면 향후 계산이 매우 편해진다. 물론, 기준을 정할 때 자기장에는 아무런 영향이 없어야 할 것이다. 기준을 정하는 한 가지 방법은 $\boldsymbol{A}$의 다이버전스에 어떤 조건을 부여하여 이를 만족시키는 $\boldsymbol{A}$만을 취하는 것이다. $\boldsymbol{A}$와 $\boldsymbol{A}'$의 컬은 같은 값을 가져야 하지만, 이들의 다이버전스까지 같아야 할 이유는 없기 때문이다. 실제로 $\nabla \cdot \boldsymbol{A}' = \nabla \cdot \boldsymbol{A} + \nabla^2 \psi$에서 ψ를 적절히 잡아 주면, $\nabla \cdot \boldsymbol{A}'$의 값을 우리가 원하는 대로 바꿀 수 있다.

그렇다면 $\nabla \cdot \boldsymbol{A}$를 어떻게 잡는 것이 가장 좋을까? 수학적으로 가장 편리한 선택을 하는 것이 최선일 텐데, 그 형태는 문제에 따라 달라진다. 특별한 이유가

없는 한, 정자기학에서는 다음과 같은 조건을 선택한다.

$$\nabla \cdot \boldsymbol{A} = 0 \tag{14.6}$$

(후에 전기동역학으로 넘어가면 다르게 선택할 것이다.) 이렇게 선택된 $\boldsymbol{A}$는 $\nabla \times \boldsymbol{A} = \boldsymbol{B}$와 $\nabla \cdot \boldsymbol{A} = 0$을 만족한다.*

벡터 퍼텐셜이 무엇인지 구체적으로 경험해 보기 위해, 균일한 자기장 $\boldsymbol{B}_0$에 대한 벡터 퍼텐셜 $\boldsymbol{A}$를 한 번 구해 보자. 자기장 $\boldsymbol{B}_0$의 방향을 z축으로 잡으면, 각각의 성분은 다음과 같다.

$$\begin{aligned} B_x &= \frac{\partial A_z}{\partial y} - \frac{\partial A_y}{\partial z} = 0 \\ B_y &= \frac{\partial A_x}{\partial z} - \frac{\partial A_z}{\partial x} = 0 \\ B_z &= \frac{\partial A_y}{\partial x} - \frac{\partial A_x}{\partial y} = B_0 \end{aligned} \tag{14.7}$$

위의 식을 잘 들여다보면, 다음과 같은 해가 가능하다는 것을 알 수 있다.

$$A_y = xB_0, \quad A_x = 0, \quad A_z = 0$$

또한 아래와 같이 선택해도 위의 식이 만족된다.

$$A_x = -yB_0, \quad A_y = 0, \quad A_z = 0$$

뿐만 아니라, 방금 구한 두 해의 선형 조합도 해가 될 수 있다.

$$A_x = -\frac{1}{2}yB_0, \quad A_y = \frac{1}{2}xB_0, \quad A_z = 0 \tag{14.8}$$

보다시피, 주어진 $\boldsymbol{B}$에 대응되는 벡터 퍼텐셜 $\boldsymbol{A}$는 여러 개가 가능하다.

세 번째 해인 식 (14.8)은 흥미로운 특성을 갖고 있다. $\boldsymbol{A}$의 x성분은 $-y$에 비례하고 y성분은 $+x$에 비례하므로, $\boldsymbol{A}$는 z축에서 뻗어 나온 거리 벡터 $\boldsymbol{r}'$에 수직인 벡터가 되어야 한다(원점으로부터의 거리를 나타내는 벡터가 '아님'을 강조하기 위해 $\boldsymbol{r}$이 아닌 $\boldsymbol{r}'$으로 표기하였다). 그리고 $\boldsymbol{A}$의 크기는 $\sqrt{x^2+y^2}$, 즉 r'에 비례하므로 균일한 자기장의 경우에 $\boldsymbol{A}$는 다음과 같이 간단하게 쓸 수 있다.

$$\boldsymbol{A} = \frac{1}{2}\boldsymbol{B}_0 \times \boldsymbol{r}' \tag{14.9}$$

벡터 퍼텐셜 $\boldsymbol{A}$는 크기가 $B_0r'/2$이고, 그림 14-1과 같이 z축을 중심으로 회전하는 형태를 취하고 있다. 예를 들어, $\boldsymbol{B}$가 솔레노이드 내부에서 축방향의 자기장이라면, 벡터 퍼텐셜은 솔레노이드에 흐르는 전류와 같은 방향으로 돌아가는 형상이다.

균일한 자기장에 대한 벡터 퍼텐셜은 다른 방식으로 구할 수도 있다. 임의의

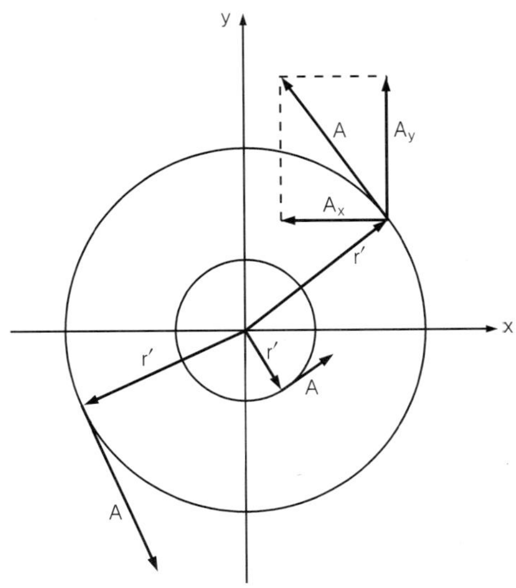

그림 14-1 z축 방향의 균일한 자기장 $\boldsymbol{B}$는 z축 주위로 돌아가는 모양의 벡터 퍼텐셜에 대응된다. 이 벡터 퍼텐셜의 크기는 $A = Br'/2$이다(r'은 z축으로부터의 거리이다).

* 그러나 이렇게 정의해도 $\boldsymbol{A}$를 유일하게 결정할 수는 없다. $\boldsymbol{A}$를 '유일하게' 결정하려면 아주 먼 거리에서, 혹은 어떤 경계면 위에서 $\boldsymbol{A}$가 어떻게 변하는지를 명시해야 한다. 아주 먼 거리에서 벡터장이 0이 된다고 가정하면 편리할 때가 많다.

폐곡선 Γ에 대한 $\boldsymbol{A}$의 서큘레이션은 식 (3.38)의 스톡스 정리에 의해 $\boldsymbol{\nabla}\times\boldsymbol{A}$의 면적분으로 표현될 수 있다.

$$\oint_{\Gamma} \boldsymbol{A}\cdot d\boldsymbol{s} = \int_{\Gamma\text{의 내부}} (\boldsymbol{\nabla}\times\boldsymbol{A})\cdot\boldsymbol{n}\,da \tag{14.10}$$

여기서, 우변의 적분은 폐곡선 Γ를 통과하는 자기장의 플럭스이므로

$$\oint_{\Gamma} \boldsymbol{A}\cdot d\boldsymbol{s} = \int_{\Gamma\text{의 내부}} \boldsymbol{B}\cdot\boldsymbol{n}\,da \tag{14.11}$$

가 된다. 따라서 $\boldsymbol{A}$의 서큘레이션은 Γ의 구체적인 형태와 상관없이 Γ를 통과하는 $\boldsymbol{B}$의 플럭스와 같다. 균일한 자기장 $\boldsymbol{B}$에 수직한 평면 위에 반경 r'인 원을 폐곡선으로 잡아 주면, 플럭스는

$$\pi r'^2 B$$

이다. 대칭축 위의 한 점을 좌표의 원점으로 잡으면 $\boldsymbol{A}$는 r'만의 함수가 되고, 항상 원의 접선 방향을 향하게 된다. 그러면 서큘레이션은 다음과 같이 쉽게

$$\oint \boldsymbol{A}\cdot d\boldsymbol{s} = 2\pi r' A = \pi r'^2 B$$

로 계산된다. 따라서

$$A = \frac{Br'}{2}$$

이며, 이는 위에서 구한 결과와 일치한다.

위의 예제에서는 자기장으로부터 벡터 퍼텐셜을 구했지만, 보통의 경우에는 이와 반대 방향으로 계산이 진행된다. 특히, 문제가 복잡한 경우에는 벡터 퍼텐셜을 먼저 구한 후에 자기장을 계산하는 것이 쉽다. 지금부터 한 가지 사례를 통하여 구체적인 풀이 과정을 알아보기로 하자.

14-2 이미 알고 있는 전류에 의한 벡터 퍼텐셜

$\boldsymbol{B}$와 마찬가지로, $\boldsymbol{A}$도 전류에 의해 결정된다. 우리의 목적은 $\boldsymbol{A}$를 전류의 함수로 표현하는 것이다. 기본 방정식 (14.2)에서 시작해 보자.

$$c^2\boldsymbol{\nabla}\times\boldsymbol{B} = \frac{\boldsymbol{j}}{\epsilon_0}$$

$\boldsymbol{B}$와 $\boldsymbol{A}$의 관계를 이용하면

$$c^2\boldsymbol{\nabla}\times(\boldsymbol{\nabla}\times\boldsymbol{A}) = \frac{\boldsymbol{j}}{\epsilon_0} \tag{14.12}$$

가 된다. 이 식은 정전기학의 방정식

$$\nabla \cdot \nabla \phi = -\frac{\rho}{\epsilon_0} \tag{14.13}$$

에 대응되는 정자기학의 방정식이다.

벡터 항등식 (2.58)을 이용하여 $\nabla \times (\nabla \times \boldsymbol{A})$를 풀어 쓰면, 식 (14.12)는 정전기 퍼텐셜 ϕ에 대한 방정식과 매우 비슷해진다.

$$\nabla \times (\nabla \times \boldsymbol{A}) = \nabla (\nabla \cdot \boldsymbol{A}) - \nabla^2 \boldsymbol{A} \tag{14.14}$$

앞에서 $\nabla \cdot \boldsymbol{A} = 0$으로 선택했으므로(이제 그 이유가 분명해졌을 것이다), 식 (14.12)는

$$\nabla^2 \boldsymbol{A} = -\frac{\boldsymbol{j}}{\epsilon_0 c^2} \tag{14.15}$$

가 된다. 이 벡터 방정식을 성분별로 풀어 쓰면 다음과 같다.

$$\nabla^2 A_x = -\frac{j_x}{\epsilon_0 c^2}, \quad \nabla^2 A_y = -\frac{j_y}{\epsilon_0 c^2}, \quad \nabla^2 A_z = -\frac{j_z}{\epsilon_0 c^2} \tag{14.16}$$

각각의 식들은 정전기 퍼텐셜에 관한 방정식

$$\nabla^2 \phi = -\frac{\rho}{\epsilon_0} \tag{14.17}$$

와 '수학적으로 동일하다.' 그러므로 앞에서 ρ로부터 ϕ를 구할 때 사용했던 다양한 수학적 방법들을 그대로 사용할 수 있다!

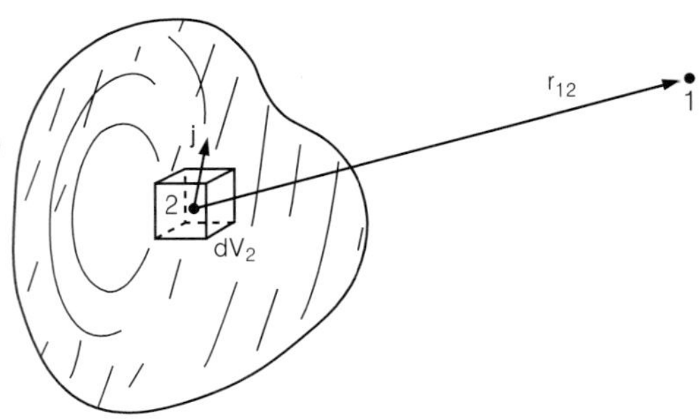

그림 14-2 점 1에서의 벡터 퍼텐셜 $\boldsymbol{A}$는 전류가 흐르는 모든 점 2에 대한 전류 요소 $\boldsymbol{j}\,dV$의 적분으로 주어진다.

정전기학 방정식 (14.17)의 일반해는 다음과 같다(4장 참조).

$$\phi(1) = \frac{1}{4\pi\epsilon_0}\int \frac{\rho(2)\,dV_2}{r_{12}}$$

수학적인 형태가 같으므로 A_x의 해는

$$A_x(1) = \frac{1}{4\pi\epsilon_0 c^2}\int \frac{j_x(2)\,dV_2}{r_{12}} \tag{14.18}$$

이고, A_y와 A_z도 이와 비슷하게 구할 수 있다(r_{12}와 dV_2의 정의는 그림 14-2를 참조하기 바란다). 세 개의 해를 하나의 벡터로 묶어서 표현하면

$$\boldsymbol{A}(1) = \frac{1}{4\pi\epsilon_0 c^2}\int \frac{\boldsymbol{j}(2)\,dV_2}{r_{12}} \tag{14.19}$$

가 된다[정상 상태, 즉 $\nabla \cdot \boldsymbol{j} = 0$이면, 방금 구한 $\boldsymbol{A}$는 $\nabla \cdot \boldsymbol{A} = 0$을 만족한다. 이 사실은 식 (14.19)의 우변의 각 성분들을 직접 미분해 보면 확인할 수 있다].

이로써 우리는 정상 전류에 의한 자기장을 구하는 일반적인 해법을 갖게 된 셈이다. 그 원칙을 간단히 정리해 보자. 전류 밀도 $\boldsymbol{j}$에 의해 생성되는 벡터 퍼텐셜의 x성분을 구하려면, 전기 퍼텐셜을 구하는 식에서 전하 밀도 ρ 대신 j_x/c^2을 대입하여 계산을 수행한다. 나머지 성분들도 이와 비슷한 방법으로 구할 수 있다(그러나 이 방법은 방향이 고정되어 있는 직교 좌표계에서만 써먹을 수 있다. 예를 들어, $\boldsymbol{A}$의 '반경 방향 성분'은 $\boldsymbol{j}$의 반경 방향 성분과 일치하지 않을 수

도 있다). 그러므로 식 (14.19)를 이용하면 전류 밀도 벡터 $\boldsymbol{j}$로부터 $\boldsymbol{A}$를 구할 수 있다. 말하자면, 전하 분포($\rho_1 = j_x/c^2$, $\rho_2 = j_y/c^2$, $\rho_3 = j_z/c^2$)에 대한 세 개의 '가상적인' 정전기학 문제를 풀어서 $\boldsymbol{A}$의 성분을 구하는 것이다. 일단 $\boldsymbol{A}$가 구해지면, 여기에 컬을 취하여 $\boldsymbol{B}$를 쉽게 구할 수 있다. 이런 식의 접근법은 전기장의 경우보다 다소 복잡한 감이 있지만, 기본적인 아이디어는 다를 것이 없다. 지금부터 몇 가지 구체적인 상황에서 이 방법에 따라 벡터 퍼텐셜을 직접 계산해 보자.

14-3 직선 도선

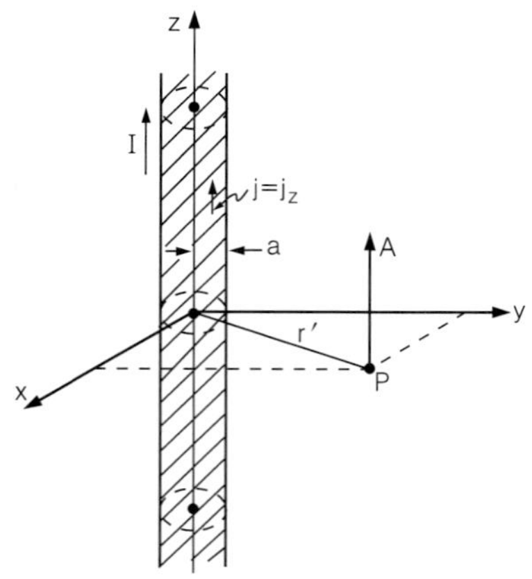

그림 14-3 z축 방향으로 놓인 전류 밀도 $\boldsymbol{j}$가 균일한 원통 모양의 긴 도선

첫 번째 예제로, 직선 도선의 주변에 형성되는 자기장을 계산해 보자. 이 문제는 13장에서 식 (14.2)와 대칭성을 이용하여 이미 풀어 보았다. 반경 a인 아주 긴 직선 도선에 전류 I가 흐르고 있다. 정전기학에서 도체 위의 전하 분포와는 달리, 도선 내부의 정상 전류는 도선의 단면 전체에 균일하게 분포된 채로 흐른다고 가정하자. 그림 14-3과 같이 좌표를 정하면 전류 밀도 벡터 $\boldsymbol{j}$는 z성분만 갖게 된다. 그리고 도선 내부에 흐르는 전류 밀도의 크기는

$$j_z = \frac{I}{\pi a^2} \tag{14.20}$$

이며, 도선 바깥에서는 $\boldsymbol{j}=0$이다.

도선의 내부에서 j_x, j_y는 모두 0이므로,

$$A_x = 0, \quad A_y = 0$$

임을 바로 알 수 있다. 또한 전하 밀도가 $\rho = j_z/c^2$로 주어진 직선 도선의 정전기 퍼텐셜 ϕ를 참조하면 A_z도 쉽게 알 수 있다. 무한히 긴 원통에 전하가 균일하게 대전되어 있을 때, 원통의 외부에 형성되는 퍼텐셜은 다음과 같다.

$$\phi = -\frac{\lambda}{2\pi\epsilon_0}\ln r'$$

여기서 $r' = \sqrt{x^2+y^2}$이고, λ는 단위 길이당 전하량 $\pi a^2 \rho$이다. 그러므로 일정한 전류가 흐르는 긴 원통형 도선 외부에서의 A_z는 다음과 같다.

$$A_z = -\frac{\pi a^2 j_z}{2\pi\epsilon_0 c^2}\ln r'$$

총 전류는 전류 밀도에 도선의 단면적을 곱한 값, 즉 $\pi a^2 j_z = I$이므로, 이 식은 다음과 같이 바꿔 쓸 수 있다.

$$A_z = -\frac{I}{2\pi\epsilon_0 c^2}\ln r' \tag{14.21}$$

이제 식 (14.4)를 이용하여 자기장 $\boldsymbol{B}$를 구할 수 있다. 직접 계산을 해보면 알겠지만, 총 여섯 개의 미분 중에서 0이 아닌 것은 두 개밖에 없다. 결과는

$$B_x = -\frac{I}{2\pi\epsilon_0 c^2}\frac{\partial}{\partial y}\ln r' = -\frac{I}{2\pi\epsilon_0 c^2}\frac{y}{r'^2} \tag{14.22}$$

$$B_y = \frac{I}{2\pi\epsilon_0 c^2}\frac{\partial}{\partial x}\ln r' = \frac{I}{2\pi\epsilon_0 c^2}\frac{x}{r'^2} \tag{14.23}$$

$$B_z = 0$$

이다. 자기장 $\boldsymbol{B}$는 도선 주위를 원형으로 감싸고 있으며, 그 크기는

$$B = \frac{1}{4\pi\epsilon_0 c^2}\frac{2I}{r'} \tag{14.24}$$

이다. 이 결과는 13장에서 얻은 결과와 정확하게 일치한다[식 (13.17) 참조].

14-4 긴 솔레노이드

다음으로, 무한히 긴 원통형 솔레노이드 문제를 풀어 보자. 솔레노이드의 표면에는 단위 길이당 $n\boldsymbol{I}$의 전류가 원둘레 방향으로 흐르고 있다(전류 I가 흐르는 도선이 솔레노이드의 단위 길이당 n번 감겨 있다고 가정하자. 단, 도선이 감기면서 생기는 약간의 경사는 무시하기로 한다).

앞에서 '표면 전하 밀도'를 σ로 정의했던 것처럼, 솔레노이드의 표면 위에 흐르는 단위 길이당 전류를 '표면 전류 밀도' $\boldsymbol{J}$로 정의하자(물론 이것은 $\boldsymbol{j}$의 평균값에 감겨 있는 가느다란 도선의 두께를 곱한 양과 같다). 그러면 $\boldsymbol{J}$의 크기는 nI가 된다. 그림 14-4에서 알 수 있듯이, 표면 전류를 성분별로 나타내면 다음과 같다.

$$J_x = -J\sin\phi, \qquad J_y = J\cos\phi, \qquad J_z = 0$$

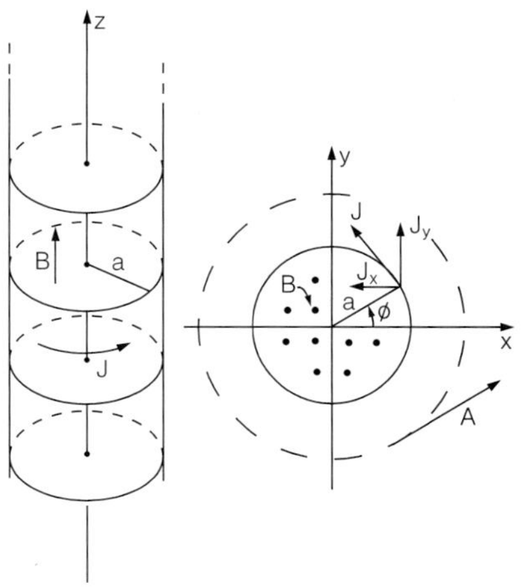

그림 14-4 표면 전류 밀도가 $\boldsymbol{J}$인 긴 솔레노이드

이 전류 분포에 대응하는 $\boldsymbol{A}$를 구하는 것이 우리의 할 일이다.

우선, 솔레노이드의 외부에서 A_x를 구해 보자. 그 결과는 표면 전하 밀도가

$$\sigma = \sigma_0 \sin\phi$$

($\sigma_0 = -J/c^2$)인 원통의 바깥쪽 정전기 퍼텐셜과 동일하다. 우리는 정전기학에서 이런 문제를 접해 보지 않았지만 비슷한 문제를 풀어 본 적은 있다. 각기 양전하와 음전하로 대전된 같은 크기의 원통 두 개가 있을 때, 이들의 중심축을 y방향으로 약간 떨어뜨려서 포개 놓으면, 우리가 풀려는 전하 분포 문제와 물리적으로 동일해진다. 이러한 원통 쌍의 퍼텐셜은 '균일하게 대전된 하나의 원통에 의한 퍼텐셜을 y에 대해 미분한 것'에 비례한다. 물론 비례 상수는 나중에 따로 구해야 하는데, 지금 당장은 신경 쓰지 않기로 한다.

원통형 전하 분포에 의한 퍼텐셜은 $\ln r'$에 비례한다. 따라서 두 개의 원통 쌍에 의한 퍼텐셜은 다음과 같이 될 것이다.

$$\phi \propto \frac{\partial \ln r'}{\partial y} = \frac{y}{r'^2}$$

비례 상수를 K라 하면

$$A_x = -K\frac{y}{r'^2} \tag{14.25}$$

가 된다. 이와 비슷한 과정을 거치면 A_y도 다음과 같이 구할 수 있다.

$$A_y = K\frac{x}{r'^2} \tag{14.26}$$

앞에서 솔레노이드 외부에 자기장이 없다고 했지만, 지금 이 결과를 보면 벡터 퍼텐셜 $\boldsymbol{A}$는 0이 아니다. 외부에 형성되는 $\boldsymbol{A}$는 그림 14-4와 같이 z축을 중심으로 원을 그리며 돌아가는 형상을 하고 있다. 그렇다면 이 $\boldsymbol{A}$에 컬을 취한 결과는 어떻게 될까? 지금부터 확인해 보자.

B_x와 B_y는 당연히 0이고, B_z는

$$\begin{aligned} B_z &= \frac{\partial}{\partial x}\left(K\frac{x}{r'^2}\right) - \frac{\partial}{\partial y}\left(-K\frac{y}{r'^2}\right) \\ &= K\left(\frac{1}{r'^2} - \frac{2x^2}{r'^4} + \frac{1}{r'^2} - \frac{2y^2}{r'^4}\right) = 0 \end{aligned}$$

이다. 따라서 아주 긴 솔레노이드의 바깥에서 벡터 퍼텐셜은 0이 아니지만, 자기장은 0임을 알 수 있다.

이 결과를 다른 방법으로 확인해 보자. 식 (14.11)에 의하면 솔레노이드 주위의 벡터 퍼텐셜의 서큘레이션은 코일의 내부를 통과하는 자기장의 플럭스와 같아야 한다. $A = K/r'$이므로, 서큘레이션은 $A \cdot 2\pi r' = 2\pi K$, 즉 r'과 무관하다. 이것은 솔레노이드 외부에 자기장이 없다면 당연히 얻어지는 결과이다. 왜냐하면 솔레노이드 '내부' 자기장의 크기에 단면적 πa^2을 곱한 값이 바로 플럭스이기 때문이다. 플럭스는 반경 $r' > a$인 모든 원에 대하여(즉, 솔레노이드의 외부에서) 동일한 값을 갖는다. 13장에서 계산한 바에 의하면 솔레노이드 내부 자기장의 세기는 $nI/\epsilon_0 c^2$이므로, 이로부터 비례 상수 K를 결정할 수 있다.

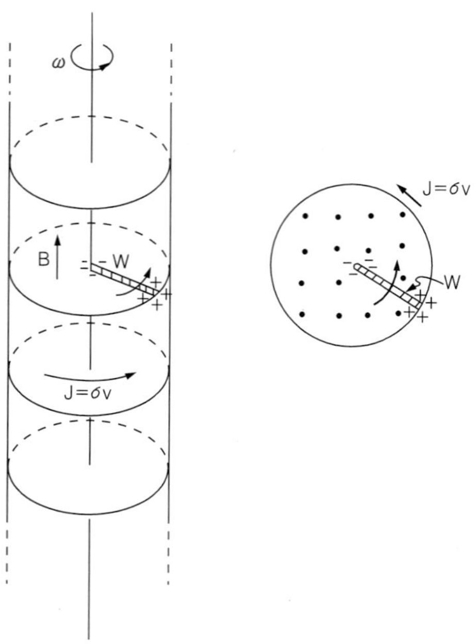

그림 14-5 표면에 전하를 띤 원통이 회전하면 원통 내부에 자기장이 생긴다. 원통에 반경 방향으로 연결되어 원통과 함께 회전하는 짧은 도선의 양 끝은 전하를 띠게 된다.

$$2\pi K = \pi a^2 \frac{nI}{\epsilon_0 c^2}$$

즉,

$$K = \frac{nIa^2}{2\epsilon_0 c^2}$$

이다. 따라서 솔레노이드의 '외부에서' 벡터 퍼텐셜의 크기는

$$A = \frac{nIa^2}{2\epsilon_0 c^2}\frac{1}{r'} \tag{14.27}$$

이고, 방향은 항상 벡터 $\boldsymbol{r}'$에 수직하다.

지금까지 우리는 솔레노이드 형태의 코일을 다뤄 왔지만, 대전된 긴 원통형 도체를 회전시켰을 때에도 이와 동일한 자기장을 얻어 낼 수 있다. 표면 전하 밀도가 σ인 원통을 회전시키면 표면 전류 밀도는 $J = \sigma v$가 된다. 여기서 $v = a\omega$는 표면 전하의 속도이다. 이때 원통의 내부에는 크기가 $B = \sigma a\omega/\epsilon_0 c^2$인 자기장이 생성된다.

이 시점에서 재미있는 질문을 던져 보자. 그림 14-5와 같이 도선 토막 W를 원통의 중심축에서 축과 수직한 방향으로 원통의 표면까지 연결한 후, 원통과 함께 회전시키면 어떻게 될까? 이 도선은 자기장 속에서 움직이고 있으므로 $\boldsymbol{v} \times \boldsymbol{B}$의 힘을 받아 도선의 양쪽 끝 부분에 전하들이 몰리게 될 것이다(이 전하들에 의해 형성된 전기장 $\boldsymbol{E}$가 $\boldsymbol{v} \times \boldsymbol{B}$를 상쇄시킬 때까지 전하들은 계속 양 끝으로 모일 것이다). 만일 원통의 표면에 양전하가 대전되어 있다면, 축에 고정된 도선의 끝 부분에는 음전하가 대전될 것이다. 이 전하량을 측정하면 원통의 회전 속도를 알아낼 수 있다. 즉, 조그만 도선은 '각속도 측정기(angular-velocity meter)'인 셈이다!

여러분은 다음과 같은 의문을 품을 수도 있다. "이 문제를 원통과 함께 회전하는 기준틀에서 풀면 어떻게 되는가? 이런 경우에는 원통에 대전된 모든 전하들이 정지해 있을 것이고, 정전기학의 법칙에 의해 균일하게 대전된 원통의 내부에는 전기장이 생기지 '않아야 한다.' 그런데 전기장이 없으면 도선의 음전하가 중심축 쪽으로 몰릴 수 없다. 따라서 이 풀이는 무언가가 잘못되었다." 하지만 실제로 잘못된 것은 없다. 왜냐하면 상대성 이론은 '회전 운동'에 적용되지 않기 때문이다. 회전하는 좌표계는 관성틀이 아니므로, 이런 틀에서는 물리 법칙이 달라질 수 있다. 전자기학의 방정식을 사용하려면, 반드시 관성 좌표계를 선택해야 한다.

여담이지만, 회전하는(대전된) 원통을 이용하여 지구의 자전 각속도를 측정할 수 있다면 아주 좋을 것이다. 하지만 안타깝게도 지구의 자전을 관측하기에는 전하의 쏠림 현상이 너무 미미하여, 가장 정밀한 측정 장비를 동원해도 알아낼 수 없다.

14-5 작은 전류 고리에 의한 자기장 : 자기 쌍극자

이번에는 벡터 퍼텐셜을 이용하여 작은 고리 모양의 전류가 발생시키는 자기장을 구해 보자. 여기서 '작다'는 말은 (앞에서도 그랬듯이) 고리의 크기에 비해 아주 먼 거리에 생성되는 자기장을 계산하겠다는 뜻이다. 고리의 크기가 충분

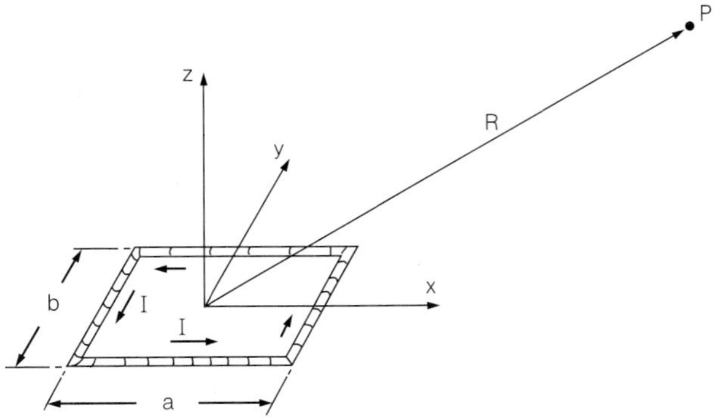

그림 14-6 사각형 모양의 도선 고리에 전류 I가 흐르고 있을 때, 도선에서 멀리 떨어진 점 P에서 자기장은 어떻게 될까? ($R \gg a$ 또는 b)

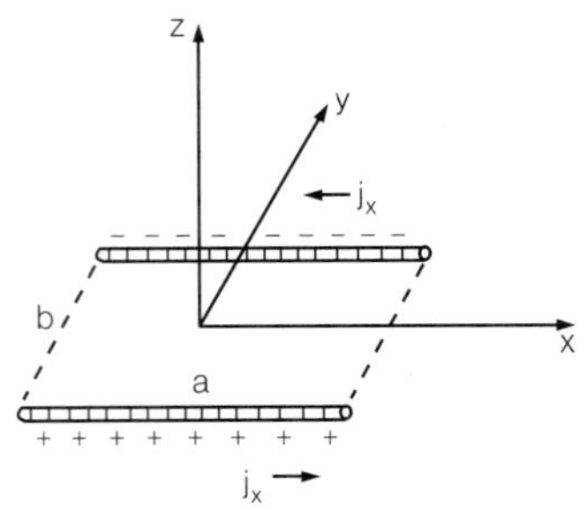

그림 14-7 그림 14-6의 전류 고리에서 j_x의 분포

히 작으면, 일종의 '자기 쌍극자(magnetic dipole)'로 간주될 수 있다. 전기 쌍극자로부터 전기장이 생성되듯이, 자기 쌍극자도 자기장을 생성한다.

우선, 전류가 흐르는 사각형 고리를 취한 후 그림 14-6과 같이 좌표를 설정한다. 이 고리에는 z방향으로 흐르는 전류가 없으므로 $A_z=0$이다. x방향으로 놓여 있는 길이 a의 두 변에는 전류가 서로 반대 방향으로 흐르고 있다. 두 변에 흐르는 전류 밀도(그리고 전류)는 균일하다. 따라서 A_x에 대한 해는 두 개의 대전된 막대에 의한 전기 퍼텐셜의 형태와 동일하다(그림 14-7 참조). 두 개의 막대는 반대로 대전되어 있으므로, 먼 거리에서 보면 마치 전기 쌍극자처럼 보일 것이다(6-5절 참조). 그림 14-6에서 P 지점에 형성되는 퍼텐셜은

$$\phi = \frac{1}{4\pi\epsilon_0}\frac{\boldsymbol{p}\cdot\boldsymbol{e}_R}{R^2} \tag{14.28}$$

이다. 여기서 $\boldsymbol{p}$는 전하 분포에 의한 쌍극자 모멘트를 나타낸다. 이 경우, 쌍극자 모멘트의 크기는 한 막대에 대전된 총 전하에 두 막대 사이의 거리를 곱한 값과 같다.

$$p = \lambda ab \tag{14.29}$$

이 쌍극자 모멘트는 $-y$방향을 향하고 있으므로, $\boldsymbol{R}$과 $\boldsymbol{p}$가 이루는 각에 대한 코사인을 취하면 $-y/R$이 된다(여기서 y는 점 P의 y좌표이다). 따라서 퍼텐셜은

$$\phi = -\frac{1}{4\pi\epsilon_0}\frac{\lambda ab}{R^2}\frac{y}{R}$$

가 된다.

위의 결과에 λ 대신 I/c^2을 대입하면 A_x가 얻어진다.

$$A_x = -\frac{Iab}{4\pi\epsilon_0 c^2}\frac{y}{R^3} \tag{14.30}$$

비슷한 방법으로

$$A_y = \frac{Iab}{4\pi\epsilon_0 c^2}\frac{x}{R^3} \tag{14.31}$$

도 얻을 수 있다. 이 경우에도 A_y는 x에 비례하고, A_x는 $-y$에 비례한다는 것을 알 수 있다. 즉, (고리로부터 충분히 먼 곳의) 벡터 퍼텐셜은 그림 14-8과 같이 z축을 중심으로 원을 그리며, 각 지점에서의 방향은 고리에 흐르는 전류 I의 방향과 같다.

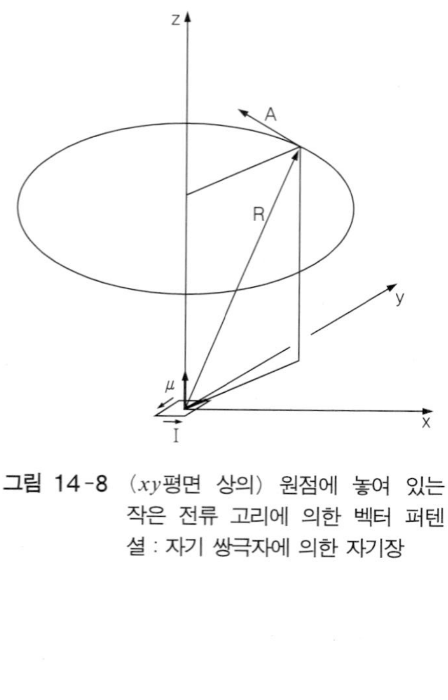

그림 14-8 (xy평면 상의) 원점에 놓여 있는 작은 전류 고리에 의한 벡터 퍼텐셜 : 자기 쌍극자에 의한 자기장

$\boldsymbol{A}$의 크기는 전류에 고리의 면적을 곱한 Iab에 비례한다. 이것을 전류 고리의 '자기 쌍극자 모멘트(magnetic dipole moment)'라 하며(또는 '자기 모멘트'라고 부르기도 한다), 흔히 μ라는 기호로 표기한다.

$$\mu = Iab \tag{14.32}$$

또한 작고 평평한 고리라면 그 모양에 상관없이(원, 삼각형 등) 벡터 퍼텐셜은 식 (14.30)과 (14.31)로 주어진다. 단, 이런 경우에는 Iab 대신

$$\mu = I \cdot (\text{고리의 면적}) \tag{14.33}$$

으로 바꿔 주면 된다. 증명은 각자 해보기 바란다.

오른손 규칙(그림 14-8)에 따라 벡터 $\boldsymbol{\mu}$의 +방향을 고리가 놓인 평면에 수직하게 잡아 주면, 벡터 퍼텐셜은 다음과 같은 벡터 식으로 표현된다.

$$\boldsymbol{A} = \frac{1}{4\pi\epsilon_0 c^2}\frac{\boldsymbol{\mu}\times\boldsymbol{R}}{R^3} = \frac{1}{4\pi\epsilon_0 c^2}\frac{\boldsymbol{\mu}\times\boldsymbol{e}_R}{R^2} \tag{14.34}$$

식 (14.33)과 (14.34)를 식 (14.4)에 대입하면 자기장 $\boldsymbol{B}$를 구할 수 있다.

$$B_x = -\frac{\partial}{\partial z}\frac{\mu}{4\pi\epsilon_0 c^2}\frac{x}{R^3} = \cdots\frac{3xz}{R^5} \tag{14.35}$$

(여기서 ⋯은 $\mu/4\pi\epsilon_0 c^2$을 의미한다.)

$$\begin{aligned} B_y &= \frac{\partial}{\partial z}\left(-\cdots\frac{y}{R^3}\right) = \cdots\frac{3yz}{R^5} \\ B_z &= \frac{\partial}{\partial x}\left(\cdots\frac{x}{R^3}\right) - \frac{\partial}{\partial y}\left(-\cdots\frac{y}{R^3}\right) \\ &= -\cdots\left(\frac{1}{r^3} - \frac{3z^2}{r^5}\right) \end{aligned} \tag{14.36}$$

벡터 $\boldsymbol{B}$의 각 성분은 z방향으로 놓여 있는 전기 쌍극자가 만드는 전기장과 수학적으로 동일한 형태로 되어 있다[식 (6.14), (6.15)와 그림 6-4 참조]. 이런 유사성 때문에 위의 고리를 자기 쌍극자라고 부르는 것이다. 그러나 이 경우에 '쌍극자(dipole)'라는 표현은 다소 오해의 소지가 있다. 왜냐하면 자기장의 경우에는 전기장의 전하에 해당하는 자기 '홀극(pole)'이 존재하지 않기 때문이다. 다시 말해서, '자기 쌍극자에 의한 자기장'은 두 개의 '자하(magnetic charge)'에 의해서 생성된 것이 아니라, 작은 전류 고리에 의해서 만들어진 것이다.

전혀 다른 두 가지 물리 법칙 $\nabla\cdot\boldsymbol{E} = \rho/\epsilon_0$와 $\nabla\times\boldsymbol{B} = \boldsymbol{j}/\epsilon_0 c^2$가 유사한 결과를 주는 이유는 무엇일까? 그것은 쌍극자에 의한 전기장이나 자기장을 전하나 전류로부터 멀리 떨어진 곳에서 계산했기 때문이다. 발생원으로부터 멀리 떨어져 있는 대부분의 공간에서 $\boldsymbol{E}$와 $\boldsymbol{B}$는 동일한 형태의 방정식을 만족한다. 두 경우 모두 컬과 다이버전스가 0이므로, 당연히 해도 같다. 그러나 이러한 쌍극자 모멘트에 의한 전기장과 자기장의 '발생원'은 물리적으로 상당히 다르다. 자기 쌍극자는 회전하는 전류에 의한 것이고, 전기 쌍극자는 한 쌍의 전하(자기장의 경우와 비교할 때, 둘 중 하나의 전하는 전류 고리의 위쪽에 있고, 다른 하나의 전하는 고리의 아래쪽에 위치한다고 생각하면 된다)에 의해 생성된다는 사실을 명심하기 바란다.

14-6 회로의 벡터 퍼텐셜

회로를 구성하고 있는 도선의 굵기가 계 전체의 크기에 비해 충분히 가늘다면, 도선의 굵기를 아예 무시할 수 있다. 이런 경우에는 자기장에 대한 식이 아주 간단해진다. 도선의 단면적을 S라고 하면 가느다란 도선의 부피 요소는 다음과 같다.

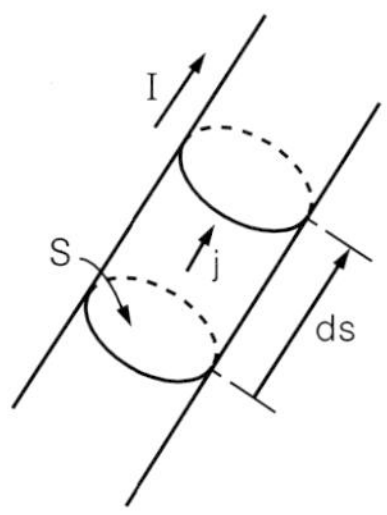

그림 14-9 가느다란 도선에 한하여, $\boldsymbol{j}\,dV$는 $I\,ds$와 같다.

$$dV = S\,ds$$

여기서 ds는 도선 길이 방향의 거리 요소이다. 그림 14-9에서 알 수 있듯이 벡터 $\boldsymbol{ds}$의 방향은 $\boldsymbol{j}$의 방향과 일치하므로, 다음과 같은 벡터 식이 성립한다(또한 $\boldsymbol{j}$는 주어진 단면적 안에서 균일하다고 가정할 수 있다).

$$\boldsymbol{j}\,dV = jS\,\boldsymbol{ds} \tag{14.37}$$

그런데 여기서 jS는 바로 도선에 흐르는 전류 I이다. 따라서 벡터 퍼텐셜을 계산하는 식 (14.19)는 다음과 같이 변형된다(그림 14-10 참조).

$$\boldsymbol{A}(1) = \frac{1}{4\pi\epsilon_0 c^2}\int\frac{I\,\boldsymbol{ds}_2}{r_{12}} \tag{14.38}$$

(지금은 회로의 모든 곳에서 I가 일정하다고 가정하고 있다. 물론, 전류가 여러 갈래로 분산되어 흐르는 경우에는 각 도선에 흐르는 I를 사용해야 한다.)

식 (14.38)로부터 해를 구하려면 적분을 직접 수행하거나, 그에 대응되는 정전기학 방정식의 해를 구한 다음 문제의 상황에 맞게 적절히 치환하면 된다.

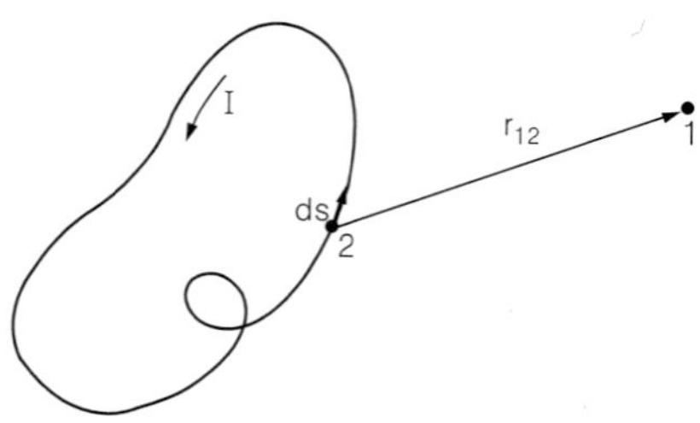

그림 14-10 전류가 흐르는 도선이 만드는 자기장은 회로를 따라 적분함으로써 구할 수 있다.

14-7 비오-사바르의 법칙

정전기학에서는, 일단 전하 분포가 알려져 있으면 아래의 식으로 전기장을 계산할 수 있다.

$$\boldsymbol{E}(1) = \frac{1}{4\pi\epsilon_0}\int\frac{\rho(2)\,\boldsymbol{e}_{12}\,dV_2}{r_{12}^2}$$

그러나 위의 적분은 사실상 '세 개의 적분'을 내포하고 있으므로, 대부분의 경우에는 퍼텐셜을 먼저 구하고 거기에 그래디언트를 취하여 전기장을 구하는 것이 훨씬 쉽다.

자기장과 전류와의 관계도 이와 비슷한 적분으로 표현된다. 식 (14.19)는 $\boldsymbol{A}$에 대한 적분 식이고, 이 식의 양변에 컬을 취하면 $\boldsymbol{B}$에 대한 적분 식을 얻을 수 있다.

$$\boldsymbol{B}(1) = \nabla\times\boldsymbol{A}(1) = \nabla\times\left[\frac{1}{4\pi\epsilon_0 c^2}\int\frac{\boldsymbol{j}(2)\,dV_2}{r_{12}}\right] \tag{14.39}$$

여기서 한 가지 유의할 점은, 컬을 취할 때 미분 연산자가 $\boldsymbol{A}(1)$에만 적용된다는 것이다. 즉, 위의 미분 연산은 (x_1, y_1, z_1) 좌표에만 적용된다. 아래 첨자가 1인 변수들에만 미분이 적용되므로, $\nabla\times$연산자는 적분 기호 안으로 들어가도 상관없다. 그러면 미분이 걸리는 대상은

$$r_{12} = [(x_1-x_2)^2+(y_1-y_2)^2+(z_1-z_2)^2]^{1/2} \tag{14.40}$$

뿐이다. 따라서 $\boldsymbol{B}$의 x성분은

$$
\begin{aligned}
B_x &= \frac{\partial A_z}{\partial y_1} - \frac{\partial A_y}{\partial z_1} \\
&= \frac{1}{4\pi\epsilon_0 c^2}\int\left[j_z\frac{\partial}{\partial y_1}\left(\frac{1}{r_{12}}\right) - j_y\frac{\partial}{\partial z_1}\left(\frac{1}{r_{12}}\right)\right]dV_2 \\
&= -\frac{1}{4\pi\epsilon_0 c^2}\int\left[j_z\frac{y_1-y_2}{r_{12}^3} - j_y\frac{z_1-z_2}{r_{12}^3}\right]dV_2
\end{aligned} \tag{14.41}
$$

가 되는데, 여기서 괄호 안의 양은 아래에 적은 벡터의 x성분에 마이너스 부호를 붙인 것과 같다.

$$
\frac{\boldsymbol{j}\times\boldsymbol{r}_{12}}{r_{12}^3} = \frac{\boldsymbol{j}\times\boldsymbol{e}_{12}}{r_{12}^2}
$$

다른 성분들도 비슷한 방법으로 계산한 후, $\boldsymbol{B}$를 벡터 식으로 쓰면 다음과 같다.

$$
\boldsymbol{B}(1) = \frac{1}{4\pi\epsilon_0 c^2}\int\frac{\boldsymbol{j}(2)\times\boldsymbol{e}_{12}}{r_{12}^2}\,dV_2 \tag{14.42}
$$

위의 식을 이용하면 전류로부터 자기장 $\boldsymbol{B}$를 직접 계산할 수 있다. 여기 내포된 기하학적 상황은 그림 14-2와 동일하다.

가느다란 도선으로 구성된 회로에 전류가 흐르는 경우에는 앞 절에서 논한 대로 $\boldsymbol{j}\,dV$를 $I\,d\boldsymbol{s}$로 대치시킨 후 적분을 수행하면 된다. 여기서 벡터 $d\boldsymbol{s}$는 도선의 길이 요소이다. 그림 14-10의 기호를 사용하면, 자기장 $\boldsymbol{B}$는 다음과 같다.

$$
\boldsymbol{B}(1) = -\frac{1}{4\pi\epsilon_0 c^2}\int\frac{I\boldsymbol{e}_{12}\times d\boldsymbol{s}_2}{r_{12}^2} \tag{14.43}
$$

(앞의 마이너스 부호는 두 벡터의 외적의 순서가 바뀌면서 나온 것이다.) $\boldsymbol{B}$에 대한 이 식을 (발견자들의 이름을 따서) '비오-사바르의 법칙(Biot-Savart law)'이라고 한다. 도선에 전류가 흐를 때 그 주변에 형성되는 자기장은 식 (14.43)을 직접 적분하여 구할 수 있다.

이쯤에서 여러분은 다음과 같은 의문을 떠올릴지도 모른다. "전류로부터 $\boldsymbol{B}$를 직접 계산할 수 있다면, 대체 벡터 퍼텐셜 $\boldsymbol{A}$는 왜 도입한 거야? $\boldsymbol{B}$를 구할 때도 적분을 세 번 해야 하고, $\boldsymbol{A}$를 구할 때도 적분을 세 번 해야 하니까, 득 될 게 하나도 없잖아?" 그러나 식 (14.41)을 보면 알 수 있듯이, 자기장 $\boldsymbol{B}$에 대한 적분에는 벡터의 '외적'이 들어 있어서, 일반적으로 $\boldsymbol{A}$에 대한 적분보다 훨씬 복잡하다. 또한 앞에서 다양한 예제를 통해 확인한 바와 같이, $\boldsymbol{A}$에 대한 적분은 수식의 유사성 때문에 이미 풀어 놓은 정전기학 문제를 이용하여 답을 쉽게 찾을 수 있는 경우가 많다. 그리고 나중에 좀 더 수준 높은 물리학(상대성 이론, 고급 역학, 최소 작용의 원리, 양자역학 등)을 배우면, 벡터 퍼텐셜이 실제로 중요한 역할을 한다는 사실을 알게 될 것이다.

CHAPTER 15
벡터 퍼텐셜

15-1 전류 고리에 작용하는 힘 : 자기 쌍극자의 에너지
15-2 역학적 에너지와 전기적 에너지
15-3 정상 전류의 에너지
15-4 **B**와 **A**
15-5 벡터 퍼텐셜과 양자역학
15-6 정역학에서는 맞지만, 동역학에서는 틀리는 것

15-1 전류 고리에 작용하는 힘 : 자기 쌍극자의 에너지

앞 장에서 우리는 사각형 모양의 전류 고리(current loop)가 만드는 자기장이 쌍극자장(dipole field)이며, 쌍극자 모멘트는

$$\mu = IA \tag{15.1}$$

로 주어진다는 사실을 확인하였다. 여기서 I는 전류이고, A는 고리의 면적이다. 그리고 쌍극자 모멘트의 방향은 고리 면과 수직을 이룬다. 따라서 이를 벡터 형태로 쓰면

$$\boldsymbol{\mu} = IA\boldsymbol{n}$$

이 된다. 여기서 벡터 $\boldsymbol{n}$은 고리 면에 수직한 방향의 단위 벡터이다.

전류 고리, 즉 자기 쌍극자는 스스로 자기장을 만들어 낼 뿐만 아니라, 다른 전류가 만든 자기장 속에 놓였을 때는 힘을 받는다. 먼저, 균일한 자기장 속에 놓여 있는 사각형 모양의 전류 고리에 가해지는 힘을 계산해 보자. 그림 15-1과 같이 z축과 나란한 방향으로 외부 자기장이 걸려 있고, 고리의 면이 xy평면과 θ의 각도를 이루면서 y축과 나란한 방향으로 놓여 있다. 그러면 자기 모멘트(고리 면에 수직한 방향)와 자기장은 θ의 각도를 이룬다.

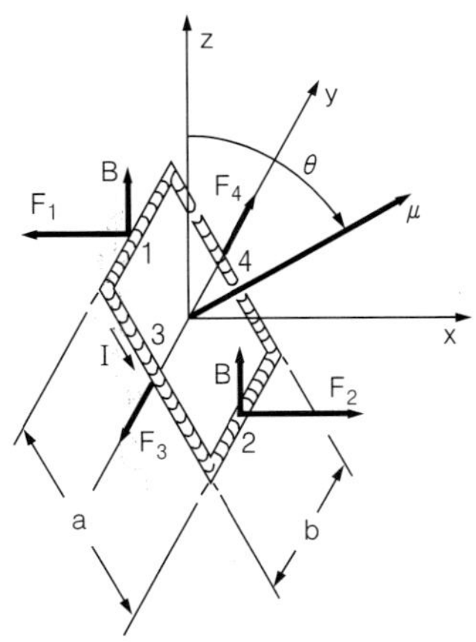

그림 15-1 전류 I가 흐르는 사각형 고리가 균일한 자기장 $\boldsymbol{B}$(z방향) 속에 놓여 있다. 고리에 걸리는 토크는 $\boldsymbol{\mu}\times\boldsymbol{B}$이며, 자기 모멘트는 $\mu = Iab$이다.

고리의 마주 보는 두 변 3, 4에서는 전류가 서로 반대 방향으로 흐르므로, 두 변이 받는 자기력의 방향도 반대이다. 따라서 외부 자기장이 균일하다면 이 부분에 작용하는 알짜 힘은 0이다. 그러나 그림에서 1, 2로 표시된 두 변에 작용하는 힘은 서로 상쇄되지 않고 y축을 중심으로 고리를 회전시키는 토크(torque)를 유발한다. 이 힘의 크기 F_1과 F_2는

$$F_1 = F_2 = IBb$$

이며, 모멘트 팔의 길이는

$$a \sin\theta$$

이다. 따라서 토크는

$$\tau = Iab\, B \sin\theta$$

가 되는데, 여기서 Iab는 고리의 자기 모멘트이므로

$$\tau = \mu B \sin\theta$$

로 쓸 수 있다. 토크를 벡터 표기법으로 쓰면 다음과 같다.

$$\boldsymbol{\tau} = \boldsymbol{\mu} \times \boldsymbol{B} \tag{15.2}$$

이 식은 그림 15-1과 같이 특정한 경우에 한하여 유도되었지만, 사실은 고리의 모양에 상관없이 일반적으로 성립한다. 그 이유는 나중에 설명할 것이다. 이와 유사한 관계가 전기장 속에 놓인 전기 쌍극자가 받는 토크에 대해서도 성립한다.

$$\boldsymbol{\tau} = \boldsymbol{p} \times \boldsymbol{E}$$

이제, 전류 고리의 역학적 에너지(mechanical energy)에 대하여 알아보자. 방금 지적한 대로 고리에는 토크가 걸려 있으므로, 에너지는 회전 각도의 함수로 표현될 것이다. 토크는 '단위 각도를 회전시키는 데 필요한 에너지'로 정의된다. 가상적 일의 원리에 의하면, 이런 경우에 에너지의 변화는 다음과 같다.

$$dU = \tau\, d\theta$$

여기에 $\tau = \mu B \sin\theta$를 대입한 후 양변을 적분하면

$$U = -\mu B \cos\theta + \text{상수} \tag{15.3}$$

가 얻어진다(여기서 앞의 마이너스 부호는 토크가 쌍극자를 자기장과 '같은 방향'으로 정렬시키려 한다는 것을 의미한다. 에너지는 $\boldsymbol{\mu}$와 $\boldsymbol{B}$가 평행할 때 최소가 된다).

나중에 다시 설명하겠지만, 방금 구한 에너지는 전류 고리가 갖고 있는 에너지의 전부가 아니다(예를 들어, 고리 속의 전류를 계속 유지시키는 데 소요되는 에너지는 이 식에 포함되어 있지 않다). 식 (15.3)이 전체 에너지가 아니라는 점을 상기시키기 위해, 일단 이것을 U_{mech}로 표기하자. 그리고 아직은 모든 에너지를 고려하는 단계가 아니므로, 식 (15.3)의 적분 상수는 0으로 잡을 수 있다. 따라서

$$U_{\text{mech}} = -\boldsymbol{\mu} \cdot \boldsymbol{B} \tag{15.4}$$

가 된다. 이것은 형태상으로 전기 쌍극자의 에너지와 매우 비슷하다.

$$U = -\boldsymbol{p} \cdot \boldsymbol{E} \tag{15.5}$$

다른 점이 있다면, 식 (15.5)의 정전기 에너지 U는 진짜 에너지인 반면, 식 (15.4)의 U_{mech}는 진짜 에너지가 아니라는 점이다. 그러나 가상적 일의 원리에 의하면 식 (15.5)는 전류(또는 μ)가 일정한 경우에 고리에 걸리는 힘을 구하는 데 사용될 수 있다.

또한 U_{mech}는 사각형 전류 고리를 자기장 안으로 진입시키는 데 소요되는 일과 같다. 자기장이 공간적으로 균일할 때 전류 고리에 걸리는 총 힘은 0이지만, 균일하지 않은 자기장 속에 놓인 전류 고리에는 알짜 힘이 작용한다. 그런데 자기장 속으로 전류 고리를 진입시키려면 도중에 자기장이 균일하지 않은 지역

을 반드시 거쳐야 하므로, 어느 정도의 일을 해 주어야 한다. 계산을 단순화시키기 위해, 일단 전류 고리의 자기 모멘트 방향을 자기장의 방향과 일치시킨 상태에서 자기장 안으로 진입시킨다고 가정해 보자(전류 고리의 최종적인 방향 설정은 자리를 잡은 후에 고리를 회전시켜서 세팅하면 된다).

그림 15-2와 같이 놓여 있는 전류 고리를 '자기장이 더 강한 x방향'으로 이동시키려면, 어느 정도의 일을 해 주어야 할까? (전류 고리의 출발 지점에서 자기장은 0이라고 가정한다.) 다들 알다시피, 일은 이동 경로를 따라 힘(F)×거리(ds)를 적분한 값으로 주어진다.

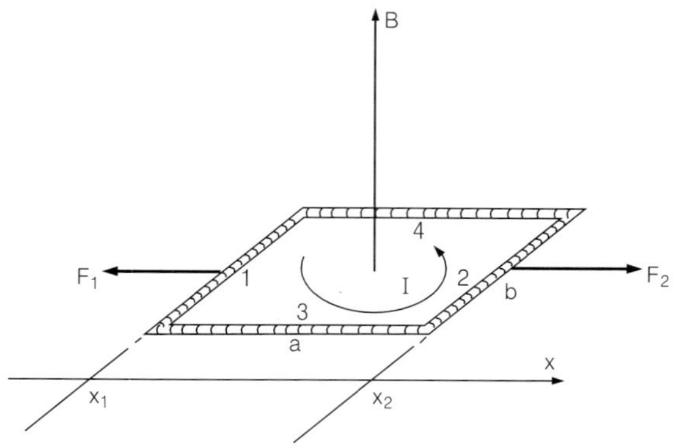

그림 15-2 x축과 수직한 자기장 $\boldsymbol{B}$ 속에서 전류 고리를 x방향으로 이동시킨다.

도선에 가해지는 일을 한꺼번에 계산할 것이 아니라, 도선의 각 변에 가해진 일을 따로 계산한 후에 이들을 더하는 식으로 진행해 보자. 변 3과 변 4에 걸리는 힘은 운동 방향과 수직하므로, 이 두 변에 가해진 일은 0이다. 변 2에 걸리는 힘은 $IbB(x)$이며, x방향을 향한다. 자기력을 거슬러 가면서 해 준 일을 구하려면, 자기장이 0인 지점($x=-\infty$)에서 현재의 지점 x_2까지 적분해야 한다.

$$W_2 = -\int_{-\infty}^{x_2} F_2\,dx = -Ib\int_{-\infty}^{x_2} B(x)\,dx \tag{15.6}$$

이와 마찬가지로, 변 1에 가해진 일은

$$W_1 = -\int_{-\infty}^{x_1} F_1\,dx = Ib\int_{-\infty}^{x_1} B(x)\,dx \tag{15.7}$$

이다. 위의 적분을 계산하려면 $B(x)$의 구체적인 형태를 알아야 한다. 그런데 이동 중에 고리의 모양이 변하지 않는다면 변 1은 항상 변 2의 바로 뒤에 따라 오게끔 되어 있으므로, 변 1에 대한 적분에는 변 2에 해 준 일의 대부분이 포함되어 있다. 실제로, 식 (15.6)과 (15.7)을 더하면

$$W = -Ib\int_{x_1}^{x_2} B(x)\,dx \tag{15.8}$$

가 된다. 그리고 두 변 1, 2가 위치한 곳에서 자기장 B가 거의 같다면, B를 상수로 취급하여 적분 밖으로 빼낼 수 있으므로

$$\int_{x_1}^{x_2} B(x)\,dx = (x_2 - x_1)\,B = aB$$

가 된다. 여기서 $\boldsymbol{B}$는 고리 중심에서의 자기장이다. 따라서 외부로부터 가해진 총 역학적 에너지는

$$U_{\text{mech}} = W = -IabB = -\mu B \tag{15.9}$$

인데, 이것은 식 (15.4)의 에너지와 일치한다.

물론, 고리에 작용하는 힘의 총합을 먼저 구한 후에 적분을 하더라도 결과는 같아야 할 것이다. 의심이 많은 사람들을 위해, 한 번 확인해 보자. 변 1과 변 2가 있는 곳의 자기장을 각각 B_1, B_2라 하면, x방향의 총 힘은

$$F_x = Ib(B_2 - B_1)$$

이 된다. 고리가 작아서 B_1과 B_2가 크게 다르지 않은 경우에는 다음과 같이 쓸 수 있다.

$$B_2 = B_1 + \frac{\partial B}{\partial x}\Delta x = B_1 + \frac{\partial B}{\partial x}a$$

따라서 힘은

$$F_x = Iab\frac{\partial B}{\partial x} \tag{15.10}$$

가 되고, '외부의' 힘이 고리에 해 준 총 일은

$$-\int_{-\infty}^{x} F_x\,dx = -Iab\int\frac{\partial B}{\partial x}\,dx = -IabB$$

인데, 이것 역시 $-\mu B$와 같다. 이제 여러분은 아래 식에서 예상되는 바와 같이, 작은 전류 고리에 작용하는 힘이 자기장의 미분에 비례하는 이유를 이해했을 것이다.

$$F_x\Delta x = -\Delta U_{\text{mech}} = -\Delta(-\boldsymbol{\mu}\cdot\boldsymbol{B}) \tag{15.11}$$

결과적으로, $U_{\text{mech}} = -\boldsymbol{\mu}\cdot\boldsymbol{B}$에 계의 모든 에너지가 포함되어 있는 것은 아니지만(즉, 진짜 에너지는 아니지만), 가상적 일의 원리와 함께 이 관계를 이용하면 일정한 전류가 흐르는 고리에 걸리는 힘을 계산할 수 있다.

15-2 역학적 에너지와 전기적 에너지

이제, 위에서 언급했던 U_{mech}이 진짜 에너지가 아닌 이유를 알아보자. 사실, 우리는 이 현상과 관련된 에너지를 모두 고려하지 않았다. 다만, "고리에 흐르는 전류가 (다른 전류들도 모두 포함하여) 일정하다는 가정하에 가상적 일의 원리를 적용하여 고리에 걸리는 힘을 계산할 때, U_{mech}을 마치 에너지처럼 써먹을 수 있다"는 실용적인 사실만을 강조했을 뿐이다. 지금부터, 이런 식의 논리가 제대로 먹혀들어 가는 이유를 알아보자.

그림 15-2에서 자기장 $\boldsymbol{B}$는 z축을 향하고, 고리가 $+x$방향으로 움직이고 있다고 가정해 보자. 이때, 변 2에 있는 전도 전자들은 도선 방향, 즉 y방향으로

힘을 받을 것이다. 전류로 나타나는 전자의 흐름이 생기므로 힘과 방향이 같은 운동 성분이 존재하는 것이다. 즉, 개개의 전자에는 $F_y v_y$의 일률로 일이 행해지고 있다(여기서 v_y는 도선을 따라 움직이는 전자의 y방향 속도 성분이다). 이 전자들에게 가해진 일을 '전기적 일(electrical work)'이라 부르기로 하자. 만일 고리가 '균일한 자기장' 속에서 움직이고 있다면, 전기적 일의 총량은 0이다. 왜냐하면 고리의 일부에는 (+)의 일이 가해지고, 다른 부분에는 크기가 같은 (−) 일이 가해지면서 서로 상쇄되기 때문이다. 그러나 균일하지 않은 자기장 속에서 도선을 움직이려면 전자들에게 얼마간의 일을 해 주어야 한다. 일반적으로, 전자에게 일을 해 주면 전자의 흐름이 달라지지만, 이런 상황에서도 전류를 일정하게 유지시키려면 배터리나 다른 전원으로부터 에너지를 흡수하거나 방출해야 한다. 그런데 이 에너지는 식 (15.9)에서 U_{mech}을 계산할 때 포함되지 않았다. 왜냐하면 우리는 도선의 몸체에 작용하는 순수한 역학적 에너지만을 고려했기 때문이다.

여러분은 이렇게 반문할지도 모른다. "하지만 전자가 받는 힘은 도선의 속도에 따라 달라지잖아요. 그러니까 도선을 아주 천천히 움직이면 전기적 에너지를 무시할 수 있지 않을까요?" 물론, 전기적 에너지가 전달되는 일률(단위 시간에 해 주는 일)은 도선의 속도에 비례한다. 그러나 도선에 전달된 '총 에너지'는 '소요된 시간'에 비례한다. 따라서 총 전기적 에너지는 속도×시간, 즉 도선의 이동 거리에 비례한다. 장 속에서 주어진 거리만큼 움직이려면 속도에 상관없이 일정한 양의 전기적 일을 가해야 한다.

전류 I가 흐르고 있는 단위 길이의 도선 조각이, 자기 자신과 자기장 $\boldsymbol{B}$에 수직한 방향으로 v_{wire}의 속도로 움직이는 경우를 생각해 보자. 도선에는 전류가 흐르고 있으므로, 전자는 도선 방향을 따라 유동 속도(drift velocity) v_{drift}로 운동하고 있을 것이다. 전자가 표류하는 방향으로 작용하는 자기력 성분은 $q_e v_{\text{wire}} B$이다. 따라서 전기적 일이 행해지는 일률은 $F v_{\text{drift}} = (q_e v_{\text{wire}} B)\, v_{\text{drift}}$가 된다. 단위 길이당 전도 전자의 수를 N이라 하면, 전기적인 총 일률은

$$\frac{dU_{\text{elect}}}{dt} = N q_e v_{\text{wire}} B v_{\text{drift}}$$

가 된다. 그런데 $N q_e v_{\text{drift}} = I$(도선에 흐르는 전류)이므로,

$$\frac{dU_{\text{elect}}}{dt} = I v_{\text{wire}} B$$

이다.

전류는 일정하게 유지되고 있으므로, 전도 전자에 작용하는 힘은 전자를 가속시키지 못한다. 실제로 전기적인 에너지는 전자에 일을 해 주는 것이 아니라, 전류를 일정하게 유지시켜 주는 전원 쪽으로 흘러들어 가는 것이다.

그러나 도선에 작용하는 힘은 IB이므로, IBv_{wire}는 도선에 가해진 '역학적 일률'이기도 하다. 즉, $dU_{\text{mech}}/dt = IBv_{\text{wire}}$이다. 결론적으로 말해서, 도선에 가해진 역학적 일은 전원에 가해진 전기적 일과 같다. 따라서 고리의 에너지는 변하지 않는다!

이것은 우연의 일치가 아니라, 이미 잘 알려진 법칙의 결과이다. 다들 알다시피, 도선 속에서 개개의 전하가 받는 총 힘은

$$\boldsymbol{F} = q(\boldsymbol{E} + \boldsymbol{v} \times \boldsymbol{B})$$

이며, 일률은

$$\boldsymbol{v} \cdot \boldsymbol{F} = q[\boldsymbol{v} \cdot \boldsymbol{E} + \boldsymbol{v} \cdot (\boldsymbol{v} \times \boldsymbol{B})] \tag{15.12}$$

이다. $\boldsymbol{E}=0$인 경우에는 우변의 두 번째 항만 고려하면 되는데, $\boldsymbol{v}\cdot(\boldsymbol{v}\times\boldsymbol{B})$는 항상 0이다($\boldsymbol{v}\times\boldsymbol{B}$는 $\boldsymbol{v}$에 수직한 벡터이다). 나중에 알게 되겠지만, 시간에 따라 '변하는 자기장'은 전기장을 발생시키며, 이런 경우에 첫 번째 항은 0이 되지 않는다. 따라서 우리의 논리는 시간에 따라 변하지 않는 자기장 속에서 도선이 움직이는 경우에만 적용될 수 있다.

그렇다면 가상적 일의 원리로부터 올바른 답이 나오는 이유는 무엇인가? 아직 이 계에 관련된 에너지를 모두 고려하지 않았기 때문이다. '원래부터 있다고 가정했던' 자기장을 발생시킨 전류의 에너지가 빠져 있는 것이다.

그림 15-3(a)와 같은 '완전한 계'를 생각해 보자. 코일 형태의 전류 I_2에 의해 생성된 자기장 $\boldsymbol{B}_1$ 속에서 전류 I_1이 흐르는 고리를 움직여 준다. 이때 고리에 흐르는 전류 I_1은 코일에 자기장 $\boldsymbol{B}_2$를 만들어 줄 것이다. 고리가 움직이면 $\boldsymbol{B}_2$도 변한다. 16장에서 보게 되겠지만, 시간에 따라 변하는 자기장은 전기장($\boldsymbol{E}$)을 생성하며, 이 전기장은 코일 속의 전하에 일을 해 준다. 따라서 이 에너지도 우리의 에너지 대차대조표에 포함시켜야 한다.

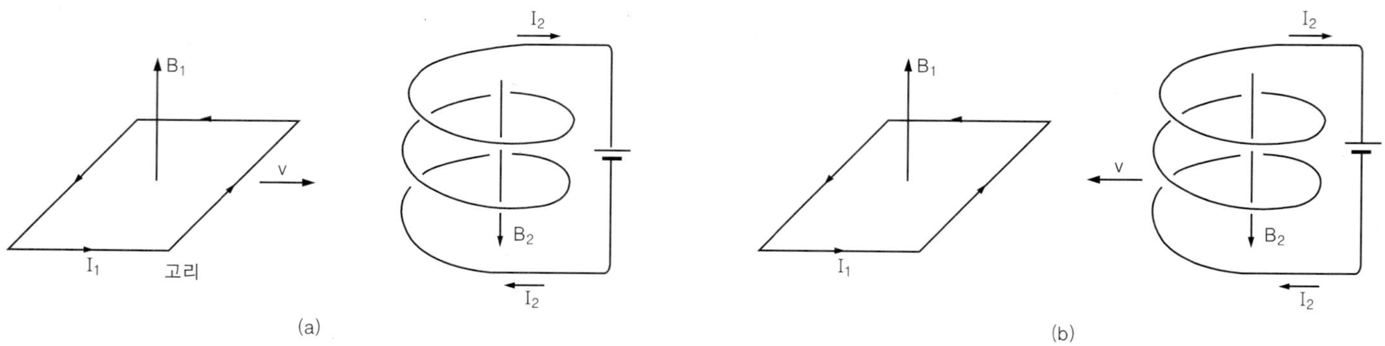

그림 15-3 자기장 속에 놓여 있는 작은 전류 고리의 에너지

이 새로운 에너지 항의 계산법은 다음 장에서 설명할 것이다. 그러나 상대성 원리를 이용하면 구체적인 계산을 거치지 않고서도 새로운 에너지 항의 대략적인 형태를 알아낼 수 있다. 앞에서 살펴본 것처럼 정지해 있는 코일 근처로 고리를 움직여 갈 때, 그 전기적 에너지는 역학적 에너지와 크기가 같고 부호는 반대이다. 따라서 다음과 같은 관계가 성립한다는 것을 알 수 있다.

$$U_{\text{mech}} + U_{\text{elect}}(\text{고리}) = 0$$

이와 반대로, 정지해 있는 고리 쪽으로 코일이 움직여 간다면 어떻게 될까? 코일의 입장에서 보면 고리가 만들어 낸 자기장 속으로 들어가는 셈이다. 여기에

위의 논리를 다시 한 번 적용하면

$$U_{\text{mech}} + U_{\text{elect}}(\text{코일}) = 0$$

이 된다. 보다시피, 두 경우 모두 역학적 에너지는 같다. 역학적 에너지는 두 회로 사이의 힘에서 비롯된 것이기 때문이다.

위의 두 식을 더하면

$$2U_{\text{mech}} + U_{\text{elect}}(\text{고리}) + U_{\text{elect}}(\text{코일}) = 0$$

이 된다. 전체 계의 총 에너지는 두 가지(코일과 고리) 전기적 에너지의 합에 역학적 에너지를 '한 번만' 더한 값이다. 즉,

$$U_{\text{total}} = U_{\text{elect}}(\text{고리}) + U_{\text{elect}}(\text{코일}) + U_{\text{mech}} = -U_{\text{mech}} \tag{15.13}$$

이 된다.

결국, 전체 계의 총 에너지는 U_{mech}과 크기가 같고 부호는 반대이다. 예를 들어, 자기 쌍극자의 실제 에너지를 거론할 때에는 다음과 같이 써야 한다.

$$U_{\text{total}} = +\boldsymbol{\mu}\cdot\boldsymbol{B}$$

전체 에너지의 일부인 U_{mech}을 이용하여 역학적 힘을 구하려면 모든 전류가 일정하다는 조건이 충족되어야 한다(U_{mech}은 실제 에너지와 부호가 반대이다). 물론, 좀 더 일반적인 문제에서는 모든 에너지를 고려해야 한다.

정전기학에서도 이와 비슷한 경우가 있었다. 다들 기억하다시피, 축전기는 $Q^2/2C$의 에너지를 갖고 있다. 가상적 일의 원리를 이용하여 축전기의 평행판 사이에 걸리는 힘을 계산할 때, 에너지의 변화량은 $Q^2/2$에 $1/C$의 변화량을 곱한 것이었다.

$$\Delta U = \frac{Q^2}{2}\Delta\left(\frac{1}{C}\right) = -\frac{Q^2}{2}\frac{\Delta C}{C^2} \tag{15.14}$$

이제 축전기 양단에 걸리는 전압이 일정하게 유지된다는 조건하에서, 두 도체를 움직이는 데 필요한 일을 계산해 보자. 이 경우에는 가짜로 무언가를 해 주면 가상적 일의 원리로부터 올바른 답을 구할 수 있다. $Q=CV$이므로, 진짜 에너지(true energy)는 $CV^2/2$이다. 여기서 $-CV^2/2$을 '가짜 에너지(artificial energy)'로 정의하고, 가짜 에너지의 변화가 역학적 일과 같다고 놓으면 가상적 일의 원리로부터 힘을 구할 수 있다. 단, V는 일정하게 유지되어야 한다. 그러면 U_{mech}의 변화량은

$$\Delta U_{\text{mech}} = \Delta\left(-\frac{CV^2}{2}\right) = -\frac{V^2}{2}\Delta C \tag{15.15}$$

가 되어, 식 (15.14)와 동일해진다. 즉, 전압을 일정하게 유지하기 위해 전기적 계(electrical system)가 행한 일을 고려하지 않고서도 올바른 답을 구한 것이다. 이 경우에도 전기적 에너지는 역학적 에너지의 두 배이며, 부호는 반대이다.

이와 같이 가짜 에너지를 이용하면, "전압을 일정하게 유지하기 위해서는

전원이 일을 해야 한다"는 사실을 고려하지 않고서도 올바른 답을 얻을 수 있다. 이는 정자기학에서의 상황과 매우 유사하다.

15-3 정상 전류의 에너지

$U_{\text{total}} = -U_{\text{mech}}$라는 사실을 이용하면 자기장 속에서 일정하게 흐르는 정상 전류의 진짜 에너지를 구할 수 있다. 우선 작은 전류 고리의 진짜 에너지를 구해 보자. 편의상 U_{total}을 U라고 쓰면

$$U = \boldsymbol{\mu} \cdot \boldsymbol{B} \tag{15.16}$$

가 된다. 물론 우리는 '직사각형 전류 고리'라는 특별한 경우에 한하여 이 에너지를 계산했지만, 그 결과는 작고 평평하게 생긴 모든 전류 고리에 적용될 수 있다.

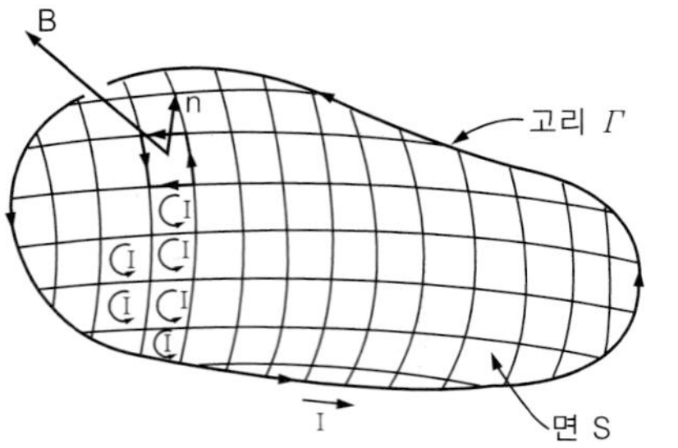

그림 15-4 자기장 속에 놓여 있는 커다란 고리의 에너지는 잘게 나누어진 작은 고리들의 에너지를 모두 합친 것으로 생각할 수 있다.

모든 회로가 아주 작은 고리들의 조합으로 이루어져 있다고 생각하면, 제멋대로 생긴 회로의 에너지를 구할 수 있다. 예를 들어, 그림 15-4와 같은 고리 모양의 도선 Γ가 있다고 가정해 보자. Γ를 경계로 하는 곡면 S를 잡은 다음, 이 곡면 위에 작은 고리들을 여러 개 그려서 S를 가득 채우면 작은 고리로 에워싸인 면적들은 평면으로 간주할 수 있다. 이제, 모든 고리에 전류 I를 흘려주면 Γ 내부에서 고리들이 겹치는 부분(공통 부분)에는 전류가 서로 상쇄되어, 결과적으로 제일 바깥쪽 곡선인 Γ에만 전류 I가 흐르는 것과 동일한 상황이 된다. 즉, 작은 전류 고리들로 이루어진 계와 원래의 회로는 물리적으로 동등하다는 것이다. 그렇다면 두 계의 에너지도 서로 같을 것이므로, Γ에 흐르는 전류의 에너지는 작은 전류 고리들의 에너지를 모두 더한 것과 같다고 할 수 있다.

작은 고리의 면적을 Δa라 하고, 여기에 수직한 자기장의 성분을 B_n이라 하면 고리의 에너지는 $I\,\Delta a B_n$이 된다. 따라서 총 에너지는

$$U = \sum I B_n \Delta a$$

이다. 작은 고리의 면적을 무한히 작게 가져가면 위의 합은 적분으로 바뀌어

$$U = I \int B_n \, da = I \int \boldsymbol{B} \cdot \boldsymbol{n} \, da \tag{15.17}$$

가 된다. 여기서 $\boldsymbol{n}$은 da에 수직한 단위 벡터이다.

$\boldsymbol{B} = \boldsymbol{\nabla} \times \boldsymbol{A}$와 스톡스 정리를 이용하면 위의 면적분을 다음과 같은 선적분으로 바꿀 수 있다.

$$I \int_S (\boldsymbol{\nabla} \times \boldsymbol{A}) \cdot \boldsymbol{n} \, da = I \oint_\Gamma \boldsymbol{A} \cdot d\boldsymbol{s} \tag{15.18}$$

여기서 $d\boldsymbol{s}$는 곡선 Γ를 따라가는 선분 요소이다. 따라서 임의의 모양을 가진 회로의 에너지는

$$U = I \oint_{\text{회로}} \boldsymbol{A} \cdot d\boldsymbol{s} \tag{15.19}$$

이다. 이 식에서 $\boldsymbol{A}$는 도선이 놓인 곳에 자기장 $\boldsymbol{B}$를 발생시킨 전류들(Γ에 흐르는 전류 I를 제외한 나머지 모든 전류)에 의한 벡터 퍼텐셜이다.

임의의 정상 전류 분포는 전류가 흐르는 각 지점에 가느다란 도선들이 전류와 같은 방향으로 나란하게 놓여 있는 것으로 이해할 수 있다. 이러한 회로 두 개에 식 (15.19)를 적용할 때에는 하나의 회로를 따라 적분하되, 이 적분에 들어갈 $\boldsymbol{A}$는 다른 회로에 흐르는 전류가 발생시킨 벡터 퍼텐셜을 사용한다. 전체 에너지를 구하려면 모든 가능한 회로 쌍들의 에너지를 더해 주면 된다. 그러나 한 쌍씩 더하지 않고 작은 회로에 의한 기여도를 모두 더하면, 결과적으로 각 회로 쌍을 두 번 더한 셈이 된다(정전기학에서도 이와 비슷한 경우가 있었다). 따라서 전체 에너지는 다음과 같이 표현될 수 있다.

$$U = \frac{1}{2}\int \boldsymbol{j}\cdot\boldsymbol{A}\,dV \tag{15.20}$$

이 식은 정전기학에서 유도했던 식

$$U = \frac{1}{2}\int \rho\phi\,dV \tag{15.21}$$

에 대응된다. 그러므로 (여러분이 원한다면) $\boldsymbol{A}$를 전류에 대한 일종의 퍼텐셜 에너지로 생각할 수 있다. 그러나 이런 식의 해석은 정적인 장에서만 성립하기 때문에 그렇게 유용하지는 않다. 실제로, 전류가 시간에 따라 변할 때에는 식 (15.20)이나 (15.21)을 적용할 수 없다.

15-4 $\boldsymbol{B}$와 $\boldsymbol{A}$

이제, 다음과 같은 질문을 던져 보자. "벡터 퍼텐셜은 과연 '실재하는 장(real field)'인가? 아니면 (정전기학의 계산에서 스칼라 퍼텐셜이 유용하게 쓰이듯이) 단순히 계산상의 편의를 위해 도입한 수학적 도구일 뿐인가?" '실존'의 여부가 불분명한 것은 자기장도 마찬가지다. 자기장이 '움직이는 전하에 가해지는 힘'의 원천이라고 해서, 그것을 실재하는 물리량으로 취급할 수 있을까? 사실, '실재하는 장'이라는 말 자체에도 모호한 구석이 있다. 장이란 애초부터 추상적인 개념이었으므로, 실재한다고 말하기엔 왠지 꺼림칙한 느낌이 든다. 우리가 직접 자기장을 만지거나 볼 수는 없기 때문이다. 또한 자기장의 값도 명확하게 정의되지 않는다. 예를 들어, 움직이는 좌표계를 적절히 잡아 주면 특정 위치에서 자기장이 사라지게 만들 수도 있다.

여기서 말하는 '실재하는 장'이란, '원격 작용(action at a distance)'의 개념을 쓰지 않기 위해서 도입된 수학적 함수를 의미한다. 점 P에 놓여 있는 하전입자는 다른 위치에 놓여 있는 전하들과 전기적 상호작용을 주고받는다. 이 현상을 기술하는 한 가지 방법은 "다른 전하들이 점 P를 포함한 주변 공간에 어떤 조건을 부과한다"고 말하는 것이다. 전기장과 자기장으로 표현되는 이 조건을 알고 있으면, 그 조건이 거기에 부과된 연원을 따지지 않고도, 입자의 거동을 완벽하게 기술할 수 있다.

다시 말해서, 주위에 있는 다른 전하들이 어떻게 변하더라도, 점 $\boldsymbol{P}$에서의 전기장과 자기장이 변하지 않으면 $\boldsymbol{P}$에 위치한 입자의 운동도 변하지 않는다는 이야기다. 즉 실재하는 장이란, '어떤 특정 위치에서' 벌어지는 일이 '그 위치에 부여된' 숫자에만 의존하도록 정의된 한 세트의 숫자 조합을 의미한다. 이렇게 하면 다른 곳에서 무슨 일이 벌어지는지에 대해서는 신경 쓸 필요가 없다. 우리는 그저 '관심 있는 곳'에서의 전기장이나 자기장 값만 알면 된다. 지금부터, 이런 맥락에서 벡터 퍼텐셜이 실재하는 장인지 아닌지를 따져 보자.

여러분은 벡터 퍼텐셜의 값이 유일하게 결정되지 않는다는 점에 착안하여 그 실재성을 의심할지도 모른다. 다들 알다시피, 벡터 퍼텐셜에 어떤 스칼라 함수의 그래디언트를 더해도 입자에 작용하는 힘은 전혀 달라지지 않는다. 그러나 이 성질은 우리가 지금 논하고 있는 장의 실재성과는 아무런 관계도 없다. 예를 들어, 자기장은 상대론적 좌표 변환에 따라 값이 달라지지만($\boldsymbol{E}$와 $\boldsymbol{A}$도 마찬가지다), 값이 변한다고 해서 자기장이 실재하지 않는다고 말하지는 않는다. 좌표 변환에 의해 값이 변하는 것과 물리량의 실재성 사이에는 아무런 관계도 없다. 이런 것은 벡터 퍼텐셜이 자기적 현상을 일으키는 '실재하는' 장인지, 아니면 단순히 유용한 수학적 도구에 불과한 것일 뿐인지에 대한 우리의 질문과는 아무런 상관이 없다.

이쯤에서, 벡터 퍼텐셜 $\boldsymbol{A}$가 얼마나 '유용한' 물리량인지 찬찬히 따져 보자. 일단 우리는 벡터 퍼텐셜을 이용하여 주어진 전류 분포로부터 자기장을 알아낼 수 있었다. 이것은 전하 분포로부터 전기장을 계산할 때 전기 퍼텐셜 ϕ를 이용했던 것과 비슷하다. 정전기학에서 ϕ는 다음과 같은 스칼라 적분으로 계산된다.

$$\phi(1) = \frac{1}{4\pi\epsilon_0}\int\frac{\rho(2)}{r_{12}}\,dV_2 \tag{15.22}$$

여기서 구한 ϕ로부터, 전기장 $\boldsymbol{E}$의 세 가지 성분을 알아낼 수 있다. 이 방법은 아래의 식

$$\boldsymbol{E}(1) = \frac{1}{4\pi\epsilon_0}\int\frac{\rho(2)\,\boldsymbol{e}_{12}}{r_{12}^2}\,dV_2 \tag{15.23}$$

로 전기장을 직접 계산하는 것보다 훨씬 쉽다. 식 (15.23)은 마치 적분이 하나인 척하고 있지만, 사실은 세 개의 적분이 들어 있다. 게다가, 각각의 적분은 (일반적으로) 계산하기가 쉽지 않다.

그러나 정자기학의 경우에는 퍼텐셜을 사용해서 얻을 수 있는 계산상의 이점이 그다지 명확하지 않다. 새로 도입한 퍼텐셜 $\boldsymbol{A}$도 벡터이기 때문에, 여전히 벡터 적분을 수행해야 한다.

$$\boldsymbol{A}(1) = \frac{1}{4\pi\epsilon_0 c^2}\int\frac{\boldsymbol{j}(2)\,dV_2}{r_{12}} \tag{15.24}$$

이 식은 세 개의 적분으로 이루어져 있다. 게다가 $\boldsymbol{B}$를 구하려면 $\boldsymbol{A}$에 컬을 취해야

하는데, 컬을 계산하려면 미분을 6번 수행하여 둘씩 짝 짓는 복잡한 계산 과정을 거쳐야 한다. 과연 이 방법이 아래의 식처럼 $\boldsymbol{B}$를 직접 계산하는 것보다 쉬울 것인가?

$$\boldsymbol{B}(1) = \frac{1}{4\pi\epsilon_0 c^2}\int\frac{\boldsymbol{j}(2) \times \boldsymbol{e}_{12}}{r_{12}^2}\,dV_2 \tag{15.25}$$

결론부터 말하면 간단한 문제에서는 벡터 퍼텐셜을 도입하면 오히려 문제가 더 복잡해지기만 한다. 한 가지 예를 들어 보자. 높은 대칭성을 가진 문제에서 특정 지점의 자기장 $\boldsymbol{B}$를 계산한다고 가정해 보자(전류 고리의 축 상에서 자기장을 계산하는 문제 등). 이런 문제는 높은 대칭성 때문에 식 (15.25)의 적분을 수행하면 $\boldsymbol{B}$를 어렵지 않게 계산할 수 있다. 그러나 적분을 통해 $\boldsymbol{A}$를 먼저 구한 후 컬을 취하여(미분하여) $\boldsymbol{B}$를 계산한다면, 원하는 장소(고리의 축)의 '주변'에서 $\boldsymbol{A}$값을 모두 알아야 한다. $\boldsymbol{B}$를 계산하려면 $\boldsymbol{A}$의 미분을 알아야 하기 때문이다. 그런데 축의 주변은 대칭성에서 벗어난 곳이므로 $\boldsymbol{A}$에 대한 적분[식 (15.24)]은 매우 복잡해진다. 전류 고리의 경우에는 아마도 타원 적분(elliptic integrals)을 해야 할 것이다. 따라서 이런 문제를 풀 때 $\boldsymbol{A}$를 거쳐 $\boldsymbol{B}$를 구하는 것은 매우 미련한 방법이라고 할 수 있다. 물론 복잡한 문제에서는 $\boldsymbol{A}$를 먼저 구하는 것이 유리한 경우도 많이 있다. 그러나 단순히 계산을 쉽게 해 준다는 이유만으로(그것도 특정한 경우에만) 새로운 벡터장의 도입이 정당화될 수는 없다.

전자기학에서 $\boldsymbol{A}$가 도입된 이유는 계산상의 편리함 때문이 아니라, 그것이 물리적으로 중요한 의미를 갖고 있기 때문이다. 앞 절에서 살펴본 바와 같이 $\boldsymbol{A}$는 전류의 에너지와 밀접하게 관련되어 있을 뿐만 아니라, 방금 말한 관점에서 볼 때 분명히 '실재하는' 물리적 장이기 때문이다. 고전역학에 의하면 한 입자에 작용하는 힘은

$$\boldsymbol{F} = q(\boldsymbol{E} + \boldsymbol{v} \times \boldsymbol{B}) \tag{15.26}$$

이며, 입자의 운동은 주어진 힘에 의해 완전히 결정된다. 따라서 $\boldsymbol{A} \neq 0$이지만 $\boldsymbol{B} = 0$인 곳, 예를 들어 솔레노이드의 외부와 같은 곳에서는 $\boldsymbol{A}$의 효과가 거의 없다고 볼 수 있다. 이런 이유로 물리학자들은 오랜 세월 동안 $\boldsymbol{A}$를 '실재하지 않는' 장으로 취급해 왔다. 그러나 양자역학이 도입되면서, 위에서 정의한 의미에서 볼 때 $\boldsymbol{A}$를 실재하는 장으로 인정할 수밖에 없는 현상들이 속속 발견되었다. 지금부터 이와 관련된 내용을 구체적으로 알아보자.

15-5 벡터 퍼텐셜과 양자역학

고전역학에서 양자역학으로 넘어가려면 많은 개념들을 근본부터 수정해야 한다. 이들 중 일부는 1권에서 이미 다루었다. 양자역학으로 가면 힘은 그다지 중요하게 취급되지 않고 에너지와 운동량이 핵심적인 역할을 하게 된다. 양자역학에서는 입자의 운동을 논하기보다는 시간과 공간에 따라 변하는 확률 진폭에 대해 이야기한다. 확률 진폭의 파장은 운동량과 관련되어 있고, 진동수는 에너지

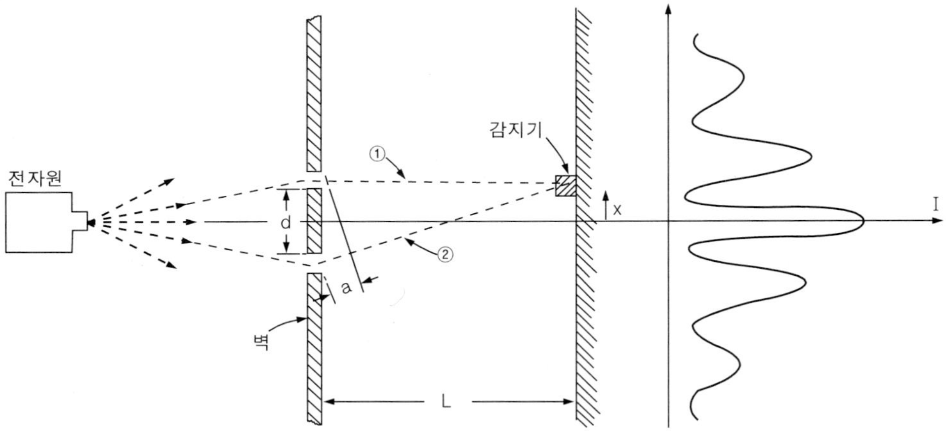

그림 15-5 전자를 이용한 간섭 실험(제1권 37장 참조)

와 관련되어 있다. 그러므로 양자역학에서는 파동 함수의 위상을 결정하는 운동량과 에너지가 가장 중요한 개념으로 떠오른다. 양자역학에서는 확률파의 파장을 변화시키는 상호작용을 중요하게 취급하며, 힘은 부수적인 개념 정도로 사용할 뿐이다. 예를 들어, 원자력을 양자역학적으로 논할 때에는 두 핵자(nucleons) 사이의 힘을 분석하는 대신, 이들 사이의 상호작용 에너지를 분석한다. 이런 미시적 현상을 다루면서 힘을 계산하기 위해 에너지를 미분하는 사람은 아무도 없다. 이 절에서는 양자역학에서 벡터 퍼텐셜과 스칼라 퍼텐셜이 어떤 역할을 하는지 알아볼 참이다. 사실, 양자역학에서는 운동량과 에너지가 가장 핵심적인 역할을 하기 때문에, 전자기적 현상을 양자역학적으로 서술할 때에는 $\boldsymbol{A}$와 ϕ를 통하는 것이 가장 직접적이고 간편한 방법이다.

우선 양자역학의 기본 원리를 복습하는 뜻에서, 제1권 37장에서 언급했던 가상의 실험, 즉 이중 슬릿 실험을 다시 떠올려 보자. 실험의 대략적인 얼개는 그림 15-5에 제시되어 있다. 전자 발생기에서 거의 비슷한 에너지로 발사된 전자들은 약간의 거리를 진행한 후 두 개의 슬릿이 뚫려 있는 벽에 도달한다. 여기서 구멍을 통과한 전자들은 또 얼마간의 거리를 이동한 후 스크린에 도달하도록 되어 있는데, 여기에는 위아래로 자유롭게 움직일 수 있는 전자 감지기가 설치되어 있다. 전자 감지기는 스크린에 도달하는 전자의 수를 헤아리는 장치이다. 이제, 단위 시간 동안 스크린의 중심축으로부터 x만큼 떨어진 지점에 도달하는 전자의 개수를 I라 하자. 특정 지점에서의 I값은 전자 발생기에서 발사된 전자가 그 지점에 도달할 확률에 비례하며, 그림의 오른쪽 끝에 그려진 곡선처럼 x에 따라 복잡한 곡선을 그린다. 양자역학에서는 이 곡선을 '전자 하나가 각각의 슬릿을 통과할 확률 진폭의 간섭 효과'로 해석한다. 두 진폭의 간섭 효과는 둘 사이의 위상차에 의해 결정된다. 두 진폭을 각각 $C_1e^{i\Phi_1}$, $C_2e^{i\Phi_2}$라고 했을 때, 둘 사이의 위상차는 $\delta=\Phi_1-\Phi_2$로 정의된다[제1권 29장 식 (29.12) 참조]. 그리고 그림과 같이 스크린과 슬릿 사이의 거리를 L이라 하고, 각각의 슬릿을 지나는 경로 사이의 거리 차를 a라 하면, 두 진폭 사이의 위상차는 다음과 같이 주어진다.

$$\delta = \frac{a}{\lambdabar} \tag{15.27}$$

여기서 $\lambdabar = \lambda/2\pi$이고, λ는 확률 진폭의 공간적 파장이다. 문제를 단순화하기 위해, 일단 x가 L보다 훨씬 작은 경우만 고려해 보자. 그러면 a는 다음과 같이 쓸 수 있다.

$$a = \frac{x}{L} d$$

$$\delta = \frac{x}{L} \frac{d}{\lambdabar} \tag{15.28}$$

x가 0이면 δ도 0이다. 즉, 스크린의 중심부에 도달하는 전자들은 위상차가 없기 때문에 서로 보강 간섭을 일으켜서 확률이 최대가 된다. 만일 위상차가 $\delta = \pi$이면, 두 확률파의 위상은 정반대가 되어 소멸 간섭을 일으키므로, 도달 확률은 최소가 된다. 이런 식으로 따지다 보면, 스크린에 도달하는 전자의 개수 분포를 기술하는 물결 모양의 함수가 얻어진다.

이제, $\boldsymbol{F} = q\boldsymbol{v} \times \boldsymbol{B}$에 대응되는 양자역학 법칙이 무엇인지 알아보자. 아직 구체적인 형태는 알 수 없지만, 전자기장 속에서 입자의 양자적 거동을 결정하는 법칙이어야 할 것이다. 앞서 말한 대로, 입자의 양자적 거동은 확률 진폭에 의해 결정된다. 따라서 양자역학의 법칙은 자기적 영향이 확률 진폭에 미치는 영향을 설명할 수 있어야 한다. 이제 우리는 입자의 가속도를 고려할 필요가 없다. 거두절미하고 결론부터 말하면, 그 법칙은 다음과 같다. "임의의 경로를 거쳐 가는 확률 진폭의 위상은 자기장의 영향을 받아 변한다. 변하는 정도는 주어진 경로를 따라 벡터 퍼텐셜을 적분한 값에 입자의 전하를 곱한 후 플랑크 상수로 나눈 값과 같다." 말로 하면 복잡하지만 식으로 쓰면 다음과 같이 간단하게 표현된다.

$$\text{자기장에 의한 위상 변화} = \frac{q}{\hbar} \int_{\text{경로}} \boldsymbol{A} \cdot d\boldsymbol{s} \tag{15.29}$$

자기장이 없어도 입자가 특정 경로를 거쳐서 도착할 확률 진폭은 특정한 위상을 갖고 있다. 그러나 입자가 가는 길목에 자기장이 걸려 있으면 확률 진폭의 최종 위상은 식 (15.29)의 적분 값만큼 변한다.

지금 다루고 있는 주제에서 약간 벗어난 내용이긴 하지만, 정전기장에 의한 확률 진폭의 위상 변화는 스칼라 퍼텐셜 ϕ의 '시간' 적분에 '음의 부호'를 붙인 값과 같다.

$$\text{전기장에 의한 위상 변화} = -\frac{q}{\hbar} \int \phi \, dt$$

위에 나열한 두 개의 식은 정적인 장(static field)과 동적인 장(dynamic field)에 모두 적용될 수 있다. 이들이 바로 $\boldsymbol{F} = q(\boldsymbol{E} + \boldsymbol{v} \times \boldsymbol{B})$를 대신하는 양자역학의 전자기학 법칙이다. 그러나 지금은 우리의 관심을 정적인 자기장에 한정시키기로 한다.

앞서 말한 이중 슬릿 실험에서 전자가 가는 길목에 자기장이 걸려 있다면 확률 진폭은 어떻게 달라질 것인가? 우리는 각각의 슬릿을 지난 파동이 스크린에 도착했을 때 그 위상이 어떻게 되는지 알아야 한다. 스크린 상에서 도달 확률이 최대가 되는 지점은 확률 진폭의 간섭무늬에 의해 결정된다. 자기장이 없을 때 경로 (1)을 지나온 파동의 위상을 $\Phi_1(B=0)$이라고 하면, 자기장이 있을 때의 위상 Φ_1은 다음과 같을 것이다.

$$\Phi_1 = \Phi_1(B=0) + \frac{q}{\hbar}\int_{(1)} \boldsymbol{A}\cdot d\boldsymbol{s} \tag{15.30}$$

마찬가지로, 경로 (2)에 대한 위상은 다음과 같이 될 것이다.

$$\Phi_2 = \Phi_2(B=0) + \frac{q}{\hbar}\int_{(2)} \boldsymbol{A}\cdot d\boldsymbol{s} \tag{15.31}$$

감지기에 나타나는 두 파동의 간섭은 이들 사이의 위상차로부터 결정된다.

$$\delta = \Phi_1(B=0) - \Phi_2(B=0) + \frac{q}{\hbar}\int_{(1)} \boldsymbol{A}\cdot d\boldsymbol{s} - \frac{q}{\hbar}\int_{(2)} \boldsymbol{A}\cdot d\boldsymbol{s} \tag{15.32}$$

자기장이 없을 때의 위상차를 $\delta(B=0)$라고 하자. 이 값은 식 (15.28)로 주어진다. 또한 식 (15.32)에 나타난 두 개의 적분은 경로 (1)로 갔다가 경로 (2)를 따라 다시 돌아오는 '하나의' 적분으로 합쳐질 수 있다. 이 폐경로를 (1-2)라고 하면, 식 (15.32)는 다음과 같이 쓸 수 있다.

$$\delta = \delta(B=0) + \frac{q}{\hbar}\oint_{(1-2)} \boldsymbol{A}\cdot d\boldsymbol{s} \tag{15.33}$$

식 (15.33)은 전자의 운동이 자기장에 의해 달라지는 양상을 양자역학적으로 표현한 것으로서, 이 식을 이용하면 전자의 도달 횟수가 최대-최소가 되는 지점들이 어떻게 변하는지 알 수 있다.

자기장에 의한 최대-최소 지점의 위치 변화를 알아보기 전에, 중요한 사실 하나를 짚고 넘어가야 할 것 같다. 앞서 여러 차례 강조했던 바와 같이, 벡터 퍼텐셜은 유일한 값으로 결정되지 않는다. 두 개의 벡터 퍼텐셜 $\boldsymbol{A}$와 $\boldsymbol{A}'$의 차이가 어떤 스칼라 함수의 그래디언트 $\boldsymbol{\nabla}\psi$로 표현되기만 하면, 이들로부터 계산된 자기장은 모두 동일하다(그래디언트의 컬은 항상 0이기 때문이다). 즉, $\boldsymbol{A}$와 $\boldsymbol{A}'$은 고전적으로 동일한 힘 $\boldsymbol{F}=q\boldsymbol{v}\times\boldsymbol{B}$에 대응되는 것이다. 그런데 양자역학에서는 이 힘에 의한 효과를 벡터 퍼텐셜이 대신하고 있다. 그렇다면 수많은 벡터 퍼텐셜 $\boldsymbol{A}$ 중 대체 어떤 것을 선택해야 하는가?

양자역학에서도 벡터 퍼텐셜 $\boldsymbol{A}$는 고전 이론에서와 마찬가지로 유일하게 결정되지 않는다. 하지만 위상 차이의 계산에는 아무런 영향을 주지 않는다. 어떻게 해서 그렇게 되는지 알아보자. 식 (15.33)에서 $\boldsymbol{A}$를 $\boldsymbol{A}'=\boldsymbol{A}+\boldsymbol{\nabla}\psi$로 바꿔 보자. 그러면 $\boldsymbol{A}$에 대한 적분은

$$\oint_{(1-2)} \boldsymbol{A}'\cdot d\boldsymbol{s} = \oint_{(1-2)} \boldsymbol{A}\cdot d\boldsymbol{s} + \oint_{(1-2)} \boldsymbol{\nabla}\psi\cdot d\boldsymbol{s}$$

가 된다. 여기서 $\nabla\psi$의 적분은 폐경로 (1-2)를 따라가며 수행된다. 그런데 스톡스 정리에 의하면, 그래디언트의 접선 성분을 폐경로에 대해 적분한 값은 항상 0이다. 따라서 $\boldsymbol{A}$와 $\boldsymbol{A}'$은 동일한 위상차를 주며, 동일한 양자역학적 간섭 효과를 나타낸다. 양자역학이나 고전역학이나, 중요한 것은 $\boldsymbol{A}$ 자체가 아니라 '$\boldsymbol{A}$의 컬(curl)'이다. 다시 말해서, 컬을 계산했을 때 동일한 자기장이 나오는 모든 $\boldsymbol{A}$들은 물리적으로 아무런 하자가 없다는 뜻이다.

14-1절의 결과를 사용해도 결론은 달라지지 않는다. 그곳에서 우리는 폐경로를 따라 $\boldsymbol{A}$를 선적분한 값이 그 경로를 통과하는 $\boldsymbol{B}$의 플럭스와 같다는 것을 확인하였다[지금의 경우는 경로 (1)과 (2) 사이를 지나는 자기장의 플럭스가 될 것이다]. 이 결과를 이용하면 식 (15.33)을 다음과 같이 쓸 수 있다.

$$\delta = \delta(B=0) + \frac{q}{\hbar}[(1)\text{과 } (2) \text{ 사이를 지나는 } \boldsymbol{B}\text{의 플럭스}] \qquad (15.34)$$

물론, 여기서 $\boldsymbol{B}$의 플럭스는 $\boldsymbol{B}$의 수직 성분을 면적분한 값이다. 식 (15.34)는 오직 $\boldsymbol{B}$에 의해(즉, $\boldsymbol{A}$의 컬에 의해) 결정된다.

보다시피, 위상차는 $\boldsymbol{A}$뿐만 아니라 $\boldsymbol{B}$를 이용하여 나타낼 수도 있다. 이 시점에서 여러분은 "실재하는 장은 $\boldsymbol{B}$이고, $\boldsymbol{A}$는 계산상의 편의를 위해서 도입된 장이다"라고 생각할지도 모른다. 그러나 앞에서 우리가 내렸던 '실재하는' 장의 정의는 "원격 작용을 도입하지 않고서도 전자기적 상황을 기술할 수 있는 장"이었다. 그런데 실제로 $\boldsymbol{B}=0$인 영역(혹은 거의 0인 영역)에서도 입자가 자기장의 영향을 받는 사례가 있다. 그런 경우에는 $\boldsymbol{B}$가 입자에 '직접적으로' 작용한다고 생각할 수가 없다.

전류가 흐르는 긴 솔레노이드의 내부에는 그림 15-6과 같이 자기장 $\boldsymbol{B}$가 존재하지만, 바깥쪽에는 자기장이 없고 그 대신 솔레노이드 주위를 순환하는 $\boldsymbol{A}$만이 존재한다. 여기서 실험 조건을 잘 조절하면 전자가 솔레노이드의 바깥($\boldsymbol{A}$만 존재하는 영역)에서만 발견되도록 만들 수 있다. 그런데 식 (15.33)에 의하면 이런 경우에도 벡터 퍼텐셜 $\boldsymbol{A}$는 전자의 운동에 영향을 미친다. 고전 이론으로는 도저히 이 현상을 설명할 수 없다. 고전 이론에 의하면 힘은 오로지 $\boldsymbol{B}$에만 의존하기 때문에, 솔레노이드에 전류가 흐르는지 확인하려면 전자를 $\boldsymbol{B}$가 존재하는 솔레노이드 안으로 통과시켜 봐야 한다. 그러나 양자역학적으로는 전자를 솔레노이드 '주변'으로 보내기만 해도(아주 근접시키지 않더라도) 솔레노이드 내부에 자기장이 존재하는지 확인할 수 있다!

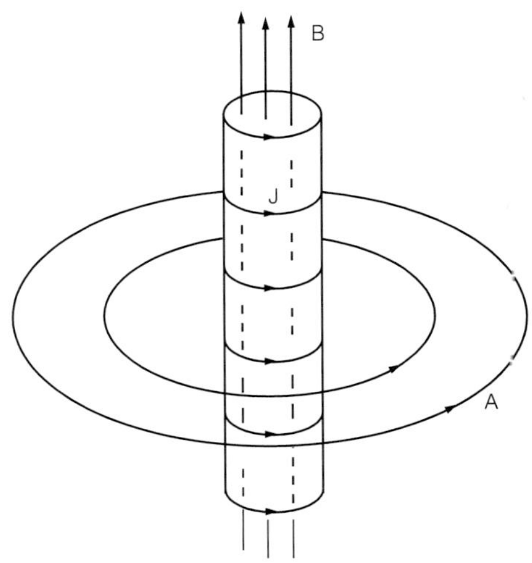

그림 15-6 긴 솔레노이드의 자기장과 벡터 퍼텐셜

그림 15-7과 같이, 슬릿이 뚫려 있는 벽의 바로 뒤(두 개의 슬릿 사이)에 길고 가느다란 솔레노이드를 놓아 보자. 솔레노이드의 직경을 두 슬릿 사이의 거리 d보다 훨씬 작게 만들면 슬릿에서 굴절된 전자가 솔레노이드 근처를 지나갈 확률은 매우 작아진다. 이런 상황에서도 솔레노이드의 존재가 스크린에 나타나는 간섭무늬에 영향을 줄 것인가?

이 실험을 솔레노이드에 전류가 흐르는 경우와 흐르지 않는 경우로 나눠서 생각해 보자. 전류가 흐르지 않는 경우에는 $\boldsymbol{B}$도 $\boldsymbol{A}$도 존재하지 않으므로 스크린에는 원래의 간섭무늬가 나타날 것이다. 그러나 솔레노이드에 전류를 흘려보내면

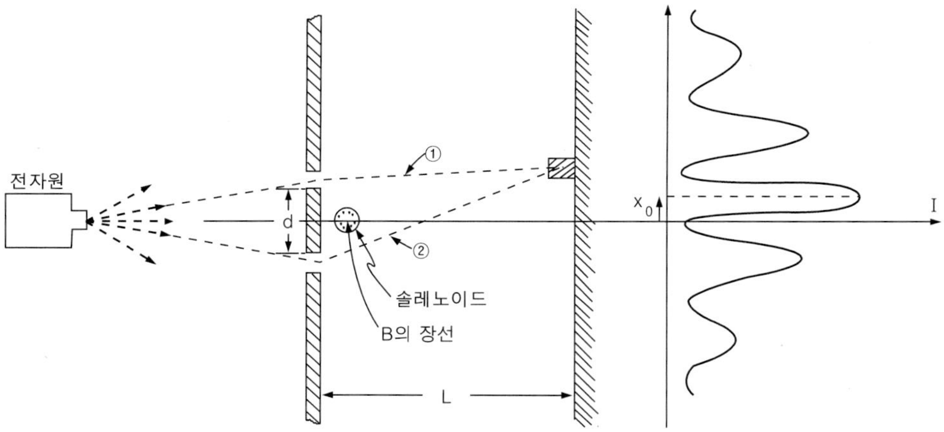

그림 15-7 자기장은 전자가 발견될 확률이 거의 0인 영역 속에 갇혀 있음에도 불구하고 전자의 운동에 영향을 미칠 수 있다.

솔레노이드의 내부에는 $\boldsymbol{B}$가, 바깥쪽에는 $\boldsymbol{A}$가 생성된다. 이때는 솔레노이드의 바깥쪽 $\boldsymbol{A}$의 서큘레이션에 비례하는 위상차가 생긴다. 즉, 간섭무늬의 최대-최소 점들이 새로운 위치로 이동한다는 뜻이다. 실제로 임의의 한 쌍의 경로에 대하여 $\boldsymbol{B}$의 플럭스는 항상 일정하기 때문에, $\boldsymbol{A}$의 서큘레이션도 언제나 같은 값을 갖는다. 다시 말해서, 스크린 상의 도달 위치에 상관없이 확률 진폭의 위상이 항상 같은 양만큼 변한다는 이야기다. 그러므로 간섭무늬는 이전의 형태를 그대로 유지한 채 일정 거리 x_0만큼 이동하게 된다. 여기서 x_0는 쉽게 계산할 수 있다. 전자의 도달 확률이 최대인 곳은 두 확률파의 위상차가 0인 곳에 해당된다. 식 (15.32)나 (15.33)을 이용하여 δ를 계산하고, 식 (15.28)을 이용하여 $B=0$인 경우의 δ를 구하면, 간섭무늬의 이동 거리 x_0는 다음과 같다.

$$x_0 = -\frac{L}{d}\,\lambda\!\!\!^{-}\,\frac{q}{\hbar}\oint_{(1-2)}\boldsymbol{A}\cdot d\boldsymbol{s} \tag{15.35}$$

또는

$$x_0 = -\frac{L}{d}\,\lambda\!\!\!^{-}\,\frac{q}{\hbar}[(1)\text{과 }(2)\text{ 사이의 }\boldsymbol{B}\text{의 플럭스}] \tag{15.36}$$

양자역학이 옳다면, 솔레노이드를 넣었을 때의 간섭무늬는 그림 15-7처럼 나타나야 할 것이다.*

이 실험은 실제로 최근에 수행되었는데, 언뜻 보기엔 단순해 보이지만 결코 쉽지 않은 실험이었다. 전자의 파장이 너무 짧기 때문에 간섭 효과를 확인하려면 실험 장치를 아주 작은 스케일로 만들어야 한다. 전자의 간섭무늬를 관측하려면 슬릿 사이의 간격을 매우 작게 잡아야 하고, 솔레노이드는 그보다 훨씬 더 작아야 한다. 이 실험을 한 사람들은 그렇게 작은 솔레노이드를 무슨 수로 만들 수 있었을까? 사실, 그들은 솔레노이드를 새로 제작하지 않고, 철(Fe)의 결정이 갖고 있는 특이한 성질을 이용하였다. 철의 결정은 어떤 특별한 조건하에서 '휘스커

* 자기장 $\boldsymbol{B}$가 지면에서 우리 쪽으로 나오는 방향이면 플럭스는 음(−)이고 x_0는 양수이다.

(whisker)'라는 매우 길고 가느다란 미세섬유의 형태로 성장한다. 철 휘스커를 자화시키면 아주 길고 가느다란 자석이 되는데, 이것을 미시적 스케일의 솔레노이드로 사용한 것이다(휘스커의 양 끝 부분을 제외하면, 휘스커의 바깥에서 $\boldsymbol{B}=0$이다). 휘스커를 이용하여 전자에 대한 이중 슬릿 간섭 실험을 실행한 결과, 양자역학의 예측대로 전체적인 간섭무늬의 이동이 관측되었다.

그러므로 앞서 언급했던 '실재하는 장'의 정의에 입각해서 생각할 때, 장 $\boldsymbol{A}$는 분명히 '실재하는' 장이다. "하지만 자기장이 '있기' 때문에 그런 결과가 얻어진 것 아닌가요?"라고 반문하고 싶은 사람은 '실재하는 장'의 정의를 다시 한 번 떠올려 보라. 입자의 운동을 기술하는 데 필요한 장의 정보가 '현재 입자의 위치'에서 지정되어 있어야만 그 장을 실재하는 장이라고 할 수 있다. 휘스커를 사용한 실험의 경우, 전자가 받은 영향을 자기장 $\boldsymbol{B}$로 설명하려면 자기장의 원격 작용을 도입할 수밖에 없다. 원격 작용의 개념을 도입하지 않고 휘스커의 영향을 기술하려면, 자기장 $\boldsymbol{B}$ 대신 (실재하는 장으로서) 벡터 퍼텐셜 $\boldsymbol{A}$를 사용해야 한다.

이 문제는 꽤 흥미로운 역사를 갖고 있다. 지금까지 설명한 내용은 양자역학이 완성된 1926년 무렵부터 잘 알려진 이론이었다. 양자역학의 파동 방정식(슈뢰딩거 방정식)에 벡터 퍼텐셜이 포함되어야 한다는 것은 방정식이 처음 나올 때부터 이견의 여지가 없었다. 일부 학자들은 슈뢰딩거 방정식에서 벡터 퍼텐셜을 없애고 자기장으로 대체하는 이론을 시도해 보았으나, 하나같이 실패로 끝나면서 벡터 퍼텐셜의 중요성이 부각되기 시작했다. 위에 제시한 사례에서 분명히 알 수 있듯이, 전자의 운동은 자기장이 없는 곳에서도 영향을 받는다. 그러나 고전역학에서는 벡터 퍼텐셜이 그다지 중요해 보이지 않았고, 더군다나 임의의 스칼라 함수의 그래디언트를 더하면 다른 동등한 벡터 퍼텐셜로 변화시킬 수도 있었기 때문에, 학자들은 벡터 퍼텐셜을 '물리적 의미가 없는 수학적 도구'로 간주해 왔다. 심지어는 양자역학을 연구하는 학자들조차 오직 전기장과 자기장만이 '진정한 실체'라고 생각했다. 이제 와서 생각해 보면, 1956년에 아하라노프(Aharanov)와 봄(Bohm)이 이 명쾌한 실험을 제안하기 전까지 아무도 그런 아이디어를 떠올리지 못했다는 것이 이상할 정도이다. 이들의 실험에 담긴 내용은 전혀 새로울 것이 없다. 단지 사람들이 관심을 갖지 않았던 것뿐이다. 그래서 이 문제가 다시 불거져 나왔을 때, 많은 학자들은 커다란 충격을 받았다. 그래서 사람들은 실제로 그렇게 되는지 확인하기 위해 이 실험을 해보는 것이 가치있는 일이라고 생각한 듯하다. 수십 년 동안 검증된 이론인 양자역학이 명확하게 예측하고 있는 결과를 믿지 못하고 말이다. '중요한 것'과 '중요하지 않은 것'에 대한 편견 때문에 이런 중요한 문제가 무려 30년 동안이나 검증도 받지 못하고 무시되었다는 사실은 참 재미있는 일이다.

이왕 말이 나온 김에, 좀 더 깊이 파고들어가 보자. 우선, 양자역학의 방정식과 고전역학 방정식들 사이의 관계부터 알아보자. 양자역학이 적용되는 미시적 세계에서 고전역학의 대상인 거시적 세계로 옮겨 갔을 때, 입자에 $q\boldsymbol{v}\times(\boldsymbol{A}$의 컬)의 '힘'이 가해지는 것처럼 보이는 이유는 무엇인가? 거시적 스케일에서는 입자의 파장이 장(field)과 같은 외부 조건의 변동보다 훨씬 작게 나타난다. 일반

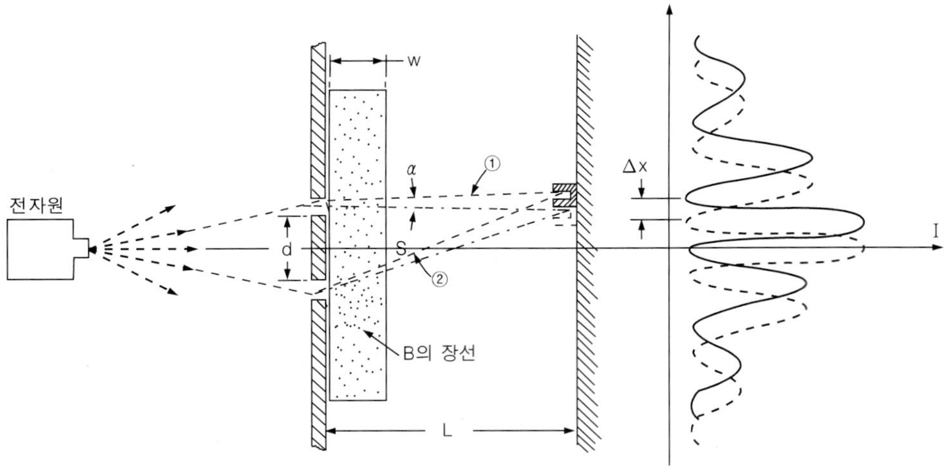

그림 15-8 띠 모양의 '자기장 지대'에 의한 간섭무늬의 이동

적인 증명은 뒤로 미루고, 일단은 간단한 사례를 통해서 그 속사정을 알아보기로 하자. 이번에도 우리의 길을 안내할 길잡이는 이중 슬릿 실험이다. 그러나 이번에는 슬릿 사이의 좁은 영역에만 자기장을 걸어 주는 것이 아니라, 그림 15-8과 같이 슬릿 뒤쪽의 넓은 영역에 걸쳐 자기장을 걸어 줄 것이다. 자기장 발생 장치가 매우 이상적이어서, 폭이 w인 좁은 띠 모양의 영역에 걸쳐 크기와 방향이 균일한 자기장을 생성시켰다고 가정하자. 여기서 w는 스크린까지의 거리 L과 비교할 때 무시할 수 있을 정도로 작다(스크린을 슬릿으로부터 충분히 먼 거리에 설치하면 된다). 위상의 이동을 계산하려면, 두 경로 (1)과 (2)를 따라서 $\boldsymbol{A}$를 적분해야 한다. 앞에서 보았듯이, 이들 사이의 위상차는 두 경로 사이를 통과하는 자기장 $\boldsymbol{B}$의 플럭스와 같으며, 지금의 경우에는 플럭스를 Bwd로 근사시킬 수 있다. 따라서 두 경로에 대한 위상차는 다음과 같다.

$$\delta = \delta(B=0) + \frac{q}{\hbar} Bwd \tag{15.37}$$

보다시피, 위상차는 각도에 무관하다. 따라서 이번 실험에서도 간섭무늬는 자기장의 효과로 인하여 전체적으로 Δx만큼 위쪽으로 이동할 것이다. 식 (15.28)을 이용하여 Δx를 구해 보면

$$\Delta x = \frac{L\lambda\!\!\!^{-}}{d}\Delta\delta = \frac{L\lambda\!\!\!^{-}}{d}[\delta - \delta(B=0)]$$

이 된다. 그리고 식 (15.37)에서 $\delta - \delta(B=0)$을 구하여 위의 식에 대입하면

$$\Delta x = L\lambda\!\!\!^{-}\frac{q}{\hbar}Bw \tag{15.38}$$

가 얻어진다. 그런데 모든 경로가 아래 식과 같이 각도 α만큼 위로 꺾인 경우에도 간섭무늬의 이동 폭은 식 (15.38)과 동일하다(그림 15-8 참조).

$$\alpha = \frac{\Delta x}{L} = \frac{\lambda\!\!\!^{-}}{\hbar}qBw \tag{15.39}$$

고전적으로 따져 봐도, 얇은 띠 모양으로 형성된 자기장은 그림 15-9(a)와 같이 전자의 경로를 작은 각도 α'만큼 꺾이게 만든다. 이것은 전자가 자기장 지대를 지나는 시간 w/v 동안 세로 방향으로 $q\boldsymbol{v}\times\boldsymbol{B}$의 힘을 받아서 경로가 꺾인 것으로 생각할 수 있다. 세로 방향의 운동량 변화량은 그 방향의 충격량(힘 × 시간)과 같으므로 다음과 같이 쓸 수 있다.

$$\Delta p_x = qwB \tag{15.40}$$

꺾인 각도는 그림 15-9(b)에서 보듯이 총 운동량 p에 대한 세로 방향 운동량의 비로 계산할 수 있으며, 그 결과는 다음과 같다.

$$\alpha' = \frac{\Delta p_x}{p} = \frac{qwB}{p} \tag{15.41}$$

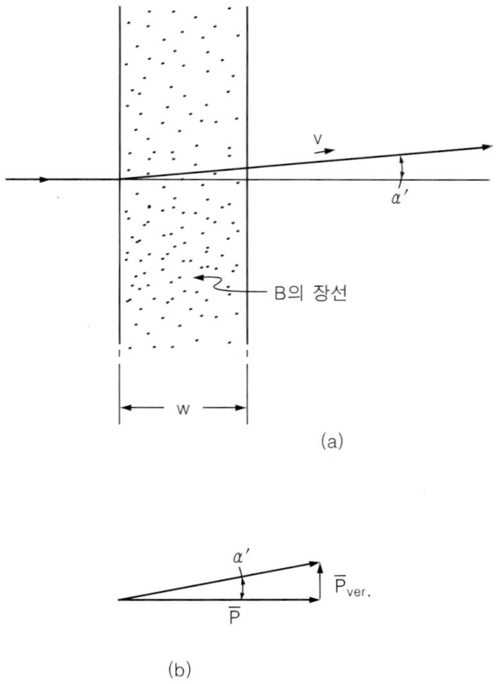

그림 15-9 띠 모양의 '자기장 지대'를 뚫고 지나가면서 편향되는 입자

방금 계산한 고전역학적인 결과는 동일한 양에 대한 양자역학적 결과[식(15.39)]와 비교해 볼 수 있다. 그런데 고전역학과 양자역학은 다음과 같이 연결되어 있다. "운동량이 p인 입자는 양자역학적으로 $\lambda\!\!\!^{-} = \hbar/p$의 파장을 갖는 양자 진폭에 해당된다." 이러한 대응 관계를 이용하면 $\alpha = \alpha'$임을 쉽게 알 수 있다. 즉, 고전역학과 양자역학은 동일한 결과를 준다.

지금까지 우리는 양자역학에 등장하는 벡터 퍼텐셜이 '벡터 퍼텐셜의 미분(자기장)에만 의존하는 고전적 힘'과 어떻게 연관되는지를 살펴보았다. 양자역학에서 중요한 것은 인접한 경로 사이의 간섭이며, 이 효과는 벡터 퍼텐셜 자체의 값이 아니라, 위치에 따른 장의 값의 변화($\boldsymbol{A}$의 미분)에 의해 전적으로 좌우된다. 그럼에도 불구하고, 벡터 퍼텐셜 $\boldsymbol{A}$는 스칼라 퍼텐셜 ϕ와 더불어 가장 직접적이고 핵심적인 개념이다. 이 점은 양자역학을 깊이 공부할수록 점점 더 분명해진다. 양자전기동역학(quantum electrodynamics)에서는 벡터 퍼텐셜과 스칼라 퍼텐셜이 맥스웰 방정식을 대체하는 방정식에 기본적인 물리량으로 등장한다. 물리 법칙의 현대적 표현에서는 $\boldsymbol{E}$와 $\boldsymbol{B}$가 점차 사라지는 추세이며, 그 자리를 $\boldsymbol{A}$와 ϕ가 대신하고 있다.

15-6 정역학에서는 맞지만, 동역학에서는 틀리는 것

이제 우리는 정적인 장에 대한 탐구의 거의 마지막 단계에 이르렀다. 사실, 우리는 이 장에서 '시간에 따라 변하는 장'을 거의 다룰 뻔했다. 특히 자기 에너지(magnetic energy)를 다루기 위해서 상대론적 방법을 동원한다면, 동적인 장이 필수적으로 도입된다. 그러나 앞에서 에너지 문제를 다룬 방식은 다소 인위적이고 불명확한 면이 있었다. "움직이는 코일은 시간에 따라 변하는 장을 만들어낸다"는 사실을 무시했기 때문이다. 이제는 시간에 따라 변하는 장을 고려해야 할 때가 되었다. 이것이 바로 전기동역학(electrodynamics)이다. 자세한 내용은 다음 장부터 다루기로 하고, 여기서는 몇 가지 중요한 점만 짚고 넘어가고자 한다.

전자기학을 주제로 하는 이 강의는 처음에 '완전한 전자기학 방정식'을 제시하면서 시작되었으나, 곧바로 몇 가지 불완전한 내용을 소개하는 식으로 진행되었다. 이런 순서로 공부하는 것이 훨씬 쉽기 때문이다. 간단하고 쉬운 정적인 장을 먼저 공부한 후에 동적인 장을 포함하는 복잡한 이론을 접하는 것이 훨씬 더 효율적이다. 이 세상에 존재하는 모든 학문들 중에서, 처음부터 한 번에 모든 내용을 습득할 수 있는 분야는 거의 없다. 시간을 가지고 점차 두뇌를 훈련시켜 가면, 앞으로 더욱 복잡한 주제를 다루는 데 많은 도움이 될 것이다.

물론, 이런 식의 강의도 단점은 있다. 완전한 이론을 배우기도 전에 불완전한 지식에 깊이 물들어서, 그것을 완전한 진리로 여기게 될 수도 있기 때문이다. 다시 말해서, '항상 맞는 것'과 '경우에 따라서 맞는 것'을 혼동할 수도 있다는 뜻이다. 그래서 지금까지 언급된 중요한 공식들을 '항상 맞는 것'과 '정적인 경우에는 맞고 동적인 경우에는 틀리는 것'으로 나눠서 표 15-1에 요약해 놓았다. 이 표는 또한 앞으로 우리가 공부할 내용들을 부분적으로 요약해서 보여 주고 있다. 여기 증명 없이 등장하는 전기동역학 관련 방정식들은 앞으로 차차 공부하게 될 것이다.

표 15-1에서 몇 가지만 짚고 넘어가 보자. 먼저, 이 책의 첫머리에 등장했던 식들은 '항상 성립하는' 식이다. 여기에는 혼동의 여지가 전혀 없다. (종종 '로렌츠 힘'이라고 불리는) 전자기력 $\boldsymbol{F}=q(\boldsymbol{E}+\boldsymbol{v}\times\boldsymbol{B})$는 '항상 옳다.' 그러나 쿨롱의 법칙은 정적인 상황에서만 성립하는 법칙이다. 또한 $\boldsymbol{E}$와 $\boldsymbol{B}$에 대한 네 개의 맥스웰 방정식은 항상 성립하는 식이다. 물론, 정적인 경우에 대한 맥스웰 방정식은 시간에 대한 미분 항이 누락되어 있으므로 일반적으로는 틀린 방정식이다.

가우스 법칙 $\nabla\cdot\boldsymbol{E}=\rho/\epsilon_0$는 항상 옳지만, $\boldsymbol{E}$의 컬은 일반적으로 0이 '아니다.' 따라서 "전기장 $\boldsymbol{E}$는 정전기적 스칼라 퍼텐셜의 그래디언트로 나타낼 수 있다"는 말은 항상 성립하는 것은 아니다. 앞으로 등장할 스칼라 퍼텐셜은 시간에 따라 변하는 양이며, 벡터 퍼텐셜과 함께 결합되어야 전기장을 완전하게 묘사할 수 있다. 물론, 새로운 스칼라 퍼텐셜이 만족하는 방정식 역시 새로운 것일 수밖에 없다.

또한 도체 안에서 $\boldsymbol{E}$가 0이라는 '믿음'도 버려야 한다. 일반적으로 장이 시간에 따라 변하는 경우에는 도체 안의 전하들이 재배치되면서 전기장을 0으로 만들 시간적 여유가 없다. 전하들은 계속 움직이지만, 전기장이 0이 되는 평형 상태에는 결코 도달하지 못한다. 일반적으로 옳은 언명은 "도체 안의 전기장이 전자를 움직이게 하여 전류를 만들어 낸다"는 것이다. 따라서 변하는 전기장 안의 도체는 등퍼텐셜에 있지 않으며, 축전기(capacitance)도 더 이상 정확한 개념이 될 수 없다.

자하(magnetic charge)는 이 세상에 존재하지 않기 때문에, $\boldsymbol{B}$의 다이버전스는 '항상' 0이다. 따라서 $\boldsymbol{B}=\nabla\times\boldsymbol{A}$는 항상 성립한다! 그러나 모든 $\boldsymbol{B}$가 전류로부터 생성되는 것은 아니다. $\nabla\times\boldsymbol{B}$는 전류 밀도에 새로운 항 $\partial\boldsymbol{E}/\partial t$를 더한 값에 비례한다. 다시 말해서, $\boldsymbol{A}$와 전류를 연결하는 새로운 방정식이 필요하다는 뜻이다. 이 방정식은 ϕ와도 관계되어 있다. 여기서 $\nabla\cdot\boldsymbol{A}$의 자유도를 이용하면 $\boldsymbol{A}$와 ϕ에 대한 방정식을 매우 간단하고 아름다운 형태로 정리할 수 있다. 특히, $c^2\nabla\cdot\boldsymbol{A}=-\partial\phi/\partial t$라는 조건을 부과하면 $\boldsymbol{A}$와 ϕ에 대한 미분 방정식은 표에 나온

표 15-1

일반적으로 옳지 않은 식(정적인 경우에만 맞는 식)	항상 옳은 식
$F = \frac{1}{4\pi\epsilon_0}\frac{q_1 q_2}{r^2}$ (쿨롱의 법칙)	$\boldsymbol{F} = q(\boldsymbol{E} + \boldsymbol{v} \times \boldsymbol{B})$ (로렌츠 힘) ➡ $\nabla \cdot \boldsymbol{E} = \frac{\rho}{\epsilon_0}$ (가우스의 법칙)
$\nabla \times \boldsymbol{E} = 0$ $\boldsymbol{E} = -\nabla\phi$ $\boldsymbol{E}(1) = \frac{1}{4\pi\epsilon_0}\int\frac{\rho(2)\,\boldsymbol{e}_{12}}{r_{12}^2}\,dV_2$ 도체의 경우, $\boldsymbol{E} = 0$, $\phi =$ 상수, $Q = CV$	➡ $\nabla \times \boldsymbol{E} = -\frac{\partial \boldsymbol{B}}{\partial t}$ (패러데이의 법칙) $\boldsymbol{E} = -\nabla\phi - \frac{\partial \boldsymbol{A}}{\partial t}$ 도체 내에서 $\boldsymbol{E}$는 전류를 발생시킨다.
$c^2\nabla \times \boldsymbol{B} = \frac{\boldsymbol{j}}{\epsilon_0}$ (앙페르의 법칙) $\boldsymbol{B}(1) = \frac{1}{4\pi\epsilon_0 c^2}\int\frac{\boldsymbol{j}(2) \times \boldsymbol{e}_{12}}{r_{12}^2}\,dV_2$	➡ $\nabla \cdot \boldsymbol{B} = 0$ (이 세상에 자하는 존재하지 않는다.) $\boldsymbol{B} = \nabla \times \boldsymbol{A}$ ➡ $c^2\nabla \times \boldsymbol{B} = \frac{\boldsymbol{j}}{\epsilon_0} + \frac{\partial \boldsymbol{E}}{\partial t}$
$\nabla^2\phi = -\frac{\rho}{\epsilon_0}$ (푸아송 방정식) $\nabla^2\boldsymbol{A} = -\frac{\boldsymbol{j}}{\epsilon_0 c^2}$ 단, $\nabla \cdot \boldsymbol{A} = 0$	$\nabla^2\phi - \frac{1}{c^2}\frac{\partial^2\phi}{\partial t^2} = -\frac{\rho}{\epsilon_0}$ 와 $\nabla^2\boldsymbol{A} - \frac{1}{c^2}\frac{\partial^2\boldsymbol{A}}{\partial t^2} = -\frac{\boldsymbol{j}}{\epsilon_0 c^2}$ 단, $c^2\nabla \cdot \boldsymbol{A} + \frac{\partial\phi}{\partial t} = 0$
$\phi(1) = \frac{1}{4\pi\epsilon_0}\int\frac{\rho(2)}{r_{12}}\,dV_2$ $\boldsymbol{A}(1) = \frac{1}{4\pi\epsilon_0 c^2}\int\frac{\boldsymbol{j}(2)}{r_{12}}\,dV_2$	$\phi(1, t) = \frac{1}{4\pi\epsilon_0}\int\frac{\rho(2, t')}{r_{12}}\,dV_2$ 와 $\boldsymbol{A}(1, t) = \frac{1}{4\pi\epsilon_0 c^2}\int\frac{\boldsymbol{j}(2, t')}{r_{12}}\,dV_2$ 여기서 $t' = t - \frac{r_{12}}{c}$
$U = \frac{1}{2}\int\rho\phi\,dV + \frac{1}{2}\int\boldsymbol{j} \cdot \boldsymbol{A}\,dV$	$U = \int\left(\frac{\epsilon_0}{2}\boldsymbol{E} \cdot \boldsymbol{E} + \frac{\epsilon_0 c^2}{2}\boldsymbol{B} \cdot \boldsymbol{B}\right)dV$

화살표(➡)가 그려진 것은 맥스웰 방정식이다.

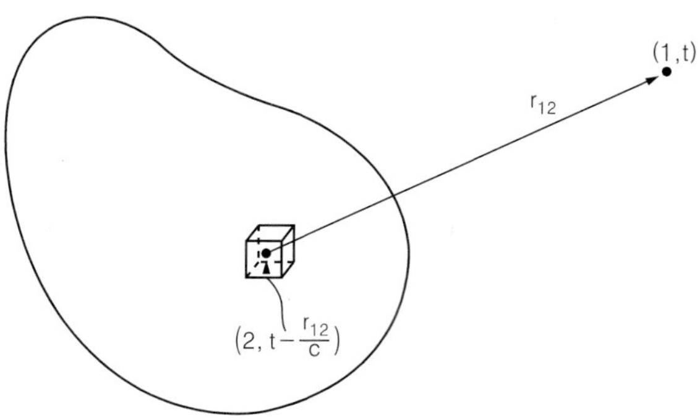

그림 15-10 시간 t일 때 점 (1)에서의 퍼텐셜은 과거 시간 $t-r_{12}/c$에서의 $\boldsymbol{j}$와 ρ를 모든 분포에 대하여 적분함으로써 구해진다.

것과 같이 간단한 형태가 된다.

전류와 전하를 직접 적분하여 퍼텐셜 $\boldsymbol{A}$와 ϕ를 계산할 수도 있지만, 정적인 경우와 동일한 적분은 아니다. 그럼에도 불구하고 정말로 놀라운 것은, 약간의 수정을 가하면 이 적분이 정적인 경우의 적분과 거의 비슷한 형태로 전환된다는 사실이다. 예를 들어, 그림 15-10의 (1) 지점에서 퍼텐셜을 구하려면 점 (2)에서 $\boldsymbol{j}$와 ρ의 퍼텐셜 기여도를 모든 분포에 대하여 적분해야 하는데, 이때 적분은 $\boldsymbol{j}$와 ρ의 현재(t) 값이 아닌 과거 시점($t'=t-r_{12}/c$)의 값에 대하여 실행해야 한다. 왜냐하면, 점 (2)에서 발생한 전자기적 영향은 점 (1)을 향하여 빛의 속도 c로 전달되기 때문이다. 이 점만 보완해 주면, 시간에 따라 변하는 장과 관련된 문제도 풀 수 있다. 일단 적분을 통해 $\boldsymbol{A}$와 ϕ를 구하기만 하면, $\boldsymbol{B}$는 이전과 마찬가지로 $\boldsymbol{\nabla}\times\boldsymbol{A}$로부터 구할 수 있고, $\boldsymbol{E}$는 $-\boldsymbol{\nabla}\phi-\partial\boldsymbol{A}/\partial t$로부터 구할 수 있다.

표 15-1에 나열된 몇 가지 결과들(예를 들어, 전기장의 에너지 밀도 $\epsilon_0 E^2/2$ 등)은 동적/정적의 여부에 상관없이 동일한 값을 갖고 있지만, 이는 결코 '당연한' 결과가 아니다. 정적인 경우에 유도된 공식을 동적인 경우에 적용하려면 다시 철저한 검증을 거쳐야 한다. 예를 들어, 정전기적 에너지가 $\rho\phi$의 부피 적분으로 표현되는 것은 오직 정적인 경우에만 적용되는 법칙이다.

이런 문제들은 앞으로 차차 다룰 예정이다. 일단은 '항상 맞는 것'과 '경우에 따라 가끔 맞는 것'을 잘 구별하여 기억해 두기 바란다. 지금 당장은 별 볼일 없어 보이지만, 진도를 계속 나가다 보면 정말로 유용한 정보였음을 실감하게 될 것이다.

CHAPTER 16
유도 전류

16-1 모터와 발전기
16-2 변압기와 인덕턴스
16-3 유도 전류에 작용하는 힘
16-4 전기공학

16-1 모터와 발전기

1820년에 전기와 자기가 서로 밀접하게 관련되어 있다는 사실이 밝혀졌을 때, 이것은 당시의 사람들에게 매우 흥분되는 일이었다. 그때까지만 해도 전기와 자기는 완전히 별개의 현상으로 생각되고 있었기 때문이다. 제일 먼저 발견된 것은 전류가 흐르는 도선이 자기장을 발생시키는 현상이었고, 얼마 지나지 않아(같은 해에) 전류가 흐르는 도선이 자기장 속에 놓이면 힘을 받는다는 사실도 발견되었다.

특히 전류가 역학적인 힘을 발생시킬 수 있다는 가능성은 곧 많은 사람들의 관심을 끌었다. 그것은 이 역학적 힘을 엔진을 만드는 데 응용할 수 있다는 가능성 때문이었다. 그래서 이 원리가 발견되자마자 사람들은 전류가 흐르는 도선에 작용하는 힘을 이용한 전기 모터를 설계하기 시작했다. 그림 16-1에는 전기 모터의 원리가 개략적으로 그려져 있다. 연철(soft iron)로 만들어진 두 개의 영구자석(큰 것과 작은 것)을 그림과 같이 배치시키면, 이들 사이의 틈에 자기장이 형성된다. 각 틈에서 위아래에 있는 자석은 그림과 같이 각각 N극과 S극을 띤다. 그리고 구리선으로 만들어진 사각형 모양의 코일을 자석에 닿지 않도록 그림과 같이 설치한다. 코일에 전류를 흘려주면 위아래 틈에 위치한 두 도선은 전류의 방향이 서로 반대이므로 반대 방향의 힘을 받게 된다. 따라서 코일에는 그림에 표시된 축을 중심으로 토크가 작용한다. 코일이 회전할 수 있도록 굴대(shaft)에 장착시켜 기어나 도르래에 연결해 주면 일을 할 수 있게 된다.

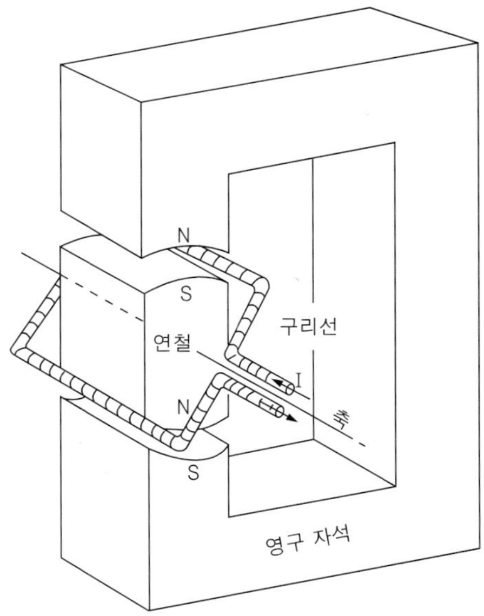

그림 16-1 간단한 전기 모터의 개략적 모습

이 아이디어는 미세한 전류를 측정하는 장치에도 응용될 수 있다. 그래서 이 법칙이 발견된 이후로, 전기 측정 기구의 정밀도가 비약적으로 향상되었다. 도선을 여러 번 감으면 한 번만 감았을 때보다 토크가 훨씬 커진다. 그리고 정교한 보석 베어링으로 코일의 굴대를 받쳐 주거나, 미세한 도선 또는 수정섬유에 코일을 매달아서 회전축의 마찰을 최소화시키면, 아주 작은 토크로도 코일이 돌아가게 만들 수 있다. 이런 장치를 이용하면 아주 작은 전류만 흘려줘도 코일이 돌아가게 만들 수 있으며, 회전각이 작은 경우에는 회전의 정도가 흐르는 전류에 비례한다. 따라서 코일에 가느다란 바늘을 연결시키면, 돌아간 정도를 눈금으로 읽을 수 있다. 고도의 정밀도를 요하는 측정에서는 코일에 작은 거울을 부착시켜 놓고 거울에 비친 눈금의 상이 이동하는 것을 보고 회전된 정도를 읽어 낸다. 이러한 기구를 검류계(galvanometer)라고 한다. 전압계(voltmeter)나 전류계(ammeter) 역시 동일한 원리에 기반을 둔 것이다.

이러한 장치를 커다란 스케일로 만들면 역학적 일을 하는 거대한 모터가 된다. 반 바퀴 돌 때마다 코일에 흐르는 전류의 방향이 바뀌도록 굴대에 전기 접점을 만들어 주면, 코일이 한 방향으로만 계속 돌게 만들 수 있다. 소형 직류 모터(dc motor)는 이런 식으로 작동된다. 교류 모터, 직류 모터를 막론하고 대형 모터에는 강한 자석이 필요하기 때문에 영구 자석 대신 전자석을 사용한다. 물론, 전자석이 작동되려면 외부로부터 전기를 공급받아야 한다.

전류가 자기장을 만든다는 사실이 알려지면서, 사람들은 자석으로부터 전기장을 만들어 내는 방법을 연구하기 시작했다. 이 아이디어를 검증하기 위해 수많은 실험이 행해졌는데, 그중 하나의 예를 들어 보자. 그들은 도선 두 개를 평행하게 설치해 놓고, "혹시 다른 쪽 도선에 전류가 유도되지 않을까?" 하는 바람으로 둘 중 하나의 도선에 전류를 흘려보냈다. 한쪽 도선에서 발생한 자기장이 다른 도선 내부의 전자에 어떤 식으로든 힘을 미쳐서 전류가 흐를지도 모른다고 생각했던 것이다. 간단히 말해서, '비슷한 놈들은 비슷하게 행동한다'는 식의 법칙을 만들고 싶었을 것이다. 그러나 전류를 아무리 많이 흘려주어도 옆의 도선에는 전류가 흐르지 않았다. 고감도의 검류계를 사용해도 전류는 전혀 감지되지 않았다. 도선 옆에 아주 큰 자석을 갖다 놓아도 결과는 마찬가지였다. 그들은 무언가 중요한 핵심을 놓치고 있었던 것이다. 이 원인은 1840년에 이르러 패러데이(Faraday)에 의해 처음으로 밝혀졌다. 패러데이가 알아낸 사실은 다음과 같다. "전기적인 효과는 무언가가 시간적으로 '변할 때에만' 나타난다." 한쪽 도선에 흐르는 전류의 양을 시간에 따라 '변화시켜' 주면, 다른 쪽 도선에 전류가 유도된다. 또는 회로 근처에서 자석을 이리저리 '움직여도' 전류가 발생한다. 이런 경우에 우리는 전류가 '유도되었다'고 말한다. 이것이 바로 패러데이가 발견한 '유도 효과(induction effect)'이다. 이 발견으로 인해 전자기학은 단조로운 정전기학(electrostatics)에서 벗어나 다양하고 흥미진진한 현상들이 펼쳐지는 전기동역학(electrodynamics)으로 진화하게 되었다. 이번 장에서는 이러한 현상들 중 몇 가지를 정성적인 관점에서 설명할 예정이다. 앞으로 알게 되겠지만, 유도 효과와 관련된 현상들을 정량적으로 분석하는 것은 결코 만만한 작업이 아니다. 이 장에서는 일단 유도 현상에 친숙해지는 것으로 만족하고, 자세한 분석은 뒤에 가서 다루기로 한다.

"패러데이가 살던 시절에는 알려지지 않았지만 현재는 익히 잘 알려져 있는" 사실을 이용하면, 자기 유도의 특성 중 하나를 쉽게 이해할 수 있다. 이것은 자기장 속에서 움직이는 전하에 작용하는 로렌츠 힘, 즉 '전하의 속도 × 자기장'에 비례하는 힘 $\boldsymbol{v}\times\boldsymbol{B}$에서 비롯되는 성질이다. 그림 16-2와 같이, 도선 옆에 자석이 놓여 있는 경우를 생각해 보자. 이 도선의 양쪽 끝은 검류계에 연결되어 있다. 이때, 자석의 위치를 고정시킨 상태에서 도선을 움직이면 검류계의 바늘이 움직인다.

그림과 같은 배치에서 자석이 만드는 자기장은 도선에 거의 수직한 방향으로

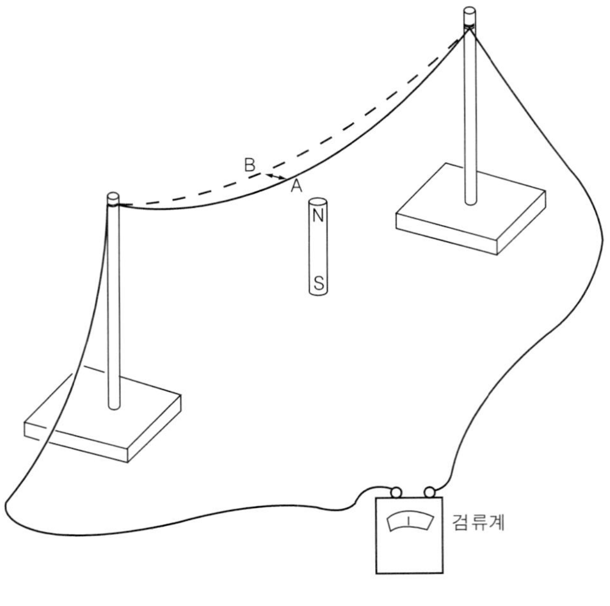

그림 16-2 자기장 속에서 도선을 움직이면 검류계의 눈금이 돌아간다. 즉, 전류가 발생한다.

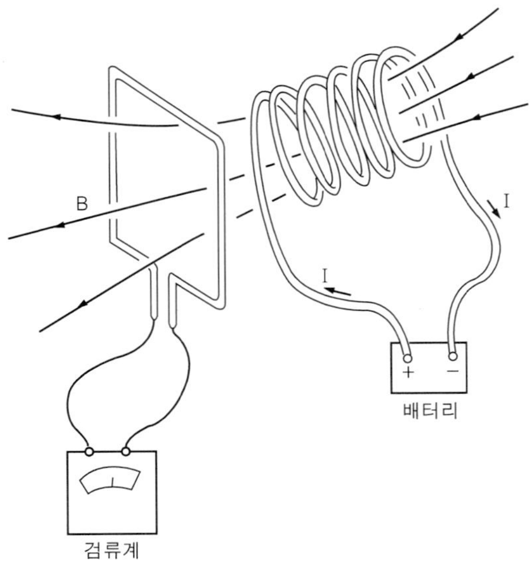

그림 16-3 전류가 흐르는 코일이 움직이거나 전류의 양이 시간에 따라 변하면 근처에 있는 다른 코일에 전류가 유도된다.

생성된다. 도선을 흔들면 도선 속의 전자들은 (운동 방향과 자기장의 방향 모두에 수직한) '측면 방향'의 힘을 느끼게 되고, 이 힘에 의해 전자는 도선을 따라 움직이기 시작한다. 그런데 이 전자는 어떻게 멀리 떨어져 있는 검류계의 바늘을 움직일 수 있는 것일까? 자기력에 의해 전자가 움직이면, 전기적인 척력 때문에 그 옆에 있는 전자도 밀려서 움직이기 시작한다. 그리고 이들은 다시 그 옆에 있는 전자를 밀어내고…… 이와 같은 연쇄 작용이 먼 거리까지 전달되어 검류계의 바늘이 움직이는 것이다. 정말로 놀라운 현상이 아닐 수 없다.

검류계를 최초로 만들었던 가우스(Gauss)와 웨버(Weber)는 이 현상이 하도 신기하여, 도선 내부에 작용하는 힘이 얼마나 먼 거리까지 전달되는지를 확인하는 실험을 해보았다고 한다. 도시의 한쪽 끝에서 다른 쪽 끝까지 도선을 길게 연결한 후에 가우스가 도선의 한쪽에 배터리를 연결시키고(배터리는 발전기보다 먼저 개발되어 있었다), 웨버는 반대쪽에서 검류계의 바늘을 관찰하기로 했다. 인류 최초로 원거리 신호를 주고받은 이들의 실험은 훗날 전보의 시초가 되었다! 물론 이 실험은 자기 유도와 직접적인 관계가 없다. 이것은 전류가 유도된 것이든 아니든 상관없이 도선에 전류가 흐르는 방식에 관한 문제이다.

이제, 그림 16-2에서 도선을 고정시키고 자석을 움직인다고 가정해 보자. 이 경우에도 검류계의 바늘은 움직인다. 패러데이의 관찰에 의하면, 도선 아래에서 자석을 오른쪽으로 움직일 때와 자석 위에서 도선을 왼쪽으로 움직일 때 동일한 효과가 나타났다. 그러나 자석이 움직이는 경우, 도선 내부의 전자에 걸리는 힘 $\boldsymbol{v}\times\boldsymbol{B}$는 나타나지 않는다. 이것은 패러데이가 찾아낸 새로운 효과로서, 오늘날에는 상대성 원리를 통해서 이 현상을 이해할 수 있게 되었다.

앞에서 언급한 대로, 자석의 자기장은 자석 내부의 전류에 의해 생성된다. 그러므로 그림 16-2에서 자석 대신 전류가 흐르는 코일을 사용해도 결과는 달라지지 않는다. 코일 위의 도선을 움직일 때나, 도선 밑의 코일을 움직일 때나 모두 검류계 바늘은 돌아간다. 더욱 흥미로운 사실은 코일을 움직이는 대신, 코일에 흐르는 '전류를 변화시켜도' 코일의 자기장이 변하여 검류계의 바늘이 돌아간다는 것이다. 예를 들어 그림 16-3의 고리 모양 도선과 코일을 모두 고정시킨 상태에서 전원을 끄면, 그 순간 검류계에 전류의 펄스가 관측된다. 그리고 전원을 다시 켜면 그 순간 검류계의 바늘이 이전과 반대 방향으로 획 돌아간다.

그림 16-2와 16-3의 상황에서 검류계의 바늘이 움직인다는 것은 도선에 있는 전자가 한쪽 방향으로 밀린다는 것을 뜻한다. 엄밀히 따지면 도선 각 부분의 전자들은 각기 다른 방향으로 힘을 받고 있다. 여기서 중요한 것은 회로를 한 바퀴 돌면서 이 힘을 모두 더한(적분한) 값인데, 이를 '기전력(electromotive force 또는 emf)'이라고 한다. 더 정확하게 표현하면, emf는 도선 속의 단위 전하에 걸리는 접선 방향의 힘을 '폐곡선 회로를 따라' 한 바퀴 돌면서 적분한 값으로 정의된다. 패러데이는 다음 세 가지 경우에 emf가 생긴다는 사실을 알아냈다. (1) 도선이 움직이거나, (2)도선 근처에서 자석이 움직이거나, (3)옆에 있는 도선에 흐르는 전류가 변하는 경우가 바로 그것이다.

다시 그림 16-1로 돌아가자. 그러나 이번에는 코일에 전류를 흘리지 말고 외부의 힘으로(손이나 수차 바퀴를 이용해서) 코일을 돌려 보자. 과연 어떤 일이 벌어질 것인가? 코일이 회전하면 코일의 도선이 자기장 속에서 움직이는 셈이므로 코일의 양단에 emf가 유도된다. 즉, 모터의 과정이 반대로 일어나면서 발전기가 되는 것이다.

발전기의 코일에는 운동으로부터 생성된 emf가 유도된다. 유도 기전력 emf의 구체적인 크기는 패러데이가 발견한 간단한 규칙으로 계산할 수 있다(지금은 개괄적인 규칙만 언급하고, 자세한 계산은 뒤로 미루기로 한다). 패러데이에 따르면, 회로에 유도되는 기전력은 이 회로를 통과하는 자기 플럭스의 시간에 대한 변화율에 비례한다. 이것을 '플럭스 규칙(flux rule)'이라고 한다. 그림 16-1에서 코일이 회전하면 회로를 통과하는 자기 플럭스도 변한다. 처음에는 플럭스가 한쪽 방향으로 통과하고, 코일이 180° 회전한 후에는 플럭스의 방향이 정반대로 바뀐다. 따라서 코일을 한 방향으로 계속 회전시키면 플럭스의 값이 +에서 −를 오락가락할 것이다. 즉, 플럭스의 변화율도 계속 변한다는 뜻이다. 이리하여 코일에는 주기적으로 방향이 변하는 emf가 유도된다. 여기서 코일의 양쪽 끝을 슬립링(slip-rings)이라고 하는 미끄럼 접점(sliding contacts)을 사용하여 (도선이 꼬이지 않도록) 외부의 도선에 연결시켜 준 것이 바로, 교류 발전기이다.

미끄럼 접점을 적절히 이용하면 반 바퀴 회전할 때마다 코일 양단과 외부 도선과의 연결 상태가 반대로 뒤집어지게 만들 수 있다. 그러면 emf의 부호가 바뀔 때마다 연결 상태도 반대로 뒤집어지므로 외부 회로에는 항상 같은 방향의 전류가 흐르게 된다. 이 원리를 이용한 것이 직류 발전기이다.

그림 16-1의 장치는 모터가 될 수도 있고 발전기가 될 수도 있다. 일반적으로 모터와 발전기의 상반 관계는 영구 자석을 넣어 만든 직류 '모터' 두 개를 두 가닥의 구리 도선으로 연결해 놓은 장치를 이용하여 멋지게 설명할 수 있다. 한

쪽 모터의 굴대를 힘주어 돌리면 그쪽이 발전기가 되고 반대쪽은 모터가 된다. 그리고 반대쪽 모터의 굴대를 돌리면 상황이 역전된다. 따라서 모터와 발전기는 동등한 장치라고 말할 수 있는 것이다. 사실, 이것은 우연의 일치가 아니라 에너지 보존의 법칙과 관련되어 있다.

이와 같이 emf를 발생시키기도 하고, 발생된 emf에 반응하기도 하는 기계 장치 중 대표적인 예가 바로 전화의 수화기, 즉 이어폰이다. 벨(Bell)이 최초로 만든 전화는 사실상 '이어폰' 두 개를 두 개의 긴 도선으로 연결해 놓은 것에 불과했다. 그 기본 원리가 그림 16-4에 제시되어 있는데, 밑에 있는 영구 자석이 연철로 된 두 개의 '이음쇠'와 철로 된 얇은 진동판에 자기장을 발생시킨다. 이 얇은 철판이 소리에 의한 압력에 따라 진동하면서 중간에 있는 연철 이음쇠 내부의 자기장을 변화시킨다. 따라서 한쪽의 연철 이음쇠에 코일을 감아 놓으면 음파가 진동판을 때릴 때마다 연철을 통과하는 자기장의 플럭스에 변화가 생기고, 패러데이의 법칙에 의해 emf가 유도되면서 코일에 전류가 흐르게 된다. 이 코일의 양단을 회로에 연결시키면 소리를 전기 신호로 바꿀 수 있다.

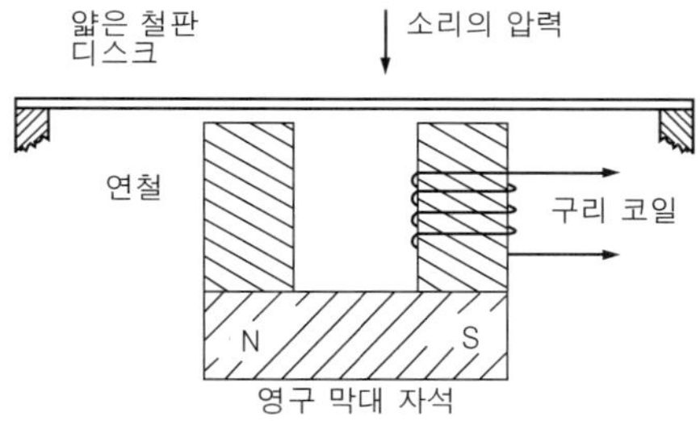

그림 16-4 전화 송신기 또는 수화기

그림 16-4의 코일 양단을 똑같이 생긴 다른 기기와 도선으로 연결하면 그 기기 속의 코일에 시간에 따라 변하는 전류가 흐를 것이다. 이 전류는 '변화하는 자기장'을 만들고, 이 자기장은 다시 위의 얇은 철판 막을 진동시켜서 원래의 진동판을 움직여 준 소리와 비슷한 소리를 만들어 낸다. 이러한 원리에 의해, 약간의 철과 구리선을 통하여 인간의 목소리가 전기 신호로 바뀌어 도선을 타고 먼 거리까지 전달되는 것이다! 물론, 현재 우리가 사용하고 있는 가정용 전화기는 지금 설명한 것보다 훨씬 복잡한 구조로 되어 있다.

16-2 변압기와 인덕턴스

패러데이가 발견한 현상들 중에서 가장 흥미로운 것은 "코일이 움직이면 emf가 유도된다"는 것이 아니라(이것은 자기력 $q\boldsymbol{v}\times\boldsymbol{B}$로 설명할 수 있다), "한쪽 코일에 흐르는 전류를 변화시키면 다른 코일에 emf가 유도된다"는 사실이다. 더욱 놀라운 것은, 이때 발생하는 emf도 동일한 '플럭스 규칙'으로 설명이 가능하다는 점이다. 즉, 코일에 유도된 emf도 코일을 통과하는 자기 플럭스의 변화율과 같다는 뜻이다. 그림 16-5와 같이, 얇은 철판을 여러 겹으로 포개 놓은 뭉치에 도선을 감은 두 개의 코일을 생각해 보자(철판을 여러 장 겹쳐 놓으면 더욱 강한 자기장을 얻을 수 있다). 이때 한쪽 코일 (a)에 교류 전원을 연결해 주면, 전류가 지속적으로 변하면서 '시간에 따라 변하는 자기장'을 만들어 낸다. 그리고 이 자기장은 코일 (b)에 '교대로 바뀌는' emf를 유도한다. 이렇게 유도된 emf는 전구를 밝힐 수 있을 정도의 충분한 전력을 낼 수 있다.

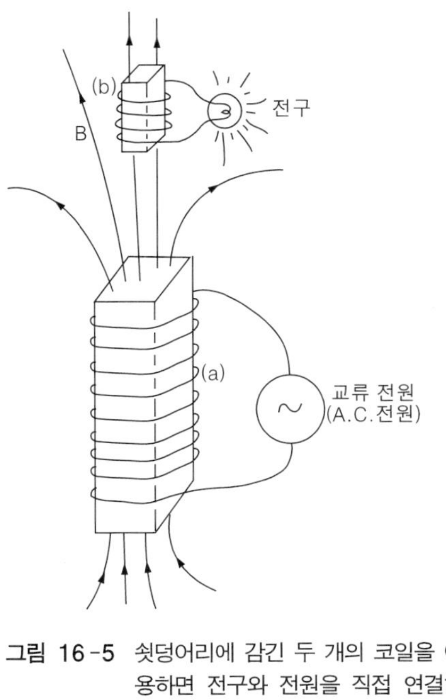

그림 16-5 쇳덩어리에 감긴 두 개의 코일을 이용하면 전구와 전원을 직접 연결하지 않고서도 불을 밝힐 수 있다.

여기서 코일 (b)에 유도된 emf는 원래 전원의 진동수와 같은 진동수로 변한다. 하지만 코일 (b)에 흐르는 전류는 코일 (a)에 흐르는 전류보다 클 수도 있고 작을 수도 있다. 코일 (b)에 흐르는 전류의 크기는 코일에 유도된 기전력과 회로의 저항, 그리고 회로의 나머지 부분의 인덕턴스 등 여러 가지 요인에 의해 결정된다. 플럭스의 변화가 그리 크지 않다면, 유도 기전력은 전원의 기전력보다 작을 것이다. 그러나 코일 (b)에 도선을 많이 감아 주면 전원의 기전력보다 훨씬 큰 기전력을 얻을 수 있다. 코일을 여러 번 감으면 주어진 자기장에 대해 코일을 통과하는 플럭스가 더 커지기 때문이다(이것을 다음과 같이 이해할 수도 있다— 한 바퀴당 유도되는 emf는 코일의 모든 곳에서 항상 동일하고 총 emf는 매 바퀴마다 유도된 emf를 모두 합한 것이므로, 많이 감을수록 emf는 커진다).

이런 식으로 두 개의 코일을 철심으로 연결해 놓은 장치를 '변압기(transformer)'라고 한다. 변압기를 사용하면 emf(또는 전압)를 마음대로 '변환'시킬 수 있다.

코일이 하나만 있는 경우에도 emf가 유도될 수 있다. 예를 들어 그림 16-5에서는 전구가 연결된 코일 (b)를 통과하는 플럭스만 변하는 것이 아니라, 코일 (a)를 통과하는 플럭스도 같이 변한다. 코일 (a)에 흐르는 전류가 변하면 코일 내부를 지나는 자기장이 변하고, 따라서 자기장의 플럭스도 끊임없이 변하여 결과적으로 코일 (a)에 '자체 유도된' emf가 발생하게 된다. 일반적으로 전류가 변해서 자기장을 변화시키는 경우, 또는 어떤 식으로든 전류의 자기장이 바뀌는 경우에는 언제나 그 전류 자신에게 작용하는 emf가 발생한다. 이 효과를 '자체 인덕턴스(self-inductance)'라고 한다.

그런데 플럭스 규칙은 '플럭스의 변화율에 비례하는 emf가 발생한다'고만 말하고 있을 뿐, 방향에 대해서는 아무런 언급이 없다. 기전력의 방향은 '렌츠의 규칙(Lenz's rule)'이라는 간단한 규칙으로 결정된다. 즉, emf는 플럭스의 변화를 '저지시키는' 방향으로 생긴다는 것이다. 처음에 자기장이 변해서 플럭스가 변하고, 플럭스의 변화는 기전력을 유도하여 전류를 생성시킨다. 이때 유도된 전류의 방향, 즉 emf의 방향은 항상 최초의 플럭스 변화를 상쇄시키는 방향으로 나타난다. 렌츠의 규칙을 적용하면 그림 16-1이나 16-3과 같은 경우 emf의 방향을 쉽게 알아낼 수 있다.

특히, 코일이 하나만 있는 경우에(또는 임의의 도선에) 흐르는 전류가 변하면, 코일에 '역'기전력(back emf)이 유도된다. 이 emf는 그림 16-5의 코일 (a)에 흐르는 전하에 작용하여 자기장의 변화를 원래대로 되돌리고, 따라서 전류의 변화를 거스르는 방향으로 emf가 유도된다. 즉, 전류의 흐름을 항상 일정하게 유지하려는 방향으로 emf가 생성되는 것이다. 전류가 증가하면 전류를 감소시키는 방향으로 유도되고, 전류가 감소하면 전류를 증가시키려는 방향으로 유도된다. 자체 유도 현상에서 전류는 일종의 '관성'을 갖고 있다고 생각해도 크게 틀리지 않는다. 전류가 일정하게 유지되려는 성향은 역학적인 관성에 의해 물체의 속도가 일정하게 유지되려는 현상과 비슷하기 때문이다.

모든 대형 전자석은 커다란 자체 인덕턴스를 갖고 있다. 그림 16-6에서와 같이 대형 전자석의 코일에 배터리가 연결되어 있고, 이로부터 강력한 자기장이 만들어졌다고 가정해 보자(회로에 흐르는 전류는 코일의 저항과 배터리의 전압에 의해 결정되며, 이미 정상 상태에 도달해 있다). 이때 갑자기 스위치를 열면(회로를 차단하면) 전류가 급격하게 0으로 감소하고, 이 과정에서 엄청난 크기의 emf가 발생한다. 이 emf는 스위치에 아크 방전이 생길 정도로 강력하다. 이

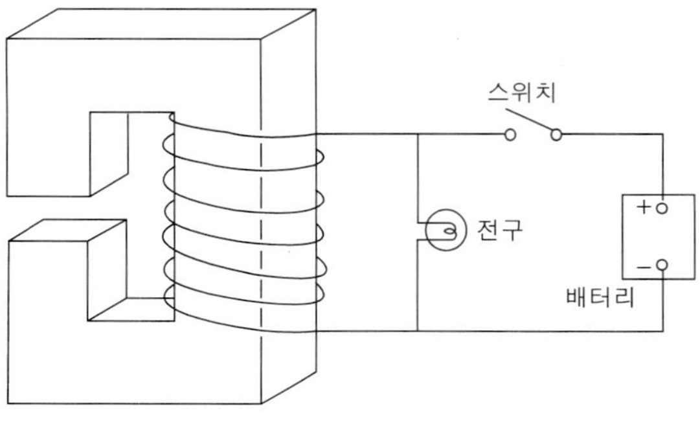

그림 16-6 전자석에 연결된 안전 회로. 전구는 스위치가 열렸을 때 과도한 emf가 발생하는 것을 방지해 준다.

렇게 유도된 고전압에 의해서 코일의 절연부가 손상되기도 하고, 혹은 스위치를 연 사람이 전기 충격을 받을 수도 있다! 이런 이유 때문에 (대형) 전자석은 대개 그림 16-6과 같은 회로에 연결되어 있다. 이렇게 회로를 구성해 주면 스위치를 열 때 코일의 자체 인덕턴스에 의해 유도된 전류가 전구를 통해 서서히 감소하게 되어 급격한 전류 변화로 인한 사고를 방지할 수 있다.

16-3 유도 전류에 작용하는 힘

여러분은 그림 16-7과 같은 장치를 이용하여 렌츠의 규칙을 눈으로 확인해 본 경험이 있을 것이다. 사실 이것은 그림 16-5의 코일 (a)처럼 생긴 전자석이다. 자석의 위쪽에 알루미늄 링을 얹어 놓고 코일에 교류 전원을 연결시키면 알루미늄 링이 공중으로 튕겨 나간다. 물론 이 힘은 링에 유도된 전류로부터 생성된 것이다. 링이 공중으로 날아간다는 것은, 유도 전류의 방향이 링을 통과하는 자기장의 변화를 저지하는 방향으로 유도되었다는 뜻이다. 예를 들어 전자석의 위쪽이 N극이라면, 링에 유도되는 전류는 링 아래쪽에 N극을 만들 것이다. 그래서 알루미늄 링과 전자석이 마치 같은 극끼리 붙여 놓은 자석처럼 서로 밀어내는 것이다. 그런데 알루미늄 링을 살짝 끊어 놓으면 더 이상 전류가 흐르지 않기 때문에 허공으로 튕겨 나가지 않는다. 이것은 알루미늄 링을 밀쳐 내는 힘이

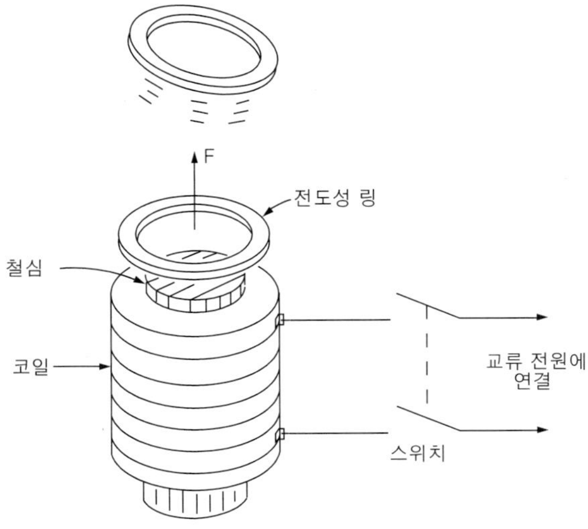

그림 16-7 전자석에 흐르는 전류가 변하면 전도성 링에는 강한 척력이 작용한다.

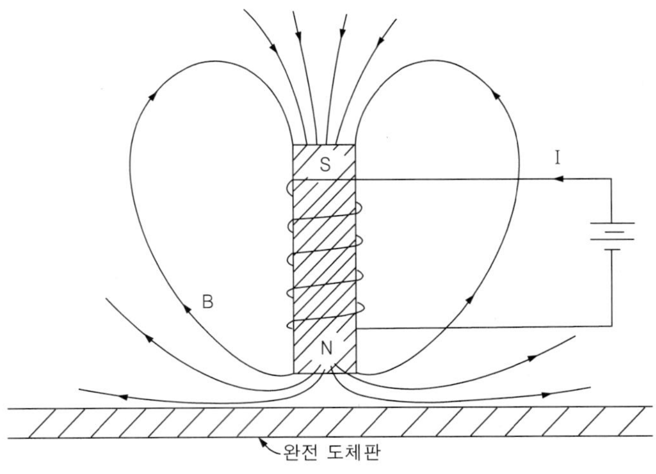

그림 16-8 완전한 전도성 평판 근처의 전자석

링에 흐르는 전류로부터 비롯되었음을 보여 주는 분명한 증거이다.

링 대신 알루미늄이나 구리로 된 원판을 그림 16-7과 같이 전자석 위에 올려 놓아도 공중으로 뜨는 현상을 관찰할 수 있다. 이 경우에도 유도 전류가 원판 내부를 돌면서 이전과 마찬가지로 반발력을 일으킨다.

알루미늄 링 대신 완전 도체판을 사용하면 어떻게 될까? 완전 도체란, 전기 저항이 0인 물질을 말한다. 즉, 완전 도체에 전류를 한 번 흘려주기만 하면 방해 요인이 전혀 없기 때문에 영원히 흐르게 된다. 그러므로 완전 도체에서는 '아주 작은 emf로도' 무한히 큰 전류가 발생할 것이다. 그러나 이런 일은 이론적으로나 현실적으로 불가능하기 때문에, 실제로 완전 도체 내부에서는 emf가 발생하지 않는다. 따라서 이러한 평판에 자기장의 플럭스를 통과시키려 하더라도 판에는 이를 완전히 상쇄시키는 반대 자기장을 만들어 내는 전류가 유도되는데, 이는 무한소의 emf만으로 항상 가능하다. 결국, 어떠한 자기 플럭스도 이 판을 통과하지 못한다는 뜻이다.

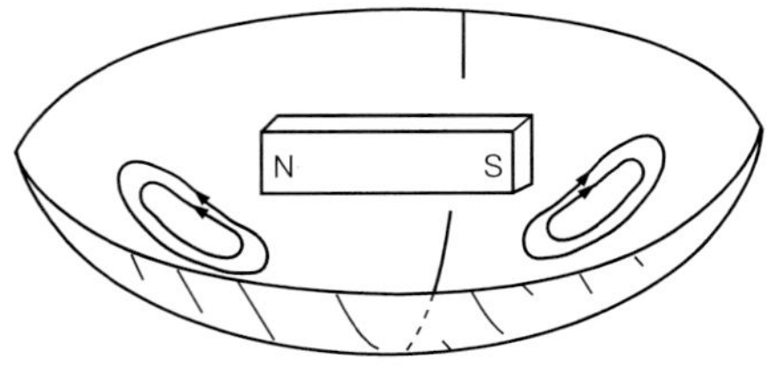

그림 16-9 와상 전류에 의한 척력으로 초전도체 그릇 위에 떠 있는 막대자석

완전 도체판 근처에 전자석을 설치하고 전류를 흘려주면, 도체 안에 '와상 전류(eddy current)'라고 하는 전류가 생성되어 자기 플럭스가 내부로 침투하는 것을 방지한다. 자기장선의 형태는 그림 16-8에 나와 있다. 전자석 대신 막대자석을 완전 도체판 근처에 갖다 놓아도 결과는 마찬가지다. 이 와상 전류는 반대 자기장을 발생시키므로 자석과 도체판은 서로 밀치게 된다. 그래서 그림 16-9와 같이 사발 모양의 완전 도체 위에 막대자석을 얹어 놓으면 자석이 공중에 뜬다. 완전 도체 내부에 유도된 와상 전류가 만드는 척력에 의해 자석이 위로 밀쳐지는 것이다. 상온에서 완전 도체가 되는 물질은 존재하지 않지만, 극저온에서는 완전 도체가 되는 물질들이 있다. 예를 들어, 주석(tin, Sn)은 3.8°K 이하에서 완전 도체가 되는데, 이런 물질을 '초전도체(superconductor)'라고 한다.

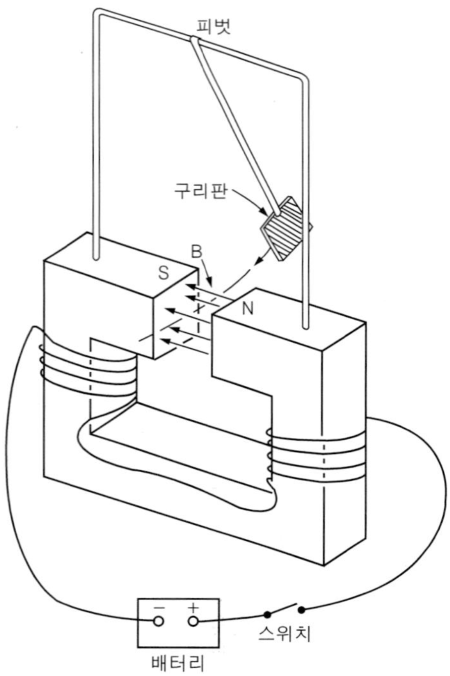

그림 16-10 진자가 제동되는 양상을 보면, 와상 전류에 의해 힘이 작용하고 있음을 알 수 있다.

그림 16-8의 물질이 완전 도체가 아니라면, 전기 저항 때문에 와상 전류가 서서히 줄어들 것이고, 따라서 자석은 천천히 내려앉을 것이다. 완전 도체가 아닌 경우에 와상 전류가 계속 흐르려면 emf가 필요하다. 그리고 emf를 만들려면 플럭스가 계속 변해야 한다. 즉, 자기장의 플럭스는 서서히 도체 내부로 침투하게 되는 것이다.

보통의 도체에서는 와상 전류에 의한 반발력 이외에 옆 방향으로의 힘도 생길 수 있다. 예를 들어, 도체 평판 위에서 자석을 수평으로 움직이면 도체에 유도된 와상 전류가 플럭스의 위치 변화를 방해하기 때문에 자석을 움직이는 데 저항력을 느끼게 된다. 이 힘은 속도에 비례하며, 대충 말하자면 점성력과 비슷하다고 할 수 있다.

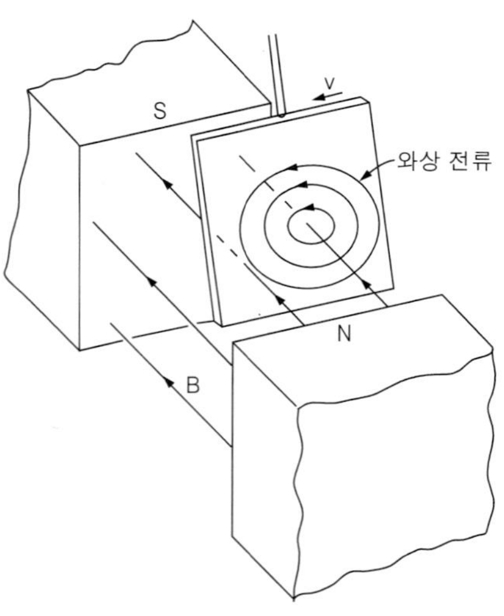

그림 16-11 구리 진자에 생성된 와상 전류

그림 16-10에 그려진 장치를 이용하면 이 현상을 분명하게 확인할 수 있다. 사각형 구리판을 막대 끝에 매달아 전자석의 자극 사이를 진자처럼 오락가락하도록 만들어 놓는다. 이때 전자석의 스위치를 켜면 왕복 운동을 하던 판이 갑자기 멈추는 것을 볼 수 있다. 금속판이 자기장 속으로 진입하면 플럭스의 변화를 거스르는 방향으로 판에 전류가 유도된다. 만일 이 판이 완전 도체라면, 워낙 큰 유도 전류가 발생되기 때문에 판이 자기장 영역에서 튕겨져 나올 것이다. 그러나

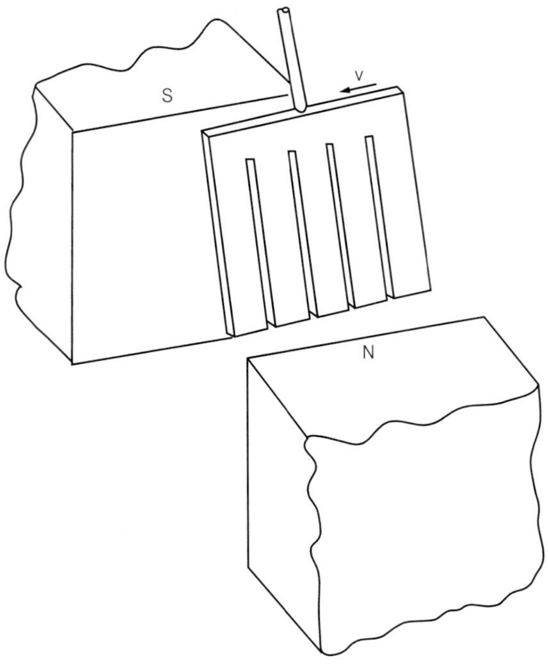

그림 16-12 진동판에 직선형 홈을 여러 개 뚫어 놓으면 와상 전류의 효과가 크게 줄어든다.

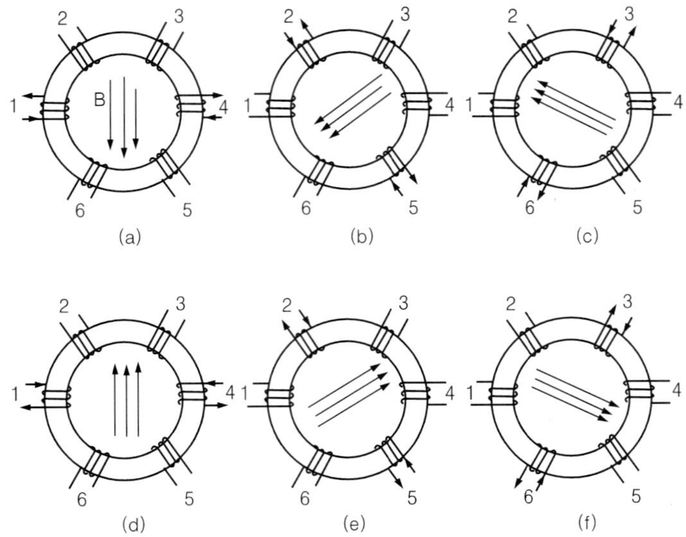

그림 16-13 회전하는 자기장 만들기

이것은 이상적인 얘기이고 실제의 구리판은 저항을 갖고 있으므로 자기장 영역으로 진입하기 시작하면서 유도된 와상 전류에 의해 순간적으로 거의 정지했다가 저항으로 인해 와상 전류가 소멸되면서 다시 천천히 이동하여 자기장 속에서 멈추게 된다.

구리판의 내부에 형성되는 와상 전류의 모습은 대략 그림 16-11과 같다. 전류의 세기와 모양은 구리판의 기하학적인 모양에 따라 달라진다. 예를 들어, 그림 16-12에서와 같이 구리판에 길쭉한 홈을 여러 개 뚫어 놓으면 와상 전류에 의한 효과가 크게 줄어들면서 진자는 저항력을 거의 받지 않은 채 자기장 속을 오락가락하게 된다. 구리판이 여러 개의 조각들로 나눠져서 크기가 작아졌으므로 플럭스를 상쇄시키는 데 필요한 유도 전류의 양이 적어지고, 따라서 와상 전류도 줄어들었기 때문이다. 즉, 구리판에 홈을 뚫어 놓으면 유도 전류가 줄어들면서 저항력도 약해진다. 점성력과 비슷한 이 힘은 그림 16-10의 구리판을 자극 사이에서 자유 낙하시켜 보면 더욱 분명하게 관찰할 수 있다. 이 구리판은 그대로 자유 낙하하지 않고 아래로 미끄러지듯이 천천히 내려온다. 와상 전류로 인하여 (끈적한 액체의 점성력과 비슷하게) 도체의 운동을 방해하는 강한 저항력이 작용하기 때문이다.

도체를 자기장 속에서 천천히 내려오게 하는 대신, 도체를 자기장 속에서 회전시키는 경우에도 이와 동일한 이유로 회전에 대한 저항력(resistive torque)이 나타난다. 또는 도체판이나 링과 가깝게 위아래로 마주하고 자석을 회전시키면 링도 따라서 회전한다. 링에 유도된 전류에 의해 토크가 발생하여 링이 자석을 따라 회전하는 것이다.

그림 16-13과 같이 코일을 감아 주면 회전하는 자석의 자기장과 비슷한 효

과를 낼 수 있다. 토러스 모양의 철심, 즉 도넛 모양의 철심에 여섯 개의 코일을 감은 후 코일 (1)과 (4)에 전류를 흘려주면 그림 (a)와 같은 방향으로 자기장이 생긴다. 그리고 전류가 흐르는 코일을 (2)와 (5)로 전환시켜 주면 자기장의 방향이 (b)처럼 변한다. 이런 식으로 계속하면 나머지 그림과 같이 자기장이 바뀌고, 이 과정을 매끄럽게 연속적으로 시행하면 '회전하는' 자기장을 얻을 수 있다. 코일을 삼상 전원(three-phase power line)에 연결하면 이와 같은 변환을 쉽게 구현할 수 있다. 삼상 전원이란, 위에서 언급한 순서대로 전류를 공급해 주는 장치이다. 삼상 전원의 원리도 그림 16-1의 발전기와 거의 비슷하다. 다른 점이라고는 '세 개의' 코일이 하나의 굴대에 120° 간격으로 대칭적으로 감겨 있는 것뿐이다. 이 세 개의 코일이 함께 회전하면 기전력이 순차적으로 각각의 코일에 유도된다. 삼상 전원은 여러 가지 장점을 갖고 있는데, 그중 하나가 바로 회전하는 자기장을 쉽게 만들 수 있다는 점이다. 그림 16-14와 같이 토러스 바로 위에 절연판을 설치하고 그 위에 금속 링을 올려 놓으면 회전하는 자기장이 도체를 회전시킨다는 사실을 쉽게 확인할 수 있다. 이 경우에 링은 회전하는 자기장을 따라 수직축을 중심으로 자전하게 된다. 상용 대형 삼상 유도 모터도 기본적으로는 이와 같은 원리로 작동된다.

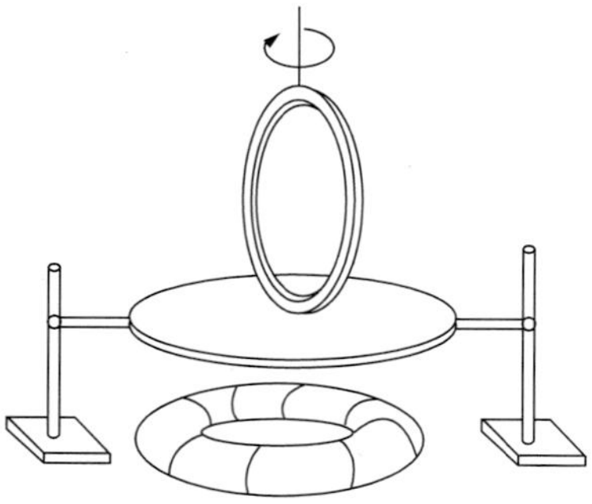

그림 16-14 그림 16-13의 회전하는 자기장은 전도성 링에 토크를 가하는 데 사용될 수 있다.

그림 16-15에는 또 다른 형태의 유도 모터가 제시되어 있다. 그림과 같은 구성은 실용적이고 효율이 높은 상용 모터에는 적합하지 않지만, 작동 원리는 크게 다르지 않다. 보다시피, 얇은 철판 묶음에 솔레노이드형 코일을 감아 놓은 전자석 $\boldsymbol{M}$은 외부 전원으로부터 교류 전류를 공급받는다. 이 전자석은 알루미늄 원판에 시간에 따라 변하는 $\boldsymbol{B}$의 플럭스를 발생시킨다. 그러나 그림 (a)와 같은 구성으로는 모터의 역할을 하지 못한다. 원판에 와상 전류가 유도되긴 하지만, 와상 전류의 모양이 대칭적이어서 회전력을 발생시키지 못하기 때문이다(유도 전류 때문에 원판이 조금 뜨거워질 뿐이다). 그런데 여기에 그림 (b)와 같이 자석 윗면의 절반을 다른 알루미늄 판으로 덮어 주면 원판이 회전하면서 비로소 모터 구실을 하게 되는데, 이 회전력은 '두 가지' 와상 전류에서 기인한다. 즉, 알루미늄 판에 우선적으로 와상 전류가 나타나고, 이 와상 전류에 의한 자기장이 변하면서 그 위에 위치한 원판에 또 다른 와상 전류가 유도되는 것이다. 따라서 알루미늄 판의 윗부분에 형성되는 자기장은 알루미늄 판으로 막지 않은 부분의 자기장보다 항상 한발 늦게 형성된다. 이 현상을 '셰이드 폴 효과(shaded-pole

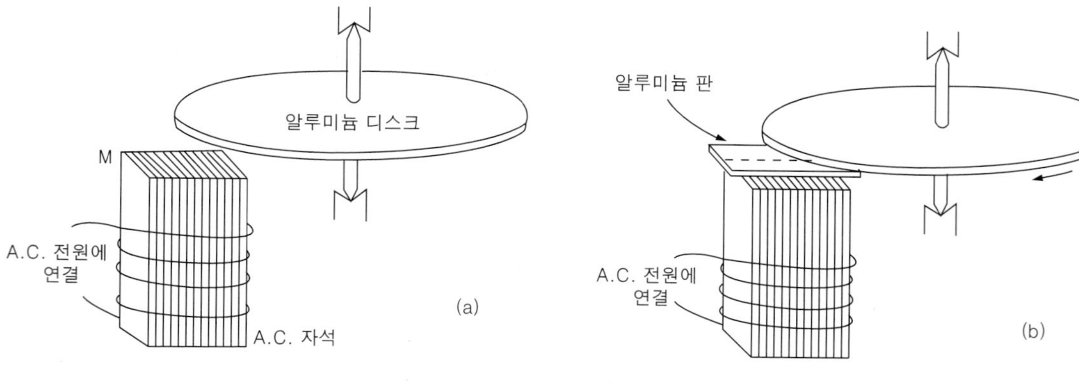

그림 16-15 셰이드 폴 유도 모터의 간단한 예

effect)'라고 하는데, 이렇게 하면 '가려진 부분'과 '가려지지 않은 부분'에 생기는 자기장은 서로 모양은 비슷하지만 일정 시간만큼 차이를 두고 나타난다. 그리하여 마치 원래 자석 대신 '반쪽짜리 자석'을 가려지지 않은 구역에서 가려진 구역으로 계속 움직여 주는 것과 동일한 효과가 나타나고, 이 변하는 자기장이 원판에 유도되는 와상 전류와 상호작용하여 회전력이 생기는 것이다.

16-4 전기공학

변하는 자기장이 emf를 발생시킨다는 획기적인 발견을 처음으로 발표했을 때, 패러데이는 사람들로부터 다음과 같은 질문을 받았다. "그것이 도대체 무슨 쓸모가 있습니까?"(새로운 과학적 사실이 발견되면 항상 이런 질문을 하는 사람들이 있기 마련이다) 사실, 그가 발견한 것은 자석 근처에서 도선을 움직이면 아주 적은 양의 전류가 흐른다는 기이한 사실에 불과했다. 그러나 패러데이는 전혀 기죽지 않고 이렇게 반문하였다. "그럼, 갓 태어난 아기는 무슨 쓸모가 있습니까?"

이제 와서 생각해 보면 참으로 어이없는 질문이 아닐 수 없다. 오늘날 우리들은 패러데이의 발견을 기초로 만들어진 엄청나게 많은 종류의 전기 기구들 속에 파묻혀 살고 있다. 지금까지 설명한 사례들은 실용성 없는 단순한 장난감이 아니라, 실제로 흔히 사용되고 있는 전기 기구의 원리를 나열한 것이다. 물론, 실제로 사용되는 유도 모터와 앞에서 설명한 내용이 정확하게 일치하지는 않는다. 앞에서 말한 링은 회전력이 매우 미미하여 손으로 가볍게 잡아도 금방 멈춰 버린다. 실용적인 모터를 만들기 위해서는 낭비되는 자기장이 최소화되도록 설계 단계에서 만전을 기해야 한다. 제조 현장에서는 자기장을 집중시키기 위해 연철을 사용한다. 아직 설명하지는 않았지만, 연철을 사용하면 구리선이 발생시킬 수 있는 자기장보다 수만 배 이상 강한 자기장을 얻을 수 있다. 그리고 연철판 사이의 간격을 가능한 한 좁게 유지해야 하는데, 이를 위해 어떤 철판은 회전하는 링 모양으로 만들기도 한다. 실제 모터는 모든 부분을 잘 설계하여 최대한의 힘과 효율(전기 에너지를 역학적 에너지로 바꾸는 효율)을 얻어 내고 있으며, 그 힘은 손으로 링을 정지시킬 수 없을 정도로 강력하다.

이렇게 판의 간격을 좁히거나 연철을 사용함으로써 제품의 효율을 높이는 문제는 '공학(engineering)'의 영역에 속한다. 공학은 물리학처럼 새로운 원리를 발견할 필요는 없지만, 설계상의 문제를 해결하는 매우 어려운 분야이다. 기본적인 물리 법칙으로부터 실용적이고 경제적인 기계를 만들어 내는 작업은 말처럼 그렇게 간단하지 않다. 공학자들의 피땀 어린 노력이 있었기에 수력 발전소와 같은 엄청난 규모의 장비가 건설될 수 있었음을 반드시 기억해야 할 것이다.

그런데 수력 발전소란 무엇인가? 간단히 말해서 거대한 콘크리트 벽을 쌓아서 큰 강의 흐름을 막아 놓은 초대형 건축물이다. 그렇다면 콘크리트 벽을 무조건 튼튼하게 쌓으면 되는가? 천만의 말씀이다. 콘크리트의 소모량을 최소화하면서 최대한의 강도를 유지하도록 벽면의 형태를 이상적으로 설계해야 한다. 이런 목적으로 설계를 하다 보면, 아래쪽으로 갈수록 벽의 두께가 점점 두꺼워지면서 기하학의 미를 한껏 살린 예술적 모양이 된다. 공학자들의 말에 의하면, 벽의 두께 변화는 수압의 증가를 견디기 위해 어쩔 수 없이 얻어진 결과라고 한다. 물론 이런 것은 전기와 별 관련이 없는 이야기다.

콘크리트 벽에 막힌 강물은 대형 관으로 유입된다. 우리는 수력 발전소 하나에서도 공학적 기술의 거의 모든 것을 찾아볼 수 있다. 대형 관은 대형 '수차'에 물을 공급한다. 즉, 대형 터빈을 돌리는 것이다. 그런데 대체 수차는 왜 돌리는 것일까? 이 수차는 복잡하게 꼬인 구리선과 철로 된 뭉치에 연결되어 있다. 이것은 회전하는 것과 회전하지 않는 두 개의 부분으로 구성되어 있는데, 대부분은 구리선과 철로 되어 있고 약간의 종이와 절연 물질들이 사이사이에 복잡한 형태로 결합되어 있다. 회전하는 거대한 뭉치—이것이 바로 발전기의 정체이다. 이렇게 거대한 댐과 터빈, 철, 그리고 구리선 뭉치 등이 한결같이 추구하는 목적은 마지막에 장착된 몇 가닥의 굵은 구리선에 기전력(emf)을 발생시키는 것이다. 이 굵은 구리선은 다시 변압기 내부의 철심에 여러 차례 감기고, 이쯤이면 중요한 부분은 대충 완성된 셈이다.

그런데 동일한 철심에 다른 구리선을 감아 놓으면 단지 굵은 구리선 근처에 있다는 이유만으로 유도 기전력이 생성된다. 이 변압기는 원래의 '저전압-고전류'의 전기 에너지를 먼 곳으로 전달하는 데 효율적인 '고전압-저전류'의 전기 에너지로 변환시킨다.

각 부분을 제작할 때는 가장 경제적인 방법을 찾아서 쓸데없는 손실을 최소화해야 한다. 도시 전체에 전력을 공급하는 거대한 발전소의 경우, 수 %의 효율 차이는 에너지 생산량에 엄청난 차이를 초래하며, 돈으로 따지면 천문학적인 비용이 낭비된다. 그러므로 모든 부분은 비용을 최소화하면서 최대한의 효율을 발휘하도록 최적화되어야 한다. 변압기의 내부에 단 1%의 전력도 남지 않게 어떤 식으로든 방출되어야 한다. 방출되지 않은 에너지가 변압기 내부에서 열로 변하면 변압기 자체를 녹여 버릴 수도 있다. 그러나 모든 것을 완벽하게 만들 수는 없으므로 실제로는 약간의 열이 발생되는데, 이 정도는 작은 펌프가 장착된 냉각 장치를 사용하여 안전한 온도로 식힐 수 있다.

실제로는 사람의 팔뚝만큼 굵은 수십 가닥의 구리선이 발전소로부터 사방으로 퍼져 나가 먼 곳에 있는 도시에 전력을 공급하고 있다. 거대한 강물로부터 얻어진 에너지가 구리선을 통해 전송되고 있는 것이다. 이 전류는 다시 여러 갈래로 갈라져서 중간에 변압기를 몇 차례 거쳐서 일반 가정에 공급되어 선풍기나 전구 또는 전기오븐을 작동시키기도 하고, 거대한 산업 설비를 돌리는 엔진에 공급되기도 한다. 결국, 도시 전체가 강물의 에너지를 조금씩 나눠서 쓰고 있는 셈이다. 이와 같이, 수십~수백 킬로미터 떨어진 곳의 차디찬 강물로부터 이 강의실에 달려 있는 전구를 밝히는 기적은 철과 구리선의 절묘한 구성으로부터 비롯된 것이다. 댐에서 돌아가는 엄청나게 큰 바퀴와 우리가 사용하는 전기 제품의 작은 바퀴들은 이처럼 밀접하게 연결되어 있다. 물론, 발전소의 거대한 바퀴가 어떤 이유에서건 회전을 멈추면 각 가정의 전기도 더 이상 들어오지 않을 것이다.

거대한 강물의 에너지가 각 도시로 퍼져 나가 몇 방울의 강물로 치과의 수술용 드릴을 돌리기도 하고, 아주 정밀한 기계를 동작시켜서 미세한 전류를 측정할 수 있게 해 주며, TV나 라디오를 통해 음악이나 목소리 또는 영상을 전달하기도 하고, PC와 같은 정교한 기계를 작동시켜 주기도 한다.

이러한 모든 것은 구리와 철을 사용하여 제작된 정교한 발전기 덕분이다. 효율적으로 생성된 자기장…… 1/16인치의 틈을 두고 빙빙 도는 직경 6피트의 쇳덩어리…… 최적의 효율을 얻기 위해 정교하게 배치된 구리선들…… 댐의 기하학적 곡선…… 이 모든 것들은 '효율적인 전기 에너지의 생성'이라는 단 한 가지 목적하에 주도면밀하게 제작된 현대공학의 집합체이다.

먼 훗날의 고고학자들이 땅을 파다가 지금의 발전소 댐을 발굴하게 된다면, 콘크리트 벽의 멋진 곡면을 바라보면서 감탄을 금치 못할 것이다. 또한 그들이 발전기나 변압기를 발견한다면, 철제 부속품들의 멋지고도 효율적인 배열과 각각의 부속품에 담긴 기발한 아이디어에 혀를 내두를지도 모를 일이다.

이것이 바로 공학의 힘이며, 전기공학의 사려 깊은 설계의 산물이다. 발전기의 내부에는 자연의 어디에서도 찾아볼 수 없는 발명품들이 탑재되어 있다. 물론 전자기 유도에 의한 힘은 다른 곳에서도 찾아볼 수 있다. 태양이나 별들의 주변에도 전자기 유도 효과가 작용하는 지역이 분명히 있을 것이다. (확실치는 않지만) 지구의 자기장도 지구 내부에서 돌고 있는 전류에 의해 발전기와 비슷한 원리로 유지되고 있을지도 모른다. 그러나 인류가 만든 발전기처럼 모든 부품들이 질서정연하게, 효율적으로 배치된 산물은 자연에 존재하지 않는다.

여러분은 발전기의 설계와 관련된 모든 것이 거의 완벽하게 개발되어 있으므로 더 이상 흥미로울 것이 없다고 생각할지도 모른다. 실제로 현재 사용되고 있는 발전기나 모터는 거의 완벽한 수준이다. 그러나 이런 훌륭한 기계들은 결코 공짜로 생긴 것이 아니며, 관련 법칙이 알려졌다고 해서 하루아침에 만들 수 있는 것도 아니다. 그러므로 이런 문제를 거의 완벽하게 해결한 공학자들의 노력에는 깊은 경의를 표해야 마땅하다. 물론, 아직 해결되지 않은 문제들도 많다. 경우에 따라서는 발전기나 변압기가 다시 문제가 되기도 한다. 앞으로 머지않은 미래에 저온물리학과 초전도체에 대한 연구도 전력 분배 문제에 응용될 것이다. 이 문제와 관련된 혁신적인 새로운 사항들을 해결하려면, 새로운 최적의 설계가 이루어져야 한다. 따라서 미래의 전력 전달 시스템은 오늘날의 그것과 전혀 다른 형태를 띠게 될 가능성이 많다.

앞으로 여러분은 전자기 유도 법칙을 공부하면서 수많은 응용 문제들을 접하게 될 것이다. 전기 기구의 설계만 해도, 평생 연구할 문제들이 산적해 있다. 우리는 지금 그런 공부를 하는 것은 아니지만, 전자기 유도 법칙의 발견이 경이적인 응용으로 곧장 연결되었다는 사실만은 분명히 기억해야 한다. 물론, 이러한 응용 문제는 공학자나 응용과학자들이 해결해야 할 일이다. 물리학자들의 본분은 이러한 모든 것의 기초를 이루는 기본 원리를 제공하는 것이다(물리학자들이 아직 기초를 완성시켜 놓은 것은 아니다. 철과 구리의 성질은 아직도 완벽하게 밝혀지지 않았다. 뒤에 가서 보게 되겠지만 이러한 문제들은 물리학에서 다루어진다).

현대의 전기공학은 패러데이의 발견에서 시작되었다. 패러데이는 자신이 낳은 아기가 장차 무엇이 될지 전혀 알지 못했지만, 결국 그 아기는 오늘날 우리가 보고 느끼는 바와 같이 지구의 얼굴을 눈부시게 변모시켜 놓았다.

CHAPTER 17

전자기 유도 법칙

17-1 전자기 유도의 물리학
17-2 “플럭스 규칙”의 예외
17-3 유도 전기장에 의한 입자의 가속 : 베타트론
17-4 역설적인 문제
17-5 교류 전원
17-6 상호 인덕턴스
17-7 자체 인덕턴스
17-8 인덕턴스와 자기 에너지

17-1 전자기 유도의 물리학

16장에서 우리는 전자기 유도 효과가 일으키는 복잡하면서도 흥미로운 여러 가지 현상들을 살펴보았다. 이 장에서는 이러한 현상들을 지배하는 근본 원리에 대해 알아보기로 한다. 앞에서 우리는 전도성 회로에 발생하는 emf를 ‘회로를 따라 전하에 가해지는 누적된 힘의 총합’으로 정의하였다. 좀 더 정확하게 말하면, emf는 단위 전하에 걸리는 힘의 접선 방향 성분을 회로를 따라 한 바퀴 돌면서 선적분한 값이다. 따라서 emf는 하나의 전하를 회로를 따라 한 바퀴 움직였을 때 해 준 일과 같다.

또한 “emf는 전도성 회로를 통과하는 자기 플럭스의 시간에 따른 변화율과 같다”는 플럭스 규칙에 대해서도 언급하였다. 지금부터 그 이유를 알아보자. 우선, 고정된 자기장 안에서 회로의 움직임에 의해 플럭스가 변하는 경우를 고려해 보자.

그림 17-1은 도선 고리의 크기를 쉽게 변화시킬 수 있도록 고안한 장치를 보여 주고 있다. 이 고리는 U자형의 고정된 부분 (a)와 U자형의 두 다리를 따라 미끄러지며 움직일 수 있도록 설치해 놓은 가로 막대 (b)로 이루어져 있다. 이 회로는 항상 연결되어 있지만, 폐회로의 면적은 언제든지 바꿀 수 있다. 이제, 이 회로를 균일한 자기장 속에 집어넣어 보자. 회로면이 자기장의 방향에 수직하도록 유지한다. 플럭스 규칙에 의하면 가로 막대 (b)를 움직일 때 회로면을 통과하는 자기 플럭스의 변화율에 비례하는 emf가 회로에 유도될 것이므로, 회로에는 전류가 흐를 것이다. 도선의 저항이 충분히 커서 emf에 의한 전류의 양이 매우 작다고 가정하자. 그러면 이 전류에 의한 자기장의 효과는 무시할 수 있다.

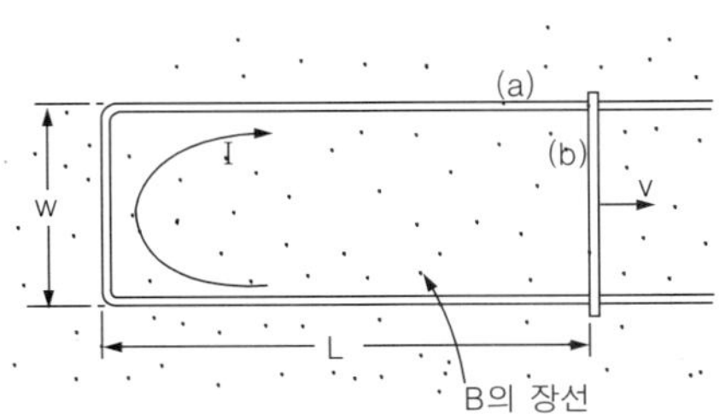

그림 17-1 회로의 면적이 달라지면서 플럭스가 변하면 고리에 emf가 유도된다.

고리를 통과하는 플럭스는 wLB이므로, 플럭스 규칙에 따르면 emf($\mathcal{E}$로 표기함)는 다음과 같다.

$$\mathcal{E} = wB\frac{dL}{dt} = wBv$$

여기서 v는 가로 막대의 이동 속도이다.

이러한 기전력이 생기는 이유는 가로 막대 속에 있는 전하들에게 가해지는 자기력 $\boldsymbol{v} \times \boldsymbol{B}$로부터 이해할 수 있다. 이 전하들은 도선에 접하는 방향으로 단위 전하당 vB의 힘을 느낄 것이다. 이 힘은 길이 w인 가로 막대 상에서는 일정하

고 다른 부분에서는 0이다. 따라서 적분을 해보면

$$\mathcal{E} = wvB$$

가 된다는 것을 알 수 있다. 이것은 플럭스 규칙으로부터 구했던 emf와 동일한 결과이다.

지금까지의 논리는 자기장이 고정되어 있고 도선이 움직이는 모든 경우에 적용할 수 있다. 그리고 일반적으로 고정된 자기장 속에서 임의의 형태를 가진 회로의 일부분이 움직이는 경우에도 emf는 플럭스의 시간 도함수와 같다는 것을 증명할 수 있다.

그렇다면 이와 반대로 고리가 고정되어 있고 자기장이 변하는 경우에는 어떤 일이 일어날 것인가? 위의 논리만으로는 이 질문에 답을 구할 수 없다. "플럭스가 어떤 이유로 변했건 간에, 플럭스 규칙은 조금도 바뀌지 않고 그대로 적용된다"는 것이 바로 패러데이의 실험적 발견이었다. 어떤 경우이건, 전하에 작용하는 힘은 $\boldsymbol{F}=q(\boldsymbol{E}+\boldsymbol{v}\times\boldsymbol{B})$로 주어지며, '시간에 따라 변하는 자기장이 발생시키는 새로운 힘' 같은 것이 존재하지는 않는다. 고정된 도선 속에 정지해 있는 전하가 받는 힘은 오직 $\boldsymbol{E}$항으로부터 나온다. 패러데이의 관찰로부터, 전기장과 자기장이 새로운 규칙을 통해 서로 연관되어 있음이 알려졌다. 즉, 자기장이 시간에 따라 변하면, 그 근방에 전기장이 생긴다는 것이다. 이 전기장이 도선 속의 전자들에 힘을 가해서 전자들이 움직이고, 그 결과로 전류가 발생된다. 그러므로 변하는 자기장 속에 정지해 있는 회로에 발생되는 기전력은 바로 이 전기장에 의한 것이다.

변하는 자기장과 전기장을 연결시켜 주는 일반적인 법칙은

$$\nabla \times \boldsymbol{E} = -\frac{\partial \boldsymbol{B}}{\partial t} \tag{17.1}$$

이다. 이것을 '패러데이의 법칙'이라고 한다. 이 관계를 처음 발견한 사람은 패러데이였지만, 위와 같이 미분 방정식의 형태로 표현한 사람은 맥스웰이었다(위의 식은 네 개의 맥스웰 방정식 중 하나이다). 그러면 이 식으로부터 어떻게 회로에 대한 플럭스 규칙이 나오는지 한번 살펴보자.

스톡스 정리를 써서 위의 식을 적분 형태로 바꾸면 다음과 같다.

$$\oint_{\Gamma} \boldsymbol{E}\cdot d\boldsymbol{s} = \int_{S} (\nabla \times \boldsymbol{E})\cdot \boldsymbol{n}\, da = -\int_{S} \frac{\partial \boldsymbol{B}}{\partial t}\cdot \boldsymbol{n}\, da \tag{17.2}$$

여기서 Γ는 임의의 폐곡선을 나타내고, S는 이 폐곡선으로 경계 지워지는 임의의 곡면을 뜻한다. 한 가지 명심할 것은, Γ가 공간상에 고정된 '수학적' 곡선이고 S는 고정된 곡면이라는 것이다. 따라서 시간에 대한 미분은 다음과 같이 적분 밖으로 끄집어 낼 수 있다.

$$\begin{aligned}\oint_{\Gamma} \boldsymbol{E}\cdot d\boldsymbol{s} &= -\frac{\partial}{\partial t}\int_{S} \boldsymbol{B}\cdot \boldsymbol{n}\, da \\ &= -\frac{\partial}{\partial t}\,(\text{면 } S\text{를 통과하는 플럭스})\end{aligned} \tag{17.3}$$

이 관계식을 '고정된' 도체 회로에 적용시키면 플럭스 규칙이 얻어진다. 좌변의 적분은 emf이고, 우변은 회로를 통과하는 플럭스의 시간 변화율에 마이너스 부호를 붙인 것이다. 따라서 식 (17.1)을 고정된 회로에 적용하면 플럭스 규칙과 동일한 결과가 얻어진다.

따라서 우리의 플럭스 규칙(회로에 유도되는 emf는 회로를 통과하는 자기 플럭스의 변화율과 같다는 규칙)은 플럭스의 변화 요인이 무엇이건 간에(자기장이 변하건, 회로가 움직이건, 혹은 두 가지가 동시에 일어나건 간에) 항상 성립한다. 플럭스 규칙은 회로가 움직이는 경우와 자기장이 변하는 경우를 구별하지 않는다. 그런데 우리는 앞에서 두 가지 경우를 설명할 때, 각기 다른 법칙을 사용했다. '회로가 움직이는 경우'에는 $\boldsymbol{v}\times\boldsymbol{B}$를 사용했고, '자기장이 변하는 경우'에는 $\nabla\times\boldsymbol{E}=-\partial\boldsymbol{B}/\partial t$를 사용했다.

물리학의 어떤 분야를 둘러봐도, 이와 같이 간단하고 정확한 일반 원리를 이해하기 위해 '전혀 다른 두 가지 현상'을 분석해야 하는 경우는 없다. 대개 이렇게 아름다운 일반화는 하나의 심오한 근본 원리에서 유래한다. 그러나 지금의 경우에는 그러한 깊은 관계가 겉으로 드러나 있지 않다. 우리는 이 '규칙'을 두 가지 독립된 현상이 결합되어 나타난 효과로 이해해야 한다.

플럭스 규칙은 다음과 같이 이해할 수 있다. 일반적으로, 단위 전하에 작용하는 힘은 $\boldsymbol{F}/q=\boldsymbol{E}+\boldsymbol{v}\times\boldsymbol{B}$이다. 도선이 움직이는 경우, 힘은 두 번째 항에서 비롯되며, 자기장이 변하는 경우에는 전기장 $\boldsymbol{E}$가 발생한다. 이들은 서로 독립적인 효과이다. 그러나 그 원인에 상관없이, 폐회로를 따라 발생하는 emf는 항상 그 회로를 통과하는 자기 플럭스의 변화율과 같다.

17-2 "플럭스 규칙"의 예외

지금부터 패러데이가 제시했던 몇 가지 사례를 들어 보자. 이 사례들을 통하여 emf를 유도하는 두 가지 효과를 서로 명확하게 구분하는 것이 중요하다는 것을 배울 수 있다. 지금부터 소개할 사례들은 전혀 도선이 없거나, 또는 유도 전류가 취하는 '경로'가 도체 내부의 공간으로 제한되어 있어서 플럭스 규칙을 그대로 적용시킬 수 없는 경우이다.

우선, 한 가지 중요한 사실을 짚고 넘어가자. 전기장 $\boldsymbol{E}$로부터 유도되는 emf는 물리적인 도선의 존재 여부와 무관하다(물론 $\boldsymbol{v}\times\boldsymbol{B}$에 의한 효과도 마찬가지다). $\boldsymbol{E}$는 도선이 없어도 자유 공간 속에 존재할 수 있으며, 이런 경우에도 공간에 고정되어 있는 가상의 폐곡선을 따라 전기장을 선적분한 값은 이 폐곡선을 통과하는 자기장 $\boldsymbol{B}$의 플럭스 변화율과 같다(이것은 정지 전하가 만들어 내는 전기장과 전혀 다르다. 전하가 정지되어 있는 경우에는 폐곡선을 따라 전기장을 선적분한 값이 항상 0이 되기 때문이다).

회로를 통과하는 플럭스가 변하지 않으면서도 emf가 유도되는 사례를 하나 들어 보자. 여기, 그림 17-2와 같이 고정된 축을 중심으로 회전하는 원형 도체판이 자기장 속에 놓여 있다. 검류계의 한쪽 선은 회전축에 연결되어 있고, 다른

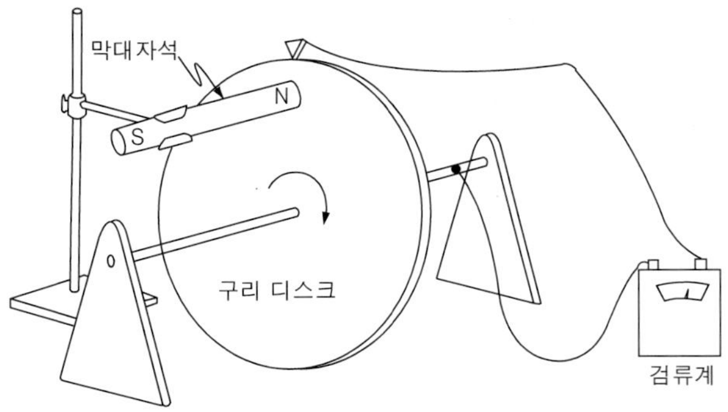

그림 17-2 원판이 돌기 시작하면 $\boldsymbol{v} \times \boldsymbol{B}$에 의한 emf가 유도된다. 그러나 플럭스의 변화는 없다.

선은 접점을 통해 원판의 가장자리에 연결되어 있다. 회로는 검류계를 거치면서 완전한 폐회로를 이룬다. 이런 경우에는 원판을 회전시켜도 공간상에서 전기가 흐르는 경로라는 의미에서의 '회로'는 변하지 않는다. 그러나 회로의 한 부분은 분명히 회전하고 있다. 그래서 회로를 통과하는 플럭스에 변화가 없음에도 불구하고 검류계에는 emf가 감지된다. 이것은 플럭스의 변화에 의해 발생한 emf가 아니라, 회전하는 원판 내부의 전하가 $\boldsymbol{v} \times \boldsymbol{B}$의 힘을 받아서 생긴 emf이다.

이제 위의 경우와는 반대로, (전류가 흐르는 경로라는 의미의) 회로를 통과하는 플럭스는 변하지만 emf는 유도되지 않는, 다소 이상한 경우를 생각해 보자. 그림 17-3과 같이 가장자리가 약간 둥그스름한 두 개의 금속판이 균일한 자기장 속에 놓여 있다고 가정해 보자. 판의 면에 수직한 방향으로 자기장이 걸려 있고, 각각의 판은 검류계의 단자에 한쪽씩 연결되어 있다. 두 판이 한 점 P에서 접촉하고 있으므로, 이것도 일종의 폐회로이다. 이때 판이 작은 각도로 흔들린다면 접점은 P'으로 이동할 것이다. 그러므로 두 개의 판이 위아래로 흔들리고 있다면 이 회로를 통과하는 자기 플럭스는 많이 변하게 된다. 그러나 천천히 흔들어 줄 수도 있으므로 그런 경우에는 $\boldsymbol{v} \times \boldsymbol{B}$가 아주 작아서 실질적으로 emf는 발생하지 않는다. 즉, 이 경우에는 플럭스 규칙이 적용되지 않는 것이다. 플럭스 규칙은 회로를 구성하는 '물질'이 움직이지 않는 경우에만 적용된다. 회로를 구성하는 물질이 움직이는 경우에는 다시 기본 법칙으로 돌아가서 생각해야 한다. 어떠한 경우에도 항상 성립하는 법칙은 다음의 두 가지 기본 법칙이다.

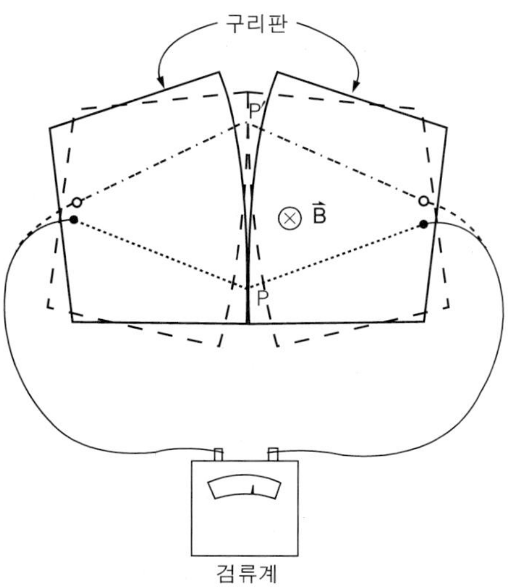

그림 17-3 두 개의 판이 균일한 자기장 속에서 흔들리면 emf가 전혀 나타나지 않으면서 플럭스만 크게 변할 수도 있다.

$$\boldsymbol{F} = q(\boldsymbol{E} + \boldsymbol{v} \times \boldsymbol{B}),$$

$$\nabla \times \boldsymbol{E} = -\frac{\partial \boldsymbol{B}}{\partial t}$$

17-3 유도 전기장에 의한 입자의 가속 : 베타트론(betatron)

앞서 지적한 대로, 변하는 자기장에 의해 발생하는 기전력은 도체가 없어도 존재할 수 있다. 즉, 도선이 없어도 자기 유도가 발생할 수 있다는 뜻이다. 우리는 가상의 수학적 곡선을 따라 유도되는 기전력을 상상해 볼 수 있다. 이것은 곡선 둘레를 따라 $\boldsymbol{E}$의 접선 성분을 적분한 값으로 정의된다. 식 (17.3)으로 주어지는 패러데이의 법칙은 이 선적분 값이 폐곡선을 관통하는 자기 플럭스(magnetic flux)의 변화율과 같다는 것을 말해 주고 있다.

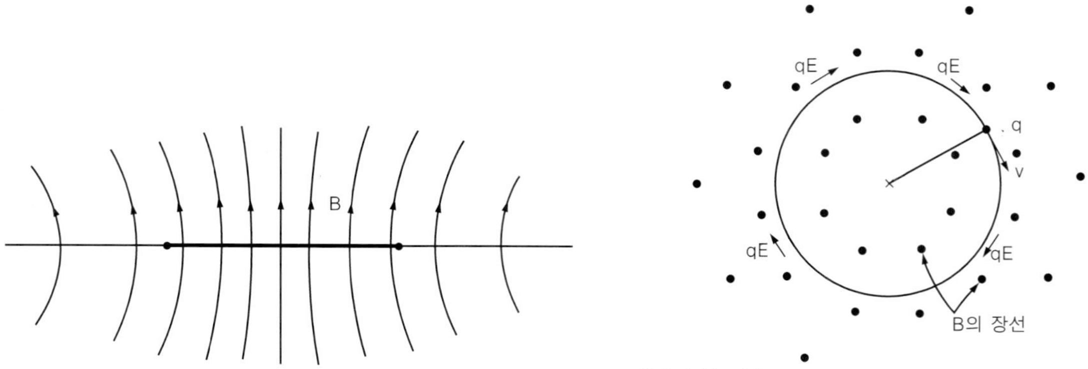

옆에서 본 그림 위에서 본 그림

그림 17-4 '중심축에 대하여 대칭적이면서 시간에 따라 변하는 자기장' 속에서 가속되는 전자

유도된 전기장의 효과를 보여 주는 한 예로서, 시간에 따라 변하는 자기장 속에서 움직이는 전자를 생각해 보자. 그림 17-4는 평면에 수직한 자기장을 나타내고 있다. 물론 이 자기장은 전자석에 의해 생성된 것이며, 전자석의 구체적인 형태와 위치는 신경 쓰지 않아도 된다. 그리고 이 자기장은 어떤 축을 중심으로 대칭성을 가진다고 가정하자. 다시 말해서, 자기장의 세기가 축으로부터의 거리에만 의존한다는 뜻이다. 또한 이 자기장은 시간적으로도 변하고 있다. 이러한 자기장 속에서 전자가 자기장의 대칭축을 중심으로 일정한 반경으로 원운동을 한다고 가정해 보자(원운동이 일어나는 이유는 나중에 설명할 예정이다). 자기장이 시간에 따라 변한다고 가정했으므로, 전자 궤도의 접선 방향으로 전기장 $\boldsymbol{E}$가 형성될 것이다. 그리고 문제의 대칭성에 의해, 전기장의 세기는 원주 상의 모든 점에서 동일하다(전자의 궤도 반경을 r이라고 하자). 다들 알다시피, 궤도를 따라 $\boldsymbol{E}$를 선적분한 값은 원을 통과하는 자기 플럭스의 변화율과 같다. 그런데 전기장은 원주 상에서 일정하다고 했으므로 $\boldsymbol{E}$의 선적분은 바로 전기장의 크기에 원주의 길이 $2\pi r$을 곱한 값과 같다. 그러나 일반적으로 자기장의 플럭스를 계산하려면 적분을 해야 한다. 원의 내부에 형성된 자기장의 평균값을 B_{av}라고 하자. 그러면 플럭스는 B_{av}에 원의 면적을 곱한 값과 같다. 따라서

$$2\pi r E = \frac{\partial}{\partial t}(B_{\text{av}} \cdot \pi r^2)$$

임을 알 수 있다.

반경 r이 일정하다고 가정했므로, E는 평균 자기장의 시간 변화율에 비례한다.

$$E = \frac{r}{2}\frac{dB_{\text{av}}}{dt} \tag{17.4}$$

전자는 힘 $q\boldsymbol{E}$를 받아서 가속된다. 운동량의 변화율이 힘과 같다는 상대론적 운동 방정식을 적용하면(이 방정식은 고전적으로나 상대론적으로 모두 옳다) 다음과 같은 결과가 얻어진다.

$$qE = \frac{dp}{dt} \tag{17.5}$$

보다시피, 원운동을 하는 전자는 항상 운동 방향으로 전기력을 받게 된다. 그러므로 시간이 흐름에 따라 전자의 총 운동량은 식 (17.5)에 주어진 비율로 증가할 것이다. 식 (17.5)와 식 (17.4)를 결합하면 운동량의 변화율과 평균 자기장의 변화율 사이의 관계식을 얻을 수 있다.

$$\frac{dp}{dt} = \frac{qr}{2}\frac{dB_{\text{av}}}{dt} \tag{17.6}$$

이 결과를 시간에 대해 적분하면 전자의 운동량은

$$p = p_0 + \frac{qr}{2}\,\Delta B_{\text{av}} \tag{17.7}$$

가 된다. 여기서 p_0는 전자의 초기 운동량이고 ΔB_{av}는 B_{av}의 변화량을 나타낸다. 이것이 바로 베타트론(betatron, 전자를 높은 에너지로 가속시키는 장치)의 작동 원리이다.

베타트론의 작동 원리를 좀 더 자세히 알기 위해, 전자의 원운동을 유지시켜 주는 힘의 정체가 무엇인지 알아보자. 이 원리는 제1권 11장에서 이미 설명한 바 있다. 전자가 움직이고 있는 근방에 자기장 $\boldsymbol{B}$가 걸려 있으면 전자는 반경 방향으로 $q\boldsymbol{v}\times\boldsymbol{B}$의 힘을 받는다. 이때 $\boldsymbol{B}$의 값을 잘 조절하면 전자는 우리가 원하는 원궤도를 유지하며 회전하게 된다. 베타트론에서 전자가 일정한 원궤도를 그리며 움직이는 이유는 바로 이러한 힘이 작용하기 때문이다. 여기에 상대론적 운동 방정식을 적용하면 궤도 상에서 자기장의 값을 구할 수 있다. 단, 지금의 경우에는 힘의 반경 방향 성분을 고려해야 한다. 그림 17-4와 같은 베타트론에서 $\boldsymbol{B}$는 $\boldsymbol{v}$와 수직이므로 반경 방향 힘의 크기는 qvB이다. 따라서 이 힘은 운동량의 반경 방향 성분 p_t의 변화율과 같다.

$$qvB = \frac{dp_t}{dt} \tag{17.8}$$

입자가 원궤도를 그리며 운동할 때, 입자의 반경 방향 운동량의 변화율은 전체 운동량에 회전 각속도 ω를 곱한 것과 같다(제1권 11장 참조).

$$\frac{dp_t}{dt} = \omega p \tag{17.9}$$

입자는 원운동을 하고 있으므로,

$$\omega = \frac{v}{r} \tag{17.10}$$

이다. 지금 자기력은 반경 방향 가속도와 같으므로, 다음의 관계가 성립한다.

$$qvB_{\text{orbit}} = p\frac{v}{r} \tag{17.11}$$

여기서 B_{orbit}은 반경 r인 원주 상에서의 자기장 값을 나타낸다.

베타트론을 가동시키면 전자의 운동량이 식 (17.7)에 따라 B_{av}에 비례하여 증가한다. 그리고 전자가 본래의 원궤도를 따라 운동을 계속할 때에도 식 (17.11)은 여전히 성립되어야 하므로, B_{orbit}은 운동량 p와 같은 비율로 증가해야 한다. 운동량 p를 결정해 주는 식 (17.7)과 식 (17.11)을 비교해 보면, 반경 r인 원궤도 '내부의' 평균 자기장 B_{av}와 궤도 상에서의 자기장 B_{orbit} 사이에는 다음과 같은 관계가 성립한다는 것을 알 수 있다.

$$\Delta B_{\text{av}} = 2\,\Delta B_{\text{orbit}} \tag{17.12}$$

베타트론이 제대로 작동되려면 궤도 내부의 평균 자기장의 증가분이 항상 궤도 상의 자기장 증가분의 두 배를 유지하도록 해야 한다. 이렇게 해 주어야만 유도 전기장에 의해 입자의 에너지가 증가할 때, 궤도 상의 자기장도 입자가 원궤도를 유지할 수 있는 정확한 비율로 증가하게 된다.

베타트론을 이용하면 전자의 에너지를 수천만~수억 볼트까지 증가시킬 수 있다. 그러나 이보다 훨씬 큰 에너지가 필요한 경우에는 몇 가지 이유로 인하여 별로 실용적이지 않다. 현실적인 어려움 중의 하나는 궤도 내부에 아주 높은 자기장을 만들어 내기가 힘들다는 것이다. 또한 에너지가 매우 큰 경우에는 식 (17.6)이 맞지 않는다는 것도 문제이다. 왜냐하면 이 식에는 가속되는 전자의 전자기파 방출(제1권 36장의 싱크로트론 복사 참조)로 인한 에너지 손실이 고려되지 않았기 때문이다. 이러한 이유로, 전자를 아주 높은 에너지(몇십억 볼트)로 가속시키려면 '싱크로트론(synchrotron)'이라는 전혀 다른 종류의 기계를 사용해야 한다.

17-4 역설적인 문제

여기서 잠시 역설적인 문제 하나를 짚고 넘어가기로 한다. 동일한 상황에 대하여 (생각하는 방식에 따라서) 여러 개의 답이 얻어지면 진실을 규명하기가 어려워지는데, 이러한 문제들을 일반적으로 역설(패러독스)이라 한다. 물론, 물리학에서 진정한 의미의 역설은 존재하지 않는다. 물리학에서 정답은 언제나 하나뿐이며, 우리는 자연이 오직 한 가지 방식(즉, '옳은' 방식)으로 행동한다고 믿고 있다. 그러므로 물리학의 역설이란, "문제의 본질을 명확하게 이해하지 못하여 헷갈리는 상황"에 불과하다. 우리가 다룰 역설의 내용은 다음과 같다.

여기, 그림 17-5와 같은 전자기적 기계 장치가 주어져 있다. 얇은 플라스틱 원판은 베어링을 통해 회전축과 연결되어 있어서, 마찰이 거의 없이 자유롭게 돌아갈 수 있다. 원판의 중심부에는 짧은 솔레노이드형 코일이 붙어 있는데, 코일의 중심이 원판의 중심과 일치하도록 세팅되어 있다. 그리고 이 코일에는 소형 배터리로부터 일정한 전류 I가 공급되고 있으며, 이 배터리 역시 원판 위에 붙어 있다. 원판의 가장자리에는 둘레를 따라 일정한 간격으로 작은 금속구들이 박혀 있는데, 원판의 재질이 플라스틱이므로 이 구슬들은 서로 절연된 상태이다. 각각의 금속구에는 정전하 Q가 대전되어 있다. 원판을 비롯하여 지금까지 말한

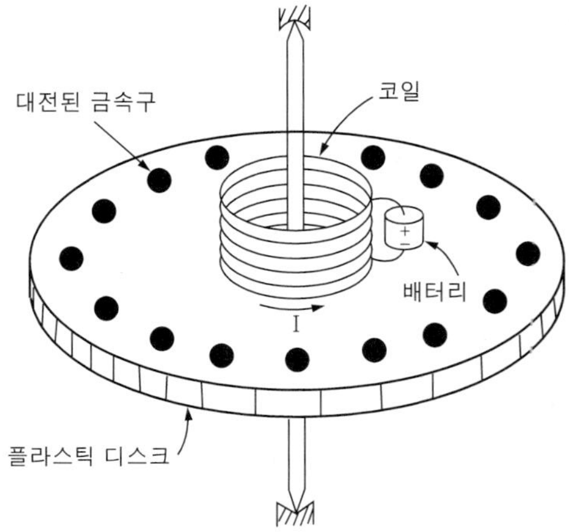

그림 17-5 전류 I가 끊기면 원판이 회전할 것인가?

모든 부품들은 제자리에 가만히 정지된 상태에 있었다. 그런데 어떤 이유에서건 코일에 흐르는 전류가 갑자기 끊어졌다고 가정해 보자. 전류가 흐를 때는 원판의 축과 거의 평행한 방향으로 솔레노이드를 관통하는 자기 플럭스가 존재했을 것이다. 따라서 전류의 흐름이 중단되면 이 플럭스는 0이 되고, 그 결과 축을 중심으로 원판을 따라 돌아가는 방향으로 전기장이 유도될 것이다. 그러면 원판 가장자리의 대전된 금속구들은 원판의 둘레에 접하는 방향의 전기장을 느낄 것이다. 금속구에 작용하는 전기장은 결국 원판을 회전시키게 될 것이다. 즉, 솔레노이드에 흐르는 전류가 사라지면 가만히 있던 원판이 회전한다는 결론이 얻어진다. 이때 원판의 회전 관성 모멘트와 솔레노이드에 흐르는 전류, 그리고 각 금속구에 대전된 전하량 Q를 알고 있으면 원판의 회전 각속도를 계산할 수 있을 것이다.

그러나 이 상황을 각운동량 보존 법칙의 관점에서 보면 정반대의 결론이 나온다. 각운동량 보존 법칙에 의하면, 원판의 각운동량은 처음에 0이었으므로 나중에도 0이 되어야 한다(원판에 외부의 토크가 작용한 적이 없기 때문이다). 즉, 전류 공급이 갑자기 멈춘다 해도 원판은 회전하면 안 되는 것이다. 과연 어떤 논리가 맞는 것일까? 원판은 회전할 것인가? 아니면 정지 상태를 계속 유지할 것인가? 이 문제는 숙제로 남겨 두겠다. 여러분 각자 생각해 보기 바란다.

배터리의 위치가 한쪽으로 치우쳐 있다는 등의 사소한 이유는 이 문제의 취지에서 벗어난다. 여러분은 다음과 같이 이상적인 상황을 상상해 볼 수 있다. 문제의 솔레노이드가 초전도체 도선으로 만들어져서 전류가 계속해서 흐르고 있다고 가정해도 좋다. 원판을 조심스럽게 정지시켜 놓은 상태에서 온도를 천천히 올린다고 가정해 보자. 도선의 온도가 초전도성과 일반 전도성 사이의 전이 온도(transition temperature)에 도달하면 솔레노이드에 흐르던 전류는 도선의 전기 저항에 의해 서서히 감소하여 더 이상 흐르지 않게 될 것이다. 그러면 플럭스는 앞의 경우와 같이 0으로 떨어지고, 회전축 주위에는 전기장이 발생할 것이다. 결코 쉬운 문제는 아니지만 무슨 속임수가 있는 것도 아니다. 이 문제를 완전히 이해하는 순간, 여러분은 전자기학의 중요한 원리를 발견하게 될 것이다.

17-5 교류 전원

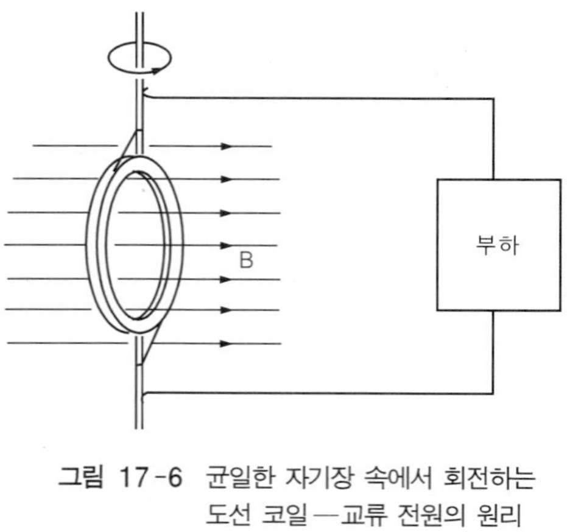

그림 17-6 균일한 자기장 속에서 회전하는 도선 코일 — 교류 전원의 원리

지금부터, 17-1절에서 언급한 원리를 이용하여 16장에서 논의한 여러 현상들을 분석해 보자. 일단은 교류 전원(AC generator)의 작동 원리에 대해서 좀 더 자세히 알고 넘어갈 필요가 있다. 교류 전원은 기본적으로 균일한 자기장 내에서 회전하는 코일로 구성된다. 또는 이와 반대로 코일을 고정시켜 놓고 (앞 장에서 언급한 방법으로) 자기장을 회전시켜도 동일한 결과를 얻을 수 있다. 지금 당장은 첫 번째 경우만 고려하기로 한다. 지름 방향의 축을 중심으로 회전하는 하나의 원형 코일을 생각해 보자. 이 코일은 그림 17-6과 같이 회전축과 수직한 방향의 균일한 자기장 속에 놓여 있으며, 코일의 양 끝은 미끄럼 접점을 통해 외부 회로와 연결되어 있다.

코일이 회전하면 코일의 중심부를 통과하는 자기장의 플럭스도 변할 것이므로, 코일에는 emf가 발생한다. 코일의 면적을 S라 하고, 코일 면에 수직한 벡터와 자기장 벡터 사이의 각도를 θ라고 하자.* 그러면 코일을 통과하는 플럭스는

$$BS\cos\theta \tag{17.13}$$

가 된다. 코일이 일정한 각속도 ω로 회전하고 있다면 θ는 시간에 따라 $\theta=\omega t$로 변할 것이다.

코일이 회전할 때마다 플럭스의 변화율에 해당하는 emf가 생성된다. 그리고 코일에 도선이 N번 감겨 있다면 전체 emf는 N배로 증가할 것이다. 따라서

$$\mathcal{E} = -N\frac{d}{dt}(BS\cos\omega \mathrm{t}) = NBS\omega\sin\omega t \tag{17.14}$$

가 된다.

이제, 전원에 연결된 도선을 코일로부터 충분히 먼 곳으로 가져간다면 어떻게 될까?(여기서 '충분히 먼 곳'이란, 자기장이 없거나 자기장이 시간에 따라 변하지 않는 곳을 의미한다) 이 영역에서는 $\nabla\times\boldsymbol{E}=0$이므로 전기 퍼텐셜을 정의할 수 있다. 실제로 전원에서 흘러 나가는 전류가 없다면, 두 도선 사이의 퍼텐셜 차 V는 회전하는 코일의 emf와 같을 것이다. 즉,

$$V = NBS\omega\sin\omega t = V_0\sin\omega t$$

이다. 두 도선 사이의 퍼텐셜 차는 $\sin\omega t$의 형태로 변한다. 이렇게 변하는 전기 퍼텐셜 차를 교류 전압(alternating voltage)이라고 한다.

두 도선 사이에는 전기장이 걸려 있으므로 도선은 분명히 대전되어 있다. 전원의 emf에 의해 일부 전하들이 도선의 끝 부분으로 밀려나서 원래의 유도 기전력을 정확히 상쇄시키는 만큼 전기장이 형성된 것이다. 전원을 밖에서 바라보면 두 도선은 퍼텐셜 차 V만큼 정전기적으로 대전된 것처럼 보인다. 그리고 이 전하는 시간에 따라 변하면서 교류 퍼텐셜 차를 야기시킨다. 여기에는 정전기적 상황과는 다른 또 하나의 차이점이 있다. 도선을 이용하여 전원을 외부 회로와 연결시켜서 전류가 흐르도록 만들면 emf는 도선이 그냥 방전되는 것을 허용하지 않고, 전하를 계속적으로 공급하여 도선이 항상 동일한 퍼텐셜 차를 유지하도록 만들어 준다는 것이다. 실제로 전원을 총 저항이 R인 회로에 연결시키면 회로에 흐르는 전류는 전원의 emf에 비례하고 저항 R에는 반비례하게 될 것이다. emf가 시간에 따라 사인 함수 형태로 변하고 있으므로 전류도 같은 형태로 변할 것이다. 즉, 회로에는 다음과 같은 교류 전류가 흐르게 된다.

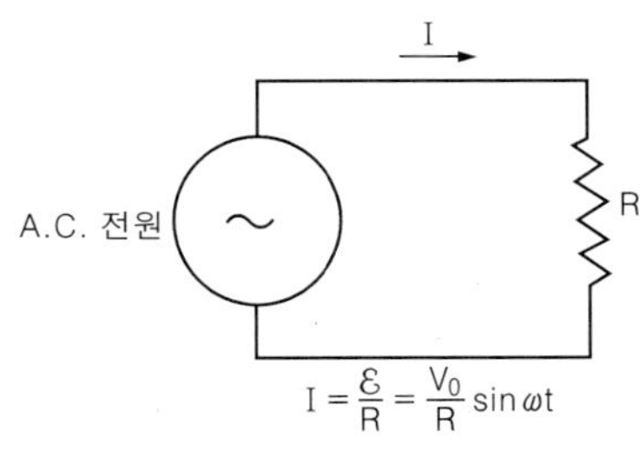

그림 17-7 교류 전원과 저항이 포함된 회로

$$I = \frac{\mathcal{E}}{R} = \frac{V_0}{R}\sin\omega t$$

이 회로를 도식적으로 표현하면 그림 17-7과 같다.

또한 emf는 전원으로부터 공급되는 에너지의 양을 결정한다. 도선에 있는 각각의 전하는 $\boldsymbol{F}\cdot\boldsymbol{v}$의 비율(rate)로 에너지를 공급받고 있다. 여기서 $\boldsymbol{F}$는 전하

---

* A라는 문자는 벡터 퍼텐셜을 표기할 때 이미 써먹었기 때문에 면적을 S로 표기한 것이다.

에 작용하는 힘이고 $\boldsymbol{v}$는 전하의 속도이다. 도선의 단위 길이에 들어 있는 자유 전하의 개수를 n이라고 하면, 도선의 길이 요소 ds에 공급되는 전력(power)은 다음과 같다.

$$\boldsymbol{F} \cdot \boldsymbol{v} n\, ds$$

전류는 도선을 통해 흐르고 있으므로, $\boldsymbol{v}$의 방향은 항상 $\boldsymbol{ds}$의 방향과 일치한다. 따라서 전력은 다음과 같이 고쳐 쓸 수 있다.

$$nv\boldsymbol{F} \cdot \boldsymbol{ds}$$

전체 회로에 공급되는 총 전력은 폐곡선을 따라 위의 양을 적분함으로써 구할 수 있다.

$$\text{전력} = \oint nv\boldsymbol{F} \cdot \boldsymbol{ds} \tag{17.15}$$

그런데 qnv는 전류 $\boldsymbol{I}$이고, emf는 회로를 따라 $\boldsymbol{F}/q$를 적분한 값이므로 다음과 같은 결과가 얻어진다.

$$\text{전원으로부터 공급되는 전력} = \mathcal{E}\boldsymbol{I} \tag{17.16}$$

전원의 코일에 전류가 흐르면 코일에는 역학적인 힘도 작용한다. 실제로 코일에 작용하는 토크는 코일의 자기 모멘트와 자기장의 세기, 그리고 이들 사이각의 사인(sine) 값에 비례한다. 자기 모멘트는 코일에 흐르는 전류와 코일의 면적을 곱한 양이므로 토크는

$$\tau = NISB \sin\theta \tag{17.17}$$

이다. 그러므로 코일을 계속해서 돌리려면 단위 시간당 각속도 ω에 토크를 곱한 만큼의 역학적인 일을 외부에서 해 주어야 한다.

$$\frac{dW}{dt} = \omega\tau = \omega NISB \sin\theta \tag{17.18}$$

이 식을 식 (17.14)와 비교해 보면, 자기력을 거슬러서 코일을 회전시키는 데 필요한 역학적 일률은 $\mathcal{E}\boldsymbol{I}$, 즉 전원의 emf에 의해 매 시간당 공급되는 전기적 에너지와 같다는 것을 알 수 있다. 전원의 내부에서 사용된 역학적 에너지는 모두 회로 내의 전기적 에너지의 형태로 나타난다.

유도 기전력 emf에 의한 전류와 힘의 또 다른 예로서, 그림 17-1의 장치를 다시 한 번 분석해 보자. 두 개의 평행한 도선 사이에 이동 가능한 가로 막대가 연결되어 있고, 이들은 두 도선이 이루는 평면에 수직한 자기장 속에 놓여 있다(자기장은 균일하다고 가정한다). 그림에서 왼쪽의 U자형 '바닥'은 저항이 큰 물질로 만들어졌고, 옆으로 마주 보는 두 도선은 구리와 같은 좋은 전도체로 만들어졌다고 가정하자. 이렇게 하면 가로 막대가 움직여도 회로의 저항은 거의 변하지 않는다. 앞의 경우와 마찬가지로, 회로에 발생하는 emf는 다음과 같다.

$$\mathcal{E} = vBw \tag{17.19}$$

회로에 흐르는 전류는 emf에 비례하고 회로의 저항에 반비례한다.

$$I = \frac{\mathcal{E}}{R} = \frac{vBw}{R} \tag{17.20}$$

이 전류에 의해, 움직이는 가로 막대에는 막대의 길이와 자기장 그리고 전류에 비례하는 힘이 작용하게 된다.

$$F = BIw \tag{17.21}$$

식 (17.20)의 I를 (17.21)에 대입하면

$$F = \frac{B^2 w^2}{R} v \tag{17.22}$$

가 된다. 보다시피, 가로 막대에 작용하는 힘은 막대 자체의 속도에 비례하며, 힘의 방향은 속도의 방향과 반대이다('속도에 비례하는 힘'은 그 특성이 점성력과 비슷하다). 이것은 자기장 속의 도체가 움직여서 유도 전류가 발생할 때마다 항상 나타나는 힘이다. 16장에서 언급했던 와상 전류도 도체의 속도에 비례하는 저항력을 발생시켰는데, 그 구조가 너무 복잡해서 일반적으로 전류 분포를 분석해 내기가 쉽지 않다.

종종 역학적인 시스템을 설계할 때 속도에 비례하는 저항력을 도입하면 편리한 경우가 있다. 와상 전류에 의한 힘을 이용하면 이와 같은 속도에 비례하는 저항력을 쉽게 구현할 수 있다. 이러한 힘을 응용한 대표적인 사례로서 가정용 전력계(wattmeter)를 들 수 있다. 전력계의 내부에는 영구 자석의 양극 사이에 얇은 알루미늄 원판이 회전하고 있으며, 이 원판은 가정의 전력 소모에 비례하는 토크를 발생시키는 모터에 연결되어 있다. 즉, 원판에 생성되는 와상 전류에 의한 힘 때문에 회전 속도에 비례하는 저항력이 생기는 것이다. 그러므로 평형 상태에서의 회전 속도는 전기 에너지의 소모율에 비례하게 된다. 회전하는 원판에 계수기를 달아서 회전수를 기록하면, 가정의 총 전력 소모량을 와트시(watt-hours)의 단위로 확인할 수 있다.

식 (17.22)를 보면, 유도 전류에 의한 힘(와상 전류에 의한 힘)이 저항에 반비례한다는 것을 알 수 있다. 이 힘은 물질의 전기 전도율이 좋을수록 더욱 커진다. 물론 그 이유는 전기 저항이 낮을수록 emf가 더 많은 양의 전류를 만들어 내고, 그 결과 더욱 큰 역학적 힘이 작용하기 때문이다.

또한 식 (17.22)는 역학적 에너지가 전기 에너지로 바뀌는 과정을 보여 주고 있다. 이전의 경우와 마찬가지로, 회로의 저항에 공급되는 전기 에너지는 $\mathcal{E}I$이며, 가로 막대를 움직이는 데 투입된 일률은 가로 막대에 가해 준 힘에 가로 막대의 속도를 곱한 것과 같다. 식 (17.22)로부터 일률을 계산하면

$$\frac{dW}{dt} = \frac{v^2 B^2 w^2}{R}$$

이 되는데, 이 결과는 식 (17.19)와 (17.20)의 곱인 $\mathcal{E}I$와 일치한다. 즉, 이 경우에도 역학적 일이 전기적 에너지의 형태로 나타난다.

17-6 상호 인덕턴스

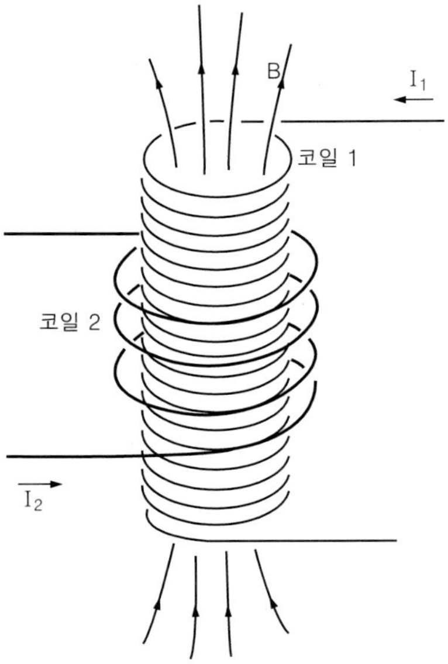

그림 17-8 코일 1에 흐르는 전류는 코일 2를 통과하는 자기장을 만든다.

코일은 고정된 상태에서 자기장이 변하는 경우를 생각해 보자. 지금까지 우리는 전류에 의해 만들어지는 자기장을 논하면서 정상 전류만을 취급해 왔다. 전류가 변한다고 해도, 변하는 속도가 충분히 느리면 매 순간의 자기장은 정상 전류에 의한 자기장과 거의 같을 것이다. 그래서 이 절에서는 전류가 천천히 변한다는 가정하에 모든 논리를 진행시킬 것이다.

그림 17-8은 변압기의 기본적인 작동 원리를 설명하는 두 코일의 배열을 보여 주고 있다. 코일 1은 긴 솔레노이드 형태로 감긴 도선으로 구성되어 있다. 그리고 코일 1 위에 절연막을 사이에 두고 코일 2가 몇 차례 감겨 있다. 이 상태에서 코일 1에 전류를 흘려주면 코일 내부에 자기장이 발생하는데, 이 자기장은 코일 2도 통과한다. 따라서 코일 1의 전류가 변하면 자기 플럭스가 변하면서 코일 2에 emf가 유도될 것이다. 지금부터, 코일 2에 유도되는 emf를 계산해 보자.

13-5절에서 확인한 바와 같이 긴 솔레노이드의 내부에는 균일한 자기장이 형성되며, 그 크기는 다음과 같다.

$$B = \frac{1}{\epsilon_0 c^2}\frac{N_1 I_1}{l} \tag{17.23}$$

여기서 N_1은 코일 1이 감긴 횟수이고, I_1은 코일 1에 흐르는 전류, l은 코일의 길이이다. 코일 1의 단면적을 S라 하면, 자기장 $\boldsymbol{B}$의 플럭스는 자기장의 크기에 S를 곱한 값이 된다. 코일 2가 N_2번 감겨 있다면 자기 플럭스는 코일 2를 N_2번 통과하는 셈이므로, 코일 2에 유도되는 emf는 다음과 같다.

$$\mathcal{E}_2 = -N_2 S\frac{dB}{dt} \tag{17.24}$$

식 (17.23)에서 시간에 따라 변하는 양은 I_1뿐이므로 emf는 다음과 같이 주어진다.

$$\mathcal{E}_2 = -\frac{N_1 N_2 S}{\epsilon_0 c^2 l}\frac{dI_1}{dt} \tag{17.25}$$

즉, 코일 2에 유도되는 emf의 크기는 코일 1에 흐르는 전류의 시간 변화율에 비례한다. 이들 사이를 연결하는 비례 상수는 두 코일의 기하학적 요소에 의해 결정되는데, 이 상수를 '상호 인덕턴스(mutual inductance)'라고 하며, 보통 $\mathfrak{M}_{21}$로 표기한다. $\mathfrak{M}_{21}$을 이용하여 식 (17.25)를 다시 쓰면

$$\mathcal{E}_2 = \mathfrak{M}_{21}\frac{dI_1}{dt} \tag{17.26}$$

이 된다.

그다음으로, 코일 2에 전류가 흐를 때 코일 1에 유도되는 emf를 구해 보자. 우선은 I_2에 비례하는 자기장을 계산해야 할 것이다. 코일 1을 통과하는 플럭스는 코일의 기하학적 모양에 따라 달라지겠지만, 어쨌거나 플럭스는 전류 I_2에 비례할 것이다. 따라서 코일 1에 유도되는 emf 역시 dI_2/dt에 비례한다. 즉,

$$\mathcal{E}_1 = \mathfrak{M}_{12}\frac{dI_2}{dt} \tag{17.27}$$

$\mathfrak{M}_{12}$의 계산은 $\mathfrak{M}_{21}$에 대한 계산보다 어려울 것이다. 그러나 (뒤에 가서 알게 되겠지만) $\mathfrak{M}_{12}=\mathfrak{M}_{21}$이므로 $\mathfrak{M}_{12}$를 따로 계산할 필요는 없다.

코일의 종류에 상관없이 자기장은 항상 전류에 비례하므로, 임의의 두 코일을 잡아서 계산해도 항상 같은 결과가 얻어질 것이다. 즉, 식 (17.26)과 (17.27)은 어떤 코일에 적용해도 항상 같은 형태로 나타난다. 단, 코일의 모양과 상대적인 위치에 따라 상수 $\mathfrak{M}_{12}$와 $\mathfrak{M}_{21}$만 달라진다.

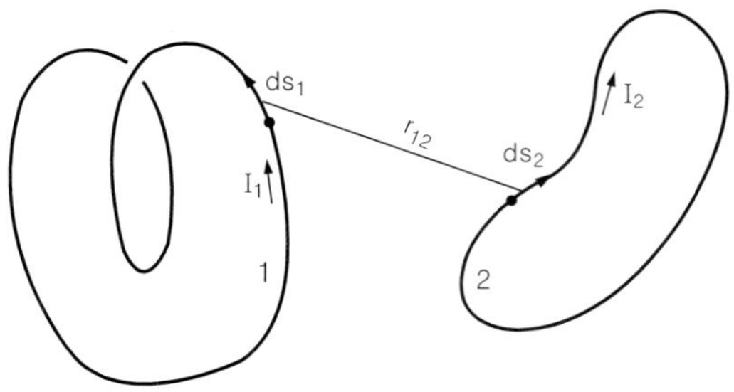

그림 17-9 임의의 두 코일은 $d\boldsymbol{s}_1 \cdot d\boldsymbol{s}_2/r_{12}$의 적분에 비례하는 상호 유도 계수 $\mathfrak{M}$을 갖는다.

예를 들어, 그림 17-9와 같이 생긴 임의의 두 코일 사이의 상호 인덕턴스를 계산해 보자. 코일 1에 유도되는 emf는 일반적으로 다음과 같다.

$$\mathcal{E}_1 = -\frac{d}{dt}\int_{(1)} \boldsymbol{B}\cdot\boldsymbol{n}\,da$$

여기에서 $\boldsymbol{B}$는 자기장이고 적분은 회로 1이 둘러싸고 있는 곡면을 따라 실행된다. 그런데 우리는 14-1절에서 $\boldsymbol{B}$에 대한 면적분이 벡터 퍼텐셜의 선적분과 관련되어 있음을 확인한 바 있다. 그 관계를 구체적으로 써 보면 다음과 같다.

$$\int_{(1)} \boldsymbol{B}\cdot\boldsymbol{n}\,da = \oint_{(1)} \boldsymbol{A}\cdot d\boldsymbol{s}_1$$

여기서 $\boldsymbol{A}$는 벡터 퍼텐셜이고 $d\boldsymbol{s}_1$은 회로 1의 미소 길이 요소이다. 그리고 선적분은 코일 1을 따라가며 실행한다. 따라서 코일 1의 emf는

$$\mathcal{E}_1 = -\frac{d}{dt}\oint_{(1)} \boldsymbol{A}\cdot d\boldsymbol{s}_1 \tag{17.28}$$

으로 쓸 수 있다.

회로 1에서의 벡터 퍼텐셜이 회로 2에 흐르는 전류에 의해 만들어진다고 가정하면, 식 (17.28)의 $\boldsymbol{A}$를 다음과 같이 회로 2에 대한 선적분으로 쓸 수 있다.

$$\boldsymbol{A} = \frac{1}{4\pi\epsilon_0 c^2}\oint_{(2)} \frac{I_2\,d\boldsymbol{s}_2}{r_{12}} \tag{17.29}$$

여기서 I_2는 회로 2에 흐르는 전류이고, r_{12}는 회로 2의 길이 요소 $d\boldsymbol{s}_2$로부터 벡터 퍼텐셜 값을 계산하려는 회로 1 위의 지점까지의 거리이다(그림 17-9 참조). 이제 식 (17.28)과 (17.29)를 결합하면 회로 1의 emf를 아래와 같이 이중 선적

분으로 표현할 수 있다.

$$\mathcal{E}_1 = -\frac{1}{4\pi\epsilon_0 c^2}\frac{d}{dt}\oint_{(1)}\oint_{(2)}\frac{I_2 d\boldsymbol{s}_2}{r_{12}}\cdot d\boldsymbol{s}_1$$

이 방정식에서 적분은 고정된 회로에 대하여 수행한다. 유일하게 변하는 양은 전류 I_2뿐인데, 이 값은 다른 적분 변수와 무관하다. 따라서 I_2를 적분 밖으로 끄집어내고 emf를 계산하면

$$\mathcal{E}_1 = \mathfrak{M}_{12}\frac{dI_2}{dt}$$

가 된다. 여기서 계수 $\mathfrak{M}_{12}$는 다음과 같다.

$$\mathfrak{M}_{12} = -\frac{1}{4\pi\epsilon_0 c^2}\oint_{(1)}\oint_{(2)}\frac{d\boldsymbol{s}_2\cdot d\boldsymbol{s}_1}{r_{12}} \tag{17.30}$$

이 적분을 보면, $\mathfrak{M}_{12}$는 오직 회로의 기하학적인 모양에 의해 결정된다는 것을 알 수 있다. 대충 말하면, 이것은 두 회로가 평균적으로 서로 얼마나 떨어져 있는가 하는 것을 두 코일의 평행한 부분들이 얼마나 되는가 하는 것으로 가중 평균을 취한 것에 비례하는 상수이다. 이 관계식은 임의의 모양으로 되어 있는 두 코일 간의 상호 인덕턴스를 구하는 데 사용된다. 또한 이 식은 $\mathfrak{M}_{12}$와 $\mathfrak{M}_{21}$이 같다는 것을 분명하게 보여 주고 있다. 즉, $\mathfrak{M}_{12}=\mathfrak{M}_{21}$이 증명된 셈이다. 그래서 두 개의 코일로 구성된 시스템에서는 굳이 $\mathfrak{M}_{12}$와 $\mathfrak{M}_{21}$을 구별하지 않고 그냥 $\mathfrak{M}$으로 표기하며, 간단히 '상호 인덕턴스(mutual inductance)'라 부른다.

$$\mathfrak{M}_{12} = \mathfrak{M}_{21} = \mathfrak{M}$$

17-7 자체 인덕턴스

그림 17-8과 17-9에서 유도 기전력을 논의할 때, 우리는 두 개의 코일 중 한쪽에 전류가 흐르는 경우만을 고려하였다. 만일 두 개의 코일에 '동시에' 전류가 흐른다면 어느 한쪽 코일을 통과하는 자기 플럭스는 개별적으로 존재하는 두 플럭스의 합으로 나타날 것이다(자기장에도 중첩 원리가 적용되기 때문이다). 그러므로 어느 한쪽 코일에 유도되는 기전력은 다른 코일의 전류 변화뿐만 아니라, 자기 자신의 전류 변화에도 비례하게 된다. 코일 2의 총 emf는 다음과 같이 표현된다.*

$$\mathcal{E}_2 = \mathfrak{M}_{21}\frac{dI_1}{dt} + \mathfrak{M}_{22}\frac{dI_2}{dt} \tag{17.31}$$

마찬가지로, 코일 1의 emf도 코일 2의 전류 변화뿐만 아니라 자기 자신의 전류 변화에도 영향을 받는다.

---

* 식 (17.31)과 (17.32)에서 $\mathfrak{M}_{12}$와 $\mathfrak{M}_{21}$의 부호는 두 코일에 흐르는 전류의 +방향을 어떻게 잡느냐에 따라 달라질 수 있다.

$$\mathcal{E}_1 = \mathfrak{M}_{12}\frac{dI_2}{dt} + \mathfrak{M}_{11}\frac{dI_1}{dt} \tag{17.32}$$

계수 $\mathfrak{M}_{11}$과 $\mathfrak{M}_{22}$는 항상 음수이므로, 보통 다음과 같이 표기한다.

$$\mathfrak{M}_{11} = -\mathcal{L}_1, \qquad \mathfrak{M}_{22} = -\mathcal{L}_2 \tag{17.33}$$

여기서 $\mathcal{L}_1$과 $\mathcal{L}_2$를 각 코일의 '자체 인덕턴스(self-inductance)'라고 한다.

자체 유도된 emf는 코일이 하나만 있는 경우에도 존재한다. 모든 코일은 단독적으로 자체 인덕턴스 $\mathcal{L}$을 가지며, emf는 회로에 흐르는 전류의 변화율에 비례한다. 단일 코일의 경우, emf와 전류가 같은 방향일 때 양의 값을 갖는다고 정하는 것이 일반적인 관례이다. 이 관례에 따르면, 단일 코일에 유도되는 기전력은 다음과 같이 쓸 수 있다.

$$\mathcal{E} = -\mathcal{L}\frac{dI}{dt} \tag{17.34}$$

음의 부호는 emf의 방향이 전류의 방향과 반대임을 의미하는데, 이는 종종 '역 emf'라고도 한다.

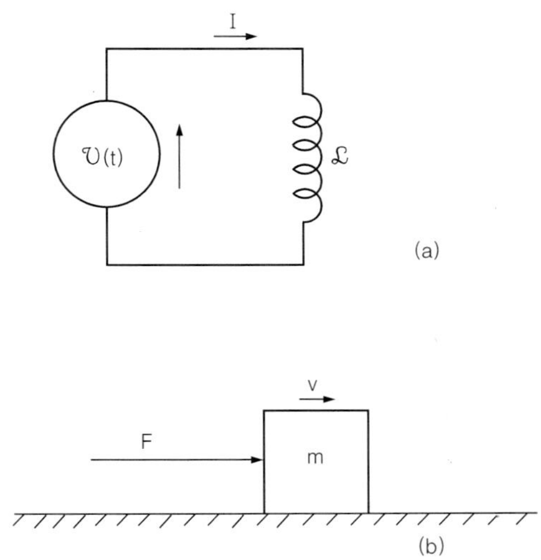

그림 17-10 (a)전압원과 인덕턴스가 연결된 회로 (b)이에 대응되는 역학계

모든 코일에는 전류의 변화를 거스르는 자체 인덕턴스가 존재하므로, 코일에 흐르는 전류에는 모종의 관성이 존재한다고 생각할 수 있다. 실제로 코일에 흐르는 전류를 변화시키려면, 그림 17-10(a)처럼 코일을 외부 전원(배터리나 발전기)에 연결하여 전류의 관성을 이겨 내야 한다. 이러한 회로에서 전압과 전류의 관계는 다음과 같다.

$$\mathcal{V} = \mathcal{L}\frac{dI}{dt} \tag{17.35}$$

이 방정식은 입자에 대한 뉴턴의 1차원 운동 방정식과 동일한 형태이다. 그러므로 "같은 형태의 방정식은 같은 해를 갖는다"는 원리에 의거하여 식 (17.35)를 분석할 수 있다. 외부 전압 $\mathcal{V}$를 외력 F에 대응시키고, 코일에 흐르는 전류 I를 입자의 속도 v에, 그리고 코일의 자체 인덕턴스 $\mathcal{L}$을 질량 m에 대응시키면, 방정식을 직접 풀지 않고 식 (17.35)의 해를 유추할 수 있다[그림 17-10(b) 참조].* 이들 사이의 대응 관계는 다음과 같다.

입자	코일
F(힘)	$\mathcal{V}$(퍼텐셜 차)
v(속도)	I(전류)
x(변위)	q(전하)
$F = m\dfrac{dv}{dt}$	$\mathcal{V} = \mathcal{L}\dfrac{dI}{dt}$
mv(운동량)	$\mathcal{L}I$
$\dfrac{1}{2}mv^2$(운동 에너지)	$\dfrac{1}{2}\mathcal{L}I^2$(자기 에너지)

* 역학적인 양과 전기적인 양은 이와 다른 방식으로 대응시킬 수도 있다.

17-8 인덕턴스와 자기 에너지

앞 절의 비유를 계속 밀고 나가면, 역학적 운동량(운동량의 시간 변화율은 힘이다) $p=mv$는 $\mathfrak{L}I$($\mathfrak{L}I$의 시간 변화율은 $\mathcal{V}$이다)에 대응된다고 생각할 수 있다. 물론, $\mathfrak{L}I$는 회로의 실제 운동량이 아니다. 전체 회로는 정지해 있기 때문에 운동량이 있을 수 없다. 다만, 이들이 동일한 형태의 방정식을 만족하고 있으므로 대응되는 양들끼리 짝을 지어 보면 위와 같이 대응된다는 것뿐이다. 같은 방법으로, 운동 에너지 $\frac{1}{2}mv^2$에 대응되는 양은 $\frac{1}{2}\mathfrak{L}I^2$이다. 그런데 놀랍게도 $\frac{1}{2}\mathfrak{L}I^2$은 실제로 전기적 에너지에 해당된다! 이렇게 되는 이유는 인덕턴스에 해주는 일률이 $\mathcal{V}I$이고, 역학적인 일률은 Fv이기 때문이다. 그러므로 에너지의 경우에 이 양들은 수학적으로 대응될 뿐만 아니라 물리적으로도 동일한 의미를 갖는다.

그 속사정을 좀 더 자세히 살펴보자. 식 (17.16)에서 본 바와 같이, 유도된 힘에 의한 전기적 일률은 기전력에 전류를 곱한 것과 같다.

$$\frac{dW}{dt}=\mathcal{E}I$$

$\mathcal{E}$에 식 (17.34)를 대입하면

$$\frac{dW}{dt}=-\mathfrak{L}I\frac{dI}{dt} \tag{17.36}$$

이며, 이 식을 적분하면 "외부 전원이 자체 인덕턴스에 의한 emf를 극복해 가며 코일의 전류를 증가시키는 데 필요한 에너지(이것은 저장된 에너지 U와 같아야 한다)"를 다음과 같이 구할 수 있다.*

$$-W=U=\frac{1}{2}\mathfrak{L}I^2 \tag{17.37}$$

그러므로 코일에 저장된 에너지는 $\frac{1}{2}\mathfrak{L}I^2$이다.

동일한 논리를 그림 17-8 또는 17-9의 코일 쌍에 적용시키면, 이 계의 총 전기 에너지가 다음과 같다는 것을 증명할 수 있다.

$$U=\frac{1}{2}\mathfrak{L}_1I_1^2+\frac{1}{2}\mathfrak{L}_2I_2^2+\mathfrak{M}I_1I_2 \tag{17.38}$$

양쪽 코일의 전류 I가 모두 0인 상태에서 시작하여, 먼저 코일 1에 전류 I_1을 흘려주었다면, 이때 해 준 일이 바로 $\frac{1}{2}\mathfrak{L}_1I_1^2$이다. 그다음으로 코일 2에 전류 I_2가 흐르게 하려면, 회로 2의 emf에 대항하여 $\frac{1}{2}\mathfrak{L}_2I_2^2$의 일을 해 주면서 $\mathfrak{M}I_1I_2$ 만큼의 일을 추가적으로 해 주어야 한다. $\mathfrak{M}I_1I_2$는 회로 1에 유도되는 emf $[\mathfrak{M}(dI_2/dt)]$와, 회로 1에 흐르는 '일정한' 전류 I_1을 곱하여 적분한 값이다.

---

* 지금 우리는 코일의 저항에 의해 에너지가 열의 형태로 손실되는 것을 무시하고 있다. 열 손실이 발생하면 외부 전원으로부터 추가적인 에너지 공급이 있어야 하지만, 코일에 유입되는 에너지는 변하지 않는다.

다음으로, 전류 I_1과 I_2가 흐르고 있는 임의의 두 코일 사이에 작용하는 힘을 계산해 보자. 가상적 일의 원리에 입각하여 생각해 보면, 식 (17.38)의 변화율을 계산함으로써 힘을 구할 수 있을 것 같다. 물론, 코일의 상대적인 위치를 조금 변화시켰을 때 유일하게 변하는 양은 상호 인덕턴스 $\mathfrak{M}$뿐이다. 그러므로 우리는 다음과 같은 관계식을 후보로 내세울 수 있다.

$$-F\,\Delta x = \Delta U = I_1 I_2\,\Delta\mathfrak{M} \quad \text{(틀린 식)}$$

그러나 애석하게도 이 식은 옳지 않다. 왜 그럴까? 앞에서 보았듯이, 이 식에서는 두 코일 사이의 에너지 변화만을 고려하고 "각 코일에 흐르는 전류 I_1과 I_2를 일정한 값으로 유지시키는 데 필요한 외부 전원의 에너지 변화"를 고려하지 않았기 때문이다. 코일이 움직이면 emf가 유도되고, 이를 극복하는 데 필요한 에너지는 외부 전원으로부터 공급되어야 한다. 가상적 일의 원리를 올바르게 적용하려면, 이 추가적인 에너지까지 고려해야 한다. 어쨌거나 앞에서 본 바와 같이, 계의 전체 에너지는 '역학적 에너지' U_{mech}와 크기는 같고 부호는 반대이므로

$$-F\,\Delta x = \Delta U_{\text{mech}} = -\Delta U \tag{17.39}$$

로 쓸 수 있으며, 두 코일 사이에 작용하는 힘은 다음과 같이 주어진다.

$$F\,\Delta x = I_1 I_2\,\Delta\mathfrak{M}$$

두 개의 코일로 이루어진 계의 에너지는 식 (17.38)로 주어진다. 이 관계를 이용하면 상호 인덕턴스 $\mathfrak{M}$과 두 코일의 자체 인덕턴스 $\mathfrak{L}_1$, $\mathfrak{L}_2$ 사이에 성립하는 흥미로운 부등식을 유도할 수 있다. 두말할 것도 없이, 코일의 에너지는 반드시 0보다 커야 한다. 전류를 0에서 시작하여 어떤 값까지 꾸준하게 증가시키면 계의 에너지도 따라서 증가한다(만일 그렇지 않다면 외부로 에너지를 방출하면서 전류가 자발적으로 증가하는 현상이 벌어진다는 얘기가 되는데, 이것은 절대로 있을 수 없는 일이다). 이제, 위의 에너지 식 (17.38)을 다음과 같이 조금 변형시켜 보자.

$$U = \frac{1}{2}\mathfrak{L}_1\left(I_1 + \frac{\mathfrak{M}}{\mathfrak{L}_1}I_2\right)^2 + \frac{1}{2}\left(\mathfrak{L}_2 - \frac{\mathfrak{M}^2}{\mathfrak{L}_1}\right)I_2^2 \tag{17.40}$$

이것은 무슨 심오한 변환이 아니라, 특정 항을 더했다가 다시 뺀 것에 불과하다. 식 (17.40)은 I_1, I_2의 값에 상관없이 항상 양수가 되어야 한다. 특히, I_2가 다음과 같은 특별한 값일 때도 에너지는 양수가 되어야 한다.

$$I_2 = -\frac{\mathfrak{L}_1}{\mathfrak{M}}I_1 \tag{17.41}$$

그런데 I_2가 이런 값을 가지면 식 (17.40)의 첫 번째 항이 0이 된다. 이런 경우에도 에너지가 양의 값을 가지려면 마지막 항이 0보다 커야 한다. 따라서 다음과 같은 부등식이 만족되어야 하는 것이다.

$$\mathfrak{L}_1\mathfrak{L}_2 > \mathfrak{M}^2$$

이리하여 우리는 임의의 두 코일 간의 상호 인덕턴스 $\mathfrak{M}$이 두 자체 인덕턴스의 기하 평균보다 작거나 같다는 결과를 '일반적으로' 증명한 셈이다($\mathfrak{M}$은 전류 I_1과 I_2의 부호를 정의하는 방식에 따라 +가 될 수도 있고 −가 될 수도 있다).

$$|\mathfrak{M}| < \sqrt{\mathfrak{L}_1 \mathfrak{L}_2} \tag{17.42}$$

$\mathfrak{M}$과 자체 인덕턴스 사이의 관계는 다음과 같이 표현될 수 있다.

$$\mathfrak{M} = k\sqrt{\mathfrak{L}_1 \mathfrak{L}_2} \tag{17.43}$$

여기서 상수 k를 '결합 계수(coefficient of coupling)'라고 한다. 한쪽 코일에서 발생하는 대부분의 플럭스가 다른 코일을 통과하는 경우, 결합 계수는 거의 1에 가까운 값을 갖는다. 이런 경우에 두 코일은 "강하게 결합되어 있다"고 말한다. 두 코일이 멀리 떨어져 있거나 코일 상호 간을 꿰는 플럭스(mutual flux linkage)가 매우 작도록 배치되어 있다면 결합 계수는 거의 0이고, 따라서 상호 인덕턴스는 아주 작을 것이다.

두 회로를 따라 이중 선적분하여 상호 인덕턴스를 계산하는 공식은 (17.30)에서 제시한 바 있다. 언뜻 생각하면 단일 코일의 자체 인덕턴스를 구할 때에도 이 공식을 적용하여 같은 코일에 대해 두 번 적분해 주면 될 것 같기도 하다. 그러나 사실은 그렇지 않다. 왜냐하면 두 개의 선분 요소들이 같은 지점에 있을 때 적분 함수의 분모에 있는 r_{12}가 0이 되기 때문이다. 이 공식으로 자체 인덕턴스를 구하면 당연히 무한대가 된다. 이렇게 된 이유는 식 (17.30)이, 두 회로의 도선의 단면이 한 회로에서 다른 회로까지의 거리에 비해 무시할 수 있을 정도로 작을 때에만 적용할 수 있는 근사식이기 때문이다. 그러므로 이 근사식은 단일 코일에 적용할 수 없다. 실제로, 도선의 지름이 점점 줄어들면 단일 코일의 인덕턴스는 로그 함수의 형태로 무한대로 증가한다.

단일 코일의 자체 인덕턴스를 구하려면 다른 방법을 동원해야 한다. 도선의 굵기가 중요한 변수이므로, 도선 내부의 전류 분포를 고려해 줄 필요가 있다. 따라서 '회로'의 인덕턴스에 신경 쓰지 말고, '도체의 분포'에 의한 인덕턴스가 얼마인지를 따져 봐야 한다. 자기 에너지를 이용하면 이 인덕턴스를 매우 쉽게 구할 수 있다. 15-3절에 의하면, 정상 전류 분포에 의한 자기 에너지는 다음과 같이 주어진다.

$$U = \frac{1}{2}\int \boldsymbol{j} \cdot \boldsymbol{A}\, dV \tag{17.44}$$

전류 밀도 $\boldsymbol{j}$의 분포를 알고 있으면 벡터 퍼텐셜 $\boldsymbol{A}$를 구할 수 있고, 그렇게 되면 식 (17.44)의 적분을 수행하여 에너지를 계산할 수 있다. 이 에너지는 자체 인덕턴스에 의한 자기 에너지 $\frac{1}{2}\mathfrak{L}I^2$과 같다. 이것을 식 (17.44)와 비교하면 자체 인덕턴스는 다음과 같이 구해진다.

$$\mathfrak{L} = \frac{1}{I^2}\int \boldsymbol{j} \cdot \boldsymbol{A}\, dV \tag{17.45}$$

물론 인덕턴스는 회로의 기하학적인 형태에만 관계할 뿐, 회로에 흐르는 전류와는 무관하다. 이 사실은 식 (17.45)에서 확인할 수 있다. 식의 전체적인 형태는 전류의 제곱에 반비례하는 것처럼 보이지만, 전류 밀도 $\boldsymbol{j}$와 벡터 퍼텐셜 $\boldsymbol{A}$에서 전류가 한 번씩 나타나기 때문에, 결과적으로 전류가 모두 상쇄되어 $\mathfrak{L}$의 값은 전류와 무관해진다.

전류 분포에 의한 에너지, 즉 식 (17.44)는 전혀 다른 형태로 표현될 수도 있다. 그리고 경우에 따라서는 다르게 표현하는 것이 편리할 수도 있다. 나중에 알게 되겠지만, 다르게 표현된 식이 더욱 일반적이다. 식 (17.44)의 $\boldsymbol{A}$와 $\boldsymbol{j}$는 모두 $\boldsymbol{B}$와 관련되어 있다. 따라서 정전기 에너지를 전기장으로 표현할 수 있었던 것처럼, 이 에너지도 자기장으로 표현될 수 있는 가능성이 있다. 우선 $\boldsymbol{j}$를 $\epsilon_0 c^2\nabla\times\boldsymbol{B}$로 바꿔 보자. 그러나 $\boldsymbol{A}$는 달리 표현하기가 쉽지 않다. $\boldsymbol{B}=\nabla\times\boldsymbol{A}$의 관계를 뒤집어서 $\boldsymbol{A}$를 $\boldsymbol{B}$로 나타내기가 어렵기 때문이다. 어쨌거나, 일단은 에너지를 다음과 같이 써 보자.

$$U=\frac{\epsilon_0 c^2}{2}\int(\nabla\times\boldsymbol{B})\cdot\boldsymbol{A}\,dV \tag{17.46}$$

여기서 흥미로운 것은, (몇 가지 제약 조건하에서) 이 적분이 다음과 같이 변형된다는 점이다.

$$U=\frac{\epsilon_0 c^2}{2}\int\boldsymbol{B}\cdot(\nabla\times\boldsymbol{A})\,dV \tag{17.47}$$

이 점을 확인하기 위해, 식 (17.46)의 적분에 등장하는 z성분 $(\nabla\times\boldsymbol{B})_z A_z$를 풀어서 써 보면 다음과 같다.

$$\int\left(\frac{\partial B_y}{\partial x}-\frac{\partial B_x}{\partial y}\right)A_z\,dx\,dy\,dz$$

(물론 x성분과 y성분도 이와 유사한 형태로 존재한다.) 부분 적분을 이용하여 위 식의 첫 번째 항을 x에 대해 적분한 결과는 다음과 같다.

$$\int\frac{\partial B_y}{\partial x}A_z\,dx=B_yA_z-\int B_y\frac{\partial A_z}{\partial x}\,dx$$

우리가 다루고 있는 계(발생원과 장)의 크기가 유한하다고 가정하면, 계로부터 멀어질수록 장의 세기는 0에 가까워질 것이다. 따라서 적분을 전 공간에 대하여 수행하면, 적분의 상한과 하한에서 B_yA_z는 0이 되고 결국 $B_y(\partial A_z/\partial x)$항만 남게 되는데, 이것은 $B_y(\nabla\times\boldsymbol{A})_y$의 일부이므로 $\boldsymbol{B}\cdot(\nabla\times\boldsymbol{A})$의 성분 중 일부에 해당된다. 나머지 다섯 개 항들도 이런 식으로 정리해 보면, 식 (17.46)과 (17.47)이 같다는 것을 확인할 수 있다.

이제, $(\nabla\times\boldsymbol{A})$를 $\boldsymbol{B}$로 대치시키면

$$U=\frac{\epsilon_0 c^2}{2}\int\boldsymbol{B}\cdot\boldsymbol{B}\,dV \tag{17.48}$$

가 얻어진다. 이로써 우리는 정자기적 상황에서 에너지를 자기장으로 표현하는 데 성공하였다. 외형상으로 볼 때, 식 (17.48)은 정전기 에너지에 대한 다음 식과 매우 비슷하다.

$$U = \frac{\epsilon_0}{2}\int \boldsymbol{E}\cdot\boldsymbol{E}\,dV \tag{17.49}$$

에너지를 계산할 때, 경우에 따라서는 식 (17.48)이나 (17.49)가 훨씬 편리할 수도 있다. 그러나 지금 내가 이 식을 강조하는 이유는 동적인 장($\boldsymbol{E}$와 $\boldsymbol{B}$가 시간에 따라 변하는 경우)의 경우에도 식 (17.48)과 (17.49)가 여전히 유효하기 때문이다. 전기 에너지와 자기 에너지를 표현하는 나머지 식들은 그렇지 않다. 그것들은 오직 정적인 장에 한하여 성립하는 식이다.

단일 코일의 자기장 $\boldsymbol{B}$를 알고 있다면, 에너지 공식 (17.48)과 $\frac{1}{2}\mathfrak{L}I^2$을 같게 놓음으로써 자체 인덕턴스를 구할 수 있다. 이 방법을 사용하여 긴 솔레노이드의 자체 인덕턴스를 계산해 보자. 우리는 솔레노이드 내부에서 자기장이 균일하고 외부의 자기장은 0임을 이미 알고 있다. 내부 자기장의 크기는 $B = nI/\epsilon_0 c^2$이다. 여기서 n은 단위 길이당 도선이 감긴 횟수이며, I는 전류이다. 코일의 반경을 r, 길이를 L이라 하면(L을 아주 길게 잡아서 $L \gg r$이 되면 끝 부분의 효과는 무시할 수 있다), 솔레노이드의 내부 부피는 $\pi r^2 L$이 된다. 따라서 자기 에너지는

$$U = \frac{\epsilon_0 c^2}{2}B^2\cdot(\text{부피}) = \frac{n^2 I^2}{2\epsilon_0 c^2}\pi r^2 L$$

이며, 이 값은 $\frac{1}{2}\mathfrak{L}I^2$과 같다. 즉,

$$\mathfrak{L} = \frac{\pi r^2 n^2}{\epsilon_0 c^2}L \tag{17.50}$$

이다.

CHAPTER 18
맥스웰 방정식

18-1 맥스웰 방정식
18-2 새로운 항의 효과
18-3 고전물리학의 모든 것
18-4 진행하는 전자기장
18-5 빛의 속도
18-6 맥스웰 방정식의 해법 : 퍼텐셜과 파동 방정식

18-1 맥스웰 방정식

이 장에서는 1장에서 출발점으로 삼았던 완전한 네 개의 맥스웰 방정식을 좀 더 구체적으로 살펴볼 예정이다. 지금까지는 맥스웰 방정식을 부분 부분으로만 다루어 왔다. 이제 여러분은 마지막으로 남은 한 조각을 추가하여 완전한 그림을 완성할 시점에 이르렀다. 그림이 완성되면, 시간에 따라 변하는 전자기장에 관한 완벽한 이론 체계를 갖추게 된다. 지금부터 설명할 내용은 앞에서 언급했던 것과 다를 수도 있지만, 크게 걱정할 필요는 없다. 만일 상충되는 내용이 있다면, 무조건 이 장에서 설명한 내용이 옳다고 생각하면 된다. 이전에 설명한 내용들은 특별한 상황(정상 전류나 고정된 전하 등)에만 적용되는 이론이었기 때문이다. 앞에서 방정식을 쓸 때마다 제한 조건들을 미리 상세하게 언급하긴 했지만, 그런 전제 조건들은 잊어버리기 쉽기 때문에 잘못된 방정식을 항상 맞는 것처럼 착각하기 쉽다. 어쨌든 이제부터 말하는 내용은 일반적인 진리이며, 여기에는 제한 조건이 없다.

맥스웰 방정식의 완전한 형태는 표 18-1에 요약되어 있다. 지금쯤 여러분은 각 방정식의 우측에 나열해 놓은 별도의 설명에 충분히 익숙해졌을 것이다. 수학 기호로 표현된 방정식을 일상적인 용어로 풀어 쓰는 것은 매우 중요한 훈련이며, 한쪽에서 다른 쪽으로 자유롭게 변환할 수 있어야 한다.

첫 번째 방정식은 $\boldsymbol{E}$의 다이버전스가 전하 밀도를 ϵ_0로 나눈 것과 같다는 것을 말해 주고 있으며, 이것은 항상 성립하는 방정식이다. 가우스 법칙은 전기장이 변하건, 변하지 않건 간에 항상 성립한다. 임의의 폐곡면을 관통하는 $\boldsymbol{E}$의 플럭스는 폐곡면의 내부에 들어 있는 전하량에 비례한다. 세 번째 식은 가우스 법칙의 자기장 버전으로서, 전하와는 달리 자하(magnetic charge)라는 것은 세상에 존재하지 않기 때문에 임의의 폐곡면을 관통하는 $\boldsymbol{B}$의 플럭스는 항상 0이다. $\boldsymbol{E}$의 컬이 $-\partial\boldsymbol{B}/\partial t$라는 두 번째 방정식은 패러데이의 법칙을 수학적으로 표현한 것으로, 16~17장에 걸쳐서 자세히 다룬 바 있다. 이것 역시 일반적으로 옳은 법칙이다. 그런데 네 번째 방정식의 우변에는 생소한 항이 추가되어 있다. 앞에서 이 방정식을 도입할 때에는 정상 전류만을 고려했으므로 $\nabla\times\boldsymbol{B}=\boldsymbol{j}/\epsilon_0 c^2$였다. 그러나 이 방정식이 일반적으로 성립하려면 맥스웰이 발견한 새로운 항이 하나 더 추가되어야 한다.

표 18-1　고전물리학

맥스웰 방정식

I.	$\nabla \cdot \boldsymbol{E} = \dfrac{\rho}{\epsilon_0}$	(폐곡면을 관통하는 $\boldsymbol{E}$의 플럭스) = (내부의 전하)/ϵ_0
II.	$\nabla \times \boldsymbol{E} = -\dfrac{\partial \boldsymbol{B}}{\partial t}$	(폐곡선 둘레로의 $\boldsymbol{E}$의 선적분) $= -\dfrac{d}{dt}$(폐곡선을 관통하는 $\boldsymbol{B}$의 플럭스)
III.	$\nabla \cdot \boldsymbol{B} = 0$	(폐곡면을 관통하는 $\boldsymbol{B}$의 플럭스) = 0
IV.	$c^2\nabla \times \boldsymbol{B} = \dfrac{\boldsymbol{j}}{\epsilon_0} + \dfrac{\partial \boldsymbol{E}}{\partial t}$	c^2(폐곡선 둘레로의 $\boldsymbol{B}$의 선적분) = (폐곡선을 관통하는 전류)/ϵ_0 $+ \dfrac{d}{dt}$(폐곡선을 관통하는 $\boldsymbol{E}$의 플럭스)

[전하의 보존

$\nabla \cdot \boldsymbol{j} = -\dfrac{\partial \rho}{\partial t}$　　(폐곡면을 관통하는 전류의 플럭스) $= -\dfrac{d}{dt}$(내부의 전하)]

힘의 법칙

$$\boldsymbol{F} = q(\boldsymbol{E} + \boldsymbol{v} \times \boldsymbol{B})$$

운동의 법칙

$$\frac{d}{dt}(\boldsymbol{p}) = \boldsymbol{F}, \quad \text{여기서 } \boldsymbol{p} = \frac{m\boldsymbol{v}}{\sqrt{1 - v^2/c^2}}$$

(뉴턴의 법칙, 아인슈타인의 수정 포함)

중력

$$\boldsymbol{F} = -G\frac{m_1 m_2}{r^2}\boldsymbol{e}_r$$

맥스웰이 이 새로운 항을 발견하기 전에, 학계에 알려져 있던 전자기학은 우리가 3장～17장에서 배운 것이 전부였다. 특히, 정상 전류의 자기장에 관한 방정식은 다음과 같았다.

$$\nabla \times \boldsymbol{B} = \frac{\boldsymbol{j}}{\epsilon_0 c^2} \tag{18.1}$$

맥스웰은 이미 알려져 있는 법칙들을 철저히 분석하여 미분 방정식의 형태로 표현했다(물론 당시에는 ∇과 같은 미분 연산자 기호를 사용하지 않았지만, 오늘날 우리가 컬이나 다이버전스라고 부르는 도함수 조합의 중요성이 부각된 것은 맥스웰의 업적 덕분이었다). 그러고 나서 잘 살펴보니 식 (18.1)에 무언가 이상한 점이 있다는 것을 알게 되었다. 이 식에 다이버전스를 취하면 좌변은 0이 된다. 컬의 다이버전스는 항상 0이기 때문이다. 따라서 식 (18.1)이 맞다면 $\boldsymbol{j}$의 다이버전스도 항상 0이다. 그러나 이렇게 되면 임의의 폐곡면에서 나오는 전류의 총 플럭스도 항상 0이 되어야 한다.

폐곡면에서 나오는 전류의 플럭스는 내부 전하량의 감소율과 같기 때문에 일반적으로 0이 될 수 없다. 왜냐하면 전하는 한 장소에서 다른 장소로 움직일 수 있기 때문이다. 그러므로 $\boldsymbol{j}$의 다이버전스는 0이 아니며, 실제로는 다음과 같은 값을 갖는다.

$$\nabla \cdot \boldsymbol{j} = -\frac{\partial \rho}{\partial t} \tag{18.2}$$

이 방정식은 사실상 전류 밀도 $\boldsymbol{j}$에 대한 정의로 볼 수도 있는 식인데, 전하가 보존된다는 기본 법칙을 잘 표현하고 있다. 즉, 전하의 흐름은 새로 생성된 전하 때문이 아니라, 어딘가에 있던 전하가 다른 위치로 이동하기 때문이라는 것이다. 맥스웰은 이 사실을 간파하고 식 (18.1)의 우변에 $\partial \boldsymbol{E}/\partial t$라는 항을 추가함으로써 모든 문제를 말끔하게 해결하였다. 이렇게 하여 맥스웰은 표 18-1에 있는 네 번째 식을 얻었다.

$$\text{IV.} \quad c^2 \nabla \times \boldsymbol{B} = \frac{\boldsymbol{j}}{\epsilon_0} + \frac{\partial \boldsymbol{E}}{\partial t}$$

맥스웰이 살던 시대에는 이런 추상적인 장을 상상하는 것이 결코 쉽지 않았다. 그래서 맥스웰은 진공을 '탄성체'에 비유하면서 자신의 아이디어를 설명했다. 또한 그는 역학적인 모델을 도입하여 자신이 찾아낸 새로운 방정식의 의미를 설명하려고 노력했다. 그러나 이런 식의 설명은 곧바로 거센 반발에 부딪혔다. 첫 번째 이유는 그가 도입한 모델 때문이었고, 두 번째 이유는 (당시만 해도 전자기학의 초창기여서) 실험적인 증명이 없었기 때문이었다. 물론 오늘날 우리는 중요한 것은 방정식 자체이며, 이를 설명하는 모델은 부차적인 것이라는 점을 잘 알고 있다. 우리는 오로지 방정식의 진위 여부에 대한 의문만을 제기할 수 있을 뿐이다. 맥스웰 방정식은 그동안 수많은 실험을 거치면서 절대적인 법칙으로 확고한 입지를 굳혔다. 맥스웰의 전자기학에서 부차적인 내용들을 모두 걷어 내면 아름답고 웅장한 성전이 그 모습을 드러낸다. 그는 전자기학의 모든 법칙들을 하나로 통합시켜 완전하고 아름다운 이론을 완성했던 것이다.

맥스웰이 새로운 항을 추가하여 자신의 고민을 해결했던 과정을 그대로 따라가 보자. 표 18-1의 네 번째 식에 다이버전스를 취하면 좌변은 0이므로 우변은 다음과 같이 된다.

$$\nabla \cdot \frac{\boldsymbol{j}}{\epsilon_0} + \nabla \cdot \frac{\partial \boldsymbol{E}}{\partial t} = 0 \tag{18.3}$$

두 번째 항에서 시간과 공간에 대한 미분의 순서를 바꾸면 다음과 같이 쓸 수 있다.

$$\nabla \cdot \boldsymbol{j} + \epsilon_0 \frac{\partial}{\partial t} \nabla \cdot \boldsymbol{E} = 0 \tag{18.4}$$

그런데 맥스웰 방정식 중 첫 번째 식에 의하면 $\nabla \cdot \boldsymbol{E}$는 ρ/ϵ_0와 같다. 이 관계를 식 (18.4)에 대입하면 식 (18.2)가 다시 얻어지며, 따라서 이것은 항상 성립하는 방정식이다. 물론 이 과정은 거꾸로 진행될 수도 있다. 즉, 맥스웰 방정식을 사실로 받아들인다면(이 방정식이 실험과 어긋나는 사례는 지금까지 단 한 번도 발견된 적이 없기 때문에 그렇게 할 수 있다) 전하는 항상 보존된다는 결론을 얻을 수 있다.

"전하가 한 지점에서 갑자기 생성된다면 어떤 일이 일어날 것인가?" 물리 법칙은 이런 질문에 답할 수 없다. 우리가 알고 있는 방정식에 의하면, 이런 일은 절대로 일어날 수 없기 때문이다. 만일 그런 일이 실제로 일어난다면 새로운 법칙이 도입되어야 한다. 물론, 그 법칙이 어떤 것일지는 아무도 알 수 없다. 전하가 보존되지 않는 세상을 본 사람이 없기 때문이다. 어떤 위치에 전하를 놓으려고 한다면, 다른 곳에 있는 전하를 그 위치로 가져오는 수밖에 없다. 그리고 이런 경우에는 맥스웰 방정식을 이용하여 모든 상황을 매끄럽게 설명할 수 있다.

앞에서 우리는 $\boldsymbol{E}$의 컬에 대한 방정식에 새로운 항을 추가하면 전혀 새로운 현상들을 설명할 수 있다는 것을 확인하였다. 이와 마찬가지로, 맥스웰은 $\nabla\times\boldsymbol{B}$에 대한 방정식에 간단한 항을 추가함으로써 엄청난 파급 효과를 불러 일으켰다. 시간 관계상, 이 장에서는 그중 몇 가지만 간단히 언급하기로 한다.

18-2 새로운 항의 효과

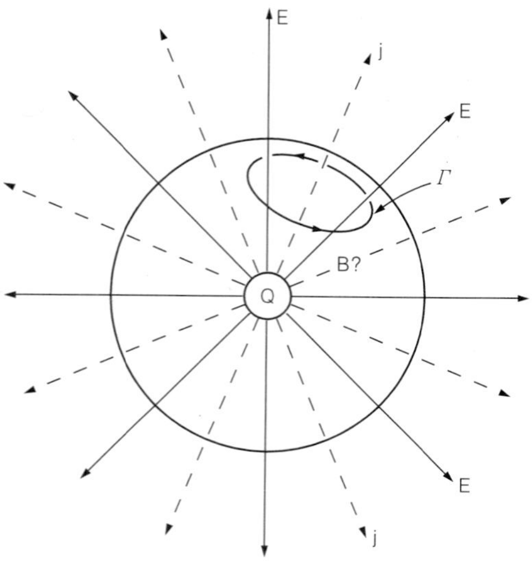

그림 18-1 구대칭적으로 뻗어 나가는 전류 분포에서 자기장은 어떤 모양일까?

첫 번째 예로, 전류가 구형 대칭성을 가진 채 반경 방향으로 흐를 때 무슨 일이 일어나는지 알아보자. 방사성 물질로 표면이 덮여 있는 작은 구가 대표적인 경우이다. 이 방사성 물질은 전하를 띤 입자들을 모든 방향으로 분출하고 있다(방사능 물질이 마음에 들지 않는다면, 큰 젤리 덩어리의 중심부에 나 있는 작은 구멍 속에 피하 주사침으로 약간의 전하를 주입시킨 후, 그 전하가 사방으로 서서히 흘러나오는 상황을 생각해도 된다). 어떤 경우이건 간에, 전류는 반경 방향을 따라 바깥쪽으로 흐를 것이다. 전류의 양은 모든 방향으로 동일하다고 가정한다.

구의 중심으로부터 거리 r 이내에 들어 있는 총 전하량을 $Q(r)$이라 하고 반경 방향의 전류 밀도를 $\boldsymbol{j}(r)$이라 하면, $Q(r)$은 식 (18.2)에 따라 다음과 같은 비율로 감소할 것이다.

$$\frac{\partial Q(r)}{\partial t}=-4\pi r^2 j(r) \tag{18.5}$$

이와 같은 전류 분포는 어떤 자기장을 만들 것인가? 그림 18-1과 같이 반경 r인 구의 표면 위에 가상의 고리 Γ를 그려 보자. 전류는 모든 방향으로 고르게 흐르고 있으므로, 이 고리를 통과하는 전류도 반드시 있을 것이다. 따라서 그림에 표시된 것처럼 원형 고리의 둘레를 순환하는 원형 자기장이 생성된다고 예측할 수 있다.

그러나 문제는 그리 간단하지 않다. 완벽하게 대칭적인 구의 표면에서 자기장 $\boldsymbol{B}$가 특정한 방향을 가질 수 있을까? Γ를 다른 곳에 그리면, 자기장의 방향이 그림 18-1에 그려진 작은 원과 정반대가 될 수도 있다. 그렇다면 이런 상황에서는 전류 주변을 순환하는 자기장이 생성될 수 없다고 결론지어야 할까?

이 시점에서 맥스웰의 방정식이 해결사로 등장한다. $\boldsymbol{B}$의 서큘레이션은 Γ를 통과하는 총 '전류'뿐만 아니라, 고리를 통과하는 '전기장의 플럭스'의 시간 변화율에도 의존하는 양이다. 따라서 위의 경우에는 이 두 가지 성분이 서로 정확하

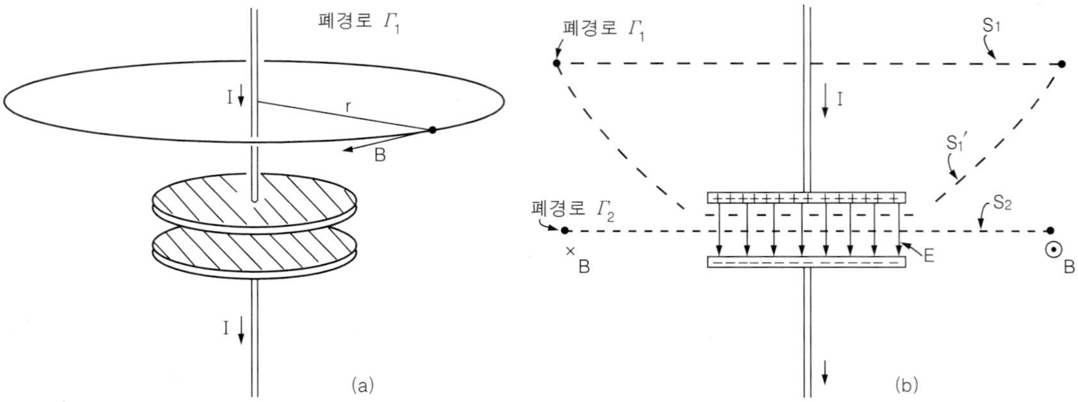

그림 18-2 충전되고 있는 축전기 부근의 자기장

게 상쇄되어야 한다. 정말로 그렇게 되는지 확인해 보자.

앞에서 가정한 것처럼 전하의 분포가 구형 대칭성을 가지고 있다면, 구의 중심에서 반경 r만큼 떨어진 곳에 형성되는 전기장의 세기는 $Q(r)/4\pi\epsilon_0 r^2$이고 방향은 물론 반경 방향이다. 따라서 전기장의 시간적인 변화율은

$$\frac{\partial E}{\partial t}=\frac{1}{4\pi\epsilon_0 r^2}\frac{\partial Q}{\partial t} \tag{18.6}$$

이며, 이것을 식 (18.5)와 비교하면 모든 r값에 대하여 다음의 등식이 성립한다는 것을 알 수 있다.

$$\frac{\partial E}{\partial t}=-\frac{j}{\epsilon_0} \tag{18.7}$$

그러므로 표 18-1 IV식의 우변에서 발생원(전하, 전류)과 관련된 두 항이 서로 상쇄되어 이 경우에 $\boldsymbol{B}$의 컬은 항상 0이 된다. 즉, 위와 같은 상황에서는 자기장이 존재하지 않는다는 뜻이다.

두 번째 예로, 평행판 축전기에 충전용 도선이 연결되어 있을 때 그 주변에 형성되는 자기장을 생각해 보자(그림 18-2 참조). 평판의 전하량 Q가 시간에 따라 (너무 빠르지 않게) 변하고 있다면, 도선에는 dQ/dt의 전류가 흐를 것이므로 도선 주위를 원형으로 감싸는 자기장이 형성될 것으로 예상된다. 두말할 것도 없이, 판에 가까이 접근한 전류도 정상적인 자기장을 만들어야 한다. 이것은 전류가 향후 어디로 흘러갈 것인가 하는 문제와는 무관하다.

그림 18-2(a)와 같이, 도선을 중심으로 반경 r인 원형 고리 Γ_1을 잡아 보자. 이 고리를 따라서 자기장을 선적분한 값은 전류 I를 $\epsilon_0 c^2$으로 나눈 값과 같아야 한다. 즉,

$$2\pi rB=\frac{I}{\epsilon_0 c^2} \tag{18.8}$$

이다. 이것은 우리가 정상 전류를 다룰 때 얻었던 관계식이지만, 맥스웰의 새로운 항을 추가해도 결과는 바뀌지 않는다. 왜냐하면 위에서 잡아 준 원의 내부 평면 S에는 전기장이 존재하지 않기 때문이다(그림 속의 도선은 성능 좋은 도체라

고 가정한다). 따라서 $\partial \boldsymbol{E}/\partial t$를 표면 적분한 값은 0이다.

이제, 곡선 Γ를 아래쪽으로 천천히 이동시켜 보자. Γ가 위쪽 평판과 만날 때까지는 아무것도 달라지지 않는다. 그러나 대전된 평판을 지나서 좀 더 아래로 내려가면 전류 I가 갑자기 0으로 사라진다. 그렇다면 이 순간에 자기장도 사라질 것인가? 언뜻 보면 아주 이상하다. 이 상황을 이해하기 위해, 축전기의 두 평판 사이에 위치한 반경 r짜리 곡선 Γ_2에 대하여 맥스웰 방정식을 적용해 보자 [그림 18-2(b)]. Γ_2를 따라 $\boldsymbol{B}$를 선적분하면 $2\pi rB$가 된다. 그런데 이 구간에는 전류가 흐르지 않고 있으므로 이 값은 면 S_2를 통과하는 $\boldsymbol{E}$의 플럭스의 시간 변화율과 같아야 한다. 가우스 법칙으로부터 구한 $\boldsymbol{E}$의 플럭스는 축전기의 한쪽 판 위의 전하량 Q를 ϵ_0로 나눈 값과 같다. 따라서 우리는 다음과 같은 관계식을 얻게 된다.

$$c^2 2\pi rB = \frac{d}{dt}\left(\frac{Q}{\epsilon_0}\right) \tag{18.9}$$

이것은 여러모로 아주 편리한 식이며, 식 (18.8)과 동일하다. 변하는 전기장을 적분한 결과가 '도선에 흐르는 전류를 적분하여 얻은' 자기장과 일치하는 것이다. 물론 이 모든 것은 맥스웰 방정식에 담겨 있는 내용이다. 그림 18-2(b)와 같이 곡선 Γ_1을 경계로 하는 두 개의 면 S_1과 S_1'에 대하여 맥스웰 방정식을 적용해 보면 위의 사실을 쉽게 확인할 수 있다. S_1의 경우, 면을 통과하는 전류는 있지만 전기장의 플럭스는 없다. 그러나 S_1'의 경우에는 통과하는 전류가 없는데도 I/ϵ_0의 변화율로 시간에 따라 변하는 전기장의 플럭스가 존재한다. 표 18-1의 방정식 IV를 둘 중 어떤 면에 적용시켜도 동일한 $\boldsymbol{B}$를 얻게 된다.

지금까지 우리는 구체적인 예를 통하여 맥스웰이 집어넣은 새로운 항의 물리적 의미를 알아보았다. 여러분 중에는 이것이 "우리의 예상과 방정식이 서로 모순되지 않도록 인위적으로 새로운 항을 추가한 것에 지나지 않는다"고 생각하는 사람이 있을지도 모른다. 아닌 게 아니라, IV식 자체만 놓고 보면 별로 새로운 것이 나오지 않는다. 그러나 여기서 '자체만'이라는 말이 아주 중요하다. 맥스웰이 수정을 가한 IV식을 '다른 나머지 식들과 결합시켜야' 비로소 새롭고 중요한 결과들이 얻어지는 것이다. 진도를 더 나가기 전에, 표 18-1에 대하여 좀 더 자세히 알아보기로 하자.

18-3 고전물리학의 모든 것

표 18-1에는 맥스웰이 활동하던 시대에 알려져 있던 기초 고전물리학(fundamental classical physics)의 모든 내용이 요약되어 있다(좀 더 정확히 말하면, 이것은 1905년까지 알려져 있던 물리학의 '모든 것'이다). 여기 수록된 방정식들만 알고 있으면, 고전물리학의 모든 내용을 이해할 수 있다.

표의 상단에는 네 개의 맥스웰 방정식과 함께 이들의 의미가 간단하게 설명되어 있다. 그리고 그 아래에 있는 전하 보존 법칙은 맥스웰 방정식으로부터 유도할 수 있기 때문에 괄호로 묶어 놓았다. 그러므로 표 18-1은 '군더더기 없이 핵심만 요약해 놓은' 표라고는 할 수 없다. 그 아래에는 힘과 관련된 일반 법칙이 요약되어 있다. 맥스웰 방정식은 전기장과 자기장의 관계를 설명해 주고 있지만, 실제로 이들이 전하에 미치는 영향을 알려면 힘에 대한 법칙이 별도로 필요하다. 예를 들어 $\boldsymbol{E}$와 $\boldsymbol{B}$를 알고 있으면, 속도 $\boldsymbol{v}$로 움직이는 전하 q의 물체에 작용하는 힘을 구할 수 있다. 그러나 힘을 안다고 해서 모든 문제가 해결되는 것은 아니다. 어떤 힘이 물체에 작용하여 어떤 운동이 야기되는지를 알려면 힘과 운동의 관계를 밝혀 주는 운동 방정식이 있어야 한다. 그것은 바로 "힘은 운동량의 변화율과 같다"는 뉴턴의 방정식이다(자세한 내용은 제1권에서 이미 다루었다). 그리고 운동량을 $\boldsymbol{p} = m_0\boldsymbol{v}/\sqrt{1-v^2/c^2}$로 쓰면 상대론적 효과까지 포함시킬 수 있다.

여기에 뉴턴의 중력 법칙을 추가하면 고전물리학의 완전한 '법칙 세트'가 완성된다.

이와 같이, 고전물리학의 기본 법칙은 조그만 표 하나에 모두 요약될 수 있다. 물론 법칙들을 말로도 설명해 놓았고 약간의 중복되는 부분도 있어서 내용이 좀 길어지긴 했지만 지금은 참으로 멋진 순간이다. 똑똑히 보라. 우리는 고전물리학의 최고봉 등정에 성공했다! 그동안 고생한 보람이 있어, K-2의 정상에 발을 디딘 것이다. 이제 남은 과제는 양자역학이라는 물리학의 에베레스트를 오르는 것이다(준비는 거의 다 된 상태이다). 물리학산맥의 '대분수령'이라 할 수 있는 산의 정상은 이미 정복하였으므로, 지금부터 능선을 따라 다른 쪽으로 내려가 보자.

지금까지 우리는 방정식 자체를 이해하는 데 주력해 왔다. 그러나 이제는 모든 방정식을 다 알았으므로, 이들로부터 유추할 수 있는 물리적 사실들을 집중적으로 파헤쳐 보자. 여기까지 올라오는 길은 어렵고 험난했지만, 정상을 정복한 후 하산하는 동안에는 여유 있게 주변 경관을 감상하면서 등산의 참뜻을 음미할 수 있을 것이다.

18-4 진행하는 전자기장

이제, 네 개의 맥스웰 방정식을 결합시켜서 새로운 결과를 유추해 보자. 일단은 가장 간단한 경우, 즉 모든 물리량이 단 하나의 좌표를 따라 변하는 1차원 문제부터 다루기로 한다. 그림 18-3과 같이, yz평면에 평면 전하가 놓여 있다고 가정해 보자. 처음에 평면 전하는 정지 상태에 있다가 어떤 순간부터 y방향을 향해 등속도 u로 움직이기 시작했다. 여러분 중에는 "정지 상태에 있다가 갑자기 속도 u로 움직이려면 가속도가 '무한대'가 되어야 하는 거 아닌가?"라고 생각하는 사람들도 있을 것이다. 물론 옳은 지적이다. 그러나 가속도가 '무한대는 아니지만 아주 커서' 빠른 시간 안에 속도가 u에 이르렀다고 가정하면 크게 문제될 것은 없다. 어쨌거나, 이런 상황에서는 평면 전류 J가 어느 순간부터 갑자기 흐르게 된다(J는 z방향의 단위 폭당 전류를 나타낸다). 문제를 간단하게 하기 위해, 동일한 yz평면에 반대 부호를 가진 평면 전하가 정지 상태로 겹쳐져 있

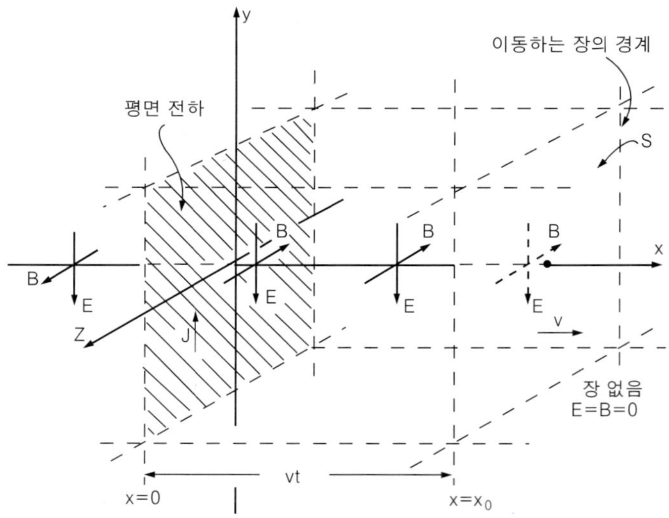

그림 18-3 무한 평면 전하가 갑자기 자신과 평행한 방향으로 움직이기 시작하면, 평면 전하로부터 일정한 속도로 퍼져 나가는 전자기장이 발생한다.

다고 가정하자. 그러면 총 전하가 0이므로 정전기적 효과는 나타나지 않을 것이다. 그림에는 유한한 영역에서 벌어지는 상황만을 그려 놓았지만, 이 판이 $\pm y$와 $\pm z$방향으로 무한히 펼쳐져 있다고 가정하자. 다시 말해서, 처음에는 전류가 없다가 갑자기 균일한 평면 전류가 나타난 상황을 상상해 보자는 것이다. 이런 경우에는 과연 어떤 일이 일어날 것인가?

평면 전류가 $+y$방향으로 흐르면, 다들 알다시피 $x>0$인 지역에는 $-z$방향으로 자기장이 생기고 $x<0$인 지역에는 $+z$방향으로 자기장이 생긴다. 이때 자기장 $\boldsymbol{B}$의 크기를 알고 싶으면, 전류를 $\epsilon_0 c^2$으로 나눈 값이 자기장의 선적분과 같다는 사실을 이용하면 된다. 즉, $B=J/2\epsilon_0 c^2$이다(폭이 w인 띠 모양의 영역에 흐르는 전류 I는 Jw이고, $\boldsymbol{B}$의 선적분은 $2Bw$이다).

이렇게 구한 $\boldsymbol{B}$는 평면 근처(x값이 작을 때)에서의 값이다. 그러나 지금 우리는 무한한 크기의 면을 상상하고 있으므로, 같은 논리를 적용하여 좀 더 먼 x값에서도 동일한 자기장이 생성된다고 예측할 수 있다. 이는 곧 전 공간에 걸쳐 자기장이 0이었다가, 전류가 흐르는 순간에 자기장이 갑자기 어떤 유한한 값으로 돌변한다는 뜻이다. 그러나 잠깐! 자기장이 갑자기 변하면 엄청나게 큰 전기적 효과가 발생하게 된다(어떤 방식으로든 자기장이 변하기만 하면, 전기적 효과가 반드시 나타난다). 지금까지의 상황을 정리하면 다음과 같다. 평면 전하가 움직이면서 '변하는 자기장'이 생성되었고, 그 결과 전기장도 생성되었다. 그런데 전기장이 생성되었다는 것은 전기장이 0에서 시작하여 어떤 유한한 값으로 변했다는 뜻이다. 그러므로 전기장의 변화 $\partial\boldsymbol{E}/\partial t$는 전류 $\boldsymbol{J}$와 함께 또 다른 자기장의 생성에 기여할 것이다. 이와 같이 전기장과 자기장은 여러 개의 방정식을 통해 서로 복잡하게 얽혀 있기 때문에, 하나씩 구하는 식으로는 문제를 종결지을 수 없다. 따라서 우리는 이 모든 장(fields)들을 일괄적으로 풀어야 한다.

사실, 맥스웰 방정식만으로는 해를 구하기가 쉽지 않다. 그래서 지금 이 자리에서는 여러분에게 해를 먼저 소개한 후에, 그것이 방정식을 만족한다는 것을 증명하는 식으로 강의를 진행할 예정이다. 우선, 해답은 다음과 같다—우리가 계산한 $\boldsymbol{B}$는 평면 전류 바로 근처(작은 x)에 생성된 것이다. 사실, 이것은 당연

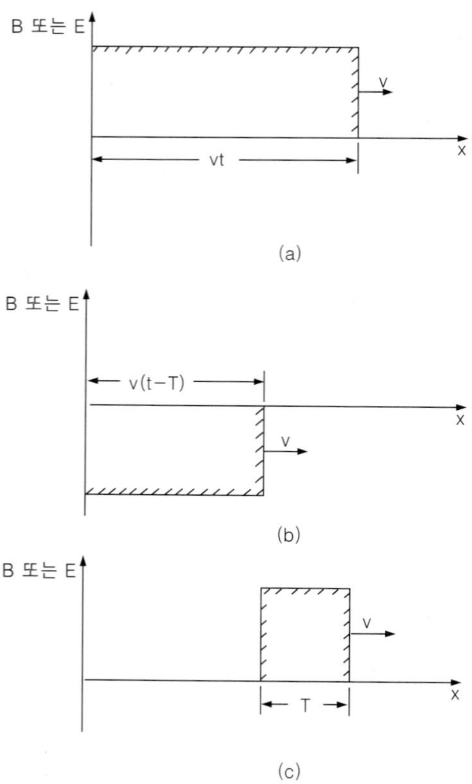

그림 18-4 (a) 평면 전하가 움직이기 시작하고 시간 t가 지난 후에 $\boldsymbol{B}$(또는 $\boldsymbol{E}$)의 크기를 x의 함수로 나타낸 그래프 (b) $t=T$일 때 $-y$방향으로 움직이기 시작한 평면 전하의 전자기장 (c) (a)와 (b)의 합

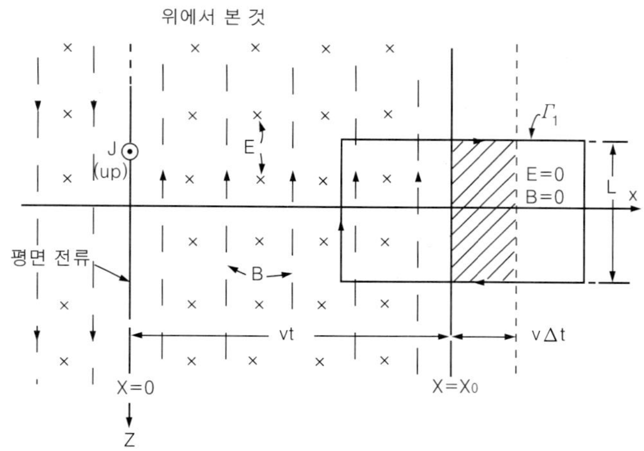

그림 18-5 그림 18-3을 위에서 본 그림

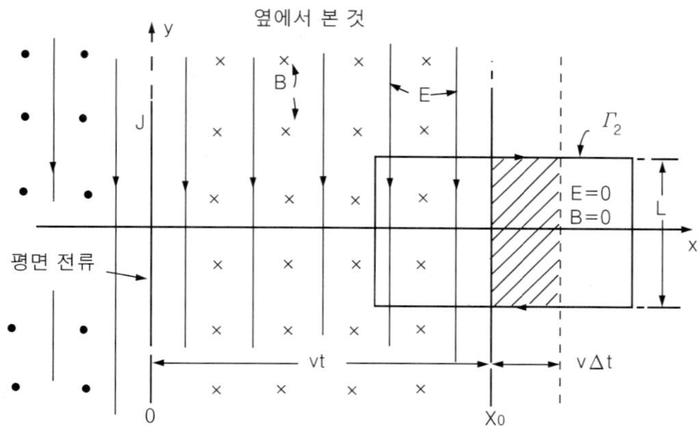

그림 18-6 그림 18-3을 옆에서 본 그림

한 결과이다. 왜냐하면 이 면을 통과하는 폐곡선을 아주 작게 잡으면 전기장의 플럭스가 통과할 여지가 없기 때문이다. 그러나 멀리 떨어진 곳(큰 x)에서, 초기의 $\boldsymbol{B}$값은 0이다. 이 자기장은 잠시 동안 0인 상태로 있다가 갑자기 어떤 유한한 값을 갖게 된다. 간단히 말해서, 전류가 흐르기 시작하면 그 근처의 자기장이 일정한 값 $\boldsymbol{B}$를 갖게 된다는 뜻이다. 이 과정은 발원 지역으로부터 도미노처럼 퍼져 나가서, 특정 시간이 흐르면 어떤 x까지는 균일한 자기장이 형성되고 그 바깥에서는 자기장이 0이 된다. 그리고 이 상황은 x방향에 대하여 원점을 중심으로 대칭적이기 때문에, 자기장은 $+x$와 $-x$방향으로 동시에 전파된다.

전기장 $\boldsymbol{E}$도 이와 같은 방식으로 행동한다. $t=0$(전류가 흐르기 시작한 시점) 이전에는 모든 지점에서 전기장이 0이었다. 그로부터 시간 t가 흐른 후, $\boldsymbol{E}$와 $\boldsymbol{B}$는 $x=vt$인 지점까지 균일하게 분포되며, 그보다 먼 곳에서는 0이 된다. 전자기장의 앞부분은 마치 파도처럼 빛속도 c로 진행해 나가는데, 당분간은 이 속도를 그냥 v로 표기하자. 시간 t에서 $\boldsymbol{E}$와 $\boldsymbol{B}$의 크기를 x의 함수로 그려 보면 그림 18-4(a)와 같다. 그림 18-3을 시간 t에서 다시 보면, $x=\pm vt$ 사이의 공간에만 전자기장이 '채워져' 있고 그 바깥쪽은 비어 있다. 다시 한 번 강조하건대, 우리는 무한 평면 전류를 가정하고 있으므로 전기장 $\boldsymbol{E}$와 자기장 $\boldsymbol{B}$는 y와 z방향으로 무한히 뻗어 있는 것으로 생각해야 한다(무한히 큰 면을 그림으로 표현할 수가 없어서, 한정된 지면 안에 개략적으로 그려 놓은 것이다).

이 상황을 정량적으로 분석하기 위해, 두 개의 단면도를 추가로 고려해 보자. 그림 18-5는 y축 방향을 따라 위에서 내려다본 것이고, 그림 18-6은 z축 방향으로 옆에서 바라본 그림이다. 먼저 그림 18-6부터 살펴보자. 그림에서 보는 바와 같이, 평면 전하는 위로 움직이고 있다. 이때 $+x$쪽에서의 자기장은 종이를 뚫고 들어가는 방향이고 $-x$쪽에서는 종이를 뚫고 나오는 방향으로 형성된다. 또한 전기장은 $x=\pm vt$인 지점까지 모두 아래쪽을 향하고 있다.

이와 같은 전기장과 자기장이 맥스웰 방정식에 부합되는지 알아보자. 우선, 선적분을 계산하기 위해 그림 18-6과 같이 직사각형 고리 Γ_2를 그린다. 직사각형의 한쪽 선은 전자기장이 존재하는 영역에 있고, 다른 쪽은 전자기장이 아직 미치지 못한 영역에 놓여 있다. 이렇게 되면 자기 플럭스가 고리의 '일부'를 관통하게 된다. 만일 이 플럭스가 변한다면, 고리에 emf가 유도될 것이다. 파동의 선단(先端, wavefront)이 움직이면 자기 플럭스가 변한다. 왜냐하면 파면이 속도 v로 진행함에 따라 $\boldsymbol{B}$가 존재하는 면적이 점차 증가하기 때문이다. Γ_2 내부의 플럭스는 자기장이 존재하는 부분의 면적에 B를 곱한 값과 같다. 그리고 $\boldsymbol{B}$의 크기가 일정하므로, 플럭스의 변화율은 이 값에 면적의 변화율을 곱하여 얻어진다. 면적의 변화율은 쉽게 구할 수 있다. 직사각형 Γ_2의 폭을 L이라고 하면, $\boldsymbol{B}$가 존재하는 면적은 Δt 동안 $Lv\Delta t$만큼 변할 것이다(그림 18-6 참조). 따라서 플럭스의 변화율은 BLv이다. 그런데 패러데이의 법칙에 의하면, 이것은 Γ_2를 따라 $\boldsymbol{E}$를 선적분한 EL과 같아야 한다(선적분 결과는 $-EL$이지만 플럭스의 변화율 앞에 '−'가 곱해지므로 부호를 떼어 버린 채 이야기하고 있다 : 옮긴이). 따라서 우리는 다음과 같은 관계를 얻게 된다.

$$E = vB \tag{18.10}$$

E와 B의 비율이 v이면, 우리가 가정한 전자기장은 패러데이의 방정식(표 18-1의 두 번째 방정식)을 만족한다.

그러나 이것만이 유일한 방정식은 아니다. 맥스웰 방정식에는 $\boldsymbol{E}$와 $\boldsymbol{B}$를 연결시켜 주는 방정식도 있다.

$$c^2\nabla \times \boldsymbol{B} = \frac{\boldsymbol{j}}{\epsilon_0} + \frac{\partial \boldsymbol{E}}{\partial t} \tag{18.11}$$

이 식을 적용하기 위해, 위에서 내려다본 그림 18-5를 살펴보자. 앞에서 우리는 이 식을 사용하여 평면 전류 근처의 자기장을 구한 적이 있다. 파면이 아직 도착하지 않은 곳에서는 $\boldsymbol{B}$의 컬과 $\boldsymbol{j}$가 0이고, 변하는 전기장 $\boldsymbol{E}$도 존재하지 않으므로 이 경우에도 식 (18.11)은 성립한다. 이제 그림 18-5와 같이 파면과 교차하는 직사각형 Γ_1을 살펴보자. 여기에는 전류가 없으므로 식 (18.11)은 다음과 같이 적분 형태로 쓸 수 있다.

$$c^2 \oint_{\Gamma_1} \boldsymbol{B}\cdot d\boldsymbol{s} = \frac{d}{dt}\int_{\Gamma_1\text{의 내부}} \boldsymbol{E}\cdot\boldsymbol{n}\,da \tag{18.12}$$

$\boldsymbol{B}$의 선적분은 바로 $B\times L$이다. 위의 상황에서 $\boldsymbol{E}$의 플럭스 변화는 오로지 '파면이 진행하기 때문에' 생긴 결과이다. Γ_1 안에서 $\boldsymbol{E}$가 0이 아닌 부분의 면적은 vL의 비율로 증가한다. 따라서 식 (18.12)의 우변은 vLE이며, 결국

$$c^2B = Ev \tag{18.13}$$

가 된다.

파면의 뒤에 형성된 일정한 $\boldsymbol{E}$와 $\boldsymbol{B}$는 파면의 진행 방향과 수직이고 서로에 대해서도 수직이다. 맥스웰 방정식을 이용하면 $\boldsymbol{E}$와 $\boldsymbol{B}$의 크기 비율이 결정된다. 식 (18.10)과 (18.13)으로부터

$$E = vB, \qquad E = \frac{c^2}{v} B$$

임을 알 수 있다. 그러나 잠깐! 지금 우리는 E/B와 관련하여 '두 가지 다른' 식을 얻었다. 위와 같은 전자기장이 정말로 존재할 수 있을까? 물론 두 가지 식이 동시에 성립되려면 속도 v가 $v=c$라는 특별한 값을 취해야 한다. 즉, 파면이 c의 속도로 진행해야 한다는 뜻이다. 이는 전류에 의해 발생되는 전기적 영향이 유한한 속도 c로 전달된다는 것을 보여 주는 증거이다.

평면 전하를 짧은 시간 T 동안 움직인 후 갑자기 정지시키면 어떤 일이 벌어질 것인가? 중첩의 원리를 이용하면 답을 알 수 있다. 앞에서 우리는 전류가 처음에 0이었다가 갑자기 흐르는 경우를 살펴보았다. 이 경우의 해답은 이미 알고 있다. 이제 여기에 다른 장을 추가해 보자. 즉, 또 하나의 평면 전하를 취하여 원래의 평면 전하가 움직이기 시작한 후 T초가 지났을 때 갑자기 반대 방향, 같은 속력으로 움직이도록 만들어 준다. 이들 두 종류의 전류를 더하면, 처음에는 총 전류가 0이었다가 T초 동안 잠시 흐르고, 그 후에는 다시 0이 되면서(두 전류가 상쇄되기 때문이다), 일종의 사각 '펄스(pulse)' 형태의 전류가 흐르게 된다.

새로 추가된 반대 방향의 전류는 '원래의 전류와 모양이 같고 방향이 반대인' 전자기장을 만든다. 물론 이 전자기장은 시간 T만큼 지연되어 발생하며, 파면은 이전과 똑같이 c의 속도로 진행한다. 그러므로 임의의 시간 t에서 파면은 그림 18-4(b)와 같이 $x = \pm c(t-T)$ 지점까지 도달할 것이다. 즉, 그림 18-4(a)와 (b)에서 보는 것처럼 두 '덩어리'의 전자기장이 속도 c로 진행하는 것이다. 중첩된 전자기장의 형태는 그림 18-4(c)와 같다. 이 장은 $x > ct$인 지역에서 0이고 $x=ct$와 $x=c(t-T)$ 사이에서는 일정한 값(앞에서 구한 값)을 가지며, $x<c(t-T)$인 곳에서는 다시 0이 된다.

간단히 말해서, 두께가 cT인 작은 전자기장 덩어리가 평면 전류를 떠나 스스로의 힘으로 공간을 여행하는 것이다. 이 전자기장은 평면 전류로부터 '이륙'하여 자유롭게 공간 속을 전파해 나가며, 어떤 식으로든 자신의 발생원과 두 번 다시 연결되지 않는다. 애벌레가 나비가 된 것이다!

이 전기장과 자기장 덩어리는 자신의 형태를 어떻게 유지하는 것일까? 바로 패러데이의 법칙 덕분이다. $\nabla \times \boldsymbol{E} = -\partial \boldsymbol{B}/\partial t$와 맥스웰의 새로운 항 $c^2\nabla \times \boldsymbol{B} = \partial \boldsymbol{E}/\partial t$가 결합되어 나타나는 효과에 의해, 발생원을 떠난 전자기장의 형태가 유지되는 것이다. 위의 두 법칙을 조합해 보면 이들은 형태를 유지할 수밖에 없다. 자기장이 사라지려고 하면 자기장의 변화로 인해 전기장이 발생하고, 이 전기장이 없어지려고 하면 전기장의 변화로 인해 또다시 자기장이 생성되기 때문이다. 이처럼 전기장과 자기장 사이를 오락가락하는 상호작용이 끊임없이 지속되면서 전자기장의 형태가 영원히 지속된다. 그러므로 한 번 이륙한 전자기장이 사라지는 것은 불가능하다.* 전자기파는 서로가 서로를 만들어 내는 춤(전기장이 자기

* 물론 완전히 불가능하다는 뜻은 아니다. 전자기파 덩어리는 전하가 있는 곳을 지날 때 '흡수되어' 사라질 수도 있다. 즉, 한 번 발생한 전자기장은 다른 전자기장에 의해 상쇄될 수도 있다는 뜻이다(제1권 31장 참조).

장을 만들어 내고, 자기장이 다시 전기장을 만들어 내는 춤)을 추면서 스스로 공간 속을 전파해 나가는 것이다.

18-5 빛의 속도

지금까지 우리는 발생원에서 출발하여 빛의 속도 c로 전파하는 파동의 존재를 확인하였다. 진도를 더 나가기 전에, 잠시 앞으로 되돌아가서 생각해 보자. 처음에 여러분은 맥스웰 방정식에 있는 상수 c가 빛의 전파 속도라는 사실을 전혀 알지 못했다. 그저 방정식 속에 들어 있는 평범한 상수쯤으로 생각했을 것이다. 그러나 나는 이 상수가 무엇을 뜻하는지 미리 알고 있었으므로, 처음부터 c로 표기했던 것이다. 이 상수를 처음에 다른 문자로 표기했다가 이제 와서 c로 바꾸면 더 혼란스러웠을 것이다. 처음에 우리에게 주어진 상수는 정전기학과 정자기학의 방정식에 등장하는 ϵ_0와 c^2뿐이었다.

$$\nabla \cdot \boldsymbol{E} = \frac{\rho}{\epsilon_0} \tag{18.14}$$

$$\nabla \times \boldsymbol{B} = \frac{\boldsymbol{j}}{\epsilon_0 c^2} \tag{18.15}$$

전하의 단위를 '임의로' 정의한다면, 식 (18.14)에 등장하는 상수 ϵ_0를 실험적으로 결정할 수 있다. 쿨롱의 법칙을 이용하여 정지 상태에 있는 두 개의 단위 전하들 사이에 작용하는 힘을 측정하면 된다. 또한 식 (18.15)에 등장하는 상수 $\epsilon_0 c^2$의 값도 두 개의 단위 전류(단위 전류란, 1초당 하나의 단위 전하가 이동하는 상태를 의미한다) 사이의 힘을 측정하여 결정해야 한다. 이렇게 얻은 두 개의 상수끼리 비율을 취하면 c^2이 되는데, 이것 역시 하나의 '전자기학적 상수'이다.

상수 c^2은 단위 전하의 크기를 어떻게 잡건 간에 항상 같은 값을 갖는다. 예를 들어, 양성자 전하의 두 배를 단위 전하로 정의하면 ϵ_0는 1/4로 줄어들 것이다. 그리고 이렇게 정의된 '단위 전류'를 두 개의 도선에 흘려주면 각 도선에는 두 배의 전류가 흐를 것이고, 그 결과 두 도선 사이에 걸리는 힘은 4배로 커질 것이다. 따라서 $\epsilon_0 c^2$의 값도 1/4로 줄어들어야 한다. 하지만 $\epsilon_0 c^2/\epsilon_0$는 항상 c^2으로 변함이 없다.

전하와 전류로 실험을 해보면 전자기파의 전달 속도의 제곱에 해당하는 상수 c^2을 직접 구할 수 있다. 두 개의 단위 전하 사이의 전기력과 두 개의 단위 전류 사이의 자기력을 측정해 보면, c는 3.00×10^8m/s가 된다. 맥스웰은 자신의 방정식을 이용하여 이 값을 처음으로 계산한 후, 전자기장의 다발이 이 속도로 전파되어야 한다고 선언했다. 또한 그는 이 속도가 이상하게도 빛의 속도와 일치한다는 사실을 언급하면서, "그러므로 우리는 다음과 같은 사실을 유추할 수 있다. 빛은 전자기 현상의 원인이 되는 매질의 횡방향 진동(transverse undulation)으로 이루어진 것이다"라고 말했다.

이로써 맥스웰은 물리학의 방대한 분야를 하나로 통합하는 데 성공하였다. 그전까지만 해도, 물리학자들은 빛과 전기장 그리고 자기장을 독립적인 현상으로 취급해 왔다. 전기장과 자기장은 패러데이(Faraday)와 외르스테드(Oersted) 그리고 앙페르(Ampere) 등의 물리학자들에 의해 실험적으로 통합되어 있었다. 그런데 맥스웰이 등장하면서, 빛까지도 이들과 근본적으로 다르지 않다는 사실이 입증된 것이다. 빛의 실체는 스스로 공간 속을 진행하는 전기장과 자기장의 작은 조각이었다.

지금까지 우리는 맥스웰 방정식의 특수한 해에 해당하는 전자기파의 특성을 살펴보았다. 그러나 이 특성은 특수한 경우뿐만 아니라 '임의의' 전자기파에도 적용된다. 전기장과 자기장은 파면의 진행 방향에 항상 수직이며, 두 벡터 $\boldsymbol{E}$와 $\boldsymbol{B}$도 서로 수직한 상태를 유지한다. 더 나아가서, 전기장의 크기 E는 자기장의 크기 B에 c를 곱한 것과 같다. 이러한 세 가지 사실—즉, 전기장과 자기장이 파의 진행 방향에 수직하고, 자기장 $\boldsymbol{B}$는 전기장 $\boldsymbol{E}$와 서로 수직하며, $E=cB$라는 사실—은 모든 전자기파에서 나타나는 일반적인 특성이다. 물론, 위에서 살펴본 특수한 경우에도 전자기파의 주요 특성들이 모두 나타나 있다.

18-6 맥스웰 방정식의 해법 : 퍼텐셜과 파동 방정식

이제 수학을 이용하여 맥스웰 방정식을 조금 더 간단한 형태로 변환시켜 보자. "맥스웰 방정식을 건드리면 오히려 더 복잡해지는 거 아닌가?"라고 걱정하는 사람도 있겠지만, 인내심을 갖고 잠시만 기다려 주기 바란다. 잠시 후면 훨씬 간단해진 맥스웰 방정식이 그 모습을 드러낼 것이다. 지금쯤 여러분은 네 개의 맥스웰 방정식에 충분히 익숙해졌을 것이다. 그러나 여기에는 아직도 합쳐져야 할 부분이 많이 있다. 자, 그럼 시작해 보자.

우선, 가장 간단한 $\nabla\cdot\boldsymbol{B}=0$부터 시작해 보자. 이 식은 $\boldsymbol{B}$가 다음과 같이 어떤 벡터의 컬(curl)로 표현된다는 것을 의미한다.

$$\boldsymbol{B}=\nabla\times\boldsymbol{A} \tag{18.16}$$

이것으로 맥스웰 방정식 중 하나는 이미 풀린 셈이다(덧붙여 말하면, 앞에서 언급했던 대로 또 다른 벡터 $\boldsymbol{A}'=\boldsymbol{A}+\nabla\psi$도 위의 방정식을 만족한다. $\nabla\psi$의 컬은 항상 0이기 때문이다. 여기서 ψ는 임의의 스칼라장이다).

다음으로 패러데이의 법칙, 즉 $\nabla\times\boldsymbol{E}=-\partial\boldsymbol{B}/\partial t$를 변환시켜 보자. 이 식에는 전하나 전류를 포함하는 항이 없다. $\boldsymbol{B}$를 $\nabla\times\boldsymbol{A}$로 표현한 후, 이것을 시간 t에 대해 미분하면 패러데이 법칙은 다음과 같은 형태가 된다.

$$\nabla\times\boldsymbol{E}=-\frac{\partial}{\partial t}\nabla\times\boldsymbol{A}$$

시간과 공간에 대한 미분의 순서를 바꿔도 결과는 달라지지 않으므로, 이 방정식은 다음과 같이 쓸 수 있다.

$$\nabla\times\left(\boldsymbol{E}+\frac{\partial\boldsymbol{A}}{\partial t}\right)=0 \tag{18.17}$$

여기서 벡터 $\boldsymbol{E}+\partial\boldsymbol{A}/\partial t$의 컬은 0이므로, 이 벡터는 어떤 스칼라의 그래디언트로 표현될 수 있다. 앞에서 우리는 정전기학을 공부할 때 $\nabla\times\boldsymbol{E}=0$으로부터 $\boldsymbol{E}$를 $-\nabla\phi$로 쓴 적이 있다. 마찬가지로 $\boldsymbol{E}+\partial\boldsymbol{A}/\partial t$도 다음과 같이 쓸 수 있다(마이너스 부호는 계산상의 편의를 위해 넣은 것이다).

$$\boldsymbol{E}+\frac{\partial\boldsymbol{A}}{\partial t}=-\nabla\phi \tag{18.18}$$

가 된다. 시간이 흘러도 변하지 않는 정전기학의 경우에는 위 식에서 $\partial\boldsymbol{A}/\partial t$항이 없으므로 $\boldsymbol{E}$는 앞에서 배웠던 대로 $-\nabla\phi$가 된다(그래서 그때와 같은 기호 ϕ를 사용하여 퍼텐셜을 나타낸 것이다). 따라서 패러데이의 방정식은 다음과 같은 형태로 표현될 수 있다.

$$\boldsymbol{E}=-\nabla\phi-\frac{\partial\boldsymbol{A}}{\partial t} \tag{18.19}$$

이로써 우리는 네 개의 맥스웰 방정식 중 벌써 두 개를 풀었다. 또한 전자기장 $\boldsymbol{E}$와 $\boldsymbol{B}$를 기술하기 위해서는 하나의 스칼라 퍼텐셜 ϕ와 세 개의 성분으로 구성된 벡터 퍼텐셜 $\boldsymbol{A}$가 필요하다는 사실도 알아냈다.

$\boldsymbol{A}$는 $\boldsymbol{B}$뿐만 아니라 $\boldsymbol{E}$의 일부분도 결정한다. $\boldsymbol{A}$를 $\boldsymbol{A}'=\boldsymbol{A}+\nabla\psi$로 바꾸면 어떻게 될까? 특별한 대책을 강구하지 않으면 일반적으로 $\boldsymbol{E}$는 변하지만, $\boldsymbol{E}$와 $\boldsymbol{B}$에 영향을 주지 않으면서 $\boldsymbol{A}$를 바꿀 수 있다. $\boldsymbol{A}$와 ϕ를 '동시에' 다음과 같이 바꿔 주면

$$\boldsymbol{A}'=\boldsymbol{A}+\nabla\psi,\qquad \phi'=\phi-\frac{\partial\psi}{\partial t} \tag{18.20}$$

식 (18.19)에서 얻어지는 $\boldsymbol{E}$와 식 (18.16)으로 주어지는 $\boldsymbol{B}$는 변하지 않는다.

앞에서 우리는 정전기학 방정식을 간단하게 만들기 위해 $\nabla\cdot\boldsymbol{A}=0$이 되는 조건을 선택했었다. 여기서도 그와 비슷한 조치를 취해 보자. 단, 이번에는 약간 다른 조건을 부가할 것이다. 그런데 그 조건을 다루려면 약간의 예비지식이 필요하므로 잠시 기다리기 바란다. 뒤에 가면 그러한 조건을 취하게 되는 '이유'가 분명해질 것이다.

아직 남아 있는 두 개의 맥스웰 방정식으로 돌아가 보자. 이 방정식들은 퍼텐셜과 발생원(ρ와 $\boldsymbol{j}$) 사이의 관계를 알려 준다. 주어진 전하와 전류로부터 $\boldsymbol{A}$와 ϕ가 결정되면, 식 (18.16)과 (18.19)로부터 $\boldsymbol{E}$와 $\boldsymbol{B}$를 구할 수 있다. 이로써 우리는 맥스웰 방정식의 또 다른 형태를 얻게 된다.

식 (18.19)를 $\nabla\cdot\boldsymbol{E}=\rho/\epsilon_0$에 대입하면

$$\nabla\cdot\left(-\nabla\phi-\frac{\partial\boldsymbol{A}}{\partial t}\right)=\frac{\rho}{\epsilon_0}$$

가 되고, 이것을 정리하면 다음과 같다.

$$-\nabla^2\phi-\frac{\partial}{\partial t}\nabla\cdot\boldsymbol{A}=\frac{\rho}{\epsilon_0} \tag{18.21}$$

이것은 $\boldsymbol{A}$와 ϕ를 발생원과 연결시켜 주는 두 개의 방정식 중 하나이다.

마지막 식은 가장 복잡하다. 맥스웰의 네 번째 방정식을 다시 써 보면

$$c^2\nabla\times\boldsymbol{B}-\frac{\partial\boldsymbol{E}}{\partial t}=\frac{\boldsymbol{j}}{\epsilon_0}$$

이고, 식 (18.16)과 (18.19)를 이용하여 $\boldsymbol{B}$와 $\boldsymbol{E}$를 퍼텐셜 형태로 치환하면

$$c^2\nabla\times(\nabla\times\boldsymbol{A})-\frac{\partial}{\partial t}\left(-\nabla\phi-\frac{\partial\boldsymbol{A}}{\partial t}\right)=\frac{\boldsymbol{j}}{\epsilon_0}$$

가 된다. 여기서 벡터 항등식 $\nabla\times(\nabla\times\boldsymbol{A})=\nabla(\nabla\cdot\boldsymbol{A})-\nabla^2\boldsymbol{A}$를 써서 첫 번째 항을 다시 풀어 쓰면 다음과 같은 식을 얻게 된다.

$$-c^2\nabla^2\boldsymbol{A}+c^2\nabla(\nabla\cdot\boldsymbol{A})+\frac{\partial}{\partial t}\nabla\phi+\frac{\partial^2\boldsymbol{A}}{\partial t^2}=\frac{\boldsymbol{j}}{\epsilon_0}\tag{18.22}$$

언뜻 보기엔 처음에 걱정한 대로 훨씬 복잡해진 것 같다!

하지만 다행스럽게도 우리는 $\nabla\cdot\boldsymbol{A}$를 마음대로 잡을 수 있다. 이 자유도를 잘 활용하면 식 (18.22)를 간단하게 만들 수 있다. $\nabla\cdot\boldsymbol{A}$를 아래와 같이 잡아 주면*

$$\nabla\cdot\boldsymbol{A}=-\frac{1}{c^2}\frac{\partial\phi}{\partial t}\tag{18.23}$$

식 (18.22)의 가운데 두 항이 서로 상쇄되면서 다음과 같이 간단한 형태로 변환된다.

$$\nabla^2\boldsymbol{A}-\frac{1}{c^2}\frac{\partial^2\boldsymbol{A}}{\partial t^2}=-\frac{\boldsymbol{j}}{\epsilon_0c^2}\tag{18.24}$$

그리고 ϕ에 대한 식 (18.21)도 이와 비슷한 형태로 다음과 같이 표현된다.

$$\nabla^2\phi-\frac{1}{c^2}\frac{\partial^2\phi}{\partial t^2}=-\frac{\rho}{\epsilon_0}\tag{18.25}$$

보라, 이 얼마나 아름다운 한 쌍의 커플인가! 이들이 아름다운 첫 번째 이유는 두 개의 방정식이 깨끗하게 분리되어 있기 때문이다. 즉 전하 밀도는 오직 ϕ에만 관련되어 있고, 전류 밀도는 $\boldsymbol{A}$에만 관련되어 있다. 좌변에 있는 미분 연산자 라플라시안(∇^2)에 $(\partial/\partial t)^2$이 더해져 있어서 약간 이상하게 보이긴 하지만, 모든 항들을 풀어서 써 보면 다음과 같이 규칙적인 형태가 된다.

$$\frac{\partial^2\phi}{\partial x^2}+\frac{\partial^2\phi}{\partial y^2}+\frac{\partial^2\phi}{\partial z^2}-\frac{1}{c^2}\frac{\partial^2\phi}{\partial t^2}=-\frac{\rho}{\epsilon_0}\tag{18.26}$$

이 식은 x, y, z, t에 대하여 멋진 대칭성을 갖고 있다. $\partial^2\phi/\partial t^2$항 앞에 곱해진 $-1/c^2$은 시간과 공간의 단위가 다르기 때문에 붙은 상수이다.

이와 같이 맥스웰 방정식은 스칼라 퍼텐셜 ϕ와 벡터 퍼텐셜 $\boldsymbol{A}$에 대한 새로

---

* $\nabla\cdot\boldsymbol{A}$를 선택하는 것을 두고 "게이지(gauge)를 선택한다"라고 말하며, $\boldsymbol{A}$에 $\nabla\psi$를 더해 주는 것을 '게이지 변환(gauge transformation)'이라고 한다. 그리고 식 (18.23)을 '로렌츠 게이지(Lorentz gauge)'라고 한다.

운 방정식으로 표현될 수 있으며, ϕ와 A_x, A_y, A_z 각각에 대한 방정식의 형태는 완전히 동일하다. 이 방정식을 풀 수만 있다면 $\boldsymbol{B}=\nabla\times\boldsymbol{A}$와 $\boldsymbol{E}=-\nabla\phi-\partial\boldsymbol{A}/\partial t$로부터 $\boldsymbol{B}$와 $\boldsymbol{E}$를 구할 수 있다. 이로써 우리는 전자기학 법칙에 관한 또 다른 형태의 방정식을 갖게 된 셈이다. 새로운 형태의 방정식은 기존의 맥스웰 방정식과 완전히 동등하며, 많은 경우에 맥스웰 방정식보다 다루기 쉽다는 장점을 갖고 있다.

앞에서 우리는 식 (18.26)과 비슷하게 생긴 방정식을 풀어 본 적이 있다. 제1권 47장에서 소리(sound)의 물리적 특성을 다룰 때, 다음과 같은 방정식이 등장하였다.

$$\frac{\partial^2\phi}{\partial x^2}=\frac{1}{c^2}\frac{\partial^2\phi}{\partial t^2}$$

이것은 c의 속도로 x방향으로 진행하는 파동을 기술하는 '파동 방정식'이며, 식 (18.26)은 이에 대응되는 3차원 파동 방정식이다. 그러므로 전하나 전류가 존재하지 않는 지역에서도 ϕ와 $\boldsymbol{A}$는 0이 아닐 수 있다(물론, $\phi=0$과 $\boldsymbol{A}=0$은 방정식을 만족하는 여러 개의 해들 중 하나가 될 수는 있다). 맥스웰 방정식에는 "시간에 따라 변하면서 항상 c의 속력으로 움직이는 ϕ와 $\boldsymbol{A}$의 집합"으로 구성되는 해가 존재하며, 이러한 장(場)은 이 장의 서두에서 언급한 대로 자유 공간을 통하여 진행한다.

우리는 방정식 IV에 들어 있는 맥스웰의 새로운 항의 덕택으로, 장 방정식을 전자기파의 존재가 명백히 드러나 있는 간단한 형태로 $\boldsymbol{A}$와 ϕ를 이용하여 표현하는 데 성공하였다. 물론, 실질적인 문제를 풀 때는 $\boldsymbol{E}$와 $\boldsymbol{B}$로 표현된 원래의 맥스웰 방정식이 편리할 수도 있다. 그러나 이 방정식들은 우리가 이미 올라온 산의 다른 쪽 면에 존재하며, 지금 우리는 산 정상의 다른 쪽으로 넘어가야 한다. 그쪽에서 바라보면, 산의 전체적인 모습이 훨씬 새롭고 아름답게 보일지도 모른다.

CHAPTER 19
최소 작용의 원리

특강—거의 실제 강의 그대로*

내가 고등학교에 다니던 어느 날, 물리 과목을 담당했던 베이더 선생님(Mr. Bader)은 수업이 끝난 후 나를 불러 놓고 이렇게 말했다. "수업이 지루하니? 그러면 내가 아주 재미있는 이야기를 해 줄 테니 잘 들어 봐라." 그러고는 내게 어떤 이야기를 들려주었고, 나는 그 이야기에 완전히 매료되었다. 그 후로 긴 세월이 흘렀지만, 베이더 선생님이 들려주었던 그 이야기는 떠올릴 때마다 항상 새롭고 흥미진진하다. 나는 지금도 그와 관련된 문제를 접할 때마다 완전히 몰입하여 모든 세상사를 잊어버리곤 한다. 사실, 이 특강을 준비할 때도 다른 강의보다 훨씬 심혈을 기울였다. 심지어는 이 주제와 관련된 새로운 문제에 푹 빠지는 바람에, 강의록을 작성해야 한다는 사실을 까맣게 잊어버릴 정도였다. 지금부터 강의할 내용은 물리학의 근간을 이루는 '최소 작용의 원리(the principle of least action)'라는 것이다.

베이더 선생님이 들려주었던 이야기는 다음과 같다. 여기, 입자 하나가 주어져 있다(그 근처에는 중력장이 작용하고 있다). 이 입자는 임의의 한 지점에서 출

---

* 이 단원은 수강생들의 흥미를 자극하기 위해 기획된 특강으로, 본 강의의 후속 내용과는 무관하다.

발하여 자유롭게 움직이다가 다른 지점에 도달한다. 예를 들어, 입자를 위로 던진다면 한동안 위로 올라가다가 다시 아래로 떨어질 것이다.

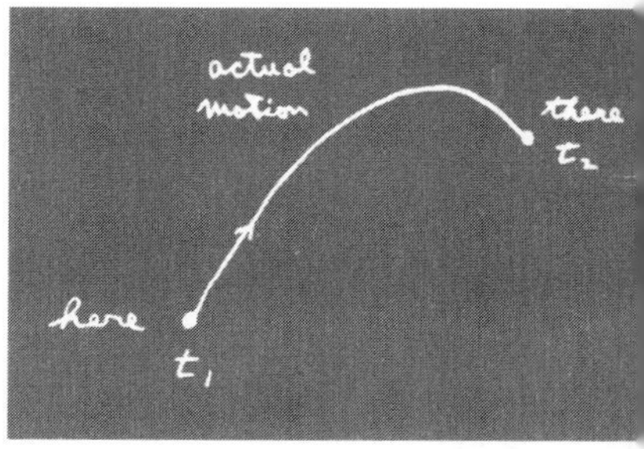

입자는 출발점에서 시작하여 특정 시간 동안 이동하다가 최종 위치에 도달한다. 이제 다른 운동을 생각해 보자. 예를 들어, 입자가 오른쪽 그림과 같이 복잡한 경로를 그리며 움직인다고 가정해 보자.

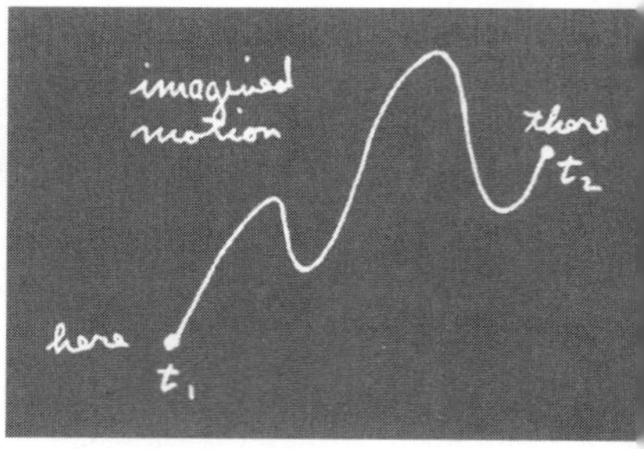

단, 운동에 소요된 시간은 처음과 똑같다고 가정하자. 이 운동 경로를 따라 매 순간 입자의 운동 에너지와 퍼텐셜 에너지의 차이를 계산한 후 (이동에 소요되는) 시간에 대해 적분한 값은 실제의 운동 경로를 대상으로 적분한 값보다 항상 '크다.'

다시 말해서, 뉴턴의 법칙 $F=ma$는 다음과 같은 식으로 표현될 수도 있다는 뜻이다. "물체가 한 지점에서 다른 지점으로 이동할 때 취하는 경로는 평균 운동 에너지에서 평균 퍼텐셜 에너지를 뺀 값이 최소가 되는 경로이다."

이 말의 의미를 이해하기 위해, 좀 더 구체적인 예를 들어 보자. 임의의 물체가 중력장 하에서 움직이고 있을 때(당분간 좌우로 움직이는 경우는 제외하고 수직 상승 또는 하강 방향으로 움직이는 1차원 운동만을 고려하기로 한다), 임의의 시간 t에서 물체의 위치를 $x(t)$라 하면, 물체의 운동 에너지(KE)는 $\frac{mv^2}{2}$이고 퍼텐셜 에너지(PE)는 mgx이다. 이제, 운동 에너지에서 퍼텐셜 에너지를 빼고 그 값을 운동이 일어난 초기 시각 t_1에서 운동이 끝나는 최종 시각 t_2까지 시간에 대해 적분해 보자. $t=t_1$일 때 물체는 적당한 높이에서 출발하여 $t=t_2$일 때 최종 지점에 도착한다.

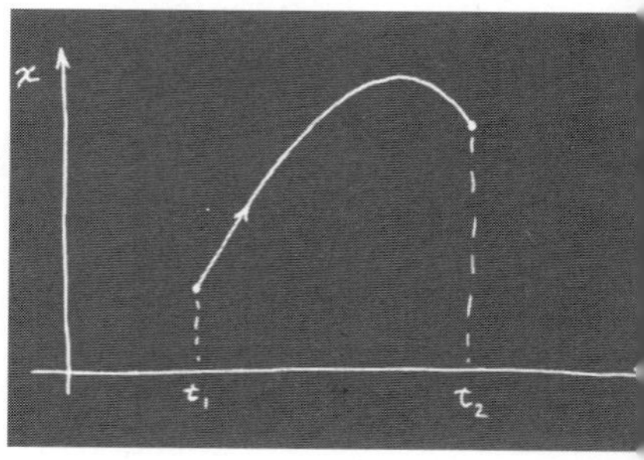

그러므로 위에서 말한 적분은 다음과 같다.

$$\int_{t_1}^{t_2}\left[\frac{1}{2}m\left(\frac{dx}{dt}\right)^2 - mgx\right]dt$$

물체를 비스듬한 각도로 던지면 어떤 특정한 곡선을 그리며 날아가는데, 이 운동을 시간에 대한 그래프로 그려 보면 포물선이 된다는 것을 알 수 있다. 이 곡선을 적분하면 어떤 특정한 값이 얻어질 것이다. 그러나 모든 운동이 항상 이런 식으로 일어나지는 않는다. 경우에 따라서는 그림과 같이 높이 올라갔다가 아래로 떨어진 후 다시 올라가는 식으로 진행될 수도 있다.

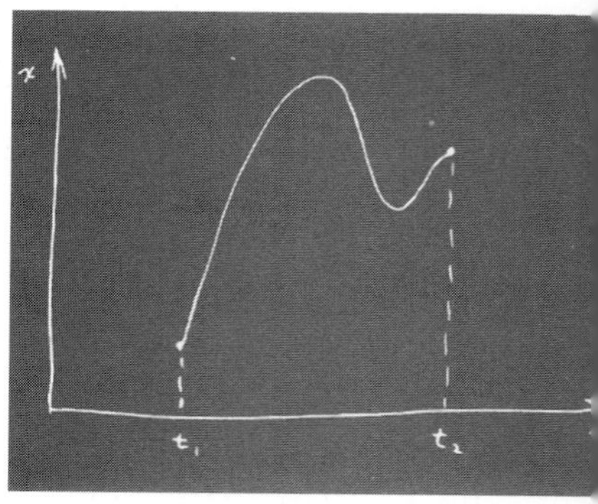

이러한 경로를 포함한 임의의 모든 경로에 대하여 운동 에너지와 퍼텐셜 에너지의 차이를 적분해 보자. 그러면 우리는 다음과 같이 놀라운 사실을 알게 된다. "모든 물체는 이 적분 값이 최소가 되는 경로를 따라 움직인다!"

이 말이 사실인지 확인해 보자. 우선, 퍼텐셜 에너지를 고려할 필요가 없는 자유 입자(free particle)의 경우를 생각해 보자. 위의 규칙에 따르면, 임의의 물체가 정해진 시간 내에 한 점에서 다른 점으로 움직일 때 운동 에너지의 적분 값이 최소가 되려면 입자는 등속도로 움직여야 한다(물론, 퍼텐셜 에너지가 없는 경우의 이야기다. 뉴턴의 운동 법칙에 의하면 자유 입자는 등속도 운동을 해야 한다). 왜 그런가? 만일 입자가 등속도 운동을 하지 않는다면 매 순간 입자의 속도는 평균 속도보다 빠르거나 느려지고, 이렇게 되면 적분이 최소값에서 벗어나기 때문이다.

예를 들어, 여러분이 정해진 시간 안에 집에서 학교까지 차를 타고 가야 한다고 가정해 보자. 이런 경우에 여러분은 여러 가지 방법을 생각할 수 있을 것이다. 처음에 미친 듯이 빠르게 달리다가 후반부에 브레이크를 밟아 천천히 갈 수도 있고, 시종일관 등속으로 달릴 수도 있으며, 처음 한동안은 반대 방향으로 가다가 다시 앞으로 달릴 수도 있다. 당신이 어떤 경로를 선택하건 간에, 평균 속력은 '총 움직인 거리를 시간으로 나눈 값'이다. 만일 당신이 처음부터 끝까지 등속으로 달리지 않았다면, '어느 순간은 평균보다 빠르게, 또 어느 순간은 평균보다 느리게' 움직였다는 뜻이다. 그런데 다들 알다시피 평균에서 벗어난 어떤 값들을 제곱하여 평균을 취한 값은 평균의 제곱보다 항상 크다. 따라서 운동 에너지의 적분은 등속도로 움직일 때보다 속도를 이리저리 바꿀 때 더 큰 값을 갖는다. 그래서 일정한 속도로 움직일 때(외부 힘이 작용하지 않을 때) 적분 값이 최소가 되는 것이다. 이로부터 얻어진 올바른 경로는 옆의 그림과 같다.

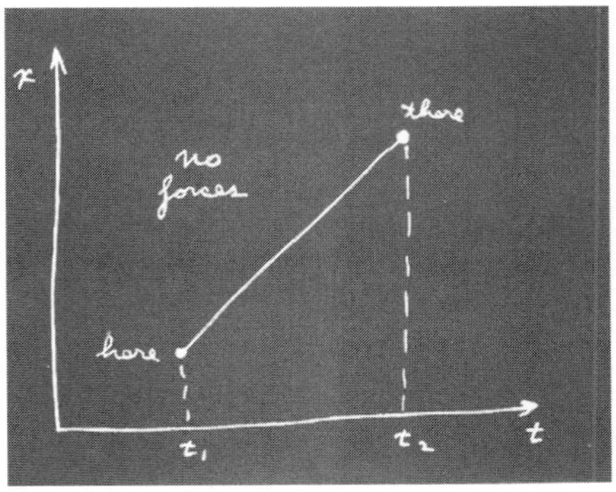

중력장 속에서 위로 던져진 물체는 고도가 높아질수록 속도가 느려진다. 그 이유는 퍼텐셜 에너지 때문인데, 이 경우에는 운동 에너지와 퍼텐셜 에너지의 '차이'가 평균적으로 최소값을 갖게 된다. 지표면 근처의 중력장 속에서는 높이 올라갈수록 퍼텐셜 에너지가 커지기 때문에, 퍼텐셜 에너지가 큰 곳으로 가급적 빨리 올라가야 이 '차이'를 줄일 수 있다. 이렇게 하면 운동 에너지에서 퍼텐셜 에너지를 뺀 값의 평균도 작아진다. 그러므로 적분이 최소가 되려면 퍼텐셜 에너지가 커지는 경로 즉, 위로 올라가는 경로를 취하는 것이 유리하다.

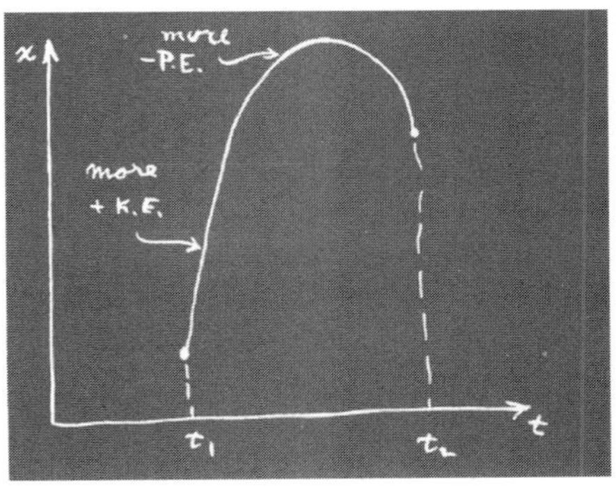

그러나 위로 너무 빨리 올라가거나 너무 높은 곳까지 도달하면 운동 에너지가 너무 커져서 적분이 최소가 되는 데 불리해진다. 높이 올라간 후에 정해진 시간에 맞춰 다시 내려오려면 매우 바쁘게 움직여야 하기 때문에, 적당한 높이까지만 올라가야 한다. 따라서 실제로 물체가 취하는 경로는 '최소한의 추가적인 운동 에너지만으로 최대한의 퍼텐셜 에너지를 얻어 내는' 최적의 타협안이라고 볼 수 있다. 즉, 운동하는 모든 물체의 '목적'은 운동 에너지에서 퍼텐셜 에너지를 뺀 차이를 가능한 한 작게 줄이는 것이다.

베이더 선생님의 이야기는 여기서 끝났다. 그 분은 매우 훌륭한 선생님이었기에, 이야기를 어디서 멈춰야 할지 잘 알고 있었다. 그러나 지금 나는 설명을 어디서 멈춰야 할지 잘 모르겠다. 여러분 중에는 앞으로 물리학을 전공할 사람도 있을 것이므로 이 정도의 설명으로 끝낼 수는 없다. 그래서 나는 최소 작용의 원리를 좀 더 자세하게 설명하여, 현실 세계가 얼마나 복잡하고 정교하게 돌아가고 있는지를 피부로 느끼게 해 줄 생각이다. 이 문제를 심도 있게 다루려면 낯설고 어려운 수학에 익숙해져야 한다. 제일 먼저, '작용(action)'이라고 불리는 특정한 양 S를 정의하는 것으로 시작해 보자. S는 '운동 에너지에서 퍼텐셜 에너지를 뺀 후 시간에 대하여 적분한 값'으로 정의된다.

$$\text{작용} = S = \int_{t_1}^{t_2} (\mathrm{KE} - \mathrm{PE})\, dt$$

PE(퍼텐셜 에너지)와 KE(운동 에너지)는 모두 시간의 함수이다. 이 적분은 모든 가능한 경로에 대하여 각기 다른 값을 갖는다. 이제 우리에게 주어진 과제는 이 적분 값을 최소로 만드는 경로를 찾아내는 것이다.

여러분은 이렇게 생각할지도 모른다. "아, 그런 문제라면 저도 잘 압니다. 극대-극소와 관련된 평범한 미적분 문제잖아요. 작용을 계산한 다음에 미분해서 극소점을 찾으면 되겠지요."

그러나 지금 주어진 문제는 그리 만만치가 않다. 어떤 변수에 대한 함수가 주어져 있고, 그 함수의 극대-극소값을 구하는 평범한 문제라면, 함수 값이 극대 혹은 극소가 되는 '변수'의 값을 구하는 것으로 모든 풀이 과정은 끝난다. 예를 들어, 막대의 중심부에 가해진 열이 막대를 따라 양 끝으로 퍼져 나간다고 생각해 보자. 이런 경우, 막대의 각 부위는 각기 다른 온도를 띠게 되고, 우리가 할 일은 온도가 가장 높은(혹은 가장 낮은) 지점을 찾아내는 것이다. 그러나 지금 우리의 문제에서는 변수가 아닌 '공간상의 각각의 경로'에 대해서 하나의 적분 값이 대응되어 있으며(이건 여러분이 알고 있는 함수와 다르다), 우리는 이 적분 값이 극소가 되는 '공간상의 경로'를 찾아야 한다. 이것은 보통의 미적분과는 완전히 다른 문제이며, 이런 종류의 문제를 다루는 수학을 '변분학(calculus of variations)'이라고 한다.

이와 비슷한 수학 문제는 도처에서 찾아볼 수 있다. 예를 들어, 원은 '한 점(중심)으로부터 거리가 일정한 모든 점들의 집합'으로 정의되지만, 다음과 같은 방식으로 정의될 수도 있다. "원이란, '주어진 길이'로 최대의 면적을 둘러싸는 곡선이다." 일정한 길이의 끈이 주어졌을 때, 이 끈으로 만들 수 있는 오만 가지 도형들 중에서 면적이 가장 큰 것이 원이라는 뜻이다. 그러므로 "길이가 정해진 곡선으로 만든 도형들 중 면적이 가장 큰 도형을 찾아라"라는 문제를 푼다는 것은 곧 변분학의 문제를 푼다는 뜻이다. 이런 종류의 문제는 여러분이 알고 있는 기존의 미적분학과 사뭇 다르다.

이제, 움직이는 물체의 경로를 계산해 보자. 가장 이상적인 방법은 어딘가에 '진짜 경로(true path)'가 있다고 상상하고, 이로부터 벗어난 경로들을 모두 '가짜 경로(false path)'로 취급하는 것이다. 그러면 가짜 경로를 따라 계산된 작용(S)은 진짜 경로를 따라 계산된 작용보다 항상 큰 값으로 나타날 것이다.

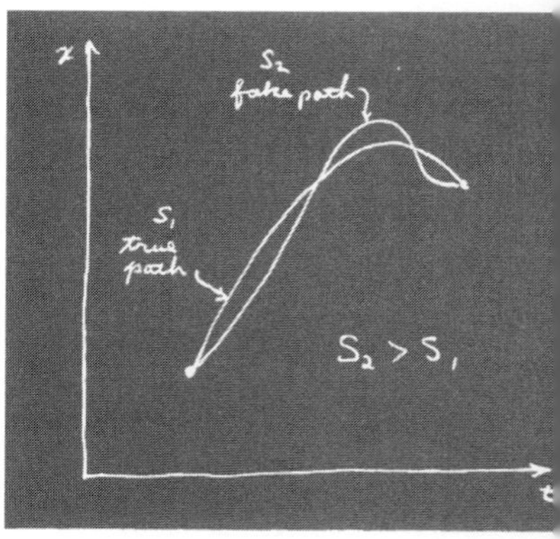

우리의 궁극적인 목적은 '진짜 경로'를 찾는 것이다. 과연 어디에 숨어 있을까? 한 가지 방법은 수백, 수천만 가지의 경로에 대해 작용을 일일이 계산하여 가장 작은 값을 찾는 것이다. 이들 중에서 작용이 가장 작게 나오는 경로가 해답일 가능성이 크다.

물론 이것은 가능한 방법이다. 하지만 이보다 좀 더 나은 방법도 있다. 극소점이 갖는 특성을 잘 활용하면 계산량을 현격하게 줄일 수 있다. 극소점을 중심으로 변수가 '1차 크기로(in the first order)' 멀어질 때, 함수 값은 극소값에서 단지 '2차 크기(in the second order)'만큼만 변한다[간단히 말해서, 극소점(또는 극대점) 부근에서는 함수의 값이 아주 느리게 변한다는 뜻이다]. 극소점이나 극대점을 제외한 곡선 상의 모든 지점에서는 변수가 조금만 움직여도 함수 값이 크게(1차 크기로) 변한다. 그러나 극소점(극대점) 근처에서는 변수가 조금 달라져도 함수 값은 (1차 근사 이내에서) 거의 변하지 않는다.

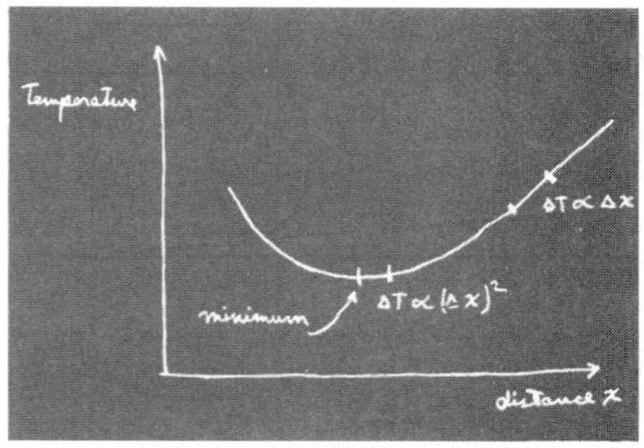

우리는 진짜 경로를 계산하는 데 이 성질을 사용할 것이다. 만일 진짜 경로를 알고 있다면, 이로부터 아주 조금 벗어난 경로에 대응되는 작용 값은 1차 근사 이내에서 진짜 경로에 대응하는 작용 값과 거의 차이가 없을 것이다. 물론 완전히 같지는 않겠지만, 그 차이는 2차 근사까지 고려해 주어야 비로소 드러날 것이다.

이러한 사실은 아주 쉽게 증명할 수 있다. 경로를 어떻게든 변경시켰을 때 1차 크기의 변화가 초래되었다면, S의 변화가 그 변경된 정도에 '비례한다'는 뜻이다. 그리고 이 변화로 인해 작용 S는 더 커질 것이다. 만일 그렇지 않다면 S는 극소값을 갖지 않게 되기 때문이다. S의 변화가 경로의 변경된 정도에 '비례'하는 것으로 판명된 경우, 변경된 정도의 부호가 반대로 되도록 경로를 바꿔 주면 S는 원래보다 작아질 것이다. 즉, 작용 S가 한쪽 방향으로는 증가하고 다른 방향으로는 감소한다는 뜻이다. 처음에 시작한 경로가 S의 극소점이 되려면, '1차' 근사 이내에서 S가 변하지 않아야 한다. 다시 말해서, S의 변화량이 경로의 변경된 정도의 제곱에 비례해야 한다는 것이다.

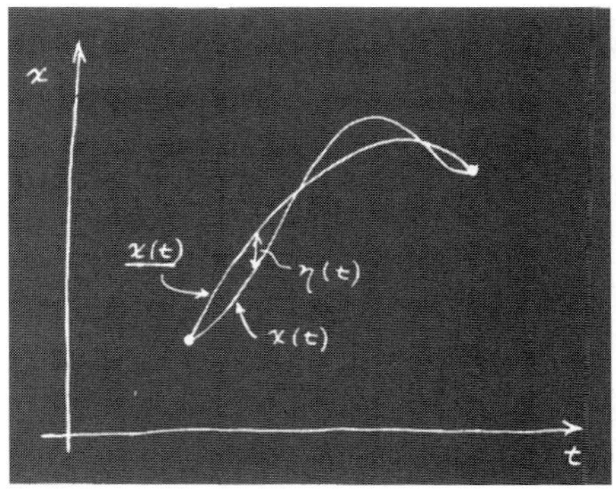

우리의 접근법은 다음과 같다. 일단, 진짜 경로를 $\underline{x(t)}$로 표기하고(우리가 찾으려는 답이다) 진짜 경로에서 조금 벗어난 시험 경로 $x(t)$를 잡는다. 그리고 이들 사이의 차이를 $\eta(t)$ —'에타 티'라고 읽음— 로 표기한다.

이제, 시험 경로 $x(t)$에 대해 계산한 작용 S와 진짜 경로 $\underline{x(t)}$에 대해 계산한 작용($\underline{S}$라고 하자) 사이의 차이, 즉 $\underline{S} - S$를 계산한 후, '작은 η'에 대하여 $\underline{S} - S$가 1차 근사 이내에서 0이 될 것을 요구한다.

이 요구는 어떠한 η에 대해서도 성립해야 한다. 그러나 모든 경로들이 같은 시작점에서 출발하여 같은 점에서 끝나지 않는다면 이 방법은 아무런 의미가 없다. 즉, 각각의 경로는 시각 t_1에 특정한 시작점에서 출발하여 시각 t_2에 특정한 종착점에서 끝나야 하며, 출발 및 도착 시각과 장소는 고정되어 있어야 한다. 그러므로 '변경된 정도'를 나타내는 η는 시작점과 끝점에서 각각 0이어야 한다. 즉 $\eta(t_1) = 0$, $\eta(t_2) = 0$이다. 이로써 우리의 문제는 수학적으로 명확하게 규정되었다.

만일 여러분이 미적분을 전혀 몰랐다면, 평범한 함수 $f(x)$의 극대, 극소점을 찾을 때 이와 똑같은 방법을 사용했을지도 모른다. 즉, $f(x)$에서 x에 작은 양 h를 더했을 때 $f(x)$에 나타나는 변화를 살핀 후 "극소점에서 $f(x)$에 대한 h의 1차 보정 항은 0이 되어야 한다"고 주장하면서 x에 $x+h$를 대입하여 h의 1차 항까지 전개해 볼 것이다. 이것은 η를 도입한 우리의 접근 방식과 거의 동일한 논리다.

이제, 작용 S에 관한 식

$$S = \int \left[\frac{m}{2} \left(\frac{dx}{dt} \right)^2 - V(x) \right] dt$$

에서, $x(t) = \underline{x(t)} + \eta(t)$를 대입해 보자[여기서 $V(x)$는 퍼텐셜 에너지이다].

$x(t)$의 도함수 dx/dt는 $\underline{x}(t)$의 도함수에 $\eta(t)$의 도함수를 더한 것과 같으므로, 다음과 같은 결과를 얻게 된다.

$$S = \int_{t_1}^{t_2} \left[\frac{m}{2} \left(\frac{d\underline{x}}{dt} + \frac{d\eta}{dt} \right)^2 - V(\underline{x} + \eta) \right] dt$$

적분 기호 속에 들어 있는 함수를 전개하면, 제곱 항은

$$\left(\frac{d\underline{x}}{dt} \right)^2 + 2 \frac{d\underline{x}}{dt} \frac{d\eta}{dt} + \left(\frac{d\eta}{dt} \right)^2$$

이 된다. 여기서 잠깐! 앞으로 η에 대한 2차 이상의 항들은 고려하지 않을 것이므로 η^2과 그 이상의 차수를 포함한 모든 항들을 '2차 이상의 고차 항'이라고 적힌 괄호 속에 모두 집어넣기로 한다. 지금 당장 눈에 보이는 최고차 항은 2차 항이지만, 퍼텐셜 에너지까지 전개하면 더 많은 고차 항들이 나올 수도 있다. 어쨌거나, 운동 에너지 부분은 아래와 같이 정리된다.

$$\frac{m}{2} \left(\frac{d\underline{x}}{dt} \right)^2 + m \frac{d\underline{x}}{dt} \frac{d\eta}{dt} + (\text{2차 이상의 고차 항})$$

이제 $\underline{x}+\eta$에서 퍼텐셜 V의 값을 계산해 보자. 지금은 η가 매우 작다고 가정하고 있으므로, $V(x)$를 테일러 급수로 전개할 수 있으며, 그 값은 대략 $V(\underline{x})$이다. 그다음 차수의 근사에서 (도함수의 일반적인 성질로부터) 보정 값은 x에 대한 V의 변화율에 η를 곱한 것과 같고, 그 이상의 고차 항들도 다음과 같은 규칙을 따라 나타난다.

$$V(\underline{x} + \eta) = V(\underline{x}) + \eta V'(\underline{x}) + \frac{\eta^2}{2} V''(\underline{x}) + \cdots$$

여기서 x에 대한 V의 도함수를 간단하게 V'으로 표기하였다. η^2항과 그 이상의 항들은 '2차 이상의 고차 항' 항목에 들어가므로, 이들에 대해서는 고민할 필요가 없다. 위에서 정리한 결과를 한데 모으면

$$S = \int_{t_1}^{t_2} \left[\frac{m}{2} \left(\frac{d\underline{x}}{dt} \right)^2 - V(\underline{x}) + m \frac{d\underline{x}}{dt} \frac{d\eta}{dt} - \eta V'(\underline{x}) + (\text{2차 이상의 고차 항}) \right] dt$$

가 된다. 위의 식을 주의 깊게 살펴보면 처음 등장하는 두 개의 항이 진짜 경로 $\underline{x}$에 대하여 계산한 작용 $\underline{S}$에 대응된다는 사실을 알 수 있다. 여기서 우리가 관심 있게 보아야 할 것은 $\underline{S} - S$, 즉 진짜 경로에 대한 작용 $\underline{S}$와 변형된 경로에 대한 작용 S의 차이이다. 이 차이를 S의 변분(variation in S)이라 하고, δS로 표기하자. 2차 이상의 고차 항을 제외하면, δS는

$$\delta S = \int_{t_1}^{t_2} \left[m \frac{d\underline{x}}{dt} \frac{d\eta}{dt} - \eta V'(\underline{x}) \right] dt$$

가 된다.

이제, 우리의 문제는 다음과 같이 표현될 수 있다. "여기, 어떤 적분이 주어져 있다. $\underline{x}$가 어떤 값이 될지는 아직 아무도 모른다. 우리가 알고 있는 사실은

'η가 어떤 값을 취하건 간에' 이 적분이 0이 되어야 한다는 것이다." 이 조건이 만족되려면 η에 곱해진 값들(계수)이 모두 0이 되는 수밖에 없을 것 같다. 그렇다면 $d\eta/dt$를 포함한 첫 번째 항은 어떻게 되어야 하는가? η가 어떤 값도 가질 수 있다면(물론 η의 절대값은 작아야 한다) η의 도함수 역시 어떤 값도 가질 수 있으므로 $d\eta/dt$의 계수도 0이 되어야 할까? 그렇지는 않다. η와 $d\eta/dt$는 무관한 양이 아니기 때문이다—"$\eta(t)$는 $t=t_1$과 $t=t_2$에서 0이 되어야 한다"는 조건이 η와 $d\eta/dt$ 사이를 연결시켜 주고 있다.

모든 변분학 문제의 해법은 일반적으로 다음과 같은 원리에 기초를 두고 있다. "변화시키고자 하는 양에 작은 변환을 가한다(앞에서 η를 더했던 것처럼), 1차 항을 찾아낸다. $d\eta/dt$와 같은 항이 등장하지 않고 '변이(η)에 무언가가 곱해져 있는' 형태로 표현되도록 적분 식을 정리한다." 즉, 항상 η에 '무언가가' 곱해져 있는 형태로 표현되도록 식을 변형시키라는 것이다. 지금 당장은 다소 헷갈리겠지만, 조금 있으면 그 의미가 분명해질 것이다. (사실 몇몇 경우에는 직접 계산하지 않고도 결과를 알 수 있는 공식이 있다. 그러나 이런 공식들은 모든 경우에 적용할 수 없기 때문에 여기서는 논하지 않겠다. 가장 좋은 방법은 지금 논하고 있는 일반적 해법을 사용하는 것이다.)

$d\eta/dt$항을 변형시켜서 η가 나오게 하려면 어떻게 해야 할까? 부분 적분법을 이용하면 된다. 결국 변분법에 사용되는 수학적 트릭이란, S의 변분을 적은 다음 부분 적분법을 이용하여 η의 도함수($d\eta/dt$)가 사라지게 만드는 것이다. 이것은 도함수가 출현하는 모든 변분학 문제에 공통적으로 적용된다.

부분 적분법은 고등학교 시절에 이미 배웠을 것으로 믿는다. 임의의 함수 f에 $d\eta/dt$가 곱해진 양을 t에 대해 적분한다고 해보자. 일단, ηf의 도함수는 다음과 같다.

$$\frac{d}{dt}(\eta f) = \eta\frac{df}{dt} + f\frac{d\eta}{dt}$$

우리가 원하는 것은 마지막 항에 대한 적분이므로,

$$\int f\frac{d\eta}{dt}\,dt = \eta f - \int \eta\frac{df}{dt}\,dt$$

가 된다.

앞서 계산했던 δS의 경우, 함수 f는 $m\,d\underline{x}/dt$에 대응된다. 따라서 δS는 다음과 같이 계산된다.

$$\delta S = m\frac{d\underline{x}}{dt}\eta(t)\Big|_{t_1}^{t_2} - \int_{t_1}^{t_2}\frac{d}{dt}\left(m\frac{d\underline{x}}{dt}\right)\eta(t)\,dt - \int_{t_1}^{t_2} V'(\underline{x})\,\eta(t)\,dt$$

첫 번째 항은 두 끝점 t_1과 t_2에서 계산되며, 그다음 항은 부분 적분의 나머지 적분 항에 해당된다. 그리고 마지막 항은 원래 있던 것을 그대로 옮겨 놓은 것이다.

이제, 극적인 상황이 벌어진다. 위 식의 첫 번째 항이 0으로 사라지는 것이다!(만의 하나 그렇게 되지 않는다면, 확실하게 0으로 만들어 주는 조건을 추가시키면 된다) 앞에서 우리는 경로의 양 끝점에서 η가 0이 되어야 한다는 조건을 부과한 적이 있다. 경로가 어떻게 변했건 간에, 시작점과 끝점은 고정되어 있다는 조건하에서 작용이 극소가 된다는 것이 원리였기 때문이다. 이 조건은 $\eta(t_1)=0$과 $\eta(t_2)=0$으로 표현된다. 따라서 첫 번째 항은 0이 되어 사라지고, 나머지 항들을 정리하면 다음과 같은 식이 얻어진다.

$$\delta S=\int_{t_1}^{t_2}\left[-m\frac{d^2\underline{x}}{dt^2}-V'(\underline{x})\right]\eta(t)\,dt$$

이제 비로소 S에 대한 변분을 우리가 원하는 형태로 바꾸는 데 성공했다. 대괄호 안에 들어 있는 항들(F라고 하자)에는 각각 $\eta(t)$가 곱해져 있고, 적분 구간은 t_1에서 t_2로 되어 있다.

지금 우리는 무언가에 $\eta(t)$를 곱하여 적분한 값이 항상 0이라는 식을 얻었다.

$$\int F(t)\,\eta(t)\,dt=0$$

이것은 t에 관한 어떤 함수 $F(t)$에 $\eta(t)$를 곱하여 정해진 구간($t_1\sim t_2$) 사이에서 적분하라는 뜻이다. 그런데 η가 어떤 값을 갖건 간에 이 적분은 0이 되어야 한다. 이 조건을 만족하는 유일한 방법은 함수 $F(t)$가 항상 0이 되는 수밖에 없다. 이것은 어느 모로 보나 명백한 결론이지만, 속이 개운치 않은 학생들을 위해 간단한 증명 과정을 거치기로 한다.

$\eta(t)$가 특정한 t값 근처를 제외하고 모든 t에 대하여 0이라고 가정해 보자. 즉, $\eta(t)$는 t_1에서 출발하여 0의 행진을 계속하다가 t가 특정 값에 이르면 잠시 동안 0이 아닌 값을 갖고, 그 근방을 벗어나면 다시 0으로 떨어진다. 이렇게 정의된 $\eta(t)$에 임의의 함수 $F(t)$를 곱하여 적분하면, η가 0인 곳에서는 적분에 아무런 기여도 하지 못한다. 적분 값에 기여하는 구간은 η가 0이 아닌 곳뿐이다. 그러므로 적분 결과가 0이 되려면 η가 0이 아닌 곳에서 $F(t)$는 0이 되어야 한다. 그런데 우리의 계산에서 η가 0이 아닌 부분은 '임의로' 변경시킬 수 있으므로, η에 관계없이 적분 결과가 항상 0이 되려면 $F(t)$는 모든 곳에서 0이 되어야 한다.

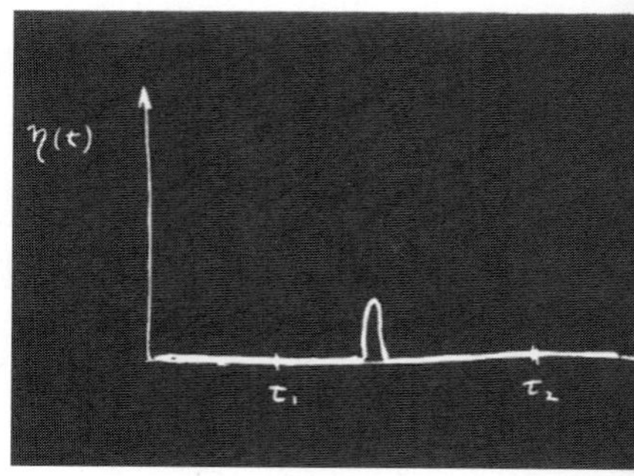

이와 같이, 임의의 η에 대하여 위의 적분이 0이 되려면 η의 계수가 0이 되는 수밖에 없다. 따라서 S적분은 아래와 같이 복잡한 미분 방정식을 만족시키는 경로 $\underline{x}(t)$에 대하여 극소값을 갖는다.

$$\left[-m\frac{d^2\underline{x}}{dt^2}-V'(\underline{x})\right]=0$$

언뜻 보기엔 다소 복잡한 것 같지만, 사실 잘 들여다보면 전에 본 적이 있는 식이다. 이것은 바로 뉴턴의 운동 방정식 $F=ma$이다. 첫 번째 항은 질량 곱하기 가속도이고, 두 번째 항은 퍼텐셜 에너지의 도함수, 즉 힘 F를 나타내고 있다.

그러므로 보존계(conservative system)에 대해서는 뉴턴의 운동 법칙 대신 최소 작용의 원리를 적용해도 올바른 답을 얻을 수 있다. 다시 말해서, 작용 S가 극소가 되는 경로는 뉴턴의 운동 법칙을 만족한다는 뜻이다.

여기서 한 가지 짚고 넘어갈 것이 있다. 우리는 위에서 구한 답이 '작용 S의 극소점'이라는 것을 아직 증명하지 않았다(극소점이 아니라 극대점일 수도 있다). 사실, 반드시 극소점일 필요는 없다. 이는 광학에 등장하는 '최소 시간의 원리(principle of least time)'와 매우 비슷하다. 거기에서도 처음에는 '최소 시간'이 걸리는 빛의 경로를 찾았지만, 경우에 따라서는 최소 시간이 아닌 경우도 있었다. 여기에 적용되는 근본적인 원리는 다음과 같다. "광학적 경로에 임의의 '1차 변분(first-order variation)'을 가했을 때, 시간상의 '변화'는 0이다." 이것은 지금까지 논했던 변분법과 똑같은 내용이다. '최소(least)'라는 말의 의미는 경로를 바꿨을 때 S의 1차 변화가 0이라는 뜻이며, 반드시 '극소점'일 필요는 없다.

다음으로, 몇 가지 일반화 과정에 대하여 언급할 것이 있다. 가장 중요한 것은 위에서 논한 모든 내용들이 3차원에서도 그대로 적용된다는 사실이다. 변수가 x 하나만 있는 경우 이외에, t에 대한 함수로서 x, y, z가 있을 수 있는데, 이렇게 되면 작용 S는 좀 더 복잡한 형태를 띠게 된다. 3차원 운동의 경우에는 $m/2$에 전체 속도의 제곱을 곱한 완전한 형태의 운동 에너지를 사용해야 한다.

$$\text{운동 에너지(KE)} = \frac{m}{2}\left[\left(\frac{dx}{dt}\right)^2 + \left(\frac{dy}{dt}\right)^2 + \left(\frac{dz}{dt}\right)^2\right]$$

또한 퍼텐셜 에너지는 x, y, z의 함수이다. 그렇다면 경로는 어떻게 될까? 입자의 경로는 공간상에서 임의의 곡선 형태로 나타나기 때문에 머릿속에 쉽게 그릴 수는 없지만, 기본적인 아이디어는 이전과 동일하다. 그렇다면 3차원 문제에서 η는 어떻게 달라질 것인가? 그렇다. η도 세 가지 성분을 갖게 된다. 경로의 변환은 x방향이나 y방향 또는 z방향을 따라 가해질 수도 있고, 세 가지 방향으로 동시에 가해질 수도 있다. 따라서 η는 스칼라가 아닌 벡터 함수가 된다. 하지만 겁먹을 필요는 없다. 작용의 '1차 변분'이 0이라는 조건만 부가하면 되므로, 경로를 연달아 세 번 변경해 주면 계산이 가능하다. 일단, η를 x방향으로 변경시킨 후 계수가 0이라는 조건을 부가하면 방정식 하나가 얻어진다. 그다음, η를 y방향으로 변경시키면 또 하나의 방정식이 얻어진다. 그리고 z방향으로 변경시켜서 마지막 방정식을 구한다. 물론 순서는 여러분 마음대로 정하면 된다. 어쨌거나, 위의 절차를 따르면 세 개의 방정식이 얻어진다. 3차원 문제의 경우, 뉴턴의 운동 방정식도 사실은 세 개의 방정식으로 나타난다(벡터 방정식이므로 각 성분마다 하나의 방정식이 대응된다). 최소 작용의 원리를 3차원으로 확장하는 과정은 머릿속으로 쉽게 그려 볼 수 있지만, 분명한 이해를 위해 여러분 각자 계산해 보기 바란다. 덧붙여 말하면, 이 계산은 직교 좌표뿐만 아니라 극좌표나 구면 좌표계 등 어떤 좌표계를 사용해도 무방하며, 반경이나 각도 등 임의의 좌표에 대한 변이 η를 이용하면 뉴턴의 운동 법칙과 동일한 법칙을 얻을 수 있다.

이 방법은 동일한 논리를 적용하여 입자가 여러 개 있는 경우로 일반화시킬 수 있다. 예를 들어, 두 개의 입자들이 서로 힘을 주고받으면서 이들 사이에 퍼텐셜 에너지가 형성되어 있는 경우를 생각해 보자. 이런 경우에는 우선 두 입자의 운동 에너지를 더한 후에 상호작용에 의한 퍼텐셜 에너지를 뺀다. 그다음에 할 일은 '두' 입자의 경로를 '모두' 변화시켜 주는 것이다. 그러면 3차원 공간에서 두 입자의 움직임을 기술하는 여섯 개의 방정식이 얻어진다. 입자 1의 위치는 x방향과 y방향 그리고 z방향으로 변화시킬 수 있고, 입자 2에 대해서도 동일한 변화가 가능하므로 총 여섯 개의 방정식이 나타날 것이다. 물론 이것은 너무도 당연한 결과이다. 입자 1에 작용하는 힘으로부터 입자 1의 가속도를 결정하는 세 개의 방정식이 얻어지고, 입자 2도 이와 마찬가지로 세 개의 방정식이 얻어지므로 총 여섯 개의 방정식이 등장하게 된다. 그 후부터는 앞에서 했던 과정을 그대로 반복하면 된다. 이렇게 하면 입자가 몇 개이건 간에, 3차원에서 뉴턴의 법칙을 얻게 된다.

방금 전에 나는 "뉴턴의 법칙을 얻게 된다"고 말했지만, 항상 그런 것은 아니다. 왜냐하면 뉴턴의 법칙에는 마찰력과 같은 비보존력(nonconservative force)이 포함되어 있기 때문이다. 뉴턴은 힘의 종류에 관계없이 무조건 "물체의 질량에 가속도를 곱한 것은 그 물체에 작용하는 힘과 같다"고 말했다. 그러나 최소 작용의 원리는 모든 힘들이 퍼텐셜 함수로 표현되는 '보존계'에 한하여 성립한다. 사실, 물리학의 가장 근원적인 단계인 미시적 관점에서 볼 때 비보존력이라는 힘은 존재하지 않는다. 마찰력과 같은 비보존력은 미시적인 복잡함을 고려하지 않았기 때문에 나타나는 결과이다. 힘에 관여하는 입자의 수가 너무 많아서 일일이 분석할 수 없는 경우에는 거시적인 특성만으로 힘을 나타낼 수밖에 없다. 그러나 물리학의 '근본적인' 법칙은 항상 최소 작용의 원리로 표현될 수 있다.

지금까지의 논리를 조금 더 일반화시켜 보자. 최소 작용의 원리에 상대성 이론을 고려하면 무엇이 어떻게 달라질 것인가? $\boldsymbol{F}=m\boldsymbol{a}$는 비상대론적인 경우에만 적용되는 방정식이며, 제대로 된 상대론적 운동 방정식은 아직 강의하지 않았다. 어쨌거나, 우리의 질문은 다음과 같다. "상대성 이론에도 최소 작용의 원리가 적용되는가?" 그렇다. 상대론적 효과를 고려한 작용 S는 다음과 같다.

$$S=-m_0c^2\int_{t_1}^{t_2}\sqrt{1-v^2/c^2}\,dt-q\int_{t_1}^{t_2}\left[\phi(x,y,z,t)-\boldsymbol{v}\cdot\boldsymbol{A}(x,y,z,t)\right]dt$$

적분의 첫 번째 항에는 정지 질량 m_0와 광속의 제곱(c^2)의 곱에 $\sqrt{1-v^2/c^2}$의 시간에 대한 적분이 곱해져 있고, 두 번째 항은 스칼라 퍼텐셜 ϕ에 대한 적분에서 $\boldsymbol{v}$와 벡터 퍼텐셜 $\boldsymbol{A}$의 내적에 대한 적분을 뺀 값이다. 물론 위의 식은 전자기력만 고려한 것이다. 모든 전기장 및 자기장은 ϕ와 $\boldsymbol{A}$로 주어진다. 이 작용 함수 S가 결정되면, 전자기장 속에서 운동하는 단일 입자의 상대론적 거동이 완전히 결정된다[엄밀히 말하자면 '작용 함수'가 아니라 '작용 범함수(action functional)'라고 해야 한다. 범함수란 '함수의 함수'라는 뜻으로서, 작용 S는 가능한 각각의 경로(함수)에 대해 적분값이 하나씩 대응되는 함수이므로 범함수이다. 그냥 '함수'라고 하면 보통의 함수로 오해할 소지가 있다 : 옮긴이].

여기서 진도를 더 나가기 전에 몇 가지 알아 둘 것이 있다. 위 식에 등장하는 $\boldsymbol{v}$는 $(v_x, v_y, v_z)=(dx/dt, dy/dt, dz/dt)$를 성분으로 갖는 벡터이며, x, y, z는 시간 t에서 입자의 위치, 즉 $x(t)$, $y(t)$, $z(t)$를 뜻한다. 움직이는 입자에 대한 상대론적 작용은 구체적인 $\boldsymbol{v}$를 대입한 후에야 그 본모습을 드러낸다. 계산에 자신 있는 사람은 위의 식으로부터 상대론적 운동 방정식을 직접 유도해 보기 바란다. 자신이 없다면 $\boldsymbol{A}=0$일 때, 즉 자기장이 없는 경우에 대하여 계산해 볼 것을 권한다. 그러면 $d\boldsymbol{p}/dt=-q\,\nabla\phi$라는 운동 방정식이 얻어질 것이다. 여기서 $\boldsymbol{p}=m\boldsymbol{v}/\sqrt{1-v^2/c^2}$이다.

벡터 퍼텐셜이 0이 아니면 변분이 복잡하기 때문에 계산이 훨씬 어려워진다. 그러나 이로부터 얻어지는 힘은 당연히 $q(\boldsymbol{E}+\boldsymbol{v}\times\boldsymbol{B})$이다. 이 계산은 숙제로 남겨 두겠다.

또 한 가지 중요한 사실은 상대론과 같이 일반적인 경우에 작용 S의 피적분 함수는 더 이상 운동 에너지에서 퍼텐셜 에너지를 뺀 형태를 취하지 않는다는 점이다(이런 형태는 상대성 이론을 고려하지 않은 '근사적' 이론에 한하여 통용된다). 예를 들어, $m_0c^2\sqrt{1-v^2/c^2}$항은 우리가 알고 있는 운동 에너지의 형태가 전혀 아니다. 각각의 경우에 S의 구체적인 형태는 다양한 시행착오를 거치면서 알아내는 수밖에 없다. 이것은 고전물리학을 처음 배울 때 운동 법칙을 결정하는 것과 똑같은 문제이다. 이미 알고 있는 방정식들을 이리저리 만지작거리면서, 이들을 최소 작용 원리의 형태로 표현할 수 있는지 따져 봐야 한다.

용어에 관해서도 한 가지 짚고 넘어갈 것이 있다. 작용 S에서 시간에 대해 적분되는 함수를 라그랑지안(Lagrangian) 또는 $\mathcal{L}$이라고 하는데, 이것은 오로지 입자의 속도와 위치만의 함수이다. 따라서 최소 작용의 원리는

$$S=\int_{t_1}^{t_2}\mathcal{L}(x_i,\ v_i)\,dt$$

로 간단히 표현될 수 있다. 여기서 x_i와 v_i는 위치 벡터와 속도 벡터의 모든 성분들을 뜻한다. 그러므로 누군가가 라그랑지안 운운하고 있으면, 'S를 계산하는데 필요한 함수를 언급하고 있다'고 생각하면 된다. 전자기장 속에서 상대론적 운동을 기술하는 라그랑지안은

$$\mathcal{L}=-m_0c^2\sqrt{1-v^2/c^2}-q(\phi+\boldsymbol{v}\cdot A)$$

이다.

일부 고리타분한 학자들은 S를 '작용(action)'이라 부르지 않고 '해밀턴의 제1주함수(Hamilton's first principal function)'라고 부른다. 그러나 나는 '해밀턴의 제1주함수의 최소 원리(the principle of least Hamilton's first principal function)'라는 하품 나는 이름보다 '작용'이라는 이름이 더 좋다. 요즘은 S를 작용이라고 부르는 사람들이 점점 많아지는 추세다. 과거의 물리학자들은 '작용'이라는 용어를 다른 뜻으로 사용했지만(그나마 별로 유용하지도 않았다), 이제는 작용을 새롭게 정의하여 사용할 때가 되었다고 본다. 우리가 이 새로운 함수를 작용이라고 계속해서 부르면, 머지않아 모든 사람들이 이 용어를 사용하게 될 것이다(결국 파인만의 예언은 정확하게 맞아떨어졌다 : 옮긴이).

지금부터, 최소 시간 원리와 최소 작용 원리의 공통점을 살펴보자. 물체가 임의의 한 장소에서 다른 장소로 이동할 때, "특정 적분이 최소가 되는 경로를 따라간다"는 법칙과(이것은 전체 경로에 대하여 무언가를 말해 주는 법칙이다) "물체에 힘이 가해지면 가속된다"는 법칙 사이에는 커다란 차이가 있다. 후자의

법칙은 '매 순간' 입자의 나아갈 방향을 제시하고 있지만, 전자의 법칙은 하나의 근본적인 원리로부터 전체 경로를 '한꺼번에' 예언하고 있다. 빛의 경우에, 우리는 이 두 가지 진술 방식의 상호 관계를 살펴본 적이 있다. 이제, 최소 작용의 원리를 적용할 때마다 '미분 형태로 주어진' 법칙이 등장하는 이유를 알아보자. 여기, 시공간상에서 실제로 나타나는 하나의 경로가 주어져 있다. 1차원만 고려한다면 위치 x를 시간 t의 함수로 나타낼 수 있다. 물체가 이 경로를 따라갈 때 S는 최소가 된다. 이 경로가 시공간상의 한 점 a를 통과하고, a와 인접한 또 다른 점 b를 통과한다고 가정해 보자.

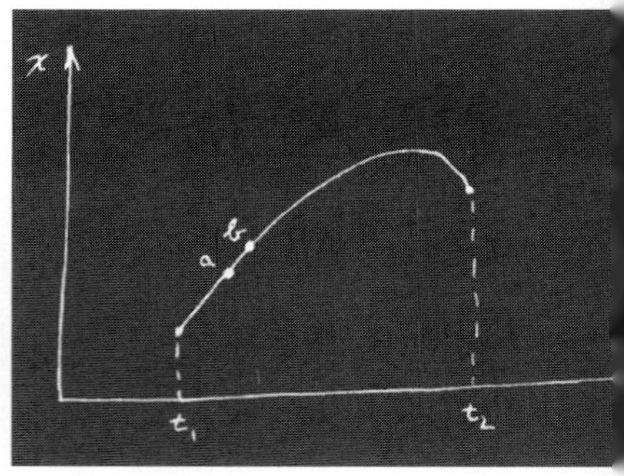

위의 경로를 따라 작용 S를 t_1에서 t_2까지 적분한 값이 최소가 된다면, a에서 b에 이르는 짧은 구간에 대하여 적분한 값도 최소가 되어야 한다. 만일 $a \sim b$ 사이에서 적분이 최소값을 갖지 않는다면, 전체 적분 값이 더 작아지는 다른 경로가 존재한다는 뜻이므로 원래의 가정에 모순된다.

$a \sim b$ 사이뿐만 아니라, 경로를 임의로 자른 모든 구간에서 적분 값은 항상 최소가 되어야 한다. 이것은 잘라 낸 경로의 길이에 상관없이 항상 성립하는 사실이다. 따라서 "경로 전체에 대하여 적분한 값이 최소가 되어야 한다"는 원리는 "경로를 무한히 짧게 잘라 낸 임의의 부분 경로에 대한 적분도 최소가 되어야 한다"는 말로 바꿀 수 있다. 경로의 한 부분을 충분히 짧게 잘라 내면(즉 a와 b를 아주 가깝게 잡으면), 퍼텐셜이 공간적으로 어떻게 변하는지는 크게 문제가 되지 않는다. 경로가 아주 짧다면, 물체가 움직여도 거의 같은 장소에 머물러 있는 것과 마찬가지이기 때문이다. 그러므로 우리는 퍼텐셜의 1차 변화(first-order change)만 고려하면 되는 것이다. 최종적인 답은 전체 공간의 퍼텐셜 값에 의존하는 것이 아니라, 퍼텐셜의 도함수에 의존하게 된다. 따라서 경로 전체의 총체적인 성질에 관한 언명은 경로를 짧게 잘라 낸 부분 경로의 성질에 대한 언명, 즉 미분형의 언명으로 바뀌게 된다. 그리고 여기에는 퍼텐셜의 도함수, 즉 '한 지점에서 작용하는 힘'만이 등장한다. 이것이 바로 (적분형의) 총체적 법칙과 (미분형의) 국소적 법칙 사이의 관계에 대한 정성적인 설명이다.

우리는 과거에 빛의 특성을 논하면서 다음과 같은 질문을 떠올린 적이 있다. "입자는 자신의 경로를 어떻게 찾아가는 것일까?" 미분형 법칙의 관점에서 보면 그 이유는 자명하다. 입자는 가속될 때마다 다음 순간에 어디로 가야 할지를 알아차린다고 생각하면 된다. 그러나 "모든 입자는 매 순간 작용이 최소가 되는 경로를 찾아간다"고 말하면, 인과율에 관한 기본 가정이 혼란스러워진다. 자신의 눈앞에 펼쳐진 수많은 '후보 경로들' 중에서 어떤 경로가 최소 작용을 주는지, 입자가 냄새라도 맡는 것일까? 빛의 경로를 실험적으로 확인할 때, 광자가 모든 경로들을 '냄새 맡지 못하도록' 장애물을 설치해 놓으면 경로를 결정하지 못해 우왕좌왕하게 된다. 이것이 바로 회절(diffraction) 현상이었다.

역학의 경우에도 이와 같은 현상이 일어날 것인가? 과연 입자는 자신의 경로를 단번에 결정하지 않고, 정말로 모든 가능한 경로들을 탐색하고 있는 것일까? 만일 이것이 사실이라면, 탐색을 방해하도록 장애물을 설치해 놓았을 때 입자도 회절과 비슷한 현상을 겪게 될 것인가? 언뜻 받아들이기 어렵겠지만, 이 모든 질문의 답은 "그렇다!"이다. 이것이 바로 양자역학의 법칙이 말하는 바이다! 그러므로 지금까지 말한 최소 작용 원리는 불완전한 서술에 불과하다. 입자는 작용이 최소가 되는 '하나의 경로'를 선뜻 선택하는 것이 아니라, 주위의 모든 경로들을 탐색한 후 (빛이 최소 시간 경로를 선택하는 것과 유사한 방식으로) 작용이 최소가 되는 경로를 선택하는 것이다. 빛이 최소 시간 경로를 선택하는 방법은 다음과 같다. 만일 빛이 '소요 시간이 다른' 경로를 선택한다면, 목적지에 도착했을 때 빛의 위상은 달라질 것이다. 그리고 한 지점에서 나타나는 빛의 총 진폭은 빛이 취할 수 있는 모든 가능한 경로에 대한 확률 진폭을 더한 것과 같다. 그러므로 위상이 크게 차이 나는 경로들은 최종적인 합에 별다른 기여를 하지 못할 것이다. 그러나 거의 비슷한 위상을 갖는 경로들의 집합을 찾을 수 있다면, 작은 진폭들이 여러 번 더해지면서 상당한 크기의 최종 진폭을 얻을 수 있다. 즉, 한 경로의 주변에 '그와 비슷한' 위상을 주는 경로가 많이 존재한다면, 그 경로는 최종 결과에 커다란 기여를 하게 된다(여기서 진폭을 2차원 벡터로 생각하면 진폭의 위상은 이 2차원 벡터의 방향에 해당된다. 물론, 진폭을 더할 때는 벡터를 더하는 식으로 더해야 한다 : 옮긴이).

이러한 상황은 양자역학에서도 완전히 동일하다. 완전한 양자역학에서(전자의 스핀과 상대론적 효과는 무시한다) 벌어지는 상황은 다음과 같다. "한 입자가 시각 t_1에 위치 1을 출발하여 시각 t_2에 위치 2에 도달할 확률은 총 확률 진폭을 제곱한 값과 같다." 총 확률 진폭은 입자가 취할 수 있는 모든 가능한 경로에 대한 확률 진폭의 총합으로 표현될 수 있다. 그러므로 생각할 수 있는 '모든 가능한 $x(t)$'에 대하여 확률 진폭을 계산한 후, 이들을 모두 더해야 한다. 그런데 개개의 경로에 대한 확률 진폭은 어떻게 알 수 있을까? 작용 적분은 우리에게 단일 경로에 대한 확률 진폭을 알려 준다. 확률 진폭은 어떤 상수에 $e^{iS/\hbar}$를 곱한 값으로 주어지며, 여기서 S는 해당 경로에 대한 작용을 나타낸다. 다시 말해서, 확률 진폭을 복소수로 나타냈을 때 위상각이 $S/\hbar$라는 뜻이다. 작용 S는 '에너지×시간'의 차원을 갖는 양이며, 플랑크 상수 $\hbar$도 이와 동일한 차원을 갖는다. 플랑크 상수는 양자역학적 효과가 중요해지는 물리계의 크기를 결정해 준다.

모든 경로에 대해서, S가 $\hbar$보다 훨씬 크다고 가정해 보자. 하나의 경로는 특정한 확률 진폭을 주는데, $S \gg \hbar$인 경우, 특정 경로에 대한 위상은 주변 경로에 대한 위상과 커다란 차이를 보이게 된다($\hbar$가 아주 작으므로, S가 조금만 변해도 위상은 크게 달라진다). 따라서 주변 경로에 의한 효과는 합을 구하는 과정에서 대부분 상쇄되어 사라진다. 그러나 한 경로와 그 주변에 있는 경로가 1차 근사 내에서 동일한 위상을 주는 경우(좀 더 정확하게 말하자면, $\hbar$ 이내에서 작용 값에 변화가 없는 경우)에는 주변 경로들에 의한 효과가 상쇄되지 않고 더해져서 결과에 결정적인 영향을 미치게 된다. 바로 이러한 경로들이 (합에 기여하는) 중요한 경로가 되는 것이다. 따라서 플랑크 상수 $\hbar$가 0으로 접근하는 극단적인 경우에, 올바른 양자역학 법칙은 다음과 같이 요약될 수 있다. "모든 가능한 확률 진폭을 일일이 헤아릴 필요는 없다. 입자는 'S가 1차 근사에 대하여 변하지 않는' 경로를 따라간다. 이것이 바로 최소 작용의 원리와 양자역학 사이의 관계이다. 양자역학이 이와 같은 형태로 정식화될 수 있다는 사실은 베이더 선생님의 한 제자(파인만 자신을 지칭함 : 옮긴이)에 의해 1942년경에 발견되었다. [원래 양자역학은 확률 진폭에 대한 미분 방정식의 형태(슈뢰딩거)와 행렬 수학을 이용한 형식(하이젠베르크)으로 정식화되어 있었다.]

이제, 물리학에 등장하는 다른 형태의 최소 원리(minimum principles)에 대해 알아보자. 물리학을 공부하다 보면 흥미로운 최소 원리들을 수시로 접하게 된다. 생각 같아선 모든 사례들을 일일이 설명하고 싶지만, 강의 시간에 제한이 있으므로 그중 하나를 골라 집중 공략하는 편이 나을 것 같다. 훗날 강의 도중에 최소 원리로 설명되는 물리 현상이 등장하면, 그때 다시 설명할 것이다. 정전기학은 보통 전기장에 대한 미분 방정식으로 기술되지만, 특정 적분이 최대나 최소가 된다는 원리로 기술할 수도 있다. 먼저 모든 장소에서 전하 밀도를 완전히 알고 있는 경우, 전체 공간에서 퍼텐셜 ϕ를 구하는 문제를 다뤄 보자. 다들 알다시피, 우리가 풀어야 할 방정식은 다음과 같다.

$$\nabla^2\phi = -\rho/\epsilon_0$$

그러나 이 문제는 다음과 같이 표현될 수도 있다. "다음의 적분 U^*를 계산하라."

$$U^* = \frac{\epsilon_0}{2}\int(\nabla\phi)^2 dV - \int\rho\phi\, dV$$

이것은 전 공간에 대한 체적 적분으로서, $\phi(x,\ y,\ z)$가 올바른 답일 때 이 적분값은 최소가 된다.

정전기학 문제를 정의하는 위의 두 가지 방식(맥스웰 방정식의 형태로 주어지는 방식과 적분 형태로 주어지는 방식)은 완전히 동등하다. 지금부터 이 사실을 증명해 보자. 여기, 임의의 함수 ϕ가 있다. 만일 이 ϕ가 올바른 퍼텐셜 $\underline{\phi}$에 작은 변이 f를 더한 형태라면, U^*의 1차 변분은 0이 될 것이다. 그러므로 일단 ϕ를 다음과 같이 써 보자.

$$\phi = \underline{\phi} + f$$

우리가 구하고자 하는 것은 $\underline{\phi}$인데, 일단은 이것의 변분을 취한 후 U^*의 1차 변분이 0이 되도록 만드는 $\underline{\phi}$의 조건을 찾는 것이 우리의 목적이다. U^*의 첫째 항에서 우리에게 필요한 것은 다음과 같다.

$$(\nabla\phi)^2 = (\nabla\underline{\phi})^2 + 2\,\nabla\underline{\phi}\cdot\nabla f + (\nabla f)^2$$

변하는 1차 항은

$$2\,\nabla\underline{\phi}\cdot\nabla f$$

뿐이다. U^*의 두 번째 항에서, 피적분 함수는

$$\rho\phi = \rho\underline{\phi} + \rho f$$

인데, 여기서 변하는 부분은 ρf이다. 따라서 변하는 항만 한데 모으면

$$\Delta U^* = \int (\epsilon_0 \nabla \underline{\phi} \cdot \nabla f - \rho f)\, dV$$

가 된다. 우리의 관심은 오로지 '변하는 양'이므로, 앞으로는 위의 변분량만 생각하면 된다.

이제, 앞서 이야기한 변분학의 일반적인 절차에 따라 f에 대한 미분을 변형시켜서 모두 깨끗이 없애 버려야 한다. 일단, 미분이 걸려 있는 항들을 확인해보자. 두 벡터 함수의 내적은

$$\frac{\partial \phi}{\partial x}\frac{\partial f}{\partial x} + \frac{\partial \phi}{\partial y}\frac{\partial f}{\partial y} + \frac{\partial \phi}{\partial z}\frac{\partial f}{\partial z}$$

인데, 이것을 x, y, z에 대해 적분해야 한다. 자, 지금부터가 중요한 부분이다. $\partial f/\partial x$항을 제거하기 위해, x에 대해 부분 적분을 수행한다. 이렇게 하면 미분이 $\underline{\phi}$에 걸리도록 만들 수 있다. 이것은 t에 대한 미분을 제거하기 위해 앞에서 사용했던 방법과 동일하다. 부분 적분을 수행한 결과는 다음과 같다.

$$\int \frac{\partial \phi}{\partial x}\frac{\partial f}{\partial x}\, dx = f\, \frac{\phi}{\partial x} - \int f\, \frac{\partial^2 \phi}{\partial x^2}\, dx$$

우변에서 적분이 걸려 있지 않은 첫 번째 항은 0이다. 왜냐하면 x가 무한히 큰 곳에서 $f=0$이어야 하기 때문이다(이것은 앞에서 $\eta(t_1)=\eta(t_2)=0$을 요구했던 과정과 비슷하다. 따라서 이 원리를 좀 더 정확하게 서술하면 다음과 같다 — U^*는 다른 어떤 $\phi(x, y, z)$보다도 실제의 $\underline{\phi}$에 대해서 최소이다. 단, 이들은 모두 무한대에서 같은 값을 갖는다). y와 z에 대해서도 동일한 작업을 반복하면, ΔU^*에 관한 적분 식은

$$\Delta U^* = \int (-\epsilon_0 \nabla^2 \underline{\phi} - \rho) f\, dV$$

가 된다. 이 변분이 임의의 f에 대하여 항상 0이 되려면 f의 계수가 0이 되어야 한다. 따라서

$$\nabla^2 \underline{\phi} = -\rho/\epsilon_0$$

인데, 이것은 우리가 익히 알고 있는 방정식이다. 따라서 앞서 언급한 '최소 정리'는 옳다는 결론을 내릴 수 있다.

위의 계산을 조금 다른 방식으로 진행하면 이 정리를 일반화시킬 수 있다. 몇 단계 앞으로 돌아가서, 성분별로 생각하지 말고 부분 적분을 해보자. 우선, 다음과 같은 항등식을 기억할 필요가 있다.

$$\nabla \cdot (f\, \nabla \underline{\phi}) = \nabla f \cdot \nabla \underline{\phi} + f \nabla^2 \underline{\phi}$$

좌변의 $f\, \nabla \underline{\phi}$를 미분하면(다이버전스를 취하면), 그 결과가 우변과 같다는 것은 어렵지 않게 증명할 수 있다. 이 벡터 항등식을 언급한 이유는 부분 적분을 할 때 유용하기 때문이다. ΔU^*에 대한 위의 적분에서, $\nabla \underline{\phi} \cdot \nabla f$를 $\nabla \cdot (f\, \nabla \underline{\phi}) - f\, \nabla^2 \underline{\phi}$로 대치한 다음 체적 적분을 수행한다. 이제, 다이버전스 항의 체적 적분은 다음과 같이 면적 적분으로 대치할 수 있다.

$$\int \nabla \cdot (f\, \nabla \underline{\phi})\, dV = \int f\, \nabla \underline{\phi} \cdot \boldsymbol{n}\, da$$

이 적분은 전체 공간에 걸쳐 계산하도록 되어 있으므로 적분 표면은 무한히 먼 곳에 위치해 있으며, 그곳에서 f는 0이므로 이전과 동일한 결과가 얻어진다.

이로써 우리는 전하 분포가 주어지지 않은 문제의 해법을 알게 되었다. 전하가 '어떻게든' 분포되어 있는 도체가 여러 개 있다고 가정해 보자. 모든 도체의 퍼텐셜 값이 고정되어 있다면 위에서 논한 최소 원리를 적용할 수 있다. 우선, 모든 도체의 바깥 공간에서 U^*에 대한 적분을 수행한다. 그런데 도체의 표면에서는 $\underline{\phi}$가 변하지 않으므로 모든 도체의 표면에서 f는 0이고, 따라서 표면 적분

$$\int f\, \nabla \underline{\phi} \cdot \boldsymbol{n}\, da$$

도 0이다. 남아 있는 체적 적분

$$\Delta U^* = \int (-\epsilon_0 \nabla^2 \underline{\phi} - \rho) f\, dV$$

는 도체 사이의 빈 공간에 대해 수행하면 되는데, 이 값도 (올바른 $\underline{\phi}$에 대하여) 0이 되어야 하므로, 결국 우리는 다시 푸아송 방정식을 얻게 된다.

$$\nabla^2 \underline{\phi} = -\rho/\epsilon_0$$

이로써 우리는 도체의 퍼텐셜이 고정되어 있는 경우[도체 표면 상의 임의의 점 $x,\ y,\ z$에서는 $\phi(x,\ y,\ z)$가 도체의 퍼텐셜과 같아야 한다는 뜻], 도체의 바깥 공간에 대해 적분을 수행한 U^*가 최소값을 갖는다는 것을 증명한 셈이다.

전하가 도체에만 분포되어 있는 경우에는 흥미로운 결과가 유도된다. 이런 경우, 도체 바깥 공간에는 전하가 존재하지 않으므로

$$U^* = \frac{\epsilon_0}{2} \int (\nabla \phi)^2\, dV$$

이다. 최소 원리에 의하면, 도체(들)의 퍼텐셜이 어떤 주어진 값으로 고정된 경우, 빈 공간에서의 퍼텐셜은 적분 U^*가 최소가 되도록 자동적으로 조절된다. 이 적분의 정체는 무엇일까? $\nabla \phi$는 전기장이므로 적분 결과는 바로 정전기 에너지에 해당된다. 모든 가능한 퍼텐셜의 그래디언트들 중에서 총 에너지가 최소인 것이 진짜 전기장이다.

지금부터 이 결과를 이용하여 실제적인 양을 계산해 보자. 여기, 원통 모양의 두 도체가 동축으로(중심축이 일치하도록) 놓여 있는 축전기가 있다.

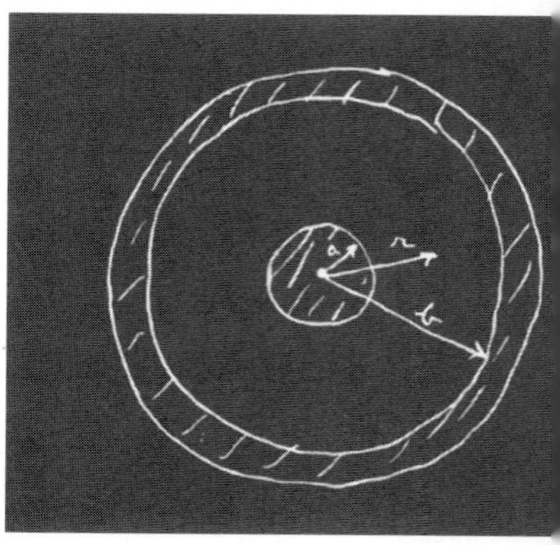

안쪽 도체의 퍼텐셜은 V이고 바깥쪽 도체의 퍼텐셜은 0이다. 안쪽 도체의 반경을 a, 바깥쪽 도체의 반경을 b라 하자. 그러면 두 도체 사이의 빈 공간에서 '임의의' 퍼텐셜 분포를 가정해 볼 수 있다. 만일 우리가 '올바른' $\underline{\phi}$를 선택하여 $\epsilon_0/2 \int (\nabla \underline{\phi})^2\, dV$를 계산한다면, 그 결과는 계의 에너지 $\frac{1}{2}CV^2$과 일치해야 한다. 따라서 이 경우에 최소 원리를 적용하면 축전기의 용량 C를 계산할 수 있

다. 그러나 만일 잘못된 퍼텐셜 분포를 상정하여 C를 계산한다면, (V는 정해져 있으므로) 실제보다 큰 값이 나올 것이다. 가정한 퍼텐셜 ϕ가 실제의 퍼텐셜과 조금이라도 일치하지 않는 경우에는 실제와 다른 C값이 얻어진다. 그러나 ϕ가 틀렸다 해도 실제의 분포와 대충 비슷하다면, 이로부터 얻어진 C는 그런대로 쓸 만한 근사값이 될 수 있다. C의 오차는 ϕ의 오차의 제곱에 비례하기 때문이다.

원통형 축전기의 용량을 전혀 모르고 있는 경우에도, 위의 최소 원리를 이용하면 계산이 가능하다. 가장 작은 C값이 나올 때까지 퍼텐셜 함수 ϕ를 계속 바꿔 가면서 계산을 반복하면 된다. 예를 들어, 일정한 전기장에 대응되는 퍼텐셜을 골랐다고 가정해 보자(물론, 원통형 축전기가 만드는 실제 전기장은 $1/r$을 따라 변하므로 균일하지 않다). 전기장이 일정한 경우, 이에 대응되는 퍼텐셜은 거리에 비례하는 함수로 나타난다. 그렇다면 두 도체의 경계 조건을 만족하는 퍼텐셜은

$$\phi = V\left(1 - \frac{r-a}{b-a}\right)$$

가 될 것이다. 이 함수는 $r=a$에서 V이고, $r=b$에서 0이며, $a<r<b$ 구간에서는 일정한 기울기 $-V/(b-a)$를 갖는 1차 함수이다. U^*의 적분을 계산하려면 위의 ϕ에 그래디언트를 취하여 제곱한 후 $\epsilon_0/2$를 곱하여 도체 사이의 전 공간에 대해 적분하면 된다. 단위 길이의 원통에 대하여 이 계산을 수행해 보자. 반경 r인 위치에서 부피 요소는 $2\pi r\,dr$이므로, 우리가 계산해야 할 적분은

$$\frac{1}{2}CV^2(\text{첫 번째 시도}) = \frac{\epsilon_0}{2}\int_a^b \frac{V^2}{(b-a)^2}\,2\pi r\,dr$$

이며, 적분 결과는 다음과 같다.

$$\pi V^2\left(\frac{b+a}{b-a}\right)$$

이로써 우리는 다음과 같이 '실제와 다른' 근사적인 축전용량 공식을 얻게 된다.

$$\frac{C}{2\pi\epsilon_0} = \frac{b+a}{2(b-a)}$$

다들 알다시피, 이 문제의 정답은 $C=2\pi\epsilon_0/\ln(b/a)$이다. 방금 전에 구한 답을 이 값과 비교해 보면 당연히 일치하지 않지만, 그런대로 비슷하게 맞아떨어진다는 것을 알 수 있다. 몇 가지 b/a값에 대하여 이 두 가지 결과를 비교해 보면 다음 장의 표와 같다. b/a가 2정도까지 커져도(이 구간에서 실제의 퍼텐셜은 우리가 추측한 '선형 퍼텐셜'과 비교할 때 훨씬 심하게 변한다) 상당히 좋은 근사치를 얻을 수 있다. 물론 계산값은 정답보다 약간 크게 나오는데, 이 역시 우리의 예상과 일치한다. 그러나 커다란 원통 속에 가느다란 도선이 놓여 있는 경우에는 결과가 별로 좋지 않다. 이런 경우에는 실제 장의 거리에 따른 변화가 (우리가 추정한 장과 비교할 때) 매우 크게 나타나기 때문에, 장을 상수로 간주하는 것은 그다지 좋은 근사법이 될 수 없다. $b/a=100$까지 가면 거의 두 배 가까이

$\dfrac{b}{a}$	$\dfrac{C_{참값}}{2\pi\epsilon_0}$	$\dfrac{C(1차\ 근사)}{2\pi\epsilon_0}$
2	1.4423	1.500
4	0.721	0.833
10	0.434	0.612
100	0.267	0.51
1.5	2.4662	2.50
1.1	10.492070	10.500000

차이가 난다. 물론, b/a가 상대적으로 작은 경우에는 제법 잘 일치한다. 두 개의 도체가 서로 멀리 떨어져 있지 않은 경우($b/a=1.1$), 근사적으로 구한 C값은 실제의 값에서 10% 이상 벗어나지 않는다.

이제, 계산의 정밀도를 높이는 방법에 대해 알아보자(물론 우리는 원통의 경우에 정답을 알고 있다. 이 방법은 정답이 알려져 있지 않은 이상한 모양에 대해서도 똑같이 적용될 수 있다). 다음 단계는 아직 결정되지 않은 미지의 해 ϕ에 대하여 좀 더 나은 근사를 시도하는 것이다. 예를 들어, ϕ의 지수 함수에 상수가 더해진 함수 등을 후보로 삼아 계산을 시도해 볼 수 있다. 그러나 실제 ϕ를 모르는 상황에서 우리가 선택한 후보가 더 좋은 근사인지를 어떻게 알 수 있을까? **답** : C를 계산해 보면 된다. 가장 작은 C값을 주는 ϕ가 정답에 가장 근접한 해이다. 이 아이디어를 실제 문제에 적용해 보자. 퍼텐셜이 r에 곧바로 비례하지 않고 r의 제곱에 비례하는 경우를 생각해 보자. 이런 경우, 전기장은 일정한 값이 아니라 r에 대하여 선형적으로 변하게 된다. $r=b$일 때 $\phi=0$이고 $r=a$에서 $\phi=V$를 만족하는 가장 일반적인 2차식의 형태는 다음과 같다.

$$\phi = V\left[1+\alpha\left(\frac{r-a}{b-a}\right)-(1+\alpha)\left(\frac{r-a}{b-a}\right)^2\right]$$

여기서 α는 임의의 상수이다. 이 식은 앞에서 구했던 ϕ보다 조금 더 복잡한 형태를 띠고 있지만(1차 항뿐만 아니라 2차 항까지 포함되어 있다), 이 경우에도 전기장은 쉽게 구할 수 있다.

$$E=-\frac{d\phi}{dr}=-\frac{\alpha V}{b-a}+2(1+\alpha)\,\frac{(r-a)\,V}{(b-a)^2}$$

이제 할 일은 E를 제곱한 후 부피에 대해 적분하는 것이다. 그러나 잠깐! 위 식에서 α는 어떤 값으로 잡아 주어야 하는가? 우리는 ϕ를 포물선의 형태로 잡을 수 있다. 하지만 어떤 포물선? 일단, 임의의 α값에 대하여 축전용량을 계산하면 다음과 같은 결과가 얻어진다.

$$\frac{C}{2\pi\epsilon_0}=\frac{a}{b-a}\left[\frac{b}{a}\left(\frac{\alpha^2}{6}+\frac{2\alpha}{3}+1\right)+\frac{1}{6}\alpha^2+\frac{1}{3}\right]$$

약간 복잡해 보이긴 하지만, 이 식은 전기장의 제곱을 적분한 결과이다. 이제 우리는 α를 고를 수 있다. 축전용량의 참값은 위와 같은 방법으로 계산해서 얻을 수 있는 그 어떤 값보다 작아야 하므로, 위의 식에서 α에 어떤 값을 대입해도 참값보다는 크게 나올 것이다. α에 여러 가지 값들을 대입해 보다가 가장 작은 값을 찾아냈다면, 이것이 참값에 가장 가까울 것이다. 따라서 다음으로 우리가 할 일은 C가 최소가 되는 α를 구하는 것이다. 보통의 미분법을 이용하면, C는 $\alpha = -2b/(b+a)$일 때 최소가 된다는 것을 알 수 있다. 이 값을 위 식에 대입하면 축전기의 최소 용량은 다음과 같다.

$$\frac{C}{2\pi\epsilon_0} = \frac{b^2 + 4ab + a^2}{3(b^2 - a^2)}$$

위의 식을 이용하여 계산한, 다양한 b/a값에 대응되는 C값들이 아래의 표에 나열되어 있다[위의 계산으로 얻은 값들은 C(2차식)이고, C의 참값은 $C_{참값}$으로 표기하였다].

$\frac{b}{a}$	$\frac{C_{참값}}{2\pi\epsilon_0}$	$\frac{C(2차식)}{2\pi\epsilon_0}$
2	1.4423	1.444
4	0.721	0.733
10	0.434	0.475
100	0.267	0.346
1.5	2.4662	2.4667
1.1	10.492070	10.492065

예를 들어, b/a가 2일 때 C(2차식)은 1.444인데, 이는 참값 1.4423과 거의 일치한다. b/a가 이보다 큰 경우에도 계산 결과는 상당히 정확하다(앞에서 구했던 첫 번째 근사값보다 훨씬 잘 일치한다). b/a가 10일 때에도 실제 값과의 오차는 10%정도이다. 그러나 b/a가 100에 이르면 상황이 꼬이기 시작한다. $C_{참값}$은 0.267인데, C(2차식)이 무려 0.346이나 되는 것이다. 반면에, b/a가 1.5인 경우에는 아주 잘 일치한다. 그리고 b/a가 1.1일 때에도 $C_{참값}$은 10.492070, C(2차식)은 10.492065로서, 거의 일치하고 있음을 볼 수 있다.

여러분은 지금까지의 사례들을 통하여 최소 작용의 원리와 최소 원리의 이론적 가치 및 최소 원리의 실용성(정답을 모르는 경우에도 근사적으로 축전용량을 계산하는 방법을 제공해 준다)을 충분히 깨달았을 것이다. 다른 임의의 모양에 대해서도, α와 같은 미지의 매개 변수들을 도입하여 근사적인 장을 추측한 다음 이 매개 변수를 조절하여 최소값을 구할 수 있다. 이렇게 하면 다른 방법으로는 다루기 곤란한 문제가 주어졌을 때에도 수치적으로 매우 좋은 결과를 얻을 수 있다.

강의 후에 추가된 주석

시간에 쫓겨 강의 중에 다루지 못했던 내용을 추가하고자 한다(나는 항상 주어진 시간에 강의할 수 있는 양보다 더 많은 내용을 준비하는 버릇이 있는 것 같다). 서두에서 언급한 대로 나는 이 강의를 준비하면서 한 가지 문제에 관심을 갖게 되었는데, 그 내용을 여기 소개하고자 한다. 나는 이 강의를 준비하면서, 다양한 최소 원리들의 대부분이 역학과 전자기학의 최소 작용의 원리로부터 유도될 수 있다는 사실을 깨닫게 되었다. 그러나 개중에는 그렇지 않은 경우도 있다. 예를 들어 전류가 옴의 법칙을 준수하며 물체에 흐르고 있는 경우에, 전류는 물체 안에서 발열률이 최소가 되는 쪽으로 분포된다. 또는 이것을 (등온 조건이 유지된다면) "에너지 생성률이 최소가 되도록 분포한다"고 표현할 수도 있다. 그러나 고전 이론에 따르면, 이 원리는 전류가 흐르는 금속 내부의 전자들의 속도 분포를 결정하는 데에도 적용될 수 있다. 금속 안에서 전자들은 옆으로 표류하기 때문에, 이들의 속도 분포는 평형 상태의 분포와 정확하게 일치하지 않는다[제1권 40장, 식 (40.6) 참조]. 이때 나타나는 분포는 전자들이 충돌함에 따라 매 초당 발생하는 엔트로피의 생성량을 최소화시키는 쪽으로 형성된다. 그러나 전자의 행동을 제대로 기술하려면 양자역학을 동원해야 한다. 강의를 준비하면서 내가 떠올렸던 질문은 다음과 같다. "이 상황을 양자역학적으로 서술한 경우에도 동일한 '최소 엔트로피 생성 원리가 성립할 것인가?" 나는 아직 해답을 얻지 못했다.

이것은 학문적으로 매우 흥미로운 문제이며, 이와 같은 원리의 적용 범위를 확인하는 것은 분명히 가치 있는 일이다. 그러나 실용적인 관점에서 나는 이 질문의 답을 알고 싶다. 나는 몇 명의 연구 동료들과 함께 NaCl 같은 이온 결정 속에서 운동하는 전자가 느끼는 전기 저항을 양자역학적으로 계산하여 논문을 발표한 적이 있다[Feynman, Hellworth, Iddings, and Platzman, "Mobility of Slow Electrons in a Polar Crystal," *Phys. Rev.* **127**, 1004 (1962)]. 만일 양자역학에도 최소 원리가 있었다면, (전기장에 대한 정보가 태부족한 경우에도 축전기의 용량에 대한 최소 원리를 적용하여 축전용량을 매우 정확하게 추정할 수 있었던 것처럼) 이 원리를 이용하여 좀 더 정밀한 결과를 얻을 수 있었을 것이다.

CHAPTER 20

자유 공간에서 맥스웰 방정식의 해

20-1 자유 공간에서의 파동 : 평면파
20-2 3차원 파동
20-3 과학적 상상력
20-4 구면파

참조 :

제1권 47장 〈음파와 파동 방정식〉

제1권 28장 〈전자기 복사〉

20-1 자유 공간에서의 파동 : 평면파

18장에서 우리는 완결된 형태의 맥스웰 방정식에 도달하였다. 고전 전자기학의 모든 내용은 다음 네 개의 방정식 속에 함축되어 있다.

$$\begin{aligned} &\text{I}. \quad \nabla \cdot \boldsymbol{E} = \frac{\rho}{\epsilon_0} && \text{II}. \quad \nabla \times \boldsymbol{E} = -\frac{\partial \boldsymbol{B}}{\partial t} \\ &\text{III}. \quad \nabla \cdot \boldsymbol{B} = 0 && \text{IV}. \quad c^2 \nabla \times \boldsymbol{B} = \frac{\boldsymbol{j}}{\epsilon_0} + \frac{\partial \boldsymbol{E}}{\partial t} \end{aligned} \tag{20.1}$$

그런데 위의 방정식들을 한데 결합하면 완전히 새로운 현상이 나타난다. 즉, 움직이는 전하에 의해 발생한 장(field)이 발생원으로부터 벗어나 독자적으로 공간 속을 진행할 수 있다는 것이다. 앞에서 우리는 한 가지 특별한 예로 '무한 평판 전류가 갑자기 발생한 경우'를 다룬 적이 있다. 전류를 흘려준 후 시간 t가 흐르면 평판에서 ct만큼 떨어진 곳까지 균일한 전자기장이 형성된다. 예를 들어, 전류 밀도 J인 전류가 yz평면에서 $+y$방향으로 흐르고 있다고 가정해 보자. 이 경우에 전기장은 y성분만 존재하며, 자기장은 z성분만 갖게 된다. 그리고 $\boldsymbol{E}$와 $\boldsymbol{B}$의 성분 사이에는 $0 < x < ct$인 범위 안에서 다음과 같은 관계가 성립한다.

$$E_y = cB_z = -\frac{J}{2\epsilon_0 c} \tag{20.2}$$

$x > ct$인 곳에서는 전자기장이 존재하지 않는다. 그리고 $-x$방향으로도 위와 같은 전자기장이 형성된다. 시간 t일 때 전기장과 자기장의 크기를 x의 함수로 그려 보면 그림 20-1과 같다. 시간이 흐름에 따라 $x = ct$의 위치에 있던 '파면의 선단(wavefront)'은 $+x$방향으로 c의 속도로 진행한다.

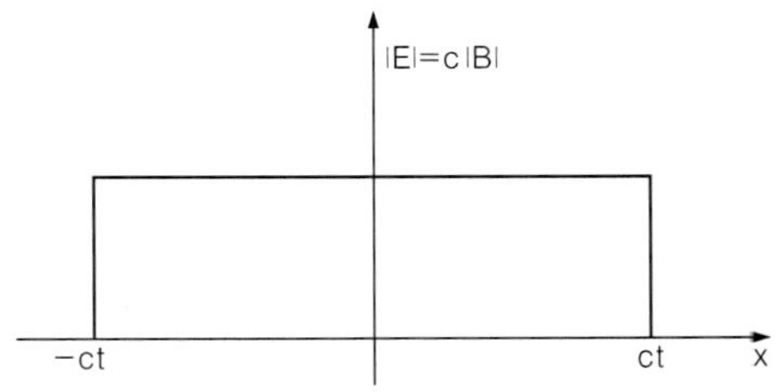

그림 20-1 평판 전류가 발생한 후 시간 t에서 x의 함수로 그린 전기장과 자기장

다음과 같은 순서로 발생하는 일련의 사건들을 생각해 보자. 1단위의 전류를 잠시 동안 흘려주다가, 어느 순간 갑자기 전류의 양을 3단위로 증가시킨 다음 그 값을 계속 일정하게 유지한다. 이런 경우에 전자기장은 어떤 형태로 형성될 것인가? 이 상황을 다음과 같이 단계별로 나눠서 생각하면 전자기장의 형태를 좀 더 쉽게 구할 수 있다. 우선 $t = 0$일 때 1단위의 전류를 흘려준 뒤에, 이 상태를 무한정 유지한다고 가정해 보자. 그러면 $x > 0$인 영역에서 전자기장의 모습은 그림 20-2(a)와 같다. 그다음, $t = t_1$일 때 2단위의 일정한 전류를 추가로 흘려주면 어떻게 될지 생각해 보자.

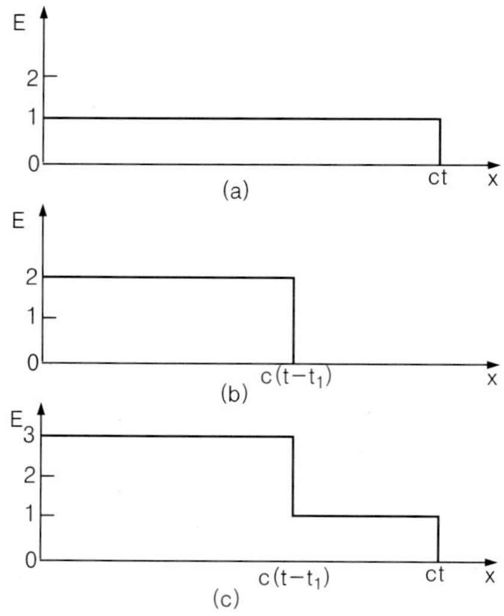

그림 20-2 평판 전류의 전기장.
(a) $t=0$에서 발생한 1단위의 전류
(b) $t=t_1$에서 발생한 2단위의 전류
(c) (a)와 (b)의 중첩

이때 발생하는 전기장의 크기는 먼저 형성된 전기장의 두 배이다. 그러나 그림 20-2(b)에서 보는 바와 같이, 이 전기장은 $x=c(t-t_1)$인 곳까지만 형성된다. 중첩 원리를 이용하여 두 개의 해를 더해 보면, 앞서 말했던 원래의 상황과 동일해진다. 즉, 임의의 시간 t에서의 전기장은 그림 20-2(c)와 같이 형성된다.

이번에는 좀 더 복잡한 문제를 다뤄 보자. 처음에 1단위의 전류를 흘려주고, 잠시 뒤에 전류를 3단위로 증가시킨 후 다시 잠시 후에 전류를 차단시킨다. 이런 경우에 장은 어떻게 될 것인가? 이 문제는 중첩 원리를 이용하여 세 개의 문제로 분해한 후 각각의 해를 더함으로써 최종적인 해를 구할 수 있다. 우선, 1단위의 계단 전류가 만들어 내는 장을 구한 후(이 문제는 방금 전에 풀었다), 2단위의 계단 전류에 의한 장을 추가로 구한다. 그리고 마지막으로 −3단위의 전류가 형성하는 장을 구한다. 이렇게 구한 세 개의 해를 모두 더해 보면, 앞에서 말한 것과 동일한 상황($t=0$인 순간부터 $t=t_1$까지 1단위 전류가 흐르다가 t_1부터 전류의 양이 3단위로 증가하고, $t=t_2$에 이르면 더 이상 전류가 흐르지 않는 상황)이 된다는 것을 확인할 수 있다. 이 전류를 시간의 함수로 그려 보면 그림 20-3(a)와 같다. 그리고 시간 t에 형성되는 전기장의 형태는 그림 20-3(b)와 같다. 이 전기장은 전류의 모습을 정확하게 나타내고 있다. 즉, 공간상에서 위치에 따라 장이 변하는 양상은 시간에 따라 전류가 변해 가는 양상과 동일하게 나타난다. 한 가지 다른 점은 앞뒤가 바뀌었다는 것이다. 이 전기장은 시간이 흘러도 지금의 형태를 그대로 유지하면서 $+x$방향을 향해 c의 속도로 진행한다. 즉, 전기장은 전류(발생원)의 세세한 형태를 고스란히 기록한 채 그 모양을 유지하며 전파된다는 것이다. 그러므로 발생원으로부터 수 킬로미터 떨어진 먼 곳에서 전기장이나 자기장이 변화하는 양상을 관측하면, 발생원에서 전류가 어떤 식으로 변했는지를 미루어 짐작할 수 있다.

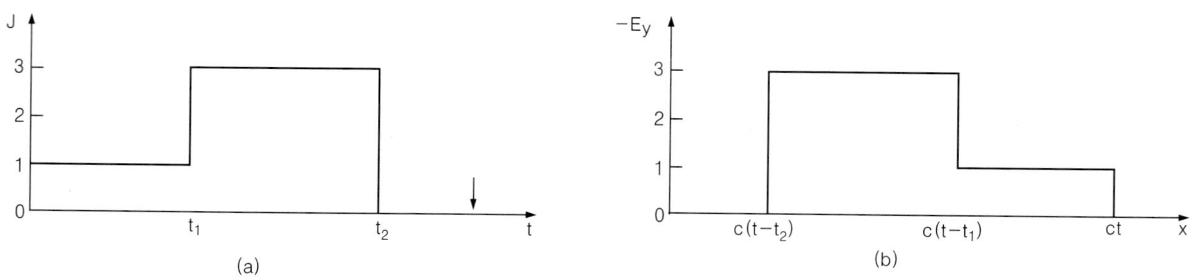

그림 20-3 전류원의 세기가 (a)와 같이 변할 때, 화살표가 가리키는 시간 t에서 전기장(x의 함수)은 그림 (b)와 같다.

전자기장을 발생시켰던 발생원의 활동이 완전히 멈추고 전류와 전하가 모두 사라진다 해도, 한 번 발생한 전자기장은 계속해서 공간 속을 진행한다. 전자기장은 전하나 전류와 무관하게 존재하는 양이며, 이것은 맥스웰 방정식을 한데 묶어서 얻어진 결과이다. '지금 이 순간'의 전류가 아닌, '과거 시간' $t-x/c$에서의 전류 분포를 이용하여 전기장을 표현하면 지금까지 언급한 내용을 수학적으로 기술할 수 있다. 즉,

$$E_y(t) = -\frac{J(t-x/c)}{2\epsilon_0 c} \tag{20.3}$$

이다.

이 식은 (믿거나 말거나) 1권에서 굴절률을 다룰 때, 약간 다른 관점에서 이미 유도한 적이 있다. 그때 우리에게 주어진 과제는 유전체에 전자기파를 쪼여 주어 얇은 박막의 쌍극자들이 진동할 때, 이들로부터 발생하는 전자기장을 구하는 것이었다. 그래서 우리는 진동하는 쌍극자들이 만들어 내는 전자기장에 입사된 전자기장을 더하여 전체 전자기장을 계산하였다. 그런데 맥스웰 방정식의 도움도 없이 움직이는 전하가 발생시키는 장을 어떻게 구할 수 있었을까? 그 당시에는 가속 운동하는 점전하가 먼 거리에 발생시키는 복사장에 대한 공식(이 식을 유도한 적은 없다)을 출발점으로 삼았었다. 제1권 31장의 식 (31.10)을 보면 식 (20.3)과 동일하다는 것을 알 수 있다. 1권에서 유도한 결과는 발생원으로부터 멀리 떨어진 곳에 한하여 성립했지만, 사실은 발생원 근처에서도 동일한 결과가 적용된다.

이제, 전류나 전하로부터 멀리 떨어진 빈 공간에서 전기장과 자기장의 거동을 일반적인 방식으로 구해 보자. 발생원과 아주 가까운 곳을 문제 삼는다면, 전자기파가 이 거리를 주파하는 데 걸리는 시간이 워낙 짧기 때문에 이 시간 동안 전류나 전하의 분포는 거의 변하지 않는다. 따라서 이런 경우에 장의 모습은 정전기학이나 정자기학의 경우와 거의 같아진다. 그러나 먼 거리에서는 신호 전달에 의한 뒤처짐 효과가 크게 나타나므로 전자기장은 이전과 전혀 다른 특성을 띠게 된다. 어떻게 보면, "발생원으로부터 충분히 먼 곳까지 여행한 전자기장은 자신만의 고유한 본성을 드러내기 시작한다"고 말할 수도 있다. 그래서 지금부터는 전류나 전하가 존재하지 않는 지역에서 전자기장의 거동을 살펴보기로 한다.

ρ와 $\boldsymbol{j}$가 모두 0인 지역에서 전자기장은 어떤 형태를 취할 것인가? 18장에서 우리는 스칼라 퍼텐셜과 벡터 퍼텐셜을 이용하여 맥스웰 방정식을 다음과 같이 표현한 적이 있다.

$$\nabla^2\phi - \frac{1}{c^2}\frac{\partial^2\phi}{\partial t^2} = -\frac{\rho}{\epsilon_0} \tag{20.4}$$

$$\nabla^2\boldsymbol{A} - \frac{1}{c^2}\frac{\partial^2\boldsymbol{A}}{\partial t^2} = -\frac{\boldsymbol{j}}{\epsilon_0 c^2} \tag{20.5}$$

ρ와 $\boldsymbol{j}$가 모두 0이면, 위의 방정식은 아래와 같이 간단해진다.

$$\nabla^2\phi - \frac{1}{c^2}\frac{\partial^2\phi}{\partial t^2} = 0 \tag{20.6}$$

$$\nabla^2\boldsymbol{A} - \frac{1}{c^2}\frac{\partial^2\boldsymbol{A}}{\partial t^2} = 0 \tag{20.7}$$

즉, 빈 공간에서 스칼라 퍼텐셜 ϕ와 벡터 퍼텐셜의 각 성분은 수학적으로 같은 형태의 방정식을 만족한다. ϕ와 A_x, A_y, A_z 중에 임의의 하나를 골라 ψ(프사이)로 표기하면, 위에 열거한 두 개의 방정식은 다음과 같이 하나로 통일된다.

$$\nabla^2\psi - \frac{1}{c^2}\frac{\partial^2\psi}{\partial t^2} = 0 \tag{20.8}$$

일반적으로 ψ는 x, y, z의 함수이므로, 식 (20.8)을 '3차원' 파동 방정식이라고 한다. 이 식에서 라플라시안(Laplacian) 연산자를 성분별로 풀어 쓰면 3차원 파동 방정식의 의미가 더욱 명확해진다.

$$\frac{\partial^2\psi}{\partial x^2} + \frac{\partial^2\psi}{\partial y^2} + \frac{\partial^2\psi}{\partial z^2} - \frac{1}{c^2}\frac{\partial^2\psi}{\partial t^2} = 0 \tag{20.9}$$

자유 공간에서 $\boldsymbol{E}$와 $\boldsymbol{B}$도 이와 같은 형태의 방정식을 만족한다. 예를 들어, 식 (20.7)에 컬을 취하고 $\boldsymbol{B} = \boldsymbol{\nabla}\times\boldsymbol{A}$를 이용하면 $\boldsymbol{B}$에 대한 식을 얻을 수 있다. 라플라시안은 스칼라 연산자이므로, 라플라시안과 컬의 연산 순서는 바꿔도 무방하다.

$$\boldsymbol{\nabla}\times(\nabla^2\boldsymbol{A}) = \nabla^2(\boldsymbol{\nabla}\times\boldsymbol{A}) = \nabla^2\boldsymbol{B}$$

마찬가지로, 컬과 $\partial/\partial t$의 순서도 바꿀 수 있다.

$$\boldsymbol{\nabla}\times\frac{1}{c^2}\frac{\partial^2\boldsymbol{A}}{\partial t^2} = \frac{1}{c^2}\frac{\partial^2}{\partial t^2}(\boldsymbol{\nabla}\times\boldsymbol{A}) = \frac{1}{c^2}\frac{\partial^2\boldsymbol{B}}{\partial t^2}$$

이 과정을 거치면 $\boldsymbol{B}$에 대한 미분 방정식이 다음과 같은 형태로 얻어진다.

$$\nabla^2\boldsymbol{B} - \frac{1}{c^2}\frac{\partial^2\boldsymbol{B}}{\partial t^2} = 0 \tag{20.10}$$

보다시피, 자기장 $\boldsymbol{B}$의 각 성분들은 3차원 파동 방정식을 만족한다. 또한 $\boldsymbol{E} = -\boldsymbol{\nabla}\phi - \partial\boldsymbol{A}/\partial t$를 이용하면 전기장 $\boldsymbol{E}$도 자유 공간에서 아래와 같이 3차원 파동 방정식을 만족한다는 것을 확인할 수 있다.

$$\nabla^2\boldsymbol{E} - \frac{1}{c^2}\frac{\partial^2\boldsymbol{E}}{\partial t^2} = 0 \tag{20.11}$$

모든 전자기장은 똑같은 형태의 파동 방정식 (20.8)을 만족한다. 그렇다면 이 방정식의 가장 일반적인 해는 어떻게 생겼을까? 지금 당장 해를 구하는 것은 여러분에게 무리이기 때문에, 일단은 y 및 z좌표와 무관한 간단한 경우의 해를 구한 후, 이로부터 일반적인 해를 유추하는 것이 좋을 것 같다(어려운 문제를 풀 때는 간단한 경우를 먼저 고려하여 해에 대한 확신을 얻은 후, 좀 더 복잡한 경우를 다루는 것이 바람직하다). 장의 크기가 x좌표만의 함수이고, y나 z좌표와는 무관하다고 가정해 보자. 간단히 말해서, 다시 평면파로 돌아가자는 뜻이다. 그러면 앞 절에서 구했던 것과 완전히 동일한 해가 얻어진다. "똑같은 짓을 왜 반복하는 겁니까?"라고 반문하는 사람도 있을 것이다. 물론, 완전히 동일한 과정이라면 굳이 반복할 필요가 없다. 그러나 앞에서 얻은 해는 특별한 전류 분포를 가정한 상태에서 계산된 것이며, 그 해가 평면파에 대한 가장 일반적인 해라는 것도 증명하지 않았다. 그러므로 동일한 결과가 나온다 해도 해를 다시 구하는 것은 나름대로 의미가 있다. 지금 우리의 목적은 자유 공간에 존재할 수 있는 가장 일반적인 형태의 1차원 파동을 구하는 것이다. 일반해를 구하려면, 발생원에 어떤 특별한 조건을 부가하지 않고 가장 일반적인 상황을 가정해야 한다. 이번에는 적분이 아닌 미분 방정식을 이용하여 문제를 풀어 보자. 물론 이런 식으로 해도 결국은 동일한 답이 나올 것이다. 여러 가지 방식으로 동일한 답을 재현해 보는 것은 문제의 물리적 의미를 이해하는 데 커다란 도움이 된다. 풀이 방법이 여러 개 존재한다면, 모든 해법을 다 알아 두는 것이 좋다. 실제로 어려운 문제를 접해 보면, 그중에서 단 한 가지 방법만 통하는 경우가 종종 있기 때문이다.

전자기장의 한 성분(x성분)에 대한 파동 방정식의 해를 직접 고려할 수도 있겠지만, 일단은 자유 공간에서의 맥스웰 방정식으로부터 출발해 보자. 이렇게 하면 맥스웰 방정식과 전자기파 사이의 관계를 더욱 분명하게 이해할 수 있다. 식 (20.1)에서 전하와 전류를 0으로 놓으면 맥스웰 방정식은 다음과 같은 형태가 된다.

$$\begin{aligned}
&\text{I.} \quad && \nabla \cdot \boldsymbol{E} = 0 \\
&\text{II.} \quad && \nabla \times \boldsymbol{E} = -\frac{\partial \boldsymbol{B}}{\partial t} \\
&\text{III.} \quad && \nabla \cdot \boldsymbol{B} = 0 \\
&\text{IV.} \quad && c^2 \nabla \times \boldsymbol{B} = \frac{\partial \boldsymbol{E}}{\partial t}
\end{aligned} \tag{20.12}$$

첫 번째 식을 성분별로 써 보면,

$$\nabla \cdot \boldsymbol{E} = \frac{\partial E_x}{\partial x} + \frac{\partial E_y}{\partial y} + \frac{\partial E_z}{\partial z} = 0 \tag{20.13}$$

이 된다. 지금 우리는 방정식의 해가 y, z좌표에 무관한 경우를 다루고 있으므로, 마지막 두 항은 0이다. 따라서 위의 식은

$$\frac{\partial E_x}{\partial x} = 0 \tag{20.14}$$

이 된다. 즉, 전기장의 x성분(E_x)이 모든 x좌표에 대하여 일정하다는 뜻이다. $\boldsymbol{B}$가 y와 z에 무관하다는 사실을 식 (20.12)의 IV에 적용하면, E_x가 시간에 대해서도 상수임을 알 수 있다. 멀리 떨어져 있는 축전기의 평판 사이에 생성되는 정전기장(steady DC field)도 이와 같은 특성을 띠고 있다. 그러나 이런 정적인 전기장은 우리의 관심사가 아니다. 지금 우리는 동적으로 변하는 장에 관심을 두고 있다. 동적인 장의 경우, $E_x = 0$이다.

따라서 평면파가 어떤 방향으로 진행하건 간에, "전기장은 진행 방향에 수직하다"는 중요한 결론을 얻게 된다. 물론, 전기장 자체는 x좌표(진행 방향의 좌표)에 따라 복잡한 형태로 바뀔 수 있다.

횡방향의 전기장(transverse $\boldsymbol{E}$-field)은 'y성분과 z성분'처럼 두 개의 성분으로 분해될 수 있다. 문제를 단순화시켜서, 전기장의 횡방향 성분이 하나밖에 없는 경우를 생각해 보자. 예를 들어, 전기장이 항상 y방향을 향한다고 가정해 보자(z방향 성분 $= 0$인 경우). 일단 이 경우의 해를 구하고 나면, 전기장이 z방

향을 향하고 있는 경우의 해도 쉽게 구할 수 있다. 그리고 일반적인 해는 항상 이들 두 해의 중첩으로 표현될 수 있다.

몇 가지 가정을 적용해 놓고 보니, 방정식이 아주 간단해졌다. 전기장의 성분들 중에서 0이 아닌 것은 E_y뿐이며, x에 대한 미분 항을 제외한 나머지 미분 항들(y, z에 대한 미분 항)은 모두 0이다. 식 (20.12)의 II, III, IV도 매우 간단한 형태로 전환된다.

맥스웰 방정식의 두 번째 식[(20.12)-II]을 살펴보자. 컬 $\boldsymbol{E}$를 성분별로 풀어 쓰면,

$$(\boldsymbol{\nabla}\times\boldsymbol{E})_x = \frac{\partial E_z}{\partial y} - \frac{\partial E_y}{\partial z} = 0$$

$$(\boldsymbol{\nabla}\times\boldsymbol{E})_y = \frac{\partial E_x}{\partial z} - \frac{\partial E_z}{\partial x} = 0$$

$$(\boldsymbol{\nabla}\times\boldsymbol{E})_z = \frac{\partial E_y}{\partial x} - \frac{\partial E_x}{\partial y} = \frac{\partial E_y}{\partial x}$$

가 된다. 보다시피, $\boldsymbol{\nabla}\times\boldsymbol{E}$의 x성분은 0이다. 왜냐하면 y와 z에 대한 미분이 모두 0이기 때문이다. 또한 두 번째 식에서 첫 번째 항은 z에 대한 미분이므로 0이고, 두 번째 항은 $E_z=0$이므로 0이 되어, $\boldsymbol{\nabla}\times\boldsymbol{E}$의 y성분도 역시 0이다. 따라서 $\boldsymbol{\nabla}\times\boldsymbol{E}$의 성분들 중 살아남는 것은 z성분뿐이며, 그 값은 $\partial E_y/\partial x$이다. 그러므로 $\boldsymbol{\nabla}\times\boldsymbol{E}$의 각 성분과 이에 해당되는 $-\partial\boldsymbol{B}/\partial t$의 각 성분을 연결시킨 결과는 다음과 같다.

$$\frac{\partial B_x}{\partial t} = 0, \qquad \frac{\partial B_y}{\partial t} = 0 \tag{20.15}$$

$$\frac{\partial B_z}{\partial t} = -\frac{\partial E_y}{\partial x} \tag{20.16}$$

자기장의 x성분과 y성분을 시간으로 미분한 값이 모두 0이므로 이들 두 성분은 일정한 값을 가지며, 이는 예전에 정자기학에서 구했던 해에 해당된다. 이것은 전자기장이 전파되고 있는 공간 근처에 영구 자석을 가져다 놓은 경우로 보면 될 것이다. 지금의 논의에서는 이러한 일정한 자기장은 무시하기로 하자. 따라서 B_x와 B_y를 0으로 놓고 이야기를 진행하기로 한다.

그리고 $\boldsymbol{B}$의 x성분이 0이 되어야 한다는 것은 이미 다른 이유에서 벌써 결론이 난 상태이다. 즉, 세 번째 맥스웰 방정식에 의하면 $\boldsymbol{B}$의 다이버전스는 0이 되어야 하므로, 전기장의 경우에 사용했던 논리를 그대로 적용하면, "자기장의 종방향 성분은 x의 함수가 될 수 없다"는 것을 알 수 있다. 그런데 지금 우리는 파동 해를 구하기 위해서 균일한 장을 무시하고 있으므로, B_x를 0으로 놓아야 한다. 그러면 평면 전자기파에서 전기장과 자기장의 진동 방향은 파의 진행 방향과 수직이라는 결론을 내릴 수 있다. 이것은 전자기파가 갖는 일반적인 특성이다.

식 (20.16)에 의하면, 전기장이 y성분만 갖고 있을 때 자기장에는 z성분만이 존재한다. 따라서 $\boldsymbol{E}$와 $\boldsymbol{B}$는 서로 '수직'임을 알 수 있다. 앞에서 예제로 다뤘던 전자기파도 이와 같은 특성을 갖고 있었다.

이제, 자유 공간에서의 맥스웰 방정식 중 마지막 식을 살펴볼 차례이다. 이 식을 성분별로 풀어 쓰면,

$$
\begin{aligned}
c^2(\nabla \times \boldsymbol{B})_x &= c^2\frac{\partial B_z}{\partial y} - c^2\frac{\partial B_y}{\partial z} = \frac{\partial E_x}{\partial t} \\
c^2(\nabla \times \boldsymbol{B})_y &= c^2\frac{\partial B_x}{\partial z} - c^2\frac{\partial B_z}{\partial x} = \frac{\partial E_y}{\partial t} \\
c^2(\nabla \times \boldsymbol{B})_z &= c^2\frac{\partial B_y}{\partial x} - c^2\frac{\partial B_x}{\partial y} = \frac{\partial E_z}{\partial t}
\end{aligned} \tag{20.17}
$$

가 되는데, 여기서 $\boldsymbol{B}$의 성분에 대한 여섯 개의 미분 항들 중 0이 아닌 항은 $\partial B_z/\partial x$뿐이므로 아래의 식만이 살아남게 된다.

$$
-c^2\frac{\partial B_z}{\partial x} = \frac{\partial E_y}{\partial t} \tag{20.18}
$$

지금까지 얻은 결과를 종합해 보면, 전기장과 자기장에는 0이 아닌 성분이 단 하나씩만 존재하며, 이들은 식 (20.16)과 (20.18)을 반드시 만족해야 한다. 식 (20.16)을 x로 미분하고 식 (20.18)을 t로 미분하면, 두 식의 좌변이 같아지므로(물론 상수 c^2도 고려해야 한다), 이로부터 E_y가 만족하는 방정식을 다음과 같이 유도할 수 있다.

$$
\frac{\partial^2 E_y}{\partial x^2} - \frac{1}{c^2}\frac{\partial^2 E_y}{\partial t^2} = 0 \tag{20.19}
$$

우리는 앞에서 음파의 진행을 공부할 때, 이 방정식을 다뤄 본 적이 있다. 이것은 바로 1차원 파동 방정식의 전형적인 형태이다.

지금까지의 유도 과정에서, 우리는 식 (20.11)에 담겨 있는 내용보다 '더 많은' 사실들을 추가로 발견하였다. 즉, 전자기파를 구성하고 있는 전기장과 자기장은 전자기파의 진행 방향과 항상 수직하다는 사실을 추가로 알아낸 것이다.

1차원 파동 방정식의 해를 다시 한 번 복습해 보자. 다음의 파동 방정식

$$
\frac{\partial^2 \psi}{\partial x^2} - \frac{1}{c^2}\frac{\partial^2 \psi}{\partial t^2} = 0 \tag{20.20}
$$

을 만족하는 함수를 ψ라 하면, 한 가지 가능한 해 $\psi(x,\ t)$는 다음과 같은 형태를 취한다.

$$
\psi(x,\ t) = f(x - ct) \tag{20.21}
$$

즉, ψ는 오직 $(x-ct)$에만 의존하는 함수이다. 여기서 함수 $f(x-ct)$는 $+x$방향을 향해 c의 속도로 진행하는 '고정된 모양'의 파동을 나타낸다(그림 20-4 참조). 예를 들어, $x-ct=0$일 때 함수 f의 값이 최대가 된다고 가정하면, $t=0$일 때에는 $x=0$에서 최대가 된다. 그 후 시간이 흘러서 $t=10$이 되었다면, 함수 f는 $x=10c$에서 최대값을 갖는다. 즉, 최대값의 위치가 $+x$방향을 향해 c의 속도로 이동한다는 뜻이다.

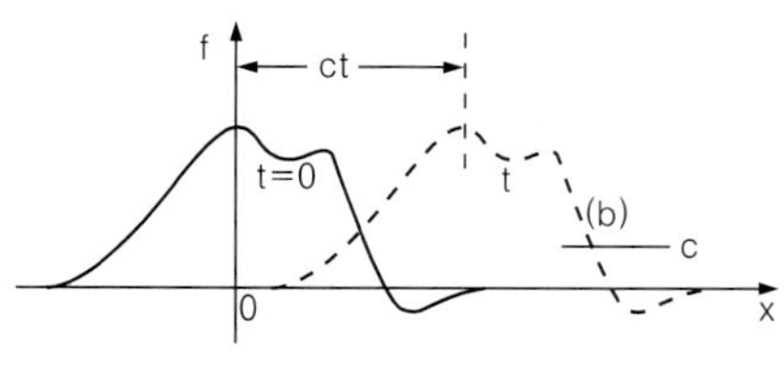

그림 20-4 $f(x-ct)$는 일정한 모양을 유지한 채 $+x$방향을 따라 c의 속도로 진행하는 함수이다.

경우에 따라서는 1차원 파동 방정식의 해를 $(t-x/c)$의 함수로 표현하는

것이 더 편리할 수도 있다. $(t-x/c)$의 함수는 $(x-ct)$의 함수이기도 하므로, 크게 달라진 것은 없다.

$$F(t-x/c) = F\left[-\frac{x-ct}{c}\right] = f(x-ct)$$

그러면 함수 $f(x-ct)$가 정말로 파동 방정식의 해인지 확인해 보자. 이 함수는 $(x-ct)$라는 단 하나의 변수만을 갖고 있다. 함수 f를 이 변수로 미분한 도함수를 f'이라 하고, 2계 도함수는 f''으로 표기하자. 식 (20.21)을 x로 미분하면

$$\frac{\partial\psi}{\partial x} = f'(x-ct)$$

가 된다. 왜냐하면 $(x-ct)$를 x로 미분하면 1이기 때문이다. x에 대한 ψ의 2계 도함수는 다음과 같다.

$$\frac{\partial^2\psi}{\partial x^2} = f''(x-ct) \tag{20.22}$$

ψ를 t로 미분하면,

$$\frac{\partial\psi}{\partial t} = f'(x-ct)(-c)$$

$$\frac{\partial^2\psi}{\partial t^2} = +c^2 f''(x-ct) \tag{20.23}$$

가 된다. 그러므로 ψ는 1차원 파동 방정식의 해가 분명하다.

여러분은 이런 의문을 떠올릴 수도 있다. "문제를 풀기도 전에 파동 방정식의 해가 $f(x-ct)$의 형태라는 것을 어떻게 알 수 있지? 답을 미리 알고 넘겨짚은 것 아닌가? 이렇게 거꾸로 거슬러 가지 말고 '정석대로' 해를 구할 수는 없을까?" 그러나 답을 '미리 아는 것'도 훌륭한 정석에 속한다. 답의 형태를 미리 알고 있다면, 제법 정석처럼 보이는 수학적 해법을 만들어 낼 수 있다. 하지만 1차원 파동 방정식과 같은 간단한 경우에는 굳이 그럴 필요가 없다. 머지않아 여러분은 식 (20.20)을 보자마자 "아하! 이 방정식의 해는 $f(x-ct)$의 형태로구나!"라는 생각을 떠올릴 수 있게 될 것이다(이것은 $x^2\,dx$의 적분을 보자마자 답이 $x^3/3$임을 떠올리는 것과 비슷하다).

방정식의 해를 구했으니 이것으로 끝내야 할까? 아니다. 아직 구하지 않은 해가 하나 더 있다. $(x-ct)$의 함수뿐만 아니라, $(x+ct)$의 함수도 1차원 파동 방정식의 해가 될 수 있다. 파동 방정식 (20.20)에는 상수가 c^2의 형태로 포함되어 있으므로, 먼저 구한 해에서 c를 $-c$로 대치시킨 것도 해가 되어야 한다. 1차원 파동 방정식의 '가장 일반적인' 해는 $(x-ct)$의 함수와 $(x+ct)$의 함수의 합으로 표현된다.

$$\psi = f(x-ct) + g(x+ct) \tag{20.24}$$

첫째 항은 $+x$방향으로 진행하는 임의의 파동을 나타내며, 두 번째 항은 $-x$방

향으로 진행하는 임의의 파동을 의미한다. 일반해는 이 두 가지 파동이 중첩된 형태이다.

이제, 재미있는 문제를 숙제로 내줄 테니 각자 생각해 보기 바란다. 다음과 같은 형태의 함수 ψ를 생각해 보라.

$$\psi = \cos kx \cos kct$$

이 ψ는 $(x-ct)$나 $(x+ct)$의 함수가 아님에도 불구하고 1차원 파동 방정식을 만족한다. 직접 대입해서 계산해 보면 금방 확인할 수 있다. 그런데 어떻게 식 (20.24)와 같은 형태를 일반해라고 장담하는 것일까?

파동 방정식의 해에 관하여 지금까지 얻은 결론을 전기장의 y성분(E_y)에 적용시켜 보면, E_y는 x좌표가 변함에 따라 아무렇게나 변할 수 있다는 것을 알 수 있다. 그러나 실제로 존재하는 전기장은 항상 두 가지 파형의 합으로 간주할 수 있다. 하나의 파동은 c의 속도로 특정 방향으로 진행하고, 다른 하나의 파동은 c의 속도로 반대 방향으로 진행한다. 물론, 여기에 동반되는 자기장의 파동은 전기장의 파동과 직각을 이루며 진행할 것이다. 가시광선, 라디오파, 적외선, 자외선, X선 등 모든 전자기파는 이런 형태로 이루어져 있다. 빛의 복사(radiation)에 대해서는 이미 1권에서 자세히 다룬 바 있다. 거기 등장하는 모든 내용은 임의의 전자기파에 대하여 똑같이 적용되므로, 다양한 파동의 거동을 일일이 재언급할 필요는 없을 것 같다.

다만, 전자기파의 편광에 대해서는 몇 가지 짚고 넘어갈 것이 있다. 앞에서 우리는 전기장의 y성분만 존재하는 특수한 경우의 해를 구했다. 그러나 z방향 성분만 가지면서, $+x$나 $-x$방향으로 진행하는 전기장도 파동 방정식의 해가 될 수 있다. 맥스웰 방정식은 선형 방정식이므로, x방향으로 진행하는 1차원 파동의 일반해는 E_y와 E_z의 합으로 표현된다. 일반해의 특성을 정리하면 다음과 같다.

$$\begin{aligned}
\boldsymbol{E} &= (0,\ E_y,\ E_z)\\
E_y &= f(x-ct) + g(x+ct)\\
E_z &= F(x-ct) + G(x+ct)\\
\boldsymbol{B} &= (0,\ B_y,\ B_z)\\
cB_z &= f(x-ct) - g(x+ct)\\
cB_y &= -F(x-ct) + G(x+ct)
\end{aligned} \tag{20.25}$$

위의 조건을 만족하는 전자기파는 'yz평면 상에서 모종의 방식으로 회전하는' 전기장 벡터 $\boldsymbol{E}$를 갖는다. 전자기파를 이루는 전기장과 자기장은 공간상의 모든 점에서 서로 수직하며, 동시에 파동의 진행 방향과도 수직을 이룬다.

파동이 오직 한쪽 방향으로만 진행하는 경우에는 전기장과 자기장의 상대적인 방향을 알려 주는 간단한 규칙이 있다. 즉, $\boldsymbol{E}$와 $\boldsymbol{B}$에 동시에 수직한 벡터

$\boldsymbol{E} \times \boldsymbol{B}$의 방향이 바로 전자기파의 진행 방향이라는 것이다. $\boldsymbol{E}$를 오른 나사의 방향으로 돌려서 $\boldsymbol{B}$의 방향에 포갰을 때, 나사가 전진하는 방향이 바로 파동의 진행 방향이다(나중에 알게 되겠지만 $\boldsymbol{E} \times \boldsymbol{B}$는 전자기파의 에너지 흐름과 관계된 벡터이다).

20-2 3차원 파동

이제, 파동을 3차원으로 확장시켜 보자. 전기장 $\boldsymbol{E}$가 파동 방정식을 만족한다는 사실은 앞에서 이미 확인하였다. 이것은 맥스웰 방정식을 통해서도 증명될 수 있다. 일단, 다음 방정식에서 시작해 보자.

$$\nabla \times \boldsymbol{E} = -\frac{\partial \boldsymbol{B}}{\partial t}$$

양변에 컬을 취하면

$$\nabla \times (\nabla \times \boldsymbol{E}) = -\frac{\partial}{\partial t}(\nabla \times \boldsymbol{B}) \tag{20.26}$$

가 된다. 어떤 벡터의 컬에 컬을 취한 결과는 항상 아래와 같이 두 개의 항(다이버전스를 포함하는 항과 라플라시안으로 표현되는 항)의 합으로 표현될 수 있다.

$$\nabla \times (\nabla \times \boldsymbol{E}) = \nabla(\nabla \cdot \boldsymbol{E}) - \nabla^2 \boldsymbol{E}$$

그런데 자유 공간에서 $\boldsymbol{E}$의 다이버전스는 0이므로, 라플라시안 항만 남게 된다. 또한 자유 공간에서 네 번째 맥스웰 방정식[식 (20.12)]에 의하면 $c^2\nabla \times \boldsymbol{B}$의 시간에 대한 도함수는 $\boldsymbol{E}$의 시간에 대한 2계 도함수와 같다. 즉,

$$c^2 \frac{\partial}{\partial t}(\nabla \times \boldsymbol{B}) = \frac{\partial^2 \boldsymbol{E}}{\partial t^2}$$

이다. 따라서 식 (20.26)은

$$\nabla^2 \boldsymbol{E} = \frac{1}{c^2}\frac{\partial^2 \boldsymbol{E}}{\partial t^2}$$

라는 3차원 파동 방정식으로 변환된다. 이 방정식을 풀어 쓰면

$$\frac{\partial^2 \boldsymbol{E}}{\partial x^2} + \frac{\partial^2 \boldsymbol{E}}{\partial y^2} + \frac{\partial^2 \boldsymbol{E}}{\partial z^2} - \frac{1}{c^2}\frac{\partial^2 \boldsymbol{E}}{\partial t^2} = 0 \tag{20.27}$$

이다.

이 방정식의 일반해는 어떻게 구할 수 있을까? 비결은 다음과 같다. "3차원 파동 방정식의 모든 해는 앞에서 구했던 1차원 파동 방정식의 해의 중첩으로 나타낼 수 있다." 앞에서 우리는 전자기장이 y와 z에 무관하다는 가정하에 x방향으로 진행하는 파동의 방정식을 유도한 적이 있다. 그렇다면 x와 z에 무관하면서 y방향으로 진행하는 파동이나, x와 y에 무관하면서 z방향으로 진행하는 파동도 해가 될 수 있다. 식 (20.27)은 벡터 방정식이므로, 3차원 파동 방정식은 임의의 방향으로 진행하는 평면파(plane waves)를 해로 가질 수 있다. 또한 방정식이 선형적이므로 서로 다른 방향으로 진행하는 많은 평면파들이 동시에 존

재하는 상황도 가능하다. 따라서 3차원 파동 방정식의 가장 일반적인 해는 '모든 방향으로 진행하는 모든 평면파를 중첩한 것'이다.

지금 이 강의실 안에도 전자기파가 존재하고 있다. 여러분은 그 형태를 상상할 수 있겠는가? 금방 떠오르진 않겠지만 한 번 시도해 보라. 우선, 지구의 내부에 흐르는 전류에 의해 발생한 자기장이 우리 주변에 형성되어 있다. 그리고 의자에 앉아서 강의를 듣는 여러분이 조금씩 움직이거나 옷소매를 팔걸이에 문지를 때마다 정전기가 발생하고, 그로부터 거의 일정한 전기장이 발생되고 있다. 또한 콜로라도 강에 건설된 볼더 댐(Boulder Dam)의 발전기와 동조되어 있는 60Hz의 교류 전류에 의한 자기장도 존재할 것이다. 그러나 이들 중에서 가장 흥미로운 것은 아주 높은 주파수로 진동하고 있는 전자기장이다. 예를 들어 창을 통해 들어와 강의실 바닥이나 벽에 부딪히는 햇빛 속에서는 초속 30만 킬로미터로 진행하고 있는 전자기파의 미세한 진동이 일어나고 있다. 그 외에 여러분의 따뜻한 이마에서 방출되어 차가운 칠판에 도달하는 적외선(IR)도 있을 것이며, 미약하긴 하지만 자외선(UV)과 X선도 존재한다. 공간을 채우고 있는 라디오파도 빼놓을 수 없다.

지금 이 순간에도 재즈악단의 음악이 실려 있는 전자기파가 강의실을 가로지를 것이다. 지구 반대편에서 벌어지고 있는 사건 현장의 모습도 변조된 전자기파를 타고 사방을 날아다니고 있다. 가상의 위장 속에서 용해되는 가상의 아스피린 영상이 전자기파를 타고 지금 이 강의실을 떠다니고 있을지도 모를 일이다. 전자기파를 소리와 영상으로 변환시켜 주는 전자 기기의 스위치를 켜면 전자기파의 존재를 바로 확인할 수 있다.

여기서 한 걸음 더 나아가 전자기파의 가장 미세한 진동까지 세밀하게 분석해 보면, 머나먼 우주공간을 여행 중인 우주선(space craft)에서 보내온 극히 미세한 전기 신호도 섞여 있을 것이다. 그것은 어쩌면 우주선 마리너 2호(Mariner II)가 최근에 금성 근처를 통과하면서 송출한 장파장의 극히 미약한 전자기파일지도 모른다. 이런 전자기파에는 지구로부터 멀리 떨어진 행성에 대한 정보(우주선이 행성 근처를 지나면서 행성에서 방출되는 전자기파를 취하여 획득한 정보)가 실려 있다.

수십억 광년 이상 떨어진 은하로부터 지구에 전달되는 미약한 전자기파도 있을 것이다. 이러한 전자기파의 존재는 강의실보다 큰 대형 안테나(전파 망원경)를 이용하여 확인할 수 있다. 우리 근처를 떠도는 라디오파들 중 일부는 가장 큰 광학 망원경으로도 관측이 불가능할 정도로 멀고 먼 별에서 발생한 것이다. 사실, 따지고 보면 광학 망원경이라는 것도 전자기파를 모으는 장치라고 할 수 있다. 그러므로 "저곳에 별이 있다"고 말하는 것은 어디까지나 추측일 뿐이다. 우리는 별의 존재를 직접 확인하는 것이 아니라, 그로부터 방출된 전자기파의 진동 상태를 분석하여 간접적으로 확인하고 있기 때문이다.

이 밖에도 수마일 떨어진 곳에서 번개가 칠 때 발생하는 전자기장과, 대기권을 뚫고 우리에게 도달하는 우주선(cosmic ray) 입자에서 발생한 전자기파 등 그 종류는 헤아릴 수 없을 정도로 다양하다. 굉장히 다양한 전자기파들이 우리 주위에 우글거리고 있는 것이다! 그리고 이 모든 파동들은 3차원 파동 방정식을 만족한다.

20-3 과학적 상상력

조금 전에 나는 “강의실을 가득 채우고 있는 전기장과 자기장의 형태를 상상해 보라”고 했었다. 여러분의 머릿속에는 어떤 영상이 떠올랐는가? 무언가가 구체적으로 그려지는가? 과학적 상상력이 풍부하려면 어떤 자질을 갖춰야 하는가? 전자기파의 형태를 상상하는 것은 천사의 모습을 상상하는 것과 근본적으로 다르다. 천사는 ‘논리적 연결 고리’가 필요 없고 정형화된 모습도 없어서 마음대로 만들어 낼 수 있지만, 전자기파를 이해하려면 훨씬 고차원적인 상상력이 필요하다. 왜 그런가? 눈에 보이지 않는 천사를 형상화시킬 때는 약간의 ‘수정 작업’만 거치면 된다. 즉, 전체적인 윤곽을 흐릿하게 떠올린 후 날개와 몸체, 그리고 후광을 추가하면 대충 천사의 모습이 완성된다. 이렇게 가시적인 천사의 모습을 상상하는 데 성공한 후에는 이것을 추상화시키면 된다. 거의 보이지 않는 단계까지 천사의 모습을 아련하게 추상화시킨 다음, 완전히 보이지 않는 천사의 형상을 머릿속에서 상상하는 것은 그리 어렵지 않다. 그러므로 여러분은 이렇게 요구할 수도 있다. “교수님, 정확하지 않아도 좋으니까 전자기파의 모습을 비슷하게라도 묘사해 주세요. 그러면 천사의 모습을 상상하듯이, 그것을 수정한 후에 추상화시켜서 어떻게든 모양을 만들어 볼게요.”

좋은 제안이지만, 이런 식으로는 여러분을 도울 수 없다. 나도 전자기장의 정확한 모습을 떠올릴 수 없기 때문이다. 나는 전자기학을 25년간 공부해 왔고, 25년 전에는 여러분과 같은 입장에서 강의를 들었다. 따라서 전자기파를 상상하는 작업에 관한 한, 여러분보다 25년 정도 경험이 많은 셈이다. 나는 공간을 진행하는 전자기장을 설명할 때, 팔을 휘저으면서 $\boldsymbol{E}$와 $\boldsymbol{B}$를 설명하곤 한다. 따라서 순진한 학생들은 내가 전자기파를 눈으로 보고 있다고 착각할지도 모른다. 하지만 천만의 말씀이다! 생물학적 측면에서 볼 때, 나의 눈은 여러분의 눈과 조금도 다르지 않다. 지금부터 내가 보고 있는 것을 여러분에게 설명해 보겠다. 내게는 $\boldsymbol{E}$와 $\boldsymbol{B}$라는 글자가 새겨진 화살표들이 구불구불한 곡선을 이루고 있는 것처럼 보인다. 그러나 가까이 다가서면 화살표가 사라지기도 한다. 공간을 진행하는 파동을 이야기할 때, 내 머릿속은 기호와 실체가 뒤죽박죽 섞이면서 매우 혼란스러워진다. 이렇게 되면 파동의 구체적인 형태는커녕, 엇비슷한 그림조차도 그릴 수 없다. 그러므로 전자기파의 모습이 머릿속에 떠오르지 않는다고 해서 크게 걱정할 필요는 없다.

과학적 상상은 엄청나게 많은 것을 요구한다. 특히 현대과학의 영역에서 무언가를 상상하려면 과거보다 더욱 높은 수준의 상상력이 필요하다. 현대과학으로 올수록 개념을 상상하기가 훨씬 더 어려워진다. 그래서 물리적 개념을 설명할 때에는 수학 방정식이나 물리 법칙 또는 다양한 그림들이 자주 동원된다. 나는 공간을 진행하는 전자기파를 학생들에게 설명할 때마다, 전자기파에 관하여 내가 알고 있는 모든 그림들이 겹쳐 보이곤 한다. 단, 자기장선과 같은 개념은 관찰자의 속도에 따라 존재할 수도 있고 사라질 수도 있기 때문에 그림으로 떠오르지는 않는다. 간혹 스칼라 퍼텐셜이나 벡터 퍼텐셜이 진동하는 전자기장보다 더 중요하다고 생각될 때는 전자기장을 깨끗이 잊고 퍼텐셜에 관한 그림을 그려야 한다.

여러분은 수학적 관점으로 전자기장을 이해하는 것만이 유일한 방법이라고 생각할지도 모른다. 그런데 수학적인 관점이란 과연 무엇인가? 수학적으로 보면, 공간상의 모든 점에 전기장과 자기장이 존재한다. 즉, 모든 점마다 여섯 개의 숫자가 부여되어 있는 것이다. 그런데 여러분은 공간상의 모든 점에 숫자가 여섯 개씩 부여되어 있는 상황을 상상할 수 있겠는가? 내 머릿속에는 도저히 그려지지 않는다. 각 점에 숫자가 '한 개씩' 대응되어 있는 것조차도 상상하기 어렵다. 그나마 머릿속에 그런대로 쉽게 떠올릴 수 있는 것은 온도 분포 정도이다. 온도는 우리의 일상생활과 밀접하게 관련되어 있기 때문에 전자기장보다는 좀 더 가깝게 와 닿는 편이다. 그러나 솔직히 말해서, 공간상의 각 점마다 '숫자'를 하나씩 부여한다는 개념도 내게는 아직 잘 와 닿지 않는다.

여러분은 이렇게 질문할 수도 있다. "온도와 같이 우리에게 친숙한 개념을 이용하여(예를 들어, 젤리 같은 물질의 변위로) 전기장을 표현할 수도 있지 않을까요?" 좋다. 한 번 시도해 보자. 모든 공간이 얇은 젤리형 물질로 가득 차 있다고 상상해 보라. 그리고 이 젤리가 늘어나거나 뒤틀린 형상을 전자기장에 대응시켜 보라. 그러면 장의 모습을 가시화할 수 있을 것이다. 이런 식으로 장의 모습을 파악한 후에 젤리를 모두 거둬 내면 추상화된 장의 모습이 드러난다. 과거에 맥스웰(Maxwell)과 앙페르(Ampere), 패러데이(Faraday) 같은 물리학자들은 전자기파를 이런 식으로 이해하려고 했으나[그들은 추상적인 젤리를 '에테르(ether)'라고 불렀다], 이러한 시도는 오히려 물리학의 발전을 방해하는 요인으로 작용하였다. 안타깝게도, 우리의 상상력은 전자기장을 측정하는 장치나 장을 기술하는 수학적 기호 등에 얽매여 있을 수밖에 없다. 그러나 어떤 의미에서 보면 장은 '실재하는 그 무엇'으로 간주할 수 있다. 수학 방정식들을 모두 풀고 나면(장을 가시화시키려는 노력과 상관없이) 마리너 2호로부터 날아온 신호를 검출하는 기기를 만들 수 있고, 수억 마일 떨어진 은하계를 관측할 수도 있기 때문이다.

일반인들은 과학적 상상력의 의미를 잘 이해하지 못한다. 그들은 다음과 같은 질문을 던지면서 과학자의 상상력을 테스트하려고 한다. "여기 어떤 특정 상황에 처해 있는 한 사람의 모습이 그림으로 제시되어 있다. 이 그림을 보고, 잠시 후에 어떤 일이 일어날지 상상해 보라." 그런데 내가 "이것만으로는 상상할 수 없다"고 대답하면, 그들은 우리의 상상력이 빈약하다고 생각할 것이다. 그들은 과학적 상상력이 "기존의 물리 법칙들과 상충되지 않는 범위 내에서만 허용된다"는 사실을 간과하고 있는 것이다. 전기장이나 전자기파는 마음대로 상상력을 발휘하여 만들어 낼 수 있는 개념이 아니다. 그 상상은 이미 알려져 있는 다른 물리 법칙들과 모순되지 않아야 한다. 이미 확립된 자연의 법칙에 위배되는 것이라면, "과학적으로 상상해 보라"고 아무리 다그쳐도 소용없다. 물리학자들의 상상은 흔히 말하는 상상과 그 성질이 전혀 다르다. 그들은 들어 본 적도 없고, 본 적도 없는 것들을 상상해야 한다. 뿐만 아니라, 과학적 상상은 매우 엄격한 검증을 거쳐야 한다. 상상의 세계가 제아무리 멋지고 그럴듯하다 해도, 이미 알려진 자연의 법칙에 부합되지 않으면 아무런 소용이 없다. 그 많은 법칙들과 조화를 이루면서 새로운 무언가를 창조한다는 것은 결코 쉬운 일이 아니다.

나는 이 주제를 다루면서 "눈에 보이지 않는 것의 '아름다움'을 상상하는 것이 과연 가능한가?"라는 질문을 제기하고 싶었다. 이것은 재미있는 질문이다. 비가 온 후에 무지개가 뜨면 사람들은 그 아름다움에 매료되어 "우와, 무지개다!" 하며 감탄사를 연발하곤 한다(여러분도 이미 짐작했겠지만 나는 아주 과학적인 사람이다. 나는 실험적으로 정의할 수 없는 대상에 '아름답다'는 표현은 가급적 쓰지 않는다). 그러나 만일 우리가 장님이라면, 무지개의 아름다움을 어떻게 표현해야 할까? 소금의 적외선 반사율을 측정하거나, 외계 은하로부터 날아오는 전자기파의 진동수를 분석할 때, 사실 우리는 장님이나 마찬가지다. 그래서 하는 수 없이 그림이나 그래프를 그려서 간접적인 이해를 도모하는 것이다. 예를 들어, 하늘의 각 방향에 대해 분광기로 측정한 빛의 세기를 파장의 함수로 표현한다면, 이것이 바로 무지개를 묘사한 그래프가 될 것이다. 일반적으로 이런 그래프에 나타나는 곡선은 극적인 변화 없이 밋밋한 형태로 되어 있다. 그러던 어느 날, 장님나라의 물리학자가 어떤 특별한 기상 조건하에서 하늘의 어떤 특정 방향을 분석하다가 전자기장의 세기를 나타내는 스펙트럼이 어떤 특정 파장에서 볼록 튀어나오는 이상한 현상을 발견하였다. 깜짝 놀라서 측정 기구의 방향을 조금 바꾸었더니 스펙트럼에서 볼록 튀어나온 위치가 다른 파장으로 이동했다. 무언가 대단한 사실을 발견했다고 생각한 그 물리학자는 장님나라의 <피지컬 리뷰(Physical Review)>라는 학술지에 "특정 기상 조건하에서 측정 각도에 따른 복사의 세기에 관한 연구"라는 제목으로 논문을 발표하였다. 아마도 이 논문에는 그림 20-5와 비슷한 그래프와 함께 "각도가 커지면 복사의 중심 파장이 장파장 쪽으로 이동하고, 각도가 작아지면 단파장 쪽으로 이동한다"는 주장이 실려 있을 것이다(실제로 40° 방향에서는 주로 녹색이 보이고, 42° 방향에서는 붉은색이 관찰된다).

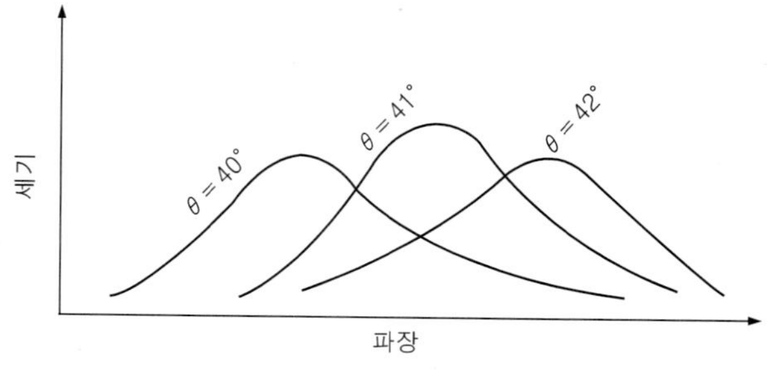

그림 20-5 특정 기상 조건하에서 세 가지 각도에 대하여 관측한 태양광(전자기파)의 세기를 파장의 함수로 나타낸 그래프

그런데 여러분의 눈에는 그림 20-5의 그래프가 아름답게 보이는가? 사실 이 그림은 무지개를 맨눈으로 보는 것보다 훨씬 많은 정보를 담고 있다. 육안으로는 각 파장별 강도 분포를 도저히 식별할 수 없기 때문이다. 그러나 눈에 보이는 무지개는 분명히 아름답다. 그렇다면 우리가 직접 무지개를 볼 때 느끼는 아

름다움을 '스펙트럼 곡선에서도 느낄 수 있는' 그런 상상력이 과연 우리에게 있을까? 나도 잘 모르겠다.

소금 결정의 적외선 반사율을 각도와 파장의 함수로 나타낸 곡선 그래프가 주어져 있다고 가정해 보자. 우리의 눈이 적외선을 볼 수 있다면, 그래프를 보면서 '반사된 빛의 모습'을 상상할 수 있을 것이다. 그것은 무지개보다 아름다울 수도 있다. 그러나 NaCl의 반사율 그래프를 보면서 "오! 정말 아름다운 색상이로다!"라며 감탄을 자아낼 사람이 있을까? 이것도 잘 모르겠다.

관측 데이터에 내재된 아름다움은 직접 볼 수 없다 하더라도, 우리는 물리법칙을 설명하는 방정식 자체에 내재된 아름다움은 볼 수 있다. 예를 들어, 파동방정식 (20.9)에서 변수 x, y, z, t는 특별한 규칙을 갖고 있다. 이 변수들이 갖고 있는 깔끔한 대칭성으로부터, 우리는 모든 개념을 4차원과 시공간으로 확장할 수 있으며, 그로부터 특수 상대성 이론을 발견할 가능성을 엿볼 수 있다. 이와 같이, 물리학의 방정식에는 방대한 양의 지적인 아름다움이 내재되어 있는 것이다.

20-4 구면파

앞에서 우리는 평면파가 파동 방정식을 만족한다는 것과, 임의의 전자기파는 수많은 평면파의 중첩으로 표현될 수 있음을 보았다. 그러나 특수한 상황에서는 파동을 다른 형태로 표현하는 것이 더 편리할 수도 있다. 지금부터 구면파(spherical wave)에 대해 논하고자 한다. 구면파란, 어떤 중심으로부터 퍼져 나가는 구면 모양의 파를 말한다. 잔잔한 호수에 돌을 던지면 물결이 원형의 파동을 이루면서 모든 방향으로 퍼져 나가는데, 이것은 2차원 파동의 예이다. 구면파는 이와 비슷한 방식으로 3차원 공간에 퍼져 나가는 파동이다.

구면파를 본격적으로 다루기 전에, 먼저 몇 가지 수학적인 사항을 알아 둘 필요가 있다. 구대칭성을 갖고 있는 함수를 생각해 보자. 이런 함수는 원점으로부터의 거리, 즉 반경 r만의 함수로 표현될 수 있다. 이 함수를 $\psi(r)$이라 하자. 여기서 r은

$$r = \sqrt{x^2 + y^2 + z^2}$$

으로서, 중심으로부터의 거리를 나타낸다. 파동 방정식을 만족하는 $\psi(r)$의 형태를 알아내려면, 먼저 미분 연산자 라플라시안을 구면 좌표계에서 표현할 수 있어야 한다. 일단 ψ를 x, y, z로 두 번 편미분한 후, 이 결과들을 더해 보자. 아래에서 $\psi'(r)$은 r에 대한 1계 도함수이며, $\psi''(r)$은 r에 대한 2계 도함수를 나타낸다.

x에 대한 1계 도함수는

$$\frac{\partial \psi(r)}{\partial x} = \psi'(r)\frac{\partial r}{\partial x}$$

이고, x에 대한 ψ의 2계 도함수는

$$\frac{\partial^2\psi}{\partial x^2} = \psi''\left(\frac{\partial r}{\partial x}\right)^2 + \psi'\frac{\partial^2 r}{\partial x^2}$$

이다. x에 대한 r의 편도함수는 다음과 같이 계산된다.

$$\frac{\partial r}{\partial x} = \frac{x}{r}, \qquad \frac{\partial^2 r}{\partial x^2} = \frac{1}{r}\left(1 - \frac{x^2}{r^2}\right)$$

따라서 x에 대한 ψ의 2계 도함수는

$$\frac{\partial^2\psi}{\partial x^2} = \frac{x^2}{r^2}\psi'' + \frac{1}{r}\left(1 - \frac{x^2}{r^2}\right)\psi' \tag{20.28}$$

이 되며, 비슷한 방법으로

$$\frac{\partial^2\psi}{\partial y^2} = \frac{y^2}{r^2}\psi'' + \frac{1}{r}\left(1 - \frac{y^2}{r^2}\right)\psi' \tag{20.29}$$

$$\frac{\partial^2\psi}{\partial z^2} = \frac{z^2}{r^2}\psi'' + \frac{1}{r}\left(1 - \frac{z^2}{r^2}\right)\psi' \tag{20.30}$$

임을 알 수 있다.

라플라시안은 방금 구한 도함수 세 개의 합이다. $r^2 = x^2 + y^2 + z^2$을 이용하면

$$\nabla^2\psi(r) = \psi''(r) + \frac{2}{r}\psi'(r) \tag{20.31}$$

이 되는데, 이 방정식은 종종 다음과 같은 형태로 쓰기도 한다.

$$\nabla^2\psi = \frac{1}{r}\frac{d^2}{dr^2}(r\psi) \tag{20.32}$$

식 (20.32)에 나온 대로 미분을 수행하면 우변이 식 (20.31)과 같다는 것을 확인할 수 있다.

구면파의 형태를 유지한 채 진행하는 파는 구대칭성을 갖고 있으므로 r과 t만의 함수일 것이다. 그러면 지금부터 3차원 파동 방정식

$$\nabla^2\psi(r, t) - \frac{1}{c^2}\frac{\partial^2}{\partial t^2}\psi(r, t) = 0 \tag{20.33}$$

을 만족하는 $\psi(r, t)$를 구해 보자. 공간 차원만 고려할 때, $\psi(r, t)$는 반경 r만의 함수이므로 위에서 구한 라플라시안[식 (20.32)]을 그대로 사용할 수 있다. 그러나 $\psi(r, t)$는 t의 함수이기도 하므로, r에 대한 도함수를 편도함수로 대치시켜야 한다. 그러면 파동 방정식은

$$\frac{1}{r}\frac{\partial^2}{\partial r^2}(r\psi) - \frac{1}{c^2}\frac{\partial^2}{\partial t^2}\psi = 0$$

이 된다.

평면파의 경우보다 방정식이 훨씬 더 복잡해진 것 같다. 그런데 위 식의 양변에 r을 곱하면 다음과 같이 변형된다.

$$\frac{\partial^2}{\partial r^2}(r\psi) - \frac{1}{c^2}\frac{\partial^2}{\partial t^2}(r\psi) = 0 \tag{20.34}$$

이 방정식을 보면, "함수 $r\psi$는 변수 r에 대하여 1차원 파동 방정식을 만족한다"는 사실을 알 수 있다. 그런데 같은 형태의 방정식은 항상 같은 형태의 해를 가지므로, $r\psi$가 식 (20.34)의 해가 되려면 $(r-ct)$만의 함수여야 한다. 즉, 구면파는 다음과 같은 형태가 되어야 하는 것이다.

$$r\psi(r,\ t) = f(r - ct)$$

이것은 (앞에서 언급한 대로) 다음과 같이 쓸 수도 있다.

$$r\psi = f(t - r/c)$$

여기서 양변을 다시 r로 나누면, 장을 나타내는 물리량 ψ는 (그 정체가 무엇이건 간에) 다음과 같은 형태가 되어야 한다.

$$\psi = \frac{f(t - r/c)}{r} \tag{20.35}$$

이것은 원점에서 출발하여 c의 속력으로 퍼져 나가는 구면파의 일반적인 형태이다. 분모에 있는 r을 잠시 빼고 생각해 보면, 임의의 순간에 파동의 진폭은 거리 r의 함수이며, 파동 자체는 특정한 형태를 유지한 채 속도 c로 퍼져 나간다. 분모에 있는 r은 파동의 진폭이 $1/r$에 비례하여 줄어든다는 사실을 말해 주고 있다. 평면파는 진폭이 변하지 않은 채로 진행하지만, 구면파는 그림 20-6과 같이 진폭이 꾸준하게 줄어든다. 이러한 효과는 간단한 물리적 논의를 통해서 쉽게 이해할 수 있다.

우리는 파동의 에너지 밀도가 진폭의 제곱에 비례한다는 것을 이미 알고 있다. 파동의 에너지가 퍼지는 면적은 진행한 거리의 제곱에 비례한다. 그러므로 총 에너지가 보존되려면 에너지 밀도는 $1/r^2$에 비례하여 줄어들어야 하며, 그 결과 파동의 진폭은 $1/r$로 감소하는 것이다. 따라서 식 (20.35)는 구면파를 표현하는 '타당한' 형태임을 알 수 있다.

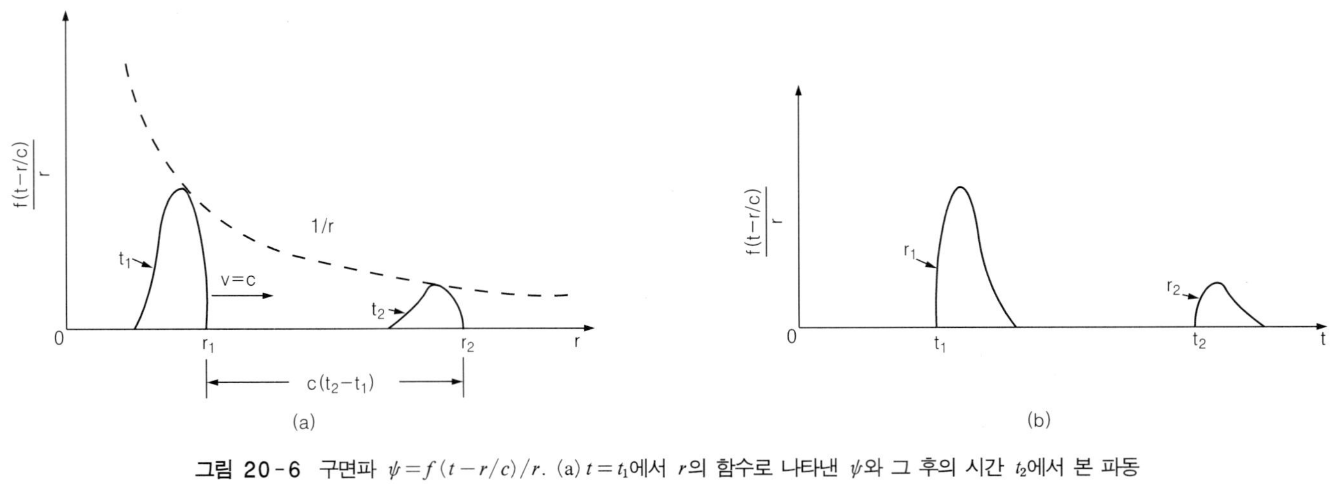

그림 20-6 구면파 $\psi = f(t-r/c)/r$. (a) $t = t_1$에서 r의 함수로 나타낸 ψ와 그 후의 시간 t_2에서 본 파동의 모습 (b) $r = r_1$ 및 r_2에서 t의 함수로 나타낸 ψ의 모습

앞에서는 무시하고 넘어갔지만, 다음과 같은 형태의 함수도 1차원 파동 방정식을 만족한다.

$$r\psi = g(t + r/c)$$

또는

$$\psi = \frac{g(t + r/c)}{r}$$

이것도 구면파임에는 분명하지만, 먼 거리로부터 원점을 향해 '안쪽으로 모여드는' 구면파라는 점이 다르다.

이제, 특별한 가정을 하나 세워 보자. "파원에서 생성된 파동은 오직 '퍼져 나가는' 쪽으로만 진행한다"는 가정이 바로 그것이다. 전자기파는 전하의 운동에 의해 발생하므로, 전자기파는 전하에서 밖으로 퍼져 나간다고 생각하는 것이 자연스럽다. 전하가 움직이기도 전에 무한히 먼 곳에 있는 구면파가 전하 쪽으로 달려오다가, 막상 전하가 움직이기 시작하는 바로 그 순간 정확하게 전하에 도달한다는 것은 아무래도 이상하다. 물론 이것도 수학적으로 가능한 해이지만, 경험적으로 볼 때 전하가 가속되면서 생성된 전자기파는 전하로부터 멀어지는 쪽으로 진행한다. 서로 반대 방향으로 진행하는 두 개의 파동은 모두 맥스웰 방정식을 만족하지만 경험에 의한 부가적 사실, 즉 "밖으로 퍼져 나가는 파동만이 물리적 의미를 갖는다"는 사실도 함께 고려해야 한다.

그런데 이런 부가적인 가정은 매우 흥미로운 결과를 낳는다. 전자기파가 한쪽 방향으로만 진행한다는 것은 맥스웰 방정식에 내재된 시간에 대한 대칭성이 붕괴되었음을 의미한다. $\boldsymbol{E}$와 $\boldsymbol{B}$에 대한 원래의 맥스웰 방정식과 이들로부터 유도된 파동 방정식에서, 시간 t를 $-t$로 바꾸어도 방정식의 형태는 전혀 변하지 않는다. 이는 곧 "한쪽으로 진행하는 파동이 방정식을 만족하면, 반대쪽으로 진행하는 파동도 동일한 방정식을 만족한다"는 것을 말해 주고 있다. 따라서 밖으로 진행하는 파동만을 고려하겠다는 가정은 물리적으로 중요한 의미를 갖는다(이러한 가정을 도입하지 않고, 전기동역학을 정식화하는 문제에 관한 세심한 연구가 진행되어 왔다. 놀라운 사실은, 그렇게 해도 많은 경우에 있어서 전혀 물리적으로 모순을 야기하지 않는다는 것이다. 이것은 매우 재미있는 주제인데, 지금 설명하자니 본론에서 너무 벗어날 것 같아 그만두기로 한다. 이 문제는 28장에서 다시 언급할 것이다).

또 한 가지 짚고 넘어갈 것이 있다. 우리가 원했던 해는 모든 공간에서 부드럽게 변하는 파동이었는데, 보다시피 식 (20.35)로 표현되는 파동은 원점($r=0$)에서 무한대로 발산한다. 다시 말해서, 우리가 구한 해는 '파원이 원점에 놓여 있는 상황'을 제대로 기술하지 못한다는 것이다. 왜 이렇게 되었을까? 부지불식간에 무언가 실수를 저지른 것이다. 정확히 말하면, 우리는 파원을 포함하는 '전 공간에 걸쳐' 파동 방정식 (20.33)을 푼 것이 아니다. 식 (20.33)의 우변은 '원점을 제외한 모든 공간'에서 0이며, 우리는 이 경우에 해당하는 해를 구한 것이다. 해를 구하는 중간 과정 어딘가에서 $r=0$일 때 통하지 않는 논리를 적용했기 때문에 이런 실수가 생긴 것이다.

정전기학 문제를 풀 때도 이와 비슷한 실수를 범하기 쉽다. 자유 공간에서 정전기 퍼텐셜에 대한 방정식 $\nabla^2\phi=0$의 해를 구한다고 해보자. 자유 공간에는 전하가 전혀 존재하지 않으므로, 라플라시안(Laplacian)은 0이다. 그러나 여기에 구형 대칭(ϕ가 r만의 함수로 표현되는 경우)을 요구하면 당장 문제가 생긴다. 라플라시안을 구좌표계에서 표현하면[식 (20.32) 참조]

$$\frac{1}{r}\frac{d^2}{dr^2}(r\phi) = 0$$

이 되고, 양변에 r을 곱하면 다음과 같이 적분 가능한 형태로 바뀐다.

$$\frac{d^2}{dr^2}(r\phi) = 0$$

이것을 r에 대해 적분하면 r의 1계 도함수는 상수가 된다. 이 상수를 a라 하면

$$\frac{d}{dr}(r\phi) = a$$

가 되고, 이것을 다시 적분하면 $r\phi$는 다음과 같이 r에 대한 1차 함수가 된다.

$$r\phi = ar + b$$

여기서 b는 또 다른 적분 상수이다. 그러므로 자유 공간에서의 정전기 퍼텐셜은 다음과 같이 쓸 수 있다.

$$\phi = a + \frac{b}{r}$$

여러분도 짐작하다시피, 이것은 분명히 틀린 답이다. 전하가 하나도 없는 텅 빈 공간에서의 퍼텐셜은 전 공간에 걸쳐 일정한 상수 값이 되어야 한다. 위 식의 첫 번째 항이 바로 이 상수를 나타내고 있다. 그러나 위의 해는 여기서 끝나지 않고 원점으로부터의 거리 r에 반비례하는 항이 포함되어 있다. 그런데 거리에 반비례하는 퍼텐셜은 점전하가 원점에 놓여 있을 때 나타나는 퍼텐셜이다. 우리의 의도는 텅 빈 자유 공간에서 퍼텐셜을 구하는 것이었지만, 계산을 하다 보니 점전하가 원점에 놓였을 때 나타나는 퍼텐셜까지 함께 구한 것이다. 이 문제와 앞에서 발생한 문제 사이의 유사성을 찾아낼 수 있겠는가? 다른 공간뿐만 아니라 원점에도 전하나 전류가 존재하지 않는다면, 밖으로 퍼져 나가는 구면파도 존재하지 않아야 한다. 구면파는 원점에 위치한 파원에 의해서만 생성될 수 있다. 밖으로 퍼져 나가는 전자기파와 이를 발생시킨 전하와 전류 사이의 관계는 다음 장에서 다루기로 한다.

CHAPTER 21

전하와 전류를 포함한 맥스웰 방정식의 해

21-1 빛과 전자기파

21-2 점전하에 의해 발생한 구면파

21-3 맥스웰 방정식의 일반해

21-4 진동하는 쌍극자에 의한 장

21-5 움직이는 전하에 의한 퍼텐셜 : 리나르트-비헤르트의 일반해

21-6 일정한 속도로 움직이는 전하에 의한 퍼텐셜 : 로렌츠 공식

복습 과제 :

제1권 28장 〈전자기 복사〉

제1권 31장 〈굴절률의 근원〉

제1권 34장 〈복사의 상대론적 효과〉

21-1 빛과 전자기파

앞 장에서 살펴본 바에 의하면, 전기장과 자기장으로 이루어진 파동은 맥스웰 방정식을 만족한다. 이런 파동은 파장에 따라서 라디오파, 빛(가시광선), X선 등으로 구분된다. 빛의 성질에 대해서는 이미 제1권에서 자세히 다루었다. 우리가 이미 알고 있는 빛의 다양한 성질은 맥스웰 방정식에서 비롯된 것이다. 지금부터 이 점을 자세히 알아보기로 하자.

제1권에서 빛의 특성을 공부할 때, 우리는 움직이는 전하에 의해 발생하는 전기장이 아래와 같이 표현된다는 것을 출발점으로 삼았다.

$$\boldsymbol{E}=\frac{q}{4\pi\epsilon_0}\left[\frac{\boldsymbol{e}_{r'}}{r'^2}+\frac{r'}{c}\frac{d}{dt}\left(\frac{\boldsymbol{e}_{r'}}{r'^2}\right)+\frac{1}{c^2}\frac{d^2}{dt^2}\boldsymbol{e}_{r'}\right] \tag{21.1}$$

$$c\boldsymbol{B}=\boldsymbol{e}_{r'}\times\boldsymbol{E}$$

[제1권 28장 식 (28.3), (28.4) 참조. 편의상 부호를 반대로 잡았다.]

전하가 제멋대로 움직이고 있을 때, '현재의' 어떤 지점에 형성되는 전기장은 전하의 현재 위치와 현재의 움직임에 의해 결정되는 것이 아니라, 전하의 '과거 위치'와 '과거의 움직임'에 의해 결정된다. 즉, 현재의 전기장은 발생원(전하)에서 출발한 전자기파가 광속 c로 진행하여 장을 계산하려는 지점까지 도달하는 데 걸리는 시간만큼 과거로 거슬러 올라간 시점에서 전하의 위치와 운동 상태에 의해 결정된다. 다시 말해서, 전하의 과거 시간에서의 위치로부터 장을 계산하려는 지점까지의 거리를 r'이라 했을 때(그림 21-1 참조), 시간 t에서 점 (1)의 전기장을 구하려면, 먼저 시간 $(t-r'/c)$일 때 전하의 위치 $(2')$과 운동 상태를 알아야 한다. 여기서 r'은 시간 $(t-r'/c)$에서 점 (1)과 점 $(2')$ 사이의 거리이다. r에 프라임을 붙여서 r'으로 표기한 것은 점 $(2')$과 점 (1) 사이의 거리가 소위 '뒤처진 거리(retarded distance)'임을 명심하라는 뜻이다. 시간 t에서 전하의 위치 (2)와 장을 계산하려는 지점 (1) 사이의 거리 r과, 위에서 말한 r'은 분명히 다른 값이다. 그림에서 단위 벡터 $\boldsymbol{e}_r$의 방향은 제1권에서 정의한 것과 다르게 잡아 주었다. 제1권의 28장과 34장에서는 $\boldsymbol{r}$과 $\boldsymbol{e}_r$의 방향이 '발생원(전하)을 향하는 쪽'으로 정의되었지만, 여기서는 쿨롱의 법칙에 의거하여 '전하로부터 장을 계산하려는 지점 (1)로 향하는' 방향을 $\boldsymbol{r}$의 방향으로 정의하겠다. 그때와 지금의

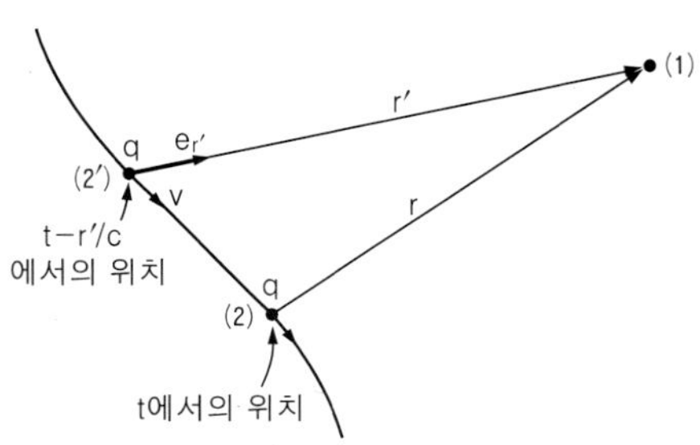

그림 21-1 시간 t일 때 점 (1)에 형성되는 전자기장은 시간 $(t-r'/c)$일 때 전하 q가 있었던 위치 $(2')$에 의해 결정된다.

차이란, 단지 벡터 $\boldsymbol{r}$(그리고 $\boldsymbol{e}_r$)의 방향이 정반대로 바뀐 것뿐이다.

또한 전하의 속도 v가 c보다 훨씬 느리고, 발생원으로부터 멀리 떨어진 곳만을 고려하는 경우에는 식 (21.1)에서 마지막 항이 가장 중요해진다. 이것도 제1권에서 이미 언급한 내용이다. 이런 경우에 전기장과 자기장은

$$E = \frac{q}{4\pi\epsilon_0 c^2 r'} \begin{bmatrix} \text{시간 } (t - r'/c)\text{에서 } r'\text{에 수직한 평면으로} \\ \text{투영된 전하의 가속도 성분} \end{bmatrix} \tag{21.1$'$}$$

$$c\boldsymbol{B} = \boldsymbol{e}_{r'} \times \boldsymbol{E}$$

가 된다.

식 (21.1)의 의미를 좀 더 자세히 살펴보자. 벡터 $\boldsymbol{e}_{r'}$은 뒤처진 위치 (2′)으로부터 점 (1)을 향하는 단위 벡터이다. 그렇다면 첫 번째 항은 뒤처진 위치에서의 정전기장에 해당되는데, 흔히 이것을 '뒤처진 쿨롱장(retarded Coulomb field)'이라고 한다. 전기장의 세기는 거리의 제곱에 비례하여 줄어들고, 방향은 전하의 뒤처진 위치로부터 바깥쪽($\boldsymbol{e}_{r'}$방향)을 향하고 있다.

물론 이것은 첫 번째 항에 해당되는 이야기다. 나머지 항들은 정전기장과 전혀 다른 모습을 하고 있다. 전기장이 거리의 제곱에 반비례하는 것은 점전하가 한 장소에 고정되어 있는 경우의 이야기다. 전하가 움직이는 경우에는 '전자기파가 전달되는 데 소요되는 시간'을 고려한 두 개의 항을 정전기장에 추가해야 한다. 식 (21.1)의 두 번째 항은 뒤처진 쿨롱장에 대한 보정 항으로서, 뒤처진 쿨롱장의 시간 변화율에 r'/c(뒤처진 시간)을 곱한 양이다. 이 항은 첫 번째 항의 시간 뒤처짐 효과를 보정해 주는 역할을 한다. 식 (21.1)의 처음 두 항은 '뒤처진 쿨롱장'을 계산한 후 시간 t가 r'/c만큼 흐른 미래까지(즉, 시간 t까지!) 고려한 결과이다. 이러한 보정은 선형적이다. 왜냐하면 '뒤처진 쿨롱장'의 변화율이 전하가 (2′)에 있을 때와 동일하게 유지된다고 가정하고 있기 때문이다. 장의 변화율이 매우 느리게 나타나는 경우에는 시간 뒤처짐 효과가 이 보정 항에 의해 완전히 사라진다. 그래서 이들 두 항의 합으로 주어지는 전기장은 '순간적인 쿨롱장(instantaneous Coulomb field)'이 된다. 즉, 점 (2)에 놓인 전하에 의한 쿨롱장과 아주 비슷한 전기장이 되는 것이다.

식 (21.1)의 세 번째 항은 단위 벡터 $\boldsymbol{e}_{r'}$의 2계 미분을 포함하고 있다. 보다시피 처음 두 항은 거리의 제곱에 반비례하고 마지막 항은 $1/r$을 따라 감소하므로, 먼 거리에서는 앞의 두 항이 마지막 항보다 훨씬 작아져서 무시할 수 있게 된다. 그래서 제1권에서도 마지막 항만으로 이론을 전개하였으며, (먼 거리에서) 이 항은 전하의 가속도 성분 중 '시선 방향'에 수직한 성분에 비례한다(이것은 제1권에서 이미 언급된 내용이다. 제1권에서는 비상대론적인 현상을 다루었고, 상대론적 효과는 34장에서 다루었다).

이제, 점전하에 의한 장을 표현하는 식 (21.1)과 맥스웰 방정식을 연결시켜 보자. 우리는 확실히 이 둘이 동등한 것인지를 따져 보아야 할 것이다. 맥스웰 방정식으로부터 식 (21.1)을 유도할 수 있다면, 전자기와 빛의 상호 관계를 심도 깊게 이해할 수 있을 것이다. 이것이 바로 이 장의 주된 목표이다.

미리 말해 두지만, 이 강의에서 둘 사이의 연관성을 시원하게 입증하지는 못할 것이다. 엄밀하게 증명하려면 수학적으로 매우 복잡한 내용을 끌어들여야 하기 때문이다. 그러나 여러분이 이해할 수 있는 수준에서 어느 정도의 설명은 가능할 것 같다. 이 장에서 언급될 수학적 내용에 부담을 느낀다면, 내 설명을 따라오기가 벅찰지도 모른다. 그러나 이해의 수준을 높이려면 과거에 배웠던 내용과 지금 배우는 내용을 연관 지을 수 있어야 한다. 구체적인 내용은 따라가지 못하더라도, 최소한 이들 사이의 연결이 어떻게 가능한지는 알아야 한다. 지금까지 나는 새로운 내용을 설명할 때마다 그것이 새로운 법칙인지, 아니면 기존의 법칙으로부터 유도 가능한 것인지를 확인하곤 했다. 이러한 강의 철학에 따라서 이번에도 맥스웰 방정식과 빛의 상호 관계를 분명하게 짚고 넘어가고자 한다. 내용이 다소 어려울 수도 있겠지만, 삶이란 원래 만만한 것이 아니다. 길이 하나밖에 없다면 힘들더라도 그 길을 가야만 한다. 안타깝게도 더 쉬운 길은 없다.

21-2 점전하에 의해 발생한 구면파

18장에서 설명한 대로, 전기장과 자기장을 아래와 같이 놓으면 맥스웰 방정식을 쉽게 풀 수 있다.

$$\boldsymbol{E} = -\nabla\phi - \frac{\partial \boldsymbol{A}}{\partial t} \tag{21.2}$$

$$\boldsymbol{B} = \nabla \times \boldsymbol{A} \tag{21.3}$$

여기서 ϕ와 $\boldsymbol{A}$는 각각 다음의 방정식을 만족한다.

$$\nabla^2\phi - \frac{1}{c^2}\frac{\partial^2\phi}{\partial t^2} = -\frac{\rho}{\epsilon_0} \tag{21.4}$$

$$\nabla^2\boldsymbol{A} - \frac{1}{c^2}\frac{\partial^2\boldsymbol{A}}{\partial t^2} = -\frac{\boldsymbol{j}}{\epsilon_0 c^2} \tag{21.5}$$

또한 벡터 퍼텐셜 $\boldsymbol{A}$는 다음 조건도 만족해야 한다.

$$\nabla\cdot\boldsymbol{A} = -\frac{1}{c^2}\frac{\partial\phi}{\partial t} \tag{21.6}$$

이제 식 (21.4)와 (21.5)의 해를 구하려면 아래 방정식을 만족하는 ψ를 먼저 구해야 한다.

$$\nabla^2\psi - \frac{1}{c^2}\frac{\partial^2\psi}{\partial t^2} = -s \tag{21.7}$$

여기서 s는 발생원(source)으로서, 이미 알고 있는 양으로 간주한다. 이 식을 식 (21.4)와 비교해 보면, ψ는 ϕ에 대응되고 s는 ρ/ϵ_0에 대응된다. 그리고 ψ를 A_x에 대응시키면 s는 $j_x/\epsilon_0 c^2$에 해당된다. 지금 당장은 ψ와 s의 물리적 의미를 따지지 말고, 오로지 수학적인 관점에서 방정식 (21.7)의 해를 구해 보자.

ρ와 $\boldsymbol{j}$가 0인 '자유 공간'에서는 퍼텐셜 ϕ와 $\boldsymbol{A}$, 그리고 장 $\boldsymbol{E}$와 $\boldsymbol{B}$는 발생원

이 없는 3차원 파동 방정식을 만족한다. 이 경우의 파동 방정식은 다음과 같다.

$$\nabla^2\psi - \frac{1}{c^2}\frac{\partial^2\psi}{\partial t^2} = 0 \tag{21.8}$$

20장에서 살펴본 바와 같이, 이 방정식에는 다양한 형태의 해가 존재한다. x방향으로 진행하는 평면파 $\psi = f(t-x/c)$와 y방향이나 z방향 또는 임의의 다른 방향으로 진행하는 모든 평면파가 위의 방정식을 만족한다. 뿐만 아니라, 다음과 같은 구면파도 해가 될 수 있다.

$$\psi(x,\ y,\ z,\ t) = \frac{f(t-r/c)}{r} \tag{21.9}$$

(방정식의 해는 다른 형태로 표현될 수도 있다. 예를 들어, 중심축으로부터 퍼져 나가는 원통형의 파동도 위의 방정식을 만족한다.)

앞에서 말한 대로, 식 (21.9)와 같은 해가 가능하려면 원점에 전하가 놓여 있어야 한다. 그래야 파동이 바깥쪽을 향해 퍼져 나갈 수 있기 때문이다. 다시 말해서, 식 (21.9)는 $r=0$ 근방을 제외한 모든 점에서 방정식 (21.8)의 해이다. 그렇다면 $r=0$에서는 어떻게 될까? 이런 경우에는 방정식이 (21.7)의 형태를 취하게 된다. 식 (21.9)와 같은 해가 가능하려면 우변의 s는 어떤 형태가 되어야 할까? 지금부터 알아보기로 하자.

식 (21.9)와 같은 구면파가 주어졌을 때, r이 아주 작은 곳에서 어떤 일이 일어나는지 살펴보자. r이 아주 작으면 함수 $f(t-r/c)$에서 뒤처진 시간 $-r/c$은 무시할 수 있다(단, 함수 f는 시간에 따라 부드럽게 변하는 함수라고 가정한다). 이런 경우에 ψ는

$$\psi = \frac{f(t)}{r} \qquad (r\to 0) \tag{21.10}$$

가 된다. 따라서 ψ는 '원점에 위치한 채 시간에 따라 변하는 점전하'로부터 발생한 쿨롱장으로 해석할 수 있다. 전하 밀도가 ρ인 소량의 전하가 원점 근처의 아주 좁은 영역에 존재할 때, 퍼텐셜은 다음과 같이 쓸 수 있다.

$$\phi = \frac{Q/4\pi\epsilon_0}{r}$$

여기서 $Q=\int\rho\, dV$이다. 물론 퍼텐셜 ϕ는 아래의 방정식을 만족한다.

$$\nabla^2\phi = -\frac{\rho}{\epsilon_0}$$

동일한 수학적 과정을 거치면, 식 (21.10)의 ψ도 다음 방정식의 해임을 어렵지 않게 알 수 있다.

$$\nabla^2\psi = -s \qquad (r\to 0) \tag{21.11}$$

여기서 s와 f는 다음과 같은 관계에 있다.

$$f = \frac{S}{4\pi}, \qquad S = \int s\, dV$$

단, s(또는 S)는 시간의 함수일 수도 있다.

여기서 중요한 것은 r이 작을 때 식 (21.11)을 만족시키는 ψ가 식 (21.7)도 만족시킨다는 점이다. ψ는 $1/r$에 의존하므로, r이 원점에 가까워지면 ψ의 공간에 대한 도함수가 매우 커지지만 시간에 대한 도함수는 변하지 않는다[이것은 그냥 $f(t)$의 시간 도함수일 뿐이다]. 따라서 r이 0에 접근하면 식 (21.7)의 $\partial^2\psi/\partial t^2$항은 $\nabla^2\psi$항보다 훨씬 작아져서 무시할 수 있게 되고, 결국 식 (21.7)은 식 (21.11)과 같아진다.

지금까지 얻은 결과를 정리해 보자. 발생원 함수 $s(t)$가 원점에 놓여 있고, 총 세기(total strength)가

$$S(t) = \int s(t)\, dV \tag{21.12}$$

로 주어진 경우, 방정식 (21.7)의 해는 다음과 같다.

$$\psi(x, y, z, t) = \frac{1}{4\pi} \frac{S(t - r/c)}{r} \tag{21.13}$$

식 (21.7)에서 $\partial^2\psi/\partial t^2$항의 역할은 유사 쿨롱 퍼텐셜(Coulomb-like potential)에 시간 뒤처짐 효과 $(t-r/c)$를 도입하는 것이다.

21-3 맥스웰 방정식의 일반해

지금까지는 점(point) 형태의 발생원에 대하여 방정식 (21.7)의 해를 구했다. 이제부터는 발생원이 공간을 점유하고 있는 경우에 방정식의 해를 구해 보자. 다행히도 이 문제는 아주 쉽게 해결될 수 있다. 임의의 발생원 $s(x, y, z, t)$를 무수히 분할하여 만든 하나의 미소 부피 요소 dV에 '점 발생원'이 하나씩 들어 있는 것으로 간주하면, 각 발생원의 세기는 $s(x, y, z, t)\, dV$가 된다. 그런데 식 (21.7)은 선형 방정식이므로, 미소 발생원들에 의해 형성되는 장을 모두 중첩시키면 원하는 답을 얻을 수 있다.

식 (21.13)에 의하면, 점 (x_2, y_2, z_2)[줄여서 점 (2)라 하자]에 위치한 미소 발생원 $s(x, y, z, t)\, dV$는 점 (x_1, y_1, z_1)[줄여서 점 (1)이라 하자]에 다음과 같은 장 $d\psi$를 형성한다.

$$d\psi(1, t) = \frac{s(2,\ t - r_{12}/c)\, dV_2}{4\pi r_{12}}$$

여기서 r_{12}는 점 (2)에서 점 (1)까지의 거리다. 이제, 각 발생원의 기여도를 모두 더해 보자. 이는 곧 $s \neq 0$인 모든 영역에 대하여 적분한다는 것을 의미한다.

$$\psi(1, t) = \int \frac{s(2,\ t - r_{12}/c)}{4\pi r_{12}}\, dV_2 \tag{21.14}$$

즉, 시간$=t$일 때 점 (1)에 형성되는 장은 시간 $(t-r_{12}/c)$일 때 점 (2)에 위치하고 있었던 모든 미소 발생원들로부터 출발한 구면파들의 합과 같다. 이것이 바로 임의의 발생원에 대한 파동 방정식의 해이다.

이로써 우리는 맥스웰 방정식의 일반적 해법을 알았다. ψ가 스칼라 퍼텐셜 ϕ를 의미한다면 발생원 함수 s는 ρ/ϵ_0가 되며, ψ가 벡터 퍼텐셜 $\boldsymbol{A}$의 한 성분이라면 s는 이에 대응되는 벡터 $\boldsymbol{j}/\epsilon_0 c^2$의 성분이 된다. 그러므로 모든 곳에서 전하 밀도 분포 $\rho(x, y, z, t)$와 전류 밀도 분포 $\boldsymbol{j}(x, y, z, t)$를 알고 있으면, 그 즉시 방정식 (21.4)와 (21.5)의 해를 적을 수 있다.

$$\phi(1, t)=\int \frac{\rho(2, t-r_{12}/c)}{4\pi\epsilon_0 r_{12}}dV_2 \tag{21.15}$$

$$\boldsymbol{A}(1, t)=\int \frac{\boldsymbol{j}(2, t-r_{12}/c)}{4\pi\epsilon_0 c^2 r_{12}}dV_2 \tag{21.16}$$

전기장 $\boldsymbol{E}$와 자기장 $\boldsymbol{B}$는 식 (21.2)와 (21.3)을 이용하여 위의 퍼텐셜을 미분함으로써 구할 수 있다[식 (21.15)와 (21.16)으로 주어진 ϕ와 $\boldsymbol{A}$를 식 (21.6)에 대입해 보면 올바른 해임을 확인할 수 있다].

이것으로 우리는 맥스웰 방정식을 푼 셈이다. 어떠한 상황이건 간에, 전하와 전류의 분포 함수만 주어져 있으면 위의 적분으로부터 퍼텐셜을 구할 수 있고, 이 퍼텐셜을 미분하여 전기장이나 자기장을 구할 수 있다. 여기까지 이해했다면 여러분은 맥스웰의 전자기학 이론을 다 배운 것이나 다름없다. 또한 움직이는 전하에 의한 전기장을 계산하면 빛 이론과 맥스웰 방정식 사이의 연결 고리도 완성할 수 있다. 이제 남은 것이라곤 위의 적분으로부터 움직이는 전하에 대한 퍼텐셜을 계산하고, 그것을 미분하여 $-\boldsymbol{\nabla}\phi-\partial\boldsymbol{A}/\partial t$로부터 $\boldsymbol{E}$를 구하는 것뿐이다. 물론 이 결과는 식 (21.1)과 같아야 한다. 계산량이 좀 많긴 하지만 기본 원리는 이것이 전부다.

맥스웰 방정식 :

$$\boldsymbol{\nabla}\cdot\boldsymbol{E}=\frac{\rho}{\epsilon_0} \qquad \boldsymbol{\nabla}\cdot\boldsymbol{B}=0$$

$$\boldsymbol{\nabla}\times\boldsymbol{E}=-\frac{\partial\boldsymbol{B}}{\partial t} \qquad c^2\boldsymbol{\nabla}\times\boldsymbol{B}=\frac{\boldsymbol{j}}{\epsilon_0}+\frac{\partial\boldsymbol{E}}{\partial t}$$

맥스웰 방정식의 해 :

$$\boldsymbol{E}=-\boldsymbol{\nabla}\phi-\frac{\partial\boldsymbol{A}}{\partial t}$$

$$\boldsymbol{B}=\boldsymbol{\nabla}\times\boldsymbol{A}$$

$$\phi(1, t)=\int \frac{\rho(2, t-r_{12}/c)}{4\pi\epsilon_0 r_{12}}dV_2$$

$$\boldsymbol{A}(1, t)=\int \frac{\boldsymbol{j}(2, t-r_{12}/c)}{4\pi\epsilon_0 c^2 r_{12}}dV_2$$

이제 여러분은 전자기학의 심장부에 도달하였다. 전자기학은 전기와 자기, 그리고 빛을 설명하는 완전한 이론이며, 움직이는 전하에 의해 발생되는 전자기장을 완벽하게 기술하는 이론이다. 이 모든 것은 맥스웰 방정식 안에 다 들어 있다. 맥스웰이 세운 이 건축물은 모든 면에서 완벽하고 아름답다. 아마도 이것은 지금까지 물리학에서 이루어진 업적을 통틀어 가장 위대한 것 중 하나일 것이다. 이러한 중요성을 재차 강조하는 의미에서 전자기학의 근간을 이루는 방정식과 대표적인 해들을 앞 페이지에 요약해 놓았으니 참고하기 바란다.

21-4 진동하는 쌍극자에 의한 장

이로써 우리는 전자기학의 최고봉 등정에 성공했다. 그러나 아직 이 장의 서두에 등장했던 식 (21.1)(움직이는 점전하에 의해 발생하는 전기장)을 유도하지는 않았다. 유도에 필요한 정보는 앞 절에서 모두 구했지만 계산은 그리 만만치가 않다. 내가 알기로, 식 (21.1)이 수록되어 있는 책은 이 세상에 단 한 권—『파인만의 물리학 강의 I』밖에 없다.* 이 식을 유도하기가 그만큼 어렵다는 뜻이다(물론, 움직이는 점전하에 의해 발생되는 전기장을 다른 형태로 유도한 책은 몇 권 있다). 생각 같아서는 지금 당장 팔을 걷어붙이고 본격적인 증명으로 들어가고 싶지만, 아무래도 학부생 수준에서는 무리일 것 같아 참기로 하겠다. 그 대신, 몇 가지 예제에 식 (21.15)와 (21.16)을 적용시켜서 식 (21.1)과 동일한 결과를 얻을 수 있다는 사실만이라도 확인하고 넘어가는 것이 좋겠다. 우선, 전하의 운동이 비상대론적이라는 조건하에서 식 (21.1)을 증명해 보자(제1권에서 빛을 주제로 강의했던 내용의 90% 이상이 지금 다루려는 특별한 경우에 속한다).

작은 전하 덩어리가 좁은 영역 안에서 움직이고 있을 때, 이로부터 멀리 떨어진 곳에 형성되는 전기장을 계산해 보자. 다시 말해서, 점전하가 아주 좁은 영역에 갇힌 채 위아래로 오락가락하고 있을 때, 이로부터 발생되는 전기장을 거리의 함수로 구해 보자는 것이다. 대부분의 경우 빛은 원자와 같은 중성 물체에서 방출되므로, 전하 $-q$가 한 지점에 고정되어 있고 그 근처에서 전하 $+q$가 움직이고 있다고 가정해 보자. 두 전하 사이의 거리를 $\boldsymbol{d}$라고 하면, 이들이 형성하는 쌍극자 모멘트 $\boldsymbol{p}=q\boldsymbol{d}$는 시간에 따라 달라질 것이다. 그리고 이들로부터 아주 가까운 지점의 전기장을 계산할 때에는 시간 뒤처짐 효과를 고려할 필요가 없다. 가까운 곳의 전기장은 정지 쌍극자에 의한 전기장과 정확하게 일치한다. 물론, 이 경우에는 순간적인 쌍극자 모멘트 $\boldsymbol{p}(t)$를 사용해야 한다. 그러나 아주 멀리 떨어진 곳에서는 시선 방향에 수직한 가속도 성분에 비례하면서 $1/r$을 따라 변하는 전기장이 나타날 것이다. 정말로 그런지 확인해 보자.

우선 식 (21.16)을 이용하여 벡터 퍼텐셜 $\boldsymbol{A}$를 계산해 보자. 움직이는 작은 덩어리의 전하 분포를 $\rho(x, y, z)$라 하고, 이 덩어리가 속도 $\boldsymbol{v}$로 움직인다고 가정하면 전류 밀도 $\boldsymbol{j}(x, y, z)$는 $\boldsymbol{v}\rho(x, y, z)$가 된다. 이 문제를 풀 때, 그림 21-2

---

* 이 공식은 1950년경에 파인만이 유도하였으며, 싱크로트론 복사를 설명하는 강의에서 종종 소개되곤 했다.

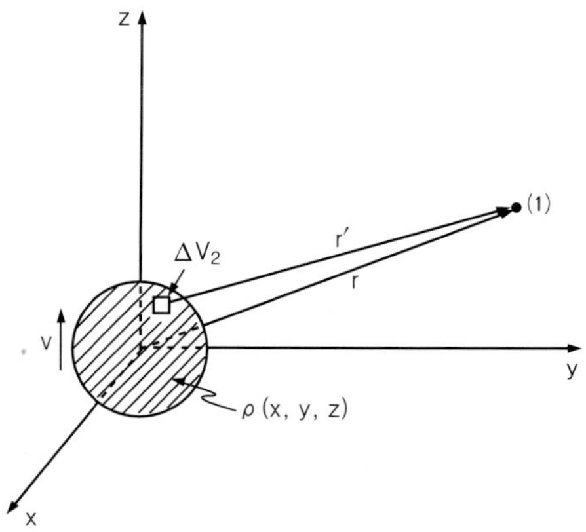

그림 21-2 (1)에서의 퍼텐셜은 전하 밀도 ρ에 대한 적분으로 주어진다.

처럼 z축이 속도 $\boldsymbol{v}$의 방향과 일치하도록 좌표축을 잡아 주면 여러모로 편리하다. 이제, 우리가 계산해야 할 적분은 다음과 같다.

$$\int \frac{\boldsymbol{j}(2,\ t-r_{12}/c)}{r_{12}}\,dV_2 \tag{21.17}$$

전하 덩어리의 크기가 r_{12}에 비해 매우 작다면, 위 식의 분모에 있는 r_{12}를 r[전하 분포의 중심으로부터 점 (1)까지의 거리]로 대치시킬 수 있으며, 이 r은 적분 밖으로 끄집어낼 수 있다. 그리고 분자에서도 $r_{12}=r$로 놓을 수 있다. 사실, 엄밀하게 말하면 이것은 그다지 정확한 근사법이 아니다. 왜냐하면 전하 덩어리의 상단부에 해당하는 $\boldsymbol{j}$와 하단부에 해당하는 $\boldsymbol{j}$는 약간의 시간차를 갖고 있기 때문이다. $\boldsymbol{j}(t-r_{12}/c)$에서 $r_{12}=r$로 놓는다는 것은, 전체 전하 분포에 의한 전류 밀도를 동일한 시간 $(t-r/c)$에 취하여 계산하겠다는 뜻이다. 전하의 이동 속도 v가 광속 c에 비해서 아주 느리다면 이런 식으로 근사를 취해도 정확한 결과를 얻을 수 있다. 바로 이런 이유 때문에, 앞에서 전하의 운동이 '비상대론적'이라고 가정했던 것이다. 식 (21.17)에서 $r_{12}=r$로 놓고 $\boldsymbol{j}$ 대신 $\rho\boldsymbol{v}$를 대입한 결과는 다음과 같다.

$$\frac{1}{r}\int \boldsymbol{v}\rho(2,\ t-r/c)\,dV_2$$

모든 전하가 같은 속도로 움직인다고 가정했으므로, 위의 적분은 그냥 $\boldsymbol{v}/r$ 곱하기 총 전하량 q가 된다. 그런데 $q\boldsymbol{v}$는 뒤처진 시간 $(t-r/c)$에서 계산된 쌍극자 모멘트의 시간 변화율 $\partial\boldsymbol{p}/\partial t$와 같다. 이 값을 $\dot{\boldsymbol{p}}(t-r/c)$로 표기하면, 벡터 퍼텐셜은 다음과 같이 계산된다.

$$\boldsymbol{A}(1,\ t)=\frac{1}{4\pi\epsilon_0c^2}\,\frac{\dot{\boldsymbol{p}}(t-r/c)}{r} \tag{21.18}$$

이 결과를 보면 시간에 따라 변하는 쌍극자 전류는 $\dot{\boldsymbol{p}}/4\pi\epsilon_0c^2$의 세기를 갖는 파원에서 나오는 구면파 형태의 벡터 퍼텐셜을 만들어 낸다는 것을 알 수 있다.

자기장은 $\boldsymbol{B}=\boldsymbol{\nabla}\times\boldsymbol{A}$로부터 구하면 된다. $\dot{\boldsymbol{p}}$는 z방향 성분만을 갖고 있으므로 $\boldsymbol{A}$도 z방향 성분밖에 없다. 따라서 컬에 등장하는 도함수들 중 0이 아닌 것은 $B_x=\partial A_z/\partial y$와 $B_y=-\partial A_z/\partial x$, 단 두 개뿐이다. 우선 B_x부터 계산해 보자.

$$B_x=\frac{\partial A_z}{\partial y}=\frac{1}{4\pi\epsilon_0c^2}\,\frac{\partial}{\partial y}\,\frac{\dot{p}(t-r/c)}{r} \tag{21.19}$$

여기에 $r=\sqrt{x^2+y^2+z^2}$을 이용하여 미분을 풀어 쓰면

$$B_x=\frac{1}{4\pi\epsilon_0c^2}\,\dot{p}(t-r/c)\,\frac{\partial}{\partial y}\left(\frac{1}{r}\right)+\frac{1}{4\pi\epsilon_0c^2}\,\frac{1}{r}\,\frac{\partial}{\partial y}\,\dot{p}(t-r/c) \tag{21.20}$$

가 되고, $\partial r/\partial y=y/r$임을 상기하면 첫 번째 항은

$$-\frac{1}{4\pi\epsilon_0c^2}\,\frac{y\dot{p}(t-r/c)}{r^3} \tag{21.21}$$

가 된다. 이 항은 정지 쌍극자(static dipole)의 경우와 같이 $1/r^2$로 감소한다 (y/r은 주어진 방향에 대하여 상수이기 때문이다).

식 (21.20)의 두 번째 항은 새로운 효과를 준다. 미분을 수행한 결과는

$$-\frac{1}{4\pi\epsilon_0 c^2}\,\frac{y}{cr^2}\,\ddot{p}\,(t-r/c) \tag{21.22}$$

인데, 물론 여기서 $\ddot{p}$는 t에 대한 2계 미분을 뜻한다. 이 항은 식 (21.19)의 분자를 미분한 것에 해당되며, 바로 전자기 복사를 나타낸다. 보다시피 이것은 거리에 따라 $1/r$로 줄어드는 장이며, 전하의 '가속도'와 관련되어 있다. 이쯤이면 우리가 빛의 복사를 기술하는 식 (21.1′)을 향해 나아가고 있다는 것을 여러분도 눈치 챘을 것이다.

복사를 의미하는 항이 등장하게 된 경위를 좀 더 자세히 따져 보자. 이것은 흥미로우면서도 매우 중요한 문제다. 우리의 출발점은 식 (21.18)이었는데, 이것은 분자에 있는 시간 뒤처짐 효과를 제외하고 쿨롱 퍼텐셜과 비슷한 $1/r$ 의존성을 갖고 있다. 그런데 이것을 공간에 대해 미분하면 시간 뒤처짐 효과가 포함된 $1/r^2$ 형태만 나오는 것이 아니라, 복사를 기술하는 항까지 덩달아 나온다. 대체 왜 그런 것일까?

다음과 같이 생각하면 그 이유를 알 수 있다. 쌍극자가 사인 함수의 형태로 아래위로 진동하고 있다고 가정해 보자. 그러면

$$p = p_z = p_0 \sin \omega t$$

이고,

$$A_z = \frac{1}{4\pi\epsilon_0 c^2}\,\frac{\omega\, p_0 \cos \omega\,(t-r/c)}{r}$$

이다. 임의의 한 순간에 A_z를 r의 함수로 그려 보면 그림 21-3과 같다. 이 함수의 최대 진폭은 $1/r$을 따라 감소하며, 전체적인 파형은 이 최대 진폭 내에서 공간적으로 진동하고 있다. 이 함수를 공간에 대하여 미분하면(즉 장을 계산하면), 미분 값은 곡선의 '기울기'에 비례할 것이다. 그런데 그림 21-3을 보면, A_z의 기울기가 최대 진폭의 변화를 나타내는 곡선 $1/r$의 기울기보다 훨씬 큰 곳이 대부분이다. 그림을 보면 알 수 있듯이, 곡선의 기울기는 파동의 진폭에 비례하며, 파동의 진폭은 $1/r$로 감소한다. 그래서 복사 항의 세기가 $1/r$을 따라 감소했던 것이다.

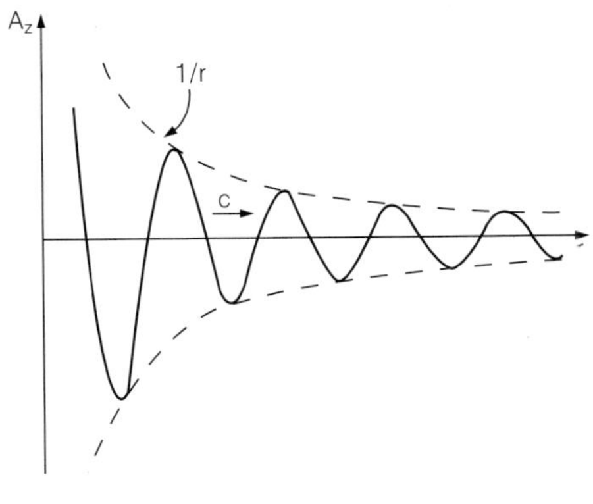

그림 21-3 진동하는 쌍극자에서 방출된 구면파에 대하여, 시간 t에서 r의 함수로 나타낸 A의 크기

이 모든 결론은 발생원의 '시간적' 변화가 파동이 밖으로 퍼져 나감에 따라 파동의 '공간적' 변화로 그대로 옮겨 간다는 것과, 자기장은 퍼텐셜의 '공간적' 미분으로 결정된다는 사실에서 기인한 것이다.

다시 본론으로 돌아가서, 자기장 계산을 마무리 지어 보자. B_x는 식 (21.21)과 (21.22)로 표현되는 두 개의 항을 갖고 있다.

$$B_x = \frac{1}{4\pi\epsilon_0 c^2}\left[-\frac{y\dot{p}\,(t-r/c)}{r^3} - \frac{y\ddot{p}\,(t-r/c)}{cr^2}\right]$$

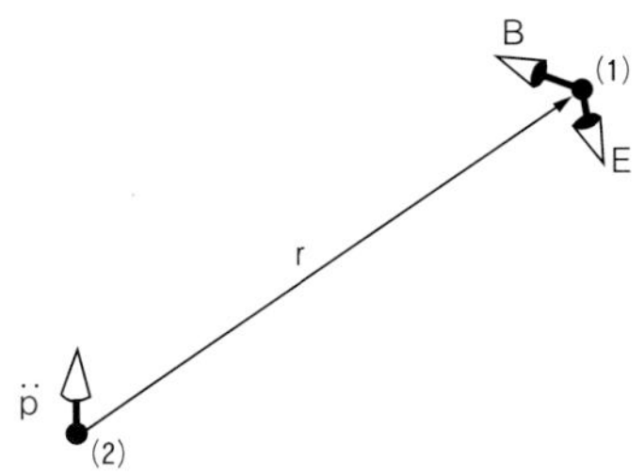

그림 21-4 진동하는 쌍극자의 복사장 $\boldsymbol{B}$와 $\boldsymbol{E}$

같은 방식으로 계산하면 B_y는

$$B_y = \frac{1}{4\pi\epsilon_0 c^2}\left[\frac{x\dot{p}(t-r/c)}{r^3} + \frac{x\ddot{p}(t-r/c)}{cr^2}\right]$$

가 된다. 이것을 벡터 식으로 표현하면 다음과 같다.

$$\boldsymbol{B} = \frac{1}{4\pi\epsilon_0 c^2}\frac{[\dot{\boldsymbol{p}} + (r/c)\ddot{\boldsymbol{p}}]_{t-r/c} \times \boldsymbol{r}}{r^3} \tag{21.23}$$

식 (21.23)의 의미를 따져 보자. 우선, r이 엄청나게 커지면 대부분의 기여는 $\ddot{\boldsymbol{p}}$항에서 나오게 된다. 그리고 $\boldsymbol{B}$의 방향은 $\ddot{\boldsymbol{p}} \times \boldsymbol{r}$의 방향이 된다. 즉, 자기장은 그림 21-4와 같이 반경 벡터 $\boldsymbol{r}$과 가속도에 모두 수직한 방향으로 형성된다. 이것은 앞에서 언급했던 내용에 부합되며, 식 (21.1′)에서 얻은 결과와도 잘 일치한다.

쌍극자와 가까운 곳에 형성되는 자기장을 계산해 보자. 14-9절의 비오-사바르의 법칙(law of Biot and Savart)에 의하면, 전류 요소 $\boldsymbol{j}\,dV$에 의해 발생되는 자기장은 다음과 같다.

$$d\boldsymbol{B} = \frac{1}{4\pi\epsilon_0 c^2}\frac{\boldsymbol{j} \times \boldsymbol{r}}{r^3}dV \tag{21.24}$$

그런데 $\dot{\boldsymbol{p}}$는 전류이므로, 식 (21.24)와 (21.23)의 첫 번째 항은 생긴 모습이 매우 비슷하다. 다른 점이라고는 식 (21.23)의 전류가 시간 $(t-r/c)$일 때의 값인 반면, 식 (21.24)의 전류는 그렇지 않다는 것이다. 그러나 r이 아주 작은 경우, 식 (21.24)는 매우 정확하게 들어맞는다. 식 (21.23)의 '두 번째' 항이 첫 번째 항의 시간 뒤처짐 효과를 거의 상쇄시키기 때문이다. 즉, r이 작은 영역에서는 두 항이 '협력하여' 식 (21.24)와 거의 같은 결과가 나타난다.

정말로 그렇게 되는지 확인해 보자. r이 아주 작으면 $(t-r/c)$와 t는 크게 다르지 않으므로, 식 (21.23)의 대괄호 안을 테일러 급수로 전개할 수 있다. 첫 번째 항은

$$\dot{\boldsymbol{p}}(t-r/c) = \dot{\boldsymbol{p}}(t) - \frac{r}{c}\ddot{\boldsymbol{p}}(t) + \cdots$$

이 되고, 두 번째 항을 r/c에 대해 위 식과 같은 차수까지 전개한 결과는 다음과 같다.

$$\ddot{\boldsymbol{p}}(t-r/c) = \ddot{\boldsymbol{p}}(t)$$

(두 번째 항에는 $\ddot{\boldsymbol{p}}$ 앞에 이미 r/c이 곱해져 있다 : 옮긴이) 두 항을 더하면 $\ddot{\boldsymbol{p}}$에 관련된 항들은 서로 상쇄되므로 남는 것은 시간 뒤처짐 효과가 고려되지 않은 전류 $\dot{\boldsymbol{p}}(t)$와 $(r/c)^2$차수 이상의 고차 항들$[\frac{1}{2}(r/c)^2\dddot{\boldsymbol{p}}$ 등]뿐이다. 그런데 이런 고차 항들은 r/c의 시간 동안 $\ddot{\boldsymbol{p}}$가 크게 변하지 않는 정도의 거리 내(즉, r이 작은 경우)에서는 매우 작은 값을 갖는다.

따라서 식 (21.23)은 시간 뒤처짐 효과를 고려한 자기장보다 시간 뒤처짐 효과를 고려하지 않은 자기장에 훨씬 가까운 결과를 준다. 1차 뒤처짐 효과가 두

번째 항에 의해 상쇄되기 때문이다. 이 결과는 여러분의 짐작보다 훨씬 정확하다. 물론 이러한 상쇄 효과는 r이 작은 영역에서만 일어난다. 쌍극자로부터 아주 멀리 떨어진 곳에서는 시간 뒤처짐 효과가 매우 커지고, 그로 인해 복사를 기술하는 $1/r$항이 더욱 중요해지기 때문에 상쇄 효과가 나타나지 않는다.

이제 남은 일은 전기장의 계산 결과도 식 (21.1′)과 같음을 확인하는 것이다. 먼 거리에서는 증명이 비교적 쉽다. 발생원으로부터 멀리 떨어진 곳에서 전기장 $\boldsymbol{E}$는 자기장 $\boldsymbol{B}$와 수직하고($\boldsymbol{E}$와 $\boldsymbol{r}$도 수직함), $cB=E$의 관계를 만족한다 (그림 21-4 참조). 따라서 $\boldsymbol{E}$는 가속도 $\ddot{\boldsymbol{p}}$에 비례하며, 이 결과는 식 (21.1′)과 잘 일치한다.

발생원과의 거리에 상관없이 모든 거리에 대한 전기장을 완전한 형태로 구하려면, 스칼라 퍼텐셜을 구해야 한다. 우리는 벡터 퍼텐셜 $\boldsymbol{A}$에 대한 전류 적분을 계산하여 식 (21.18)을 구할 때, r_{12}가 약간 변하는 것에 의한 시간 뒤처짐 효과를 무시했었다. 그러나 스칼라 퍼텐셜의 경우에는 이런 식의 근사를 취할 수 없다. 시간 뒤처짐 효과를 무시하면, $\boldsymbol{A}$에 대한 적분은 $1/r$ 곱하기 전하 밀도의 공간 적분(=상수)이 되어, 엉성한 결과가 나오기 때문이다. 그러므로 스칼라 퍼텐셜을 계산할 때에는 한 차수 높은 근사를 사용해야 한다. 단, 고차 항을 직접 계산하는 것보다 전에 구해 놓은 벡터 퍼텐셜을 식 (21.6)에 대입하여 스칼라 퍼텐셜을 결정하는 것이 편리하다. 지금의 경우, A_x와 A_y는 항상 0이므로 $\boldsymbol{A}$의 다이버전스는 $\partial A_z/\partial z$이다. 위에서 $\boldsymbol{B}$를 구할 때와 마찬가지로 미분을 수행하면,

$$\begin{aligned}\nabla\cdot\boldsymbol{A}&=\frac{1}{4\pi\epsilon_0c^2}\left[\dot{p}\,(t-r/c)\,\frac{\partial}{\partial z}\left(\frac{1}{r}\right)+\frac{1}{r}\,\frac{\partial}{\partial z}\,\dot{p}\,(t-r/c)\right]\\&=\frac{1}{4\pi\epsilon_0c^2}\left[-\frac{z\dot{p}\,(t-r/c)}{r^3}-\frac{z\ddot{p}\,(t-r/c)}{cr^2}\right]\end{aligned}$$

가 된다. 이것을 벡터로 표현하면 다음과 같다.

$$\nabla\cdot\boldsymbol{A}=-\frac{1}{4\pi\epsilon_0c^2}\,\frac{[\dot{\boldsymbol{p}}+(r/c)\,\ddot{\boldsymbol{p}}]_{t-r/c}\cdot\boldsymbol{r}}{r^3}$$

식 (21.6)을 이용하면 다음과 같이 ϕ에 대한 방정식이 구해진다.

$$\frac{\partial\phi}{\partial t}=\frac{1}{4\pi\epsilon_0}\,\frac{[\dot{\boldsymbol{p}}+(r/c)\,\ddot{\boldsymbol{p}}]_{t-r/c}\cdot\boldsymbol{r}}{r^3}$$

이 결과를 t로 적분하면 p에 대한 시간 미분이 각 항에서 하나씩 없어지므로

$$\phi(r,\ t)=\frac{1}{4\pi\epsilon_0}\,\frac{[\boldsymbol{p}+(r/c)\,\dot{\boldsymbol{p}}]_{t-r/c}\cdot\boldsymbol{r}}{r^3}\tag{21.25}$$

이 된다(적분 상수는 어딘가에 있을 중첩된 정전기장을 나타낸다고 생각하면 된다. 단, 진동하는 쌍극자의 경우에는 정전기장이 존재하지 않는다).

이제 전기장 $\boldsymbol{E}$는 다음 식으로부터 계산할 수 있다.

$$\boldsymbol{E}=-\nabla\phi-\frac{\partial\boldsymbol{A}}{\partial t}$$

계산 과정은 다소 복잡하지만 특별히 어려운 부분은 없다. 중간에 실수만 하지 않는다면 다음의 결과를 얻을 수 있을 것이다[이때 $\boldsymbol{p}(t-r/c)$와 이것을 시간에 대해 미분한 값은 뒤처진 시간 r/c 때문에 x, y, z의 함수가 된다는 점을 명심하라].

$$\boldsymbol{E}(r,\ t) = -\frac{1}{4\pi\epsilon_0 r^3}\left[-\boldsymbol{p}^* - 3\frac{(\boldsymbol{p}^*\cdot\boldsymbol{r})\,\boldsymbol{r}}{r^2} + \frac{1}{c^2}\{\ddot{\boldsymbol{p}}(t-r/c)\times\boldsymbol{r}\}\times\boldsymbol{r}\right] \tag{21.26}$$

여기서,

$$\boldsymbol{p}^* = \boldsymbol{p}(t-r/c) + \frac{r}{c}\,\dot{\boldsymbol{p}}\,(t-r/c) \tag{21.27}$$

이다.

겉모습은 몹시 복잡해 보이지만 의미 해석은 비교적 간단하다. $\boldsymbol{p}^*$는 뒤처진 쌍극자에 '시간 뒤처짐 보정 항'을 더한 벡터이다. 따라서 r이 작은 경우, $\boldsymbol{p}^*$가 포함된 맨 앞의 두 항은 정적인 쌍극자의 전기장(static dipole field)과 같아진다[6장 식 (6.14) 참조]. r이 큰 경우에는 $\ddot{\boldsymbol{p}}$항이 가장 중요한 역할을 하게 된다. 즉, 전기장의 크기는 전하의 가속도에 비례하며, 방향은 $\boldsymbol{r}$과 수직을 이룬다($\boldsymbol{r}$에 수직한 평면으로 $\ddot{\boldsymbol{p}}$를 투영시킨 것과 같다).

이것은 식 (21.1)로부터 얻은 결과와 일치한다. 물론, 식 (21.1)은 가장 일반적인 형태로서 어떠한 경우에도 적용할 수 있다. 그러나 식 (21.26)은 뒤처진 시간 r/c를 상수로 간주할 수 있는 소규모의 운동에 한하여 적용된다. 어쨌거나, 이 정도면 (제1권 34장에서 언급된 몇 가지 문제를 제외하고) 빛의 특성에 관한 이론적 근거는 확립된 셈이다. 빛의 거동은 전적으로 식 (21.26)의 마지막 항에 의해 좌우된다. 그러면 지금부터 '빠르게 움직이는 전하'에 의해 발생되는 전자기장을 다뤄 보기로 하자(이 내용은 제1권 34장에 등장하는 상대론적 효과와 관련되어 있다).

21-5 움직이는 전하에 의한 퍼텐셜 : 리나르트-비헤르트의 일반해

앞 절에서는 전하의 운동 속도가 느리다는 가정하에 $\boldsymbol{A}$의 적분을 단순화시켜서 근사적인 답을 얻었다. 그러나 이 과정에서 우리는 한 가지 중요한 사실을 간과하였고, 그것 때문에 자칫하면 오류를 범할 수도 있다. 그래서 이 점을 보완하기 위해, 지금부터 점전하에 의한 퍼텐셜을 상대론적인 관점에서 구해 보기로 한다. 일단 이 결과가 얻어지면 전하에 의한 전자기 현상(electromagnetism)에 대해서는 모든 설명이 끝나는 셈이며, 식 (21.1)도 (미분을 취하여) 유도할 수 있게 된다. 자, 그럼 마음을 가다듬고 출발해 보자!

제멋대로 움직이는 점전하가 $(x_1,\ y_1,\ z_1)$에 발생시키는 스칼라 퍼텐셜 $\phi(1)$을 계산해 보자. 여기서 말하는 '점전하'란, 전하 밀도 $\rho(x,\ y,\ z)$로 기술되는 무한히 작은 공 모양의 전하를 의미한다. ϕ는 식 (21.15)로부터 구할 수 있다.

$$\phi(1,\ t) = \frac{1}{4\pi\epsilon_0}\int\frac{\rho(2,\ t-r_{12}/c)}{r_{12}}\,dV_2 \tag{21.28}$$

그림 21-5 (a)점전하(여기서는 작은 정육면체 모양의 전하 분포로 대치되었다)가 점 (1)을 향해 v의 속도로 이동하고 있다. (b)퍼텐셜 계산에 사용되는 부피 요소 ΔV_i

앞의 적분은 언뜻 보기에 '부피에 대한 전하 밀도의 적분'이므로, 계산할 것도 없이 총 전하 q가 된다고 생각하기 쉽다. 이렇게 따지면 퍼텐셜은 다음과 같다.

$$\phi(1,\ t) = \frac{1}{4\pi\epsilon_0}\frac{q}{r'_{12}} \quad (\text{틀림})$$

여기서 $\boldsymbol{r}'_{12}$는 뒤처진 시간 $(t - r_{12}/c)$에서 전하가 놓인 점 (2)로부터 점 (1)을 향하는 반경 벡터이다. 물론 이것은 틀린 답이다.

옳은 답은

$$\phi(1,\ t) = \frac{1}{4\pi\epsilon_0}\frac{q}{r'_{12}} \cdot \frac{1}{1 - v_{r'}/c} \tag{21.29}$$

이다. 여기서 $v_{r'}$은 전하의 속도 성분 중 r'_{12}에 평행한 성분을 나타낸다. 즉, 속도 벡터의 '점 (1)을 향하는 방향의 성분'이라는 뜻이다. 왜 이런 답이 나오는지 따져 보자. 일단, 논리를 단순화시키기 위해 그림 21-5(a)와 같이 작은 정육면체 모양의 점전하가 속도 v로 점 (1)을 향해 움직이고 있는 경우를 생각해 보자. 정육면체의 한 변의 길이를 a라 하고, a는 r_{12}[전하의 중심으로부터 점 (1)까지의 거리]보다 훨씬 작다고 가정한다.

식 (21.28)을 적분하기 위해, 잠시 기본 원리로 되돌아가서 생각해 보자. 적분의 정의에 의하면, 식 (21.28)의 적분은 다음과 같은 형태로 쓸 수 있다.

$$\sum_i \frac{\rho_i \Delta V_i}{r_i} \tag{21.30}$$

여기서 r_i는 점 (1)과 i번째 부피 요소 ΔV_i 사이의 거리이며, ρ_i는 시간 $t_i = t - r_i/c$에서 ΔV_i에서의 전하 밀도를 나타낸다. 문제의 가정으로부터 $r_i \gg a$이므로, 그림 21-5(b)처럼 ΔV_i를 $\boldsymbol{r}_{12}$에 수직한 얇은 사각형 판으로 잡아 주면 계산이 편해진다.

부피 요소 ΔV_i의 두께를 $w(w \ll a)$라 하자. 그러면 각각의 부피 요소들은 그림 21-6(a)와 같다(이 그림에는 전하가 분포된 영역을 뒤덮고 남을 정도로 넓은 범위에 걸쳐 부피 요소들을 그려 놓았다). 그런데 나는 이 그림에 전하 분포를 일부러 표기하지 않았다. 전하를 어디에 그려야 하는가? 각각의 부피 요소 ΔV_i에 대하여, 전하 밀도 ρ는 시간 $t_i = (t - r_i/c)$에서 취해져야 한다. 그런데 지금 사각형 전하는 움직이고 있으므로, 각 부피 요소 ΔV_i에 대해서 전하의 위치는 시시각각 달라질 것이다!

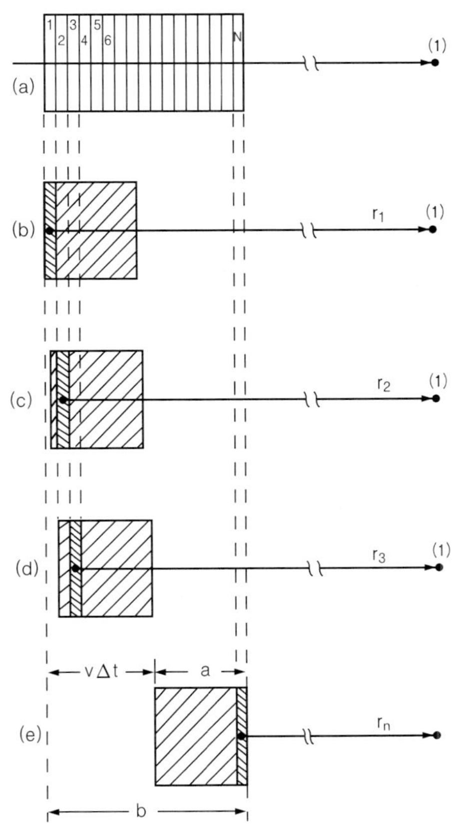

그림 21-6 움직이는 전하에 대하여 $\rho(t - r'/c)\,dV$ 적분하기

그림 21-6(a)에서 '1'로 표시된 부피 요소 ΔV_1부터 고려해 보자. 그림 21-6(b)에서 보는 바와 같이, 시간 $t_1=(t-r_1/c)$일 때 전하 분포의 맨 '뒷부분'이 ΔV_1을 점유하고 있다. 그다음으로 $\rho_2\Delta V_2$를 계산할 때, 전하의 위치는 약간 '전' 시간인 $t_2=(t-r_2/c)$일 때의 위치를 사용해야 한다. 이 시간에 전하는 그림 21-6(c)에 표시된 위치에 놓일 것이다. 이런 식으로 ΔV_3, ΔV_4, … 등 모든 부피 요소를 고려해 주면 위의 합을 계산할 수 있다.

각각의 부피 요소 ΔV_i의 두께가 w이므로 부피는 wa^2이며, 각 부피 요소에 들어 있는 전하량은 $wa^2\rho$이다. 여기서 ρ는 정육면체 내부의 전하 밀도로서, 균일하다고 가정한다. 전하의 위치로부터 점 (1)까지의 거리가 아주 먼 경우에는 식 (21.30)의 분모에 있는 r_i를 어떤 평균값으로 대치시켜도 결과가 크게 달라지지 않을 것이다. 예를 들어, 전하 중심의 뒤처진 위치 r'을 r_i의 평균값으로 사용해 보자. 그러면 식 (21.30)은 다음과 같이 변형된다.

$$\sum_{i=1}^{N}\frac{\rho wa^2}{r'}$$

여기서 ΔV_N은 전하 분포와 겹쳐지는 마지막 부피 요소 ΔV_i를 나타낸다[그림 21-6(e) 참조]. 이 합을 계산한 결과는

$$N\frac{\rho wa^2}{r'}=\frac{\rho a^3}{r'}\left(\frac{Nw}{a}\right)$$

이다. 여기서 ρa^3은 전체 전하량 q와 같고, Nw는 그림 21-6(e)에서 길이 b와 같다. 그러므로

$$\phi=\frac{q}{4\pi\epsilon_0 r'}\left(\frac{b}{a}\right) \tag{21.31}$$

임을 알 수 있다.

여기서 b는 무엇을 의미하는가? b는 정육면체형 전하 분포의 길이에 $t_1=(t-r_1/c)$과 $t_N=(t-r_N/c)$ 사이의 시간 동안 전하가 움직인 거리를 더한 양이다. 전하의 이동 속도는 v이므로

$$\Delta t=t_N-t_1=(r_1-r_N)/c=b/c$$

이고, 이 시간 동안 전하가 움직인 거리는 $v\Delta t=vb/c$이다. 그런데 b는 이 길이에 정육면체의 한 변의 길이 a를 더한 값이므로

$$b=a+\frac{v}{c}b$$

가 된다. 이 결과를 b에 대해 풀어 보면 다음과 같다.

$$b=\frac{a}{1-(v/c)}$$

여기서 v는 뒤처진 시간 $t'=(t-r'/c)$에서의 속도이므로, 이 점을 강조하기 위해 $[1-v/c]_{\text{ret}}$로 표기하겠다. 그러면 퍼텐셜에 대한 식 (21.31)은

$$\phi(1, t) = \frac{q}{4\pi\epsilon_0 r'} \frac{1}{[1-(v/c)]_{\text{ret}}}$$

이 되는데, 이것은 식 (21.29)와 정확하게 일치한다. 전하가 한 지점에 고정되어 있지 않고 특정 방향을 향해 움직이고 있으므로, 이 효과를 적분에 고려하여 보정한 것이 위의 결과이다. 전하가 점 (1)을 향해 움직일 때 적분에 가해지는 보정의 크기는 b/a의 비율로 증가한다. 따라서 올바른 답은 q/r'에 b/a, 즉 $1/[1-v/c]_{\text{ret}}$를 곱한 형태가 되는 것이다.

전하의 속도 벡터가 장의 값이 계산되는 지점 (1)을 향하고 있지 않는 경우에는 점 (1) 방향의 속도 성분만 고려하면 된다. 이 속도 성분을 v_r이라 하면, 보정 인자는 $1/[1-v_r/c]_{\text{ret}}$가 된다. 지금까지의 논리는 정육면체뿐만 아니라 임의의 전하 분포에 대하여 똑같이 적용될 수 있다. 또한 최종 결과에는 전하 q의 '크기(size)'인 a가 들어 있지 않으므로, 전하의 크기가 줄어들어서 점전하가 된다 해도 위의 식은 여전히 성립한다. 일반적으로, 임의의 속도로 움직이는 점전하에 의한 스칼라 퍼텐셜은 다음과 같다.

$$\phi(t) = \frac{q}{4\pi\epsilon_0 r'[1-(v_r/c)]_{\text{ret}}} \tag{21.32}$$

이 식은 종종 다음과 같은 형태로 표현되기도 한다.

$$\phi(1, t) = \frac{q}{4\pi\epsilon_0[r-(\boldsymbol{v}\cdot\boldsymbol{r}/c)]_{\text{ret}}} \tag{21.33}$$

여기서 $\boldsymbol{r}$은 전하가 있는 위치로부터 ϕ값이 계산되는 지점 (1)을 향하는 벡터이며, 괄호 안에 들어 있는 변수들은 모두 뒤처진 시간 $t'=t-r'/c$에서 취한 값이어야 한다.

식 (21.16)으로부터 점전하에 대한 $\boldsymbol{A}$를 계산할 때에도 이와 같이 하면 된다. 전류 밀도는 $\rho\boldsymbol{v}$이고, ρ에 대한 적분은 ϕ의 경우와 똑같은 형태이므로 벡터 퍼텐셜은 다음과 같이 계산된다.

$$\boldsymbol{A}(1, t) = \frac{q\boldsymbol{v}}{4\pi\epsilon_0 c^2[r-(\boldsymbol{v}\cdot\boldsymbol{r}/c)]_{\text{ret}}} \tag{21.34}$$

이 식은 리나르트(Liénard)와 비헤르트(Wiechert)에 의해 처음으로 유도되었기에 '리나르트-비헤르트 퍼텐셜'이라 불린다.

이제, $\boldsymbol{B}=\nabla\times\boldsymbol{A}$와 $\boldsymbol{E}=-\nabla\phi-\partial\boldsymbol{A}/\partial t$를 이용하여 위의 퍼텐셜로부터 $\boldsymbol{E}$와 $\boldsymbol{B}$를 구하기만 하면 원래의 목적인 식 (21.1)을 유도할 수 있다. 계산은 전혀 어려울 것이 없지만 제법 복잡하기 때문에 여기서는 생략하기로 한다. 여러분은 그냥 "방금 유도한 리나르트-비헤르트 퍼텐셜과 식 (21.1)은 동등하다"고 믿어 주기 바란다.*

* 투지가 넘치는 학생들은 식 (21.1)을 직접 증명해 보고 싶을 것이다. 그런 학생들을 위해 두 가지 지침을 알려 주겠다. 첫째, r'의 도함수들은 t'의 함수이기 때문에 상당히 복잡한 형태가 된다는 사실을 염두에 두어야 한다. 둘째, 식 (21.1)을 직접 유도하려 하지 말고 거기 등장하는 모든 도함수들을 계산한 후, 그 결과를 식 (21.33)과 (21.34)로부터 계산한 전기장 $\boldsymbol{E}$와 비교하는 편이 좋을 것이다.

21-6 일정한 속도로 움직이는 전하에 의한 퍼텐셜 : 로렌츠 공식

이제, 등속 직선 운동을 하고 있는 전하에 리나르트-비헤르트 퍼텐셜을 적용해 보자. 이 내용은 나중에 상대성 이론을 이용하여 다시 한 번 다룰 예정이다. 전하가 정지해 있는 좌표계에서의 퍼텐셜은 이미 잘 알려져 있으므로, 전하가 움직이는 경우에는 상대론적 좌표 변환(일명 로렌츠 변환)을 통해 모든 것을 알아낼 수 있다. 그러나 상대성 이론은 근본적으로 전기와 자기 이론에서 유래한 이론임을 알아 둘 필요가 있다. 로렌츠 변환 공식(제1권 15장 참조)은 로렌츠가 전기와 자기에 관한 방정식을 연구하던 중에 발견한 것이다. 전자기학과 상대성 이론의 긴밀한 관계를 이해하기 위해, 맥스웰 방정식으로부터 로렌츠 변환 공식을 유도해 보자. 우선, 맥스웰 방정식을 근간으로 하는 전기동역학을 이용하여 등속으로 움직이는 전하에 의한 퍼텐셜을 직접 구해 보기로 하자. 움직이는 전하에 의한 퍼텐셜은 앞 절에서 맥스웰 방정식으로부터 이미 계산한 바 있다. 그러므로 퍼텐셜을 이용한다는 것은 곧 맥스웰 방정식을 이용한다는 것과 같은 의미이다.

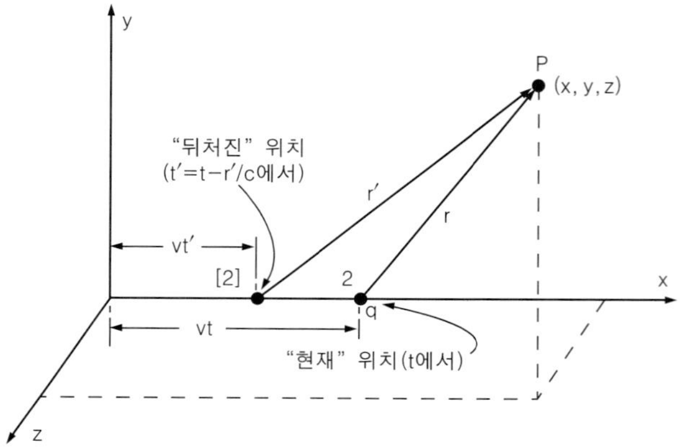

그림 21-7 x축을 따라 일정한 속도로 움직이는 전하에 의해 점 P에 형성되는 퍼텐셜의 계산

x축 방향을 따라 전하가 등속도 v로 움직이고 있다고 가정해 보자. 우리의 목표는 그림 21-7에 표시된 점 $P(x, y, z)$에서 이 전하에 의한 퍼텐셜을 구하는 것이다. $t=0$인 순간에 전하가 원점에 있었다면, 현재 시간 t에 전하는 $x=vt$, $y=z=0$의 위치에 있을 것이다. 그런데 정작 우리에게 필요한 것은 전하의 현재 위치가 아니라 뒤처진 시간

$$t' = t - \frac{r'}{c} \tag{21.35}$$

에서 전하의 위치이다. 여기서 r'은 '뒤처진 시간에' 전하로부터 점 P까지의 거리이다. 과거의 시각 t'에서 전하의 위치는 $x=vt'$이었으므로

$$r' = \sqrt{(x-vt')^2 + y^2 + z^2} \tag{21.36}$$

이다. 식 (21.35)와 (21.36)을 연립해서 풀면 r'과 t'을 구할 수 있다. 식 (21.35)를 r'에 대해서 풀고, 그것을 식 (21.36)에 대입하여 r'을 소거한 후 양변을 제곱하면 t'에 대한 2차 방정식

$$c^2(t-t')^2=(x-vt')^2+y^2+z^2$$

이 얻어진다. 이 식을 t'의 차수별로 정리하면

$$(v^2-c^2)\,t'^2-2(xv-c^2t)\,t'+x^2+y^2+z^2-(ct)^2=0$$

이 되고, t'에 대해 풀면

$$\left(1-\frac{v^2}{c^2}\right)t'=t-\frac{vx}{c^2}-\frac{1}{c}\sqrt{(x-vt)^2+\left(1-\frac{v^2}{c^2}\right)(y^2+z^2)} \tag{21.37}$$

이다. 위에서 구한 t'을

$$r'=c(t-t')$$

에 대입하면 r'을 구할 수 있다.

이제 식 (21.33)으로부터 ϕ를 구할 수 있게 되었다. $\boldsymbol{v}$가 일정하다고 했으므로, 식 (21.33)은

$$\phi(x,\ y,\ z,\ t)=\frac{q}{4\pi\epsilon_0}\frac{1}{r'-(\boldsymbol{v}\cdot\boldsymbol{r}'/c)} \tag{21.38}$$

이 된다. $\boldsymbol{v}$의 $\boldsymbol{r}'$방향 성분은 $v\times(x-vt')/r'$이므로, $\boldsymbol{v}\cdot\boldsymbol{r}'=v\times(x-vt')$이고, 따라서 분모 전체의 계산 결과는 다음과 같다.

$$c(t-t')-\frac{v}{c}(x-vt')=c\left[t-\frac{vx}{c^2}-\left(1-\frac{v^2}{c^2}\right)t'\right]$$

식 (21.37)에서 구한 $(1-v^2/c^2)\,t'$을 위의 식에 대입하면 ϕ가 다음과 같이 구해진다.

$$\phi(x,\ y,\ z,\ t)=\frac{q}{4\pi\epsilon_0}\frac{1}{\sqrt{(x-vt)^2+\left(1-\frac{v^2}{c^2}\right)(y^2+z^2)}}$$

이 식을 다음과 같이 고쳐 쓰면 좀 더 이해하기가 쉬울 것이다.

$$\phi(x,\ y,\ z,\ t)=\frac{q}{4\pi\epsilon_0}\frac{1}{\sqrt{1-\frac{v^2}{c^2}}}\frac{1}{\left[\left(\frac{x-vt}{\sqrt{1-v^2/c^2}}\right)^2+y^2+z^2\right]^{1/2}} \tag{21.39}$$

위의 식에 $\boldsymbol{v}/c^2$을 곱해 주면 벡터 퍼텐셜 $\boldsymbol{A}$도 구할 수 있다.

$$\boldsymbol{A}=\frac{\boldsymbol{v}}{c^2}\phi$$

식 (21.39)는 바로 로렌츠 변환 공식의 출발점이다. 전하가 정지 좌표계에서 원점에 놓여 있는 경우, 퍼텐셜은

$$\phi(x,\ y,\ z)=\frac{q}{4\pi\epsilon_0}\frac{1}{[x^2+y^2+z^2]^{1/2}}$$

이 된다. 이 정지 전하를 움직이는 좌표계에서 관찰하여 얻은 식이 (21.39)이므

로, 좌표는 다음과 같이 변환되어야 한다.

$$x \to \frac{x - vt}{\sqrt{1 - v^2/c^2}}$$
$$y \to y$$
$$z \to z$$

이것이 바로 로렌츠 변환 공식이다. 로렌츠 본인도 변환 공식을 유도할 때 이 방법을 사용하였다.

그런데 식 (21.39)의 맨 앞에 곱해져 있는 $1/\sqrt{1-v^2/c^2}$은 무엇을 의미하는가? 그리고 전하가 정지해 있는 좌표계에서는 전 공간에 걸쳐 $\boldsymbol{A}=0$임이 분명한데, 움직이는 좌표계에서는 어떻게 $\boldsymbol{A}$가 나타나는 것일까? 조금 있으면 알게 되겠지만, 운동량 $\boldsymbol{p}$와 입자의 전체 에너지 U가 4차원 벡터를 이루는 것처럼, $\boldsymbol{A}$와 ϕ도 '한데 어우러져서' 4차원 벡터를 이룬다. 식 (21.39)의 앞부분에 곱해져 있는 $1/\sqrt{1-v^2/c^2}$은 4차원 벡터의 성분을 변환시킬 때 항상 나타나는 인자이다(전하 밀도 ρ를 변환시키면 $\rho/\sqrt{1-v^2/c^2}$로 바뀌는 것과 같은 이치이다). 식 (21.4)와 (21.5)를 자세히 보면, $\boldsymbol{A}$와 ϕ가 4차원 벡터의 성분이라는 것이 거의 분명하게 드러나 있다(우리는 13장에서 $\boldsymbol{j}$와 ρ가 4차원 벡터의 성분이라는 것을 증명한 바 있다. 그때 배웠던 4차원 벡터의 정의를 상기하면서 차분히 음미해 보기 바란다).

나중에 전기동역학에 내재되어 있는 상대성 원리에 대하여 좀 더 자세히 논할 기회가 있을 것이다. 여기서는 맥스웰 방정식으로부터 로렌츠 변환 공식이 자연스럽게 유도된다는 사실을 확인하는 것으로 충분하다. 이 사실을 알고 나면, 전자기학의 법칙들은 원래부터 아인슈타인의 상대성 이론에 부합된다는 것도 자연스럽게 받아들일 수 있을 것이다. 전자기학의 법칙은 뉴턴의 역학 법칙과 달리, '상대성 이론 버전'으로 넘어와도 전혀 수정될 필요가 없다.

CHAPTER 22
교류 회로

22-1 임피던스
22-2 전원
22-3 이상적인 소자들로 구성된 회로망 : 키르히호프의 법칙
22-4 등가 회로
22-5 에너지
22-6 사다리 회로망
22-7 필터
22-8 그 밖의 회로 소자들

복습 과제 :
제1권 22장 〈대수학〉
제1권 23장 〈공명〉
제1권 25장 〈선형계〉

22-1 임피던스

지금까지는 완전한 형태의 맥스웰 방정식에 도달하는 데 주안점을 두고 강의를 진행해 왔으며, 20~21장에서는 맥스웰 방정식으로부터 유도되는 결과들을 살펴보았다. 맥스웰 방정식을 이용하면, 모든 정전기 및 정자기 현상들뿐만 아니라, 제1권에서 어느 정도 자세히 살펴본 바 있는 빛과 전자기파에 관련된 현상들도 모두 설명할 수 있다. 빛과 전자기파는 맥스웰 방정식으로 설명되는 '동일한 물리적 현상'이다. 전하나 전류로부터 가까운 곳의 장을 계산하느냐, 아니면 아주 먼 곳에서의 장을 계산하느냐에 따라 둘로 나뉘는 것뿐이다. 그 중간 지대에는 우리의 관심을 끌 만한 현상이 나타나지 않기 때문에 별도로 다루지는 않겠다.

하지만 '맥스웰 방정식과 상대성 이론의 관계' 등 아직도 여러분에게 소개하고 싶은 주제가 몇 개 남아 있다. 움직이는 좌표계에서 보면 맥스웰 방정식이 어떻게 달라질 것인가? 또한 전자기학에서 에너지 보존 법칙은 어떻게 되는가? 이 문제들은 앞으로 논할 기회가 있을 것이다. 그리고 물질의 전자기적 특성에 관한 광범위한 주제에 대해서도 아직 본격적으로 다루지 않았다. 유전체의 성질에 대해서 공부한 것을 제외하면, 지금까지 우리는 줄곧 자유 공간에서의 전자기장만을 다루어 왔다. 빛과 관련된 문제는 제1권에서 어느 정도 상세히 다루긴 했지만, 몇 가지 사항에 대해서는 장 방정식(field equation)의 관점에서 다시 한 번 생각해 보아야 한다.

특히 물체의 굴절률, 그중에서도 밀도가 큰 물질(dense material)의 굴절률에 대해서도 다시 한 번 논의해 보고자 한다. 마지막으로, 제한된 공간에 갇혀 있는 전자기파에 의해 발생하는 흥미로운 현상들이 있다. 예전에 음파를 공부할 때 이런 종류의 문제를 살짝 건드린 적이 있는데, 제한된 영역에 갇혀 있는 전기장과 자기장의 파동 역시 맥스웰 방정식의 해로 표현된다. 실질적인 응용과도 밀접하게 관련되어 있는 이런 주제들은 후속되는 몇 개의 장에서 다룰 예정이다. 지금은 일종의 선행 학습으로서, 저주파 영역에서 전기 회로의 특성부터 공부해 보기로 하자. 이런 순서로 강의를 진행하면 맥스웰 방정식의 '거의 정적인' 근사법이 적용되는 상황과 고주파 효과가 중요하게 되는 상황을 비교할 수 있다.

쉽게 말해서, 바로 앞의 몇몇 장에 걸쳐 살펴보았던 신비감이 감도는 위대한 이론의 정상에서 하산하여, 상대적으로 수준이 낮고 세속적인 주제인 '전기 회

로'를 공부하자는 뜻이다. 그러나 이런 평범한 주제들도 그 내막을 자세히 들여다보면 의외로 상당히 복잡한 내용이 담겨 있다.

우리는 이미 제1권 23장과 25장에서 전기 회로의 몇 가지 특성을 공부한 적이 있다. 이 장에서는 동일한 내용을 좀 더 자세하게 다루어 볼 생각이다. 여기서도 예전과 마찬가지로 전압과 전류가 사인파의 형태로 변하는 선형계에 국한시켜 논의를 진행할 것이다. 이런 경우, 전압과 전류는 제1권 22장에서 도입했던 복소수 표기법으로 표현될 수 있다. 따라서 시간에 따라 변하는 전압 $V(t)$는 다음과 같이 표현된다.

$$V(t) = \hat{V}e^{i\omega t} \tag{22.1}$$

여기서 $\hat{V}$는 시간에 무관한 복소수이다. 물론, 시간에 따라 변하는 실제의 전압 $V(t)$는 우변에 있는 복소 함수의 '실수부'로 주어진다는 사실을 명심하기 바란다.

마찬가지로, 시간에 따라 변하는 다른 물리량들도 동일한 주파수 ω로 진동하는 사인파를 이용하여 다음과 같이 나타낼 수 있다.

$$\begin{aligned} I &= \hat{I}e^{i\omega t} && (\text{전류}) \\ \mathcal{E} &= \hat{\mathcal{E}}e^{i\omega t} && (\text{기전력}) \\ \boldsymbol{E} &= \hat{\boldsymbol{E}}e^{i\omega t} && (\text{전기장}) \end{aligned} \tag{22.2}$$

앞으로는 표기상의 번거로움을 피하기 위해 $\hat{V}, \hat{I}, \hat{\mathcal{E}}, \cdots$ 대신 $V, I, \mathcal{E}, \cdots$를 사용할 것이다. 그러나 시간에 따른 변화는 어디까지나 식 (22.2)로 주어진다는 사실을 절대 잊어선 안 된다.

앞에서 전기 회로를 다룰 때, 나는 여러분이 인덕턴스(inductance)와 축전기(capacitance), 저항(resistance) 등의 개념에 익숙하다는 가정하에 논리를 진행해 나갔었다[여기서 인덕턴스(inductance)는 인덕터(inductor) 또는 코일(coil)을 뜻하며, 캐패시턴스(capacitance)라는 단어는 '축전용량'이 아니라 '축전기(capacitor 또는 condenser)'라는 의미로 사용되었다. 리지스턴스(resistance)도 '저항'이라는 물성을 가리키는 것이 아니라, 저항기(resistor)를 의미한다. 용어 선택에 대한 파인만의 견해는 뒤에 나오는 각주에 명시되어 있다 : 옮긴이]. 그러나 지금 여러분은 전기와 관련된 현상에 대하여 어느 정도 자신감이 붙었을 것이므로, 위에 열거한 이상적인 회로 소자들의 의미를 좀 더 자세히 살펴보기로 한다. 제일 먼저, 인덕턴스부터 생각해 보자.

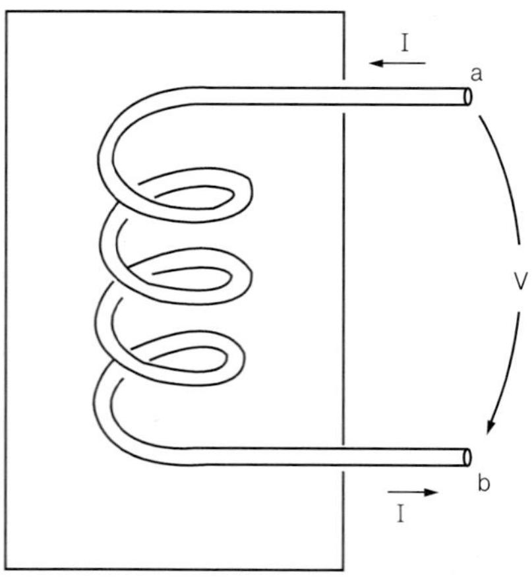

그림 22-1 인덕턴스

인덕턴스는 그림 22-1과 같이 코일 형태로 도선을 여러 번 감아 놓은 것으로서, 도선의 양단은 코일에서 어느 정도 밖으로 돌출되어 외부 단자에 접속 가능하도록 되어 있다. 이때 전류에 의해 발생된 자기장은 전 공간에 퍼지지 않으며, 회로의 다른 부분들과 상호작용도 하지 않는다고 가정하자. 실제로는 코일을 도넛 형태로 감거나, 철심에 코일을 감아서 자기장을 집속시키면 그렇게 된다. 또는 그림 22-1과 같이 금속상자 속에 코일을 넣어 두기도 한다. 어쨌거나, 자기장은 단자 a나 b 부근의 외부 공간에서 무시할 수 있을 정도로 작다고 가정한다. 그리고 감긴 도선의 저항도 무시할 수 있을 정도로 작다고 가정한다. 마지막으로, 전기장이 형성되면서 도선의 표면에 나타나는 소량의 전하도 무시하기로 한다.

위의 근사가 모두 만족된다면, 우리가 다루는 인덕턴스는 소위 말하는 '이상적인' 인덕턴스(ideal inductance)가 된다(실제의 인덕턴스에서 벌어지는 상황은 나중에 다룰 예정이다). 이상적인 인덕턴스의 경우, 단자의 양단에 걸리는 전압은 $L(dI/dt)$이다. 왜 그럴까? 지금부터 찬찬히 따져 보자. 인덕턴스에 전류가 흐르면, 전류의 크기에 비례하는 자기장이 코일 내부에 형성된다. 전류가 시간의 함수로 변하면, 자기장도 따라서 변한다. 일반적으로 $\boldsymbol{E}$의 컬은 $-d\boldsymbol{B}/dt$이다. 다시 말해서, 임의의 폐곡선을 따라 수행한 $\boldsymbol{E}$의 선적분은 그 폐곡선을 통과하는 $\boldsymbol{B}$의 플럭스의 시간 변화율과 같다(물론, 앞에 마이너스 부호가 붙어야 한다). 이제, 단자 a에서 출발하여 코일을 따라 단자 b로 간 후(이때 경로는 도선의 내부를 지난다), 다시 b에서 인덕턴스의 외부 공간을 지나 a로 되돌아오는 경로를 생각해 보자. 이 폐곡선에 대한 $\boldsymbol{E}$의 선적분은 다음과 같이 두 부분으로 나누어 쓸 수 있다.

$$\oint \boldsymbol{E}\cdot d\boldsymbol{s} = \underset{\substack{\text{코일}\\\text{경유}}}{\int_a^b} \boldsymbol{E}\cdot d\boldsymbol{s} + \underset{\substack{\text{외부}\\\text{공간}}}{\int_b^a} \boldsymbol{E}\cdot d\boldsymbol{s} \tag{22.3}$$

앞서 공부한 바에 의하면, 완전 도체의 내부에는 전기장이 존재할 수 없다(아주 작은 전기장이라도 존재한다면 무한대의 전류가 생성되기 때문이다). 따라서 코일의 내부를 경유하는 경로를 따라 a에서 b까지 선적분을 수행하면 0이라는 결과가 얻어진다. 즉, 전기장을 선적분한 값은 전적으로 인덕턴스 외부에 놓여 있는 경로에서 나오는 것이다. '상자' 밖에서는 자기장이 0이라고 가정했으므로 이 부분의 선적분은 적분 경로에 무관하며, 따라서 양쪽 단자에서의 퍼텐셜을 정의할 수 있게 된다. 이 두 단자의 퍼텐셜 차이를 전압 차(voltage difference), 또는 간단히 그냥 '전압 V'라고 한다.

$$V = -\int_b^a \boldsymbol{E}\cdot d\boldsymbol{s} = -\oint \boldsymbol{E}\cdot d\boldsymbol{s}$$

이 선적분은 예전에 기전력(electromotive force, 줄여서 emf) $\mathcal{E}$라고 했던 것인데, 그 값은 코일 내부의 자기 플럭스의 시간 변화율과 같다. 앞에서 공부한 바와 같이, 이 emf는 전류의 변화율에 비례하며 부호는 반대이다. 따라서

$$V = -\mathcal{E} = L\frac{dI}{dt}$$

이다. 여기서 L은 코일의 인덕턴스를 나타낸다. 사인파의 경우에는 $dI/dt = i\omega I$이므로,

$$V = i\omega LI \tag{22.4}$$

가 된다.

다른 이상적인 회로 소자들을 설명할 때에도, 이상적인 인덕턴스의 설명법과 비슷한 방식으로 접근하면 된다. 참고로 이상적인 회로 소자들을 흔히 '덩어리 소자(lumped element)'라고 한다 [보통의 전자 회로에서는 저항(R), 축전기(C), 인

덕터(L) 등의 각종 소자들에 대해서만 관심을 가지고, 이들을 연결하는 도선에 대해서는 그저 저항$=0$, 대역폭$=\infty$, 길이$=0$으로 간주하여 신경을 쓰지 않는다. 전류가 아무리 많이 흘러도 도선에서의 전압 강하는 0이고 아무리 높은 주파수의 전류가 흘러도 도선 양단의 전압 및 전류는 위상이 같다고 보는 것이다. 물론 고지식하게 따지자면 틀린 말이지만, 실제로 대부분의 경우는 위의 조건을 만족하기 때문에 이러한 가정을 용납한다. 그래서 보통의 전자 회로망의 소자를 "덩어리 소자(lumped element, '집중 소자' 또는 '괴상 소자'라고도 함)"라고 말한다. 그러나 전송 선로는 그 길이가 워낙 길기 때문에 이 끝에서 저 끝까지의 전압 강하나 다른 선 혹은 지표와의 정전 결합, 유도 결합을 무시할 수 없으며, 딱히 선로의 어느 한 부분에 R, L, C를 집어넣어 해석하기도 곤란하다. 이 경우에는 보통의 전자 회로망과 달리 R, L, C의 성분이 전송 선로에 연속적으로 분포되어 있기 때문이다. 선이 짧을 때에는 눈에 띄지 않았지만, 선이 매우 길어지면서 도저히 무시할 수 없게 되는 것이다. 또한 60Hz라는 상당히 긴 파장의 상용 전원을 전달한다 해도, 대부분의 전송 선로의 길이가 그 파장보다 매우 길기 때문에 선로 상의 위치에 따라 전압이나 전류의 위상이 달라진다. 따라서 실제 상황에서는 추가로 많은 사항들을 고려해 주어야 한다. 전송 선로의 경우, "분포 소자(distributed element, '분산 소자'라고도 함)"로 구성되어 있다고 말하기도 한다 : 옮긴이]. 이러한 회로 소자의 특성은 외부 연결 단자 양단에 나타나는 전류와 전압만으로 완벽하게 기술된다. 적절한 근사를 도입하면 회로 소자의 내부에서 펼쳐지는 전자기장의 복잡다단한 변화를 무시할 수 있다. 즉, 소자의 내부와 외부에서 일어나는 현상을 구분하여 독립적으로 다룰 수 있다는 뜻이다.

모든 회로 소자들은 식 (22.4)와 비슷한 관계를 만족시킨다. 즉 전압은 전류에 비례하며, 비례 상수는 일반적으로 복소수이다. 이 복소 비례 계수를 '임피던스(impedance)'라고 하며, 보통 z로 표기한다(z좌표와 혼동하지 말 것!). 일반적으로 임피던스는 주파수 ω의 함수이다. 따라서 임의의 덩어리 소자에 대하여

$$\frac{V}{I}=\frac{\hat{V}}{\hat{I}}=z \tag{22.5}$$

로 쓸 수 있으며, 인덕턴스의 경우에 임피던스는 다음과 같다.

$$z(\text{인덕턴스})=z_L=i\omega L \tag{22.6}$$

이제, 위와 동일한 관점에서 축전기(capacitor)를 생각해 보자.* 축전기는 한 쌍의 도체판과 거기에 연결되어 있는 두 개의 도선이 적절히 외부로 돌출된 형태로 구성되어 있다. 판의 모양은 어떻게 생겨도 상관없으며, 판 사이는 대개 유전 물질로 채워져 있다. 그림 22-2에는 축전기의 전형적인 형태가 간단히 그

---

* 개중에는 소자 자체를 지칭할 때 "인덕터(inductor)", "캐패시터(capacitor, 축전기)"를 사용하고, 소자의 '특성'을 칭할 때는 "인덕턴스(inductance)", "캐패시턴스(capacitance, 축전용량)"를 써야 한다고 주장하는 사람들도 있다["리지스터(resistor, 저항기)"와 "리지스턴스(resistance, 저항)"의 차이를 연상시킨다]. 그러나 이 강의에서는 현재 실험실에서 통용되고 있는 용어를 사용할 것이다. 아직도 대다수의 사람들은 코일 자체와 인덕턴스 L을 둘 다 "인덕턴스"라고 부른다. 아직도 "콘덴서(condenser, 축전기)"라는 용어가 사용되고 있긴 하지만(꽤 자주 쓰이고 있음), "캐패시터(capacitor)"라는 용어는 어느 정도 정착된 듯하다. 그리고 대부분의 사람들은 "캐패시턴스(capacitance)"보다 "캐패시티(capacity)"라는 단어를 더 친숙하게 생각한다(이 각주에서는 문맥상 영어의 발음대로 옮겼으나 본문에서는 "축전기", "저항" 등의 통용되는 한글 용어로 번역하였다 : 옮긴이).

려져 있다. 이제, 앞서와 같이 몇 가지 가정을 통해 상황을 단순화시켜 보자. 우선, 판과 도선이 완전 도체라고 가정한다. 그리고 판 사이는 전기적으로 완전히 절연되어 있다고 가정한다. 따라서 한쪽 판에 있는 전하가 절연된 공간을 뚫고 다른 쪽 판에 도달하는 것은 불가능하다. 또한 (축전기 판은 다른 모든 것들로부터 멀리 떨어져 있지만) 두 판은 서로 아주 가까이 붙어 있어서, 한쪽 판에서 나오는 모든 전기장선은 다른 쪽 판에서 끝난다고 가정한다. 즉, 판에서 발생하는 전기장의 대부분은 판 사이의 공간에 존재한다는 뜻이다. 이런 상황에서는 항상 동일한 양의 반대 전하가 양쪽 판에 대전되는데, 대부분의 전하는 두 판 위에 존재하며 인입도선(lead-in wire)의 표면에 대전된 전하량은 무시할 수 있다. 마지막으로, 축전기 부근에는 자기장이 없다고 가정한다.

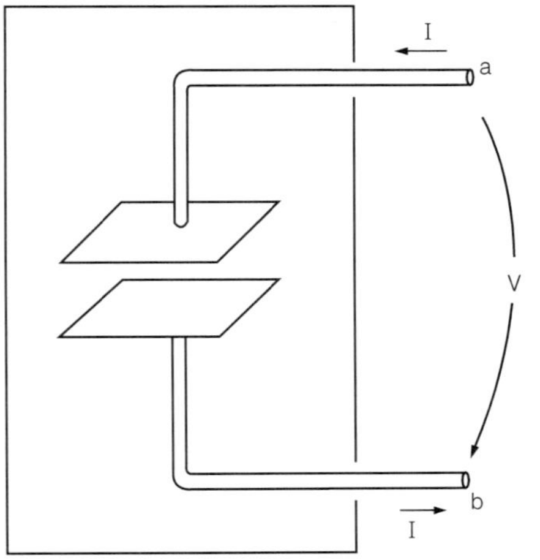

그림 22-2 축전기(또는 콘덴서)

이제 단자 a에서 출발하여 도선 내부를 따라 위쪽 평판에 닿은 후, 평판 사이의 공간을 지나 아래쪽 평판에 이르고, 거기에 연결되어 있는 도선을 따라 단자 b를 거쳐 축전기 외부 공간을 지나서 다시 단자 a로 되돌아오는 폐경로에 대하여 전기장 $\boldsymbol{E}$를 선적분해 보자. 자기장이 없으므로 위의 폐경로에 대한 선적분은 0이다. 이 적분은 다음과 같이 세 부분으로 나누어 쓸 수 있다.

$$\oint \boldsymbol{E}\cdot d\boldsymbol{s} = \int_{\substack{\text{도선을}\\\text{따라}}} \boldsymbol{E}\cdot d\boldsymbol{s} + \int_{\substack{\text{평판}\\\text{사이}}} \boldsymbol{E}\cdot d\boldsymbol{s} + \int_{b\,\text{외부}}^{a} \boldsymbol{E}\cdot d\boldsymbol{s} \tag{22.7}$$

완전 도체의 내부에는 전기장이 존재하지 않으므로 '도선을 따라' 수행한 선적분은 0이다. 그리고 축전기의 외부에서 단자 b로부터 단자 a까지 행한 선적분은 단자 양단의 퍼텐셜 차와 같고 부호만 반대이다. 두 판은 어떤 식으로든 외부 세계와 고립되어 있다고 가정하였으므로, 두 판에 유도된 전하의 총합은 0이 되어야 한다. 만일 위쪽 판에 $+Q$의 전하가 존재한다면, 아래쪽 판에는 똑같은 크기의 반대 전하 $-Q$가 있어야 한다. 앞에서 우리는 크기가 같고 부호가 반대인 전하 $+Q$와 $-Q$가 두 도체에 대전되어 있을 때, 두 판 사이의 퍼텐셜 차이는 Q/C가 된다는 것을 공부한 적이 있다. 여기서 C를 두 도체의 축전용량(capacity)이라고 한다. 식 (22.7)로부터, 단자 a와 b 사이의 퍼텐셜 차이는 두 판 사이의 퍼텐셜 차이와 동일하다는 것을 알 수 있다. 따라서

$$V = \frac{Q}{C}$$

의 관계가 성립한다. 단자 a를 통해 축전기로 흘러들어 가는(또는 단자 b로부터 흘러나오는) 전류 I는 판에 대전된 전하의 시간 변화율 dQ/dt와 같다. dV/dt를 $i\omega V$로 바꿔 쓰면, 축전기에 대한 전압-전류 관계식은 다음과 같다.

$$i\omega V = \frac{I}{C}$$

즉,

$$V = \frac{I}{i\omega C} \tag{22.8}$$

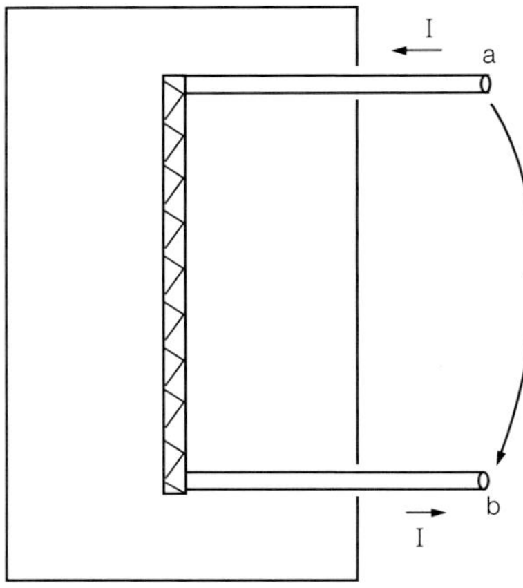

그림 22-3 저항

따라서 축전기의 임피던스 z는 다음과 같다.

$$z(\text{축전기}) = z_C = \frac{1}{i\omega C} \tag{22.9}$$

세 번째로 살펴볼 회로 소자는 저항(resistor)이다. 그런데 지금까지 실제 물체의 전기적 특성에 대해서는 공부한 적이 없기 때문에, 완전 도체(perfect conductor)가 아닌 실제 도체(real conductor)에 대해서는 아직 논할 단계가 아니다. 지금은 일단 실제 도체의 내부에 전기장이 존재할 수 있다는 사실과, 이 내부 전기장으로 말미암아 전하의 흐름, 즉 전류가 흐를 수 있다는 사실을 받아들이기로 하자. 그러면 그림 22-3과 같이 도식화된 이상적인 저항을 생각해 볼 수 있다. 보다시피, 완전 도체로 만들어진 두 가닥의 도선이 외부 단자 a, b와 막대 모양의 저항 물질 양 끝에 연결되어 있다. 앞의 논리를 그대로 적용시키면, 단자 a와 b 사이의 퍼텐셜 차이는 외부 전기장의 선적분과 같고, 이는 다시 막대 저항 내부 전기장의 선적분과 같다. 따라서 저항을 통해 흐르는 전류 I는 단자 양단의 전압 V에 비례하게 된다.

$$I = \frac{V}{R}$$

이때 R을 저항(resistance)이라고 한다. 앞으로 강의가 좀 더 진행되면, 실제 도체의 경우에 전류와 전압이 정확하게 비례하지 않는다는 사실을 알게 될 것이다. 아울러, 위와 같이 근사적인 선형 관계가 전류와 전압의 주파수에 상관없이 잘 성립되는 경우는 주파수가 그리 높지 않은 영역으로 한정된다는 사실도 나중에 알게 될 것이다. 교류의 경우, 저항 양단의 전압은 전류와 동일한 위상으로 진동한다. 즉, 임피던스가 실수라는 뜻이다.

$$z(\text{저항}) = z_R = R \tag{22.10}$$

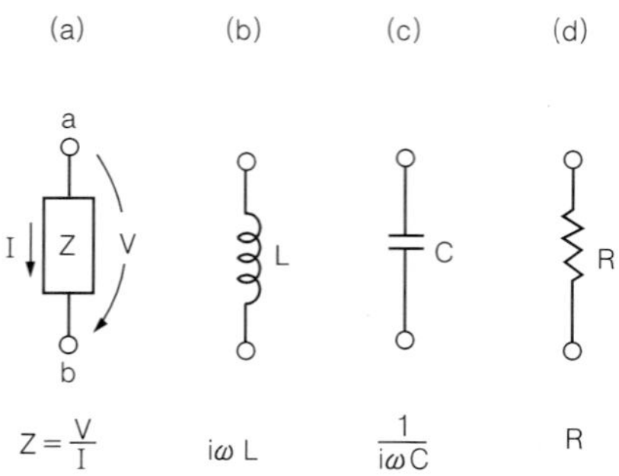

그림 22-4 이상적인 덩어리 회로 소자들(수동 소자)

세 개의 덩어리 회로 소자(인덕터, 축전기, 저항)에 대하여 지금까지 얻은 결과를 그림 22-4에 요약해 놓았다. 이 그림에서 전압은 앞서 등장했던 그림들과 마찬가지로 한쪽 단자에서 다른 쪽 단자로 향하는 화살표로 표시되어 있다. 전압이 "+"인 경우(즉, 단자 a의 전압이 단자 b의 전압보다 '높은' 경우), 화살표의 방향은 "전압 강하(voltage drop)"의 양(+) 방향을 나타낸다.

지금은 교류를 다루고 있지만, 주파수 ω가 0으로 가는 극한을 취하면 직류도 교류의 특수한 경우로 취급할 수 있다. 주파수가 0인 경우, 즉 직류(DC)의 경우에 인덕터의 임피던스는 0이 된다. 즉, 쇼트 회로(short circuit, 누전 회로)가 되는 것이다. 또한 직류의 경우에 축전기의 임피던스는 무한대가 된다. 즉, 끊어진 회로(open circuit, 개방 회로)가 된다는 뜻이다. 저항의 임피던스는 주파수에 무관하므로 직류 회로를 분석할 때는 저항 소자만 고려하면 된다.

지금까지 설명한 회로 소자에서, 전류와 전압은 모두 비례 관계에 있다. 전류가 0이면 전압도 0이다. 이 관계는 보통 다음과 같은 말로 표현되곤 한다. "외부에서 가해진 전압 '때문에' 전류가 흐르기 시작하거나, 또는 전류가 단자 양단에 전압을 '발생시킨다.'" 어떤 의미에서 보면, 회로의 각 소자들이 외부에서 '가해진' 조건에 '반응한다'고 생각할 수도 있다. 그래서 이런 소자들을 '수동 소자(passive element)'라고 한다. 이와 대비되는 개념으로서, 가령 다음 절에서 살펴볼 회로 내에서 진동하는 전류나 전압의 '발생원(source)' 역할을 하는 전원은 '능동 소자(active element)'에 속한다.

22-2 전원

지금부터 회로 내부에서 전류와 전압의 발생원 역할을 하는 능동 소자, 즉 '전원(generator)'에 대해 알아보자.

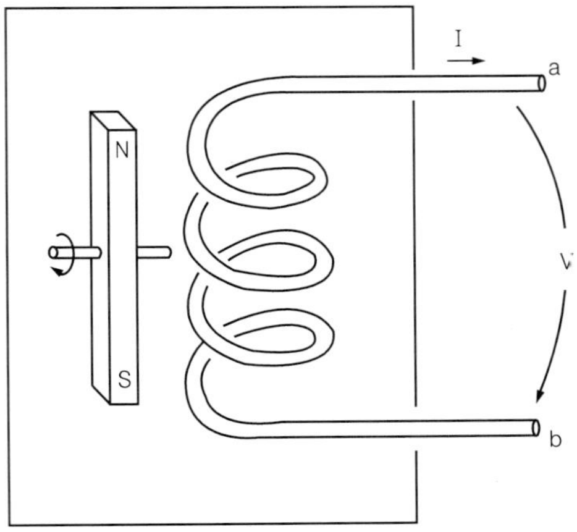

그림 22-5 고정된 코일과 회전하는 자기장으로 구성된 전원

여기, 인덕턴스와 비슷한 코일이 있다. 그런데 감긴 횟수가 그리 많지 않아서 코일에 흐르는 전류로부터 발생하는 자기장은 거의 무시할 수 있다. 그리고 이 코일 근처에는 그림 22-5와 같이 회전하는 자석이 놓여 있어서 자기장이 수시로 변하고 있다(앞에서 지적한 대로, 교류가 흐르는 코일을 적절히 배치하면 회전하는 자기장을 만들어 낼 수 있다). 이 경우에도 몇 가지 가정을 통해서 상황을 단순화시켜 보자. 특히 변하는 자기장의 대부분은 코일 근처의 제한된 공간에 집중되어 있어서, 전원의 외부 단자 사이에는 자기장이 형성되지 않는다고 가정한다.

인덕턴스의 경우와 마찬가지로, 단자 a에서 출발하여 도선을 따라 코일을 지난 후 단자 b에 도달한 다음, 단자 양단 사이의 공간을 통하여 다시 단자 a로 되돌아오는 폐경로에 대하여 전기장 $\boldsymbol{E}$를 선적분해 보자. 이 경우에도 역시 단자 양단의 퍼텐셜 차는 폐경로를 따라 수행한 $\boldsymbol{E}$의 선적분과 같다.

$$V = -\oint \boldsymbol{E} \cdot d\boldsymbol{s}$$

이 선적분은 회로에 유도되는 기전력(emf)과 같으므로 전원의 단자 양단 간의 퍼텐셜 차 V는 코일을 꿰는 자기 플럭스의 시간 변화율이기도 하다.

$$V = -\mathcal{E} = \frac{d}{dt}\,(\text{플럭스}) \tag{22.11}$$

이상적인 전원의 경우, 코일을 꿰는 자기장의 플럭스는 외부 조건에 의해 결정된다고 가정하자. 즉, 플럭스는 회전하는 자기장의 각속도(angular velocity) 같은 외부 요인에 의해 결정되며, 전원에 흐르는 전류와 같은 내부 요인에는 영향을 받지 않는다고 가정하자는 뜻이다. 따라서 전원은(적어도 지금 논의하고 있는 '이상적인' 전원은) 임피던스가 아니다. 전원의 단자 양단 간의 퍼텐셜 차는 임의의 형태로 주어진 기전력 $\mathcal{E}(t)$에 의해 결정된다. 이러한 이상적인 전원은 그림 22-6과 같은 기호로 표현된다. 여기서 작은 화살표의 방향은 emf의 양(+) 방향을 나타낸다. 그림 22-6의 전원에서 양의 emf는 전압 $V=\mathcal{E}$를 발생시키고, 이때 단자 a의 퍼텐셜은 단자 b보다 높다.

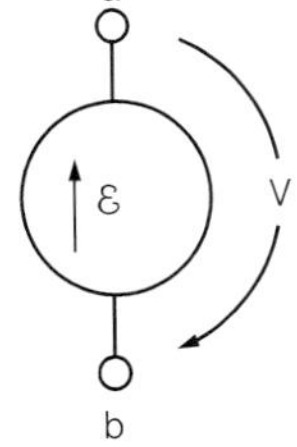

그림 22-6 이상적인 전원을 나타내는 기호

이와는 다른 형식의 전원도 가능하다. 이 전원의 내부에서는 사뭇 다른 과정

이 진행되고 있지만, 외부 단자에서 관찰되는 현상은 방금 위에서 기술한 것과 동일하다. 예를 들어, 그림 22-7과 같이 '고정된' 자기장 속에서 코일이 회전하고 있다고 가정해 보자. 여기서 막대자석은 자기장의 존재를 표현하기 위해 상징적으로 그려 넣은 것에 불과하다. 실제로는 일정한 직류가 흐르는 코일 등 변하지 않는 자기장을 생성하는 것이라면 어떤 것이라도 상관없다. 그림과 같이 코일과 외부의 연결은 미끄럼 접합부, 즉 '슬립링(slip ring)'을 통해 이루어진다. 여기서도 관심의 대상은 단자 a와 b 사이의 퍼텐셜 차이다. 물론 이것은 전원 외부의 경로를 따라 단자 a에서 b까지 전기장을 선적분한 값과 같다.

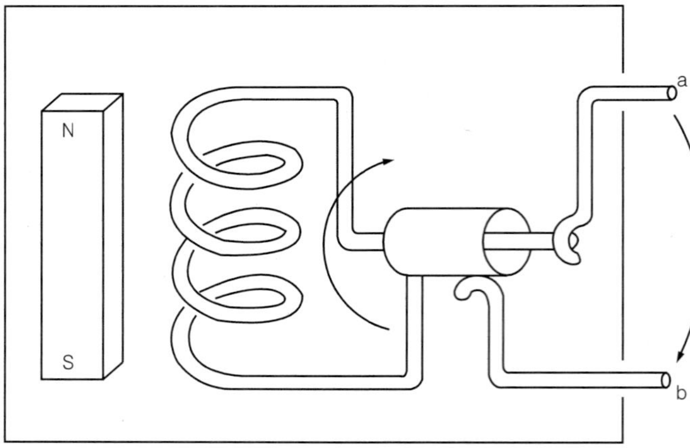

그림 22-7 고정된 자기장 내에서 회전하는 코일로 구성된 전원

그런데 그림 22-7과 같은 상황에서는 시간에 따라 변하는 자기장이 존재하지 않으므로, 전원의 단자 양단에 어떻게 전압이 유도될 수 있는지 궁금할 것이다. 실제로 전원 내부에는 그 어디에도 전기장이 존재하지 않는다. 앞에서 이상적인 회로 소자를 다룰 때 가정했던 것처럼, 우리는 지금 전원 내부의 도선이 완전 도체로 만들어졌다고 가정하고 있으므로, 도선 내부의 전기장은 0이 될 것 같다. 하지만 이것은 틀린 이야기다. 도체가 자기장 내에서 움직이고 있을 때에는 사정이 달라진다. 이런 경우에는 완전 도체의 내부에 존재하는 임의의 전하에 가해지는 총 '힘'이 0이 되어야 한다. 그렇지 않으면 도선에 무한히 큰 전류가 흐를 것이기 때문이다. 그러므로 항상 맞는 올바른 표현은 다음과 같다. "도체 내부에서 전기장 $\boldsymbol{E}$에 도체의 속도 $\boldsymbol{v}$와 자기장 $\boldsymbol{B}$의 외적을 더한 값(즉, 단위 전하가 느끼는 총 힘)이 0이 되어야 한다."

$$\boldsymbol{F}/\text{단위 전하} = \boldsymbol{E} + \boldsymbol{v} \times \boldsymbol{B} = 0 \quad (\text{완전 도체의 내부에서}) \tag{22.12}$$

여기서 $\boldsymbol{v}$는 도체의 속도이다. 도체의 속도 $\boldsymbol{v}$가 0이라면, 완전 도체의 내부에서 $\boldsymbol{E}=0$이라고 자신 있게 주장해도 된다. 그러나 $\boldsymbol{v} \neq 0$인 경우에는 식 (22.12)를 사용해야 한다.

이 사실을 그림 22-7의 전원에 적용해 보자. 단자 a에서 전원의 도선을 지나 단자 b에 이르는 경로에 대하여 전기장 $\boldsymbol{E}$를 선적분한 값은 동일한 경로에 대한 $\boldsymbol{v} \times \boldsymbol{B}$의 선적분 값과 같고, 부호만 반대여야 한다.

$$\int_{a \atop \text{도체 내부}}^{b} \boldsymbol{E} \cdot d\boldsymbol{s} = -\int_{a \atop \text{도체 내부}}^{b} (\boldsymbol{v} \times \boldsymbol{B}) \cdot d\boldsymbol{s} \tag{22.13}$$

그러나 이 경우에도 전원 외부에서 $b \to a$로 되돌아가는 경로를 포함하는 '완전한 폐곡선'에 대하여 $\boldsymbol{E}$를 선적분한 값은 반드시 0이 되어야 한다. 왜냐하면 그림 22-7에는 시간에 따라 변하는 자기장이 존재하지 않기 때문이다. 따라서 식 (22.13)의 좌변은 단자 양단 사이의 전압 V와 같다. 식 (22.13)의 우변은 코일을 꿰는 플럭스의 변화율이므로(플럭스 규칙), 코일에 유도되는 emf와 같다. 따라서 이 경우에도 "두 단자 사이의 퍼텐셜 차는 회로의 emf와 같다"는 식 (22.11)을 얻게 된다. 즉, 고정된 코일 주변에서 자기장이 변하는 경우와 고정된 자기장 속에서 코일이 움직이는 경우에, 전원 외부에서 관찰되는 현상에는 아무런 차이가 없다. 전원의 단자 양단에 형성되는 전압 V는 회로에 흐르는 전류와는 무관하며, 전원 내부에 임의적으로 부여된 조건에 의해 결정된다.

지금까지 우리는 맥스웰 방정식의 관점에서 전원의 작동 방식을 이해해 보았다. 그러나 이것만으로는 손전등에 들어가는 배터리와 같은 화학 전지의 작동 원리를 이해하기가 쉽지 않을 것이다. 물론 배터리는 직류(DC)를 발생시키지만, 어쨌든 이것도 전압의 발생원이므로 일종의 전원이라 할 수 있다. 그림 22-8에는 가장 단순한 전지(cell)의 대략적인 형태가 제시되어 있다. 두 개의 금속판이 화학 용액 속에 담겨 있다고 가정해 보자. 이 용액 속에는 이온(ion)이 다량 함유되어 있으며, 음이온이 양이온보다 훨씬 무겁다고 가정하자. 그러면 무거운 음이온은 용액 내에서 아주 느린 속도로 확산될 것이다. 그다음으로, 이유야 어쨌건 간에 화학 용액의 밀도 분포가 위치에 따라 다르다고 가정해 보자. 예를 들어, 아래 판 근처에서 두 이온의 농도가 위쪽 판 근처에서의 농도보다 훨씬 높다고 가정하자. 가벼운 양이온들은 이동성이 커서 농도가 낮은 쪽으로 빠르게 표류해 갈 것이다. 따라서 시간이 흐르면 위쪽 판은 양전하로 대전되고 아래쪽 판은 음전하로 대전된다.

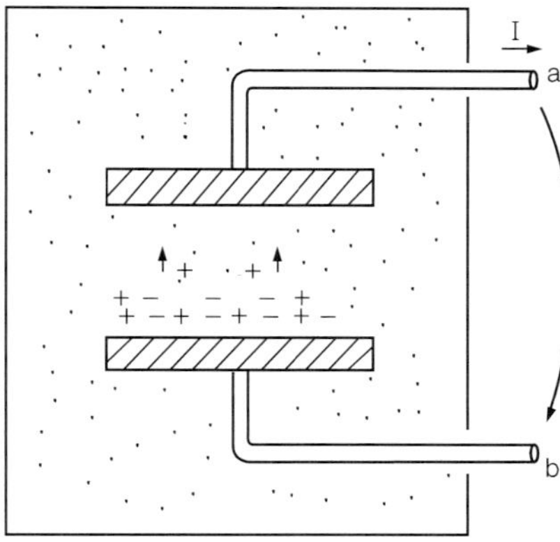

그림 22-8 화학 전지

전하들이 계속해서 위쪽 판으로 확산되면, 위쪽 판의 전압은 꾸준히 올라가게 될 것이다. 그러다가 누적된 전하가 발생시키는 전기장의 크기가 이온들의 확산 이동을 저지할 만큼 커지면 이온의 이동은 더 이상 일어나지 않고, 두 금속판은 전지의 내부 조성에 의해 결정되는 특성 전압에 빠른 속도로 도달하게 된다.

앞에서 이상적인 축전기를 논할 때 사용했던 논리를 그대로 따르면, 단자 a와 b 사이의 퍼텐셜 차는 더 이상 이온의 확산이 일어나지 않는 상태에서 두 금속판 사이에 형성된 전기장의 선적분 값과 같다. 물론, 화학 전지와 축전기 사이에는 근본적인 차이가 있다. 잠시 동안 축전기의 양단을 도선으로 연결하여 누전(short-circuit)시키면, 축전기가 방전되면서 양단 간의 퍼텐셜 차는 0으로 사라진다. 하지만 화학 전지의 경우에는 emf의 변화 없이 한동안 계속해서 전류가 흐른다. 물론 전지 내부의 화학 물질이 모두 소진되면 전류는 더 이상 흐르지 않는다. 전지를 오랫동안 사용하면(즉, 흘러나온 전류의 양이 점점 증가하면) 단자 양단 간의 전압이 감소하면서 성능이 떨어지게 된다. 그러나 다른 이상적인 소자들과 같이 물리적 조건들을 추상화시켜 주면, 전류와 상관없이 전위차가 변하지 않는 이상적인 전지를 상상할 수 있다. 실제 전지는 이상적인 전지에 저항을 직렬로 연결시켜 놓은 것으로 볼 수 있다.

22-3 이상적인 소자들로 구성된 회로망 : 키르히호프의 법칙

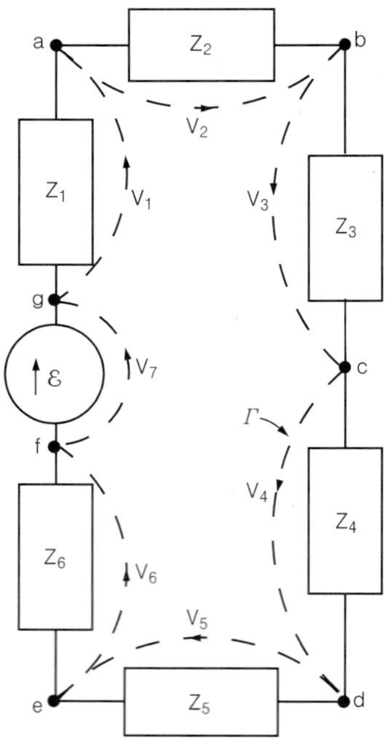

그림 22-9 임의의 폐경로를 따라가며 전압 강하를 모두 더한 값은 0이다.

앞 절에서 살펴본 바와 같이, 소자의 외부에서 일어나는 상황만 고려하면 이상적인 회로 소자를 쉽게 기술할 수 있다. 즉, 소자 양단의 전류와 전압은 선형적으로 관련되어 있다. 그러나 실제로 소자 내부에서 벌어지는 상황은 매우 복잡하기 때문에 맥스웰 방정식으로 설명하기가 쉽지 않다. 예를 들어, 수백 개의 저항, 축전기, 인덕터로 구성된 라디오의 내부에서 전기장과 자기장의 변화를 정확하게 기술해야 한다고 가정해 보자. 이것을 맥스웰 방정식으로 분석하는 것은 거의 불가능에 가깝다. 그러나 22장 2절에서와 같이 여러 가지 근사를 도입하여 실제 회로 소자들의 핵심적인 특성만 추출하여 이상적인 소자로 대체시켜 놓으면 전기 회로를 비교적 쉽게 분석할 수 있다. 그러면 지금부터 이상적인 소자로 구성된 전기 회로를 분석해 보기로 하자.

그림 22-9와 같이 몇 개의 임피던스와 전원으로 구성된 회로를 생각해 보자. 앞에서 사용했던 근사법을 따른다면, 개별 덩어리 소자의 외부 공간에는 자기장이 존재하지 않는다. 따라서 어떤 소자도 지나지 않는 임의의 곡선을 따라 전기장 $\boldsymbol{E}$를 선적분한 값은 0이다. 이제 소자의 바깥쪽을 돌아가는 곡선 Γ(그림 22-9에 점선으로 표시된 곡선)를 생각해 보자. Γ를 따라 수행하는 $\boldsymbol{E}$의 선적분은 몇 개의 소부분으로 나누어 생각할 수 있다. 각 부분은 소자의 양단을 연결하는 곡선에 대한 선적분으로서, 이 적분 값을 '해당 회로 소자에서 일어나는 전압 강하'라고 한다. 따라서 전체 선적분은 각 소자에 의한 전압 강하의 합으로 표시할 수 있다.

$$\oint \boldsymbol{E} \cdot d\boldsymbol{s} = \sum V_n$$

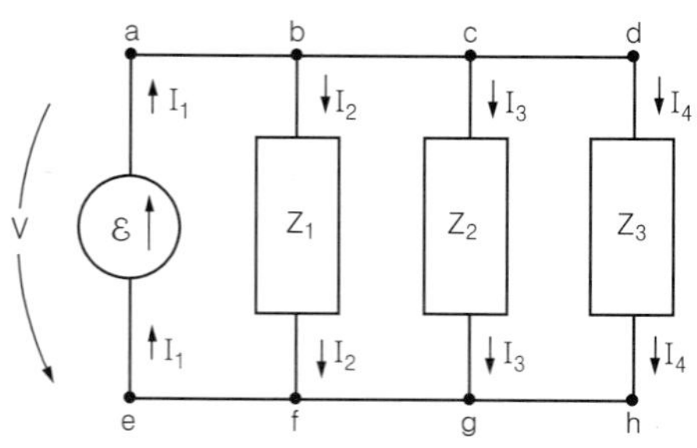

그림 22-10 임의의 노드로 유입되는 전류의 합은 0이다.

이 선적분 값은 0이므로, 회로를 따라가면서 각 부분의 퍼텐셜 차를 더한 값도 0이라는 결론을 얻게 된다.

$$\sum_{\text{폐곡선 둘레}} V_n = 0 \tag{22.14}$$

이것은 "자기장이 0인 영역에서 임의의 폐곡선에 대한 $\boldsymbol{E}$의 선적분은 0이다"라는 맥스웰 방정식 중의 한 식으로부터 비롯된 결과이다.

이제, 그림 22-10과 같은 회로를 생각해 보자. 단자 a, b, c, d는 모두 저항이 없는 이상적인 도선으로 연결되어 있다. 그러므로 단자 a, b, c, d가 위치한 곳의 퍼텐셜은 모두 동일하며, 단자 e, f, g, h도 동일한 퍼텐셜을 갖고 있다. 따라서 네 개의 소자에 대한 전압 강하 $\boldsymbol{V}$도 모두 같다.

이상적인 상황에서는 임피던스의 단자에 전하가 거의 쌓이지 않으므로, 지금까지 우리는 전하에 의한 효과를 무시해 왔다. 이제 한발 더 나아가서, 단자 사이를 연결하는 도선 내부에 존재할 수 있는 약간의 전하까지도 무시하기로 하자. 그러면 회로의 한 소자를 빠져나온 전하는 곧바로 다른 소자에 흡수되어야 한다. 그렇지 않으면 전하 보존 법칙에 위배되기 때문이다. 다시 말해서, 임의의 한 접점(junction)으로 유입되는 전류의 산술적 합은 0이 되어야 한다는 뜻이다. 여기서 말하는 접점이란 a, b, c, d 같은 여러 단자들이 한데 연결되어 있는 '분기점'을 뜻한다. 이렇게 서로 연결되어 있는 단자들의 모임을 흔히 '노드(node)'라고 한다. 그림 22-10의 회로에서 전하 보존 법칙이 성립하려면, 각 도선에 흐르는 전류는 다음의 관계를 만족해야 한다.

$$I_1 - I_2 - I_3 - I_4 = 0 \tag{22.15}$$

또한 네 개의 단자 e, f, g, h로 구성된 노드로 유입되는 전류의 합도 0이 되어야 한다.

$$-I_1 + I_2 + I_3 + I_4 = 0 \tag{22.16}$$

물론, 식 (22.16)은 식 (22.15)와 동일한 식이다. 이 조건을 일반적으로 기술하면 다음과 같다. "임의의 노드로 유입되는 전류의 합은 항상 0이 되어야 한다."

$$\sum_{\substack{\text{한 노드로} \\ \text{유입되는}}} I_n = 0 \tag{22.17}$$

폐곡선 둘레로 전압 강하의 합이 0이라는 사실은 회로 내부의 어떠한 폐곡선에 적용하더라도 항상 성립해야 한다. 또한 각 노드로 유입되는 전류의 합이 0이라는 것도 모든 노드에 대해 성립해야 한다. 소위 '키르히호프의 법칙(Kirchhoff's rules)'으로 알려진 이 두 가지 법칙을 이용하면, 임의의 회로망 각 지점에서 전류와 전압을 구할 수 있다.

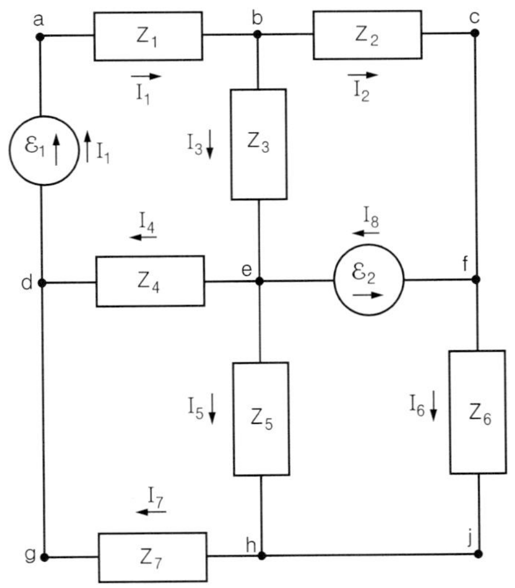

그림 22-11 키르히호프의 법칙을 이용한 회로 분석

이번에는 그림 22-11과 같이 좀 더 복잡한 회로를 생각해 보자. 이 회로의 전압과 전류는 다음과 같이 간단한 방법으로 구할 수 있다. 회로에 존재하는 네 개의 작은 폐곡선을 각각 별도로 고려하는 것이다(예를 들어, 단자 a에서 시작하여 단자 b, e, d를 차례로 거쳐 다시 단자 a로 돌아오는 폐곡선이 그중 하나이다). 이제, 각 폐곡선에 키르히호프의 제1법칙을 적용해 보자. 즉, 각 폐곡선의 둘레를 따라 한 바퀴 돌아가면서 나타나는 전압 강하의 합이 0임을 요구하는 것이다. 이때, 전류와 '같은' 방향으로 회로 소자를 지나게 되면 전압 강하를 양(+)으로 잡아 주고, 전류와 '반대' 방향으로 소자를 지나가는 경우에는 전압 강하를 음(−)으로 잡는다. 그리고 전원에서의 전압 강하는 정해진 순환 방향에 대하여 emf와 '반대' 부호라는 사실도 반드시 기억하고 있어야 한다. 따라서 단자 a에서 시작하여 한 바퀴 돌아가는 작은 폐곡선($a \to b \to e \to d \to a$)에 키르히호프 제1법칙을 적용한 결과는

$$z_1 I_1 + z_3 I_3 + z_4 I_4 - \mathcal{E}_1 = 0$$

이다. 동일한 법칙을 나머지 폐곡선에 적용시키면, 이와 유사한 종류의 관계식을 세 개 더 얻을 수 있다.

다음으로, 회로상의 각 노드에 키르히호프 제2법칙을 적용하여 전류 방정식

을 세워야 한다. 예를 들어, 노드 *b*로 유입되는 전류를 모두 더하면 다음과 같은 식을 얻을 수 있다.

$$I_1 - I_3 - I_2 = 0$$

마찬가지로, 노드 *e*에 대해서는 다음과 같은 전류 방정식이 얻어진다.

$$I_3 - I_4 + I_8 - I_5 = 0$$

그림 22-11에는 다섯 개의 노드(세 갈래 이상의 분기점)가 존재하며, 각각의 노드에 대하여 위와 비슷한 전류 방정식을 세울 수 있다. 그러나 이들 중 하나는 나머지 네 개의 방정식으로부터 유도될 수 있기 때문에 독립적인 관계식은 네 개뿐이다. 결국 우리는 키르히호프의 제1, 제2법칙을 이용하여 여덟 개의 독립적인 선형 방정식을 얻게 된다. 그중 네 개는 전류에 관한 방정식이고, 나머지 네 개는 전압에 관한 방정식이다. 여덟 개의 방정식을 모두 풀면 여덟 개의 미지 전류를 구할 수 있다. 일단 전류 값이 결정되면, 회로는 풀린 것이나 다름없다. 소자를 지날 때 일어나는 전압 강하는 소자의 임피던스와 전류의 곱으로 주어진다(전원의 경우에는 전압 강하가 얼마인지 이미 알고 있으므로 따로 구할 필요가 없다).

앞에서 우리는 전류 방정식 중 하나의 식이 나머지 식들과 독립적이지 않다는 것을 확인하였다(사실 여러분은 확인한 것이 아니라 일방적인 믿음을 강요당했다. 그러나 이것은 매우 간단한 계산이므로, 마음만 먹으면 즉석에서 확인할 수 있다). 전류뿐만 아니라 전압에 관한 방정식도 필요 이상으로 많아질 수 있다. 우리는 그림 22-11의 회로에서 네 개의 작은 폐곡선만을 고려했지만, 사실 이 회로에 존재하는 폐곡선은 13개나 된다. 예를 들어 *abcfeda*나 *abcfehgda*도 폐곡선 중 하나이며, 가장 큰 외곽선을 따라가는 *abcfjhgda*도 엄연한 폐곡선이다. 그래서 회로가 복잡해지면 방정식의 개수가 필요 이상으로 많아지곤 한다. 이럴 때 최소한으로 필요한 방정식만 끄집어내는 규칙이 있긴 하지만, 대부분의 경우엔 조금만 생각해 보면 적절한 개수의 방정식을 어렵지 않게 추려 낼 수 있다. 설령 한두 개의 식을 추가로 더 세웠다고 해서 틀린 결과가 나오는 것은 아니다. 단지 불필요한 계산을 좀 더 해야 할 뿐이다.

우리는 제1권의 25장에서 두 개의 임피던스 z_1과 z_2를 직렬로 연결시켰을 때 전체 임피던스 z_s를 구한 적이 있다. 즉, 단일 임피던스 z_s는 두 개의 임피던스 z_1과 z_2가 직렬로 연결된 회로의 전체 임피던스와 등가였다.

$$z_s = z_1 + z_2 \tag{22.18}$$

두 개의 임피던스를 병렬로 연결시킨 경우, 이들과 등가인 단일 임피던스 z_p는 다음과 같았다.

$$z_p = \frac{1}{(1/z_1) + (1/z_2)} = \frac{z_1 z_2}{z_1 + z_2} \tag{22.19}$$

그때의 유도 방법을 돌이켜보면 사실상 이미 키르히호프의 법칙을 사용했음을 알 수 있다. 회로의 구성이 복잡한 경우에는 직렬연결과 병렬연결에 대한 위의 식을 반복적으로 적용하여 등가 임피던스를 계산할 수 있다. 예를 들어, 그림 22-12와 같이 복잡한 회로를 단 하나의 등가 임피던스로 대치시키고자 할 때에는 다음과 같은 과정을 따르면 된다. 우선, 병렬로 연결된 z_4와 z_5를 병렬 등가 임피던스로 대치시키고, 같은 방식으로 z_6와 z_7도 대치시킨다. 그리고 임피던스 z_2는 z_6과 z_7의 병렬 등가 임피던스와 직렬로 연결되어 있으므로 직렬 규칙[식 (22.18)]에 의해 하나의 임피던스로 줄일 수 있다. 이런 식으로 계속 줄여 나가다 보면 회로를 구성하고 있는 모든 임피던스들을 하나의 단일 임피던스 Z로 표현할 수 있게 된다. 그리고 전원을 통해 흐르는 전류는 바로 $\mathcal{E}/Z$가 된다. 이렇게 하면 전체 회로를 하나의 단일 임피던스 Z와 전원이 직렬로 연결된 것으로 축약해서 표현할 수 있다. 이 계산이 완료된 후에 역순으로 거슬러 올라가면 각 임피던스에 흐르는 전류를 구할 수 있다.

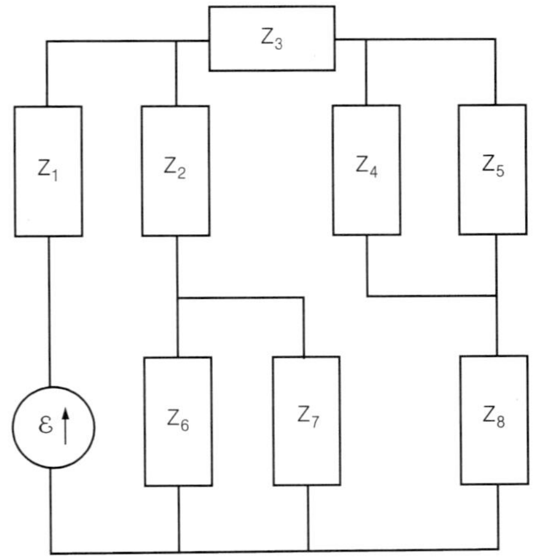

그림 22-12 직렬 및 병렬 조합으로 분석 가능한 회로

그러나 이런 방식으로는 분석이 불가능한 아주 단순한 회로도 있다. 그림 22-13과 같은 회로가 그 대표적인 경우이다. 이 회로를 분석하기 위해서는, 키르히호프의 법칙에 의거한 전류 및 전압 방정식부터 세워야 한다. 전류에 관한 식은 단 한 개뿐이다.

$$I_1 + I_2 + I_3 = 0$$

이로부터 다음과 같은 관계를 바로 얻을 수 있다.

$$I_3 = -(I_1 + I_2)$$

전압 방정식을 세울 때 이 관계식을 써먹으면 계산량을 어느 정도 줄일 수 있다. 이 회로에서는 다음과 같이 두 개의 전압 방정식을 얻을 수 있다.

$$-\mathcal{E}_1 + I_2 z_2 - I_1 z_1 = 0$$

$$\mathcal{E}_2 - (I_1 + I_2)\, z_3 - I_2 z_2 = 0$$

방정식과 미지수(I_1과 I_2)가 모두 두 개이므로, 이것은 풀이가 가능한 연립 방정식이다. 이 식으로부터 계산된 I_1과 I_2는 다음과 같다.

$$I_1 = \frac{z_2\mathcal{E}_2 - (z_2 + z_3)\mathcal{E}_1}{z_1(z_2 + z_3) + z_2 z_3} \tag{22.20}$$

$$I_2 = \frac{z_1\mathcal{E}_2 + z_3\mathcal{E}_1}{z_1(z_2 + z_3) + z_2 z_3} \tag{22.21}$$

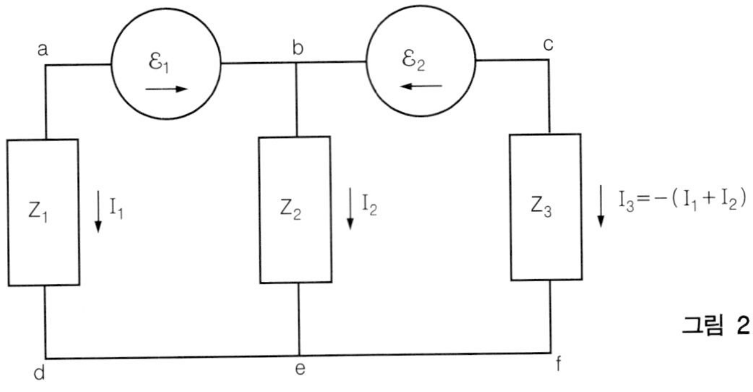

그림 22-13 직렬 및 병렬 조합으로 분석 불가능한 회로

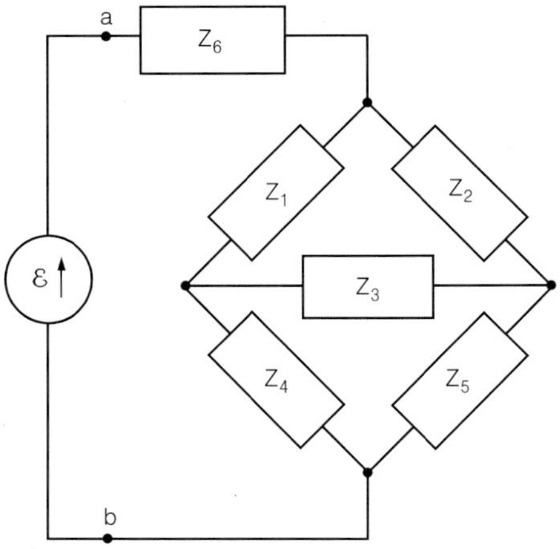

그림 22-14 브리지 회로

세 번째 전류 I_3는 위에서 구한 $I_3 = -(I_1 + I_2)$의 관계로부터 곧바로 구해진다.

그림 22-14도 직렬 임피던스와 병렬 임피던스의 합성 규칙만으로는 분석이 불가능한 회로이다. 이런 회로를 '브리지(bridge)'라고 하는데, 미지의 임피던스를 측정할 때 흔히 사용되는 회로이다. 브리지를 사용할 때 우리의 주된 관심사는 "중앙에 있는 임피던스 z_3를 통해 흐르는 전류가 0이 되려면 임피던스들 사이에 어떤 관계가 성립해야 하는가?"이다. 해답은 여러분 각자 구해 보기 바란다.

22-4 등가 회로

그림 22-15(a)와 같이 여러 개의 임피던스들이 복잡하게 연결되어 있는 회로에 전원을 연결시켰다고 가정해 보자. 키르히호프의 법칙에서 얻어지는 모든 관계식은 선형 방정식이므로, 이로부터 구한 전류 I는 $\mathcal{E}$에 비례할 것이다.

$$I = \frac{\mathcal{E}}{z_{\text{eff}}}$$

여기서 z_{eff}는 복소수로서, 모든 회로 소자를 변수로 갖는 대수 함수(algebraic function)이다(그림에 나타난 전원 이외에 또 다른 전원이 회로에 연결되어 있지 않다면, 우변에는 $\mathcal{E}$와 직접적으로 관계된 항만이 나타난다). 그런데 이 식은 그림 22-15(b)의 회로에 대한 방정식과 완전히 동일하다. 두 개의 단자 a와 b의 '좌측에서' 일어나는 현상만을 고려한다면, 그림 22-15의 두 회로는 '등가'라고 할 수 있다. 따라서 두 개의 단자와 함께 수동 소자로 이루어진 '임의의' 회로망은 (회로의 나머지 부분의 전압과 전류는 그대로 놔둔 채) 모든 임피던스를 하나의 등가 임피던스 z_{eff}로 대치시킨 회로와 동등하게 취급할 수 있다. 물론 이것은 키르히호프 법칙의 결과를 다른 방식으로 서술한 것에 지나지 않으며, 근본적으로는 맥스웰 방정식의 '선형성'에서 기인하는 결과이다.

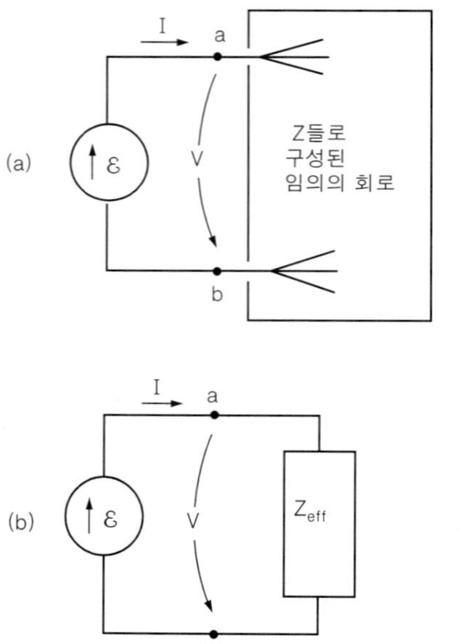

그림 22-15 수동 소자들로 구성된 임의의 2-단자 회로망은 하나의 유효 임피던스와 등가이다.

이 아이디어는 임피던스들뿐만 아니라 전원이 포함된 회로에도 적용할 수 있다. 그림 22-16(a)와 같이 회로 내부에 있는 어떤 하나의 임피던스 z_n의 '관점에서' 회로를 바라본다고 생각해 보자. 전체 회로에 대한 방정식을 풀면, 두 단자 a와 b 사이의 전압 V_n은 전류 I에 대한 1차 함수의 형태로 나타날 것이다. 일반적으로는

$$V_n = A - BI_n \tag{22.22}$$

으로 쓸 수 있는데 여기서 A와 B는 단자의 왼쪽에 있는 전원과 임피던스에 의해 결정되는 상수이다. 예를 들어, 그림 22-13에 이 결과를 적용해 보면 $V_1 = I_1 z_1$이 된다. V_1은 [식 (22.20)을 재배열하여] 다음과 같이 쓸 수 있다.

$$V_1 = \left[\left(\frac{z_2}{z_2 + z_3}\right)\mathcal{E}_2 - \mathcal{E}_1\right] - \frac{z_2 z_3}{z_2 + z_3} I_1 \tag{22.23}$$

위의 식과 임피던스 z_1에 대한 식, 즉 $V_1 = I_1 z_1$을 연립하여 풀면 완전한 해가 얻어지며, 일반적인 경우에는 식 (22.22)와

$$V_n = I_n z_n$$

을 연립해서 풀면 된다.

그림 22-15(b)와 같이 전류와 전원으로 구성된 간단한 직렬 회로에 z_n이 연결되어 있는 경우, 식 (22.22)에 해당되는 방정식은 다음과 같다.

$$V_n = \mathcal{E}_{\text{eff}} - I_n z_{\text{eff}}$$

여기서 $\mathcal{E}_{\text{eff}} = A$, $z_{\text{eff}} = B$로 놓으면 식 (22.22)와 동일해진다. 따라서 단자 a와 b의 '우측'에서 일어나는 현상만 고려한다면, 그림 22-16과 같은 임의의 회로는 항상 '하나의 전원'과 '하나의 임피던스'가 직렬로 연결된 등가 회로로 대치될 수 있다.

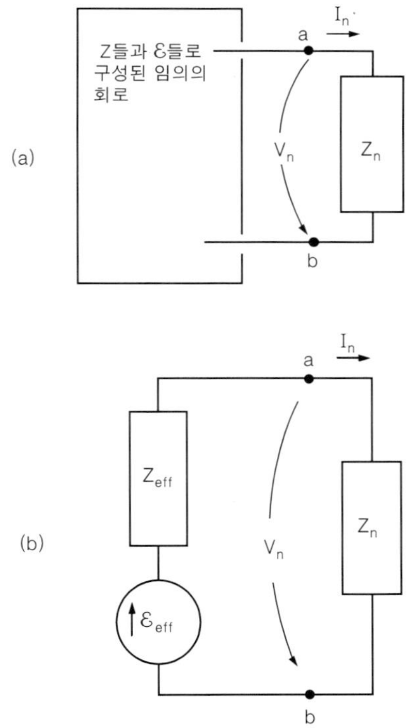

그림 22-16 임의의 2-단자 회로망은 하나의 전원에 하나의 임피던스가 직렬연결된 것으로 대체될 수 있다.

22-5 에너지

앞에서 살펴본 바와 같이, 인덕턴스에 전류 I가 흐르게 하려면 외부 회로로부터 $U = \frac{1}{2}LI^2$의 에너지가 공급되어야 한다. 그러다가 전류가 다시 0으로 떨어지면 이 에너지는 외부 회로로 흘러 나간다. 그러나 이상적인 인덕턴스라면 에너지 손실이 전혀 일어나지 않는다. 인덕턴스를 통해 교류 전류가 흐르는 경우, 인덕턴스와 나머지 회로 사이를 오가는 에너지 흐름은 있지만, 외부로부터 회로에 유입되는 에너지의 '평균' 공급률은 0이다. 그래서 인덕턴스를 '무방열 소자(nondissipative element)'라고 한다. 인덕턴스의 내부에서는 전기 에너지가 열로 바뀌지 않는다. 즉, 인덕턴스에서는 에너지 손실이 발생하지 않는다는 뜻이다.

이와 마찬가지로, 축전기의 에너지 $U = \frac{1}{2}CV^2$도 축전기가 방전될 때 다시 외부 회로로 흘러 나간다. 교류 회로에 축전기가 연결되어 있으면 주기적으로 에너지의 저장과 방출이 되풀이되지만, 매 사이클마다 에너지의 알짜 흐름은 0이다. 따라서 이상적인 축전기도 무방열 소자이다.

우리는 emf가 에너지의 발생원이라는 것을 알고 있다. 전류 I가 emf와 같은 방향으로 흐르면 에너지는 $dU/dt = \mathcal{E}I$의 비율로 외부 회로에 공급된다. 만일 (회로 내의 다른 전원에 의해) 전류가 emf와 '반대' 방향으로 흐른다면, emf는 $\mathcal{E}I$의 비율로 에너지를 흡수하게 된다. 이런 경우에는 I가 음(−)이므로 dU/dt도 음의 값을 갖는다.

저항 R에 전원이 연결되어 있을 때, 저항을 통해 흐르는 전류는 $I = \mathcal{E}/R$이다. 전원에 의해 $\mathcal{E}I$의 비율로 공급되는 에너지는 저항에서 흡수된다. 이 에너지는 저항에서 열에너지로 바뀌면서 손실되므로, 회로의 전기 에너지는 줄어들게 된다. 이런 경우, 우리는 전기 에너지가 저항에서 '방열되었다(dissipated)'고 말한다. 저항에서 발생하는 에너지 손실률은 $dU/dt = RI^2$이다.

교류 회로에서 저항에 의한 평균 에너지 손실률은 한 사이클에 걸쳐 RI^2을 평균한 값과 같다. $I = \hat{I}e^{i\omega t}$(이것은 전류가 $\cos\omega t$의 형태로 변한다는 것을 수학적으로 표현한 것이다)이므로, 한 주기에 대한 I^2의 평균은 $|\hat{I}|^2/2$이다. 왜냐하면 전류의 최대값은 $|\hat{I}|$이고 $\cos^2\omega t$의 평균은 1/2이기 때문이다.

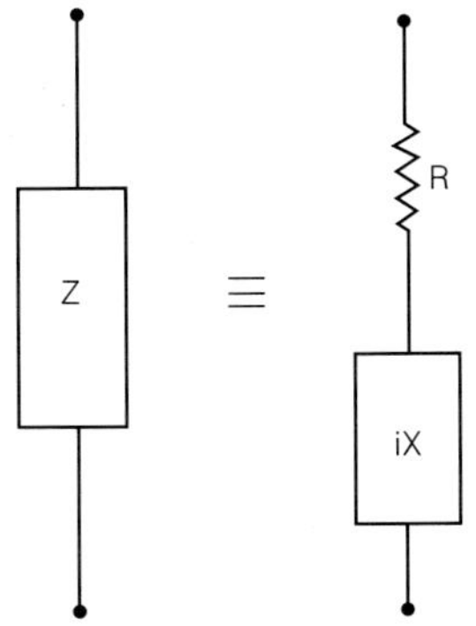

그림 22-17 임의의 임피던스는 순수한 저항과 순수한 리액턴스가 직렬연결된 것과 등가이다.

임의의 임피던스 z에 전원을 연결시켰을 때, 에너지 손실은 얼마나 될까?(물론 여기서 에너지 '손실'이란, 전기 에너지가 열에너지로 변환된 것을 의미한다) 임의의 임피던스 z는 다음과 같이 실수부와 허수부의 합으로 쓸 수 있다.

$$z = R + iX \tag{22.24}$$

여기서 R과 X는 실수이다. 등가 회로의 관점에서 볼 때, 임의의 임피던스는 그림 22-17과 같이 저항에 '리액턴스(reactance)'라고 불리는 순허수의 임피던스가 직렬로 연결된 것과 동일하다.

앞에서 살펴본 바와 같이, L과 C만을 포함하는 회로의 임피던스는 순허수이다. 평균적으로 L과 C에서는 에너지 손실이 나타나지 않으므로, L과 C만을 포함하는 순수한 리액턴스에서는 에너지가 손실되지 않는다. 이 사실은 임의의 리액턴스에 대하여 항상 성립한다.

기전력(emf)이 $\mathcal{E}$인 전원이 그림 22-17과 같이 임피던스 z에 연결되어 있는 경우, 전원에서 나오는 전류 I와 emf 사이에는 다음과 같은 관계식이 성립되어야 한다.

$$\mathcal{E} = I(R + iX) \tag{22.25}$$

에너지의 평균 공급률을 구하려면 $\mathcal{E}I$의 평균값을 알아야 하는데, 여기서 주의할 사항이 하나 있다. $\mathcal{E}I$와 같이 두 물리량이 곱해진 경우에는 $\mathcal{E}(t)$와 $I(t)$의 '실수부'만으로 곱을 계산해야 올바른 답이 나온다는 것이다(방정식이 선형적인 경우, 복소 함수의 실수부가 실제의 물리량을 나타낸다. 그러나 지금 다루고 있는 '곱'은 비선형식에 속한다).

t의 원점을 적절히 잡아 주면 진폭 $\hat{I}$가 실수가 되도록 만들 수 있다. 이것을 I_0로 표기하자. 그러면 I의 시간에 따른 변화는 다음과 같이 표현된다.

$$I = I_0 \cos \omega t$$

식 (22.25)의 emf는 다음 식의 실수부에 해당된다.

$$I_0 e^{i\omega t}(R + iX)$$

즉,

$$\mathcal{E} = I_0 R \cos \omega t - I_0 X \sin \omega t \tag{22.26}$$

식 (22.26)의 두 항은 각각 그림 22-17의 R과 X에서 일어나는 전압 강하를 나타낸다. 저항에서 일어나는 전압 강하는 전류와 위상이 같지만(in phase), 순수한 리액턴스 부분에서의 전압 강하는 전류와 위상이 반대(out of phase)이다.

전원에서의 에너지 '평균 손실률' $\langle P \rangle_{av}$는 $\mathcal{E}I$를 한 주기에 걸쳐 적분한 후, 주기 T로 나눈 값이다. 즉,

$$\langle P \rangle_{av} = \frac{1}{T}\int_0^T \mathcal{E} I\, dt = \frac{1}{T}\int_0^T I_0^2 R \cos^2 \omega t\, dt - \frac{1}{T}\int_0^T I_0^2 X \cos \omega t \sin \omega t\, dt$$

이다.

첫 번째 적분은 $I_0^2R/2$이고, 두 번째의 적분은 0이다. 그러므로 임피던스 $z = R + iX$에서 평균적인 에너지 손실은 오직 z의 실수부에만 의존하며, 그 값은 $I_0^2R/2$이다. 이는 앞에서 구했던 저항의 에너지 손실과 일치한다. 리액턴스 부분에서는 에너지 손실이 일어나지 않는다.

22-6 사다리 회로망

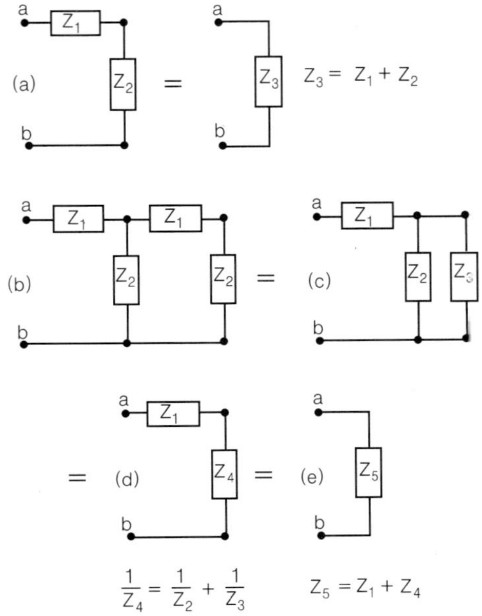

그림 22-18 사다리 회로의 유효 임피던스

이번에는 직렬과 병렬이 섞여 있는 재미있는 회로 문제를 풀어 보자. 먼저 그림 22-18(a)의 회로부터 생각해 보자. 단자 a와 b 사이의 임피던스는 $z_1 + z_2$임을 한눈에 알 수 있다. 조금 더 복잡한 그림 22-18(b)의 회로는 키르히호프의 법칙으로 분석할 수도 있지만, 직렬과 병렬의 조합으로 생각해도 쉽게 다룰 수 있다. 오른쪽 끝에 있는 두 개의 임피던스는 그림 (c)와 같이 하나의 단일 임피던스 $z_3 = z_1 + z_2$로 대치될 수 있다. 그다음, 병렬로 연결된 두 개의 임피던스 z_2와 z_3는 그림 (d)와 같이 하나의 등가 임피던스 z_4로 대치 가능하다. 마지막으로 z_1과 z_4는 그림 (e)와 같이 등가의 단일 임피던스 z_5로 대치된다.

여기서 재미있는 질문을 제기해 보자. 그림 22-18(b)의 회로망에 '끝없이 반복되는' 섹션을 추가해 나간다면[그림 22-19(a)에 점선으로 표시된 상황] 어떻게 될까? 회로 소자가 무한히 많은 회로망 문제를 과연 풀 수 있을까? 잘 생각해 보면 그리 어려운 문제가 아니다. 우선, 이런 식의 무한 회로망은 회로망의 '전단(front end)'에 반복되는 섹션을 하나 더 추가시켜도 회로의 전체적인 모습이 변하지 않는다는 특징을 갖고 있다(이것은 $\infty + 1 = \infty$가 되는 것과 같은 이치이다 : 옮긴이). 이러한 무한 회로망에서 a와 b 사이의 임피던스를 z_0라고 하자. 그러면 두 단자 c와 d의 우측에 있는 모든 소자들의 임피던스도 z_0가 된다. 그러므로 회로망의 전단만을 고려한다면, 이 회로망은 그림 22-19(b)와 같이 표현될 수 있다. 그리고 z_2와 z_0를 병렬로 조합한 결과를 z_1에 직렬로 더해 주면 전체 회로망의 임피던스를 다음과 같이 구할 수 있다.

$$z = z_1 + \frac{1}{(1/z_2) + (1/z_0)} \quad \text{즉,} \quad z = z_1 + \frac{z_2 z_0}{z_2 + z_0}$$

그런데 이 임피던스는 z_0와 같으므로

$$z_0 = z_1 + \frac{z_2 z_0}{z_2 + z_0}$$

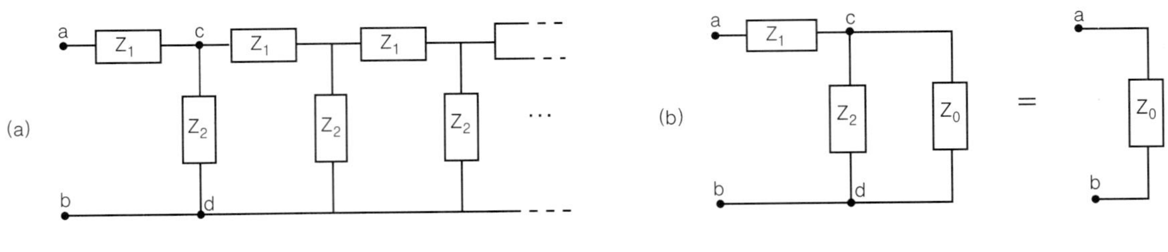

그림 22-19 무한 사다리 회로의 유효 임피던스

가 성립한다. 따라서 z_0는 다음과 같이 구해진다.

$$z_0 = \frac{z_1}{2} + \sqrt{(z_1{}^2/4) + z_1 z_2} \tag{22.27}$$

이로써 우리는 직렬과 병렬 임피던스들이 끝없이 반복되는 무한 사다리형 회로망의 임피던스를 구하는 데 성공했다. 위에서 구한 z_0를 무한 회로망의 '특성 임피던스(characteristic impedance)'라 한다.

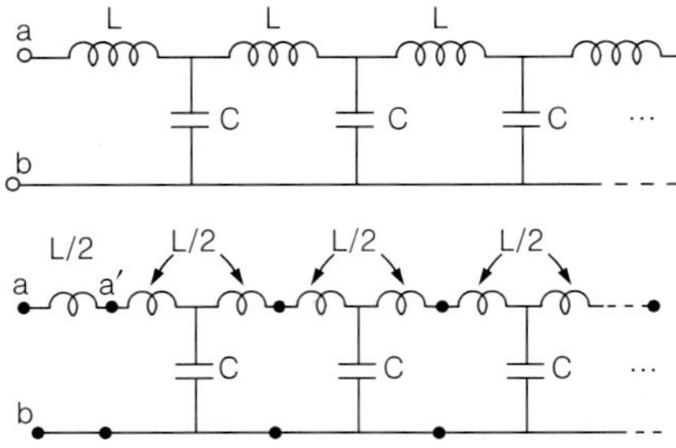

그림 22-20 두 가지 동등한 방법으로 그린 L-C 사다리 회로

이제, 그림 22-20(a)와 같이 인덕턴스 L이 직렬로 연결되어 있고 축전기 C는 병렬로 연결되어 있는 무한 회로망을 생각해 보자. 이 경우에는 $z_1 = i\omega L$, $z_2 = 1/i\omega C$로 놓으면 임피던스를 구할 수 있다. 식 (22.27)의 첫 번째 항 $z_1/2$는 첫 번째 소자의 임피던스(z_1)의 절반에 해당된다. 따라서 그림 22-20(a)의 회로망은 22-20(b)와 같이 조금 더 자연스러운(또는 단순한) 형태로 표현할 수 있다. 단자 a'에서 무한 회로를 바라볼 때, 임피던스는 다음과 같을 것이다.

$$z_0 = \sqrt{(L/C) - (\omega^2 L^2/4)} \tag{22.28}$$

이 상황은 주파수 ω의 값에 따라 두 가지 흥미로운 경우로 나눌 수 있다. ω^2이 $4/LC$보다 작으면, 근호 안의 두 번째 항이 첫 번째 항보다 작으므로 임피던스 z_0는 실수가 된다. 반면에, ω^2이 $4/LC$보다 크면 임피던스 z_0는 다음과 같은 순허수가 된다.

$$z_0 = i\sqrt{(\omega^2 L^2/4) - (L/C)}$$

앞서 말한 바와 같이, 인덕턴스나 축전기 등 허수 임피던스만으로 구성된 회로에서는 전체 임피던스도 순허수로 나타난다. 그런데 우리가 지금 다루고 있는 회로에는 L과 C밖에 없는데도 주파수가 $(\sqrt{4/LC})$보다 작으면 임피던스가 (실수 값의) 순수한 저항으로 나타난다. 왜 이렇게 되었을까? $(\sqrt{4/LC})$보다 높은 주파수에서는 앞의 논리에 맞게 순허수 임피던스가 되지만, 낮은 주파수 영역에서 임피던스는 순수한 저항이 되어 에너지를 흡수한다. 그런데 인덕턴스와 축전기만으로 구성된 회로가 어떻게 에너지를 연속적으로 흡수한다는 것일까? **답**: 이 회로에는 무한개의 인덕턴스와 축전기가 연결되어 있기 때문에, 회로에 전원이 연결되면 첫 번째 인덕턴스와 축전기에 에너지가 공급된다. 그리고 이 에너지는 두 번째 소자로 공급되고, 계속해서 세 번째, 네 번째 소자로 공급되어 나간다. 즉, 전원에서 나온 에너지가 일정한 비율(rate)로 꾸준하게 흡수되면서 회로망 속으로 유입되며, 인덕턴스와 축전기에 저장된 에너지가 선로를 타고 공급되는 것이다.

이 아이디어는 회로 내부에서 일어나는 현상과 관련하여 흥미로운 점을 시사하고 있다. 회로의 전단(front end)에 전원을 연결하면, 전원의 영향은 회로망을 통해 무한대의 말단(infinite end)까지 전파될 것이다. 이렇게 선로를 타고 파동이 전파되는 것은 구동원(driving source)으로부터 에너지를 흡수한 안테나가 전자기파를 방사하는 현상과 매우 비슷하다. 즉, 주파수 ω가 $\sqrt{4/LC}$보다 작아서 특성 임피던스가 실수가 되는 경우에는 무한 사다리 회로망에서도 이와 비슷한 방식으로 파동이 전파되는 것이다. 그러나 주파수 ω가 $\sqrt{4/LC}$보다 커지면 임피던스가 순허수이므로 이러한 전파 현상은 나타나지 않는다.

22-7 필터

앞 절에서 언급한 대로, 그림 22-20과 같은 사다리형 무한 회로가 $\omega_0 = \sqrt{4/LC}$보다 작은 주파수의 전원과 연결되면 에너지를 연속적으로 흡수한다. 이 때, ω_0를 '차단 주파수(cutoff frequency)'라고 한다. 또한 이 현상은 에너지가 선로를 타고 연속적으로 수송되는 현상과 비슷하게 이해될 수 있다. 그러나 $\omega > \omega_0$이면 에너지의 연속적인 흡수가 일어나지 않는다. 이런 경우에는 전류가 선로를 타고 먼 곳까지 '침투'하기가 어렵다고 생각해야 할 것이다. 이런 식의 아이디어가 과연 옳은 것인지, 지금부터 살펴보기로 하자.

사다리 회로의 전단에 교류 전원(AC generator)이 연결되어 있을 때, 사다리의 754번째 섹션에 걸리는 전압을 구한다고 가정해 보자. 이 회로망은 무한히 반복되므로, 어느 한 섹션과 그다음 섹션 사이에서 전압과 관련하여 벌어지는 일은 어디서나 똑같다. 예를 들어, n번째 섹션에서 $n+1$번째 섹션으로 넘어갈 때 어떤 일이 벌어지는지 알아보자. 전류 I_n과 전압 V_n은 그림 22-21(a)와 같이 정의하기로 한다.

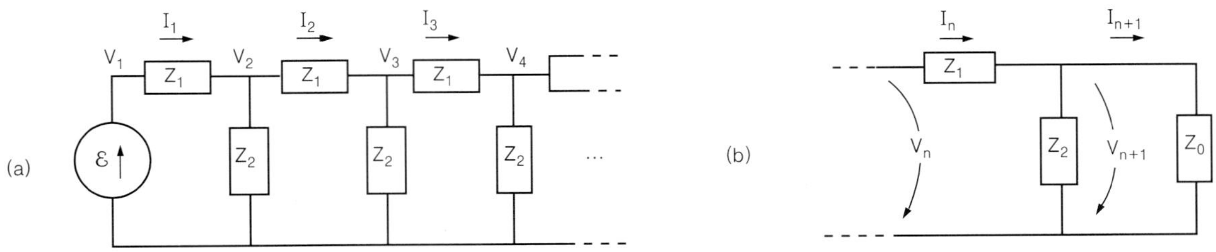

그림 22-21 사다리 회로의 전파 인자 구하기

지금 임피던스는 무한히 많이 연결되어 있으므로, n번째 섹션의 우측에 있는 나머지 부분의 임피던스는 항상 특성 임피던스 z_0로 대치시킬 수 있으며, 이 사실을 이용하면 V_n으로부터 V_{n+1}을 구할 수 있다. 우리가 할 일이라곤, 그림 22-21(b)의 회로를 분석하는 것뿐이다. 우선, 임의의 V_n은 z_0에 걸려 있으므로 $I_n z_0$와 같아야 한다. 그리고 V_n과 V_{n+1}의 차이는 바로 $I_n z_1$이다.

$$V_n - V_{n+1} = I_n z_1 = V_n \frac{z_1}{z_0}$$

따라서 V_n과 V_{n+1}의 비는 다음과 같다.

$$\frac{V_{n+1}}{V_n} = 1 - \frac{z_1}{z_0} = \frac{z_0 - z_1}{z_0}$$

이 비를 사다리의 한 섹션에 대한 '전파 인자(propagation factor)'라 하며, 흔히 α로 표기한다. 물론 α는 회로의 모든 섹션에서 동일한 값을 갖는다.

$$\alpha = \frac{z_0 - z_1}{z_0} \tag{22.29}$$

따라서 n번째 섹션의 전압은

$$V_n = \alpha^n \mathcal{E} \tag{22.30}$$

이며, 754번째 섹션의 전압은 α의 754제곱에 $\mathcal{E}$를 곱한 값이다.

그림 22-20(a)와 같은 L-C 사다리 회로의 경우에 α가 어떻게 되는지 알아보자. 식 (22.27)에서 구한 z_0와 $z_1 = i\omega L$을 이용하면 다음과 같은 결과가 얻어진다.

$$\alpha = \frac{\sqrt{(L/C) - (\omega^2 L^2/4)} - i(\omega L/2)}{\sqrt{(L/C) - (\omega^2 L^2/4)} + i(\omega L/2)} \tag{22.31}$$

만일 전원의 구동 주파수가 차단 주파수($\omega_0 = \sqrt{4/LC}$)보다 낮다면, 위 식에 있는 제곱근은 실수가 되어 분자와 분모의 복소수 크기가 같아진다. 따라서 α의 크기는 1이 되며, 다음과 같이 표현할 수 있다.

$$\alpha = e^{i\delta}$$

이는 "모든 섹션에서 전압의 크기는 같고 전압의 위상만 달라진다"는 것을 의미한다. 위상 변화 δ는 실제로 음수이며, 전압의 파형이 회로망을 지나가면서 '지연(delay)'되는 정도를 나타낸다.

전원의 구동 주파수가 차단 주파수 ω_0보다 높은 경우, 식 (22.31)의 제곱근은 순허수가 되고 분모와 분자에서 i를 약분하면 다음과 같은 실수가 된다.

$$\alpha = \frac{\sqrt{(\omega^2 L^2/4) - (L/C)} - (\omega L/2)}{\sqrt{(\omega^2 L^2/4) - (L/C)} + (\omega L/2)} \tag{22.32}$$

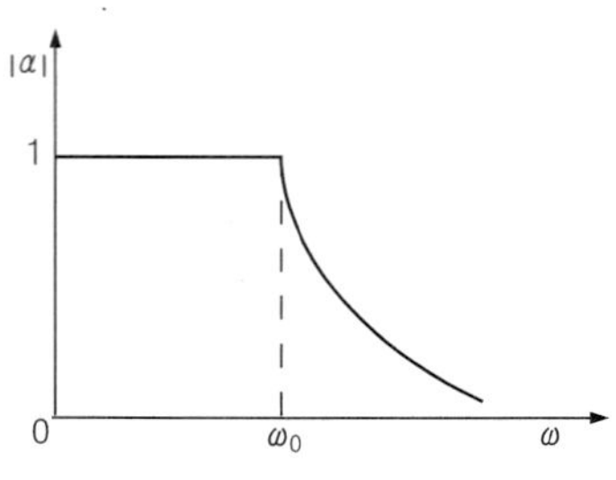

그림 22-22 L-C 사다리의 한 섹션의 전파 인자

이제, 전파 인자 α는 '1보다 작은 실수'이다. 이는 곧 어느 한 섹션의 전압이 바로 앞 섹션의 전압보다 'α가 곱해진 것만큼' 낮아진다는 의미이다. 따라서 ω_0보다 높은 모든 주파수에서는 회로망을 따라갈수록 전압이 급격히 떨어진다. α의 절대값을 주파수의 함수로 그려 보면 그림 22-22와 같다.

이와 같이, ω_0를 기준으로 회로망의 특성이 크게 달라지는 현상은 회로망을 통해 에너지가 흘러가는 방식에 대한 우리의 해석, 즉 $\omega < \omega_0$인 영역에서는 회로망이 에너지의 전파를 허용하고, $\omega > \omega_0$인 영역에서는 에너지의 전파를 막는다는 해석과 잘 일치한다. 그래서 사람들은 회로망이 저주파를 '통과시키고(pass)', 고주파는 '차단(reject)'하거나 '걸러 낸다(filter out)'고 표현한다. 방금 기술한 것처럼 주파수에 따라 특성이 변하도록 설계된 회로망을 '필터(filter)'라고 한다. 지금까지 우리가 분석한 것은 일종의 '저주파 필터(low-pass filter)'이다.

현실 세계에서 무한 회로망을 구현하는 것은 분명 불가능한데, 왜 이런 비현실적인 회로에 대하여 장황설을 늘어놓고 있는지, 의아하게 생각하는 사람도 있을 것이다. 여기서 중요한 것은 유한 회로망의 말단을 특성 임피던스 z_0와 똑같은 임피던스를 갖는 소자로 마무리해 주면, 무한 회로와 동일한 특성을 얻을 수 있다는 점이다. 현실적으로는 L, R, C와 같은 단순 소자 몇 개만으로 특성 임피던스를 '정확하게' 재현하기는 쉽지 않다. 그러나 특정한 주파수 영역에서는 근사적인 방법을 사용하여 특성 임피던스를 재현할 수 있으며, 무한 회로망의 성질을 거의 똑같이 구현해 주는 유한 필터 회로망을 만들 수 있다. 예를 들어 $L-C$ 사다리의 경우, $R=\sqrt{L/C}$의 값을 갖는 순수한 저항으로 회로의 말단 부분을 마감해 주면 위에서 기술했던 것과 거의 비슷하게 작동된다.

앞에서 다뤘던 $L-C$ 사다리 회로망에서 모든 L과 C의 위치를 뒤바꾸어 그림 22-23(a)와 같이 만들어 주면 '저주파'는 차단시키고 '고주파'는 통과시키는 필터를 구현할 수 있다. 이 회로의 특성은 앞에서 얻은 결과를 이용하여 쉽게 알아낼 수 있다. L과 C를 맞바꾼다는 것은, 모든 $i\omega$를 $1/i\omega$로 바꾸는 것과 같은 효과를 준다. 그러므로 이전의 경우에 ω에서 나타났던 특성이 $1/\omega$에서 나타나게 된다. 특히, 그림 22-22에서 수평축의 이름을 그림 22-23(b)와 같이 $1/\omega$로 바꿔 주면, 이 경우에 α와 주파수의 관계를 유추할 수 있다.

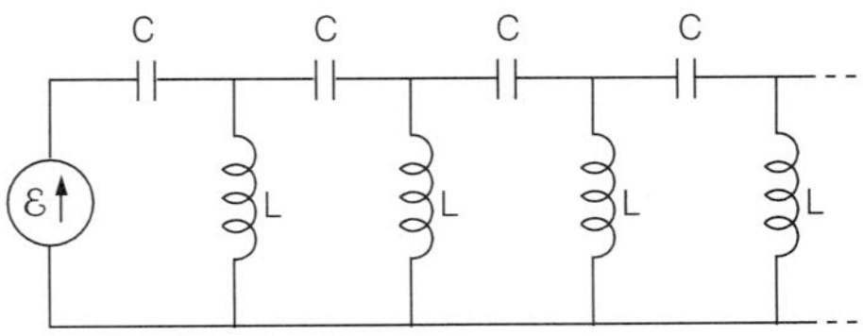

(a)

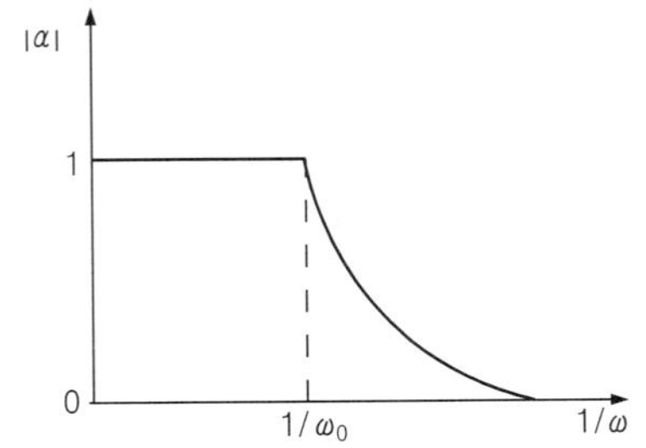

(b)

그림 22-23 (a) 고주파 필터 (b) $1/\omega$의 함수로 나타낸 고주파 필터의 전파 인자

지금까지 설명한 고주파 필터와 저주파 필터는 공학 분야에서 다양하게 응용되고 있다. $L-C$ 저주파 필터는 종종 직류(DC) 전원의 파형을 '부드럽게 만들어 주는 필터(smoothing filter)'로 사용된다. 교류(AC) 전원으로부터 직류를 만들어 내려면, 전류를 한 방향으로만 흐르게 하는 정류기(rectifier)를 사용해야 하는데, 이로부터 나오는 전압 $V(t)$의 파형은 그림 22-24와 같이 연속적인 펄스 형태를 하고 있다. 그런데 그림에서 보다시피 전압의 등락이 심하므로, 이것은 품질이 떨어지는 직류이다. 배터리에서 나오는 것과 같은 우수한 품질의 순수 직류를 얻으려면 어떻게 해야 할까? 정류기와 부하(load) 사이에 저주파 필터를 삽입하면 거의 직류에 가까운 파형을 얻을 수 있다.

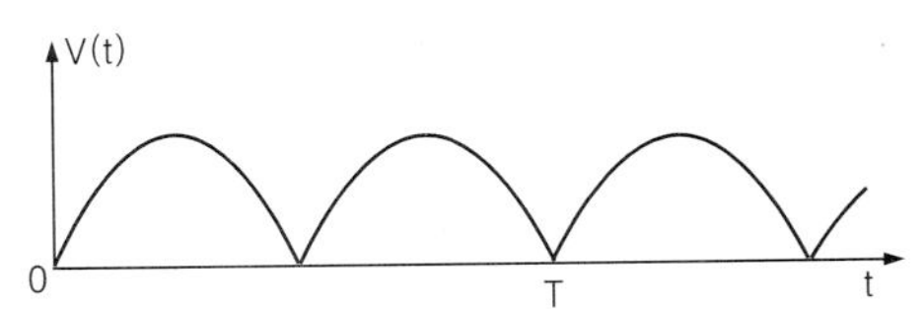

그림 22-24 전파 정류(full-wave rectifier) 회로의 출력 전압

그림 22-24와 같은 시간 함수를 푸리에 급수로 전개하면, 직류 전압에 여러 가지 다양한 주파수의 사인파(sine wave)들이 중첩된 형태로 나타난다. 이것은 제1권 50장(배음)에서 이미 공부한 바 있다. 우리가 취급하고 있는 필터가 선형적이라면(즉, 지금까지 줄곧 가정해 온 것처럼 L, C, R의 특성이 전류나 전압에 무관하다면), 필터를 통과해서 나오는 전체 출력은 입력 주파수 성분들 각각에 대한 출력의 중첩과 같다. 필터의 차단 주파수 ω_0를 $V(t)$의 최저 주파수보다 훨씬 작은 값으로 맞춰 놓으면, 직류($\omega=0$)는 잘 통과되고, 1차 조화파(first harmonic)의 진폭은 상당히 줄어들 것이다. 물론 고차 조화파의 진폭은 훨씬 더 줄어든다. 이렇게 하면 출력 파형을 원하는 만큼 부드럽게 만들 수 있다. 단 한 가지 문제는 필터를 구입하는 데 상당한 비용이 지출된다는 점이다.

고주파 필터는 특정한 저주파를 차단하고 싶을 때 사용된다. 예를 들어, 축음기의 증폭기에 들어가는 고주파 필터는 음악과 관련된 파형을 통과시키면서 모터나 회전판에서 발생하는 저주파 노이즈를 차단하여 음의 품질을 높여 준다.

'대역 필터(band-pass filter)'란, $\omega_1<\omega<\omega_2$ 영역의 주파수만 통과시키고 $\omega_1>\omega$나 $\omega_2<\omega$인 주파수를 차단하는 장치이다. 고주파 필터와 저주파 필터 두 개를 차례로 연결시켜 놓으면 이와 같은 특성을 지닌 필터를 쉽게 구현할 수 있다. 그러나 일반적으로는 임피던스 z_1과 z_2가 좀 더 복잡하게 어우러진 모습의

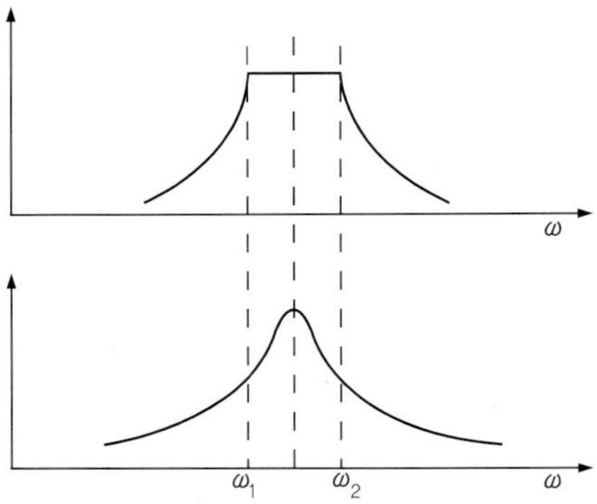

그림 22-25 (a)대역 필터
(b)단순한 공진 필터

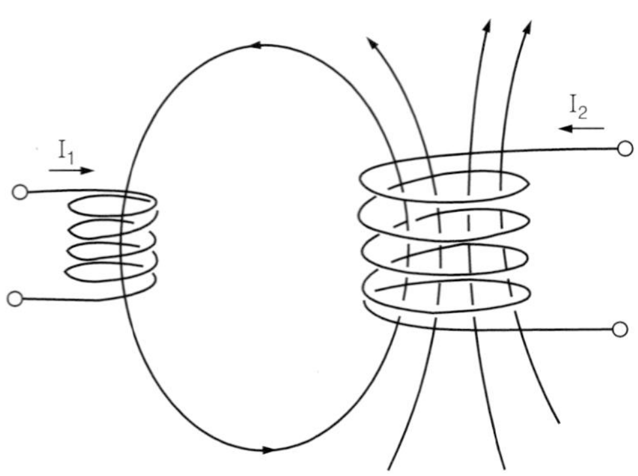

(a)

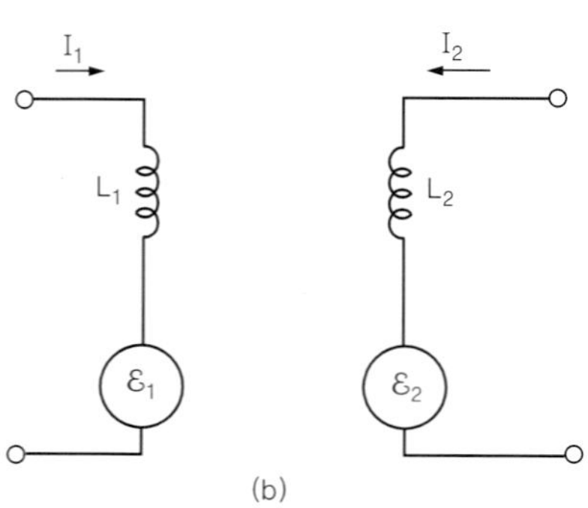

(b)

그림 22-26 상호 인덕턴스의 등가 회로

사다리 회로를 사용한다(물론, 각각의 임피던스는 L과 C로 이루어진 모종의 조합일 것이다). 이러한 필터는 그림 22-25(a)와 같은 전파 상수(propagation constant)를 가질 수 있으며, 특정 주파수 구간에만 몰려 있는 고주파 전화선 내의 수많은 음성 채널(voice channels)을 따로 분리해 내거나, 라디오 방송국에서 송출한 변조된 반송파(modulated carrier)를 선택적으로 추출하는 데 사용된다.

제1권 25장에서 우리는 통상적인 공진 곡선의 선택도(selectivity)를 이용하여 이와 같은 필터 효과를 낼 수 있음을 확인한 바 있다[비교를 위해 그림 22-25(b)에 따로 그려 놓았다]. 그러나 이와 같은 공진 필터(resonant filter)는 경우에 따라 대역 필터만큼 좋은 효과를 내지 못할 수도 있다. 주파수가 ω_c인 반송파를 '신호 주파수' ω_s로 변조시켰을 때, 결과적으로 나타나는 파형에는 반송 주파수 성분뿐만 아니라 두 개의 측파대 주파수(side-band frequency) 성분인 $\omega_c+\omega_s$와 $\omega_c-\omega_s$도 섞여 있다(제1권 48장 참조). 공진 필터를 사용하면 $\omega_c\pm\omega_s$의 측파대는 항상 어느 정도의 감쇠를 겪게 되며(그림에서 보다시피 신호 주파수 ω_s가 높을수록 더 많이 감쇠된다), 그 결과 '주파수 응답(frequency response)' 특성이 나빠진다. 높은 음색이 잘 통과되지 않는 것이다. 그러나 대역 필터의 폭 $\omega_2-\omega_1$을 최대 신호 주파수보다 최소한 두 배 이상 크도록 설계해 주면 원하는 신호 영역에 대해서 주파수 응답을 균일하게 만들 수 있다.

사다리형 필터와 관련하여 한 가지 더 언급할 것이 있다. 그림 22-20의 $L-C$ 사다리 회로망은 전송 선로의 근사적인 표현이라는 점이다. 동축 케이블이나 지표면 위에 늘어진 도선처럼 서로 평행하게 달리는 두 개의 긴 도체 사이에는 어느 정도의 축전용량이 있을 것이고, 이들 사이의 자기장에 의한 인덕턴스도 존재할 것이다. 이 기다란 선로를 작은 길이 Δl 단위로 나누어 생각해 보면, 각각의 작은 조각은 직렬 인덕턴스 ΔL과 병렬 축전기 ΔC로 구성된 $L-C$ 사다리의 한 섹션과 비슷하게 보일 것이다. 그러므로 사다리형 필터에서 얻은 결과를 이용하면 전송 선로의 특성을 분석할 수 있다. Δl이 0으로 가는 극한을 취하면, 전송 선로의 실제 상황과 거의 같아진다. Δl이 점점 작아지면 ΔL과 ΔC도 같이 작아지지만 줄어드는 비율이 같기 때문에 $\Delta L/\Delta C$는 일정한 값을 유지하게 된다. 그러므로 식 (22.28)에서 ΔL과 ΔC가 0으로 가는 극한을 취하면, 특성 임피던스 z_0는 순수한 저항이 되며, 크기는 $\sqrt{\Delta L/\Delta C}$가 된다. $\Delta L/\Delta C$를 L_0/C_0로 쓰면(L_0와 C_0는 선로의 단위 길이당 인덕턴스와 축전용량을 의미한다) 다음과 같은 결과가 얻어진다.

$$z_0=\sqrt{\frac{L_0}{C_0}} \tag{22.33}$$

ΔL과 ΔC가 0으로 가면 차단 주파수 $\omega_0=\sqrt{4/LC}$는 무한대가 된다. 즉, 이상적인 전송 선로에는 차단 주파수라는 것이 존재하지 않는다.

22-8 그 밖의 회로 소자들

지금까지 우리는 이상적인 회로 임피던스(인덕턴스, 축전기, 저항)와 이상적인 전원만을 정의했다. 사실, 그 이상은 따로 정의할 필요가 없다. 상호 인덕턴스(mutual inductance)와 트랜지스터(transistor), 진공관(vacuum tube) 등과 같은 기타 회로 소자들은 이상적인 기본 소자들의 조합으로 나타낼 수 있기 때문이다. 지금부터 이 사실을 증명해 보자. 그림 22-26(a)와 같이 두 개의 코일이 있을 때, 어떤 이유에서든 한쪽 코일에서 흘러나온 자기 플럭스가 다른 쪽 코일을 관통한다고 가정해 보자. 그러면 두 개의 코일 사이에는 상호 인덕턴스 M이 존재하게 되어, 한쪽 코일에 흐르는 전류의 세기가 변하면 다른 코일에 전압이 유도될 것이다. 이런 효과를 등가 회로로 어떻게 표현할 수 있을까? 방법은 다음과 같다. 상호작용하는 두 개의 코일 각각에 유도되는 emf는 다음과 같이 두 부분의 합으로 표현될 수 있다.

$$\begin{aligned} \mathcal{E}_1 &= -L_1\frac{dI_1}{dt} \pm M\frac{dI_2}{dt} \\ \mathcal{E}_2 &= -L_2\frac{dI_2}{dt} \pm M\frac{dI_1}{dt} \end{aligned} \tag{22.34}$$

첫 번째 항은 코일의 자체 인덕턴스에 의한 것이고, 두 번째 항은 상대편 코일에 의한 상호 인덕턴스로부터 유도된 emf이다. 플럭스가 상대편 코일을 관통하는 방향에 따라 두 번째 항의 부호는 플러스가 될 수도 있고 마이너스가 될 수도 있다. 이상적인 인덕턴스를 묘사할 때 사용했던 근사를 취하면, 개별 코일 양단의 퍼텐셜 차이는 해당 코일의 기전력과 같다고 볼 수 있다. 그러면 위의 두 식은 그림 22-26(b)의 회로에서 얻어지는 방정식과 같아진다. 단, 이때 각 회로에서의 기전력은 맞은편 회로에 흐르는 전류와 다음의 관계를 만족해야 한다.

$$\mathcal{E}_1 = \pm i\omega MI_2, \qquad \mathcal{E}_2 = \pm i\omega MI_1 \tag{22.35}$$

다시 말해서, 자체 인덕턴스의 효과는 정상적인 방법으로 표현되지만, 상호 인덕턴스 효과는 이상적인 보조 전원으로 대치시켜서 표현될 수 있다는 것이다. 물론, 추가적으로 회로의 다른 부분에 흐르는 전류와 emf 사이를 연결하는 식이 반드시 있어야 한다. 이 관계식이 선형적이라면, 전체적으로는 원래의 회로 방정식에 몇 개의 관계식이 추가된 정도에 불과하다. 이렇게 해 주면, 등가 회로와 관련된 지금까지의 모든 결과들을 그대로 써먹을 수 있다.

상호 인덕턴스뿐만 아니라 상호 축전기(mutual capacitance)도 있을 수 있다. 지금까지 콘덴서에 대해 이야기할 때는 항상 두 개의 전극이 있는 경우만을 고려해 왔지만, 실제로는 진공관과 같이 여러 개의 전극이 가까이 모여 있는 경우도 종종 있다. 이 전극들 중 하나에 전하를 대전시키면 전하에 의한 전기장 때문에 다른 전극에도 전하가 유도될 것이고, 따라서 각자의 퍼텐셜에도 영향을 줄 것이다. 예를 들어, 네 개의 금속판이 그림 22-27(a)와 같이 배치된 경우를 생각해 보자. 네 개의 판은 A, B, C, D로 표시된 네 개의 도선을 통해 외부 회로에 연결되어 있다. 정전기적인 영향만을 고려한다면, 이러한 전극 배치에 대응되는 등가 회로는 그림 22-27(b)와 같이 나타낼 수 있다. 임의의 두 전극 사이의 정전기적 상호작용은 두 전극 사이의 축전용량에 상당하는 것이다.

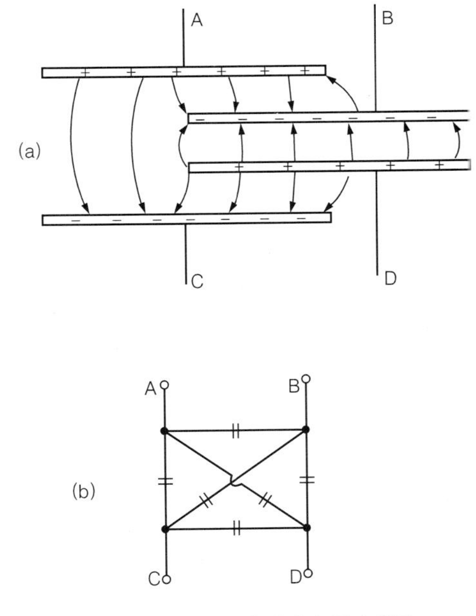

그림 22-27 상호 축전기의 등가 회로

마지막으로, 교류 회로에서 흔히 볼 수 있는 트랜지스터(transistor)나 라디오용 진공관(radio tube)과 같은 복잡한 소자는 어떻게 나타내는 것이 좋을지 생각해 보자. 우선 한 가지 지적해 둘 사항이 있는데, 이러한 소자들은 종종 전류와 전압 사이의 관계가 비선형적이라는 것이다. 이런 경우에는 방정식의 선형성에 근거하여 유도했던 결과들을 더 이상 적용할 수 없다. 그러나 실제로 사용되는 트랜지스터와 진공관은 거의 선형적인 특성을 갖고 있으므로, 일종의 선형 소자로 간주해도 크게 틀리지 않는다. 예를 들어, 진공관의 플레이트(plate)에 흐르는 교류 전류는 나머지 전극들에 나타나는 전압, 즉 그리드(grid) 전압과 플레이트 전압에 선형적으로 비례한다. 이런 식으로 선형적 관계가 성립된다면, 그 디바이스는 등가 회로로 표현될 수 있다.

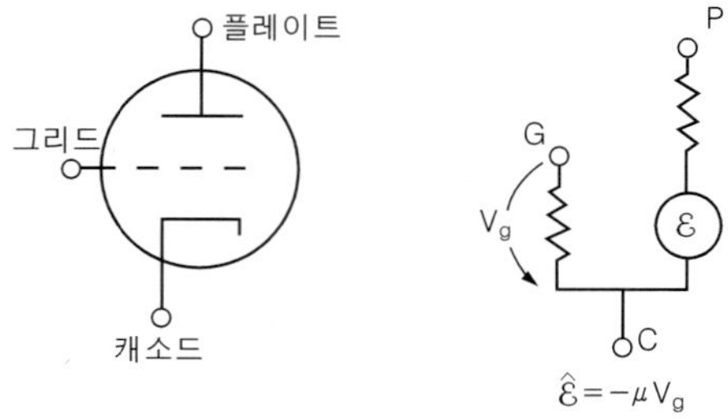

그림 22-28 삼극 진공관의 저주파 등가 회로

상호 인덕턴스의 경우와 마찬가지로, 디바이스 한 부분의 전류나 전압이 다른 부분의 전류와 전압에 미치는 영향을 기술해 주는 보조 전원들도 우리의 표현에 포함되어야 한다. 예를 들어, 삼극 진공관(triode)의 플레이트 회로는 보통 저항과 그리드 전압에 비례하는 출력을 가진 이상적인 전원이 직렬연결된 것으로 표현된다. 이에 대한 등가 회로는 그림 22-28과 같다.* 이와 비슷한 방식으로, 트랜지스터의 컬렉터 회로(collector circuit)도 저항과 이상적인 전원(전원의 세기는 트랜지스터의 에미터(emitter)에서 베이스(base)로 흐르는 전류에 비례한다)이 직렬연결된 것으로 손쉽게 표현된다. 이 경우의 등가 회로는 그림 22-29와 같다. 소자의 동작을 기술하는 방정식이 선형적이라면 진공관이나 트랜지스터를 표현할 때 이와 같은 등가 회로를 사용할 수 있다. 이런 경우에는 회로 소자들이 복잡한 회로망 속에 얽혀 있다 해도 등가 회로에 관하여 우리가 얻었던 일반적 결론들은 그대로 성립한다.

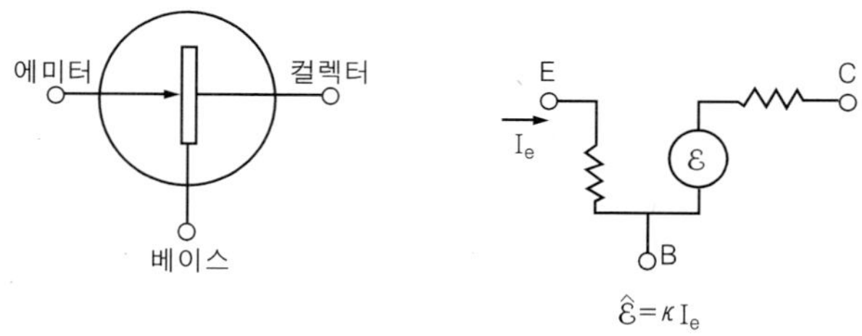

그림 22-29 트랜지스터의 저주파 등가 회로

단순한 임피던스들만으로 구성된 회로와는 달리, 트랜지스터나 진공관 회로는 놀랍게도 유효 임피던스 z_{eff}의 실수부가 0보다 작아질 수 있다. 앞에서 살펴본 대로 z의 실수부는 에너지 손실을 나타낸다. 그런데 진공관이나 트랜지스터의 중요한 특성 중 하나는 이들이 회로에 에너지를 '공급하는' 역할을 한다는 것이다(물론 이들이 '공짜로' 에너지를 만들어 내는 것은 아니다. 직류 회로로 구성된 전원 공급기로부터 에너지를 취하여 교류 에너지로 전환해 주는 것이다). 따라서 음의 저항 값을 가진 회로도 가능하다는 이야기다. 저항이 마이너스인 임피

* 이 등가 회로는 저주파 영역에서만 통용된다. 고주파 영역으로 가면 등가 회로는 훨씬 더 복잡해지며, 이른바 '기생(parasitic)' 축전기와 기생 임피던스 등 잡다한 사항들을 고려해 주어야 한다.

던스를 실수부가 양인(즉, 양의 저항을 가진) 임피던스에 연결시켜서 두 임피던스의 실수부의 합이 정확하게 0이 되도록 만들어 주면, 합성 회로에서는 에너지 손실이 발생하지 않을 것이다. 에너지 손실이 없으면 한 번 시작된 교류 전압은 영원히 지속된다. 바로 이것이 임의의 주파수에서 교류 전압을 발생시키는 발진기(oscillator)나 신호 발생기(signal generator)의 작동 원리이다.

CHAPTER 23

공동 공진기(Cavity resonator)

23-1 실제의 회로 소자들
23-2 고주파 영역에서의 축전기
23-3 공진 공동
23-4 공동 모드
23-5 공동과 공진 회로

복습 과제 :

제1권 23장 〈공명〉

제1권 49장 〈진동 모드〉

23-1 실제의 회로 소자들

임의의 한 쌍의 단자에서 바라보았을 때, 주어진 임의의 주파수에서 이상적인 임피던스와 전원들로 구성된 임의의 회로는 하나의 전원 $\mathcal{E}$에 하나의 임피던스 z가 직렬로 연결되어 있는 등가 회로로 나타낼 수 있다. 대부분의 회로들이 이렇게 단순화될 수 있는 이유는 단자 양단에 걸려 있는 전압 V와 회로 방정식을 모두 풀어서 구한 전류 I가 선형적인 관계에 있기 때문이다. 방정식 자체가 모두 선형이므로, I와 V는 선형적인 관계일 수밖에 없다. 가장 일반적인 선형 관계식은 다음과 같은 형태로 쓸 수 있다.

$$I = \frac{1}{z}(V - \mathcal{E}) \tag{23.1}$$

일반적으로 z와 $\mathcal{E}$는 주파수 ω의 함수이다. 어쨌거나, 식 (23.1)은 두 단자의 배후에 하나의 전원 $\mathcal{E}(\omega)$와 하나의 임피던스 $z(\omega)$가 직렬로 연결되어 있을 때 얻어지는 관계식이다.

물론, 이와 정반대의 질문도 제기될 수 있다. 어떤 전자기기의 양단에서 전압과 전류 사이의 관계를 '측정하여' $\mathcal{E}$와 z를 주파수 ω의 함수로 구했다고 하자. 이때 내부 임피던스 z와 등가인 이상적인 소자의 조합을 찾을 수 있을까? **답** : $z(\omega)$가 어떤 형태의 함수이건 간에, 물리적인 의미를 갖고 있기만 하다면 유한한 개수의 이상적인 소자들을 조합하여 원하는 만큼 정확하게 '근사'할 수 있다. 여기서는 몇 가지 특수한 경우를 선정하여 어떤 식의 근사가 가능한지 알아보기로 한다.

실제의 저항 소자에 흐르는 전류는 자기장을 발생시키므로, 모든 저항은 약간의 인덕턴스를 갖고 있다. 또한 저항의 양단에 전기 퍼텐셜 차이가 있으면 저항 양단에는 그에 상응하는 전기장을 발생시키는 전하가 분포되어 있을 것이다. 그런데 저항 양단의 전압이 변하면 이 전하량도 그에 따라서 변할 것이므로, 실제의 저항은 약간의 축전용량도 갖고 있다. 따라서 '실제의' 저항은 그림 23-1과 같은 등가 회로로 표현될 수 있다. 그러나 잘 만들어진 저항 소자는 소위 '기생 소자(parasitic element)'라 불리는 L과 C의 크기가 작기 때문에 의도된 동작 주파수에서 ωL은 R보다 훨씬 작고, $1/\omega C$는 R보다 훨씬 크다. 이런 경우에는 기생 소자에 의한 효과를 무시할 수 있다. 그러나 주파수를 높여 가다 보면 기생

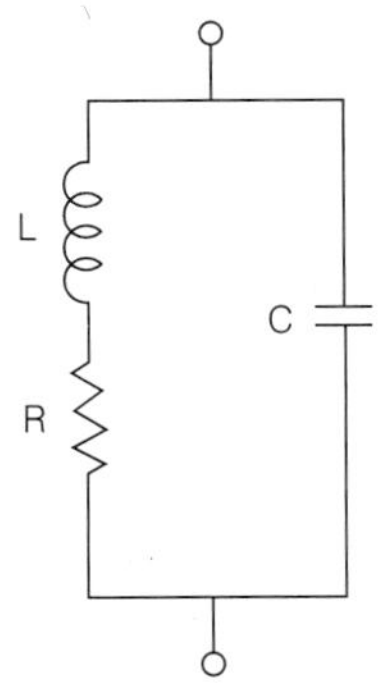

그림 23-1 실제 저항의 등가 회로

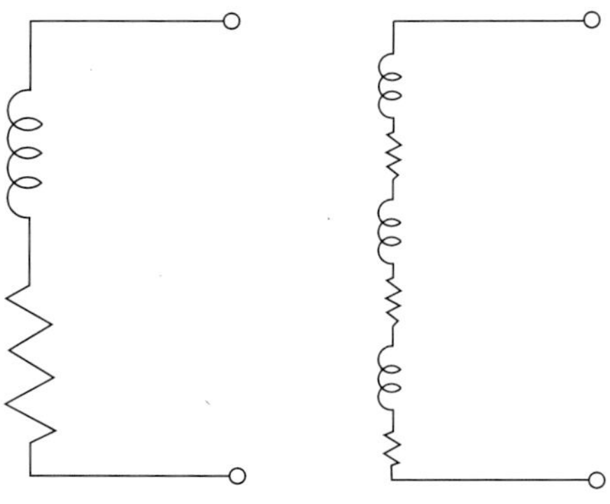
(a) (b)

그림 23-2 저주파 영역에서 실제 인덕턴스의 등가 회로

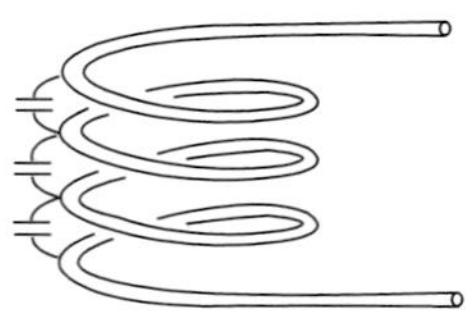
(a)

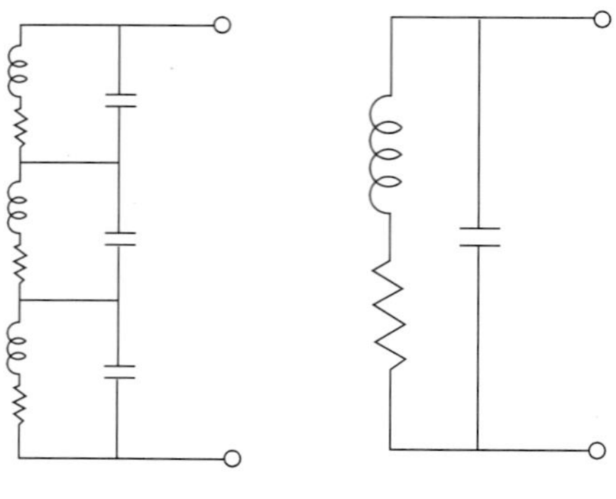
(b) (c)

그림 23-3 고주파 영역에서 실제 인덕턴스의 등가 회로

소자들의 효과를 무시할 수 없게 되어, 저항은 공진 회로(resonant circuit, '동조 회로'라고도 함)처럼 작동하기 시작한다.

실제의 인덕턴스도 임피던스가 $i\omega L$인 이상적인 인덕턴스와 분명한 차이가 있다. 도선으로 만들어진 실제의 코일에는 약간의 저항이 있기 때문에, 저주파 영역에서 실제의 코일은 그림 23-2(a)와 같이 인덕턴스와 저항이 직렬로 연결된 회로로 간주할 수 있다. 여러분들 중에는 이렇게 생각하는 사람도 있을 것이다. "저항은 도선 전체에 걸쳐 퍼져 있으니까, 실제의 코일에서는 인덕턴스와 저항이 여러 개 섞여 있는 거 아닌가? 그러면 인덕턴스는 그림 23-2(b)처럼 여러 개의 소형 R과 L이 직렬로 연결되어 있는 회로로 생각해야 하지 않을까?" 맞는 말이긴 하지만 굳이 그럴 필요는 없다. 그림 23-2(b)의 총 임피던스는 $\sum R+\sum i\omega L$이므로, 결국에는 그림 23-2(a)의 회로와 같아지기 때문이다.

실제 코일의 경우에 주파수를 점차 높여 가면, 도선에 쌓이는 전하의 효과가 커지기 때문에 더 이상 코일을 인덕턴스와 저항으로 생각할 수 없게 된다. 이것은 그림 23-3(a)처럼 작은 축전기들이 코일 사이사이에 연결되어 있는 상황과 비슷하다. 이런 경우에 실제의 코일은 그림 23-3(b)로 근사할 수 있으며, 낮은 주파수에서는 그림 23-3(c)와 같이 좀 더 단순한 회로로 대치시킬 수 있다(이 회로는 방금 전에 살펴보았던 실제 저항의 고주파 모형에 대한 공진 회로와 동일하다). 사실, 실제 코일의 임피던스를 인위적인 모형으로 정확하게 표현하려면 이상적인 소자들을 상당수 도입해야 한다.

실제의 코일에서 일어나는 일들을 좀 더 자세히 살펴보자. 인덕턴스의 임피던스는 ωL의 형태이므로, 저주파에서는 임피던스가 0에 가까워진다[이것은 일종의 '쇼트 회로(short circuit, 누전 회로)'이다]. 이런 경우에 관측되는 것이라곤 코일의 저항뿐이다. 그러나 높은 주파수에서는 ωL이 R을 압도할 정도로 크기 때문에, 코일 자체는 이상적인 인덕턴스와 매우 비슷해진다. 그리고 여기서 주파수를 더 높이면 축전용량이 중요한 요소로 작용하게 된다. 축전기의 임피던스는 $1/\omega C$에 비례하므로, ω가 작으면 임피던스는 커진다. 그러므로 충분히 낮은 주파수에서 병렬로 연결된 축전기는 '끊어진 회로(open circuit)'가 되고, 이런 경우에 다른 소자들과 병렬로 연결되어 있으면 축전기에는 전류가 흐르지 않는다. 그러나 고주파 영역에서는 코일이 감긴 사이사이에 있는 축전기로 흐르는 전류가 인덕턴스에 흐르는 전류보다 많아진다. emf를 저지하는 코일을 따라 애써 빙빙 돌아가며 흐르는 것보다, 코일 사이사이의 축전기를 통해 계단식으로 흐르는 편이 수월하기 때문이다. 회로를 설계한 사람은 전류가 코일을 따라 흘러주기를 바랐다 해도, 전류는 좀 더 쉬운 경로(임피던스가 최소인 경로)를 따라 흐르는 것이다.

이 현상이 많은 사람들의 관심을 끌었다면, '고주파 장벽(high-frequency barrier)'과 같은 그럴듯한 이름으로 불렸을지도 모른다. 이와 비슷한 현상은 전기뿐만 아니라 거의 모든 분야에서 다양한 형태로 나타난다. 예를 들어 항공역학(aerodynamics)에서, 저속으로 비행하도록 설계된 비행기를 초음속으로 비행시키려고 시도하면 뜻하지 않은 효과들이 발생하여 거의 대부분 실패한다. 그렇다고 여기에 어떤 '장벽'이 있는 것은 아니다. 그저 기체를 새로 설계해야 한다는 것을 의미할 뿐이다. 우리가 '인덕턴스'로 설계한 코일은 높은 주파수 영역에서는 양질의 인덕턴스로 작동하는 것이 아니라 모종의 다른 소자처럼 작동하는 것이다. 고주파 영역에서 제대로 작동하는 인덕턴스를 원한다면 애초부터 설계를 다시 해야 한다.

23-2 고주파 영역에서의 축전기

이상적인 축전기의 특성이 주파수에 따라 어떻게 변하는지 알아보자(기하학적 구조상, 코일보다는 한 쌍의 판이 훨씬 간단하다. 그래서 인덕턴스 대신 축전기를 살펴보자는 것이다). 그림 23-4(a)와 같이 두 개의 평행한 원형 평판으로 구성된 축전기가 한 쌍의 도선을 통해 외부 전원과 연결되어 있다고 가정해 보자. 직류(DC)로 축전기를 대전시키면 한쪽 판에 양전하가 대전되고 다른 쪽 판에는 음전하가 대전되어, 결과적으로 평판 사이에는 균일한 전기장이 형성된다.

이제, 축전기에 DC 대신 저주파 AC 전류를 흐르게 한다(저주파와 고주파의 구분은 뒤에 가면 명확해질 것이다). 예를 들어, 축전기 판에 저주파 전원을 연결시켰다고 가정해 보자. 그러면 전압이 변함에 따라 위쪽 판의 양전하가 빠져나가면서 그 자리를 음전하가 채울 것이다. 이 과정에서 원래의 전기장은 서서히 사라지고 반대 방향의 전기장이 형성된다. 전하가 느린 속도로 오락가락하면 전기장도 이와 비슷하게 변한다. 그리고 그림 23-4(b)와 같이, 매 순간 전기장은 균일한 값을 갖는다. 물론 원판의 가장자리 부근에서는 약간의 불규칙성이 존재하겠지만 지금 당장은 무시하기로 한다. 축전기의 기판 사이에 형성되는 전기장은 다음과 같다.

$$E = E_0 e^{i\omega t} \tag{23.2}$$

여기서 E_0는 상수이다.

그런데 식 (23.2)는 높은 주파수에서도 성립할 것인가? 그렇지 않다. 전기장이

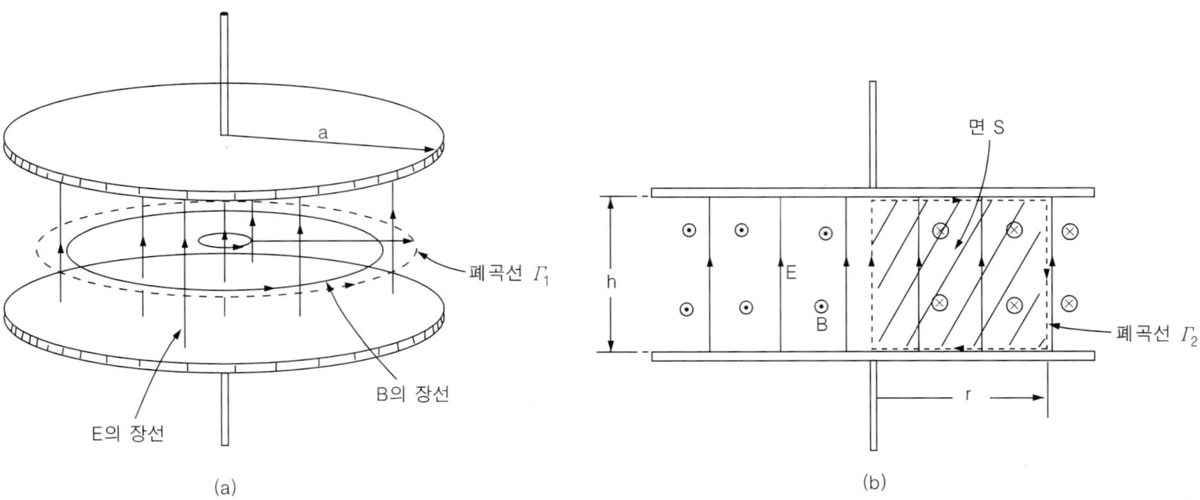

그림 23-4 축전기 판 사이의 전기장과 자기장

위아래로 변하고 있기 때문에, 그림 23-4(a)의 Γ_1과 같은 폐곡선을 통과하는 전기장의 플럭스가 존재한다. 그리고 다들 알다시피, 전기장의 플럭스가 변하면 자기장이 생성된다. 맥스웰 방정식에 의하면, 변하는 전기장이 존재할 때 자기장을 선적분한 값은 0이 아니다. 즉, 폐곡선에 대한 자기장의 선적분에 c^2을 곱한 값은 (전류가 없는 경우에) 폐곡선 내부의 면적을 통과하는 전기 플럭스(electric flux)의 시간 변화율과 같다.

$$c^2 \oint_{\Gamma} \boldsymbol{B} \cdot d\boldsymbol{s} = \frac{\partial}{\partial t} \int_{\Gamma\text{의 내부}} \boldsymbol{E} \cdot \boldsymbol{n}\, da \tag{23.3}$$

그렇다면 자기장의 세기는 얼마나 될까? 그 답은 비교적 쉽게 구할 수 있다. 반경이 r인 가상의 원 Γ_1을 잡아 보자. 기하학적 대칭성을 잘 고려해 주면 자기장이 그림처럼 원형으로 형성된다는 것을 알 수 있다. 이 원에 대한 자기장의 선적분은 $2\pi rB$이다. 그리고 적분 안에 있는 전기장은 균일하기 때문에, 전기장의 플럭스는 E에 원의 면적 πr^2을 곱한 값과 같다.

$$c^2 B \cdot 2\pi r = \frac{\partial}{\partial t} E \cdot \pi r^2 \tag{23.4}$$

지금의 경우, 진동하는 전기장 E를 시간으로 미분한 값은 $i\omega E_0 e^{i\omega t}$이다. 따라서 축전기에는 다음과 같은 자기장이 형성된다.

$$B = \frac{i\omega r}{2c^2} E_0 e^{i\omega t} \tag{23.5}$$

즉, 자기장도 전기장과 마찬가지로 시간에 따라 진동하며, 그 세기는 반경 r에 비례한다.

이로부터 나타나는 현상에는 어떤 것이 있을까? 자기장이 시간에 따라 변하면 전기장이 유도되므로 축전기는 조금씩 인덕턴스처럼 작동하기 시작하고, 진동의 주파수가 높아질수록 자기장의 세기는 점차 강해진다. 자기장의 세기는 E의 변화율에 비례하며, 따라서 ω에 비례한다. 이렇게 되면 축전기의 임피던스를 더 이상 $1/i\omega C$로 나타낼 수 없다.

주파수를 계속해서 높이면 어떤 일이 발생하는지, 좀 더 세밀하게 분석해 보자. 지금 자기장은 앞뒤로 출렁거리고 있다. 그런데 자기장이 변하면 전기장은 애초의 가정과 달리 균일하게 유지될 수 없다! 자기장이 변하면 패러데이의 법칙에 따라 전기장의 선적분이 존재해야 한다. 그러므로 고주파 영역에서 감지될 정도의 자기장이 발생하기 시작하면, 전기장은 원판 중심으로부터 모든 거리에서 같을 수가 없다. 전기장의 선적분이 자기장 플럭스의 시간 변화율과 같아지도록, 전기장은 r에 따라 달라져야 하는 것이다.

이 문제에서 올바른 전기장을 계산할 수 있을까? 물론이다. 원래 저주파에서 가정했던 균일한 전기장에 약간의 '보정'을 가해 주면 된다. 균일한 전기장 $E_0 e^{i\omega t}$을 E_1이라 하고, 우리가 구하고자 하는 전기장을 다음과 같이 써 보자.

$$E = E_1 + E_2$$

여기서 E_2는 변하는 자기장에 의해 보정되는 양을 의미한다. 임의의 ω에 대하여 축전기 중심부의 전기장을 $E_0e^{i\omega t}$이라 하면(이로써 E_0가 정의된다), 원판 중앙에서는 전기장을 보정할 필요가 없어진다. 즉, $r=0$에서 $E_2=0$이다.

E_2는 적분 형태로 표현된 패러데이 법칙으로부터 구할 수 있다.

$$\oint_{\Gamma} \boldsymbol{E}\cdot d\boldsymbol{s} = -\frac{\partial}{\partial t}(B\text{의 플럭스})$$

그림 23-4(b)와 같이 적분 경로 Γ_2를 택하면 위의 적분을 쉽게 계산할 수 있다. 즉, 중심축을 타고 위로 올라가서 위 판을 따라 반경 방향으로 r만큼 간 후, 아래 판으로 수직하게 내려와 다시 중심축으로 돌아오는 폐곡선을 생각하는 것이다. 물론 이 폐곡선에 대한 E_1의 선적분은 0이며, E_2의 선적분은 $-E_2(r)\cdot h$이다. 여기서 h는 양쪽 판 사이의 간격이다(위쪽을 +방향으로 잡은 것임). 이것은 그림 23-4(b)에서 Γ_2 내부의 빗금 친 면적 S를 통과하는 자기 플럭스의 시간 변화율과 같다. 수직하게 서 있는 두께 dr의 판을 통과하는 플럭스는 $B(r)\,h\,dr$이므로, 전체 플럭스는

$$h\int B(r)\,dr$$

이다. 이 플럭스에 시간 미분 $-\partial/\partial t$를 적용한 다음, E_2의 선적분과 같다고 놓으면

$$E_2(r) = \frac{\partial}{\partial t}\int B(r)\,dr \tag{23.6}$$

이 얻어진다. 이 과정에서 h는 상쇄되어 사라졌음을 주목하라. 즉, 전기장은 두 판 사이의 간격과 무관하다는 뜻이다.

식 (23.5)의 $B(r)$을 식 (23.6)에 대입하면

$$E_2(r) = \frac{\partial}{\partial t}\frac{i\omega r^2}{4c^2}E_0e^{i\omega t}$$

이 되고, 시간에 대해 미분하면 상수 $i\omega$가 한 번 더 곱해져서

$$E_2(r) = -\frac{\omega^2 r^2}{4c^2}E_0e^{i\omega t} \tag{23.7}$$

이 된다. 우리의 예상대로, 유도된 전기장은 바깥쪽 전기장을 '줄이는' 쪽으로 작용한다. 보정된 전기장 $E=E_1+E_2$는 다음과 같다.

$$E = E_1 + E_2 = \left(1 - \frac{1}{4}\frac{\omega^2 r^2}{c^2}\right)E_0e^{i\omega t} \tag{23.8}$$

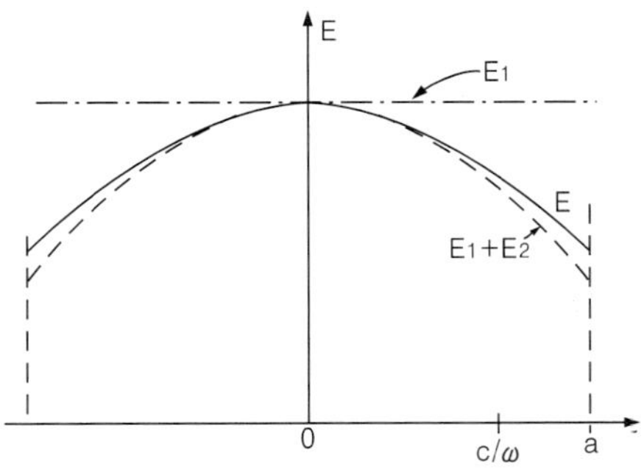

그림 23-5 고주파에서 축전기 판 사이의 전기장(가장자리 효과는 무시함)

그러므로 축전기 내부의 전기장은 더 이상 균일하지 않으며, 그림 23-5의 점선과 같은 포물선 형태를 띠게 된다. 단순하던 축전기가 조금씩 복잡해지고 있다.

이 결과를 이용하면 고주파 영역에서 축전기의 임피던스를 계산할 수 있다. 전기장을 알고 있으면 이로부터 평판에 대전된 전하량을 알 수 있으며, 주파수

ω에 따라 축전기에 흐르는 전류가 변하는 양상도 알 수 있다. 그러나 이 문제는 잠시 제쳐 두고, 지금 당장은 주파수를 더 높였을 때 나타나는 현상을 알아보기로 하자. "잠깐만요. 그 문제는 방금 해결되지 않았나요?"라고 묻고 싶은 사람도 있을 것이다. 안타깝게도, 아직 완전히 해결되지는 않았다. 전기장을 구하긴 했는데, 그 값이 애초에 가정했던 값에서 보정되었기 때문에 이전에 계산한 자기장은 더 이상 옳은 값이 아니기 때문이다. 따라서 식 (23.5)의 자기장은 1차 근사에 불과하다. 이것을 B_1이라 하자.

$$B_1 = \frac{i\omega r}{2c^2} E_0 e^{i\omega t} \tag{23.9}$$

여러분은 이 자기장이 E_1의 변화로부터 발생되었다는 사실을 기억할 것이다. 이제 제대로 된 자기장은 전체 전기장 $E_1 + E_2$로부터 구해야 한다. 올바른 자기장을 $B = B_1 + B_2$라 하면, 두 번째 항은 E_2에 의해 발생한 '추가적 자기장'이 된다. B_1을 구할 때 사용했던 과정을 그대로 밟아 가면 B_2를 구할 수 있다. 곡선 Γ_1에 대한 B_2의 선적분은 Γ_1을 통과하는 E_2의 플럭스 변화율과 같다. 그러므로 식 (23.4)에서 B 대신 B_2를 대입하고, E 대신 E_2를 대입해야 한다.

$$c^2 B_2 \cdot 2\pi r = \frac{\partial}{\partial t}(\Gamma_1\text{을 통과하는 } E_2\text{의 플럭스})$$

E_2는 반경 r의 함수이므로, 이것의 플럭스를 구하려면 Γ_1 내부의 면에 대해 적분을 수행해야 한다. 면적 요소는 $2\pi r\, dr$이므로, 플럭스 적분은

$$\int_0^r E_2(r) \cdot 2\pi r\, dr$$

이 되고, 따라서 $B_2(r)$은 다음과 같이 계산된다.

$$B_2(r) = \frac{1}{rc^2} \frac{\partial}{\partial t} \int E_2(r)\, r\, dr \tag{23.10}$$

식 (23.7)의 $E_2(r)$을 사용하여 $r^3 dr$을 적분하면(물론 답은 $r^4/4$이다), 자기장의 보정 항은 다음과 같이 계산된다.

$$B_2(r) = -\frac{i\omega^3 r^3}{16c^4} E_0 e^{i\omega t} \tag{23.11}$$

이것으로 끝이 아니다! 자기장 B가 애초의 생각과 다르게 나왔다면, 이는 곧 E_2를 잘못 계산했다는 뜻이다. 그러므로 추가된 자기장 B_2에서 비롯되는 전기장 E를 또다시 보정해야 한다. 이 단계에서 보정되는 전기장을 E_3라고 하자. 전기장 E_3와 자기장 B_2의 관계는 E_2와 B_1 사이의 관계와 같으므로, 식 (23.6)의 첨자만 바꾸면 된다.

$$E_3(r) = \frac{\partial}{\partial t} \int B_2(r)\, dr \tag{23.12}$$

식 (23.11)에서 구한 B_2를 위 식에 대입하면, 전기장에 대한 새로운 보정 항을

다음과 같이 구할 수 있다.

$$E_3(r) = +\frac{\omega^4 r^4}{64c^4} E_0 e^{i\omega t} \tag{23.13}$$

두 번 보정된 전기장을 $E = E_1 + E_2 + E_3$라 하면,

$$E = E_0 e^{i\omega t}\left[1 - \frac{1}{2^2}\left(\frac{\omega r}{c}\right)^2 + \frac{1}{2^2 \cdot 4^2}\left(\frac{\omega r}{c}\right)^4\right] \tag{23.14}$$

이 된다. 반경 r에 따라 전기장이 변하는 모습은 더 이상 그림 23-5의 점선과 같은 단순한 포물선이 아니라, 원점으로부터 멀리 떨어진 지점에서 $(E_1 + E_2)$ 곡선보다 약간 큰 값을 취하는 곡선으로 나타난다.

아직도 다 끝난 것이 아니다. 새로운 전기장의 보정은 또다시 새로운 자기장을 낳고, 이 새로운 자기장은 또다시 새로운 전기장을 낳고…… 이런 과정이 끝없이 반복된다. 언뜻 보기엔 문제가 아주 복잡해지는 것 같지만, 계산에 필요한 관계식은 이미 다 구해 놓았다. 식 (23.10)에서 B와 E의 첨자 2를 3으로 바꾸기만 하면 B_3를 구할 수 있다.

전기장에 대한 그다음 보정 항은

$$E_4 = -\frac{1}{2^2 \cdot 4^2 \cdot 6^2}\left(\frac{\omega r}{c}\right)^6 E_0 e^{i\omega t}$$

이다. 이런 식으로 계속 진행하여 완전한 전기장을 구해 보면, 대략 다음과 같은 형태가 된다.

$$E = E_0 e^{i\omega t}\left[1 - \frac{1}{(1!)^2}\left(\frac{\omega r}{2c}\right)^2 + \frac{1}{(2!)^2}\left(\frac{\omega r}{2c}\right)^4 - \frac{1}{(3!)^2}\left(\frac{\omega r}{2c}\right)^6 + \cdots\right] \tag{23.15}$$

이 급수의 패턴을 좀 더 분명하게 나타내기 위해, 각 항의 계수를 앞서 구했던 형태와 비슷하게 표현하였다.

최종적인 결과를 보면, 축전기 판 사이의 전기장은 모든 주파수 영역에서 '변수 $\omega r/c$만으로 이루어진 무한급수'와 $E_0 e^{i\omega t}$의 곱으로 표현된다. 여러분이 원한다면 식 (23.15)의 대괄호 안에 있는 무한급수를 $J_0(x)$라는 특수 함수로 명명할 수도 있다.

$$J_0(x) = 1 - \frac{1}{(1!)^2}\left(\frac{x}{2}\right)^2 + \frac{1}{(2!)^2}\left(\frac{x}{2}\right)^4 - \frac{1}{(3!)^2}\left(\frac{x}{2}\right)^6 + \cdots \tag{23.16}$$

그러면 우리가 구한 해는 변수 $x = \omega r/c$의 함수 $J_0(x)$와 $E_0 e^{i\omega t}$의 곱으로 표현될 수 있다.

$$E = E_0 e^{i\omega t} J_0\left(\frac{\omega r}{c}\right) \tag{23.17}$$

이 함수를 J_0라고 부르는 이유는 원통에서 진동 문제를 다룰 때 나타나는 이런 유형의 함수들을 보통 J_0라 부르기 때문이다(당연한 이야기지만, 이 문제를 최초로 푼 사람은 우리가 아니다!). 이 함수는 원통형 대칭성을 갖는 파동 문제

를 다룰 때 항상 나타나며, 1차원 직선에서 파동이 사인파로 표현되는 것처럼, 원통 대칭형 구조에서 파동은 J_0라는 함수로 표현된다. 실제로 이 중요한 함수는 아주 오래 전에 만들어졌다. 최초 발견자였던 베셀(Bessel)의 이름을 따서 '베셀 함수'라 불리는 이 함수는 J_0뿐만 아니라 J_1, J_2, … 등 무수히 많은 시리즈로 존재한다.

J_1, J_2 등 나머지 베셀 함수들은 원통의 축을 중심으로 각도에 따라 파동의 세기가 변화하는 원통형 파동(cylindrical waves)과 밀접하게 관련되어 있다.

식 (23.17)로 주어진 '완전하게 보정된 원형 축전기 판 사이의 전기장'은 그림 23-5에 실선으로 표현되어 있다. 주파수가 그리 높지 않은 경우에는 위에서 얻은 두 번째 보정 항까지만 고려해도 제법 쓸 만한 근사식이 된다. 물론 세 번째 근사까지 고려해 주면 결과가 좀 더 정확해지는데, 이때의 전기장을 그림 23-5에 그려 보면 실선과 거의 구별이 되지 않을 정도이다. 하지만 주파수나 반경이 아주 큰 경우에는 완전한 급수를 사용해야 정확한 결과를 얻을 수 있다. 이 점은 다음 절에서 논하기로 한다.

23-3 공진 공동(resonant cavity)

위에서 얻은 해를 이용하여, 주파수를 점차 높여 갈 때 축전기 판 사이의 전기장이 어떻게 변하는지 알아보자. 주파수 ω가 높아지면 변수 $x=\omega r/c$도 커지므로, J_0로 표현되는 급수의 처음 몇 항은 빠르게 커진다. 이것은 주파수가 높을수록 그림 23-5의 포물선이 아래쪽으로 더 가파르게 내려간다는 것을 의미한다. 실제로, 매우 높은 주파수(대략 c/ω가 a의 절반 정도 되는 주파수)에서는 전기장이 곧장 0으로 떨어지는 것처럼 보인다. 그렇다면 과연 J_0는 0을 지나서 음으로 곤두박질칠 것인가? 지금부터 따져 보기로 하자. 우선, 시험 삼아 $x=2$인 경우부터 계산해 보자.

$$J_0(2) = 1 - 1 + \frac{1}{4} - \frac{1}{36} = 0.22$$

보다시피 아직 0보다는 크다. 그러면 좀 더 큰 값인 $x=2.5$를 취해 보자.

$$J_0(2.5) = 1 - 1.56 + 0.61 - 0.09 = -0.04$$

$x=2.5$이면 J_0는 이미 0을 지나 음의 값을 갖는다. $x=2.0$과 $x=2.5$일 때의 결과를 비교해 보면, 2.5보다 약 0.1정도 작은 $x=2.4$ 근처에서 J_0가 0이 될 것 같다. 정말로 그런지 확인해 보자.

$$J_0(2.4) = 1 - 1.44 + 0.52 - 0.08 = 0.00$$

보다시피, 소수점 이하 둘째 자리까지 0이다. 좀 더 정확하게 계산해 보면(또는 J_0의 값이 나열되어 있는 함수표를 찾아보면) $x=2.405$에서 0을 지난다는 사실을 알 수 있다. 이미 알려져 있는 베셀 함수표를 참고하면 계산이 좀 더 쉬웠겠지만, 여러분들도 (좀 더 일찍 태어났더라면) 이와 같은 사실을 어렵지 않게 발견할 수 있었을 거라는 점을 보여 주기 위해 직접 손으로 계산한 것이다.

J_0에 관한 표를 참고하여 x값의 증가에 따른 함수의 거동을 살펴보면, 매우 흥미로운 사실을 알 수 있다. $J_0(x)$의 전체적인 형태는 그림 23-6의 그래프와 같다. $J_0(x)$는 $+$와 $-$를 오락가락하면서 진동하는데, x가 증가함에 따라 진폭이 점차 작아진다.

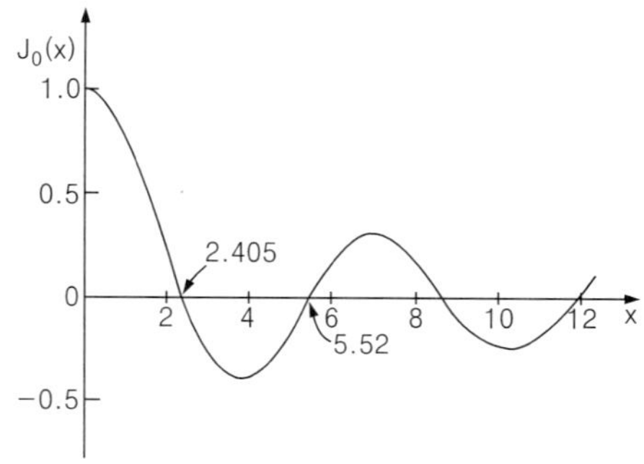

그림 23-6 베셀 함수 $J_0(x)$

여기서 다음과 같은 흥미로운 사실을 알게 된다. 주파수가 충분히 커지면 축전기 중앙에 형성되는 전기장과 가장자리 근처에 형성되는 전기장이 서로 반대 방향을 가리킨다는 것이다. 예를 들어, 주파수를 충분히 높여 주어 축전기 가장자리에서 $x = \omega a/c = 4$가 되도록 만들면 이 부분은 그림 23-6의 가로축에서 $x = 4$에 대응되는데, 이는 축전기가 $4c/a$의 주파수에서 작동되고 있음을 뜻한다. 축전기 판 가장자리에서는 원래 예상했던 것과 반대 방향으로 비교적 큰 전기장이 걸리게 된다. 이와 같이 고주파 영역에서는 축전기에서 이상한 일이 벌어질 수 있다. 주파수를 아주 높이 올리면 원판의 중심에서 밖으로 나아감에 따라 전기장의 방향이 여러 번 바뀌게 되며, 이 전기장과 결부된 자기장도 존재해야 한다. 그러므로 이런 식의 축전기는 고주파 영역에서 이상적인 축전기의 역할을 할 수 없다. 심지어는 이것이 정말로 축전기인지, 아니면 인덕턴스에 가까운지를 따져 봐야 하는 상황이 발생할 수도 있다. 우리는 지금 원판의 가장자리에서 일어나는 복잡한 효과들을 고려하지 않았다. 실제로는 축전기의 가장자리에서 전자기파가 방출될 것이므로 전자기장은 우리의 계산보다 훨씬 복잡할 것이다. 하지만 일단 지금은 그런 효과들을 생각하지 말기로 하자.

이 축전기에 대한 등가 회로를 구성해 볼 수도 있겠지만, 저주파 영역에서 설계된 축전기가 고주파 영역에서는 더 이상 제대로 작동하지 않는다는 사실을 인정하는 편이 나을지도 모르겠다. 고주파 영역에서 회로 소자의 특성을 제대로 파악하려면, 그동안 회로를 다루면서 사용해 왔던 맥스웰 방정식의 근사법을 포기하고 완전한 형태의 맥스웰 방정식을 사용해야 한다. 이상화된 소자가 아닌 있는 그대로의 도체를 다루어야 하며, 그들 사이의 공간에 존재하는 모든 전자기장을 함께 고려해야 하는 것이다. 예를 들어 코일과 평행판 축전기만을 사용하여 고주파 영역에서 작동하는 공진 회로를 만든다면 제대로 작동하지 않을 것이다.

지금 우리가 분석하고 있는 평행판 축전기는 축전기 고유의 성질과 인덕턴스의 성질을 모두 갖고 있다. 평판의 표면에는 전기장과 함께 전하가 존재하고, 자기장과 더불어 역기전력(back emf)이 발생한다. 그렇다면 지금까지 다뤄 온 평행판 축전기는 혹시 공진 회로가 아닐까? 그렇다. 전기장이 0으로 떨어지는 지점이 원판의 내부에 들어오도록 주파수를 잘 선택해 보자. $\omega a/c$를 2.405보다 크게 잡으면 된다. 여기서 전기장이 0이 되는 지점들은 원판과 동심원을 이룰 것이다. 이제 축전기 판 사이의 간격에 딱 맞는 얇은 금속띠를 준비하여, 원판 내부에서 전기장이 0이 되는 지점을 따라 금속띠를 원통 모양으로 구부려서 축전기를 밀폐시켰다고 가정해 보자. 금속띠가 놓인 곳에서 전기장은 0이므로, 원통 모양의 금속띠에는 전류가 흐르지 않을 것이다. 따라서 금속띠는 기존에 형성되어 있는 전기장과 자기장에 아무런 영향도 주지 않는다. 즉, 축전기 판의 양단을

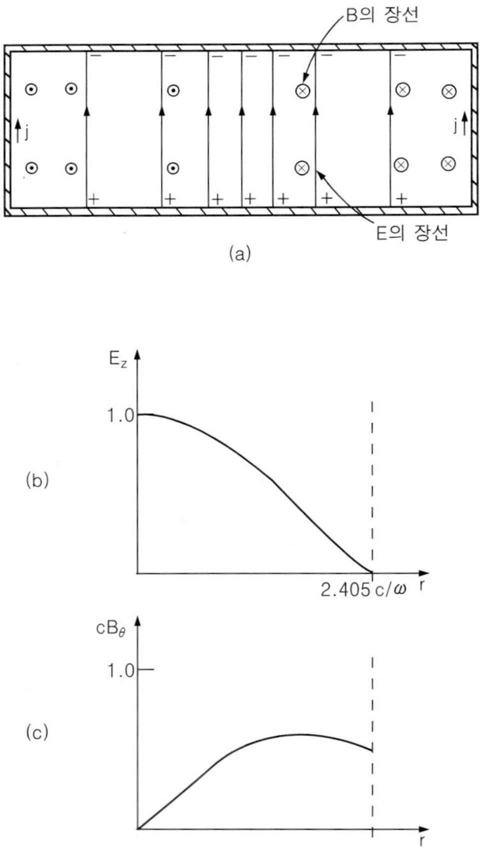

그림 23-7 밀폐된 원통형 깡통 속의 전기장과 자기장

금속판으로 연결시켰는데도 아무런 변화가 없다는 뜻이다. 이 상황을 눈여겨보라. 지금 우리는 '외부와 전혀 연결되어 있지 않은 밀폐된 원통형 깡통의 내부에 전기장과 자기장이 존재하는 상황'을 만들어 냈다. 축전기 판에 연결된 도선과 깡통 바깥쪽으로 튀어나온 가장자리를 잘라 내더라도 내부의 전자기장은 영향을 받지 않으며, 그림 23-7(a)와 같이 내부에 전기장과 자기장이 고립되어 있는 밀폐된 깡통이 남을 것이다. 내부의 전기장은 주파수 ω로 진동하고 있는데, 이 주파수는 깡통의 반경에 의해 결정된다는 점을 기억하기 바란다. 진동하는 전기장 $\boldsymbol{E}$의 진폭을 반경의 함수로 그려 보면 그림 23-7(b)와 같은 그래프가 얻어진다. 이 곡선은 바로 0차 베셀 함수 J_0의 맨 처음 아치 부분에 해당된다. 그리고 축 주위에 원형으로 형성된 자기장도 전기장과 90°의 위상차를 유지한 채 진동하고 있다.

이 자기장도 무한급수의 형태로 표현할 수 있으며, 구체적인 형태는 그림 23-7(c)와 같다.

그런데 외부와 연결도 되지 않은 원통 모양의 깡통 내부에 어떻게 전기장과 자기장이 존재할 수 있을까? **답** : 전기장과 자기장이 서로를 유지시켜 주기 때문이다. 맥스웰 방정식에 의거하여, $\boldsymbol{E}$가 변하면 $\boldsymbol{B}$가 생성되고 변화하는 $\boldsymbol{B}$는 또 다른 $\boldsymbol{E}$를 만들어 낸다. 자기장에는 인덕턴스적인 측면이 있고, 전기장에는 축전기적인 측면이 있기 때문에, 이들의 조화가 일종의 공진 회로처럼 작용하는 것이다. 단, 이와 같은 상황이 발생하려면 깡통의 반경이 정확하게 $2.405c/\omega$이어야 한다. 이 조건이 만족되면 깡통의 내부에서는 전기장과 자기장이 진동하면서 서로를 유지시켜 준다. 즉, 반경이 r인 원통형 금속 깡통은 다음과 같은 주파수에서 '공진'한다.

$$\omega_0 = 2.405\frac{c}{r} \tag{23.18}$$

앞에서 나는 원통이 완전히 밀폐된 후에도 전자기장의 진동이 그대로 계속된다고 말했는데, 엄밀히 따지면 그렇지 않다. 깡통의 벽면이 완전 도체라면 위의 서술이 옳지만, 실제 깡통의 경우에는 물질의 전기 저항 때문에 내측 벽면에서 진동하는 전류로 인해서 에너지가 소실되고, 그 결과 전자기장의 진동이 점차 줄어들게 된다. 그림 23-7을 보면, 공동 내부의 전기장 및 자기장과 관련된 강한 전류가 반드시 있어야 한다는 것을 알 수 있다. 수직 방향의 전기장이 위아래 판에서 갑자기 단절되기 때문에, 그곳에는 굉장히 큰 전기장의 다이버전스가 존재한다. 따라서 그림 23-7(a)와 같이 깡통 내측의 위아래 면에는 음전하와 양전하가 대전되어 있어야 하며, 전기장의 방향이 뒤바뀌면 그에 맞추어 전하도 뒤바뀌어야 한다. 즉, 위아래 판 사이에 교류 전류가 흐르는 것이다. 이 전하들은 그림에서와 같이 깡통의 벽면을 타고 흐를 것이다. 자기장의 변화를 고려해도, 깡통의 벽면을 타고 전류가 흐른다는 사실을 알 수 있다. 그림 23-7(c)의 그래프를 보면, 깡통의 가장자리에서 자기장이 갑자기 0으로 떨어지는데, 이런 식의 급격한 변화는 벽면에 전류가 흘러야만 발생할 수 있다. 이 전류가 바로 깡통의 위아래 판에 대전된 전하의 부호를 교대로 바꾸어 주는 역할을 하는 것이다.

여러분은 이렇게 묻고 싶을 것이다. "깡통의 수직면에 전류가 흐른다면, 앞에서 '전기장이 0인 지점에 수직면을 도입해도 아무런 변화가 일어나지 않는다'는 말은 어떻게 되는 겁니까?" 하지만 잘 기억해 보라. 처음 깡통에 금속 벽을 설치했을 때는 위아래 판이 벽을 너머 바깥 영역까지 확장되어 있었으므로 깡통 바깥에도 자기장이 존재했었다. 수직벽 내의 알짜 전류는 깡통 밖으로 돌출된 축전기 판의 가장자리를 제거했을 때 비로소 발생하는 것이다.

완전히 밀폐된 깡통 내부의 전기장과 자기장은 에너지 손실 때문에 시간이 지남에 따라 점차 소멸되지만, 깡통의 한 부분에 작은 구멍을 뚫어서 감소되는 양만큼 에너지를 보충해 주면 계속해서 진동을 유지시킬 수 있다. 예를 들어, 그림 23-8과 같이 깡통의 벽면에 구멍을 뚫어 가느다란 도선을 내부로 집어넣고 도선의 끝을 작은 고리 모양으로 구부려 깡통의 내면에 부착시켜 보자. 그런 다음 도선을 외부의 고주파 교류 전원에 연결시켜 주면, 전류를 통해 공동 내부의 전기장과 자기장에 에너지가 공급되어 전자기장의 진동이 계속 유지된다. 물론 에너지가 이런 식으로 전달되려면 외부 구동 전원의 주파수와 깡통의 공진 주파수가 일치해야 한다. 외부 전원이 엉뚱한 주파수에서 작동한다면 (공동 내부의) 전기장과 자기장은 공진하지 않을 것이며, 깡통 내부의 전자기장은 매우 약해질 것이다.

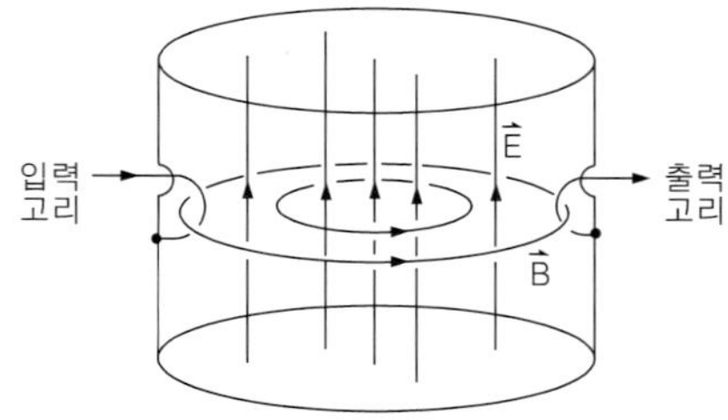

그림 23-8 공진 공동 안팎으로의 입출력

그림 23-8과 같이 깡통 반대쪽에 작은 구멍을 뚫고 이전과 마찬가지로 또 다른 도선을 고리 모양으로 구부려 벽면에 부착해 주면 공진 현상을 쉽게 관찰할 수 있다. 이 고리를 통과하는 (변하는) 자기장은 고리 속에 유도 기전력을 발생시킨다. 이 고리를 외부의 측정 장치에 연결하면 공동 내부의 전자기장의 세기에 비례하는 전류가 검출될 것이다. 이제 그림 23-9와 같이 공동의 입력 고리를 RF 신호 발생기(RF signal generator)에 연결시켰다고 가정해 보자. 신호 발생기에서는 교류 전류가 발생되며 대개 앞부분의 손잡이를 돌려서 교류의 발진 주파수를 변화시킬 수 있게 되어 있다. 그리고 공동의 출력 고리 쪽은 전류 '검출기'에 연결해 보자. 이제 RF 신호 발생기의 주파수를 변화시켜 가며 검출기에 나타나는 전류를 측정하면 그림 23-10과 같은 곡선을 얻게 된다. 공진 주파수 ω_0 부근을 제외한 다른 주파수 영역에서는 출력 전류가 아주 약하게 검출되는 것이다. 이 공진 곡선은 제1권 23장에서 다뤘던 공진 곡선과 비슷하지만, 축전기와 인덕턴스로 이루어진 공진 회로에서 흔히 얻어지는 공진 곡선과 비교할 때 폭이 훨씬 좁게 나타난다. 즉, 공동의 Q값이 아주 크다는 뜻이다. 공동의 내벽을 은(silver)과 같이 매우 좋은 전도체로 만들면 Q는 100,000 또는 그 이상의 값을 갖게 된다.

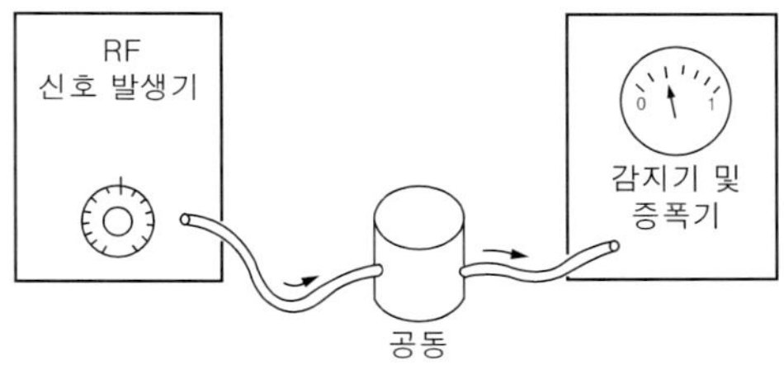

그림 23-9 공동 내부의 공진 현상을 측정하는 장치 구성

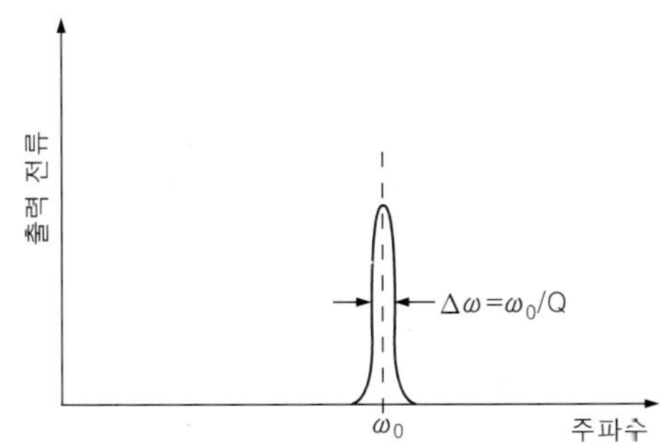

그림 23-10 공진 공동의 주파수 응답 곡선

23-4 공동 모드(cavity mode)

이제 실제 깡통에 대한 측정을 통하여 우리의 이론을 검증해 보자. 여기 직경이 3.0인치고 높이는 대략 2.5인치 정도 되는 깡통에 그림 23-8과 같이 입력 및 출력 고리가 설치되어 있다. 이 깡통에서 예상되는 공진 주파수를 식 (23.18)

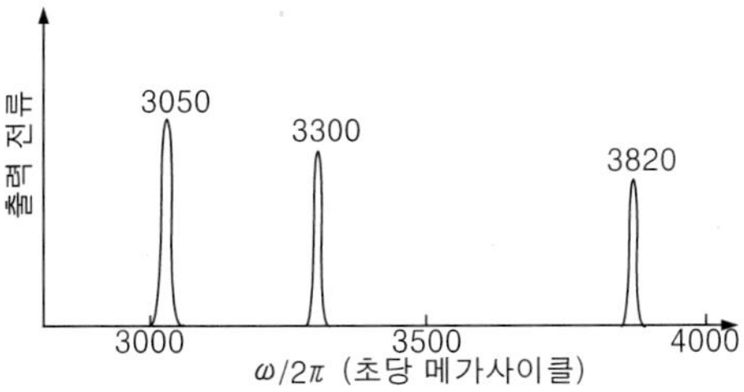

그림 23-11 원통형 공동에서 관측된 공진 주파수

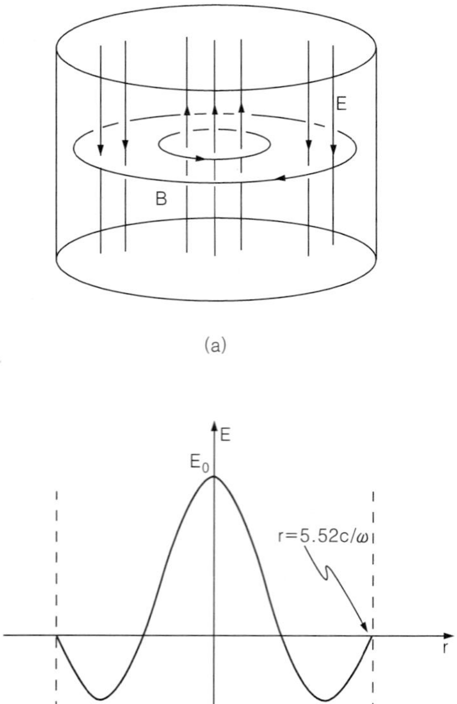

그림 23-12 더 높은 주파수의 모드

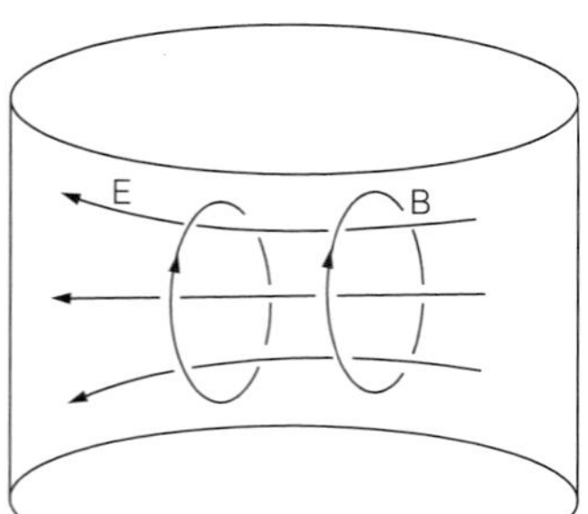

그림 23-13 원통형 공동의 횡단 모드

에 따라 구해 보면, $f_0 = \omega_0/2\pi = 3010$메가사이클(megacycle) 정도이다. 신호 발생기의 주파수를 3000메가사이클 근처로 설정하고 주파수를 세밀하게 조정하여 공진이 일어나는 부분을 찾아보면, 3050메가사이클 정도의 주파수에서 최대 출력 전류가 흐르는 것이 관찰된다. 이는 예상 값과 상당히 비슷한 수치이지만, 정확하게 일치하지는 않는다. 차이가 나는 데는 여러 가지 이유가 있을 수 있다. 결합 고리(coupling loop)를 집어넣기 위해 뚫어 놓은 구멍 때문에 공진 주파수가 바뀌었을지도 모른다고 생각할 수도 있지만, 사실 구멍이 생기면 공진 주파수가 낮아져야 하므로 이는 이유가 될 수 없다. 다른 이유로는 신호 발생기의 주파수 교정(calibration)에 약간의 오차가 있거나, 또는 공동의 직경이 잘못 측정되었을 수도 있다. 어쨌거나, 이론치와 측정치가 상당히 근접한 것만은 사실이다.

그런데 신호 발생기의 주파수가 3000메가사이클보다 높아지면 매우 중요한 현상이 나타난다. 이 결과는 그림 23-11에 나와 있다. 3000메가사이클 근처에서 예상되는 공진 현상 외에도, 3300메가사이클 근처와 3820메가사이클 부근에서도 공진 현상이 일어나는 것이다. 왜 그럴까? 잘하면 그림 23-6에서 그 원인을 찾을 수 있을 것 같다. 지금까지는 깡통의 가장자리에서 베셀 함수의 첫 번째 영점(zero)이 나타난다고 가정해 왔지만, 깡통의 가장자리에 베셀 함수의 두 번째 영점이 존재할 수도 있다. 이런 경우에는 깡통 중심에서 가장자리로 움직이는 동안, 그림 23-12와 같이 한 번의 완전한 진동이 일어나게 된다. 이것은 진동하는 장이 가질 수 있는 또 다른 모드로서, 깡통은 이러한 모드로 공진할 수도 있는 것이다. 그런데 베셀 함수의 두 번째 영점은 $x=5.52$에서 나타난다는 사실을 주목해야 한다. 이 값은 첫 번째 영점의 위치보다 두 배 이상 크기 때문에, 이 모드의 공진 주파수는 6000메가사이클보다 높아야 한다. 따라서 이런 논리로는 3300에서 관찰되는 공진 현상을 설명할 수 없다.

우리는 지금까지 공진 공동의 거동을 분석하면서 전기장 및 자기장의 가능한 기하학적 배열 중 단 한 가지만을 고려해 왔다. 이것이 바로 문제의 근원이다. 우리의 가정에 의하면 전기장은 수직으로 걸려 있고, 자기장은 수평으로 원형을 이루며 형성되어 있다. 그러나 다른 형태의 전자기장도 얼마든지 가능하다. 전자기장이 깡통 안에서 맥스웰 방정식을 만족하고, 전기장이 깡통의 벽과 수직으로 만난다는 조건만 만족하면 된다. 우리는 깡통의 윗면과 아랫면이 평평한 경우를 고려했지만, 깡통의 위아래 면이 구부러져 있다 해도 상황은 크게 달라지지 않는다. 사실, 깡통의 입장에서 보면 윗면이나 아랫면, 그리고 옆면 등을 구별한다는 것 자체가 무의미할 수도 있다. 실제로 깡통 내부의 진동 모드 중에는 그림 23-13과 같이 전기장이 깡통의 지름 방향을 가로지르는 모드도 존재할 수 있다.

이 모드의 고유 주파수는 우리가 고려했던 첫 번째 모드의 주파수와 크게 다르지 않다. 원통형 공동 대신, 각 변이 3인치인 정육면체형 공동을 생각해 보자. 이 공동은 분명히 서로 다른 세 개의 모드를 갖고 있지만, 주파수는 모두 같을 것이다. 즉, 전기장이 상하로 향하는 모드와 전기장이 좌우 방향으로 놓인 모드는 동일한 주파수를 갖는다. 이제 정육면체를 일그러뜨려서 원통으로 변형시키면 각 모드의 주파수들이 다소 변하겠지만, 공동의 치수를 대략 비슷하게 유지한다면 커다란 변화는 일어나지 않을 것이다. 즉, 그림 23-13의 모드 주파수와 그림 23-8의 모드 주파수가 크게 다르지 않다는 것이다. 그림 23-13과 같은 경우의 고유 주파수를 정확하게 계산할 수도 있겠지만, 지금 여기서는 그냥 넘어가기로 한다. 우리가 가정한 치수에 대하여 실제로 계산을 해보면, 3300메가사이클에 매우 근접한 공진 주파수가 얻어진다.

이와 비슷한 계산을 해보면, 3800메가사이클 근처에서 관측된 공진 주파수에도 그에 해당하는 또 다른 모드가 있어야 한다는 것을 알 수 있다. 이 모드에서 전기장 및 자기장의 모습은 그림 23-14와 같다. 그림에서 보다시피 전기장은 굳이 공동을 가로질러 가려고 애쓰지 않고, 옆면에서 나와 위아래 면을 향해 나아간다.

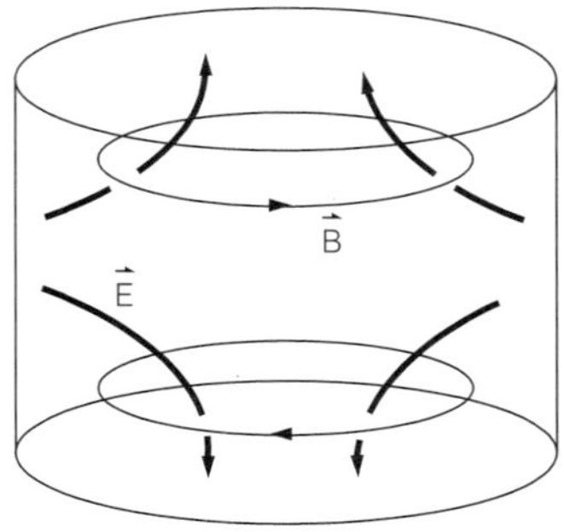

그림 23-14 원통형 공동의 또 다른 모드

이제는 여러분도 "주파수를 높일수록 점점 더 많은 공진들이 발견된다"는 사실을 알 수 있을 것이다. 전기장과 자기장의 복잡한 배열에 따라, 그에 대응하는 공진 주파수를 갖는 수많은 모드들이 존재한다. 이러한 전자기장의 배열을 '공진 모드(resonant mode)'라고 한다. 각 모드의 공진 주파수는 공동 안의 전자기장에 대한 맥스웰 방정식을 풀어서 계산할 수 있다.

특정 주파수에서 공진이 일어날 때, 어떤 모드가 활성화되었는지를 어떻게 알 수 있을까? 한 가지 방법은 작은 구멍을 통해 짧은 도선을 공동 안으로 찔러 넣는 것이다. 만일 전기장이 그림 23-15(a)처럼 도선과 평행하다면 도선에 비교적 큰 전류가 흘러 전자기장으로부터 에너지를 빼앗을 것이고, 따라서 공진 현상은 누그러질 것이다. 그러나 전기장이 그림 23-15(b)와 같이 형성되어 있다면, 도선에 의한 누그러짐 효과는 훨씬 작게 나타날 것이다. 이런 경우에 그림 23-15(c)와 같이 끝이 구부러진 도선을 이용하면 전기장의 방향을 알아낼 수 있다. 도선을 회전시키다 보면, 전기장 $\boldsymbol{E}$와 도선의 끝 부분이 평행할 때 효과가 크게 나타나고, 90°일 때 효과가 작게 나타날 것이다.

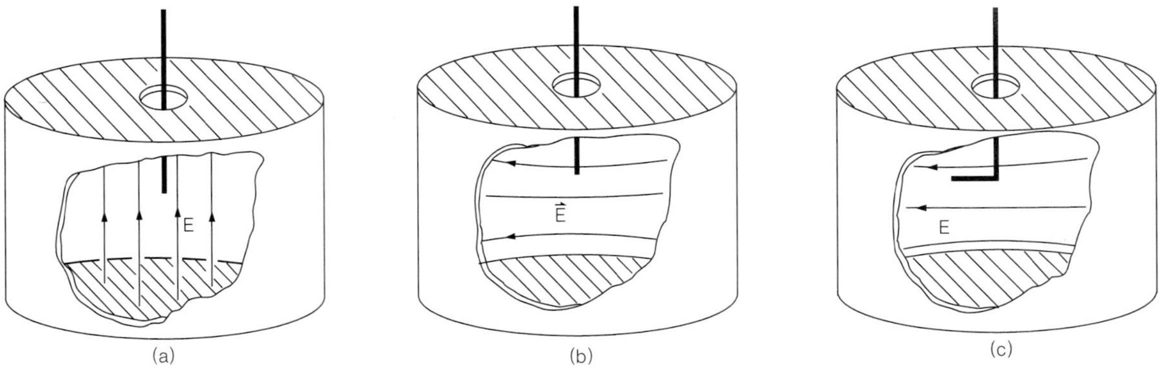

그림 23-15 공진기 내부에 삽입된 짧은 금속 도선은 전기장 $\boldsymbol{E}$와 수직할 때보다 평행할 때 공진을 방해하는 정도가 훨씬 크다.

23-5 공동과 공진 회로

축전기와 인덕턴스로 구성된 평범한 공진 회로와 앞 절에서 설명한 공진 공동은 사뭇 다른 것처럼 보이지만, 이들 두 공진계는 매우 밀접하게 관련되어 있

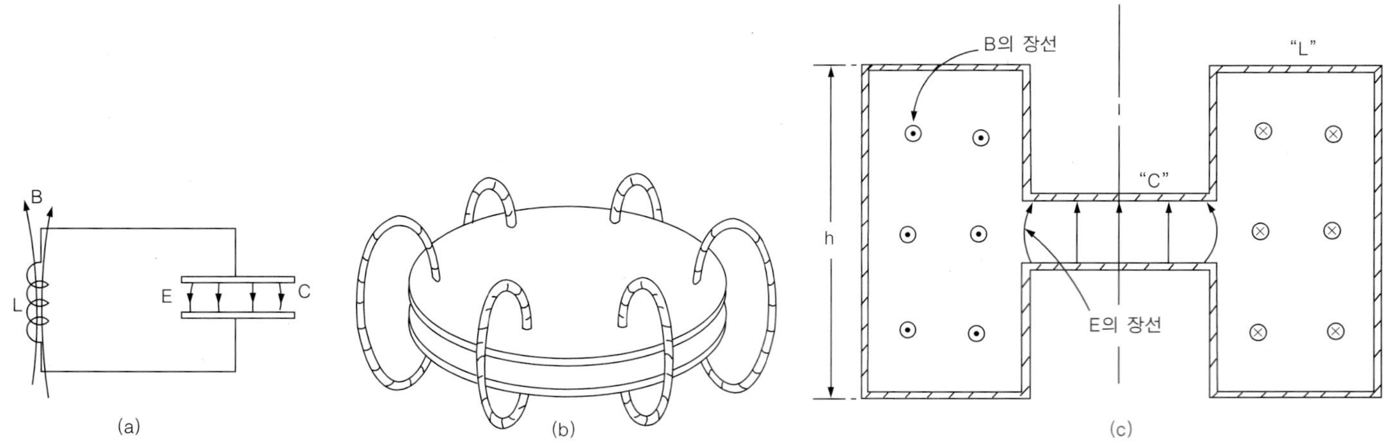

그림 23-16 여러 가지 공진기(오른쪽으로 갈수록 공진 주파수가 높아짐)

다. 이들은 전자기적 공진기의 두 가지 극단적인 경우를 보여 주는 사례이다. 이들 사이에는 수많은 중간 단계의 공진계가 존재한다. 그림 23-16(a)와 같이 축전기와 인덕턴스가 병렬로 연결된 공진 회로를 생각해 보자. 이 회로는 주파수 $\omega_0=1/\sqrt{LC}$에서 공진할 것이다. 공진 주파수를 높이고 싶을 때에는 인덕턴스 L을 낮추면 된다. 인덕턴스를 낮추는 한 가지 방법은 코일의 감긴 횟수를 줄이는 것이다. 하지만 이런 식으로 줄이는 데는 한계가 있다. 코일을 풀다 보면 축전기의 위 판과 아래 판을 연결하는 한 조각의 (고리형) 도선만 남게 되기 때문이다. 이럴 때는 축전용량을 줄임으로써 공진 주파수를 높일 수 있다. 이 밖에, 여러 개의 인덕턴스를 병렬로 연결하여 인덕턴스를 줄여 나가는 방법도 있다. 한 번 감긴 인덕턴스(one-turn inductance) 두 개를 병렬로 연결하면 한 번 감긴 인덕턴스의 반값에 해당되는 합성 인덕턴스가 얻어진다. 따라서 인덕턴스가 한 번 감긴 상태로 줄어든 후에도, 축전기의 위 판과 아래 판을 잇는 단일 고리들을 여러 개 추가하면 공진 주파수를 높일 수 있다. 그림 23-16(b)는 '한 번 감긴 인덕턴스' 여섯 개가 연결된 축전기 판을 보여 주고 있다. 고리 모양의 도선 조각들을 여러 개 붙여 나가다 보면, 결국에는 그림 23-16(c)와 같이 완전히 밀폐된 공진계가 만들어진다[그림 (c)는 원통형 대칭성을 갖는 물체의 단면도이다]. 이제 인덕턴스는 축전기 판의 가장자리에 붙어 있는 (도넛 모양의) 속이 빈 원통형 깡통이며, 전기장과 자기장은 그림과 같은 형태로 형성될 것이다. 물론 이것은 공진 공동이며, '치중된 공동(loaded cavity)'이라고 한다. 그러나 전기장이 밀집된 곳을 축전기 부분이라 생각하고, 자기장이 밀집된 부분을 인덕턴스로 생각하면 이것 역시 L-C 회로로 간주할 수 있다.

그림 23-16(c)에 나와 있는 공진기의 인덕턴스 L을 줄여 나가면 주파수를 더 높일 수 있다. 이를 위해서는 높이 h와 같은 기하학적 스케일을 줄여야 한다. 그런데 h를 계속 줄여 나가다 보면 h가 축전기 판 사이의 간격과 똑같아질 것이고, 이것은 바로 원통형 깡통에 해당된다. 공진 주파수를 키우다 보니, 공진 회로가 점점 변형되어 그림 23-7의 공동 공진기(cavity resonator)가 된 것이다.

그림 23-16에 제시된 원래의 L-C 공진 회로에서는 전기장과 자기장이 분

명하게 분리되어 있다. 이 공진계를 더 높은 주파수에서 공진하도록 서서히 변형시키면 자기장과 전기장이 점차 가까워지면서, 결국은 공동 공진기 내에서 완전히 섞이게 된다.

이 장에서 우리는 원통 모양의 공동 공진기를 주로 다루었지만, 원통이라는 모양에 어떤 특별한 마술이 숨어 있는 것은 아니다. 깡통의 모양을 임의로 변형시켜도, 거기에는 전기장과 자기장의 다양한 진동 모드에 대응하는 공진 주파수들이 존재할 것이다. 예를 들어, 그림 23-17에 제시된 '공동'에는 자신만의 독특한 공진 주파수 세트가 존재한다. 물론 이 경우에는 주파수를 계산하기가 몹시 어려울 것이다.

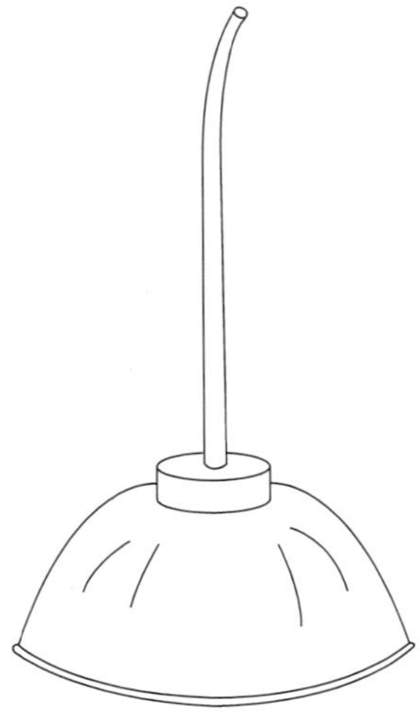

그림 23-17 또 다른 공진기

CHAPTER 24
도파관(Waveguide)

24-1 전송 선로
24-2 직사각형 도파관
24-3 차단 주파수
24-4 인도된 파동의 속도
24-5 인도된 파동의 관측
24-6 도파관 배관
24-7 도파관 모드
24-8 인도된 파동을 바라보는 또 다른 관점

24-1 전송 선로

23장에서는 덩어리 회로 소자들이 고주파 영역에서 작동할 때 나타나는 현상들을 알아보았으며, 후반부에서는 전자기장이 공진하고 있는 공동(cavity)이 공진 회로를 대신할 수 있다는 사실을 확인하였다. 이와 관련하여 우리의 관심을 끄는 또 한 가지 문제는 두 물체 사이에 전자기 에너지가 전달되도록 만드는 것이다. 저주파 회로에서는 물체들 사이를 도선으로 연결하면 되지만, 고주파 영역으로 가면 이 방법이 잘 먹히지 않는다. 고주파 회로에서는 에너지가 사방으로 방사되기 때문에 에너지의 흐름을 제어하기가 어렵다. 도선에서 발생한 전자기장은 사방으로 퍼져 나간다. 이는 곧 "도선으로는 전류와 전압이 잘 인도되지 않는다"는 것을 의미한다. 이 장에서는 고주파 영역에서 물체들을 전기적으로 연결하는 방법에 대하여 알아보고자 한다.

이것을 다른 식으로 표현하면 다음과 같다. 우리는 지금까지 자유 공간에서 파동의 성질에 대하여 알아보았지만, 지금부터는 진동하는 장들이 하나 또는 그 이상의 차원에 갇혀 있는 경우를 살펴보자는 것이다. 특히, 장(field)이 두 개의 차원에 대해서만 갇혀 있고 나머지 세 번째 차원으로 자유롭게 움직일 수 있는 경우에는 흥미롭고 새로운 현상이 나타난다. 이러한 파동을 '인도된 파동'(guided wave, '유도 전파' 또는 줄여서 '도파'라고도 하는데, '유도 전파'라는 용어는 오해의 소지가 있어서 여기서는 영문 용어의 원뜻에 가깝게 '인도된 파동'으로 번역하였다 : 옮긴이)이라고 한다.

우선 '전송 선로(transmission line)'에 관한 일반 이론을 살펴보기로 하자. 송전탑과 송전탑 사이에 드리워져 있는 보통의 전력 전송 선로에서는 전력의 일부가 누출되고 있지만, 전력 주파수(50~60사이클/초)가 매우 낮기 때문에 전력 손실이 심각한 정도는 아니다. 전송 선로를 금속 파이프로 둘러싸면 누출을 막을 수 있는데, 전력 선로의 경우에는 이 방법도 별로 실용적이지 않다. 송전선에 적합한 파이프는 덩치가 매우 크고 비용이 많이 들며 무겁기 때문이다. 그래서 일반적으로는 '개방형 선로(open line)'가 사용된다.

좀 더 높은 주파수 영역(수 킬로사이클 정도)에서는 방사에 의한 전력 누출이 심각하게 나타날 수 있는데, 단거리 전화 연결에 사용되는 '쌍으로 꼬인(twisted-pair, 연-이선식)' 전송 선로를 이용하면 누출되는 양을 줄일 수 있다.

그러나 더 높은 주파수 영역으로 가면 전력 손실이 너무 크고, 방사된 에너지가 다른 회로로 흘러들어 갈 수도 있기 때문에 방사 현상을 더 이상 극복할 수 없게 된다. 수 킬로사이클에서 수백 메가사이클에 이르는 주파수 영역에서, 전자기 신호와 전력은 대체로 원통형 '외부 도체(outer conductor)', 즉 실드(shield) 속에 도선이 들어 있는 '동축 선로(coaxial line)'를 통해 전달된다. 앞으로 전개할 논리는 평행한 두 도체로 이루어진 임의의 전송 선로에 일반적으로 적용되지만, 강의의 내용은 동축 선로에 한정 짓기로 한다.

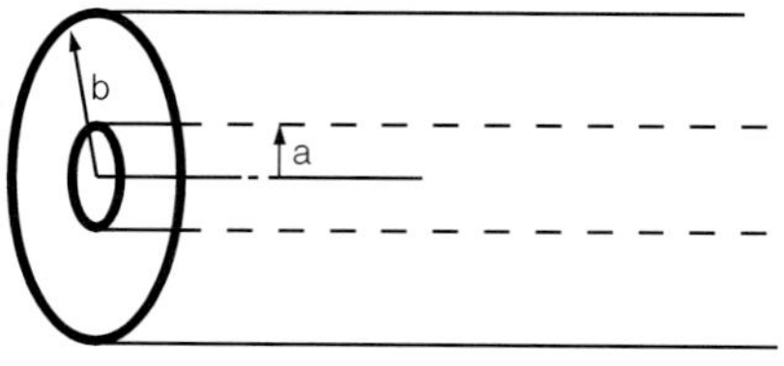

그림 24-1 동축 전송 선로

가장 단순한 형태의 동축 선로를 생각해 보자. 동축 선로는 그림 24-1과 같이 속이 빈 얇은 원통형 도체를 또 하나의 원통형 도체가 둘러싸고 있는 형태로 되어 있다. 일단은 저주파 영역에서 이 선로의 특성을 대략적으로 알아보자. 23장에서 두 도체의 단위 길이당 인덕턴스나 단위 길이당 축전용량을 언급했으므로, 저주파 영역에서의 특성 중 일부는 이미 설명된 셈이다. 임의의 전송 선로의 저주파 특성은 단위 길이당 인덕턴스 L_0와 단위 길이당 축전용량 C_0를 통해 설명될 수 있으므로, 전송 선로는 L-C 필터의 극단적인 경우로 취급할 수 있다(22장 6절 참조). 전송 선로를 모사하는 필터는 작은 직렬 소자 $L_0\,\Delta x$와 작은 병렬 축전용량 $C_0\,\Delta x$를 이용하여 만들 수 있다. 여기서 Δx는 전송 선로의 길이 요소이다. 무한 필터에서 얻은 결과로 미루어 볼 때, 전송 선로를 따라 전기 신호가 전달된다는 것을 짐작할 수 있다. 여기서는 주로 미분 방정식의 관점에서 전송 선로를 분석할 것이다.

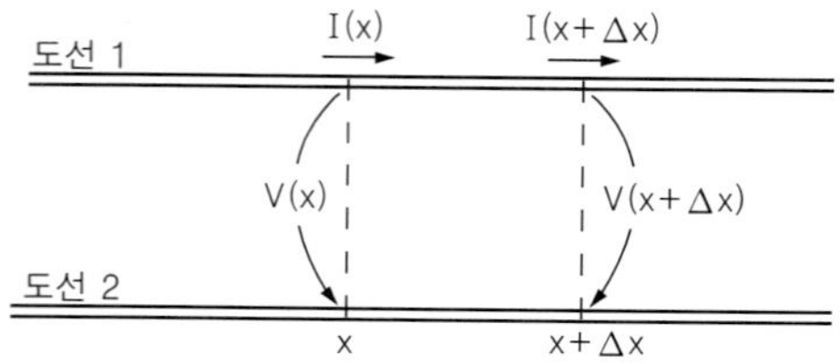

그림 24-2 전송 선로 상의 전류와 전압

전송 선로 상의 인접한 두 점, 예를 들어 전송 선로의 시작점으로부터 거리 x와 $x+\Delta x$만큼 떨어진 두 지점에서 어떤 일이 벌어지고 있는지 알아보기로 하자. 두 도체 사이의 전압 차를 $V(x)$라 하고, '고전압(hot)'의 도체를 따라 흐르는 전류를 $I(x)$라 하자(그림 24-2 참조). 만일 전송 선로에 흐르는 전류가 시간에 따라 변한다면, x에서 $x+\Delta x$에 이르는 선로 상의 작은 구간에는 인덕턴스에 의해 다음과 같은 전압 강하가 나타날 것이다.

$$\Delta V = V(x+\Delta x) - V(x) = -L_0\,\Delta x \frac{dI}{dt}$$

여기에 $\Delta x \to 0$으로 가는 극한을 취하면

$$\frac{\partial V}{\partial x} = -L_0 \frac{\partial I}{\partial t} \tag{24.1}$$

가 된다. 즉, 전류의 시간 변화율은 전압의 그래디언트에 비례한다.

다시 그림으로 되돌아가서 만일 x에서의 전압이 변하고 있다면, 이는 곧 그 영역의 축전용량에 모종의 전하가 공급되고 있다는 뜻이다. 전송 선로 상의 x와 $x+\Delta x$ 사이의 작은 부분에 존재하는 전하량은 $q = C_0\,\Delta x V$이다. 이 전하량의 시간 변화율은 $C_0\,\Delta x\, dV/dt$이며, 전하량이 변하려면 Δx로 유입되는 전류 $I(x)$와 흘러 나가는 전류 $I(x+\Delta x)$는 달라야 한다. 이 차이를 ΔI라 하면

$$\Delta I = -C_0\,\Delta x \frac{dV}{dt}$$

이다. 여기에 $\Delta x \to 0$으로 가는 극한을 취하면

$$\frac{\partial I}{\partial x} = -C_0 \frac{dV}{dt} \tag{24.2}$$

가 얻어진다. 이와 같이 전하 보존 법칙은 전류의 그래디언트가 전압의 시간 변화율에 비례한다는 것을 의미한다.

식 (24.1)과 (24.2)는 전송 선로에 대한 기본 방정식이다. 여러분이 원한다면 도체의 저항에 의한 효과나 두 도체 사이에 끼워 넣은 절연체 사이로 전하가 새어 나가는 효과까지 포함되도록 방정식을 수정할 수도 있지만, 지금 당장은 단순한 경우만 생각하기로 한다.

위에서 얻은 두 개의 전송 선로 방정식 중 하나를 t로 미분하고 다른 식은 x로 미분한 다음, V나 I를 소거하여 두 식을 하나로 줄이면

$$\frac{\partial^2 V}{\partial x^2} = C_0 L_0 \frac{\partial^2 V}{\partial t^2} \tag{24.3}$$

또는

$$\frac{\partial^2 I}{\partial x^2} = C_0 L_0 \frac{\partial^2 I}{\partial t^2} \tag{24.4}$$

를 얻게 된다.

이로써 우리는 또다시 x에 대한 파동 방정식을 얻었다. 균일한 전송 선로에서, 전압과 전류는 선로를 타고 파동의 형태로 전파된다. 선로를 따라 전파되는 전압은 $V(x, t) = f(x - vt)$나 $V(x, t) = g(x + vt)$, 또는 이들의 합으로 표현되어야 한다. 그렇다면 속도 v는 얼마일까? 파동 방정식에서 $\partial^2/\partial t^2$항의 계수는 $1/v^2$에 해당되므로, 속도는

$$v = \frac{1}{\sqrt{L_0 C_0}} \tag{24.5}$$

임을 알 수 있다.

선로 내의 '각 파동에 대한' 전압은 해당 파동의 전류에 비례하며, 비례 상수는 특성 임피던스 z_0로 주어진다. 이것은 여러분 각자 증명해 보기 바란다. $+x$ 방향으로 진행하는 파동의 전압과 전류를 V_+와 I_+라 했을 때, 다음과 같은 결과가 나와야 한다.

$$V_+ = z_0 I_+ \tag{24.6}$$

이와 비슷하게, $-x$방향으로 진행하는 파동에 대해서는

$$V_- = -z_0 I_-$$

의 관계가 성립한다.

특성 임피던스는(필터 방정식에서 구했던 대로)

$$z_0 = \sqrt{\frac{L_0}{C_0}} \tag{24.7}$$

로 주어지며, 순수한 저항의 역할을 한다.

전송 선로의 특성 임피던스 z_0와 전파 속도 v를 구하려면, 단위 길이당 인덕턴스와 축전용량을 알아야 한다. 지금부터, 동축 케이블에 대하여 이 계산을 수행해 보자. 인덕턴스는 17장 8절에서 언급한 대로 $\epsilon_0 c^2 B^2/2$의 부피 적분, 즉 자기 에너지가 $\frac{1}{2}LI^2$과 같다는 조건으로부터 구할 수 있다. 동축 케이블의 안쪽 도체에 전류 I가 흐른다고 가정하면 $B = I/2\pi\epsilon_0 c^2 r$이며, 여기서 r은 중심축으로부터의 거리이다. 두께가 dr이고 길이가 l인 원통 껍질을 부피 요소로 잡았을 때, 자기 에너지는 다음과 같다.

$$U = \frac{\epsilon_0 c^2}{2}\int_a^b \left(\frac{I}{2\pi\epsilon_0 c^2 r}\right)^2 l 2\pi r\, dr$$

여기서 a와 b는 각각 내부 도체 및 외부 도체의 반경이다. 이 식을 적분하면

$$U = \frac{I^2 l}{4\pi\epsilon_0 c^2}\ln\frac{b}{a} \tag{24.8}$$

가 된다. 그런데 에너지는 $\frac{1}{2}LI^2$이므로

$$L = \frac{l}{2\pi\epsilon_0 c^2}\ln\frac{b}{a} \tag{24.9}$$

임을 알 수 있다. 보다시피 이 값은 선로의 길이 l에 비례하므로, 단위 길이당 인덕턴스 L_0는

$$L_0 = \frac{\ln(b/a)}{2\pi\epsilon_0 c^2} \tag{24.10}$$

이다.

우리는 12-2절에서 원통형 축전기에 대전된 전하량을 계산한 적이 있다. 이 전하량을 퍼텐셜 차이로 나누면

$$C = \frac{2\pi\epsilon_0 l}{\ln(b/a)}$$

이 얻어진다. 단위 길이당 축전용량 C_0는 C/l이므로, 이 결과를 식 (24.10)과 결합하면 $L_0 C_0 = 1/c^2$이 되어 $v = 1/\sqrt{L_0 C_0} = c$임을 알 수 있다. 즉, 파동은 선로를 타고 빛의 속도로 전달된다. 물론 이 결과가 맞으려면 앞에서 세웠던 다음 두 개의 가정이 충족되어야 한다. (a)두 도체 사이의 공간에는 유전체나 자성 물질이 존재하지 않으며 (b)전류는 오직 (이상적인 도체의 경우처럼) 도체의 표면을 타고 흘러야 한다. 고주파 영역에서 전도성이 좋은 도체들은 거의 모든 전류가 완전 도체의 경우처럼 표면을 타고 흐르기 때문에 위의 결과를 적용할 수 있다.

가정 (a)와 (b)가 성립하기만 하면, $L_0 C_0$의 값은 평행한 한 쌍의 '임의의' 도체에 대하여 항상 $1/c^2$과 같다. 심지어는 타원형의 외부 도체 안쪽에 육각형의 도체를 아무렇게나 위치시켜도(타원과 육각형의 축이 일치하지 않아도) $L_0 C_0 = 1/c^2$이다. 단면적이 일정하고 그 사이 공간에 아무런 물질도 없다면, 도체의 모

양에 관계없이 (전압과 전류의) 파동은 빛의 속도로 전파해 나가는 것이다.

그러나 특성 임피던스에 관해서는 위와 같이 일반적인 주장을 펼칠 수 없다. 동축 선로의 임피던스는 다음과 같다.

$$z_0 = \frac{\ln(b/a)}{2\pi\epsilon_0 c} \tag{24.11}$$

여기서 $1/\epsilon_0 c$은 저항의 단위를 갖는 상수로서 구체적인 값은 $120\pi\,\Omega$(옴)이며, $\ln(b/a)$는 오직 선로의 크기에 의해 좌우되는 로그 함수로서, 동축 선로(사실은 대부분의 선로)의 경우 특성 임피던스 값은 보통 $50\,\Omega$~수백 Ω에 이른다.

24-2 직사각형 도파관

여러분은 이 말을 듣고 깜짝 놀랄지도 모른다. "동축 선로에서 중앙의 도체를 제거해도 전력을 전송할 수 있다!" 다시 말해서, 충분히 높은 주파수 영역에서는 속이 빈 튜브도 내부에 도선이 있는 동축 케이블만큼 훌륭하게 작동한다는 뜻이다. 이 현상은 축전기와 인덕턴스로 구성된 공진 회로가 고주파 영역에서 단순한 깡통으로 대체되는 것과 밀접하게 관련되어 있다.

전송 선로를 인덕턴스와 축전용량의 관점에서 바라본다면 이 현상이 놀랍게 보일 수도 있겠지만, 다들 알다시피 전자기파는 속이 빈 금속 파이프의 내부를 따라 얼마든지 진행할 수 있다. 속이 빈 곧은 파이프를 들여다보면, 그 너머의 풍경이 뚜렷하게 보이지 않던가! 가시광선은 전자기파의 일종이므로, 전자기파는 분명히 파이프를 통해 지나가는 것이다. 그러나 저주파(전력 또는 전화와 같은 경우)는 단일 금속 파이프를 통해 전달될 수 없으므로, 전자기파가 파이프 속을 지나가려면 파장이 충분히 짧아야 한다. 그러면 지금부터 '주어진 크기의 파이프를 통해 지나갈 수 있는 최대 파장(최저 주파수)'이 어떤 식으로 결정되는지 알아보자. 일반적으로, 파동 전달용 파이프를 '도파관(waveguide)'이라고 한다.

일단은 분석이 가장 쉬운 직사각형 파이프부터 생각해 보자. 먼저 수학적인 내용을 정리한 후에 좀 더 초보적인 방식으로 분석을 시도할 것이다. 우리가 사용할 초보적 접근법은 직사각형 도파관에만 적용될 수 있다. 그러나 일반적인 모양의 도파관에서도 기본적인 현상은 동일하기 때문에, 수학적 논리를 알아 두면 모든 도파관에 적용할 수 있다.

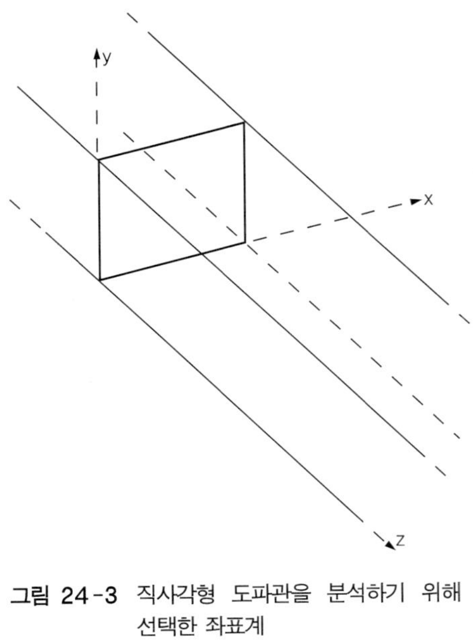

그림 24-3 직사각형 도파관을 분석하기 위해 선택한 좌표계

우리가 풀어야 할 문제는 "직사각형 파이프 안에 어떤 종류의 파동이 존재할 수 있는가?"이다. 일단은 문제에 적합한 좌표계를 잡아야 한다. 그림 24-3과 같이 파이프의 길이 방향을 z축과 일치시키고, x축과 y축은 파이프의 두 변과 평행하게 잡아 보자.

다들 알다시피 파이프 속을 진행하는 빛은 횡방향 전기장을 포함하고 있으므로, 먼저 '전기장 $\boldsymbol{E}$가 z축과 수직한' 해를 찾아보기로 한다. 문제를 간단히 하기 위해, 전기장 $\boldsymbol{E}$가 y방향 성분(E_y)만을 갖고 있는 경우를 생각해 보자. 도파관 내에서 전기장의 세기는 위치에 따라 변할 것이다. 사실, y축과 평행한 변에서 전기장은 0이 되어야 한다. 왜냐하면 도체의 표면에서는 전기장의 접선 방향

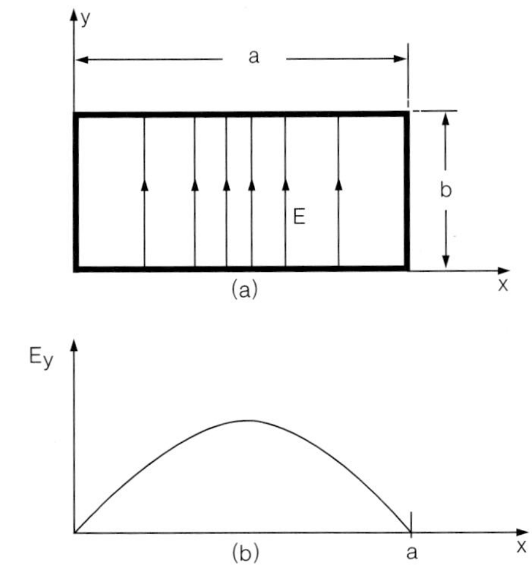

그림 24-4 고정된 z값에서 도파관 내부 전기장의 모습

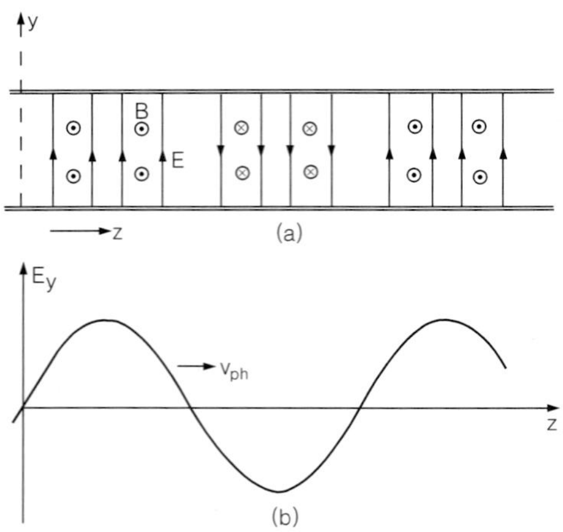

그림 24-5 도파관 내부 전기장의 z에 따른 변화

성분이 생기지 않도록 전류와 전하들이 자체적으로 조절되기 때문이다. 따라서 E_y의 크기는 그림 24-4와 같이 x방향을 따라 아치 모양의 곡선을 형성할 것이다. 언뜻 보기엔 공동(空洞) 문제를 풀 때 나타났던 베셀 함수와 비슷하게 생겼지만, 사실은 아무런 상관도 없다. 베셀 함수는 원통형 구조와 관련된 함수이기 때문이다. 대개의 경우, 직사각형 구조에서 나타나는 파동은 단순 조화 함수(simple harmonic function)이므로, 그림 24-4(b)의 곡선은 $\sin k_x x$와 같은 함수일 가능성이 높다.

우리의 목적은 도파관을 타고 전파되는 파동을 구하는 것이므로, 전기장은 그림 24-5와 같이 z방향을 따라 플러스와 마이너스 값 사이를 오락가락한다고 예측할 수 있다. 이 진동은 도파관을 따라 특정 속도 v로 진행할 것이다. 진동이 어떤 특정 주파수 ω에서 일어나고 있다면, 파동은 z에 대하여 $\cos(\omega t - k_z z)$나 (좀 더 편리한 수학적 형태인) $e^{i(\omega t - k_z z)}$와 같은 형태로 변할 것이다. 이러한 함수들은 $v = \omega / k_z$의 속도로 진행하는 파동을 나타낸다(제1권 29장 참조).

따라서 도파관 내부를 진행하는 파동은 다음과 같은 수학적 형태를 갖는다고 추정할 수 있다.

$$E_y = E_0 \sin k_x x \, e^{i(\omega t - k_z z)} \tag{24.12}$$

위와 같은 형태의 파동이 장 방정식을 만족하는지 확인해 보자. 제일 먼저 확인할 사항은 전기장이 도체의 표면에서 접선 방향의 성분을 가질 수 없다는 것인데, 우리가 추측한 전기장은 분명히 이 조건을 만족한다. 식 (24.12)의 전기장은 위아래 면에서 표면에 수직하고 양쪽 측면에서는 0이다. 물론, 이렇게 되려면 $\sin k_x x$의 주기의 절반이 도파관의 폭과 일치하도록 k_x를 잘 선택해야 한다. 즉,

$$k_x a = \pi \tag{24.13}$$

가 되어야 한다. 물론 $k_x a = 2\pi, 3\pi, \cdots$와 같은 다른 가능성도 있다. 따라서 일반적으로

$$k_x a = n\pi \tag{24.14}$$

가 만족되어야 한다. 여기서 n은 임의의 정수이다. 각 n값에 대응되는 해들은 장의 복잡한 공간적 진동 패턴을 나타내는데, 여기서는 가장 단순한 경우, 즉 $k_x = \pi / a$인 경우만을 살펴보기로 하겠다. 여기서 a는 도파관의 내부 폭이다.

또한 도파관 내부의 자유 공간에는 전하가 존재하지 않으므로 그곳에서 $\boldsymbol{E}$의 다이버전스는 0이 되어야 한다. 위에서 추측한 $\boldsymbol{E}$에는 y성분밖에 없고, 이 성분은 y에 의존하지 않으므로 $\nabla \cdot \boldsymbol{E} = 0$이다.

마지막으로, 우리가 추측한 전기장은 도파관 속의 자유 공간에서 맥스웰 방정식을 모두 만족해야 한다. 즉, 전기장은 다음의 파동 방정식을 만족시킨다.

$$\frac{\partial^2 E_y}{\partial x^2} + \frac{\partial^2 E_y}{\partial y^2} + \frac{\partial^2 E_y}{\partial z^2} - \frac{1}{c^2}\frac{\partial^2 E_y}{\partial t^2} = 0 \tag{24.15}$$

이제, 위에서 추측한 식 (24.12)의 타당성을 확인해 보자. x에 대한 E_y의 2계

도함수는 $-k_x{}^2E_y$이며, y에 대한 2계 도함수는 0이다(y에 의존하는 항이 없기 때문이다). 그리고 z에 대한 2계 도함수는 $-k_z{}^2E_y$이고, t에 대한 2계 도함수는 $-\omega^2E_y$이다. 따라서 식 (24.15)는 다음과 같이 쓸 수 있다.

$$k_x{}^2E_y + k_z{}^2E_y - \frac{\omega^2}{c^2}E_y = 0$$

E_y가 모든 곳에서 0인 경우를 제외하면(E_y가 항상 0이면 더 이상 이야기할 것이 없다), 이 방정식은

$$k_x{}^2 + k_z{}^2 - \frac{\omega^2}{c^2} = 0 \tag{24.16}$$

인 경우에만 성립된다. k_x의 값은 이미 정해져 있으므로, 앞에서 가정한 형태의 파동이 존재하려면 k_z와 ω가 식 (24.16)을 만족해야 한다. 다시 말해서,

$$k_z = \sqrt{(\omega^2/c^2) - (\pi^2/a^2)} \tag{24.17}$$

이 만족되어야 한다는 뜻이다. 위에 기술한 파동들은 이 k_z값을 갖고 z방향으로 전파된다.

식 (24.17)의 파수(wave number) k_z는 주어진 주파수 ω에 대하여 파동의 마디들이 도파관을 따라 전파되는 속도를 알려 준다. 이 경우의 위상 속도는

$$v = \frac{\omega}{k_z} \tag{24.18}$$

이다.

속도 v로 진행하는 파동의 파장 λ는 $\lambda = 2\pi v/\omega$로 주어진다. 따라서 k_z는 $2\pi/\lambda_g$이다[여기서 λ_g는 z방향으로 나타나는 진동의 파장으로서, '관내 파장(guide wavelength)'이라고 한다]. 도파관 속의 파장은 자유 공간에서 이와 동일한 진동수를 갖는 전자기파의 파장과 다르게 나타난다. 자유 공간에서의 파장 $2\pi c/\omega$를 λ_0라 하면, 식 (24.17)은

$$\lambda_g = \frac{\lambda_0}{\sqrt{1-(\lambda_0/2a)^2}} \tag{24.19}$$

와 같이 쓸 수 있다.

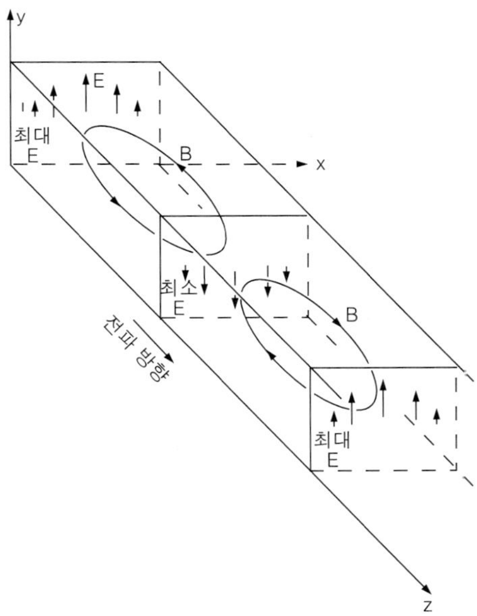

그림 24-6 도파관 내부의 자기장

전기장뿐만 아니라 자기장도 파동과 더불어 전파되는데, 지금 당장은 고려하지 않기로 한다. $c^2\nabla\times\boldsymbol{B} = \partial\boldsymbol{E}/\partial t$이므로, $\boldsymbol{B}$의 장선(field line)들은 $\partial\boldsymbol{E}/\partial t$가 최대인 영역, 즉 $\boldsymbol{E}$의 최대-최소 사이의 중간 영역에서 고리 형태로 순환할 것이다. $\boldsymbol{B}$의 고리들은 그림 24-6과 같이 $\boldsymbol{E}$의 마루와 골 사이에서 xz평면과 평행하게 형성될 것이다.

24-3 차단 주파수

식 (24.16)을 k_z에 대해 풀면 다음과 같이 두 개의 근이 얻어진다.

$$k_z = \pm\sqrt{(\omega^2/c^2) - (\pi^2/a^2)} \tag{24.20}$$

즉, 도파관 안에는 양의 방향으로 진행하는 파동뿐만 아니라 $-z$방향을 향해 음의 위상 속도로 진행하는 파동도 존재할 수 있음을 의미한다. 파동이 양쪽 방향으로 진행한다는 것은 어느 모로 보나 당연한 결과이다. 서로 반대 방향으로 진행하는 두 가지 파동이 동시에 존재할 수 있으므로, 정상파 해(standing-wave solution)도 가능하다.

식 (24.20)에 의하면 주파수가 높을수록 k_z값이 커지고, 따라서 파장은 더욱 짧아진다. 그리고 ω가 아주 커지면 k는 ω/c와 거의 같아지는데, 이 값은 자유 공간에서 진행하는 파동의 파수와 일치한다. 즉, 우리가 파이프를 통해서 '보는' 빛은 여전히 c의 속도로 진행한다. 그러나 저주파 영역으로 가면 이상한 현상이 나타나기 시작한다. 처음에는 파장이 점차 길어지다가, ω가 $\pi c/a$보다 작아지면($\lambda_0 > 2a$) 식 (24.20)의 근호 안에 들어 있는 양이 음수로 돌변한다. 다시 말해서, 주파수가 어떤 특정한 임계 주파수 $\omega_c = \pi c/a$ 이하로 떨어지면 파수 k_z(또는 λ_g)가 허수로 돌변하기 때문에 더 이상 해를 구할 수 없게 된다. 그렇다고 여기서 포기해야 할까? 아니다. 허수 자체가 해일지도 모를 일이다. k_z가 반드시 실수여야 한다는 법은 없지 않은가? 파수가 허수인 경우에는 어떤 일이 벌어질 것인가? 이 경우에도 파동 방정식은 여전히 성립하므로, 허수의 k_z가 어떤 파동을 표현하고 있을지도 모른다.

ω가 ω_c보다 작다고 가정해 보자. 그러면

$$k_z = \pm ik' \tag{24.21}$$

으로 쓸 수 있다. 여기서 k'은 다음의 값을 갖는 실수이다.

$$k' = \sqrt{(\pi^2/a^2) - (\omega^2/c^2)} \tag{24.22}$$

이 결과를 식 (24.12)에 대입하면

$$E_y = E_0 \sin k_x x\, e^{i(\omega t \mp ik'z)} \tag{24.23}$$

가 되고, 지수를 분리하면 다음과 같이 쓸 수 있다.

$$E_y = E_0 \sin k_x x\, e^{\pm k'z}\, e^{i\omega t} \tag{24.24}$$

이 식은 '시간에 따라 $e^{i\omega t}$로 진동하면서 z에 대하여 $e^{\pm k'z}$로 변하는' 전기장 $\boldsymbol{E}$를 나타내고 있다. 전기장은 z에 대하여 실지수 함수(real exponential)의 형태로 매끄럽게 증가하거나 감소한다. 우리는 이 식을 유도하면서 파동의 발생원에 별다른 관심을 기울이지 않았지만, 도파관 내부의 어딘가에는 반드시 파동의 발생원이 있어야 한다. 물리적으로 볼 때, k' 앞에 달려 있는 부호는 파동의 발생원으로부터 거리가 멀어질수록 전기장이 감소하는 쪽으로 선택되어야 한다.

그러므로 $\omega_c = \pi c/a$ 이하의 주파수 영역에서는 파동이 도파관을 타고 **전파되지 않는다.** 진동하는 전자기장은 도파관 속으로 $1/k'$정도의 거리만큼만 침투할 뿐이다. 이런 이유 때문에, 주파수 ω_c를 도파관의 '차단 주파수(cutoff frequency)'라고 부른다. 식 (24.22)를 보면, 주파수가 ω_c보다 약간 작은 경우에는 k'값이 작기 때문에, 전자기장이 도파관 속으로 꽤 깊숙이 침투한다는 사실을 알 수 있다. 그러나 ω가 ω_c보다 훨씬 작은 경우에는 지수의 계수 k'이 π/a와 거의 같아져서, 전기장은 그림 24-7과 같이 빠르게 감소한다. 전기장은 a/π, 즉 도파관 폭의 약 1/3정도 되는 거리에서 $1/e$배로 줄어든다. 즉, 전기장은 발생원으로부터 매우 짧은 거리까지만 침투할 수 있다.

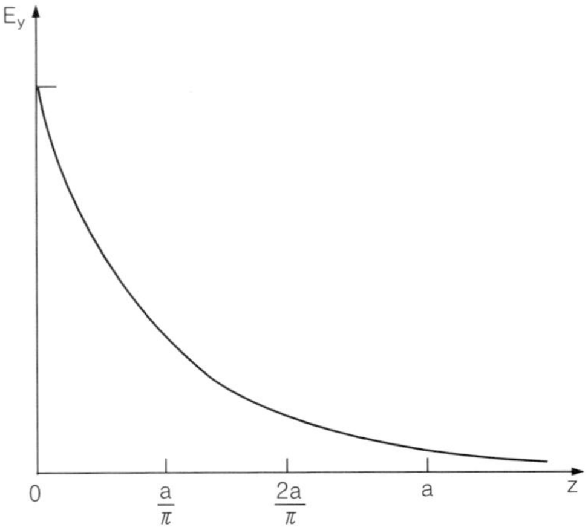

그림 24-7 $\omega \ll \omega_c$인 경우 z에 대한 E_y의 변화

인도된 파동과 관련하여, 흥미로운 사실이 하나 있다. 파수 k_z가 허수로 나타난다는 사실이 바로 그것이다. 보통의 경우, 물리학 방정식에서 얻어진 허수해는 아무런 의미도 없다. 그러나 파동 문제에 관한 한, 허수의 파수는 그 의미가 뚜렷하다—이는 파동이 자신의 형태를 유지한 채로 전파되지 않고, 지수함수적으로 감소하면서 진행한다는 것을 의미한다. 임의의 파동 문제에서 k가 특정 주파수에서 허수로 나타난다는 것은, 그 임계점에서 파동의 형태가 바뀐다는 뜻이다. 간단히 말해서, 사인파가 지수 함수 형태로 바뀌는 것이다.

24-4 인도된 파동의 속도

지금까지 우리는 파동의 마디 속도인 '위상 속도(phase velocity)'를 사용하였다. 위상 속도는 주파수의 함수이다. 식 (24.17)과 (24.18)을 결합하면 다음과 같이 쓸 수 있다.

$$v_{\text{phase}} = \frac{c}{\sqrt{1-(\omega_c/\omega)^2}} \tag{24.25}$$

차단 주파수보다 높은 주파수에서(여기서는 진행하는 파동이 존재한다) ω_c/ω는 1보다 작고 v_{phase}는 실수이며, 빛의 속도보다 빠르다! 그렇다고 놀랄 필요는 없다. 제1권 48장에서 살펴본 바와 같이, 파동의 위상 속도는 빛의 속도보다 얼마든지 빠를 수도 있다. 위상 속도로 전달되는 것은 에너지나 정보가 아니라 '파동의 마디'에 불과하기 때문이다. 신호(정보)의 전달 속도를 알기 위해서는 특정 주파수를 갖는 파동과 주파수가 조금 다른 파동(들)의 상호 간섭으로 만들어진 변조된 신호의 속도를 계산해야 한다(제1권 48장 참조). 이러한 파동군(群)의 포락선[외곽선(envelope)]의 속도를 군속도(group velocity)라고 한다. 군속도는 ω/k가 아니라 $d\omega/dk$이다.

$$v_{\text{group}} = \frac{d\omega}{dk} \tag{24.26}$$

식 (24.17)을 ω로 미분한 다음 그 역을 취하여 $d\omega/dk$를 구해 보면

$$v_{\text{group}} = c\sqrt{1-(\omega_c/\omega)^2} \tag{24.27}$$

이 되는데, 이 값은 광속보다 작다.

v_{phase}와 v_{group}의 기하 평균은 빛의 속도 c와 정확하게 일치한다.

$$v_{\text{phase}}\, v_{\text{group}} = c^2 \tag{24.28}$$

이것은 매우 신기한 결과이다. 우리는 양자역학에서도 이와 비슷한 관계를 본 적이 있다. 임의의 속도로 움직이는 입자의 운동량 p와 에너지 U 사이에는 다음과 같은 관계가 성립한다(상대성 이론을 고려해도 이 관계는 달라지지 않는다).

$$U^2 = p^2c^2 + m^2c^4 \tag{24.29}$$

그런데 양자역학에서 에너지는 $\hbar\omega$이고 운동량은 $\hbar/\lambda\!\!\!^-$, 즉 $\hbar k$이다. 따라서 식 (24.29)는

$$\frac{\omega^2}{c^2} = k^2 + \frac{m^2c^2}{\hbar^2} \tag{24.30}$$

또는

$$k = \sqrt{(\omega^2/c^2) - (m^2c^2/\hbar^2)} \tag{24.31}$$

으로 쓸 수 있는데, 이것은 식 (24.17)과 매우 비슷하다. 정말로 흥미롭지 않은가!

파동의 군속도는 도파관을 따라 에너지가 전달되는 속도이기도 하다. 도파관을 타고 흐르는 에너지 흐름을 구하려 한다면 에너지 밀도에 군속도를 곱하면 된다. 전기장의 제곱 평균 제곱근(root mean square)을 E_0라 하면, 전기 에너지의 평균 밀도는 $\epsilon_0E_0^2/2$이다. 물론 자기장과 관련된 에너지도 있다. 여기서 지금 당장은 증명을 생략하겠지만, 임의의 공동이나 도파관에서 자기 에너지와 전기 에너지는 항상 같기 때문에, 총 전자기 에너지 밀도는 $\epsilon_0E_0^2$으로 주어진다. 따라서 도파관을 타고 전송되는 전력 dU/dt는 다음과 같다.

$$\frac{dU}{dt} = \epsilon_0E_0^2ab\,v_{\text{group}} \tag{24.32}$$

(에너지 흐름을 계산하는 일반적인 방법은 나중에 따로 다룰 예정이다.)

24-5 인도된 파동의 관측

에너지는 일종의 안테나 같은 것을 통해 도파관 안으로 연결될 수 있다. 예를 들어 작은 수직 도선, 즉 '스텁(stub, 토막)' 같은 것을 사용하면 된다. 파동이 인도되었는지의 여부는 전자기 에너지 중 일부를 소형 수신 안테나로 검출함으로써 확인할 수 있다.

그림 24-8은 구동 스텁(driving stub)과 '픽업 탐침(pickup probe)'을 보여 주고 있다(내부 구조를 보여 주기 위해 도파관 옆구리의 일부분을 잘라 냈다). 구동 스텁은 동축 케이블을 통해 신호 발생기와 연결될 수 있고, 픽업 탐침도 비슷한 케이블로 검출기에 연결될 수 있다. 일반적으로 픽업 탐침은 그림 24-8처럼 도파관 안에 나 있는 길고 좁은 틈을 통해 삽입하는 것이 편리하다. 그러면 탐침이 도파관을 따라 앞뒤로 움직일 수 있으므로 다양한 지점에서 전자기장

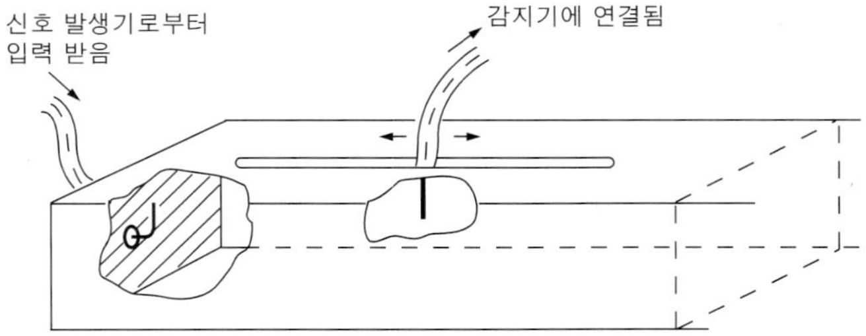

그림 24-8 구동 스텁과 픽업 탐침이 설치된 도파관

을 추출할 수 있다.

신호 발생기의 주파수가 차단 주파수 ω_c보다 높은 값 ω로 세팅되면, 구동 스텁으로부터 도파관을 타고 전달되는 파동이 존재할 것이다. 도파관이 무한히 긴 경우에는 이들이 유일하게 존재하는 파동인데, 실제로는 원거리에 있는 도파관의 끝 부분에서 반사가 일어나지 않도록 흡수체로 도파관을 마감해 주면 동일한 효과를 얻을 수 있다. 이렇게 하면 검출기에는 탐침 주변에 형성된 장의 시간 평균이 감지되기 때문에, 검출되는 신호는 도파관 상의 위치와 무관해진다. 즉, 전송되고 있는 전력에 비례하는 출력이 얻어지는 것이다.

원거리에 있는 도파관의 끝 부분에서 반사가 일어나도록 만들어 주면(도파관의 끝 부분을 아예 금속판으로 막아 버리면 된다) 정방향으로 진행하는 파와 반대 방향으로 진행하는 반사파가 함께 존재하게 된다. 이런 상황에서는 두 개의 파동이 서로 간섭하여 도파관의 내부에 정상파가 형성된다(제1권 49장 참조). 이때 선로를 따라 픽업 탐침을 이동시키면, 검출기에 나타나는 값은 주기적인 변화를 나타낼 것이다. 장의 최대값은 정상파의 마루에서, 그리고 최소값은 마디에서 나타난다. 연속된 두 개의 마디(또는 마루) 사이의 거리는 정확하게 $\lambda_g/2$이다. 이 방법을 사용하면 도파관 내부의 파장을 손쉽게 측정할 수 있다. 주파수가 ω_c에 가까워지면 마디 사이의 거리가 길어지는데, 이는 도파관 내부 파장이 식 (24.19)를 따라 증가한다는 것을 보여 준다.

이제, 신호 발생기가 ω_c보다 조금 낮은 주파수에 맞춰져 있다고 가정해 보자. 그러면 픽업 탐침이 도파관을 따라 내려감에 따라 검출기의 출력은 점차 감소할 것이다. 여기서 주파수를 좀 더 낮추면 장의 세기는 그림 24-7의 곡선을 따라 급격하게 감소하는데, 이는 파동이 전파되지 않는다는 것을 의미한다.

24-6 도파관 배관

도파관은 레이더의 출력 증폭기에 안테나를 결합시킬 때나 고주파 발진기(high-frequency oscillator) 등 고주파 전력의 전송에 주로 사용된다. 대부분의 안테나는 도파관 끝이 '호른(horn)' 모양으로 퍼진 포물면 반사경(parabolic reflector)으로 되어 있어서, 도파관을 타고 나온 파동이 평행한 방향으로 방사되도록 만들어져 있다. 고주파는 동축 케이블을 통해 전송될 수도 있지만, 많은 양의 전력을 전송하는 데에는 도파관이 더 적합하다. 그 이유는 첫째로 (동축 케이블의 경우) 도체 사이에 있는 절연체(고체 또는 기체)의 절연 파괴로 인하여 선로를 통해 전송할 수 있는 최대 전력량에 제한을 받기 때문이다. 전력의 양이 정해져 있을 때, 일반적으로 도파관 내부에서 장의 세기는 동축 케이블 내부 장의 세기보다 작으므로, 절연 파괴가 일어나기 전에 더 큰 전력을 전송할 수 있다. 두 번째 이유는 동축 케이블의 전력 손실이 도파관의 경우보다 더 크다는 사실을 들 수 있다. 동축 케이블을 사용하려면 중앙의 도체를 지지해 주는 절연체가 있어야 하는데, 이 물질에서 에너지 손실이 발생한다. 특히, 고주파 영역으로 가면 손실되는 양이 더욱 많아진다. 또한 중앙 도체에서는 전류의 밀도가 매우 높고 전력 손실은 전류 밀도의 제곱에 비례한다는 사실을 생각해 보면, 전류 밀도가 낮은 도파관의 내벽에서는 에너지 손실이 크게 일어나지 않는다는 것을 알 수 있다. 에너지 손실을 최소로 줄이기 위해, 도파관 내부의 표면은 종종 은과 같이 전도율이 높은 물질로 도금 처리된다.

도파관에 '회로'를 연결하는 문제는 저주파 영역에서 회로를 연결하는 문제와 전혀 다른 특성을 갖고 있다. 이를 통상적으로 '마이크로파 배관(microwave plumbing, 또는 초고주파 배관)'이라고 한다. 이 분야에는 특수한 장비들이 많이 개발되어 있다. 일반적으로 두 개의 도파관은 그림 24-9와 같이 플랜지(flange)를 통해 연결된다. 그런데 이런 식으로 연결하면 저항이 비교적 높은 이음매(joint)를 통해 표면 전류가 흐르기 때문에 심각한 에너지 손실을 야기할 수 있다. 이러한 손실을 줄이는 한 가지 방법은 플랜지의 단면을 그림 24-10과 같은 형태로 만드는 것이다. 즉, 도파관의 접합부 사이에 작은 공간을 남기고 한쪽 플랜지의 면에 홈을 파서 그림 23-16(c)와 같은 작은 공동을 만드는 것이다. 이때 공동의 치수는 사용되는 주파수 영역에서 공진이 일어나도록 만들어야 한다. 이러한 공진 공동으로 인하여 전류는 높은 '임피던스'를 느끼고, 상대적으로 적은 양의 전류만이 금속제 이음매로(그림 24-10의 *a* 부분) 흐르게 된다. 이렇게 해주면 대부분의 도파관 전류가 그저 단순히 갭(그림 24-10의 *b* 부분)의 '용량(capacity)'만큼 충전한 후 방전되기 때문에 에너지 손실이 크게 일어나지 않는다.

도파관 끝에서 반사파가 발생하지 않도록 도파관을 마감하려 한다고 가정해 보자. 그러면 도파관의 길이가 무한한 것처럼 보이도록 도파관 끝에 무언가를 이어 붙여야 한다. 전송 선로의 경우처럼 도파관의 '종단(termination)'에도 특성 임피던스와 같은 역할을 해 주는 것이 필요하다. 이곳에 도달하는 파동이 반사 없이 모두 흡수된다면, 도파관은 무한히 긴 것처럼 작동할 것이다. 전혀 반사파

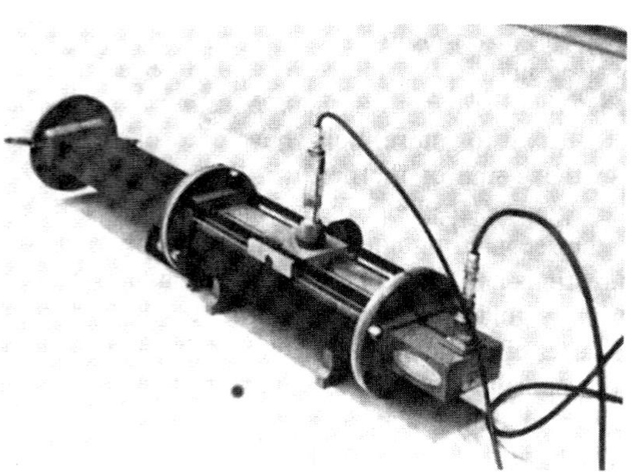

그림 24-9 플랜지로 연결된 도파관 조각들

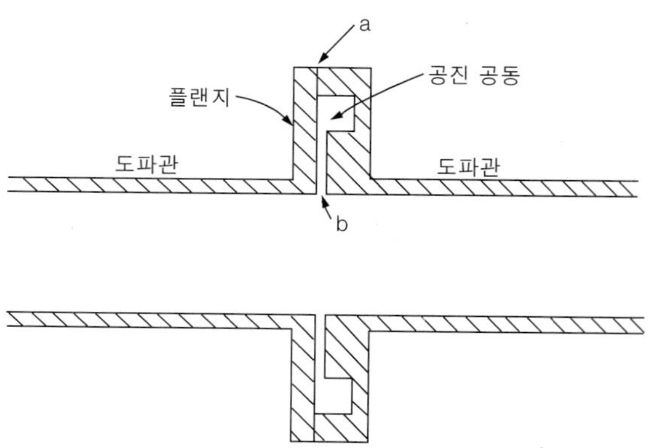

그림 24-10 두 개의 도파관 사이의 손실을 줄이는 접합

를 발생시키지 않으면서 파동 에너지를 흡수하도록 세심하게 설계된 저항 물질로 만들어진 쐐기를 도파관 안에 박아 넣으면 이러한 종단을 구현할 수 있다.

도파관 세 개를 연결시킬 때—예를 들어, 한 개의 파원에서 두 개의 다른 안테나로 분기되는 경우—에는 그림 24-11과 같은 T자형 도파관을 이용할 수 있다. T자의 중심부로 인입된 전력은 삼거리에서 분기되어 양쪽 옆으로 퍼져 나갈 것이다(이 경우, 약간의 반사파가 생길 수도 있다). 그림 24-12를 보면, 입력부의 끝에 도달한 전기장이 양쪽으로 퍼지면서 새로운 파동이 만들어진다는 것을 알 수 있다. 도파관 내부의 전기장이 T자의 '지붕'과 평행한지, 또는 수직한지에 따라 분기점에 형성되는 장은 대략 그림 24-12의 (a)나 (b)와 같은 형태를 띨 것이다.

그림 24-11 T자형 도파관(T를 사용하지 않을 때는 플랜지에 플라스틱 덮개를 씌워 깨끗하게 보호한다).

마지막으로, '단방향성 결합기(unidirectional coupler)'라 불리는 장비에 대하여 간단하게 알아보자. 이것은 여러 개의 도파관을 복잡하게 연결해 놓은 후 내부에서 벌어지는 일을 분석할 때 매우 유용하게 사용되는 장비이다. 예를 들어, 도파관의 특정 부분에서 파동의 진행 방향을 알아내려 한다고 가정해 보자. 또는 도파관 내부에서 강한 반사파의 존재 여부가 궁금할 수도 있다. 도파관의 내부에서 파동이 특정 방향으로 진행할 때, 단방향성 결합기는 도파관 전력의 작은 부분을 취하고, 그 반대 방향으로 진행할 때에는 전력을 취하지 않는다. 따라서 결합기의 출력을 검출기에 연결시키면 도파관 내의 '단방향(one-way)' 전력을 측정할 수 있다.

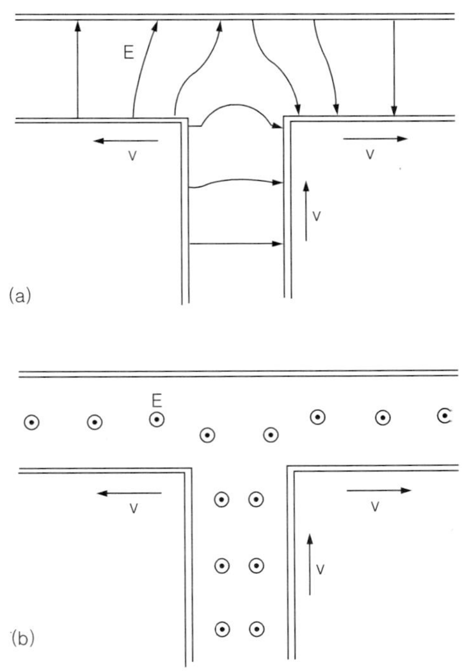

그림 24-12 T자형 도파관 내부에 존재할 수 있는 전기장의 두 가지 배향 상태

단방향성 결합기의 대략적인 모습은 그림 24-13과 같다. 보다시피, 짧은 도파관 AB의 한쪽 면을 따라 또 하나의 도파관 CD가 납땜되어 있는 형태이다. 도파관 CD는 연결 플랜지를 피해 끝이 구부러져 있다. 도파관을 납땜하기 전에, 각 도파관에 두 개의(또는 더 많은) 구멍을 뚫어서 주 도파관 AB의 장(field) 중 일부가 부 도파관 CD로 연결될 수 있도록 만들어 준다. 각각의 구멍들은 부 도파관 내부에 파동을 발생시키는 작은 안테나 역할을 한다. 만일 구멍을 하나만 뚫었다면, 주 도파관의 파동이 어느 방향으로 진행하건 상관없이 부 도파관에는 양쪽 방향의 파동이 모두 생성될 것이다. 그러나 파장의 1/4 되는 거리만큼 간격을 두고 '두 개의' 구멍을 뚫어 놓으면, 두 파원의 위상은 90° 어긋나게 될 것이다. 우리는 제1권 29장에서 두 개의 안테나가 서로 $\lambda/4$만큼 떨어져 있고 시간적으로 90°의 위상차가 있을 때 나타나는 파동의 간섭에 대하여 공부한 적이 있다. 그때 우리가 내렸던 결론은 "한쪽 방향으로는 파동이 상쇄되고, 반대쪽 방향으로는 보강된다"는 것이었다. 지금의 경우에도 이와 똑같은 현상이 벌어진다. 도파관 CD에 생성되는 파동은 AB의 파동과 동일한 방향으로 진행하는 것이다.

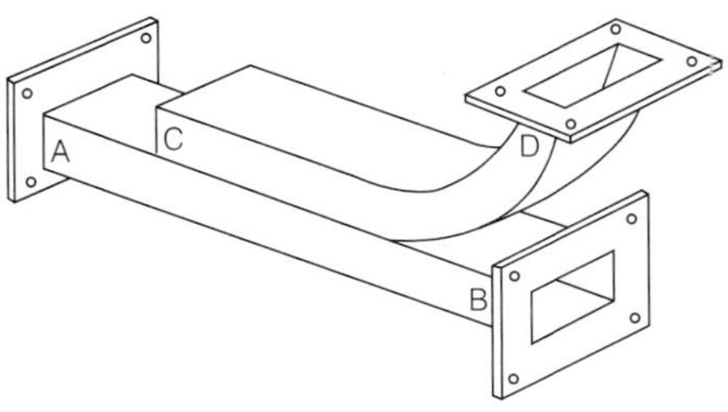

그림 24-13 단방향성 결합기

만일 주 도파관의 파동이 A에서 B쪽으로 진행하고 있다면, 부 도파관의 출력부 D에서 파동이 검출될 것이다. 이와 반대로 주 도파관의 파동이 B에서 A쪽으로 진행한다면, 부 도파관의 끝 C를 향해 진행하는 파동이 있을 것이다. 도파관의 끝 부분은 파동을 흡수하도록 잘 마감되어 있어서, 결합기의 출력에는 파동이 나타나지 않는다.

24-7 도파관 모드

지금까지 분석해 온 파동은 장 방정식의 특수해에 해당된다. 물론, 다른 해들도 많이 있다. 각각의 해를 '도파관 모드(waveguide mode)'라고 한다. 위에서 다뤘던 'x에 대한 전기장의 형태'는 사인파 사이클의 절반에 해당되었지만, 실제로는 완전한 사이클을 갖는 해도 존재할 수 있다. 이런 경우, x에 따른 E_y의 변화는 그림 24-14와 같이 나타난다. 이러한 모드에 대한 k_x의 값은 이전보다 두 배 더 크고, 따라서 차단 주파수는 훨씬 높아진다[식 (24.13)과 (24.27) 참조 : 옮긴이]. 또한 우리가 살펴본 파동의 경우에는 $\boldsymbol{E}$에 y성분만 존재했지만, 개중에는 훨씬 복잡한 전기장을 동반하는 모드들도 있다. 전기장이 x와 y성분만 갖고 있는 경우(총 전기장이 항상 z방향과 수직한 경우), 이 모드를 '횡단 전기 모드(transverse electric mode, 또는 TE 모드)'라고 한다. 이러한 모드의 자기장은 항상 z성분만 갖게 된다. 이와는 반대로 $\boldsymbol{E}$가 z방향(파동의 진행 방향)의 성분을 조금이라도 갖고 있으면 자기장은 항상 횡방향 성분만을 갖게 되는데, 이를 '횡단 자기 모드(transverse magnetic mode, 또는 TM 모드)'라고 한다. 직사각 도파관의 경우, 나머지 모든 모드들은 위에서 설명한 TE 모드보다 높은 차단 주파수를 갖고 있다. 따라서 가장 낮은 모드에 대한 차단 주파수보다는 조금 높고, 그 밖의 나머지 모드들의 차단 주파수보다는 낮은 주파수를 사용하면 도파관을 통하여 단 한 가지 모드만 전파되도록 만들 수 있다. 그렇지 않은 경우에는 복잡한 양상이 전개되어 제어하기가 어려워진다.

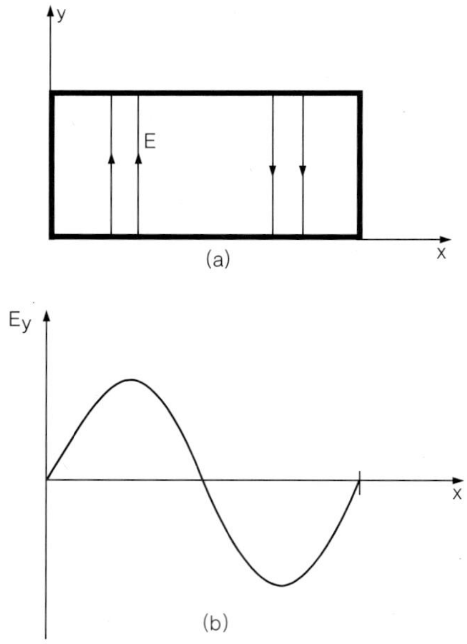

그림 24-14 x에 대한 E_y의 또 다른 변화

24-8 인도된 파동을 바라보는 또 다른 관점

이제, 도파관에서 차단 주파수 ω_c 이하의 주파수를 갖는 장들이 빠르게 감쇠되는 이유를 다른 방법으로 이해해 보자. 이 과정을 거치고 나면 저주파 영역과 고주파 영역 사이의 양상이 급격하게 변하는 이유를 좀 더 물리적인 관점에서 이해할 수 있을 것이다. 직사각형 도파관의 경우에 도파관 내벽의 반사나 거울상(image)을 이용하여 장을 분석해 보면 새로운 관점에서 이해를 도모할 수 있다. 그러나 이러한 접근법은 오직 직사각형 도파관에만 적용될 수 있음을 명심하기 바란다. 바로 이러한 이유 때문에, 앞에서는 원리적으로 임의의 도파관에 적용될 수 있는 수학적인 분석법을 사용했던 것이다.

앞에서 설명했던 모드의 경우, 수직 방향의 차원(y방향)은 장에 아무런 영향을 미치지 않기 때문에 도파관의 위와 아래를 무시하고 수직 방향으로 무한히 길다고 가정할 수 있다. 이 가정을 이용하면 도파관을 'a만큼 떨어져 있는 수직한 두 개의 판'으로 간주할 수 있다(그림 24-15 참조).

장의 발생원이 도파관의 한가운데 위치한 수직 도선이라고 가정해 보자. 이 도선에는 주파수 ω로 진동하는 전류가 흐르고 있다. 도파관 벽이 없다면, 이 도선에서는 원통형의 파가 방사될 것이다.

도파관의 벽이 완전 도체로 되어 있다고 상상해 보자. 그러면 정전기학에서와 마찬가지로 하나 또는 다수의 적절한 거울상 도선(image wires)에 의한 장을 원래 도선의 장에 더하여 도체 표면에서의 경계 조건을 맞출 수 있을 것이다. 거울상 아이디어는 정전기학뿐만 아니라 전기동역학에도 잘 적용된다. 물론, 이때는 뒤처짐(retardation) 효과도 포함시켜야 한다. 이것은 조금만 생각해 보면 분명한 사실임을 확인할 수 있다. 왜냐하면 거울은 광학 주파수 영역(optical frequencies, 가시광선 영역)의 전자기파에 대하여 '완전 도체'로 간주할 수 있고, 거울에 광원의 상이 맺히는 것은 우리가 일상적으로 보아 온 현상이기 때문이다.

이제 그림 24-15와 같이 수평 방향의 단면을 잡아 보자. 여기서 W_1과 W_2는 도파관의 두 벽에 해당되고, S_0는 발생원 도선을 나타낸다. 도선에 흐르는 전류의 방향을 +로 잡기로 한다. 벽이 하나만(예를 들어, W_1만) 존재하는 경우, (반대 극성을 띠는) 거울상 발생원을 S_1의 위치에 갖다 놓으면 벽을 제거할 수 있을 것이다. 그러나 벽이 두 개인 경우에는 벽 W_2 안에도 S_0의 거울상이 맺히게 된다. 이 거울상은 S_2라 하자. 그리고 이 거울상에 의해 W_1 안에 형성되는 거울상을 S_3라 하자. 그러면 S_1과 S_3는 또다시 W_2 안에 거울상 S_4와 S_6를 맺을 것이며, 이와 같은 식으로 거울상들이 계속 반복될 것이다. 중앙에 발생원이 놓여 있는 두 개의 평판 도체 사이에 형성되는 장은 무한개의 선형 발생원들이 a만큼의 거리를 두고 일렬로 늘어서 있는 경우에 만들어지는 장과 동일하다(사실 이것은 두 개의 평행한 거울 사이의 정중앙에 도선이 놓였을 때 눈에 보이는 상에 해당된다). 장의 값이 벽면에서 0이 되려면, 거울상 도선에 흐르는 전류의 극성이 그림과 같이 교대로 바뀌어야 한다. 다시 말해서, 이 전류들은 180° 어긋난 위상으로 진동한다는 뜻이다. 그러면 도파관 내부의 장은 일렬로 늘어선 무한개의 발생원에 의한 장의 중첩으로 볼 수 있다.

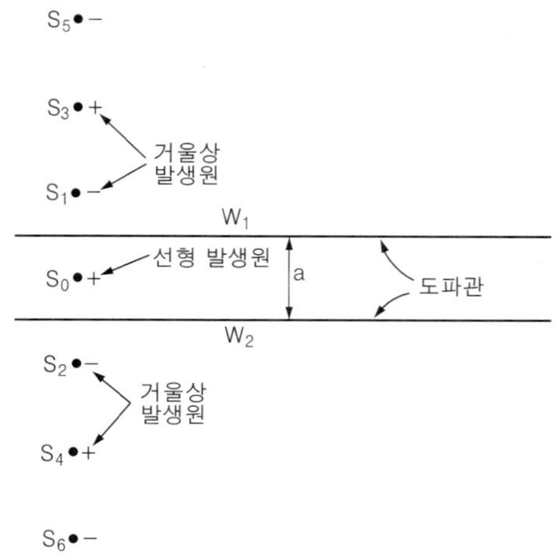

그림 24-15 전도판 W_1과 W_2 사이에 놓여 있는 선형 발생원 S_0. 두 벽은 거울상 발생원들의 무한 배열로 대체될 수 있다.

우리는 발생원 근처에 형성되는 장의 형태가 정적인 장과 매우 비슷하다는 사실을 알고 있다. 7-5절에서 확인한 바와 같이, 선형 발생원들의 그리드(grid of line sources)가 만들어 내는 정전기장은 (그리드에서 멀어짐에 따라 지수함수적으로 감소하는 항들을 제외하고) 대전된 판이 만들어 내는 장과 비슷하다. 단, 지금의 사례에서는 극성이 번갈아 가며 바뀌기 때문에 발생원의 세기는 평균적으로 0이다. 따라서 장은 거리에 따라 감소할 수밖에 없다. 발생원 근처에서는 가장 가까운 발생원에서 나오는 장의 영향이 가장 강하게 나타나며, 먼 거리에서는 수많은 발생원들의 영향이 모두 더해져서 평균적 효과가 0으로 사라진다. 이제 여러분은 차단 주파수 이하의 영역에서 도파관 내의 장이 지수함수적으로 감소하는 이유를 이해할 수 있을 것이다. 특히 저주파 영역에서는 정적인 근사법이 잘 맞으므로, 거리에 따른 장의 급격한 감쇠가 예상된다.

이제 정반대의 질문을 제기해 보자. "그렇다면 파동은 왜 전파되는 것일까?" 바로 여기에 자연의 신비가 숨어 있다! 파동이 전달되는 이유는, '높은 주파수에서는 장의 뒤처짐 효과가 위상에 추가적인 변화를 야기할 수 있고, 이로 인해 위상이 어긋난 발생원들의 장이 상쇄되지 않고 보강 간섭을 일으키기 때문'이다. 사실 우리는 제1권 29장에서 안테나들의 배열 또는 광학 회절격자(optical grating)에 의해 만들어진 장을 공부하면서 이런 문제를 다룬 적이 있다. 거기서 우리는 몇 개의 라디오 안테나를 적절히 배열해 놓으면, 어떤 한 방향으로는 강한 신호를 내보내지만 다른 쪽으로는 신호가 전혀 없는 간섭무늬를 만들어 낼 수 있다는 사실을 확인한 바 있다.

다시 그림 24-15로 돌아가서, 거울상 발생원들로부터 멀리 떨어진 곳에 도달하는 장을 살펴보자. 장의 세기는 주파수에 의존하는 특정 방향에서 강하게 나타날 것이다(즉, 모든 발생원에서 나온 장이 동일한 위상으로 보강 간섭을 일으키는 방향에서 장의 세기가 강하게 나타난다). 발생원으로부터 상당히 멀리 떨어진 곳에서는 장이 위에서 언급한 특정 방향을 향해 평면파 형태로 전파된다. 이때의 파동을 그림 24-16에 스케치해 놓았는데, 여기서 실선은 파동의 마루(crest)를 나타내고 점선은 파동의 골(trough)을 나타낸다. 파동의 방향은 인접한 두 개의 발생원에 대하여 파동 마루에 뒤처진 거리가 진동 주기의 절반에 해당되는 방향이다. 즉, 그림 24-16에서 r_2와 r_0의 차이가 자유 공간 파장의 절반이 되는 방향으로 전파된다는 뜻이다.

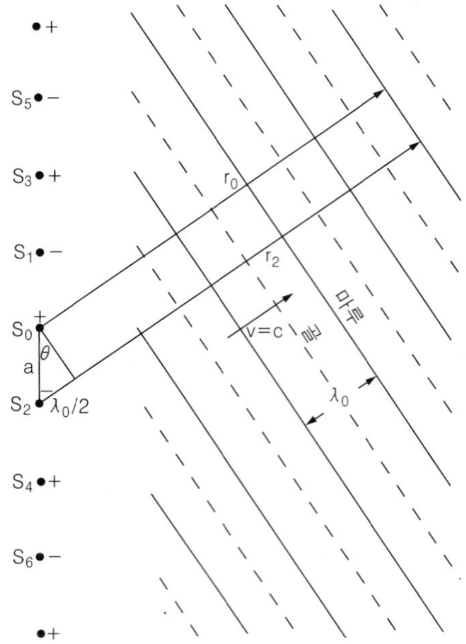

그림 24-16 선형 발생원의 배열로부터 비롯된 한 세트의 결맞음 파동들

$$r_2 - r_0 = \frac{\lambda_0}{2}$$

이때 각 θ는

$$\sin\theta = \frac{\lambda_0}{2a} \tag{24.33}$$

로 주어진다.

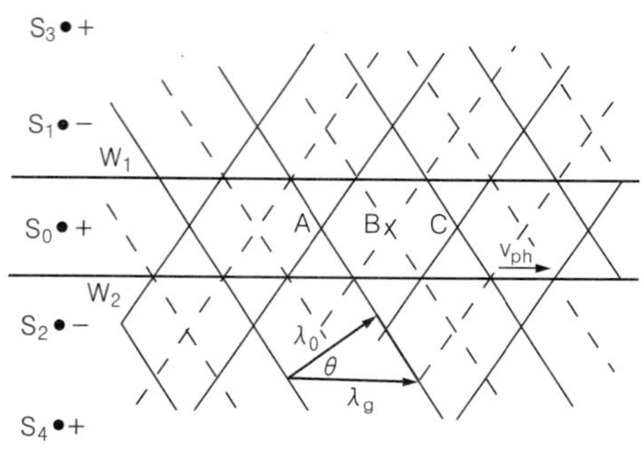

그림 24-17 도파관 내의 장은 두 평면파열(平面波列, trains of plane wave)의 중첩으로 볼 수 있다.

물론, 발생원의 배열에 대하여 대칭적인 각도를 이루며 아래쪽으로 전파되는 파동들도 존재한다. 완전한 도파관의 장은 (발생원에 너무 가깝지 않은 경우) 그림 24-17과 같이 두 파동 세트의 중첩으로 나타난다. 실제의 장은 정말로 이런 모습인데, 물론 장은 도파관의 두 벽 사이에만 존재한다.

*A*나 *C* 같은 점에서는 두 파동 무늬의 마루가 겹쳐지므로 장의 값은 최대가 된다. 또한 *B*와 같은 지점에서는 두 파동이 동시에 최소가 되기 때문에 장은 최소값(가장 큰 음의 값)을 갖는다. 시간이 지남에 따라 도파관 속의 장은 관을 따라 파장 λ_g로 전파되는 것처럼 보이는데, 이 파장은 *A*에서 *C*까지의 거리에 해당되며, 이 거리는 각도 θ와 다음과 같은 관계에 있다.

$$\cos\theta = \frac{\lambda_0}{\lambda_g} \tag{24.34}$$

θ에 대한 식 (24.33)을 이용하면

$$\lambda_g = \frac{\lambda_0}{\cos\theta} = \frac{\lambda_0}{\sqrt{1-(\lambda_0/2a)^2}} \tag{24.35}$$

가 얻어지는데, 이 결과는 식 (24.19)와 일치한다.

이제 여러분은 파동의 주파수가 차단 주파수 ω_0보다 클 때에 한하여 파동의 전파가 일어나는 이유를 알 수 있을 것이다. 만일 자유 공간에서의 파장이 $2a$보다 길다면, 그림 24-16과 같은 파동이 나타날 수 있는 각도가 존재하지 않는다. 필요한 보강 간섭은 λ_0가 $2a$ 밑으로 떨어질 때, 즉 ω가 $\omega_0 = \pi c/a$보다 커질 때 갑자기 나타난다.

주파수가 충분히 높은 경우에는 둘 이상의 방향에서 진행하는 파동이 동시에 나타날 수 있다. 지금의 경우, 이러한 현상은 $\lambda_0 < \frac{2}{3}a$일 때 나타나지만, 일반적으로는 $\lambda_0 < a$일 때도 나타날 수 있다. 이 추가적인 파동들은 앞서 언급한 바 있는 상위의 도파관 모드에 해당된다.

지금까지의 논리를 종합해 보면, 인도된 파동의 위상 속도가 c보다 빠른 이유와 ω의 값에 따라 속도가 달라지는 이유도 분명하게 알 수 있다. ω가 변하면 그림 24-16의 자유 파동의 각도가 변하기 때문에 도파관을 따라 전파되는 속도도 변하는 것이다.

위에서는 인도된 파동을 선형 발생원(line source)의 무한 배열에 의한 장의 중첩으로 묘사했지만, "자유 공간에서 두 세트의 파동이 마주 보는 두 개의 완전 거울(perfect mirror) 사이를 지그재그로 끊임없이 반사하며 지나간다"고 생각해도 똑같은 결론에 도달한다. 이때 염두에 둘 것은 반사가 일어날 때 위상이 역전된다는 사실이다. 이러한 반사파들이 식 (24.33)으로 주어지는 각도 θ를 향하지 않는다면, 모두 상쇄되어 사라질 것이다. 이렇듯 한 가지 현상은 여러 가지 방법으로 분석할 수 있다.

CHAPTER 25

전기동역학의 상대론적 표현

25-1 4차원 벡터

25-1 4차원 벡터
25-2 스칼라 곱(내적)
25-3 4차원 그래디언트
25-4 4차원 표기법으로 기술한 전기동역학
25-5 움직이는 전하의 4차원 퍼텐셜
25-6 전기동역학 방정식의 불변성

이 장에서는 빛의 속도 $c=1$인 단위를 사용하기로 한다.

복습 과제 :
제1권 15장 〈특수 상대성 이론〉
제1권 16장 〈상대론적 에너지와 운동량〉
제1권 17장 〈시공간〉
제2권 13장 〈정자기학〉

이 장에서는 전기동역학에 특수 상대성 이론을 적용해 보기로 하자. 특수 상대성 이론은 제1권 15장～17장에 걸쳐 이미 공부한 바 있으므로, 기본적인 개념만 간단하게 되짚은 후 곧바로 본론으로 들어갈 것이다.

관측자가 등속도로 움직일 때, 그의 눈에 보이는 물리 법칙은 변하지 않는다. 이것은 이론뿐만 아니라 실험적으로도 이미 확인된 사실이다. 우주선을 타고 있는 관측자는 자신이 우주공간에서 등속 직선 운동을 하고 있는지, 아니면 한 자리에 가만히 정지해 있는지를 판별할 수 없다. 진정한 물리 법칙이라면 이 사실을 분명하게 내포하고 있어야 한다.

S'이라는 좌표계가 다른 좌표계 S에 대하여 x방향으로 상대 속도 v로 등속 운동하는 경우, 두 좌표계의 시간과 공간 사이의 관계는 '로렌츠 변환(Lorentz transformation)'으로 주어진다.

$$\begin{aligned} t' &= \frac{t - vx}{\sqrt{1-v^2}}, \qquad & y' &= y \\ x' &= \frac{x - vt}{\sqrt{1-v^2}}, \qquad & z' &= z \end{aligned} \tag{25.1}$$

로렌츠 변환을 수행한 후에 얻어지는 새로운 물리 법칙은 변환하기 전의 물리 법칙과 형태상으로 동일해야 한다. 이는 "좌표계가 임의의 방향, 임의의 각도로 돌아가도 물리 법칙은 달라지지 않는다"는 원리와 같은 맥락에서 이해할 수 있다. 회전에 대한 물리 법칙의 불변성을 수학적으로 기술하려면, 일단 제1권 11장에서 공부했던 벡터를 사용하여 방정식을 적어야 한다.

예를 들어, 두 개의 벡터

$$\boldsymbol{A}=(A_x,\ A_y,\ A_z)\text{와} \qquad \boldsymbol{B}=(B_x,\ B_y,\ B_z)$$

가 있을 때, 다음과 같은 조합

$$\boldsymbol{A}\cdot\boldsymbol{B} = A_xB_x + A_yB_y + A_zB_z$$

는 회전된 좌표계에서 계산해도 달라지지 않는다. 따라서 어떤 방정식의 양변에 $\boldsymbol{A}\cdot\boldsymbol{B}$와 같은 스칼라 곱(scalar product, 내적)이 포함되어 있을 때, 이 방정식의 형태는 임의의 방향으로 돌아간 좌표계에서도 달라지지 않는다는 것을 알 수 있다. 또한 우리는 아래와 같은 연산자(2장 참조)

$$\nabla = \left(\frac{\partial}{\partial x}, \frac{\partial}{\partial y}, \frac{\partial}{\partial z}\right)$$

가 스칼라 함수에 가해졌을 때, 벡터처럼 변환되는 세 개의 양이 얻어진다는 사실도 알고 있다. 이 연산자로부터 그래디언트(gradient)가 정의되었고, 다른 벡터들과 조합하여 다이버전스(divergence)와 라플라시안(Laplacian)도 정의했다. 뿐만 아니라, 두 벡터의 성분들을 특정한 방식으로 잘 버무리면 벡터처럼 행동하는 세 개의 새로운 양을 얻어 낼 수 있는데, 이것이 바로 두 벡터의 외적(cross product)이다. 벡터의 컬(curl)은 외적과 ∇ 연산자로부터 정의된다.

이 장에서는 벡터 해석에서 얻은 결과들을 수시로 참조해야 하므로, 우선 과거에 자주 사용했던 3차원 벡터 연산을 정리해 두는 것이 좋겠다. 궁금한 사람들은 표 25-1을 참조하기 바란다. 여기서 중요한 것은 좌표의 회전에 대하여 양변이 동일한 방식으로 변환되도록 방정식을 쓸 수 있어야 한다는 것이다. 방정식의 좌변이 벡터라면, 우변도 벡터가 되어야 좌표계를 회전시켰을 때 양변이 동일한 방식으로 변할 수 있다. 이와 마찬가지로, 좌변이 스칼라인 경우에는 우변도 스칼라로 표현되어야 한다.

표 25-1

3차원 벡터 해석에서 중요한 양과 연산들

벡터의 정의	$\boldsymbol{A} = (A_x, A_y, A_z)$
내적	$\boldsymbol{A} \cdot \boldsymbol{B}$
벡터 미분 연산자	∇
그래디언트	$\nabla \varphi$
다이버전스	$\nabla \cdot \boldsymbol{A}$
라플라시안	$\nabla \cdot \nabla = \nabla^2$
외적	$\boldsymbol{A} \times \boldsymbol{B}$
컬	$\nabla \times \boldsymbol{A}$

특수 상대성 이론에서는 시간과 공간이 긴밀하게 얽혀 있기 때문에, 3차원 벡터 해석과 비슷한 작업을 4차원 공간에서 수행해야 한다. 물리학 방정식은 좌표의 회전에 대해서 뿐만 아니라 임의의 관성틀(inertial frame)에서 불변이어야 한다. 다시 말해서, 물리 법칙은 식 (25.1)로 주어진 로렌츠 변환에 대하여 불변이어야 한다는 뜻이다. 이 장의 목적은 이 사실을 확인하는 것이다. 우선, 계산상의 편의를 도모하고 혼란을 방지하기 위해, '빛의 속도 c가 1이 되도록' 시간과 길이의 단위를 잡아 주기로 하자. 다시 말해서, 빛이 1m를 진행하는 데 걸리는 시간(약 3×10^{-9}초)을 시간의 '기본 단위'로 선택하겠다는 뜻이다. 여러분은 이 시간 단위를 '1m'라고 부를 수도 있다. 방금 정의한 단위를 사용하면 물리 방정식의 시공간적 대칭성이 더욱 명확하게 드러날 뿐만 아니라, 상대성 이론의 수식에 약방의 감초처럼 시도 때도 없이 등장하는 상수 c가 모두 사라지게 된다(이 단위계가 불편하다면 t를 모두 ct로 대치하거나, 수식의 차원이 제대로 맞도록 필요한 곳에 c를 끼워 넣음으로써 원래의 단위를 복구할 수 있다). 이 작업이 끝났다면, 이제 시작할 준비가 된 셈이다. 우리의 계획은 3차원 공간에서 수행했던 벡터 해석을 4차원 시공간에서 수행하는 것인데, 이것은 한마디로 '거저먹기'에 가깝다. 3차원에서 했던 작업을 유추하여 4차원 시공간에 그대로 적용하면 된다. 다만, 이미 3차원에서 벡터 기호를 다 사용해 버렸기 때문에 눈에 익숙지 않은 문자를 사용해야 한다는 것과 부호가 조금 달라진다는 점이 다를 뿐이다.

먼저 3차원 벡터를 그대로 확장하여 네 개의 성분 a_t, a_x, a_y, a_z를 갖는 4차원 벡터(four-vector)를 정의한다. 이들을 등속 좌표계로 변환하면 t, x, y, z와 같은 방식으로 변환된다. 4차원 벡터는 사람마다 표기 방식이 제각각인데, 여기서는 $a_\mu = (a_t, a_x, a_y, a_z)$라고 쓰기로 한다. 아래 첨자 μ는 t, x, y, z 중 어떤 것도 취할 수 있다. 때로는 세 개의 공간 좌표 성분을 $a_\mu=(a_t,\ \boldsymbol{a})$와 같이 3차원 벡터로 표기하는 것이 편할 때도 있다.

우리는 제1권 17장에서 입자의 에너지와 운동량으로 이루어진 벡터를 4차원 벡터로 표기한 적이 있다. 방금 도입한 새로운 표기법에 따르면

$$p_\mu = (E,\ \boldsymbol{p}) \tag{25.2}$$

인데, 이것은 p_μ라는 4차원 벡터가 입자의 에너지 E와 3차원 벡터 $\boldsymbol{p}$의 세 성분으로 이루어져 있음을 의미한다.

이런 식으로 나간다면 4차원 벡터는 그야말로 '식은 죽 먹기'인 것 같다. 기존의 3차원 벡터에 대응하는 네 번째 성분을 알아내기만 하면 4차원 벡터를 만들어 낼 수 있을 것 같다. 그러나 사실은 전혀 그렇지 않다. 예를 들어, 다음과 같은 성분을 갖는 속도 벡터를 생각해 보자.

$$v_x = \frac{dx}{dt}, \qquad v_y = \frac{dy}{dt}, \qquad v_z = \frac{dz}{dt}$$

여기에 추가되어야 할 네 번째 성분, 즉 시간 성분은 과연 무엇일까? 4차원 벡터가 자연스러운 개념이라면, 직관적으로 생각해도 올바른 답에 도달할 수 있어야 한다. 4차원 벡터의 기본적 성질은 $t,\ x,\ y,\ z$와 같으므로, 4차원 속도 벡터의 시간 성분은

$$v_t = \frac{dt}{dt} = 1$$

이 될 것 같다. 그러나 이것은 틀린 답이다. 각 성분의 분모에 있는 t가 로렌츠 변환에 대하여 불변이 아니기 때문이다. 분자는 4차원 벡터의 성질에 잘 부합되지만, 분모의 dt가 문제를 일으키는 것이다. dt는 비대칭적인 인자로서, 좌표계가 달라지면 함께 달라져야 한다.

그렇다면 정답은 무엇일까? 위에 적어 놓은 4개의 속도 성분을 $\sqrt{1-v^2}$으로 나눈 것이 정답이다. 4차원 운동량 벡터

$$p_\mu = (E,\ \boldsymbol{p}) = \left(\frac{m_0}{\sqrt{1-v^2}},\ \frac{m_0\boldsymbol{v}}{\sqrt{1-v^2}}\right) \tag{25.3}$$

를 정지 질량 m_0(4차원 불변 스칼라)로 나누면

$$\frac{p_\mu}{m_0} = \left(\frac{1}{\sqrt{1-v^2}},\ \frac{\boldsymbol{v}}{\sqrt{1-v^2}}\right) \tag{25.4}$$

가 되는데, 이것은 분명한 4차원 벡터이므로 위의 답이 옳다는 것을 알 수 있다 (주어진 벡터를 불변 스칼라로 나누어도 벡터의 변환 특성은 달라지지 않는다). 따라서 '4차원 속도 벡터' u_μ는 다음과 같이 정의될 수 있다.

$$u_t = \frac{1}{\sqrt{1-v^2}}, \qquad u_y = \frac{v_y}{\sqrt{1-v^2}}$$
$$u_x = \frac{v_x}{\sqrt{1-v^2}}, \qquad u_z = \frac{v_z}{\sqrt{1-v^2}} \tag{25.5}$$

4차원 속도는 여러 가지 면에서 매우 유용한 양이다. 예를 들어,

$$p_\mu = m_0 u_\mu \tag{25.6}$$

는 양변이 모두 4차원 벡터로서, 상대론적으로 올바른 관계를 나타내고 있다(우변은 '불변량×4차원 벡터'의 형태이므로, 역시 4차원 벡터이다).

25-2 스칼라 곱(내적)

원점을 중심으로 좌표를 회전시켰을 때 원점으로부터 한 점까지의 거리가 변하지 않는다는 것은 생각하기에 따라 '우연'이라고 볼 수도 있다. 이것은 수학적으로 $r^2=x^2+y^2+z^2$이 불변임을 뜻한다. 다시 말해서, 회전 변환 후에 $r'^2=r^2$, 즉

$$x'^2+y'^2+z'^2 = x^2+y^2+z^2$$

이 성립한다는 것이다. 그렇다면 로렌츠 변환에서도 이와 유사한 불변량이 존재할까? 그렇다, 존재한다. 식 (25.1)을 이용하여 계산해 보면

$$t'^2 - x'^2 = t^2 - x^2$$

임을 쉽게 확인할 수 있다. 꽤 만족스럽긴 하지만, 이 식은 x방향이라는 특정 방향에 의존한다는 문제가 있다. 이 문제는 y^2과 z^2을 함께 빼 줌으로써 해결할 수 있다. 이렇게 하면 임의의 로렌츠 변환에 회전 변환을 '추가해도' 이 양은 불변으로 남을 것이다. 따라서 3차원의 r^2에 대응되는 4차원 양은

$$t^2 - x^2 - y^2 - z^2$$

이다. 이 양은 '완전 로렌츠 군(complete Lorentz group)'이라 불리는 변환[등속 병진(평행 이동) 및 모든 회전을 포함하는 변환]에 대하여 불변이다.

그런데 이 불변성은 식 (25.1)의 변환 규칙(물론 회전도 포함해서)에 의존하는 대수적 성질이므로, (이들이 모두 동일한 방식으로 변환된다는 정의에 따라) 임의의 4차원 벡터에 대해서도 여전히 성립한다. 그러므로 임의의 4차원 벡터 a_μ는

$$a'^2_t - a'^2_x - a'^2_y - a'^2_z = a_t^2 - a_x^2 - a_y^2 - a_z^2$$

을 만족한다. 이 양을 4차원 벡터 a_μ의 '길이의 제곱'이라 부르기로 한다(경우에 따라 위의 모든 항의 부호들을 정반대로 바꿔서 $a_x^2+a_y^2+a_z^2-a_t^2$으로 정의하는 경우도 있으므로 부호에 주의를 기울여야 한다).

두 개의 4차원 벡터 a_μ와 b_μ가 있을 때, 서로 대응되는 성분들이 똑같이 변

환된다면 다음의 조합

$$a_t b_t - a_x b_x - a_y b_y - a_z b_z$$

도 역시 불변량(4차원 스칼라)이다(이것은 제1권 17장에서 이미 증명한 바 있다). 보다시피 이것은 3차원 벡터의 내적과 아주 유사하다. 앞으로 위의 식을 4차원 벡터의 '내적(dot product)' 또는 '스칼라 곱(scalar product)'이라 부르기로 한다. 이왕이면 이 내적을 $a_\mu \cdot b_\mu$라고 써서 정말로 도트 곱처럼 보이게 하면 좋겠지만, 불행히도 이런 식으로 표기하는 사람은 없다. 4차원 벡터의 내적은 도트를 빼고 쓰는 것이 일반적인 표기법이다. 우리도 관례를 따라 $a_\mu b_\mu$로 표기할 것이다. 따라서 정의에 의해

$$a_\mu b_\mu = a_t b_t - a_x b_x - a_y b_y - a_z b_z \tag{25.7}$$

이다. 식 (25.7)의 좌변과 같이 두 개의 똑같은 아래 첨자(때로는 μ 대신 ν나 α 등 다른 문자를 사용하는 경우도 있다)가 중복되어 있으면, 성분별로 네 번의 곱을 취한 다음 이들을 모두 더한다는 의미를 담고 있다. 이때 공간 성분의 곱에는 '마이너스 부호'가 붙는다는 것을 잊지 말아야 한다. 이상의 규약에 의하면, 로렌츠 변환에 대해 불변인 스칼라 곱은 다음과 같이 쓸 수 있다.

$$a'_\mu b'_\mu = a_\mu b_\mu$$

식 (25.7)의 마지막 세 개의 항은 3차원에서의 스칼라 내적에 해당되므로, 종종 아래와 같이 쓰기도 한다.

$$a_\mu b_\mu = a_t b_t - \boldsymbol{a} \cdot \boldsymbol{b}$$

또한 이 표기법에 따르면 위에서 언급했던 4차원 길이는 $a_\mu a_\mu$로 쓸 수 있다(좀 더 정확히 말하면 길이가 아니라 '길이의 제곱'이다 : 옮긴이).

$$a_\mu a_\mu = a_t^2 - a_x^2 - a_y^2 - a_z^2 = a_t^2 - \boldsymbol{a} \cdot \boldsymbol{a} \tag{25.8}$$

편의를 위해, 위의 양을 a_μ^2이라고 쓰기도 한다.

$$a_\mu^2 \equiv a_\mu a_\mu$$

이제, 4차원 벡터의 내적이 얼마나 유용한지를 보여 주는 하나의 사례를 들어 보자. 반양성자($\overline{\mathrm{P}}$)는 대형 가속기 안에서 다음과 같은 반응을 통해 생성된다.

$$\mathrm{P} + \mathrm{P} \rightarrow \mathrm{P} + \mathrm{P} + \mathrm{P} + \overline{\mathrm{P}}$$

즉, 에너지를 띤 양성자가 정지 상태의 양성자[예를 들어, 빔(beam) 속에 놓여 있는 수소 원자 표적]에 충돌했을 때, 입사된 양성자가 충분한 에너지를 갖고 있다면 두 개의 원래 양성자 쌍 이외에 새로운 양성자-반양성자 쌍이 추가로 생성될 수 있다.* 여기서 질문 하나—에너지의 관점에서 이러한 반응이 가능하려면 입사된 양성자는 얼마나 큰 에너지를 갖고 있어야 할까?

질량 중심계(CM-system)에서 이 반응을 분석해 보면 답을 쉽게 얻을 수

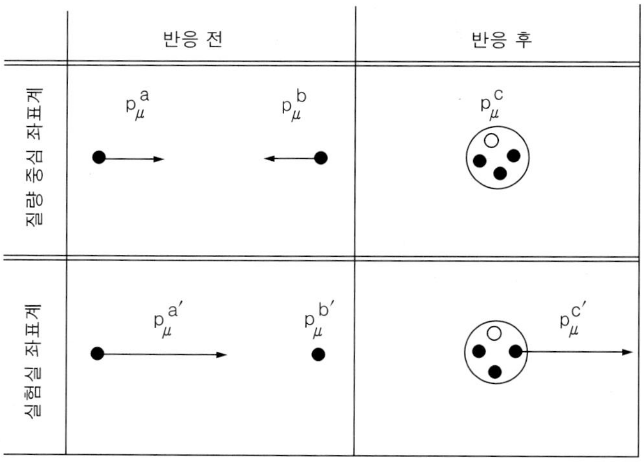

그림 25-1 실험실계와 질량 중심계에서 본 $P+P \rightarrow 3P+\overline{P}$ 반응. 입사된 양성자는 반응이 일어나는 데 필요한 최소한의 에너지를 갖고 있다고 가정한다. 검은색 원은 양성자, 흰색 원은 반양성자를 나타낸다.

있다(그림 25-1 참조). 입사하는 양성자를 a라 하고, a의 4차원 운동량(four-momentum)을 $p_\mu{}^a$이라 하자. 그리고 표적 양성자를 b라 하고, b의 4차원 운동량을 $p_\mu{}^b$이라 하자. 만일 입사된 양성자가 위의 반응이 '간신히' 일어날 정도의 에너지만을 갖고 있다면, 질량 중심계에서 봤을 때 최종 상태(충돌 이후의 상태)는 세 개의 정지된 양성자와 한 개의 반양성자가 뭉쳐 있는 덩어리로 보일 것이다. 입사 에너지가 이보다 조금 높으면 최종 상태의 입자들은 약간의 운동 에너지를 갖게 되어 흩어져 버릴 것이다. 그리고 입사 에너지가 이보다 조금 작으면 에너지가 충분치 못하여 네 개의 입자들이 생성되지 않을 것이다.

최종 상태에서 전체 덩어리의 총 4차원 운동량을 $p_\mu{}^c$이라고 하면, 에너지와 운동량 보존 법칙에 의하여 다음과 같은 관계가 성립한다.

$$\boldsymbol{p}^a + \boldsymbol{p}^b = \boldsymbol{p}^c$$

$$E^a + E^b = E^c$$

위의 두 식을 결합하면 다음과 같이 쓸 수 있다.

$$p_\mu{}^a + p_\mu{}^b = p_\mu{}^c \tag{25.9}$$

여기서 중요한 것은 식 (25.9)가 4차원 벡터들 사이에 성립하는 식이기 때문에, 임의의 관성계에서도 성립한다는 것이다. 이 사실을 이용하면 계산을 단순화시킬 수 있다. 먼저, 식 (25.9)에서 좌, 우변의 '길이'를 취한다. 물론 이 값은 서로 같다. 따라서

---

* 여기서 여러분은 다음과 같은 질문을 제기할 수도 있다. "아래의 반응 과정

$$P + P \rightarrow P + P + \overline{P}$$

이나, 또는

$$P + P \rightarrow P + \overline{P}$$

는 본문에 제시된 반응보다 에너지가 적게 소모되는데, 왜 이런 과정은 고려하지 않는 겁니까?" 답은 다음과 같다. '양성자의 개수에서 반양성자의 개수를 뺀 수'는 바리온 보존 법칙(conservation of baryon)에 의해 반응 전과 반응 후에 달라지지 않아야 한다. 우리 반응식의 좌변에서 이 값은 2이다. 따라서 우변에 반양성자가 나오도록 하려면 세 개의 양성자(또는 다른 바리온)가 있어야 한다.

$$(p_\mu{}^a + p_\mu{}^b)(p_\mu{}^a + p_\mu{}^b) = p_\mu{}^c p_\mu{}^c \tag{25.10}$$

을 얻게 된다. $p_\mu{}^c p_\mu{}^c$은 불변량이므로 어떤 좌표계에서 값을 계산하더라도 결과는 변하지 않는다. 질량 중심계에서 $p_\mu{}^c$의 시간 성분은 양성자 네 개의 정지 에너지, 즉 $4M$이고, 공간 성분 $\boldsymbol{p}$는 0이므로 $p_\mu{}^c = (4M,\ 0)$이다. 여기서 우리는 반양성자의 정지 질량이 양성자의 정지 질량과 같다는 사실을 이용했으며, 이 값을 M으로 표기하였다.

따라서 식 (25.10)은

$$p_\mu{}^a p_\mu{}^a + 2p_\mu{}^a p_\mu{}^b + p_\mu{}^b p_\mu{}^b = 16M^2 \tag{25.11}$$

으로 쓸 수 있다. 여기까지 왔다면 $p_\mu{}^a p_\mu{}^a$와 $p_\mu{}^b p_\mu{}^b$을 아주 쉽게 계산할 수 있다. 모든 입자의 4차원 운동량 벡터의 '길이'는 그 입자의 질량을 제곱한 값과 같다.

$$p_\mu p_\mu = E^2 - \boldsymbol{p}^2 = M^2$$

이것은 직접 계산을 통해서 증명할 수도 있지만, 입자가 '정지해 있을 때' $p_\mu = (M,\ 0)$이므로 $p_\mu p_\mu = M^2$이라는 사실을 이용하면 더욱 쉽게 증명할 수 있다. 그런데 이것은 불변량이기 때문에, 임의의 관성틀에서 항상 M^2의 값을 갖는다. 이 결과를 식 (25.11)에 적용하면

$$\begin{aligned} 2p_\mu{}^a p_\mu{}^b &= 14M^2 \\ p_\mu{}^a p_\mu{}^b &= 7M^2 \end{aligned} \tag{25.12}$$

이 된다.

이번에는 $p_\mu{}^a p_\mu{}^b$을 실험실계(laboratory system)에서 계산해 보자. 4차원 벡터 $p_\mu{}^a$은 $(E^a,\ \boldsymbol{p}^a)$이고, $p_\mu{}^b$은 양성자가 정지해 있는 상황을 묘사하고 있으므로 $(M,\ 0)$이다. 따라서 $p_\mu{}^a p_\mu{}^b$은 ME^a과 같아야 한다. 그런데 스칼라 곱은 어디서나 불변량이므로, 이 값은 식 (25.12)에서 얻은 값과 수치상으로 같아야 한다. 즉,

$$E^a = 7M$$

이며, 이것이 바로 우리가 찾던 답이다. 다시 말해서, 입사하는 양성자의 총 에너지는 적어도 $7M$($M = 938$Mev이므로 대략 6.6Gev)보다 커야 한다. 정지 질량 M을 제외시킨다면 '운동 에너지'가 적어도 $6M$(대략 5.6Gev)보다 커야 한다는 뜻이다. 버클리(Berkeley)에 있는 베바트론(Bevatron) 가속기는 양성자를 대략 6.2Gev의 운동 에너지로 가속시켜 반양성자를 만들어 내고 있다.

스칼라 곱은 불변량이기 때문에, 언제나 우리의 관심을 끈다. 4차원 속도의 '길이'인 $u_\mu u_\mu$는 어떻게 될까?

$$u_\mu u_\mu = u_t^2 - \boldsymbol{u}^2 = \frac{1}{1-v^2} - \frac{v^2}{1-v^2} = 1$$

따라서 u_μ는 '4차원 단위 벡터'이다.

25-3 4차원 그래디언트

다음으로, 4차원에서 그래디언트 연산을 생각해 보자. 제1권의 14장에서 언급했던 대로 3차원 그래디언트는 세 개의 미분 연산자 $\partial/\partial x$, $\partial/\partial y$, $\partial/\partial z$로 이루어져 있으며, 좌표를 변환시켰을 때 벡터와 동일한 방식으로 변환된다. 4차원 그래디언트도 이와 동일한 특성을 갖고 있어야 한다. 과연 어떻게 생겼을까? 3차원 그래디언트를 그대로 확장시킨 $(\partial/\partial t, \partial/\partial x, \partial/\partial y, \partial/\partial z)$일까?

애석하게도 위의 추측은 틀렸다. 오류를 확인하기 위해, 오직 x와 t에 의존하는 스칼라 함수 ϕ를 생각해 보자. x를 일정하게 유지한 채 t를 Δt만큼 변화시켰을 때, ϕ에 나타나는 변화는 다음과 같다.

$$\Delta\phi = \frac{\partial\phi}{\partial t}\,\Delta t \tag{25.13}$$

그러나 움직이는 관찰자가 볼 때, 이 변화량은

$$\Delta\phi = \frac{\partial\phi}{\partial x'}\,\Delta x' + \frac{\partial\phi}{\partial t'}\,\Delta t'$$

으로 나타난다. 여기서 $\Delta x'$과 $\Delta t'$은 식 (25.1)을 이용하여 Δt로 표현할 수 있다. x가 고정되어 있으면 $\Delta x = 0$이므로 다음과 같이 쓸 수 있다.

$$\Delta x' = -\frac{v}{\sqrt{1-v^2}}\,\Delta t, \qquad \Delta t' = \frac{\Delta t}{\sqrt{1-v^2}}$$

따라서,

$$\begin{aligned}\Delta\phi &= \frac{\partial\phi}{\partial x'}\left(-\frac{v}{\sqrt{1-v^2}}\,\Delta t\right) + \frac{\partial\phi}{\partial t'}\left(\frac{\Delta t}{\sqrt{1-v^2}}\right)\\ &= \left(\frac{\partial\phi}{\partial t'} - v\,\frac{\partial\phi}{\partial x'}\right)\frac{\Delta t}{\sqrt{1-v^2}}\end{aligned}$$

이다. 이 결과를 식 (25.13)과 비교하면 다음의 관계를 유도할 수 있다.

$$\frac{\partial\phi}{\partial t} = \frac{1}{\sqrt{1-v^2}}\left(\frac{\partial\phi}{\partial t'} - v\,\frac{\partial\phi}{\partial x'}\right) \tag{25.14}$$

이와 비슷한 계산을 반복하면 x에 대한 편미분도 구할 수 있다.

$$\frac{\partial\phi}{\partial x} = \frac{1}{\sqrt{1-v^2}}\left(\frac{\partial\phi}{\partial x'} - v\,\frac{\partial\phi}{\partial t'}\right) \tag{25.15}$$

이 결과를 놓고 보면, 4차원 그래디언트의 이상한 점이 발견된다. x와 t를 x'과 t'으로 나타낸 식[식 (25.1)로부터 구할 수 있다]은 다음과 같다.

$$t = \frac{t' + vx'}{\sqrt{1-v^2}}, \qquad x = \frac{x' + vt'}{\sqrt{1-v^2}}$$

모든 4차원 벡터들은 반드시 위의 변환 식을 따라야 한다. 그런데 식 (25.14)와 (25.15)를 보면 부호가 두 군데 틀려 있다!

4차원에서 올바른 그래디언트는 $(\partial/\partial t, \nabla)$이 아니라, $(\partial/\partial t, -\nabla)$이다. 이 것을 간단하게 ∇_μ로 표기하기로 한다.

$$\nabla_\mu = \left(\frac{\partial}{\partial t}, -\nabla\right) = \left(\frac{\partial}{\partial t}, -\frac{\partial}{\partial x}, -\frac{\partial}{\partial y}, -\frac{\partial}{\partial z}\right) \tag{25.16}$$

이와 같은 정의를 채택하면 위에서 나타났던 부호상의 문제는 사라지고 ∇_μ는 4차원 벡터처럼 행동하게 된다(벡터의 정의에 마이너스 부호가 들어 있는 것이 좀 어색하긴 하지만, 벡터 변환의 규칙을 따르려면 어쩔 수 없다). ∇_μ가 4차원 벡터처럼 행동한다는 것은, 스칼라에 4차원 그래디언트를 취했을 때 4차원 벡터가 된다는 것을 의미한다. 즉, ϕ가 진정한 스칼라 불변 장(로렌츠 불변)이라면, $\nabla_\mu\phi$는 4차원 벡터장이 된다는 뜻이다.

지금까지 우리는 4차원에서 벡터와 그래디언트, 그리고 내적을 정의했다. 다음으로 할 일은 3차원 다이버전스에 대응하는 불변량을 찾는 것이다. 3차원의 경우로부터 유추해 보면, 시간과 공간의 함수를 성분으로 갖는 4차원 벡터장 b_μ에 대한 다이버전스는 $\nabla_\mu b_\mu$임이 분명하다. 4차원 벡터 $b_\mu = (b_t, \boldsymbol{b})$의 다이버전스는 ∇_μ와 b_μ의 내적으로 정의된다.

$$\begin{aligned}\nabla_\mu b_\mu &= \frac{\partial}{\partial t} b_t - \left(-\frac{\partial}{\partial x}\right) b_x - \left(-\frac{\partial}{\partial y}\right) b_y - \left(-\frac{\partial}{\partial z}\right) b_z \\ &= \frac{\partial}{\partial t} b_t + \nabla\cdot\boldsymbol{b}\end{aligned} \tag{25.17}$$

여기서 $\nabla\cdot\boldsymbol{b}$는 3차원 벡터 $\boldsymbol{b}$의 통상적인 3차원 다이버전스(three-divergence)를 의미한다. 여기서 특히 부호에 주의해야 하는데, 마이너스 부호들 중 일부는 스칼라 곱의 정의, 즉 식 (25.7)로부터 나온 것이고, 나머지는 식 (25.16)에서 ∇_μ의 공간 성분들이 $-\partial/\partial x$ 등으로 되어 있기 때문에 나온 것이다. 식 (25.17)로 정의된 다이버전스는 4차원 불변량이므로, 로렌츠 변환으로 연결되는 모든 좌표계에서 동일한 값을 준다.

4차원 다이버전스(four-divergence)가 등장하는 물리적 사례를 들어 보자. 이 예제를 잘 이용하면 움직이는 도선 주위의 장을 구할 수 있다. 우리는 13-7절에서 전하 밀도 ρ와 전류 밀도 $\boldsymbol{j}$가 4차원 벡터 $j_\mu = (\rho, \boldsymbol{j})$를 이룬다는 사실을 확인한 바 있다. 대전되지 않은 도선에 전류 j_x가 흐르고 있을 때, 이 도선에 대하여 (x축 방향으로) v의 속도로 움직이는 좌표계에서 보면 도선은 다음과 같은 전하 밀도와 전류 밀도를 띠고 있는 것처럼 보일 것이다[로렌츠 변환 식 (25.1)로부터 구할 수 있다].

$$\rho' = \frac{-vj_x}{\sqrt{1-v^2}}, \qquad j_x' = \frac{j_x}{\sqrt{1-v^2}}$$

우리는 13장에서 이와 같은 식을 얻은 적이 있다. 이제, 이 발생원들을 '움직이는 계'의 맥스웰 방정식에 적용하면 장을 계산할 수 있다.

4차원 벡터 표기법을 사용하면 13-2절의 전하 보존 법칙도 간단한 형태로 표현할 수 있다. j_μ의 4차원 다이버전스를 생각해 보자.

$$\nabla_\mu j_\mu = \frac{\partial \rho}{\partial t} + \boldsymbol{\nabla} \cdot \boldsymbol{j} \tag{25.18}$$

전하 보존 법칙은 단위 부피당 전류의 유출이 전하 밀도의 감소율과 일치해야 한다는 것을 말해 주고 있다. 다시 말해서,

$$\boldsymbol{\nabla} \cdot \boldsymbol{j} = -\frac{\partial \rho}{\partial t}$$

가 되어야 한다는 뜻이다. 이것을 식 (25.18)에 대입하면 전하 보존 법칙은 다음과 같이 간단한 형태를 취하게 된다.

$$\nabla_\mu j_\mu = 0 \tag{25.19}$$

$\nabla_\mu j_\mu$는 불변의 스칼라이기 때문에, 임의의 한 좌표계에서 0이 되면 모든 좌표계에서 0이 되어야 한다. 즉, 한 좌표계에서 전하가 보존된다면 등속도로 운동하는 모든 좌표계에서 전하가 보존된다는 결론이 내려지는 것이다.

그래디언트 연산자 ∇_μ로 자기 자신끼리 내적(스칼라 곱)을 취하면 어떻게 될까? 3차원에서 그래디언트 연산자의 내적은 라플라시안이었다.

$$\nabla^2 = \boldsymbol{\nabla} \cdot \boldsymbol{\nabla} = \frac{\partial^2}{\partial x^2} + \frac{\partial^2}{\partial y^2} + \frac{\partial^2}{\partial z^2}$$

그렇다면 4차원에서는 어떤 결과가 나올 것인가? 이 계산은 별로 어렵지 않다. 벡터의 내적과 그래디언트의 정의를 그대로 따라가면

$$\begin{aligned}\nabla_\mu \nabla_\mu &= \frac{\partial}{\partial t}\frac{\partial}{\partial t} - \left(-\frac{\partial}{\partial x}\right)\left(-\frac{\partial}{\partial x}\right) - \left(-\frac{\partial}{\partial y}\right)\left(-\frac{\partial}{\partial y}\right) - \left(-\frac{\partial}{\partial z}\right)\left(-\frac{\partial}{\partial z}\right) \\ &= \frac{\partial^2}{\partial t^2} - \nabla^2\end{aligned}$$

이 된다. 이 연산자는 3차원 라플라시안의 '4차원 버전'으로서, 이름은 '달랑베르시안(D'Alembertian)'이고 다음과 같이 특별한 기호로 표현된다.

$$\Box^2 = \nabla_\mu \nabla_\mu = \frac{\partial^2}{\partial t^2} - \nabla^2 \tag{25.20}$$

정의에 따르면 달랑베르시안 역시 불변의 스칼라 연산자이다. 이 연산자가 4차원 벡터장에 가해지면 새로운 4차원 벡터장이 만들어진다[일부 사람들은 달랑베시안을 식 (25.20)과 반대 부호로 정의하여 사용하고 있으므로, 관련 문헌을 읽을 때 주의해야 한다].

이로써 우리는 표 25-1에서 나열된 3차원 양들의 '4차원 버전'을 대부분 찾아냈다(외적과 컬의 4차원 버전은 아직 언급하지 않았다. 이들은 다음 장에서 구할 예정이다). 지금까지 얻어진 결과들은 표 25-2에 정리되어 있다.

표 25-2

3차원, 4차원 벡터 해석에서 중요한 양들

	3차원	4차원
벡터	$\boldsymbol{A}=(A_x,\ A_y,\ A_z)$	$a_\mu=(a_t,\ a_x,\ a_y,\ a_z)=(a_t,\ \boldsymbol{a})$
스칼라 곱	$\boldsymbol{A}\cdot\boldsymbol{B}=A_xB_x+A_yB_y+A_zB_z$	$a_\mu b_\mu=a_tb_t-a_xb_x-a_yb_y-a_zb_z=a_tb_t-\boldsymbol{a}\cdot\boldsymbol{b}$
벡터 연산자	$\boldsymbol{\nabla}=(\partial/\partial x,\ \partial/\partial y,\ \partial/\partial z)$	$\nabla_\mu=(\partial/\partial t,\ -\partial/\partial x,\ -\partial/\partial y,\ -\partial/\partial z)=(\partial/\partial t,\ -\boldsymbol{\nabla})$
그래디언트	$\boldsymbol{\nabla}\psi=\left(\frac{\partial\psi}{\partial x},\frac{\partial\psi}{\partial y},\frac{\partial\psi}{\partial z}\right)$	$\nabla_\mu\varphi=\left(\frac{\partial\varphi}{\partial t},-\frac{\partial\varphi}{\partial x},-\frac{\partial\varphi}{\partial y},-\frac{\partial\varphi}{\partial z}\right)=\left(\frac{\partial\varphi}{\partial t},-\boldsymbol{\nabla}\varphi\right)$
다이버전스	$\boldsymbol{\nabla}\cdot\boldsymbol{A}=\frac{\partial A_x}{\partial x}+\frac{\partial A_y}{\partial y}+\frac{\partial A_z}{\partial z}$	$\nabla_\mu a_\mu=\frac{\partial a_t}{\partial t}+\frac{\partial a_x}{\partial x}+\frac{\partial a_y}{\partial y}+\frac{\partial a_z}{\partial z}=\frac{\partial a_t}{\partial t}+\boldsymbol{\nabla}\cdot\boldsymbol{a}$
라플라시안과 달랑베르시안	$\boldsymbol{\nabla}\cdot\boldsymbol{\nabla}=\frac{\partial^2}{\partial x^2}+\frac{\partial^2}{\partial y^2}+\frac{\partial^2}{\partial z^2}$	$\nabla_\mu\nabla_\mu=\frac{\partial^2}{\partial t^2}-\frac{\partial^2}{\partial x^2}-\frac{\partial^2}{\partial y^2}-\frac{\partial^2}{\partial z^2}=\frac{\partial^2}{\partial t^2}-\nabla^2=\Box^2$

25-4 4차원 표기법으로 기술한 전기동역학

구체적인 이름을 거론하진 않았지만, 우리는 18-6절에서 달랑베르시안 연산자와 마주친 적이 있다. 거기서 얻었던 미분 방정식들을 새로운 표기법으로 쓰면 다음과 같다.

$$\Box^2\phi=\frac{\rho}{\epsilon_0},\qquad \Box^2\boldsymbol{A}=\frac{\boldsymbol{j}}{\epsilon_0}\tag{25.21}$$

식 (25.21)에서 두 식의 우변에 있는 네 개의 양들은 ρ, j_x, j_y, j_z를 ϵ_0로 나눈 값인데, ϵ_0는 모든 틀(frame)에서 동일한 전하 단위를 사용한다면 모든 좌표계에서 변하지 않는 보편 상수(universal constant)이다. 따라서 ρ/ϵ_0, j_x/ϵ_0, j_y/ϵ_0, j_z/ϵ_0는 4차원 벡터와 동일한 형식으로 변환되며, 이들을 한데 엮어서 j_μ/ϵ_0로 쓰기로 한다. 좌표계가 변해도 달랑베르시안은 변하지 않으므로 ϕ, A_x, A_y, A_z도 4차원 벡터처럼 변환되어야 한다. 즉, 이들이 4차원 벡터의 성분을 이룬다는 뜻이다.

$$A_\mu=(\phi,\ \boldsymbol{A})$$

는 4차원 벡터이다. 보다시피, 스칼라 퍼텐셜과 벡터 퍼텐셜은 동일한 물리량의 서로 다른 측면이다. 간단히 말해서, 이들은 한 식구인 것이다. 이들을 한데 묶어 놓고 다니면 자연계의 상대론적 불변성이 명확하게 드러난다. 이 A_μ를 '4차원 퍼텐셜(four-potential)'이라고 한다.

4차원 벡터 표기법에 따르면 식 (25.21)은 간단히

$$\Box^2A_\mu=\frac{j_\mu}{\epsilon_0}\tag{25.22}$$

로 표현된다. 사실, 이 방정식의 물리적 의미는 맥스웰 방정식과 완전히 동일하다. 그러나 맥스웰 방정식을 이렇게 우아한 형태로 다시 쓸 수 있다는 것은 물리학자만이 누릴 수 있는 기쁨이기도 하다. 뿐만 아니라, 식 (25.22)는 다른 의미도 담고 있다. 이 방정식에는 로렌츠 변환에 대한 전기동역학의 불변성이 직접적으로 드러나 있는 것이다.

기존의 맥스웰 방정식에 다음과 같은 게이지 조건(gauge condition)

$$\frac{\partial \phi}{\partial t} + \nabla \cdot \boldsymbol{A} = 0 \tag{25.23}$$

즉, $\nabla_\mu A_\mu = 0$을 부여하면 식 (25.21)을 유도할 수 있다. 이 게이지 조건의 내용은 4차원 벡터 A_μ의 다이버전스가 0이라는 것이다. 이 조건을 '로렌츠 조건(Lorentz condition)'이라고 한다. 로렌츠 조건은 생긴 모양 자체가 불변 형식이므로, 맥스웰 방정식이 모든 관성틀에서 식 (25.22)의 형태를 유지하게 되기 때문에 매우 편리한 조건이라 할 수 있다.

25-5 움직이는 전하의 4차원 퍼텐셜

앞에서 말한 내용에 포함되어 있긴 하지만, 움직이는 계에서 본 ϕ와 $\boldsymbol{A}$를 정지된 계의 ϕ와 $\boldsymbol{A}$로 나타내는 변환 법칙을 알아보자. $A_\mu = (\phi, \boldsymbol{A})$는 4차원 벡터이므로 변환 식은 식 (25.1)과 동일한 형태이어야 한다. 물론 이때는 t를 ϕ로, 그리고 $\boldsymbol{x}$를 $\boldsymbol{A}$로 대치시켜야 한다.

$$\begin{aligned} \phi' &= \frac{\phi - vA_x}{\sqrt{1-v^2}}, \qquad & A_y' &= A_y \\ A_x' &= \frac{A_x - v\phi}{\sqrt{1-v^2}}, \qquad & A_z' &= A_z \end{aligned} \tag{25.24}$$

이 식은 변환된(프라임이 붙은) 좌표계가 원래의(unprimed) 좌표계에 대하여 $+x$방향을 향해 속도 v로 움직이고 있다는 전제하에서 유도된 것이다.

4차원 퍼텐셜 개념이 얼마나 유용한지를 보여 주는 하나의 예를 들어 보자. 전하 q를 띤 입자가 x축을 따라 v의 속도로 움직이고 있을 때, 벡터 퍼텐셜과 스칼라 퍼텐셜은 어떻게 될까? 입자와 함께 움직이는 좌표계에서 생각하면 쉽게 해결할 수 있다. 이 좌표계에서는 전하가 정지해 있기 때문이다. 그림 25-2와 같이 전하가 S'계의 원점에 위치해 있다고 가정하자. 그러면 S' 스칼라 퍼텐셜은

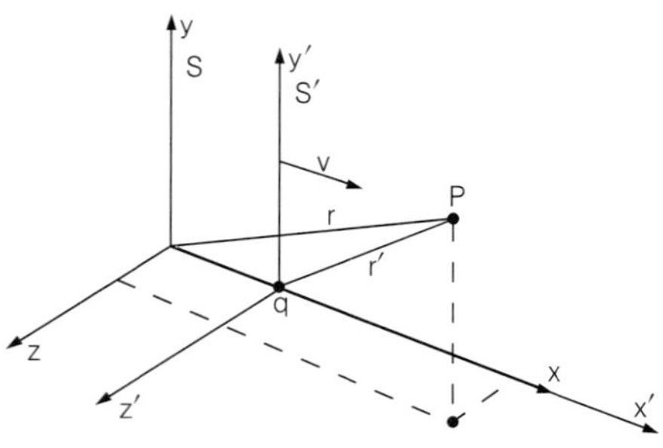

그림 25-2 S'계는 S계에 대하여 속도 v로(x 방향으로) 움직이고 있다. S'의 원점에 정지해 있는 전하는 S계에서 볼 때 $x = vt$ 지점에 있다. 점 P에서의 퍼텐셜은 모든 기준틀에서 계산할 수 있다.

$$\phi' = \frac{q}{4\pi\epsilon_0 r'} \tag{25.25}$$

로 주어진다. 여기서 r'은 입자 q에서 장의 관측 지점까지의 거리를 움직이는 계(S')에서 측정한 값이다. 전하가 고정되어 있으므로 벡터 퍼텐셜 $\boldsymbol{A}'$은 0이다.

이제 정지된 좌표계에서 바라본 ϕ와 $\boldsymbol{A}$는 쉽게 구할 수 있다. 우선, 식 (25.24)의 역 관계식은 다음과 같다.

$$\begin{aligned} \phi &= \frac{\phi' + vA_x'}{\sqrt{1-v^2}}, \qquad & A_y &= A_y' \\ A_x &= \frac{A_x' + v\phi'}{\sqrt{1-v^2}}, \qquad & A_z &= A_z' \end{aligned} \tag{25.26}$$

식 (25.25)로 주어진 ϕ'과 $\boldsymbol{A}'=0$을 위 식에 대입하면

$$\begin{aligned} \phi &= \frac{q}{4\pi\epsilon_0}\,\frac{1}{r'\sqrt{1-v^2}} \\ &= \frac{q}{4\pi\epsilon_0}\,\frac{1}{\sqrt{1-v^2}\sqrt{x'^2+y'^2+z'^2}} \end{aligned}$$

이 된다. 이 식은 S계에서 관측되는 스칼라 퍼텐셜 값을 말해 주고 있는데, S'계의 좌표들로 표현되어 있기 때문에 별로 유용할 것 같지 않다. 그러나 식 (25.1)을 이용하여 t', x', y', z'을 치환해 주면 t, x, y, z로 표현된 ϕ를 얻을 수 있다. 결과는 다음과 같다.

$$\phi = \frac{q}{4\pi\epsilon_0}\,\frac{1}{\sqrt{1-v^2}}\,\frac{1}{\sqrt{[(x-vt)/\sqrt{1-v^2}]^2+y^2+z^2}} \tag{25.27}$$

$\boldsymbol{A}$에 대해서도 동일한 계산을 반복하면,

$$\boldsymbol{A} = \boldsymbol{v}\phi \tag{25.28}$$

임을 쉽게 알 수 있다. 이 결과는 21장에서 다른 방식으로 유도했던 공식과 동일하다.

25-6 전기동역학 방정식의 불변성

앞에서 우리는 퍼텐셜 ϕ와 $\boldsymbol{A}$가 한데 묶여 4차원 벡터 A_μ를 이룬다는 것과, 파동 방정식(j_μ로 A_μ를 결정하는 완전한 방정식)을 식 (25.22)의 형태로 쓸 수 있다는 사실을 알아냈다. 이 방정식은 전하의 보존을 기술하는 식 (25.19)와 더불어 전자기학의 기본 법칙을 이룬다.

$$\Box^2 A_\mu = \frac{1}{\epsilon_0}\,j_\mu, \qquad \nabla_\mu j_\mu = 0 \tag{25.29}$$

맥스웰 방정식의 모든 내용은 이 간단한 방정식에 고스란히 담겨 있다. 정말로 아름답고 단순하지 않은가! 그런데 앞에서 각 성분들을 일일이 적었던 방정식과 비교했을 때, 어떤 이점이 있을까? 전하와 전류를 가지고 퍼텐셜에 대한 파동 방정식을 기술했을 때 얻어 낼 수 없었던 무언가를 이 방정식에서 얻어 낼 수 있을까? 절대 그렇지 않다! 지금까지 우리가 한 일이라곤, 새로운 표기법을 동원하여 방정식에 등장하는 여러 구성원의 이름을 바꾼 것뿐이다. 우리는 미분을 표현하기 위해 독특한 사각형 모양의 기호를 사용했지만, 그 의미는 't에 대한 2계 미분에서 x에 대한 2계 미분과 y에 대한 2계 미분, 그리고 z에 대한 2계 미분을 뺀 것'에 불과하다. 그리고 아래 첨자 μ는 방정식이 하나가 아니라 네 개임을

나타낸다. 즉, $\mu = t,\ x,\ y,\ z$에 대해서 각각 하나의 방정식이 존재한다는 뜻이다. 그렇다면 방정식을 단순한 형태로 표현하는 것이 왜 중요하다는 말인가? 직접적으로 무언가를 얻어 내고 싶은 마음으로 바라본다면 아무런 소득도 올릴 수 없다. 그러나 방정식이 이토록 단순명료하다는 것은 자연 자체가 단순명료하다는 것을 의미할지도 모른다.

이 시점에서, 최근에 발견된 흥미로운 사실을 언급하고자 한다. **"물리학의 모든 법칙들은 단 하나의 방정식에 요약될 수 있다"**는 주장이 바로 그것이다. 이 챔피언 방정식은

$$\mathsf{U} = 0 \tag{25.30}$$

으로 쓸 수 있다. 이 얼마나 심플한 방정식인가! 물론, 이 말에 감명을 받으려면 U의 의미를 알아야 한다. U는 각 주어진 상황의 '초자연성(unwordliness)'이라고 하는 물리량으로서, 계산은 다음과 같이 한다. 일단, 지금까지 알려진 모든 물리 법칙들을 취합한 다음 특수한 형태로 다시 적는다. 예를 들어, 역학의 법칙 $\boldsymbol{F} = m\boldsymbol{a}$는 $\boldsymbol{F} - m\boldsymbol{a} = 0$과 같은 형태로 쓰는 것이다. 그러면 $\boldsymbol{F} - m\boldsymbol{a}$는(이 값은 당연히 0이다) 역학의 '부정합(mismatch)'이라고 할 수 있다. 그다음, 부정합의 '제곱'을 취하여 U_1으로 명명한다. 이것은 '역학적 영향의 초자연성'이라고 할 수 있다. 다시 말해서

$$\mathsf{U}_1 = (\boldsymbol{F} - m\boldsymbol{a})^2 \tag{25.31}$$

이 되는 것이다. 또 다른 물리 법칙인 $\nabla \cdot \boldsymbol{E} = \rho/\epsilon_0$에 대해서는

$$\mathsf{U}_2 = \left(\nabla \cdot \boldsymbol{E} - \frac{\rho}{\epsilon_0}\right)^2$$

으로 정의한다. 이것은 전기의 '가우시안 초자연성(gaussian unworldliness)'이라고 할 수 있을 것이다. 이런 식으로 모든 물리 법칙에 대하여 U_3, U_4, … 등으로 계속 적어 내려간다.

마지막으로, 이 세상의 '총' 초자연성 U는 모든 하위 현상으로부터 얻은 여러 가지 초자연성 U_i의 합으로 정의한다. 즉, $\mathsf{U} = \sum \mathsf{U}_i$라고 놓는 것이다. 그러면 위대한 '자연의 법칙'은 다음과 같이 표현될 수 있다.

$$\boxed{\mathsf{U} = 0} \tag{25.32}$$

물론 이 법칙은 "개별적인 부정합의 제곱을 모두 더하면 0이다"라는 사실을 말해 주고 있는데, 이 많은 제곱 항들의 합이 0이 되려면 각각의 항이 0이 되는 수밖에 없다.

따라서 식 (25.32)로 표현된 '아름답고 단순한' 법칙은 우리가 알고 있는 기존 방정식의 목록과 완전히 동등하다. 기호 자체에 함축적인 의미를 부여하여 '겉모양만 간단하게 만든' 방정식은 진정한 의미의 단순성과 아무런 상관도 없다. 이런 것은 그저 단순한 트릭에 불과하다. 식 (25.32)는 일견 매우 단순해 보이지만, U의 정의를 알고 나면 '속았다'는 느낌밖에 들지 않을 것이다.

그러나 식 (25.29)의 형태로 기술된 전자기 법칙의 단순함에는 '줄여 쓰기' 이상의 의미가 담겨 있다. 전자기 법칙이 로렌츠 변환의 4차원 기하학에 적합하게 '고안된' 특별한 표기법(4차원 공간에서의 벡터 방정식)으로 서술될 수 있다는 사실은 전자기 법칙이 로렌츠 변환하에서 불변임을 뜻한다. 전자기 법칙이 이토록 아름다운 형태로 기술되는 이유는 맥스웰 방정식이 로렌츠 변환에 대하여 불변이기 때문이다.

전기동역학의 방정식들이 식 (25.29)와 같이 아름답고 우아한 형태로 기술되는 것은 결코 우연이 아니다. 사실, 상대성 이론은 맥스웰 방정식으로부터 예견된 현상들이 모든 관성틀에서 동일하게 나타난다는 사실이 '실험적으로 밝혀지면서' 탄생한 이론이다. 그리고 로렌츠가 좌표 변환 공식을 발견하게 된 것도 맥스웰 방정식의 변환 성질을 연구하다가 얻은 소득이었다.

그러나 방정식을 이런 식으로 표현하는 데에는 또 다른 이유가 있다. 이미 강조했던 바와 같이, 모든 물리 법칙은 로렌츠 변환하에서 불변이다. 이것은 아인슈타인의 걸작인 상대성 이론의 근간을 이루는 원리이다. 그러므로 새로운 법칙의 불변성을 한눈에 알아볼 수 있는 표기법을 개발해 놓으면, 새로운 이론들을 구축할 때 상대성 이론에 부합되는 방정식들만 골라낼 수 있다.

맥스웰 방정식이 특별한 표기법으로 단순하게 표현된다는 것은 결코 기적이 아니다. 왜냐하면 이 표기법의 목적이 바로 '맥스웰 방정식 단순하게 표현하기'였기 때문이다. 그런데 여기서 흥미로운 사실은 물리학의 다른 모든 법칙들도[중간자파(meson wave)의 전파나 베타 붕괴에서 뉴트리노의 거동 등] 동일한 변환하에서 이와 똑같은 불변성을 지녀야 한다는 것이다. 여러분이 우주선을 타고 등속도로 움직이고 있을 때, 자연의 모든 법칙들이 일제히 똑같은 방식으로 변환되기 때문에 새로운 현상이 발견되지 않는 것이다. 4차원 벡터 표기법으로 물리학 방정식들이 단순하게 표현되는 이유는, 상대성 이론이 바로 자연의 진리이기 때문이다.

CHAPTER 26
전자기장의 로렌츠 변환

26-1 움직이는 전하의 4차원 퍼텐셜
26-2 일정한 속도로 움직이는 점전하에 의한 장
26-3 장의 상대론적 변환
26-4 상대론적 표기법으로 나타낸 운동 방정식

이 장에서는 빛의 속도 $c=1$인 단위를 사용하기로 한다.

복습 과제 :
제2권 20장 〈자유 공간에서 맥스웰 방정식의 해〉

26-1 움직이는 전하의 4차원 퍼텐셜

우리는 25장에서 퍼텐셜 $A_\mu=(\phi, \boldsymbol{A})$가 4차원 벡터임을 확인하였다. 시간 성분은 스칼라 퍼텐셜 ϕ이고, 세 개의 공간 성분은 벡터 퍼텐셜 $\boldsymbol{A}$이다. 또한 로렌츠 변환을 이용하여 등속 직선 운동을 하는 입자의 퍼텐셜도 구했다(물론 이 결과는 21장에서 다른 방법으로 이미 구한 바 있다). 시간 t에서 $(vt, 0, 0)$의 위치에 있는 점전하가 점 (x, y, z)에 만드는 퍼텐셜은 다음과 같다.

$$\phi=\frac{1}{4\pi\epsilon_0\sqrt{1-v^2}}\frac{q}{\left[\dfrac{(x-vt)^2}{1-v^2}+y^2+z^2\right]^{1/2}}$$

$$A_x=\frac{1}{4\pi\epsilon_0\sqrt{1-v^2}}\frac{qv}{\left[\dfrac{(x-vt)^2}{1-v^2}+y^2+z^2\right]^{1/2}} \tag{26.1}$$

$$A_y=A_z=0$$

식 (26.1)은 움직이는 전하에 의해 공간 좌표 x, y, z와 시간 t에 형성되는 퍼텐셜을 알려 주고 있다. 이때 전하의 '현재' 위치(시간$=t$일 때의 위치)는 $x=vt$이다. 이 식을 잘 살펴보면 $(x-vt)$와 y, 그리고 z라는 변수만으로 이루어져 있음을 알 수 있는데, 이들은 움직이는 전하의 '현재 위치 P를 기준으로' 측정된 좌표들이다(그림 26-1 참조). 그런데 전자기적 영향은 빛의 속도 c로 전파되므로, 우리가 관심을 가져야 할 대상은 과거 시점의 뒤처진 위치 P'에서 나타났던 전하의 거동이다.* 점 P'은 $x=vt'$(여기서 $t'=t-r'/c$는 뒤처진 시간을 나타낸다)에 위치해 있다. 그런데 전하가 등속 직선 운동을 한다고 했으므로, P'에서 전하의 거동과 현재 위치는 직접적으로 관련되어 있다. 여기에 "퍼텐셜은 뒤처진 시간에서의 위치와 속도에만 의존한다"는 가정을 추가하면, 식 (26.1)은 '임의의 방식으로 움직이는 모든 전하에 의한 퍼텐셜'을 주는 완전한 공식이 된다. 이 사실은 다음과 같이 확인해 볼 수 있다. 임의의 방식으로 움직이는 전하, 예를 들어 그림 26-2와 같은 경로를 따라 움직이는 전하가 점 (x, y, z)에 만드는 퍼텐셜을 구한다고 해보자. 먼저 이 점의 뒤처진 위치 P'과 속도 v'을 구한 후에, 이 전하가 지연된 시간 $(t-t')$동안 계속 동일한 속도로 이동하여 가상의

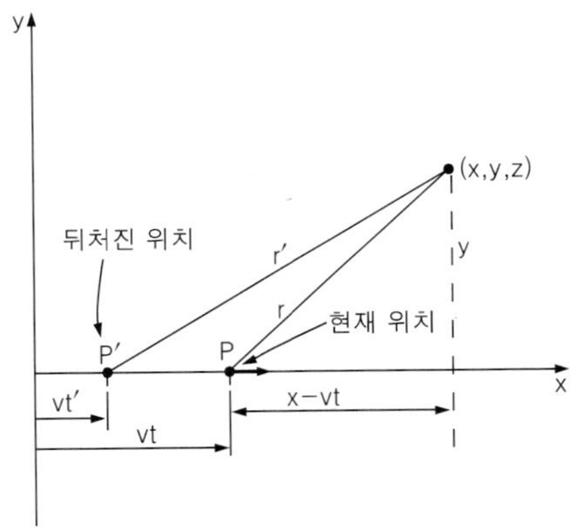

그림 26-1 x축을 따라 일정한 속도 v로 움직이는 전하 q가 점 P에 만드는 전기장 및 자기장 구하기. 점 (x, y, z)에 형성되는 '현재'의 전기장은 현재 위치 P로 표현할 수도 있고, '뒤처진' 위치(시간 $t'=t-r'/c$에서의 위치) P'으로 표현할 수도 있다.

* '뒤처진' 위치와 시간을 나타내는 프라임(′) 기호와, 25장에서 로렌츠 변환된 좌표계를 지칭할 때 사용된 프라임 기호를 혼동하지 말 것.

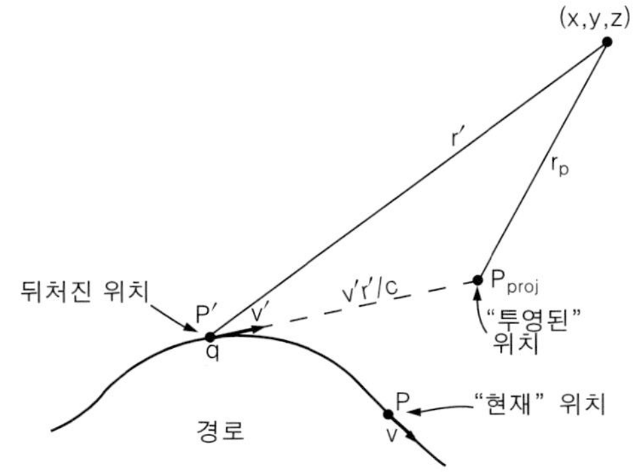

그림 26-2 전하는 임의의 경로를 따라 움직인다. 시간 t에서, (x, y, z)에 형성되는 퍼텐셜은 뒤처진 시간 $t'-r'/c$에서의 위치 P'과 속도 v'에 의해 결정된다. 이들은 '투영된' 위치 P_{proj}의 좌표를 통해 쉽게 표현될 수 있다(시간 t에서의 실제 위치는 P이다).

위치 P_{proj}('투영된 위치'라고 부르기로 한다)에 속도 v'으로 도착한다고 가정해 보자(물론, 실제의 전하는 이런 식으로 움직이지 않는다. 시간 t일 때 전하의 실제 위치는 P이다). 그렇다면 투영된 위치 P_{proj}에 놓인 가상의 전하에 대하여 식 (26.1)을 통해 얻게 되는 퍼텐셜이 바로 (x, y, z)에서의 퍼텐셜이 된다. 퍼텐셜은 오직 '뒤처진 시점에서의 전하의 거동'에만 의존하기 때문에, 시간 t' 이후에는[즉, 시간 t에서 (x, y, z)에 나타날 퍼텐셜이 이미 결정된 후에는] 전하가 계속 일정한 속도로 움직이건 또는 속도가 변했건 상관없이 퍼텐셜은 같은 값을 갖는다.

다들 알다시피, 임의의 방식으로 움직이는 전하의 퍼텐셜을 계산할 수 있다면 전기동역학은 그것으로 끝이다. 이 공식만 있으면 전하 분포가 아무리 복잡해도 중첩 원리를 이용하여 퍼텐셜을 계산할 수 있다. 그러므로 전기동역학의 모든 현상들은 맥스웰 방정식, 또는 아래에 설명된 몇 가지 사항들로 요약될 수 있다(앞으로 무난한 대학생활을 원한다면 반드시 기억해 두는 것이 좋다. 이것만 기억하고 있으면 모든 공식들을 다시 유도해 낼 수 있다. 물론, 로렌츠 변환은 알고 있어야 한다. 여러분이 무인도에 표류하거나 4차원 세계로 빨려 들어갔다 해도, 이것만큼은 절대 잊지 말기 바란다).

첫째, A_μ는 4차원 벡터이다. 둘째, 정지된 전하가 만드는 쿨롱 퍼텐셜은 $q/4\pi\epsilon_0 r$이다. 셋째, 임의로 움직이는 전하에 의해 생성된 퍼텐셜은 오직 '뒤처진 시간'에서의 위치와 속도에 의존한다. 이 세 가지 사실만 알고 있으면 충분하다. A_μ가 4차원 벡터라는 사실로부터, 이미 알고 있는 쿨롱 퍼텐셜을 변환하여 등속도로 움직이는 전하의 퍼텐셜을 구한다. 그런 다음, "퍼텐셜은 뒤처진 시간에서의 위치와 속도에만 의존한다"는 사실에 근거하여 투영된 위치를 이용하는 방법을 써서 퍼텐셜을 계산한다. 이것은 그다지 유용한 방법이라 할 수 없지만, 물리법칙을 여러 가지 방식으로 표현할 수 있다는 점은 매우 흥미로운 사실이다.

가끔씩 "전기동역학의 모든 내용은 로렌츠 변환과 쿨롱의 법칙만으로 유도될 수 있다"고 주장하는 사람이 있는데, 이것은 완전히 틀린 이야기다. 먼저 우리는 스칼라 퍼텐셜과 벡터 퍼텐셜이 한데 어우러져 4차원 벡터를 이룬다는 것을 가정해야 한다. 이것이 먼저 선행되어야 퍼텐셜의 변환 방식을 알 수 있다. 우리가 고려해야 할 것은 뒤처진 시간에 의한 효과뿐만이 아니다. 전기장 $\boldsymbol{E}$와 자기장 $\boldsymbol{B}$는 전하의 위치와 속도에 의존할 뿐만 아니라, 전하의 가속도에 따라서도 그 값이 달라진다. 만일 이 경우에도 위와 비슷한 식의 논의를 전개한다면 장의 값이 뒤처진 시간에서의 위치와 속도에만 의존한다는 결론을 얻게 될 것이다. 그러나 이렇게 되면 가속되는 전하에 의한 장은 투영된 위치에 있는 전하에 의한 장과 같아야 하는데, 이것은 분명 잘못된 결론이다. 장(field)은 전하가 움직인 경로상의 위치와 속도뿐만 아니라 가속도에도 의존하는 양이다. 따라서 "로렌츠 변환으로부터 모든 것이 유도될 수 있다"는 주장에는 몇 가지 암묵적인 가정이 숨어 있다고 보아야 한다(매우 적은 수의 가정들로부터 엄청난 양의 정보를 얻을 수 있다는 대략적인 주장들은 대부분 틀린 것이다. 그 속사정을 꼼꼼히 따져 보면, 여러 개의 모호한 가정들이 내포되어 있는 경우가 많다).

26-2 일정한 속도로 움직이는 점전하에 의한 장

점전하가 등속도로 움직일 때의 퍼텐셜은 이미 구했으므로, 이제 그에 해당하는 장을 구할 차례이다. 안개상자를 통과하는 우주선(cosmic ray)이나 도선 내에서 느리게 움직이는 전자 등이 이런 경우에 속한다. 자, 이제 흥미로운 질문을 던져 보자. "전하가 일정한 속도(빛의 속도에 근접한 경우도 포함하여)로 움직이고 있을 때 그 주변의 장은 어떤 형태로 나타날 것인가?"

장은 퍼텐셜로부터 다음의 규칙에 따라 얻을 수 있다.

$$\boldsymbol{E} = -\nabla\phi - \frac{\partial \boldsymbol{A}}{\partial t}, \qquad \boldsymbol{B} = \nabla \times \boldsymbol{A}$$

먼저, E_z는

$$E_z = -\frac{\partial \phi}{\partial z} - \frac{\partial A_z}{\partial t}$$

로 구할 수 있다. 그런데 A_z는 0이므로, 식 (26.1)의 ϕ를 미분하면

$$E_z = \frac{q}{4\pi\epsilon_0\sqrt{1-v^2}} \frac{z}{\left[\dfrac{(x-vt)^2}{1-v^2} + y^2 + z^2\right]^{3/2}} \tag{26.2}$$

이다. 이와 마찬가지로, E_y는 다음과 같이 구해진다.

$$E_y = \frac{q}{4\pi\epsilon_0\sqrt{1-v^2}} \frac{y}{\left[\dfrac{(x-vt)^2}{1-v^2} + y^2 + z^2\right]^{3/2}} \tag{26.3}$$

x성분을 구하려면 조금 더 신경을 써야 한다. ϕ의 미분이 좀 더 복잡한 데다가, A_x가 0이 아니기 때문이다. 우선,

$$-\frac{\partial \phi}{\partial x} = \frac{q}{4\pi\epsilon_0\sqrt{1-v^2}} \frac{(x-vt)/(1-v^2)}{\left[\dfrac{(x-vt)^2}{1-v^2} + y^2 + z^2\right]^{3/2}} \tag{26.4}$$

인데, A_x를 t에 대해 미분하면

$$-\frac{\partial A_x}{\partial t} = \frac{q}{4\pi\epsilon_0\sqrt{1-v^2}} \frac{-v^2(x-vt)/(1-v^2)}{\left[\dfrac{(x-vt)^2}{1-v^2} + y^2 + z^2\right]^{3/2}} \tag{26.5}$$

이다. 이제 식 (26.4)와 (26.5)를 더하면

$$E_x = \frac{q}{4\pi\epsilon_0\sqrt{1-v^2}} \frac{x-vt}{\left[\dfrac{(x-vt)^2}{1-v^2} + y^2 + z^2\right]^{3/2}} \tag{26.6}$$

가 된다.

$\boldsymbol{E}$가 갖고 있는 물리적 내용은 잠시 후에 살펴보기로 하고, 일단은 $\boldsymbol{B}$를 구해 보자. z성분은

$$B_z = \frac{\partial A_y}{\partial x} - \frac{\partial A_x}{\partial y}$$

이다. 여기서는 A_y가 0이므로, 우변의 두 번째 항만 계산하면 된다. A_x는 $v\phi$이고 $\partial v\phi/\partial y = -vE_y$이므로

$$B_z = vE_y \tag{26.7}$$

임을 알 수 있다. 마찬가지로,

$$B_y = \frac{\partial A_x}{\partial z} - \frac{\partial A_z}{\partial x} = +v\frac{\partial \phi}{\partial z}$$

이고

$$B_y = -vE_z \tag{26.8}$$

이다. 마지막으로, A_y와 A_z가 둘 다 0이므로 B_x는 0이다. 자기장은 간단하게

$$\boldsymbol{B} = \boldsymbol{v} \times \boldsymbol{E} \tag{26.9}$$

로 쓸 수 있다.

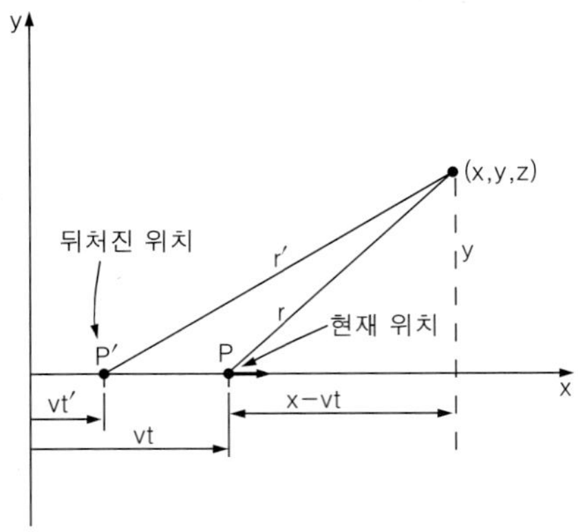

그림 26-3 '일정한 속도로 움직이는 전하'에 의한 전기장은 전하의 '현재' 위치에서 모든 방향으로 뻗어 나간다.

이제, 장의 구체적인 형태에 대해 알아보자. 전하의 현재 위치를 중심으로 하여 주변의 여러 지점에서 장의 모습을 그려 보면 이해에 도움이 될 것이다. 물론 전하에 의한 영향은 '뒤처진 위치'에서 발생하지만, 전하의 운동이 정확하게 규정되어 있기 때문에 뒤처진 위치는 현재 위치로부터 완전하게 결정될 수 있다. 등속 운동의 경우에는 장을 현재 위치와 관련시켜서 생각하는 것이 좋다. 왜냐하면 (x, y, z)에서 장의 각 성분은 $(x-vt)$, y와 z[즉, 현재 위치에서 (x, y, z)까지의 변위 r의 성분]에만 의존하기 때문이다(그림 26-3 참조).

먼저, $z=0$인 지점을 생각해 보자. 이 경우에 전기장 $\boldsymbol{E}$는 x성분과 y성분만 갖는다. 식 (26.3)과 (26.6)으로부터 이 성분들 사이의 비율을 계산해 보면 변위의 x성분과 y성분 사이의 비율과 동일하다는 것을 알 수 있다. 이는 그림 26-3에서 보다시피 $\boldsymbol{E}$와 $\boldsymbol{r}$이 '같은 방향'임을 의미한다. 또한 E_z는 z에 비례하므로 이 결과는 3차원에서도 성립한다. 요컨대, 전기장은 전하로부터 방사상으로 형성되며, 장선(field line)은 정지 전하의 경우와 마찬가지로 전하에서 일직선으로 방사되어 나온다. 물론, 장까지도 정지 전하의 경우와 똑같지는 않다. 왜냐하면 모든 식에 $(1-v^2)$이라는 인자가 들어 있기 때문이다. 그런데 여기에는 한 가지 흥미로운 사실이 숨어 있다. 등속으로 움직이는 전하와 정지해 있는 전하의 차이는 쿨롱장을 특이한 좌표계(x축을 $\sqrt{1-v^2}$배만큼 압축시킨 좌표계)에서 그렸을 때 나타나는 차이와 똑같다는 것이다. 이런 식으로 그려 보면, 장선들은 그림 26-4와 같이 (운동 방향을 기준으로) 전하의 전후방으로는 퍼지고 옆으로는 압축된 형상을 하게 된다.

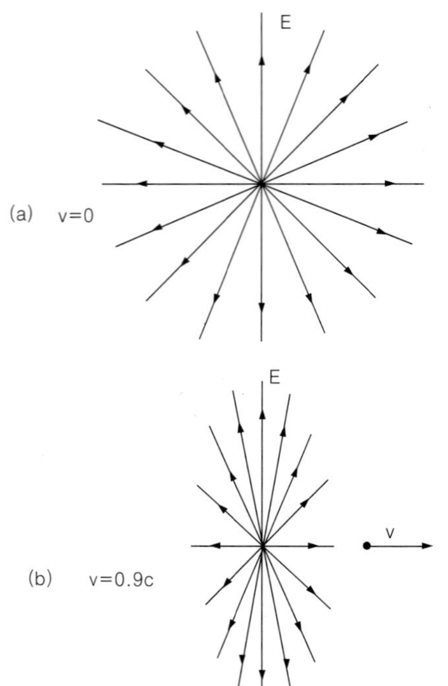

그림 26-4 (a)정지된 전하에 의한 전기장 (b)$v=0.9c$의 일정한 속도로 움직이는 전하에 의한 전기장

$\boldsymbol{E}$의 세기를 통상적인 방식에 따라 장선의 밀도와 관련지으면 (운동 방향에 대하여) 옆으로는 장이 강하고 전후방으로는 장이 약한 것을 알 수 있는데, 이 결과는 방정식에 그대로 나타나 있다. 먼저 운동 방향과 직각안 방향, 즉 $(x-vt)=0$인 경우, 전하로부터의 거리는 (y^2+z^2)이고 총 전기장의 세기는 $\sqrt{E_y^2+E_z^2}$이므로,

$$E = \frac{q}{4\pi\epsilon_0\sqrt{1-v^2}}\frac{1}{y^2+z^2} \tag{26.10}$$

이 된다. 이 전기장은 1보다 큰 인자 $1/\sqrt{1-v^2}$이 곱해져서 원래의 값보다 커지긴 하지만, 쿨롱장과 마찬가지로 거리의 제곱에 반비례한다. 따라서 움직이는 전하의 '측면'에서는 쿨롱의 법칙으로 얻어지는 값보다 더 강한 전기장을 얻게 된다. 실제로, 옆 방향의 전기장은 정지 질량 에너지와 운동 질량 에너지의 비율만큼 쿨롱장보다 더 강해진다.

전하의 전후방에서는 y와 z가 0이므로

$$E = E_x = \frac{q(1-v^2)}{4\pi\epsilon_0(x-vt)^2} \tag{26.11}$$

이다. 이 값 역시 전하로부터의 거리의 제곱에 반비례하지만, 값 자체는 $(1-v^2)$이 곱해진 만큼 '작아진다.' 물론, 이 결과는 그림에 나온 장선의 모습과 정확하게 일치한다. 만일 v/c가 충분히 작은 값이라면 v^2/c^2은 더 작아지므로, $(1-v^2)$항의 효과가 매우 작게 나타나서 쿨롱의 법칙으로 되돌아간다. 그러나 전하가 빛의 속도에 가까운 초고속으로 움직이는 경우에는 전후 방향의 장의 세기가 엄청나게 줄어들고, 옆 방향의 장의 세기는 엄청나게 증가한다.

전기장에 대한 위의 결과는 다음과 같은 방식으로 표현될 수 있다. '정지된 전하'를 종이 위에 연필로 그린 후, 이 그림을 v의 속도로 움직인다고 가정해 보자. 그러면 그림 자체는 로렌츠 수축에 의해 움직이는 방향으로 '압축될' 것이다. 즉, 종이 위의 탄소 알갱이들이 다른 위치에서 나타나게 되는 것이다. 그런데 신기하게도 종이가 움직일 때 우리의 눈에 보이는 그림이 바로 '움직이는 점전하에 의한 장선'을 나타낸다는 것이다. 수축 효과로 인하여 옆의 장선들은 가까이 모이고, 전후방의 장선들은 넓게 퍼져서 올바른 선밀도(line density)와 정확하게 맞아떨어지는 것이다. 앞서 강조했던 바와 같이, 장선은 실제로 존재하는 물리량이 아니라 장의 형태를 표현하는 하나의 방법에 불과하다. 그런데 방금 설명한 내용을 음미해 보면, 장선이 마치 실재하는 것처럼 느껴진다. 장선이 어떤 방식으로든 공간상에 실재한다고 간주한 후 로렌츠 변환을 적용하면 올바른 전기장이 얻어지기 때문이다. 그러나 로렌츠 변환을 만족한다고 해서 장선이 실재한다는 뜻은 아니다. 자석 근처의 전하로부터 발생하는 전기장을 생각해 보면, 장선이 실재하는 물리량이 아님을 금방 알 수 있다. 자석이 움직이면 새로운 전기장이 발생하면서 이전의 아름다운 그림을 망쳐 버린다. 따라서 '그림이 수축되는 방식을 그대로 따른다'는 멋진 아이디어는 일반적으로 성립하지 않는다. 그러나 이것은 빠르게 움직이는 전하에 의한 장의 형태를 기억하는 매우 유용한 방법이다.

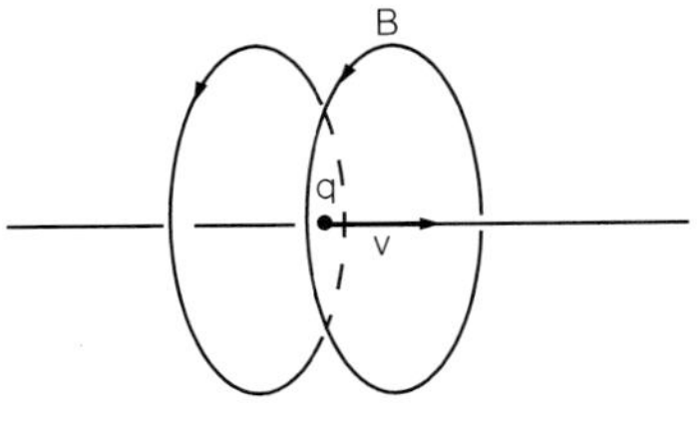

그림 26-5 움직이는 전하 부근의 자기장은 $\boldsymbol{v}\times\boldsymbol{E}$이다(그림 26-4와 비교해 볼 것).

자기장은 $\boldsymbol{v}\times\boldsymbol{E}$[식 (26.9)로부터]로 주어진다. 속도 벡터와 방사형 전기장 $\boldsymbol{E}$의 외적을 취해 보면 그림 26-5와 같이 운동 방향을 축으로 하는 고리 모양의 자기장 $\boldsymbol{B}$가 얻어진다. 편의상 생략했던 광속 c를 복구시키면, 이 결과는 저속으로 움직이는 전하에 대하여 앞에서 구했던 결과와 정확하게 일치한다. 광속 c가 어디에 들어가야 하는지를 확인하는 좋은 방법은 힘의 법칙

$$F = q(E + v \times B)$$

를 참고하는 것이다. 이 식을 보면 속도와 자기장의 곱이 전기장과 같은 차원을 갖는다는 사실을 알 수 있다. 따라서 식 (26.9)의 우변에는 $1/c^2$이라는 상수가 추가되어야 한다.

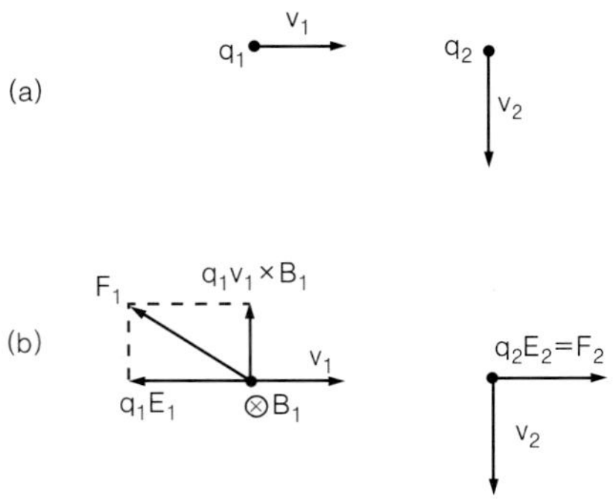

그림 26-6 움직이는 두 전하 사이에 작용하는 힘이 항상 크기가 같고 방향이 반대인 것은 아니다. 위의 경우에 '작용'과 '반작용'은 같지 않은 것처럼 보인다.

$$B = \frac{v \times E}{c^2} \tag{26.12}$$

전하의 속도가 느린 경우($v \ll c$)에는 전기장 E를 쿨롱장과 거의 같다고 놓을 수 있으므로

$$B = \frac{q}{4\pi\epsilon_0 c^2}\frac{v \times r}{r^3} \tag{26.13}$$

이 된다. 이 식은 14-7절에서 구했던 전류에 의한 자기장과 정확하게 일치한다.

이 시점에서 한 가지 흥미로운 사실을 지적하고자 한다(이 문제는 나중에 다시 논의될 것이다). 두 개의 전자가 충돌 없이 서로 수직한 방향으로 움직인다고 가정해 보자. 그러면 어떤 특정한 순간에 이들의 상대적 위치는 그림 26-6 (a)와 같을 것이다. q_1에는 q_2에 의한 힘이 작용하고, 그 반대로도 힘이 작용할 것이다. 이 힘을 좀 더 구체적으로 살펴보자. q_1은 자신의 운동 방향으로 자기장을 생성하지 않기 때문에, q_2에는 q_1에 의한 전기력만 작용한다. 그러나 q_1은 q_2가 만들어 낸 자기장 속에서 움직이고 있으므로 전기력뿐만 아니라 자기력도 작용한다. 이 힘들을 그림 26-6(b)에 그려 놓았다. q_1과 q_2에 작용하는 전기력은 '크기는 같고 방향은 반대'이다. 그런데 q_1에는 운동 방향에 대하여 측면 방향의 힘(자기력)이 작용하지만, q_2에는 "측면 방향으로 작용하는 힘이 없다." 이 경우에는 작용-반작용의 법칙이 적용되지 않는 것일까? 각자 생각해 보기 바란다.

26-3 장의 상대론적 변환

앞 절에서 우리는 변환된 퍼텐셜로부터 전기장과 자기장을 계산하였다. 앞에서 퍼텐셜을 설명할 때 "퍼텐셜은 물리적 의미와 실재성을 갖고 있다"고 말한 적이 있지만, 장도 그에 못지않게 중요하다. 장선은 가상의 개념이지만, 장 자체는 실재하는 물리량이기 때문이다. 임의의 정지계(rest system)에서 장의 값이 주어졌을 때, 움직이는 계에서 장의 계산법을 알고 있다면 여러모로 편리할 것이다. ϕ와 A에 대한 변환 법칙은 A_μ가 4차원 벡터라는 사실에서 나온 것이다. 이제, E와 B의 변환 법칙에 대해 알아보자. 임의의 기준틀에서 E와 B가 주어져 있을 때, 근처를 지나가는 다른 좌표계에서 바라본 값은 어떻게 달라질 것인가? 이 변환 법칙을 알고 있으면 무척 편리할 것이다. 물론, 퍼텐셜로 되돌아가서 계산하는 것은 항상 가능하지만, 경우에 따라서는 장을 직접 변환시키는 것이 유리할 때도 있다.

장의 변환 법칙은 어떻게 찾아야 하는가? 우리는 ϕ와 A의 변환 법칙을 알고 있으며, 주어진 ϕ와 A로부터 장을 구할 수도 있다. 따라서 B와 E의 변환

법칙을 찾는 것은 그다지 어려운 일이 아니다("모든 벡터를 4차원 벡터로 만들어 주는 무언가가 반드시 있어야 한다"고 생각하는 사람들은 $\boldsymbol{E}$나 $\boldsymbol{B}$ 역시 네 번째 성분을 갖고 있다고 생각하겠지만, 사실은 그렇지 않다). 우선, 자기장 $\boldsymbol{B}$부터 생각해 보자. 물론 자기장은 $\nabla\times\boldsymbol{A}$이다. 그런데 x, y, z성분으로 구성된 벡터 퍼텐셜은 '무언가'의 일부분에 불과하다. 완벽한 세트를 갖추려면 t성분이 추가되어야 한다. ∇과 같은 미분 연산에 대해서도, x, y, z 이외에 t에 대한 미분항이 추가로 존재한다. 그러면 지금부터 y를 t로 바꾸거나, z를 t로 바꿔 주면 어떤 일이 일어나는지 알아보자.

$\nabla\times\boldsymbol{A}$의 각 성분은 다음과 같다.

$$B_x=\frac{\partial A_z}{\partial y}-\frac{\partial A_y}{\partial z},\qquad B_y=\frac{\partial A_x}{\partial z}-\frac{\partial A_z}{\partial x},\qquad B_z=\frac{\partial A_y}{\partial x}-\frac{\partial A_x}{\partial y}\tag{26.14}$$

자기장의 x성분은 벡터 퍼텐셜의 y성분과 z성분을 포함하는 항들로 이루어져 있다. 다소 어색한 감이 있지만 A_y, A_z와 미분 연산자의 조합을 "zy-thing(줄여서 F_{zy})"이라 부르기로 하자. 간단히 말해서,

$$F_{zy}\equiv\frac{\partial A_z}{\partial y}-\frac{\partial A_y}{\partial z}\tag{26.15}$$

로 정의한다는 뜻이다. 마찬가지로, B_y는 "xz-thing(F_{xz})", B_z는 "yx-thing (F_{yx})"으로 정의하자.

$$B_x=F_{zy},\qquad B_y=F_{xz},\qquad B_z=F_{yx}\tag{26.16}$$

이제, F_{xt}나 F_{tz}와 같이 "t-타입 thing"을 만들면 어떻게 될까?(상대성 이론을 설명할 때 강조했던 바와 같이, 자연은 위치를 나타내는 x, y, z와 시간을 나타내는 t를 굳이 구별하지 않는다. 이들 사이에는 우아한 대칭이 존재한다) 예를 들어, F_{tz}는 어떻게 표현되는가? 우리의 짐작에 의하면

$$\frac{\partial A_t}{\partial z}-\frac{\partial A_z}{\partial t}$$

가 될 것이다. 그런데 $A_t=\phi$이므로 위의 식은

$$\frac{\partial \phi}{\partial z}-\frac{\partial A_z}{\partial t}$$

와 같다. 가만히 보니, 이 표현은 앞에서 본 적이 있다. 그렇다. 바로 전기장 $\boldsymbol{E}$의 z성분이다! 애석하게도 부호가 다르긴 하지만, 이것은 4차원 그래디언트에서 t에 대한 미분이 x, y, z에 대한 미분과 부호가 반대라는 점을 고려하지 않았기 때문에 나타난 현상일 뿐이다. 따라서 좀 더 일관되게 확장시킨다면 F_{tz}는 다음과 같은 형태가 되어야 한다.

$$F_{tz}=\frac{\partial A_t}{\partial z}+\frac{\partial A_z}{\partial t}\tag{26.17}$$

여러분도 짐작하다시피, 이 결과는 $-E_z$와 정확하게 일치한다. F_{tx}와 F_{ty}에 대

해서도 동일한 논리를 적용하면 다음과 같은 결과가 얻어진다.

$$F_{tx} = -E_x, \qquad F_{ty} = -E_y, \qquad F_{tz} = -E_z \tag{26.18}$$

아래 첨자 두 개가 모두 t이거나 x인 경우는

$$F_{tt} = \frac{\partial A_t}{\partial t} - \frac{\partial A_t}{\partial t}$$

와

$$F_{xx} = \frac{\partial A_x}{\partial x} - \frac{\partial A_x}{\partial x}$$

가 되는데, 이 값은 볼 것도 없이 0이다.

지금까지 우리는 여섯 개의 F-thing을 정의하였다. 아래 첨자의 순서를 바꾸면 추가로 여섯 개를 더 얻을 수 있지만, 이들은 새로운 양이 아니다. 왜냐하면

$$F_{xy} = -F_{yx}$$

등등의 관계가 있기 때문이다. 따라서 네 개의 아래 첨자들을 둘씩 짝지어서 만들 수 있는 16가지의 가능한 조합 중에서 독립적인 양은 여섯 개뿐이며, 이들은 $\boldsymbol{B}$와 $\boldsymbol{E}$의 성분에 해당된다.

F의 일반항은 아래 첨자 μ와 ν를 사용하여 표기하는데, 이들은 각각 0, 1, 2 또는 3을 나타내는 첨자로서 통상적인 4차원 벡터 표기법의 t, x, y, z를 의미한다. 여기에 $F_{\mu\nu}$를 다음과 같이 정의하면 모든 상황이 기존의 4차원 벡터 표기법과 맞아떨어지게 된다.

$$F_{\mu\nu} = \nabla_\mu A_\nu - \nabla_\nu A_\mu \tag{26.19}$$

여기서 $\nabla_\mu = (\partial/\partial t, -\partial/\partial x, -\partial/\partial y, -\partial/\partial z)$이고, $A_\mu = (\phi, A_x, A_y, A_z)$이다.

표 26-1

$F_{\mu\nu}$의 성분

$F_{\mu\nu} = -F_{\nu\mu}$	
$F_{\mu\mu} = 0$	
$F_{xy} = -B_z$	$F_{xt} = E_x$
$F_{yz} = -B_x$	$F_{yt} = E_y$
$F_{zx} = -B_y$	$F_{zt} = E_z$

이상에서 알 수 있는 것은 전기장과 자기장 성분 여섯 개가 '하나의 물리량'에 속한다는 사실이다. 즉, 이들은 동일한 물리량의 각기 다른 측면을 나타내고 있다. 느리게 움직이는 세상(빛의 속도에 대해 고민할 필요가 없는 세상)에서는 전기장과 자기장이 개별적인 벡터로 간주되었으나, 4차원 공간에서는 이들이 더 이상 벡터가 아니라 새로운 '어떤 것'의 일부로 귀속된다. 4차원 시공간에서 물리적인 '장'은 여섯 개의 성분을 가진 $F_{\mu\nu}$라는 개체이다. 이것이 바로 전자기장을 바라보는 상대론적 관점이다. 위에서 구한 $F_{\mu\nu}$의 각 성분들은 표 26-1에 정리되어 있다.

사실, 위에서 우리가 한 일은 벡터의 외적을 일반화시킨 것이다. 우리의 논리는 컬 연산과 컬의 변환 특성이 '두 개의' 벡터(통상적인 3차원 벡터 $\boldsymbol{A}$, 그리고 벡터처럼 행동한다는 사실이 이미 알려져 있는 그래디언트 연산자)의 변환 특성과 동일하다는 사실로부터 시작되었다. 여기서 잠시 통상적인 3차원 벡터의 외적을 생각해 보자. 예를 들어, 입자의 각운동량은 두 벡터의 외적으로 계산된다. 한 물체가 평면상에서 움직이고 있을 때, 우리에게 중요한 물리량은 $(xv_y - yv_x)$이다. 운동이 3차원 공간에서 일어나는 경우에 중요한 물리량이 세 개 있는

데, 이것이 바로 각운동량이다.

$$L_{xy} = m(xv_y - yv_x), \qquad L_{yz} = m(yv_z - zv_y), \qquad L_{zx} = m(zv_x - xv_z)$$

또한 (지금쯤이면 이 사실을 까맣게 잊어버렸을지도 모르지만) 우리는 제1권 20장에서 이 세 개의 양이 한 벡터의 성분을 이룬다는 놀라운 사실을 발견하였다. 그런데 이 기막힌 시나리오가 먹혀들기 위해서는 '오른손 규칙'이라는 다소 인위적인 규약을 만들어야 했다. 사실, 상황이 이렇게 된 것은 순전히 운이었다. 왜냐하면 L_{ij}(i, j는 x, y, z를 뜻한다)가 아래와 같이 반대칭적인(antisymmetric) 특성을 갖고 있기 때문이다.

$$L_{ij} = -L_{ji}, \qquad L_{ii} = 0$$

그러므로 아홉 개의 가능한 양들 중에서 서로 독립적인 양은 단 세 개뿐이며, 좌표계를 바꾸면 이 값들이 (우연의 일치로) 벡터의 성분과 완전히 동일한 방식으로 변환되는 것이다.

이상의 논리를 그대로 적용하면 면적 요소까지도 벡터로 나타낼 수 있다. 면적 요소는 두 부분으로 이루어져 있는데(예를 들면 dx와 dy), 이 값들을 벡터의 성분으로 취급하면 주어진 면에 대하여 수직인 벡터 $d\boldsymbol{a}$로 표현할 수 있다. 그러나 4차원에서는 이 논리를 그대로 적용할 수 없다. $dx\,dy$에 대해 '수직한' 방향이란 대체 어느 방향을 말하는 것인가? z방향인가? 아니면 t방향인가?

간단히 말해서, 3차원에서 두 벡터의 조합을 취하여 L_{ij}와 같이 새로운 양을 정의하고 이것을 다시 다른 벡터로 표현할 수 있는 것은 어떤 심오한 원리 때문이 아니라, 순전히 운이 좋았기 때문이다. 벡터의 성분처럼 변환되는 독립적인 항의 개수가 우연히 세 개여서, 공교롭게도 벡터의 성분 개수와 일치했던 것이다. 그러나 4차원에서는 이런 식의 확장이 불가능하다. 왜냐하면 반대칭성을 고려하여 얻어진 독립적인 여섯 개의 항들을 네 개의 항(4차원 벡터의 성분)으로 표현할 수 없기 때문이다.

물론 3차원에서도 "여러 벡터의 조합을 취한 결과가 하나의 벡터로 표현되지 않는" 경우가 존재한다. 예를 들어, 임의의 두 벡터 $\boldsymbol{a} = (a_x, a_y, a_z)$와 $\boldsymbol{b} = (b_x, b_y, b_z)$를 취한 후 a_xb_x, a_xb_y 등과 같이 각 성분들끼리 곱하여 여러 가지 가능한 조합을 만들어 보자. 그러면 다음과 같이 아홉 개의 조합이 가능하다.

$$\begin{matrix} a_xb_x, & a_xb_y, & a_xb_z, \\ a_yb_x, & a_yb_y, & a_yb_z, \\ a_zb_x, & a_zb_y, & a_zb_z, \end{matrix}$$

이 양들을 편의상 T_{ij}라 부르기로 한다.

이제, 좌표계를 회전시키면(예를 들어, z축을 중심으로 회전시켰다고 가정하자), $\boldsymbol{a}$와 $\boldsymbol{b}$의 성분들은 당연히 변할 것이다. 이 새로운 좌표계에서 a_x는

$$a_x' = a_x \cos\theta + a_y \sin\theta$$

로 변환되며, b_y는

$$b_y' = b_y \cos\theta - b_x \sin\theta$$

로 변환된다. 나머지 다른 성분들도 이와 비슷한 방식으로 변환될 것이다. 따라서 이들의 곱으로 만들어진 T_{ij}의 아홉 개의 성분들도 모두 변할 것이다. 예를 들어, $T_{xy} = a_x b_y$는

$$T'_{xy} = a_x b_y(\cos^2\theta) - a_x b_x(\cos\theta \sin\theta) + a_y b_y(\sin\theta \cos\theta) - a_y b_x(\sin^2\theta)$$

즉,

$$T'_{xy} = T_{xy}\cos^2\theta - T_{xx}\cos\theta\sin\theta + T_{yy}\sin\theta\cos\theta - T_{yx}\sin^2\theta$$

로 변환된다. T'_{ij}의 각 성분은 변환되지 않은 T_{ij}의 성분들의 선형 결합으로 나타난다.

따라서 우리는 벡터 곱 $\boldsymbol{a}\times\boldsymbol{b}$와 같이 세 개의 성분이 '벡터처럼' 변환되는 물리량뿐만 아니라, T_{ij}와 같이 아홉 개의 성분을 갖고 있으면서 회전 변환에 대하여 기존의 벡터와 다른 방식으로 변환되는 '무언가'를 (인위적으로) 만들어 낼 수 있다. 이와 같이 두 개의 첨자를 갖는 수학적 대상을 '텐서(tensor)'라고 한다. 방금 예를 든 것은 '2차 랭크(second rank)' 텐서이다. 세 개의 벡터를 갖고서도 이와 비슷한 조작을 할 수 있는데, 이 경우에는 '3차 랭크(third rank)' 텐서를 얻게 될 것이고, 벡터 네 개로 만든다면 '4차 랭크(fourth rank)' 텐서를 얻게 될 것이다. 여러분이 익히 알고 있는 벡터는 1차 랭크(first rank) 텐서에 해당된다.

위의 논리에 따르면 전자기적 물리량 $F_{\mu\nu}$는 두 개의 첨자를 갖고 있으므로 2차 랭크 텐서이다. 그러나 이것은 3차원이 아닌 4차원 텐서임을 주목하기 바란다. $F_{\mu\nu}$는 매우 특별한 방식으로 변환되는데, 구체적인 내용은 잠시 후에 설명할 것이다(약간의 힌트를 주자면 두 벡터의 곱이 변환되는 방식과 동일하다). $F_{\mu\nu}$의 첨자를 맞바꾸면 $F_{\mu\nu}$의 부호가 바뀌는데, 이것은 모든 텐서의 공통된 성질이 아니라, $F_{\mu\nu}$가 갖는 유별난 성질이다. 이러한 텐서를 '반대칭 텐서(antisymmetric tensor)'라고 한다. 따라서 우리는 다음과 같이 말할 수 있다. "전기장과 자기장은 4차원 반대칭 2차 랭크 텐서 $F_{\mu\nu}$의 한 부분이다."

지금까지 여러분은 긴 여정을 지나왔다. 물리학의 기본이라 할 수 있는 속도를 정의하던 시절을 기억하는가? 그 이후로 다양한 내용을 습득한 여러분은 '4차원 반대칭 2차 랭크 텐서'를 공부하고 있다. 이 얼마나 대단한 발전인가!

그다음 순서는 $F_{\mu\nu}$의 변환 법칙을 찾는 것인데, 이 작업은 그다지 어렵지 않다. 단지 시간이 좀 걸릴 뿐이다. 머리를 쓸 일이 거의 없는 대신, 할 일은 엄청나게 많다. 우리가 원하는 것은 $\nabla_\mu A_\nu - \nabla_\nu A_\mu$의 로렌츠 변환이다. ∇_μ도 벡터의 특수한 예일 뿐이므로, 벡터의 일반적인 반대칭 조합 $G_{\mu\nu}$를 정의하여 이로부터 변환 법칙을 유도해 보자.

$$G_{\mu\nu} = a_\mu b_\nu - a_\nu b_\mu \tag{26.20}$$

(나중에 a_μ는 ∇_μ로 대치되고, b_μ는 퍼텐셜 A_μ로 대치될 것이다.) a_μ와 b_μ의 각

성분들은 로렌츠 변환 식에 따라 다음과 같이 변환된다.

$$\begin{aligned} a_t' &= \frac{a_t - va_x}{\sqrt{1-v^2}}, & b_t' &= \frac{b_t - vb_x}{\sqrt{1-v^2}} \\ a_x' &= \frac{a_x - va_t}{\sqrt{1-v^2}}, & b_x' &= \frac{b_x - vb_t}{\sqrt{1-v^2}} \\ a_y' &= a_y, & b_y' &= b_y \\ a_z' &= a_z, & b_z' &= b_z \end{aligned} \tag{26.21}$$

이제 $G_{\mu\nu}$의 성분을 변환시킬 차례다. 일단 G_{tx}부터 시작해 보자.

$$\begin{aligned} G'_{tx} &= a_t' b_x' - a_x' b_t' \\ &= \left(\frac{a_t - va_x}{\sqrt{1-v^2}}\right)\left(\frac{b_x - vb_t}{\sqrt{1-v^2}}\right) - \left(\frac{a_x - va_t}{\sqrt{1-v^2}}\right)\left(\frac{b_t - vb_x}{\sqrt{1-v^2}}\right) \\ &= a_t b_x - a_x b_t \end{aligned}$$

그런데 애써 변환시켜 놓고 보니 G_{tx}와 완전히 똑같다. 즉,

$$G'_{tx} = G_{tx}$$

가 성립한다.

그다음으로, G_{ty}를 변환시키면

$$G'_{ty} = \frac{a_t - va_x}{\sqrt{1-v^2}}\, b_y - a_y \frac{b_t - vb_x}{\sqrt{1-v^2}} = \frac{(a_t b_y - a_y b_t) - v(a_x b_y - a_y b_x)}{\sqrt{1-v^2}}$$

가 얻어진다. 이 결과를 변환되기 전의 성분으로 표현하면 다음과 같다.

$$G'_{ty} = \frac{G_{ty} - vG_{xy}}{\sqrt{1-v^2}}$$

같은 방식으로 계산해 보면 다음의 결과도 쉽게 얻을 수 있다.

$$G'_{tz} = \frac{G_{tz} - vG_{xz}}{\sqrt{1-v^2}}$$

나머지 결과가 어떻게 나올지는 여러분도 짐작할 수 있을 것이다. 여섯 개 항 전체의 변환 법칙을 표로 만들어 보자. 이제는 $G_{\mu\nu}$를 $F_{\mu\nu}$로 바꿔 써도 상관 없을 것이다.

$$\begin{aligned} F'_{tx} &= F_{tx}, & F'_{xy} &= \frac{F_{xy} - vF_{ty}}{\sqrt{1-v^2}} \\ F'_{ty} &= \frac{F_{ty} - vF_{xy}}{\sqrt{1-v^2}}, & F'_{yz} &= F_{yz} \\ F'_{tz} &= \frac{F_{tz} - vF_{xz}}{\sqrt{1-v^2}}, & F'_{zx} &= \frac{F_{zx} - vF_{zt}}{\sqrt{1-v^2}} \end{aligned} \tag{26.22}$$

물론, $F'_{\mu\nu} = -F'_{\nu\mu}$이고 $F'_{\mu\mu} = 0$이다.

이로써 우리는 전기장과 자기장에 대한 변환 식을 구하는 데 성공했다. 이제

남은 일은 표 26-1을 참고하여 $F_{\mu\nu}$로 표현된 통합 표기법을 $\boldsymbol{E}$와 $\boldsymbol{B}$의 언어로 나타내는 것이다. 걱정할 것 없다. 그저 단순한 대입의 문제일 뿐이다. 전기장과 자기장의 각 성분들이 변하는 방식은 표 26-2에 정리되어 있다.

표 26-2

전기장과 자기장에 대한 로렌츠 변환($c=1$)

$$E_x' = E_x \qquad B_x' = B_x$$

$$E_y' = \frac{E_y - vB_z}{\sqrt{1-v^2}} \qquad B_y' = \frac{B_y + vE_z}{\sqrt{1-v^2}}$$

$$E_z' = \frac{E_z + vB_y}{\sqrt{1-v^2}} \qquad B_z' = \frac{B_z - vE_y}{\sqrt{1-v^2}}$$

표 26-2는 하나의 관성틀에서 다른 관성틀로 옮겨 갈 때 $\boldsymbol{E}$와 $\boldsymbol{B}$가 어떻게 바뀌는지를 보여 주고 있다. 임의의 한 관성틀에서 $\boldsymbol{E}$와 $\boldsymbol{B}$를 알고 있다면, $\boldsymbol{v}$의 속도로 움직이는 다른 관성틀에서 바라본 $\boldsymbol{E}$와 $\boldsymbol{B}$의 값을 알 수 있다.

위의 변환 식을 기억하기 쉬운 형태로 다시 쓸 수도 있다. 현재의 설정에서는 $\boldsymbol{v}$가 x방향이어서, $\boldsymbol{v}$와 관련된 모든 항들이 $\boldsymbol{v}\times\boldsymbol{E}$와 $\boldsymbol{v}\times\boldsymbol{B}$의 성분으로 되어 있다. 이 특성을 잘 이용하면 표 26-2의 변환 식은 표 26-3과 같이 쓸 수 있다.

표 26-3

다른 방식으로 표현한 장의 변환($c=1$)

$$E_x' = E_x \qquad B_x' = B_x$$

$$E_y' = \frac{(\boldsymbol{E} + \boldsymbol{v}\times\boldsymbol{B})_y}{\sqrt{1-v^2}} \qquad B_y' = \frac{(\boldsymbol{B} - \boldsymbol{v}\times\boldsymbol{E})_y}{\sqrt{1-v^2}}$$

$$E_z' = \frac{(\boldsymbol{E} + \boldsymbol{v}\times\boldsymbol{B})_z}{\sqrt{1-v^2}} \qquad B_z' = \frac{(\boldsymbol{B} - \boldsymbol{v}\times\boldsymbol{E})_z}{\sqrt{1-v^2}}$$

이렇게 써 놓고 보니, 변환 식을 외우기가 훨씬 쉬워졌다. 여기서 한 걸음 더 나아가, 장의 x방향 성분을 '평행 성분' $E_{\|}$과 $B_{\|}$(이들은 S와 S'의 상대 속도에 평행하다)으로 정의하고, 나머지 횡단 성분(y성분과 z성분의 벡터 합)을 '수직 성분' $E_{\perp}$과 $B_{\perp}$으로 정의하면, 변환 식을 좀 더 간단하게 쓸 수 있다. 이 결과는 표 26-4에 정리되어 있다(여기서는 나중에 참고할 때 좀 더 편하도록 빛의 속도 c를 되살려 놓았다).

표 26-4

또 다른 형태로 표현한 $\boldsymbol{E}$와 $\boldsymbol{B}$의 로렌츠 변환

$$E_{\|}' = E_{\|} \qquad B_{\|}' = B_{\|}$$

$$E_{\perp}' = \frac{(\boldsymbol{E} + \boldsymbol{v}\times\boldsymbol{B})_{\perp}}{\sqrt{1-v^2/c^2}} \qquad B_{\perp}' = \frac{\left(\boldsymbol{B} - \dfrac{\boldsymbol{v}\times\boldsymbol{E}}{c^2}\right)_{\perp}}{\sqrt{1-v^2/c^2}}$$

장의 변환 식을 이용하면 예전에 풀었던 문제들 중 일부를 다른 방법으로 풀 수 있다. 움직이는 점전하에 의한 장을 구하는 문제가 그 대표적인 사례이다. 그때 우리는 장을 구하기 위해 퍼텐셜을 미분했지만, 지금은 곧바로 쿨롱장을 변환시켜서 장을 구할 수 있다. S계에서 점전하가 정지 상태에 있다면, 방사형 전기장 $\boldsymbol{E}$만이 존재한다. S계에 대하여 속도 $v=-u$로 움직이는 S'계에서는 점전하가 속도 u로 움직이는 것처럼 보일 것이다. 이제, 표 26-3과 26-4의 변환 식을 이용하면 26-2절에서 얻었던 것과 동일한 전기장 및 자기장을 얻을 수 있다는 것을 증명하고자 한다.

표 26-2의 변환 식을 이용하면, 정지된 전하 옆을 등속도로 스쳐 지나갈 때 우리 눈에 보이는 장의 모습을 알 수 있다. 예를 들어, 그림 26-7과 같이 우리(관측자)가 축전기 판 사이에서 움직이고 있을 때, 우리의 기준틀(S')에서 장이 어떻게 보이는지 알아보자(물론, 그림과 '반대로' 대전된 축전기가 우리를 스쳐 지나간다고 해도 상황은 달라지지 않는다). 두말할 것도 없이, 원래의 계에서 자기장 $\boldsymbol{B}$는 0이다. 먼저, 우리의 운동 방향이 $\boldsymbol{E}$와 수직하다고 가정하자. 그러면 우리의 눈에 보이는 전기장은 $\boldsymbol{E}'=\boldsymbol{E}/\sqrt{1-v^2/c^2}$이며, 방향은 달라지지 않는다. 그러나 관측자와 전하 사이의 상대 속도가 0이 아니기 때문에, 자기장 $\boldsymbol{B}'=-\boldsymbol{v}\times\boldsymbol{E}'/c^2$도 나타나게 된다($\boldsymbol{B}'$에 $\sqrt{1-v^2}$이라는 인자가 등장하지 않은 것은 $\boldsymbol{E}$ 대신 $\boldsymbol{E}'$으로 표현했기 때문이다). 즉, 관측자가 정전기장에 수직한 방향으로 움직이는 경우에는 달라진 전기장 $\boldsymbol{E}$와 함께 횡방향의 자기장 $\boldsymbol{B}$가 추가로 관측되는 것이다. 관측자의 운동 방향이 $\boldsymbol{E}$와 수직하지 않은 경우에는 $\boldsymbol{E}$를 운동 방향에 평행한 부분 $\boldsymbol{E}_{\parallel}$과 수직한 부분 $\boldsymbol{E}_{\perp}$으로 분해하여 생각하는 것이 편리하다. 평행한 부분은 아무런 변화 없이 $E_{\parallel}'=E_{\parallel}$이고, 수직한 부분은 위에서 언급한 규칙에 따라 변하게 된다.

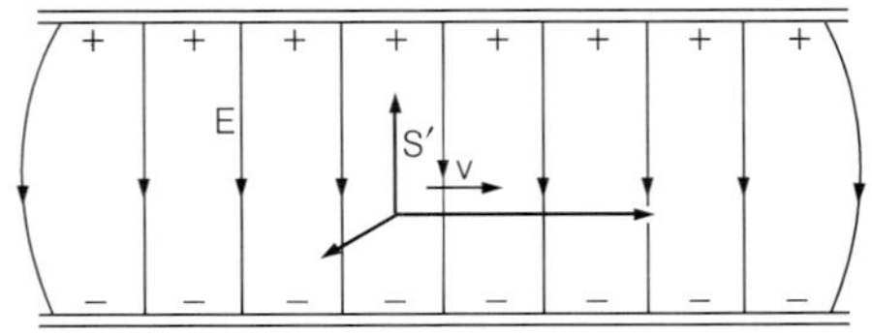

그림 26-7 정전기장을 통과하는 좌표계 S'

이제 반대의 경우로서, 관측자가 아무런 미동도 없는 '정자기장' 안에서 움직이는 경우를 생각해 보자. 이런 경우에는 (자기장이 운동 방향에 대해 수직이라고 가정하면) $\boldsymbol{v}\times\boldsymbol{B}'$으로 주어지는 '전기장' $\boldsymbol{E}'$과 함께, 원래의 값에 $1/\sqrt{1-v^2/c^2}$의 인자가 곱해진 자기장이 관측될 것이다. 관측자의 이동 속도 v가 광속 c보다 훨씬 느리다면 자기장의 변화는 거의 눈에 띄지 않을 정도로 미미한 수준이겠지만, 무엇보다 중요한 사실은 없던 전기장이 새로 나타난다는 것이다. 이와 같은 효과를 보여 주는 한 가지 예로서, 비행기의 속도를 결정하는 문제를 생각해 보자. 요즘은 레이더를 지면에 반사시켜서 비행기의 속도를 측정하고 있으므로 완전히 구닥다리 문제이긴 하지만, 과거에는 악천후 속에서 비행기의 속도를 알아내는 일이 매우 중요하고 어려운 문제였다. 기상이 악화되었을 때나 야간 시간대에는 지면이 보이지도 않을뿐더러, 위아래를 분간하기조차 어렵기 때문이다. 그러나 조종사와 승객의 안전을 위해서는 지면에 대한 비행기의 상대 속도를 어떻게든 알아내야만 했다. 땅을 내려다보지도 않고, 어떻게 비행기의 속도를 알아낼 수 있었을까? 당시 좌표 변환 공식을 익히 알고 있었던 많은 과학자들은 비행기가 지구의 자기장 속에서 움직인다는 사실에 착안하여 혁신적인 아이디어를 제시하였다. 세기가 어느 정도 알려져 있는 자기장 속에서 비행기가 날아간다고 가정해 보자. 그리고 문제의 단순화를 위해, 자기장의 방향이 지면과 수직하다고 가정하자. 비행기가 이 자기장 속에서 수평 방향을 따라 $\boldsymbol{v}$의 속도로 비행하고 있다면, 조종사는 변환 공식에 의해 $\boldsymbol{v}\times\boldsymbol{B}$로 주어지는 (비행기의 운동 방향에 수직한) 전기장을 '보아야' 할 것이다. 비행기 내부에 절연된 도선을 가로질러 걸어 놓으면, 이 전기장에 의해 도선의 양단에 전하가 유도될 것이다. 물론 이것은 전혀 새로운 사실이 아니다. 지상에 있는 사람의 관점에서 볼 때, 비행기는 자기장 속에서 도선을 움직이고 있는 셈이므로 도선의 전하는 $\boldsymbol{v}\times\boldsymbol{B}$의 힘에 의해 도선의 양단으로 이동할 것이다. 변환 공식은 똑같은 사실을 다른 방식으로 말하고 있는 것뿐이다(한 가지 현상을 여러 가지 방식으로 설명할 수 있다고 해서, 어느 한 방식이 다른 방식보다 우월하다는 뜻은 아니다. 사실 우리에게는 너무나도 많은 방법과 도구가 주어져 있기 때문에, 동일한 결과를 65가지 방법으로 얻어 냈다고 해서 놀랄 필요는 없다).

따라서 도선 양단 사이의 전압을 재기만 하면 비행기의 속도 v를 알 수 있다. 전압계 내부의 도선도 동일한 전기장의 영향을 받기 때문에 전압계만으로는 이 전압을 잴 수 없지만, 9장에서 대기 중의 전기 현상을 설명할 때 언급했던 방법들을 동원하면 원리적으로 비행기의 속도를 측정할 수 있다.

과연 이 방법을 실제로 적용할 수 있을까? 현실 세계는 그리 만만치 않다. 상대성 원리에 의해 형성되는 전기장의 세기는 미터당 밀리볼트 수준으로 매우 작지만, 이 정도면 충분히 측정 가능한 양이다. 정작 문제는 이 전기장이 다른 전기장과 전혀 구별되지 않는다는 점이다. 자기장 속에서의 운동에 의해 생성된 전기장은 공기나 구름 속의 정전하처럼 공기 중에 이미 존재하고 있는 다른 전기장들과 구별되지 않는다. 9장에서 언급한 대로, 지표면 위로는 일반적으로 대략 미터당 100볼트의 전기장이 존재한다. 그러나 이 전기장은 매우 불규칙적이어서, 비행기는 $\boldsymbol{v}\times\boldsymbol{B}$보다 훨씬 큰 대기 전기장의 요동을 느낄 수밖에 없다. 이런 이유 때문에, 지구 자기장 속에서의 움직임을 통해 비행기의 속도를 측정하는 것은 불가능하다.

26-4 상대론적 표기법으로 나타낸 운동 방정식*

맥스웰 방정식을 이용하여 애써 전기장과 자기장을 구해 놓고, 정작 이들이 어떤 효과를 내는지 모른다면 아무짝에도 쓸모없다. 다들 알다시피, 전하에 작용하는 힘을 구하려면 주변에 형성되어 있는 장을 알아야 한다. 그 힘에 의해 전하의 운동이 결정되기 때문이다. 그래서 전하의 운동과 힘의 관계는 전기동역학의 중요한 부분을 차지하고 있다.

전기장 $\boldsymbol{E}$와 자기장 $\boldsymbol{B}$ 안에서 움직이는 전하에 작용하는 힘은

$$\boldsymbol{F}=q(\boldsymbol{E}+\boldsymbol{v}\times\boldsymbol{B}) \tag{26.23}$$

이다. 속도가 느릴 때에는 이 힘이 질량×가속도와 같지만, 속도의 빠르고 느림

---

* 이 절에서는 빛의 속도 c를 모두 되살려 놓았다.

에 상관없이 항상 성립하는 법칙은 $\boldsymbol{F}=d\boldsymbol{p}/dt$이다. 여기서 $\boldsymbol{p}=m_0\boldsymbol{v}/\sqrt{1-v^2/c^2}$이므로, 상대론적 운동 방정식은 다음과 같다.

$$\frac{d}{dt}\left(\frac{m_0\boldsymbol{v}}{\sqrt{1-v^2/c^2}}\right)=\boldsymbol{F}=q(\boldsymbol{E}+\boldsymbol{v}\times\boldsymbol{B}) \tag{26.24}$$

이제, 방정식 (26.24)를 상대론적 관점에서 분석해 보자. 앞에서 맥스웰 방정식을 상대론적인 형태로 나타낸 적이 있으므로, 상대론에 입각하여 운동 방정식을 살펴보는 것도 매우 흥미로운 일이다. 우선, 위의 방정식을 4차원 벡터 표기법으로 다시 쓸 수 있는지 알아보자.

3차원 운동량이 4차원 벡터 p_μ의 일부라는 것은 이미 알고 있는 사실이므로 (p_μ의 시간 성분은 에너지 $m_0/\sqrt{1-v^2/c^2}$이다), 식 (26.24)의 좌변을 dp_μ/dt로 바꿔 놓는 것을 생각해 볼 수 있다. 그러면 힘 $\boldsymbol{F}$와 더불어 4차원 벡터를 형성하는 네 번째 성분을 찾기만 하면 된다. 이 네 번째 성분은 에너지의 변화율, 즉 일률 $\boldsymbol{F}\cdot\boldsymbol{v}$와 같아야 하므로 식 (26.24)의 우변은 $(\boldsymbol{F}\cdot\boldsymbol{v},\ F_x,\ F_y,\ F_z)$와 같은 4차원 벡터로 대치될 것 같다. 그러나 애석하게도 이 조합은 4차원 벡터를 이루지 않는다.

4차원 벡터를 '시간'에 대해 미분하면 더 이상 4차원 벡터가 아니다. 미분 연산자 d/dt는 t를 측정하는 특별한 기준틀에서 계산되어야 하기 때문이다. 앞에서 속도 $\boldsymbol{v}$를 4차원 벡터로 확장시킬 때에도 이와 비슷한 문제에 직면한 적이 있었다. 그때 우리는 시간 성분이 $cdt/dt=c$일 것이라고 추측했었다. 그러나

$$\left(c,\frac{dx}{dt},\frac{dy}{dt},\frac{dz}{dt}\right)=(c,\ \boldsymbol{v}) \tag{26.25}$$

는 4차원 벡터를 이루지 않는다. 각 성분에 $1/\sqrt{1-v^2/c^2}$이라는 인자를 곱해야 비로소 4차원 벡터가 된다. '4차원 속도(four-velocity)' u_μ는 다음과 같은 4차원 벡터이다.

$$u_\mu=\left(\frac{c}{\sqrt{1-v^2/c^2}},\frac{\boldsymbol{v}}{\sqrt{1-v^2/c^2}}\right) \tag{26.26}$$

그러므로 시간에 대해 미분한 양을 4차원 벡터로 만들고 싶을 때에는 d/dt 앞에 $1/\sqrt{1-v^2/c^2}$을 곱해 주면 될 것 같다.

우리의 두 번째 추측은

$$\frac{1}{\sqrt{1-v^2/c^2}}\frac{d}{dt}(p_\mu) \tag{26.27}$$

가 4차원 벡터를 이룰지도 모른다는 것이다. 그런데 이 식에서 $\boldsymbol{v}$는 무엇인가? 좌표계의 속도가 아니라 입자의 속도이다! 따라서 다음과 같이 정의된 f_μ는

$$f_\mu=\left(\frac{\boldsymbol{F}\cdot\boldsymbol{v}}{\sqrt{1-v^2/c^2}},\frac{\boldsymbol{F}}{\sqrt{1-v^2/c^2}}\right) \tag{26.28}$$

'4차원으로 확장한 힘'이 된다. 우리는 이것을 '4차원 힘(four-force)'이라고 부를

수 있다. f_μ는 4차원 벡터이며, 이 벡터의 공간 성분은 $\boldsymbol{F}$가 아니라 $\boldsymbol{F}/\sqrt{1-v^2/c^2}$이다.

여기서 질문을 하나 제기해 보자. 무슨 근거로 f_μ가 4차원 벡터라고 주장하는가? 답을 찾기 전에, 우선 $1/\sqrt{1-v^2/c^2}$이라는 인자를 좀 더 구체적으로 살펴보는 것이 좋을 것 같다. 이 인자가 등장한 것이 벌써 두 번째이므로, 이제는 "왜 d/dt가 항상 똑같은 인자에 의해서 수정되어야 하는지," 그 이유를 알아볼 때가 되었다. 해답은 다음과 같은 사실에서 찾을 수 있다. 함수 x를 시간으로 미분할 때, 우리는 변수 t의 작은 간격 Δt에 대응되는 x의 증가량 Δx를 계산한다. 그러나 다른 기준틀에서는 간격 Δt라는 것이 t'과 x' 양쪽 모두의 변화에 의존할 수 있으므로, t'만 변화시킨다면 x의 증가량이 달라질 것이다. 따라서 4차원 벡터를 미분하려면 모든 좌표계에 공통적으로 적용되는 '시공간 간격의 척도'를 찾아서 Δx를 그 간격으로 취해야 한다. 그래야 모든 좌표계에서 같은 값이 나올 것이기 때문이다. 입자가 4차원 공간에서 '움직이면,' 좌표 상으로 Δt, Δx, Δy, Δz만큼의 변화가 생긴다. 이들로부터 어떤 '불변의 간격'을 만들어 낼 수는 없을까? 이들은 4차원 벡터 $x_\mu=(ct,\ x,\ y,\ z)$의 성분이므로, Δs를 다음과 같이 정의하면

$$(\Delta s)^2=\frac{1}{c^2}\Delta x_\mu \Delta x_\mu=\frac{1}{c^2}(c^2\Delta t^2-\Delta x^2-\Delta y^2-\Delta z^2) \tag{26.29}$$

(4차원 내적에 해당됨) 4차원 시공간 간격의 척도로 쓸 수 있는 '4차원 스칼라 (four-scalar)'가 얻어진다. Δs로부터(또는 그 극한인 ds로부터) 매개 변수 $s=\int ds$를 정의할 수 있다. 그러면 s에 대한 미분 d/ds는 로렌츠 변환에 대하여 불변이므로 훌륭한 4차원 연산이 된다.

움직이는 입자에 대하여, ds는 dt와 쉽게 연관 지을 수 있다. 움직이는 점입자의 경우,

$$dx=v_x\,dt, \qquad dy=v_y\,dt, \qquad dz=v_z\,dt \tag{26.30}$$

이고,

$$ds=\sqrt{(dt^2/c^2)(c^2-v_x{}^2-v_y{}^2-v_z{}^2)}=dt\sqrt{1-v^2/c^2} \tag{26.31}$$

이다.

따라서 연산자

$$\frac{1}{\sqrt{1-v^2/c^2}}\frac{d}{dt}$$

는 '불변 연산자'이다. 임의의 4차원 벡터에 이 연산자를 작용시키면 또 다른 4차원 벡터를 얻게 된다. 예를 들어, 이것을 $(ct,\ x,\ y,\ z)$에 작용시켜 보면, 4차원 속도 u_μ가 얻어진다.

$$\frac{dx_\mu}{ds}=u_\mu$$

이제 여러분은 $\sqrt{1-v^2/c^2}$이라는 인자가 빈번하게 등장하는 이유를 이해했을 것이다.

불변 변수 s는 여러모로 유용한 물리량으로서, 한 입자의 경로를 따르는 '고유 시간(proper time)'이라고 한다. 이런 이름이 붙은 이유는 ds가 '입자와 함께 움직이는 기준틀에서의 시간 간격'과 같기 때문이다(이런 기준틀에서는 $\Delta x=\Delta y=\Delta z=0$이고 $\Delta s=\Delta t$이다). 가속도에 따라 주기가 변하지 않는 시계가 있다면, 이 시계를 입자와 함께 움직이게 했을 때 표시되는 시간이 바로 s이다.

이제, 4차원 버전으로 확장된 뉴턴의 법칙은 다음과 같이 깔끔한 형태로 쓸 수 있다.

$$\frac{dp_\mu}{ds}=f_\mu \tag{26.32}$$

여기서 f_μ는 식 (26.28)로부터 주어진 것이다. 또한 운동량 p_μ는

$$p_\mu=m_0u_\mu=m_0\frac{dx_\mu}{ds} \tag{26.33}$$

와 같이 쓸 수 있는데, 여기서 좌표 $x_\mu=(ct,\ x,\ y,\ z)$는 4차원 시공간에서 입자의 궤적을 나타낸다. 결론적으로, 4차원 운동 방정식은 다음과 같이 단순한 형태로 요약될 수 있다.

$$f_\mu=m_0\frac{d^2x_\mu}{ds^2} \tag{26.34}$$

언뜻 보기에는 $F=ma$와 비슷하지만, 사실은 그렇지 않다. 식 (26.34)에는 상대론적 역학이 담겨 있어서, 속도가 빨라지면 뉴턴의 법칙과 전혀 다른 결과를 주기 때문이다. 이것은 '의미상의 변화 없이' 모든 방정식을 상대론적 형태로 바꿔 쓸 수 있었던 맥스웰 방정식의 경우와는 판이하게 다르다.

이제, 식 (26.24)의 우변도 4차원 벡터 표기법으로 바꿔 보자. 힘 $\boldsymbol{F}$의 세 성분은($\sqrt{1-v^2/c^2}$으로 나누면) f_μ의 성분이 되므로,

$$f_x=\frac{q(\boldsymbol{E}+\boldsymbol{v}\times\boldsymbol{B})_x}{\sqrt{1-v^2/c^2}}=q\left[\frac{E_x}{\sqrt{1-v^2/c^2}}+\frac{v_yB_z}{\sqrt{1-v^2/c^2}}-\frac{v_zB_y}{\sqrt{1-v^2/c^2}}\right] \tag{26.35}$$

이다. 이제 위 식에 나오는 모든 양들을 상대론적인 표기법으로 바꿔야 한다. 우선, $c/\sqrt{1-v^2/c^2}$과 $v_y/\sqrt{1-v^2/c^2}$과 $v_z/\sqrt{1-v^2/c^2}$은 4차원 속도 u_μ의 t, y 및 z성분이며, $\boldsymbol{E}$와 $\boldsymbol{B}$의 성분들은 2차 랭크 텐서장 $F_{\mu\nu}$의 성분이다. 표 26-1에서 $F_{\mu\nu}$의 성분 중 E_x, B_z, B_y에 해당하는 것을 찾아서 끼워 넣으면 다음과 같이 된다.*

$$f_x=q(u_tF_{xt}-u_yF_{xy}-u_zF_{xz})$$

* 표 26-1에서 광속 c를 되살려 넣으면, $\boldsymbol{E}$의 성분에 해당되는 $F_{\mu\nu}$의 모든 성분에 $1/c$이 곱해진다.

어째 생긴 모양이 예사롭지 않다. 지금 우리는 x성분을 구하는 중이므로, 모든 항에 아래 첨자 x가 붙어 있다는 것은 매우 바람직한 현상이다. 그리고 나머지 다른 첨자들은 tt, yy, zz와 같이 쌍으로 등장하는데, xx항만 누락되어 있다. 여기에 누락된 항을 집어넣으면 다음과 같이 된다.

$$f_x = q(u_t F_{xt} - u_x F_{xx} - u_y F_{xy} - u_z F_{xz}) \tag{26.36}$$

$F_{\mu\nu}$의 반대칭성에 의해 $F_{xx}=0$이므로, 달라진 것은 전혀 없다. xx항을 채워 넣으면 식 (26.36)은 다음과 같이 간결한 형태로 전환된다.

$$f_\mu = q u_\nu F_{\mu\nu} \tag{26.37}$$

여기서 위 식의 ν와 같이 "아래 첨자가 중복해서 '두 번' 나타날 때는 해당 첨자에 대한 합을 의미한다"고 약속하자. 그러면 위의 방정식은 식 (26.36)과 동일해진다[이것은 모든 종류의 텐서 식에 일반적으로 적용되는 규약으로서, '아인슈타인의 합 규약(Einstein's summation convention)'이라고 한다 : 옮긴이].

식 (26.37)이 $\mu=y$나 $\mu=z$일 때에도 똑같이 성립한다는 것은 쉽게 짐작할 수 있다. 그런데 $\mu=t$일 때는 어떻게 될까? 재미 삼아 확인해 보자.

$$f_t = q(u_t F_{tt} - u_x F_{tx} - u_y F_{ty} - u_z F_{tz})$$

이제, 이 식을 $\boldsymbol{E}$와 $\boldsymbol{B}$로 나타내면

$$f_t = q\left(0 + \frac{v_x}{\sqrt{1-v^2/c^2}} E_x + \frac{v_y}{\sqrt{1-v^2/c^2}} E_y + \frac{v_z}{\sqrt{1-v^2/c^2}} E_z\right)$$

즉,

$$f_t = \frac{q\boldsymbol{v}\cdot\boldsymbol{E}}{\sqrt{1-v^2/c^2}} \tag{26.38}$$

가 된다. 그런데 식 (26.28)에서 f_t는

$$\frac{\boldsymbol{F}\cdot\boldsymbol{v}}{\sqrt{1-v^2/c^2}} = \frac{q(\boldsymbol{E}+\boldsymbol{v}\times\boldsymbol{B})\cdot\boldsymbol{v}}{\sqrt{1-v^2/c^2}}$$

가 되어야 한다. $(\boldsymbol{v}\times\boldsymbol{B})\cdot\boldsymbol{v}=0$이므로, 위의 식은 식 (26.38)과 동일하다. 보다시피, 모든 것이 잘 맞아떨어지고 있다.

지금까지 언급된 내용을 간단하게 요약하면 다음과 같다. 전자기장 속에서 점전하의 운동을 기술하는 운동 방정식은 4차원 벡터 표기법을 이용하여 다음과 같은 세련된 형태로 쓸 수 있다.

$$m_0 \frac{d^2 x_\mu}{ds^2} = f_\mu = q u_\nu F_{\mu\nu} \tag{26.39}$$

겉모습은 제법 우아해 보이지만, 사실 별로 유용하진 않다. 입자의 운동을 기술할 때, 대부분의 경우에는 원래의 방정식 (26.24)를 사용하는 것이 훨씬 편리하다.

CHAPTER 27
전자기장의 에너지와 운동량

27-1 국소 보존
27-2 에너지 보존과 전자기학
27-3 전자기장 내의 에너지 밀도와 에너지 흐름
27-4 장 에너지의 모호성
27-5 에너지 흐름의 예
27-6 장 운동량

27-1 국소 보존

물체의 에너지가 보존되지 않는다는 것은 분명한 사실이다. 물체에서 빛이 방출될 때마다 물체는 에너지를 잃어버린다. 그러나 손실된 에너지는 다른 형태의 에너지(예를 들어, 물체에서 방출된 빛)로 설명할 수 있다. 따라서 에너지 보존 법칙은 빛이나 전자기장과 관련된 에너지를 함께 고려해야 완전한 형태를 갖추게 된다. 이 장에서는 전자기장의 에너지 보존 법칙과 운동량 보존 법칙을 다룰 예정이다. 상대성 이론에서 에너지와 운동량은 4차원 벡터를 통해 하나로 통합되므로, 이들은 반드시 함께 다뤄져야 한다.

제1권의 앞부분에서 에너지 보존을 논할 때, 나는 "우주의 총 에너지는 보존된다"는 두루뭉술한 표현을 사용했었다. 이제 에너지 보존의 개념을 좀 더 확장시켜서, 에너지가 보존되는 '이유'를 구체적으로 따져 보자. 우선 기존의 에너지 보존 법칙에 하나의 법칙을 추가하기로 한다. 즉, "임의의 한 영역에서 에너지가 사라지고 있다는 것은, 그 영역의 경계면을 통하여 에너지가 외부로 흘러나감을 의미한다"는 법칙이다. 이것은 기존의 에너지 보존 법칙을 더욱 엄밀하게 수정한 것이다.

새로운 에너지 보존 법칙을 이해하기 위해, 전하 보존 법칙을 생각해 보자. 전류 밀도 $\boldsymbol{j}$와 전하 밀도 ρ가 주어졌을 때, 전하 밀도가 어느 한 곳에서 감소했다면, 그곳으로부터 밖으로 흘러 나가는 전하의 흐름, 즉 전류가 반드시 존재해야 한다. 이것이 바로 전하 보존 법칙의 골자이다. 전하 보존 법칙을 수학적으로 표현하면 다음과 같다.

$$\nabla \cdot \boldsymbol{j} = -\frac{\partial \rho}{\partial t} \tag{27.1}$$

이 세상에 있는 전하의 총량이 항상 일정하다는 것은 이 법칙으로부터 유도되는 결과이다(없던 전하가 갑자기 나타나거나, 있던 전하가 사라지는 사건은 절대로 일어나지 않는다는 뜻이다). 그러나 굳이 이렇게 하지 않아도 총 전하량을 일정하게 유지시키는 방법이 있다. 예를 들어, 그림 27-1에서 점 (1) 부근에 Q_1의 전하가 있고, 거기서 조금 떨어진 점 (2) 부근에는 전하가 없다고 가정하자. 그리고 시간이 지남에 따라 점 (1) 부근의 전하 Q_1이 점점 줄어들면서, 그와 '동시에' 없어진 만큼의 전하 Q_2가 점 (2) 부근에 생성된다고 가정해 보자($Q_1+Q_2=$

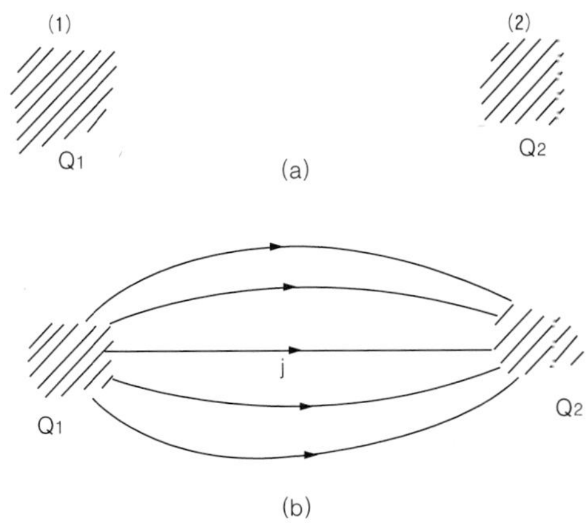

그림 27-1 전하가 보존되는 두 가지 방법 : (a) $Q_1+Q_2=$일정 (b) $dQ_1/dt = \int \boldsymbol{j}\cdot\boldsymbol{n}\,da = -dQ_2/dt$

일정). 즉, Q_1에서 사라진 만큼의 전하가 Q_2에 나타난다는 뜻이다. 이런 경우에도 전 공간의 총 전하량은 보존된다. 이런 식의 전하 보존은 '전역적인(world-wide)' 보존이라고 할 수는 있지만, '국소적인(local)' 보존이라고는 할 수 없다. 왜냐하면 이런 경우에는 전하가 점 (1)에서 점 (2)로 옮겨 가기 위해 그 사이의 공간을 지나갈 필요가 없기 때문이다. 국소적으로 볼 때, 점 (1) 근처에서 전하가 그냥 사라져 버리는 것이다.

이러한 '전역적' 보존 법칙은 상대성 이론에 위배된다. 공간상으로 떨어져 있는 지점에서 '동시'라는 개념은 모든 계에 동등하게 적용되지 않기 때문이다. 두 개의 사건이 어떤 계에서 '동시에' 일어났다 해도, 그 옆을 지나가는 다른 계에서 보면 동시가 아니다. 그런데 위에서 언급한 '전역적인' 보존 법칙에 따르면, Q_1에서 사라진 전하가 '동시에' 다른 지점 Q_2에 나타나야 한다. 그렇지 않으면 전하가 보존되지 않는 순간이 존재하기 때문이다. 즉, 상대성 이론과 충돌을 일으키지 않으려면, 전하 보존 법칙은 '국소적인' 보존 법칙의 형태로 표현되어야 한다. 실제로, 많은 물리 법칙들은 "상대론적인 로렌츠 불변성을 만족해야 한다"는 제약 조건 때문에, 전혀 예상치 못했던 방식으로 제한을 받곤 한다. 현대의 양자장론(quantum field theory)을 예로 들어 보면 소위 '비국소적(nonlocal)' 상호작용을 허용하여 이론을 변경시키려는 학자들이 간혹 있다. 간단히 말해서, '여기' 있는 어떤 것이 '저기' 있는 어떤 것에 '순간적으로' 영향을 미친다고 가정하자는 것인데, 이를 허용하면 상대성 이론과 정면으로 충돌하게 된다.

이와는 달리, '국소적인' 보존 법칙은 "전하가 한 지점에서 다른 지점으로 이동하려면 두 지점 사이의 공간에서 반드시 어떤 일이 일어나야만 한다"는 것을 기본 아이디어로 삼고 있다. 이런 법칙을 기술하려면 전하 밀도 ρ뿐만 아니라, 어떤 면을 통과하는 전하의 흐름을 나타내는 벡터, 즉 $\boldsymbol{j}$와 같은 물리량이 필요하다. 그러면 전류는 식 (27.1)에 의해 전하 밀도의 변화율과 어떤 연관을 맺게 된다. 이것은 좀 더 엄격한 종류의 보존 법칙으로서, 전하가 '국소적으로 보존된다'는 것을 뜻한다.

이와 마찬가지로, 에너지 보존 역시 '국소적' 법칙임이 밝혀졌다. 한 영역에서 에너지 밀도가 주어지면, '그 영역의 경계면을 통과하는 에너지의 흐름'을 나타내는 벡터가 존재한다. 예를 들어 광원에서 방출되는 빛은 광원을 둘러싼 가상의 폐곡면 내부에서 상실된 에너지가 폐곡면을 통해 흘러나오는 것이다.

27-2 에너지 보존과 전자기학

전자기학에서 말하는 에너지 보존 법칙을 정량적으로 표현해 보자. 이를 위해서는 공간상의 임의의 부피 요소 안에 함유된 에너지의 양과, 단위 시간당 에너지의 흐름을 알고 있어야 한다. 우선은 전자기장의 에너지만을 고려해 보자. 장의 에너지 밀도(단위 부피당 에너지)를 u라 하고, 장의 에너지 플럭스(에너지가 흐르는 방향에 수직한 단위 면적을 단위 시간 동안 통과하는 에너지의 양)를 벡터 $\boldsymbol{S}$로 나타내기로 하자. 전하 보존에 관한 식 (27.1)로부터 유추해 보면, 장

에너지의 보존 법칙은 다음과 같이 '국소적인' 형태로 쓸 수 있다.

$$\frac{\partial u}{\partial t} = -\nabla \cdot \boldsymbol{S} \tag{27.2}$$

물론, 이것은 항상 성립하는 법칙이 아니다. 일반적으로 장 에너지는 보존되지 않는다. 캄캄한 방에서 불을 켰다고 생각해 보자. 그러면 방 안은 갑자기 빛으로 가득 차게 될 것이다. 불을 켜기 전에는 아무런 에너지도 없었지만, 스위치를 올린 후에는 전자기장 에너지가 분명히 존재하고 있다. 즉, '장' 에너지만 '따로' 보존되는 것이 아니라, 세상의 총 에너지가 보존되는 것이기 때문에, 식 (27.2)로 표현된 에너지 보존 법칙은 완전한 법칙이라 할 수 없다. 물론 여기에는 물질 에너지도 포함된다. 장이 물질에 일을 해 주거나 물질이 장에 일을 해 주면 장 에너지는 변하게 된다.

그러나 물질이 어떤 제한된 영역 안에 놓여 있는 경우에는 그 물질의 에너지 보유량을 알 수 있다. 각 입자는 $m_0c^2/\sqrt{1-v^2/c^2}$의 에너지를 갖고 있다. 물질의 총 에너지란, 구성 입자의 에너지를 모두 더한 것이다. 그리고 경계면을 통과하는 에너지의 흐름은 그 면을 통과하는 각 입자의 에너지를 모두 더한 것이다. 지금부터는 전자기장에 의한 에너지만을 고려할 것이다. 이를 위해서는 주어진 영역 안에 있는 전체 '장' 에너지의 감소분을 '외부로 흘러 나가는 장 에너지와 내부에서 물질과 상호작용하면서 빼앗기는 에너지 손실(또는 역으로 얻게 되는 에너지 이득)'로 분할하여 기술할 필요가 있다. 주어진 부피 V 내부의 장 에너지는 다음과 같다.

$$\int_V u\,dV$$

이 적분 값을 시간으로 미분하여 마이너스 부호를 붙이면 에너지 감소율이 된다. 부피 V 밖으로 흘러 나가는 장 에너지는 경계면에 수직한 벡터 $\boldsymbol{S}$의 성분을 V의 전체 표면 Σ에 대해 적분한 값과 같다.

$$\int_\Sigma \boldsymbol{S}\cdot\boldsymbol{n}\,da$$

따라서

$$-\frac{\partial}{\partial t}\int_V u\,dV = \int_\Sigma \boldsymbol{S}\cdot\boldsymbol{n}\,da + (\text{장이 } V \text{ 내부의 물질에 해 준 일}) \tag{27.3}$$

이다.

앞에서 우리는 전자기장이 단위 부피당 $\boldsymbol{E}\cdot\boldsymbol{j}$의 일률로 물질에 일을 해 준다는 사실을 확인한 바 있다[전하에 걸리는 힘은 $\boldsymbol{F}=q(\boldsymbol{E}+\boldsymbol{v}\times\boldsymbol{B})$이며, 일률은 $\boldsymbol{F}\cdot\boldsymbol{v}=q\boldsymbol{E}\cdot\boldsymbol{v}$이다. 단위 부피당 N개의 전하가 있다면, 단위 부피당 일률은 $Nq\boldsymbol{E}\cdot\boldsymbol{v}$가 된다. 여기서, $Nq\boldsymbol{v}=\boldsymbol{j}$이다]. 따라서 $\boldsymbol{E}\cdot\boldsymbol{j}$는 단위 시간, 단위 부피당 전자기장의 에너지 손실률과 같고, 식 (27.3)은 다음과 같이 쓸 수 있다.

$$-\frac{\partial}{\partial t}\int_V u\,dV = \int_\Sigma \boldsymbol{S}\cdot\boldsymbol{n}\,da + \int_V \boldsymbol{E}\cdot\boldsymbol{j}\,dV \tag{27.4}$$

이것이 바로 전자기장의 에너지 보존 법칙이다. 우변의 첫 번째 항을 부피 적분으로 변형시키면 식 (27.2)와 같은 미분 방정식 형태로 바뀌는데, 이 과정은 가우스 정리를 이용하여 쉽게 구현할 수 있다. $\boldsymbol{S}$의 수직 성분의 면적 적분은 $\boldsymbol{S}$의 다이버전스를 표면 내부에서 부피 적분한 것과 같다. 따라서 식 (27.3)은 다음 식과 동일하다.

$$-\int_V \frac{\partial u}{\partial t}\,dV = \int_V \nabla\cdot\boldsymbol{S}\,dV + \int_V \boldsymbol{E}\cdot\boldsymbol{j}\,dV$$

여기서는 좌변의 시간 미분을 적분 속으로 집어넣었다. 이 식은 임의의 부피에 대해 성립하므로, 적분 기호를 떼 버리고 다음과 같은 미분 형태로 쓸 수 있다.

$$-\frac{\partial u}{\partial t} = \nabla\cdot\boldsymbol{S} + \boldsymbol{E}\cdot\boldsymbol{j} \tag{27.5}$$

실제로 이 식을 응용하려면 u와 $\boldsymbol{S}$를 알아야 한다. 사실 우리는 결과만 알면 되기 때문에, "u와 $\boldsymbol{S}$는 $\boldsymbol{E}$와 $\boldsymbol{B}$로 표현된다"는 말 한마디로 그냥 넘어갈 수도 있다. 그러나 1884년에 유명한 물리학자 포인팅(Poynting)이 $\boldsymbol{S}$와 u를 구하기 위해 전개했던 논리를 알고 넘어가는 것이 좋을 듯하여, 여기 소개하기로 한다(물론, 이 유도 과정을 모른다 해도 앞으로의 내용을 공부하는 데에는 아무런 지장이 없다).

27-3 전자기장 내의 에너지 밀도와 에너지 흐름

이 과정의 핵심 아이디어는 장의 에너지 밀도 u와 에너지 플럭스 $\boldsymbol{S}$가 $\boldsymbol{E}$와 $\boldsymbol{B}$만의 함수로 표현된다고 가정하는 것이다(예를 들어, 정전기학에서 에너지 밀도는 $\frac{1}{2}\epsilon_0\boldsymbol{E}\cdot\boldsymbol{E}$로 표현된다). 물론 u와 $\boldsymbol{S}$가 퍼텐셜이나 기타 다른 물리량의 함수일지도 모르지만, 일단 이렇게 가정한 후 결과가 어떻게 되는지 알아보자. 일단은 $\boldsymbol{E}\cdot\boldsymbol{j}$를 변형시켜서 두 항의 합으로 고쳐 쓸 수 있는지 확인해 보자. 즉, 하나의 항은 어떤 양을 시간으로 미분한 형태가 되고, 나머지 항은 다른 어떤 양의 다이버전스가 되도록 만들어 보자는 것이다. 그러면 첫 번째 양은 u가 되고 두 번째 양은 $\boldsymbol{S}$가 될 것이다(물론 부호는 적절히 맞춰 주어야 한다). 이 두 개의 항은 오직 전자기장으로 표현되어야 한다. 다시 말해서, 우리의 목표는 다음과 같은 방정식을 만들어 내는 것이다.

$$\boldsymbol{E}\cdot\boldsymbol{j} = -\frac{\partial u}{\partial t} - \nabla\cdot\boldsymbol{S} \tag{27.6}$$

우선 좌변을 전기장과 자기장으로 표현해야 한다. 어떻게 해야 할까? 두말할 것도 없이, 맥스웰 방정식으로 되돌아가야 한다. $\nabla\times\boldsymbol{B}$에 대한 맥스웰 방정식을 이용하면 전류를 다음과 같이 표현할 수 있다.

$$\boldsymbol{j} = \epsilon_0 c^2 \boldsymbol{\nabla} \times \boldsymbol{B} - \epsilon_0 \frac{\partial \boldsymbol{E}}{\partial t}$$

이것을 식 (27.6)에 대입하면 $\boldsymbol{E} \cdot \boldsymbol{j}$를 아래와 같이 $\boldsymbol{E}$와 $\boldsymbol{B}$만으로 표현할 수 있다.

$$\boldsymbol{E} \cdot \boldsymbol{j} = \epsilon_0 c^2 \boldsymbol{E} \cdot (\boldsymbol{\nabla} \times \boldsymbol{B}) - \epsilon_0 \boldsymbol{E} \cdot \frac{\partial \boldsymbol{E}}{\partial t} \tag{27.7}$$

지금까지는 모든 것이 순조롭다. 마지막 항은 시간에 대한 미분인데, 이것은 $(\partial/\partial t)(\frac{1}{2}\epsilon_0 \boldsymbol{E} \cdot \boldsymbol{E})$와 같으므로 $\frac{1}{2}\epsilon_0 \boldsymbol{E} \cdot \boldsymbol{E}$가 u의 한 부분임을 짐작할 수 있다. 이것은 정전기학에서 구했던 결과와 일치한다. 이제 우변의 첫 번째 항을 적당히 주물러서 어떤 양의 다이버전스로 표현하기만 하면 된다.

식 (27.7)의 우변에 있는 첫 번째 항은 다음과 같다.

$$(\boldsymbol{\nabla} \times \boldsymbol{B}) \cdot \boldsymbol{E} \tag{27.8}$$

예전에 공부했던 벡터 항등식에 의하면 $(\boldsymbol{a} \times \boldsymbol{b}) \cdot \boldsymbol{c} = \boldsymbol{a} \cdot (\boldsymbol{b} \times \boldsymbol{c})$이다. 이 식을 적용하면 위의 항은

$$\boldsymbol{\nabla} \cdot (\boldsymbol{B} \times \boldsymbol{E}) \tag{27.9}$$

와 같다. 얼핏 보기에는 첫 번째 항을 '어떤 양의 다이버전스'로 표현하는 데 성공한 것 같다. 그러나 이것은 잘못된 결과이다! 지난 강의에서 나는 $\boldsymbol{\nabla}$이 벡터와 '비슷한' 성질을 갖고 있지만, 벡터와 완전히 동일하게 취급하면 안 된다고 경고한 적이 있다. 미분 연산자가 왼쪽에 놓이면, (특별한 괄호가 없는 한) 연산자의 우측에 있는 모든 대상에 미분이 걸리기 때문이다. 식 (27.7)에서 $\boldsymbol{\nabla}$은 $\boldsymbol{B}$에만 걸리고 $\boldsymbol{E}$에는 걸리지 않는다. 그런데 식 (27.9)의 $\boldsymbol{\nabla}$은 미분의 일반적 규약에 따라 $\boldsymbol{B}$와 $\boldsymbol{E}$ 모두에 걸리도록 되어 있다. 따라서 이 두 가지 표현은 동일하지 않다. 실제로 $\boldsymbol{\nabla} \cdot (\boldsymbol{B} \times \boldsymbol{E})$를 계산해 보면, $\boldsymbol{E} \cdot (\boldsymbol{\nabla} \times \boldsymbol{B})$항뿐만 아니라 또 하나의 항이 추가로 나타나는데, 이는 아래와 같이 두 함수의 곱을 미분할 때 나타나는 현상과 비슷하다.

$$\frac{d}{dx}(fg) = \frac{df}{dx}g + f\frac{dg}{dx}$$

$\boldsymbol{\nabla} \cdot (\boldsymbol{B} \times \boldsymbol{E})$를 전개했을 때 나타나는 모든 항들을 일일이 계산할 수도 있지만, 그보다는 이런 종류의 문제를 다룰 때 유용하게 사용할 수 있는 기법을 소개하는 편이 좋을 것 같다. 이 방법을 사용하면 $\boldsymbol{\nabla}$ 연산자가 포함된 수식에도 벡터 대수의 모든 규칙을 별 탈 없이 적용할 수 있다. 그러면 전통적인 미분 연산자의 적용 방식은 잠시 접어 두고, 새로운 연산 법칙과 표현 방식을 도입해 보자. 다들 알다시피, 다음 두 가지 경우에는 항이 놓인 순서에 따라 연산 결과가 달라진다. 한 경우는 미분 연산으로, $f(d/dx)g$는 $g(d/dx)f$와 분명히 다르다. 그리고 또 한 경우는 벡터의 외적으로서, $\boldsymbol{a} \times \boldsymbol{b}$와 $\boldsymbol{b} \times \boldsymbol{a}$도 의미가 다르다. 그러나 우리는 잠시 동안 이와 같은 규칙을 잊기로 한다. 미분 연산자는 일반적으로 자신의 우측에 놓인 모든 함수에 적용되지만, 지금부터는 연산의 결과가 놓

여진 순서에 무관하게 나오는 '새로운' 규칙을 만들 것이다. 이렇게 하면 항들을 마음 놓고 뒤섞을 수 있다.

새로운 규칙은 다음과 같다. 미분 연산자에 아래 첨자를 부여하여, 이 연산자가 작용하는 대상을 명시해 주는 것이다. 그러면 연산자와 함수가 놓인 '순서'는 의미가 없어진다. $\partial/\partial x$를 연산자 D로 나타내 보자. 그러면 D_f는 함수 f에 대해서만 미분을 수행하는 연산자를 의미한다. 즉,

$$D_f f = \frac{\partial f}{\partial x}$$

이다. 따라서 $D_f fg$의 의미는 다음과 같다.

$$D_f fg = \left(\frac{\partial f}{\partial x}\right) g$$

그런데 이 새로운 규칙에 따르면, $f\,D_f g$도 위와 동일한 의미를 갖게 된다. 즉, 아래의 모든 연산들은 결과가 동일하다.

$$D_f fg = gD_f f = f\,D_f g = fg\,D_f$$

여기서 알 수 있듯이, 연산자 D_f가 맨 뒤에 놓여도 상관없다(표기법이 이토록 편리함에도 불구하고, 수학이나 물리학 교과서에 소개된 적은 단 한 번도 없다. 아마 지금이 처음일 것이다!).

그러면 fg의 미분은 어떻게 표기해야 할까? 즉, 미분이 두 함수에 모두 걸리는 경우는 새로운 표기법으로 어떻게 써야 하는가? 답은 간단하다. $D_f(fg) + D_g(fg)$로 표기하면 된다. 이것은 바로 $g(\partial f/\partial x) + f(\partial g/\partial x)$이며, 기존의 표기법에서 $\partial(fg)/\partial x$와 동일한 의미를 갖는다.

이상과 같은 규칙을 따르면 $\boldsymbol{\nabla}\cdot(\boldsymbol{B}\times\boldsymbol{E})$를 쉽게 계산할 수 있다. 이 식을 새로운 표기법으로 쓰면 다음과 같다.

$$\boldsymbol{\nabla}\cdot(\boldsymbol{B}\times\boldsymbol{E}) = \boldsymbol{\nabla}_B\cdot(\boldsymbol{B}\times\boldsymbol{E}) + \boldsymbol{\nabla}_E\cdot(\boldsymbol{B}\times\boldsymbol{E}) \tag{27.10}$$

일단 이렇게 써 놓고 나면 더 이상 순서에 신경 쓸 필요가 없다. 미분 $\boldsymbol{\nabla}_E$는 $\boldsymbol{E}$에만 걸리고, $\boldsymbol{\nabla}_B$는 $\boldsymbol{B}$에만 걸리는 연산자이다. 이런 상황에서는 $\boldsymbol{\nabla}$을 일반적인 벡터처럼 취급할 수 있다(물론, 계산이 끝난 후에는 다른 사람들이 알아볼 수 있도록 '통상적인' 표기법으로 되돌려 놓아야 한다). 이제는 벡터의 내적이나 외적의 순서를 바꾸거나, 그 밖에 항의 순서를 재배열하는 과정도 통상적인 벡터 대수학의 규칙을 따르면 된다. 예를 들어, 식 (27.10)의 가운데 항은 $\boldsymbol{E}\cdot\boldsymbol{\nabla}_B\times\boldsymbol{B}$로 쓸 수 있다($\boldsymbol{a}\cdot\boldsymbol{b}\times\boldsymbol{c} = \boldsymbol{b}\cdot\boldsymbol{c}\times\boldsymbol{a}$를 이용). 그리고 마지막 항은 $\boldsymbol{B}\cdot\boldsymbol{E}\times\boldsymbol{\nabla}_E$와 동일하다. 좀 이상하게 보이겠지만, 어쨌거나 맞는 결과이다. 또한 기존의 표기법으로 되돌릴 때에는 각 $\boldsymbol{\nabla}$을 적용 대상과 연결시켜 주면 된다. 첫 번째 식은 이미 그러한 형태로 되어 있으므로 첨자만 떼어 버리면 되고, 두 번째 항에서는 $\boldsymbol{\nabla}$과 $\boldsymbol{E}$의 순서를 바꾸면서 부호를 바꿔 준다.

$$\boldsymbol{B}\cdot(\boldsymbol{E}\times\boldsymbol{\nabla}_E) = -\boldsymbol{B}\cdot(\boldsymbol{\nabla}_E\times\boldsymbol{E})$$

이제 위의 식은 통상적인 벡터 연산과 순서가 같으므로 아래 첨자를 빼도 상관없다. 즉, 식 (27.10)은 다음과 같이 변환된다.

$$\nabla \cdot (\boldsymbol{B} \times \boldsymbol{E}) = \boldsymbol{E} \cdot (\nabla \times \boldsymbol{B}) - \boldsymbol{B} \cdot (\nabla \times \boldsymbol{E}) \tag{27.11}$$

(각 성분별로 미분을 수행하는 편이 더 빠를 수도 있지만, 여러분에게 새로운 수학적 기법을 알려 주기 위해 일부러 길게 설명하였다. 아마도 이 기법은 다른 교과서나 참고서에 나와 있지 않을 것이다. 이 기법을 잘 익혀 두면 미분 연산자가 포함된 연산을 순서에 구애받지 않고 자유롭게 수행할 수 있다.)

이제 에너지 보존 법칙으로 돌아가서, 식 (27.11)을 식 (27.7)에 등장하는 $\boldsymbol{E} \cdot (\nabla \times \boldsymbol{B})$항에 적용하면 다음과 같은 결과가 얻어진다.

$$\boldsymbol{E} \cdot \boldsymbol{j} = \epsilon_0 c^2 \nabla \cdot (\boldsymbol{B} \times \boldsymbol{E}) + \epsilon_0 c^2 \boldsymbol{B} \cdot (\nabla \times \boldsymbol{E}) - \frac{\partial}{\partial t}\left(\frac{1}{2}\epsilon_0 \boldsymbol{E} \cdot \boldsymbol{E}\right) \tag{27.12}$$

조금만 참아라. 이제 거의 끝나간다. 식 (27.12)의 항들 중 하나는 t에 대한 미분으로 깔끔하게 표현되어 있으므로 u로 대치시킬 수 있고, 또 다른 항은 완벽한 다이버전스의 형태로 표현되어 있어서 $\boldsymbol{S}$로 대치된다는 것을 알 수 있다. 그러나 안타깝게도 가운데 항은 t에 대한 미분도 아니고, 다이버전스도 아닌 채로 어정쩡하게 남아 있다. 즉, 아직 손볼 구석이 조금 남았다는 뜻이다. 그런데 맥스웰 방정식에 의하면 $\nabla \times \boldsymbol{E} = -\partial \boldsymbol{B}/\partial t$이므로, 문제의 항은 시간에 대한 미분으로 표현할 수 있다.

$$\boldsymbol{B} \cdot (\nabla \times \boldsymbol{E}) = \boldsymbol{B} \cdot \left(-\frac{\partial \boldsymbol{B}}{\partial t}\right) = -\frac{\partial}{\partial t}\left(\frac{\boldsymbol{B} \cdot \boldsymbol{B}}{2}\right)$$

이제 비로소 우리의 목적을 이루었다. 우리가 찾던 에너지 방정식은 다음과 같은 형태이다.

$$\boldsymbol{E} \cdot \boldsymbol{j} = \nabla \cdot (\epsilon_0 c^2 \boldsymbol{B} \times \boldsymbol{E}) - \frac{\partial}{\partial t}\left(\frac{\epsilon_0 c^2}{2} \boldsymbol{B} \cdot \boldsymbol{B} + \frac{\epsilon_0}{2} \boldsymbol{E} \cdot \boldsymbol{E}\right) \tag{27.13}$$

u와 $\boldsymbol{S}$를 아래와 같이 정의하면,

$$u = \frac{\epsilon_0}{2} \boldsymbol{E} \cdot \boldsymbol{E} + \frac{\epsilon_0 c^2}{2} \boldsymbol{B} \cdot \boldsymbol{B} \tag{27.14}$$

$$\boldsymbol{S} = \epsilon_0 c^2 \boldsymbol{E} \times \boldsymbol{B} \tag{27.15}$$

식 (27.13)은 식 (27.6)과 완전히 같아진다(외적의 순서를 바꾸면 부호가 맞아떨어진다).

보는 바와 같이, 에너지 밀도는 '전기' 에너지 밀도와 '자기' 에너지 밀도의 합으로 표현된다. 이것은 정전기학과 정자기학에서 '에너지를 장으로 표현했을 때' 얻었던 식과 동일한 형태이다. 뿐만 아니라, 우리는 전자기장의 에너지 흐름을 나타내는 벡터 $\boldsymbol{S}$도 구하는 데 성공했다. 이 새로운 벡터 $\boldsymbol{S} = \epsilon_0 c^2 \boldsymbol{E} \times \boldsymbol{B}$는 발견자의 이름을 따서 '포인팅 벡터(Poynting's vector)'라고 하며, 공간상에서 장 에너지의 이동률을 나타낸다. 단위 시간 동안 미소 면적 da를 통해 흐르는

전자기장의 에너지는 $\boldsymbol{S}\cdot\boldsymbol{n}\,da$이다. 여기서 $\boldsymbol{n}$은 da에 수직한 단위 벡터이다(이제 u와 $\boldsymbol{S}$에 대한 공식을 손에 넣었으므로, 유도 과정은 잊어버려도 상관없다).

27-4 장 에너지의 모호성

포인팅 공식[식 (27.14)와 (27.15)]의 적용 사례를 알아보기 전에, 한 가지 분명히 해 둘 것이 있다. 사실 우리는 식 (27.14)를 '증명'한 것이 아니다. 우리가 한 일이란, 여러 개의 '가능한' u와 '가능한' $\boldsymbol{S}$ 중 하나를 구한 것에 불과하다. 식을 이리저리 변형시키다 보면, 또 다른 형태의 u와 $\boldsymbol{S}$가 얻어질지도 모른다. 즉, 식 (27.6)을 만족시키는 새로운 u와 $\boldsymbol{S}$를 찾아낼 수도 있다는 뜻이다. 물론 이것은 얼마든지 가능한 일이다. 지금까지 찾아낸 형태들은 모두 전자기장의 다양한 '미분'을 포함하고 있다(항상 2계 미분이나 1계 미분의 제곱과 같은 2차 항들이 포함되어 있다). u와 $\boldsymbol{S}$의 가능한 형태는 무수히 많은데, 이들 중 맞는 것을 실험적으로 판별하는 방법은 아직 발견되지 않았다! 사람들은 가장 단순한 형태가 맞을 거라고 짐작하지만, 어쨌거나 우리는 전자기장의 에너지가 존재하는 실제 위치를 정확하게 모르고 있는 셈이다. 그러므로 우리는 이 문제로 골머리를 앓을 필요 없이 "장의 에너지는 식 (27.14)로 주어진다"는 것을 그냥 받아들이기로 하자. 그러면 에너지의 흐름을 나타내는 벡터 $\boldsymbol{S}$는 식 (27.15)의 형태가 된다.

장 에너지의 위치를 유일하게 결정할 수 없다는 것은 다소 난처하면서도 흥미로운 사실이다. 개중에는 중력 이론을 동원하여 이 문제를 다음과 같은 논리로 설명하는 사람도 있다. 중력 이론에 따르면, 모든 에너지는 중력의 발생원이다. 따라서 중력의 작용 방향을 알기 위해서는 일단 전자기장 에너지 밀도의 공간 분포 상황을 알고 있어야 한다. 그러나 전자기장의 공간적 분포가 중력에 미치는 미세한 효과를 관측한 사례는 아직 없다. 전자기장이 중력을 일으키는 발생원이 될 수도 있다는 아이디어 자체는 부정하기 힘들다. 빛이 태양 근처를 지나갈 때 약간 휘어지는 현상이 실제로 관측되었기 때문이다. 이것은 태양이 빛을 끌어당긴다는 직접적인 증거이다. 그렇다면 빛도 태양을 끌어당기고 있는 것일까? 어쨌거나, 대부분의 학자들은 방금 전에 우리가 구했던 u와 $\boldsymbol{S}$를 별다른 불만 없이 사용하고 있다. 이 식을 응용했을 때 가끔씩 이상한 결과가 나오는 경우도 있지만, '틀렸다'고 주장할 만한 실험적 사례는 아직 보고된 적이 없다. 그러므로 우리도 이 식을 그냥 쓰도록 하자. 이왕 쓰는 김에, '확실히 맞다'고 믿으면 더욱 마음이 편할 것이다.

에너지 식에 대하여 한 가지 더 언급해 둘 것이 있다. 단위 부피당 장의 에너지는 아주 간단하다. 정전기 에너지를 E^2으로, 그리고 자기 에너지를 B^2으로 쓰면, 장의 에너지는 정전기 에너지와 자기 에너지의 합으로 나타난다. 앞에서 정적인 문제를 다룰 때, 우리는 이와 같이 두 가지 형태의 에너지 표현식이 가능하다는 것을 확인한 바 있다. 또한 정전기장의 경우, $\rho\phi$와 같은 정전기장의 에너지에 대한 여러 가지 표현식이 $\boldsymbol{E}\cdot\boldsymbol{E}$의 적분과 같다는 사실도 알아냈다. 그러나 동적인 전자기장(electrodynamic field)의 경우에는 이러한 등식이 성립하지 않았고, 어떤 형태가 맞는지도 분명치 않았다. 그런데 지금은 어떤 식이 맞는지 판별할 수 있게 되었으며, 자기 에너지의 경우에도 일반적으로 옳은 공식을 찾아내는 데 성공하였다. '동적인 장'의 에너지 밀도를 나타내는 올바른 식은 바로 (27.14)이다.

27-5 에너지 흐름의 예

위에서 구한 에너지 흐름 벡터 $\boldsymbol{S}$를 실제의 경우에 적용해 보고, 그 결과를 이미 알려진 사실과 비교해 보자. 첫 번째 사례는 우리에게 너무도 친숙한 '빛'이다. 광파 속에서는 빛의 진행 방향과 수직한 방향으로 전기장 $\boldsymbol{E}$와 자기장 $\boldsymbol{B}$가 서로 수직하게 진동하고 있다(그림 27-2 참조). 전자기파에서 $\boldsymbol{B}$의 크기는 $\boldsymbol{E}$의 크기의 $1/c$이다. 또한 이들은 서로 수직하므로

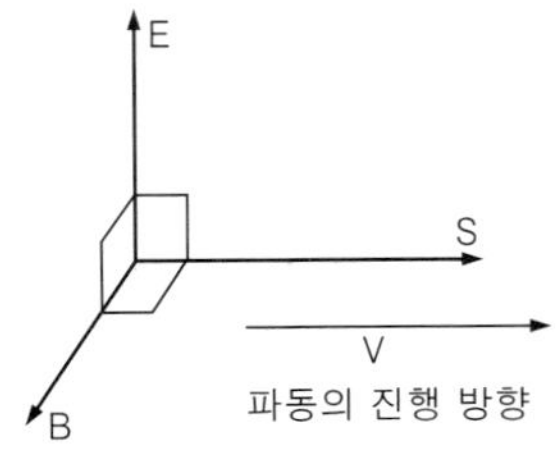

그림 27-2 광파에서의 벡터 $\boldsymbol{E}$, $\boldsymbol{B}$, $\boldsymbol{S}$

$$|\boldsymbol{E} \times \boldsymbol{B}| = \frac{E^2}{c}$$

을 만족한다. 따라서 1초당 단위 면적을 통과하는 빛에너지의 흐름은 다음과 같다.

$$S = \epsilon_0 c E^2 \tag{27.16}$$

$E = E_0 \cos \omega(t - x/c)$인 광파의 경우, 단위 면적을 통과하는 평균 에너지 흐름 $\langle S \rangle_{\text{av}}$는[이것을 빛의 '세기(intensity)'라 한다] 전기장의 제곱의 평균값에 $\epsilon_0 c$를 곱한 것과 같다.

$$\text{세기} = \langle S \rangle_{\text{av}} = \epsilon_0 c \langle E^2 \rangle_{\text{av}} \tag{27.17}$$

여러분은 까맣게 잊었겠지만, 이것은 제1권 31-3절에서 이미 유도했던 식이다. 이 식은 다른 사례를 통해 확인할 수 있으므로 맞는 식이라고 볼 수 있다. 예를 들어 광선(light beam)의 경우, 공간에는 식 (27.14)로 주어지는 에너지 밀도가 존재한다. 광파의 경우에 $cB = E$의 관계를 이용하면 에너지 밀도는 다음과 같이 구해진다.

$$u = \frac{\epsilon_0}{2} E^2 + \frac{\epsilon_0 c^2}{2} \left(\frac{E^2}{c^2} \right) = \epsilon_0 E^2$$

그런데 $\boldsymbol{E}$는 위치에 따라 변하므로, 평균적인 에너지 밀도는

$$\langle u \rangle_{\text{av}} = \epsilon_0 \langle E^2 \rangle_{\text{av}} \tag{27.18}$$

이다. 빛의 진행 속도는 c이므로, 1초당 1m^2의 면적을 통해 지나가는 빛에너지는 식 (27.18)에 광속 c를 곱한 값이라고 추측할 수 있다.

$$\langle S \rangle_{\text{av}} = \epsilon_0 c \langle E^2 \rangle_{\text{av}}$$

이제 제대로 되었다. 이 결과는 식 (27.17)과 정확하게 일치한다.

또 다른 예를 들어 보자. 이번에는 다소 특이한 경우로서, 천천히 충전되고

있는 축전기에서 에너지가 어떻게 흐르는지 알아보자[즉, 축전기가 공진 공동(resonant cavity)처럼 행동하기 시작하는 고주파 영역이나, 혹은 완전한 DC(직류) 상태를 배제한다는 뜻이다]. 그림 27-3과 같은 원형 평행판 축전기를 생각해 보자. 판 사이의 전기장은 시간에 따라 변하지만, 그 값은 거의 균일하다. 임의의 순간에 축전기 내의 총 전자기 에너지는 u에 원통의 부피를 곱한 값이다. 원판의 반경이 a이고 간격이 h일 때, 판 사이에 충전된 총 에너지는 다음과 같다.

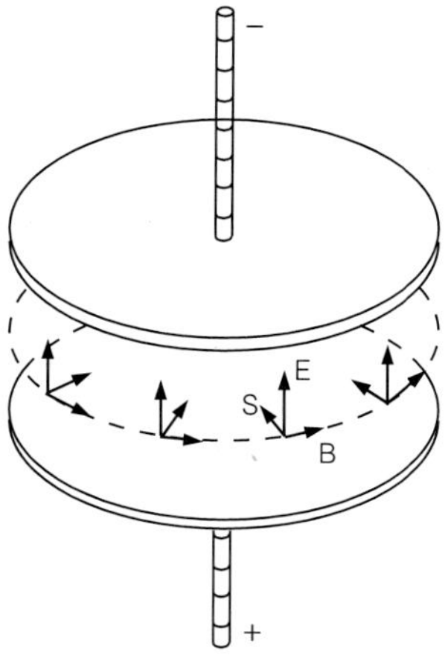

그림 27-3 충전되고 있는 축전기에서 포인팅 벡터 $\boldsymbol{S}$는 축을 향해 안으로 향한다.

$$U = \left(\frac{\epsilon_0}{2} E^2\right)(\pi a^2 h) \tag{27.19}$$

E가 변하면 U도 같이 변한다. 축전기가 충전되는 동안 판 사이의 공간은 다음과 같은 비율로 에너지를 흡수한다.

$$\frac{dU}{dt} = \epsilon_0 \pi a^2 h E \dot{E} \tag{27.20}$$

따라서 에너지가 보존되려면 판 사이의 공간으로 에너지가 흘러들어 와야 한다. 대체 어디로부터 에너지가 흘러들어 오는 것일까? 여러분은 축전기에 연결된 도선을 통해 에너지가 공급된다고 생각하겠지만, 사실은 그렇지 않다! $\boldsymbol{E}$는 축전기 판에 수직하므로 그 방향에서는 판 사이의 공간으로 에너지가 흘러들어 올 수 없다. $\boldsymbol{E}\times\boldsymbol{B}$의 방향은 판과 '평행한' 방향이어야 한다.

앞서 논한 바에 의하면, 축전기가 충전되는 동안에는 축 주위로 원형 고리 모양의 자기장이 형성된다(23장 참조). 맥스웰 방정식의 마지막 식을 이용하여 계산해 보면 축전기의 가장자리에 형성되는 자기장은 다음과 같다.

$$2\pi a c^2 B = \dot{E} \cdot \pi a^2$$

즉,

$$B = \frac{a}{2c^2} \dot{E}$$

자기장의 방향은 그림 27-3에 표시되어 있다. 즉, 그림과 같이 사방에서 $\boldsymbol{E}\times\boldsymbol{B}$에 비례하는 에너지 흐름이 축전기의 가장자리로 흘러들어 오고 있는 것이다. 에너지는 도선을 타고 들어오는 것이 아니라, 축전기 주위를 둘러싸고 있는 공간으로부터 흘러들어 오고 있다.

축전기의 옆구리(두 판을 위아래 면으로 하는 원통의 측면)를 통해 유입되는 에너지의 총량이 축전기 내부의 에너지 변화율과 정말로 일치하는지 확인해 보자. 식 (27.15)를 증명하는 데 들인 공을 생각하면, 당연히 일치해야 한다. 하지만 공든 탑도 순식간에 무너질 수 있으니, 일단은 확인하는 것이 최선이다. 원통 측면의 면적은 $2\pi a h$이고, $\boldsymbol{S} = \epsilon_0 c^2 \boldsymbol{E}\times\boldsymbol{B}$의 크기는 다음과 같다.

$$\epsilon_0 c^2 E\left(\frac{a}{2c^2} \dot{E}\right)$$

따라서 에너지의 총 플럭스는

$$\pi a^2 h\epsilon_0 E\dot{E}$$

이며, 이 값은 식 (27.20)과 일치한다. 그런데 다소 엉뚱한 결과가 나온 것 같다. 축전기를 충전시키는 동안에 에너지는 도선을 타고 내려오지 않고 축전기 판 사이의 틈을 통해 유입된다는 이야기가 아닌가! 이 이론에 의하면 분명히 그렇다.

대체 이런 일이 어떻게 가능한 것일까? 결코 쉬운 질문은 아니지만 다음과 같이 생각해 보자. 축전기의 위아래로 멀리 떨어진 곳에 부호가 반대인 전하가 있다고 가정하자. 전하들이 서로 멀리 떨어져 있으므로 축전기 주위에는 '세기는 약하지만 아주 넓게 펼쳐진' 전기장이 존재하게 된다(그림 27-4 참조). 이런 상황에서 전하들을 점점 축전기 근처로 접근시키면 전기장의 세기도 점점 강해질 것이다. 이것은 멀리 떨어져 있던 전기장의 에너지가 축전기 쪽으로 이동한 것으로 볼 수 있으며, 결국 축전기의 두 판 사이에 모이게 된다고 생각할 수 있다.

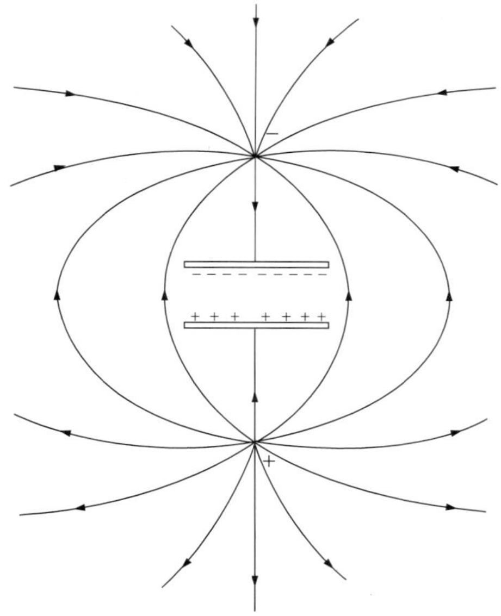

그림 27-4 먼 곳에서 두 전하를 끌어 와 축전기를 충전시킬 때 외부에 형성되는 전기장

또 다른 예로서, 저항을 띤 도선에 전류가 흐를 때 나타나는 현상을 생각해 보자. 도선이 저항을 띠고 있으므로, 전류가 흐르도록 구동해 주는 전기장이 도선을 따라 존재할 것이다. 도선을 따라 퍼텐셜이 떨어지고 있으므로, 도선의 바로 바깥쪽에도 도선과 평행한 방향으로 전기장이 존재할 것이다(그림 27-5 참조). 지금 도선에는 전류가 흐르고 있으므로, 도선 주위에는 고리 모양의 자기장이 형성된다. 이때 $\boldsymbol{E}$와 $\boldsymbol{B}$는 서로 수직이므로, 도선 안쪽을 향하는 포인팅 벡터가 그림과 같이 형성된다. 즉, 에너지가 주위의 모든 공간으로부터 도선의 내부로 흘러들어 가는 것이다. 물론 이 에너지는 도선 안에서 열의 형태로 소모되는 에너지를 보충해 준다. 우리의 '이상한' 이론에 따르면, 도선 내부의 전자들은 열에너지를 '도선 밖에 있는 전기장으로부터' 공급받고 있다는 이야기가 된다. 직관적으로 생각해 보면, 전자들이 도선을 따라 밀려가면서 에너지를 얻을 것 같다. 즉, 에너지가 도선을 타고 흘러들어 와야 앞뒤가 맞는 것처럼 느껴진다. 하지만 우리의 이론에 의하면 전자는 아주 먼 곳에 있는 전하들로부터 발생된 전기장에 의해 힘을 받고 있으며, 전자가 발생시키는 열에너지도 이 전기장으로부터 공급되고 있다. 먼 곳에 있는 전하로부터 에너지가 어떻게든 흘러와서 넓은 공간에 퍼져 있다가 도선 내부로 유입되는 것이다.

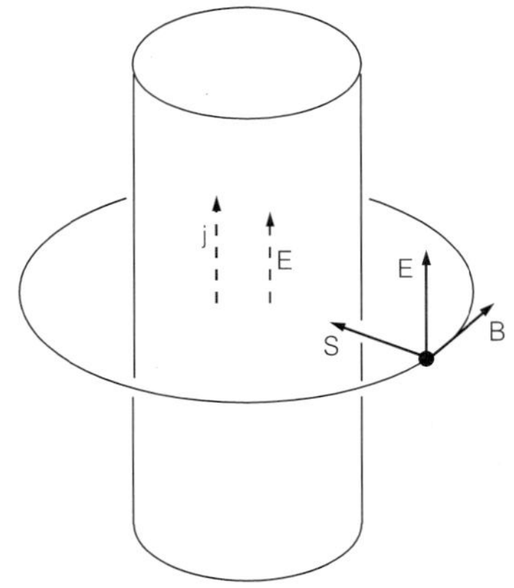

그림 27-5 전류가 흐르는 도선 부근의 포인팅 벡터 $\boldsymbol{S}$

정말로 이상한 이론이 아닐 수 없다. 마지막으로 한 가지 예를 더 들어 보자. 그림 27-6과 같이 막대자석 근처에 점전하가 놓여 있는 상황을 생각해 보자. 전하와 자석은 서로 가까운 거리를 두고 아무런 미동도 없이 고정되어 있다. 모든 것이 정지해 있으므로, 시간이 흘러도 에너지는 변하지 않는다. 물론 $\boldsymbol{E}$와 $\boldsymbol{B}$도 변화가 있을 리 없다. 그런데 $\boldsymbol{E}\times\boldsymbol{B}$는 0이 아니므로 포인팅 벡터, 즉 에너지의 흐름은 여전히 존재한다. 에너지의 흐름을 잘 살펴보면, 계속해서 순환하고 있음을 알 수 있다. 물론 어떤 곳에서도 에너지의 변화는 없다. 어떤 곳이든 흘러들어 온 만큼의 에너지가 다시 흘러 나가고 있다. 마치 비압축성 유체가 돌고 있는 것과 비슷한 상황이다. 그러므로 정적인 상황에서도 에너지가 순환한다는 뜻이다. 정말 터무니없는 이론이다!

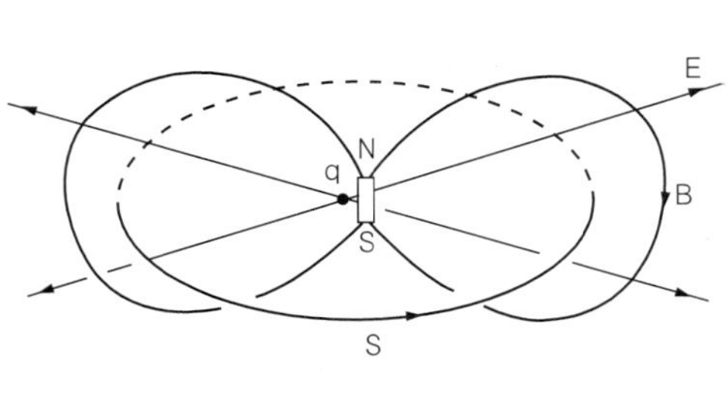

그림 27-6 전하 근처에 자석이 놓인 경우 포인팅 벡터는 폐곡선을 순환한다.

그러나 완전히 고정된 자석이라 해도 그 내부에서 전류가 영구적으로 흐르고 있다는 사실을 상기해 보면, 그렇게 터무니없지만은 않다. 영구 자석의 내부에서 전자들은 영구적인 스핀 운동을 하고 있으므로, 외부에서 에너지가 순환되는 것도 그렇게 이상한 일은 아니다.

전자기장 내에서 에너지의 위치를 생각할 때, 포인팅 벡터 이론은 우리의 직관과 (최소한 부분적으로는) 모순된다는 인상을 받았을 것이다. "내 직관력이 형편없었구나. 이 문제에 관해선 앞으로 공부해야 할 게 엄청 많겠군……" 하며 의기소침한 학생도 있을 것이다. 그러나 이것 때문에 기죽을 필요는 전혀 없다. "도선의 에너지는 도선을 타고 흘러들지 않고 주위의 외부 공간으로부터 흘러들어 온다"는 사실을 간혹 잊는다 해도, 문제가 되는 경우는 거의 없기 때문이다. 이 이론이 중요하게 취급되는 경우는 에너지 보존 법칙에서 '에너지의 모든 가능한 이동 경로를 따져야 할 때'뿐이다. 대부분의 경우, 자석과 전하 주위를 순환하고 있는 에너지는 전혀 중요하지 않다. 그러나 우리의 일상적인 직관이 매우 잘못되었다는 점만은 명백하다.

27-6 장 운동량

다음으로, 전자기장의 '운동량'에 대해 알아보자. 장 속에 에너지가 담겨 있듯이, 장 속에는 운동량도 존재할 수 있다. 이것을 운동량 밀도 $\boldsymbol{g}$라 부르기로 하자. 물론 운동량에는 방향이 있으므로 $\boldsymbol{g}$는 벡터일 것이다. 지금부터 $\boldsymbol{g}$의 성분을 x성분부터 하나씩 유추해 보자. 운동량은 각 성분별로 보존되므로, 다음과 같은 형태의 보존 법칙이 성립할 것으로 짐작된다.

$$-\frac{\partial}{\partial t}(\text{물체의 운동량})_x = \frac{\partial g_x}{\partial t} + (\text{유출되는 운동량})_x$$

일단 좌변은 쉽게 해석될 수 있다. 이것은 물체가 갖고 있는 운동량의 시간 변화율로서, 바로 '물체에 작용하는 힘'에 해당된다. 하전 입자의 경우에는 $\boldsymbol{F}=q(\boldsymbol{E}+\boldsymbol{v}\times\boldsymbol{B})$이고, 전하 분포의 경우 단위 부피당 작용하는 힘은 $(\rho\boldsymbol{E}+\boldsymbol{j}\times\boldsymbol{B})$이다. 그러나 우변의 '유출되는 운동량'은 다소 이상한 구석이 있다. 유출되는 양을 수학적으로 생각할 때에는 보통 다이버전스를 떠올리지만, 보다시피 좌변은 스칼라가 아니기 때문에 우변에 다이버전스가 올 수는 없다. 우변에 들어갈 양은 어떤 벡터의 x성분일 것이다. 어쨌거나, x방향의 운동량은 세 방향 중 어느 방향으로도 흘러갈 수 있으므로, 우변은 다음과 같은 형태가 되어야 한다.

$$\frac{\partial a}{\partial x}+\frac{\partial b}{\partial y}+\frac{\partial c}{\partial z}$$

a, b, c가 어떤 값이 될지는 모르지만, 이들의 조합은 x방향 운동량의 유출과 같아야 한다.

그다음 과제는 $(\rho\boldsymbol{E}+\boldsymbol{j}\times\boldsymbol{B})$를 $\boldsymbol{E}$와 $\boldsymbol{B}$만으로 표현하는 것이다(맥스웰 방정식을 이용하여 ρ와 $\boldsymbol{j}$를 소거하면 된다). 그 후 각 항을 적절히 재배치하여 다음과 같은 형태로 만들어야 한다.

$$\frac{\partial g_x}{\partial t}+\frac{\partial a}{\partial x}+\frac{\partial b}{\partial y}+\frac{\partial c}{\partial z}$$

위의 작업을 완료한 후 각 항의 대응 관계를 살펴보면 g_x와 a, b, c의 형태를 알아낼 수 있을 것이다. 그러나 이 방법은 계산량이 많으므로, 다른 방법을 이용하여 장의 운동량 밀도 $\boldsymbol{g}$에 대한 표현식만 구해 보기로 하자.

역학에는 다음과 같은 중요한 정리가 있다. "에너지의 흐름이 존재하는 모든 상황에서(장 에너지뿐만 아니라 모든 종류의 에너지가 여기 포함된다), 단위 시간당 단위 면적을 통과하는 에너지의 흐름에 $1/c^2$을 곱한 양은 단위 부피당 운동량과 같다." 특별히 전자기학에 이 정리를 적용해 보면, $\boldsymbol{g}$는 포인팅 벡터에 $1/c^2$을 곱한 것과 같다.

$$\boldsymbol{g}=\frac{1}{c^2}\boldsymbol{S} \tag{27.21}$$

따라서 에너지 흐름을 나타내는 포인팅 벡터에 $1/c^2$을 곱하면 운동량 밀도가 된다는 것을 알 수 있다. 방금 전에 제시했던 방법을 충실히 따라가도 이와 동일한 결과를 얻을 수 있지만, 후자의 논리가 더 일반적이다. 지금부터 몇 가지 흥미로운 예를 들어 가며 이 정리가 사실임을 입증해 보기로 하자.

첫 번째 사례 : 상자 속에 1m^2당 N개의 입자가 들어 있다. 입자들은 모두 속도 $\boldsymbol{v}$로 움직이고 있다. 이제 $\boldsymbol{v}$에 수직한 가상의 평면을 생각해 보면, 이 면의 단위 면적을 단위 시간당 통과하는 에너지의 흐름은 단위 시간당 면을 통과하는 입자의 개수 Nv에 입자당 에너지를 곱한 값과 같다. 각 입자당 에너지는 $m_0c^2/\sqrt{1-v^2/c^2}$이므로, 단위 시간당 에너지 흐름은 다음과 같다.

$$Nv\frac{m_0c^2}{\sqrt{1-v^2/c^2}}$$

그런데 각 입자의 운동량은 $m_0v/\sqrt{1-v^2/c^2}$이므로, 운동량 '밀도'는 다음과 같다.

$$N\frac{m_0v}{\sqrt{1-v^2/c^2}}$$

정리에서 말하는 바와 같이, 이 양은 바로 에너지 흐름에 $1/c^2$을 곱한 것과 같다. 따라서 입자들이 무리를 지어 움직이는 경우에는 이 정리가 옳다는 것을 알 수 있다.

이 정리는 빛에 대해서도 성립한다. 제1권에서 빛에 대해 공부할 때, 빛에너지가 어떤 물체에 흡수되면 어느 정도의 운동량도 함께 전달된다는 사실을 확인한 바 있다. 또한 전달된 운동량의 크기는 흡수된 빛에너지에 $1/c$을 곱한 것과 같다[제1권 식 (36.24) 참조]. 단위 시간당 단위 면적에 도달하는 에너지를 U_0라 하면, 동일한 단위 면적과 단위 시간에 전달되는 운동량은 U_0/c가 된다. 그런데 운동량은 빛의 속도 c로 진행하고 있으므로 흡수체 전면에서의 운동량 '밀도'는 U_0/c^2이 되어야 한다. 역시 이 경우에도 정리는 잘 맞아 들어간다.

마지막으로, 이 정리가 옳다는 것을 다시 한 번 확인하는 의미에서 아인슈타

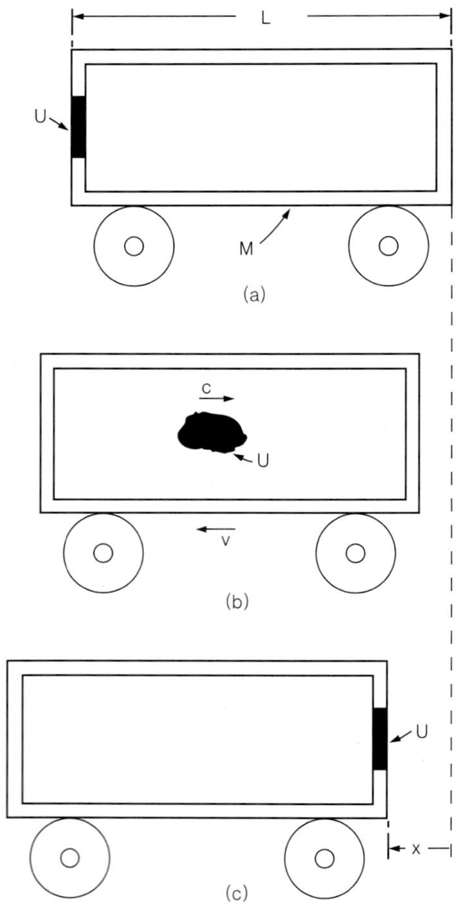

그림 27-7 c의 속도로 움직이는 에너지 U는 운동량 U/c를 수반한다.

인이 제시했던 논리를 따라가 보자. 그림 27-7과 같은 선로 위의 화물칸 기차를 생각해 보자(질량$=M$, 바퀴와 레일 사이의 마찰력은 무시한다). 이 화물칸의 뒤쪽 내벽에는 입자나 빛을 방출하는 장치가 설치되어 있다(무엇이 방출되는지는 별로 중요하지 않다). 방출된 입자나 빛은 화물칸의 앞쪽 내벽에 도달하면서 멈추게 된다. 이 상황은 다음과 같이 생각할 수 있다. 처음에는 화물칸 뒤쪽에 얼마간의 에너지가 존재했었는데[그림 27-7(a)에 표시된 에너지 U], 무언가가 방출된 후에는 이 에너지가 앞쪽으로 이동된 것이다[그림 27-7(c)]. 즉, 에너지 U가 화물칸의 길이 L만큼 이동한 셈이다. 이 에너지는 U/c^2의 질량을 갖고 있으므로, 화물칸이 정지한 상태였다면 질량 중심이 변했을 것이다. 그러나 아인슈타인은 화물칸의 내부에서 일어나는 일 때문에 질량 중심이 변할 수는 없다고 생각했다(질량 중심은 물체의 내부가 아닌 외부에서 관측되는 양이다). 그래서 그는 화물칸의 내부에서 어떤 일이 일어나더라도 질량 중심은 변하지 않는다고 가정하였다. 이 가정이 옳다면, 에너지 U를 한쪽에서 다른 쪽으로 움직였을 때, 화물칸 전체가 반동을 받아 거리 x만큼 반대쪽으로 움직여야 한다[그림 27-7(c)]. 실제로 (U/c^2이 M보다 훨씬 작다고 가정하면) 차량의 총 질량에 x를 곱한 값은 이동한 에너지의 질량 U/c^2에 L을 곱한 값과 같아야 한다.

$$Mx = \frac{U}{c^2}L \tag{27.22}$$

이제 에너지가 섬광(light flash)의 형태로 전달되는 특수한 경우를 따져 보자(입자를 대상으로 따져 봐도 동일한 결과가 얻어진다. 그러나 아인슈타인은 유독 빛과 관련된 문제에 관심을 가졌으므로, 일단은 그의 논리를 따라가 보자). 화물칸이 움직인 이유는 무엇인가? 아인슈타인이 펼쳤던 논리는 다음과 같다. 빛이 방출되는 순간에는 반드시 반동(반작용)이 있기 마련이다. 이 미지의 반동은 운동량 p를 수반하고, 바로 이 p 때문에 기차가 반대편으로 움직이는 것이다. p를 화물칸의 질량 M으로 나누면 화물칸의 반동 속도 v를 구할 수 있다.

$$v = \frac{p}{M}$$

빛에너지 U가 화물칸의 앞쪽 내벽에 도달할 때까지, 화물칸은 이 속도로 움직일 것이다. 그러다가 에너지가 앞쪽 벽에 도달하면 운동량을 다시 되돌려 주면서 운동을 멈출 것이다. 만일 x가 아주 작다면, 화물칸이 움직인 시간은 거의 L/c과 같을 것이다. 따라서

$$x = vt = v\frac{L}{c} = \frac{p}{M}\frac{L}{c}$$

이 되고, 이것을 식 (27.22)에 대입하면

$$p = \frac{U}{c}$$

를 얻게 된다. 이 식은 우리가 이미 알고 있는 빛에너지-운동량 관계식과 동일하

다. 이제 양변을 c로 나누면 운동량 밀도 $g = p/c$가 되어 앞의 정리와 일치하게 된다.

$$g = \frac{U}{c^2} \tag{27.23}$$

여러분은 "도대체 질량 중심 정리가 왜 그토록 중요하다는 거지?"라며 의아하게 생각할지도 모른다. 아예 정리 자체가 틀렸을 가능성도 있다. 그러나 만일 질량 중심 정리가 틀렸다면 운동량 보존 법칙에도 당장 문제가 발생한다. 화물칸이 궤도를 따라 어떤 속도 v로 움직이고 있는 상황에서 그림 27-8과 같이 $A \to B$방향으로(천장에서 바닥을 향해) 빛을 쏘았을 때, 점 P에 대한 계의 각운동량은 얼마인가? 에너지 U가 A를 떠나기 전에 질량은 $m = U/c^2$이고 속도는 v였으므로 각운동량은 mvr_A이다. B에 도달한 후에도 질량은 전과 동일할 것이다. 그리고 화물칸 전체의 선운동량이 변하지 않는다면, 속도도 이전과 마찬가지로 v일 것이다. 그렇다면 점 P를 기준으로 한 각운동량은 mvr_B가 된다. 즉, 빛이 방출되었을 때의 반동에 의해 기차가 움직이지 않는다면, 각운동량이 변해야 하는 것이다. 다시 말해서, 각운동량이 보존되려면 빛이 U/c에 해당되는 운동량을 갖고 있어야 한다는 뜻이다. 실제로 상대성 이론에서 질량 중심 정리와 각운동량 보존 법칙은 서로 밀접하게 관련되어 있다. 그러므로 우리의 정리가 틀렸다면 각운동량 보존 법칙도 성립하지 않을 것이다. 어쨌거나, 이 정리는 일반적으로 성립한다고 알려져 있으므로 전기동역학에서도 이 정리를 이용하여 장의 운동량을 구할 수 있다.

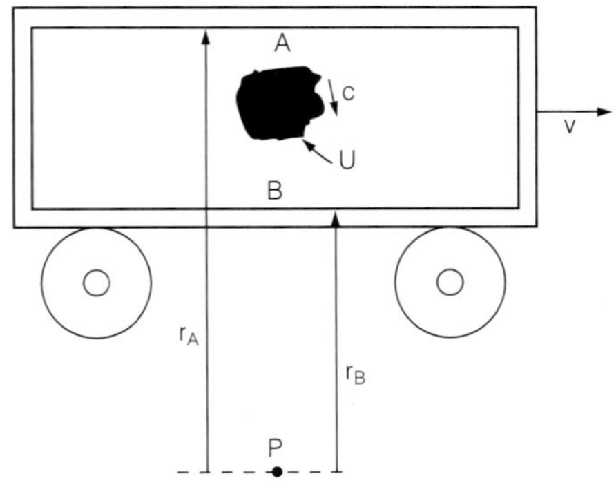

그림 27-8 점 P에 대한 각운동량이 보존되려면 에너지 U는 반드시 운동량 U/c를 갖고 있어야 한다.

전자기장의 운동량에 대하여 두 가지 예를 추가로 들어 보자. 26-2절에서 '서로 수직한 궤적을 그리며 운동하는 두 개의 하전 입자'를 다룰 때, 작용과 반작용의 법칙이 성립되지 않는다고 말한 적이 있다. 두 입자에 작용하는 힘이 서로 비기지 않았으므로, 작용과 반작용이 다르게 작용했다고 보는 것이다. 따라서 두 하전 입자의 알짜 운동량은 계속 변해야 한다. 즉, 운동량이 보존되지 않는다는 뜻이다. 그러나 이런 경우에는 전자기장의 운동량도 계속 변한다. 포인팅 벡터로부터 장의 운동량을 구해 보면 상수가 아님을 확인할 수 있다. 입자의 운동량의 변화량이 전자기장의 운동량으로 전환되고 있는 것이다. 입자와 전자기장의 운동량을 모두 합쳐서 생각하면, 전체 운동량은 보존된다.

마지막 예는 그림 27-6과 같이 자석과 전하가 함께 있는 경우이다. 에너지가 원을 따라 돌고 있다는 상황이 매우 이상하게 보였지만, 이제 우리는 에너지의 흐름에 비례하여 운동량이 존재한다는 사실을 알았으므로, 공간상에 순환하고 있는 운동량이 존재한다는 것을 알 수 있다. 그런데 '순환하는' 운동량이란 바로 '각'운동량을 의미한다. 즉, 전자기장 속에 각운동량이 내재되어 있다는 것이다. 여러분은 솔레노이드와 원판 위에 장착된 전하의 역설(17-4절 참조)을 기억할 것이다. 전류가 차단되면 원판이 회전해야 할 것 같다. 그렇다면 그 각운동량은 어디서 온 것인가? 답은 다음과 같다—일단 자기장과 전하가 있으면, 장 속에는 무조건 각운동량이 존재한다. 각운동량은 전기장과 자기장이 형성될 때 장 속으로 들어갔던 것이다. 따라서 전기장과 자기장이 없어지면 이 각운동량은 다시 밖으로 나와서 원판을 회전시키게 된다. 처음에는 터무니없게 보였던 순환 에너지의 흐름이 이제는 절대적으로 필요한 개념이 되었다. 운동량의 흐름은 실제로 존재한다. 전 공간에서 운동량 보존 법칙이 성립되려면 이 개념은 반드시 필요하다.

CHAPTER 28

전자기적 질량

28-1 점전하의 장 에너지

28-1 점전하의 장 에너지
28-2 움직이는 전하의 장 운동량
28-3 전자기적 질량
28-4 전자가 자신에게 미치는 힘
28-5 맥스웰 이론을 수정하려는 시도
28-6 핵력장

상대성 이론과 맥스웰 방정식을 접목시킴으로써, 전자기학에 관한 공부는 일단 끝난 셈이다. 물론 몇 가지 세부적인 사항들은 그냥 넘어갔고, 아직 논하지 않은 중요한 분야(물질과 전자기장의 상호작용)도 남아 있다. 그러나 일단 이쯤에서 가던 길을 잠시 멈추고, 수많은 현상들을 멋지게 설명하고 있는 이 거대한 물리 체계가 궁극적으로 파국을 맞게 된다는 충격적인 사실을 밝히고자 한다. 물리학의 어떤 분야이건, 깊이 파헤치다 보면 항상 문제에 직면하게 된다. 이 장에서는 고전 전자기학 이론의 실패담을 주로 다룰 예정이다. 양자역학적 관점에서 볼 때, 모든 종류의 고전물리학이 문제점을 안고 있다는 사실은 여러분도 잘 알 것이다. 수학적인 관점에서 보면 고전역학은 자체 모순이 없는 훌륭한 이론이다. 단지 경험적 사실과 일치하지 않을 뿐이다. 그러나 전자기학의 고전 이론은 그 자체로 '불완전한' 이론이다. 고전적인 맥스웰 이론의 기본 아이디어에는 몇 가지 문제점이 있는데, 이것은 양자역학으로 해결될 수도 없고 양자역학과 직접적인 관련도 없다. 여러분 중에는 이렇게 생각하는 사람도 있을 것이다. "이런 문제를 지금 고민할 필요가 있을까? 앞으로 양자역학을 배우면 전기동역학 법칙도 양자역학에 맞게 수정될 텐데, 그 후에 고민해도 되지 않을까?" 그러나 전자기학과 양자역학을 결합시킨 뒤에도 이 문제들은 여전히 남는다. 그러므로 지금 당장 고민하는 것은 결코 시간 낭비가 아니다. 또한 이 문제들은 역사적으로도 매우 깊은 의미를 담고 있다. 이제 여러분은 전자기학의 내밀한 부분까지 깊게 파헤치면서 (이론 자체의 문제점까지 포함하여) 모든 것을 속속들이 들여다볼 것이며, 이 과정에서 커다란 성취감을 맛보게 될 것이다.

위에서 언급한 문제점은 전자기장의 운동량과 에너지의 개념을 전자나 다른 하전 입자에 적용했을 때 나타난다. '하전 입자'와 '전자기장'은 어떤 면에서 볼 때 서로 상충되는 개념이다. 우선 '무엇이 문제인지'를 이해하기 위해, 에너지 및 운동량과 관련된 몇 가지 예제를 풀어 보기로 하자.

먼저, 하전 입자의 에너지를 계산해 보자. 반경이 a인 구의 표면에 전하 q가 균일하게 분포해 있는 단순한 전자 모델을 생각해 보자. 구의 반경을 0으로 보내면 구형 전하는 점전하가 된다. 이제 전자기장에 포함되어 있는 에너지를 계산해 보자. 전하가 정지해 있으면 자기장이 없으므로, 단위 부피당 에너지는 전기장의

제곱에 비례한다. 전기장의 크기는 $q/4\pi\epsilon_0 r^2$이므로, 에너지 밀도는

$$u = \frac{\epsilon_0}{2} E^2 = \frac{q^2}{32\pi^2\epsilon_0 r^4}$$

이다. 총 에너지를 구하려면 이 에너지 밀도를 전 공간에 대해 적분해야 한다. 부피 요소 $4\pi r^2 dr$을 이용하면 총 에너지 U_{elec}은

$$U_{\text{elec}} = \int \frac{q^2}{8\pi\epsilon_0 r^2}\, dr$$

이 되는데, 이 적분은 아주 쉽게 수행할 수 있다. 적분의 하한은 a이고 상한은 ∞이므로, 계산 결과는 다음과 같다.

$$U_{\text{elec}} = \frac{1}{2} \frac{q^2}{4\pi\epsilon_0} \frac{1}{a} \tag{28.1}$$

q 대신 전자의 전하 q_e를 대입하고, $q_e^2/4\pi\epsilon_0$를 기호 e^2으로 나타내면 다음과 같이 간단한 형태가 된다.

$$U_{\text{elec}} = \frac{1}{2} \frac{e^2}{a} \tag{28.2}$$

여기까지는 모든 것이 순조롭다. 이제 점전하를 나타내기 위해 구의 반경 a를 0으로 보낼 차례이다. 그런데 바로 여기에 심각한 문제가 도사리고 있다. 장의 에너지 밀도가 중심으로부터의 거리의 네제곱에 반비례하기 때문에, 부피 적분은 무한대가 된다. 점전하를 둘러싸고 있는 장에 무한대의 에너지가 포함되어 있다는 뜻이다.

사실, 에너지가 무한대라 해서 크게 문제될 것은 없다. 에너지가 어디로 새어 나가지 않고 그곳에 계속 존재하기만 한다면, 무한대의 에너지도 얼마든지 수용할 수 있다. 물론, 어떤 물리량이 무한대라고 하면 심기가 다소 불편하겠지만, 우리에게 중요한 것은 무한대의 여부가 아니라 "관측 가능한 물리적 효과가 존재하는가?"이다. 이 질문에 답하려면 에너지가 아닌 다른 무언가를 살펴봐야 한다. 우선 전하를 '움직이면' 에너지가 어떻게 '변하는지' 생각해 보자. 만일 이 '변화량'이 무한대로 나온다면, 그때부터 머리카락을 쥐어뜯어도 늦지 않는다.

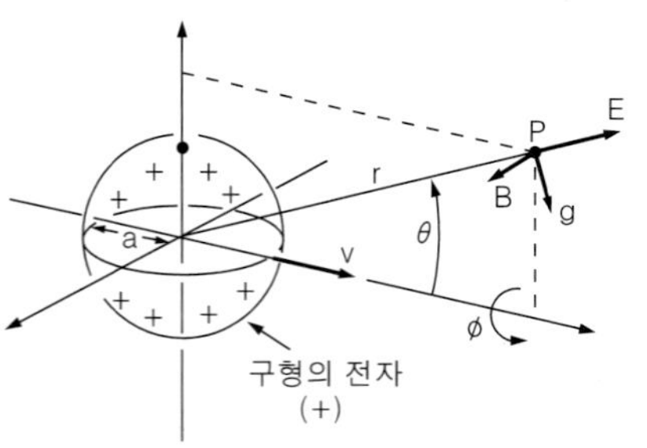

그림 28-1 양전자에 대한 전기장 $\boldsymbol{E}$와 자기장 $\boldsymbol{B}$, 그리고 운동량 밀도 $\boldsymbol{g}$. 음전자의 경우에는 $\boldsymbol{E}$와 $\boldsymbol{B}$의 부호가 바뀌지만 $\boldsymbol{g}$는 바뀌지 않는다.

28-2 움직이는 전하의 장 운동량

여기, 전자가 공간상에서 등속 운동을 하고 있다. 당분간은 전자의 속도가 빛의 속도에 비해 무시할 수 있을 정도로 작다고 가정한다. 움직이는 전자에는 (전하를 띠기 전에 질량이 없었다고 해도) 특정 운동량이 결부되어 있는데, 이는 전자기장의 운동량 때문이다. 약간의 계산을 거치면 장의 운동량이 전하의 속도 $\boldsymbol{v}$의 방향과 같고, 느린 속도에서는 v에 비례한다는 것을 증명할 수 있다. 전하의 동선에 대하여 θ의 각도를 이루며 전하의 중심으로부터 거리 r만큼 떨어진 지점 P에서(그림 28-1 참조) 전기장은 반경 방향을 향하고, 자기장은 $\boldsymbol{v}\times\boldsymbol{E}/c^2$이

다. 식 (27.21)의 운동량 밀도는

$$\boldsymbol{g} = \epsilon_0 \boldsymbol{E} \times \boldsymbol{B}$$

인데, 이것은 그림과 같이 비스듬하게 전하의 동선을 향하며, 크기는 다음과 같다.

$$g = \frac{\epsilon_0 v}{c^2} E^2 \sin\theta$$

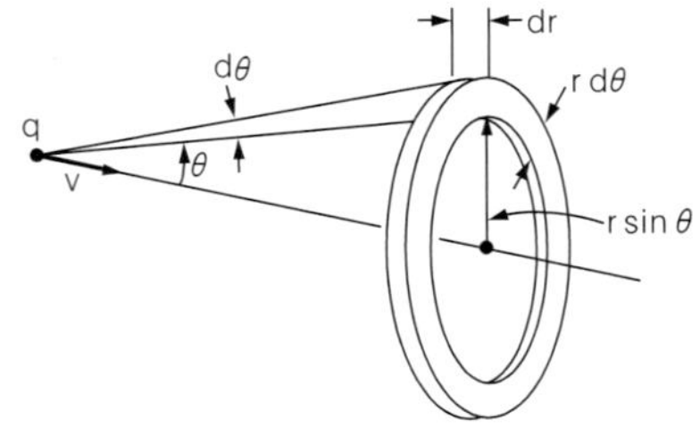

그림 28-2 장 운동량을 계산하는 데 사용되는 부피 요소 $2\pi r^2 \sin\theta\, d\theta\, dr$

장은 전하의 동선에 대하여 대칭적이기 때문에, 공간에 대해서 적분할 때 동선에 수직한 운동량 성분의 합은 0이 되고, 따라서 최종적인 운동량은 $\boldsymbol{v}$와 평행하다. $\boldsymbol{g}$의 동선 방향 성분은 $g \sin\theta$이며, 우리는 이를 전 공간에 대해 적분해야 한다. 부피 요소를 그림 28-2와 같이 $\boldsymbol{v}$에 수직한 고리 모양으로 잡으면, 고리 모양의 부피는 $2\pi r^2 \sin\theta\, d\theta\, dr$이다. 따라서 총 운동량은 다음과 같이 계산된다.

$$\boldsymbol{p} = \int \frac{\epsilon_0 \boldsymbol{v}}{c^2} E^2 \sin^2\theta\, 2\pi r^2 \sin\theta\, d\theta\, dr$$

E는 θ와 무관하므로($v \ll c$일 때) θ에 대한 적분을 수행하면

$$\int \sin^3\theta\, d\theta = -\int (1 - \cos^2\theta)\, d(\cos\theta) = -\cos\theta + \frac{\cos^3\theta}{3}$$

를 얻는다. θ의 하한은 0이고 상한은 π이므로, θ적분은 4/3라는 인자를 곱한 결과가 되어

$$\boldsymbol{p} = \frac{8\pi}{3} \frac{\epsilon_0 \boldsymbol{v}}{c^2} \int E^2 r^2\, dr$$

이 된다. 이제 이 적분($v \ll c$일 때)은 앞에서 수행했던 적분과 동일하며, 그 값은 $q^2/16\pi^2\epsilon_0{}^2 a$이므로

$$\boldsymbol{p} = \frac{2}{3} \frac{q^2}{4\pi\epsilon_0} \frac{\boldsymbol{v}}{ac^2}$$

즉,

$$\boldsymbol{p} = \frac{2}{3} \frac{e^2}{ac^2} \boldsymbol{v} \tag{28.3}$$

가 된다. 따라서 장 속의 운동량(전자기장의 운동량)은 $\boldsymbol{v}$에 비례한다는 것을 알 수 있다. 이것은 입자의 운동량과 속도의 관계식에서 질량이 $\boldsymbol{v}$의 계수로 주어지는 것과 비슷하다. 그래서 이 계수를 '전자기적 질량(electromagnetic mass)'이라 하며, 기호로는 m_{elec}으로 표기한다.

$$m_{\text{elec}} = \frac{2}{3} \frac{e^2}{ac^2} \tag{28.4}$$

28-3 전자기적 질량

질량의 출처는 어디인가? 물체들은 왜 질량을 갖는 것일까? 우리는 역학의 법칙을 공부하면서 모든 물체들이 질량이라는 것을 '수반한다'고 가정했었다. 이는 곧 물체들이 자신의 속도에 비례하는 운동량을 '수반한다'는 것을 의미한다. 방금 우리는 "하전 입자는 속도에 비례하는 운동량을 수반한다"는 사실을 어느 정도 이해했다. 확실치는 않지만, 질량이라는 것은 전기동역학적 효과에서 기인하는 현상일지도 모른다. 지금까지 질량의 근원은 설명되지 않은 채로 남아 있었다. 그러나 지금 우리는 전기동역학 이론을 통하여 과거에 전혀 이해하지 못했던 무언가를 새롭게 이해할 수 있는 커다란 실마리를 발견했다. 모든 하전 입자들은 전자기적 영향에 의해 속도에 비례하는 운동량을 지니게 된다. 이 뜻밖의 사실은 맥스웰(Maxwell)과 포인팅(Poynting)의 논리로부터 파생된 것이다.

당분간은 신중하고 보수적인 자세를 유지하면서, "질량에는 두 종류가 있다"고 가정하자. 즉, 물체의 총 운동량은 역학적 운동량과 전자기적 운동량의 합으로 주어진다고 가정하자는 것이다. 역학적 운동량이란 '역학적' 질량 m_{mech}에 속도 $\boldsymbol{v}$를 곱한 양이다. 물체의 운동량으로부터 질량을 측정하거나 궤도 운동의 형태로부터 질량을 추정할 때, 우리가 찾는 것은 역학적 질량이 아닌 '총 질량'이다. 일반적으로 운동량은 물체의 총 질량($m_{\text{mech}}+m_{\text{elec}}$)에 속도를 곱한 것으로 정의되므로, 우리의 눈에 보이는 질량은 '역학적 부분'과 '전자기적 부분'으로 구성되어 있을 수도 있다(다른 장까지 고려한다면 더 많은 부분으로 구성되어 있을 수도 있다). 우리는 앞서의 논의를 통해 질량에 전자기적인 부분이 존재한다는 사실을 분명하게 알고 있으며, 그에 대한 공식도 확보한 상태이다. 그리고 여기서 한 걸음 더 나아가, "역학적 질량은 아예 존재하지 않을지도 모른다"는(즉, 질량은 전적으로 전자기적 현상에서 기인한 양이라는) 짜릿한 가능성도 열려 있는 상태이다.

역학적 질량이 존재하지 않는다면 전자의 크기가 얼마나 되어야 할까? 이 값은 식 (28.4)로 주어진 전자기적 질량을 이미 알고 있는 전자의 질량 m_e와 같게 놓음으로써 구할 수 있다. 이로부터 계산된 전자의 반경 a는 다음과 같다.

$$a=\frac{2}{3}\,\frac{e^2}{m_ec^2} \tag{28.5}$$

여기서, 상수 2/3를 제외한 값

$$r_0=\frac{e^2}{m_ec^2} \tag{28.6}$$

을 "전자의 고전 반경(classical electron radius)"이라고 하는데, 그 값은 약 2.82×10^{-13}cm로서, 원자 지름의 10만분의 1정도이다.

애써 구한 a를 제쳐 두고, r_0를 전자의 반경이라고 부르는 이유는 무엇인가? 동일한 계산을 다른 전하 분포에 대해서도 해볼 수 있기 때문이다. 전하는 구형 물질 전체에 걸쳐 균일하게 퍼져 있을 수도 있고, 테니스공의 솜털처럼 표면에만 존재할 수도 있다. 어떤 분포를 가정하느냐에 따라 2/3라는 상수는 각기 다른 값으로 바뀌게 된다. 예를 들어, 전하가 구의 내부에 균일하게 분포되어 있다면 상수 2/3는 4/5로 대체된다. 그래서 어떤 분포가 맞는지 왈가왈부하지 않고, r_0를 '대표 반경'으로 내세운 것이다. 이렇게 해 두면 각기 다른 이론들은 저마다 선호하는 계수를 주장할 수 있다.

앞서 언급했던 질량에 대한 전자기 이론을 계속 진행시켜 보자. 우리의 계산은 $v \ll c$를 가정하고 있었다. 그렇다면 빠른 속도에서는 어떤 일이 벌어질 것인가? 로렌츠도 이 문제에 깊은 관심을 갖고 있었다. 그는 초기에 다소 혼란을 초래하기도 했지만, 대전된 구가 빠른 속도에서 타원체로 수축하며, 장은 이 책의 26장에서 유도한 대로 식 (26.6)과 (26.7)을 따라 변환된다는 것을 알아냈다. 이 경우에 $\boldsymbol{p}$에 대한 적분을 수행해 보면 임의의 $\boldsymbol{v}$에 대하여 $1/\sqrt{1-v^2/c^2}$이 곱해진 형태로 바뀐다는 것을 알 수 있다.

$$\boldsymbol{p} = \frac{2}{3}\frac{e^2}{ac^2}\frac{\boldsymbol{v}}{\sqrt{1-v^2/c^2}} \tag{28.7}$$

다시 말해서, 전자기적 질량은 $\sqrt{1-v^2/c^2}$에 반비례하여 커진다는 것이다. 이 사실은 상대성 이론이 나오기 전에 발견되었다.

연구 초기의 물리학자들은 입자의 속도에 따른 질량의 변화를 측정하여, 역학적 질량과 전기적 질량의 비율을 밝히려는 실험을 실행하였다. 그 당시에는 전기적인 부분이 속도에 따라 변한다고 생각했고, 역학적인 부분은 변하지 않는다고 믿었다. 그러나 실험이 진행되는 동안 이론물리학자들도 나름대로의 성과를 내고 있었다. 그 후 곧바로 등장한 상대성 이론은 질량의 근원이 무엇이건 간에 '모든' 질량은 $m_0/\sqrt{1-v^2/c^2}$의 형태로 변해야 한다고 주장했다. 식 (28.7)은 질량이 속도에 따라 달라진다는 이론의 효시였던 셈이다.

식 (28.2)에 이르는 장 에너지의 계산 과정을 다시 한 번 살펴보자. 상대성 이론에 따르면 에너지 U는 U/c^2의 질량을 갖는다. 따라서 식 (28.2)에 의하면 전자의 정전기장은 다음의 질량

$$m'_{\text{elec}} = \frac{U_{\text{elec}}}{c^2} = \frac{1}{2}\frac{e^2}{ac^2} \tag{28.8}$$

을 갖고 있어야 하는데, 보다시피 이 값은 식 (28.4)의 전자기적 질량 m_{elec}과 같지 않다. 사실, 식 (28.2)와 (28.4)를 결합하면 다음과 같이 쓸 수 있다.

$$U_{\text{elec}} = \frac{3}{4}m_{\text{elec}}c^2$$

이 결과는 상대성 이론이 나오기 전에 발견되었는데, 아인슈타인을 비롯한 여러 사람들이 $U = mc^2$임을 점차 깨닫기 시작하면서 엄청난 혼란이 야기되었다.

28-4 전자가 자신에게 미치는 힘

이미 우리는 전기동역학 이론이 상대성 이론에 부합된다는 것을 엄밀하게 증명한 바 있다. 그런데 왜 전자기적 질량에 대한 두 공식이 일치하지 않는 것일

까? 상대성 이론은 운동량=에너지$\times v/c^2$임을 단호하게 주장하고 있으므로, 정말 심각한 문제가 아닐 수 없다. 무언가가 분명히 잘못되었다. 계산상으로는 틀린 것이 없지만, 무언가 빠뜨린 것이 있을지도 모른다.

우리는 앞에서 에너지와 운동량에 대한 공식을 유도할 때 보존 법칙을 가정했었다. 우리는 '모든 힘'들이 고려되었다는 가정과 함께, '모든 일'과 여타의 비전기적 메커니즘에 의해 전달된 '모든 운동량'이 포함되어 있다고 가정했었다. 전자가 '대전된 구형 물체'라면, 밀어내는 전기력이 작용하여 순식간에 쪼개져서 산산이 흩어질 것이다. 이런 물리계는 힘의 평형이 깨진 상태이기 때문에, 에너지나 운동량과 관련된 법칙에서 온갖 종류의 오류가 속출하게 된다. 따라서 '모순되지 않는' 전자 모형을 구현하려면 또 다른 어떤 힘이 전자의 형태를 유지시켜 준다고 생각해야 한다. 전하는 구형 물체에 일종의 고무 밴드 같은 것으로 '묶여 있어야' 한다. 그래야 전하가 떨어져 나가는 것을 방지하기 때문이다. 이 고무 밴드(전자의 형태를 유지시키는 힘)가 에너지와 운동량의 계산에 포함되어야 한다는 사실을 처음으로 지적한 사람은 푸앵카레(Poincaré)였다. 그래서 '추가적으로 고려해야 할 비전기적인 힘'을 가리켜 '푸앵카레 장력(Poincaré stress)'이라고 한다. 추가적인 힘을 계산에 포함시키면 두 가지 방법으로 구한 질량은 서로 달라야 하며(달라지는 정도는 세부적인 가정에 따라 다르게 나타난다), 상대론과 모순되지도 않을 것이다. 즉, 운동량의 계산 과정에서 유도되는 질량은 에너지 계산 과정을 통해 유도되는 질량과 동일하다. 그러나 이 계산에는 '두 종류의' 기여가 포함되어 있다. 전자기적 질량과 푸앵카레 장력에 의한 질량이 그것이다. 이들을 더해야 비로소 모순 없는 이론이 완성된다.

그러므로 모든 질량을 전자기적 효과로 설명하는 것은 불가능하다. 무언가 다른 것이 추가되어야 한다. 그것을 '고무 밴드'라 부르건 또는 다른 이름으로 부르건 간에, 모순 없는 이론이 가능하려면 자연에 다른 힘들이 존재해야 하는 것이다.

그러나 이런 힘들을 전자에 도입하는 순간부터 개념상의 아름다움은 간데없이 사라지고 상황은 매우 복잡하게 꼬이기 시작한다. 여러분은 이렇게 묻고 싶을 것이다. "장력의 세기는 얼마나 되나요? 전자는 어떤 식으로 흔들리나요? 혹시 진동합니까? 또 전자의 내부 구조는 어떻게 됩니까? ……" 기타 등등. 물론, 전자가 복잡한 내부 구조를 갖고 있을 가능성도 있다. 그러나 이런 가정하에서 전자에 대한 이론을 전개하면 진동 모드(modes of oscillation)와 같은 기이한 성질들을 도입해야 하는데, 이러한 성질은 지금까지 명백하게 관측된 적이 없다. 여기서 '명백하게'라는 표현을 쓴 이유는 지금도 이해할 수 없는 현상들이 수도 없이 관측되고 있기 때문이다. 언젠가는 우리가 이해하지 못하는 현상들(예를 들면 뮤온과 같은 입자들)이 푸앵카레 장력의 진동으로 설명될 수 있을지도 모른다. 그럴 가능성은 별로 없지만 단정 지을 수는 없다. 우리는 아직도 기본 입자와 관련된 현상들을 제대로 이해하지 못하고 있다. 어쨌거나, 이 이론으로부터 제기되는 복잡한 구조는 그다지 매력적이지 않다. 모든 질량을 전자기적 효과로 설명하려는 시도는 (적어도 우리가 기술한 방식으로는) 막다른 길에 봉착한 상태이다.

그런데 장의 운동량이 속도에 비례한다는 사실로부터 어떻게 질량이 유추되는 것일까? 그 이유는 간단하다! 질량은 바로 운동량과 속도를 이어 주는 비례상수이기 때문이다. 그러나 질량을 다른 식으로 이해할 수도 있다. 입자를 가속하기 위해 힘을 가해야 한다면, 입자는 분명히 질량을 갖고 있는 것이다. 따라서 그 힘의 출처를 면밀하게 추적하면 좀 더 깊은 이해를 도모할 수 있을 것이다. 힘이 있어야 한다는 것을 어떻게 알 수 있을까? 장에 대한 운동량 보존 법칙이 이미 증명되어 있기 때문이다. 하전 입자를 잠시 동안 밀어 주면, 전자기장 속에 어느 정도의 운동량이 생길 것이다. 운동량은 어떤 방식으로든 장 속으로 흘러들어 갔을 것이다. 그러므로 전자가 움직이려면 전자를 미는 힘이 있어야 한다. 전자의 역학적 관성을 극복하는 힘 이외에, 전자기적 상호작용에 의한 힘이 추가로 공급되어야 하는 것이다. 그리고 그에 대응하는 반작용이 '미는 쪽(pusher)'에도 미쳐야 한다. 그런데 그 힘은 어디에서 오는 것일까?

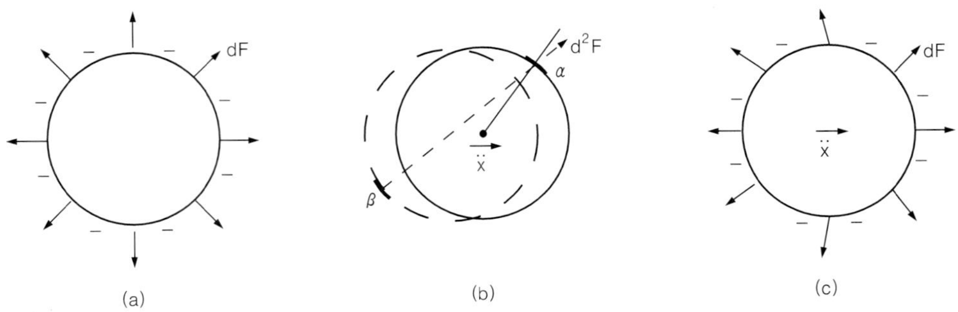

그림 28-3 가속되는 전자에 작용하는 자체 힘은 지연 효과 때문에 0이 아니다. (dF는 면적 요소 da에 미치는 힘을 뜻한다. d^2F는 면적 요소 da_α 위의 전하가 면적 요소 da_β에 미치는 힘이다.)

그 속사정은 대략 다음과 같다. 전자는 대전된 구로 생각할 수 있다. 전자가 정지된 상태에서 전하의 각 부분과 나머지 부분 사이에는 전기적 척력이 작용하지만, 이 힘들이 모두 짝을 지어 평형을 이루기 때문에 '알짜 힘'은 존재하지 않는다[그림 28-3(a) 참조]. 그러나 전자가 가속되고 있을 때에는 전자기적 영향이 한 부분에서 다른 부분으로 미치는 데 시간이 걸리기 때문에 힘들이 더 이상 평형을 이루지 못한다. 예를 들어, 그림 28-3(b)와 같이 β부분의 전하가 α부분에 작용하는 힘은 '현재 β의 위치'가 아니라, '조금 전 β의 위치'에 따라 달라진다. 힘의 크기와 방향이 모두 전하의 운동에 의존하는 것이다. 만일 전하가 가속되고 있다면, 전자의 각 부분에 미치는 힘은 그림 28-3(c)처럼 나타날 것이다. 이 힘들은 모두 더해도 상쇄되지 않는다. 그러나 등속도로 움직이는 경우에는 언뜻 생각하기에 뒤처짐(retardation) 효과 때문에 힘이 평형을 이루지 못할 것 같지만 결국은 모두 상쇄된다. 전자가 가속되고 있지 않는 한은 어떠한 알짜 힘도 존재하지 않는다는 것은 이미 밝혀진 사실이다. 가속되고 있는 전자의 경우에는 전자의 각 부분에 작용하는 작용과 반작용은 정확히 상쇄되지 않으며, 전자는 가속을 줄이려는 방향으로 '자기 자신에게' 힘을 가한다. 전자는 자신의 부트스트랩(bootstrap)으로 스스로를 저지하는 것이다[부트스트랩이란 자신의 구두끈(bootstrap)을 위로 잡아당겨 공중 부양을 했다는 허풍선이 남작의 이야기에서 유래한 용어로서, 일반적으로는 자력(自力)으로 어떤 일이 일어나는 것을 뜻한다. 컴퓨터의 시동 과정에서 운영 체제가 스스로를 메모리에 로딩하는 것을 가리켜 '부팅'이라고 하는데, 이것도 부트스트랩에서 유래한 것이다 : 옮긴이].

이 자체 반작용(self-reaction force)의 계산은 가능하긴 하지만 결코 만만치가 않다. 여기서는 정교한 계산을 생략하고, 비교적 덜 복잡한 1차원 운동(x축 상의 특별한 운동)의 경우를 다루기로 한다. 1차원에서 자체 힘은 급수로 표현될 수 있다. 급수의 첫 번째 항은 가속도 $\ddot{x}$에 의존하고, 그다음 항은 $\dddot{x}$에 비례하고…… 이런 식으로 전개된다.* 그 결과는

$$F = \alpha \frac{e^2}{ac^2}\ddot{x} - \frac{2}{3}\frac{e^2}{c^3}\dddot{x} + \gamma\frac{e^2 a}{c^4}\ddddot{x} + \cdots \tag{28.9}$$

인데, 여기서 α와 γ는 한 자리 수 정도의 크기를 갖는 수치 계수이다. $\ddot{x}$항의 계수 α는 어떤 전하 분포를 가정하느냐 따라 달라진다. 전하가 구에 균일하게 분포되어 있다면 $\alpha=2/3$이다. 따라서 가속도 항의 계수는 전자의 반경 a에 반비례하고, 그 값은 m_{elec}에 대한 식 (28.4)와 정확하게 일치한다. 만일 전하 분포를 다르게 선택하여 α값이 달라졌다면 식 (28.4)의 계수 2/3도 다른 값으로 바뀔 것이다. $\dddot{x}$항은 반경 a나 전하 분포와 무관하다. 이 항의 계수는 항상 2/3이다. 그다음 항은 반경 a에 비례하고, 계수 γ는 전하 분포에 의존한다. 전자의 반경 a를 0으로 보내면, 마지막 항(그리고 그 뒤의 모든 고차 항들)은 0이 된다. 그리고 두 번째 항은 상수로 남지만, 첫 번째 항(전자기적 질량)은 무한대로 발산한다. 이 무한대는 전자의 한 부분이 다른 부분에 미치는 힘 때문에 발생한 것이다 (엉뚱한 발상이긴 하지만, '점'전하가 자기 자신에게 힘을 미치는 가능성을 허용했기 때문이다).

28-5 맥스웰 이론을 수정하려는 시도

이제 전자가 단순한 점전하라는 아이디어를 손상시키지 않고 맥스웰의 전기동역학 이론을 수정하는 방법에 대해 알아보자. 이 문제에 관해서는 그동안 여러 가지 제안이 있었는데, 개중에는 전자의 질량을 전자기적 양으로 끼워 맞추는 이론도 있었다. 물론, 이 모든 이론들은 빛을 발하지 못하고 금방 죽어 버렸다. 그러나 이론이 사장되었다고 해서 아이디어까지 죽는 것은 아니다. 그 속에서 우리는 인간 지성의 치열함을 느낄 수 있다. 여러분을 그 생생한 현장으로 인도하기 위해, 사장된 이론들 중 몇 가지를 소개하고자 한다.

그동안 우리는 전하들 사이의 상호작용에서 시작하여 전기 이론에 입문한 후, 전하의 상호작용을 설명하는 이론을 구축하였으며, 모든 것을 장이론(field theory)으로 마무리했다. 우리는 장이론을 굳게 믿고 있기에, 전자가 자기 자신

* 우리는 지금 다음과 같은 표기법을 사용하고 있다. $\dot{x}=dx/dt$, $\ddot{x}=d^2x/dt^2$, $\dddot{x}=d^3x/dt^3$, 등.

과 상호작용을 한다는 황당한 이론에 대해서도 장이론이 무언가 말해 주기를 기대했던 것이다. 어쩌면 전자는 자기 자신과 상호작용을 하지 않을지도 모른다. 독립된 전자들 간의 상호작용으로부터 '자기 자신과의 상호작용'을 유추하는 것은 지나친 비약일지도 모른다. 그래서 과거에 제시되었던 몇몇 이론들은 자기 자신과의 상호작용을 배제하기도 했다. 이렇게 하면 자체 작용으로부터 초래되는 무한대 문제를 피해 갈 수 있으며, 입자와 결부된 전자기적 질량도 더 이상 고려할 필요가 없어진다. 모든 질량은 '역학적 질량'이라는 본래의 관점으로 돌아오는 것이다. 그러나 이러한 이론들은 새로운 문제점을 안고 있다.

자기 자신과의 상호작용을 배제시킨 이론들은 전자기장의 개념에 수정을 요구하고 있다. 처음에 나는 입자 하나에 작용하는 힘이 두 개의 양($\boldsymbol{E}$와 $\boldsymbol{B}$)에 의해 결정된다고 말했었다. 그러나 '자체 힘'의 개념을 수용하지 않는다면, 이 법칙도 더 이상 성립할 수 없다. 왜냐하면 특정 위치에 있는 전자에 미치는 힘은 총 $\boldsymbol{E}$와 $\boldsymbol{B}$를 통해 결정되는 것이 아니라, '다른 전하에 의한 $\boldsymbol{E}$와 $\boldsymbol{B}$'로부터 결정되기 때문이다. 그러므로 이런 종류의 이론에서는 $\boldsymbol{E}$와 $\boldsymbol{B}$ 중 '전하 자신이 창출한 양'과 '다른 전하들이 창출한 양'을 엄밀하게 구별해야 한다. 이렇게 되면 이론 자체는 훨씬 더 복잡해지지만, 무한대 문제는 나타나지 않는다.

따라서 '우리가 원하기만 하면' 전자가 자기 자신과 주고받는 상호작용은 존재하지 않는 것으로 치부할 수 있으며, 식 (28.9)로 주어지는 힘은 더 이상 필요 없다. 그 대신, 중요한 것을 잃게 된다! 왜냐하면 식 (28.9)의 두 번째 항, 즉 $\dddot{x}$ 항은 반드시 필요한 항이기 때문이다. 이 힘의 역할은 매우 분명하다. 이 항을 버리면 또다시 문제에 봉착하게 된다. 가속되는 전하는 전자기파를 복사하면서 에너지를 잃는다. 따라서 전하를 가속시키려면 전하가 없는(그러나 질량은 같은) 중성 물체를 가속시킬 때보다 더 큰 힘이 필요하다. 그렇지 않으면 에너지는 보존되지 않을 것이다. 전하를 가속시키는 데 공급되는 일률은 복사에 의한 에너지 손실률과 같아야 한다. 이 효과에 대해서는 전에 언급한 적이 있다. 이를 복사 저항(radiation resistance)이라 한다. 그래도 끝까지 남는 질문이 있다. 힘을 추가로 공급하여 '극복해야 하는' 이 힘의 출처는 과연 어디인가? 대형 안테나가 에너지를 복사하고 있을 때, 이 힘은 안테나 전류의 한 부분이 다른 부분의 안테나 전류에 미치는 영향으로부터 나온다. 아무것도 없는 텅 빈 공간 속에서 전자기파를 복사하며 가속되고 있는 단일 전자의 경우, 이 힘이 나타날 수 있는 출처는 단 한 곳밖에 없을 것 같다. '전자의 한 부분이 자신의 다른 부분에 미치는 작용'이 바로 그것이다.

우리는 제1권 32장에서 진동하는 전하가 다음과 같은 비율로 에너지를 복사한다는 사실을 확인한 바 있다.

$$\frac{dW}{dt} = \frac{2}{3}\,\frac{e^2(\ddot{x})^2}{c^3} \tag{28.10}$$

이제 식 (28.9)의 부트스트랩 힘에 반하여 전자에게 어느 정도의 일률을 공급해야 하는지 알아보자. 일률은 힘에 속도를 곱한 양, 즉 $F\dot{x}$이다.

$$\frac{dW}{dt} = \alpha \frac{e^2}{ac^2} \ddot{x}\dot{x} - \frac{2}{3}\frac{e^2}{c^3} \dddot{x}\,\dot{x} + \cdots \tag{28.11}$$

첫 번째 항은 $d\dot{x}^2/dt$에 비례하며, 따라서 이는 바로 전자기적 질량과 결부된 운동 에너지 $\frac{1}{2}mv^2$의 변화율에 해당된다. 그리고 두 번째 항은 식 (28.10)의 복사 출력(radiated power)에 해당되어야 할 것이다. 그러나 이들 두 식은 생긴 모습이 서로 다르다. 식 (28.11)의 항은 일반적으로 옳은 형태인 반면, 식 (28.10)은 '진동하는' 전하에 한하여 적용되는 식이기 때문이다. 전하의 운동이 주기적인 경우에는 이들 두 항이 동일하다는 것을 보일 수 있다. 이를 증명하기 위해, 식 (28.11)의 두 번째 항을 다음과 같이 고쳐 써 보자.

$$-\frac{2}{3}\frac{e^2}{c^3}\frac{d}{dt}(\dot{x}\,\ddot{x}) + \frac{2}{3}\frac{e^2}{c^3}(\ddot{x})^2$$

대수적 변환에 불과하므로 크게 신경 쓸 것은 없다. 전하의 운동이 주기적이라면 $\dot{x}\,\ddot{x}$는 주기적으로 같은 값을 취하므로 이것의 시간 미분의 '평균'을 취하면 0이 된다. 그러나 두 번째 항은 (제곱의 형태이므로) 언제나 양수이고, 따라서 평균도 양수이다. 이 항은 행해진 알짜 일에 해당되며, 식 (28.10)과 똑같다.

부트스트랩 힘 속의 $\dddot{x}$ 항은 복사하는 계에서 에너지 보존 법칙을 유지시키는 데 필요하므로 이 항을 버릴 수는 없다. 로렌츠가 남긴 업적 중 하나는, 이러한 힘의 존재와 그 근원(전자가 자기 자신과 상호작용하는 것)을 밝힌 것이다. 우리는 전자가 자기 자신과 상호작용한다는 생각을 믿을 수밖에 없으며, 따라서 $\dddot{x}$ 항은 반드시 필요하다. 문제는 "모든 문제를 야기하는 식 (28.9)의 첫 번째 항을 배제시키고 $\dddot{x}$ 항을 얻어 내는 방법"이다. 아직 이렇다 할 방법은 나타나지 않았다. 여러분은 지금 고전 전자 이론(classical electron theory)이 스스로를 좁은 코너에 몰아넣고 있는 상황을 생생하게 목격하는 중이다.

이 문제를 해결하기 위해 전자기 법칙의 일부를 수정하려는 시도가 몇 차례 있었다. 그중 하나는 보른(Born)과 인펠트(Infeld)가 제안했던 방법으로서, 맥스웰 방정식을 복잡하게 비틀어 비선형 방정식으로 만드는 것이었다. 이렇게 하면 전자기적 에너지와 운동량이 유한한 값이 되도록 만들 수 있다. 그러나 이들이 제안한 법칙은 지금까지 단 한 번도 관찰된 적이 없는 이상한 현상들을 예측하고 있다. 보른과 인펠트의 이론 역시 우리가 나중에 살펴볼 또 다른 문제에 시달리는데, 사실 이것은 위에서 언급한 문제를 피해 가려는 모든 이론들이 공통적으로 직면하는 문제이기도 하다.

디랙(Dirac)은 다음과 같은 특이한 가능성을 제안하였다. 그는 전자가 자기 자신과 상호작용한다는 것을 인정하면서, 이 상호작용이 식 (28.9)의 첫 번째 항이 아닌 '두 번째' 항을 통해 이루어진다고 가정하였다. 그러고는 첫 번째 항을 제거하고 나머지 항들은 그대로 남겨 두는 독창적인 아이디어를 생각해 냈다. 그에 따르면 그동안 우리가 맥스웰 방정식의 '뒤처진' 파동 해(retarded wave solution)만 취해 온 것은 특수한 가정이라는 것이다. 따라서 '앞선 파동(advanced wave)'을 취하면 무언가 다른 결과가 나올 수도 있지 않겠는가! 디랙의 가정에 의하면 자체 힘에 대한 공식은 다음과 같다.

$$F = \alpha \frac{e^2}{ac^2} \ddot{x} + \frac{2}{3} \frac{e^2}{c^3} \dddot{x} + \gamma \frac{e^2 a}{c^4} \ddddot{x} \tag{28.12}$$

이 식은 두 번째 항(그리고 몇몇 고차 항)의 부호가 바뀐 것 외에는 식 (28.9)와 똑같다[뒤처진 파동에서 앞선 파동으로 바꾸는 것은 지연된 시간의 부호를 반대로 바꾸는 것에 해당되는데, 이는 모든 t의 부호를 바꾸는 것과 같다. 따라서 식 (28.9)에서 모든 홀수차 시간 도함수의 부호가 바뀌게 된다]. 그래서 디랙은 다음과 같은 새로운 규칙을 만들자고 제안하였다. 즉, 전자는 자신이 만들어 낸 뒤처진 장과 앞선 장의 '차이'를 2로 나눈 새로운 장을 통해 자기 자신과 상호작용한다는 것이다. 식 (28.9)와 (28.12)의 차이를 2로 나누면 다음과 같다.

$$F = -\frac{2}{3} \frac{e^2}{c^3} \dddot{x} + \text{고차 항}$$

모든 고차 항에서는 반경 a가 양의 거듭제곱의 형태로 분자에 나타난다. 따라서 전하의 형태를 점전하로 접근시키면 모든 고차 항은 사라지고 단 하나의 항만 남게 되는데, 이것이 바로 우리가 원하던 항이다. 디랙은 이러한 방식으로 (전자기적 질량에 의한) 관성력을 배제하면서 복사 저항력을 얻을 수 있었다. 이것으로 전자기적 질량은 사라지고 고전 이론은 극적으로 부활하게 된다. 그러나 이것은 자체 힘과 관련하여 아무런 근거도 없는 가정을 수용했기 때문에 얻은 결과이다.

휠러(Wheeler)와 파인만(Feynman)은 디랙이 제시한 추가적 가정의 임의성을 어느 정도 제거하면서 다음과 같이 한층 더 이상한 이론을 제안하였다. "점전하는 자기 자신과 상호작용을 하지 않는다. 이들은 오직 다른 전하들과 상호작용을 주고받을 뿐이다. 이 상호작용의 반은 앞선 파동에 의한 것이고, 반은 뒤처진 파동에 의한 것이다." 대부분의 상황에서는 앞선 파동의 효과가 나타나지 않지만, 복사 반작용력이 생기는 것은 바로 앞선 파동에 의한 효과라는 것이다. 복사 저항이 생기는 원인은 전자가 자기 자신과 상호작용을 하기 때문이 아니라, 다음과 같은 이상한 효과 때문이라는 것이다—시간 t에서 가속된 전자는 세상에 있는 다른 모든 전하들을 '그 후의' 시간 $t' = t + r/c$(여기서 r은 다른 전하까지의 거리를 나타낸다)에 흔들게 되는데, 이는 '뒤처진' 파동에 의한 효과이다. 하지만 그러면 다른 전하들도 '앞선' 파동을 통해 원래의 전자에 반작용을 가할 것이다. 이들 파동은 시간 t'', 즉 $t' - r/c$에 도착하는데, 물론 이 값은 바로 t이다(이 파동들도 그들의 뒤처진 파동을 통해 다시 반작용을 하지만, 이것은 정상적인 '반사된' 파동에 해당된다). '앞선 파동과 뒤처진 파동의 조합'이란, 가속되는 바로 그 순간에 진동하는 전하가 자신이 방사한 파동들을 흡수할 '예정'에 있는 모든 전하들로부터 힘을 느낀다는 것을 의미한다. 이와 같이, 전자에 관한 새로운 이론들은 곳곳에서 난관에 부딪혔다!

또 다른 이론을 살펴보자. 여러분은 이 사례를 통해 사람이 미궁에 빠지면 어떤 희한한 생각을 떠올리게 되는지 적나라하게 알게 될 것이다. 봅(Bopp)이 처음으로 제안했던 이 이론은 전기동역학의 법칙을 또 다른 방식으로 수정한 것이다. 여러분도 이제 눈치 챘겠지만, 일단 전자기학의 공식을 바꾸기로 작심했다면 출발점을 입맛에 맞게 고를 수 있다. 전자에 대한 힘의 법칙을 바꾸거나 맥스웰 방정식을 바꿀 수도 있고, 어떤 다른 곳을 수정할 수도 있다. 한 가지 가능성은 전하와 전류로 표현되는 퍼텐셜 공식을 바꾸는 것이다. 우리는 한 점에서의 퍼텐셜이 이전의 어떤 시간에서 각각 다른 점에서의 전류 밀도(또는 전하 밀도)로 주어진다는 사실을 알고 있다. 4차원 벡터 표기법을 이용하여 퍼텐셜을 다시 써 보자.

$$A_\mu(1,\ t) = \frac{1}{4\pi\epsilon_0 c^2}\int \frac{j_\mu(2,\ t - r_{12}/c)}{r_{12}}\, dV_2 \tag{28.13}$$

봅(Bopp)은 이 모든 문제가 적분 속에 있는 인자 $1/r$ 때문일지도 모른다고 생각했다. 한 점에서의 퍼텐셜이 두 점 사이의 거리에 관한 모종의 함수, 예컨대 $f(r_{12})$로 주어지며, 이 값은 다른 점에서의 전하 밀도에만 의존한다고 가정해 보자. 그러면 점 (1)에서의 총 퍼텐셜은 이 함수에 j_μ를 곱한 것을 전 공간에 대하여 적분하여 구할 수 있다.

$$A_\mu(1) = \int j_\mu(2) f(r_{12})\, dV_2$$

이것이 전부다. 미분 방정식도 없고, 다른 아무것도 없다. 물론 한 가지 더 고려할 점이 있긴 하다. 즉, 이 결과가 상대론적으로 불변인지도 따져 봐야 한다. 따라서 '거리'라고 할 때 우리는 시공간에서 두 지점 사이의 '불변 거리'를 취해야 한다. 이 거리의 제곱은 다음과 같다(지금 우리의 논의에서 부호는 별로 중요하지 않다).

$$\begin{aligned} s_{12}^2 &= c^2(t_1 - t_2)^2 - r_{12}^2 \\ &= c^2(t_1 - t_2)^2 - (x_1 - x_2)^2 - (y_1 - y_2)^2 - (z_1 - z_2)^2 \end{aligned} \tag{28.14}$$

그러므로 상대론적 불변성을 확보하려면 s_{12}나 s_{12}^2을 독립 변수로 갖는 함수를 취해야 한다. 결국, 봅의 이론을 한마디로 요약하면

$$A_\mu(1,\ t_1) = \int j_\mu(2,\ t_2)\, F(s_{12}^2)\, dV_2\, dt_2 \tag{28.15}$$

라는 것이다(적분은 4차원 부피 $dt_2\, dx_2\, dy_2\, dz_2$에 대한 적분이어야 한다).

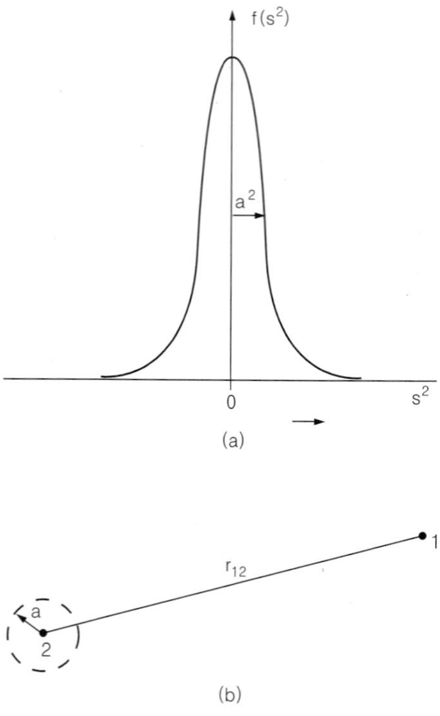

그림 28-4 봅의 비국소적 이론에 사용되는 함수 $F(s^2)$

이제 F를 적절하게 선택하는 일만 남았다. F에 대해서는 단 하나의 가정만을 내세운다. "독립 변수가 0에 가까운 경우를 제외하고, 함수 값은 매우 작아야 한다"는 가정이 그것이다. 따라서 F의 그래프는 그림 28-4와 같은 모양의 곡선일 것이다. 이 함수는 $s^2=0$을 중심으로 유한한 면적을 갖는 뾰족한 모양으로서, 그 폭은 대략 a^2정도이다. 대충 말하자면, 점 (1)에서의 퍼텐셜을 계산할 때 $s_{12}^2 = c^2(t_2 - t_1)^2 - r_{12}^2$이 0을 기준으로 $\pm a^2$ 이내에 있을 때에 한하여 점 (2)가 적분에 가시적인 기여를 하게 되는 것이다. 즉,

$$s_{12}^2 = c^2(t_1 - t_2)^2 - r_{12}^2 \approx \pm a^2 \tag{28.16}$$

인 경우에 한하여 F의 역할이 중요해진다는 뜻이다. 원한다면 수학적으로 좀 더 정교하게 표현할 수도 있겠지만, 어쨌거나 대략적인 아이디어는 위에서 설명한 바와 같다.

이제 a가 모터나 전원과 같이 일상적인 물체에 비해 상대적으로 매우 작다고 가정해 보자. 그러면 대부분의 경우에 $r_{12} \gg a$가 되고, 식 (28.16)에 의해 전하들은 t_1-t_2가 다음과 같은 작은 범위

$$c(t_1-t_2) \approx \sqrt{r_{12}{}^2 \pm a^2} \approx r_{12}\sqrt{1 \pm \frac{a^2}{r_{12}{}^2}}$$

에 들 때만 식 (28.15)의 적분에 기여하게 된다. $a^2/r_{12}{}^2 \ll 1$이므로, 제곱근은 $1 \pm a^2/2r_{12}{}^2$으로 근사될 수 있고, 따라서 t_1-t_2는 다음과 같이 된다.

$$t_1-t_2 = \frac{r_{12}}{c}\left(1 \pm \frac{a^2}{2r_{12}{}^2}\right) = \frac{r_{12}}{c} \pm \frac{a^2}{2r_{12}c}$$

이 결과는 "A_μ적분에 기여하는 대부분의 시간 t_2는 퍼텐셜을 구하려는 시간 t_1과 r_{12}/c정도의 차이가 날 뿐이다"라는 사실을 보여 주고 있다. $r_{12} \gg a$인 조건 하에서는 여기에 추가적으로 약간의 수정만이 가해질 뿐이다. 다시 말해서, 봅(Bopp)이 제안한 이론은 어떤 특정 전하로부터 매우 멀리 떨어져 있는 경우, 맥스웰 이론에 가까워진다. 뒤처진 파동에 의한 효과(retarded wave effect)가 두드러지게 나타나기 때문이다.

식 (28.15)의 적분 결과는 대충 짐작할 수 있다. 우선 r_{12}를 고정시키고 $-\infty$에서 $+\infty$까지 t_2에 대해 적분하면 $s_{12}{}^2$도 $-\infty$에서 $+\infty$까지 가게 된다. 적분 값은 t_1-r_{12}/c를 중심으로 폭이 $\Delta t_2 = 2\times a^2/2r_{12}c$인 작은 구간에 있는 t_2에서 나올 것이다. 함수 $F(s^2)$이 $s^2=0$에서 K라는 값을 갖는다고 가정해 보자. 그러면 t_2에 대한 적분은 대략 $Kj_\mu\Delta t_2$, 즉

$$\frac{Ka^2}{c}\frac{j_\mu}{r_{12}}$$

가 될 것이다. 물론, j_μ의 값은 $t_2=t_1-r_{12}/c$에서 취해야 하며, 따라서 식 (28.15)는

$$A_\mu(1,\ t_1) = \frac{Ka^2}{c}\int \frac{j_\mu(2,\ t_1-r_{12}/c)}{r_{12}}\,dV_2$$

가 된다. $K=q^2c/4\pi\epsilon_0 a^2$으로 놓으면 맥스웰 방정식의 뒤처진 퍼텐셜 해로 환원된다—$1/r$ 의존성은 자동으로 포함된다! 이 모든 결과는 "시공간에서 한 지점의 퍼텐셜은 다른 모든 점에서의 전류 밀도에 의존한다"는 단순한 제안으로부터 유도된 것이다. 그러나 이 이론에서는 두 점 사이의 4차원 거리를 독립 변수로 갖는 어떤 뾰족한 함수가 가중 인자(weighting factor)로 등장한다. 이 이론에서도 전자의 전자기적 (유한한) 질량이 예측되며, 에너지와 질량 사이의 관계도 상대성 이론에 부합된다. 물론 이것은 당연한 결과이다. 이론 자체가 출발부터 상대론적으로 불변이었기 때문이다.

그런데 지금까지 서술했던 모든 이론들을 근본적으로 반박하는 한 가지 반론이 있다. 즉, 우리가 알고 있는 모든 입자들은 양자역학의 법칙을 따르고 있으므로, 전기동역학도 양자역학적으로 수정되어야 한다는 것이다. 빛은 광자(입자)처럼 행동한다. 즉, 빛의 특성은 맥스웰 이론의 예측과 100% 일치하지 않는다. 따라서 전기동역학 이론은 수정되어야 한다. 앞에서 나는 고전 이론을 애써 수정하는 것이 시간 낭비일 수도 있다고 지적한 적이 있다. 전기동역학에 양자역학을 채용하면 이러한 문제들이 아예 사라지거나 다른 방식으로 풀릴지도 모르기 때문이다. 그러나 양자 전기동역학에서도 이 문제들은 사라지지 않는다. 학자들이 고전적인 방법으로 문제를 해결하려고 그토록 애를 쓴 것도 바로 이런 이유 때문이다. 그들은 "고전적인 문제를 '먼저' 해결하고, '그 후에' 양자역학적 수정을 가하면 모든 것이 말끔하게 정리될 것이다"라는 희망을 갖고 있었다. 그러나 맥스웰 이론은 양자역학적 수정을 가한 후에도 여전히 문제점을 안고 있다.

양자역학적 효과는 몇 가지 커다란 변화를 가져온다. 질량에 대한 공식이 수정되고, 플랑크 상수 $\hbar$가 등장한다. 그러나 이 경우에도 어떤 식으로든 적분을 도중에 끊지(cut off) 않으면($r=a$에서 고전적인 적분을 멈춰야 했던 것처럼) 답은 여전히 무한대로 나온다. 뿐만 아니라, 적분을 어떤 방식으로 끊느냐에 따라 답은 천차만별로 달라진다. 사실, 이 모든 문제들은 근본적으로 하나의 근원지에서 발생한 것들이다. 그러나 여러분은 아직 양자역학에 대해 별로 아는 바가 없고 양자전기동역학에 대해서는 더욱 까막눈이기 때문에 지금 당장은 자세한 설명을 할 수 없다. 그저 맥스웰 전기동역학의 양자역학 버전으로 계산해도 점전하(전자)의 질량이 무한대가 된다는 사실을 그냥 믿고 넘어가기 바란다.

지금까지는 그 어떤 이론도 '자체 모순이 없는' 양자 이론으로 등극하지 못했다. 보른과 인펠트의 아이디어는 양자역학 버전으로 만들어지지 못했으며, 디랙과 휠러 그리고 내가 제안했던 "앞선 파동과 뒤처진 파동 이론"의 양자역학 버전도 아직 완성되지 않았다. 물론 봅의 이론도 사정은 마찬가지다. 전자나 점전하의 자체 에너지가 무한대로 나오지 않는, 모순 없는 이론(양자역학을 포함해서)은 아직 구축되지 않았다. 뿐만 아니라, 비점전하(non-point charge)를 만족스럽게 설명하는 이론도 없다.

누군가가 나서서 '전자의 자체 작용이 완전히 제거되어 전자기적 질량이 더 이상 의미가 없는' 이론을 세운 다음 양자역학 버전으로 업그레이드시키겠다고 마음먹었다면, 내가 장담하건대 그는 분명히 심각한 문제에 봉착할 것이다. 전자기적 관성의 존재는 이미 실험적으로 입증되었다. 하전 입자의 질량 중 일부는 전자기적 근원에서 나타나는 것이다.

과거에 출판된 교과서 중에는 "자연은 우리에게 (하나는 중성이고 하나는 전하를 띤, 그러나 다른 모든 특성은 동일한) 두 개의 입자를 선사했을 리가 없으므로, 질량을 전자기적 부분과 역학적 부분으로 나누는 것은 불가능하다"고 써 놓은 책도 있다. 그러나 실제 자연은 사려 깊게도 우리에게 이러한 입자들을 제공한다. 따라서 하전 입자와 중성 입자의 질량을 비교해 보면 전자기적 질량의 존재 여부를 판별할 수 있다. 이러한 입자의 예로, 중성자와 양성자를 들 수 있다. 이들은 핵력(nuclear force)이라는 엄청나게 강한 힘을 통해 상호작용을 하고 있다. 이 힘의 근원은 아직 불분명하다. 그러나 핵력은 바로 위에서 언급한 특이한 성질을 갖고 있다. 핵력이라는 특성만 놓고 볼 때, 중성자와 양성자는 완전히 똑같은 입자이다. 현재 우리의 능력으로는 중성자와 중성자, 중성자와 양성자 또는 양성자와 양성자 사이의 핵력을 구별할 수 없다. 우리는 그저 전자기력과 핵력을 구별할 수 있을 뿐이다. 전기적인 측면에서 양성자와 중성자는 하늘과 땅만큼 차이가 있다. 이것이 바로 우리가 원하던 바이다. 즉, 강한 상호작용의 관점에서는 구별이 안 되지만, 전기적으로는 판이하게 다른 두 개의 입자가 실제로 존재하는 것이다. 그러나 이들의 질량은 약간 차이가 난다. 양성자와 중성자의 질량 차이는(정지 질량 에너지 mc^2의 차이로 표현했을 때) 약 1.3Mev인데, 이는 전자 질량의 약 2.6배 정도이다. 그리고 고전 이론이 예측하는 전자의 반경은 약 10^{-13}cm이다. 그런데 이 값을 양자 이론으로 계산하면 모든 상수들(2π, $\hbar$ 등)이 희한하게 잘 맞아떨어지면서 고전 이론과 거의 같은 값이 얻어진다. 단 한 가지 문제는 '부호'가 반대라는 점이다! 중성자는 양성자보다 '더 무겁다.'

표 28-1

입자의 질량

입자	전하 (전기적)	질량 (Mev)	Δm* (Mev)
n(중성자)	0	939.5	
p(양성자)	+1	938.2	−1.3
π(π 중간자)	0	135.0	
	±1	139.6	+4.6
K(K 중간자)	0	497.8	
	±1	493.9	−3.9
Σ(시그마 입자)	0	1191.5	
	+1	1189.4	−2.1
	−1	1196.0	+4.5

*Δm = (하전 입자의 질량) − (중성 입자의 질량)

이 밖에도 자연은 전기적 전하를 제외한 모든 특성이 완전히 동일한 몇몇 입자 쌍[또는 트리플렛(triplet)]을 갖고 있다. 이들은 핵력의 '강한 상호작용(strong interaction)'을 통해 양성자 및 중성자와 상호작용을 하고 있다. 그런데 이런 종류의 입자들[예를 들어, 파이 중간자들(π-mesons)]은 전기적 특성을 제외하고 모든 면에서 동일한 입자인 것처럼 행동한다. 표 28-1에는 이러한 입자들의 목록과 실험적으로 관측된 질량이 나열되어 있다. 전하를 띤 파이 중간자들은 (전하가 양이건 음이건 간에) 139.6Mev의 질량을 갖는데, 중성인 파이 중간자는 그보다 4.6Mev만큼 더 가볍다. 지금 우리는 이 질량 차이가 전자기적 특성에서 기인한다고 믿고 있다. 이 차이는 반경이 $3\sim4\times10^{-14}$cm정도인 입자의 질량에 해당되는데, 표에서 보다시피 다른 입자들의 질량 차이도 대체로 비슷하다.

입자의 크기는 다른 방법으로 알아낼 수 있다. 고에너지 입자들을 서로 충돌시키는 과정에서 직경을 재는 방법이 그중 하나이다. 이렇게 알아낸 반경 값에서 장 에너지의 적분을 멈춘다면(cut-off), 전자기적 질량은 전자기학 이론의 예측과 일치한다. 바로 이러한 이유 때문에, 우리는 질량의 미세한 차이가 전자기적 질량에서 기인한다고 믿는 것이다.

표 28-1에 나열된 질량 차이의 부호는 입자의 종류에 따라 +, − 제각각이다. 사실, 전하를 띤 입자가 중성 입자보다 무거운 이유는 쉽게 짐작할 수 있다. 그런데 왜 양성자와 중성자는 이 규칙을 따르지 않는 것일까? 이들은 다른 입자보다 복잡한 내부 구조를 갖고 있기 때문에, 전자기적 질량에 관한 계산도 좀 더 정교하게 수행되어야 한다. 예를 들어, 중성자는 '알짜' 전하를 띠고 있지 않지만, 내부에는 '실제로' 전하가 분포되어 있다. 단지 '알짜' 전하가 0일 뿐이다. 현재 우리는 중성자가 (적어도 가끔씩은) 그림 28-5처럼 "양성자 주위에 음전하를 띤 파이 중간자가 구름처럼 퍼져 있는 형태"라고 믿는다. 중성자는 총 전하가 0인 까닭에 '중성'이긴 하지만, 여전히 전자기적 에너지를 지니고 있으므로(예를 들어, 중성자는 자기 모멘트를 갖고 있다), 그 내부 구조에 관한 상세한 이론 없이 전자기적 질량의 차이를 예견하는 것은 결코 쉬운 일이 아니다.

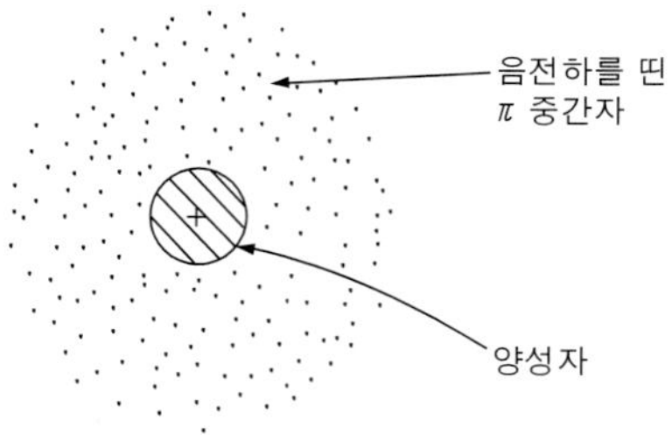

그림 28-5 중성자는 경우에 따라 '음전하를 띤 파이 중간자로 둘러싸인 양성자'의 형태로 존재한다.

여기서 여러분에게 강조하고자 하는 내용은 다음과 같다. (1)전자기 이론은 전자기적 질량의 존재를 예견하고 있으나, 바로 이러한 예견 때문에 자기모순에 빠지게 된다(양자역학적 수정을 가한 후에도 사정은 달라지지 않는다). (2)전자기적 질량의 존재를 입증하는 실험적 증거가 있다. (3)이 모든 질량들은 대략 전자의 질량과 같다. 이로써 우리는 로렌츠의 원래 아이디어로 다시 돌아온 셈이다. 전자의 질량 0.511Mev는 순전히 전자기적인 근원에서 나타난 물리량일지도 모른다. 과연 그럴까? 마땅한 이론이 없으므로 지금으로선 장담할 수 없다.

이것으로 끝이 아니다. 가장 성가신 문제가 아직 남아 있다. 이 세상에는 뮤온(muon)—뮤 중간자(μ-meson)라고도 한다—이라 불리는 또 다른 형태의 입자가 있는데, 이 입자는 질량을 제외하고 모든 면에서 전자와 완전히 똑같다. 뮤온은 중성미자(neutrino, 뉴트리노) 및 전자기장과 상호작용하며, 핵력을 행사하지 않는다. 또한 이 입자는 전자와 다른 행동[전자에 비해 질량이 매우 크다는 사실(전자 질량의 206.77배)을 감안해도 이해가 되지 않는 엉뚱한 행동]을 하지 않는다. 따라서 전자의 질량을 설명하는 이론이 완성된다면 뮤온의 질량이 어디서 왔는지도 자연스럽게 알게 될 것이다. 왜냐고? 뮤온은 전자가 하는 짓을 그대로 따라 하기 때문이다. 즉, 두 입자의 질량은 동일한 근원에서 설명되어야 한다. 뮤온과 전자가 동일한 입자임을 주장하는 사람들이 있는데, 이들은 입자의 질량을 설명하는 최종적인 이론에서 질량을 구하는 공식이 두 개의 근을 갖는 이차방정식으로 표현될 것이라고 굳게 믿고 있다. 또한 어떤 이들은 그 공식이 무한개의 근을 갖는 초월 방정식일 것이라고 주장하면서, 다른 입자들의 질량과 함께 이러한 입자들이 아직 발견되지 않은 이유를 연구하고 있다.

28-6 핵력장

핵자의 질량 중 '전자기적 근원에서 파생되지 않은' 부분에 대하여 몇 가지 더 언급하고자 한다. 핵자의 대부분을 차지하는 이 질량은 과연 어디서 유래한 것일까? 이 세상에는 전기동역학 이외에도 자체적으로 장이론을 갖고 있는 (핵력과 같은) 다른 힘들이 존재한다. 물론 현재 알려진 장이론의 진위 여부는 아무도 알 수 없다. 다른 장이론들도 전자기적 질량과 비슷하게 핵자에 질량을 부여하는 장 에너지를 예측하고 있는데, 굳이 이름을 붙인다면 '파이 중간자 장의 질량(π-mesic-field-mass)'이라고 부를 수 있을 것이다. 그런데 핵력은 매우 강하고 중입자(heavy particle)의 질량의 근원일 가능성도 있기 때문에, 장이론으로부터 예견되는 질량도 매우 클 것이다. 그러나 애석하게도 중간자 장이론은 여전히 걸음마 단계에 머물고 있다. 어디 그뿐인가? 전자기 이론은 체계가 잘 갖춰져 있음에도 불구하고 전자의 질량에 관한 한, 우리는 1루 이상을 밟아 보지 못했다. 게다가 중간자에 관한 이론은 단골로 삼진 아웃만 당하는 신세이다.

여기서 잠시 중간자 이론을 개략적으로나마 알고 넘어가는 것이 좋겠다. 이 이론은 전기동역학과 매우 흥미로운 관계를 맺고 있다. 전기동역학에서 장은 다음 방정식을 만족하는 4차원 퍼텐셜로 표현된다.

$$\Box^2 A_\mu = \text{발생원}$$

그런데 앞에서 설명한 대로 복사된 장은 발생원과 분리되어 별개로 존재할 수도 있다. 이들이 바로 빛의 광자들이며, 발생원이 없는 미분 방정식으로 기술된다.

$$\Box^2 A_\mu = 0$$

사람들은 핵력장도 그에 해당되는 '광자'를 갖고 있다는 가정하에(이들은 아마도 파이 중간자일 것이다), 이들도 유사한 미분 방정식으로 기술되어야 한다고 생각했다(인간의 지성은 그다지 뛰어나지 않기 때문에, 맨땅에서 새로운 이론을 구축하기란 결코 쉽지 않다. 그래서 대부분의 학자들은 이미 검증된 이론을 조금 변형하여 새로운 이론을 만들어 내곤 한다). 이 논리에 의하면, 중간자 방정식은

$$\Box^2 \phi = 0$$

과 같은 형태일 것이다. 여기서 ϕ는 또 다른 4차원 벡터이거나, 혹은 스칼라일 수도 있다. 파이온(pion, 파이 중간자를 파이온이라고도 함 : 옮긴이)은 광자와 달리 편광이라는 현상이 없으므로, 이 경우에 ϕ는 스칼라여야 할 것이다. $\Box^2\phi=0$이라는 단순한 방정식에 의하면, 중간자장은 전기장과 마찬가지로 발생원으로부터의 거리 $1/r^2$을 따라 변할 것이다. 그러나 핵력의 작용 범위는 극히 짧기 때문에, 이 단순한 방정식만으로는 모든 것을 설명할 수 없다. 상대론적 불변성을 훼손시키지 않으면서 이 문제를 극복할 수 있는 한 가지 방법이 있다. 달랑베르시안에서 상수에 ϕ를 곱한 것을 더하거나 빼도 상대론적 불변성은 그대로 유지된다. 그래서 유카와(Yukawa)는 핵력장의 자유 상태의 양자들(free quanta)이 다음 방정식

$$-\Box^2\phi - \mu^2\phi = 0 \tag{28.17}$$

을 만족한다고 제안했던 것이다. 여기서 μ^2은 상수, 즉 불변의 스칼라이다($\Box^2$은 4차원에서의 스칼라 미분 연산자이기 때문에, 여기에 또 다른 스칼라를 더해도 불변성은 그대로 유지된다).

시간에 따른 변화가 없는 경우, 식 (28.17)에서 도출되는 핵력의 형태를 살펴보자. 우리가 원하는 것은 원점에 점 발생원이 놓여 있을 때 방정식

$$\nabla^2\phi - \mu^2\phi = 0$$

을 만족하는 구대칭 해이다. ϕ가 r에만 의존하는 함수라면

$$\nabla^2\phi = \frac{1}{r}\frac{\partial^2}{\partial r^2}(r\phi)$$

가 될 것이다. 따라서 위의 방정식은

$$\frac{1}{r}\frac{\partial^2}{\partial r^2}(r\phi) - \mu^2\phi = 0$$

또는

$$\frac{\partial^2}{\partial r^2}(r\phi) = \mu^2(r\phi)$$

로 쓸 수 있다. $(r\phi)$를 종속 변수로 간주하면 이것은 앞에서 여러 번 다룬 적이 있는 방정식이며, 해는

$$r\phi = Ke^{\pm\mu r}$$

이다. r이 아무리 커도 ϕ는 무한대가 될 수 없으므로, 지수의 +부호는 배제된다. 따라서 우리가 찾는 해는 다음과 같다.

$$\phi = K\frac{e^{-\mu r}}{r} \tag{28.18}$$

이 함수를 '유카와 퍼텐셜(Yukawa potential)'이라고 한다. 인력인 경우에 K는 음수이며, 그 크기는 실험적으로 관측된 힘의 세기에 맞도록 조절되어야 한다.

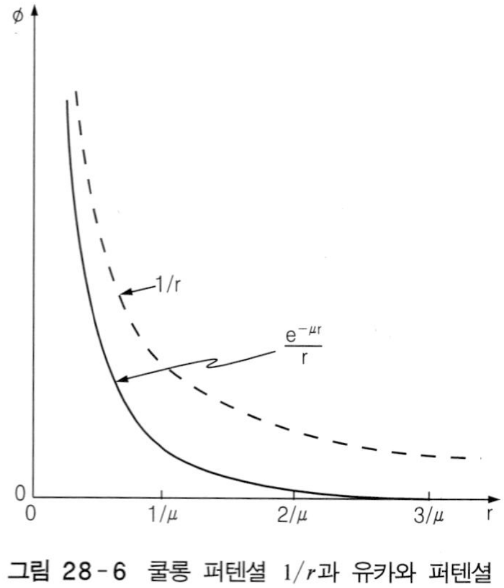

그림 28-6 쿨롱 퍼텐셜 $1/r$과 유카와 퍼텐셜 $e^{-\mu r}/r$의 비교

핵력의 유카와 퍼텐셜은 분자에 있는 지수 인자 때문에 $1/r$보다 빠르게 감소한다. 퍼텐셜(또는 힘)은 그림 28-6에서 보는 바와 같이 $1/\mu$을 넘는 거리에서는 $1/r$보다 훨씬 빠르게 0으로 접근한다. 즉, 핵력이 미치는 '범위'는 정전기력의 '범위'보다 훨씬 짧다는 뜻이다. 실험적으로 밝혀진 바에 의하면 핵력은 대략 10^{-13}cm까지만 영향력을 행사하므로, μ는 약 10^{15}m^{-1}이다.

마지막으로, 식 (28.17)의 자유 파동 해(free-wave solution)에 대해 알아보자. 다음과 같은 퍼텐셜

$$\phi = \phi_0 e^{i(\omega t - kz)}$$

를 식 (28.17)에 대입하면

$$\frac{\omega^2}{c^2} - k^2 - \mu^2 = 0$$

이 된다. 제1권 34장의 끝 부분에서 했던 것처럼, 진동수를 에너지와 관련짓고 파수를 운동량과 관련지으면 다음 식을 얻게 된다.

$$\frac{E^2}{c^2} - p^2 = \mu^2 \hbar^2$$

이 식은 유카와의 '광자'가 $\mu\hbar/c$에 해당하는 질량을 갖고 있음을 말해 준다. 실험적으로 관측된 핵력의 범위 10^{15}m^{-1}을 μ에 대입하면, 질량은 3×10^{-25}gm, 즉 170Mev가 되는데, 이는 파이 중간자의 관측된 질량과 거의 일치한다. 따라서 파이 중간자를 전기동역학적 언어로 해석하면 핵력장의 '광자'라고 할 수 있다. 그러나 핵력이 작용하는 영역에서는 전기동역학의 아이디어가 적용되지 않을 수도 있다.

CHAPTER 29

전기장 및 자기장 속에서의 전하의 운동

29-1 균일한 전기장 및 자기장 속에서의 운동
29-2 운동량 분석
29-3 정전 렌즈
29-4 자기 렌즈
29-5 전자 현미경
29-6 가속기 가이드 장
29-7 교대-그래디언트 포커싱
29-8 교차하는 전기장과 자기장 속에서의 운동

복습 과제 :
제1권 30장 〈회절〉

29-1 균일한 전기장 및 자기장 속에서의 운동

이 장에서는 다양한 상황에서 나타나는 전하의 운동을 (주로 정성적인 관점에서) 살펴볼 것이다. 전자기장 속에서 전하들이 움직일 때 일어나는 흥미로운 현상들 중 대부분은 수많은 전하들이 상호작용을 주고받는 복잡한 상황이다. 예를 들어, 전자기파가 어떤 물체나 플라스마를 통과할 때, 물체 속에 있는 수십억 개의 전하들은 전자기파와 상호작용을 할 뿐만 아니라 전하들끼리도 상호작용을 주고받는다. 이렇게 복잡한 문제들은 나중에 살펴보기로 하고, 지금 당장은 주어진 장 속에서 단 하나의 전하가 움직이는 단순한 경우를 다루기로 한다. 이런 경우라면 다른 전하들과의 상호작용을 고려할 필요가 없다. 물론, '주어진' 장을 만들어 내는 전하와 전류는 당연히 고려해야 한다.

우선 균일한 전기장 속에서 일어나는 하전 입자의 운동을 생각해 보자. 입자의 속도가 느리다면 이것처럼 썰렁한 문제가 없다. 입자는 그저 전기장의 방향으로 일정하게 가속될 뿐이다. 하지만 입자의 에너지가 충분히 커서 상대성 이론을 적용해야 할 정도가 되면 운동은 점점 복잡해진다. 자세한 내용은 여러분 스스로 풀어 보기 바란다.

그다음으로, 전기장은 없고 균일한 자기장만 존재하는 상황에서 하전 입자의 운동을 생각해 보자. 이것은 앞에서 이미 다뤘던 문제로서, 한 가지 해는 입자가 원운동을 하는 것이다. 자기력 $q\boldsymbol{v}\times\boldsymbol{B}$는 운동 방향에 대하여 언제나 수직이므로 $d\boldsymbol{p}/dt$는 $\boldsymbol{p}$와 수직이며, 크기는 vp/R이다. 여기서 R은 원궤도의 반경을 의미한다.

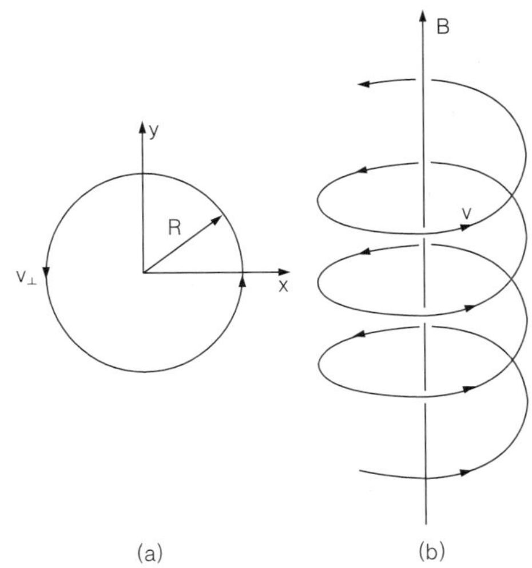

그림 29-1 균일한 자기장 속에 입사된 하전 입자의 운동

$$F = qvB = \frac{vp}{R}$$

따라서 궤도 반경 R은 다음과 같다.

$$R = \frac{p}{qB} \tag{29.1}$$

그러나 이것은 위의 상황에서 나타날 수 있는 여러 가지 가능성 중 하나일 뿐이다. 입자의 운동 성분 중 자기장에 평행한 성분이 존재하는 경우, 입자는 자기장 방향으로 등속 운동을 하게 된다. 자기장 방향으로는 자기력이 작용하지 않기 때문이다. 일반적으로, 균일한 자기장 속에서 입자는 자기장 $\boldsymbol{B}$에 평행한 방향으로는 등속 운동을 하고, $\boldsymbol{B}$에 수직한 방향으로는 원운동을 한다. 따라서 입자는 원통 모양의 나선 궤적을 그리게 된다(그림 29-1 참조). 나선의 반경은 자기장 방향에 수직한 운동량 성분 $p_{\perp}$을 식 (29.1)의 p에 대입하여 구할 수 있다.

29-2 운동량 분석

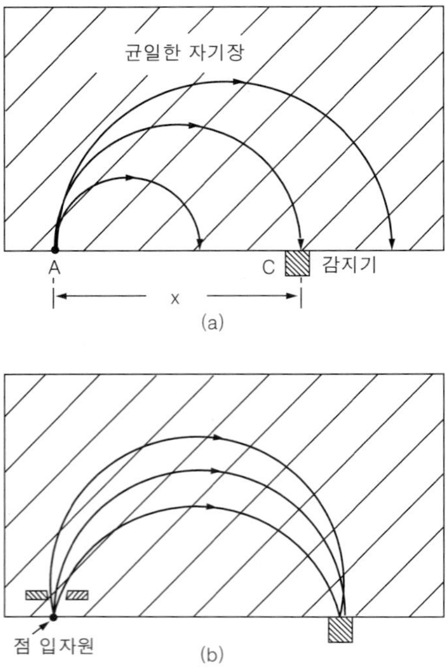

그림 29-2 균일한 자기장에서 180° 포커싱을 이용한 운동량 스펙트로미터 (a)운동량이 다른 경우 (b)입사 각도가 다른 경우(자기장은 지면에 수직한 방향임)

균일한 자기장은 종종 고에너지 하전 입자에 대한 '운동량 분석기(momentum analyzer)' 또는 '운동량 스펙트로미터(momentum spectrometer)'를 만드는 데 사용된다. 그림 29-2(a)와 같이 점 A에서 균일한 자기장(자기장의 방향은 종이면에 대하여 수직하다) 속으로 여러 개의 하전 입자를 발사했다고 가정해 보자. 그러면 이 입자들은 각자의 운동량에 비례하는 원궤도를 따라 움직일 것이다. 만일 입자들이 자기장의 경계에 수직한 각도로 입사되었다면, 이들은 원궤도를 그리며 돌다가 자신의 운동량 p에 비례하는 거리 (A로부터) x만큼 떨어진 지점에서 자기장 영역을 벗어나게 된다. 따라서 그림의 C 지점에 놓인 감지기에는 운동량 $p=qBx/2$를 중심으로 Δp 범위 내의 운동량을 가진 입자들만 검출될 것이다.

물론, 입자가 감지기에 들어오기 전에 반드시 180°만큼 돌아야 할 필요는 없다. 그러나 소위 '180° 스펙트로미터'라 불리는 이 기기는 매우 특별한 성질을 갖고 있다. 사실, 입자를 자기장의 경계에 반드시 수직한 방향으로 발사할 필요는 없다. 그림 29-2(b)에는 '운동량은 같지만 입사 각도가 조금씩 다른' 세 입자의 궤적이 그려져 있다. 입자의 궤적은 저마다 다르지만, 자기장 영역을 빠져나갈 때는 모두 점 C 부근에 모이는 것을 볼 수 있다. 이렇게 여러 개의 입자가 한 곳에 모이는 지점을 '초점(focus)'이라고 한다. 초점이 존재하면 점 A에서 입자를 발사할 때 각도를 맞추느라 애를 쓸 필요가 없다. 물론, 아무렇게나 발사해도 모두 한 지점에 모이는 것은 아니고, 어느 정도 각도의 제한이 있다. 입사각의 허용 범위가 넓을수록 주어진 시간에 더 많은 입자들이 감지기에 도달할 수 있기 때문에, 측정에 걸리는 시간을 그만큼 절약할 수 있다.

자기장을 변화시키거나 감지기를 x방향으로 이동시키면 입사 빔의 운동량 '스펙트럼'을 측정할 수 있다. 또는 x 전체를 커버하도록 감지기를 여러 개 설치해도 된다[운동량 스펙트럼이 $f(p)$라는 것은, 운동량 p와 $(p+dp)$ 사이에서 검출되는 입자의 수가 $f(p)\,dp$라는 뜻이다]. 이러한 측정법은 각종 원자핵의 β-붕괴 과정에서 에너지 분포를 알아내는 데 사용되고 있다.

방금 설명한 것 이외에도 여러 종류의 운동량 분석기가 있는데, 여기서는 시간 관계상 하나만 더 소개하고 넘어가기로 한다. 이 장치는 입사 입자를 받아들이는 '입체각(solid angle)'이 매우 크다는 특징을 갖고 있으며, 그림 29-1과 같이 균일한 자기장 속에서 형성되는 나선형 궤도에 기반을 두고 있다. 자기장의 방향을 z축과 일치시킨 원통 좌표계 — ρ, θ, z — 를 생각해 보자. z축에 대해 α의 각도를 이룬 채 원점에서 발사된 입자는 다음과 같은 방정식

$$\rho = a \sin kz, \qquad \theta = bz$$

로 기술되는 나선을 그리며 움직이게 된다. 여기서 a, b 및 k는 p, α와 자기장 B로 표현되는 매개 변수들이다(이들 사이의 관계식은 쉽게 구할 수 있다). 이제 주어진 운동량에 대하여 z축으로부터의 거리 ρ를 z의 함수로 그려 보자. 이 그림을 몇 가지 입사각에 대해 그려 보면, 그림 29-3에서 실선으로 표시된 일련의 곡선들이 얻어진다(이 곡선들은 나선형 궤적을 하나의 면에 투영시킨 것에 불과하다). z축과 입사 방향 사이의 각도가 클수록 ρ의 최대값은 증가하지만 z축 방향의 속도는 떨어지기 때문에, 결국 모든 궤적들은 점 A 근처로 모이게 된다. 즉, A는 일종의 '초점'인 셈이다. A에 좁은 구멍이 뚫린 벽을 설치해 놓으면 초기 입사각이 일정 범위 내에 드는 입자들은 구멍을 통과하여 기다란 검출기 D에 감지될 수 있다.

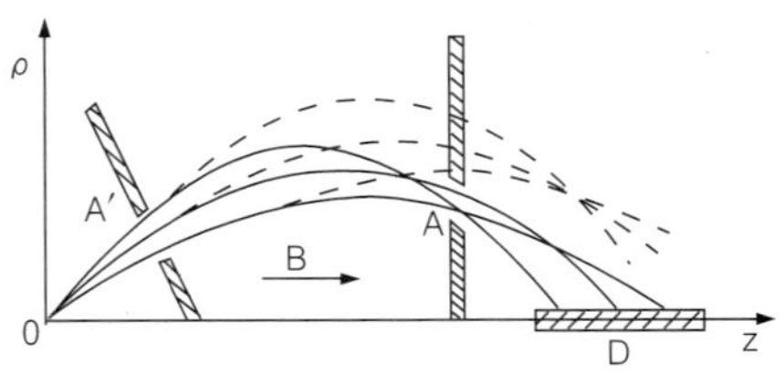

그림 29-3 자기장이 z축 방향으로 걸려 있는 스펙트로미터

입사각은 같지만 운동량이 더 큰 입자들은 그림 29-3의 점선으로 표시된 경로를 따라 움직이기 때문에 A에 있는 구멍을 통과할 수 없다. 따라서 이 장치는 작은 범위 내에 있는 운동량을 가진 입자들을 선별해 내는 장치이다. 이 분석기는 구멍 A(그리고 구멍 A')가 고리 모양이기 때문에, 비교적 큰 입체각으로 입자원(source)에서 방출되는 입자들을 받아들인다는 장점을 갖고 있다. 즉, 입자원에서 방출된 입자들 중 상당 부분이 버려지지 않고 알뜰하게 쓰인다는 것인데, 이는 매우 정밀한 측정이나 약한 입자원을 대상으로 하는 실험에서 매우 유용하다.

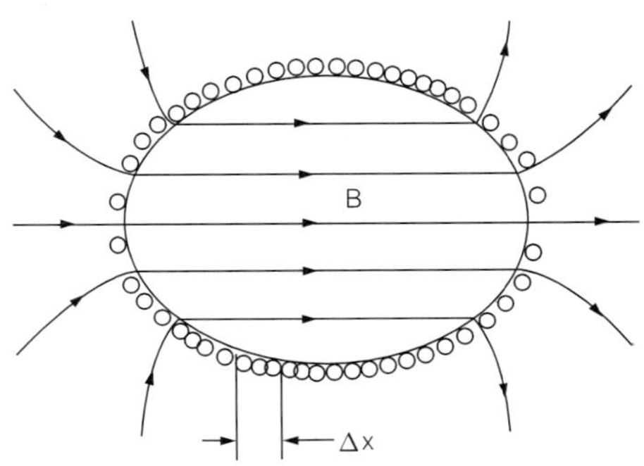

그림 29-4 축방향으로 등간격 Δx마다 동일한 전류가 흐르는 타원체형 코일의 내부에는 균일한 자기장이 형성된다.

그러나 이러한 장점을 누리려면 그에 합당한 대가를 치러야 한다. 일단 매우 넓은 공간에 걸쳐 균일한 자기장을 만들어야 하는 데다가, 일반적으로 저에너지(low-energy) 입자에만 적용할 수 있다. 균일한 자기장을 만드는 한 가지 방법은(기억할지 모르겠지만) 표면 전류 밀도가 각도의 사인 값에 비례하도록 구에 코일을 감는 것이다. 타원체에 대해서도 이와 비슷한 방법으로 균일한 자기장을 만들 수 있다. 그래서 이런 종류의 분석기는 종종 나무(또는 알루미늄) 틀에 타원형으로 코일을 감은 형태로 되어 있다. 단, 그림 29-4와 같이 축방향의 일정한 간격 Δx 안에 들어 있는 도선의 수가 모든 곳에서 같아야 한다.

29-3 정전 렌즈

입자들을 한 점으로 모으는 포커싱(focusing) 기술은 여러 방면에 응용될 수 있다. 예를 들어, TV 브라운관은 음극에서 방출되는 전자들을 스크린 상의 한 초점에 모이도록 하는 장치인데, 전자들이 한 곳에 정확하게 모여야 선명한 화소가 만들어진다. 즉, 에너지는 같지만 초기 입사각이 서로 다른 전자들을 작은 점으로 정확하게 모으는 기술이 필요하다. 이것은 렌즈로 빛을 모으는 것과 비슷한 문제인데, '무언가를 한 지점에 집중시킨다'는 의미에서 입자를 모으는 장치도 렌즈(lens)라고 부른다.

그림 29-5는 전자를 모으는 렌즈의 한 사례를 보여 주고 있다. 이 장치는 이웃한 두 전극 사이의 전기장에 따라 작동이 달라지는 '정전 렌즈(electrostatic lens)'이다. 그림의 왼쪽에서 들어오는 평행한 빔의 향후 경로를 분석해 보면 이

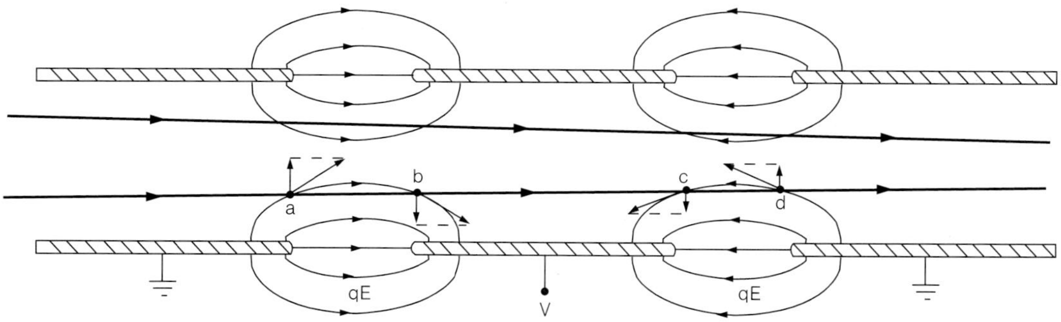

그림 29-5 정전 렌즈. 그림에 보이는 장선들은 qE의 역선을 나타낸다.

장치의 작동 원리를 알 수 있다. 전자들이 영역 a에 진입하면 전기장에 의해 측면으로 충격력(impulse)을 받아 축을 향해 안쪽으로 휘어진다. 언뜻 생각하면 영역 b에서는 똑같은 작용이 반대 방향으로 일어날 것 같지만, 사실은 그렇지 않다. 영역 b에 진입할 때쯤 되면 전자들은 운동 에너지가 증가한 상태이므로, 영역 a에 비해서 영역 b에 머무는 시간이 '짧아진다.' 힘은 같은데 통과하는 시간이 더 짧기 때문에 그만큼 전기장의 영향을 적게 받아서 조금밖에 휘지 않는다. 결론적으로, 영역 a와 b를 통과하는 동안 전자는 중심축 상의 한 점을 향해 약간 휘어지게 된다. 첫 번째 고전압 영역을 떠난 입자들은 다음 고전압 영역에서 또다시 중심축을 향하는 충격력을 받게 된다. 그림을 보면 두 번째 고전압 영역에서는 전기장 방향이 반대임을 알 수 있다. 즉, 영역 c에서는 힘의 방향이 바깥쪽이고 영역 d에서는 안쪽을 향한다. 그러나 이번에는 입자들이 전기장에 의해 가속되지 않고 오히려 '감속'되기 때문에, 입자의 속도가 점점 느려져서 두 번째 영역에 더 오래 머무르게 된다. 전체적으로 보면, 이번에도 역시 전자는 축을 향하는 방향으로 힘을 받게 된다. 중심축으로부터 그렇게 먼 거리가 아니라면 렌즈를 통과할 때 입자를 모아 주는 힘의 크기는 축으로부터의 거리에 비례하는데(왜 그런지 각자 생각해 보기 바란다), 이것은 렌즈 타입의 포커싱에 반드시 필요한 조건이다.

이와 비슷한 논리를 사용하면 가운데 있는 전극의 퍼텐셜이 나머지 두 전극에 대해 양이거나 음일 때 포커싱이 일어난다는 것을 증명할 수 있다. 이런 유형의 정전 렌즈는 음극선관이나 일부 전자 현미경에 사용된다.

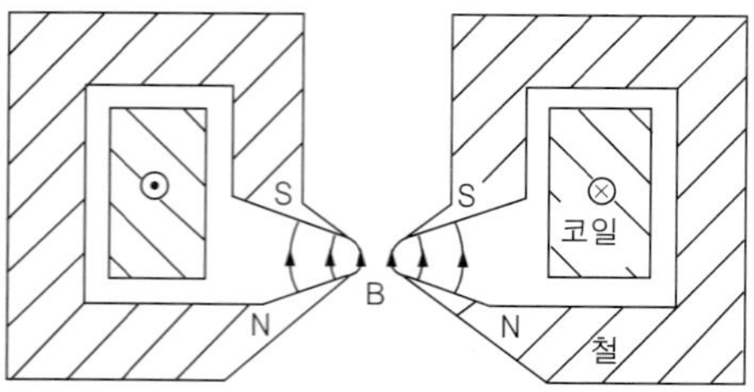

그림 29-6 자기 렌즈

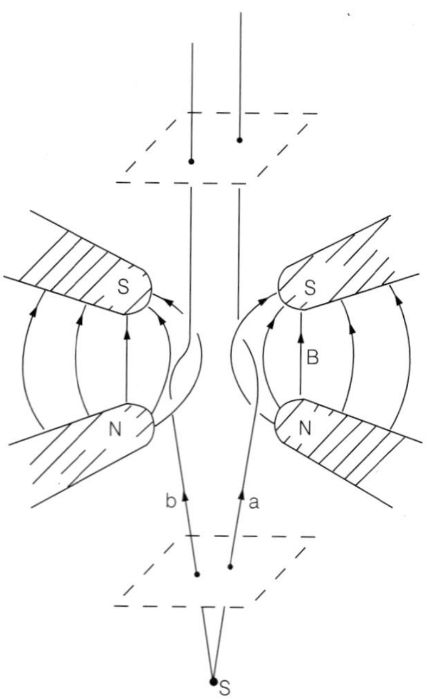

그림 29-7 자기 렌즈 내에서 움직이는 전자

29-4 자기 렌즈

또 다른 종류의 렌즈로는 그림 29-6에 개략적으로 나와 있는 자기 렌즈(magnetic lens)가 있다(전자 현미경에서 종종 볼 수 있다). 원통 대칭형 전자석의 자극단(pole-tip)을 그림과 같이 원형으로 매우 날카롭게 만들어 주면, 좁은 영역에 매우 강한 자기장이 '균일하지 않게' 형성된다. 전자들이 이 영역을 수직으로 통과해 지나가면 한 점에 모이게 된다. 그림 29-7과 같이 자극단 부근을 확대해 보면 렌즈의 작동 원리를 이해할 수 있다. S에서 방출된 두 개의 전자 a와 b가 축과 특정 각도를 이루면서 이 영역으로 들어왔다고 가정해 보자. 전자

a가 자기장이 시작되는 영역에 도달하면, 자기장의 수평 성분에 의해 '지면의 안쪽을 향해' 궤도가 휘어진다. 이렇게 되면 전자는 측면 방향의 속도를 갖게 되므로 수직 방향으로 걸려 있는 강한 자기장을 통과하면서 축방향으로 힘을 받게 된다. 측면 방향의 운동은 전자가 자기장을 떠날 때 자기력에 의해 상쇄되기 때문에, 전자에 미치는 알짜 효과는 '축을 향한 힘+축에 대한 회전'으로 나타난다. 입자 b의 경우는 모든 힘이 반대 방향으로 작용하여, 역시 축을 향해 휘게 된다. 따라서 여러 방향으로 흩어지던 전자들은 그림과 같이 평행한 경로로 모아진다. 이것은 마치 광학 렌즈의 초점에 물체가 놓여 있는 것과 비슷한 상황이다. 여기에 유사한 렌즈를 추가하여 위로 올라오는 전자들을 다시 한 점으로 모으면 전자원 S의 상을 만들어 낼 수 있다.

29-5 전자 현미경

다들 알다시피, 전자 현미경은 광학 현미경으로 볼 수 없는 초미세 물체를 시각화시키는 장치이다. 제1권 30장에서 확인한 바와 같이, 렌즈의 입구에서 나타나는 회절 현상 때문에 광학 현미경의 성능에는 근본적인 한계가 있다. 렌즈 입구와 광원 사이의 각도가 2θ일 때(그림 29-8 참조), 광원에 인접한 두 점이

$$\delta \approx \frac{\lambda}{\sin\theta}$$

보다 가까이 붙어 있으면 '분리된 두 개의 점'으로 보이지 않는다. 여기서 λ는 사용되는 빛의 파장이다. 가장 성능이 좋은 광학 현미경을 동원하여 θ를 이론적 한계인 90° 가까이 가져가면 δ는 λ와 거의 같은 5000옹스트롬(Å) 정도가 된다.

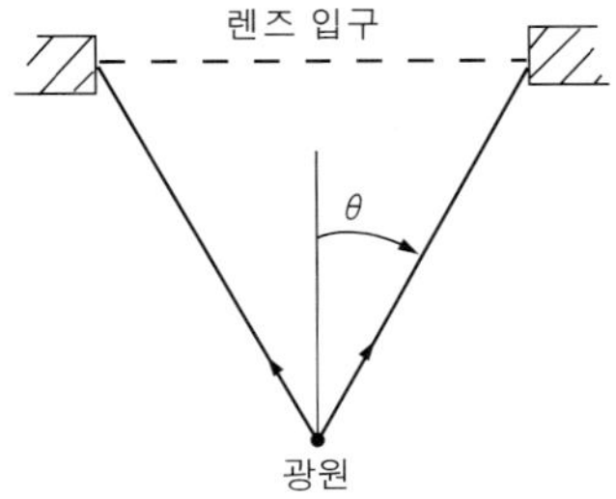

그림 29-8 현미경의 분해능은 광원과 마주하는 각도에 의해 제한을 받는다.

전자 현미경도 이와 비슷한 한계를 갖고 있지만, 이 기구는 빛이 아닌 전자를 사용하기 때문에 파장은 (50kV짜리 전자의 경우) 약 0.05옹스트롬 정도이다. 렌즈 입구가 30°인 렌즈를 사용한다면, $\frac{1}{5}$옹스트롬 거리로 떨어져 있는 두 점을 구별할 수 있다. 분자를 구성하고 있는 원자들은 대개 1~2옹스트롬 정도 떨어져 있으므로, 위의 전자 현미경을 사용하면 분자 사진을 찍을 수 있을 것이다. 물론 생물학 연구에도 큰 도움이 될 것이다. DNA 구조를 알고 싶다면, 그냥 사진을 찍으면 된다. 이것은 참으로 엄청난 혁명이다! 요즘 분자생물학자들은 복잡한 유기 분자의 내부 구조를 알아내기 위해 노력하고 있는데, 이들을 눈으로 직접 볼 수 있다면 엄청난 진보를 이룩하게 될 것이다!

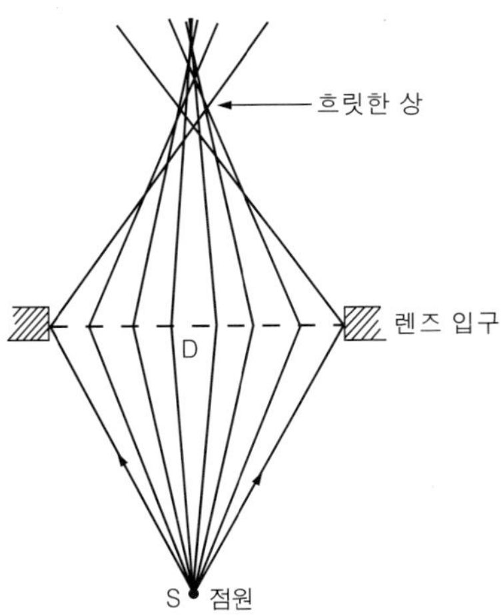

그림 29-9 렌즈의 구면 수차

그러나 불행히도 지금까지 만들어진 최고 성능의 전자 현미경은 20옹스트롬이 약간 넘는 분해능에 그치고 있다. 커다란 입구를 가진 렌즈를 제작하기가 어렵기 때문이다. 모든 렌즈는 '구면 수차(spherical aberration)'를 갖고 있는데, 이것은 그림 29-9처럼 입사각이 큰 광선이 입사각이 작은 광선과 약간 다른 곳에 집광되는 현상을 말한다. 광학 렌즈는 구면 수차를 기술적으로 대폭 줄일 수 있지만, 구면 수차가 거의 없는 전자 렌즈(electron lens)는 아직 만들어지지 않았다.

지금까지 언급된 정전 렌즈와 자기 렌즈는 제거할 수 없는 구면 수차를 갖고 있다. 전자 현미경의 분해능이 현재의 값에서 개선되지 못하고 있는 이유는 필연적으로 발생하는 구면 수차와 회절 현상을 극복하지 못했기 때문이다.

위에서 말한 분해능의 한계는 축 대칭성이 없거나 시간에 따라 변하는 전기장 및 자기장에는 적용되지 않는다. 앞으로 누군가가 단순한 전자 렌즈에서 제거하지 못했던 구면 수차를 극복하여 새로운 전자 렌즈를 만들어 낼지도 모른다. 이렇게 되면 원자를 직접 사진으로 찍을 수 있을 것이다. 미래의 학자들은 화합물의 구조를 분석할 때, 지금처럼 침전물의 색상으로 판단하지 않고 전자 현미경으로 원자를 직접 보면서 판단할지도 모른다!

29-6 가속기 가이드 장

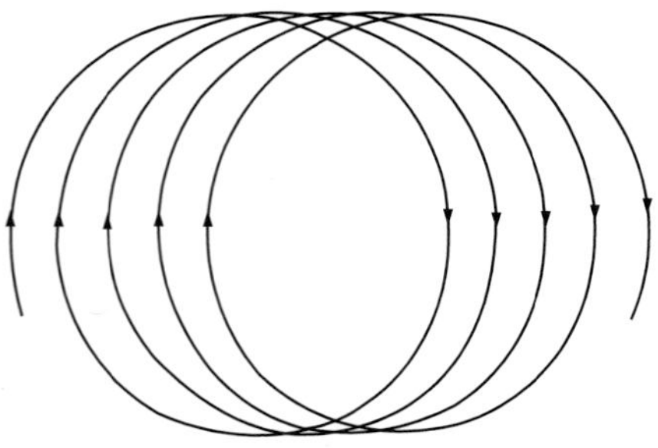

그림 29-10 약간 불균일한 자기장 속에서의 입자의 운동

자기장은 고에너지 입자 가속기에서 입자의 궤적을 원하는 모양으로 만들어 내는 데에도 사용된다. 사이클로트론(cyclotron)이나 싱크로트론(synchrotron)과 같은 가속기는 입자를 강한 전기장 속으로 반복해서 통과시켜 고에너지 입자로 만들어 주는 장치이다. 이때 가속되는 입자는 자기장에 의해 정해진 원형 궤도를 돌게 된다.

예전에 설명한 대로, 균일한 자기장 속에 하전 입자가 입사되면 원형 궤도를 그리게 된다. 그러나 이것은 자기장이 완벽하게 균일할 때에 한하여 적용되는 이야기다. 자기장 B가 대부분의 영역에서는 균일하고 일부 영역에서는 조금 더 강한 경우를 생각해 보자. 운동량이 p인 입자를 이런 자기장 속으로 입사시키면, 거의 원형에 가까운 궤도(반경 $R=p/qB$)를 따라 움직일 것이다. 그런데 상대적으로 장이 센 영역에서는 궤도 반경이 작아질 것이므로 전체적인 궤도는 닫힌 원이 아니라 그림 29-10과 같이 특정 방향으로 '이동하는 원'이 될 것이다. 이것은 자기장에 내재된 약간의 '오차'가 입자의 궤도에 회전 충격(extra angular kick)을 가하여 새로운 궤도로 밀어낸다고 생각할 수도 있다. 입자는 가속기 안에서 수백만 번 회전할 때도 있기 때문에, 원하는 궤도에 입자를 진입시키려면 일종의 '반경 방향 포커싱(radial focusing)'이 필요하다.

균일한 자기장에서 생길 수 있는 또 다른 문제는 입자의 궤적이 한 평면에 머물지 않는다는 점이다. 만일 입자들이 평면에 대하여 약간의 각도를 이룬 채로 출발했다면(또는 자기장의 작은 오차 때문에 약간의 각도를 갖게 되었다면) 이들은 나선형 경로를 따라가다가 결국 자극에 달라붙거나 진공 탱크의 천장, 혹은 바닥에 부딪치게 될 것이다. 이러한 입자의 수직 드리프트(vertical drift)를 막으려면 자기장을 이용해서 반경 방향으로 포커싱을 해 줌과 동시에 '수직 방향 포커싱(vertical focusing)'도 함께 해 주어야 한다.

언뜻 보기에, 원궤도의 중심으로부터 멀어질수록 자기장을 강하게 만들어 주면 반경 방향의 포커싱이 가능할 것 같다. 그러면 입자의 궤도 이탈이 크게 일어날수록 더욱 강한 자기장이 작용하여 원래의 궤도로 되돌아올 것이다. 그리고 입자가 반경이 작은 궤도로 들어가면 자기장이 약하기 때문에 덜 휘어질 것이고

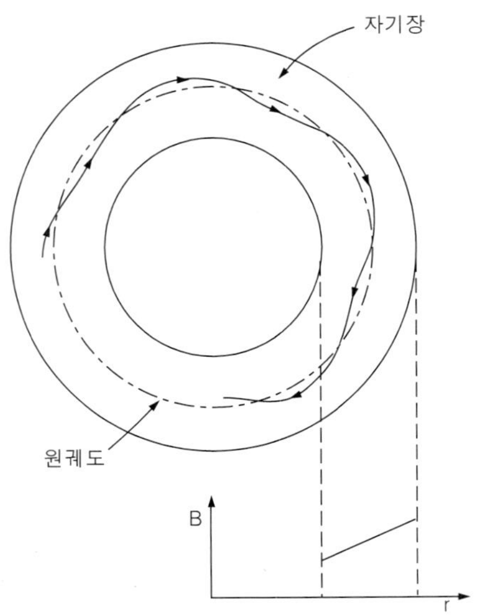

그림 29-11 기울기가 큰(빠르게 변하는) 자기장 속에서의 입자의 반경 방향 운동

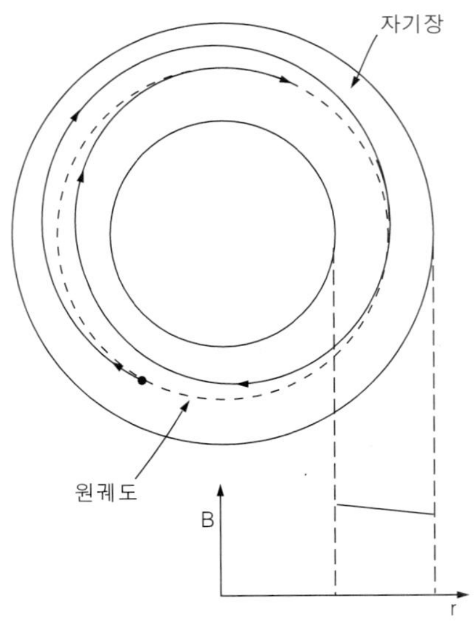

그림 29-12 기울기가 작은(느리게 변하는) 자기장 속에서의 입자의 반경 방향 운동

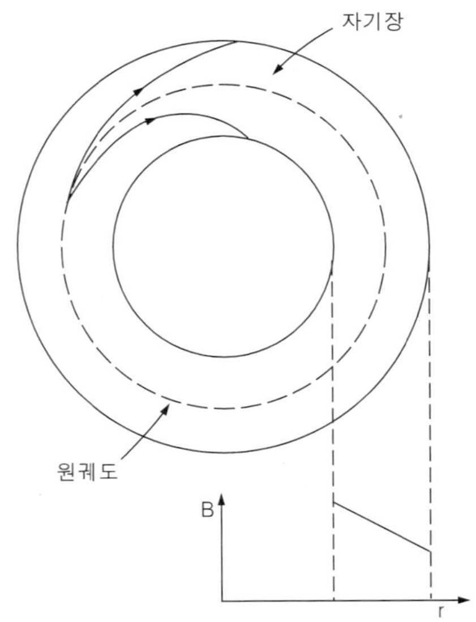

그림 29-13 큰 음의 기울기를 갖는 자기장 내에서의 입자의 반경 방향 운동

따라서 입자는 다시 의도했던 반경으로 되돌아오게 될 것이다. 만일 입자가 이상적인 원궤도에 대하여 어떤 각도를 이룬 채 출발한다면, 입자는 이 궤도를 중심으로 그림 29-11과 같이 진동할 것이다. 반경 방향의 포커싱 때문에 입자는 원궤도 근처에서 크게 벗어나지 않는다.

실제로는 자기장이 원궤도의 중심으로부터 멀어질수록 약해지는 경우에도, 반경 방향 포커싱이 어느 정도 가능하다. 단, 궤적의 곡률 반경이 자기장의 중심에서 입자까지의 거리보다 빠르게 증가하지 않아야 한다(그림 29-12 참조). 그러나 자기장이 너무 빠르게 감소하면 입자는 원래 의도했던 궤도로 되돌아오지 않고 그림 29-13처럼 바깥쪽이나 안쪽으로 나선형 궤적을 그리게 된다.

보통 자기장의 변화(기울기)는 '상대적 그래디언트(relative gradient)' 또는 '자기장 지수(field index)' n으로 표현하는데, 정의는 다음과 같다.

$$n = \frac{dB/B}{dr/r} \tag{29.2}$$

반경 방향의 포커싱이 이루어지려면 가이드 장의 상대적 그래디언트 값이 -1보다 커야 한다.

반경 방향 자기장의 그래디언트는 '수직 방향' 힘도 발생시킨다. 자기장의 세기가 궤도의 중심에 가까울수록 강하고 바깥쪽으로 가면서 약해진다고 가정해 보자. 궤도에 대하여 수직하게 자른 자석의 단면은 그림 29-14와 같을 것이다(입자가 양성자라면 운동 방향은 지면을 뚫고 나오는 방향일 것이다). 자기장이 왼쪽으로 갈수록 강해지고 오른쪽으로 갈수록 약해진다면, 자기장선은 그림과 같이 휘어져야 한다. 이것은 자유 공간에서 $\boldsymbol{B}$의 서큘레이션이 0이라는 사실로부터 증명할 수 있다. 그림과 같이 좌표계를 잡으면

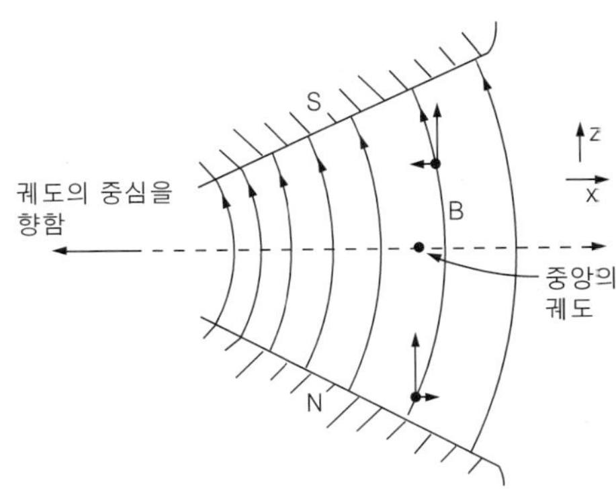

그림 29-14 궤도에 대해 수직하게 자른 단면에서 본 수직 가이드 장

$$(\nabla \times \boldsymbol{B})_y = \frac{\partial B_x}{\partial z} - \frac{\partial B_z}{\partial x} = 0$$

즉

$$\frac{\partial B_x}{\partial z} = \frac{\partial B_z}{\partial x} \tag{29.3}$$

가 된다. 우리는 $\partial B_z/\partial x$가 음이라고 가정했으므로, 똑같이 음의 값을 갖는 $\partial B_x/\partial z$가 존재해야 한다. 만일 '명목상의' 궤도면이 $B_x = 0$인 대칭면이라면, 반경 방향 성분 B_x는 면 위에서 음이고 면 아래에서는 양의 값을 가질 것이다. 따라서 장선(field line)은 그림과 같이 휘어져야 한다.

이러한 장은 수직 방향의 포커싱 효과를 준다. 예를 들어, 양성자가 중심 궤도보다 조금 위에서 거의 평행하게 움직이고 있다고 가정해 보자. 이 경우, $\boldsymbol{B}$의 수평 성분은 양성자를 아래 방향으로 밀어낼 것이다. 또한 양성자가 중심 궤도의 아래쪽에서 움직이고 있다면 이 힘은 반대 방향으로 작용할 것이다. 즉, 중심 궤도를 향해 일종의 '복원력'이 생기면서 수직 방향 포커싱이 이루어진다. 단, 반경이 증가함에 따라 '수직한' 자기장이 감소해야 한다. 그렇지 않고 장의 그래디언트가 +이면, '수직 방향의 디포커싱(vertical defocusing)'이 일어날 것이다. 따라서 수직 방향으로 포커싱되려면 자기장 지수 n이 0보다 작아야 한다. 앞서 말한 대로, 반경 방향으로 포커싱되려면 n값이 -1보다 커야 한다. 이 두 조건을 결합하면 다음과 같은 결론을 얻을 수 있다. 즉, 안정된 궤도에 입자들을 가두어 두려면

$$-1 < n < 0$$

이 만족되어야 한다. 사이클로트론(cyclotron)에서는 0에 매우 가까운 값을 사용하고, 베타트론(betatron)과 싱크로트론(synchrotron)의 경우에는 일반적으로 $n = -0.6$을 사용한다.

29-7 교대-그래디언트 포커싱

일반적으로 n값이 작으면 포커싱 효과가 약해진다. 물론, $n \gg 1$이면 반경 방향의 포커싱이 훨씬 잘 일어나지만, 수직 방향으로는 디포커싱이 일어나게 된다. 마찬가지로, 자기장의 기울기가 아주 큰 음수인 경우에는($n \ll -1$) 수직 방향 포커싱이 잘 되지만 반경 방향으로는 디포커싱이 일어난다. 그런데 약 10년 전(강의하던 당시를 기준으로 한 이야기임 : 옮긴이), 강한 포커싱과 강한 디포커싱을 번갈아 해 주면 전체적으로 '알짜' 포커싱이 가능하다는 사실이 알려졌다.

'교대-그래디언트 포커싱(alternating-gradient focusing)'의 메커니즘을 이해하려면, 이와 동일한 원리에 기초를 둔 사중극자 렌즈(quadrupole lens)의 작동 원리를 알아야 한다. 그림 29-14와 같은 자기장에 균일한 음의 자기장을 추가하여, 궤도 상에서 자기장이 0이 되도록 세팅했다고 가정해 보자. 그 결과로 나타나는 자기장은 (중성인 지점으로부터 조금 떨어진 곳에서) 그림 29-15의 자기장처럼 보일 것이다. 이러한 사극 자석(four-pole magnet)을 '사중극자 렌즈'

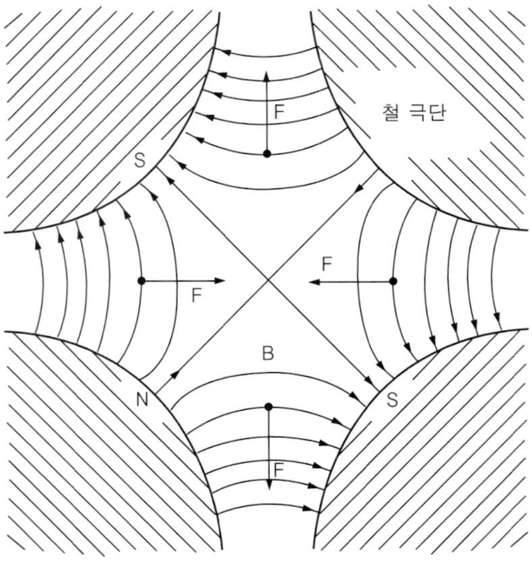

그림 29-15 수평 방향으로 포커싱하는 사중극자 렌즈

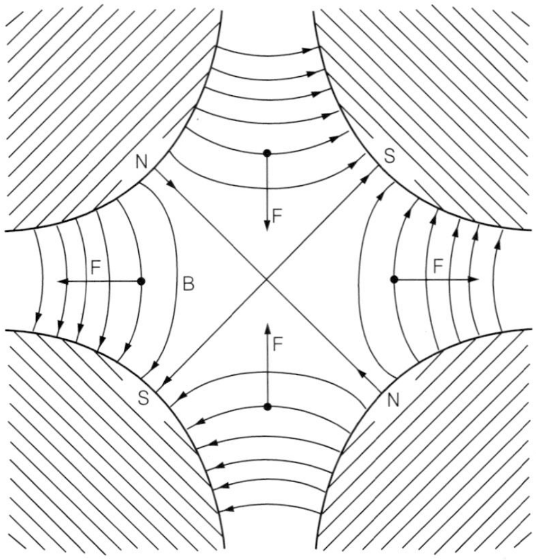

그림 29-16 수직 방향으로 포커싱하는 사중극자 렌즈

라고 한다. 양전하를 띤 입자가 (독자의 눈을 중심으로) 왼쪽이나 오른쪽으로 치우쳐서 입사되면, 입자는 중앙으로 힘을 받아 모이게 된다. 그리고 위나 아래쪽으로 치우쳐서 입사된 입자는 중앙에서 '바깥쪽으로' 밀쳐진다. 이것은 일종의 수평 포커싱 렌즈라 할 수 있다. 자극의 극성을 모두 바꿔서 수평 방향의 그래디언트를 반대로 해 주면 힘의 방향이 반대가 되어 그림 29-16과 같은 수직 포커싱 렌즈를 얻게 된다. 이러한 렌즈에서 자기장의 세기는(즉, 포커싱 힘은) 축으로부터의 거리에 따라 선형적으로 증가한다.

이제 이러한 렌즈 두 개를 일렬로 세워 놓았다고 가정해 보자. 입자가 그림 29-17(a)와 같이 축으로부터 수평 방향으로 약간의 변위를 가진 채 입사하면, 입자는 첫 번째 렌즈(포커싱 렌즈)를 통과하면서 축을 향해 휘어질 것이다. 이 입자가 두 번째 렌즈(디포커싱 렌즈)에 이르면 이전과는 반대로 '축의 바깥쪽을 향해' 휘어질 것이다. 그러나 두 번째 렌즈를 통과하는 입자는 첫 번째 렌즈를 통과할 때보다 축에 더 가까운 상태이기 때문에, 밖으로 밀어내는 힘이 약하게 작용하여 바깥쪽으로는 조금밖에 편향되지 않는다. 이리하여 입자가 두 개의 렌즈를 모두 통과하면 축을 향한 '알짜 휘어짐'이 나타나서, 전체적으로는 수평 방향 포커싱 효과를 보이게 된다. 반면에, 축으로부터 수직 방향으로 약간 떨어져서

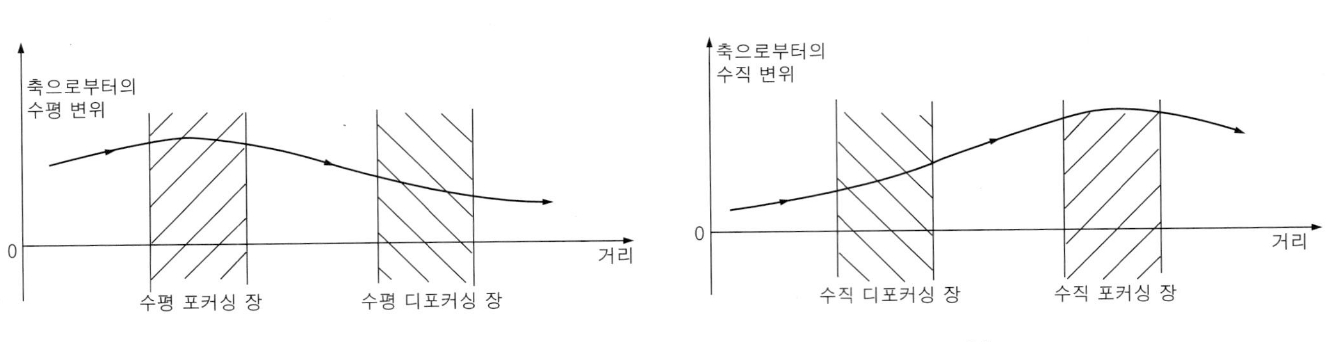

그림 29-17 한 쌍의 사중극자 렌즈를 이용한 수평 및 수직 방향의 포커싱

입사된 경우, 입자의 경로는 그림 29-17(b)와 같다. 입자는 첫 번째 렌즈(디포커싱 렌즈)를 통과하면서 축으로부터 '바깥쪽으로' 편향되지만, 두 번째 렌즈(포커싱 렌즈)에 이르렀을 때에는 축과의 거리가 더 멀기 때문에 더 큰 힘을 받게 되고, 따라서 축을 향해 더 강하게 휘어진다. 이 경우에도 (수직 방향) 포커싱이 일어난다. 이와 같이, 일렬로 배치된 한 쌍의 사중극자 렌즈는 광학 렌즈와 마찬가지로 수평 운동과 수직 운동에 대해 독립적으로 작용한다. 광선을 다룰 때 광학 렌즈를 사용하듯이, 입자 빔을 만들고 제어할 때에는 사중극자 렌즈를 사용한다.

그러나 교대-그래디언트 시스템이 '항상' 포커싱을 일으키는 것은 아니다. 그래디언트 값이 (입자의 운동량이나 렌즈 사이의 간격과 비교하여) 지나치게 크다면, 알짜 효과가 디포커싱으로 나타날 수도 있다. 그림 29-17에서 두 렌즈 사이의 간격이 3배 혹은 4배로 멀어졌다고 상상해 보면 그 이유를 쉽게 짐작할 수 있을 것이다.

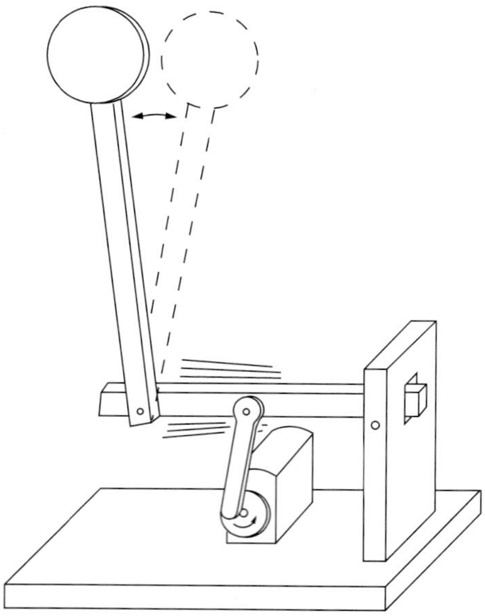

그림 29-18 진동하는 피벗에 진자가 매달려 있는 경우에 진자의 추가 피벗 위에 위치한 상태도 평형점이 될 수 있다.

이제 싱크로트론 가이드 자석(synchrotron guide magnet)으로 되돌아가서 생각해 보자. 이 장치는 균일한 자기장 안에 '양'과 '음'의 렌즈들이 번갈아 가며 배치된 것으로 생각할 수 있다. 입자들은 균일한 자기장의 영향을 받아 평균적으로 수평 원운동을 하며(수직 방향의 효과는 없음), 교대로 배치된 렌즈는 궤도를 이탈하려 하는 입자들을 (평균적으로) 중심 궤도로 되돌아오게 해 준다.

'포커싱' 힘과 '디포커싱' 힘 사이를 교대로 오락가락하는 힘이 알짜 '포커싱' 효과를 일으키는 현상을 역학적으로 비유해 보자. 여기, 단단한 막대 끝에 추가 매달려 있는 '막대 진자'가 있다(그림 29-18 참조). 진자의 막대를 떠받치는 피벗(pivot)은 모터로 구동되는 크랭크축에 연결되어 위아래로 빠르게 움직이도록 만들어져 있다. 이러한 진자는 '두 개의' 평형점을 갖고 있다. 추가 아래로 늘어진 일반적인 평형점 이외에, 진자의 추가 피벗 '위에' 있는 또 하나의 평형 상태가 존재한다!

피벗의 수직 방향 운동이 교대로 바뀌는 포커싱과 동일한 역할을 한다는 것은 다음의 논리로 입증할 수 있다. 피벗이 아래로 가속될 때 진자의 추는 그림 29-19와 같이 안쪽으로 움직이고, 피벗이 위로 가속될 때에는 바깥쪽으로 움직인다. 추를 축 쪽으로 돌려보내려는 힘은 교대로 바뀌지만, 평균적으로는 축을 향하는 힘이 작용한다. 따라서 진자는 기존의 평범한 평형점과 정반대 위치에 있는 또 하나의 평형점을 중심으로 좌우 진동을 겪게 되는 것이다.

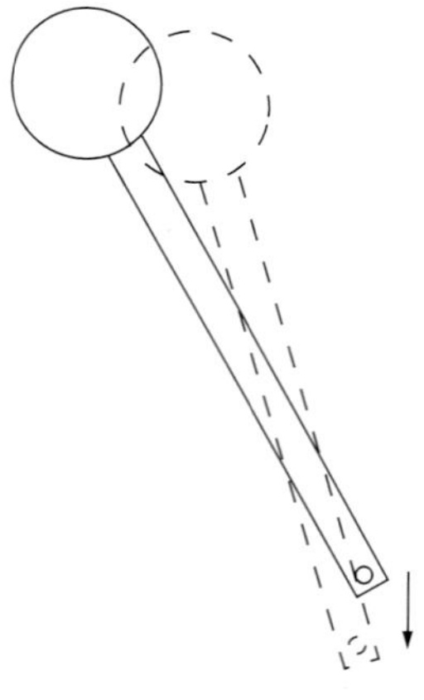

그림 29-19 피벗이 아래쪽으로 가속되면 진자는 똑바로 서려고 한다.

이보다 훨씬 쉽게 진자를 거꾸로 세우는 방법이 있다. 진자를 손가락 위에 올려놓고 균형을 잡으면 된다! 그러나 '독립적인 두 개의' 막대를 '한' 손가락 위에 올려놓고 균형을 잡기란 여간 어려운 일이 아니다. 막대를 하나로 줄여도 결코 쉽지 않다. 게다가 눈을 감고 이 일을 한다면 거의 불가능에 가깝다. 한번 해보라! 균형을 잡는다는 것은, 잘못되어 가는 것을 계속해서 바로잡아 간다는 뜻이다. 그런데 한꺼번에 여러 가지가 잘못되는 경우에는 바로잡기가 거의 불가능하다. 싱크로트론에서는 수십억 개의 입자들이 각기 다른 '오차'를 가지고 출발했을 것이다. 우리가 위에서 살펴본 유형의 포커싱 장치들은 이들을 모두 바로잡아 주는 기적 같은 장치이다!

29-8 교차하는 전기장과 자기장 속에서의 운동

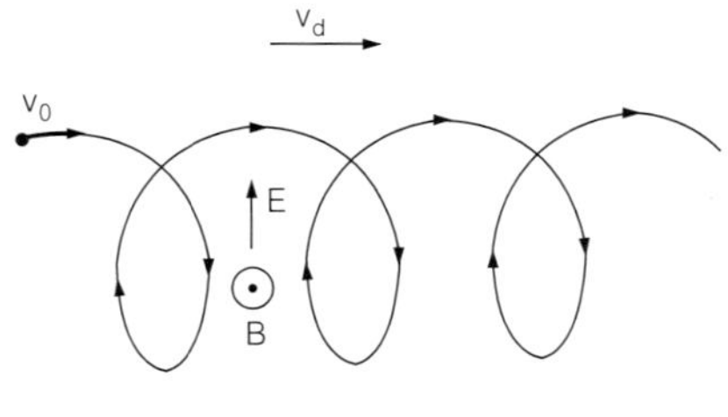

그림 29-20 교차하는 전기장과 자기장 속에서의 입자의 운동 경로

지금까지는 전기장이나 자기장, 둘 중 하나만 걸려 있는 경우를 다루었다. 그런데 두 종류의 장이 동시에 걸린 경우에는 몇 가지 흥미로운 효과가 나타난다. 균일한 자기장 ***B***에 전기장 ***E***가 서로 수직하게 걸려 있다고 가정해 보자. ***B***에 대해 수직 방향으로 입사된 입자들은 그림 29-20과 같은 곡선을 그리며 움직일 것이다(이 궤적은 입체형 나선이 아니라 '평면 상의' 곡선이다!). 이 운동을 정성적으로 분석해 보자. 양으로 대전된 입자가 ***E***의 방향으로 움직일 때는 속도가 점점 빨라지면서 자기장에 의한 휘어짐 효과가 작게 나타난다. 반대로 전기장 ***E***에 반대 방향으로 움직일 때는 속도가 떨어지므로 자기장에 의해 점점 더 크게 휘어진다. 즉, 입자가 $\boldsymbol{E}\times\boldsymbol{B}$방향으로 '드리프트(drift)'하는 효과가 나타나는 것이다.

사실, 이 운동은 $v_d=E/B$의 속도로 옆으로 가는 등속 운동과 등속 원운동이 합쳐진 것이다. 그림 29-20과 같은 궤적을 사이클로이드(cycloid)라고 한다. 한 관찰자가 오른쪽으로 등속 운동을 하고 있다고 가정해 보자. 그의 기준틀에서 보면, 원래의 자기장은 로렌츠 변환에 의해 새로운 자기장과 '아래쪽을 향하는' 전기장으로 변환된다. 이때, 관찰자의 속도를 적절히 조절하여 그에게 보이는 총 전기장이 0이 되도록 만들면, 관찰자는 원운동하는 전자를 보게 될 것이다. 따라서 우리의 눈에 보이는 운동은 원운동에 드리프트 속도 $v_d=E/B$의 병진 운동을 더한 결과이다. 교차하는 전기장과 자기장 내에서 일어나는 전자들의 운동은 마이크로파 에너지를 발생시키는 데 사용되는 발진기, 즉 '마그네트론 튜브(magnetron tube)'의 원리이기도 하다.

이 밖에도 전기장과 자기장 내에서 입자의 운동에 관한 흥미로운 예들이 많이 있지만[밴 앨런대(Van Allen belt)에 포획된 전자와 양성자의 궤적 등], 시간 관계상 생략하기로 한다.

CHAPTER 30
결정의 기하학적 구조

30-1 결정 내부의 기하학

30-1 결정 내부의 기하학
30-2 결정의 화학적 결합
30-3 결정의 성장
30-4 결정격자
30-5 2차원 대칭성
30-6 3차원 대칭성
30-7 금속의 강도
30-8 전위와 결정의 성장
30-9 브래그-나이 결정 모델

참고 문헌 :
C. Kittel, *Introduction to Solid State Physics*, John Wiley and Sons, Inc., New York, 2nd ed., 1956.(이 책의 최신판은 2004년에 출간된 8번째 증보판이다 : 옮긴이)

이제 전기와 자기의 기본 법칙들을 모두 익혔으므로, 지금부터는 이 법칙들을 응용하여 물질의 전자기적 성질에 대해 공부해 보기로 하자. 제일 먼저 다룰 대상은 고체—즉, 결정(crystal)이다. 물질을 구성하는 원자들의 움직임이 그리 활발하지 않을 때는 원자들끼리 서로 달라붙어 가능한 한 에너지가 낮은 배열을 스스로 찾아간다. 일부 원자들이 '에너지가 낮아 보이는 특정 배치'를 찾아내면, 다른 곳에 있는 원자들도 십중팔구 그와 똑같은 배치를 이루게 된다. 이러한 이유로, 고체 내에서는 원자의 패턴이 동일하게 반복되는 경향이 있다.

결정 내부의 상황은 다음과 같다. 결정 내의 특정 원자 주변에는 다른 원자들이 어떤 특정한 배치로 배열되어 있으며, 멀리 떨어진 곳에 있는 동종의 원자들도 이와 동일하게 배열되어 있다. 그 원자로부터 다시 같은 거리만큼 떨어진 곳에 있는 다른 원자들을 들여다봐도 사정은 마찬가지다. 원자의 배열 상태는 3차원 공간 안에서 계속 반복된다.

벽지나 옷감, 또는 평면 위에 기하학적 문양을 디자인한다고 생각해 보라. 이 경우에 문양의 단위 요소를 반복시켜 주면 면적이 아무리 넓어도 쉽게 채울 수 있다. 고체의 결정도 이와 같은 방식으로 3차원 공간에서의 원자 배열 문제를 해결한다. 벽지의 문양은 고체 결정의 2차원 버전인 셈이다. 벽지의 문양은 흔히 그림 30-1(a)와 같은 모습으로 되어 있는데, 그림을 자세히 들여다보면 끝없이 계속 반복되는 단위 요소가 있음을 알 수 있다. 꽃 자체의 형상이나 예술적 가치는 잠시 접어 두고 반복되는 특성만 추출해서 단순화시키면 그림 30-1(b)와 같이 나타낼 수 있다. 임의의 한 점에서 출발하여 화살표 1의 방향을 따라 거리 a 만큼 이동하면, 이에 대응되는 '그다음' 점에 도달하게 된다. 또는 화살표 2를 따라 거리 b만큼 이동해도 그다음 대응점에 도달할 수 있다. 물론, 동일한 지점으로 인도하는 방향은 a, b만이 아니다. 예를 들어 점 α에서 β까지 이동해도 동일한 대응점에 다다를 수 있다. 그런데 $\alpha\to\beta$의 방향은 '방향 1을 따라 한 걸음 간 후 방향 2로 한 걸음 더 가는' 두 걸음의 조합으로 생각할 수 있다. 즉, 이 문양의 기본적인 성질 중 하나는 '인접한 동일 지점에 이르는 두 개의 가장 짧은 걸음'으로 기술될 수 있다. 여기서 말하는 '동일 지점'이란, '주위를 둘러봤을 때 눈에 보이는 모습이 완전히 동일한 두 지점'을 의미한다. 이것은 또한 결정의 가

(a)

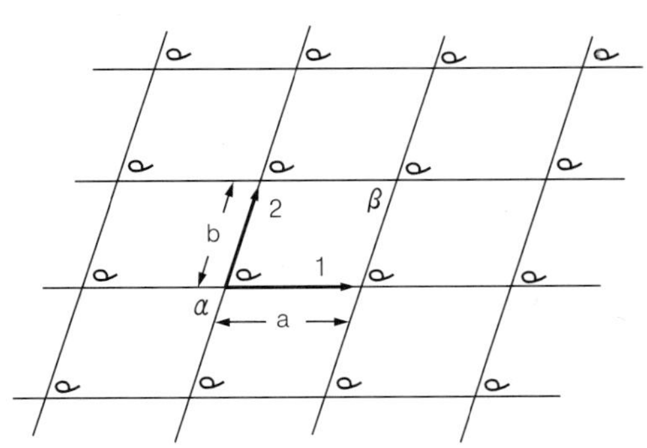

(b)

그림 30-1 2차원에서 반복되는 패턴

장 기본적인 성질이기도 하다. 단, 결정은 벽지문양과 달리 반복되는 배열이 3차원 공간을 따라 나열되어 있으며, 단위 요소도 꽃이 아니라 특정한 패턴으로 배열된 격자 형태의 원자들로 이루어져 있다. 결정을 이루는 원자의 패턴은 X선 회절 실험을 통해 알아낼 수 있다. 이 방법은 앞에서 설명한 적이 있으므로, 구체적인 설명은 생략하기로 한다.

결정의 내부 패턴은 몇 가지 형태를 통해 겉으로 드러난다. 첫째, 결정 내부의 원자들은 어떤 특정 방향으로 더욱 강하게 결합되어 있다. 이는 결정을 특정 방향으로 갈랐을 때 쉽게 쪼개진다는 것을 의미한다. 이러한 면을 '쪼개짐 면(cleavage plane)'이라고 한다. 결정에 칼날을 대고 힘을 가하면, 대부분의 결정은 이 면을 따라 쪼개질 것이다. 둘째, 결정은 형성되는 과정을 통해 내부 구조가 표면에 드러난다. 용액 상태에서 결정이 침전되고 있다고 생각해 보자. 원자는 용액 속을 떠다니다가 에너지가 가장 낮은 위치를 만나면 그곳에 정착한다(이것은 벽지를 디자인할 때 꽃을 이리저리 배치시켜 보다가 우연히 딱 맞는 위치를 찾으면 거기에 꽃을 배치시키고, 그다음 꽃도 같은 방식으로 배열시키면서 벽지를 점점 크게 만들어 가는 것과 비슷하다). 결정의 성장 속도는 방향에 따라 다르기 때문에, 일반적으로 결정은 특정한 기하학적 모양으로 자라게 된다. 이러한 효과들로 인해, 많은 결정의 표면에는 내부 원자 배열의 특성이 어느 정도 나타나 있다.

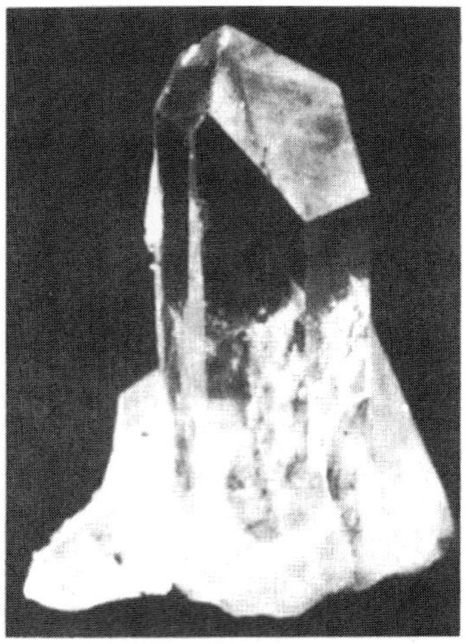

(a)

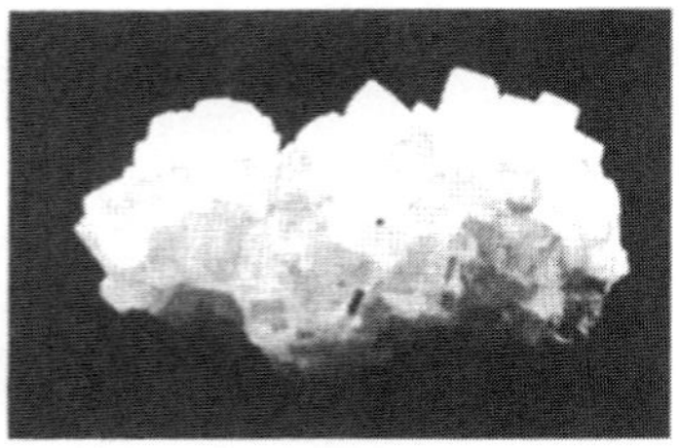

(b)

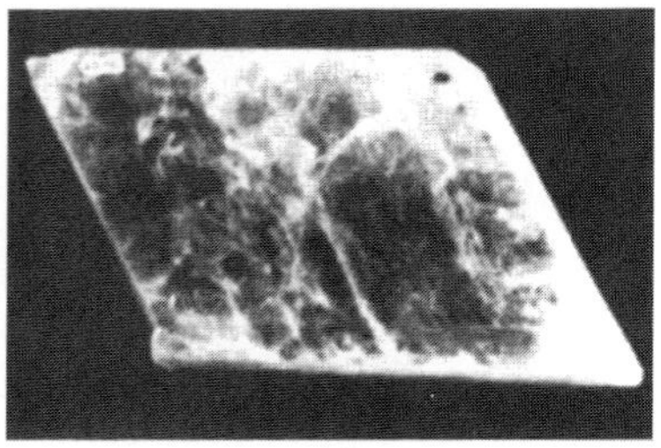

(c)

그림 30-2 자연 상태의 결정들. (a)석영 (b)염화나트륨 (c)운모

그림 30-2(a)에는 내부 패턴이 육방(hexagonal) 구조로 되어 있는 수정(quartz) 결정의 전형적인 모습이 나와 있다. 이 결정을 자세히 살펴보면 결정 모서리의 길이가 들쭉날쭉 제각각이어서 겉으로 드러난 결정의 모습은 정확한 육각형이 아니다. 그러나 각 결정면들은 정확하게 서로 120°의 각을 이루고 있다. 특정 면의 크기는 성장 조건에 따라 달라지지만, 결정면이 이루는 '각도'에는 결정 내부의 기하학적 구조가 반영되어 있음이 분명하다. 그래서 수정 결정의 모양이 제각각이긴 해도 인접한 면이 이루는 각도는 언제나 동일하다.

염화나트륨 결정의 내부 구조는 결정의 겉모습에 명백히 드러나 있다. 그림 30-2(b)는 전형적인 소금 알갱이의 모습인데, 이 경우에도 결정의 모양이 완벽한 입방체는 아니지만 각 면들은 서로 직각을 이루고 있다.

더 복잡한 결정으로는 운모(mica, 돌비늘)를 들 수 있는데, 그 형태는 그림 30-2(c)와 같다. 운모는 어느 한 방향으로(그림에서는 수평 방향으로) 잘 찢어지지 않지만, 다른 방향(수직 방향)으로는 매우 쉽게 찢어진다. 운모는 이와 같이 비등방적인(anisotropic) 결정을 이루고 있기 때문에 매우 질기고 얇은 판을 만드는 데 사용된다. 운모와 수정은 실리카(silica, 이산화규소)를 함유하고 있는 대표적인 자연 광석이다. 실리카를 함유하는 광석의 세 번째 예로는 석면(asbestos)을 들 수 있다. 이 결정은 두 방향으로 쉽게 찢어지지만 세 번째 방향으로는 잘 찢어지지 않는 특이한 성질을 갖고 있어서, 매우 질긴 '선형' 섬유를 만드는 데 사용된다.

30-2 결정의 화학적 결합

결정의 역학적 성질은 원자들 간의 화학 결합에 따라 달라진다. 운모의 강도가 방향에 따라 확연하게 달라지는 것은 원자들 간의 결합 강도가 방향에 따라 다르기 때문이다. 기본적인 화학 결합에 대해서는 고교 시절에 이미 배웠으리라 믿는다. 다양한 원자 결합들 중에서 가장 대표적인 것으로는 염화나트륨으로 대표되는 이온 결합(ionic bond)이 있다. 간단히 말해서, 이온 결합을 하고 있는 나트륨 원자는 전자를 잃고 양이온이 되고 염소 원자는 전자를 얻어 음이온이 된 상태이다. 양이온과 음이온은 3차원 바둑판처럼 교대로 배열되며, 이들은 전기력에 의해 서로 붙어 있다.

공유 결합(covalent bond, 두 개의 원자가 같은 전자를 공유하는 결합)은 좀 더 흔한 결합 방식으로서, 일반적으로 결합력이 매우 강하다. 예를 들어, 다이아몬드를 이루는 탄소 원자들은 가장 가깝게 이웃한 탄소 원자들과 네 방향 모두에서 공유 결합을 이루기 때문에 결정의 결합력이 매우 강하다. 수정 결정 속의 실리콘과 산소도 공유 결합을 하고 있지만, 각 원자들이 전자를 완벽하게 공유하지 않기 때문에 원자들이 부분적으로 전하를 띠고 있어서 결정 자체가 약간 이온화되어 있다. 자연이 우리의 생각처럼 그렇게 단순하지는 않다. 실제로 공유 결합과 이온 결합 사이에는 모든 가능한 변종 결합들이 존재한다.

설탕의 결정은 또 다른 형태의 결합을 취하고 있다. 설탕은 공유 결합을 통해 원자들이 매우 강하게 붙어서 큰 분자를 만들고 있다. 이 분자의 구조는 매우 튼튼하지만 분자를 이루고 있는 원자들이 너무 완전하게 결합하고 있어서, 분자들 사이에는 상대적으로 약한 인력만이 존재한다. 이와 같은 '분자' 결정에서는 각 분자들이 독립적인 정체성(identity)을 유지하고 있다. 분자 결정의 내부 배열 상태는 그림 30-3과 같다. 분자들 사이의 결합력이 그다지 강하지 않기 때문에, 외부에서 힘을 가하면 결정은 쉽게 부스러진다. 이것은 다이아몬드와 같이 거대한 단일 분자와는 확연히 구분되는 구조이다. 파라핀(paraffin)도 분자 결정의 또 다른 예이다.

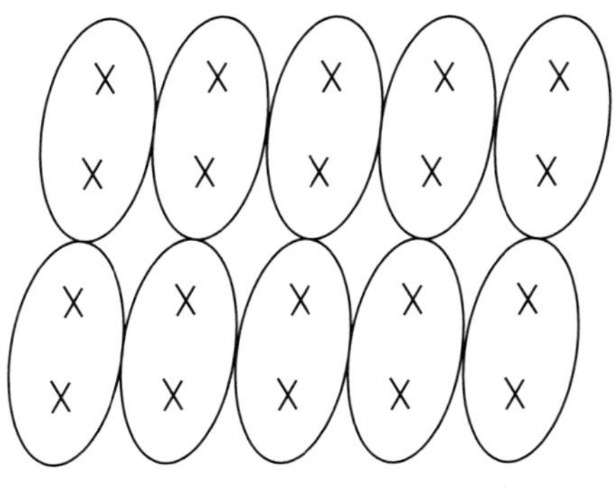

그림 30-3 분자 결정의 격자

분자 결정의 또 다른 극단적 사례로는 고체 상태의 아르곤과 같은 물질을 들 수 있다. 이 경우에는 원자들 사이의 인력이 매우 약하며, 각 원자는 완전히 포화된 단원자 분자로 되어 있다. 하지만 극저온에서는 열운동이 거의 없기 때문에, 매우 작은 원자들 사이의 인력만으로도 '공을 조밀하게 쌓아 놓은 것처럼' 차곡차곡 쌓여서 결정을 형성한다.

금속은 완전히 다른 부류의 물질에 속하고, 금속 결합도 전혀 다른 종류의 결합이다. 금속에서의 결합은 인접한 원자들 사이에 이루어지는 것이 아니라, 결정 전체의 성질로 나타난다. 공유된 전자들은 한두 개의 원자에 속박되어 있는 것이 아니라, 결정 전체에 걸쳐 공유되어 있다. 각 원자들은 전자의 공용 풀(universal pool)에 하나의 전자를 제공하고, 남은 양이온은 음전자의 바다에 자리 잡고 있다. 전자 바다(electron sea)는 양이온들을 붙여 주는 아교와 같은 역할을 한다.

금속의 경우에는 특정 방향으로 특별한 결합이 없기 때문에 결합의 방향성

이 별로 강하지 않다. 그러나 금속도 분명한 결정질(crystalline)이다. 왜냐하면 금속 내의 이온 원자들이 모종의 규칙적인 배열을 이룰 때 금속의 총 에너지가 가장 작아지기 때문이다. 다만, 금속의 경우에는 각 배열들 간의 에너지 차이가 그다지 크지 않다는 특징이 있다. 근사적으로 볼 때, 대부분 금속의 원자 구조는 작은 공들을 최대한 조밀하게 채워 놓은 것으로 생각할 수 있다.

30-3 결정의 성장

지구상에서 결정이 자연적으로 성장하는 과정을 상상해 보자. 지표면 속에는 온갖 종류의 원소들이 마구 섞여 있다. 수많은 원자들은 화산 활동과 풍화, 침식 작용 등에 의해 끊임없이 혼합된다. 이 과정에서 실리콘 원자들이 점차 모이게 되고, 이들이 산소 원자와 만나면서 실리카가 형성된다. 원자가 한 번에 한 개씩 다른 원자에 덧붙여지면서 결정이 만들어진다. 즉, 혼합물이 순물질로 바뀌는 것이다. 그리고 다른 곳에서는 나트륨과 염소 원자들이 서로 만나 소금 결정을 형성해 가고 있다.

그런데 결정이 만들어지는 과정에서 특정한 종류의 원자들만이 모여드는 까닭은 무엇일까? 계 전체가 가능한 한 에너지를 최소화하는 방향으로 성장하기 때문이다. 새로운 원자가 결정 근처에서 서성이고 있을 때, 이놈을 받아들여서 결정의 에너지가 최소화된다면 결정 집단은 그 원자를 망설임 없이 받아들일 것이다. 그런데 사람도 아닌 결정이 무슨 수로, "특정 지점에 실리콘(또는 산소) 원자를 받아들이면 가장 낮은 에너지 상태로 갈 수 있다"는 사실을 미리 아는 것일까? 비결은 간단하다. 오만 가지 시행착오를 거듭한 끝에 알아내는 것이다. 액체 속의 모든 원자들은 끊임없이 움직이고 있다. 각각의 원자는 이웃한 원자와 매 초당 대략 10^{13}번 정도 충돌한다. 성장 중인 결정에 원자 하나가 충돌하여 계의 에너지가 줄어든다면, 원자가 도로 튕겨져 나갈 확률은 매우 작다. 초당 10^{13}번 일어나는 이 과정을 수백만 년 동안 끊임없이 되풀이하면서, 원자들은 에너지가 가장 낮은 자리를 찾아서 차곡차곡 쌓여 가는 것이다. 물론 그 결과는 커다란 결정으로 나타난다.

(a)

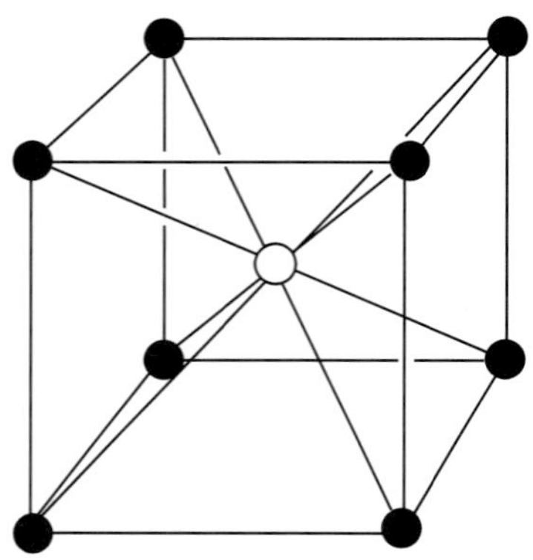

(b)

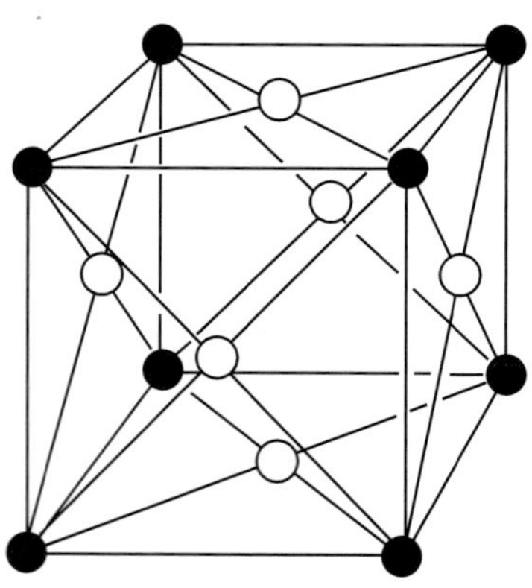

그림 30-4 입방 결정의 단위세포
(a)체심 (b)면심

30-4 결정격자

결정의 원자 배열(결정격자)은 매우 다양한 기하학적 형태를 취할 수 있다. 우선 대부분의 금속과 고체 상태의 불활성 기체에서 전형적으로 나타나는 가장 단순한 격자부터 살펴보자. 입방격자(cubic lattice)가 바로 그 예인데, 여기에는 그림 30-4(a)와 같은 체심(body-centered) 입방격자와 그림 30-4(b)의 면심(face-centered) 입방격자가 있다. 물론 이 그림은 수많은 격자들 중 입방체 하나만 골라내서 간단하게 도형화시킨 것이다. 실제로는 이러한 패턴이 3차원적으로 무한히 반복된다. 또한 그림에서는 결정 구조를 좀 더 명료하게 나타내기 위해 원자의 '중심'만 표시되어 있다. 실제의 결정에서 원자들은 서로 맞닿아 있는

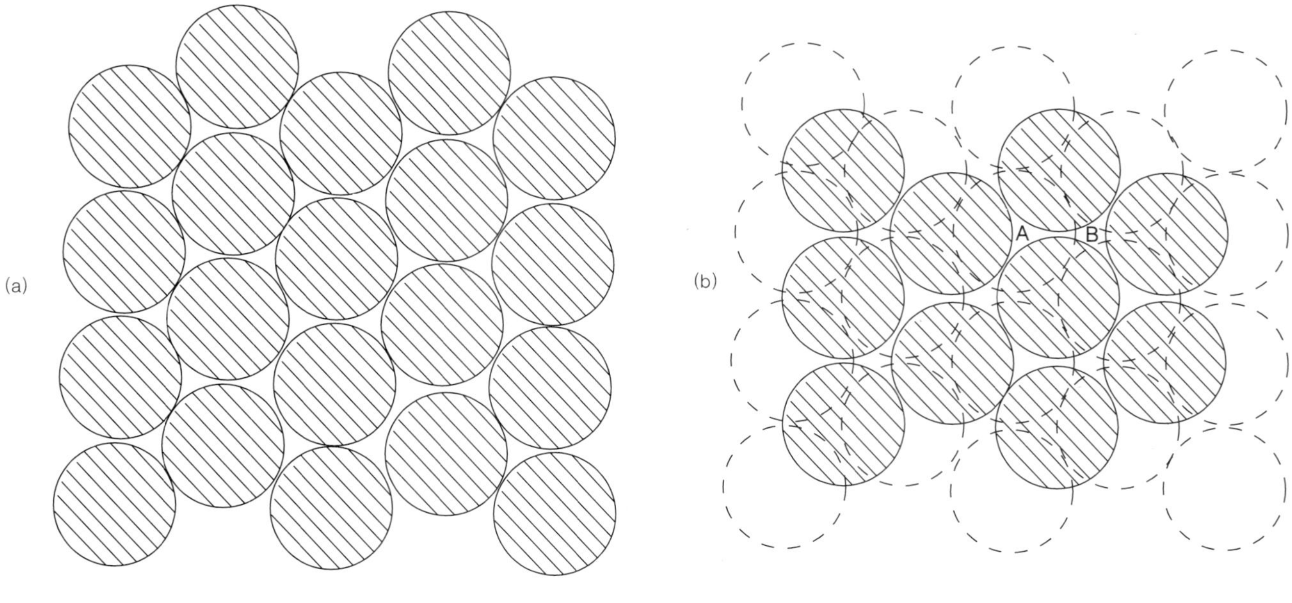

그림 30-5 육방 밀집 격자 쌓기

공과 비슷하다. 그림 속의 흰색 구와 검은색 구들은 일반적으로 다른 종류의 원자일 수도 있고, 경우에 따라서는 같은 종류의 원자일 수도 있다. 예를 들어, 철(Fe)은 저온에서 체심 입방격자의 형태로 존재하지만 고온에서는 면심 입방격자로 존재한다. 또한 이 두 가지 결정들은 물리적 특성이 판이하게 다르다.

이러한 형태는 어떻게 생기는 것일까? 공 모양의 원자들을 가능한 한 가장 빼곡하게 쌓는다고 상상해 보자. 한 가지 방법은 그림 30-5(a)와 같이 가장 아래층을 '육각 밀집 배열'로 쌓는 것이다. 그런 다음 두 번째 층도 첫 번째 층과 동일한 배열로 만들어서 그림 30-5(b)와 같이 첫 번째 층과 수평으로 약간 어긋나게 쌓는다. 그리고 그 위에 동일한 방식으로 세 번째 층을 얹고…… 이런 식으로 계속 쌓아 가면 된다. 그런데 여기서 주목할 점은, '세 번째' 층을 얹는 방법은 '두 가지'가 있다는 것이다. 그림 30-5(b)의 A 지점에 원자가 위치하도록 쌓으면, 세 번째 층의 각 원자는 바닥 층에 있는 원자의 바로 위에 놓이게 되지만, 원자가 B 지점에 놓이도록 세 번째 층을 얹으면 세 번째 층의 원자들은 바닥 층의 세 원자들이 이루는 정삼각형의 중앙에 위치하게 된다. 다른 지점에서 시작해도 결국은 A나 B에서 시작한 것과 다를 것이 없으므로, 세 번째 층을 쌓는 방법은 단 두 가지뿐이다.

세 번째 층의 원자가 B 지점에 위치하는 경우, 결정격자는 면심 입방격자가 된다(단, 그림과는 조금 다른 각도에서 바라보아야 한다). 육각형으로 시작했는데 묘하게도 결국 입방체가 되어 버렸다. 하지만 이 입방체를 귀퉁이가 정면을 향하도록 돌려서 바라보면, 외곽선의 형태는 육각형이다. 예를 들어, 그림 30-6은 평면 육각형 또는 원근법으로 그린 입방체로 볼 수 있다!

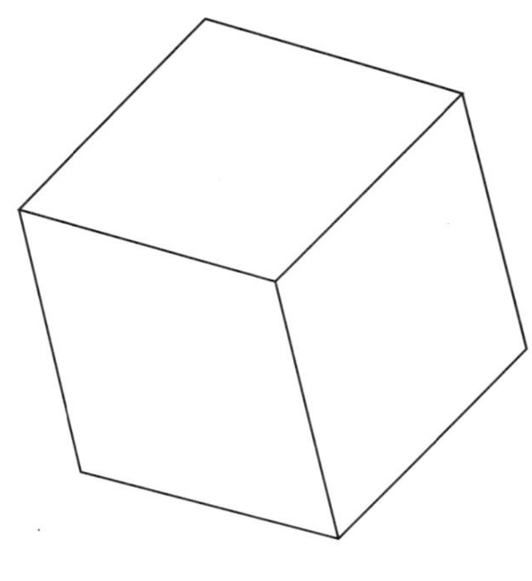

그림 30-6 육각형일까, 아니면 입방체일까?

그림 30-5(b) 위에 'A 지점에 원자가 위치하도록' 세 번째 층을 쌓으면, 아무런 입방 구조도 나타나지 않고, 격자는 오직 육방 대칭성만 갖게 된다. 방금 설명한 두 가지 방법은 '밀집 구조(close-packed)'라는 공통점을 갖고 있다.

일부 금속들(예를 들어, 구리나 은)은 첫 번째 방법, 즉 체심 입방 구조를 택하고, 다른 것들(베릴륨이나 마그네슘)은 두 번째 방법, 즉 육방 결정을 형성한다. 어떤 결정격자가 될 것인지는 공을 쌓는 방법에만 좌우되지 않고 다른 요인들이 추가로 작용하면서 복합적으로 결정되는데, 특정 방향으로 강하게 작용하는 '원자들 사이의 힘(interatomic forces)'도 중요한 요인으로 작용한다(금속의 경우에는 전자 바다의 에너지가 중요한 요인이다). 이런 내용은 이미 화학 시간에 배웠을 것이므로, 다음 주제로 넘어가 보자.

30-5 2차원 대칭성

다음으로, '결정 내부의 대칭성'이라는 관점에서 결정의 성질을 분석해 보자. 결정의 가장 중요한 특징은 하나의 원자에서 출발하여 한 격자 단위만큼 떨어져 있는 원자로 이동해도 주변 환경이 이전과 동일하다는 것이다. 이는 모든 결정에 적용되는 가장 기본적인 가정이다. 그러나 이것 말고도 환경이 변하지 않는 또 다른 종류의 변화가 있다. 즉, 또 다른 '대칭성'이 존재한다는 뜻이다. 그림 30-7(a)는 새로운 형태의 벽지문양을 보여 주고 있다(이런 벽지를 본 적이 없다고 놀랄 필요는 없다). 여기서, A와 B의 주변 환경을 비교해 보자. 얼핏 보면 주변 환경이 비슷한 것 같지만, 정확하게 같지는 않다. C점과 D점은 A와 동등하지만 B의 주변 환경은 A의 환경을 거울 반사시킨 것처럼 거꾸로 되어 있다.

이 패턴에는 다른 종류의 '동등한 점들(equivalent points)'이 존재한다. 예를 들어, E와 F는 서로에 대해 90° 돌아갔다는 점만 빼면 동일한 주변 환경을 갖고 있다. 이 패턴은 다소 특별한 경우로서, A와 같은 정점에 대해 90°(또는 90°의 배수만큼) 회전시켜도 동일한 패턴이 얻어진다. 이와 같은 구조를 가진 결정의 외곽은 네모난 형태이지만, 그 내부는 단순 입방체보다 훨씬 복잡하다.

지금까지 살펴본 것은 몇몇 특수한 사례에 불과하다. 이제 결정에 존재할 수 있는 모든 가능한 대칭을 찾아보자. 가장 간단한 평면부터 시작하는 것이 좋을 것 같다. '평면' 격자는 격자의 한 점에서 '가장 가까운' 두 개의 동등한 점에 이르는 두 개의 원시 벡터(primitive vector)로 정의될 수 있다. 그림 30-1과 같은 격자의 경우, 벡터 **1**과 **2**가 원시 벡터를 이룬다. 그림 30-7(a)에서는 두 벡터 $\boldsymbol{a}$와 $\boldsymbol{b}$가 원시 벡터이다. 물론 $-\boldsymbol{a}$와 $-\boldsymbol{b}$도 원시 벡터가 될 수 있다. $\boldsymbol{a}$와 $\boldsymbol{b}$는 크기가 같고 서로 수직이기 때문에 90° 회전시키면 $\boldsymbol{a} \to \boldsymbol{b}$, $\boldsymbol{b} \to -\boldsymbol{a}$로 바뀌는데, 이렇게 해도 전체 격자는 변하지 않는다.

방금 우리는 '4변(four-sided)' 대칭성을 갖는 격자의 존재를 확인하였다. 그리고 앞에서는 6변(six-sided) 대칭성이 가능한 육각형 밀집 배열에 대해서도 살펴보았다. 그림 30-5(a)와 같은 구조는 임의의 원을 중심으로 60° 회전시켜도 전체적인 패턴이 변하지 않는다.

그 밖의 회전 대칭에는 어떠한 것이 있을까? 예를 들어, 5중(fivefold) 혹은 8중(eightfold) 회전 대칭도 가능할 것인가? 이러한 대칭이 불가능하다는 것은 쉽게 증명할 수 있다. 4변 대칭보다 '변의 수가 많은' 대칭은 6변 대칭밖에 없다.

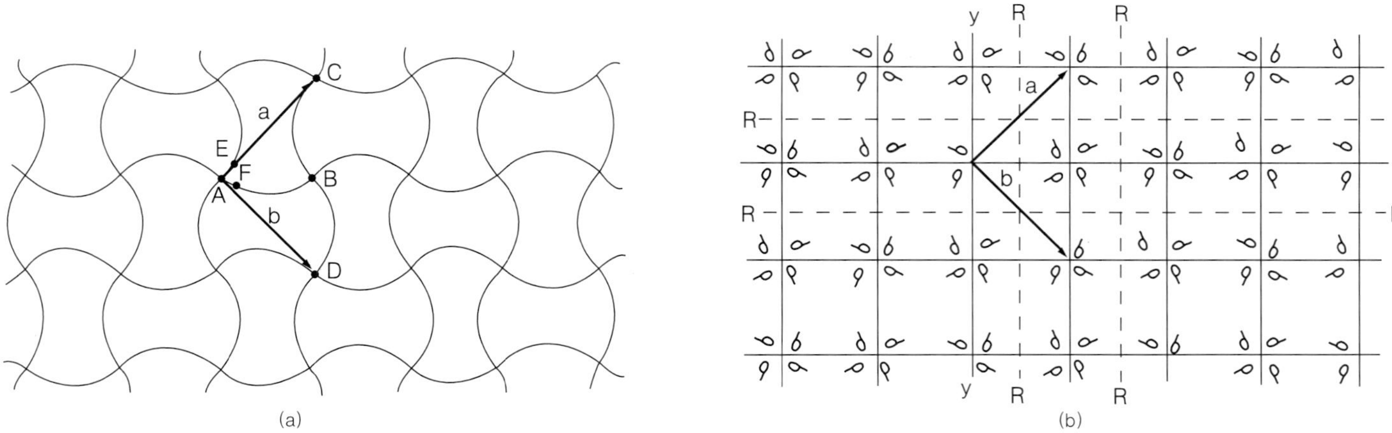

그림 30-7 높은 대칭성을 갖는 패턴

일단은 6중 대칭보다 높은 대칭이 존재할 수 없다는 사실을 증명해 보자. 그림 30-8(a)와 같이 사이각이 60°보다 작은 동일한 크기의 원시 벡터 두 개로 기술되는 격자를 생각해 보자. 원시 벡터의 정의에 의해 B와 C는 A와 동등한 점이고, $\boldsymbol{a}$와 $\boldsymbol{b}$는 A로부터 동등한 두 이웃 점에 이르는 '가장 짧은' 두 벡터일 것이다. 그러나 이것은 명백한 모순이다. B에서 C까지의 거리가 B(또는 C)에서 A까지의 거리보다 짧기 때문이다. 점 D를 $\boldsymbol{a}$만큼 옮기면 점 C가 된다. 따라서 D는 C와 동등하고 C는 A와 동등하므로 D는 A와 동등한 점이다. 그런데 A에서 D로 가는 벡터 $\boldsymbol{b}'$의 길이가 $\boldsymbol{a}$나 $\boldsymbol{b}$보다 짧기 때문에, $\boldsymbol{b}'$을 원시 벡터로 선택했어야 한다. 그러나 이것은 원래의 가정에 모순되므로, 결국 두 원시 벡터 사이의 각은 60°보다 커야 한다. 즉, 8각 대칭은 원리적으로 불가능하다.

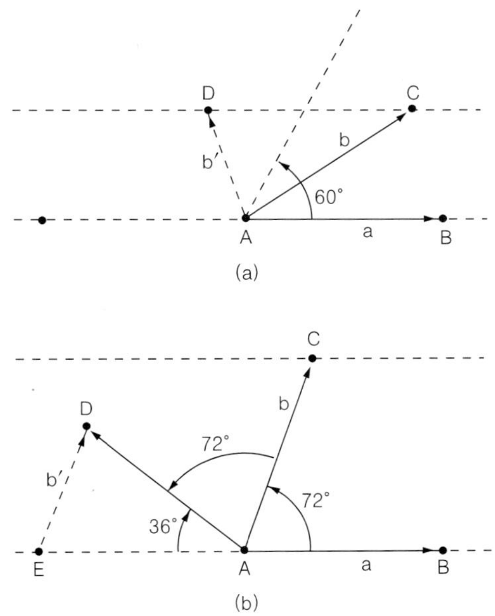

그림 30-8 (a) 6중 대칭보다 높은 회전 대칭은 불가능하다. (b) 5중 회전 대칭은 불가능하다.

그렇다면 5중 대칭성은 가능할 것인가? 그림 30-8(b)와 같이 길이가 같은 두 원시 벡터 $\boldsymbol{a}$와 $\boldsymbol{b}$가 $2\pi/5=72°$의 각도를 이루고 있다면, C에서 72° 돌아간 D 지점에도 동등한 격자점이 존재해야 한다. 그런데 E와 D를 연결하는 벡터 $\boldsymbol{b}'$이 $\boldsymbol{b}$보다 짧기 때문에 $\boldsymbol{b}$는 원시 벡터가 될 수 없고, 따라서 5중 대칭성은 존재할 수 없다. 이런 종류의 문제를 야기하지 않는 각도는 $\theta=60°$, 90°, 120°뿐이다. 물론 0°나 180°는 당연히 가능하다. 지금까지의 결과를 종합해 보면 한 바퀴 회전(전혀 회전하지 않는 것과 동일함), 반 바퀴 회전, 1/3바퀴 회전, 1/4바퀴 회전 그리고 1/6바퀴 회전의 경우에 한하여 격자 패턴이 변하지 않는다고 말할 수 있다. 이 다섯 개의 대칭이 평면에 존재할 수 있는 회전 대칭의 전부이다. $\theta=2\pi/n$이면 'n중 대칭'이라고 한다. 그리고 $n=4$ 또는 6인 패턴은 $n=1$ 또는 2인 패턴보다 "더 높은 대칭을 갖고 있다"고 말한다.

그림 30-7(a)의 패턴은 4중 회전 대칭을 갖고 있다. 그림 30-7(b)에는 (a)와 동일한 대칭성을 갖는 또 다른 문양을 그려 놓았다. 쉼표처럼 생긴 작은 무늬는 각 사각형 안쪽 문양의 대칭을 정의해 주는 비대칭형 무늬이다. 그림을 자세히 보면, 사각형의 쉼표들이 교대로 뒤집혀 있어서 격자의 단위세포가 작은 사각형보다 크다는 것을 알 수 있다. 쉼표가 없어도 패턴은 여전히 4중 대칭성을 갖지만, 단위세포는 더 작아진다. 그림 30-7에는 다른 대칭도 포함되어 있다. 예를

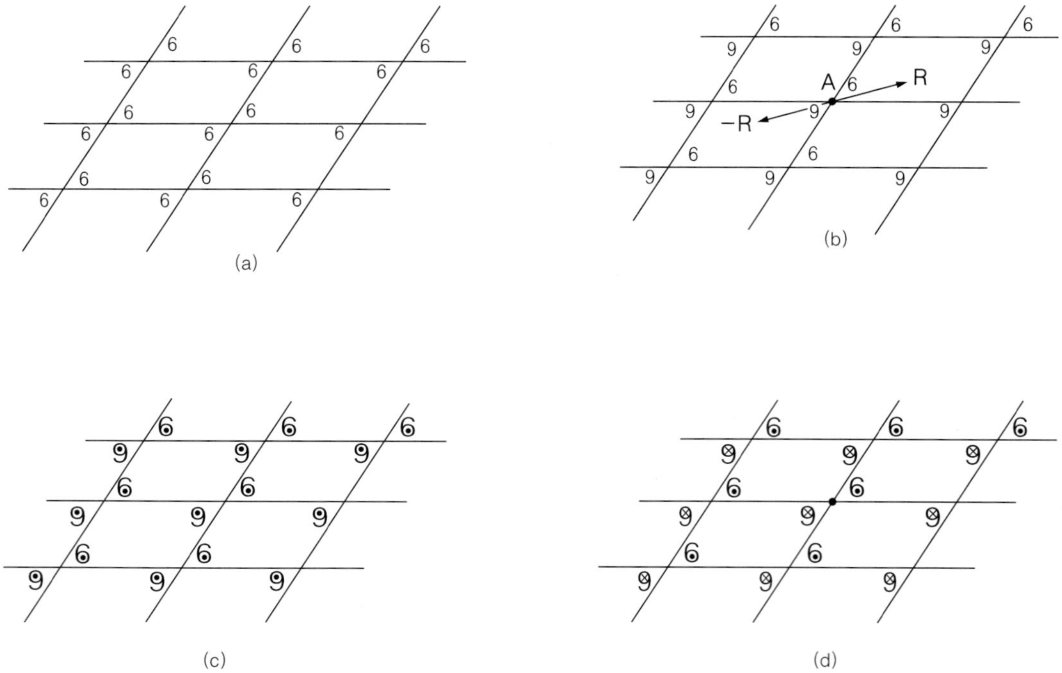

그림 30-9 반전 대칭. 패턴 (b)는 변환 $\boldsymbol{R} \to -\boldsymbol{R}$에 대해 불변이지만 패턴 (a)는 변한다. 3차원에서 패턴 (d)는 반전에 대해 대칭이지만 (c)는 그렇지 않다.

들어, 그림의 여러 곳에 표시된 점선 R-R에 대해서는 거울 대칭성이 존재한다.

이 밖에도, 그림 30-7의 패턴에는 또 다른 종류의 대칭성이 있다. Y-Y선을 중심으로 문양을 '거울 반사'시킨 후에 오른쪽으로(또는 왼쪽으로) 사각형 하나만큼 이동시키면 다시 원래의 문양으로 되돌아온다. 이런 경우에 Y-Y선을 '활주선(glide line)'이라고 한다.

이것이 2차원에서 가능한 대칭의 전부이다. 여기에 하나의 대칭 조작이 더 있을 수 있는데, 이것은 2차원에서는 180° 회전 조작에 해당되지만, 3차원으로 가면 회전과는 분명히 구별되는 조작이다. '반전 대칭(inversion symmetry)'이 바로 그것이다. 반전이란, 원점[예를 들어, 그림 30-9(b)의 점 A]을 기준으로 임의의 변위 벡터 $\boldsymbol{R}$이 가리키는 지점을 벡터 $-\boldsymbol{R}$이 가리키는 점으로 옮기는 조작을 말한다.

그림 30-9의 패턴 (a)를 반전시키면 새로운 패턴이 나오지만, 패턴 (b)를 반전시키면 달라지는 것이 전혀 없다. 2차원 패턴의 경우, (그림에서 볼 수 있듯이) 패턴 (b)의 점 A에 대한 반전은 A를 중심으로 180° 회전시킨 것과 동일한 결과를 준다. 이번에는 그림 30-9(b)의 모든 6과 9에 '지면을 뚫고 나오는' 화살표를 붙여서 3차원 패턴을 만들어 보자. 이 문양을 3차원에서 반전시키면 모든 화살표들이 거꾸로 뒤집히게 되므로 원래의 패턴이 재현되지 않는다. 화살표의 머리와 꼬리를 각각 도트(dot)와 크로스(cross)로 표시하면, 그림 30-9(c) 및 (d)와 같은 '3차원' 패턴을 만들 수 있는데, 패턴 (c)에는 반전에 대한 대칭성이 없지만 패턴 (d)에는 반전 대칭성이 분명히 존재한다. 여기서 주목할 점은, "회전을 어떻게 조합하더라도 3차원에서의 반전과 동일한 효과를 낼 수는 없다"는 사실이다.

이상의 대칭 조작을 이용하여 각 패턴(또는 격자)의 대칭성을 분석한 결과, 2차원에서는 총 17종의 서로 다른 대칭 패턴이 가능한 것으로 밝혀졌다. 그림 30-1은 그중 대칭성이 낮은 패턴이고, 그림 30-7은 비교적 대칭성이 높은 패턴이다. 각자 상상력을 동원하여 17개의 패턴을 모두 그려 보기 바란다.

2차원 대칭 패턴은 무려 17종류나 되는데, 벽지나 옷감 무늬를 만들 때에는 왜 그중 몇 개만 사용하는지, 이해가 되지 않는다. 주변을 둘러보면 서너 개의 기본 패턴들만이 지루하게 반복되고 있음을 알 수 있다. 디자이너의 상상력이 부족한 탓일까? 아니면 나머지 대칭 패턴들이 우리의 미적 감각에 맞지 않기 때문일까?

30-6 3차원 대칭성

지금까지는 2차원 패턴에 대해 이야기했는데, 사실 우리의 주된 관심은 원자들로 구성된 3차원 패턴이다. 3차원 결정에서 주의해야 할 점은 원시 벡터가 '3개'라는 것이다. 이런 조건하에서 가능한 대칭 조작을 일일이 헤아려 보면 무려 230가지나 된다! 그렇다고 겁먹을 필요는 없다. 몇 가지 적당한 기준에 의거하여 3차원 대칭을 다시 분류하면 그림 30-10과 같이 대략 7가지 종류로 요약된다. 가장 대칭성이 낮은 격자는 '삼사정계(triclinic)'라 불리는 격자로서, 단위세포는 평행 육면체이다. 이 격자의 원시 벡터들은 길이와 사이각이 모두 다르기 때문에 회전 대칭이나 반사 대칭은 존재하지 않지만, 다른 대칭을 두 개 갖고 있다. 꼭지점을 중심으로 하는 반전(inversion)에 대하여, 단위세포가 '변하거나' 또는 '변하지 않는' 두 가지 가능성이 있는 것이다[거듭 말하지만, 3차원에서의 반전은 벡터 $\boldsymbol{R}$을 $-\boldsymbol{R}$로 바꾸는 것, 즉 (x, y, z) 좌표가 $(-x, -y, -z)$로 바뀌는 것을 의미한다]. 따라서 삼사정계의 경우, 원시 벡터들 사이에 어떤 특별한 관계가 존재하지 않는다면 단 두 개의 대칭성만이 가능하다. 예를 들어, 원시 벡터의 길이와 사이각이 모두 같다면, 이 격자는 두 번째 그림에 나와 있는 '삼방정계(trigonal)'가 된다. 이 경우에는 대칭성이 하나 더 있을 수 있다. 단위세포를 가로지르는 제일 긴 대각선을 중심으로 하는 회전 대칭이 바로 그것이다.

원시 벡터 중 하나(예를 들어, $\boldsymbol{c}$)가 나머지 두 벡터와 수직하면 '단사정계(monoclinic)'가 되는데, 여기서는 $\boldsymbol{c}$를 중심으로 한 180° 회전 대칭이 가능하다. 여기서, $\boldsymbol{a}$와 $\boldsymbol{b}$의 길이가 같고 사이각이 60°인 특수한 경우를 '육방정계(hexagonal)'라 하는데, 벡터 $\boldsymbol{c}$를 축으로 한 60°, 120°, 180° 회전 대칭이 존재한다.

세 개의 원시 벡터가 모두 수직하고 길이가 모두 다르면 '정방정계(orthorhombic)'가 된다. 이 격자는 각 축을 중심으로 한 180° 회전 대칭을 갖고 있다. 여기서 세 개의 원시 벡터들 중 두 개의 길이가 같으면 '사방정계(tetragonal)'가 되는데, 이 경우에는 더 높은 대칭성을 가질 수 있다. 마지막으로, '입방정계(cubic)'는 가장 높은 대칭성을 가진 격자 구조이다.

대칭성에 관하여 지금까지 언급된 모든 논의의 핵심은 "내부 대칭성은 결정의 거시적인 물리적 성질로 나타난다"는 것이다(물론, 이 성질이 불분명한 경우

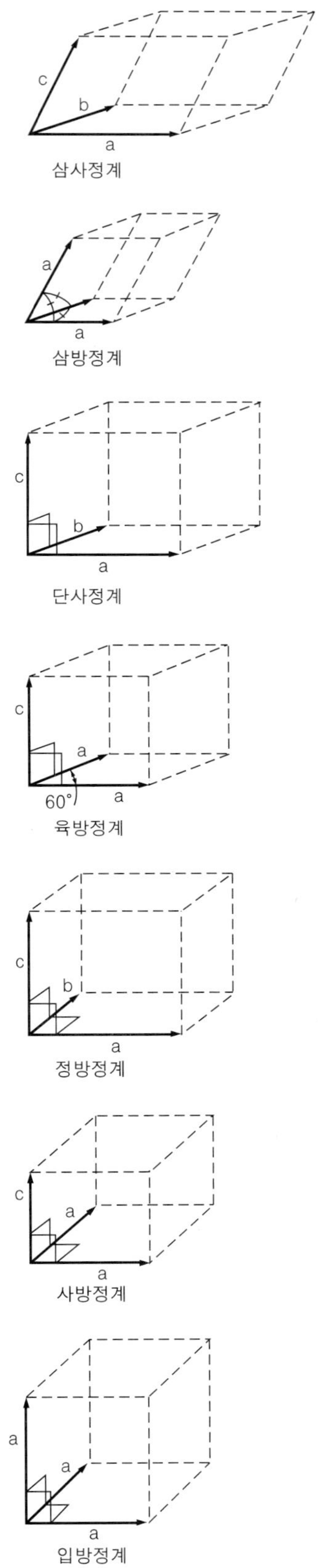

그림 30-10 7가지 종류의 결정격자

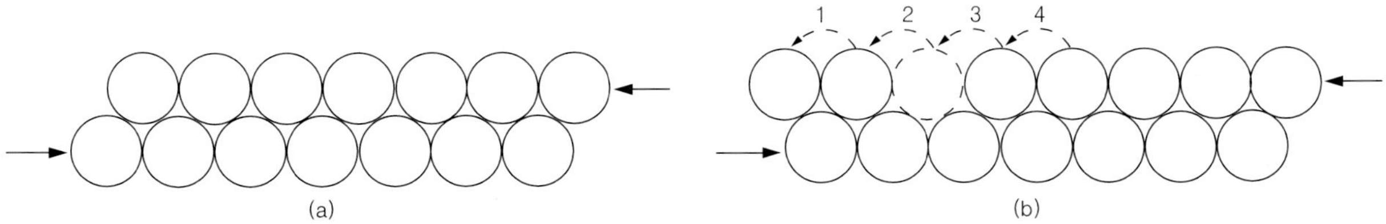

30-11 결정면의 미끄러짐

도 있다). 예를 들어, 결정의 전기 분극률은 일반적으로 텐서로 표현되는데, 이것을 분극 타원체로 기술하면 결정의 대칭성에 관한 정보가 타원체에도 나타나 있을 것이라 예상할 수 있다. 예를 들어 입방 결정은 서로 직교하는 임의의 원시 벡터를 중심으로 90° 회전시켜도 격자의 형태가 변하지 않는데, 이 조건을 만족하는 타원체는 구(sphere)밖에 없다. 따라서 "입방 결정은 반드시 등방 유전체(isotropic dielectric)이어야 한다."

반면에, 사방정계는 4중 회전 대칭을 갖는다. 이것의 분극 타원체는 두 개의 주축이 동일하고 나머지 하나는 결정축과 평행해야 한다. 이와 비슷한 논리로, 정방정계는 직교하는 세 개의 축을 중심으로 2중 회전 대칭을 가지므로, 결정의 세 축은 분극 타원체의 주축과 일치해야 한다. 또한 단사정계의 축들 중 '하나'는 반드시 분극 타원체의 주축 중 '하나'와 평행해야 한다. 삼사정계에는 회전 대칭성이 없기 때문에, 분극 타원체는 임의의 방향성을 가질 수 있다.

이와 같이, 우리는 가능한 대칭성들을 찾아내고 그들을 물리적 텐서와 연결시키는 '만만치 않은 게임'을 즐길 수 있다. 위에서는 분극 텐서만을 고려했는데, 다른 텐서(예를 들면 탄성 텐서)를 결정의 대칭성과 연결시켜 다루려고 하면 문제가 엄청나게 복잡해진다. 이런 주제를 다루는 수학 분야로 '군론(group theory)'이라는 것이 있는데, 대개의 경우 우리가 알고자 하는 내용은 이런 거창한 이론을 들먹이지 않아도, 상식적인 선에서 해결할 수 있다.

30-7 금속의 강도

앞서 언급한 대로, 대부분의 금속은 단순 입방 결정 구조로 되어 있다. 이 절에서는 결정의 구조에 따라 달라지는 '금속의 역학적 성질'에 대해 알아보기로 한다. 일반적으로 말해서, 금속은 매우 "무르다(soft)." 왜냐하면 결정의 한 층이 다른 층 위로 쉽게 미끄러질 수 있기 때문이다. 여러분은 속으로, "뭔 소리야? 금속이 얼마나 단단한데!"라고 반문할지도 모른다. 그러나 현실은 그렇지 않다. 금속의 '단결정(single crystal)'은 매우 쉽게 변형된다.

그림 30-12 조그만 구리 결정을 잡아 늘인 후 찍은 사진. [몬로빌 시(Monroeville, Pa.) 소재, 전미강철연구소의 수석연구원 브레너(Brenner, S.S.)의 허락하에 게재함.]

그림 30-11(a)와 같이, 층밀림 힘(shear force)을 받고 있는 결정의 두 층을 떠올려 보자. 언뜻 생각해 보면 이렇게 될 것 같다—"힘이 약할 때는 울퉁불퉁한 요철에 걸려서 결정층이 움직이지 않다가, 힘이 충분히 커지면 층 전체가 요철 하나를 넘어 한 칸 옆으로 이동할 것이다." 물론 결정에 힘을 가하면 층이 어떤 면을 따라 미끄러지긴 하지만, 이런 식으로 이동하지는 않는다(만일 그렇다면 금속의 강도를 계산한 결과는 실제보다 훨씬 강하게 나올 것이다). 실제로는

로는 한 번에 원자 하나씩 움직인다. 그림 30-11(b)에 표시된 것처럼, 왼쪽 끝에 있는 원자가 제일 먼저 이동한 후 그다음 원자가 이동하고…… 이런 식으로 변형이 일어난다. 원자가 하나씩 왼쪽으로 이동하는 현상은 원자들 사이의 빈 공간이 오른쪽으로 이동하는 현상과 같다고 볼 수 있는데, 어쨌거나 결과적으로 보면 위층 전체가 한 원자 간격만큼 이동한 셈이 된다. 미끄러짐이 이런 방식으로 진행되는 이유는, 층 전체를 한꺼번에 들어 올려서 요철을 넘는 것보다 한 번에 원자 하나씩 들어 올리면서 넘는 것이 에너지가 적게 들기 때문이다(애벌레가 주름을 잡으면서 이동하는 방식과 비슷하다 : 옮긴이). 충분한 힘이 가해져서 일단 미끄러지기 시작하면, 그다음부터는 매우 빠르게 미끄러져 나간다.

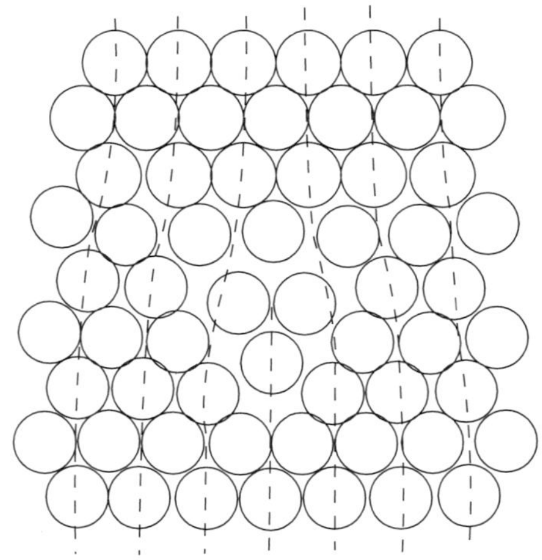

그림 30-13 결정 내의 전위

실제의 결정에서는 미끄러짐이 한 평면에서 반복되어 일어나다가 특정 지점에서 멈추고, 그 후로는 새로운 평면에서 다시 미끄러짐이 시작되는 것으로 밝혀졌다. 미끄러짐이 시작되거나 멈추는 이유는 아직도 베일에 싸여 있다. 신기한 것은, 미끄러짐이 일어나는 영역들이 종종 일정한 간격으로 배열된다는 사실이다. 그림 30-12는 작고 얇은 구리 결정을 잡아당겨 늘여 놓은 사진인데, 보다시피 여러 개의 평면에서 미끄러짐이 일어났음을 알 수 있다.

개개의 결정면이 갑작스럽게 미끄러진다는 사실은 쉽게 확인할 수 있다. 내부에 큰 결정이 있는 가느다란 주석선(tin wire)의 한쪽 끝을 귀에 가까이 대고, 다른 쪽 끝을 잡아당겨 늘여 보라. 결정면 하나하나가 새로운 위치를 찾아가면서 내는 "틱, 틱!" 하는 소리가 귓전을 때릴 것이다.

한 열에서 원자 하나가 '빠지는' 문제(그림 30-11 참조)는 그리 간단하지 않다. 여기에 더 많은 층이 쌓여 있을 때의 상황은 그림 30-13과 비슷하다. 결정에 나타나는 이러한 결함을 '전위(dislocation)'라고 한다. 전위는 결정이 처음에 만들어질 때, 혹은 결정 표면의 흠집이나 틈새에서 발생하는 것으로 추정되고 있다. 일단 한 번 생성된 전이는 결정 내에서 비교적 자유롭게 움직일 수 있다. 결정의 전체적인 변형은 여러 개의 전위가 움직이면서 나타나는 결과이다.

결정의 나머지 부분이 완벽한 격자를 이루고 있다면 전위는 자유롭게 움직일 수 있다. 즉, 움직이는 데 에너지가 거의 필요 없다는 뜻이다. 그러나 전위가 움직이다가 결정 내에 존재하는 다른 종류의 결함을 만나면 거기에 '붙어 버릴' 수도 있다. 그 결함 부위에서 빠져나오는 데 많은 에너지가 필요하다면 그곳에 붙은 채로 고정되는데, 바로 이 메커니즘 때문에 '불순한' 금속 결정이 높은 강도를 갖게 되는 것이다. 순수한 철(iron) 결정은 아주 무르지만, 불순물 원자를 조금만 섞어 줘도 충분한 결함이 생성되므로 전위의 움직임이 상당히 방해 받게 된다. 잘 알다시피, 철을 주재료로 만들어진 강철(steel)은 매우 단단하다. 용해된 철에 약간의 탄소를 첨가한 것이 바로 강철이다. 불순물을 첨가한 후 급속히 식혀 주면 탄소가 작은 알갱이 형태로 침전되면서 격자 안에 수많은 미시적 결함이 만들어진다. 그 결과 전위는 더 이상 자유롭게 움직이지 못하고, 금속은 더욱 단단해지는 것이다.

순수한 구리도 매우 무르지만, 이 역시 '가공경화(work-harden)'시킬 수 있다. 즉, 구리를 망치로 두드리거나 앞뒤로 구부리면 강도가 증가한다. 이 과정에서 다양한 종류의 새로운 전위가 생성되어 서로의 움직임을 방해하기 때문에 운동성이 크게 저하된다. 아마도 여러분은 '아주 무른' 구리 막대를 팔목에 서서히 감아서 팔찌를 만드는 트릭을 본 적이 있을 것이다. 이 과정에서 구리 막대는 가공경화되기 때문에, 원래대로 펴려면 상당히 강한 힘을 가해야 한다! 가공경화된 금속은 고온에서 천천히 식히는 어닐링(annealing, 달궜다가 천천히 식히는 열처리법)을 통해 다시 무르게 만들 수 있다. 원자의 열운동에 의해 전위들이 '다림질(iron out)'되므로, 다시 거대한 단결정이 만들어지는 것이다. 지금까지 언급한 것은 소위 '슬립 전위(slip dislocation)'라는 것이다. 이 밖에도 그림 30-14와 같은 '스크류 전위(screw dislocation)' 등 다양한 전위들이 있다. 전위는 결정의 성장 과정에서 중요한 역할을 한다.

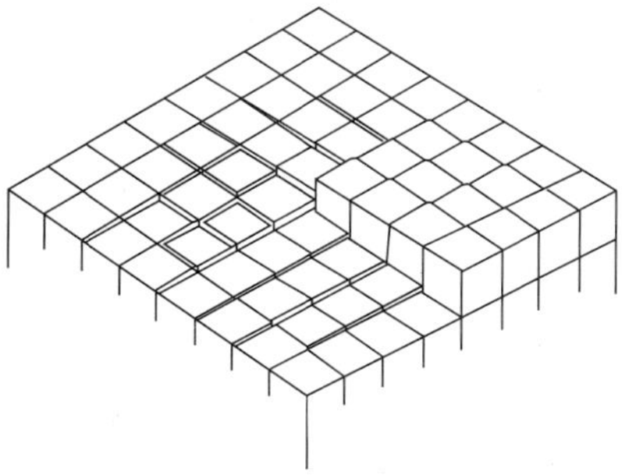

그림 30-14 스크류 전위. [찰스 키텔의 『고체물리학 입문』, 제2판(1956)에서 발췌 : Charles Kittel, *Introduction to Solid State Physics*, John Wiley and Sons, Inc., New York, 2nd ed., 1956.]

30-8 전위와 결정의 성장

결정의 성장 과정은 오랜 시간 동안 미스터리로 남아 있었다. 앞에서 나는 각 원자들이 반복적인 시행착오를 거치면서 결정에 추가되는 것이 유리한지를 판단한다고 설명했다. 이 말은 각 원자들이 낮은 에너지 상태를 찾아내기 위해 항상 노력하고 있다는 뜻이다. 그런데 새로 형성된 결정면 위에 달랑 원자 하나가 놓이는 경우에는 그 밑에 있는 한두 개의 원자와 결합하지만, 원자가 구석에 박히는 경우에는 이웃한 세 개의 원자들과 결합해야 한다. 즉, 두 경우에 원자의 에너지는 서로 다른 값을 갖게 된다. 그림 30-15와 같이 '벽돌 쌓기'처럼 성장하는 결정을 상상해 보자. *A* 위치에 새로운 벽돌을 놓는다면, 이 벽돌은 나중에 이웃하게 될 여섯 개의 벽돌 중 단 하나(아래쪽 벽돌)와 접하게 된다. 즉, 결합력이 많이 모자라기 때문에 이 벽돌은 매우 불안정한 상태(에너지가 높은 상태)에 놓일 것이다. 한편, *B* 위치에서는 여섯 개의 가능한 결합 중 이미 절반에 해당되는 세 개의 이웃과 접하고 있으므로, 에너지 측면에서 보면 *A*보다 훨씬 안정적인 자리라 할 수 있다. 실제로 모든 결정은 *B*와 같은 자리에 새로운 원자를 쌓아 가면서 성장한다.

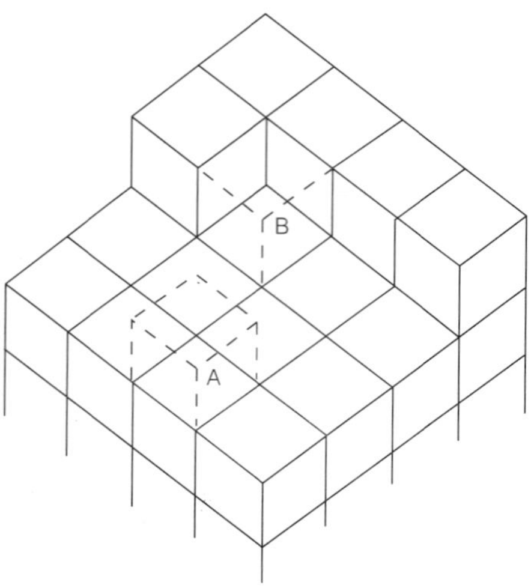

그림 30-15 결정의 성장

그러나 원자를 한 방향으로 쌓아 가다 보면 결국 한 줄이 끝나게 된다. 그다

그림 30-16 스크류 전위 주변을 따라 성장한 파라핀 결정. [찰스 키텔의 『고체물리학 입문』, 제2판(1956)에서 발췌.]

음에는 어떻게 될까? 새로운 줄을 시작하는 첫 번째 원자는 끽해야 단 두 개의 원자와 이웃할 수밖에 없는데, 이것은 에너지 측면에서 볼 때 그다지 효율적이지 않다. 뭐, 어찌됐든 일단 새로운 줄이 시작되었다고 가정해 보자. 이런 식으로 한 개의 층이 다 채워졌다면, 그다음 단계는 어떻게 진행될까? 새로운 층을 시작하는 첫 번째 원자는 단 한 개의 원자와 이웃할 수밖에 없는데, 과연 이것이 가능할까? 한 가지 가능한 답은, 결정이 전위(층이 어긋난 곳)에서 유난히 잘 자란다는 것이다. 그림 30-14와 같은 스크류 전위의 주변이 대표적인 사례이다. 그림을 자세히 보면 벽돌이 하나씩 더해질 때마다 항상 세 개의 이웃과 결합할 수 있는 자리가 마련되어 있다. 그래서 결정은 내재되어 있는 전위를 기반으로 성장하는 경향이 있다. 이러한 결정이 자라면 그림 30-16과 같이 나선 모양의 결정을 형성하게 되는데, 이것은 파라핀의 단결정을 찍은 사진이다.

30-9 브래그-나이 결정 모델

우리는 결정 내부에서 진행되는 각 원자의 움직임을 직접 들여다볼 수 없다. 또한 (지금쯤 다들 눈치 챘겠지만) 정량적으로 다루기 어려운 복잡한 현상들이 사방에 널려 있다. 로런스 브래그 경(Sir Lawrence Bragg)과 J. F. 나이(J. F. Nye)는 금속 결정의 모델을 고안해 냈는데, 이 모델을 사용하면 실제 금속에서 일어난다고 생각되던 많은 현상들을 직접 눈으로 관찰할 수 있다. 뒤에 첨부된 논문을 읽어 보면 브래그와 나이가 사용했던 방법과 그로부터 얻은 결과를 알 수 있다(이 논문은 『런던왕립학회 논문집(Proceedings of the Royal Society of London)』 190권 1947년 9월호, 474～481페이지에 걸쳐 게재되었으며, 원저자 및 왕립학회의 허락하에 수록한 것이다).

결정 구조의 동역학적 모델

왕립학회 특별회원 로런스 브래그 경, J. F. 나이
케임브리지 대학교 캐번디시 연구소
(1947년 1월 9일 접수 — 1947년 6월 19일 게재)

금속의 결정 구조는 비눗물 표면에 떠 있는 밀리미터 직경 이하의 작은 기포 집단을 이용하여 표현될 수 있다. 수면 밑에서 일정한 공기압으로 가느다란 피펫을 불어 주면 크기가 거의 일정한 기포가 발생한다. 기포는 표면 장력에 의해 서로 달라붙으면서 수면 위에 한 층 또는 3차원 집단을 형성한다. 한 집단은 수백~수천 개의 기포로 이루어져 있으며, 이 상태는 한 시간 이상 지속된다. 이들 집단은 이론적으로 예측되는 금속의 내부 구조를 시각적으로 보여 주며, 그레인 경계(grain boundary), 전위(dislocation), 다른 형태의 결함들, 슬립(slip), 재결정화(recrystallization), 어닐링(annealing), 그리고 '이질적인' 원자들에 의해 생기는 변형 등 기존에 관측된 효과들을 매우 그럴듯하게 재현해 준다.

1. 기포 모델

기존에 가끔씩 제시되어 온 결정 구조 모델에서는 수면 위에 떠서 모세관 인력으로 서로 달라붙어 있는 원형 디스크나 수면 위에 매달려 있는 작은 자석들로 원자를 표현해 왔다. 그러나 이런 모델은 특정한 단점이 있다. 예를 들어, 수면에 접촉한 채 떠 있는 물체는 마찰력 때문에 자유롭게 이동할 수 없다. 뿐만 아니라, 실제 결정 내부의 상황에 근접한 모델이 되기 위해서는 엄청나게 많은 수의 개체가 필요한데, 기존의 모델에서는 개체 수가 매우 제한적이다. 본 논문에서는 비눗물 표면 위에 떠 있는 직경 0.1~2.0mm의 작은 기포들을 이용하여 원자를 기술하는 결정 모델을 다룰 것이다. 이러한 작은 기포들은 한 시간 이상 걸리는 실험에서도 별 탈 없이 유지되며, 상호 간에 마찰 없이 스쳐 지나갈 수 있고 대량 생성이 가능하다. 본 논문에 게재된 몇몇 사진들은 100,000개 이상에 달하는 기포 집단에서 촬영한 것이다. 이 모델은 금속 구조의 거동을 가장 유사하게 표현해 낼 수 있는데, 그 이유는 기포의 종류가 단 한 가지뿐이고 이들이 금속 내부에 있는 자유 전자의 속박력(binding force)에 대응되는 일반적인 모세관 인력에 의해 달라붙어 있기 때문이다. 모델에 대한 간략한 설명은 〈저널 오브 사이언티픽 인스트루먼츠(Journal of Scientific Instruments)〉(브래그 1942*b*)에 게재된 바 있다.

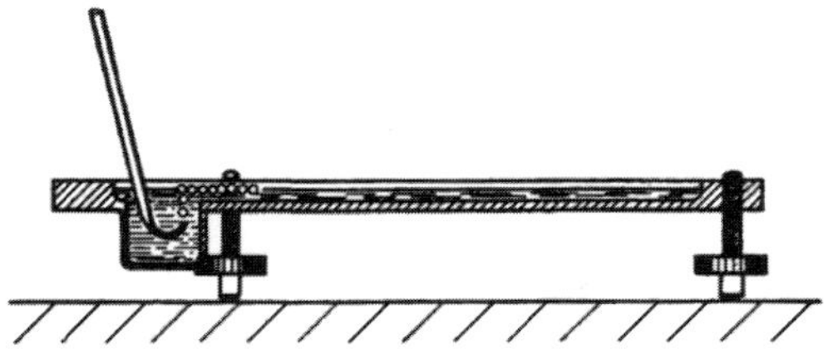

그림 1 기포 뗏목을 발생시키는 장치

2. 형성 방법

기포는 비눗물 표면 아래에 위치한 가느다란 구멍(orifice)에서 나온다. 우리는 왕립연구소(Royal Institution)의 그린(Mr. Green)으로부터 제법을 전수받아 만들어 낸 용액으로 가장 좋은 결과를 얻을 수 있었다. 15.2cc의 (재증류된 순수한) 올레산을 50cc의 증류수에 넣고 잘 흔들어 준다. 이것을 73cc의 트라이-에탄올라민(tri-ethanolamine) 10% 용액과 완전히 섞어 200cc의 혼합액을 만든다. 여기에 164cc의 순수한 글리세린을 첨가한 후 그대로 방치해 두면 아랫부분에 맑은 액체가 가라앉는다. 공기 분사구는 수면 아래 약 5mm정도에 위치한다. 두 개의 윈체스터 플라스크(Winchester flask)로 50~200cm 높이의 물의 수압에 해당하는 일정한 공기압을 공급하면 기포가 생성되는데, 신기하게도 이들의 크기는 거의 일정하다. 가끔 불규칙한 기포가 발생되기도 하지만, 이것은 분사구의 크기나 압력을 조절하여 해결할 수 있다. 또한 원하지 않는 기포는 수면에서 작은 불꽃을 사용하여 제거할 수 있다. 실험에 사용된 장비는 그림 1과 같다. 용기의 바닥을 검정색으로 칠하면 그레인 경계(grain boundary)와 전위(dislocation) 등 상세한 구조를 좀 더 명확하게 관찰할 수 있다.

그림 2(뒷부분 별첨)는 기포로 이루어진 2차원 결정 구조를 보여 준다. 그림을 비스듬한 방향으로 바라보면 어떤 규칙이 있음을 알 수 있다. 기포의 크기는 분사구의 구경에 따라 변하지만, 수면 아래로 구멍이 잠긴 깊이와 분사 압력에는 크게 의존하지 않는 것으로 보인다. 압력을 증가시켰을 때 나타나는 주된 효과는 기포의 방출률이 증가한다는 것이다. 예를 들어, 100cm의 압력으로 관벽이 두꺼운 구경 49μ 분사구를 사용하면 직경 1.2mm정도의 기포가 발생된다. 구경 27μ의 관벽이 얇은 분사구와 180cm의 압력을 사용하면 직경 0.6mm정도의 기포가 발생된다. 크기에 따라 기포의 거동이 다르므로 직경이 1.0

~2.0mm인 기포를 '큰' 기포, 0.6~0.8mm인 기포를 '중간' 기포, 그리고 0.1~0.3mm인 기포를 '작은' 기포로 분류하는 것이 편리하다.

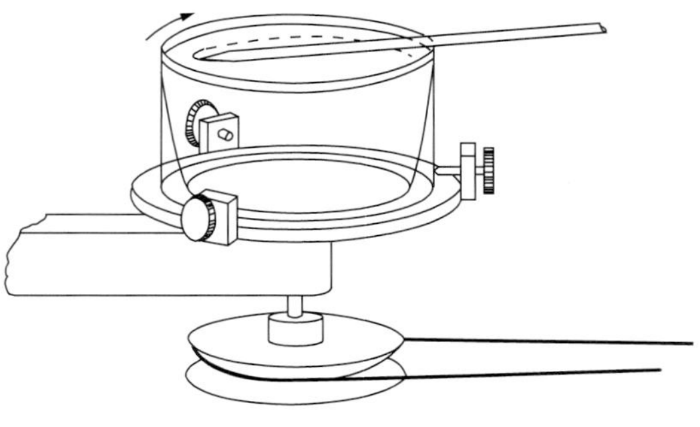

그림 3 작은 사이즈의 기포를 발생시키는 장치

그림 1의 장비로는 공기 분사구의 크기를 줄일 방법을 찾지 못해서 직경 0.6mm 이하의 작은 기포를 발생시킬 수 없었다. 하지만 실험에는 매우 작은 기포가 필요했으므로, 회전하는 용기에 비눗물을 넣고 가능한 한 거의 유선(stream line)에 평행한 방향으로 미세한 공기 분사구를 삽입하는 방법을 사용하였다. 기포는 발생되는 즉시 멀리 퍼지며, 정상 조건(steady condition)하에서는 거의 균일한 크기를 유지한다. 이 장치는 고음을 내며 1초당 1,000개 이상의 기포를 발생시킨다. 회전하는 동안 비눗물은 용기의 테두리 주변으로 가파른 경사면을 형성하지만, 회전이 멈추면 대부분의 기포를 되돌려 준다. 그림 3에 나와 있는 장치를 사용하면 직경이 최하 0.12mm인 기포를 발생시킬 수 있다. 예를 들어, 구경이 38μ인 관벽이 얇은 공기 분사구와 190cm의 압력, 그리고 구멍을 지나가는 유체의 속도가 180cm/sec이면 직경이 0.14mm인 기포가 생성된다. 이 경우에는 직경 9.5cm인 용기를 사용해서 6rev/sec의 속도로 회전시켰다. 그림 4는 이렇게 생성된 '작은' 기포를 확대한 사진인데, 보다시피 크기가 매우 균일하다. 회전하는 용기에서 형성된 패턴은 용기가 고정된 경우만큼 완벽하지는 않으며, 기포의 열을 비스듬한 방향에서 바라보면 다소 불규칙하게 보인다.

이러한 2차원 결정은 금속의 내부에 존재할 것으로 생각되는 구조를 보여 주며 그레인 경계(grain boundary), 전위(dislocation) 그리고 다른 형태의 결함들, 슬립(slip), 재결정화(recrystallization), 어닐링(annealing), 그리고 '이질적인' 원자에 의한 변형(strain)과 같은 기존의 관측 결과들을 그럴듯하게 재현해 준다.

3. 그레인 경계

그림 $5a$, $5b$ 그리고 $5c$는 각각 직경이 1.87mm, 0.76mm, 0.30mm인 기포에 대한 전형적인 그레인 경계를 보여 주고 있다. 기포들이 불규칙적으로 배열되어 있는 경계의 교란된 영역의 폭은 일반적으로 기포가 작을수록 더 넓게 나타난다. 몇 개의 인접한 그레인(grain, 結晶粒)을 보여 주는 그림 $5a$에서 두 그레인 사이의 경계에 있는 기포는 분명히 둘 중 어느 한쪽의 결정 구조를 따르고 있다. 그림 $5c$에서, 두 그레인 사이에는 두드러진 '변질 층(Beilby layer)'이 존재한다. 나중에 보게 되겠지만, 작은 기포는 큰 기포보다 강성(rigidity)이 더 크기 때문에, 작은 기포의 경계면에서 불규칙성이 더 심하게 나타난다.

그림 $5a$~$5c$와 그림 $12a$~$12e$와 같은 다결정 기포 뗏목 사진을 비스듬한 방향에서 바라보면 분리된 그레인들이 확연하게 드러난다. 적당한 조명 아래에서 물에 떠 있는 기포 뗏목을 비스듬하게 바라보면 식각(etching)하고 광을 낸 금속 표면과 놀랍도록 비슷하다.

평균적인 기포보다 상당히 크거나 작은 기포들, 즉 '불순 원자들(impurity atoms)'이 다결정 기포 뗏목 속에서 종종 발견되는데, 이런 경우에 불순 원자의 대다수는 그레인 경계에 놓이게 된다. 비정상적인 기포가 경계로 이동한다고 말하는 것은 옳지 않다. 구조를 통과하는 기포의 확산은 일어날 수 없고, 오로지 이웃하는 원자들 간의 상호 조정만 가능하다는 것이 이 모델의 단점이다. 한 결정이 소멸하는 동시에 또 다른 결정이 성장하면서 비정상적인 원자들이 통과할 때까지 경계가 재조정되는 것으로 보인다.

4. 전위

단결정이나 다결정 기포 뗏목에 압축, 인장 또는 다른 형태의 변형을 가하면 기포는 금속에 변형이 가해졌을 때와 매우 흡사한 거동을 보인다. 모델은 어떤 특정한 한계까지는 탄성 영역 내에 있다. 그 한계점을 넘어서면 밀집된 경사열(inclined rows)의 세 방향 중 하나를 따라 미끄러진다. 슬립(slip)은 어느 한 열에 위치한 기포들이 이웃하는 기포와의 거리만큼 다음 열의 기포에 대하여 앞쪽으로 이동함으로써 일어난다. 이와 같은 과정을 관찰하는 것은 매우 흥미롭다. 이러한 이동은 전체 열을 따라 동시에 일어나지 않고 다른 열의 기포들과 비교했을 때 슬립 선의 한쪽 열에 기포가 국부적으로 하나 더 있는 '전위'가 나타났을 때 시작된다. 전위는 결정의 한쪽에서 다른 쪽으로 슬립 선을 따라 이동하는데, 그 결과로 열 전체는 '원자간(inter-atomic)' 거리만큼 미끄러지게 된다. 이러한 과정은 금속 구조에서 소성 활주(plastic gliding)가 일어나는데 필요한 작은 힘을 설명하기 위해 오로완(Orowan), 폴라니(Polanyi) 그리고 테일러(Taylor)에 의해 제시되었다. 결정의 소성 변형(plastic deformation) 메커니즘을 설명하기 위해 1934년에 테일러에 의해서 한층 발전된 이론에서는 전위의 평형과 상호작용을 고려하고 있다. 기포들은 금속에서 일어나는(또는 그러리라고 추측되는) 과정을 극명하게 보여 준다. 때때로 전위는 결정을 가로지르는데 초 단위의 시간이 걸릴 정도로 매우 느리게 이동하기도 한다. 전체적으로 고르지 않은 변형력이 가해진 결정 내부에서는 정적인 전위(stationary dislocation)도 발견된다. 이러한 전위는 짧은 검정색 선으로 나타나는데, 그림 12*a*∼12*e*에 나와 있는 일련의 사진에서 볼 수 있다. 다결정 기포 뗏목에 압축 변형을 가하면 검정색 선들이 결정 전반에 걸쳐 사방팔방으로 돌진하는 모습이 나타난다.

그림 6*a*, 6*b* 그리고 6*c*는 전위의 전형적인 예이다. 기포의 직경이 1.9mm인 그림 6*a*에서 전위는 매우 국지적이며 대략 6개 정도의 기포에 걸쳐 나타나 있다. 그림 6*b*(직경 0.76mm)에서는 12개의 기포에 걸쳐 나타나 있고 그림 6*c*(직경 0.30mm)에서는 전위의 영향이 대략 50개 정도의 기포에 걸쳐 나타나 있다. 작은 기포들로 이루어진 격자일수록 강성이 더 크기 때문에 전위의 길이가 길다. 그러나 다량의 기포를 연구한 결과, 기포의 크기에 따른 전위의 표준 길이는 없는 것으로 추정된다. 길이는 결정에 작용하는 변형력의 특성에 의해 좌우된다. 상응하는 두 축이 이루는 각이 (가능한 최대각인) 30°정도 되는 두 결정 사이의 경계는 엇갈리는 열에 형성된 일련의 전위로 간주될 수 있으며, 이 경우에 전위는 매우 짧게 나타난다. 인접하는 결정 사이의 각이 감소함에 따라 전위는 더 넓은 구간에서 일어나며 동시에 점점 길어져서 마침내는 그림 6*a*, 6*b*, 6*c*와 같이 완벽한 구조의 커다란 결정체 속에서 단일 전위를 이루게 된다.

그림 7에서는 평행한 세 개의 전위를 볼 수 있다. (테일러가 했던 대로) 이들을 양(positive)과 음(negative)으로 부르면, 그림의 전위는 왼쪽부터 양, 음, 양이 된다. 수평 방향으로 바라보면 마지막 두 전위 사이의 기다란 영역(strip)에는 세 개의 기포가 더 있음을 알 수 있다. 그림 8에 보이는 것은 그레인 경계에서 돌출되어 나온 전위인데, 흔히 관찰되는 모습이다.

그림 9는 두 개의 기포가 하나의 자리를 차지하고 있는 상황을 보여 주고 있다. 이것은 정면으로 마주 보는 인접한 양과 음의 전위를 압축시켰을 때 얻어지는 극단적인 경우이다. 반대의 경우는 전위가 만나는 지점에서 하나의 기포가 빠진 구멍이 만들어진다.

5. 다른 형태의 결함

그림 10에서는 평행하게 배향된 두 결정 사이의 좁고 기다란 영역을 볼 수 있는데, 이 영역은 기포들이 조밀하게 메워지지 않은 여러 개의 결함 선(fault line)들과 교차되어 있다. 이러한 영역이 바로 재결정화가 일어날 것으로 예상되는 장소이다. 경계가 서로 접근함에 따라 이러한 영역은 광활하게 펼쳐진 완벽한 결정의 일부분으로 흡수되어 버린다.

그림 11*a*∼11*g*는 국지적으로 기포가 부족한 곳에서 자주 나타나는 배열의 예이다. 일반적으로 전위는 검은 선으로 나타나지만, 이러한 구조들은 V자나 삼각형 모양으로 나타난다. 전형적인 V자 구조는 그림 11*a*에 나와 있다. V자 구조는 기포 모델이 일그러질 때 60°의 경사로 만나는 두 전위에 의해 형성되며, 그 경로를 따라 계속되는 전위에 의해 소멸된다. 그림 11*b*에는 전위를 포함하는 작은 삼각형이 보이는데, 결함을 기준으로 밑에 있는 열이 위에 있는 열보다 기포를 하나 더 가지고 있다는 점이 특이하다. 결정의 한쪽을 가볍게 휘저어서 경미한 열운동을 일으켜 주면, 결함이 있는 자리들이 사라지면서 완벽한 구조가 형성된다.

일반적으로 결정의 이곳저곳에는 기포가 빠진 빈 공간이 검은 점으로 나타난다. 그림 11*g*가 그 예이다. 이러한 틈은 하나가 채워지면 다른 하나가 나타나기 때문에 국지적으로 재조정하더라도 채워지지 않는다. 이러한 구멍들은 결정을 '냉각가공(cold-work)'시키는 과정에서 생성되거나 소멸된다.

모델에서 관찰되는 이러한 구조들은 실제 금속의 내부

에 이와 유사한 국지적 결함이 존재할 가능성을 시사하고 있다. 국지적 결함은 주변의 에너지 장벽을 낮춰 줌으로써 확산 과정 또는 질서-무질서 변화(order-disorder change)에서 일정 부분 역할을 하거나 동소체 변화에서 결정화를 촉발시키는 핵(nuclei)의 역할을 할 가능성이 있다.

6. 재결정화와 어닐링

그림 12*a*~12*e*는 동일한 기포 뗏목을 시간에 따라 순차적으로 찍은 사진이다. 용액의 표면을 덮고 있는 기포 뗏목을 유리갈퀴로 세차게 휘저은 후 기포들이 스스로 자리 잡도록 내버려 둔다. 그림 12*a*는 휘젓기를 멈춘 뒤 약 1초 후의 모습이다. 기포들은 수많은 작은 '미세 결정(crystallite)'들로 부서진다. 수많은 전위들과 기타 결함들이 나타나는 것을 보면 상당히 비균일한 변형력을 받는 상태에 놓여 있음을 알 수 있다. 다음 사진은(그림 12*b*) 32초 후에 찍은 동일한 기포의 모습이다. 작은 그레인들이 합쳐져서 더 큰 그레인을 형성하고, 이 과정에서 변형력이 상당 부분 사라진다. 재결정화(recrystallization)는 이러한 일련의 과정들을 통해 일어나는데, 마지막 세 장의 사진은 2, 14, 25분 후의 모습을 보여 주고 있다. 기포의 재배열을 이 이상 오래 관찰하는 것은 불가능하다. 기포 내의 공기가 밖으로 확산되면서 오랜 시간 후에는 기포들이 수축되고, 또한 기포들의 벽이 점점 얇아지면서 터져 버리기 때문이다. 이 과정이 일어나는 동안에는 어떠한 교란도 주지 않았다. 아주 느린 재배열 과정이 진행되면서 뗏목의 한 부분의 기포들이 움직임으로써 인접한 부분의 재배열을 촉진시키는 변형력이 형성되며, 이는 순차적으로 다른 부분으로 전달된다.

이러한 일련의 과정에서 여러 가지 흥미로운 형상들이 나타난다. 좌표 *AA*, *BB*, *CC*로 표시된 지점의 작은 그레인을 눈여겨 보라. *A*는 전 과정을 통해 형태가 변하긴 하지만 계속 유지된다. *B*는 14분 후에도 유지되지만, 25분 후에는 그레인 내부의 변형력의 흔적을 표시하는 네 개의 전위를 남기고 사라진다. 그레인 *C*는 축소되다가 결국 그림 12*d*에서 구멍과 V자를 남기고 사라지며, 그림 12*e*에서는 V자도 사라져서 보이지 않는다. 동시에 그림 12*d*에서 *DD* 지점에 위치한 불분명한 경계는 그림 12*e*로 오면서 명확한 경계로 바뀐다. 또한 그림 12*b*에서 12*e*에 이르는 과정에서 *EE* 부근의 그레인 경계들이 반듯해지는 것을 볼 수 있다. 또한 다양한 길이의 전위를 볼 수 있는데, 이는 명확한 경계와 약간의 구조 왜곡 사이의 모든 단계를 특징짓는 것이다. 기포가 없는 구멍들은 검은 점으로 나타난다. 이런 구멍들 중 일부는 전위의 운동에 의해 형성되거나 혹은 메워지기도 하지만, 다른 것들은 기포가 터진 자리를 나타낸다. 몇몇 삼각형과 많은 V자의 사례들도 보인다. 이 일련의 사진을 연구하면 다른 흥미로운 사실들도 알아낼 수 있을 것이다.

그림 13*a*, 13*b*, 13*c*는 휘젓는 과정이 끝난 뒤 1초, 4초 그리고 4분 후에 기포 뗏목의 일부분을 찍은 사진인데, 좀 더 완벽한 배열로 이완되는 과정의 연속되는 두 단계를 보여 주고 있어 흥미롭다. 페이지를 가로질러 비스듬하게 보면 변화가 더욱 분명하게 보인다. 그림 13*a*에서는 배열이 거의 파손된 상태이다. 그림 13*b*에서는 기포들이 열을 지어 배열하지만, 열의 곡률을 보면 내부에 상당한 정도의 변형(strain)이 존재함을 알 수 있다. 그림 13*c*에서는 *A*-*A*에 새로운 경계가 형성되면서 변형이 경감되어 열들(rows)이 전반적으로 반듯하게 된다. 이러한 변형이 내재되어 있는 결정의 에너지는 결정 간 경계(intercrystalline boundary)의 에너지보다 크게 나타날 것이다. 아래에 언급된 동영상 제작시 촬영된 그림 13의 사진에 대해서는 코닥(Kodak)의 관계자들에게 감사를 표한다.

7. 불순 원자의 효과

그림 14는 크기가 다른 하나의 기포에 의해 초래되는 광범위한 효과를 보여 주고 있다. 이 그림을 완벽한 기포의 그림 2나 4와 비교해 보면 세 개의 기포, 즉 다른 것보다 큰 기포 하나와 작은 기포 두 개가 그림의 전체에 걸쳐서 열의 규칙성을 깨뜨리는 것을 볼 수 있다. 위에서 언급한 대로 크기가 다른 기포들은 일반적으로 그레인 경계에서 발견되는데, 여기에는 그러한 기포들을 수용할 수 있는 불규칙한 크기의 구멍이 나타난다.

8. 2차원 모델의 역학적 특성

완벽한 2차원 기포 뗏목의 역학적 특성은 위에 언급된 논문(브래그 1942*b*)에서 기술된 바 있다. 기포들은 비눗물의 표면에 수평으로 잠겨 있는 평행한 두 개의 스프링 사이에 놓여 있다. 스프링의 피치를 기포열의 간격에 맞게 조절해 주면 기포들이 스프링에 달라붙게 된다. 한 스프링은 마이크로미터 나사에 의해 자신과 평행한 방향으로 병진 운동이 가능하며, 나머지 스프링은 수직한 두 개의 가느다란 유리섬유에 의해 지지된다. 층밀림 응력(shearing stress)은 유리섬유의 휘는 정도로 측정될 수 있다. 층밀림 응력이 가해지면 기포들은 탄성 한계에 다다르기 전까지 훅의 탄성 법칙(Hooke's law of elasticity)을 따르다가, 중간의 기포열을 따라서 기포 하나의 너비만큼 미끄러진다. 탄성 층밀림(elastic shear)과 슬립은 여러 번 반복될 수 있다. 기포 뗏목의 한쪽 변이 맞은편 변에 대하여 기포 하나의 너비만큼 밀리는 변형력이 가해지면 거의 탄성 한계에 다다르게 된다. 이러한 특성은 금속의 탄성 한계를 계산할 때 우리(저자) 중 하나가 제시했던 기본 가정(브래그 1942*a*)을 뒷받침한다. 거기서 내세웠던 가정은, 슬립에 의해 에너지가 방출될 정도의 변형력이 가해져야만 비로소 냉각 가공된 금속 내부의 개개의 미소 결정(crystallite)들이 밀린다는 것이다.

기포들 사이의 힘은 니콜슨(M. M. Nicolson)에 의해서 계산되었는데, 이 결과는 곧 출판될 예정이다. 계산 결과 두 가지 흥미로운 점이 나타났다. 하나는 기포 중심 사이의 거리에 따른 퍼텐셜 에너지의 변화 곡선이 원자 사이의 거리에 따른 퍼텐셜 곡선과 아주 비슷하다는 것이다. 퍼텐셜은 중심 사이의 거리가 자유롭게 떠다니는 기포의 직경보다 약간 작을 때 최소이고, 거리가 더 짧아지면 가파르게 상승한다. 또한 직경이 0.1mm인 기포의 경우에는 퍼텐셜의 상승세가 아주 가파르지만 직경이 1mm이면 0.1mm인 경우보다 가파른 정도가 훨씬 덜하다. 이러한 계산 결과는 기포 모델에서 작은 기포의 거동이 큰 기포의 거동보다 강성(rigidity)이 훨씬 높게 나타나는 현상을 설명해 준다.

9. 3차원 집단

기포들이 수면 위에 여러 층으로 쌓일 수 있다면 밀집 배열된 3차원 '결정' 덩어리를 형성하게 될 것이다. 그림 15는 이러한 덩어리를 비스듬하게 바라본 것인데, 식각 후 연마된 금속 표면과 아주 유사하다. 그림 16은 비슷한 덩어리를 똑바로 내려다본 모습이다. 구조의 일부분은 확연한 입방 밀집 구조(cubic closest packing)를 이루고 있으며, 바깥 면은 (111)면이나 (100)면에 해당된다. 그림 17*a*에는 (111)면이 나와 있다. 개개의 기포가 얹혀 있는 아래층에서 세 개의 기포의 윤곽을 선명하게 볼 수 있고, 가장 위층의 기포에 의해 가려지지 않은 지점에서는 한층 더 아래층에 있는 기포들도 희미하게 보인다. 이것은 (111)면이 쌓인 방식이 우리가 잘 알고 있는 입방체의 연속이라는 것을 보여 준다. 그림 17*b*에 보이는 것은 네 개의 기포 위에 개개의 기포들이 얹혀 있는 (100)면이다. 물론, 입방체의 축들은 표면층의 밀집된 열에 대하여 45° 기울어져 있다. 그림 17*c*는 입방 구조에서 (111)면을 가로지르는 쌍정(twin, 雙晶 : 정상적인 원자 배열이 거울에 비쳐진 모습으로 존재하는 결정 결함)을 나타낸다. 최상위층은 (111)면과 (100)면이고, 그림에서는 명확하게 보이지 않지만 비스듬하게 보면 두 면은 작은 각을 이루고 있다. 그림 17*d*에서는 결정면의 입방 밀집 구조와 육방 밀집 구조가 공존하는 듯하다. 하지만 그림의 왼쪽이 진정한 육방 밀집 구조인지는 확인하기가 쉽지 않다. 왜냐하면 이 지점에서 기포 집단의 두께가 두 층 이상이 되는지가 불확실하기 때문이다. 그림 16에서는 다수의 쌍정의 사례와 결정간 경계(intercrystalline boundary)를 관찰할 수 있다.

그림 18은 휨 변형(bending strain)에 의한 3차원 전위이다.

10. 기포 모델의 시연

단결정 및 다결정 기포 뗏목들에 압축, 인장 혹은 층밀림 힘이 가해졌을 때 그레인 경계와 전위의 움직임을 담은 16mm 동영상이 코닥(Kodak)의 협조하에 제작되었다. 또한 바닥이 평평한 유리병에 비눗물을 담으면 기포 모델은 투과되는 빛에 의해 넓은 영역으로 투영된다. 기포를 만들기 위해서는 어느 정도의 깊이를 확보해야 하며 용액은 다소 불투명하므로, 병의 바닥에 닿으면서 수면 바로 밑에 잠기는 유리 조각을 통해 투영시키는 것이 바람직하다.

마지막으로, 기포를 만드는 데 사용된 피펫을 제작해 준 캠브리지 킹스 대학(King's College)의 해럴드(C. E. Harrold) 씨에게 감사를 표한다.

참고문헌

Bragg, W. L. 1942*a Nature*, **149**, 511.

Bragg, W. L. 1942*b J. Sci. Instrum.* **19**, 148.

Taylor, G. I. 1934 *Proc. Roy. Soc.* A, **145**, 362.

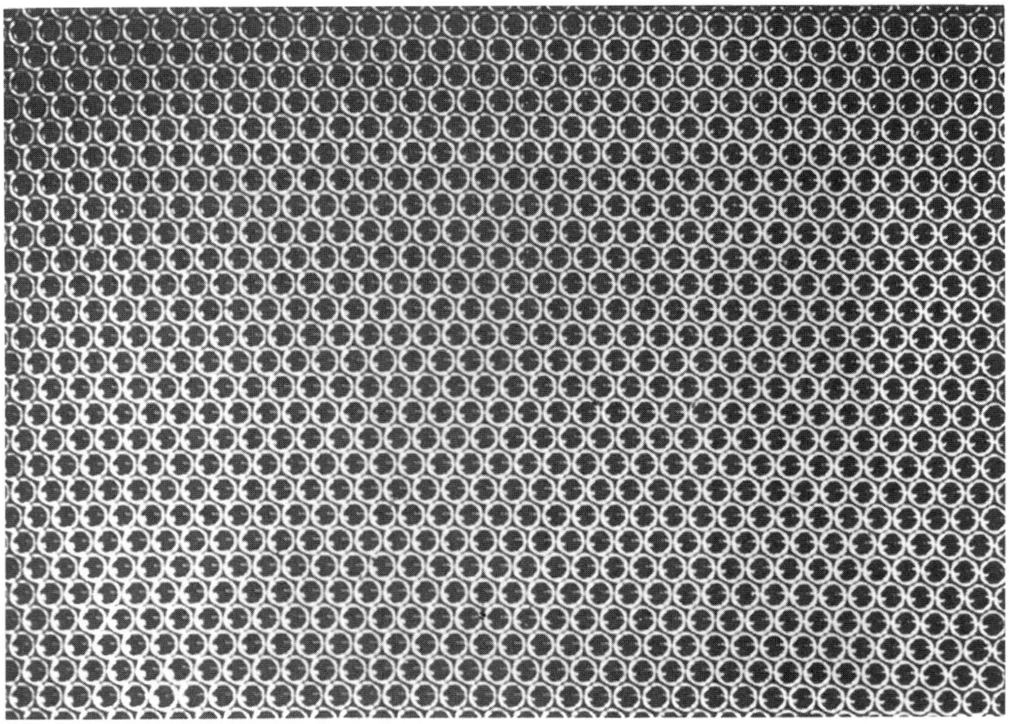

그림 2 완벽한 결정 구조의 기포 뗏목. 직경 1.41mm

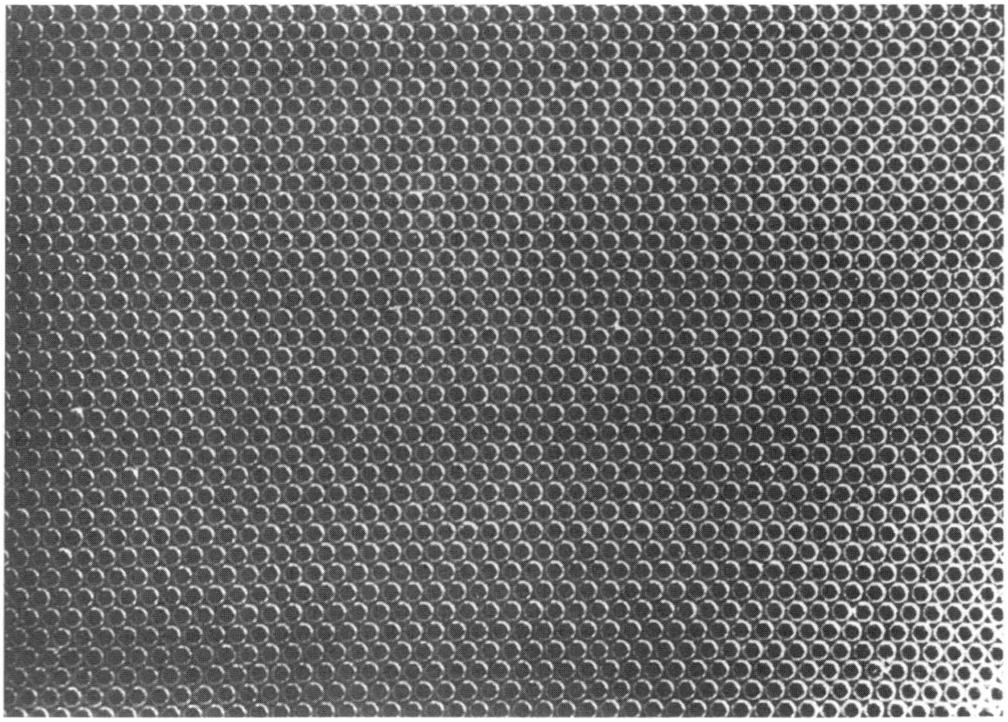

그림 4 완벽한 결정 구조의 기포 뗏목. 직경 0.30mm

그레인 경계

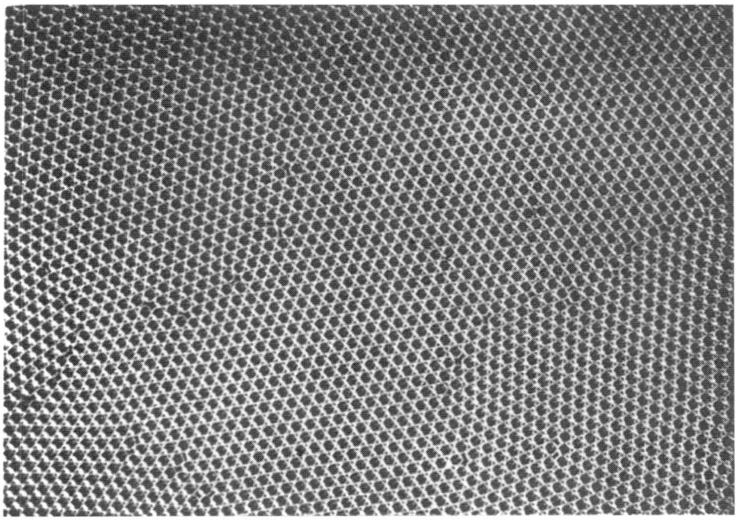

그림 5*a* 직경 1.87mm

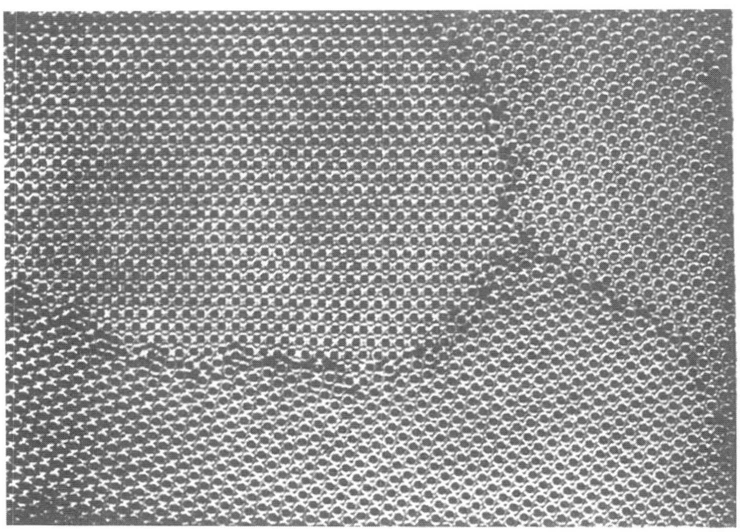

그림 5*b* 직경 0.76mm

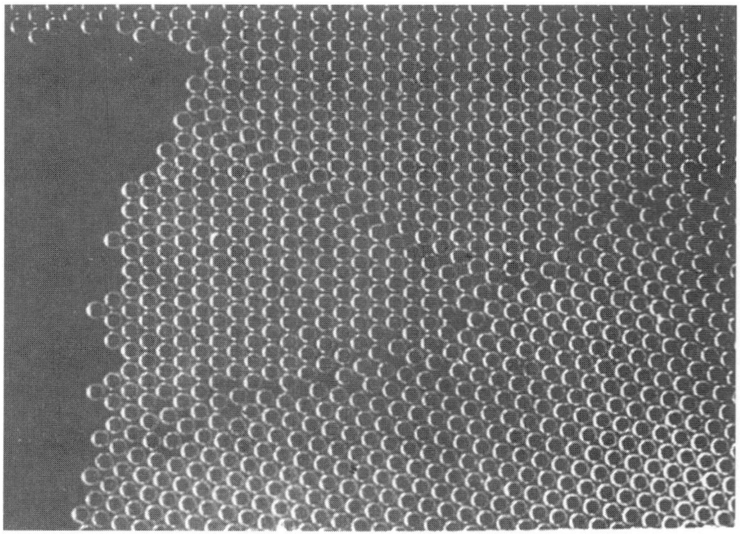

그림 5*c* 그레인 경계. 직경 0.30mm

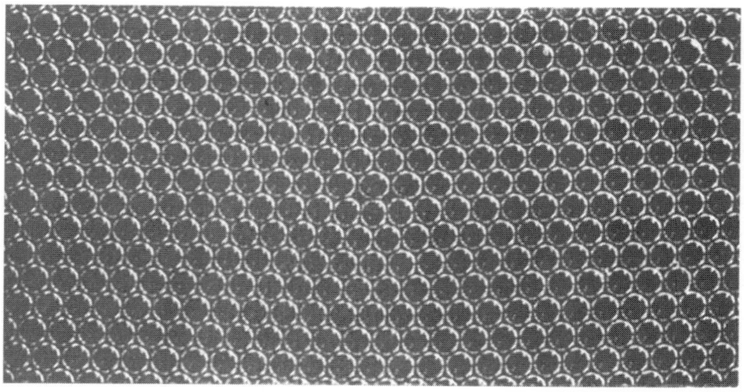

그림 6*a* 전위. 직경 1.9mm

전위

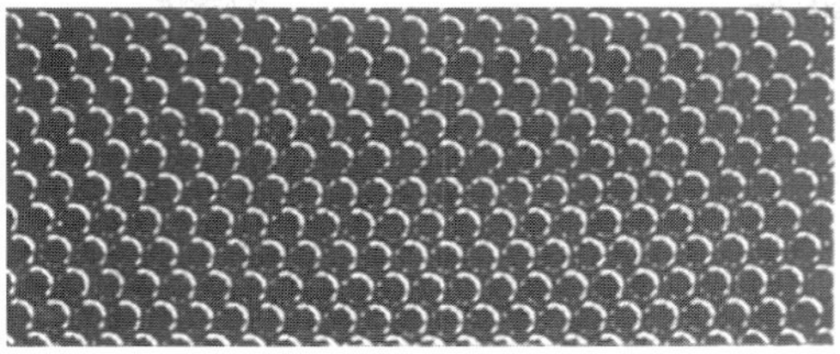

그림 6*b* 직경 0.76mm.

그림 6*c* 직경 0.30mm

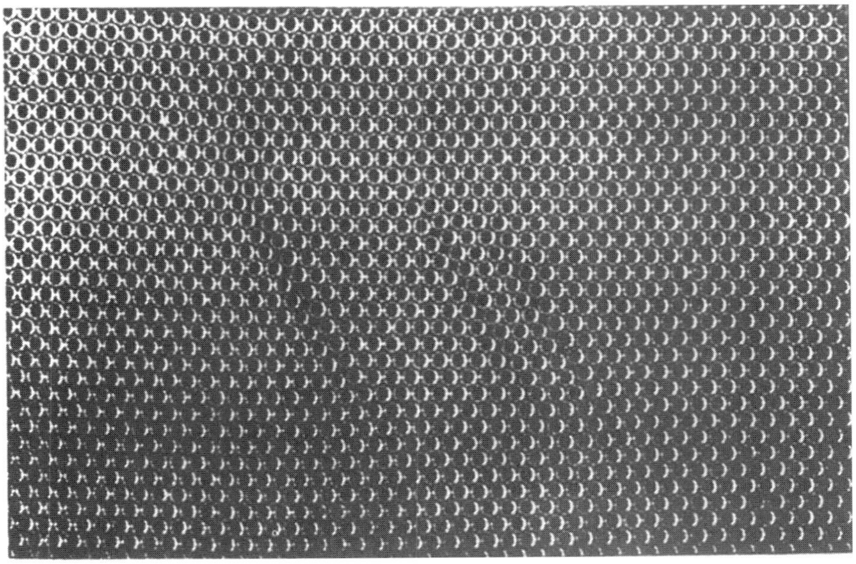

그림 7 평행한 전위. 직경 0.76mm

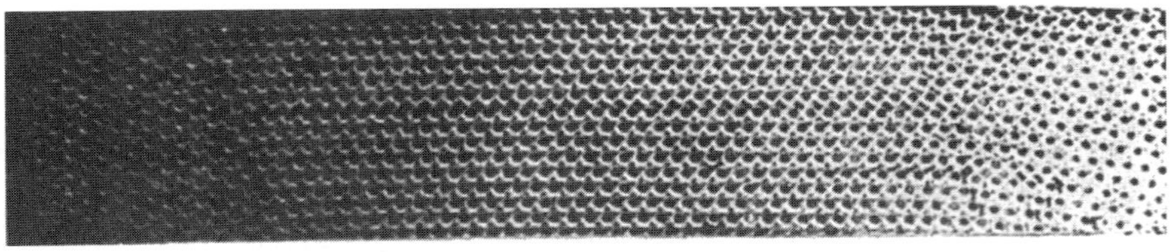

그림 8 그레인 경계에서 돌출되어 나온 전위. 직경 0.30mm

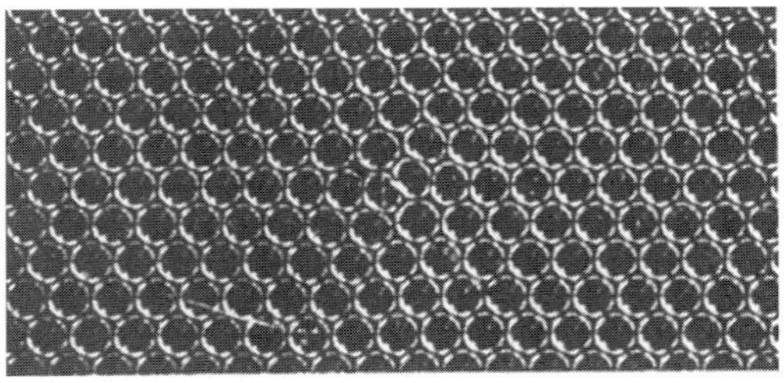

그림 9 인접한 열에 형성된 전위. 직경 1.9mm

그림 10 평행하게 배향된 두 영역 사이에 형성된 일련의 결함 선. 직경 0.30mm

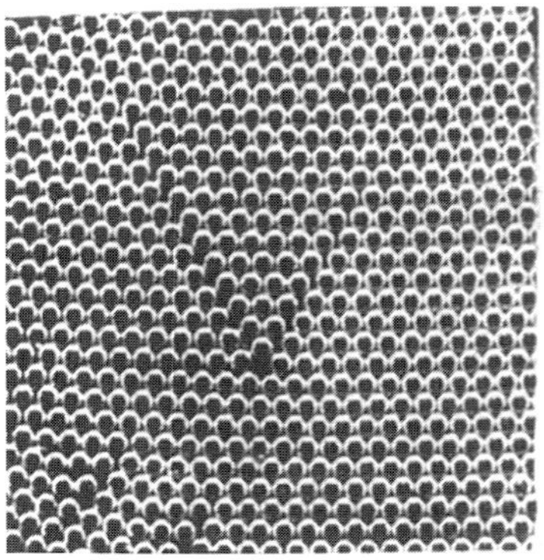

a) 직경 0.68mm

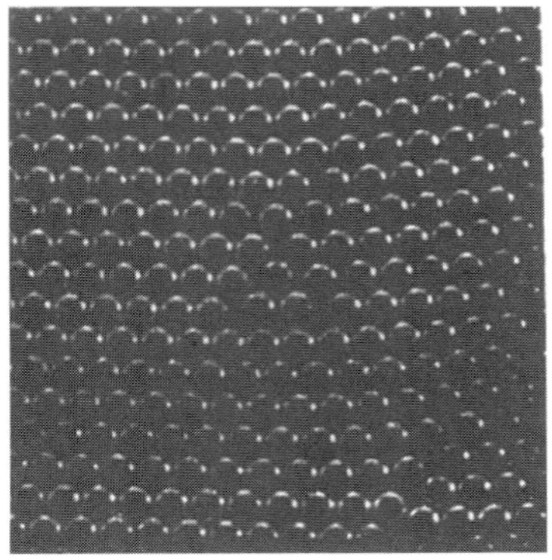

b) 직경 0.68mm

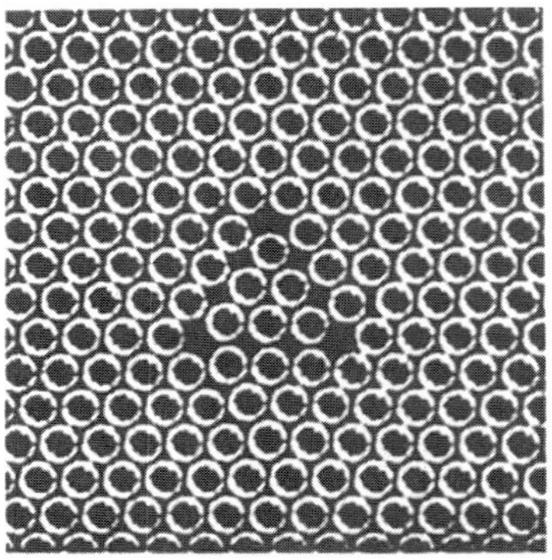

c) 직경 0.6mm

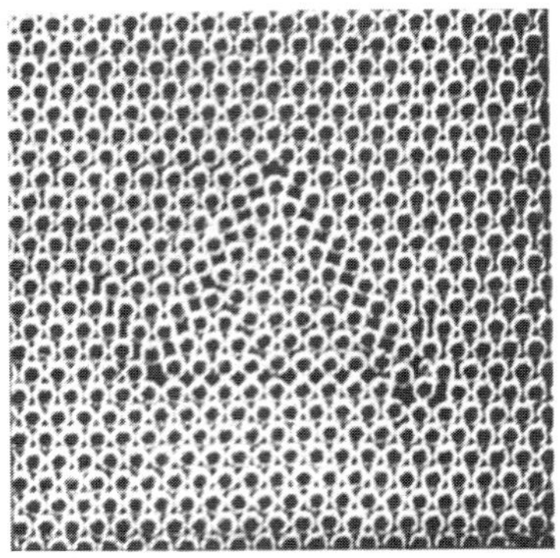

d) 직경 0.30mm

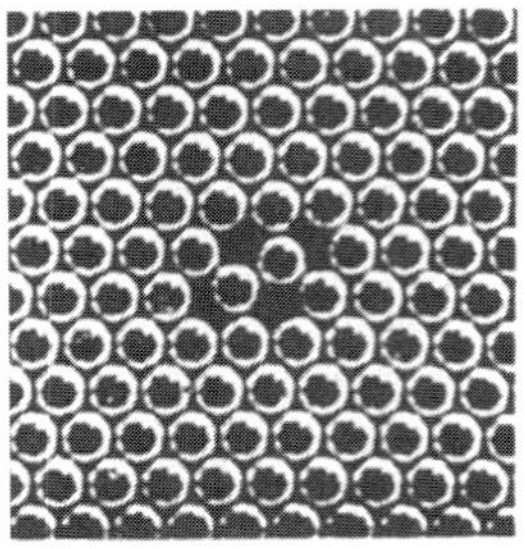

e) 직경 0.6mm

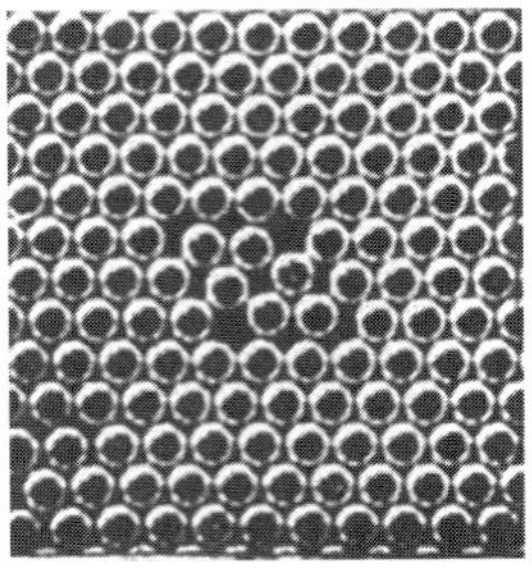

f) 직경 0.6mm

그림 11 여러 가지 형태의 결함

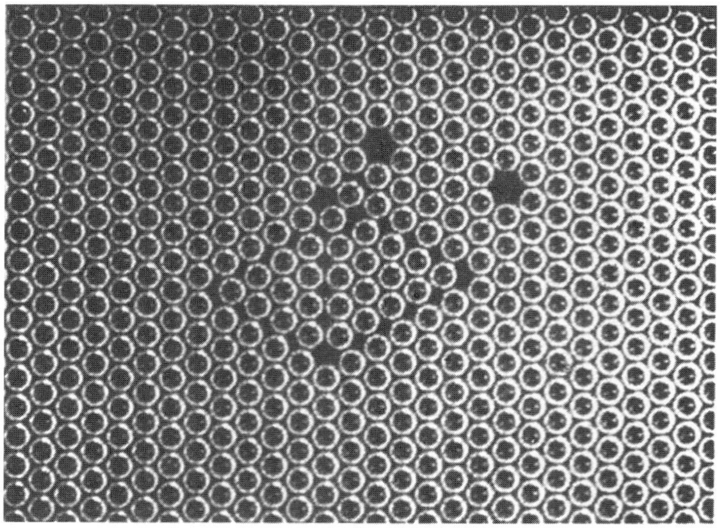

g) 직경 0.68mm

그림 11 여러 가지 형태의 결함

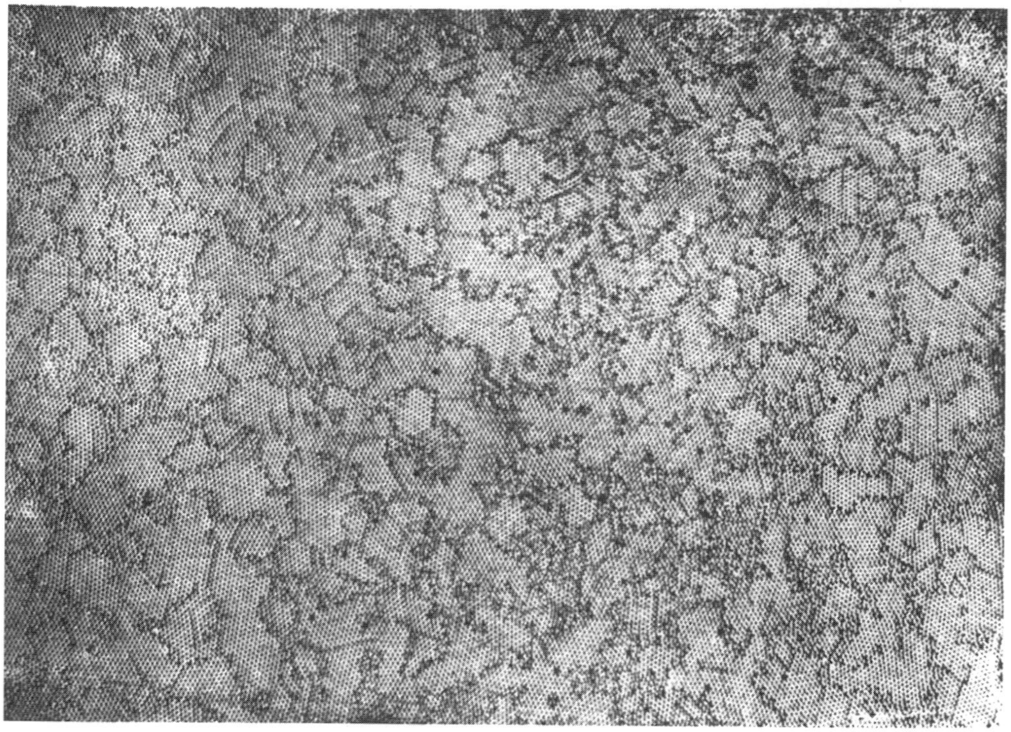

a) 휘저은 직후

그림 12 재결정화. 직경 0.60mm

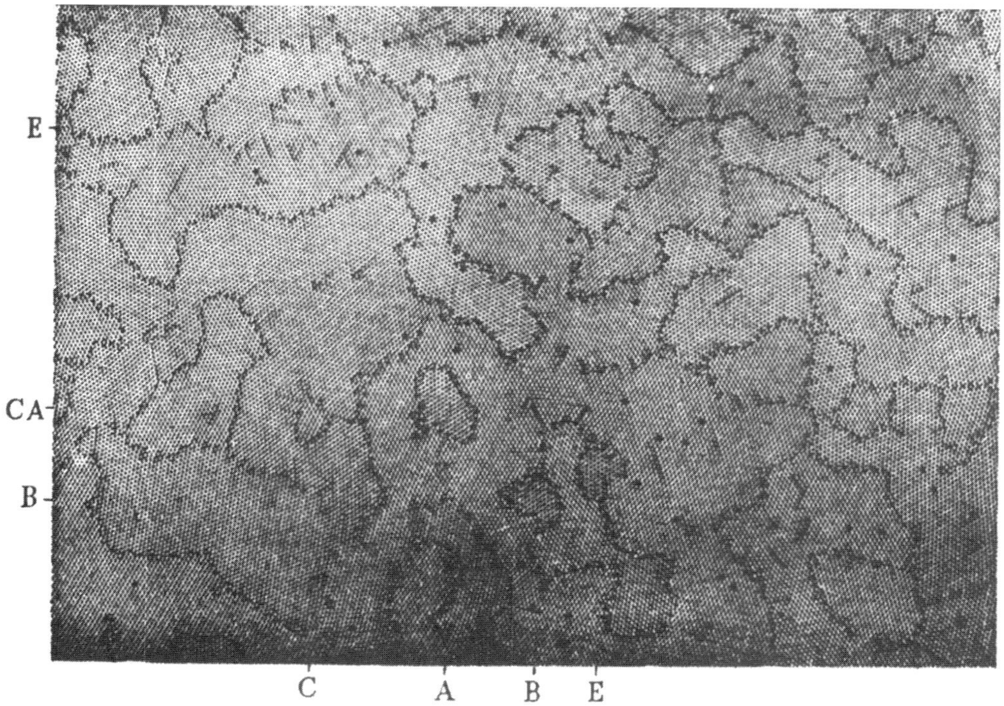

b) 33초 후

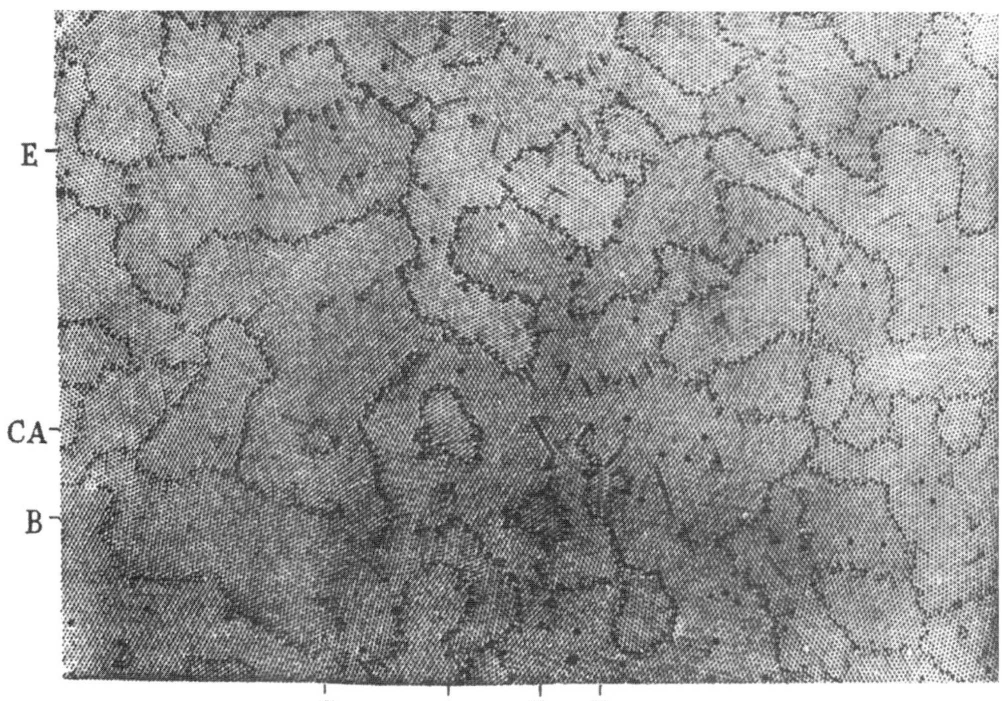

c) 2분 후

그림 12

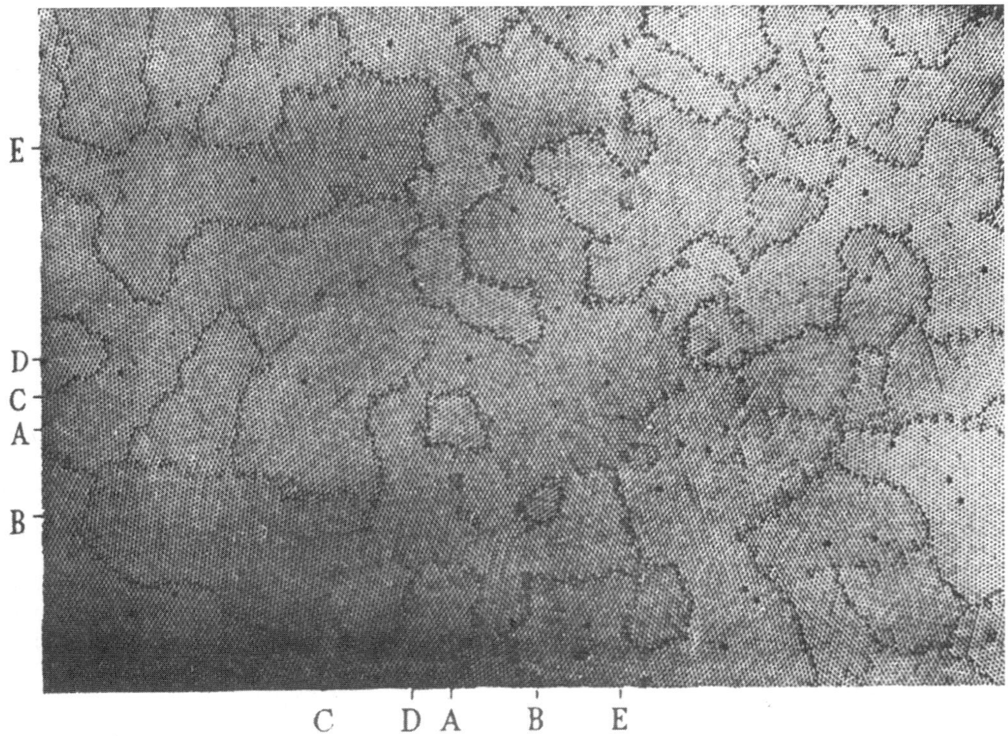

d) 14분 후

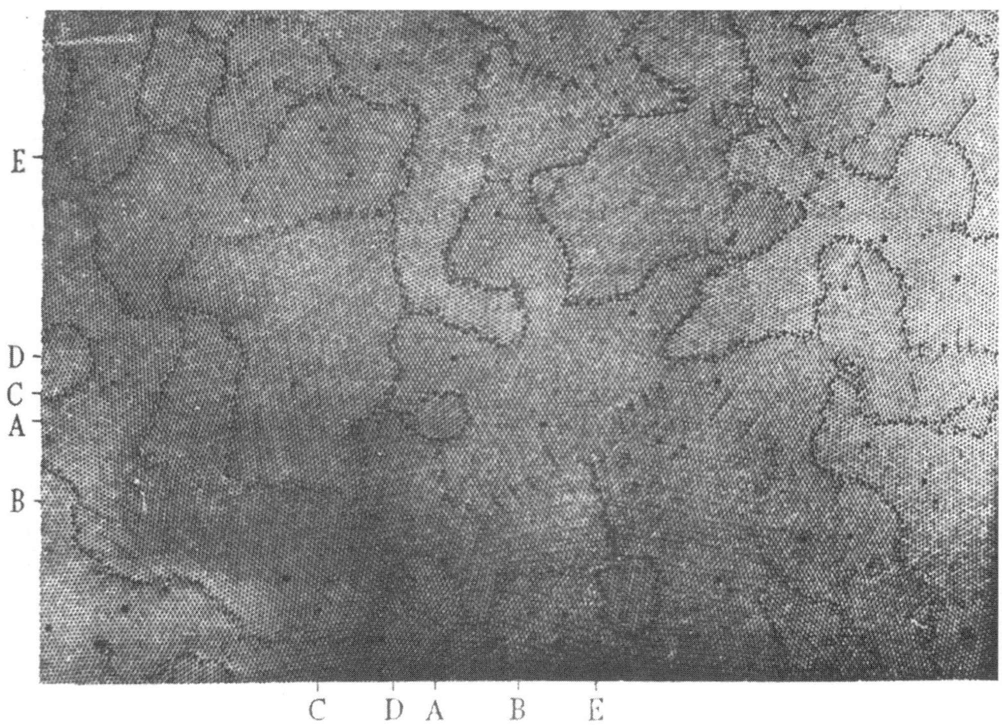

e) 25분 후

그림 12

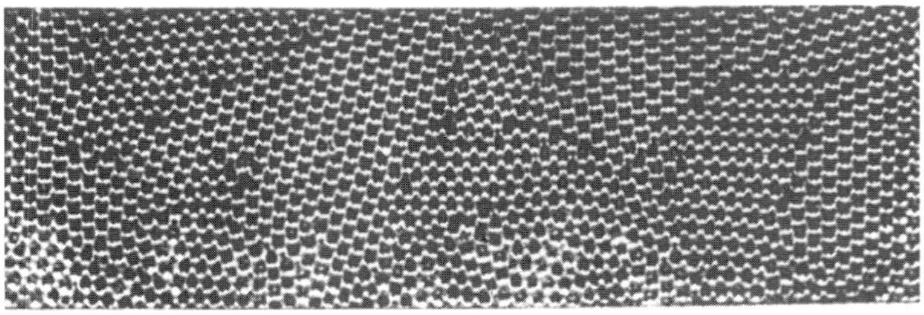

a) 1초 후

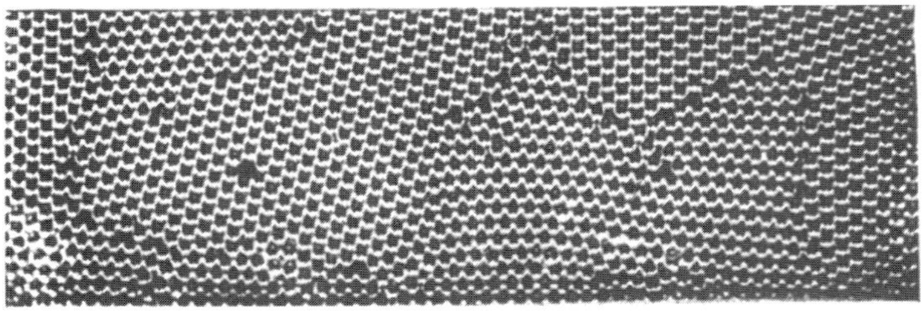

b) 4초 후

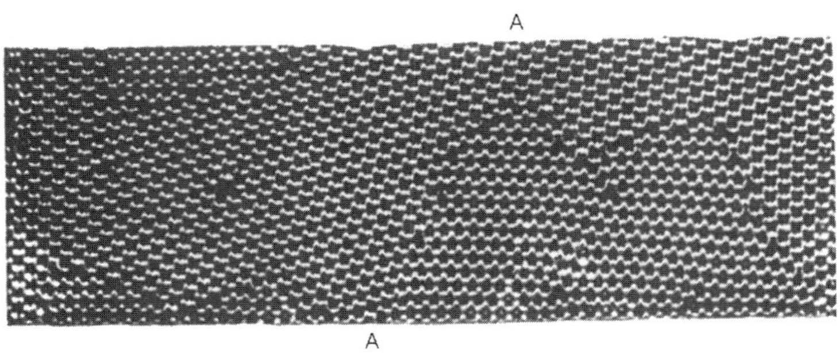

c) 4분 후

그림 13 재결정화가 진행되는 두 단계. 직경 1.64mm

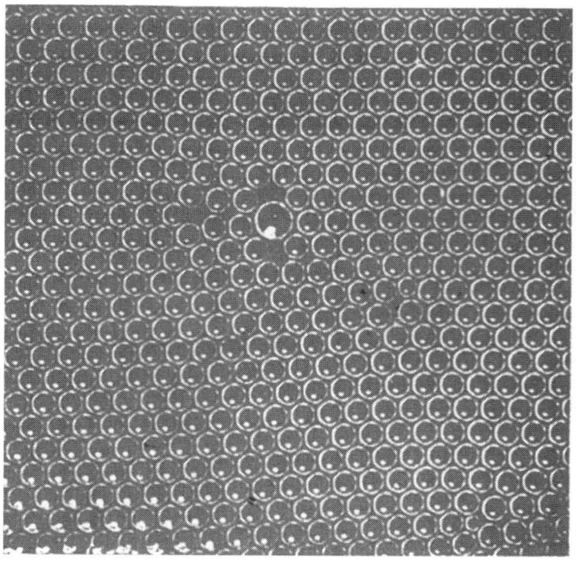

그림 14 불순 원자의 효과. 균일한 기포들의 직경은 대략 1.3mm

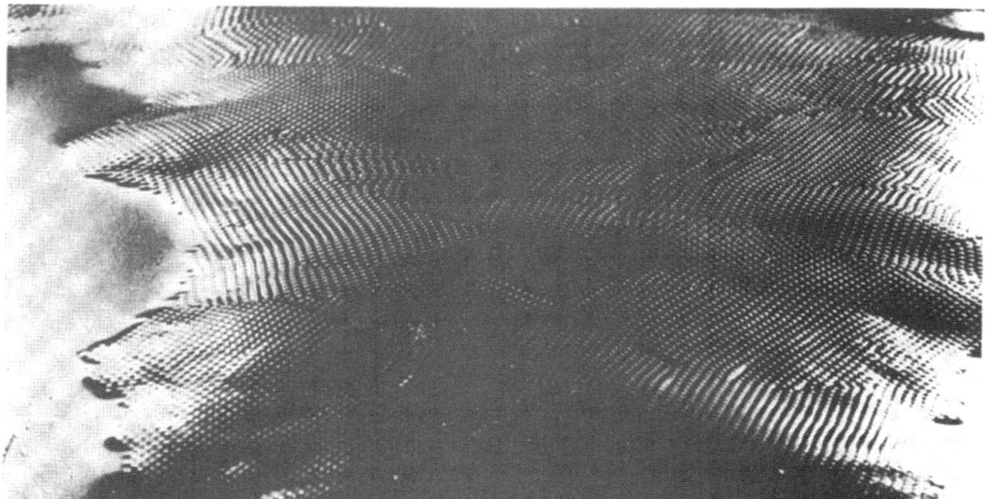

그림 15 3차원 기포 뗏목을 비스듬한 방향에서 바라본 모습

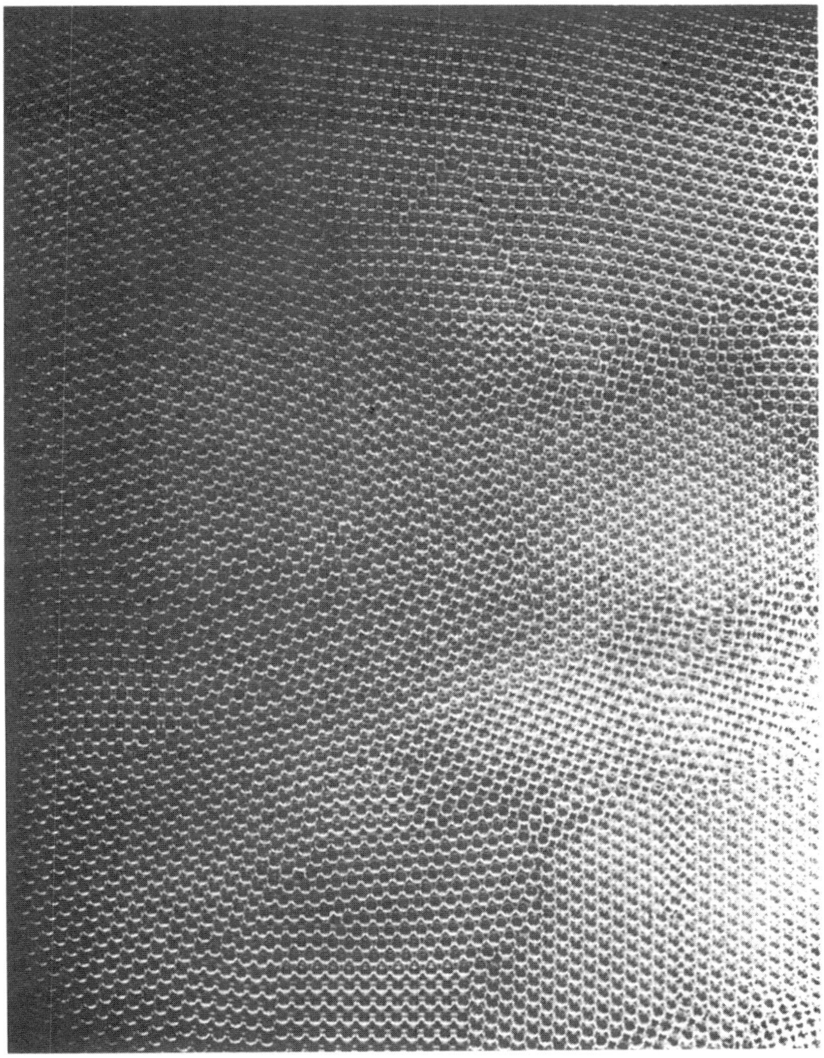

그림 16 위에서 똑바로 내려다본 3차원 기포 뗏목. 직경 0.70mm

a) 〈111〉면

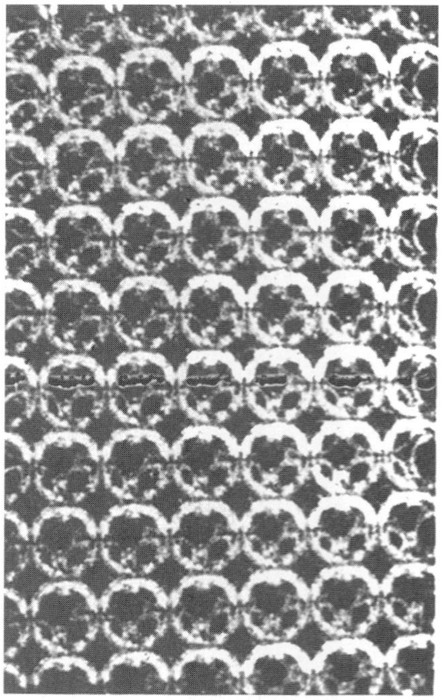

b) 〈100〉면

면심 입방 구조

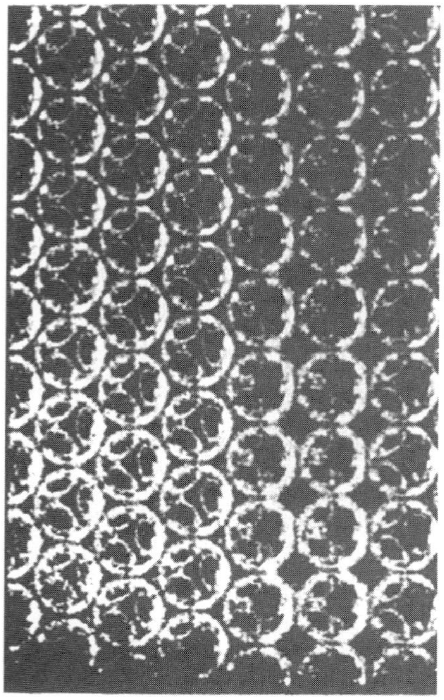

c) 〈111〉면을 가로지르는 쌍정. 입방 구조

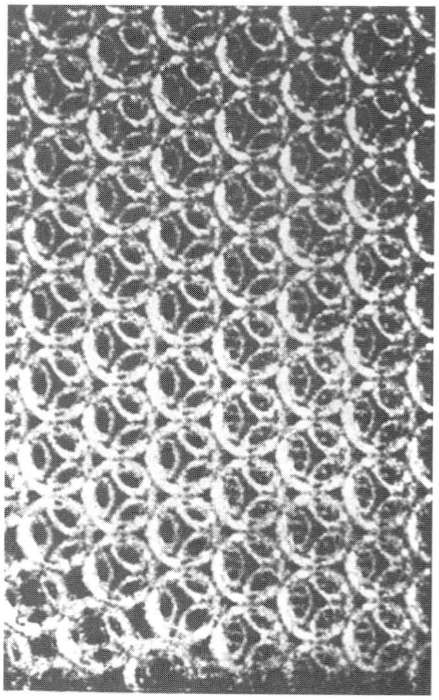

d) 육방 밀집 구조의 가능한 예

직경 0.70mm

그림 17

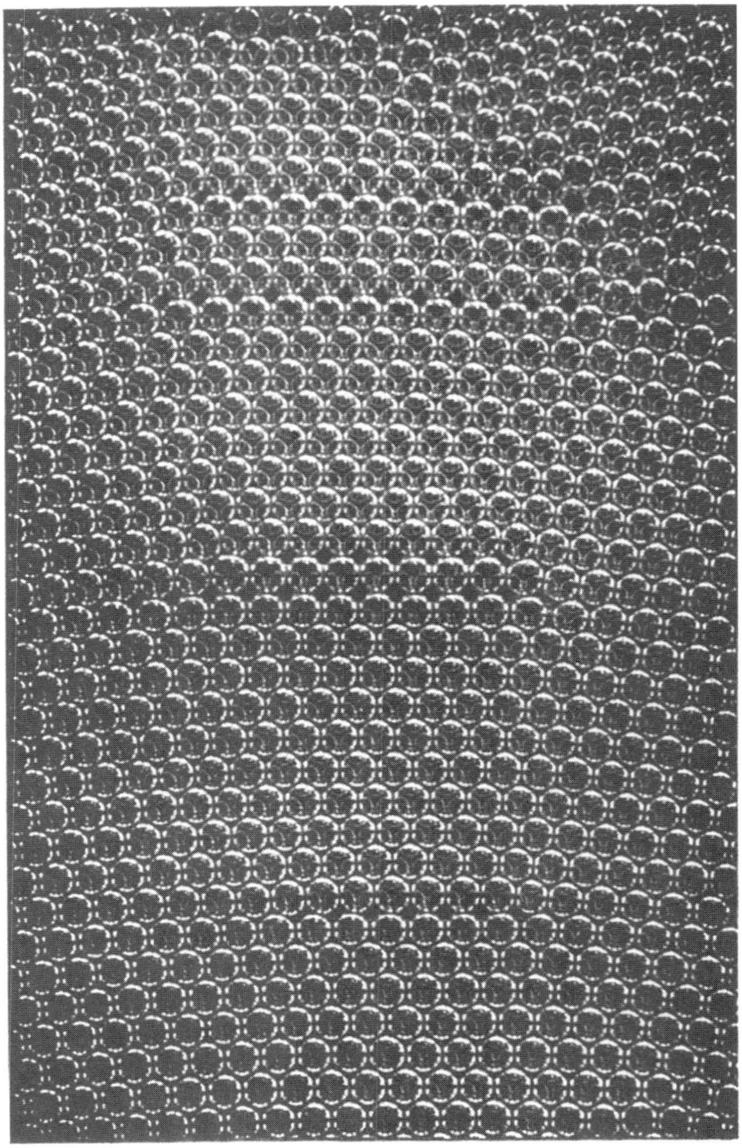

그림 18 3차원 구조에 형성된 전위. 직경 0.70mm

CHAPTER 31
텐서

31-1 분극률 텐서

31-1 분극률 텐서
31-2 텐서 성분의 변환
31-3 에너지 타원체
31-4 다른 텐서들 : 관성 텐서
31-5 크로스 곱(외적)
31-6 응력 텐서
31-7 고차 랭크의 텐서들
31-8 전자기 운동량의 4차원 텐서

복습 과제 :
제1권 11장 〈벡터〉
제1권 20장 〈3차원 공간에서의 회전〉

물리학자들은 어떤 현상이건 간에 가장 단순한 사례를 찾아서 그것을 '물리학(physics)'이라고 부르는 버릇이 있다. 응용수학이나 전기공학, 화학 또는 결정학 등 다른 분야의 복잡한 문제들은 그들의 관심이 아니다. 고체물리학은 특별한 물질들을 너무 많이 다루기 때문에 '절반의 물리학'이라고 할 수 있다. 그러므로 이번 강의에서는 흥미로운 문제들 중 상당수를 그냥 건너뛰게 될 것이다. 예를 들어, 결정(또는 대부분의 물질)의 중요한 성질 중 하나는 전기 분극률(electric polarizability)이 방향에 따라 다르게 나타난다는 것이다. 결정체에 전기장을 걸어 주면 원자 내부의 전하들이 약간 이동하면서 쌍극자 모멘트가 발생하는데, 그 크기는 전기장이 걸린 방향에 크게 좌우된다. 물론 이것은 꽤나 복잡한 문제이다. 하지만 물리학은 단순한 것을 좋아하기 때문에 분극률이 모든 방향에 대하여 동일한 경우, 즉 '아주 특별한 경우'에서 시작하는 것이 상례이다. 나머지 복잡한 경우들은 다른 분야의 학자들에게 넘겨 버리는 것이다. 그러므로 나중에 다른 주제를 공부할 때 이 장에서 이야기할 내용을 필요로 하는 일은 아마도 거의 없을 것이다.

텐서에 관한 수학은 방향에 따라 변하는 물질의 특성을 기술하는 데 특히 유용하다. 물론, 이것은 텐서의 여러 쓰임새 중 하나에 불과하다. 여러분 중 일부는 장차 물리학자가 되겠지만, 아마도 대다수는 물리학보다 '실제적인' 분야로 진출하게 될 텐데, 실제 현장에서 자연을 접하다 보면 방향에 따라 크게 변하는 양들을 수시로 접하게 될 것이므로 머지않아 텐서의 필요성을 절실히 느끼게 될 것이다. 그래서 이 장에서는 텐서에 대하여 가능한 한 자세히 설명하려고 한다. 나는 이 강좌에서 여러분에게 가능한 한 '완전한 물리학'을 전달하고 싶다. 예를 들어, 이 책의 전기동역학 부분은 어떠한 전자기학 과정(심지어는 대학원 과정)과 비교해도 손색이 없을 정도로 완성도가 높다. 반면에, 역학 부분은 완성도가 좀 떨어지는데, 그것은 여러분의 수학적 배경 지식이 부족한 상태에서 강의를 했기 때문이다. 역학을 한층 더 세련되게 기술하는 방법인 최소 작용의 원리(least action principle)나 라그랑지안(Lagrangian), 해밀토니안(Hamiltonian) 등은 여러분의 수준을 고려하여 충분한 설명을 하지 못했다. 하지만 그래도 일반 상대성 이론을 제외하면 '역학의 법칙들'은 빠짐없이 다루었다. 내가 보기에, 전기와 자기에 대한 강의는 거의 완벽하며 그 외의 많은 강의들도 꽤 완벽한 편이다. 단, 양자역학에 대한 강의는 주제의 특성상 완벽하게 진행되지는 못할 것이다. 부족한 부분은 학년이 올라가면서 서서히 채워질 것이다. 그러나 기초물리학을 공부하는 학생이라면 적어도 텐서가 무엇인지는 알아야 한다.

30장에서 강조했듯이 결정체의 특성은 방향에 따라 달라진다. 이러한 성질을 가리켜 '비등방성(anisotropic)'이라고 한다. 걸어 준 전기장의 방향에 따라 유도 쌍극자 모멘트가 변하는 것도 비등방성의 사례인데, 이 장에서는 이것을 텐서의 예로 사용할 것이다. 주어진 방향으로 걸린 전기장에 대하여 단위 부피당 유도되는 쌍극자 모멘트 $\boldsymbol{P}$가 전기장 $\boldsymbol{E}$의 세기에 비례한다고 가정하고($\boldsymbol{E}$가 아주 크지 않다면 대부분의 경우에 성립하는 가정이다), 이들 사이의 비례 상수를 α라 하자.* 이제 α가 전기장의 방향에 의존하는 경우, 예를 들어 눈으로 들여다 보았을 때 상이 이중으로 맺히는 방해석(calcite)과 같은 결정에 대해 생각해 보자.

어떤 결정에서 x방향으로 걸린 전기장 $\boldsymbol{E}_1$에 의해 x방향의 분극 $\boldsymbol{P}_1$이 발생했다고 가정해 보자. 그리고 $\boldsymbol{E}_1$과 '같은 세기'로 y축 방향으로 걸린 전기장 $\boldsymbol{E}_2$에 의해 y방향으로 크기가 다른 분극 $\boldsymbol{P}_2$가 발생했다고 가정하자. 그렇다면 전기장을 축에 평행한 방향이 아닌 45° 방향으로 걸어 주었을 때, 분극은 어떻게 나타날 것인가? 비스듬한 전기장은 x와 y방향 전기장의 중첩이므로, 분극 $\boldsymbol{P}$는 그림 31-1(a)와 같이 $\boldsymbol{P}_1$과 $\boldsymbol{P}_2$의 벡터 합으로 나타날 것이다. 즉, 분극은 가해진 전기장의 방향과 더 이상 일치하지 않는다. 그 이유는 여러분도 대충 짐작할 수 있을 것이다. 결정 내의 전하들은 상하로 쉽게 이동할 수 있지만, 양옆으로는 이동이 쉽지 않기 때문이다. 힘이 45° 방향으로 가해지면, 전하는 옆보다 위로 더 많이 올라가게 된다. 결정의 내부에 비대칭적인 탄성력이 존재하기 때문에, 전하의 변위는 외부에서 작용하는 힘의 방향과 다르게 나타나는 것이다.

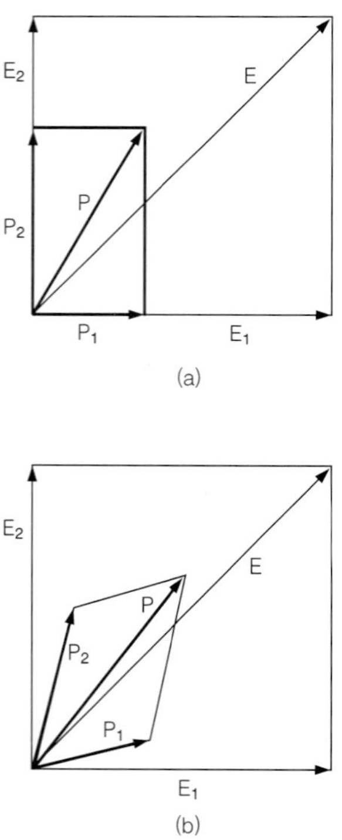

그림 31-1 비등방성 결정에서 분극의 벡터 합

물론 45°라고 해서 특별할 것은 없다. 일반적으로, 결정에 유도된 분극은 전기장의 방향과 일치하지 않는다. 위의 예에서는 공교롭게도 x축과 y축이 절묘하게 선택되어 x와 y방향 모두에 대하여 $\boldsymbol{P}$가 $\boldsymbol{E}$의 방향과 일치했던 것뿐이다. 만일 결정이 좌표축에 대하여 특정 각도만큼 돌아가 있다면, y방향의 전기장 $\boldsymbol{E}_2$에 의해 x성분과 y성분을 모두 갖는 분극 $\boldsymbol{P}$가 발생했을 것이다. 마찬가지로, x방향의 전기장에 의한 분극도 x성분과 y성분을 모두 가질 것이며, 이 경우 분극은 그림 31-1(a)가 아니라 31-1(b)와 같이 나타날 것이다. 좀 복잡해지기는 했지만, $\boldsymbol{P}$의 '크기'는 여전히 $\boldsymbol{E}$의 크기에 비례한다.

이제 좌표축에 대하여 결정이 임의의 방향으로 놓여 있는 일반적인 경우를 생각해 보자. x방향의 전기장은 x, y 및 z성분을 갖는 분극 $\boldsymbol{P}$를 발생시킬 것이다. 이것을 수식으로 표현하면 다음과 같다.

$$P_x = \alpha_{xx}E_x, \qquad P_y = \alpha_{yx}E_x, \qquad P_z = \alpha_{zx}E_x \tag{31.1}$$

* 10장에서는 통상적인 관례에 따라 $P = \epsilon_0 \chi E$로 쓰고 χ(카이)를 '분극률(susceptibility)'이라고 명명했었다. 그러나 하나의 문자를 사용하는 것이 편리하므로, 이 장에서는 $\epsilon_0\chi$를 하나로 묶어서 α로 표기하기로 한다. 등방성 유전체의 경우, $\alpha = (\kappa - 1)\epsilon_0$이며 여기서 κ는 유전 상수이다(10-4절 참조).

이 관계식의 핵심은 전기장이 x방향으로 걸렸을 때 분극이 전기장과 같은 방향으로 생기지 않고 x, y, z성분들을 모두 갖는다는 것이다. 각각의 성분은 E_x에 비례하며, 그 비례 상수를 각각 α_{xx}, α_{yx}, α_{zx}라 부르기로 한다(첫 번째 첨자는 $\boldsymbol{P}$의 성분을, 두 번째 첨자는 가해진 전기장의 방향을 의미한다).

마찬가지로, 전기장이 y방향으로 걸린 경우에는

$$P_x = \alpha_{xy}E_y, \qquad P_y = \alpha_{yy}E_y, \qquad P_z = \alpha_{zy}E_y \tag{31.2}$$

가 되고, z방향의 전기장에 대해서는

$$P_x = \alpha_{xz}E_z, \qquad P_y = \alpha_{yz}E_z, \qquad P_z = \alpha_{zz}E_z \tag{31.3}$$

로 쓸 수 있다. 앞에서 분극이 전기장에 비례한다고 가정했으므로, 만일 x성분과 y성분을 모두 가진 전기장이 가해진다면 그 결과로 발생되는 $\boldsymbol{P}$의 x성분은 식 (31.1)과 (31.2)로 표현되는 두 P_x의 합으로 나타날 것이다. 또한 $\boldsymbol{E}$가 x, y, z성분을 모두 갖고 있다면 $\boldsymbol{P}$의 각 성분들은 식 (31.1), (31.2), (31.3)의 합이 될 것이다. 다시 말해서, 이 경우에 $\boldsymbol{P}$는

$$\begin{aligned} P_x &= \alpha_{xx}E_x + \alpha_{xy}E_y + \alpha_{xz}E_z \\ P_y &= \alpha_{yx}E_x + \alpha_{yy}E_y + \alpha_{yz}E_z \\ P_z &= \alpha_{zx}E_x + \alpha_{zy}E_y + \alpha_{zz}E_z \end{aligned} \tag{31.4}$$

로 주어진다.

이와 같이 결정의 유전 특성(dielectric properties)은 아홉 개의 양(α_{xx}, α_{xy}, α_{xz}, α_{yz}, $\cdots$)으로 완벽하게 기술될 수 있는데, 이것을 흔히 α_{ij}라는 기호로 나타낸다(아래 첨자 i와 j는 각각 x, y, z 중 하나를 나타낸다). 임의의 전기장 $\boldsymbol{E}$는 E_x, E_y, E_z성분으로 분해될 수 있고, 이로부터 α_{ij}를 이용하여 (각 방향으로 더해져서 총 분극 $\boldsymbol{P}$가 되는) P_x, P_y, P_z를 구할 수 있다. 이때, 아홉 개의 계수 α_{ij}의 집합을 '텐서(tensor)'라고 한다. 지금의 경우에는 '분극률 텐서(the tensor of polarizability)'라는 이름이 더 정확할 것이다. 세 개의 숫자 (E_x, E_y, E_z)가 "벡터 $\boldsymbol{E}$를 이룬다"고 말하듯이, 우리는 이 아홉 개의 숫자(α_{xx}, α_{xy}, $\cdots$)가 "텐서 α_{ij}를 이룬다"고 말한다.

31-2 텐서 성분의 변환

다들 알다시피 좌표계를 x', y', z'으로 바꾸면 벡터의 성분은 $E_{x'}$, $E_{y'}$, $E_{z'}$으로 변하고, $\boldsymbol{P}$의 성분도 따라서 변한다. 그러므로 좌표계가 달라지면 계수 α_{ij}가 모두 달라질 것이다. 실제로 $\boldsymbol{E}$와 $\boldsymbol{P}$의 성분들을 적절히 변환시켜 보면 α_{ij}의 변환 규칙을 알아낼 수 있다. '물리적으로 동일한' 전기장을 새로운 좌표계에서 기술했다고 해서 분극이 달라질 이유는 없기 때문이다. 임의의 새로운 좌표계에서 $P_{x'}$은 P_x, P_y, P_z의 선형 결합으로 나타난다.

$$P_{x'} = aP_x + bP_y + cP_z$$

나머지 성분들($P_{y'}$, $P_{z'}$)도 이와 마찬가지다. 식 (31.4)를 위의 식에 대입하면 다음의 관계가 얻어진다.

$$\begin{aligned} P_{x'} &= a(\alpha_{xx}E_x + \alpha_{xy}E_y + \alpha_{xz}E_z) \\ &\quad + b(\alpha_{yx}E_x + \alpha_{yy}E_y + \cdots) \\ &\quad + c(\alpha_{zx}E_x + \quad \cdots \quad + \cdots) \end{aligned}$$

이제 E_x, E_y, E_z를 $E_{x'}$, $E_{y'}$, $E_{z'}$으로 표현한다. 예를 들면 다음과 같은 식이다.

$$E_x = a'E_{x'} + b'E_{y'} + c'E_{z'}$$

여기서 a', b', c'은 a, b, c와 관련되어 있지만 완전히 같지는 않다. 이렇게 하면 $P_{x'}$을 $E_{x'}$, $E_{y'}$, $E_{z'}$으로 나타낼 수 있다. 즉, 새로운 α_{ij}를 얻게 되는 것이다. 조금 너저분하긴 하지만 아주 분명한 방법이다.

지금 우리는 좌표축의 변환에 대해 이야기하면서 결정이 공간상에 고정되어 있다고 가정하고 있다. 만일 결정이 축과 '함께' 회전한다면, 계수 α는 변하지 않을 것이다. 반대로, 축이 고정되어 있고 축에 대한 결정의 배향이 변한다면 새로운 α를 얻게 된다. 그러나 만일 결정의 특정한 배향에 대하여 α_{ij}의 값을 알고 있다면, 방금 위에서 기술한 변환을 이용해서 임의의 다른 배향에 대한 계수들을 알아낼 수 있다. 다시 말해서, 결정의 유전 특성은 임의의 좌표축에서 계산한 분극 텐서 α_{ij}로 '완벽하게' 기술된다는 것이다. 좌표축을 변환시켰을 때 벡터의 세 성분이 어떤 식으로 변환되는지를 아는 상태에서 입자 하나에 속도 벡터 $\boldsymbol{v} = (v_x, v_y, v_z)$를 연관시켰던 것처럼, 지금의 경우에는 좌표축을 변환시켰을 때 아홉 개의 성분이 정해진 방식에 따라 변환되는 분극 텐서 α_{ij}를 하나의 결정과 연관시킬 수 있다[엄밀히 말하면 앞에서 정의한 대로 α_{ij}를 '분극률' 텐서(tensor of polarizability)라고 해야 하지만, 여기에서처럼 '분극' 텐서(polarization tensor)라고 부르기도 한다. 이때 주의할 것은 분극 벡터(polarization vector) $\boldsymbol{P}$와 용어가 비슷하므로 혼동을 일으키지 말아야 한다 : 옮긴이].

식 (31.4)로 주어진 $\boldsymbol{P}$와 $\boldsymbol{E}$ 사이의 관계는 좀 더 간결한 표기법을 사용하여 다음과 같이 나타낼 수 있다.

$$P_i = \sum_j \alpha_{ij}E_j \tag{31.5}$$

여기서 i는 x, y, z 중 어느 하나를 의미하고, 합은 $j = x$, y, z에 대해 취하는 것으로 이해하면 된다. 텐서를 표기하는 방법은 여러 가지가 있지만, 각 표기법은 제한된 종류의 문제에 한해서 유용할 뿐이다. 일반적으로 적용되는 규약은 "동일한 아래 첨자(여기에서는 j)가 두 번 반복해서 나오면 그 첨자에 대해 합을 취한다"는 뜻으로 이해한다는 것이다. 이렇게 하면 식 (31.5)에서 합 기호($\sum$)를 생략할 수 있다. 그러나 이 강의에서는 텐서를 아주 조금만 사용할 것이므로 굳이 이런 규약을 따르지는 않을 것이다.

31-3 에너지 타원체

이제 텐서를 현실적인 문제에 적용해 보자. **질문**: "결정을 분극시키려면 (단위 부피당 $\epsilon_0 E^2/2$로 주어지는 전기장 에너지 이외에) 어느 정도의 에너지가 필요한가?" 원자의 전하에 변위가 발생하는 상황을 잠시 생각해 보자. 전하를 dx만큼 옮기는 데 필요한 일은 $qE_x\,dx$이고, 단위 부피당 전하의 개수가 N이라면 전체적으로 필요한 일은 $qE_xN\,dx$이다. 그런데 $qN\,dx$는 단위 부피당 쌍극자 모멘트의 변화 dP_x이므로, '단위 부피당' 필요한 에너지는 다음과 같다.

$$E_x\,dP_x$$

전기장의 세 성분에 대한 일을 모두 합하면, 단위 부피당 필요한 일은

$$\boldsymbol{E}\cdot d\boldsymbol{P}$$

이다. 그런데 $\boldsymbol{P}$의 크기는 $\boldsymbol{E}$에 비례하므로, 분극을 0에서 $\boldsymbol{P}$까지 끌어올리는 과정에서 단위 부피당 필요한 일은 $\boldsymbol{E}\cdot d\boldsymbol{P}$의 적분으로 주어진다. 이 일을 u_P라 하면 다음의 관계가 성립한다.*

$$u_P=\frac{1}{2}\boldsymbol{E}\cdot\boldsymbol{P}=\frac{1}{2}\sum_i E_iP_i \tag{31.6}$$

식 (31.5)를 이용하여 $\boldsymbol{P}$를 $\boldsymbol{E}$로 표현하면 위 식은 다음과 같이 쓸 수 있다.

$$u_P=\frac{1}{2}\sum_i\sum_j \alpha_{ij}E_iE_j \tag{31.7}$$

에너지 밀도 u_P는 축의 선택에 무관한 값이므로 스칼라이다. 지금까지의 결과를 놓고 보면 텐서의 일반적인 성질을 하나 알 수 있다. 즉, 텐서가 하나의 벡터와 한 첨자에 대해 더해지면 새로운 벡터가 되고[식 (31.5)], 두 개의 벡터와 두 개의 첨자에 대해 더해지면 스칼라가 된다는 것이다[식 (31.7)].

엄밀히 말하자면, 텐서 α_{ij}는 '2차 랭크 텐서(tensor of second rank)'이다. α에 달린 첨자가 두 개이기 때문이다. 첨자가 한 개인 벡터는 1차 랭크 텐서이며, 첨자가 하나도 없는 스칼라는 0차 랭크 텐서이다. 따라서 전기장 $\boldsymbol{E}$는 1차 랭크 텐서이며, 에너지 밀도 u_P는 0차 랭크 텐서에 해당된다. 텐서의 첨자를 셋 또는 그 이상으로 확장시키면 2차 이상의 고차 랭크 텐서들이 만들어진다.

분극 텐서의 아래 첨자는 각각 세 개의 가능한 값을 취할 수 있다. 분극 텐서는 3차원에서 정의된 텐서이기 때문이다. 그러나 수학자들은 4차원, 5차원 혹은 그 이상의 차원에서도 텐서를 논하고 있다. 우리도 전기장을 상대론적으로 기술할 때 4차원 텐서 $F_{\mu\nu}$를 도입한 적이 있다(26장 참조).

분극 텐서 α_{ij}는 흥미로운 성질을 갖고 있다. 간단히 말해서, α_{ij}는 대칭 텐서(symmetric tensor)이다. 즉 $\alpha_{xy}=\alpha_{yx}$이며, 이 관계는 모든 첨자들에 대해 성립한다(이것은 결정의 물리적 성질에 기인한 결과로서, 모든 텐서가 이 성질을

---

* 전기장으로 분극을 '일으키는 데' 필요한 일과 영구 쌍극자 모멘트 p_0의 퍼텐셜 에너지 $-\boldsymbol{p}_0\cdot\boldsymbol{E}$를 혼동하지 말 것.

만족하는 것은 아니다). α_{ij}가 대칭 텐서라는 사실은 다음과 같은 과정을 거치는 동안 결정의 에너지 변화를 계산해 봄으로써 증명할 수 있다. (1)전기장을 x방향으로 걸어 준다. (2)전기장을 y방향으로 걸어 준다. (3)x방향의 전기장을 제거한다. (4)y방향의 전기장을 제거한다. 그러면 결정은 다시 처음 상태로 되돌아왔으므로 분극에 들어간 알짜 일은 0이 되어야 한다. 그런데 이렇게 알짜 일이 0이 되려면 α_{xy}와 α_{yx}가 같아야 한다는 것을 보일 수 있다. 물론 α_{xz} 등 다른 성분들에 대해서도 동일한 논리를 전개할 수 있다. 따라서 분극 텐서는 대칭 텐서이다.

이 사실을 이용하면 다양한 방향으로 결정을 분극시키는 데 필요한 에너지를 측정함으로써 분극 텐서를 알아낼 수 있다. x, y성분만 갖고 있는 전기장 $\boldsymbol{E}$를 걸어 준다고 가정해 보자. 그러면 에너지 밀도는 식 (31.7)에 따라 다음과 같이 표현된다.

$$u_P = \frac{1}{2}\left[\alpha_{xx}E_x^2 + (\alpha_{xy} + \alpha_{yx})E_xE_y + \alpha_{yy}E_y^2\right] \tag{31.8}$$

따라서 E_x만 걸어 주면 α_{xx}를 결정할 수 있고, E_y만 걸어 주면 α_{yy}를 알 수 있다. 또한 E_x와 E_y를 동시에 걸어 주면 $(\alpha_{xy}+\alpha_{yx})$항에 해당되는 에너지가 추가된다. 그런데 $\alpha_{xy}=\alpha_{yx}$이므로, 이 항은 $2\alpha_{xy}$가 된다. 따라서 이에 해당되는 에너지를 측정하면 α_{xy}를 구할 수 있다.

에너지에 관한 식 (31.8)은 기하학적으로 멋지게 해석될 수 있다. 다음과 같은 질문을 던져 보자. "에너지 밀도(u라 하자)가 주어졌을 때, 여기에 어떤 E_x와 E_y가 대응되는가?" 수학적으로 이 문제는 다음의 방정식을 푸는 것에 해당된다.

$$\alpha_{xx}E_x^2 + 2\alpha_{xy}E_xE_y + \alpha_{yy}E_y^2 = 2u_0$$

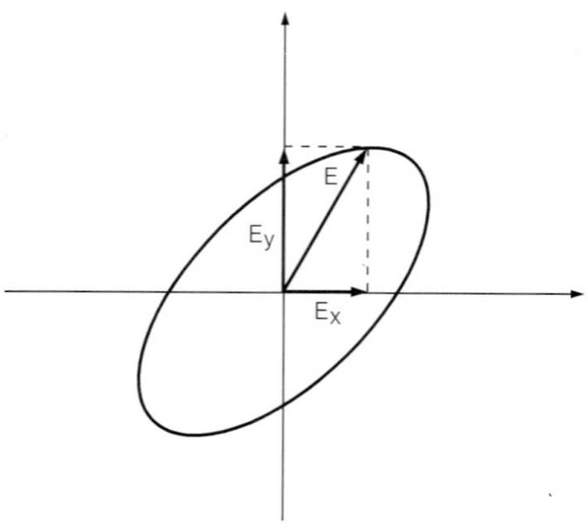

그림 31-2 일정한 에너지의 분극을 주는 벡터 $\boldsymbol{E}=(E_x,\ E_y)$의 궤적

이것은 2차 방정식이므로 E_x와 E_y를 좌표 평면에 그려 보면 방정식의 해는 타원 상의 모든 점으로 나타난다(그림 31-2 참조. 포물선이나 쌍곡선이 아니라 반드시 타원이어야 한다. 임의의 장에 대한 에너지는 언제나 양수이고 유한하기 때문이다). 따라서 E_x와 E_y를 성분으로 갖는 2차원 벡터 $\boldsymbol{E}$는 원점에서 타원을 연결하는 화살표로 표현된다. 이와 같이, '에너지 타원'을 이용하면 분극 텐서를 훌륭하게 시각화할 수 있다.

전기장을 3차원 공간으로 확장시키면, 단위 에너지 밀도를 주는 특정 방향의 전기장 벡터 $\boldsymbol{E}$는 그림 31-3과 같이 3차원 타원체의 표면 위에 있는 한 점에 해당될 것이다. 모든 지점에서 에너지가 일정한 이 타원체의 모양은 텐서 분극률(tensor polarizability)의 특징을 잘 나타내고 있다.

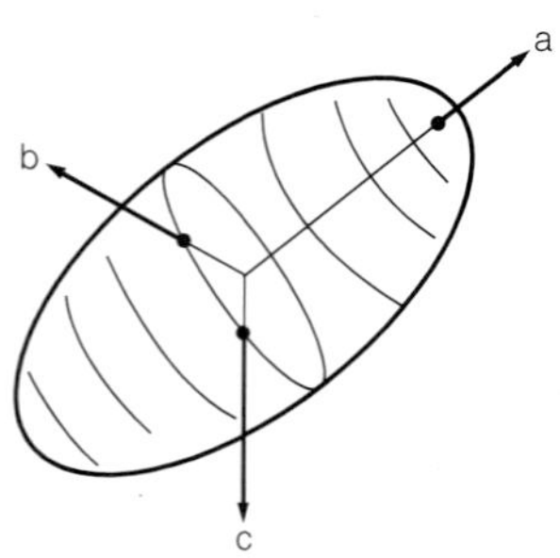

그림 31-3 분극 텐서의 에너지 타원체

수학적으로, 타원체는 세 개의 '주축(principal axes)'을 갖고 있다. 따라서 주축의 방향과 각 방향에서 바라본 타원의 직경을 알고 있으면 하나의 타원체가 유일하게 결정된다. 주축의 방향은 타원체의 최장 직경과 최단 직경의 방향 및 이 두 방향에 수직한 방향으로 정의된다. 이들은 그림 31-3에 축 a, b, c로 표시되어 있다. 세 개의 주축을 좌표축으로 사용하면 타원체의 방정식은 다음과 같이 단순한 형태가 된다.

$$\alpha_{aa}E_a^2 + \alpha_{bb}E_b^2 + \alpha_{cc}E_c^2 = 2u_0$$

따라서 주축을 기준으로 삼았을 때 유전 텐서(dielectric tensor)의 각 성분들 중 0이 아닌 것은 세 개의 대각 성분 — α_{aa}, α_{bb}, α_{cc}뿐이다(분극 텐서, 유전 텐서, 텐서 분극률 등의 용어는 모두 '분극률' 텐서 α_{ij}를 지칭하는 것이다 : 옮긴이). 다시 말해서, 결정이 아무리 복잡하더라도 분극 텐서가 '단 세 개의 성분만 갖도록' 좌표축을 선택하는 것이 항상 가능하다는 것이다(주축과 결정축은 방향이 다를 수도 있다). 이런 식으로 한 세트의 축을 잡아 주면 식 (31.4)는 다음과 같이 단순한 형태가 된다.

$$P_a = \alpha_{aa}E_a, \qquad P_b = \alpha_{bb}E_b, \qquad P_c = \alpha_{cc}E_c \tag{31.9}$$

주축의 방향으로 걸린 전기장은 해당 주축의 방향으로 분극을 일으킨다. 물론, 세 축에 대한 계수들은 서로 다를 수 있다.

가장 친절한 텐서 표기법은 아래와 같이 아홉 개의 계수들을 괄호 안에 일일이 나열하는 것이다.

$$\begin{bmatrix} \alpha_{xx} & \alpha_{xy} & \alpha_{xz} \\ \alpha_{yx} & \alpha_{yy} & \alpha_{yz} \\ \alpha_{zx} & \alpha_{zy} & \alpha_{zz} \end{bmatrix} \tag{31.10}$$

주축 a, b, c를 기준 축으로 잡으면 오직 대각 성분들만 0이 아닌 값으로 살아남는다. 이런 경우, "텐서가 대각(diagonal)이다"라고 말한다. 대각 텐서를 친절하게 표기하면 다음과 같다.

$$\begin{bmatrix} \alpha_{aa} & 0 & 0 \\ 0 & \alpha_{bb} & 0 \\ 0 & 0 & \alpha_{cc} \end{bmatrix} \tag{31.11}$$

여기서 중요한 사실은, 좌표축을 적절하게 선택함으로써 임의의 분극 텐서를 대각 형태(diagonal form)로 표현할 수 있다는 점이다(이것은 임의의 차원에서 랭크가 2인 '모든 대칭 텐서'에 일반적으로 적용되는 사실이다).

특히, 대각 형태에서 분극 텐서의 세 성분이 모두 같은 경우, 즉

$$\alpha_{aa} = \alpha_{bb} = \alpha_{cc} = \alpha \tag{31.12}$$

이면, 에너지 타원체는 정확하게 구형이 되어 분극률이 모든 방향에 대해서 동일해진다. 이러한 물질을 등방 유전체(isotropic dielectric material)라고 하는데, 텐서 표기법으로는

$$\alpha_{ij} = \alpha\delta_{ij} \tag{31.13}$$

로 표현할 수 있다. 여기서 δ_{ij}는

$$\delta_{ij} = \begin{bmatrix} 1 & 0 & 0 \\ 0 & 1 & 0 \\ 0 & 0 & 1 \end{bmatrix} \tag{31.14}$$

인 '단위 텐서(unit tensor)'이며, 각 성분 값은 다음과 같다.

$$\begin{aligned} \delta_{ij} &= 1 \qquad (i = j\text{일 경우}) \\ \delta_{ij} &= 0 \qquad (i \neq j\text{일 경우}) \end{aligned} \tag{31.15}$$

단위 텐서 δ_{ij}를 흔히 '크로네커 델타(Kronecker delta)'라고 한다. 식 (31.14)로 주어진 텐서는 현재의 좌표계를 다른 직각 좌표계로 바꾸어도 형태가 변하지 않는다. 이것은 여러분 각자 증명해 보기 바란다. 식 (31.13)의 분극 텐서는 다음과 같이 나타낼 수 있는데,

$$P_i = \alpha \sum_j \delta_{ij} E_j = \alpha E_i$$

이는 등방 유전체에 대해 우리가 얻었던 기존의 결과와 같은 의미이다. 즉,

$$\boldsymbol{P} = \alpha \boldsymbol{E}$$

분극률 타원체의 모양과 배향은 종종 결정의 대칭성과 연관된다. 30장에서 말한 바와 같이, 3차원 격자의 내부 대칭은 230가지가 가능하며, 이것을 단위세포(unit cell)의 기본 형태에 따라 분류하면 7종류로 요약된다. 그런데 분극률 타원체에도 결정 내부의 기하학적 대칭성이 반영되어 있어야 한다. 예를 들어, 대칭성이 비교적 낮은 삼사정계(triclinic crystal)의 경우, 일반적으로 분극률 타원체의 주축은 길이가 모두 다르며 주축의 방향도 결정축과 같은 방향이 아니다. 그러나 단사정계(monoclinic crystal)의 경우에는 결정을 한 축에 대해 180° 회전시켜도 성질이 변하지 않다. 그러므로 분극 텐서는 이와 같은 회전에 대하여 불변이어야 한다. 즉, 분극률 타원체는 180° 회전 후에 원래대로 돌아와야 하는 것이다. 단, 이와 같은 현상은 타원체의 주축 중 하나가 결정의 대칭축과 동일한 방향일 때에 한하여 나타난다. 그렇지 않으면 타원체의 배향과 부피는 제멋대로 달라질 수 있다.

정방정계(orthorhombic crystal)의 경우에는 타원체의 모든 주축들이 결정축과 일치해야 한다. 세 개의 축들 중 임의의 축을 택해서 180° 회전시켜도 격자 구조가 변하지 않기 때문이다. 사방정계(tetragonal crystal)의 타원체는 결정과 같은 대칭을 가져야 하며, 따라서 타원체의 두 직경이 같아야 한다. 끝으로 입방 결정은 타원체의 세 직경이 모두 같아야 한다. 즉, 타원체가 구형이라는 뜻이다. 따라서 결정의 분극은 모든 방향에서 동일하다.

결정의 모든 가능한 대칭성에 대응되는 텐서의 가능한 종류를 분석한다고 상상해 보라. 결코 만만한 작업은 아닐 것이다. 이것을 '군론적 분석(group-theoretical analysis)'이라고 하며, 이 자체가 하나의 과목으로 취급될 정도이다. 그러나 분극률 텐서와 같이 단순한 경우에는 어떤 관계가 성립해야 하는지 어렵지 않게 알아낼 수 있다.

31-4 다른 텐서들 : 관성 텐서

물리학에 등장하는 텐서는 이것 말고도 많이 있다. 예를 들어, 금속이나 도체에서는 전류 밀도 $\boldsymbol{j}$가 전기장 $\boldsymbol{E}$에 근사적으로 비례하는 경우가 흔히 관찰되는데, 이들 사이의 비례 상수를 전도율 σ라고 한다.

$$\boldsymbol{j} = \sigma \boldsymbol{E}$$

결정의 경우에는 $\boldsymbol{j}$와 $\boldsymbol{E}$의 관계가 좀 더 복잡해진다. 전도율이 모든 방향에 대하여 똑같지가 않기 때문이다. 이때 전도율은 텐서이며, 다음과 같이 쓸 수 있다.

$$j_i = \sum \sigma_{ij} E_j$$

물리학에 나오는 텐서의 또 다른 예로는 관성 모멘트를 들 수 있다. 제1권 18장에서 설명한 바와 같이, 고정된 축 주위로 회전하는 강체는 각속도 ω에 비례하는 각운동량 L을 가지며, 이들 사이를 연결하는 비례 인자 I를 관성 모멘트라고 한다.

$$L = I\omega$$

제멋대로 생긴 물체의 관성 모멘트는 회전축에 대한 물체의 배향에 따라 달라진다. 예를 들어, 직육면체 모양의 물체는 서로 직교하는 세 축에 대한 관성 모멘트가 각기 다르다. 그런데 각속도 $\boldsymbol{\omega}$와 각운동량 $\boldsymbol{L}$은 둘 다 벡터이다. 물체가 대칭축들 중의 어느 한 축을 중심으로 회전하는 경우, 각속도와 각운동량은 서로 평행하다. 그러나 관성 모멘트가 세 주축에 대해 각기 다른 값을 갖는다면 $\boldsymbol{\omega}$와 $\boldsymbol{L}$은 일반적으로 같은 방향이 아니다(그림 31-4 참조). 이들의 관계는 $\boldsymbol{E}$와 $\boldsymbol{P}$ 사이의 관계와 비슷하며, 일반적으로 다음과 같이 쓸 수 있다.

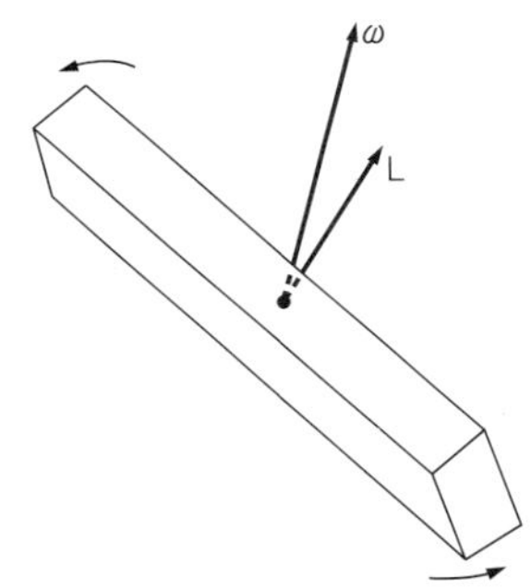

그림 31-4 강체의 각운동량 $\boldsymbol{L}$의 방향은 일반적으로 각속도 $\boldsymbol{\omega}$와 평행하지 않다.

$$\begin{aligned} L_x &= I_{xx}\omega_x + I_{xy}\omega_y + I_{xz}\omega_z \\ L_y &= I_{xy}\omega_x + I_{yy}\omega_y + I_{yz}\omega_z \\ L_z &= I_{zx}\omega_x + I_{zy}\omega_y + I_{zz}\omega_z \end{aligned} \tag{31.16}$$

위에 나열된 아홉 개의 계수 I_{ij}를 '관성 텐서(tensor of inertia)'라고 한다. 분극의 경우[식 (31.7)]로부터 유추해 보면, 임의의 각운동량에 대한 운동 에너지(kinetic energy)는 아래와 같이 ω_x, ω_y, ω_z에 대한 2차식의 형태로 표현될 것이다.

$$\text{KE} = \frac{1}{2}\sum_{ij} I_{ij}\omega_i\omega_j \tag{31.17}$$

위의 에너지로부터 관성 타원체를 정의할 수 있다. 또한 분극의 경우와 마찬가지로 에너지 논리를 통해 관성 텐서가 대칭 텐서($I_{ij} = I_{ji}$)임을 증명할 수도 있다.

강체의 외형을 알고 있으면 관성 텐서를 계산할 수 있다. 물체를 구성하는 모든 입자들의 총 운동 에너지를 적기만 하면 된다. 질량이 m이고 속도가 $\boldsymbol{v}$인 입자는 $\frac{1}{2}mv^2$의 운동 에너지를 가지므로, 총 운동 에너지는 이들의 합인

$$\sum \frac{1}{2} m v^2$$

이 된다. 강체를 이루는 각 입자의 속도 $\boldsymbol{v}$는 강체의 각속도 $\boldsymbol{\omega}$와 관련되어 있다. 물체가 자신의 질량 중심을 중심으로 회전하고 있다고 가정해 보자(단, 질량 중심은 정지해 있다). 질량 중심으로부터 입자까지의 변위 벡터를 $\boldsymbol{r}$이라고 하면, 입자의 속도 $\boldsymbol{v}$는 $\boldsymbol{\omega} \times \boldsymbol{r}$로 주어진다. 따라서 총 운동 에너지는

$$\mathrm{KE} = \sum \frac{1}{2} m (\boldsymbol{\omega} \times \boldsymbol{r})^2 \tag{31.18}$$

이다. 이제 $\boldsymbol{\omega} \times \boldsymbol{r}$을 ω_x, ω_y, ω_z와 x, y, z로 풀어 쓰고 그 결과를 식 (31.17)과 비교하면 I_{ij}를 알아낼 수 있다. 계산 결과는 다음과 같다.

$$\begin{aligned}
(\boldsymbol{\omega} \times \boldsymbol{r})^2 &= (\boldsymbol{\omega} \times \boldsymbol{r})_x^2 + (\boldsymbol{\omega} \times \boldsymbol{r})_y^2 + (\boldsymbol{\omega} \times \boldsymbol{r})_z^2 \\
&= (\omega_y z - \omega_z y)^2 + (\omega_z x - \omega_x z)^2 + (\omega_x y - \omega_y x)^2 \\
&= + \omega_y^2 z^2 - 2\omega_y \omega_z zy + \omega_z^2 y^2 \\
&\quad + \omega_z^2 x^2 - 2\omega_z \omega_x xz + \omega_x^2 z^2 \\
&\quad + \omega_x^2 y^2 - 2\omega_x \omega_y yx + \omega_y^2 x^2
\end{aligned}$$

이 식의 양변에 $m/2$을 곱해서 모든 입자에 대해 더한 후 식 (31.17)과 비교해 보면, 예컨대 I_{xx}는 다음과 같이 주어진다.

$$I_{xx} = \sum m(y^2 + z^2)$$

이 식은 제1권 19장에서 언급된 적이 있는 'x축에 대한 강체의 관성 모멘트'와 정확하게 일치한다. $r^2 = x^2 + y^2 + z^2$이므로, 이 항을 다음과 같이 쓸 수도 있다.

$$I_{xx} = \sum m(r^2 - x^2)$$

나머지 항들까지 모두 계산하여 정리하면 관성 텐서는 다음과 같이 표현될 수 있다.

$$I_{ij} = \begin{bmatrix} \sum m(r^2 - x^2) & -\sum mxy & -\sum mxz \\ -\sum myx & \sum m(r^2 - y^2) & -\sum myz \\ -\sum mzx & -\sum mzy & \sum m(r^2 - z^2) \end{bmatrix} \tag{31.19}$$

위의 행렬은 '텐서 표기법'을 이용하여 다음과 같이 쓸 수도 있다.

$$I_{ij} = \sum m(r^2 \delta_{ij} - r_i r_j) \tag{31.20}$$

여기서 r_i는 입자의 위치 벡터의 성분 (x, y, z)이고 $\sum$는 모든 입자에 대하여 합을 취한다는 의미이다. 관성 모멘트는 강체의 특성을 나타내는 항들로 이루어진 2차 랭크 텐서이며, $\boldsymbol{L}$과 $\boldsymbol{\omega}$를 다음과 같이 연결시켜 준다.

$$L_i = \sum_j I_{ij} \omega_j \tag{31.21}$$

모든 강체는 외형에 상관없이 그에 해당되는 관성 타원체와 세 개의 주축을

갖는다. 이 축들을 기준으로 삼았을 때 관성 텐서는 대각 텐서가 되고, 따라서 모든 강체는 축 주위로 회전할 때 '각속도와 각운동량이 평행하게 되는' 세 개의 직교하는 축을 갖는다. 이것을 '관성 주축(principal axes of inertia)'이라고 한다.

31-5 크로스 곱(외적)

사실, 우리는 제1권 20장부터 2차 랭크 텐서를 사용해 왔다. 거기서 우리는 다음과 같은 식으로 주어지는 '평면에서의 토크' τ_{xy}를 정의했었다.

$$\tau_{xy} = xF_y - yF_x$$

이것을 3차원으로 일반화시키면

$$\tau_{ij} = r_iF_j - r_jF_i \tag{31.22}$$

의 형태로 쓸 수 있다. τ_{ij}는 랭크가 2인 텐서이다. 이 사실을 확인하는 한 가지 방법은 τ_{ij}를 다른 벡터(예를 들어, 단위 벡터 $\boldsymbol{e}$)와 결합시켜 보는 것이다.

$$\sum_j \tau_{ij}e_j$$

만일 위의 값이 벡터라면 τ_{ij}는 텐서처럼 변환되어야 한다. 이것이 바로 텐서의 정의이기 때문이다. τ_{ij}에 식 (31.22)를 대입하면

$$\begin{aligned}\sum_j \tau_{ij}e_j &= \sum_j r_iF_je_j - \sum_j r_je_jF_i \\ &= r_i(\boldsymbol{F}\cdot\boldsymbol{e}) - (\boldsymbol{r}\cdot\boldsymbol{e})F_i\end{aligned}$$

가 되는데, 여기서 도트 곱(내적)은 스칼라이므로 우변의 두 항은 벡터이며, 이들의 차이도 벡터이다. 따라서 τ_{ij}는 텐서임을 알 수 있다.

그런데 τ_{ij}는 아래의 성질로 정의되는 '반대칭 텐서(antisymmetric tensor)'의 일종이다.

$$\tau_{ij} = -\tau_{ji}$$

위의 조건이 만족되려면 0이 아닌 독립적인 항은 단 세 개(τ_{xy}, τ_{yz}, τ_{zx})뿐이어야 한다. 제1권 20장에서 우리는 거의 '우연의 일치'로 이 세 개의 항들이 벡터처럼 변환된다는 것을 보일 수 있었으며, 따라서

$$\boldsymbol{\tau} = (\tau_x,\ \tau_y,\ \tau_z) = (\tau_{yz},\ \tau_{zx},\ \tau_{xy})$$

를 정의할 수 있었다. 우연의 일치라고 말하는 이유는 이런 일이 3차원에서만 가능하기 때문이다. 예를 들어, 4차원에서는 랭크가 2인 반대칭 텐서의 성분들 중 0이 아닌 항이 여섯 개나 되기 때문에, 성분이 네 개뿐인 4차원 벡터로는 이를 대신할 수 없다.

축성 벡터 $\boldsymbol{\tau} = \boldsymbol{r}\times\boldsymbol{F}$가 텐서이듯이, 동일한 논리에 의해서 두 극성 벡터의 크로스 곱(외적)도 텐서이다. 그런데 다행히도 이 역시 벡터(정확히 말하면 유사

벡터)로 표현할 수 있기 때문에 관련된 수학적 계산이 한결 쉬워진다.

수학적으로 임의의 두 벡터 $\boldsymbol{a}$와 $\boldsymbol{b}$가 주어져 있으면 각 성분으로 만든 아홉 개의 양 $a_i b_j$는 텐서를 이룬다(물론, 물리적으로는 무용지물일 수도 있다). 따라서 위치 벡터 r_i로 만든 $r_i r_j$도 텐서이며 δ_{ij} 역시 텐서이므로 식 (31.20)의 우변은 텐서임이 분명하다. 식 (31.22)의 경우에도 우변의 두 항이 텐서이므로 좌변 역시 텐서임을 알 수 있다.

31-6 응력 텐서

지금까지 등장한 대칭 텐서들은 한 벡터와 다른 벡터를 연결시켜 주는 계수의 역할을 한다. 이번에는 물리적으로 중요하게 취급되는 '응력 텐서(stress tensor)'에 대해 알아보기로 하자. 우선 여러 방향으로 힘을 받고 있는 물체를 떠올려 보자. 이런 경우에 우리는 "내부에 응력이 존재한다"고 말하는데, 이는 곧 물체 내부의 이웃하는 부분들 사이에 내력(internal force)이 작용한다는 뜻이다. 우리는 12-3절에서 잡아당겨진 막의 표면 장력을 다룰 때 2차원 응력을 다룬 적이 있다. 이제 여러분은 3차원 물체의 내부에 작용하는 내력이 텐서로 기술될 수 있음을 알게 될 것이다.

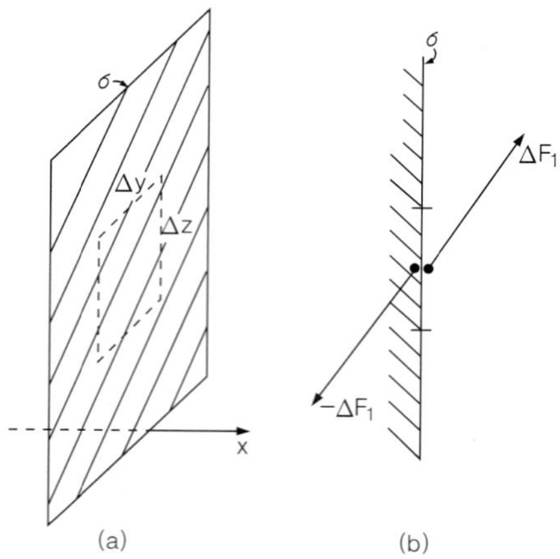

그림 31-5 평면 σ의 왼쪽에 있는 재료가 면적 $\Delta y \Delta z$를 가로질러 평면의 오른쪽에 있는 재료에 $\Delta \boldsymbol{F}_1$의 힘을 미치고 있다.

탄성을 갖고 있는 물체를 생각해 보자. 간단하게 젤리사탕을 떠올리면 된다. (변형이 가해진) 탄성체를 두 조각으로 잘랐을 때, 일반적으로 잘린 면 양쪽의 재료는 내력에 의해 움직이게 된다. 탄성체가 잘려지기 전에는 두 조각을 하나로 유지시켜 주는 힘이 작용하고 있었을 것이다. 이러한 힘으로부터 응력을 정의할 수 있다. 그림 31-5의 평면 σ와 같이 x축에 수직한 가상의 평면을 가정하고, 이 평면 상의 작은 면적 $\Delta y \Delta z$를 가로지르는 힘을 생각해 보자. 그림의 (b)에 표시된 바와 같이 평면의 왼쪽에 있는 재료는 오른쪽에 있는 재료에 $\Delta \boldsymbol{F}_1$의 힘을 가하고 있다. 물론 왼쪽의 재료에는 역으로 반작용 $-\Delta \boldsymbol{F}_1$이 가해진다. 면적이 충분히 작으면, $\Delta \boldsymbol{F}_1$은 면적 $\Delta y \Delta z$에 비례할 것이다.

여러분은 응력에 대해 이미 알고 있다. 정적인 액체에서 작용하는 압력도 응력의 일종이다. 이 경우에 힘은 압력×면적이며, 힘의 방향은 면적 요소에 수직하다. 그러나 고체의 경우(또는 움직이는 점성 액체의 경우)에는 이 힘이 면에 수직할 필요가 없다. (양 또는 음의) 압력 이외에, 추가적으로 '층밀림 힘(shear

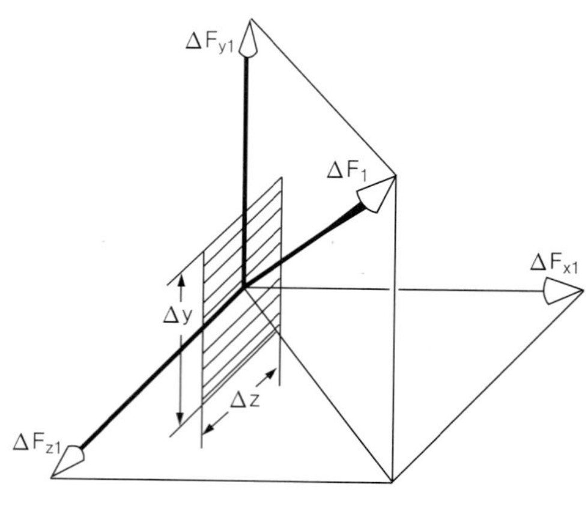

그림 31-6 x축에 수직한 면적 요소 $\Delta y \Delta z$를 가로질러 작용하는 힘 $\Delta \boldsymbol{F}_1$을 세 개의 성분 ΔF_{x1}, ΔF_{y1}, ΔF_{z1}으로 분해한 그림

force, 전단력)'이라는 것이 존재한다(층밀림 힘이란, 면을 가로지르는 힘의 면에 대한 접선 성분을 의미한다). 따라서 힘의 세 가지 성분을 모두 고려해 주어야 한다. 또한 다른 방향으로 잘린 면에서는 힘이 달라진다는 점도 고려해야 한다. 그래서 내부 응력을 완전하게 기술하려면 텐서가 도입되어야 한다.

응력 텐서는 다음과 같이 정의된다. 우선 x축에 수직한 단면을 가로지르는 힘 $\Delta \boldsymbol{F}_1$을 그림 31-6과 같이 ΔF_{x1}, ΔF_{y1}, ΔF_{z1}으로 분해하고, 각 성분들과 면적 요소 $\Delta y \Delta z$ 사이의 비를 S_{xx}, S_{yx}, S_{zx}라 하자. 예를 들면 다음과 같은 식이다.

$$S_{yx} = \frac{\Delta F_{y1}}{\Delta y \Delta z}$$

첫 번째 첨자 y는 힘의 성분의 방향을 나타내며, 두 번째 첨자 x는 면에 수직한 방향을 나타낸다. 여러분이 원한다면 면적 $\Delta y \Delta z$ 대신 'x축에 수직한 면적 요소'라는 의미로 Δa_x로 표기할 수도 있다. 이 표기법을 사용하면

$$S_{yx} = \frac{\Delta F_{y1}}{\Delta a_x}$$

이 된다. 다음으로, y축에 수직한 가상의 단면을 상정한다. 작은 면적 $\Delta x \Delta z$를 잡으면, 이 면에 작용하는 힘 $\Delta \boldsymbol{F}_2$가 존재할 것이다. 이번에도 그림 31-7과 같이 힘을 세 개의 성분으로 분해한 후 단위 면적에 작용하는 세 방향의 힘으로 응력의 세 성분 S_{xy}, S_{yy}, S_{zy}를 정의한다. 마지막으로, z축에 수직한 가상의 단면을 상정하여 세 개의 성분 S_{xz}, S_{yz}, S_{zz}를 정의한다. 이렇게 하면 아래와 같이 총 아홉 개의 숫자가 얻어진다.

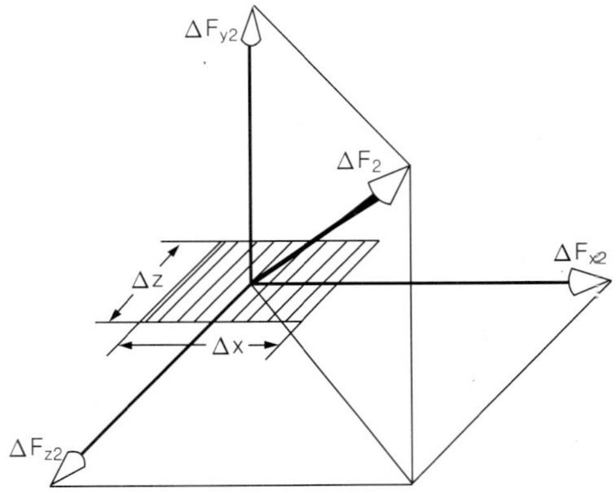

그림 31-7 y축에 수직한 면적 요소를 가로질러 작용하는 힘을 세 개의 직교 성분으로 분해한 그림

$$S_{ij} = \begin{bmatrix} S_{xx} & S_{xy} & S_{xz} \\ S_{yx} & S_{yy} & S_{yz} \\ S_{zx} & S_{zy} & S_{zz} \end{bmatrix} \tag{31.23}$$

이 아홉 개의 숫자들을 알고 있으면 내부 응력의 상태를 완벽하게 기술할 수 있다. 그리고 S_{ij}는 텐서이다. 지금부터 이 두 가지 사실을 증명해 보자. 여기, 임의의 방향을 향하고 있는 면이 있다. 이 면을 가로지르는 힘을 S_{ij}로부터 구할 수 있을까? 그렇다. 구할 수 있다. 다음과 같은 과정을 따라가면 된다. 작은 입체 도형의 한 면 N이 방금 말한 새로운 면과 일치하고, 나머지 면들은 좌표축과 평행하다고 가정해 보자. 우연의 일치로 면 N이 z축과 평행하다면, 이 도형은 그림 31-8과 같은 삼각형 토막이 될 것이다(이것은 다소 특별한 경우이긴 하지만, 일반적인 논리를 전개하는 데에는 아무런 문제가 없다). 그림 31-8의 작은 삼각형 토막에 작용하는 응력들은 (토막의 크기가 무한소로 작아지는 극한에서는) 서로 평형을 이루고 있으므로, 토막에 작용하는 총 힘은 0이 되어야 한다. 좌표축에 평행한 면에 작용하는 힘들은 S_{ij}로부터 바로 계산할 수 있다. 이 힘들의 벡터 합은 면 N에 작용하는 힘과 같아야 하므로(방향은 반대), S_{ij}를 이용하여 표현할 수 있다.

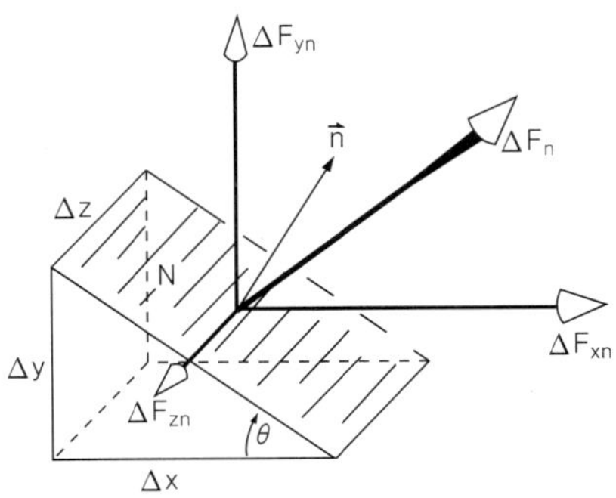

그림 31-8 면 N을 가로질러 작용하는 힘 $\boldsymbol{F}_n$ ($\boldsymbol{n}$은 면에 수직한 단위 벡터)을 성분별로 분해한 그림

작은 삼각형 모양의 부피에 작용하는 '표면력(surface force)'들이 평형을 이

루고 있다는 위의 가정에서는 비관성 좌표계에서 나타나는 유사힘(pseudo force)이나 중력과 같은 '체적력(body force)'의 존재 가능성을 무시하고 있다. 그러나 체적력은 작은 삼각형의 부피, 즉 $\Delta x \Delta y \Delta z$에 비례하는 반면, 표면력은 모두 $\Delta x \Delta y$, $\Delta y \Delta z$ 등과 같은 면적에 비례하기 때문에, 삼각형 토막의 크기를 충분히 작게 잡으면 표면력과 비교해서 체적력을 무시해도 상관없다.

이제 작은 삼각형 토막에 작용하는 힘들을 모두 더해 보자. 먼저 x성분부터 계산하는 것이 좋겠다. 총 힘의 x성분은 다섯 부분(각 면당 하나씩)에 작용하는 각 힘의 x성분을 모두 더한 것이다. 그러나 Δz가 충분히 작으면 (z축에 수직한) 두 면에 작용하는 힘들은 크기가 같고 방향이 반대일 것이므로 고려하지 않아도 된다. 바닥의 사각형에 작용하는 힘의 x성분은

$$\Delta F_{x2} = S_{xy} \Delta x \Delta z$$

이며, 수직한 사각형에 작용하는 힘의 x성분은

$$\Delta F_{x1} = S_{xx} \Delta y \Delta z$$

이다. 이 두 성분의 합은 면 N을 가로질러 '바깥쪽을 향하는' 힘의 x성분과 같아야 한다. 면 N에 수직한 단위 벡터를 $\boldsymbol{n}$이라 하고, 이 면에 작용하는 힘을 $\Delta \boldsymbol{F}_n$이라 하면, ΔF_{xn}은 다음과 같다.

$$\Delta F_{xn} = S_{xx} \Delta y \Delta z + S_{xy} \Delta x \Delta z$$

이 평면을 가로지르는 응력의 x성분 S_{xn}은 ΔF_{xn}을 면적 $\Delta z\sqrt{\Delta x^2 + \Delta y^2}$으로 나눈 값, 즉

$$S_{xn} = S_{xx} \frac{\Delta y}{\sqrt{\Delta x^2 + \Delta y^2}} + S_{xy} \frac{\Delta x}{\sqrt{\Delta x^2 + \Delta y^2}}$$

이다. 그런데 $\Delta x/\sqrt{\Delta x^2 + \Delta y^2}$은 그림 31-8에서 보다시피 $\boldsymbol{n}$과 y축 사이의 각에 대한 코사인이므로, $\boldsymbol{n}$의 y성분인 n_y로 나타낼 수 있다. 마찬가지로 $\Delta y/\sqrt{\Delta x^2 + \Delta y^2}$은 $\sin\theta = n_x$이다. 따라서 위의 식은

$$S_{xn} = S_{xx} n_x + S_{xy} n_y$$

로 쓸 수 있다. 이 결과를 임의의 면적 요소에 대해 일반화시키면

$$S_{xn} = S_{xx} n_x + S_{xy} n_y + S_{xz} n_z$$

의 형태가 된다. 좀 더 세련되게 표현하면 다음과 같다.

$$S_{in} = \sum_j S_{ij} n_j \tag{31.24}$$

S_{ij}를 알고 있으면 임의의 면적 요소를 가로질러 작용하는 힘을 계산할 수 있으므로, 식 (31.24)에는 재료 내부의 응력 상태에 관한 모든 정보가 들어 있는 셈이다.

α_{ij}가 $\boldsymbol{E}$와 $\boldsymbol{P}$를 연결해 주듯이, 식 (31.24)에서는 텐서 S_{ij}가 단위 벡터 $\boldsymbol{n}$과 응력 $\boldsymbol{S}_n$을 연결시켜 주고 있다. $\boldsymbol{n}$과 $\boldsymbol{S}_n$은 벡터이므로 S_{ij}의 각 성분들은 좌표축이 변함에 따라 텐서처럼 변환되어야 한다. 따라서 S_{ij}는 분명한 텐서이다.

또한 작은 정육면체 모양의 물체에 작용하는 힘을 분석하면 S_{ij}가 대칭 텐서임을 보일 수 있다. 정육면체의 3면에 평행하게 좌표축을 잡고, 그림 31-9에 표현된 단면을 살펴보자. 정육면체의 모서리를 단위 길이로 삼으면 x, y축에 수직한 면들에 작용하는 힘의 x, y성분들은 그림과 같을 것이다. 정육면체가 매우 작다면, 한 면에 작용하는 응력과 반대쪽 면에 작용하는 응력은 별 차이가 없을 것이므로, 힘의 각 성분들은 그림과 같이 크기가 같고 방향은 반대일 것이다. 그런데 이 정육면체에는 토크가 전혀 작용하고 있지 않다. 만일 토크가 작용한다면 정육면체는 이미 회전하고 있어야 한다. 중심에 대한 총 토크는 $(S_{yx}-S_{xy})$(곱하기 정육면체의 모서리 길이)인데, 총 토크는 0이므로 $S_{yx}=S_{xy}$이고, 따라서 응력 텐서는 대칭 텐서라는 결론을 내릴 수 있다.

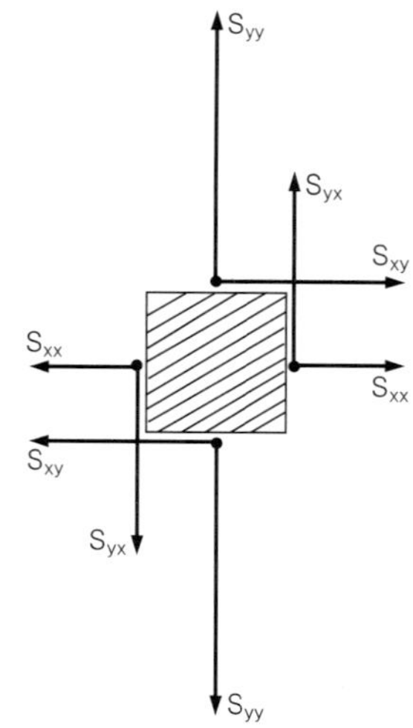

그림 31-9 작은 단위 정육면체의 네 면에 작용하는 x방향 힘과 y방향 힘

이와 같이 S_{ij}는 대칭 텐서이므로, 세 개의 주축을 가진 타원체로 기술될 수 있다. 특히 주축에 수직한 면에 작용하는 응력은 매우 간단한데, 이 경우에 응력은 면에 수직하게 밀거나 당기는 힘에 해당된다. 이들 면에는 층밀림 힘이 전혀 작용하지 않는다. 우리는 언제나 '임의의' 응력에 대하여 층밀림 성분이 0이 되는 좌표축을 설정할 수 있다. 타원체가 구인 경우, 힘의 방향은 항상 구면에 수직하다. 이는 (양 또는 음의) 유체 정압(hydrostatic pressure)에 해당된다. 따라서 유체 정압의 경우에 응력 텐서는 대각이고 세 개의 대각 성분은 모두 같다. 사실, 세 성분의 값은 바로 압력 p와 같다.

$$S_{ij}=p\delta_{ij} \tag{31.25}$$

응력 텐서(그리고 이에 대응되는 타원체)는 일반적으로 물체 내부에서 위치에 따라 변한다. 물체 전체에 작용하는 응력을 기술하려면 S_{ij}의 성분들을 위치의 함수로 나타내야 한다. 따라서 응력 텐서는 일종의 '장(field)'으로 간주할 수 있다. '스칼라장'은 온도 $T(x, y, z)$와 같이 공간상의 각 지점에 하나의 숫자가 할당된 장이고, '벡터장'은 전기장 $\boldsymbol{E}(x, y, z)$와 같이 각 지점에 세 개의 숫자가 할당된 장이다. 그런데 지금 우리는 공간상의 각 점에 무려 아홉 개의 숫자가 할당된 '텐서장'을 다루고 있다. 다행히도 대칭 텐서 S_{ij}의 경우, 각 지점에 할당되는 숫자는 아홉 개가 아니라 여섯 개이다. 즉, 제멋대로 뒤틀린 고체 내부의 힘을 완벽하게 기술하려면 x, y, z를 독립 변수로 갖는 여섯 개의 함수가 필요하다는 뜻이다.

31-7 고차 랭크의 텐서들

응력 텐서 S_{ij}는 물질 내부의 '힘'을 기술한다. 탄성을 가진 재료의 내부 뒤틀림은 소위 '변형률 텐서(strain tensor)'라 부르는 T_{ij}로 기술하는 것이 편리하다. 금속 막대 같은 단순한 물체에서는 잘 알려진 바와 같이 길이의 변화 ΔL이 근사적으로 힘에 비례하므로, 훅의 법칙을 따른다고 할 수 있다.

$$\Delta L = \gamma F$$

제멋대로 뒤틀린 탄성체의 변형률 텐서 T_{ij}는 다음과 같은 한 세트의 선형 방정식을 통해 응력 텐서 S_{ij}와 관련되어 있다.

$$T_{ij} = \sum_{k,l} \gamma_{ijkl} S_{kl} \tag{31.26}$$

그리고 다들 익히 알다시피 스프링(또는 탄성 막대)의 퍼텐셜 에너지는 다음과 같이 주어진다.

$$\frac{1}{2}F\Delta L = \frac{1}{2}\gamma F^2$$

이것을 고체 내부의 탄성 에너지 '밀도'의 개념으로 일반화시키면 다음과 같다.

$$U_{\text{elastic}} = \sum_{ijkl} \frac{1}{2}\gamma_{ijkl} S_{ij} S_{kl} \tag{31.27}$$

즉, 결정의 탄성은 γ_{ijkl}이라는 계수를 이용하여 완전하게 기술된다는 뜻이다. 말은 그럴듯하지만, γ_{ijkl}이라는 기호를 보는 순간 더 이상 생각하기가 싫어졌을 것이다. 이것은 '4차' 랭크의 텐서로서, 각 첨자는 x, y, z 중 하나를 취할 수 있으므로 총 $3^4=81$개의 계수들이 존재한다. 그러나 겁먹을 필요는 없다. 이들 중 '서로 다른' 숫자는 21개뿐이다. 일단, S_{ij}는 대칭 텐서여서 서로 다른 값이 단 6개뿐이고, 이들이 두 번 곱해진 식 (31.27)에는 $6\times6=36$개의 '서로 다른' 계수들이 존재할 수 있다. 그런데 S_{ij}와 S_{kl}은 에너지의 변화 없이 상호 교환이 가능하기 때문에, γ_{ijkl}은 ij와 kl을 서로 바꾸는 조작에 대해 대칭적이어야 한다. 이 점을 고려하면 서로 다른 계수는 21개로 줄어든다. 따라서 대칭성이 가장 낮은 결정의 탄성을 기술하려면 21개의 탄성 계수가 필요하다! 물론, 대칭성이 더 높은 결정으로 가면 숫자가 더 줄어든다. 예를 들어, 입방 결정의 경우에는 탄성 계수가 3개뿐이며, 등방 재료는 단 2개의 계수만을 갖고 있다.

왜 그럴까? 등방 재료의 경우에는 당연히 γ_{ijkl}의 성분들이 축의 방향과 무관해야 할 것 같은데, 어떻게 하면 그렇게 될 수 있을까? 서로 다른 계수가 왜 두 개밖에 없다는 말인가? **답** : 축의 방향과 무관해지는 유일한 방법은 각 성분들이 텐서 δ_{ij}로 표현되는 것이다. 감마 텐서의 대칭성을 만족시키는 크로네커 델타의 조합은 $\delta_{ij}\delta_{kl}$과 $\delta_{ik}\delta_{jl}+\delta_{il}\delta_{jk}$뿐이다. 따라서 γ_{ijkl}은 이들의 선형 결합으로 주어져야 할 것이다. 그러므로 등방 재료의 경우에는

$$\gamma_{ijkl} = a(\delta_{ij}\delta_{kl}) + b(\delta_{ik}\delta_{jl} + \delta_{il}\delta_{jk})$$

이다. 따라서 재료의 탄성은 두 개의 상수 a와 b로 기술된다. 입방 결정에서 필요한 계수의 수가 3이라는 사실은 여러분 각자 증명해 보기 바란다.

마지막 예로, 3차 랭크 텐서로 기술되는 압전 효과(piezoelectric effect)를 생각해 보자. 응력이 작용하는 결정은 가해진 응력에 비례하는 전기장을 발생시킨다. 이 법칙을 일반적으로 써 보면

$$E_i = \sum_{j,k} P_{ijk} S_{jk}$$

가 되는데, 여기서 E_i는 전기장이며 P_{ijk}는 압전 계수(또는 압전 텐서)이다. 만일 결정이 반전 대칭성을 갖고 있다면(즉, x, y, $z \to -x$, $-y$, $-z$에 대해 불변이라면), 압전 계수들은 모두 0이다. 증명할 수 있겠는가?

31-8 전자기 운동량의 4차원 텐서

이 장에서 지금까지 언급한 텐서들은 모두 3차원 공간에서 정의된 텐서이다. 이들은 정의에 의하여, 좌표의 회전하에 특정한 변환 성질을 갖는다. 우리는 26장에서 상대론적 4차원 시공간에서 정의된 텐서를 접한 적이 있다. 전자기장 텐서 $F_{\mu\nu}$가 바로 그것이다. 이와 같은 4차원 텐서의 성분들은 시공간 좌표의 로렌츠 변환하에서 특별한 방식으로 변환된다(당시에는 언급하지 않았지만, 로렌츠 변환은 민코프스키 공간이라 불리는 4차원 '공간'에서 일어나는 일종의 '회전'으로 간주될 수 있다. 이렇게 생각하면 지금 설명하는 내용을 더욱 쉽게 이해할 수 있을 것이다).

마지막 예로, 상대성 이론의 무대인 4차원 시공간 (t, x, y, z)에서 정의되는 또 다른 텐서를 살펴보자. 응력 텐서 S_{ij}는 단위 면적을 가로지르는 힘의 성분으로 정의된다. 그런데 힘은 운동량의 시간 변화율이므로 "S_{xy}는 y에 수직한 단위 면적을 가로지르는 힘의 x성분이다"라고 말하는 대신, "S_{xy}는 y에 수직한 단위 면적을 가로지르는 운동량의 x성분의 흐름률(rate of flow)이다"라고 말할 수도 있다. 다시 말해서, S_{ij}의 각 항은 j방향에 수직한 단위 면적을 가로지르는 운동량 i성분의 흐름을 나타낸다고 할 수 있다. 이들은 순수한 공간 성분이며 S_{tx}, S_{yt}, S_{tt}와 같은 성분들이 추가되어 만들어진 4차원 텐서 $S_{\mu\nu}$의 일부이다(μ와 ν는 t, x, y, z 중 하나를 의미한다). 그러면 지금부터 추가된 성분들의 물리적 의미를 살펴보기로 하자.

공간 성분들은 운동량의 흐름을 나타낸다. 이들을 어떻게 시간 차원으로 확장할 수 있을까? 다른 종류의 흐름(즉, 전하의 흐름)을 떠올려 보면 단서를 얻을 수 있다. '스칼라'인 전하의 경우, 흐름에 수직한 단위 면적당 흐름률은 공간적인 벡터(전류 밀도 벡터 $\boldsymbol{j}$)로 표현된다. 그리고 이와 같은 흐름 벡터의 시간 성분은 '흐르는 내용물의 밀도'로 주어진다. 예를 들어, $\boldsymbol{j}$는 전하 밀도 $j_t = \rho$를 시간 성분으로 취하여 4차원 벡터 $j_\mu = (\rho, \boldsymbol{j})$를 이룬다. j_μ의 첨자 μ는 t, x, y, z를 취할 수 있으며, 각 성분은 스칼라 전하의 '밀도, x방향의 흐름률, y방향의 흐름률, z방향의 흐름률'을 나타낸다.

전하 밀도와 마찬가지로, 운동량의 경우에도 x성분의 흐름을 기술하는 S_{xx}, S_{xy}, S_{xz}와 함께 '흐름의 주체'가 되는 무엇인가의 밀도로 표현되는 시간 성분 S_{xt}가 있어야 할 것 같다. 따라서 우리는 운동량 흐름 텐서에 t성분을 포함시켜서 다음과 같이 행렬을 한 줄 더 늘릴 수 있다.

$$S_{xt} = x\text{운동량의 밀도}$$
$$S_{xx} = x\text{운동량의 } x\text{흐름}$$
$$S_{xy} = x\text{운동량의 } y\text{흐름}$$
$$S_{xz} = x\text{운동량의 } z\text{흐름}$$

이와 비슷하게, 운동량의 y성분에도 세 개의 흐름 성분이 있으며(S_{yx}, S_{yy}, S_{yz}), 여기에 아래의 네 번째 항을 추가해야 한다.

$$S_{yt} = y\text{운동량의 밀도}$$

물론 S_{zx}, S_{zy}, S_{zz}에 대해서도

$$S_{zt} = z\text{운동량의 밀도}$$

를 추가해 준다.

4차원에서 운동량의 t성분은 바로 에너지이다. 따라서 텐서 S_{ij}에 아래의 S_{tx}, S_{ty}, S_{tz}를 추가하여 행렬의 행을 한 줄 더 늘려야 한다.

$$\begin{aligned} S_{tx} &= \text{에너지의 } x\text{흐름} \\ S_{ty} &= \text{에너지의 } y\text{흐름} \\ S_{tz} &= \text{에너지의 } z\text{흐름} \end{aligned} \tag{31.28}$$

즉, S_{tx}는 x축에 수직인 면을 가로질러 단위 시간에 단위 면적을 통과하는 에너지의 흐름을 나타내며, 나머지 두 성분도 마찬가지다. 마지막으로, S_{tt}성분에 '에너지 밀도'를 부여하면 하나의 텐서가 완성된다. 이로써 우리는 3차원 응력 텐서 S_{ij}를 4차원의 '응력-에너지 텐서' $S_{\mu\nu}$로 확장하는 데 성공하였다. 첨자 μ는 네 개의 값 t, x, y, z 중 하나를 취할 수 있으며, 각각 '밀도', 'x방향으로의 단위 면적당 흐름', 'y방향으로의 단위 면적당 흐름', 'z방향으로의 단위 면적당 흐름'을 의미한다. 첨자 ν 역시 네 개의 값 t, x, y, z 중 하나를 취하며, 흐름의 주체가 무엇인지를 말해 주고 있다. '에너지', 'x방향의 운동량', 'y방향의 운동량', 'z방향의 운동량'이 바로 그것이다.

이제 위에서 완성된 텐서를 물질의 내부가 아닌 '전자기장이 존재하는 자유공간'의 한 영역에 적용해 보자. 에너지의 흐름은 이미 알고 있듯이 포인팅 벡터 $\boldsymbol{S} = \epsilon_0 c^2 \boldsymbol{E} \times \boldsymbol{B}$로 표현된다. 그러므로 상대론적 관점에서 볼 때 $\boldsymbol{S}$의 x, y, z성분은 4차원 응력-에너지 텐서의 S_{tx}, S_{ty}, S_{tz}성분이 된다. 텐서 S_{ij}의 대칭성은 시간 성분에 대해서도 성립하므로, 4차원 텐서 $S_{\mu\nu}$는 대칭 텐서이다.

$$S_{\mu\nu} = S_{\nu\mu} \tag{31.29}$$

다시 말해서, x, y, z방향의 '운동량 밀도' S_{xt}, S_{yt}, S_{zt}가 포인팅 벡터 $\boldsymbol{S}$, 즉 '에너지 흐름'의 x, y, z성분과 같다는 뜻이다. 이 사실은 예전에 다른 논리를 사용하여 증명한 바 있다.

전자기 응력 텐서 $S_{\mu\nu}$의 나머지 성분들도 전기장 $\boldsymbol{E}$와 자기장 $\boldsymbol{B}$로 나타낼 수 있다. 즉, 우리는 전자기장에 응력을 허용해야 하는 것이다. 좀 신비스럽게 표

현하면, 전자기장 내에 운동량의 흐름을 허용해야 한다는 뜻이다. 이것은 27장에서 식 (27.21)과 함께 잠시 언급된 적이 있는데, 그 당시에는 이 정도로 자세하게 설명하지 않았다.

4차원 텐서를 능숙하게 다루길 원하는 사람들은 $S_{\mu\nu}$를 전기장 및 자기장으로 표현한 다음 식을 알아 두는 것이 좋다.

$$S_{\mu\nu} = \frac{\epsilon_0}{2}\left(\sum_{\alpha} F_{\mu\alpha}F_{\nu\alpha} - \frac{1}{4}\,\delta_{\mu\nu}\sum_{\alpha,\beta} F_{\beta\alpha}F_{\beta\alpha}\right)$$

여기서 α, β에 대한 합은 t, x, y, z에 대한 것이지만, (상대론에서 보통 그러하듯이) 합 $\sum$를 취할 때의 부호와 δ 기호에는 특별한 약속이 되어 있다. 즉, 합을 취할 때는 x, y, z항에 '마이너스 부호가 붙고' $\delta_{xx}=\delta_{yy}=\delta_{zz}=-1$인 반면, $\delta_{tt}=+1$이고, $\mu\neq\nu$인 경우에는 $\delta_{\mu\nu}=0$이다($c=1$). 위의 식으로부터 에너지 밀도 $S_{tt}=(\epsilon_0/2)(E^2+B^2)$과 포인팅 벡터 $\boldsymbol{S}=\epsilon_0\boldsymbol{E}\times\boldsymbol{B}$를 유도할 수 있겠는가? 그리고 $\boldsymbol{B}=0$인 정전기장에서 응력 텐서의 주축들이 전기장의 방향을 향하며, 장의 방향을 따라 $(\epsilon_0/2)\,E^2$의 '장력(tension)'이 존재한다는 것, 그리고 장에 수직한 방향으로는 장력과 동일한 크기의 '압력'이 작용한다는 것을 증명할 수 있겠는가?

Chapter 32
밀한 물질의 굴절률

32-1 물질의 분극

32-1 물질의 분극
32-2 유전체 내의 맥스웰 방정식
32-3 유전체 내의 파동
32-4 복소 굴절률
32-5 혼합물의 굴절률
32-6 금속 내의 파동
32-7 저주파 및 고주파 근사 : 침투 깊이와 플라스마 주파수

복습 과제 :
표 32-1

이 장에서는 밀(密)한 물질에 의해 빛이 굴절되는 현상을 집중적으로 분석할 것이다. 그리고 밀한 물질에 빛이 흡수되는 현상도 함께 다룰 예정이다. 굴절률에 관한 이론은 제1권 31장에서 이미 강의한 적이 있는데, 그 당시에는 여러분의 수학 실력이 다소 부족했기 때문에 기체와 같이 밀도가 낮은 물질만을 다루었다. 그러나 굴절률과 관련된 물리적 원리만은 분명하게 이해했으리라 믿는다. 광파의 전기장에 의해 기체 분자는 극성을 띠게 되고, 이로부터 진동하는 쌍극자 모멘트가 발생한다. 그리고 진동하는 전하가 가속되면서 새로운 전자기파가 방사된다. 이 새로운 전자기장은 기존의 전자기장과 간섭을 일으켜 변형된 전자기장을 형성하는데, 그 형태는 원래 전자기파의 위상이 이동한 것과 같았다. 그런데 위상의 이동(phase shift)은 물질의 두께에 비례하기 때문에 결국 물질 내에서 전자기파의 위상 속도가 달라지는 효과가 나타나게 되는 것이다. 예전에 이 주제를 다룰 때에는 '진동하는 쌍극자 주위의 장을 변화시키는 새로운 전자기파의 영향'과 같이 복잡한 효과들은 무시하고, 오로지 '입사하는' 전자기파만이 원자 내부의 전하에 힘을 미친다고 가정했었다. 그러나 사실은 입사하는 전자기파뿐만 아니라 주위의 모든 원자에서 방사된 전자기파들도 전하의 진동에 영향을 준다. 당시에는 이러한 효과를 고려하는 것이 힘들었기 때문에 이러한 효과들이 별로 중요하지 않은 밀도가 낮은 기체만 다루었던 것이다.

이제 여러분은 미분 방정식을 어느 정도 풀 수 있는 단계에 이르렀으므로, 밀도가 큰 물체도 다룰 수 있게 되었다. 미분 방정식을 사용하면 (재방사된 파가 원래의 파와 간섭을 일으키기 때문에 굴절률이 생긴다는) 굴절률의 물리적 근원이 애매해지긴 하지만, 밀도가 큰 물질의 굴절률 이론을 훨씬 단순화시킬 수 있다. 이 장에서는 예전에 이미 다루었던 많은 결과들이 다시 언급될 것이다. 사실, 필요한 것은 모두 배운 상태이기 때문에, 이 장에서 새로 도입되는 개념은 거의 없다. 여러분의 기억을 되살리기 위해, 이 장에서 사용하게 될 방정식을 표 32-1에 정리해 놓았다(각 방정식의 출처도 함께 적어 놓았다). 필요하다고 생각되면 배경 지식을 다시 언급할 수도 있겠지만, 대부분의 경우에는 아무런 언급 없이 방정식을 사용할 것이다.

제일 먼저, 기체의 굴절률을 유도했던 과정을 떠올려 보자. 여기, 단위 부피

표 32-1

이 장의 내용은 앞에서 이미 다루었던 다음 결과에 기초하고 있다.

주제	참조	식
감쇠 진동자	제1권 23장	$m(\ddot{x}+\gamma\dot{x}+\omega_0^2 x)=F$
기체의 굴절률	제1권 31장	$n=1+\frac{1}{2}\frac{Nq_e^2}{\epsilon_0(\omega_0^2-\omega^2)}$
		$n=n'-in''$
이동도	제1권 41장	$m\ddot{x}+\mu\dot{x}=F$
전기 전도율	제1권 43장	$\mu=\frac{\tau}{m}$; $\sigma=\frac{Nq_e^2\tau}{m}$
분극성	제2권 10장	$\rho_{\text{분극}}=-\nabla\cdot\boldsymbol{P}$
유전체의 내부	제2권 11장	$\boldsymbol{E}_{\text{국소}}=\boldsymbol{E}+\frac{1}{3\epsilon_0}\boldsymbol{P}$

당 N개의 입자가 있고, 각 입자들은 조화 진동자처럼 행동한다고 가정해 보자. 그리고 (마치 전자가 용수철에 의해 한 자리에 묶여 있는 것처럼) 원자나 분자 내의 전자는 자신의 변위에 비례하는 힘을 받는다고 가정하자. 물론 이것은 제대로 된 '고전적 원자 모델'이 아니지만, (단순한 경우에는) 양자역학에서 유도되는 결과와 동일한 결과를 준다. 이 점은 나중에 확인하게 될 것이다. 또한 예전에는 무시하고 넘어갔던 원자 진동자의 감쇠력(damping force)도 함께 고려할 것이다. 이 힘은 운동에 반하는 저항, 즉 전자의 속도에 비례하기 때문에, 운동 방정식은 다음과 같이 수정된다.

$$F=q_eE=m(\ddot{x}+\gamma\dot{x}+\omega_0^2x) \tag{32.1}$$

여기서 x는 전기장 $\boldsymbol{E}$와 평행한 방향으로 일어나는 전자의 변위를 나타낸다[지금 우리는 모든 방향에 대해 동일한 복원력을 갖는 '등방 진동자(isotropic oscillator)'를 가정하고 있다. 또한 앞으로 당분간은 입사하는 전자기파가 선 편광(linearly polarized)되어 있어 전기장 $\boldsymbol{E}$의 방향이 변하지 않는다고 가정하기로 한다]. 원자에 작용하는 전기장이 시간에 따라 사인파형을 그리며 변한다면, 전기장은 다음과 같이 쓸 수 있다.

$$E=E_0e^{i\omega t} \tag{32.2}$$

이때 전자의 변위는 전기장과 동일한 진동수로 진동할 것이므로 다음과 같이 쓸 수 있다.

$$x=x_0e^{i\omega t}$$

운동 방정식에 $\dot{x}=i\omega x$와 $\ddot{x}=-\omega^2x$를 대입하면, 다음과 같이 x를 E로 표현할 수 있다.

$$x=\frac{q_e/m}{-\omega^2+i\gamma\omega+\omega_0^2}E \tag{32.3}$$

변위를 알아냈으니 가속도 $\ddot{x}$를 계산할 수 있고, 굴절률의 원인이 되는 방사파도 구할 수 있다. 우리는 제1권 31장에서 굴절률을 계산할 때 이 방법을 사용하였다.

여기서는 다른 방식으로 접근해 보자. 한 원자의 유도 쌍극자 모멘트 p는 $q_e x$이므로, 식 (32.3)을 이용하면

$$\boldsymbol{p} = \frac{q_e^2/m}{-\omega^2 + i\gamma\omega + \omega_0^2}\,\boldsymbol{E} \tag{32.4}$$

가 된다. $\boldsymbol{p}$는 $\boldsymbol{E}$에 비례하므로

$$\boldsymbol{p} = \epsilon_0 \alpha(\omega)\,\boldsymbol{E} \tag{32.5}$$

로 쓸 수 있는데, 여기서 α를 '원자 분극성(atomic polarizability)'이라 한다.* 이 정의에 따르면

$$\alpha = \frac{q_e^2/m\epsilon_0}{-\omega^2 + i\gamma\omega + \omega_0^2} \tag{32.6}$$

이다.

원자 내부에서 일어나는 전자의 운동에 관한 양자역학적 해도 이와 비슷하다. 단, 양자적 효과를 고려하면 다음과 같은 몇 가지 사항들이 수정되어야 한다. 양자역학에 의하면 원자는 몇 개의 고유 진동수를 가지는데, 각 진동수에는 고유의 소실 상수(dissipation constant) γ가 할당되어 있다. 또한 각 모드는 서로 다른 '유효 세기'를 갖고 있으며, 이는 분극성에 진동자 세기 f를 곱하여 표현할 수 있다. 여기서 f는 한 자리 수 내외의 값이다. 각각의 진동 모드에 대하여 세 개의 매개 변수 ω_0, γ, f를 ω_{0k}, γ_k, f_k로 나타내고, 다양한 모드들에 대한 합을 취하면 식 (32.6)은 다음과 같이 수정된다.

$$\alpha(\omega) = \frac{q_e^2}{\epsilon_0 m}\sum_k \frac{f_k}{-\omega^2 + i\gamma_k\omega + \omega_{0k}^2} \tag{32.7}$$

물질 내에 단위 부피당 원자의 수가 N이라면, 분극 P는 $Np = \epsilon_0 N\alpha E$로 E에 비례한다. 즉,

$$\boldsymbol{P} = \epsilon_0 N\alpha(\omega)\,\boldsymbol{E} \tag{32.8}$$

다시 말해서, 어떤 물질에 사인파 형태의 전기장이 가해지면 전기장에 비례하는 분극(단위 부피당 유도 쌍극자 모멘트)이 발생한다는 것이다. 여기서 주목할 점은 비례 상수 α가 진동수에 따라 달라진다는 사실이다. 진동수가 매우 높은 고주파 대역에서는 α의 값이 작다. 즉, 반응이 별로 없다는 뜻이다. 그러나 저주파 대역에서는 강한 반응이 일어날 수 있다. 또한 비례 상수는 복소수이기 때문에 분극은 전기장을 정확하게 따라가지 않고 어느 정도의 위상차를 가질 수 있다. 어떤 경우이건, 단위 부피당 전기장의 세기에 비례하는 분극이 발생한다.

---

* 이 장에서는 제1권 31장의 표기법을 시종일관 따르기로 한다. 따라서 α는 방금 정의한 대로 '원자'의 분극성을 나타낸다. 제2권 31장에서 α는 '부피' 분극률(E에 대한 P의 비율)을 의미했다. 이 장의 표기법에 의하면 $P = N\alpha\epsilon_0 E$이다[식 (32.8) 참조].

32-2 유전체 내의 맥스웰 방정식

물질이 분극되어 있다는 것은 물질 내부에 분극 전하와 분극 전류가 존재한다는 것을 의미한다. 따라서 올바른 전자기장을 구하려면 이들을 맥스웰 방정식에 반영해야 한다. 지금부터는 맥스웰 방정식의 전하와 전류 항이 진공에서처럼 0이 아니라, 분극 벡터에 의해 암시적으로 주어진 상황에서 맥스웰 방정식을 풀어 보기로 한다. 제일 먼저 할 일은 $\boldsymbol{P}$를 정의할 때 상정했던 부피 요소와 같은 크기의 작은 부피에 대해 평균을 취하여 전하 밀도 ρ와 전류 밀도 $\boldsymbol{j}$를 명시적으로 구하는 것이다. 그러면 분극으로부터 필요한 ρ와 $\boldsymbol{j}$를 구할 수 있다.

10장에서 살펴본 바와 같이 위치에 따라 분극 $\boldsymbol{P}$가 변하면, 다음과 같은 전하 밀도가 존재하게 된다.

$$\rho_{\text{분극}} = -\nabla \cdot \boldsymbol{P} \tag{32.9}$$

10장에서는 정적인 장을 다루었지만, 시간에 따라 변하는 장에 대해서도 동일한 관계가 성립한다. 그러나 $\boldsymbol{P}$가 시간에 따라 변하면 전하가 움직이기 때문에 분극 '전류'도 함께 존재할 것이다. 각각의 진동하는 전하는 전하량 q_e에 속도 v를 곱한 값에 해당하는 전류를 만들어 낸다. 이러한 전하들이 단위 부피당 N개 있다면, 전류 밀도 $\boldsymbol{j}$는 다음과 같다.

$$\boldsymbol{j} = Nq_e\boldsymbol{v}$$

이 식에 $v = dx/dt$를 대입하면 $j = Nq_e(dx/dt)$가 되는데, 이것은 바로 dP/dt이다. 따라서 시간에 따라 변하는 분극에 의한 전류 밀도는 다음과 같다.

$$\boldsymbol{j}_{\text{분극}} = \frac{d\boldsymbol{P}}{dt} \tag{32.10}$$

이제 문제가 단순명료해졌다. 우선 식 (32.9)와 (32.10)을 이용하여 전하와 전류를 $\boldsymbol{P}$로 표현한 맥스웰 방정식을 쓴 후(지금 우리는 물질 내부에 다른 전류나 전하가 없다고 가정하고 있다), 식 (32.5)를 이용해서 $\boldsymbol{P}$를 $\boldsymbol{E}$와 연관시키고 방정식을 $\boldsymbol{E}$와 $\boldsymbol{B}$에 대해 풀어서 파동 해를 구하면 된다.

여기서 잠시 역사적인 사실을 언급하고 넘어가고자 한다. 원래 맥스웰은 자신이 유도했던 방정식을 지금 우리가 알고 있는 형태로 쓰지 않았었다. 그런데 맥스웰의 원래 방식대로 쓴 방정식을 사용하는 사람들이 지금도 꽤 많기 때문에, 이들 사이의 차이점을 설명하고자 한다. 초기에는 사람들이 유전 상수의 의미를 완전하게 이해하지 못했다. 그들은 원자의 본성을 잘 알지 못했고, 물질에 분극이 존재한다는 사실도 몰랐으므로, 전하 밀도 ρ에 $\nabla \cdot \boldsymbol{P}$가 기여하는 부분이 있다는 것을 몰랐다. 그래서 당시 사람들은 오직 원자에 속박되지 않은 전하(도선을 따라 흐르는 전하, 또는 마찰로 인해 표면에 생긴 전하)만을 고려하였다.

오늘날에는 ρ를 '원자에 속박된 전하의 기여도를 포함한 총 전하 밀도'로 간주하는 것이 보통이다. 원자에 속박된 전하가 기여하는 부분을 $\rho_{\text{분극}}$이라 하면, 다음과 같이 쓸 수 있다.

$$\rho = \rho_{\text{분극}} + \rho_{\text{나머지}}$$

여기서 $\rho_{\text{나머지}}$는 맥스웰이 상정했던 전하 밀도이며, 원자에 속박되어 있지 않은 전하들을 가리킨다. 그러면

$$\nabla \cdot \boldsymbol{E} = \frac{\rho_{\text{분극}} + \rho_{\text{나머지}}}{\epsilon_0}$$

가 된다. 식 (32.9)를 $\rho_{\text{분극}}$에 대입하면

$$\nabla \cdot \boldsymbol{E} = \frac{\rho_{\text{나머지}}}{\epsilon_0} - \frac{1}{\epsilon_0}\nabla \cdot \boldsymbol{P}$$

즉,

$$\nabla \cdot (\epsilon_0 \boldsymbol{E} + \boldsymbol{P}) = \rho_{\text{나머지}} \tag{32.11}$$

이 된다.

$\nabla \times \boldsymbol{B}$가 포함된 맥스웰 방정식에 등장하는 전류 밀도의 경우에도, 일반적으로 그 일부는 원자에 속박된 전류에 의한 것이다. 따라서

$$\boldsymbol{j} = \boldsymbol{j}_{\text{분극}} + \boldsymbol{j}_{\text{나머지}}$$

와 같이 쓸 수 있고, 맥스웰 방정식은 다음과 같이 된다.

$$c^2\nabla \times \boldsymbol{B} = \frac{\boldsymbol{j}_{\text{나머지}}}{\epsilon_0} + \frac{\boldsymbol{j}_{\text{분극}}}{\epsilon_0} + \frac{\partial \boldsymbol{E}}{\partial t} \tag{32.12}$$

식 (32.10)을 이용하면 다음과 같이 정리할 수 있다.

$$\epsilon_0 c^2\nabla \times \boldsymbol{B} = \boldsymbol{j}_{\text{나머지}} + \frac{\partial}{\partial t}(\epsilon_0 \boldsymbol{E} + \boldsymbol{P}) \tag{32.13}$$

이제 새로운 벡터 $\boldsymbol{D}$를 다음과 같이 정의하면

$$\boldsymbol{D} = \epsilon_0 \boldsymbol{E} + \boldsymbol{P} \tag{32.14}$$

위의 두 장 방정식을 다음과 같이 쓸 수 있다.

$$\nabla \cdot \boldsymbol{D} = \rho_{\text{나머지}} \tag{32.15}$$

$$\epsilon_0 c^2\nabla \times \boldsymbol{B} = \boldsymbol{j}_{\text{나머지}} + \frac{\partial \boldsymbol{D}}{\partial t} \tag{32.16}$$

이것이 바로 맥스웰이 유전체를 기술하는 데 사용했던 방정식이다. 나머지 두 방정식은

$$\nabla \times \boldsymbol{E} = -\frac{\partial B}{\partial t}$$

$$\nabla \cdot \boldsymbol{B} = 0$$

이며, 이는 우리가 사용해 온 방정식과 동일하다.

맥스웰을 비롯한 초기의 학자들은 자성체를 다룰 때도 문제를 안고 있었다

(이 문제는 조금 뒤에 다룰 예정이다). 당시 사람들은 원자의 자성(atomic magnetism)을 일으키는 순환 전류에 대해서 알지 못했기 때문에 그들이 사용했던 전류 밀도에는 이 부분이 포함되어 있지 않았다. 그래서 당시의 학자들은 식 (32.16) 대신 다음과 같은 식을 사용하였다.

$$\nabla \times \boldsymbol{H} = \boldsymbol{j}' + \frac{\partial \boldsymbol{D}}{\partial t} \tag{32.17}$$

여기서 $\boldsymbol{H}$에는 원자 전류의 효과가 포함되어 있으므로 $\epsilon_0 c^2 \boldsymbol{B}$와는 다른 장으로 이해해야 한다($\boldsymbol{j}'$은 원자 전류 이외의 나머지 전류를 나타낸다). 결국 맥스웰은 '4개의' 장 벡터($\boldsymbol{E}$, $\boldsymbol{D}$, $\boldsymbol{B}$, $\boldsymbol{H}$)를 다뤘는데, 그중 $\boldsymbol{D}$와 $\boldsymbol{H}$는 물질 내부에서 일어나는 골치 아픈 사건들을 두루뭉술하게 덮어 두는 표기법이었다. 그러나 지금도 많은 교재들은 이런 식의 표기법을 사용하고 있다.

이 방정식들을 풀려면 $\boldsymbol{D}$와 $\boldsymbol{H}$를 다른 장들과 연관시켜야 하는데, 대개 다음과 같이 쓰곤 한다.

$$\boldsymbol{D} = \epsilon \boldsymbol{E}, \qquad \boldsymbol{B} = \mu \boldsymbol{H} \tag{32.18}$$

그러나 이 관계식은 시간에 따른 장의 변화가 크지 않은 경우에 한하여 몇몇 물질에만 근사적으로 적용할 수 있다(전자기장이 사인파형으로 변하는 경우에는 종종 ϵ과 μ를 주파수에 대한 복소 함수로 만들어서 위와 같이 쓰는 것이 가능하지만, 이 역시 장이 시간에 따라 임의로 변하는 경우에는 사용할 수 없다). 그동안 이 방정식을 풀기 위해 온갖 종류의 꼼수들이 동원되어 왔지만, 지금까지 우리가 해 왔던 대로 기본적인 물리량들만 취하여 방정식을 푸는 것이 정석이다.

32-3 유전체 내의 파동

이제 원자에 속박된 전하 이외에 별도의 전하가 없는 경우, 유전체 내부에 어떤 종류의 전자기파가 존재할 수 있는지 알아보기로 하자. 이 조건에 따라 $\rho = -\nabla \cdot \boldsymbol{P}$, $\boldsymbol{j} = \partial \boldsymbol{P}/\partial t$로 놓고 맥스웰 방정식을 다시 쓰면 다음과 같다.

$$\begin{aligned} &(\text{a})\ \nabla \cdot \boldsymbol{E} = -\frac{\nabla \cdot \boldsymbol{P}}{\epsilon_0} \qquad &(\text{b})\ c^2 \nabla \times \boldsymbol{B} = \frac{\partial}{\partial t}\left(\frac{\boldsymbol{P}}{\epsilon_0} + \boldsymbol{E}\right) \\ &(\text{c})\ \nabla \times \boldsymbol{E} = -\frac{\partial \boldsymbol{B}}{\partial t} \qquad &(\text{d})\ \nabla \cdot \boldsymbol{B} = 0 \end{aligned} \tag{32.19}$$

이 방정식은 앞에서 했던 방식으로 풀 수 있다. 먼저 식 [32.19(c)]에 컬을 취하면

$$\nabla \times (\nabla \times \boldsymbol{E}) = -\frac{\partial}{\partial t} \nabla \times \boldsymbol{B}$$

가 된다. 여기에 벡터 항등식

$$\nabla \times (\nabla \times \boldsymbol{E}) = \nabla(\nabla \cdot \boldsymbol{E}) - \nabla^2 \boldsymbol{E}$$

와 식 [32.19(b)]를 이용하여 양변을 치환하면

$$\nabla(\nabla\cdot\boldsymbol{E})-\nabla^2\boldsymbol{E}=-\frac{1}{\epsilon_0c^2}\frac{\partial^2\boldsymbol{P}}{\partial t^2}-\frac{1}{c^2}\frac{\partial^2\boldsymbol{E}}{\partial t^2}$$

가 되는데, $\nabla\cdot\boldsymbol{E}$에 식 [32.19(a)]를 대입하여 정리하면 다음과 같은 방정식이 얻어진다.

$$\nabla^2\boldsymbol{E}-\frac{1}{c^2}\frac{\partial^2\boldsymbol{E}}{\partial t^2}=-\frac{1}{\epsilon_0}\nabla(\nabla\cdot\boldsymbol{P})+\frac{1}{\epsilon_0c^2}\frac{\partial^2\boldsymbol{P}}{\partial t^2}\tag{32.20}$$

결국 우리가 얻은 것은 파동 방정식이 아니라 "$\boldsymbol{E}$의 달랑베르시안이 분극 $\boldsymbol{P}$를 포함하는 두 개의 항과 같다"는 등식이다.

그러나 $\boldsymbol{P}$는 $\boldsymbol{E}$에 의존하므로, 식 (32.20)은 여전히 파동 해를 가질 수 있다. 지금부터 $\boldsymbol{P}$가 $\boldsymbol{E}$와 항상 같은 방향인 경우, 즉 '등방' 유전체의 경우로 문제를 국한시켜서, z축 방향으로 진행하는 파동 해를 구해 보자. 이 경우에 전기장은 $e^{i(\omega t-kz)}$의 형태로 변할 것이다. 여기에 "파동은 x방향으로 편광되어 있다"는 가정을 추가해 보자. 즉, 전기장이 x성분만을 갖는다는 뜻이다. 그러면 전기장을 다음과 같은 형태로 쓸 수 있다.

$$E_x=E_0e^{i(\omega t-kz)}\tag{32.21}$$

다들 알다시피 $(z-vt)$를 독립 변수로 갖는 임의의 함수는 v의 속도로 진행하는 파동을 나타낸다. 식 (32.21)의 지수는

$$-ik\left(z-\frac{\omega}{k}t\right)$$

와 같이 쓸 수 있으므로, 식 (32.21)은 아래의 위상 속도로 진행하는 파동을 나타낸다.

$$v_{\text{ph}}=\omega/k$$

굴절률 n의 정의는 다음과 같다(제1권 31장 참조).

$$v_{\text{ph}}=\frac{c}{n}$$

따라서 식 (32.21)은

$$E_x=E_0e^{i\omega(t-nz/c)}$$

로 쓸 수 있다. 식 (32.21)이 적절한 장 방정식을 만족하기 위해 필요한 k값을 알아낸 후, 다음 관계식을 이용하면 n을 구할 수 있다.

$$n=\frac{kc}{\omega}\tag{32.22}$$

등방 물질의 경우에는 (x방향으로 편광된 전기장과 평행하게) 분극도 x방향으로 일어날 것이다. 그런데 $\boldsymbol{P}$는 x축 방향으로 아무런 변화도 없기 때문에 $\nabla\cdot\boldsymbol{P}=0$이고, 따라서 식 (32.20)의 우변의 첫 번째 항은 사라진다. 또한 지금 우리는 선형 유전체를 가정하고 있으므로 P_x는 시간에 따라 $e^{i\omega t}$의 형태로 변할 것이

며, 따라서 $\partial^2 P_x/\partial t^2 = -\omega^2 P_x$이다. 또한 식 (32.20)의 라플라시안은 $\partial^2 E_x/\partial z^2 = -k^2 E_x$이므로, 결과적으로 다음과 같은 관계식이 얻어진다.

$$-k^2 E_x + \frac{\omega^2}{c^2} E_x = -\frac{\omega^2}{\epsilon c^2} P_x \qquad (32.23)$$

앞으로 당분간은 $\boldsymbol{E}$가 사인파 형태로 변한다고 가정하자. 그러면 $\boldsymbol{P}$는 식 (32.8)과 같이 $\boldsymbol{E}$에 비례하게 된다(이 가정에 대해서는 나중에 다시 논할 것이다). 즉,

$$P_x = \epsilon_0 N\alpha E_x$$

로 놓을 수 있다. 그러면 식 (32.23)에서 E_x가 소거되므로

$$k^2 = \frac{\omega^2}{c^2}(1 + N\alpha) \qquad (32.24)$$

를 얻게 된다. 즉, 식 (32.21)의 파동은 식 (32.24)로 주어지는 파수 k를 가지며, 장 방정식을 만족한다는 뜻이다. 식 (32.22)를 이용하면, 굴절률 n은 다음과 같이 구해진다.

$$n^2 = 1 + N\alpha \qquad (32.25)$$

이 식을 기체의 굴절률 이론(제1권 31장)에서 얻은 식 (31.19)와 비교해 보자. 기억이 가물가물할 것이므로, 여기에 다시 소개한다.

$$n = 1 + \frac{1}{2}\frac{Nq_e^2}{m\epsilon_0}\frac{1}{-\omega^2 + \omega_0^2} \qquad (32.26)$$

식 (32.6)의 α를 식 (32.25)에 대입하면

$$n^2 = 1 + \frac{Nq_e^2}{m\epsilon_0}\frac{1}{-\omega^2 + i\gamma\omega + \omega_0^2} \qquad (32.27)$$

이 된다. 위의 두 식을 비교해 보면 $i\gamma\omega$라는 새로운 항이 제일 먼저 눈에 띄는데, 이것은 진동자의 감쇠를 고려했기 때문에 나타난 항이다. 그리고 기체의 경우에 좌변은 n^2이 아니라 n이고, 우변에는 1/2이 곱해져 있어서 언뜻 보기에는 완전히 다른 식 같다. 그러나 자세히 들여다보면 이들은 같은 식임을 알 수 있다. N이 충분히 작아서 n이 1에 가까운 경우(기체의 경우), 식 (32.27)은 $n^2 =$ (1+어떤 작은 수)의 형태로 될 것이다. 즉, $n^2 = 1 + \epsilon$으로 쓸 수 있다. 그러면 $n = \sqrt{1+\epsilon} \approx 1 + \epsilon/2$이므로 결국 두 식은 같아진다. 따라서 이 장에서 도입한 새로운 방법은 과거에 기체에 대해서 구했던 것과 동일한 결과를 준다.

여러분은 식 (32.27)을 이용하여 밀한 물질의 굴절률도 구할 수 있으리라 생각할지도 모르겠다. 그러나 밀한 물질을 대상으로 하는 경우에는 몇 가지 이유 때문에 공식을 수정해야 한다. 우선 첫째로, 이 식을 유도할 때 우리는 각각의 원자를 분극시키는 장을 E_x라고 가정했지만, 엄밀히 말해서 이 가정은 옳지 않다. 왜냐하면 밀한 물질의 경우에는 인접한 다른 원자에 의해 생성된 전기장이 E_x에 비해 결코 작지 않기 때문이다. 예전에 유전체 내부의 정전기장을 공부할

때 이와 비슷한 문제를 다룬 적이 있다(11장 참조). 그때 우리는 단일 원자에 작용하는 전기장을 추정하기 위해, 원자가 유전체로 둘러싸인 구형 구멍 속에 놓여 있다고 가정했었다. 이러한 구멍 속의 전기장은[이를 국소 전기장(local field)이라 불렀다] 평균 전기장 $\boldsymbol{E}$에 비해 $\boldsymbol{P}/3\epsilon_0$만큼 크기가 증가한다[그러나 이 결과는 오직 등방적인 물질(입방 결정도 포함)에만 적용된다는 사실을 기억하기 바란다].

전자기파의 파장이 원자들 사이의 간격에 비해 훨씬 큰 경우에 한하여 파동 내의 전기장에 대해서도 동일한 논리를 적용할 수 있다. 이런 경우에는

$$E_{\text{국소}} = E + \frac{P}{3\epsilon_0} \tag{32.28}$$

로 쓸 수 있다. 식 (32.3)의 E에 사용되어야 할 전기장이 바로 이 국소 전기장이다. 즉, 식 (32.8)은 다음과 같이 다시 써야 한다.

$$P = \epsilon_0 N\alpha E_{\text{국소}} \tag{32.29}$$

식 (32.28)의 $E_{\text{국소}}$를 이용하면

$$P = \epsilon_0 N\alpha\left(E + \frac{P}{3\epsilon_0}\right)$$

즉,

$$P = \frac{N\alpha}{1-(N\alpha/3)}\,\epsilon_0 E \tag{32.30}$$

가 된다. 다시 말해서, 밀한 물질의 경우에도 P는 여전히 E에 비례한다는 것이다(단, 전기장은 사인파 형태이어야 한다). 그러나 비례 상수는 식 (32.23) 바로 밑에 있는 식의 $\epsilon_0 N\alpha$가 아니라 $\epsilon_0 N\alpha/[1-(N\alpha/3)]$로 바뀐다. 따라서 식 (32.25)는 다음과 같이 수정되어야 한다.

$$n^2 = 1 + \frac{N\alpha}{1-(N\alpha/3)} \tag{32.31}$$

이 식을 다음과 같은 형태로 고쳐 쓰면 여러모로 편리하다(물론 두 식은 수학적으로 완전히 동일하다).

$$3\,\frac{n^2-1}{n^2+2} = N\alpha \tag{32.32}$$

이 방정식은 클라우지우스-모소티 방정식(Clausius-Mosotti equation)으로 알려져 있다.

밀한 물질의 경우에는 또 다른 복잡한 문제가 있다. 이들은 이웃하는 원자들이 매우 가까운 거리에 있기 때문에 서로 강한 상호작용을 하며, 이 과정에서 내부 진동 모드가 변형된다. 원자 진동의 고유 진동수 스펙트럼은 상호작용 때문에 넓게 퍼지며, 일반적으로 감쇠도 심하게 일어난다. 간단히 말해서, 저항 계수가 매우 크다는 뜻이다. 따라서 고체의 ω_0와 γ는 자유 원자의 경우와는 사뭇 다르

다. 이처럼 여러 가지 단서가 붙긴 하지만, 적어도 근사적으로는 식 (32.7)을 이용하여 α를 표현할 수 있다. 그러면 식 (32.32)는 다음과 같이 된다.

$$3\frac{n^2-1}{n^2+2} = \frac{Nq_e^2}{m\epsilon_0}\sum_k \frac{f_k}{-\omega^2+i\gamma_k\omega+\omega_{0k}^2} \tag{32.33}$$

마지막으로 복잡한 문제를 하나 더 언급하고자 한다. 만일 밀한 물질이 몇 가지 성분으로 이루어진 혼합물이라면, 모든 구성 성분들은 분극에 제각각 기여할 것이며, 전체 α값은 혼합물의 구성 성분들에 의한 기여를 모두 더한 값이 된다[물론 규칙적인 구조를 갖고 있는 결정의 경우에는 국소 장을 식 (32.28)로 근사하면 정확하지 않기 때문에 이와 관련된 효과를 추가로 고려해야 정확한 α값을 구할 수 있다. 이러한 효과는 강유전체(ferroelectrics)를 분석할 때 논의한 적이 있다]. 단위 부피당 각 구성 성분의 원자 수를 N_j라 하면, 식 (32.32)는 다음 식으로 대치되어야 한다.

$$3\left(\frac{n^2-1}{n^2+2}\right) = \sum_j N_j\,\alpha_j \tag{32.34}$$

여기서 각 α_j는 식 (32.7)로 주어진다. 굴절률에 관한 우리의 이론은 식 (32.34)로써 완성된다. 좌변의 $3(n^2-1)/(n^2+2)$는 진동수의 복소 함수(complex function)로 주어지는데, 이것은 바로 '평균 원자 분극성' $\alpha(\omega)$에 해당된다. 밀한 물질에서 $\alpha(\omega)$를 정확히 계산하는 것은(즉, f_k, γ_k, ω_{0k}를 구하는 것은) 어려운 양자역학 문제이다. 지금까지는 단지 매우 단순한 몇몇 물질들에 대해서만 '제1원리'로부터 값을 구할 수 있었다.

32-4 복소 굴절률

이제 식 (32.33)으로부터 어떤 결론이 유도될 수 있는지 알아보자. 제일 먼저 눈에 띄는 것은, α가 복소수이기 때문에 굴절률 n도 복소수가 된다는 점이다. 굴절률이 복소수라니, 이게 대체 무슨 뜻일까? 일단, 굴절률 n을 실수부와 허수부의 합으로 표현해 보자.

$$n = n_R - in_I \tag{32.35}$$

여기서 n_R과 n_I는 ω의 실함수(real function)이다. in_I 앞에 마이너스 부호를 붙이면, 보통의 광학적 물질에서는 n_I값이 양수로 나타난다[보통의 비활성 물질에서(레이저처럼 그 자체가 광원이 아닌 물질에서) γ는 양수이고, 이로 인해 n의 허수부는 음의 값을 갖게 된다]. 식 (32.21)로 주어진 평면파는 n을 이용하여 다음과 같이 쓸 수 있다.

$$E_x = E_0 e^{-i\omega(t-nz/c)}$$

n을 식 (32.35)로 표현하면 다음과 같다.

$$E_x = E_0 e^{-\omega n_I z/c} e^{i\omega(t-n_R z/c)} \tag{32.36}$$

$e^{i\omega(t-n_R z/c)}$항은 c/n_R의 속도로 진행하는 파동을 나타내므로, n_R은 통상적인 굴절률을 의미한다. 그런데 이 파동의 '진폭'은 다음과 같이 z에 따라 지수함수적으로 감소한다.

$$E_0 e^{-\omega n_I z/c}$$

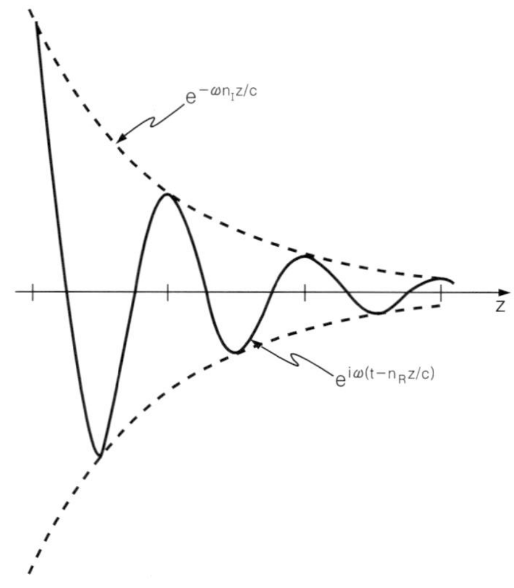

그림 32-1 $n_I \approx n_R/2\pi$일 때, 임의의 한 순간 t에서 그린 E_x의 그래프

그림 32-1은 $n_I \approx n_R/2\pi$인 경우에 대하여 특정 순간의 전기장의 세기를 z의 함수로 나타낸 것이다. 굴절률의 허수부는 원자 진동자들의 에너지 손실에 따른 파동의 감쇠를 나타낸다. 파동의 '세기(intensity)'는 진폭의 제곱에 비례하므로,

$$\text{세기} \propto e^{-2\omega n_I z/c}$$

이며, 이는 종종

$$\text{세기} \propto e^{-\beta z}$$

로 표현되는데, 여기서 $\beta = 2\omega n_I/c$를 '흡수 계수(absorption coefficient)'라고 한다. 따라서 식 (32.33)은 물질의 굴절률뿐만 아니라 빛이 물질에 흡수되는 현상도 설명한다.

우리가 보통 '투명하다'고 말하는 물체들은 $c/\omega n_I$(이 물리량은 길이의 차원을 갖는다)가 물질의 두께에 비해 상당히 큰 값을 갖는다.

32-5 혼합물의 굴절률

위의 굴절률 이론으로부터 예측되는 결과들 중에서, 실험으로 검증 가능한 것이 또 하나 있다. 우선 두 물질이 섞여 있는 혼합물을 떠올려 보자. 혼합물의 굴절률은 두 굴절률의 단순 평균이 아니라, 식 (32.34)와 같이 두 분극성의 합으로 주어진다. 예를 들어, 설탕물의 굴절률을 알고 싶다면 물과 설탕의 분극성의 합으로 주어지는 총 분극성을 구해야 한다. 물론 각각의 분극성은 단위 부피에 들어 있는 분자의 개수 N을 고려하여 계산해야 한다. 다시 말해서, 주어진 용액 속에 α_1의 분극성을 갖는 N_1개의 물 분자와 분극성이 α_2인 N_2개의 설탕 분자($C_{12}H_{22}O_{11}$)가 들어 있다면, 다음과 같은 식이 성립해야 한다.

$$3\left(\frac{n^2-1}{n^2+2}\right) = N_1\alpha_1 + N_2\alpha_2 \tag{32.37}$$

이 식을 이용해서 설탕물의 농도를 바꿔 가며 굴절률을 측정하면 우리의 이론을 검증해 볼 수 있다. 그러나 여기에는 몇 가지 가정이 깔려 있다. 식 (32.37)은 "설탕이 용해될 때 어떤 화학 반응도 일어나지 않으며, 개개의 원자 진동자들이 농도에 따라 크게 영향을 받지 않는다"는 가정을 바탕으로 성립하는 근사적인 식일 뿐이다. 어쨌거나, 이 식이 어느 정도로 들어맞는지 확인해 보자.

설탕물을 예로 든 이유는 굴절률 측정값이 『물리 화학 편람(Handbook of Chemistry and Physics)』에 표로 잘 나와 있고, 설탕은 물에 녹을 때 이온화되지 않으며, 화학적 상태가 변하지 않는 분자 결정이기 때문이다.

표 32-2

설탕물의 굴절률과 식 (32.37)의 예측과의 비교(A, B, C열은 편람에서 가져온 데이터임)

A 설탕의 중량 비율	B 밀도 (gm/cm³)	C n (20°C에서)	D 리터당 설탕의 몰수[d], N_2/N_0	E 리터당 물의 몰수[e], N_1/N_0	F $3\left(\frac{n^2-1}{n^2+2}\right)$	G $N_1\alpha_1$	H $N_2\alpha_2$	J $N_0\alpha_2$ (gm/liter)
0[a]	0.9982	1.333	0	55.5	0.617	0.617	0	—
0.30	1.1270	1.3811	0.970	43.8	0.698	0.487	0.211	0.213
0.50	1.2296	1.4200	1.798	34.15	0.759	0.379	0.380	0.211
0.85	1.4454	1.5033	3.59	12.02	0.886	0.1335	0.752	0.210
1.00[b]	1.588	1.5577[c]	4.64	0	0.960	0	0.960	0.207

[a] 순수한 물

[b] 설탕 결정

[c] 평균(본문 참조)

[d] 설탕의 분자량 = 342

[e] 물의 분자량 = 18

표 32-2의 처음 세 열은 편람에 나온 데이터를 그대로 옮긴 것이다. A열은 설탕의 농도를 중량 비율로 나타낸 것이고, B열은 밀도(gm/cm³) 측정값이며, C열은 파장이 5893Å(옹스트롬)인 빛을 사용하여 굴절률을 측정한 값이다. 순수한 설탕에 대해서는 설탕 결정의 굴절률 측정값을 취했다. 설탕은 등방 결정이 아니기 때문에 측정된 굴절률은 방향에 따라 다르다. 편람에는 다음의 세 가지 수치가 나와 있다.

$$n_1 = 1.5376, \qquad n_2 = 1.5651, \qquad n_3 = 1.5705$$

여기서는 이들의 평균값을 취했다.

이제 각 농도에 따른 n값을 계산해 볼 수 있게 되었다. 그런데 원자 분극성 α_1과 α_2로는 어떤 값을 취해야 하는지 모른다는 문제가 있다. 이론을 다음과 같은 식으로 검증해 보자. 물의 분극성(α_1)이 모든 농도에 대해 같다고 가정하고, 굴절률 측정치 n을 이용하여 식 (38.27)로부터 설탕의 분극성 α_2를 구하는 것이다. 우리의 이론이 옳다면, 모든 농도에 대하여 동일한 α_2가 얻어져야 할 것이다.

우선 N_1과 N_2를 구해야 한다. 이 값들을 아보가드로 수 N_0로 나타내 보자. 단위 부피를 1리터(1000cm³)로 잡으면, N_i/N_0는 1리터당 중량을 그램분자량으로 나눈 값이 된다. 그리고 리터당 중량은 밀도(리터당 그램 수치를 얻기 위해 1000을 곱함)에 설탕 또는 물의 분수 중량(fractional weight)을 곱한 값이다. 이런 방법으로 구한 N_2/N_0와 N_1/N_0의 값은 표의 D열과 E열에 적어 놓았다.

F열의 값들은 C열의 굴절률 측정치 n을 이용하여 $3(n^2-1)/(n^2+2)$의 값을 계산한 것이다. 순수한 물의 경우, $3(n^2-1)/(n^2+2)$값은 0.617인데, 이것은 바로 $N_1\alpha_1$의 값을 의미한다. 그러면 매 행마다 G/E의 비율이 같을 것이므로 (0.617 : 55.5), 여러분 스스로 G열을 채워 넣을 수 있다. F열에서 G열을 빼면 설탕의 기여분 $N_2\alpha_2$가 얻어지는데, 이 값은 H열에 정리해 놓았다. 이 값들을 D열의 값(N_2/N_0)으로 나누면 J열에 나와 있는 $N_0\alpha_2$가 얻어진다.

우리의 이론에 따르면 $N_0\alpha_2$값들은 모두 같아야 한다. 계산된 수치를 보면, 정확하게 똑같지는 않지만 거의 비슷하다는 것을 알 수 있다. 즉, 굴절률에 대한 우리의 아이디어가 그런대로 타당하다는 뜻이다. 뿐만 아니라, 우리는 설탕 분자의 분극성이 주위의 영향을 별로 받지 않는다는 사실도 알아낸 셈이다. 설탕의 분극성은 결정 상태에서의 값과 묽은 용액에서의 값이 거의 같다.

32-6 금속 내의 파동

이 장에서 소개된 고체에 대한 이론은 금속과 같은 양질의 도체에도 별다른 큰 수정 없이 적용될 수 있다. 금속의 내부에는 특정한 원자에 속박되어 있지 않은 자유 전자들이 존재한다. 이 때문에 금속은 전도성을 띠게 되는 것이다. 반면에, 금속의 내부에서 특정 원자에 속박된 전자들은 지금까지 설명한 이론을 그대로 따른다. 그러나 대부분의 경우, 이들은 자유 전자의 그늘에 가려 거의 영향을 미치지 못한다. 여기서는 자유 전자에 의한 효과만을 생각해 보기로 하자.

만일 전자에 복원력이 작용하지 않는다면(그러나 전자의 운동에 약간의 저항력이 작용한다면), 이 전자는 식 (32.1)에서 $\omega_0^2 x$항을 제거한 운동 방정식을 따를 것이다. 그러므로 동일한 과정을 반복할 필요 없이 앞에서 전개했던 유도 과정에서 $\omega_0^2=0$으로 놓으면 된다. 이것 말고 한 가지 차이가 더 있는데, 그 내용은 다음과 같다. 우리가 유전체에서 평균적 장과 국소적 장을 구별해야 했던 이유는 절연체의 경우에 각각의 쌍극자들의 위치가 고정되어 있어서, 하나의 쌍극자가 나머지 쌍극자들에 대하여 명확하게 정해진 위치를 갖고 있었기 때문이다. 그러나 금속 내의 전도 전자(자유 전자)는 아무 방향으로나 움직일 수 있으므로, 이들이 '평균적으로' 느끼는 장은 평균장 $\boldsymbol{E}$와 정확하게 같다. 따라서 전도 전자의 경우에는 식 (32.28)로 식 (32.5)를 수정했던 작업을 할 필요가 없다. 즉, 금속에 대한 굴절률 공식은 $\omega_0=0$이라는 점을 제외하고 식 (32.27)과 같아야 한다.

$$n^2 = 1 + \frac{Nq_e^2}{m\epsilon_0}\frac{1}{-\omega^2+i\gamma\omega} \tag{32.38}$$

이것은 오직 전도 전자에 의한 기여만을 고려한 것이다. 앞으로는 이것을 금속의 굴절률을 결정하는 지배적인 항이라고 가정할 것이다.

사실 우리는 γ값도 알 수 있다. γ는 금속의 전도율과 밀접하게 관련되어 있기 때문이다. 우리는 제1권 43장에서 결정 내의 자유 전자의 확산으로부터 금속이 전도율을 띠게 되는 메커니즘을 공부한 적이 있다. 전자는 연이은 충돌을 겪으면서 지그재그 형태의 경로를 따라 진행해 나가며, 한 번 충돌한 후 다음 충돌이 일어나기 전까지는 (평균 전기장에 의해 가속되는 것을 제외하고) 자유롭게 움직인다(그림 32-2 참조). 제1권 43장의 논리에 의하면 평균 이동 속도(average drift velocity)는 '가속도×충돌 사이의 평균 시간 τ'로 주어진다. 가속도는 q_eE/m이므로, 전자의 유동 속도는 다음과 같다.

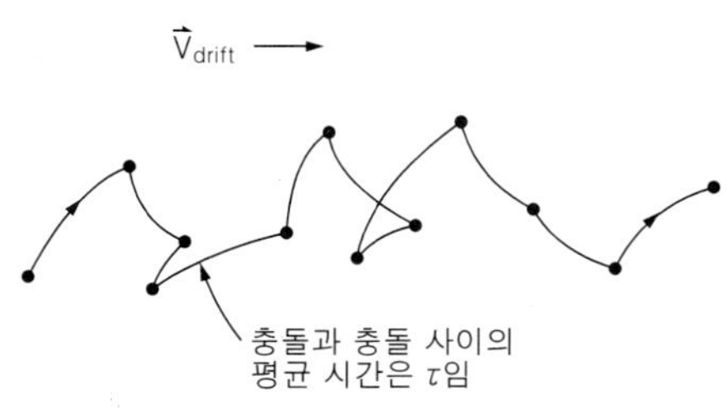

그림 32-2 자유 전자의 운동. (충돌 사이의 평균 시간 $=\tau$)

$$v_{\text{drift}} = \frac{q_eE}{m}\tau \tag{32.39}$$

이 식은 E가 일정하다는 가정하에 유도된 것이므로 v_{drift}는 일정한 값을 갖는다. 평균적으로 가속도가 없다는 것은 가해진 힘과 운동을 방해하는 항력(drag force)이 같다는 것을 의미한다. γ는 $\gamma m v$를 항력으로 놓으면서 정의된 값이고 [식 (32.1) 참조], 항력은 가해진 힘 $q_e E$와 같으므로, γ는 아래와 같다.

$$\gamma = \frac{1}{\tau} \tag{32.40}$$

τ를 직접 측정하는 것은 쉽지 않지만, 금속의 전도율을 측정하면 그 값을 추정할 수 있다. 실험적으로 관측된 바에 의하면 금속 내의 전기장 $\boldsymbol{E}$는 (등방 도체의 경우) $\boldsymbol{E}$에 비례하는 전류 밀도 $\boldsymbol{j}$로 표현되는 전류를 발생시킨다.

$$\boldsymbol{j} = \sigma \boldsymbol{E}$$

이때 비례 상수 σ를 '전도율(conductivity)'이라고 한다. 이 관계는 j를 다음과 같이 놓을 경우 식 (32.39)로부터 예상되는 결과이다.

$$j = N q_e v_{\text{drift}}$$

그러면

$$\sigma = \frac{N q_e^2}{m} \tau \tag{32.41}$$

이다. 즉, τ(그리고 γ)는 전기 전도율의 측정값과 관련되어 있음을 알 수 있다. 식 (32.40)과 (32.41)을 이용하면 굴절률 공식 (32.38)을 다음과 같은 형태로 다시 쓸 수 있다.

$$n^2 = 1 + \frac{\sigma / \epsilon_0}{i\omega(1 + i\omega\tau)} \tag{32.42}$$

여기서

$$\tau = \frac{1}{\gamma} = \frac{m\sigma}{N{q_e}^2} \tag{32.43}$$

이다. 이 식이 있으면 금속의 굴절률을 매우 쉽게 계산할 수 있다.

32-7 저주파 및 고주파 근사 : 침투 깊이와 플라스마 주파수

금속의 굴절률에 대한 식 (32.42)를 보면, 주파수에 따라 전자기파의 전파 특성이 크게 달라진다는 것을 알 수 있다. 우선 매우 '낮은' 주파수에서 어떤 일이 일어나는지 알아보자. ω가 아주 작으면 식 (32.42)는 다음과 같이 근사될 수 있다.

$$n^2 = -i \frac{\sigma}{\epsilon_0 \omega} \tag{32.44}$$

아래의 항등식(양변을 제곱하면 간단하게 증명된다)을 이용하면*

$$\sqrt{-i} = \frac{1 - i}{\sqrt{2}}$$

* $-i = e^{-i\pi/2}$로 쓰면, $\sqrt{-i} = e^{-i\pi/4} = \cos\pi/4 - i\sin\pi/4$가 되어 같은 결과가 얻어진다.

저주파 영역에서 금속의 굴절률은 다음과 같이 계산된다.

$$n = \sqrt{\sigma/2\epsilon_0\omega}\,(1-i) \tag{32.45}$$

n의 실수부와 허수부는 크기가 같다. 이렇게 n의 허수부가 크면, 파동은 금속 내에서 빠르게 감쇠된다. 식 (32.36)을 참조하면, z방향으로 진행하는 파의 진폭은 다음과 같은 형태로 감쇠됨을 알 수 있다.

$$\exp\left[-\sqrt{\sigma\omega/2\epsilon_0 c^2}\, z\right] \tag{32.46}$$

위의 결과를 다음과 같이 써 보자.

$$e^{-z/\delta} \tag{32.47}$$

여기서 δ는 파의 진폭이 $e^{-1}=1/2.72$(대략 1/3정도)만큼 감소하는 거리이다. 그림 32-3에는 파동의 진폭이 z의 함수로 그려져 있다. 이 거리는 전자기파가 금속 표면을 뚫고 들어갈 수 있는 거리로서, 흔히 '침투 깊이(skin depth)'라고 한다.

$$\delta = \sqrt{2\epsilon_0 c^2/\sigma\omega} \tag{32.48}$$

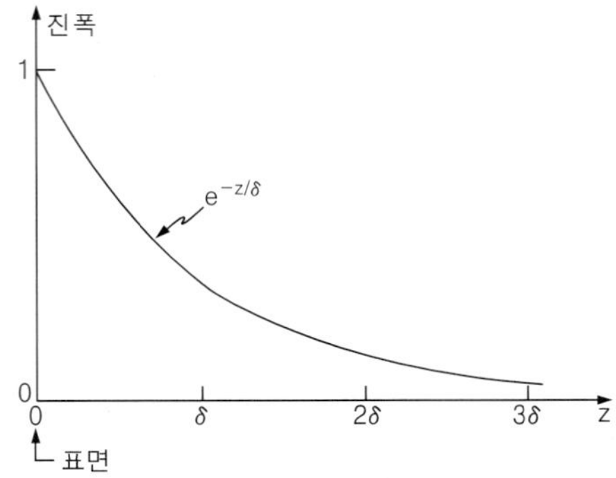

그림 32-3 횡방향 전자기파의 진폭을 '금속 안쪽으로 파고들어 가는 거리'의 함수로 나타낸 것

그런데 여기서 '낮은' 주파수란 어느 정도로 작은 주파수를 의미하는 것일까? 식 (32.42)가 식 (32.44)로 근사되려면 $\omega\tau$는 1보다 훨씬 작고 (그리고) $\omega\epsilon_0/\sigma$도 1보다 훨씬 작아야 한다. 즉, 저주파 근사는

$$\omega \ll \frac{1}{\tau}$$

그리고

$$\omega \ll \frac{\sigma}{\epsilon_0} \tag{32.49}$$

일 때 적용된다.

구리와 같은 전형적인 금속의 경우, 이 조건이 어느 정도의 주파수에 해당하는지 확인해 보자. τ는 식 (32.43)으로부터 계산하고, σ/ϵ_0는 전도율 측정치를 이용하여 계산한다. 아래의 데이터는 편람에서 가져온 것이다.

$\sigma = 5.76 \times 10^7\,(\Omega\cdot\text{m})^{-1}$
원자량 $= 63.5\,\text{g}$
밀도 $= 8.9\,\text{g}\cdot\text{cm}^{-3}$
아보가드로 수 $= 6.02 \times 10^{23}\,(\text{g}\cdot\text{원자량})^{-1}$

원자 하나당 자유 전자가 하나씩 있다고 가정하면 1m^3당 전자의 수는

$$N = 8.5 \times 10^{28}\,\text{m}^{-3}$$

이다. 아래의 값들을 사용하면

$q_e = 1.6 \times 10^{-19}$쿨롱
$\epsilon_0 = 8.85 \times 10^{-12}$패럿 $\cdot\,\text{m}^{-1}$
$m = 9.11 \times 10^{-31}\,\text{kg}$

계산 결과는 다음과 같다.

$$\tau = 2.4 \times 10^{-14}\,\text{sec}$$

$$\frac{1}{\tau} = 4.1 \times 10^{13}\,\text{sec}^{-1}$$

$$\frac{\sigma}{\epsilon_0} = 6.5 \times 10^{18}\,\text{sec}^{-1}$$

따라서 구리는 1테라헤르츠(초당 10^{12}사이클)보다 낮은 주파수에서 위에서 이야기한 '저주파' 특성을 보일 것이다(이는 자유 공간에서 파장이 0.3mm보다 긴 전자기파에 해당되며, 매우 짧은 파장의 라디오파가 여기에 속한다!).

구리의 경우, 이러한 낮은 주파수의 전자기파가 침투할 수 있는 깊이는 다음과 같이 주어진다.

$$\delta = \sqrt{\frac{0.028\text{m}^2 \cdot \text{sec}^{-1}}{\omega}}$$

초당 10,000메가사이클(3cm 파장의 전자기파에 해당됨)짜리 마이크로파의 경우에는

$$\delta = 6.7 \times 10^{-5}\text{cm}$$

이다. 보다시피 침투 깊이는 지극히 짧다.

이 결과를 보면 우리가 공동(또는 도파관)에 대해 공부할 때, 공동 내부의 전자기장에만 관심을 기울이고, 공동을 이루는 금속의 내부나 공동의 외부에 형성되는 장에는 별달리 신경 쓰지 않은 이유를 알 수 있다. 또한 공동을 (전도율이 높은) 금이나 은으로 얇게 도금 처리했을 때 공동의 에너지 손실이 줄어드는 이유도 알 수 있다. 손실은 전류 때문에 생기는 것인데, 도금 처리를 하면 대부분의 전류가 침투 깊이 정도 두께의 얇은 층에서만 흐르기 때문이다.

다음으로, 높은 주파수에서 구리와 같은 금속의 굴절률이 어떻게 되는지 알아보자. 매우 높은 주파수에서 $\omega\tau$는 1보다 훨씬 크므로 식 (32.42)는 다음과 같이 근사될 수 있다.

$$n^2 = 1 - \frac{\sigma}{\epsilon_0 \omega^2 \tau} \tag{32.50}$$

전자기파의 주파수가 클 때 금속의 굴절률은 실수이며, 이 값은 1보다 작다! 이 또한 식 (32.38)로부터 분명하게 알 수 있다. 굴절률이 실수가 되려면 γ가 곱해져 있는 소실 항(dissipation term)을 무시할 수 있어야 하는데, 이는 ω가 아주 큰 경우에 한하여 가능한 이야기다. 이때 식 (32.38)은

$$n^2 = 1 - \frac{Nq_e^2}{m\epsilon_0 \omega^2} \tag{32.51}$$

이 되며, 이 결과는 식 (32.50)과 동일하다. 앞에서 우리는 $Nq_e^2/m\epsilon_0$라는 양을 '플라스마 주파수의 제곱'이라 불렀다(7-3절 참조).

$$\omega_p^2 = \frac{Nq_e^2}{\epsilon_0 m}$$

따라서 식 (32.50) 또는 (32.51)은 다음과 같은 형태로 쓸 수 있다.

$$n^2 = 1 - \left(\frac{\omega_p}{\omega}\right)^2$$

플라스마 주파수는 일종의 '임계' 주파수이다.

$\omega < \omega_p$일 때 금속의 굴절률은 허수부를 가지므로 전자기파는 감쇠된다. 그러나 $\omega \gg \omega_p$인 경우에는 굴절률이 실수이고, 따라서 금속은 (이 주파수 영역에서) 투명해진다. 물론, 다들 알다시피 금속은 X선을 잘 통과시킨다. 그러나 개중에는 자외선 영역에서 투명한 금속도 있다. 표 32-3에는 몇 가지 금속에 대하여 '투명해지기 시작하는 파장'이 나와 있다. 두 번째 열에는 각 금속의 임계 파장 $\lambda_p = 2\pi c/\omega_p$를 계산해 놓았다. 실험적으로 파장을 정의하기가 어렵다는 점을 감안할 때, 이 정도면 우리의 이론은 꽤 정확한 셈이다.

표 32-3*

금속이 투명해지는 파장

(이 이하의 파장에서 금속은 투명함)

금속	λ(실험값)	$\lambda_p = 2\pi c/\omega_p$
Li	1550Å	1550Å
Na	2100	2090
K	3150	2870
Rb	3400	3220

* 키텔(C. Kittel)의 『고체물리학 입문』 제2판(1956) 266p에서 발췌(*Introduction to Solid State Physics*, John Wiley and Sons, Inc., New York, 2nd ed., 1956, p.266.)

여러분은 금속 내에서 전자기파가 전파되는 현상과 플라스마 주파수 ω_p 사이에 무슨 관계가 있는지 궁금할 것이다. 플라스마 주파수란, 7장에서 자유 전자의 '밀도 진동(density oscillation)'의 고유 진동수로 등장했던 개념이었다(한 무리의 전자들이 전기력에 의해 밀쳐지면 전자의 관성에 의해 전하 밀도가 전체적으로 진동한다). 따라서 '종방향(longitudinal)' 플라스마 파는 ω_p에서 공진한다. 그런데 지금 우리는 '횡방향(transverse)' 전자기파에 대해 논하고 있으며, 횡파들이 ω_p 이하의 주파수에서 흡수된다는 사실을 알아냈다(이것은 매우 흥미로운 결과로서, 단순한 우연의 일치가 아니다!).

지금까지 우리는 금속에서 전자기파가 전달되는 과정을 논해 왔는데, 지금쯤 여러분은 물리 현상의 보편성[즉, 자유 전자가 금속 내에 있건, 지구를 둘러싼 이온층(전리층)의 플라스마 속에 있건, 또는 항성의 대기 중에 있건 별다른 차이가 없다는 점]을 충분히 느꼈을 것이다. 이온층에서 라디오파의 전달 과정을 분석할 때에도 동일한 수식을 사용할 수 있다. 물론, N과 τ의 값은 재조절되어야 한다. 이로써 우리는 단파장의 라디오파는 이온층을 통과하는 반면, 장파장의 라디오파는 흡수되거나 반사되는 이유를 알게 되었다(이런 이유 때문에, 위성 통신을 하려면 반드시 단파를 사용해야 한다).

지금까지 우리는 금속 내에서 전자기파의 전달 과정을 저주파 영역과 고주파 영역으로 나눠서 살펴보았다. 중간 주파수 영역에서는 완전한 형태의 식 (32.42)를 사용해야 한다. 일반적으로 굴절률은 실수부와 허수부를 모두 갖고 있다. 전자기파는 금속을 통과하면서 감쇠된다. 금속을 매우 얇게 만들면 광학적 주파수에 대해서도 약간은 투명해질 수 있다. 예를 들어, 고온의 용해로 주변에서 작업하는 사람들이 착용하는 특수 안경에는 유리에 금이 얇게 증착되어 있어서, 가시광선은 (짙은 녹색을 띠며) 잘 통과되지만 적외선은 대부분 흡수된다.

여러분은 이 장에서 등장한 많은 공식들이 10장에서 언급했던 유전 상수 κ 및 그와 관련된 공식들과 매우 비슷하다는 것을 눈치 챘을 것이다. 유전 상수

κ는 정전기장, 즉 $\omega=0$인 상수 전기장에 대한 금속의 반응을 나타내는 척도이다. n과 κ의 정의를 자세히 들여다보면, κ는 $\omega \to 0$으로 갈 때 n^2의 극한값임을 알 수 있다. 이 장에서 얻은 식에 $\omega=0$와 $n^2=\kappa$를 대입하면 11장에서 살펴본 유전 상수에 관한 공식들이 다시 나온다.

CHAPTER 33
표면에서의 반사

33-1 빛의 반사와 굴절

33-1 빛의 반사와 굴절
33-2 밀한 물질 내의 파동
33-3 경계 조건
33-4 반사파와 투과파
33-5 금속에서의 반사
33-6 내부 전반사

복습 과제 :
제1권 33장 〈편광〉

이 장의 주제는 물체의 표면에서 일어나는 빛의 반사와 굴절(일반적으로 말하면 전자기파의 반사와 굴절)이다. 빛의 반사와 굴절 법칙은 제1권 26장에서 이미 논의한 바 있다. 그 때 알아낸 사실들을 정리하면 대략 다음과 같다.

1. 반사각은 입사각과 동일하다. 그림 33-1과 같이 각도를 정의하면, 이들 사이에는 다음과 같은 관계가 성립한다.

$$\theta_r = \theta_i \tag{33.1}$$

2. 입사광과 투과광의 $n \sin\theta$값은 동일하다(스넬의 법칙).

$$n_1 \sin\theta_i = n_2 \sin\theta_t \tag{33.2}$$

3. 반사광의 세기는 입사각뿐만 아니라 전자기장의 편광 상태와도 관련되어 있다. $\boldsymbol{E}$가 입사면에 수직한 경우, 반사 계수 $R_\perp$은 다음과 같이 주어진다.

$$R_\perp = \frac{I_r}{I_i} = \frac{\sin^2(\theta_i - \theta_t)}{\sin^2(\theta_i + \theta_t)} \tag{33.3}$$

$\boldsymbol{E}$가 입사면에 평행한 경우, 반사 계수 $R_\parallel$은 다음과 같다.

$$R_\parallel = \frac{I_r}{I_i} = \frac{\tan^2(\theta_i - \theta_t)}{\tan^2(\theta_i + \theta_t)} \tag{33.4}$$

4. 수직으로 입사된 경우, 반사 계수는 다음과 같이 주어진다(물론 편광은 어떻게 되건 상관없다!).

$$\frac{I_r}{I_i} = \left(\frac{n_2 - n_1}{n_2 + n_1}\right)^2 \tag{33.5}$$

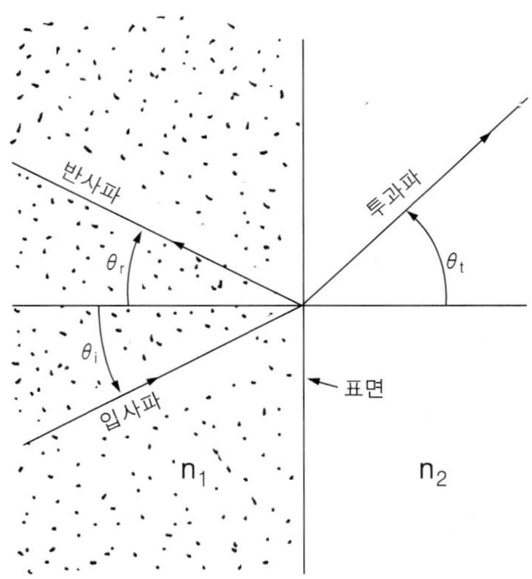

그림 33-1 표면에서 일어나는 빛의 반사와 굴절(파의 방향은 파의 마루에 수직하다)

[예전에는 입사각(incident angle)을 i로, 굴절각(refracted angle)을 r로 표기하였으나, 굴절각과 반사각(reflected angle)에 같은 기호 r을 사용할 수 없으므로 θ_i=입사각, θ_r=반사각, 그리고 θ_t=투과각(transmitted angle)으로 표기하기로 한다.]

대부분의 사람들은 이 문제를 다룰 때 과거에 우리가 논의했던 방식을 따르지만, 이번 시간에는 모든 것을 처음부터 다른 방식으로 논의할 생각이다. 번거롭긴 하지만, 여기에는 그럴 만한 이유가 있다. 한 가지 이유는 예전에는 굴절률을 '실수(real number)'라고 가정했었기 때문이다(즉, 빛이 물질에 흡수되는 현상은 고려하지 않았었다). 또 다른 이유는, 물체의 표면에서 나타나는 전자기파의 행동 양식을 맥스웰 방정식의 관점에서 다뤄 볼 필요가 있기 때문이다. 결국은 전에 얻었던 것과 동일한 결론에 이르겠지만, 이번에는 기발한 논법을 사용하지 않고 파동 문제를 직접 푸는 '정면 돌파'를 시도할 것이다.

가장 먼저 강조하고 싶은 것은, 표면 반사의 진폭이 굴절률과 같은 '물질 자체의 성질'이 아니라는 점이다. 반사는 물체 내부의 특성이 아니라 '표면의 특성'에 전적으로 좌우되는 현상이다. 굴절률이 n_1, n_2인 두 물질의 경계면에 이물질이 얇게 덮여 있으면 대개 반사율이 변한다(이런 경우에는 온갖 종류의 간섭 현상이 발생할 수 있다. 기름막에서 볼 수 있는 오색찬란한 무늬가 대표적인 예이다. 또한 이물질의 두께를 적절하게 조절하면 특정 주파수의 빛이 아예 반사가 안 되도록 만들 수도 있다. 이것이 바로 코팅 렌즈의 원리이다). 앞으로 유도할 식들은 빛의 한 파장보다 훨씬 짧은 거리 이내에서 굴절률의 변화가 급격하게 일어나는 경우에 한하여 성립하는 공식들이다. 빛(가시광선)의 파장은 대략 5000Å이므로, 이 장에서 말하는 '매끈한(smooth)' 표면이란 '단 몇 개의 원자에 해당하는 거리(몇 Å 내외) 이내에서만 표면의 상태가 변하는, 그런 표면을 의미한다. 즉, 앞으로 유도할 수식들은 고도로 광을 낸 표면에 한하여 성립한다는 뜻이다. 일반적으로, 파장의 몇 배 되는 거리에 걸쳐서 굴절률이 점진적으로 변하는 경우에는 반사가 아주 조금밖에 일어나지 않는다.

33-2 밀한 물질 내의 파동

먼저, 제1권 36장에서 사용했던 평면 사인파 표현 방법을 떠올려 보자. 이 간편한 표현 방법을 사용하면 전자기파에 들어 있는 모든 장을 다음과 같은 형태로 나타낼 수 있다(여기서는 전기장 E를 예로 들었다).

$$E = E_0 e^{i(\omega t - \boldsymbol{k}\cdot\boldsymbol{r})} \tag{33.6}$$

여기서 E는 시간 t, 위치 $\boldsymbol{r}$(원점을 기준으로 한 위치 벡터)에서의 진폭을 나타낸다. 벡터 $\boldsymbol{k}$는 파가 진행하는 방향을 나타내며, 그 크기는 $|\boldsymbol{k}| = k = 2\pi/\lambda$로서 흔히 '파수(wave number)'라고 한다. 파의 위상 속도는 $v_{ph} = \omega/k$인데, 굴절률이 n인 물질에서 빛의 위상 속도는 $v_{ph} = c/n$이므로 다음과 같은 관계식을 얻을 수 있다.

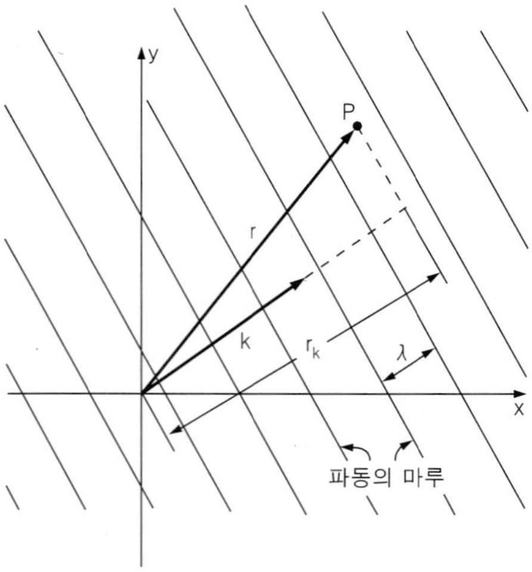

그림 33-2 $\boldsymbol{k}$방향으로 진행하는 파동의 경우, 임의의 점 P에서의 위상은 $(\omega t - \boldsymbol{k}\cdot\boldsymbol{r})$이다.

$$k = \frac{\omega n}{c} \tag{33.7}$$

$\boldsymbol{k}$의 방향이 z방향이면 $\boldsymbol{k}\cdot\boldsymbol{r}$은 그냥 kz가 되는데, 과거에도 종종 이런 식으로 문제를 단순화시킨 적이 있다. $\boldsymbol{k}$가 임의의 방향을 향하고 있는 경우에는 z 대신 원점에서 $\boldsymbol{k}$방향으로 측정한 거리 r_k를 사용하면 된다. 즉, kz를 kr_k로 바꾸면 되는데, 이는 곧 $\boldsymbol{k}\cdot\boldsymbol{r}$이다(그림 33-2 참조). 따라서 식 (33.6)은 임의의 방향으

로 진행하는 파동을 표현하는 매우 간편한 방법이다.

물론,

$$\boldsymbol{k} \cdot \boldsymbol{r} = k_x x + k_y y + k_z z$$

라는 사실을 기억하고 있어야 한다. 여기서 k_x, k_y, k_z는 세 축에 대한 벡터 $\boldsymbol{k}$의 성분이다. 사실 (ω, k_x, k_y, k_z)는 4차원 벡터이므로, 이것과 (t, x, y, z)의 스칼라 곱(내적)은 불변량이다. 따라서 파의 '위상'은 불변량이며, 식 (33.6)은 다음과 같이 쓸 수 있다.

$$E = E_0 e^{i k_\mu x_\mu}$$

그러나 아직은 이러한 '우아한 표기법'에 신경 쓰지 않아도 된다.

식 (33.6)과 같이 E가 사인파 형태인 경우, $\partial E/\partial t = i\omega E$, $\partial E/\partial x = -ik_x E$ 등등의 관계가 성립하며, 나머지 성분들에 대해서도 이와 비슷한 관계가 성립한다. 이제 여러분은 미분 방정식을 다룰 때 식 (33.6)과 같은 형태를 사용하는 것이 유용한 이유를 알 수 있을 것이다. 골치 아픈 미분이 다루기 편한 곱셈으로 바뀌기 때문이다. 또 다른 이점은 연산자 $\boldsymbol{\nabla} = (\partial/\partial x, \partial/\partial y, \partial/\partial z)$가 세 개의 곱$(-ik_x, -ik_y, -ik_z)$로 대치된다는 것이다. 그런데 이들 세 인자는 벡터 $\boldsymbol{k}$의 성분과 동일한 방식으로 변환되기 때문에, 결과적으로 연산자 $\boldsymbol{\nabla}$은 $-i\boldsymbol{k}$를 곱하는 것으로 대치된다.

$$\frac{\partial}{\partial t} \to i\omega$$

$$\boldsymbol{\nabla} \to -i\boldsymbol{k} \tag{33.8}$$

이것은 $\boldsymbol{\nabla}$ 연산이 포함된 모든 경우에 대하여 성립한다. 그래디언트 연산뿐만 아니라 다이버전스나 컬 연산에 대해서도 마찬가지다. 예를 들어, $\boldsymbol{\nabla} \times \boldsymbol{E}$의 z성분은

$$\frac{\partial E_y}{\partial x} - \frac{\partial E_x}{\partial y}$$

이다. 만일 E_y와 E_x가 모두 $e^{-i\boldsymbol{k}\cdot\boldsymbol{r}}$을 따라 변한다면, 위 식은

$$-ik_x E_y + ik_y E_x$$

가 되는데, 이는 잘 알다시피 $-i\boldsymbol{k} \times \boldsymbol{E}$의 z성분에 해당된다.

그러므로 3차원 공간에서 파동의 형태로 변하는 벡터(이는 물리학에서 중요한 부분을 차지한다)에 그래디언트를 취할 때마다, "$\boldsymbol{\nabla}$ 연산은 $-i\boldsymbol{k}$를 곱하는 것과 동등하다"는 사실을 기억해 두면 별 고민 없이 신속하게 답을 구할 수 있다.

예를 들어, 패러데이 방정식

$$\boldsymbol{\nabla} \times \boldsymbol{E} = -\frac{\partial \boldsymbol{B}}{\partial t}$$

는 파동의 경우에 다음과 같이 된다.

$$-i\boldsymbol{k} \times \boldsymbol{E} = -i\omega \boldsymbol{B}$$

즉,

$$\boldsymbol{B} = \frac{\boldsymbol{k} \times \boldsymbol{E}}{\omega} \tag{33.9}$$

인데, 이것은 (예전에 구했던) '자유 공간에서 진행하는 전자기파'의 경우와 일치한다. 즉, 전자기파 속의 자기장 $\boldsymbol{B}$는 파의 진행 방향에 수직하고 $\boldsymbol{E}$에도 수직하다는 것이다(자유 공간에서 $\omega/k=c$이다). $\boldsymbol{k}$의 방향이 포인팅 벡터 $\boldsymbol{S}=\epsilon_0 c^2\boldsymbol{E}\times\boldsymbol{B}$와 같은 방향임을 기억해 두면 식 (33.9)의 좌변의 부호를 반대로 적는 실수를 방지할 수 있을 것이다.

나머지 맥스웰 방정식들에 대해서도 동일한 규칙을 적용하면 32장의 결과를 재현할 수 있다. 특히

$$\boldsymbol{k}\cdot\boldsymbol{k} = k^2 = \frac{\omega^2 n^2}{c^2} \tag{33.10}$$

도 유도할 수 있는데, 이것은 이미 다 알고 있는 사실이므로 설명은 생략한다.

관심 있는 사람들은 1890년도 대학원 최종 시험 문제였던 다음의 무지막지한 문제를 풀어 보기 바란다. "분극 $\boldsymbol{P}$가 분극률 텐서를 통하여 전기장 $\boldsymbol{E}$와 연결되어 있는 '비등방성' 결정에서, 평면파에 대한 맥스웰 방정식의 해를 구하라." 좌표축을 텐서의 주축과 일치하도록 잡으면 문제를 쉽게 풀 수 있겠지만($P_x=\alpha_a E_x$, $P_y=\alpha_b E_y$, $P_z=\alpha_c E_z$), 여러분은 파의 진행 방향과 편광을 임의의 방향으로 설정한 채 문제를 풀어 보기 바란다. $\boldsymbol{E}$와 $\boldsymbol{B}$ 사이의 관계 및 파의 편광과 방향에 따라 $\boldsymbol{k}$가 변하는 양상을 구할 수 있어야 한다. 이 문제를 풀고 나면 비등방성 결정의 광학을 이해하게 될 것이다. 좀 더 단순한 경우를 원한다면 두 방향의 분극률이 동일한(예를 들어, $\alpha_b=\alpha_c$) 방해석과 같은 복굴절 결정으로 시작하는 것이 좋다. 답을 구한 다음 이런 종류의 결정을 눈에 대고 바라봤을 때 건너편의 영상이 두 개로 보이는 이유를 생각해 보기 바란다. 이 문제를 풀었다면, 세 개의 α값이 모두 다른 경우를 시도해 보라. 이 문제마저 풀었다면 여러분은 1890년도의 대학원생과 동일한 수준에 이른 것이다. 그러나 내 눈에는 여러분이

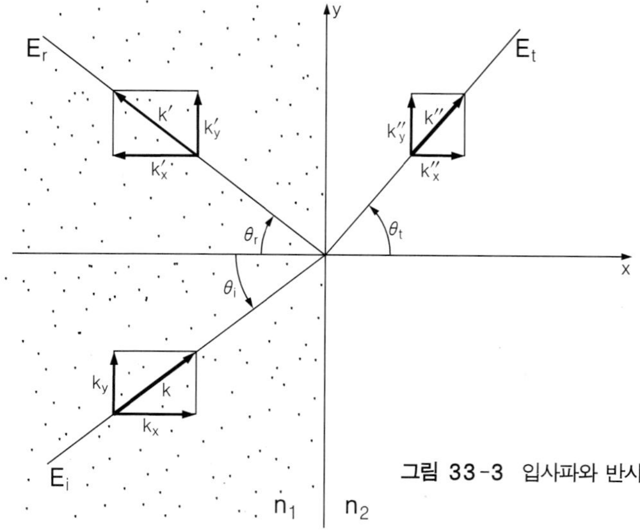

그림 33-3 입사파와 반사파, 투과파에 대한 전파 벡터 $\boldsymbol{k}$, $\boldsymbol{k}'$, $\boldsymbol{k}''$

결코 대학원생처럼 보이지 않기 때문에, 이 장에서는 등방성 물질만을 다루기로 한다.

우리는 서로 다른 두 물질의 경계면(예를 들어, 공기와 유리 또는 물과 기름)에 평면파가 도달했을 때 일부는 반사하고 일부는 투과된다는 사실을 경험을 통해 잘 알고 있다. 이 사실만으로부터 어떤 정보를 얻어 낼 수 있을까? 그림 33-3과 같이 yz평면이 경계면과 일치하고, xy평면은 입사하는 파면에 수직하도록 좌표축을 설정해 보자.

입사파의 전기장 벡터는 다음과 같이 쓸 수 있다.

$$\boldsymbol{E}_i = \boldsymbol{E}_0 e^{i(\omega t - \boldsymbol{k}\cdot\boldsymbol{r})} \tag{33.11}$$

$\boldsymbol{k}$는 z축에 수직이므로

$$\boldsymbol{k}\cdot\boldsymbol{r} = k_x x + k_y y \tag{33.12}$$

이다. 반사파는

$$\boldsymbol{E}_r = \boldsymbol{E}_0' e^{i(\omega' t - \boldsymbol{k}'\cdot\boldsymbol{r})} \tag{33.13}$$

의 형태로 쓸 수 있는데, 여기서 반사파의 진동수는 ω'이고, 파수는 $\boldsymbol{k}'$이며 진폭은 $\boldsymbol{E}_0'$이다(물론 우리는 진동수나 $\boldsymbol{k}$의 크기가 입사파의 경우와 같다는 사실을 알고 있지만, 이것조차 가정하지 않기로 한다. 우리가 바라는 것은 수학적인 계산을 통하여 이런 결과를 유도하는 것이다). 마지막으로 투과파는 다음과 같이 쓸 수 있다.

$$\boldsymbol{E}_t = \boldsymbol{E}_0'' e^{i(\omega'' t - \boldsymbol{k}''\cdot\boldsymbol{r})} \tag{33.14}$$

식 (33.9)는 맥스웰 방정식 중 하나에서 나온 것이므로, 각각의 파동에 대하여 다음의 관계가 성립한다.

$$\boldsymbol{B}_i = \frac{\boldsymbol{k}\times\boldsymbol{E}_i}{\omega}, \qquad \boldsymbol{B}_r = \frac{\boldsymbol{k}'\times\boldsymbol{E}_r}{\omega'}, \qquad \boldsymbol{B}_t = \frac{\boldsymbol{k}''\times\boldsymbol{E}_t}{\omega''} \tag{33.15}$$

두 매질의 굴절률을 n_1, n_2라 하면, 식 (33.10)으로부터 다음의 관계식을 얻을 수 있다.

$$k^2 = k_x^2 + k_y^2 = \frac{\omega^2 n_1^2}{c^2} \tag{33.16}$$

반사파는 입사파와 동일한 매질에 존재하므로

$$k'^2 = \frac{\omega'^2 n_1^2}{c^2} \tag{33.17}$$

이다. 반면에, 투과파의 파수는 다음과 같다.

$$k''^2 = \frac{\omega''^2 n_2^2}{c^2} \tag{33.18}$$

33-3 경계 조건

지금까지 우리가 한 일은 세 개의 파동을 수학적으로 기술하는 것이었다. 이제 남은 문제는 입사파의 매개 변수를 이용하여 반사파 및 투과파의 매개 변수를 구하는 것이다. 어떻게 해야 할까? 위에 기술한 세 가지 파동은 균일한 물질 안에서 맥스웰 방정식을 만족한다. 그러나 맥스웰 방정식은 서로 다른 두 물질의 '경계면에서도' 만족되어야 하므로, 지금부터 '경계면에서' 벌어지는 일을 집중적으로 살펴보자. 이제 여러분은 세 개의 파동이 맥스웰 방정식을 만족시키기 위해 특별한 방식으로 맞물린다는 사실을 알게 될 것이다.

이 말의 의미를 이해하기 위해, 한 가지 예를 들어 보자. 전기장 $\boldsymbol{E}$의 y성분은 경계면의 양쪽에서 동일해야 한다. 이 조건은 패러데이의 법칙

$$\nabla \times \boldsymbol{E} = -\frac{\partial \boldsymbol{B}}{\partial t} \tag{33.19}$$

로부터 유도할 수 있다. 그림 33-4와 같이 경계에 걸쳐 있는 작은 사각형 폐경로 Γ를 생각해 보자. 식 (33.19)에 의하면 Γ 주위로 $\boldsymbol{E}$를 선적분한 값은 폐경로를 통과하는 $\boldsymbol{B}$의 플럭스의 변화율과 같아야 한다.

$$\oint_{\Gamma} \boldsymbol{E} \cdot d\boldsymbol{s} = -\frac{\partial}{\partial t} \int \boldsymbol{B} \cdot \boldsymbol{n}\, da$$

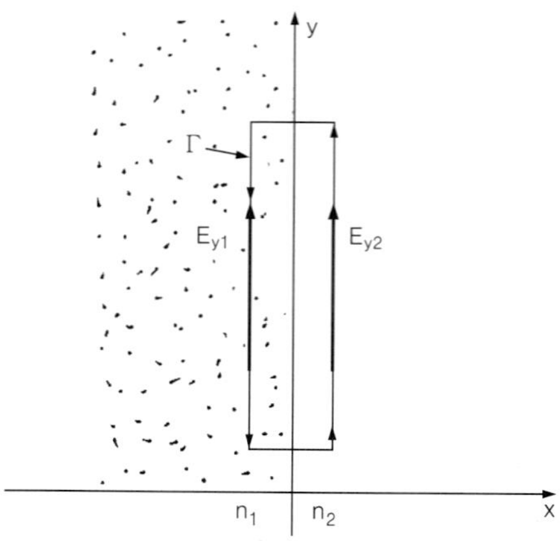

그림 33-4 경계 조건 $E_{y2} = E_{y1}$은 $\oint_{\Gamma} \boldsymbol{E} \cdot d\boldsymbol{s} = 0$에서 나온다.

이제 Γ의 폭이 점점 좁아져서 무한소의 면적을 에워쌌다고 상상해 보자. 이 경우에도 $\boldsymbol{B}$가 여전히 유한하다면(경계에서 자기장이 무한대로 커질 이유는 전혀 없다!) 플럭스는 0이며, 따라서 $\boldsymbol{E}$의 선적분도 0이 되어야 한다. 경계 양쪽에서 전기장의 성분을 각각 E_{y1}과 E_{y2}라 하고, 사각형의 길이를 l이라 하면

$$E_{y1} l - E_{y2} l = 0$$

즉,

$$E_{y1} = E_{y2} \tag{33.20}$$

가 되어 위에서 말한 조건을 얻게 된다. 이것은 세 파동의 장들이 만족하는 관계식들 중 하나이다.

경계면에서 맥스웰 방정식의 결론을 이끌어 내는 과정을 '경계 조건 결정하기(determining the boundary condition)'라고 한다. 통상적으로는 그림 33-4의 Γ와 같이 작은 사각형이나 경계에 걸쳐 있는 작은 가우스 면을 잡고 위와 같은 논법을 적용하여 식 (33.20)과 같은 식을 빠짐없이 찾아내면 된다. 물론 이것은 훌륭한 방법임에 틀림없다. 하지만 이 방법은 경계를 다루는 문제가 다른 일반적인 물리학 문제들과 무언가 다른 듯한 인상을 준다.

한 가지 예를 들어 보자. 열이 경계면을 통과할 때, 양쪽의 온도는 어떻게 관련되어 있는가? 이 질문의 답을 구하는 한 가지 방법은 한쪽에서 경계를 향하여 진입한 열 흐름이 다른 쪽에서 흘러나오는 열 흐름과 같다고 놓는 것이다. 대부분의 경우에는 이런 식의 물리적 논의를 통하여 경계 조건을 이끌어 낼 수 있

으며, 일반적으로 상당히 유용한 방법이다. 그러나 경우에 따라서는 방정식만 달랑 몇 개 주어져 있어서 어떤 물리적 논의를 사용해야 할지 막막한 경우도 있을 수 있다. 그래서 지금까지 우리는 물리적 논의가 가능한 전자기학 문제를 주로 다뤄 왔지만, 지금부터는 어떠한 문제에도 적용할 수 있는 일반적인 방법을 설명하려고 한다. 이 방법은 미분 방정식으로부터 경계에서 벌어지는 일을 직접 알아내는 '일반적인' 방법이다.

일단, 유전체와 관련된 맥스웰 방정식을 모두 적어 보자. 논리를 구체적으로 진행하기 위해, 각 성분별로 일일이 풀어 쓰는 것이 좋겠다.

$$\nabla \cdot \boldsymbol{E} = -\frac{\nabla \cdot \boldsymbol{P}}{\epsilon_0}$$

$$\epsilon_0\left(\frac{\partial E_x}{\partial x} + \frac{\partial E_y}{\partial y} + \frac{\partial E_z}{\partial z}\right) = -\left(\frac{\partial P_x}{\partial x} + \frac{\partial P_y}{\partial y} + \frac{\partial P_z}{\partial z}\right) \tag{33.21}$$

$$\nabla \times \boldsymbol{E} = -\frac{\partial \boldsymbol{B}}{\partial t}$$

$$\frac{\partial E_z}{\partial y} - \frac{\partial E_y}{\partial z} = -\frac{\partial B_x}{\partial t} \tag{33.22a}$$

$$\frac{\partial E_x}{\partial z} - \frac{\partial E_z}{\partial x} = -\frac{\partial B_y}{\partial t} \tag{33.22b}$$

$$\frac{\partial E_y}{\partial x} - \frac{\partial E_x}{\partial y} = -\frac{\partial B_z}{\partial t} \tag{33.22c}$$

$$\nabla \cdot \boldsymbol{B} = 0$$

$$\frac{\partial B_x}{\partial x} + \frac{\partial B_y}{\partial y} + \frac{\partial B_z}{\partial z} = 0 \tag{33.23}$$

$$c^2\nabla \times \boldsymbol{B} = \frac{1}{\epsilon_0}\frac{\partial \boldsymbol{P}}{\partial t} + \frac{\partial \boldsymbol{E}}{\partial t}$$

$$c^2\left(\frac{\partial B_z}{\partial y} - \frac{\partial B_y}{\partial z}\right) = \frac{1}{\epsilon_0}\frac{\partial P_x}{\partial t} + \frac{\partial E_x}{\partial t} \tag{33.24a}$$

$$c^2\left(\frac{\partial B_x}{\partial z} - \frac{\partial B_z}{\partial x}\right) = \frac{1}{\epsilon_0}\frac{\partial P_y}{\partial t} + \frac{\partial E_y}{\partial t} \tag{33.24b}$$

$$c^2\left(\frac{\partial B_y}{\partial x} - \frac{\partial B_x}{\partial y}\right) = \frac{1}{\epsilon_0}\frac{\partial P_z}{\partial t} + \frac{\partial E_z}{\partial t} \tag{33.24c}$$

위의 방정식들은 영역 1(경계의 왼쪽)과 영역 2(경계의 오른쪽)에서 모두 성립해야 한다. 영역 1과 2에 대한 해는 이미 33-2절에서 구한 바 있다. 또한 이 방정식들은 경계 '내에서'도 성립해야 하는데, 이를 '영역 3'이라 부르기로 한다. 보통 '경계'라고 하면 '칼로 자른 듯이 분명하게 구분되는 불연속적인 것'으로 생각하는 경향이 있는데, 현실 세계에 존재하는 경계는 그렇지 않다. 경계에서 물리적 성질이 매우 급격하게 변하긴 하지만, 무한히 빠르게 변하지는 않는다. 영역 1과 영역 2 사이에 놓인 영역 3을 지나는 동안 굴절률은 매우 급격하게 변한다. 그러나 변화의 속도가 무한히 빠르지는 않으므로 굴절률이 '연속적으로' 변한다고 생각할 수 있다. 또한 P_x나 E_y 등과 같은 장들도 영역 3에서 이와 유사한 형태로 변할 것이다. 물론, 미분 방정식도 영역 3에서 만족되어야 한다. 이를 위해 요구되는 '경계 조건'은 이 영역에서의 미분 방정식으로부터 구할 수 있다.

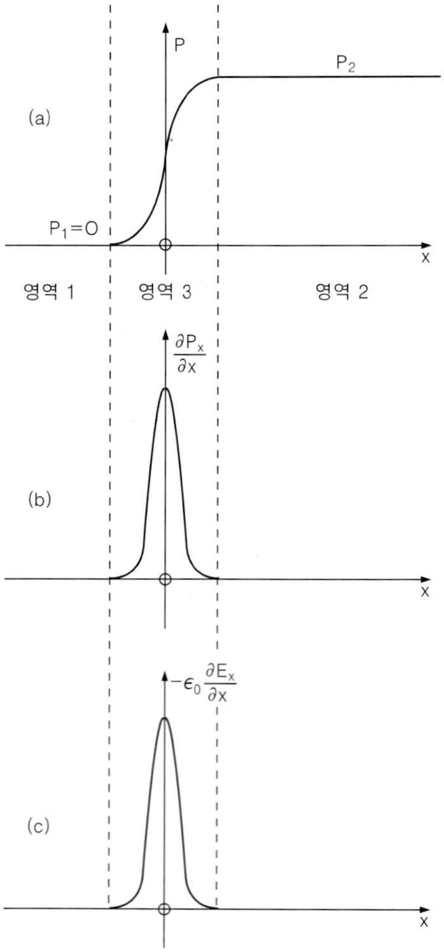

그림 33-5 영역 1과 영역 2 사이의 전이 영역 3에 형성되는 장

예를 들어, 진공(영역 1)과 유리(영역 2) 사이의 경계를 생각해 보자. 이 경우 진공에는 분극될 것이 없으므로 $\boldsymbol{P}_1=0$이고, 유리에는 분극 $\boldsymbol{P}_2$가 존재한다고 가정하자. 진공과 유리의 경계에서는 연속적이긴 하지만 매우 급격한 변화가 일어난다. 이 경우, $\boldsymbol{P}$의 모든 성분들(예를 들어, P_x)은 그림 33-5(a)와 같은 형태로 변할 것이다. 이제, 식 (33.21)에 집중해 보자. 이 식에는 $\boldsymbol{P}$의 성분을 x, y, z로 편미분한 항들이 포함되어 있는데, y나 z로 미분한 항들은 우리의 관심사가 아니다. 이런 방향으로는 특기할 만한 아무런 일도 일어나지 않을 것이기 때문이다. 그러나 P_x는 영역 3에서 급격하게 변하기 때문에 P_x를 x로 편미분한 도함수는 이 근처에서 매우 큰 값을 갖게 된다. 도함수 $\partial P_x/\partial x$의 그래프는 그림 33-5(b)와 같이 경계에서 못처럼 뾰족하게 솟아오른 스파이크 형태일 것이다. 만일 경계 영역이 압착되어 더욱 얇아졌다고 상상해 보면, 스파이크는 더 높게 솟아오를 것이다. 경계가 예리할수록 영역 3에서 $\partial P_x/\partial x$는 더욱 큰 값을 갖게 되고, 경계로부터 멀리 떨어진 곳에서 P의 변화는 거의 무의미해질 것이다. 따라서 지금은 경계에 의한 변화 이외의 다른 변화들을 모두 무시하기로 한다.

우변에 엄청나게 큰 스파이크가 있는데도 식 (33.21)이 성립될 수 있을까? 방법은 오직 하나—좌변에도 동일하게 큰 스파이크가 있어야 한다. 그런데 방금 위에서 언급한 대로 y와 z에 대한 변화는 미미한 수준이기 때문에, 유일한 후보는 $\partial E_x/\partial x$뿐이다. 따라서 $-\epsilon_0(\partial E/\partial x)$의 그래프는 그림 33-5(c)와 같아야 한다. 이것은 $\partial P_x/\partial x$의 형태를 그대로 복사해 놓은 것이다. 이로부터 우리는 다음과 같은 조건을 얻을 수 있다.

$$\epsilon_0 \frac{\partial E_x}{\partial x} = -\frac{\partial P_x}{\partial x}$$

위의 식을 '영역 3을 가로질러' x에 대해 적분하면

$$\epsilon_0(E_{x2}-E_{x1}) = -(P_{x2}-P_{x1}) \tag{33.25}$$

이 얻어진다. 다시 말해서, 영역 1에서 영역 2로 넘어갈 때 $\epsilon_0 E_x$가 도약하는 만큼 $-P_x$도 같은 크기로 도약한다는 뜻이다.

식 (33.25)는 다음과 같은 형태로 다시 쓸 수 있다.

$$\epsilon_0 E_{x2} + P_{x2} = \epsilon_0 E_{x1} + P_{x1} \tag{33.26}$$

즉, $(\epsilon_0 E_x + P_x)$의 값이 영역 2와 영역 1에서 같다는 뜻이다. 따라서 $(\epsilon_0 E_x + P_x)$의 값은 경계를 가로지를 때 '연속적으로 변한다'고 할 수 있다. 이로써 우리는 하나의 경계 조건을 구하는 데 성공하였다.

지금은 영역 1이 진공이라고 가정했으므로 $\boldsymbol{P}_1=0$이었지만, 위의 논리는 두 영역의 구체적인 재질과 무관하다. 따라서 식 (33.26)은 일반적으로 성립하는 식이다.

이제, 나머지 맥스웰 방정식들이 우리에게 무엇을 말해 주고 있는지 알아보기로 하자. 식 (33.22a)에는 x에 관한 도함수가 포함되어 있지 않기 때문에 건질 만한 정보가 전혀 없다(물리적인 '장 자체'는 경계에서 특별히 큰 값을 갖지

않는다. x에 대한 도함수들만이 다른 항들보다 압도적으로 커질 수 있다). 다음으로, 식 (33.22b)를 살펴보자. 옳거니! 여기에는 x에 관한 도함수가 들어 있다. 좌변에 있는 $\partial E_z/\partial x$가 바로 그것이다. 그런데 이 값이 엄청나게 크다고 가정하면 당장 곤란한 문제가 발생한다. 식 (33.22b)의 우변에는 이에 필적할 만한 양이 없기 때문이다. 따라서 E_z는 영역 1에서 영역 2로 넘어갈 때 어떤 도약도 할 수 없다[만일 E_z가 경계면에서 크게 변한다면 식 (33.22a)의 좌변에 커다란 스파이크가 존재하게 된다. 그런데 우변에는 이에 필적할 만한 스파이크가 없으므로 등식을 만족시킬 방법이 없다]. 이로부터 우리는 다음과 같은 새로운 조건을 얻게 된다.

$$E_{z2} = E_{z1} \tag{33.27}$$

식 (33.22c)에 동일한 논리를 적용하면 다음의 조건을 얻을 수 있다.

$$E_{y2} = E_{y1} \tag{33.28}$$

이 조건은 앞에서 선적분을 통해 얻었던 조건식 (33.20)과 동일하다.

다음은 식 (33.23)을 살펴볼 차례이다. 스파이크가 있을 법한 항은 $\partial B_x/\partial x$ 뿐인데, 우변에는 이에 필적할 만한 항이 없으므로 다음과 같은 결론을 내릴 수 있다.

$$B_{x2} = B_{x1} \tag{33.29}$$

자, 이제 맥스웰 방정식의 마지막 식을 살펴보자! 식 (33.24a)에는 x에 관한 도함수가 없기 때문에 아무런 정보도 얻을 수 없다. 식 (33.24b)에는 $-c^2\,\partial B_z/\partial x$항이 있지만, 우변에는 이에 필적할 만한 항이 없다. 따라서 다음의 조건이 만족되어야 한다.

$$B_{z2} = B_{z1} \tag{33.30}$$

마지막 방정식도 이와 유사하므로, 다음 조건을 얻을 수 있다.

$$B_{y2} = B_{y1} \tag{33.31}$$

마지막 세 개의 식은 $\boldsymbol{B}_2 = \boldsymbol{B}_1$으로 표현할 수 있다. 다만 지금까지 얻은 결과들은 경계면 양쪽의 물질들이 자성 물질이 아닌 경우에만 성립한다는 점을 명심하기 바란다. 좀 더 정확히 말하면, 물질의 자기적 효과를 무시할 수 있는 경우에 한하여 성립한다는 뜻이다. 위의 조건들은 강자성체를 제외한 대부분의 물질에서 성립한다(물질의 자성에 관해서는 나중에 몇 개의 장을 할애하여 강의할 예정이다).

표 33-1

유전체 표면에서의 경계 조건

$$(\epsilon_0 \boldsymbol{E}_1 + \boldsymbol{P}_1)_x = (\epsilon_0 \boldsymbol{E}_2 + \boldsymbol{P}_2)_x$$
$$(\boldsymbol{E}_1)_y = (\boldsymbol{E}_2)_y$$
$$(\boldsymbol{E}_1)_z = (\boldsymbol{E}_2)_z$$
$$\boldsymbol{B}_1 = \boldsymbol{B}_2$$

(표면은 yz평면에 놓여 있음)

영역 1과 영역 2의 전자기장 사이에 성립하는 여섯 개의 관계식은 표 33-1에 정리되어 있다. 이 식들을 이용하면 매질이 다른 두 영역의 전자기파를 경계면에서 이어 붙일 수 있다. 그런데 진도를 더 나가기 전에 다시 한 번 강조하고 싶은 것이 있다. 지금까지 우리가 사용한 방법은 어떠한 물리적 상황에도 적용이 가능하다는 것이다. 성질이 다른 두 영역 사이의 확연한 경계를 지나면서 해가 변하는 경우, 미분 방정식이 주어져 있다면 언제라도 해를 구할 수 있다. 물론, 해를 구하는 것만이 목적이라면 굳이 이렇게 하지 않고 경계면에서 플럭스와 서큘레이션의 특성을 이용하여 표 33-1의 관계식들을 쉽게 유도할 수 있었을 것이다(동일한 결과가 나오는지 각자 확인해 보기 바란다). 그러나 방금 소개한 방법은 경계에서 벌어지는 물리적 과정에 대한 쉬운 논법이 잘 떠오르지 않는 막막한 경우에도 적용할 수 있다. 즉, 주어진 방정식만으로 모든 문제를 해결할 수 있다는 것이다.

33-4 반사파와 투과파

이제 33-2절에 적었던 파동에 위의 경계 조건을 적용해 보자. 33-2절에 적혀 있는 식은 다음과 같다.

$$\boldsymbol{E}_i = \boldsymbol{E}_0 e^{i(\omega t - k_x x - k_y y)} \tag{33.32}$$

$$\boldsymbol{E}_r = \boldsymbol{E}_0' e^{i(\omega' t - k_x' x - k_y' y)} \tag{33.33}$$

$$\boldsymbol{E}_t = \boldsymbol{E}_0'' e^{i(\omega'' t - k_x'' x - k_y'' y)} \tag{33.34}$$

$$\boldsymbol{B}_i = \frac{\boldsymbol{k} \times \boldsymbol{E}_i}{\omega} \tag{33.35}$$

$$\boldsymbol{B}_r = \frac{\boldsymbol{k}' \times \boldsymbol{E}_r}{\omega'} \tag{33.36}$$

$$\boldsymbol{B}_t = \frac{\boldsymbol{k}'' \times \boldsymbol{E}_t}{\omega''} \tag{33.37}$$

그리고 우리는 한 가지 사실을 더 알고 있다. $\boldsymbol{E}$는 파의 진행 방향을 가리키는 벡터 $\boldsymbol{k}$와 수직하다는 것이다.

풀이 결과는 입사파의 $\boldsymbol{E}$벡터의 방향(편광)에 따라 달라진다. 입사파의 $\boldsymbol{E}$벡터가 입사 평면(xy평면)에 '평행한' 경우와, $\boldsymbol{E}$벡터가 입사 평면에 '수직한' 경우로 나눠서 생각하면 문제가 한결 단순해진다. 그 외의 다른 방향으로 편광된 전자기파는 이들의 선형 결합으로 표현할 수 있다. 다시 말해서 반사파와 투과파의 세기는 편광에 따라 달라지는데, 가장 간단한 두 가지 경우를 각각 살펴보는 것이 가장 쉽다는 것이다.

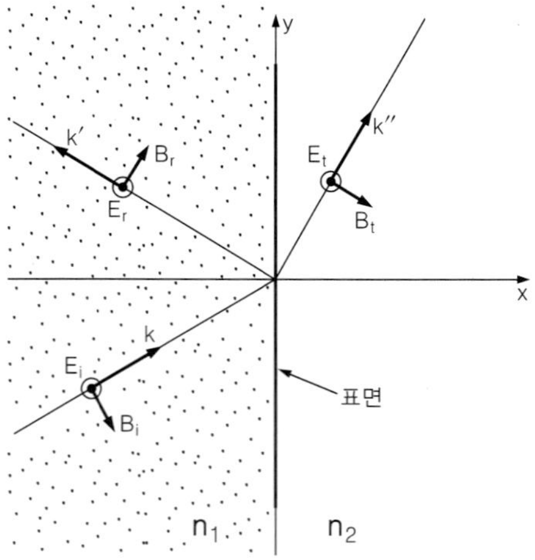

그림 33-6 입사파의 전기장 $\boldsymbol{E}$가 입사 평면에 수직할 때 반사파와 투과파의 편광

이 강의에서는 입사파가 입사 평면에 수직하게 편광된 경우를 분석한 후, 평행하게 편광된 경우에 대해서는 결과만 제시할 것이다. 가장 간단한 경우만 골라서 다루다 보면 다소 찜찜한 기분이 들 수도 있겠지만, 기본 원리는 두 경우 모두 똑같다. 수직하게 편광된 경우, E_i에는 z성분만 있을 것이고, $\boldsymbol{E}$벡터들의 방향이 모두 같기 때문에 벡터의 부호는 신경 쓰지 않아도 된다.

양쪽 물질이 모두 등방적이라면 물질 내의 전하에 유도되는 진동 역시 z방향일 것이고, 투과파 및 복사파의 경우에도 z성분만 존재할 것이다. 따라서 모든 파에 대하여 E_x와 E_y, 그리고 P_x와 P_y는 0이다. 전자기파의 $\boldsymbol{E}$벡터와 $\boldsymbol{B}$벡터를 그림으로 나타내면 그림 33-6과 같다(지금 우리는 방정식으로부터 모든 것을 유도하려는 원래의 목표를 일부 포기한 셈이다. 물론, 이 결과도 경계 조건으로부터 유도할 수 있지만, 이러한 물리적인 논의를 사용하면 계산량을 상당히 줄일 수 있다. 시간 여유가 있다면, 방정식으로부터 같은 결과를 얻을 수 있는지 확인해 보기 바란다. 지금 말한 내용들이 방정식과 부합된다는 데에는 이론의 여지가 없다. 다만, "다른 가능성이 존재하지 않는다"는 것을 보이지 않았을 뿐이다).

식 (33.26) ~ (33.31)의 경계 조건을 이용하면 영역 1과 영역 2에서 $\boldsymbol{E}$와 $\boldsymbol{B}$의 각 성분들 사이의 관계를 결정할 수 있다. 그런데 영역 2에는 투과파만 있고 영역 1에는 '두 개의' 파가 공존하고 있다. 둘 중 어느 파를 사용해야 하는가? 영역 1에 존재하는 장은 입사파의 장과 반사파의 장을 중첩시킨 것이므로(각각의 파들이 맥스웰 방정식을 만족하기 때문에, 이들의 합도 맥스웰 방정식을 만족해야 한다), 경계 조건을 적용할 때에 다음 관계식을 사용해야 한다. 물론, $\boldsymbol{B}$의 경우도 마찬가지다.

$$\boldsymbol{E}_1 = \boldsymbol{E}_i + \boldsymbol{E}_r, \qquad \boldsymbol{E}_2 = \boldsymbol{E}_t$$

우리가 고려하고 있는 편광의 경우, 식 (33.26)과 (33.28)로부터는 새로운 정보를 얻을 수 없다. 유용한 것은 식 (33.27)뿐이다. 이 식에 의하면 경계에서, 즉 $x=0$에서

$$E_i + E_r = E_t$$

가 만족되어야 한다. 따라서

$$E_0 e^{i(\omega t - k_y y)} + E_0' e^{i(\omega' t - k_y' y)} = E_0'' e^{i(\omega'' t - k_y'' y)} \tag{33.38}$$

이며, 이 식은 '모든 t' 와 '모든 y'에 대해 성립한다. 우선 $y=0$인 경우부터 살펴보자. 이 경우에 위의 식은 다음과 같이 된다.

$$E_0 e^{i\omega t} + E_0' e^{i\omega' t} = E_0'' e^{i\omega'' t}$$

보다시피, 좌변에 있는 두 개의 진동이 더해져서 우변의 진동과 같아진다는 것을 알 수 있다. 이것이 가능하려면 진동수가 모두 같아야 한다(진동수가 다른 항들을 여러 개 더해서 항상 0이 되도록 만드는 방법은 없다). 따라서

$$\omega'' = \omega' = \omega \tag{33.39}$$

이어야 한다. 즉, 반사파와 투과파의 진동수는 입사파의 진동수와 같다. 이것은 우리가 이미 알고 있는 사실이다.

처음 시작할 때 위의 사실을 반영해서 식을 세웠다면, 계산이 조금 간단했겠지만, "방정식으로부터 동일한 결과를 유도할 수 있다"는 것을 여러분에게 보여주기 위해 일부러 먼 길을 돌아온 것이다. 실제로 문제를 풀 때는 여러분이 알고 있는 모든 사실들을 처음부터 반영하여 계산량을 줄이는 것이 상책이다.

k의 '크기'는 정의에 의해 $k^2 = n^2\omega^2/c^2$으로 주어지므로 다음과 같은 관계도 성립한다.

$$\frac{k''^2}{n_2^2} = \frac{k'^2}{n_1^2} = \frac{k^2}{n_1^2} \tag{33.40}$$

이제 식 (33.38)에 $t=0$을 대입해 보자. 이 식이 모든 y값에 대해 성립한다는 조건과 함께 방금 전과 유사한 논법을 사용하면 다음의 관계가 얻어진다.

$$k_y'' = k_y' = k_y \tag{33.41}$$

식 (33.40)에 의하면 $k'^2 = k^2$이므로, 풀어서 쓰면 다음과 같다.

$$k_x'^2 + k_y'^2 = k_x^2 + k_y^2$$

이 결과를 식 (33.41)과 연립해서 풀면

$$k_x'^2 = k_x^2$$

즉, $k_x' = \pm k_x$이다. 그런데 +부호는 이치에 맞지 않는다. 부호를 +로 선택하면 '반사파'가 아닌 또 다른 '입사파'가 존재하게 되는데, 이는 입사파가 하나뿐이라는 애초의 가정에 위배되기 때문이다. 따라서

$$k_x' = -k_x \tag{33.42}$$

이다. 식 (33.41)과 (33.42)는 입사각과 반사각이 같다는 사실을 말해 주고 있다(그림 33-3 참조). 따라서 반사파는 다음의 식으로 표현된다.

$$E_r = E_0' e^{i(\omega t - k_x x + k_y y)} \tag{33.43}$$

투과파에 대해서는 이미

$$k_y'' = k_y$$

와

$$\frac{k''^2}{n_2^2} = \frac{k^2}{n_1^2} \tag{33.44}$$

임을 알고 있으므로 이들을 연립해서 풀면 k_x''을 구할 수 있다.

$$k_x''^2 = k''^2 - k_y''^2 = \frac{n_2^2}{n_1^2} k^2 - k_y^2 \tag{33.45}$$

여기서 잠시 n_1과 n_2가 실수라고 가정해 보자(즉, 굴절률의 허수 부분이 매우 작은 경우). 그러면 모든 k는 실수가 되고, 그림 33-3으로부터 다음의 관계를 얻을 수 있다.

$$\frac{k_y}{k} = \sin\theta_i, \qquad \frac{k_y''}{k''} = \sin\theta_t \tag{33.46}$$

여기에 식 (33.44)를 적용하면

$$n_2 \sin\theta_t = n_1 \sin\theta_i \tag{33.47}$$

를 얻게 되는데, 이것이 바로 그 유명한 '스넬의 굴절 법칙(Snell's law of refraction)'이다. 굴절률이 실수가 아니라면 파수는 복소수가 될 것이며, 이때는 식 (33.45)를 사용해야 한다. [물론, 이 경우에도 각도 θ_i와 θ_t를 식 (33.46)으

로 '정의'할 수 있으므로 스넬의 법칙은 일반적으로 성립한다. 그러나 이런 경우에는 각도까지 복소수가 되기 때문에 단순한 기하학적 해석을 내릴 수 없다. 따라서 굴절률이 복소수인 경우에는 파의 운동을 복소수 k_x와 k_x''으로 기술하는 것이 최선이다.]

지금까지 새롭게 알아낸 사실은 전혀 없다. 그저 복잡한 수학적 체계로부터 이미 알고 있던 사실들을 다시 얻으면서 소박한 기쁨을 느꼈을 뿐이다. 그러면 지금부터 (아직 배운 적이 없는) 파동의 진폭을 계산해 보자. ω와 k에 대해 위에서 얻은 결과[식 (33.39)와 (33.41)]를 이용하여 식 (33.38)의 지수 인자를 소거하면 다음의 관계가 얻어진다.

$$E_0 + E_0' = E_0'' \tag{33.48}$$

E_0'과 E_0''은 둘 다 미지수이므로 해를 구하려면 식이 하나 더 필요한데, 이는 경계 조건으로부터 구할 수 있다. $\boldsymbol{E}$는 z성분만을 갖고 있으므로 E_x와 E_y에 대한 식은 아무런 도움이 안 된다. 따라서 $\boldsymbol{B}$와 관련된 조건을 사용해야 할 것이다. 일단은 식 (33.29)에서 시작해 보자.

$$B_{x2} = B_{x1}$$

식 (33.35)와 (33.36) 그리고 (33.37)로부터

$$B_{xi} = \frac{k_y E_i}{\omega}, \qquad B_{xr} = \frac{k_y' E_r}{\omega'}, \qquad B_{xt} = \frac{k_y'' E_t}{\omega''}$$

임을 알 수 있고, 여기에 $\omega'' = \omega' = \omega$와 $k_y'' = k_y' = k_y$를 적용하면 다음 식을 얻을 수 있다.

$$E_0 + E_0' = E_0''$$

그런데 이것은 식 (33.48)과 똑같다! 이미 알고 있는 식을 얻기 위해 괜히 시간만 낭비한 셈이다.

식 (33.30)의 $B_{z2} = B_{z1}$을 시도해 볼 수도 있겠으나, 지금 우리가 다루는 문제(전기장이 입사 평면에 수직한 경우)에서는 자기장 $\boldsymbol{B}$에 z성분이 없다! 따라서 결국 남는 것은 식 (33.31), 즉 $B_{y2} = B_{y1}$ 하나뿐이다. 세 개의 파동에 대해서 자기장의 y성분을 구해 보면 각각 다음과 같다.

$$B_{yi} = -\frac{k_x E_i}{\omega}, \qquad B_{yr} = -\frac{k_x' E_r}{\omega'}, \qquad B_{yt} = -\frac{k_x'' E_t}{\omega''} \tag{33.49}$$

$x=0$에서(경계에서) E_i와 E_r 그리고 E_t에 대한 파동 표현식을 위에 대입하면 경계 조건이 다음과 같이 얻어진다.

$$\frac{k_x}{\omega} E_0 e^{i(\omega t - k_y y)} + \frac{k_x'}{\omega'} E_0' e^{i(\omega' t - k_y' y)} = \frac{k_x''}{\omega''} E_0'' e^{i(\omega'' t - k_y'' y)}$$

이번에도 $\omega'' = \omega' = \omega$, $k_y'' = k_y' = k_y$이므로 위 식은 다음과 같이 정리된다.

$$k_x E_0 + k_x' E_0' = k_x'' E_0'' \tag{33.50}$$

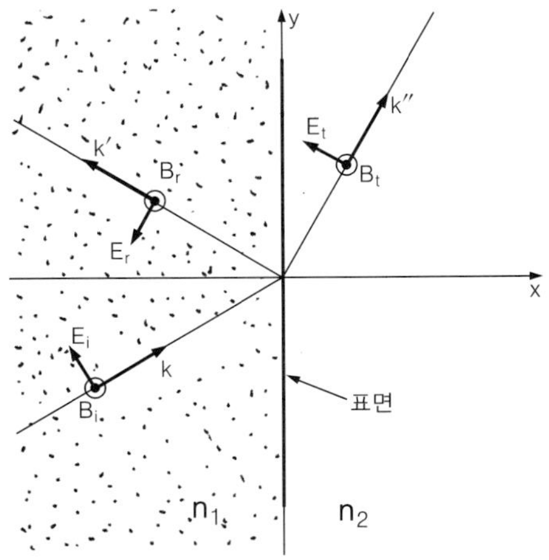

그림 33-7 입사파의 전기장 $\boldsymbol{E}$가 입사 평면에 평행할 때 각 파동의 편광

이것으로 또 하나의 방정식을 구하는 데 성공했다. $k_x' = -k_x$를 염두에 두고 식 (33.48)과 이 식을 연립해서 풀면 E_0'과 E_0''을 구할 수 있다. 결과는 다음과 같다.

$$E_0' = \frac{k_x - k_x''}{k_x + k_x''} E_0 \tag{33.51}$$

$$E_0'' = \frac{2k_x}{k_x + k_x''} E_0 \tag{33.52}$$

이와 더불어 k_x''에 대한 식 (33.45)[또는 식 (33.46)]가 바로 우리가 원했던 결과이다. 이들의 물리적 의미는 다음 절에서 설명할 것이다.

전자기파의 $\boldsymbol{E}$벡터가 입사 평면에 '평행하게' 편광된 경우, $\boldsymbol{E}$는 그림 33-7과 같이 x와 y성분을 모두 갖고 있다. 이런 경우에 계산 자체는 분명하지만 좀 더 복잡해진다(자기장이 z방향을 향하고 있다고 가정하면 계산이 조금 쉬워진다). 어쨌거나, 경계 조건을 적용하면 다음과 같은 결과가 얻어진다.

$$|E_0'| = \frac{n_2^2 k_x - n_1^2 k_x''}{n_2^2 k_x + n_1^2 k_x''} |E_0| \tag{33.53}$$

$$|E_0''| = \frac{2n_1 n_2 k_x}{n_2^2 k_x + n_1^2 k_x''} |E_0| \tag{33.54}$$

이 식들을 예전에 얻은 결과와 비교해 보자. 식 (33.3)은 제1권 35장에서 (수직 편광인 경우) 입사파의 세기에 대한 반사파의 세기의 비를 계산하여 얻은 식이다. 그러나 당시에는 굴절률이 실수인 경우만을 고려했었다. 실수 굴절률(따라서 실수 k)의 경우에는 다음과 같이 쓸 수 있다.

$$k_x = k\cos\theta_i = \frac{\omega n_1}{c}\cos\theta_i$$

$$k_x'' = k''\cos\theta_t = \frac{\omega n_2}{c}\cos\theta_t$$

식 (33.51)에 이들을 대입하면

$$\frac{E_0'}{E_0} = \frac{n_1\cos\theta_i - n_2\cos\theta_t}{n_1\cos\theta_i + n_2\cos\theta_t} \tag{33.55}$$

가 얻어지는데, 이것은 식 (33.3)과 다른 형태를 취하고 있지만 스넬의 법칙을 이용하여 n을 소거하면 두 식이 동일해진다. $n_2 = n_1\sin\theta_i/\sin\theta_t$를 대입한 후 분자와 분모에 $\sin\theta_t$를 곱하면

$$\frac{E_0'}{E_0} = \frac{\cos\theta_i\sin\theta_t - \sin\theta_i\cos\theta_t}{\cos\theta_i\sin\theta_t + \sin\theta_i\cos\theta_t}$$

가 되는데, 분자와 분모는 바로 $(\theta_i - \theta_t)$와 $(\theta_i + \theta_t)$의 사인 함수이므로

$$\frac{E_0'}{E_0} = \frac{\sin(\theta_i - \theta_t)}{\sin(\theta_i + \theta_t)} \tag{33.56}$$

로 쓸 수 있다. E_0'과 E_0는 동일한 매질 내에 있으며, 그 세기는 전기장의 제곱에

비례하므로 예전에 얻었던 것과 동일한 결과를 얻게 된다. 마찬가지로, 식 (33.53)은 식 (33.4)와 동일하다.

전자기파가 수직으로 입사할 때에는 $\theta_i = 0$, $\theta_t = 0$이다. 이때 식 (33.56)은 0/0의 형태가 되어 의미를 상실한다. 그러나 이 경우에는 식 (33.55)로부터

$$\frac{I_r}{I_i} = \left(\frac{E_0'}{E_0}\right)^2 = \left(\frac{n_1 - n_2}{n_1 + n_2}\right)^2 \tag{33.57}$$

을 얻을 수 있다. 이 결과는 '두 가지' 편광에 자연스럽게 적용된다. 수직 입사의 경우에는 '입사 평면'이라는 것이 특별하게 정해져 있지 않기 때문이다.

33-5 금속에서의 반사

위에서 얻은 결과를 이용하면 금속에서 빛이 반사되는 흥미로운 현상을 이해할 수 있다. 금속의 표면은 왜 반짝이는 것일까? 32장에서 우리는 금속이 특정 주파수 영역에서 커다란 허수부가 딸린 굴절률을 갖는다는 것을 확인하였다. 이제 공기 중에서(굴절률 $n = 1$) 굴절률이 $n = -in_I$인 물질 위에 빛이 내리쬐는 경우, 반사광의 세기를 구해 보자. 식 (33.55)를 이용하면 (수직 입사의 경우) 다음 식을 얻을 수 있다.

$$\frac{E_0'}{E_0} = \frac{1 + in_I}{1 - in_I}$$

반사된 파동의 '세기'를 구하기 위해, E_0'과 E_0의 절대값에 제곱을 취하면

$$\frac{I_r}{I_i} = \frac{|E_0'|^2}{|E_0|^2} = \frac{|1 + in_I|^2}{|1 - in_I|^2}$$

또는

$$\frac{I_r}{I_i} = \frac{1 + n_I^2}{1 + n_I^2} = 1 \tag{33.58}$$

이 된다. 보다시피, 물질의 굴절률이 순허수인 경우에는 100% 반사가 일어난다!

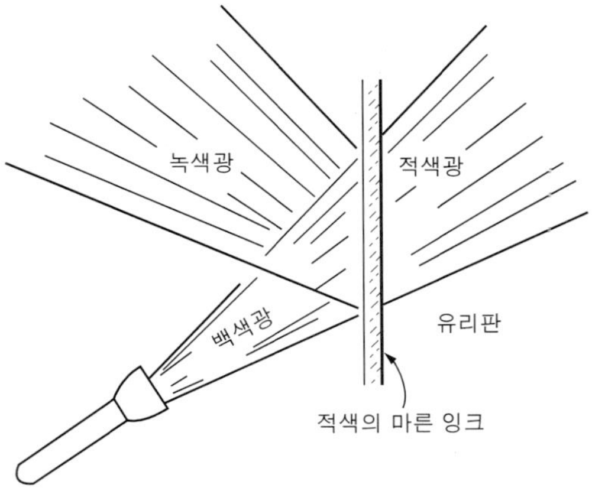

그림 33-8 진동수 ω에서 빛을 강하게 흡수하는 물질은 그 주파수의 빛을 반사하기도 한다.

금속은 100% 반사시키지는 않지만, 많은 금속이 가시광선은 매우 잘 반사시킨다. 다시 말해서, 금속의 굴절률은 허수부가 매우 크다는 뜻이다. 그런데 앞에서 배운 바에 따르면, 굴절률의 허수부가 크다는 것은 흡수가 많이 일어난다는 것을 의미한다. 따라서 다음과 같은 일반적인 규칙을 세울 수 있다. "모든 진동수의 파동을 잘 흡수하는 물체에 파동이 입사되면 표면에서 강하게 반사되고 매우 적은 양만이 내부에 진입하여 흡수된다." 진한 색깔의 염료에서 이런 효과를 관찰할 수 있다. 매우 진한 염료는 순수한 결정 상태에서 '금속성' 광채를 띤다. 아마도 여러분은 자주색 잉크병 가장자리에 말라붙은 염료 성분이 금색의 금속성 반사를 일으키거나, 빨간색 잉크가 말라붙은 자리에서 녹색의 금속성 반사가 일어나는 것을 본 적이 있을 것이다. 빨간색 잉크는 '투과된' 녹색 빛을 흡수하기 때문에, 잉크의 농도가 높아지면 녹색광의 진동수에서 강한 표면 '반사'가 일어

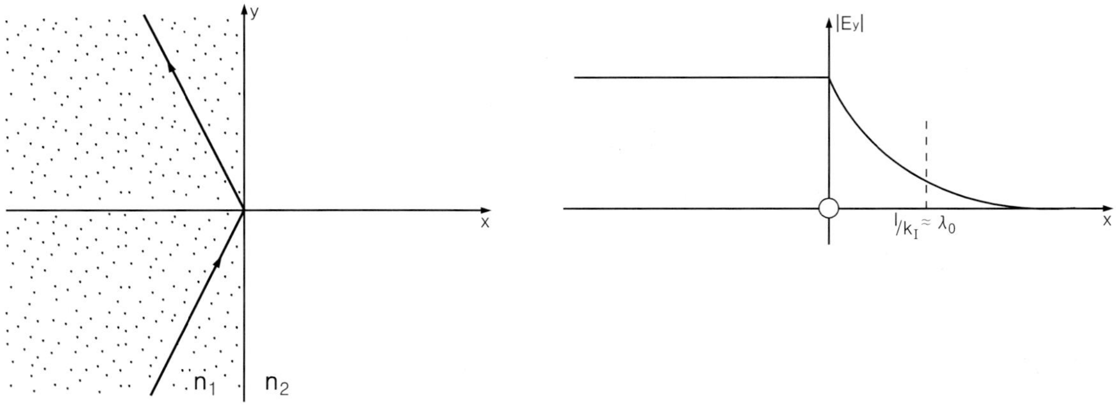

그림 33-9 내부 전반사

나는 것이다.

이 효과는 유리판에 빨간 잉크를 바르고 말린 후 코팅시키면 쉽게 관찰할 수 있다. 그림 33-8과 같이 백색광을 유리판 뒷면에 비추면 빨간색 투과광과 녹색 반사광을 동시에 볼 수 있다.

33-6 내부 전반사

빛이 유리(굴절률 n이 1보다 훨씬 큰 물질)를 통과하다가 굴절률이 거의 1인 공기 속으로 빠져나올 때, θ_t와 θ_i 사이에는 스넬의 법칙에 따라 다음의 관계가 성립한다.

$$\sin\theta_t = n\sin\theta_i$$

이때, 입사각 θ_i가 다음과 같이 주어지는 '임계각(critical angle)' θ_c와 같아지면 투과각 θ_t는 90°가 된다.

$$n\sin\theta_c = 1 \tag{33.59}$$

θ_i가 임계각보다 크면 어떤 일이 일어날 것인가? 다들 알다시피, 이런 경우에는 내부 전반사가 일어난다. 왜 그럴까?

투과파의 파수 k_x''을 알려 주는 식 (33.45)로 되돌아가 보자. 여기에 유리와 공기의 굴절률을 대입하면

$$k_x''^2 = \frac{k^2}{n^2} - k_y^2$$

이 되고, $k_y = k\sin\theta_i$와 $k = \omega n/c$를 대입하면

$$k_x''^2 = \frac{\omega^2}{c^2}(1 - n^2\sin^2\theta_i)$$

가 얻어진다. 만일 $n\sin\theta_i$가 1보다 훨씬 크다면, $k_x''^2$은 음수가 되고 k_x''은 순허수가 되어 $\pm ik_I$로 나타낼 수 있다. 이쯤 되면 여러분은 상황을 대략 눈치 챘을 것이다. '투과파[식 (33.34)]'는 다음과 같은 형태를 취한다.

$$E_t = E_0'' e^{\pm k_I x} e^{i(\omega t - k_y y)}$$

투과파의 진폭은 x가 증가함에 따라 지수함수적으로 증가하거나 감소한다. 지금 상황에서 우리가 원하는 것은 마이너스 부호이다. 지수의 부호가 마이너스가 되어야 경계의 오른쪽에서 파동의 진폭이 그림 33-9와 같이 될 것이기 때문이다. 여기서 k_I의 값이 ω/c정도임을 주목하라. 이 값의 역수는 λ_0, 즉 자유 공간에서 빛의 파장이다. 빛이 유리-공기 경계면의 안쪽에서 전반사되면 공기 중에 전자기장이 침투하긴 하지만, 그 범위는 경계면으로부터 빛의 파장 정도의 거리를 넘지 못한다.

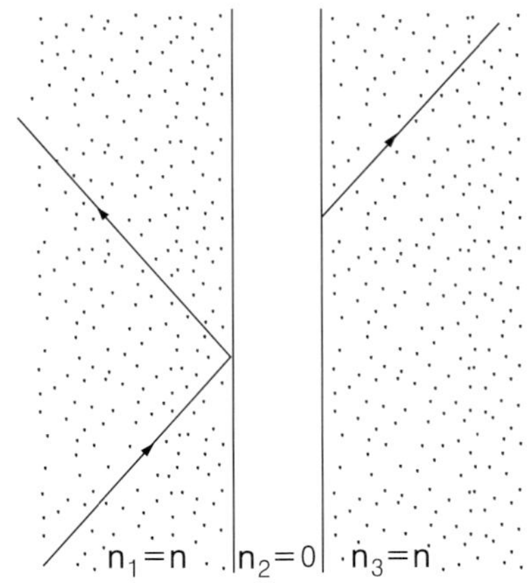

그림 33-10 매질 사이에 작은 틈이 있으면 내부 반사가 '완전하게' 일어나지 않고 틈을 건너뛰어 투과파가 나타난다.

이제 다음과 같은 질문에 답할 수 있게 되었다. 유리 속을 진행하는 빛이 일정 크기 이상의 각도로 경계면에 입사하면 그 빛은 (전)반사된다. 만일 다른 유리 조각을 표면에 밀착시킨다면(그래서 표면이 실질적으로 사라지도록 만든다면), 빛은 투과될 것이다. 그렇다면 정확하게 '어느 정도까지' 밀착시켜야 하는가? 모든 상황은 전반사에서 무반사에 이르기까지 연속적으로 변해야 한다! 따라서 위 질문의 답은 다음과 같다. "공기 중에 침투한 파동의 지수 함수 꼬리가 두 번째 유리에 충분한 영향을 미칠 만큼 유리 조각 사이의 틈이 작아야 한다. 그래서 거기에 있는 전자들을 흔들어서 그림 33-10과 같이 새로운 파동을 만들 수 있을 정도로 밀착시켜야 한다." 이때, 빛의 일부는 투과될 것이다(물론 이것은 완전한 답이 아니다. 제대로 된 답을 구하려면 두 개의 유리면 사이에 얇은 공기층이 형성된 경우에 대하여 모든 방정식을 다시 풀어야 한다).

가시광선에서 이러한 투과 효과를 관측하려면 공기의 틈이 아주 좁아야 한

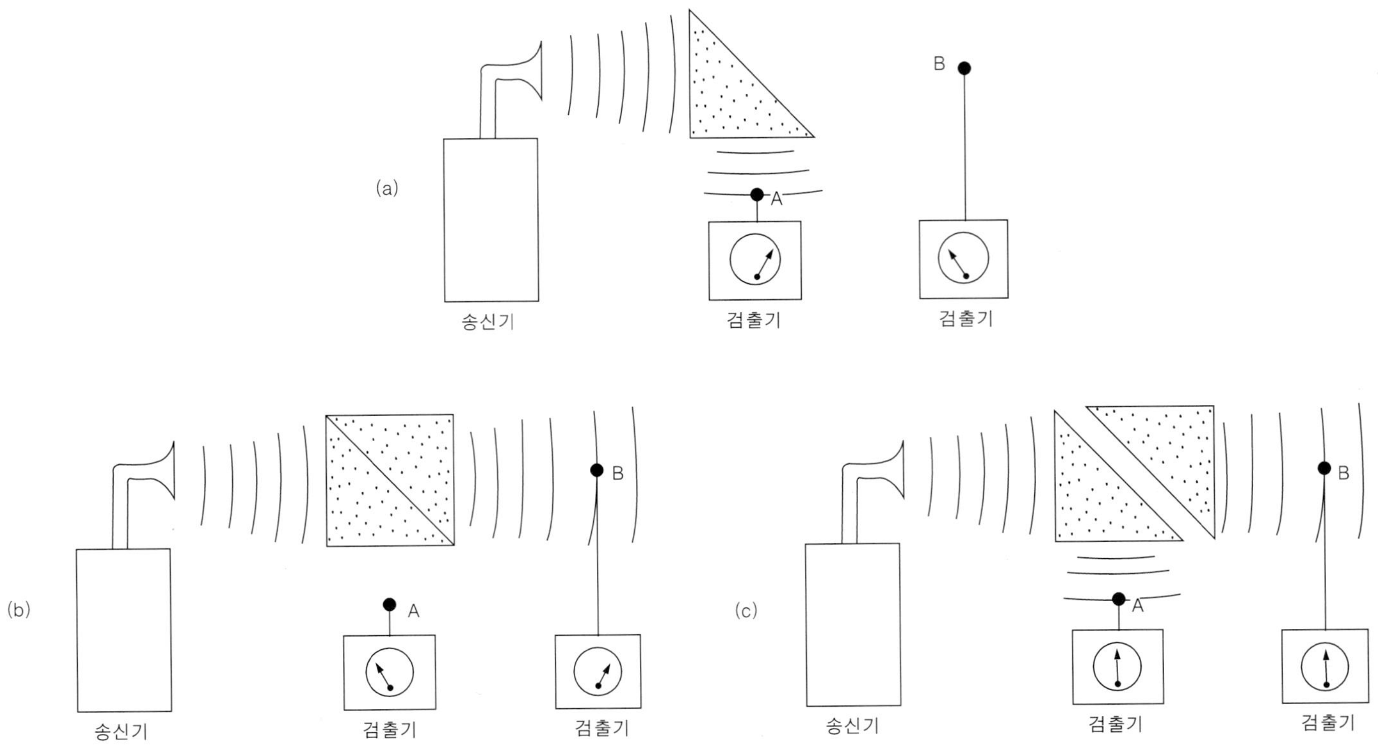

그림 33-11 내부에서 반사된 파의 침투를 보여 주는 실험

다(빛의 파장 정도의 크기, 즉 10^{-5}cm정도). 그러나 파장이 3cm정도 되는 마이크로파를 사용하면 이 효과를 쉽게 확인할 수 있다. 이 경우에는 지수함수적으로 감소하는 침투 전자기장이 수 cm에 이른다. 이 효과를 보여 주는 마이크로파 장비를 그림 33-11에 그려 놓았다. 소형 3cm 마이크로파 송신기로부터 나온 파동은 파라핀으로 만들어진 45° 프리즘을 향해 진행한다. 해당 주파수 영역에서 파라핀의 굴절률은 1.50이므로 임계각은 41.5°이다. 따라서 파는 45°면에서 전반사되고 그림 33-11(a)와 같이 검출기 A에서 감지된다. 또 다른 파라핀 프리즘을 그림 (b)와 같이 첫 번째 프리즘에 밀착시키면, 파는 곧장 투과하여 검출기 B에서 감지된다. 그림 (c)와 같이 두 개의 프리즘 사이에 몇 cm의 빈틈이 있으면 반사파와 투과파가 모두 존재한다. 그림 33-11(a)에서도 검출기 B를 몇 cm 이내로 표면에 접근시키면 프리즘의 45°면 바깥에 침투한 전기장을 감지할 수 있다.

CHAPTER 34

물질의 자성(磁性)

34-1 반자성과 상자성

34-1 반자성과 상자성
34-2 자기 모멘트와 각운동량
34-3 원자 자석의 세차 운동
34-4 반자성
34-5 라모어의 정리
34-6 고전역학으로 반자성이나 상자성을 설명할 수 없는 이유
34-7 양자역학에서의 각운동량
34-8 원자의 자기 에너지

복습 과제 :
15-1절 "전류 고리에 작용하는 힘 : 자기 쌍극자의 에너지"

이 장에서는 물질의 여러 가지 자기적 성질에 대하여 알아보기로 한다. 자성이 가장 두드러지는 물질은 단연 철(Fe)이다. 철과 비슷한 자성을 가진 물질로는 니켈(Ni), 코발트(Co), 그리고 (섭씨 16°C 이하의) 충분히 낮은 온도에서의 가돌리늄(Gd)이 있으며, 그 밖에도 여러 종의 특이한 합금들이 유난한 자성을 띠고 있다. 흔히 '강자성(ferromagnetism)'이라 불리는 이러한 종류의 자성은 매우 독특하고 복잡하기 때문에 별도로 하나의 장을 할애하여 설명할 예정이다. 하지만 대부분의 평범한 물질들도 (강자성체의 자성과 비교할 때 수천~수백만 배 작긴 하지만) 어느 정도 자기적 성질을 띠고 있다. 이 장에서는 평범한 물질들의 자성, 즉 강자성체를 제외한 물질들의 자성에 대해 알아보기로 하자.

약한 자성에는 두 가지 종류가 있다. 어떤 물질은 자기장 쪽으로 '끌리는' 성질이 있고, 어떤 물질들은 반대로 '밀려난다.' 물질 내에서 일어나는 전기적 효과는 유전체를 항상 끌어당기는 쪽으로 작용하지만, 자기적 효과는 이와 같이 두 가지 양상으로 나타나는 것이다. 그림 34-1과 같이 한쪽 자극이 뾰족하고 다른 한쪽이 평평한 전자석을 생각해 보면 자성에 의한 효과가 두 가지로 나타나는 이유를 쉽게 알 수 있다. 자기장의 세기는 평평한 자극보다 뾰족한 자극 부근에서 훨씬 강하다. 작은 물질 조각을 긴 줄에 매달아서 두 자극 사이에 늘어뜨리면 일반적으로 조각에 약한 힘이 작용하게 된다. 전자석의 전원을 켰을 때, 자극 사이에 늘어뜨려 놓은 물질 조각이 약간 움직이는 것을 보면 이러한 약한 힘이 작용함을 알 수 있다. 극소수의 강자성체는 뾰족한 자극 쪽으로 매우 세게 끌려가

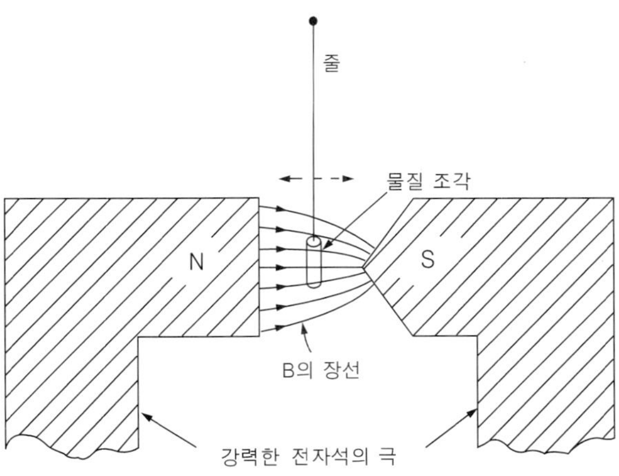

그림 34-1 작은 원기둥 모양의 비스무스 조각은 뾰족한 자극에 의해 약한 힘으로 밀려난다. 반면에, 알루미늄 조각은 뾰족한 자극 쪽으로 끌려간다.

고, 그 외의 물질들은 매우 약한 힘만을 느낄 뿐이다. 이들 중 일부는 뾰족한 자극 쪽으로 약하게 끌려가고 또 어떤 것은 약하게 밀려난다.

작은 원기둥 모양의 비스무스(bismuth) 조각을 사용하면 이 효과를 가장 쉽게 관측할 수 있다. 비스무스 조각은 강한 자기장 영역에서 '밀려난다.' 이런 식으로 밀려나는 물질들을 '반자성체(diamagnetic material)'라고 한다. 비스무스는 가장 강력한 반자성체 중의 하나지만, 그 효과는 아주 약하게 나타난다. 원래 반자성 자체가 매우 약한 특성이기 때문이다. 비스무스 대신 작은 알루미늄 조각을 두 자극 사이에 늘어뜨리면 역시 약한 힘이 작용하는 걸 볼 수 있는데, 아까와는 반대로 뾰족한 자극을 향해 끌려간다. 이와 같은 물질들을 '상자성체(paramagnetic material)'라 한다[이 실험에서는 전자석을 켰다 껐다 할 때 발생되는 와상 전류에 의한 힘(eddy-current force) 때문에 물체에 강한 충격이 전달될 수 있다. 그러므로 매달린 물체가 완전하게 자리를 잡은 후에 총 이동 거리를 측정해야 한다].

자, 이제 이 두 가지 자기적 효과의 메커니즘을 간단히 설명해 보기로 하자. 대부분의 물질들은 영구적인 자기 모멘트를 갖고 있지 않다. 좀 더 자세히 말하자면, 각각의 원자 내부의 자석들이 모두 정확하게 상쇄되어 원자의 '알짜' 자기 모멘트가 0이 되는 것이다. 이런 물질에서는 전자의 스핀과 궤도 운동에 의한 자기 모멘트가 정확하게 상쇄되기 때문에, 원자는 평균적으로 자기 모멘트를 띠지 않는다. 이런 상황에서 외부에서 자기장을 걸어 주면 자기 유도에 의해 원자 내부에 추가적으로 작은 전류가 발생하는데, 이 전류는 렌츠의 법칙(Lenz's law)에 따라 '증가하는 외부 자기장을 줄이는 방향으로' 자기장을 만든다. 따라서 이렇게 유도된 원자의 자기 모멘트는 외부 자기장과 '정반대' 방향을 향하게 된다. 이것이 바로 반자성의 메커니즘이다.

이와는 달리, 각각의 원자들이 영구적인 자기 모멘트를 갖고 있는 물질도 있다. 이것은 전자의 스핀과 궤도 운동에 의한 순환 전류가 정확하게 상쇄되지 않아서 나타나는 현상이다. 그러므로 이런 물질에서는 (항상 존재하는 반자성 효과 이외에도) 각 원자의 자기 모멘트들이 같은 방향으로 정렬될 가능성이 항상 존재한다. 영구적 자기 모멘트를 갖는 물질에서는 각 원자의 자기 모멘트들이 (유전체에서 영구 쌍극자들이 전기장 방향으로 정렬하는 것과 마찬가지로) 외부 자기장과 '같은 방향으로' 정렬하려는 경향을 보이기 때문에 기존에 있던 외부 자기장이 더욱 강해진다. 이런 물질이 바로 상자성체이다. 상자성은 일반적으로 매우 약한데, 그 이유는 원자의 운동을 무질서하게 만드는 열적인 요동에 비해서 원자들을 한 방향으로 정렬시키려는 힘이 훨씬 약하기 때문이다. 그래서 상자성은 대체로 온도에 매우 민감하게 반응한다(도체의 전도 현상을 일으키는 자유전자의 스핀에 의한 상자성은 예외적인 성질을 갖고 있는데, 지금 당장은 논하지 않기로 한다). 일반적인 상자성체의 경우, 온도가 낮을수록 효과가 강하게 나타난다. 낮은 온도에서는 한 방향으로 정렬하려는 것을 교란시키는 충돌이 줄어들기 때문이다. 반면에 반자성체는 '어느 정도' 온도에 무관하다. 물론, 내부에 자기 모멘트가 내재되어 있는 물체에는 상자성 효과뿐만 아니라 언제나 반자성 효과도 함께 존재하지만, 대부분의 경우 상자성 효과가 반자성을 압도한다.

우리는 11장에서 모든 전기 쌍극자들이 외부의 도움 없이 스스로 한 방향으로 정렬하는 '강유전체(ferroelectric material)'에 대해 공부한 적이 있다. 자성의 경우에도 이와 비슷하게 모든 원자들의 자기 모멘트가 한 방향으로 정렬한 채 고정되는 현상이 일어날 수도 있다. 그러나 자기력의 크기는 전기력에 비해 너무나도 미약하기 때문에, 구체적인 계산을 해보면 수 밀리켈빈(milli Kelvin)의 저온에서도 원자의 열운동이 자기 모멘트의 정렬을 흩트려 놓는다는 사실을 알 수 있다. 그렇다면 실온에서 자기 모멘트들을 영구적으로 정렬시키는 것은 도저히 불가능할 것 같다.

그러나 철(Fe)에서는 이런 일이 실제로 일어난다. 철 원자의 자기 모멘트가 상온에서도 정렬되는 것이다! 철 원자의 자기 모멘트들 사이에는 '직접적인' 자기적 상호작용보다 훨씬 강한 힘이 작용하고 있다. 이것은 양자역학으로만 설명될 수 있는 간접적인 효과로서, 직접적인 자기적 상호작용보다 10,000배 정도 강하다. 이 점에 대해서는 나중에 따로 논의하기로 한다.

지금까지 나는 반자성과 상자성을 정성적으로 설명하기 위해 나름대로 애를 써 왔지만, 이제 사실을 고백해야 할 순간이 온 것 같다. 여러분이 알고 있는 고전물리학으로는 물질의 자기적 효과를 이해할 수 없다는 것이다! 자기적 효과는 전적으로 '양자역학적 현상'에 속한다. 그러나 비록 틀리긴 해도, 고전물리학적인 논의를 통해서 어느 정도 감을 잡는 것은 가능하다. 고전역학을 이용하여 어떤 물질의 특성을 추측한다고 생각해 보자. 물론 이것은 결코 옳은 방법이 아니다. 자기적 현상을 기술하려면 반드시 양자역학을 동원해야 하기 때문이다. 그러나 플라스마나 자유 전자로 가득 찬 공간처럼, 전자들이 고전역학의 법칙을 따르는 경우도 있다. 이런 경우에는 고전자기학(classical magnetism)의 일부 정리들을 매우 유용하게 사용할 수 있다. 또한 고전물리학적 논의는 역사적인 맥락에서도 어느 정도 의미가 있다고 생각한다. 과거에 물질의 자성을 연구하던 과학자들은 당연히 고전역학을 사용할 수밖에 없었다. 고전역학의 논리를 따라가다 보면, '정확하지는 않지만 어느 정도 유용한' 예측을 할 수 있다. 물론, 물질의 자성을 제대로 이해하려면 먼저 양자역학을 공부해야 한다.

반자성과 같은 단순한 현상을 이해하기 위해 지금 당장 양자역학을 속속들이 다 배울 수는 없다. 따라서 앞으로 당분간은 진실의 반쪽만 보여 주는 고전역학에 의존할 수밖에 없다. 지금부터 고전자기학의 여러 정리를 나열할 예정인데, 사실과 다른 것을 주장하고 있기 때문에 다소 혼란스러울 것이다. 사실대로 말하자면, 마지막 정리를 제외한 모든 정리가 잘못된 것이며, 물리적 세계에 대한 기술로서는 모두 틀렸다고 할 수 있다. 양자역학을 고려하지 않는 한, 그 어떤 설명도 옳을 수 없음을 명심하기 바란다.

34-2 자기 모멘트와 각운동량

고전역학으로부터 우리가 증명하고자 하는 첫 번째 정리는 다음과 같다—

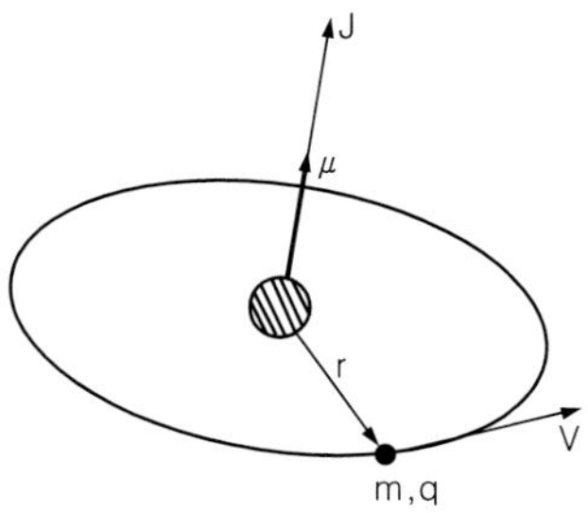

그림 34-2 임의의 원형 궤도에 대한 자기 모멘트 $\boldsymbol{\mu}$는 $q/2m$에 각운동량 $\boldsymbol{J}$를 곱한 것과 같다.

"전자가 원운동을 하고 있을 때(예를 들어, 중심력 하에서 원자핵 주위를 돌고 있을 때), 자기 모멘트와 각운동량 사이에는 일정한 비율이 정해져 있다." 전자의 각운동량을 $\boldsymbol{J}$라 하고, 자기 모멘트를 $\boldsymbol{\mu}$라 하자. 각운동량의 크기는 전자의 질량에 속도와 궤도 반경을 곱한 값이며, 그 방향은 궤도면에 수직하다(그림 34-2 참조).

$$J = mvr \tag{34.1}$$

(물론 이것은 상대론적 효과를 전혀 고려하지 않은 식이다. 그러나 원자 궤도를 돌고 있는 전자의 경우, v/c값은 대략 $e^2/\hbar c = 1/137$정도로서, 1%정도밖에 되지 않기 때문에 그다지 큰 오차는 발생하지 않는다.)

동일한 궤도에서 전자의 자기 모멘트는 전류에 면적을 곱한 값이다(14-5절 참조). 전류는 궤도상의 한 점을 단위 시간당 통과하는 전하량이므로 전하 q에 시간당 회전수를 곱한 값이며, 시간당 회전수는 속도를 궤도의 둘레로 나눈 값이다. 따라서

$$I = q\frac{v}{2\pi r}$$

이다. 궤도의 면적은 πr^2이므로, 자기 모멘트는 다음과 같다.

$$\mu = \frac{qvr}{2} \tag{34.2}$$

이 역시 궤도면에 수직한 방향을 향한다. 따라서 $\boldsymbol{J}$와 $\boldsymbol{\mu}$는 방향이 같다.

$$\boldsymbol{\mu} = \frac{q}{2m}\boldsymbol{J} \quad \text{(궤도)} \tag{34.3}$$

보다시피, 이들 사이의 비율은 속도나 반경에 무관하다. 즉, 원궤도를 돌고 있는 입자의 자기 모멘트는 $q/2m$에 각운동량을 곱한 것이다. 전자의 전하량을 $-q_e$라 하면, 원운동을 하는 전자의 자기 모멘트는 다음과 같다.

$$\boldsymbol{\mu} = -\frac{q_e}{2m}\boldsymbol{J} \quad \text{(전자의 궤도)} \tag{34.4}$$

이상은 고전 이론에서 예측되는 결과이다. 그런데 신기하게도 이 결과는 양자역학적으로도 옳다. 물리학에서는 때때로 이런 기적 같은 일이 일어나기도 한다. 그러나 고전물리학을 계속 따라가다 보면 어디선가 반드시 틀린 답이 나오게 된다. 무엇이 옳고 무엇이 틀린지를 기억하는 것도 결코 만만치 않은 과제이다. 여기서는 일단 양자역학에서 '일반적으로' 성립하는 사실들을 언급해 두는 것이 좋을 것 같다. 먼저, 식 (34.4)는 '궤도 운동'에 관한 한 옳은 식이다. 그러나 자성이라는 것이 오직 궤도 운동에 의해서만 생기는 것은 아니다. 전자는 (지구의 자전 운동과 비슷하게) 자신의 축 주위를 스핀(spin rotation)하고, 그로 인해 전자는 각운동량과 자기 모멘트를 갖게 된다. 그런데 (고전 이론으로는 설명할 수 없는) 순전히 양자역학적인 효과 때문에, 전자의 스핀에 대한 $\boldsymbol{\mu}/\boldsymbol{J}$값은 방금 구한 전자의 궤도 운동에 대한 값($-q_e/2m$)의 두 배이다.

$$\boldsymbol{\mu} = -\frac{q_e}{m}\boldsymbol{J} \quad \text{(전자의 스핀)} \tag{34.5}$$

대부분의 원자는 여러 개의 전자를 보유하고 있는데, 이들의 스핀과 궤도 운동 간의 모종의 조합으로 인해 원자의 총 각운동량과 총 자기 모멘트가 형성된다. 고전역학으로는 그 이유를 설명할 길이 없지만, 양자역학에서는 (고립된 한 원자에 대한) 자기 모멘트의 방향이 각운동량의 방향과 '항상' 반대로 나타난다. 이들 사이의 비율은 $-q_e/m$도 아니고 $-q_e/2m$도 아니며, 대략 두 값의 중간 정도이다. 전자의 궤도 운동과 스핀이 한데 섞여 총 자기 모멘트에 기여하기 때문이다. 따라서 자기 모멘트는 다음과 같이 쓸 수 있다.

$$\boldsymbol{\mu} = -g\left(\frac{q_e}{2m}\right)\boldsymbol{J} \tag{34.6}$$

여기서 g는 원자의 상태에 따라 달라지는 상수이다. 전자가 궤도 운동만 하고 있다면 $g=1$이고, 스핀 모멘트만 존재하는 경우에는 $g=2$이다. 원자와 같이 궤도 운동과 스핀이 공존하는 복잡한 계의 경우엔 g는 1과 2 사이의 값을 갖는다. 물론, 이 식만으로는 알아낼 수 있는 것이 별로 없다. 이 식에는 단지 자기 모멘트와 각운동량이 '평행하다'는 것만 명시되어 있을 뿐, 각각의 크기에 대한 구체적인 정보는 들어 있지 않다. 그러나 식 (34.6)은 나름대로 편리한 형태이다. 왜냐하면 '란데 g인자(Landé g-factor)'라 불리는 g가 대략 1정도의 크기를 갖는 '차원이 없는 상수(dimensionless constant)'이기 때문이다. 이 값을 알아내는 것은 양자역학의 중요한 연구 과제 중 하나이다.

여러분은 원자핵 내부에서 진행되는 사건도 궁금할 것이다. 원자핵을 이루고 있는 양성자와 중성자도 특정 궤도를 돌면서 전자처럼 고유한 스핀을 갖고 있는데, 이 경우에도 역시 자기 모멘트와 각운동량은 서로 평행하다. 핵의 내부에서도 양성자가 원궤도를 돈다고 가정하고, 식 (34.3)의 m에 양성자의 질량을 대입하면 둘 사이의 대략적인 비율을 계산할 수 있다. 따라서 핵의 자기 모멘트는 보통 다음과 같은 형태로 쓴다.

$$\boldsymbol{\mu} = g\left(\frac{q_e}{2m_p}\right)\boldsymbol{J} \tag{34.7}$$

여기서 m_p는 양성자의 질량이고 g(핵의 g인자)는 1에 가까운 값으로서 원자핵마다 고유의 값이 정해져 있다.

원자핵의 경우에 또 한 가지 중요한 차이점은 양성자의 '스핀 자기 모멘트'의 g값이 전자의 경우와는 달리 2가 아니라는 사실이다. 양성자의 경우 $g=2(2.79)$이다. 그리고 놀랍게도, 중성자 역시 스핀 자기 모멘트를 갖고 있는데, 자신의 각운동량에 대한 상대적인 자기 모멘트는 $2(-1.93)$이다. 다시 말해서, 중성자는 자기적인 의미에서 보면 정확하게 '중성'은 아니라는 뜻이다. 중성자는 하나의 조그만 자석으로 간주할 수 있으며, 중성자의 자기 모멘트는 회전하는 음전하의 자기 모멘트와 비슷하다.

34-3 원자 자석의 세차 운동

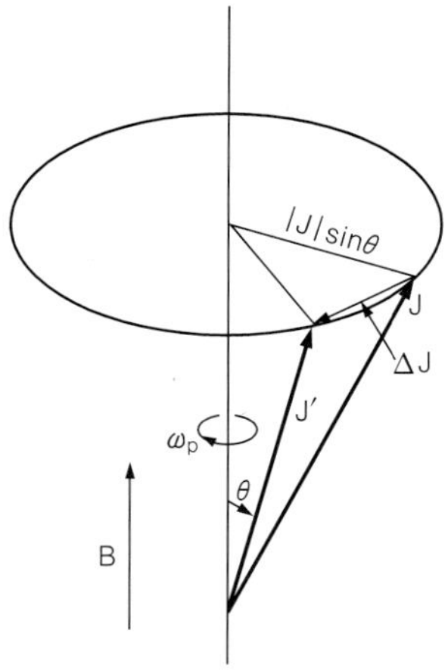

그림 34-3 각운동량이 $\boldsymbol{J}$이고 그와 평행한 자기 모멘트 $\boldsymbol{\mu}$를 가진 물체가 자기장 $\boldsymbol{B}$ 속에 놓이면 각속도 ω_p로 세차 운동을 하게 된다.

자기 모멘트가 각운동량에 비례한다는 사실로부터 유도되는 중요한 결론 중 하나는 자기장 안에 놓인 원자 자석(atomic magnet)이 '세차 운동'을 한다는 것이다. 먼저 이 문제를 고전적인 관점에서 살펴보기로 하자. 자기 모멘트 $\boldsymbol{\mu}$를 가진 물체가 균일한 자기장 안에서 자유롭게 움직일 수 있도록 매달려 있다고 가정해 보자. 이 물체는 토크 $\boldsymbol{\tau}=\boldsymbol{\mu}\times\boldsymbol{B}$를 느낄 것이고, 이 토크는 자기 모멘트를 자기장과 같은 방향으로 정렬시키려 할 것이다. 그런데 원자는 일종의 자이로스코프(gyroscope)로서, 각운동량 $\boldsymbol{J}$를 갖고 있다. 따라서 원자 자석은 자기장 방향으로 정렬되지 않고, 제1권 20장에서 설명한 것처럼 '세차 운동'을 한다. 각운동량이(그리고 자기 모멘트도) 자기장과 평행한 축을 중심으로 세차 운동을 하는 것이다. 세차 운동의 주기는 제1권 20장에서 사용했던 방법으로 구할 수 있다.

그림 34-3과 같이 짧은 시간 Δt 동안 각운동량 $\boldsymbol{J}$가 자기장 $\boldsymbol{B}$의 방향에 대하여 각도 θ를 그대로 유지한 채 $\boldsymbol{J}'$으로 변했다고 가정해 보자. 세차 운동의 각속도를 ω_p라 하면 Δt 동안 세차 운동한 각도는 $\omega_p\Delta t$이다. 그림의 기하학적 구도를 잘 살펴보면, Δt의 시간 동안 각운동량의 변화는 다음과 같음을 알 수 있다.

$$\Delta J=(J\sin\theta)(\omega_p\Delta t)$$

따라서 각운동량의 변화율은 다음과 같다.

$$\frac{dJ}{dt}=\omega_p J\sin\theta \tag{34.8}$$

이것은 토크

$$\tau=\mu B\sin\theta \tag{34.9}$$

와 같아야 한다. 따라서 세차 운동의 각속도는 다음과 같다.

$$\omega_p=\frac{\mu}{J}B \tag{34.10}$$

식 (34.6)의 μ/J를 대입하면, 원자계에 대하여

$$\omega_p=g\frac{q_eB}{2m} \tag{34.11}$$

가 얻어진다. 즉, 세차 운동의 진동수는 B에 비례한다는 것을 알 수 있다. 아래의 식들을 기억해 두면 여러모로 유용하다. 원자(또는 전자)에 대하여

$$f_p=\frac{\omega_p}{2\pi}=(1.4\text{메가사이클/가우스})\,gB \tag{34.12}$$

이고, 원자핵에서는

$$f_p=\frac{\omega_p}{2\pi}=(0.76\text{킬로사이클/가우스})\,gB \tag{34.13}$$

이다(원자와 원자핵에 대한 공식이 서로 다른 이유는 g값을 쓸 때 서로 다른 규

약을 따르기 때문이다).

고전 이론에 따르면, 원자 내부의 전자 궤도(그리고 스핀)는 자기장 하에서 세차 운동을 해야 한다. 그러나 과연 양자역학적으로도 동일한 결과가 나올까? 답은 'yes'이다. 그러나 양자역학으로 가면 세차 운동의 의미가 조금 달라진다. 양자역학에서는, 고전역학에서와 똑같은 의미로 각운동량의 '방향'에 대해서 말할 수가 없다. 그러나 이런 차이에도 불구하고 꽤 밀접한 유사성이 존재하기 때문에 양자역학에서도 '세차 운동'이라는 용어를 사용하고 있다. 이 문제는 나중에 양자역학적인 관점에 대해서 이야기할 때 다시 언급할 것이다.

34-4 반자성

이번에는 반자성을 고전적인 관점에서 생각해 보자. 논리를 전개하는 방법에는 여러 가지가 있는데, 그중 가장 깔끔한 방법은 다음과 같다. 원자 주위의 자기장을 서서히 증가시킨다고 가정해 보자. 그러면 자기장이 변함에 따라 자기 유도에 의한 '전기장'이 발생할 것이다. 패러데이의 법칙에 따르면, 임의의 폐경로에 대한 전기장 $\boldsymbol{E}$의 선적분은 그 경로를 통과하는 자기 플럭스의 변화율과 같다. 그림 34-4와 같이 원자를 중심으로 하는 반경 r인 동심원을 선적분 경로 Γ로 선택해 보자. 이 원을 따라 형성되는 전기장 E의 접선 방향 성분은 평균적으로 다음과 같이 주어진다.

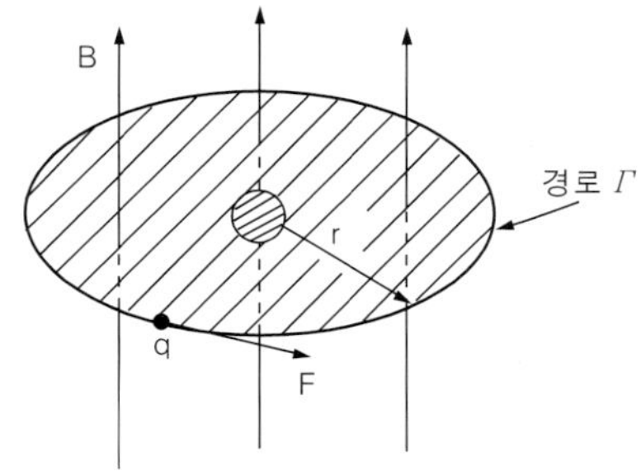

그림 34-4 유도된 전기력이 원자 내의 전자에 작용한다.

$$E 2\pi r = -\frac{d}{dt}(B\pi r^2)$$

즉, 다음과 같은 세기의 고리형 전기장이 형성된다.

$$E = -\frac{r}{2}\frac{dB}{dt}$$

이렇게 유도된 전기장은 원자 속에 있는 전자에게 $-q_e Er$의 토크를 가하게 된다. 물론 이 토크는 각운동량의 변화율 dJ/dt와 같아야 한다.

$$\frac{dJ}{dt} = \frac{q_e r^2}{2}\frac{dB}{dt} \tag{34.14}$$

이 식을 $B=0$인 시점부터 시간에 대해 적분하면, 자기장 스위치를 켬으로써 발생하는 각운동량의 총 변화량을 구할 수 있다.

$$\Delta J = \frac{q_e r^2}{2} B \tag{34.15}$$

이것은 자기장을 켬으로 해서 전자에 추가로 전달되는 각운동량이다.

이렇게 추가된 각운동량은 별도의 추가적인 자기 모멘트를 만들고, 이는 전적으로 '궤도' 운동에 의한 것이므로 $-q_e/2m$에 각운동량을 곱한 것과 같다. 따라서 유도된 반(反)자기 모멘트(induced diamagnetic moment)는

$$\Delta\mu = -\frac{q_e}{2m}\Delta J = -\frac{q_e^2 r^2}{4m} B \tag{34.16}$$

이다. 앞에 붙어 있는 마이너스 부호는 추가된 자기 모멘트가 자기장과 반대 방향임을 뜻한다(렌츠의 법칙을 이용하면 쉽게 확인할 수 있다).

식 (34.16)을 조금 다른 방식으로 써 보자. 식에 나오는 r^2은 원자의 중심을 지나면서 B와 평행한 축으로부터 측정한 반경을 제곱한 것이다. B가 z축 방향이라고 가정하면 r은 x^2+y^2이 된다. 그리고 원자가 구형 대칭성을 갖고 있다고 가정하면(또는 고유한 축을 갖는 원자의 경우엔 모든 방향에 대하여 평균을 취한다고 가정하면) x^2+y^2의 평균은 원자의 '중심'으로부터 측정한 (실제 반경)^{2}의 평균값의 2/3이다. 그러므로 식 (34.16)을 다음과 같이 쓰면 편리할 것이다.

$$\Delta\mu = -\frac{q_e^2}{6m}\langle r^2\rangle_{\text{av}}B \tag{34.17}$$

이로써 우리는 원자에 유도된 자기 모멘트가 어떤 경우이든, 자기장 B의 크기에 비례하고 방향은 B와 반대임을 알아냈다. 이것이 바로 물질의 반자성이다. 비균일한 자기장 속에 놓인 비스무스 조각이 작은 힘을 받는 것은 반자성에서 비롯된 현상이다(먼저 자기장 속에서 유도된 자기 모멘트의 에너지를 계산하고, 비스무스가 자기장이 센 영역으로 드나들 때 에너지의 변화를 분석하면 여기에 작용하는 힘을 알아낼 수 있다).

그러나 아직 한 가지 문제가 남아 있다. 반경의 제곱을 평균한 $\langle r^2\rangle_{\text{av}}$의 의미는 과연 무엇일까? 고전역학만으로는 이 질문에 답할 수 없다. 답을 구하려면 양자역학으로 돌아가서 처음부터 다시 시작해야 한다. 사실, 우리는 원자 안에서 전자의 정확한 위치를 알 수 없다. 단지 어떤 곳에 있을 '확률'만을 알 수 있을 뿐이다. 만일 $\langle r^2\rangle_{\text{av}}$를 '중심으로부터 측정한 거리의 제곱을 확률 분포에 대하여 평균한 값'으로 정의한다면, 양자역학에 의한 반(反)자기 모멘트는 식 (34.17)과 일치할 것이다. 물론 이것은 '하나의' 전자에 적용되는 식이다. 총 자기 모멘트는 원자 내의 모든 전자들이 갖고 있는 자기 모멘트의 합으로 주어진다. 놀라운 것은, 고전역학과 양자역학이 동일한 결과를 준다는 사실이다. 이제 곧 알게 되겠지만, 식 (34.17)을 이끌어 낸 위의 고전적 논의는 사실 고전역학적 관점에서 볼 때 "타당하지 않다."

이와 같은 반자성 효과는 원자가 영구적인 자기 모멘트를 갖고 있을 때에도 발생한다. 그렇다면 주어진 물리계는 자기장 안에서 세차 운동을 할 것이다. 원자 전체가 세차 운동을 하면 원자는 추가적으로 작은 각속도를 얻게 될 것이고, 이것이 작은 전류를 만들어 자기 모멘트를 조금 변화시킬 것이다. 이런 식으로 반자성 효과를 설명할 수도 있다. 그러나 상자성을 설명할 때에는 이런 점을 일일이 고려할 필요가 없다. 방금 한 것처럼 일단 반자성 효과의 크기를 계산해 놓으면, 세차 운동에 의해 생기는 추가적인 미세 전류에 대해서는 신경 쓰지 않아도 된다. 그 효과는 이미 반자성에 포함되어 있기 때문이다.

34-5 라모어의 정리

지금까지 얻은 결과만으로도 몇 가지 결론을 이끌어 낼 수 있다. 먼저, 고전

이론에서는 자기 모멘트 $\boldsymbol{\mu}$가 항상 $\boldsymbol{J}$에 비례하며, 비례 상수는 원자마다 다르다. 전자에는 스핀이 전혀 없으며, 비례 상수는 언제나 $-q_e/2m$이었다. 즉, 식 (34.6)에서 $g=1$이라는 뜻이다. 고전 이론에 의하면 $\boldsymbol{J}$에 대한 $\boldsymbol{\mu}$의 비율은 전자들의 내부 운동 상태와 무관했으므로, 전자들로 이루어진 임의의 물리계는 항상 동일한 각속도로 세차 운동을 하게 된다(물론, 양자역학적으로는 틀린 말이다!). 이 결과는 지금 증명하려고 하는 고전역학의 정리와 깊이 관련되어 있다. 다음과 같은 상황을 가정해 보자. 여기, 한 무리의 전자들이 중심점을 향하는 인력에 끌려 한 덩어리로 뭉쳐 있다(인력의 중심이 덩어리의 내부에 있다는 뜻이다). 이것은 여러 개의 전자들이 원자핵의 인력에 의해 하나로 묶여 있는 것과 비슷한 상황이다. 물론, 전자들끼리도 상호작용을 하고 있으므로, 일반적으로는 매우 복잡한 운동을 할 것이다. 일단, 자기장이 '없는' 상황에서 전자의 운동을 완벽하게 풀었다고 가정하자. 우리의 목적은 이런 상황에서 약한 자기장이 '걸려 있을 때' 전자의 운동을 알아내는 것이다. 지금 증명하려는 정리에 의하면, 약한 자기장 하에서 일어나는 전자의 운동은 자기장이 없을 때 구한 해들 중 하나에 자기장의 방향을 축으로 하는 각속도 $\omega_L = q_eB/2m$(이것은 $g=1$일 때의 ω_p와 같다)인 회전 운동을 더한 것과 같다. 물론 여러 가지 운동이 가능하지만, 중요한 것은 "자기장이 없는 경우의 다양한 운동은 자기장이 있는 경우의 다양한 운동과 일대일로 대응되며, 후자의 운동은 전자의 운동에 등속 회전 운동(uniform rotation)을 더하여 구할 수 있다"는 것이다. 이것을 라모어의 정리(Lamor's theorem)라 하며, ω_L을 '라모어 진동수(Larmor frequency)'라고 한다.

지금부터 이 정리를 증명해 보자. 여기서는 대략적인 논리만 짚고 넘어가고, 자세한 계산은 여러분이 직접 해보기 바란다. 먼저, 중심력장에 놓인 하나의 전자를 생각해 보자. 전자에는 중심을 향하는 힘 $\boldsymbol{F}(r)$이 작용하고 있다. 여기에 균일한 자기장을 걸어 주면, 전자는 $q\boldsymbol{v}\times\boldsymbol{B}$의 추가적인 힘을 받게 된다. 따라서 총 힘은

$$\boldsymbol{F}(r) + q\boldsymbol{v}\times\boldsymbol{B} \tag{34.18}$$

가 된다. 이와 동일한 상황을 다른 좌표계에서 서술해 보자. 지금 누군가가 자기장 $\boldsymbol{B}$와 평행하면서 힘의 중심을 지나는 축 주위를 각속도 ω로 회전하고 있는 좌표계에서 이 상황을 관찰하고 있다. 물론 이 좌표계는 관성계가 아니므로, 제1권 19장에서 다뤘던 원심력이나 코리올리 힘 같은 유사힘(pseudoforce)을 도입해야 한다. 그때 펼쳤던 논리에 의하면, 각속도 ω로 회전하는 좌표계에서는 속도의 반경 방향 성분 v_r에 비례하는 다음의 겉보기 힘이 '접선 방향'으로 작용한다.

$$F_t = -2m\omega v_r \tag{34.19}$$

또한 반경 방향으로 작용하는 겉보기 힘은 다음과 같다.

$$F_r = m\omega^2 r + 2m\omega v_t \tag{34.20}$$

여기서 v_t는 회전하는 좌표계에서 측정한 속도의 접선 방향 성분이다(반경 방향

성분 v_r은 회전하는 좌표계와 관성 좌표계에서 동일한 값을 갖는다).

각속도가 충분히 작다면(즉, $\omega r \ll v_t$이면), 식 (34.20)의 첫 번째 항(원심력)은 두 번째 항(코리올리 힘)과 비교할 때 무시할 수 있을 정도로 작다. 따라서 식 (34.19)와 (34.20)은 다음과 같이 하나의 식으로 나타낼 수 있다.

$$\boldsymbol{F} = -2m\boldsymbol{\omega} \times \boldsymbol{v} \tag{34.21}$$

이제, 회전 운동과 자기장을 함께 고려하려면 식 (34.21)의 힘을 식 (34.18)의 힘에 더해 줘야 한다. 따라서 총 힘은 다음과 같다.

$$\boldsymbol{F}(r) + q\boldsymbol{v} \times \boldsymbol{B} + 2m\boldsymbol{v} \times \boldsymbol{\omega} \tag{34.22}$$

[이 식의 마지막 항은 식 (34.21)에서 크로스 곱의 순서를 바꾸어서 부호가 바뀐 것이다.] 위의 결과로부터 우리는 다음의 사실을 알 수 있다. 각속도와 자기장이

$$2m\boldsymbol{\omega} = -q\boldsymbol{B}$$

의 관계에 있으면 우변의 두 항이 서로 상쇄되어, 회전 좌표계에서 관측되는 유일한 힘은 $\boldsymbol{F}(r)$뿐이다. 즉, 전자의 운동은 자기장이 없는 경우(또한, 회전 운동도 없는 경우)와 완전히 같아진다. 이로써 우리는 전자가 하나인 경우에 라모어의 정리를 증명했다. 위의 증명은 각속도 ω가 매우 작다고 가정했기 때문에, 자기장이 아주 약한 경우에 한하여 성립한다. 이 시점에서 한 가지 숙제를 내주겠다. 동일한 중심력 하에서 여러 개의 전자들이 상호작용하는 경우에도 라모어의 정리가 성립한다는 것을 증명해 보라. 원자의 내부 구조가 아무리 복잡해도, 작용하는 힘이 중심력이라면 라모어의 정리는 항상 성립한다. 그러나 이것은 고전역학에 대한 사형 선고나 다름없다. 왜냐하면 실제 원자는 이런 식으로 세차 운동을 하지 않기 때문이다. 식 (34.11)의 세차 운동 진동수 ω_p는 $g=1$인 경우에 한하여 ω_L과 같아진다.

34-6 고전역학으로 반자성이나 상자성을 설명할 수 없는 이유

고전역학에 의하면, 반자성이나 상자성은 결코 존재할 수 없다. 지금부터 이 사실을 증명하고자 한다. 여러분은 이렇게 반문하고 싶을 것이다. "아니, 지금까지 줄곧 상자성과 반자성, 세차 운동의 궤도 등을 애써 증명해 놓고 이제 와서 그 모든 것이 틀렸음을 다시 증명하겠다고요? 지금 장난하시는 겁니까?" 아니다. 이것은 장난이 아니라 엄연한 현실이다. 고전역학을 끝까지 충실하게 따라가다 보면, "이러한 자기적 효과들은 결코 일어날 수 없다"는 결론에 이르게 된다. 자기와 관련된 모든 효과들이 서로 상쇄되어 버리기 때문이다! 고전적 논리에서 출발하여 적절한 시점에서 발을 뺀다면 무엇이건 원하는 결과를 얻을 수 있겠지만, 엄밀하고 정확한 증명을 거치면 고전역학에서는 자기적 효과가 결코 존재할 수 없다는 결론에 필연적으로 이르게 된다.

고전역학의 결론은 다음과 같다. "임의의 물리계(예를 들어, 전자나 양성자 등으로 구성된 가스)가 있을 때 그 계 전체가 회전하지 않는다면 자기적 효과는

있을 수 없다." 물론 스스로의 힘으로 뭉쳐 있는 항성 같이 고립된 계는 자기장이 걸렸을 때 회전할 수 있으므로 자기적 효과를 나타낼 수도 있다. 그러나 어떤 물체가 특정 장소에 고정된 채 회전할 수 없다면, 자기적 효과는 나타날 수 없다. 여기서 '회전할 수 없다'는 말의 의미는 다음과 같이 해석할 수 있다. 일단 어떤 주어진 온도에서 열평형 상태가 '오직 하나만' 존재한다고 가정하자. 이런 경우에 고전물리학은 다음의 사실을 주장하고 있다. "자기장을 켠 후 어떤 계가 열평형에 이를 때까지 기다리면 상자성이나 반자성은 결코 나타나지 않는다." 간단히 말해서, 유도된 자기 모멘트가 없다는 뜻이다. 왜 그럴까? **증명** : 통계역학에 따르면 어떤 계가 특정한 운동 상태에 있을 확률은 $e^{-U/kT}$에 비례한다. 여기서 U는 그 운동 상태의 에너지이다—대체 무슨 에너지를 말하는 것일까? 일정한 자기장 하에서 입자가 움직이고 있을 때, U는 일상적인 퍼텐셜 에너지에 운동 에너지 $mv^2/2$를 더한 것이다. 여기에 자기장으로 인해 추가되는 에너지는 없다[전자기장에 의한 힘은 $q(\boldsymbol{E}+\boldsymbol{v}\times\boldsymbol{B})$이므로, 일률 $\boldsymbol{F}\cdot\boldsymbol{v}$는 $q\boldsymbol{E}\cdot\boldsymbol{v}$이며, 자기장은 일률에 아무런 영향도 주지 않는다]. 따라서 계의 에너지는 자기장이 있건 없건 간에 항상 운동 에너지와 퍼텐셜 에너지의 합으로 주어진다. 계가 특정한 운동 상태에 있을 확률은 오직 U(속도와 위치)에만 의존하기 때문에, 통계역학적인 확률은 자기장의 유무와 아무런 상관이 없다. 그러므로 자기장은 '열평형' 상태에서 계에 아무런 영향도 주지 않는다. 두 개의 동일한 계가 두 개의 상자 안에 각각 하나씩 들어 있다고 가정해 보자. 그리고 두 번째 상자에만 자기장이 걸려 있다고 가정하자. 그러면 첫 번째 상자 안의 입자가 특정 위치에서 특정 속도로 운동할 확률은 두 번째 상자와 다를 이유가 없다. 만일 첫 번째 상자에 평균적으로 순환 전류가 존재하지 않는다면(상자의 정지된 벽과 계가 평형을 이루고 있다면 순환 전류는 존재하지 않을 것이다), 평균 자기 모멘트도 존재하지 않는다. 두 번째 상자 내부의 운동 상태도 위와 동일할 것이므로, 그곳에도 평균적인 자기 모멘트는 존재하지 않는다. 따라서 온도가 일정하게 유지되는 상태에서 자기장을 켠 후 다시 열평형에 도달했다면, 자기장에 의해 유도되는 자기 모멘트는 존재할 수가 없는 것이다. 고전역학을 따른다면 이것은 분명한 사실이다. 그래서 자기 현상을 제대로 이해하려면 양자역학을 도입해야만 하는 것이다.

여러분은 양자역학에 대하여 별로 아는 바가 없기 때문에, 여기서 이 문제를 더 논하는 것은 별 의미가 없을지도 모른다. 하지만 무언가를 배울 때 항상 정확한 법칙부터 먼저 배우고 나서 그것이 여러 가지 경우에 어떻게 적용되는지 배워야 하는 것은 아니다. 지금까지 이 강의에서 언급된 주제들은 거의 모두가 다양한 방법으로 다루어졌다. 전기를 공부할 때는 첫 페이지에 맥스웰 방정식을 쓴 다음, 그로부터 모든 결과를 유도해 냈다. 물론 이것도 하나의 방법이다. 그러나 지금은 첫 페이지에 양자역학 방정식을 쓰고, 그로부터 모든 결과를 유도하지는 않을 것이다. 여러분들이 어떻게 해서 그런 결론이 나오는 것인지를 배우기 전에, 일단 양자역학의 결론들만 대충 이야기해 두는 것이 좋을 것 같다. 자, 그럼 시작해 보자!

34-7 양자역학에서의 각운동량

각운동량과 자기 모멘트의 상호 관계는 이미 앞에서 설명하였다. 이것은 고전적인 관점에서도 매우 흥미로운 주제이다. 그렇다면 양자역학은 자기 모멘트와 각운동량에 어떤 의미를 부여하고 있을까? 양자역학에서는 자기 모멘트와 같은 물리량들을 정의할 때 에너지 등 다른 개념을 이용한다. 사실, 에너지를 이용해서 자기 모멘트를 정의하는 것은 아주 쉽다. 왜냐하면 고전 이론에서 자기장 속에 있는 자기 모멘트의 에너지는 $\boldsymbol{\mu}\cdot\boldsymbol{B}$이기 때문이다. 양자역학적 자기 모멘트는 다음과 같이 정의된다. 자기장 안에 놓여 있는 계의 에너지가 (약한 자기장에 대해서) 자기장의 세기에 비례할 때, 그 비례 상수를 자기 모멘트의 자기장 방향 성분으로 정의한다(물론, 지금 당장은 세련된 이론을 고집할 필요가 없다. 어느 정도까지는 자기 모멘트를 고전적인 개념대로 생각해도 된다).

지금부터 양자역학에서 말하는 각운동량의 개념을 설명할 것이다. 다들 잘 알고 있겠지만, 생소한 물리학을 접할 때 새로 등장하는 용어들을 액면 그대로 받아들이면 엄청난 혼란이 야기된다. 아마 여러분 중에는 이렇게 말하고 싶은 사람도 있을 것이다. "저는 각운동량이 뭔지 잘 알고 있습니다. 외부 토크에 의해 변하는 양을 말하는 거죠?" 아니다. 그러면 양자역학적으로 토크를 또 정의해야 한다. 각운동량을 비롯한 수많은 물리량들을 양자역학의 무대 위에 올리려면 기본 원리에 입각하여 새롭게 정의해야 한다. 그러므로 기존의 용어를 들먹이면서 혼란을 야기시키는 것보다 '양자각 운동량(quantangular momentum)'과 같이 아예 새로운 용어를 도입하는 것이 가장 좋은 방법일 것이다. 그러나 계의 크기가 충분히 커졌을 때 양자역학에서 정의한 각운동량이 기존의 고전적 각운동량과 같아진다면, 굳이 새로운 용어를 도입할 필요가 없을 것이다. 그래서 기존의 '각운동량'이라는 용어를 계속 사용하는 것이다. 이러한 이해를 바탕으로 지금부터 양자역학에서 각운동량이라고 일컬어지는 이상한 것에 대해서 설명할 것이다. 이것은 거시적인 계에서는 고전역학의 각운동량으로 인식된다.

먼저, 빈 공간에 고립되어 있는 원자와 같이 각운동량이 보존되는 계를 생각해 보자. 이런 계는 (지구가 지축을 중심으로 자전하듯이) 보통의 의미에서, 임의의 축을 중심으로 자전(spinning)할 수 있다. 그리고 주어진 크기의 스핀에 대하여 '에너지는 같으면서 물리적 상황이 다른' 수많은 상태(state)들이 존재할 수 있는데, 각각의 상태는 각운동량의 특정한 축방향에 하나씩 대응된다. 그러므로 고전역학에서는 주어진 크기의 각운동량에 대하여 동일한 에너지를 갖는 상태가 무수히 많이 존재한다.

그러나 양자역학으로 넘어오면 몇 가지 이상한 일들이 벌어진다. 첫째로, 계가 취할 수 있는 상태의 수가 무한히 많지 않고, 유한한 수의 상태만이 존재한다. 미시적인 계에서는 상태의 수가 매우 적고, 계의 크기가 커질수록 상태의 수가 급격하게 증가한다. 둘째로, 각각의 '상태'들은 더 이상 각운동량의 '방향'으로 기술될 수 없으며, 단지 특정 방향(예를 들면 z축)에 대한 각운동량의 '성분'만을 말할 수 있다. 고전역학에서는 총 각운동량 J가 주어졌을 때, J의 z성분, 즉 J_z는 $-J$에서 $+J$ 사이의 어떤 값도 가질 수 있지만, 양자역학적으로 정의된 각운동량의 z성분은 몇 개의 정해진 값들만 가질 수 있다. 에너지가 정해져 있는 임의의 계(예를 들어, 특정 원자나 원자핵 등)에는 고유한 수 j가 대응되며, 각운동량의 z성분은 오직 다음 중 하나의 값만을 가질 수 있다.

$$\begin{array}{r} j\hbar \\ (j-1)\,\hbar \\ (j-2)\,\hbar \\ \vdots \\ -(j-2)\,\hbar \\ -(j-1)\,\hbar \\ -j\hbar \end{array} \tag{34.23}$$

각운동량의 z성분 중 가장 큰 값은 $j\hbar$이며, 두 번째로 큰 성분은 이보다 $\hbar$만큼 작은 $(j-1)\,\hbar$이고…… 이런 식으로 한 단위씩 줄여 가다 보면 가장 작은 값인 $-j\hbar$에 이른다. 이 숫자 j를 계의 '스핀(spin)'이라고 한다[일부 사람들은 j를 '총 각운동량 양자수(total angular momentum quantum number)'라고 부르기도 하는데, 우리는 그냥 '스핀'이라 부르기로 한다].

여러분은 이와 같은 사실이 '특별한' z축에 한하여 성립한다고 생각할지도 모른다. 그러나 사실은 그렇지 않다. 계의 스핀이 j일 때, 임의의 축에 대한 각운동량의 성분은 식 (34.23)에 나열된 값들 중 하나를 가져야 한다. 말도 안 된다고 생각하겠지만, 일단은 그냥 받아들이기로 하자. 이 점에 대해서는 나중에 다시 설명할 기회가 있을 것이다. 그나마 한 가지 다행스러운 것은 각운동량의 z성분이 어떤 양수로부터 절대값이 같은 음수에 이르기까지 대칭적인 범위에 분포한다는 점이다. 이렇게 되면 z축의 어떤 쪽을 플러스 방향으로 잡을지 고민하지 않아도 된다(만일 각운동량의 z성분이 $+j$부터 $-j$와 다른 어떤 음수까지 걸쳐 있다면 정말 난감했을 것이다. 이런 경우에는 반대쪽을 가리키는 z축을 정의할 수가 없다).

각운동량의 z성분이 $+j$부터 $-j$까지 정수 단위로 줄어든다면, j는 반드시 정수여야 할까? 아니다! 그럴 필요는 없다. 정수 단위로 줄어들다가 절대값이 같은 음수에 도달하려면 $+j$와 $-j$의 '차이'가 정수이어야 하므로, j의 두 배가 정수이기만 하면 된다. 일반적으로, 스핀 j는 $2j$가 짝수냐 홀수냐에 따라 정수 또는 반(半)정수 값을 갖게 된다. 예를 들어 리튬 원자핵의 스핀은 $j=3/2$이므로 z축 방향의 각운동량 성분은 $\hbar$를 기본 단위로 잡았을 때 다음 중 하나의 값을 갖는다.

$$\begin{array}{r} +3/2 \\ +1/2 \\ -1/2 \\ -3/2 \end{array}$$

이 경우에는 서로 다른 네 가지 상태가 가능하며, 외부 장이 없는 빈 공간에 원자핵이 놓여 있다면 이들의 에너지는 모두 같다. 스핀이 2인 물리계의 경우, 각운동량의 z성분은 $\hbar$단위로 다음 중 하나의 값을 가질 수 있다.

$$\begin{matrix} 2 \\ 1 \\ 0 \\ -1 \\ -2 \end{matrix}$$

주어진 j에 대하여 얼마나 많은 상태가 가능할까? 일일이 세어 보면 $(2j+1)$개의 상태가 가능하다는 것을 알 수 있다. 즉, 어떤 계의 에너지와 스핀 j가 주어져 있으면, 그 에너지를 갖는 상태는 $(2j+1)$개가 존재하며, 각각의 상태들은 식 (34.23)에 나열된 값들(각운동량의 z축 성분에 허용된 서로 다른 값들)과 하나씩 대응된다.

짚고 넘어갈 것이 하나 더 있다. j값이 알려져 있는 원자들 중 하나를 무작위로 골라서 각운동량의 z성분을 측정한다면, 가능한 값들 중 어느 하나를 얻게 될 것이다. 그리고 각각의 값들이 얻어질 확률은 모두 똑같을 것이다. 각각의 상태들은 모두 하나의 '단일 상태'이며, 자연은 이들 중 하나를 특별히 선호하지 않는다. 즉, 자연에서 각각의 상태들은 동일한 '가중치(weight)'를 갖고 존재하는 것이다(물론, 인위적으로 특별한 샘플을 추출하지 않는다는 가정하의 이야기다). 고전역학에도 이와 비슷한 논리를 적용할 수 있다. "총 각운동량이 같은 여러 개의 물리계들이 무작위로 섞여 있을 때, 이들 중 하나를 고른다면 각운동량의 특정한 z성분이 선택될 확률은 얼마인가?" **답** : 모든 z성분은 '동일한' 선택 기회를 갖는다. 최소값에서 최대값 사이의 모든 실수 값이 모두 동일한 확률로 존재하는 것이다. 이 결과는 $(2j+1)$개의 상태가 동일한 확률로 존재한다는 양자역학의 결론과 일맥상통한다.

지금까지 알아낸 사실로부터, 놀랍고도 흥미로운 결론을 내릴 수 있다. 고전역학에서 각운동량과 관련된 계산을 하다 보면, 최종 결과 식에 각운동량 $\boldsymbol{J}$의 크기의 제곱($\boldsymbol{J}\cdot\boldsymbol{J}$)이 종종 등장한다. 그런데 고전적으로 얻은 $J^2=\boldsymbol{J}\cdot\boldsymbol{J}$를 $j(j+1)\hbar^2$으로 대치시키면 양자역학 버전의 해답을 유추할 수 있다. 이것은 물리학자들이 자주 사용하는 규칙으로서, 대부분의 경우에 올바른 답을 준다(물론 항상 옳은 것은 아니다). 대체 왜 이런 규칙이 잘 들어맞는지 그 이유에 대해서는 다음 논의를 보면 어느 정도 수긍이 갈 것이다.

스칼라 곱 $\boldsymbol{J}\cdot\boldsymbol{J}$는 다음과 같이 풀어 쓸 수 있다.

$$\boldsymbol{J}\cdot\boldsymbol{J}=J_x^2+J_y^2+J_z^2$$

이 양은 스칼라이므로, 스핀의 방향에 상관없이 항상 같아야 한다. 주어진 원자들 중 무작위로 샘플을 뽑아서 J_x^2, J_y^2 또는 J_z^2을 측정한다면, 각각의 '평균값'은 모두 같아야 할 것이다(모든 가능한 방향들 중 '특별한' 방향이라는 것이 존재하지 않기 때문이다). 그러므로 $\boldsymbol{J}\cdot\boldsymbol{J}$의 평균값은 어떤 한 성분의 제곱의 평균, 이를테면 J_z^2의 평균에 3을 곱한 것과 같다.

$$\langle \boldsymbol{J} \cdot \boldsymbol{J} \rangle_{\text{av}} = 3\langle J_z^2 \rangle_{\text{av}}$$

그런데 $\boldsymbol{J} \cdot \boldsymbol{J}$는 모든 방향에 대하여 똑같은 스칼라(상수)이므로, 위의 평균값이 바로 그 상수 값이 된다.

$$\boldsymbol{J} \cdot \boldsymbol{J} = 3\langle J_z^2 \rangle_{\text{av}} \tag{34.24}$$

이 식을 양자역학에 사용하고자 할 때, $\langle J_z^2 \rangle_{\text{av}}$는 쉽게 계산할 수 있다. J_z^2이 취할 수 있는 $(2j+1)$개의 값들을 모두 더한 후, 총 개수 $(2j+1)$로 나누어 평균을 내면 된다.

$$\langle J_z^2 \rangle_{\text{av}} = \frac{j^2 + (j-1)^2 + \cdots + (-j+1)^2 + (-j)^2}{2j+1}\hbar^2 \tag{34.25}$$

예를 들어, 스핀이 3/2인 계의 $\langle J_z^2 \rangle_{\text{av}}$는 다음과 같다.

$$\langle J_z^2 \rangle_{\text{av}} = \frac{(3/2)^2 + (1/2)^2 + (-1/2)^2 + (-3/2)^2}{4}\hbar^2 = \frac{5}{4}\hbar^2$$

그러므로

$$\boldsymbol{J} \cdot \boldsymbol{J} = 3\langle J_z^2 \rangle_{\text{av}} = 3\frac{5}{4}\hbar^2 = \frac{3}{2}\left(\frac{3}{2}+1\right)\hbar^2$$

임을 알 수 있다. 식 (34.25)와 (34.24)를 결합하면 다음과 같은 관계를 얻을 수 있다. 구체적인 계산은 각자 해보기 바란다.

$$\boldsymbol{J} \cdot \boldsymbol{J} = j(j+1)\hbar^2 \tag{34.26}$$

고전역학적으로 생각해 보면, J_z의 최대값은 $\boldsymbol{J}$의 크기인 $\sqrt{\boldsymbol{J} \cdot \boldsymbol{J}}$일 것이다. 그러나 양자역학에서 J_z의 최대값은 그보다 조금 작다. 왜냐하면 $j\hbar$는 $\sqrt{j(j+1)}\,\hbar$보다 항상 작기 때문이다. 즉, 각운동량의 방향은 결코 "z축과 완전히 일치할 수는 없다"는 뜻이다.

34-8 원자의 자기 에너지

다시 자기 모멘트로 되돌아가 보자. 앞서 언급했던 대로, 양자역학에서는 특정 원자계의 자기 모멘트를 식 (34.6)과 같이 각운동량으로 나타낼 수 있다.

$$\boldsymbol{\mu} = -g\left(\frac{q_e}{2m}\right)\boldsymbol{J} \tag{34.27}$$

여기서 $-q_e$는 전자의 전하이고, m은 전자의 질량이다.

외부 자기장 안에 놓여 있는 원자 자석은 자기 모멘트의 자기장 방향 성분 값에 따라 추가적인 자기 에너지 U_{mag}를 갖게 된다. 즉,

$$U_{\text{mag}} = -\boldsymbol{\mu} \cdot \boldsymbol{B} \tag{34.28}$$

z축을 자기장 $\boldsymbol{B}$의 방향과 일치하도록 잡으면 위 식은 다음과 같이 쓸 수 있다.

$$U_{\text{mag}} = -\mu_z B \tag{34.29}$$

여기에 식 (34.27)을 이용하면

$$U_{\text{mag}} = g\left(\frac{q_e}{2m}\right) J_z B$$

가 된다. 양자역학에 의하면 J_z는 $j\hbar$, $(j-1)\hbar$, $\cdots$, $-j\hbar$ 중 하나의 값을 가질 수 있다. 즉, 원자의 자기 에너지는 아무 값이나 허용되는 것이 아니라, 오직 특정한 값들만을 가질 수 있다는 것이다. 예를 들어, 그 최대값은 다음과 같다.

$$g\left(\frac{q_e}{2m}\right) \hbar j B$$

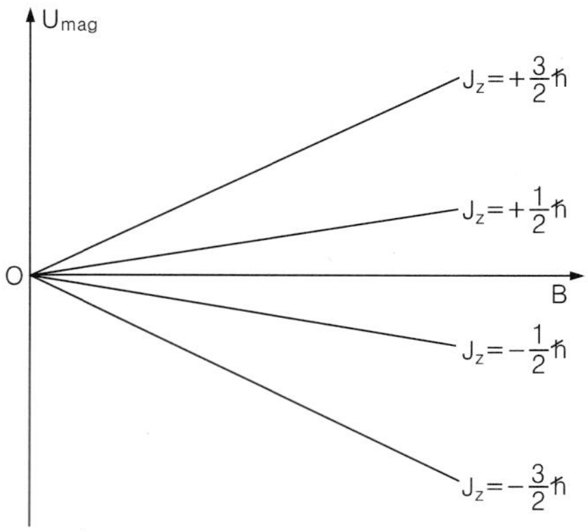

그림 34-5 스핀이 3/2인 원자계가 자기장 $\boldsymbol{B}$ 속에서 취할 수 있는 가능한 자기 에너지 상태

$q_e\hbar/2m$은 흔히 '보어마그네톤(Bohr magneton)'이라 불리는 양으로서, 간단히 μ_B로 표기한다.

$$\mu_B = \frac{q_e\hbar}{2m}$$

따라서 자기 에너지가 취할 수 있는 값은 다음과 같다.

$$U_{\text{mag}} = g\mu_B\, B\, \frac{J_z}{\hbar}$$

여기서 $J_z/\hbar$는 j, $(j-1)$, $(j-2)$, $\cdots$, $(-j+1)$, $-j$의 가능한 값들 중 하나를 취할 수 있다.

다시 말해서, 자기장 속에 놓인 원자계의 에너지는 자기장과 J_z의 곱에 비례하여 변한다는 뜻이다. 이를 두고 우리는 "원자의 에너지가 자기장에 의해 $(2j+1)$개의 준위로 갈라졌다"고 말한다. 예를 들어, 자기장 밖에서 에너지가 U_0인 어떤 원자가 $j=3/2$인 스핀을 갖고 있다고 가정해 보자. 이 원자를 자기장 속에 놓으면 네 개의 가능한 에너지를 갖게 되는데, 각 에너지 준위는 그림 34-5와 같은 다이어그램으로 나타낼 수 있다. 임의의 특정 원자는 주어진 자기장 B 속에서 이 네 개의 에너지 값들 중 하나만 가질 수 있다. 이것이 바로 자기장 속에 있는 원자계의 '양자역학적' 거동이다.

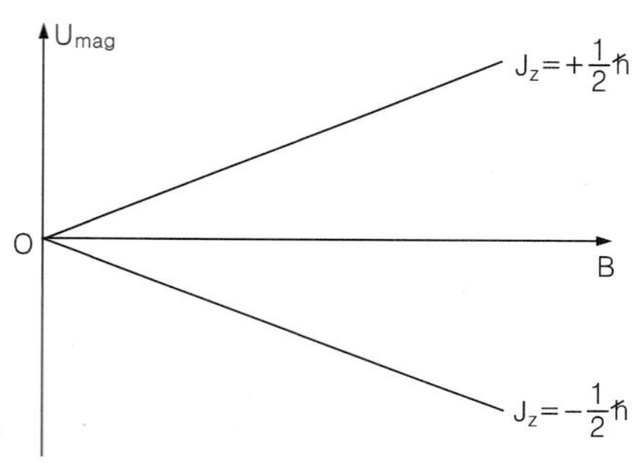

그림 34-6 자기장 $\boldsymbol{B}$ 속에서 전자가 취할 수 있는 두 개의 가능한 에너지 상태

가장 간단한 '원자 수준'의 계로는 '하나의 전자'를 들 수 있다. 전자의 스핀은 1/2이므로 $J_z=\hbar/2$와 $J_z=-\hbar/2$, 두 가지 상태가 가능하다. 정지해 있는(즉, 궤도 운동을 하지 않는) 전자의 경우, 스핀 자기 모멘트의 g값은 2이며, 따라서 자기 에너지는 $\pm\mu_B B$ 중 하나일 것이다. 자기장 속에 놓인 전자의 가능한 에너지 준위는 그림 34-6과 같다. 대충 이야기할 때는 전자의 스핀이 '업(up, 자기장 방향)' 또는 '다운(down, 자기장과 반대 방향)'이라고 말한다.

스핀 값이 큰 물리계일수록 가능한 상태의 수가 많아진다. 이런 경우에는 "J_z의 값에 따라 스핀이 '업' 또는 '다운'이거나, 그 사이의 특정 '각도'로 기울어져 있다"고 생각할 수 있다.

여기서 얻은 양자역학적 결과들은 다음 장에서 물질의 자기적 성질을 논할 때 유용하게 쓰일 것이다.

CHAPTER 35
상자성과 자기 공명

35-1 양자화된 자기 상태

35-1 양자화된 자기 상태
35-2 슈테른-게를라흐의 실험
35-3 라비의 분자 빔 방법
35-4 덩어리 물질의 상자성
35-5 단열 소자 냉각
35-6 핵자기 공명

복습 과제 :
제2권 11장 〈유전체의 내부〉

34장에서 설명한 대로, 양자역학에서는 각운동량이 아무 방향이나 향할 수 없으며, 어떤 주어진 방향에 대한 각운동량의 성분은 일정한 간격으로 떨어져 있는 띄엄띄엄한 값들만 취할 수 있다. 이것은 우리에게 생소할 뿐만 아니라 매우 충격적인 사실이다. 아마도 여러분은 "파격적인 아이디어를 무리 없이 받아들일 정도로 공부가 깊어지기 전에는 이런 내용을 접할 필요가 없다"고 생각할지도 모른다. 그러나 상식에서 벗어난 주장을 쉽게 받아들인다고 해서 지성이 발달하는 것은 아니다. 또한 이 세상에는 '어려운 것을 쉽게 설명하는' 특별한 방법도 없다. 어려운 내용을 쉽게 이해하는 묘책이 있다면 정말 좋겠지만, 현실은 전혀 그렇지가 않다. 양자역학을 수용하려면 어쩔 수 없이 그와 관련된 복잡하고 어려운 내용을 이해해야 한다. 앞에서 여러 번 강조했던 바와 같이, 미시적인 물체의 행동 양식은 일상적인 물체와 달리 기묘하고 해괴망측하다. 고전역학에 이미 친숙해진 우리로서는 처음부터 제대로 된 내용을 강제로 주입하는 것보다 미시 세계에 서서히 익숙해지는 것이 바람직하다. 모든 것을 제대로 이해하려면 꽤 긴 시간이 걸릴 것이다(이해 자체가 가능하다면 그나마 다행이다). 앞으로 양자역학을 배우게 되면 양자역학적 상황에서 어떤 일이 일어날지 알 수 있게 된다(이것이 이해의 의미라면 좋다). 하지만 어느 누구도 양자역학의 법칙들이 '자연스럽다'는 느낌은 결코 가질 수 없을 것이다. 법칙 자체만 보면 당연히 그래야 하지만, 일상적인 경험에 비춰 보면 말도 안 되는 경우가 태반이다. 따라서 각운동량 법칙을 대하는 태도는 그동안 다른 법칙들을 대해 왔던 태도와 근본적으로 달라야 한다. 나는 지금 무언가를 '설명'하려는 것이 아니라, 무슨 일이 벌어지고 있는지를 '이야기'하려는 것뿐이다. 분명히 말하건대, 각운동량이나 자성에 대한 고전적인 서술은 옳지 않다. 이 점을 명확하게 지적하지 않은 채로 진도를 계속 나간다면 여러분의 마음은 편하겠지만 결코 솔직한 강의는 될 수 없다.

양자역학에서 가장 놀랍고도 혼란스러운 특징 중 하나는 임의의 방향에 대한 각운동량의 성분이 항상 $\hbar$의 정수 배, 또는 반(半)정수 배의 값을 갖는다는 점이다. 어떤 축을 선택하건, 이 사실에는 변함이 없다. 구체적인 내용은 나중에 따로 강의할 예정이다. 그때가 되면 여러분은 이 명백한 패러독스가 극적으로 해결되는 과정을 바라보면서 말로 형용할 수 없는 희열을 느끼게 될 것이다.

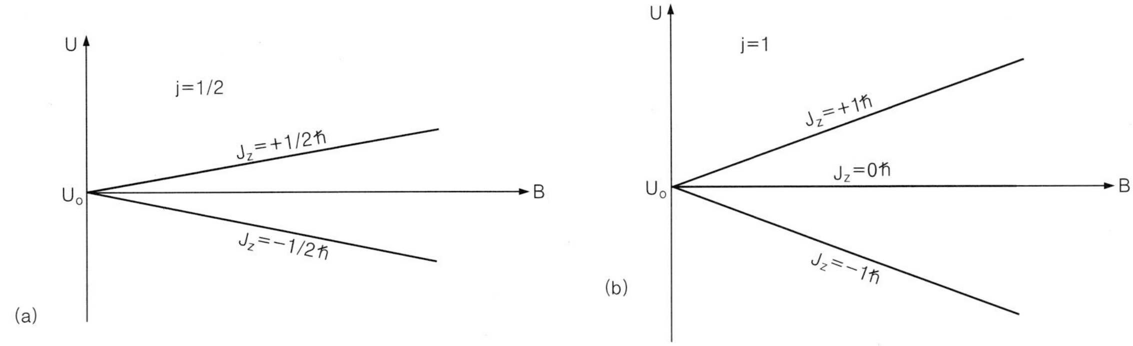

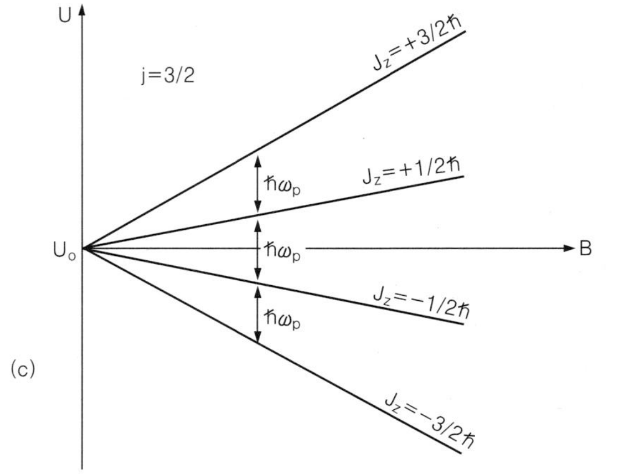

그림 35-1 스핀이 j인 원자계는 자기장 $\boldsymbol{B}$ 속에서 $(2j+1)$개의 가능한 에너지 값을 가질 수 있다. 자기장이 약한 경우, 에너지의 갈라진 폭은 B에 비례한다.

지금 당장은 일단 다음과 같은 사실을 그냥 받아들이기로 하자. 모든 원자계는 정수 또는 반정수의 '스핀' j를 갖고 있으며, 어떤 특정 방향에 대한 각운동량의 성분은 다음과 같이 $+j\hbar$와 $-j\hbar$ 사이의 값들 중 하나를 갖는다.

$$\boldsymbol{J_z} = \left\{ \begin{array}{c} j \\ j-1 \\ j-2 \\ \vdots \\ -j+2 \\ -j+1 \\ -j \end{array} \right\} \cdot \hbar \text{의 값들 중 하나} \tag{35.1}$$

앞서 말한 바와 같이, 모든 단순 원자계는 각운동량과 동일한 방향의 자기 모멘트를 갖는다. 이것은 원자나 원자핵뿐만 아니라, 모든 기본 입자에도 해당되는 사실이다. 기본 입자들은 고유의 스핀 j와 자기 모멘트를 갖고 있다(개중에는 두 값이 모두 0인 입자도 있다). 여기서 '자기 모멘트'라 함은, 주어진 물리계가 가령 z축 방향의 '약한' 자기장 속에 놓여 있을 때, 그 계의 에너지를 $-\mu_z\boldsymbol{B}$로 나타낼 수 있다는 뜻이다. 자기장이 너무 강하면 계의 내부 운동이 교란되어 자기장이 없을 때의 자기 모멘트를 가늠하는 척도로서 이 에너지를 사용할 수 없다. 그래서 자기장이 약하다는 조건을 붙인 것이다. 자기장이 충분히 약한 경우, 장에 의한 에너지 변화는

$$\Delta U = -\mu_z \boldsymbol{B} \tag{35.2}$$

이다. 이 식에서 μ_z는

$$\mu_z = g\left(\frac{q}{2m}\right) J_z \tag{35.3}$$

이며, J_z는 식 (35.1)에 나열된 값들 중 하나를 취한다.

$j=3/2$인 계를 생각해 보자. 자기장이 없는 상태에서 이 계는 네 개의 서로 다른 J_z값에 대응되는 네 가지 가능한 상태에 놓일 수 있는데, 각 상태의 에너지는 모두 같다. 그러나 자기장이 걸리는 순간, 자기장과 스핀이 상호작용을 하면서 이 네 가지 상태는 각기 다른 에너지 준위로 갈라진다. 각 준위의 에너지는 자기장 B에 $\hbar$의 3/2, 1/2, $-1/2$, $-3/2$배(J_z의 값)를 곱한 것에 비례한다. 스핀 j가 1/2, 1, 3/2인 원자계에 외부 자기장을 걸었을 때 갈라지는 에너지 준위는 그림 35-1과 같다(자기 모멘트는 전자의 배열 상태와 상관없이 항상 각운동량과 반대 방향임을 기억하라).

그림에서 보다시피, 갈라진 에너지 준위들의 '중심 값'은 자기장이 걸리기 전과 동일하다. 또한 주어진 자기장에 대하여 에너지 준위 사이의 간격은 일정하게 나타난다. 앞으로 주어진 자기장 B에 대해서 갈라진 에너지 간격을 $\hbar\omega_p$로 쓰기로 한다. 이것이 바로 ω_p의 정의이다. 식 (35.2)와 (35.3)을 이용하면 ω_p를 다음과 같이 쓸 수 있다.

$$\hbar\omega_p = g\frac{q}{2m}\hbar B$$

$$\omega_p = g\frac{q}{2m}B \tag{35.4}$$

여기서 $g(q/2m)$은 바로 각운동량에 대한 자기 모멘트의 비율로서, 입자 고유의 특성을 나타내는 값이다. 식 (35.4)는 각운동량이 $\boldsymbol{J}$이고 자기 모멘트가 $\boldsymbol{\mu}$인 자이로스코프가 자기장 속에서 세차 운동을 할 때, 각속도를 구하는 식과 동일하다 (34장 참조).

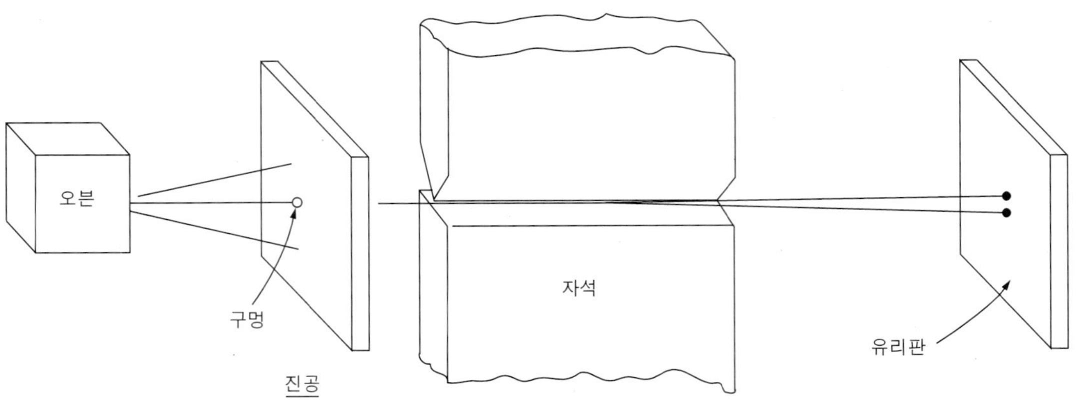

그림 35-2 슈테른-게를라흐의 실험 장치

35-2 슈테른-게를라흐의 실험

각운동량이 양자화되어 있다는 것은 정말로 놀라운 사실이기 때문에 지금부터 잠시 이와 관련된 역사를 간략하게 이야기하고 넘어가려 한다. 이 사실이 처음 확인되었을 때, 전 세계의 물리학자들은 엄청난 충격을 받았다(물론 그전에 이미 이론적으로는 예견되어 있었다). 각운동량의 양자화 현상은 1922년에 행해진 슈테른(Stern)과 게를라흐(Gerlach)의 실험에서 처음 관측되었다. 원한다면, 슈테른-게를라흐의 실험을 각운동량의 양자화를 믿게 된 직접적인 증거로 생각해도 좋다. 당시 슈테른과 게를라흐는 원자 하나하나의 자기 모멘트를 측정하는 실험을 고안하였다. 이들은 뜨거운 오븐에서 은을 기화시킨 후, 일렬로 늘어선 여러 개의 작은 구멍을 통해 기화된 은이 새어 나오도록 하여 은 원자 빔을 만들었다. 방출된 원자 빔은 그림 35-2와 같이 특이한 모양을 한 자석의 평평한 자극과 뾰족한 자극 사이를 통과하게끔 세팅되었다. 슈테른과 게를라흐가 제안했던 아이디어는 다음과 같다. 만일 은 원자가 자기 모멘트 $\boldsymbol{\mu}$를 갖고 있다면, z방향으로 걸린 자기장 $\boldsymbol{B}$ 속에서 $-\mu_z B$의 에너지를 갖게 될 것이다. 고전 이론에 의하면 μ_z는 자기 모멘트의 크기 μ에 자기 모멘트와 자기장 사이각의 코사인을 곱한 값이다. 따라서 자기장 속에서 나타나는 에너지의 변화는 다음과 같을 것이다.

$$\Delta U = -\mu B \cos\theta \tag{35.5}$$

물론, 오븐에서 나오는 은 원자의 자기 모멘트는 모든 가능한 방향을 향하고 있을 것이므로, 자기 모멘트와 자기장 사이의 각 θ도 모든 가능한 값을 가질 수 있다. 자, 이제 자기장이 z에 따라 급격하게 변한다면(즉, 장의 그래디언트가 크다면) 자기 에너지도 위치에 따라 달라질 것이며, $\cos\theta$의 부호에 따라 방향이 달라지는 힘이 자기 모멘트에 작용할 것이다. 가상적 일의 원리에 따르면, 원자 빔은 자기 에너지의 변화율에 비례하는 힘에 의해 위로 구부러지거나 아래로 구부러지게 된다.

$$F_z = -\frac{\partial U}{\partial z} = \mu \cos\theta \frac{\partial B}{\partial z} \tag{35.6}$$

슈테른과 게를라흐는 급격하게 변하는 자기장을 만들어 내기 위해 자극 중 하나를 매우 뾰족하게 만들었다. 은 원자 빔은 이 뾰족한 끝을 따라 진행하므로, 비균일한 자기장 속에서 수직 방향으로 힘을 받게 된다. 그러나 자기 모멘트가 수평으로 누워 있는 은 원자는 아무런 힘도 받지 않기 때문에 경로 변화 없이 자석을 똑바로 지나간다. 자기 모멘트가 정확하게 수직 방향을 향하고 있는 은 원자는 자석의 뾰족한 극 쪽(위쪽)으로 끌려가고, 자기 모멘트가 아래로 향하는 원자는 아래 방향으로 힘을 받는다. 따라서 자석을 지나온 원자들은 자기 모멘트의 수직 방향 성분에 따라 넓게 퍼질 것이다. 그런데 고전 이론에 의하면 모든 각도가 가능하기 때문에 자석을 통과한 은 원자 빔을 유리판에 증착시켜 보면 수직선을 따라 은 원자들이 퍼져 있게 될 것이다. 이때 수직선의 길이는 자기 모멘트의 크기에 비례할 것이다. 슈테른과 게를라흐는 이와 같은 아이디어에 기초하여 실험을 실행하였고, 그 결과는 고전물리학에 결정적인 치명타를 날렸다. 그들이 유리판 위에서 본 것은 수직선이 아니라 뚜렷하게 구분되는 단 두 개의 반점뿐이었던 것이다! 이것은 은 원자 빔이 단 두 줄기로 갈라졌음을 의미했다.

겉보기에 스핀의 방향이 무작위적이라고 생각되던 원자 빔이 단 두 줄기로 갈라졌다는 사실은 정말 기적적인 일이다. 자기 모멘트는 자신이 자기장 방향으로 특정 성분만 취해야 한다는 것을 도대체 어떻게 아는 것일까? 이것은 각운동량의 양자화가 처음 발견되었을 때 모든 물리학자들의 머릿속에 한결같이 떠오른 질문이었다. 이론적 설명은 나중에 하기로 하고, 지금 당장은 "희한한 실험 결과 때문에 고전물리학이 난관에 봉착했다"는 정도만 기억하기 바란다. 자기장 속에서 원자의 에너지가 띄엄띄엄한 값들만 가질 수 있다는 것은 실험으로 입증된 사실이다. 각 에너지 준위의 값은 자기장의 세기에 비례한다. 그러므로 자기장이 변하는 영역에서는 가상적 일의 원리에 의해 원자에 미치는 자기력도 띄엄띄엄한 값들만을 가질 수 있다. 이 힘의 크기는 원자의 상태에 따라 각기 다르기 때문에 원자 빔이 몇 줄기로 갈라졌던 것이다. 빔이 편향되는 정도를 측정하면 자기 모멘트의 세기를 알아낼 수 있다.

35-3 라비의 분자 빔 방법

이 절에서는 라비(I. I. Rabi)와 그의 동료들에 의해 개발된 한층 더 개량된 자기 모멘트 측정법에 대해 알아보기로 한다. 슈테른-게를라흐 실험에서는 원자 빔이 편향되는 정도가 아주 작기 때문에 자기 모멘트를 그다지 정확하게 측정하지 못한다. 그러나 라비의 기법을 이용하면 자기 모멘트를 환상적이라 할 만큼 정확하게 측정할 수 있다. 이 방법은 "자기장 안에서 원자의 에너지는 유한한 개수의 에너지 준위로 갈라진다"는 사실에 기초를 두고 있다. 사실, 우리는 제1권에서 원자의 에너지 준위가 불연속적으로 배열되어 있음을 이미 확인한 바 있으므로, 자기장 안에서 에너지 준위가 불연속이라는 것은 그리 놀랄 일도 아니다. '에너지 준위의 분열'이라는 현상이 일상적으로 나타나는 것이라면, 자기장 안에서 나타나지 않을 이유도 없지 않겠는가? 얼마든지 있을 수 있는 일이다. 그러나 이 현상을 '배향된 자기 모멘트(oriented magnetic moment)'라는 아이디어와 관련시키려고 하면, 양자역학의 기묘한 특성이 그 모습을 드러낸다.

어떤 원자의 에너지 준위가 ΔU만큼 간격을 두고 있을 때, 이 원자는 진동수 ω인 빛의 양자(광자, photon) 하나를 방출하면서 높은 준위에서 낮은 준위로 전이할 수 있다. 이때 방출된 광자의 진동수는 다음의 관계를 만족한다.

$$\hbar\omega = \Delta U \tag{35.7}$$

자기장 안에 놓인 원자에서도 이와 동일한 현상이 일어날 수 있다. 다만 이 경우에는 에너지 차이가 너무 작아서 가시광선(빛)이 아닌 라디오파나 마이크로파가 방출된다. 이와 반대로, 원자가 광자를 흡수하면서 낮은 준위에서 높은 준위로 전이할 수도 있다. 물론 원자가 자기장 안에 있다면 마이크로파에 해당하는 에너지를 흡수할 것이다. 이 원리를 이용하면 자기장 안에 놓인 원자에 적절한 진동수의 전자기파를 가하여 에너지 준위 사이의 전이를 일으킬 수 있다. 다시 말해서, 강한 자기장 안에 있는 원자를 식 (35.7)의 ω에 가까운 주파수의 약한 전자기파로 살짝 건드려 주면, 원자의 에너지가 바뀔 '가능성'이 있다는 것이다. 원자가 자기장 안에 놓인 경우, 이 진동수는 앞에서 말한 ω_p이고, 그 값은 식 (35.4)로 주어진다. 그러나 원자에 엉뚱한 진동수의 빛을 쬐어 주면 전이가 일어날 확률은 매우 낮아진다. 전이가 일어날 확률을 진동수의 함수로 구해 보면, ω_p에서 매우 뚜렷한 '공명'이 나타난다. 자기장 B를 알고 있는 상태에서 ω_p를 측정하면, $g(q/2m)$의 값 — g인자 — 을 매우 정확하게 측정할 수 있다.

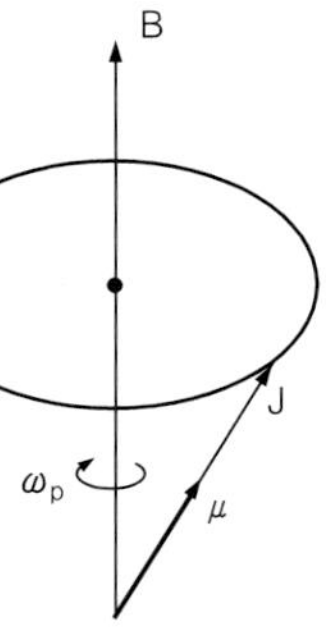

그림 35-3 각운동량이 $\boldsymbol{J}$이고 자기 모멘트가 $\boldsymbol{\mu}$인 원자의 고전적 세차 운동

여기서 흥미로운 사실은, 고전적인 관점에서 논리를 펼쳐도 동일한 결론에 이른다는 점이다. 고전적으로, 자기 모멘트가 μ이고 각운동량이 J인 작은 자이로스코프를 외부 자기장 속에 놓으면 자기장 방향의 축을 중심으로 세차 운동을 하게 된다(그림 35-3 참조). 이제 다음과 같은 질문을 던져 보자. "고전적 자이로스코프와 자기장(z축)이 이루는 각을 바꾸려면 어떻게 해야 할까?" 자기장은 수평축 주위로 토크를 만들어 낸다. 언뜻 생각하면 토크가 자석을 자기장과 같은 방향으로 '정렬시키려' 할 것 같지만, 실제로는 단지 세차 운동만을 일으킬 뿐이다(자기 모멘트만 있다면 토크에 의해 정렬되겠지만, 자이로스코프는 각운동량도 갖고 있다 : 옮긴이). 자이로스코프와 z축 사이의 각을 변화시키려면 'z축에 대한' 토크가 있어야 한다. 세차 운동과 같은 방향의 토크를 가하면, 각운동량 $\boldsymbol{J}$의 z방향 성분이 줄어드는 쪽으로 각도가 변한다. 즉, 그림 35-3에서 $\boldsymbol{J}$와 z축 사이의 각이 더 벌어지는 것이다. 만약 세차 운동을 방해하려고 시도하면 $\boldsymbol{J}$는 수직축을 향해 움직이게 된다.

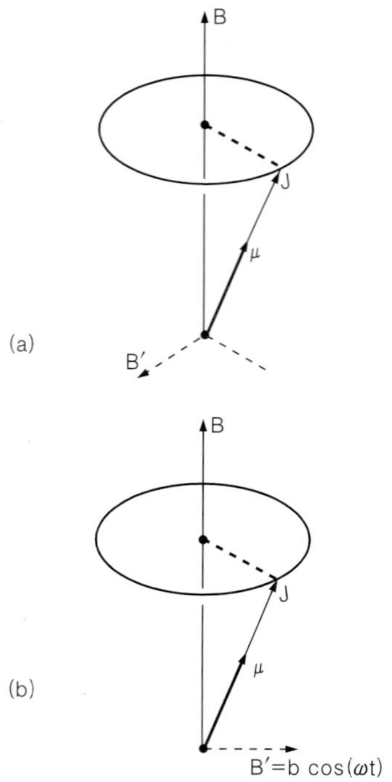

그림 35-4 그림 (a)와 같이 $\boldsymbol{\mu}$와 항상 수직하게 수평으로 자기장을 걸어 주면 원자 자석의 세차 운동 각도를 변화시킬 수 있다. 또는 그림 (b)와 같이 진동하는 자기장을 걸어 줘도 각도를 변화시킬 수 있다.

균일한 자기장 안에서 세차 운동을 하는 원자에게 실험자가 원하는 만큼의 토크를 가하려면 어떻게 해야 하는가? 답은 간단하다. 약한 자기장을 옆쪽으로 걸어 주면 된다. 그림 35-4(a)를 보면, 외부에서 걸어 준 자기장 B'이 자기 모멘트와 항상 수직해야 하기 때문에, 세차 운동하는 자기 모멘트를 따라 자기장도 함께 움직여야 할 것 같다. 물론 이것도 좋은 방법이긴 하지만, '진동하는' 수평 자기장을 한 방향으로 고정시켜서 걸어 줘도 된다. 예를 들어, 진동수 ω_p로 진동하는 약한 자기장 B'을 x축 방향으로 걸어 주면 진동의 반주기(one-half cycle)마다 자기 모멘트에 걸리는 토크의 방향이 정반대가 되어 회전하는 자기장을 걸었을 때와 거의 동일한 효과를 얻을 수 있다. 고전적으로, 진동하는 자기장의 진동수를 정확하게 ω_p에 맞추면 자기 모멘트의 z방향 성분이 변할 것으로 예상된다. 물론, 고전 이론에서는 μ_z가 연속적으로 변하지만 양자역학에서 자기 모멘트의 z성분은 연속적인 값을 가질 수 없다. 즉, 한 값에서 다른 값으로 점프가 일어나는 것이다. 지금까지 우리는 고전역학과 양자역학의 결론을 비교해 봄으로써 고전역학적으로는 어떤 일이 일어나는지 그리고 그것이 양자역학에서 실제로 벌어지는 일과는 어떤 관련이 있는지에 대해 대략 살펴보았다. 부수적으로 이들 두 이론으로 예견되는 공명 진동수가 동일하다는 것도 알게 될 것이다.

한 가지 더 짚고 넘어갈 것이 있다. 방금 언급했던 양자역학의 원리에 따르

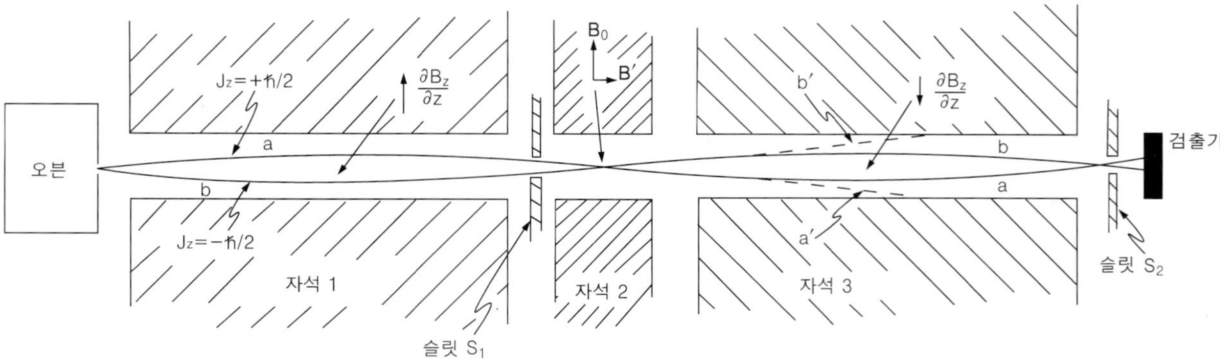

그림 35-5 라비의 분자 빔 장치

면, 진동수 $2\omega_p$에서 에너지 준위의 전이가 일어나지 말란 법도 없다. 그러나 이에 대응되는 고전역학적 현상은 없으며, 이런 일은 양자역학에서도 일어나지 않는다. 진동하는 자기장을 수평 방향으로 걸었을 때, $2\omega_p$의 진동수에 해당하는 이단 점프가 한 번에 일어날 확률은 정확하게 0이다. 위든 아래든, 오직 ω_p의 진동수에서만 전이가 일어날 수 있다.

사전 설명은 이 정도로 해 두고, 지금부터 라비(I. I. Rabi)의 자기 모멘트 측정법에 대해 알아보자. 문제의 단순화를 위해, 스핀이 1/2인 원자만 고려하기로 한다. 실험 장치의 개요도는 그림 35-5와 같다. 보다시피 왼쪽에 오븐이 설치되어 있고, 오븐에서 방출된 중성의 원자 빔은 일렬로 배치된 새 개의 자석을 순차적으로 지나가게 되어 있다. 자석 1은 그림 35-2의 자석과 같으며, 자기장의 그래디언트가 매우 크다. 이 구간에서 $\partial B_z/\partial z$는 양수라고 가정하자. 만일 원자에 자기 모멘트가 있다면, 원자 빔은 $J_z=+\hbar/2$일 때 밑으로 편향되고 $J_z=-\hbar/2$일 때는 위로 편향될 것이다(왜냐하면 전자의 $\boldsymbol{\mu}$와 $\boldsymbol{J}$가 반대 방향이기 때문이다). 슬릿 S_1을 통과할 수 있는 원자들만 고려한다면 그림에 나와 있는 대로 두 가지 경로가 가능하다. $J_z=+\hbar/2$인 원자는 경로 a를 거쳐야 슬릿을 통과할 수 있고, $J_z=-\hbar/2$인 원자는 경로 b를 따라가야 한다. 그 밖의 경로를 따라가는 원자들은 슬릿을 통과하지 못할 것이다.

자석 2는 균일한 자기장을 만든다. 이 구간에서는 원자에 아무런 힘도 작용하지 않기 때문에, 빔은 똑바로 진행하여 자석 3으로 진입하게 된다. 자석 3은 자석 1과 동일하지만 방향이 '뒤집혀' 있기 때문에, $\partial B_z/\partial z$의 부호가 반대로 나타난다. $J_z=+\hbar/2$(이런 경우를 '스핀 업'이라고 한다)인 원자는 자석 1을 지날 때 아래로 힘을 받았지만, 자석 3을 지날 때에는 '위로' 힘을 받게 된다. 이 원자들은 경로 a를 따라 슬릿 S_2를 통과한 후 검출기에 도달한다. $J_z=-\hbar/2$(스핀 다운)인 원자들은 자석 1과 자석 3에서 각기 반대 반향으로 힘을 받으며 경로 b를 따라가다가 S_2를 통과하여 검출기에 도달한다.

검출기는 원자의 종류에 따라 여러 가지 방법으로 제작된다. 예를 들어, 나트륨 같은 알칼리 금속 원자를 빔으로 사용했다면, 뜨겁게 가열된 얇은 텅스텐 도선을 예민한 검류계에 연결하여 검출기로 쓸 수 있다. 나트륨 원자가 뜨거운 도선에 닿으면, 도선에 전자 하나를 떨궈 놓고 증발하여 Na^+ 이온이 된다. 따라서 도선에 흐르는 전류를 측정하면 1초당 도선에 도달한 나트륨 원자의 수를 알 수 있다.

자석 2의 자극 사이에는 수평 방향으로 약한 자기장 $\boldsymbol{B}'$을 유도하는 코일이 설치되어 있는데, 이 코일은 조절 가능한 진동수 ω의 교류 전류로 구동된다. 따라서 자석 2의 자극 사이에는 강하고 균일한 수직 방향의 자기장 $\boldsymbol{B}_0$와 함께, 수평 방향의 (진동하는) 약한 자기장 $\boldsymbol{B}'$이 공존하고 있다.

자, 이제 자기장의 진동수 ω를 ω_p에 맞춰 보자. ω_p는 자기장 $\boldsymbol{B}$ 속에 있는 원자의 '세차 운동' 진동수이다. 진동하는 자기장은 그 속을 통과하는 일부 원자의 각운동량 J_z에 전이를 일으킨다. 즉, 원래 '스핀 업'이었던($J_z=+\hbar/2$) 원자들이 '스핀 다운' 상태($J_z=-\hbar/2$)로 뒤집힐 수 있다. 이런 식으로 자기 모멘트의 방향이 뒤집어진 원자들은 자석 3에서 '아래 방향으로' 힘을 받을 것이므로 그림 35-5의 경로 a'을 따르게 될 것이다. 즉, 최종적으로 슬릿 S_2를 지나서 검출기에 도달할 수 없다는 뜻이다. 마찬가지로, 원래 '스핀 다운'이었던($J_z=-\hbar/2$) 원자들은 자석 2를 지나면서 일부가 '스핀 업' 상태($J_z=+\hbar/2$)로 바뀔 것이고, 그로 인해 경로 b'을 따라가게 되므로 검출기에 도달하지 못한다.

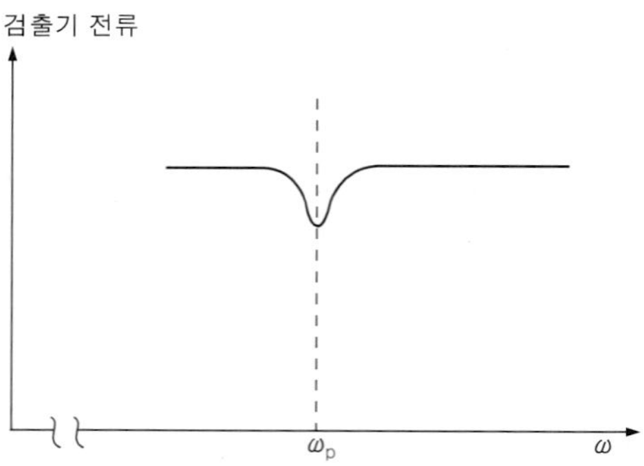

그림 35-6 단위 시간당 검출기에 도달하는 원자의 개수는 $\omega=\omega_p$일 때 감소한다.

한편, 진동하는 자기장 $\boldsymbol{B}'$의 진동수가 ω_p와 크게 다른 경우에는 원자의 스핀이 뒤집히지 않기 때문에 원래의 경로를 따라 검출기에 도달하게 된다. 따라서 자기장 $\boldsymbol{B}'$의 진동수 ω를 변화시키면서 검출기에 흐르는 전류가 갑자기 줄어드는 시점을 찾으면 자기장 $\boldsymbol{B}_0$ 안에 있는 원자의 세차 운동 진동수 ω_p를 알아낼 수 있다. 검출기의 전류는 ω와 ω_p가 '공명을 이룰 때' 줄어든다. 검출기의 전류를 ω의 함수로 그려 보면 대략 그림 35-6과 같다. ω_p를 알면 원자의 g값을 구할 수 있다.

흔히 '분자 빔 공명 실험'이라 불리는 이 기법은 원자와 같은 미시 물체의 자기적 성질을 측정하는 매우 아름답고도 섬세한 방법으로서, 공명 진동수 ω_p를 매우 정확하게 측정할 수 있다. 이때 수반되는 오차는 (g를 계산할 때 필요한) 자기장 $\boldsymbol{B}_0$를 측정할 때 생기는 오차보다 훨씬 작다.

35-4 덩어리 물질의 상자성

이 절에서는 덩어리로 뭉쳐 있는 물질의 상자성(paramagnetism)에 대해 알아보기로 한다. 예를 들어, 황산구리 결정과 같이 원자에 영구 자기 모멘트가 존재하는 물질을 생각해 보자. 결정 속 구리 이온의 전자 껍질은 알짜 각운동량과 알짜 자기 모멘트를 갖고 있다. 즉, 구리 이온에는 영구 자기 모멘트가 존재한다. 여기서 잠시 질문 하나를 던져 보자. 원자의 자기 모멘트의 유무를 좌우하는 요인은 과연 무엇인가? 나트륨과 같이 '홀수' 개의 전자를 갖고 있는 원자에는 자기 모멘트가 존재한다. 나트륨은 최외곽 전자 궤도에 하나의 전자를 갖고 있다. 바로 이 전자가 원자 전체에 스핀과 자기 모멘트를 부여하는 것이다. 그러나 화합물이 형성되면 바깥 껍질에 있던 여분의 전자들이 (스핀이 반대인) 다른 전자들과 결합하여 원자가전자(valence electron)의 각운동량과 자기 모멘트가 상쇄되어 버린다. 이런 이유로, 대부분의 분자들은 자기 모멘트를 갖고 있지 않다. 물론, 나트륨 기체는 원자들로 이루어져 있으므로 여기에 해당되지 않는다.* 또한 화학에서 흔히 '자유기(free radical)'라 부르는 물질(원자가전자가 홀수 개인 경우)은 결합이 불완전하기 때문에 0이 아닌 알짜 각운동량을 갖고 있다.

대부분의 물질은 원자 '내부의' 전자 껍질이 꽉 차 있지 않은 경우에 한하여 알짜 자기 모멘트를 갖는다. 이런 경우에는 자기 모멘트와 함께 알짜 각운동량도 가질 수 있다. 주기율표의 '전이 원소(transition element)' 부분에 있는 크롬, 망간, 철, 코발트, 니켈, 팔라듐, 백금 같은 원자들이 여기 속한다. 또한 희토류 원소(rare earth element)들도 전자 껍질이 꽉 차 있지 않으므로 영구 자기 모멘트를 갖고 있다. 이 밖에도 액체 산소처럼 좀 특이한 이유로 자기 모멘트를 갖는 것들도 있는데, 이에 관한 구체적인 내용은 화학 시간에 따로 배우게 될 것이다.

여기, 영구 자기 모멘트를 갖고 있는 원자 또는 분자(액체나 기체, 혹은 결정체일 수도 있다)들로 가득 차 있는 상자가 있다. 여기에 자기장을 걸어 주면 어떤 일이 벌어질 것인가? 자기장이 '없는' 상태에서는 열적인 요동이 입자의 운동을 지배할 것이므로, 자기 모멘트는 모든 방향을 향할 것이다. 그러나 자기장을 걸어 주면 자기 모멘트들이 정렬되려는 경향을 보이기 때문에, 자기장과 같은 방향으로 정렬된 자기 모멘트의 수가 임의의 방향으로 나열된 자기 모멘트보다 많아진다. 이런 경우에 우리는 물질이 '자화되었다(magnetized)'고 말한다.

물질의 '자화(magnetization)' $\boldsymbol{M}$은 단위 부피당 알짜 자기 모멘트로 정의된다. 즉, 단위 부피에 들어 있는 모든 자기 모멘트의 벡터 합을 의미하는 것이다. 단위 부피당 N개의 원자가 들어 있고, 원자의 '평균' 자기 모멘트가 $\langle\boldsymbol{\mu}\rangle_{av}$라면, $\boldsymbol{M}$은 평균 자기 모멘트와 N의 곱으로 표현될 수 있다.

$$\boldsymbol{M} = N\langle\boldsymbol{\mu}\rangle_{av} \tag{35.8}$$

$\boldsymbol{M}$은 10장에서 정의했던 전기 분극 $\boldsymbol{P}$에 대응되는 개념이다.

상자성(paramagnetism)에 대한 고전 이론은 11장의 유전 상수 이론과 비슷하다. 개개의 원자들이 일정한 크기의 자기 모멘트 $\boldsymbol{\mu}$를 갖고 있으며, 그 방향이 무작위적이라고 가정해 보자. 자기장 $\boldsymbol{B}$ 속에서 자기 에너지는 $-\boldsymbol{\mu}\cdot\boldsymbol{B} = -\mu B\cos\theta$이다. 여기서 θ는 자기 모멘트와 자기장 사이의 각도이다. 통계역학에 의하면 이들이 임의의 각도를 이룰 상대적 확률은 $e^{-\text{에너지}/kT}$이므로, π 근처의 각보다는 0에 가까운 각을 이룰 확률이 더 높다. 11-3절에서 밟았던 과정을 그대로 따라가 보면, 자기장이 약한 경우에 $\boldsymbol{M}$은 $\boldsymbol{B}$와 평행하고 그 크기는

$$M = \frac{N\mu^2 B}{3kT} \tag{35.9}$$

임을 알 수 있다[식 (11.20) 참조]. 이것은 $\mu B/kT$가 1보다 훨씬 작을 때에 한하여 성립하는 근사식이다.

유도된 자화(단위 부피당 자기 모멘트)는 걸어 준 자기장의 크기에 비례한

---

* Na 가스는 대부분 단원자로 이루어져 있지만, Na_2 분자도 일부 섞여 있다.

다. 이것이 바로 상자성의 특징이다. 이 효과는 고온보다 저온에서 더욱 분명하게 나타난다. 물질에 약한 자기장을 가하면 자기장에 비례하는 자기 모멘트가 생기는 것이다. 이때, $\boldsymbol{B}$에 대한 $\boldsymbol{M}$의 비율을 '자화율(magnetic susceptibility)'이라고 한다.

지금부터 상자성 현상을 양자역학적인 관점에서 분석해 보자. 우선, 스핀 1/2인 단순한 원자부터 생각해 보기로 한다. 자기장이 없을 때 원자는 어떤 특정한 에너지를 갖고 있을 것이다. 그러나 자기장을 거는 순간, J_z의 값에 따라 두 개의 가능한 에너지를 갖게 된다. $J_z = +\hbar/2$인 경우, 자기장에 의한 에너지 변화는 다음과 같다.

$$\Delta U_1 = +g\left(\frac{q_e \hbar}{2m}\right) \cdot \frac{1}{2} \cdot B \tag{35.10}$$

(전자의 전하는 마이너스이므로 에너지 변화 ΔU는 양수로 나타난다.) 반면에, $J_z = -\hbar/2$인 경우의 에너지 변화는 다음과 같다.

$$\Delta U_2 = -g\left(\frac{q_e \hbar}{2m}\right) \cdot \frac{1}{2} \cdot B \tag{35.11}$$

표기상의 편의를 위해 μ_0를 다음과 같이 정의하자.

$$\mu_0 = g\left(\frac{q_e \hbar}{2m}\right) \cdot \frac{1}{2} \tag{35.12}$$

그러면 에너지의 변화량은 다음과 같이 쓸 수 있다.

$$\Delta U = \pm \mu_0 B \tag{35.13}$$

여기서 μ_0의 의미는 명백하다. $-\mu_0$는 '스핀 업'인 경우 자기 모멘트의 z성분이고, $+\mu_0$는 '스핀 다운'인 경우 자기 모멘트의 z성분을 의미한다.

원자가 특정 상태에 놓일 통계역학적 확률은 다음 값에 비례한다.

$$e^{-(\text{상태의 에너지})/kT}$$

자기장이 없다면 두 상태의 에너지는 같다. 그러므로 자기장 속에서 평형 상태에 도달할 확률은 다음 값에 비례할 것이다.

$$e^{-\Delta U/kT} \tag{35.14}$$

단위 부피당 스핀 업인 원자의 수는

$$N_{\text{업}} = a e^{-\mu_0 B/kT} \tag{35.15}$$

이고, 스핀 다운인 원자의 수는

$$N_{\text{다운}} = a e^{+\mu_0 B/kT} \tag{35.16}$$

이다. 여기서 상수 a는 다음의 조건으로부터 결정된다.

$$N_{\text{업}} + N_{\text{다운}} = N \tag{35.17}$$

N은 단위 부피당 원자의 총 개수이다. 따라서 a는 다음과 같다.

$$a = \frac{N}{e^{+\mu_0 B/kT} + e^{-\mu_0 B/kT}} \tag{35.18}$$

우리의 관심은 z축 방향의 '평균' 자기 모멘트이다. 스핀 업인 원자는 $-\mu_0$만큼 모멘트에 기여할 것이고, 스핀 다운인 원자는 $+\mu_0$만큼 기여할 것이다. 따라서 평균 모멘트는 다음과 같다.

$$\langle \mu \rangle_{\text{av}} = \frac{N_{\text{업}}(-\mu_0) + N_{\text{다운}}(+\mu_0)}{N} \tag{35.19}$$

그러면 단위 부피당 자기 모멘트 M은 $N\langle \mu \rangle_{\text{av}}$이다. 여기에 식 (35.15)와 (35.16) 그리고 (35.17)을 대입하면 다음과 같은 결론에 이르게 된다.

$$M = N\mu_0 \frac{e^{+\mu_0 B/kT} - e^{-\mu_0 B/kT}}{e^{+\mu_0 B/kT} + e^{-\mu_0 B/kT}} \tag{35.20}$$

이것이 바로 $j = 1/2$인 원자의 M을 구하는 양자역학적 공식이다. 쌍곡 탄젠트 함수(hyperbolic tangent function)를 사용하면 위의 식을 다음과 같이 간결한 형태로 쓸 수 있다.

$$M = N\mu_0 \tanh \frac{\mu_0 B}{kT} \tag{35.21}$$

M과 B의 함수 관계 그래프는 그림 35-7에 제시되어 있다. B가 커지면 쌍곡 탄젠트 값이 1에 접근하면서, M은 최대 극한값인 $N\mu_0$에 가까워진다. 이는 곧 강한 자기장에서 자화가 '포화된다'는 것을 의미한다. 왜 그럴까? 매우 강력한 자기장 안에서는 자기 모멘트들이 모두 한 방향으로 정렬되기 때문이다. 즉, 모든 스핀이 '다운' 방향으로 정렬되면서, 개개의 원자들이 자기 모멘트에 μ_0만큼씩 기여하는 것이다.

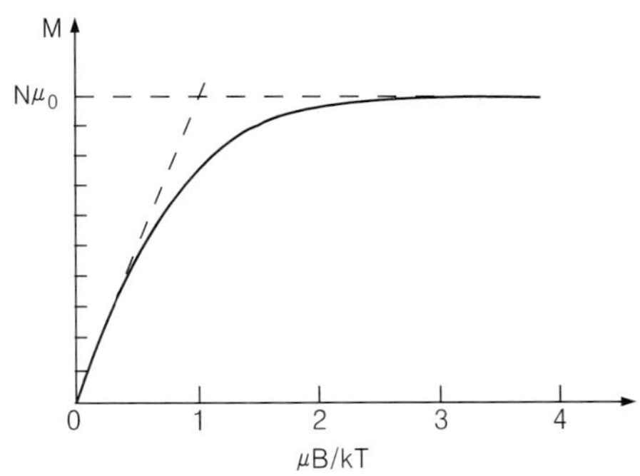

그림 35-7 자기장의 세기 B에 따른 상자성 자화의 변화

대부분의 평범한 경우에[이를테면, 전형적인 모멘트와 실온, 그리고 쉽게 얻을 수 있는 정도의 자기장(10,000가우스) 하에서] $\mu_0 B/kT$의 값은 대략 0.002 정도이다. 따라서 포화 상태를 관찰하려면 매우 낮은 온도까지 내려가야 한다. 보통의 온도에서는 대개 $\tanh x$를 x로 근사할 수 있으므로 자화는 다음과 같이 표현된다.

$$M = \frac{N\mu_0^2 B}{kT} \tag{35.22}$$

고전 이론에서와 마찬가지로 M과 B는 비례 관계에 있다. 상수 1/3이 빠진 것 이외에는 식 (35.9)와 거의 동일하다. 그러나 고전 이론의 결과인 식 (35.9)에 있는 μ와 양자역학의 공식에 들어 있는 μ_0 사이의 관계는 밝히고 넘어가야 한다.

고전 이론에서는 벡터 자기 모멘트의 제곱인 $\mu^2 = \boldsymbol{\mu} \cdot \boldsymbol{\mu}$가 등장한다.

$$\boldsymbol{\mu} \cdot \boldsymbol{\mu} = \left(g \frac{q_e}{2m}\right)^2 \boldsymbol{J} \cdot \boldsymbol{J} \tag{35.23}$$

앞 장에서 지적한 대로, 고전 이론의 계산 결과에서 $\boldsymbol{J}\cdot\boldsymbol{J}$를 $j(j+1)\hbar^2$으로 바꿔 주면 양자역학적으로 올바른 답을 얻게 될 가능성이 매우 높다. 지금 우리는 $j=1/2$인 경우를 다루고 있으므로

$$j(j+1)\,\hbar^2 = \frac{3}{4}\hbar^2$$

이다. 식 (35.23)의 $\boldsymbol{J}\cdot\boldsymbol{J}$에 이 값을 대입하면

$$\boldsymbol{\mu}\cdot\boldsymbol{\mu} = \left(g\frac{q_e}{2m}\right)^2\frac{3\,\hbar^2}{4}$$

이 되고, 식 (35.12)에 정의된 μ_0를 이용해서 나타내면

$$\boldsymbol{\mu}\cdot\boldsymbol{\mu} = 3\mu_0^2$$

이다. 고전 이론으로 얻은 식 (35.9)의 μ^2에 이 값을 대입하면 양자역학적으로 올바른 식 (35.22)를 얻을 수 있다.

상자성에 대한 양자 이론은 임의의 스핀 j를 갖는 원자로 쉽게 확장될 수 있다. 약한 자기장에 의해 일어나는 자화는

$$M = Ng^2\,\frac{j(j+1)}{3}\,\frac{\mu_B^2 B}{kT} \tag{35.24}$$

이다. 여기서

$$\mu_B = \frac{q_e\hbar}{2m} \tag{35.25}$$

는 자기 모멘트의 단위를 갖는 상수이다. 대부분의 원자들은 대략 이 정도 크기의 자기 모멘트를 갖고 있는데, 이를 '보어마그네톤(Bohr magneton)'이라고 한다. 전자의 스핀 자기 모멘트는 거의 정확하게 1보어마그네톤이다.

35-5 단열 소자 냉각

상자성을 응용한 특별한 사례가 하나 있다. 매우 낮은 온도에서 강한 자기장을 가하여 원자 자석들은 일렬로 정렬시킨 후 '단열 소자(斷熱消磁, adiabatic demagnetization)'라 불리는 과정을 거치면 온도를 극저온까지 낮출 수 있다. 상자성을 띤 염(예를 들어, 프라세오디뮴-암모늄-질산염과 같은 희토류 원소를 많이 포함하고 있는 염)에 강한 자기장을 걸어 준 상태에서 액체 헬륨을 이용해서 냉각시키면 절대 온도 1~2°K까지 냉각시킬 수 있다. 이렇게 되면 $\mu B/kT$값은 2~3정도로 커진다(이 조건에 도달하려면 30,000~45,000가우스 정도의 아주 강력한 자기장을 걸어 줘야 한다). 즉, 대부분의 스핀들이 정렬되어 자화가 거의 포화 상태에 이르는 것이다. 문제의 단순화를 위해, 자기장이 매우 강하고 온도는 매우 낮아서 거의 모든 원자들이 일렬로 정렬되어 있는 극단적인 경우를 가정해 보자. 이제 염을 열적으로 격리시키고(액체 헬륨을 제거하고 진공 상태에 놓아 두면 된다) 자기장을 제거하면 염의 온도는 더욱 떨어지게 된다.

자기장을 '갑자기' 꺼 버리면 결정격자 내의 원자들이 요동치면서 스핀의 정렬 상태가 점차 흐트러진다. 일부는 스핀 업, 일부는 스핀 다운 상태가 되는 것이다. 그런데 자기장이 없으면(그리고 약간의 차이만 줄 뿐인 원자 자석들 사이의 미세한 상호작용을 무시한다면) 원자 자석을 뒤집을 때 에너지가 전혀 들지 않는다. 원자 자석의 스핀 상태는 에너지의 변화 없이(즉, 온도 변화 없이) 제멋대로 바뀔 수 있다.

그러나 원자 자석이 열적 요동에 의해 뒤집히는 동안에 어느 정도의 자기장이 존재한다고 가정하면 상황이 크게 달라진다. 자기장의 방향과 반대로 뒤집힐 때 에너지가 소요되는 것이다. 다시 말해서, "자기장에 역행하려면 일을 해 줘야 한다." 이때 소요되는 에너지는 열운동으로부터 각출되므로 계의 온도는 낮아진다. 따라서 처음에 걸어 준 강한 자기장을 너무 갑자기 제거하지만 않는다면 염의 온도는 떨어지게 된다. 즉, 소자(demagnetization)에 의한 냉각 현상이 나타나는 것이다. 양자역학적인 관점에서 볼 때, 강한 자기장이 걸려 있는 원자들은 모두 바닥상태에 존재한다. 단 하나의 원자라도 높은 에너지 상태에 있을 확률은 터무니없이 작기 때문이다. 그러나 자기장이 점차 약해지면 열적 요동에 의해 원자들이 높은 에너지 상태로 전이할 확률이 점점 높아진다. 이때 원자는 높은 준위로 올라가면서 그에 해당하는 에너지 $\Delta U = \mu_0 B$를 흡수한다. 따라서 자기장을 천천히 줄이면, 자기적 전이는 결정격자의 열 진동 에너지를 빼앗아 가고, 결과적으로 물체가 냉각되는 것이다. 이 방법을 사용하면 절대 온도 1~2°K정도였던 온도를 소수점 이하 셋째 자리(0.001°K)까지 낮출 수 있다.

온도를 여기서 더 낮출 수는 없을까? 한 가지 방법이 있다. 앞에서 나는 원자핵도 자기 모멘트를 갖고 있다고 말한 적이 있다. 상자성과 관련하여 지금까지 우리가 유도한 모든 공식들은 원자핵에 대해서도 그대로 적용된다[단, 원자핵의 자기 모멘트는 원자의 자기 모멘트보다 수천 배나 작다. 핵의 자기 모멘트는 대략 $q\hbar/2m_p$정도이며, 여기서 m_p는 양성자의 질량이다. 질량이 분모에 들어 있기 때문에 원자핵의 자기 모멘트가 그토록 작게 나타나는 것이다]. 자기 모멘트가 이 정도로 작으면 온도가 2°K인 저온 상태에서도 $\mu B/kT$의 값은 겨우 천분의 1정도밖에 되지 않는다. 그러나 상자성 소자 냉각 과정을 이용하여 절대 온도 소수 셋째 자리까지 낮추면 $\mu B/kT$의 값은 거의 1에 가까워진다. 이 정도의 극저온에서는 (30,000가우스 이상의 매우 강한 자기장을 걸어 주면) 핵의 자기 모멘트를 포화시킬 수 있다. 실험물리학자의 입장에서는 다행스러운 일이 아닐 수 없다. 왜냐하면 '원자핵의 자성'에 단열 소자 기법을 적용하여 온도를 더 낮출 수 있기 때문이다. 간단히 말해서, 자기 냉각(magnetic cooling)을 두 단계에 걸쳐 실행할 수 있다는 뜻이다. 먼저 단열 소자 방법을 이용하여 상자성 염을 절대 온도로 소수 셋째 자리까지 냉각시킨 후, 냉각된 상자성 염을 이용하여 핵의 자기 모멘트가 비교적 큰 물질을 냉각시킨다. 마지막으로 이 물질에서 자기장을 제거하면 (모든 일을 주의 깊게 제대로 수행했을 경우) 절대 온도로 소수점 이하 여섯째 자리까지 냉각시킬 수 있다.

35-6 핵자기 공명

방금 전에 이야기한 대로 원자의 상자성은 매우 작고, 원자핵의 자성은 그보다 수천 배나 더 작다. 그러나 비록 그렇게 크기가 작을지라도 원자핵의 자성은 '핵자기 공명(nuclear magnetic resonance ; NMR)'이라는 현상을 통해 비교적 쉽게 관찰할 수 있다. 물을 예로 들어 생각해 보자. 물에 포함되어 있는 모든 전자들은 스핀이 서로 정확하게 상쇄되어 알짜 자기 모멘트가 0이다. 그러나 물 분자는 핵의 자기 모멘트 때문에 매우 작은 자기 모멘트를 갖고 있다. 약간의 물이 자기장 $\boldsymbol{B}$ 안에 놓여 있다고 가정해 보자. 수소 원자의 핵, 즉 양성자는 스핀이 1/2이므로 두 가지 에너지 상태를 가질 수 있다. 물이 열적 평형 상태에 있다면 양성자는 낮은 에너지 상태(자기 모멘트가 자기장에 평행한 상태)에 조금 더 많이 있을 것이고, 따라서 단위 부피당 미미한 알짜 자기 모멘트가 존재할 것이다. 양성자의 자기 모멘트는 원자의 자기 모멘트에 비해 1/1000정도밖에 안 되기 때문에, μ^2에 비례하는 자화는[식 (35.22) 참조] 전형적인 원자 상자성의 백만분의 일 정도에 불과하다(바로 이런 이유 때문에 원자의 알짜 자기 모멘트가 0인 물질을 택해야 하는 것이다). 실제로 계산을 해보면, 스핀 업인 양성자와 스핀 다운인 양성자의 수는 10^8개당 하나꼴로 차이가 날 뿐이므로, 그 효과는 정말 미미하다! 그러나 다음 방법을 사용하면 이 미세한 차이를 관측할 수 있다.

물 시편이 들어 있는 용기 주변에 진동하는 코일을 감아서 수평 방향의 약한 '진동 자기장'을 생성시켜 보자. 이 자기장이 ω_p의 진동수에 맞춰지면, 두 에너지 상태 사이의 전이가 일어날 것이다. 이것은 35-3절에서 라비의 실험을 설명할 때 이미 언급한 바 있다. 양성자의 스핀 상태가 높은 에너지 상태에서 낮은 에너지 상태로 뒤집힐 때 $\mu_z B$의 에너지가 방출되는데, 이 값은 앞서 말한 대로 $\hbar\omega_p$와 같다. 반대로, 낮은 에너지 상태에서 높은 에너지 상태로 전이될 때에는 코일로부터 $\hbar\omega_p$의 에너지를 흡수할 것이다. 열평형 상태에서는 양성자들이 낮은 에너지 상태에 조금 더 많이 있기 때문에, 전체적으로는 코일로부터 에너지를 흡수하게 된다. 물론 이 효과는 매우 미약하지만, 감도가 뛰어난 검류계를 사용하면 흡수된 에너지를 관측할 수 있다.

라비의 분자 빔 실험에서 에너지가 흡수되는 현상은 다음과 같이 진동하는 자기장의 진동수가 공명 진동수와 일치할 때 일어난다.

$$\omega = \omega_p = g\left(\frac{q_e}{2m_p}\right)B$$

보통은 ω를 고정시킨 상태에서 B를 변화시켜 가며[즉, 양성자 스핀의 플립(flip) 진동수 ω_p를 변화시켜 가며] 공명을 찾는 것이 편하다. 즉, 자기장이 다음과 같은 값을 가질 때 에너지 흡수가 일어난다.

$$B = \frac{2m_p}{gq_e}\omega$$

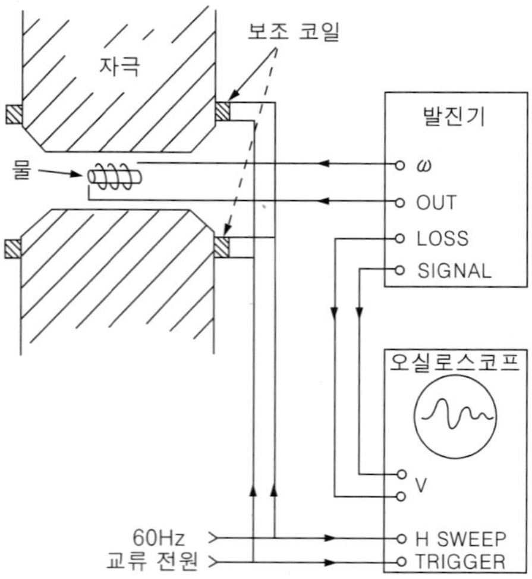

그림 35-8 핵자기 공명 장치

그림 35-8은 전형적인 핵자기 공명 장치를 보여 주고 있다. 거대한 전자석의 자극 사이에 놓여 있는 코일은 고주파 발진기(oscillator)에 의해서 구동된다.

두 자극 주위에는 60헤르츠의 교류 전류가 흐르는 작은 보조 코일이 감겨 있는데, 이것은 자기장이 평균값을 중심으로 조금씩 '출렁이게 하는' 효과를 준다. 예를 들어, 자석의 주 전류는 5000가우스의 자기장이 걸리도록 맞춰 놓고, 보조 코일은 이 값에서 ±1가우스 정도의 변동을 주도록 세팅해 보자. 발진기의 진동수를 초당 21.2메가사이클(megacycle)에 맞추면, 자기장이 5000가우스를 지날 때마다 양성자 공명 상태가 될 것이다[양성자의 경우, $g=5.58$로 놓고 식 (34.13)을 써서 계산하면 된다].

발진기 회로는 공명에 의해 흡수되어 달아나는 전력의 '변화량'에 비례하여 추가로 출력 신호를 내도록 설계되어 있다. 이 신호는 오실로스코프의 수직 편향 증폭기로 들어가게 된다. 오실로스코프의 수평 스위프(horizontal sweep)는 자기장 요동 주파수의 주기마다 한 번씩 트리거(trigger)된다(대개의 경우, 수평 편향은 장의 출렁임에 비례해서 따라가도록 되어 있다).

물 시편을 고주파 코일 안에 넣기 전에, 발진기에서 나오는 전력은 특정 값으로 정해져 있다(이 값은 자기장에 따라 변하지 않는다). 그러나 작은 물병을 코일 안에 집어넣으면 그림과 같이 오실로스코프에 신호가 나타난다. 여러분은 양성자의 자기 모멘트가 뒤집히는 과정에서 흡수되는 전력을 실시간 영상으로 보고 있는 것이다!

주 자석(main magnet)을 정확히 5000가우스에 맞추는 것은 현실적으로 어려운 일이다. 그래서 실험실에서는 오실로스코프에 공명 신호가 나타날 때까지 주 자석의 전류를 조절하는 방법을 사용한다. 현재까지는 이 방법이 자기장의 세기를 정확하게 측정할 수 있는 가장 편리한 방법으로 알려져 있다. 물론, 양성자의 g값을 결정하기 위해 '과거의 누군가'는 자기장과 진동수를 정확히 측정해야 했을 것이다. 그러나 이 작업은 이미 완료되었으므로, 그림에 나와 있는 것과 같은 양성자 공명 장치는 '양성자 공명 자력계(proton resonance magnetometer)'로 사용될 수 있다.

여기서 오실로스코프의 신호에 대하여 한 가지 언급할 것이 있다. 자기장이 아주 느리게 출렁이도록 만들면, 보통의 공명 곡선이 나타난다. ω_p가 발진기의 주파수와 정확하게 일치할 때 에너지 흡수는 최대값을 기록하게 된다. 주변의 주파수대에서도 어느 정도의 에너지 흡수가 일어나는 이유는 모든 양성자들이 정확히 동일한 자기장의 영향하에 있지 않기 때문이다. 자기장이 다르다는 것은 공명 진동수가 조금씩 변한다는 것을 의미한다.

여러분 중에는 "고주파 자기장이 두 에너지 상태에 있는 입자 수를 균등하게 만들기 때문에 공명 진동수에서는 아무런 신호도 나오지 않아야 한다"고 생각하는 사람도 있을 것이다. 그렇다면 처음에 물 시편을 넣는 순간을 제외하고는 아무런 신호도 잡히지 않아야 한다. 그러나 이것은 틀린 생각이다. 우리가 두 상태의 입자 수를 아무리 똑같게 만들려고 해도, 열운동에 의해서 항상 온도 T에 대한 입자 수의 비율(볼츠만 분포)이 유지되려 하기 때문이다. 공명이 일어날 때 원자핵으로 흡수된 에너지는 고스란히 열에너지로 전환된다. 그러나 실제 상황에서는 원자의 열운동과 양성자의 자기 모멘트 사이에 '열적인 접촉(thermal contact)'이 비교적 약하다는 것이 문제이다. 양성자는 전자 분포의 중심부에 거의 혼자 떨어져 있는 외로운 존재이다. 따라서 순수한 물의 경우에는 공명 신호가 너무 약해서 관측하기가 매우 어렵다. 에너지 흡수량을 늘리려면 '열적인 접촉'을 어떻게든 증가시킬 필요가 있는데, 일반적으로는 물에 산화철을 조금 섞는 방법을 사용한다. 철 원자는 하나의 작은 자석과 같다. 철 원자들은 제멋대로 춤을 추면서 미세한 요동치는 자기장을 만들어 낸다. 그리고 이 자기장이 양성자의 자기 모멘트와 상호작용을 하면서 양성자는 원자의 열운동에 참여하게 되고, 결국은 열적 평형 상태에 이르는 것이다. 바로 이 '상호작용' 덕분에 높은 에너지 상태의 양성자들이 에너지를 잃고 낮은 상태로 떨어져서 다시 발진기로부터 에너지를 흡수할 수 있게 되는 것이다.

실제로 실험을 해보면 핵자기 공명 장치의 출력 신호는 보통의 공명 곡선처럼 깨끗하게 나오지 않고, 대개 그림에 나온 것처럼 복잡한 모양으로 검출된다. 주된 원인은 바로 '출렁이는 자기장' 때문이다. 이 현상을 제대로 설명하려면 양자역학을 동원해야 하지만, 지금 언급하고 있는 실험은 '자기 모멘트의 세차 운동'이라는 고전적 아이디어만으로도 충분히 설명될 수 있다. 고전적으로 생각해 보면, 공명 상태에 도달했을 때 세차 운동을 하고 있는 모든 원자핵 자석들이 동시에 구동된다고 할 수 있다. 이렇게 함으로써, 우리는 '모든 것을 한꺼번에' 세차 운동시키는 것이다. 일제히 돌아가는 원자핵 자석들은 발진기 코일에 주파수 ω_p의 기전력(emf)을 유도한다. 한편, 자기장은 시간에 따라 계속 증가하고 있기 때문에 세차 운동의 진동수도 같이 증가할 것이고, 시간이 흐르면 결국 유도된 전압의 주파수가 발진기의 주파수보다 약간 높아진다. 유도된 기전력의 위상은 발진기의 위상과 맞았다 어긋났다를 반복하기 때문에, '흡수된' 전력도 +와 −를 오락가락하게 된다. 오실로스코프에서 양성자 주파수와 발진기 주파수 사이의 맥놀이(beat note) 현상이 나타나는 것은 바로 이런 이유 때문이다. 양성자 주파수들이 모두 일치하지 않는 데다가(각각의 양성자들은 조금씩 다른 자기장의 영향을 받기 때문이다), 물에 섞여 있는 산화철에 의한 교란 효과도 있기 때문에 자유롭게 세차 운동하는 자기 모멘트들은 얼마 지나지 않아 위상이 어긋나게 되고, 따라서 맥놀이 신호는 곧 사라져 버린다.

이와 같은 자기 공명 현상은 물질의 새로운 성질을 밝혀내는 도구로서 (특히, 화학과 핵물리학 분야에서) 다방면으로 응용되고 있다. 두말할 것도 없이, 원자핵의 자기 모멘트에는 핵의 구조에 대한 중요한 정보가 담겨 있다. 그동안 화학자들은 공명의 구조 또는 형태로부터 많은 사실들을 새롭게 알아냈다. 주변의 원자핵들이 만드는 자기장 때문에, 핵자기 공명이 일어나는 정확한 위치는 원자핵의 주변 환경에 따라 조금씩 이동된다. 이러한 이동을 측정하면 근처에 어떤 원자들이 있는지 알 수 있으므로, 분자의 구조를 상세하게 밝혀내는 데 많은 도움이 된다. 자유기(free radical)의 전자 스핀 공명도 매우 중요하게 취급되고 있다. 대부분의 자유기들은 평형 상태로는 존재하지 않지만, 종종 화학 반응의 중간 상태로 발견된다. 전자스핀 공명을 측정하면 자유기의 존재를 입증할 수 있으며, 일부 화학 반응의 메커니즘을 이해하는 데 중요한 열쇠가 되기도 한다.

CHAPTER 36
강자성

36-1 자화 전류

36-1 자화 전류
36-2 장 $\boldsymbol{H}$
36-3 자화 곡선
36-4 철심 인덕턴스
36-5 전자석
36-6 자발 자화

복습 과제 :
제2권 10장 〈유전체〉
제2권 17장 〈전자기 유도 법칙〉

이 장에서는 상자성이나 반자성보다 자기 모멘트의 알짜 효과가 훨씬 크게 나타나는 일군의 물질을 살펴볼 것이다. 이러한 현상을 '강자성(ferromagnetism)'이라고 한다. 상자성체나 반자성체의 경우에는 유도된 자기 모멘트의 크기가 매우 작기 때문에, 그로 인해 추가된 자기장에 대해서는 신경 쓸 필요가 없다. 그러나 '강자성체'의 경우에는 자기장을 걸었을 때 유도되는 자기 모멘트가 상당히 크기 때문에 자기장에 커다란 영향을 주게 된다. 사실, 유도된 자기 모멘트가 너무 커서 관측되는 자기장의 대부분이 그로부터 기인하는 경우가 많다. 이제, 우리에게 주어진 첫 번째 과제는 강한 자기 모멘트가 유도되는 경우에 대하여 수학적 이론을 세우는 것이다. 물론, 이것은 기술적인 문제에 불과하다. 정말로 궁금한 것은, 강자성체에 유도된 자기 모멘트가 그토록 크게 나타나는 이유이다. 이 문제에 대해서는 잠시 후에 생각해 보기로 한다.

강자성체의 자기장을 구하는 것은 유전체의 정전기장을 구하는 것과 비슷한 문제이다. 앞에서 우리는 단위 부피당 쌍극자 모멘트를 나타내는 벡터장 $\boldsymbol{P}$를 이용하여 유전체의 성질을 기술했고, 이 분극 효과가 $\boldsymbol{P}$의 다이버전스로 주어지는 전하 밀도 $\rho_{분극}$으로 나타난다는 사실을 확인한 바 있다.

$$\rho_{분극} = -\boldsymbol{\nabla} \cdot \boldsymbol{P} \tag{36.1}$$

어느 경우든 총 전하는 이 분극 전하와 나머지 모든 전하의 합으로 쓸 수 있다. 나머지 전하 밀도를 $\rho_{나머지}$라 하자.* 그러면 $\boldsymbol{E}$의 다이버전스와 전하 밀도를 연결해 주는 맥스웰 방정식은

$$\boldsymbol{\nabla} \cdot \boldsymbol{E} = \frac{\rho}{\epsilon_0} = \frac{\rho_{분극} + \rho_{나머지}}{\epsilon_0}$$

즉,

$$\boldsymbol{\nabla} \cdot \boldsymbol{E} = -\frac{\boldsymbol{\nabla} \cdot \boldsymbol{P}}{\epsilon_0} + \frac{\rho_{나머지}}{\epsilon_0}$$

* 만일 '나머지' 전하가 모두 도체 위에 있다면, $\rho_{나머지}$는 10장의 $\rho_{자유}$와 같아진다.

로 표현된다. 우변에서 분극과 관련된 항을 좌변으로 옮기면 다음과 같은 새로운 법칙이 얻어진다.

$$\nabla \cdot (\epsilon_0 \boldsymbol{E} + \boldsymbol{P}) = \rho_{\text{나머지}} \tag{36.2}$$

이 법칙은 $\epsilon_0 \boldsymbol{E} + \boldsymbol{P}$의 다이버전스가 나머지 전하의 밀도와 같음을 말해 주고 있다.

물론, $\boldsymbol{E}$와 $\boldsymbol{P}$ 사이의 관계를 알고 있어야 식 (36.2)에서 $\boldsymbol{E}$와 $\boldsymbol{P}$를 한데 묶은 것이 의미를 가질 수 있다. 이미 앞에서 보았듯이, 유도 전기 쌍극자 모멘트와 장을 관련짓는 이론은 너무 복잡하여 지극히 단순한 상황에나 적용할 수 있었으며, 그나마 이조차도 근사법을 사용해야 했다. 일단은 과거에 사용했던 많은 경우에 비교적 잘 맞는 근사법을 되짚어 보기로 하자. 유전체 내에 있는 원자의 전기 쌍극자 모멘트를 구하려면, 먼저 각각의 원자에 작용하는 전기장을 알아야 한다. 우리가 사용했던 근사법은 다음과 같다—"원자에 작용하는 전기장은 그 원자를 제거했을 때 남는 작은 구멍 중심에서의 전기장과 같다(물론 주변에 있는 모든 원자의 쌍극자 모멘트는 변하지 않는다고 가정한다)." 또한 분극된 유전체에 나 있는 빈 구멍 속의 전기장은 구멍의 모양에 따라 다르다는 사실도 확인했었다. 그때 유도했던 결과들은 그림 36-1에 정리되어 있다. 분극 방향에 수직한 얇은 원반 모양의 구멍 내부에 형성되는 전기장은 다음과 같다.

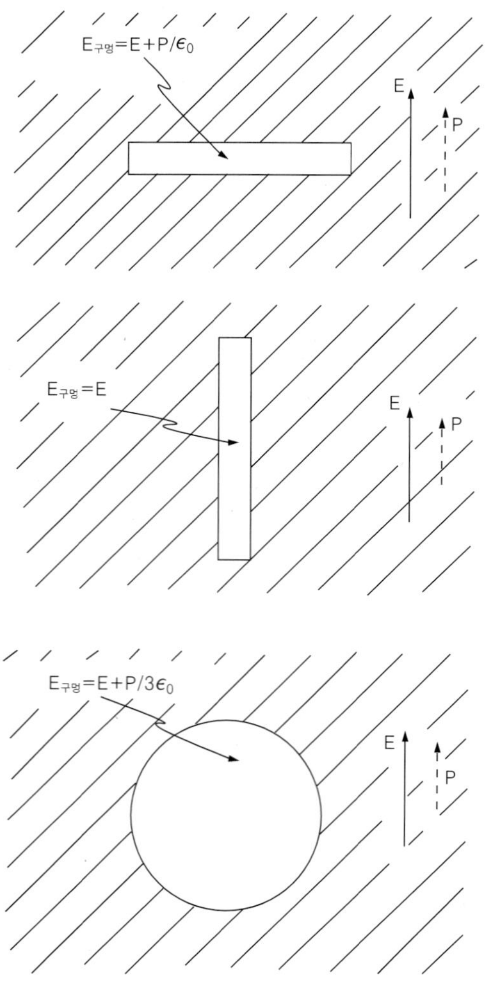

그림 36-1 유전체 안에 있는 공동 내부의 전기장은 모양에 따라 다르다.

$$\boldsymbol{E}_{\text{구멍}} = \boldsymbol{E}_{\text{유전체}} + \frac{\boldsymbol{P}}{\epsilon_0}$$

당시 우리는 가우스 법칙을 이용하여 이 결과를 유도하였다. 또한 분극 방향과 평행한 바늘 모양의 구멍에서는 ($\boldsymbol{E}$의 컬이 0이라는 사실을 이용하여) 안과 바깥의 전기장이 동일하다는 것을 알아냈다. 그리고 공 모양의 빈 구멍 안에 형성되는 전기장은 원반 모양과 바늘 모양 구멍 내부 전기장의 1/3지점에 해당된다는 것도 알아냈다.

$$\boldsymbol{E}_{\text{구멍}} = \boldsymbol{E}_{\text{유전체}} + \frac{1}{3}\frac{\boldsymbol{P}}{\epsilon_0} \ (\text{구형 구멍}) \tag{36.3}$$

이상이 분극된 유전체 내의 원자를 분석할 때 사용했던 전기장이다.

자, 지금부터는 자성체의 경우에 이에 대응되는 논의를 펼쳐 보기로 하자. 가장 간단한 방법은 (단위 부피당 전기 쌍극자 모멘트 $\boldsymbol{P}$와 마찬가지로) 단위 부피당 자기 모멘트 $\boldsymbol{M}$을 정의한 후, 앞에서 했던 것과 마찬가지로 $\boldsymbol{M}$의 다이버전스에 마이너스를 붙인 값이 '자하 밀도(magnetic charge density)' ρ_m과 같다고 놓는 것이다. 자세한 의미는 나중에 생각하고, 일단은 이렇게 놓고 보자. 물론, 우리가 사는 세상에는 '자하'라는 것이 존재하지 않는다. 다들 알다시피, $\boldsymbol{B}$의 다이버전스는 항상 0이다. 그러나 일단은 전기의 경우와 비슷하게 만들어 놓고 어떤 결과가 나오는지 알아보기로 하자. 만일 잘못된 것이 있다면 그때 가서 수정해도 늦지 않을 것이다.

$$\nabla \cdot \boldsymbol{M} = -\rho_m \tag{36.4}$$

여기 등장하는 ρ_m은 순전히 수학적인 개념으로 받아들여야 한다. 이로써 정전기적인 경우와의 비유적인 분석이 가능해졌으므로, 과거에 정전기학에서 사용했던 식들을 그대로 쓸 수 있다. 이런 식의 '흉내 내기'는 과학자들이 종종 사용하는 수법이다. 심지어 과거의 일부 학자들은 위와 같은 비유를 사실로 받아들이면서 ρ_m이 '자극(magnetic pole)'의 밀도를 나타낸다고 믿었다. 물론, 오늘날 우리는 물질의 자성이라는 것이 원자 내의 순환 전류에 의해 나타나는 현상임을 잘 알고 있다(순환 전류는 전자의 스핀이나 궤도 운동에서 비롯된다). 그러므로 물리적 관점에서 볼 때, 자화를 '그 존재가 불분명한 자극의 밀도'로 설명하는 것보다 '실재하는 원자 전류'의 개념으로 설명하는 것이 훨씬 설득력이 있다. 사람들은 순환 전류를 흔히 '앙페르 전류(Amperian current)'라고 하는데, 이는 물질의 자성이 순환하는 원자 전류에서 비롯된다는 사실을 처음 제안한 사람이 앙페르였기 때문이다.

물론, 자화된 물질 내의 미시적인 전류 밀도는 복잡하기 그지없다. 정확한 값은 원자 내의 위치에 따라 달라진다(어떤 곳에서는 값이 크고, 어떤 곳에서는 작다). 또 어떤 곳에서는 시계 방향으로 흐르다가 다른 곳에서는 그 반대로 흐르기도 한다(유전체 안의 미시적 전기장이 변화무쌍한 것과 많이 닮았다). 그러나 다행히도, 현실적인 문제에서 우리가 관심을 두는 대상은 주로 물질 외부의 거시적 자기장이나 물질 내부의 '평균적인' 자기장이다(여기서 말하는 평균이란, 충분히 많은 원자들에 대한 평균을 의미한다). 물질의 자성을 기술할 때 단위 부피당 평균 자기 쌍극자 모멘트 $\boldsymbol{M}$이 유용하게 사용되는 경우는 오직 '거시적인' 문제를 다룰 때뿐이다. 지금부터, 자화된 물체의 원자 전류들이 모이면 $\boldsymbol{M}$과 관련된 거시적 규모의 전류로 나타날 수 있다는 사실을 입증하고자 한다.

앞으로는 전류 밀도 $\boldsymbol{j}$(자기장의 진정한 발생원)를 원자 자석의 순환 전류와 그 밖의 다른 전류로 구분하여 생각할 것이다. 대부분의 경우에는 전류를 세 부분으로 나누는 것이 가장 편리하다. 우리는 32장에서 전류를 '도체 내의 자유 전자에 의한 전류'와 '유전체 안에 속박된 전하의 전진 후퇴 운동에서 비롯된 전류'로 구별하여 다룬 적이 있다. 32-2절에서는 다음과 같은 분류법을 사용하였다.

$$\boldsymbol{j} = \boldsymbol{j}_{\text{분극}} + \boldsymbol{j}_{\text{나머지}}$$

여기서 $\boldsymbol{j}_{\text{분극}}$은 유전체 내에 속박된 전하의 운동에 의한 전류를 나타내고, $\boldsymbol{j}_{\text{나머지}}$는 그 밖의 모든 전류를 의미한다. 이제, $\boldsymbol{j}_{\text{나머지}}$를 더 세분화해서 자화된 물체 내부의 평균 전류 $\boldsymbol{j}_{\text{자화}}$와 그 밖의 나머지 전류 $\boldsymbol{j}_{\text{전도}}$로 나눠 보자. 마지막 항은 일반적으로 도체에 흐르는 전류를 나타내지만, 경우에 따라서는 다른 종류의 전류를 포함할 수도 있다. 예를 들어, 빈 공간에서 자유롭게 움직이는 전하에 의한 전류도 여기에 속한다. 이렇게 해서, 일단 총 전류를 다음과 같이 표기해 보자.

$$\boldsymbol{j} = \boldsymbol{j}_{\text{분극}} + \boldsymbol{j}_{\text{자화}} + \boldsymbol{j}_{\text{전도}} \tag{36.5}$$

물론 이것은 $\boldsymbol{B}$의 컬이 좌변에 등장하는 맥스웰 방정식의 우변에 들어가는 총 전류이다.

$$c^2\nabla \times \boldsymbol{B} = \frac{\boldsymbol{j}}{\epsilon_0} + \frac{\partial \boldsymbol{E}}{\partial t} \tag{36.6}$$

다음으로 할 일은 $\boldsymbol{j}_{자화}$를 자화 벡터 $\boldsymbol{M}$과 연관시키는 것이다. 지금 내가 무슨 소리를 하고 있는지 갈피를 못 잡는 학생들을 위해, 최종 목적지를 미리 말해 두는 게 좋겠다. 우리의 목적은 다음의 관계식을 유도하는 것이다.

$$\boldsymbol{j}_{자화} = \nabla \times \boldsymbol{M} \tag{36.7}$$

즉, 자성체 내의 모든 곳에서 자화 벡터 $\boldsymbol{M}$이 주어져 있을 때, 순환 전류 밀도는 $\boldsymbol{M}$의 컬과 같다는 것이다. 목적이 분명해졌으니, 지금부터 증명을 향해 힘찬 발걸음을 내딛어 보자!

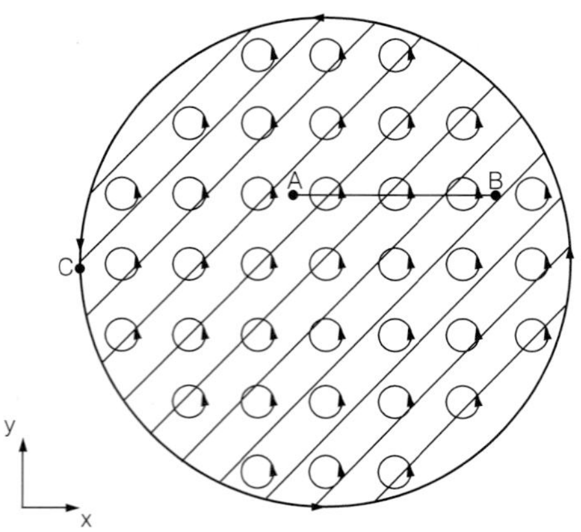

그림 36-2 z방향으로 자화된 쇠막대의 단면에서 바라본 순환 원자 전류의 개략적인 모습

간단한 사례로부터 실마리를 풀어 나가는 것이 좋겠다. 여기, 축방향으로 균일하게 자화된 원통형 막대가 있다. 물리적으로 균일한 자화란, 물체 내의 모든 곳에서 원자의 순환 전류 밀도가 균일하다는 것을 의미한다. 원통을 잘랐을 때, 그 단면에서 실제 전류의 모양이 어떻게 나타날지 상상해 보라. 아마도 그림 36-2와 비슷한 전류 분포를 볼 수 있을 것이다. 각각의 원자 전류는 모두 같은 방향으로 작은 원을 그리며 돌고 있다. 이런 경우에 겉보기 전류는 어떤 형태로 나타날 것인가? 그림을 보면, 단면의 거의 모든 지점에서 겉보기 전류가 없을 것 같다. 왜냐하면 모든 전류의 바로 옆에는 반대 방향의 전류가 흐르고 있기 때문이다. 그림 36-2에 선분 AB로 표시된 작은 면(원자 하나보다는 훨씬 큰 면)을 지나가는 알짜 전류는 0이다. 물체 내의 모든 곳에서 알짜 전류는 0이라는 뜻이다. 그러나 원통의 표면으로 가면 바깥쪽에 더 이상 반대로 흐르는 전류가 없기 때문에 상쇄되지 않은 원자 전류가 남게 된다. 즉, 표면에서는 막대 주위를 같은 방향으로 돌아가는 알짜 전류가 존재한다. 이제 여러분은 예전에 했던 말—"균일하게 자화된 막대는 전류가 흐르는 긴 솔레노이드와 동등하다"는 말을 이해할 수 있을 것이다.

이것을 어떻게 식 (36.7)과 연관시킬 수 있을까? 일단, 지금의 예에서는 물체의 내부에서 자화 $\boldsymbol{M}$이 어디서나 일정하므로 이에 대한 미분은 모두 0이다. 그러나 표면에서 $\boldsymbol{M}$은 일정하지 않다. 가장자리까지는 일정하다가 갑자기 0으로 사라진다. 즉, 자화의 그래디언트는 표면에서 매우 크게 변하고, 이는 식 (36.7)에 의해 매우 큰 전류 밀도를 줄 것이다. 이제 그림 36-2에 표시된 점 C 근처에서 어떤 일이 벌어지는지 생각해 보자. x, y방향을 그림과 같이 잡으면 자화 $\boldsymbol{M}$은 z방향을 향하게 된다. 식 (36.7)을 성분별로 써 보면 다음과 같다.

$$\begin{aligned} \frac{\partial M_z}{\partial y} &= (\boldsymbol{j}_{자화})_x \\ -\frac{\partial M_z}{\partial x} &= (\boldsymbol{j}_{자화})_y \end{aligned} \tag{36.8}$$

점 C에서 $\partial M_z/\partial y$는 0이지만, $\partial M_z/\partial x$는 매우 큰 양(+)의 값을 갖는다. 따라서 식 (36.7)[또는 식 (36.8)]은 $-y$방향으로 매우 큰 전류 밀도가 존재한다는 것을 말해 준다. 이 같은 사실은 표면 전류가 막대 주위를 돌고 있다는 위의 설명과도 일치한다.

이제 물질 내의 위치에 따라 자화가 변하는, 좀 더 복잡한 경우에 전류 밀도를 구해 보자. 이웃하는 두 영역에서 자화가 다르면, 순환 전류가 정확하게 상쇄되지 않을 것이므로 물질 내부에 어느 정도 알짜 전류가 존재할 것이다. 과연 그 양은 얼마나 될까?

14-5절에서 설명한 바와 같이, 순환 전류 I는 다음 관계식으로 주어지는 자기 모멘트 μ를 갖는다.

$$\mu = IA \tag{36.9}$$

여기서 A는 전류 고리의 면적이다(그림 36-3 참조). 이제 그림 36-4와 같이, 자화된 물체 내부의 작은 직육면체 영역을 생각해 보자. 영역을 굉장히 작게 잡으면, 영역 안에서의 자화는 거의 균일하다고 볼 수 있다. 만일 이 영역이 z방향으로 M_z의 크기로 자화되어 있다면, 그림과 같이 옆면을 따라 표면 전류가 돌고 있다고 생각해도 동일한 효과를 줄 것이다. 표면 전류의 크기는 식 (36.9)로부터 구할 수 있다. 이 영역의 총 자기 모멘트는 자화 M_z에 영역의 부피를 곱한 것과 같다.

$$\mu = M_z(abc)$$

그리고 이러한 자화를 생성하는 전류의 크기는 다음과 같다(전류 고리의 면적은 ac이다).

$$I = M_z b$$

다시 말해서, 각 옆면에 흐르는 (수직 방향의) 단위 길이당 전류가 M_z와 같다는 뜻이다.

이번에는 그림 36-5와 같이 두 개의 영역이 붙어 있는 경우를 생각해 보자. 영역 2는 영역 1과 위치가 다르기 때문에 자화 벡터의 z성분도 약간 다를 것이다. 이 값을 $M_z+\Delta M_z$라고 하자. 이제 두 영역의 경계면에서는 두 가지 전류가 총 전류에 기여할 것이다. 영역 1에 속한 전류 I_1은 $+y$방향으로 흐를 것이고, 영역 2에 속한 전류 I_2는 $-y$방향으로 흐를 것이다. y방향의 총 표면 전류는 이들의 합으로 주어진다.

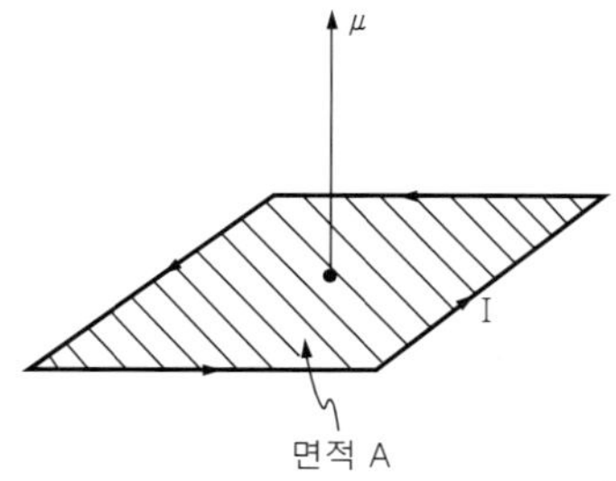

그림 36-3 전류 고리의 쌍극자 모멘트 μ는 IA이다.

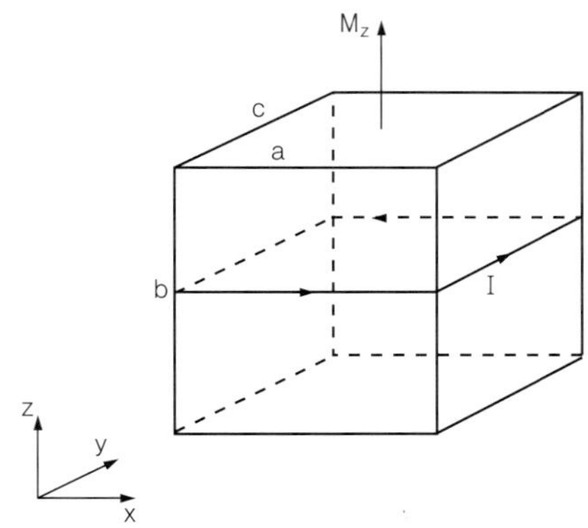

그림 36-4 자화된 작은 직육면체 영역은 순환하는 표면 전류와 동등하다.

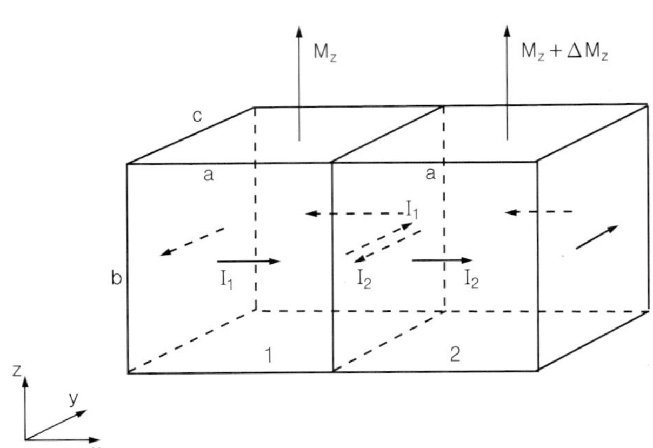

그림 36-5 이웃한 두 직육면체 영역의 자화가 같지 않으면, 그 사이의 면에는 알짜 표면 전류가 존재한다.

$$I = I_1 - I_2 = M_z b - (M_z + \Delta M_z)\, b$$
$$= -\Delta M_z b$$

여기서 ΔM_z는 M_z의 x방향 도함수에 '영역 1에서 영역 2로의 변위,' 즉 a를 곱한 것으로 나타낼 수 있다.

$$\Delta M_z = \frac{\partial M_z}{\partial x} a$$

따라서 두 영역 사이에 흐르는 전류는 다음과 같다.

$$I = -\frac{\partial M_z}{\partial x} ab$$

방금 구한 전류 I를 평균 부피 전류 밀도 $\boldsymbol{j}$와 연관시키려면, I가 실제로는 어떤 '단면'에 걸쳐 퍼져 있다는 사실을 깨달아야 한다. 물체 전체가 그림 36-5와 같은 조그만 사각형 영역들로 채워져 있다고 생각하면, 모든 사각형들은 (x축에 수직한) 그러한 옆면을 가질 것이다.* 그러면 전류 I와 관련된 면적은 앞면 하나의 면적, 즉 ab이다. 따라서

$$j_y = \frac{I}{ab} = -\frac{\partial M_z}{\partial x}$$

가 된다. 이로써 $\boldsymbol{M}$의 컬이 서서히 그 모습을 드러내기 시작한다.

j_y에는 M_x의 z에 따른 변화, 즉 $\partial M_x/\partial z$에서 비롯되는 항이 하나 더 추가되어야 한다. 이 항은 그림 36-6과 같이 위아래로 쌓인 두 영역 사이의 경계면에서 나온다. 지금까지 펼쳐 온 논리를 그대로 반복하면, 이 면이 j_y에 기여하는 양은 $\partial M_x/\partial z$임을 보일 수 있다. 전류의 y성분에 기여하는 것은 이 두 면뿐이므로, y방향의 총 전류 밀도는 다음과 같이 된다.

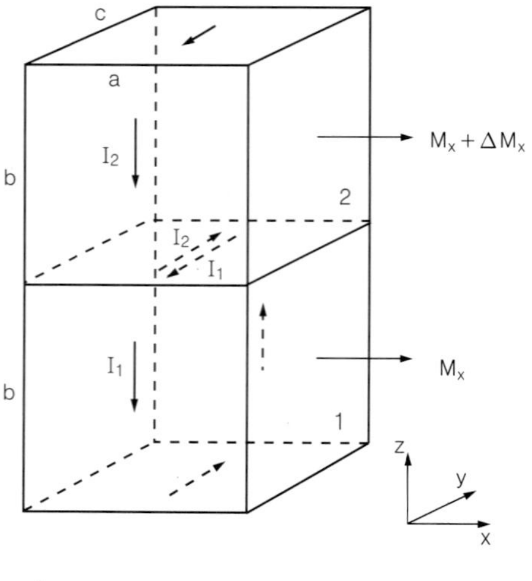

그림 36-6 위로 쌓여 있는 두 개의 직육면체 영역도 j_y에 기여한다.

$$j_y = \frac{\partial M_x}{\partial z} - \frac{\partial M_z}{\partial x}$$

이제 육면체의 나머지 면들에 대해서도 전류를 계산해 보면(또는 우리가 처음에 z축을 택한 것이 순전히 임의적이었다는 사실을 이용하면), 전류 밀도 벡터가 다음과 같은 식으로 주어진다는 결론에 이르게 된다.

$$\boldsymbol{j} = \nabla \times \boldsymbol{M}$$

즉, 단위 부피당 평균 자기 모멘트 $\boldsymbol{M}$을 사용하여 물질의 자기적 성질을 기술할 때, 순환하는 원자 전류는 식 (36.7)로 주어지는 물질 내의 평균 전류 밀도와 동등하다는 뜻이다. 우리가 다루는 물체가 유전체라면, 부가적으로 분극 전류 $\boldsymbol{j}_{\text{분극}} = \partial \boldsymbol{P}/\partial t$도 존재할 것이다. 그리고 이 물체가 도체라면 전도 전류 $\boldsymbol{j}_{\text{전도}}$도 흐를 것이다. 이상의 결과를 종합하면 총 전류는 다음과 같이 쓸 수 있다.

$$\boldsymbol{j} = \boldsymbol{j}_{\text{전도}} + \nabla \times \boldsymbol{M} + \frac{\partial \boldsymbol{P}}{\partial t} \qquad (36.10)$$

---

* 또는 각 면에 흐르는 전류 I가 양쪽 영역에 반반씩 나뉘어 속한다고 생각할 수도 있다.

36-2 장 $\boldsymbol{H}$

다음 과제는 식 (36.10)으로 표현된 전류 항을 맥스웰 방정식에 대입하는 것이다. 그러면 다음과 같이 된다.

$$c^2\nabla\times\boldsymbol{B}=\frac{\boldsymbol{j}}{\epsilon_0}+\frac{\partial\boldsymbol{E}}{\partial t}=\frac{1}{\epsilon_0}\left(\boldsymbol{j}_{\text{전도}}+\nabla\times\boldsymbol{M}+\frac{\partial\boldsymbol{P}}{\partial t}\right)+\frac{\partial\boldsymbol{E}}{\partial t}$$

$\boldsymbol{M}$이 포함된 항을 좌변으로 옮기면,

$$c^2\nabla\times\left(\boldsymbol{B}-\frac{\boldsymbol{M}}{\epsilon_0c^2}\right)=\frac{\boldsymbol{j}_{\text{전도}}}{\epsilon_0}+\frac{\partial}{\partial t}\left(\boldsymbol{E}+\frac{\boldsymbol{P}}{\epsilon_0}\right)\tag{36.11}$$

32장에서 지적한 대로, 많은 사람들은 $(\boldsymbol{E}+\boldsymbol{P}/\epsilon_0)$를 새로운 벡터장 $\boldsymbol{D}/\epsilon_0$로 쓰는 것을 좋아한다. 이와 마찬가지로, $(\boldsymbol{B}-\boldsymbol{M}/\epsilon_0c^2)$도 하나의 새로운 벡터장으로 표기하면 여러모로 편리하다. 그래서 벡터장 $\boldsymbol{H}$를 다음과 같이 정의한다.

$$\boldsymbol{H}=\boldsymbol{B}-\frac{\boldsymbol{M}}{\epsilon_0c^2}\tag{36.12}$$

그러면 식 (36.11)은

$$\epsilon_0c^2\nabla\times\boldsymbol{H}=\boldsymbol{j}_{\text{전도}}+\frac{\partial\boldsymbol{D}}{\partial t}\tag{36.13}$$

로 쓸 수 있다. 겉모습은 단순해 보이지만, 사실은 복잡한 항들을 $\boldsymbol{D}$와 $\boldsymbol{H}$ 속에 숨겨 놓은 것뿐이다.

여기서 한 가지 주의할 점이 있다. mks 단위계를 사용하는 대부분의 사람들은 $\boldsymbol{H}$를 다르게 정의해서 사용한다는 것이다. 그들이 말하는 벡터장 $\boldsymbol{H}'$은(물론, 그들은 프라임 기호를 붙이지 않는다) 다음과 같이 정의된다.

$$\boldsymbol{H}'=\epsilon_0c^2\boldsymbol{B}-\boldsymbol{M}\tag{36.14}$$

(또한 그들은 ϵ_0c^2을 $1/\mu_0$로 표기하기도 한다. 그렇지 않아도 상수가 많아서 골치 아픈데, 외워야 할 상수가 또 하나 늘었다!) 이 정의를 따르면, 식 (36.13)은 조금 더 간단해진다.

$$\nabla\times\boldsymbol{H}'=\boldsymbol{j}_{\text{전도}}+\frac{\partial\boldsymbol{D}}{\partial t}\tag{36.15}$$

그러나 이런 식으로 $\boldsymbol{H}'$을 정의하면 mks 단위계를 쓰지 않는 사람들과 의사소통이 불편할 뿐만 아니라, $\boldsymbol{H}'$과 $\boldsymbol{B}$의 단위가 달라진다는 단점이 있다. $\boldsymbol{H}$와 $\boldsymbol{M}$의 단위가 같은 것보다는($\boldsymbol{H}'$의 경우에 그렇듯이) $\boldsymbol{H}$와 $\boldsymbol{B}$의 단위가 같은 것이 우리에게는 더 편리하다. 만일 여러분이 앞으로 공학자가 되어 변압기나 자석을 설계할 생각이라면 다음과 같은 점에 주의하기 바란다. 대부분의 교재에는 $\boldsymbol{H}$가 식 (36.12)가 아닌 식 (36.14)로 정의되어 있는 반면, 다른 많은 책들에서는(특히 자성 물질에 관한 편람에서는) 우리의 정의에 따라 $\boldsymbol{B}$와 $\boldsymbol{H}$의 관계를 규정하고 있다. 따라서 여러분이 보는 책이 둘 중 어떤 정의를 사용하고 있는지 늘 주의를 기울여야 한다.

어떤 정의를 쓰고 있는지 쉽게 판별하는 방법은 단위를 확인하는 것이다.

mks 단위계에서는 $\boldsymbol{B}$가(따라서 '우리의' $\boldsymbol{H}$도) 제곱미터당 1웨버(weber)의 단위로 측정되는데, 이것은 10,000가우스에 해당된다. 그리고 mks 단위계에서 자기 모멘트(전류×면적)는 1암페어·미터²(ampere·meter²) 단위로 측정되므로 자화 $\boldsymbol{M}$은 미터'당' 암페어라는 단위를 갖게 된다. $\boldsymbol{H}'$의 단위는 $\boldsymbol{M}$의 단위와 같다. 미분 연산자 $\boldsymbol{\nabla}$이 '1/길이'의 차원임을 고려하면, 이것은 식 (36.15)에 부합된다. 전자석과 관련된 일을 하는 사람들은 습관적으로 $\boldsymbol{H}$의 단위를 ($\boldsymbol{H}'$의 정의에 입각하여) '미터당 1암페어 바퀴(one ampere turn per meter)'라고 부른다. 도선의 감긴 횟수를 연상시키는 단위이다. 물론, '바퀴(turn)'는 차원이 없는 수이므로 헷갈릴 소지는 없다. 우리가 정의한 H는 $H'/\epsilon_0 c^2$과 같으므로, mks 단위계에서 $1H$(weber/meter²)는 $4\pi\times10^{-7}\times H'$(amperes/meter)에 해당된다. 간단하게 H(gauss)$=0.0126H'$(ampere/meter)으로 기억해 두면 여러모로 편리할 것이다.

그런데 유감스럽게도 끔찍한 사실이 하나 더 있다. $\boldsymbol{H}$를 우리와 같은 방식으로 정의하여 사용하는 사람들조차도 $\boldsymbol{H}$와 $\boldsymbol{B}$의 단위를 아예 '다른 이름'으로 부른다는 것이다! 둘이 같은 차원의 물리량임에도 불구하고, $\boldsymbol{B}$의 단위는 '가우스(guass)'라 하고 $\boldsymbol{H}$의 단위는 '에르스텟(oersted)'이라고 부른다[이 단위는 각각 가우스(Gauss)와 외르스테드(Oersted)의 이름에서 따온 것이다]. 그래서 대부분의 책에는 $\boldsymbol{B}$의 그래프를 가우스 단위로, $\boldsymbol{H}$의 그래프는 에르스텟 단위로 그려 놓았다. 그러나 명심하라. $\boldsymbol{B}$와 $\boldsymbol{H}$는 단위가 같은 물리량이다! 표 36-1에는 자기와 관련된 단위들이 정리되어 있다.

표 36-1
자기와 관련된 단위

$[B]$ = 웨버/미터² = 10^4가우스
$[H]$ = 웨버/미터² = 10^4가우스 혹은 10^4에르스텟
$[M]$ = 암페어/미터
$[H']$ = 암페어/미터

단위 변환

B(가우스) = $10^4\,B$(웨버/미터²)
H(가우스) = H(에르스텟)
= $0.0126\,H'$(암페어/미터)

36-3 자화 곡선

이 절에서는 자기장이 일정하거나 매우 느리게 변해서, $\boldsymbol{j}_{\text{전도}}$에 비해 $\partial\boldsymbol{D}/\partial t$가 무시될 수 있을 정도로 작은 경우를 생각해 보자. 이런 경우에 각 장은 다음 방정식을 따른다.

$$\boldsymbol{\nabla}\cdot\boldsymbol{B}=0 \tag{36.16}$$

$$\boldsymbol{\nabla}\times\boldsymbol{H}=\boldsymbol{j}_{\text{전도}}/\epsilon_0 c^2 \tag{36.17}$$

$$\boldsymbol{H}=\boldsymbol{B}-\boldsymbol{M}/\epsilon_0 c^2 \tag{36.18}$$

그림 36-7(a)와 같이 철로 만든 토러스(도넛 모양)에 구리 도선 코일이 감겨 있는 경우를 생각해 보자. 도선에 전류 I가 흐르고 있을 때, 자기장은 어떤 형태로 생성될 것인가? 자기장은 주로 토러스의 내부에 존재할 것이다. 그곳에서 $\boldsymbol{B}$의 장선은 그림 36-7(b)와 같이 원을 그릴 것이다. $\boldsymbol{B}$의 플럭스는 연속적이므로 $\boldsymbol{\nabla}\cdot\boldsymbol{B}=0$이고, 따라서 식 (36.16)이 만족된다. 다음으로, 식 (36.17)을 그림 36-7(b)에 그려진 폐곡선 Γ를 따라 적분한 형태로 써 보자. 스톡스 정리(Stokes's theorem)를 이용하면

$$\oint_\Gamma \boldsymbol{H}\cdot d\boldsymbol{s}=\frac{1}{\epsilon_0 c^2}\int_S \boldsymbol{j}_{\text{전도}}\cdot\boldsymbol{n}\,da \tag{36.19}$$

가 된다. 여기서 $\boldsymbol{j}$의 적분은 Γ를 경계로 하는 임의의 면 S에 대하여 항상 같은 값을 준다. 도선이 한 번 감길 때마다 이 면을 한 번씩 지나가게 되므로, 한 바퀴마다 전류 I만큼 적분에 기여하는 셈이다. 따라서 도선이 총 N번 감겨 있다면 적분 값은 NI가 된다. 문제의 대칭성을 잘 생각해 보면, $\boldsymbol{B}$의 크기는 폐곡선 Γ 위에서 같다는 것을 알 수 있다. 자화가(따라서 장 H도) Γ 위에서 일정하다고 가정하면 식 (36.19)는 다음과 같이 된다.

$$Hl = \frac{NI}{\epsilon_0 c^2}$$

여기서 l은 폐곡선 Γ의 길이이다. 따라서

$$H = \frac{1}{\epsilon_0 c^2}\frac{NI}{l} \tag{36.20}$$

가 된다. 이와 같이 $\boldsymbol{H}$는 자화 전류(magnetizing current)에 직접 비례하기 때문에, $\boldsymbol{H}$를 종종 '자화장(magnetizing field)'이라 부르기도 한다.

이제 $\boldsymbol{H}$와 $\boldsymbol{B}$를 연결시켜 주는 식만 있으면 된다. 하지만 안타깝게도 그런 식은 존재하지 않는다! 물론 식 (36.18)이 있긴 하지만, 철과 같은 강자성체의 경우에는 $\boldsymbol{M}$과 $\boldsymbol{B}$ 사이에 직접적인 관계가 없기 때문에 별 도움이 되지 않는다. 자화 $\boldsymbol{M}$은 단순히 현재의 $\boldsymbol{B}$에만 의존하는 것이 아니라, 과거에 철이 지나온 이력(history)에도 의존한다.

그렇다고 지금까지 헛수고만 한 것은 아니다. 몇 가지 간단한 경우에 한해서는 답을 구할 수 있다. 자화가 전혀 되어 있지 않은 철을 생각해 보자. 매우 높은 온도로 달구었다가 천천히 식힌(annealed) 철을 떠올리면 된다. 이런 경우, 토러스 형태의 단순한 기하학적 구조에서는 철의 자기 이력이 모두 똑같을 것이므로 실험을 통해 $\boldsymbol{M}$에 대한 정보를 얻을 수 있고, 따라서 $\boldsymbol{B}$와 $\boldsymbol{H}$의 관계도 알아낼 수 있다. 식 (36.20)에 의하면, 토러스 속의 장 $\boldsymbol{H}$는 도선에 흐르는 전류 I에 어떤 상수가 곱해진 형태를 취하고 있다. 자기장 $\boldsymbol{B}$는 코일(또는 그림에 나온 자화 코일 위에 추가로 한 번 더 감은 코일) 속의 기전력(emf)을 시간에 대해서 적분하면 구할 수 있다. 이 기전력은 $\boldsymbol{B}$의 플럭스의 변화율과 같기 때문에, 기전력을 시간에 대해 적분한 값은 $\boldsymbol{B}$에 토러스의 단면적을 곱한 값과 같다.

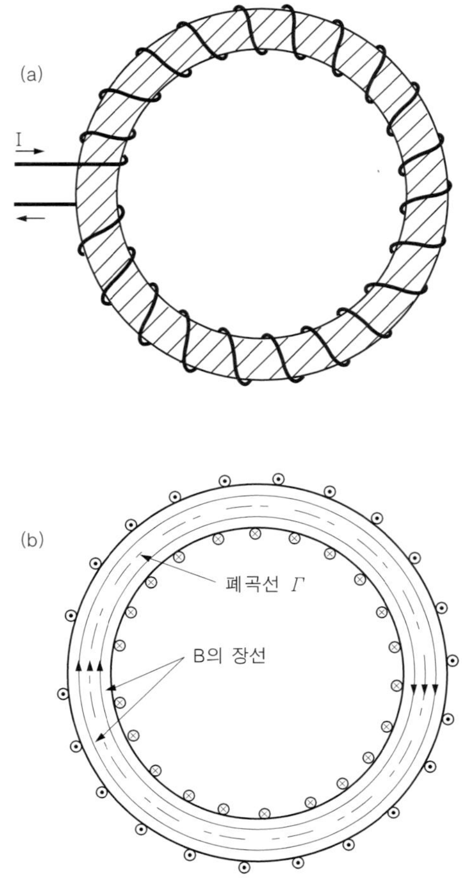

그림 36-7 (a)절연된 코일이 감겨 있는 토러스 모양의 철 (b)장선이 표시된 토러스의 단면

그림 36-8은 연철(soft iron)로 만든 토러스에서 측정한 $\boldsymbol{B}$와 $\boldsymbol{H}$ 사이의 관계를 그래프로 나타낸 것이다. 처음에 전류를 켜면 $\boldsymbol{B}$는 $\boldsymbol{H}$가 증가함에 따라 곡선 a를 따라 증가한다. 특히, $\boldsymbol{B}$와 $\boldsymbol{H}$의 값이 크게 다르다는 점을 주목하기 바란다. 처음에는 비교적 작은 $\boldsymbol{H}$로도 커다란 $\boldsymbol{B}$를 만들 수 있다. $\boldsymbol{B}$가 공기 중보다 철 속에서 이토록 큰 이유는 무엇일까? 철의 내부에 형성된 커다란 자화 $\boldsymbol{M}$이 철의 표면에 전류가 흐르는 것과 동등한 효과를 나타내기 때문이다. 자기장 $\boldsymbol{B}$는 이 표면 전류와 우리가 감아 놓은 코일에 흐르는 전도 전류의 '합'에서 비롯된 것이다. 철의 자화 $\boldsymbol{M}$이 이렇게 큰 값을 갖는 이유는 나중에 따로 논하기로 한다.

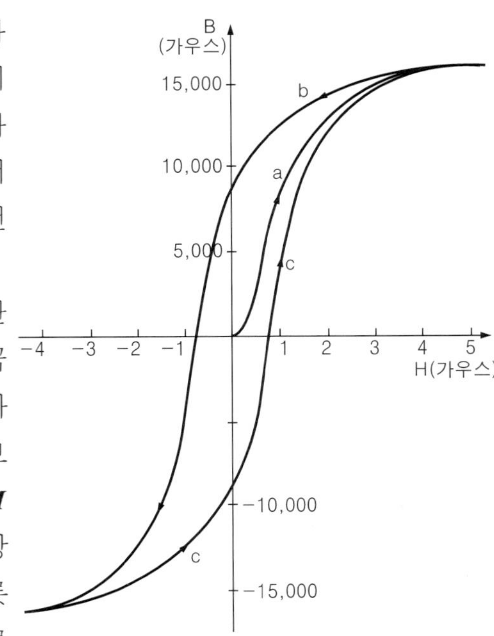

그림 36-8 연철의 전형적인 자화 곡선과 이력 곡선

$\boldsymbol{H}$값이 더 커지면 자화 곡선은 점차 상승세가 둔화된다. 이런 경우를 가리

켜 우리는 "철이 포화된다"고 말한다. 그림에 사용된 척도에서는 곡선이 거의 수평으로 누운 것처럼 보이지만, 사실은 완만하게 계속 올라가고 있다. 장의 크기가 커지면 $\boldsymbol{B}$와 $\boldsymbol{H}$가 이루는 기울기가 거의 1에 가까워진다. 즉, $\boldsymbol{M}$이 더 이상 증가하지 않는 것이다. 만일 토러스가 자성을 띠는 물질이 아니었다면 $\boldsymbol{M}=0$이므로 $\boldsymbol{B}$와 $\boldsymbol{H}$는 항상 같을 것이다.

그림 36-8에서 제일 눈에 띄는 점은 곡선 a가 아주 비선형적이라는 것이다[이것을 흔히 '자화 곡선(magnetization curve)'이라고 한다]. 그러나 그 속사정은 이보다 훨씬 더 복잡하다. 포화 상태에 도달한 후 전류를 서서히 줄여서 $\boldsymbol{H}=0$으로 되돌리면 자기장 $\boldsymbol{B}$는 곡선 b를 따라 감소하다가 $\boldsymbol{H}$가 0이 된 후에도 어느 정도의 값을 유지한다. 즉, 자화 전류가 전혀 없는데도 철 속에는 어느 정도의 자기장이 존재한다는 것이다. 간단히 말해서, 철이 '영구적으로' 자화되었다는 뜻이다. 이제 코일의 전류를 '반대로' 흘려주면, B-H 곡선은 철이 반대 방향으로 포화될 때까지 b를 따라간다. 그리고 전류를 다시 0으로 줄이면 $\boldsymbol{B}$는 곡선 c를 따라 증가하게 된다. 이런 식으로 $+/-$를 오락가락하는 진폭이 큰 교류 전류를 흘려주면 B-H 곡선은 b와 c를 따라 증가와 감소를 반복한다. 그러나 $\boldsymbol{H}$를 임의적으로 변화시키면 일반적으로 곡선 b와 c 사이에 놓이는 복잡한 곡선이 얻어진다. 이와 같이, 반복되는 장의 진동에 의해 형성되는 폐곡선을 철의 '이력 곡선(hysteresis loop)'이라고 한다.

사정이 이러하기에, 우리는 $B=f(H)$와 같은 명쾌한 함수 관계를 얻을 수 없다. 임의의 순간에 $\boldsymbol{B}$의 값은 '그 순간의 $\boldsymbol{H}$값'에만 의존하는 것이 아니라, 지나온 과거 전체의 이력에도 의존하기 때문이다. 물론, 자화 곡선과 이력 곡선은 물질에 따라 다르다. 곡선의 모양은 물질의 화학적 구성에 따라 크게 달라지며, 세부적인 준비 과정 및 물리적 처리 방법에도 크게 좌우된다. 이러한 복잡한 사항들에 관한 물리적 설명은 다음 장에서 논의될 것이다.

36-4 철심 인덕턴스

자성 물질의 가장 중요한 응용 분야 중 하나는 변압기나 전기 모터 등과 관련된 전기 회로이다. 철을 이용하면 자기장의 방향을 원하는 대로 제어할 수 있을 뿐만 아니라, 주어진 전류로부터 훨씬 큰 자기장을 얻을 수 있다. 전형적인 '도넛형(toroidal, 환형)' 인덕턴스는 그림 36-7과 매우 비슷하다. 코일의 중심부에 철심을 넣으면 소자의 크기를 많이 줄일 수 있고, 구리선을 적게 사용해도 동일한 성능을 발휘할 수 있다. 또한 인덕턴스의 값이 같다 해도 코일의 저항이 크게 줄어들기 때문에 거의 '이상적인' 인덕턴스에 가까워진다(이러한 현상은 저주파 대역에서 더욱 두드러지게 나타난다). 그 이유는 다음과 같다. 구리선에 흐르는 전류를 $\boldsymbol{I}$라 하면, 식 (36.20)에서 보다시피 내부에 형성된 장 $\boldsymbol{H}$는 전류 $\boldsymbol{I}$에 비례한다. 양단의 전압 $\mathcal{V}$는 자기장 $\boldsymbol{B}$와 관련되어 있는데, 코일의 저항을 무시한다면 전압 $\mathcal{V}$는 $\partial\boldsymbol{B}/\partial t$에 비례한다. 따라서 $\mathcal{V}$와 dI/dt의 비율인 인덕턴스 $\mathfrak{L}$에는(17-7절 참조) 철 내부의 B와 H 사이의 관계가 내포되어 있다. 이력 곡선에서 알 수 있듯이 $\boldsymbol{B}$가 $\boldsymbol{H}$보다 훨씬 크기 때문에, 인덕턴스 값도 매우 커진다. 철심이 없는 경우에는 코일에 흐르는 소량의 전류에 의해 작은 자기장이 형성될 뿐이지만, 철심을 넣으면 코일의 자기장에 의해 철 내부의 조그만 '종속 자석(slave magnets)'들이 한 방향으로 정렬되기 때문에 실제 코일에 흐르는 외부 전류보다 훨씬 큰 '자기 전류(magnetic current)'가 만들어진다. 즉, 실제로 흐르고 있는 전류보다 훨씬 많은 전류가 흐르는 듯한 효과가 나타나는 것이다. 전류의 방향을 바꾸면 철 내부의 작은 자석들은 반대 방향으로 뒤집히고(따라서 내부 전류의 방향도 모두 반대로 뒤집힌다), 결과적으로 철이 없을 때보다 훨씬 큰 유도 기전력(emf)을 얻게 된다. 인덕턴스를 구체적으로 계산하고 싶으면 17-8절에서 설명한 것처럼 에너지를 이용해서 계산하면 된다. 전류원으로부터 에너지가 전달되는 '율(rate)'은 $\mathcal{V}I$이며, 전압 $\mathcal{V}$는 철심의 단면적 A에 N과 dB/dt를 곱한 값이다. 식 (36.20)에 의하면 $I=(\epsilon_0 c^2 l/N)H$이므로, 에너지 전달률은 다음과 같다.

$$\frac{dU}{dt}=\mathcal{V}I=(\epsilon_0 c^2 lA)\,H\frac{dB}{dt}$$

양변을 시간에 대해 적분하면

$$U=(\epsilon_0 c^2 lA)\int H\,dB \tag{36.21}$$

가 된다. 여기서 lA는 토러스의 부피이므로, 자성 물질의 에너지 밀도($u=U/$부피)는 다음과 같다.

$$u=\epsilon_0 c^2\int H\,dB \tag{36.22}$$

여기에 한 가지 재미있는 사실이 숨어 있다. 전원으로 교류를 사용하면, 철은 이력 폐곡선을 따라 구동된다. 그런데 B는 H의 단가 함수(single-valued function)가 아니기 때문에, 완전한 한 사이클에 대한 적분 $\int H\,dB$는 0이 아니라 이력 곡선으로 둘러싸인 면적이 된다. 즉, 외부 전원은 한 사이클당 특정한 에너지를 공급하고 있는 것이다. 공급된 에너지는 이력 폐곡선 내부의 면적에 비례한다. 그리고 이 에너지는 저장되지 않고 곧 손실된다. 전자석이 작동하는 과정에서 철 내부의 열로 전환되어 사라지는 것이다. 이것을 '이력 손실(hysteresis loss)'이라고 한다. 따라서 에너지 손실을 최소로 줄이려면 이력 폐곡선의 폭을 가능한 한 좁게 만들어야 한다. 폐곡선의 면적을 줄이는 한 가지 방법은 매 사이클마다 도달하게 되는 자기장의 최대 크기를 줄이는 것이다. 장의 최대 크기가 줄어들면 이력 곡선은 그림 36-9의 굵은 실선 모양이 된다. 또한 특수한 물질을 만들어서 이력 폐곡선을 아주 좁게 만들 수도 있다. '변압기 철(transformer irons, 소량의 규소가 섞인 합금철)'은 이런 목적으로 개발된 것이다.

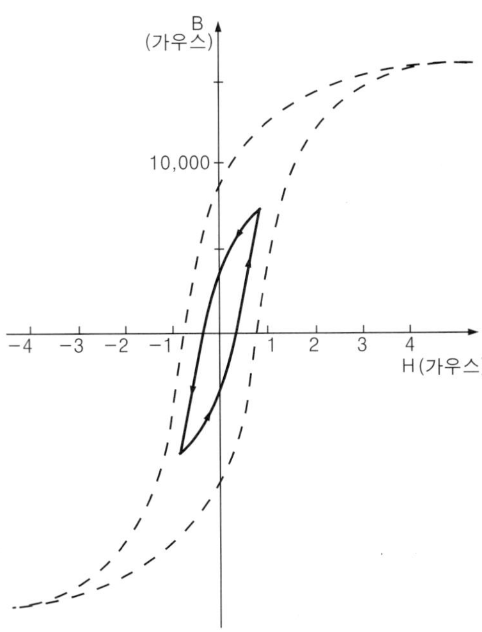

그림 36-9 자기 포화 상태에 도달하지 않는 이력 폐곡선

인덕턴스가 작은 이력 폐곡선을 따라 구동되는 경우에는 B와 H의 관계를 선형 식으로 근사할 수 있는데, 흔히 사용되는 근사식은 다음과 같다.

$$B=\mu H \tag{36.23}$$

이 식에서 상수 μ는 자기 모멘트가 아니라, 철의 '투자율(permeability)'이라 불리는 것이다[때로는 '상대 투자율(relative permeability)'이라 부르기도 한다]. 평범한 철의 투자율은 보통 수천 단위이다. '슈퍼맬로이(supermalloy)' 같은 특수 합금은 투자율이 수백만에 달한다.

근사식 $B = \mu H$를 식 (36.21)에 대입하면 도넛형 인덕턴스의 에너지는

$$U = (\epsilon_0 c^2 lA)\,\mu \int H\,dH = (\epsilon_0 c^2 lA)\,\frac{\mu H^2}{2} \tag{36.24}$$

이 되고, 따라서 에너지 밀도는 근사적으로

$$u \approx \frac{\epsilon_0 c^2}{2}\,\mu H^2$$

으로 쓸 수 있다. 이제 식 (36.24)의 에너지를 인덕턴스의 에너지 $\mathfrak{L} I^2/2$와 같다고 놓고 $\mathfrak{L}$을 구하면 다음과 같다.

$$\mathfrak{L} = (\epsilon_0 c^2 lA)\,\mu \left(\frac{H}{I}\right)^2$$

식 (36.20)에서 H/I를 구하여 위의 식에 대입하면

$$\mathfrak{L} = \frac{\mu N^2 A}{\epsilon_0 c^2 l} \tag{36.25}$$

를 얻는다. 보다시피, 인덕턴스는 μ에 비례한다. 인덕턴스를 오디오 앰프 같은 장치에 사용한다면, 이력 곡선의 구간 중 B-H 관계가 선형에 가까운 영역에서 작동시키는 것이 좋다(제1권 50장에서 논의된 '비선형계에서 배음의 발생 원리'를 상기하라). 이러한 목적이라면 식 (36.23)은 매우 유용한 근사식이라 할 수 있다. 반면에, 배음이 생성되기를 원한다면 일부러 극히 비선형적으로 작동되는 인덕턴스를 사용하는 것이 좋다. 이런 경우에는 B-H 곡선을 놓고 그래프 분석과 수치해석을 모두 해야 할 것이다.

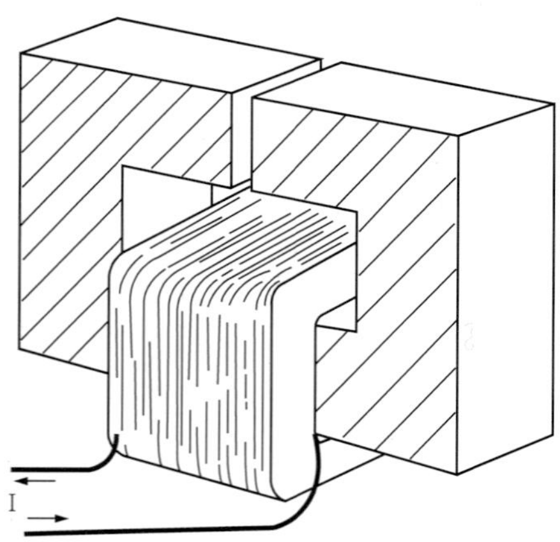

그림 36-10 전자석

'변압기(transformer)'는 대개 하나의 토러스[심(core)]에 두 개의 코일을 감아서 만든다(큰 규모의 변압기는 편의상 직사각형 심을 사용한다). '1차' 코일의 전류를 변화시키면 심 내부의 자기장이 변하고, 그로 인해 '2차' 코일에는 자기장의 변화를 상쇄시키는 방향으로 기전력이 유도된다. 두 코일 모두 '한 바퀴당' 관통하는 자기 플럭스가 같기 때문에, 양쪽 코일의 기전력 비는 각각의 코일이 감긴 횟수의 비와 같다. 1차 코일에 걸린 전압은 2차 코일에서 다른 전압으로 변환된다. 자기장이 변할 때 심의 주변에는 그에 부합되는 알짜 전류가 흘러야 하므로, 두 코일에 흐르는 전류의 '대수적' 합은 한 값에 고정되어 있을 것이고, 그 값은 요구되는 자화 전류와 같을 것이다. 따라서 2차 코일에 흐르는 전류가 증가하면 1차 코일의 전류도 같은 비율로 증가해야 한다. 즉, 변압과 동시에 '변전(transformation of currents)'도 되는 것이다.

36-5 전자석

좀 더 복잡하고 현실적인 상황을 예로 들어 보자. 여기, 그림 36-10과 같은 표준형 전자석이 있다. 'C자 모양'의 요크[yoke, 계철(繼鐵)]는 철로 만들어졌고, 요크의 둘레에는 코일이 여러 번 감겨 있다. 이 전자석의 틈새에 형성되는 자기장 $\boldsymbol{B}$는 어떻게 될까?

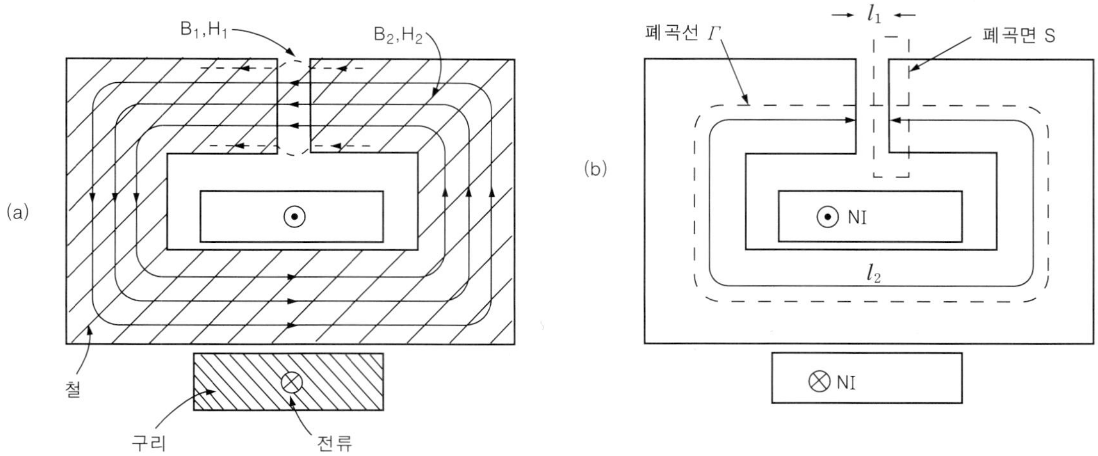

그림 36-11 전자석의 단면

전자석의 전체적인 크기에 비해 틈새의 폭이 매우 좁다면, $\boldsymbol{B}$의 장선은 토러스의 경우와 비슷하게 거의 고리 형태로 형성될 것이다. 대략적인 형태는 그림 36-11(a)에 표시되어 있다. 물론 틈새에서 자기장이 조금 퍼지긴 하겠지만, 틈새가 아주 좁다면 그 효과는 미미할 것이다. 따라서 요크의 모든 단면에서 $\boldsymbol{B}$의 플럭스가 일정하다고 가정해도 크게 틀리지 않는다. 요크의 단면적이 일정하다면 (그리고 꺾인 곳이나 틈새에서 나타나는 '가장자리 효과'를 무시한다면) 요크 주위에는 균일한 자기장 $\boldsymbol{B}$가 형성된다고 할 수 있다.

또한 틈새에서도 $\boldsymbol{B}$는 같은 값을 가질 것이다. 이것은 식 (36.16)으로부터 알 수 있다. 그림 36-11(b)와 같이 한 면은 틈새에 놓여 있고 다른 한 면은 철심에 걸쳐 있는 폐곡면 S를 생각해 보자. S 밖으로 흘러 나가는 $\boldsymbol{B}$의 총 플럭스는 0이 되어야 하므로, 틈새의 자기장을 B_1, 철심 내부의 자기장을 B_2라 하면 이들은 다음 관계를 만족해야 한다.

$$B_1A_1 - B_2A_2 = 0$$

$A_1 = A_2$이므로, (가장자리 효과를 무시하면) $B_1 = B_2$임을 알 수 있다(A_1과 A_2는 S의 양쪽 면이다).

H는 어떻게 될 것인가? 그림 36-11(b)의 폐곡선 Γ를 따라 식 (36.19)를 적분해 보자. 그러면 지난번처럼 우변은 감은 횟수와 전류의 곱, 즉 NI가 된다. 그러나 지금은 철심 안과 틈새에서 H의 값이 다르기 때문에 계산에 주의를 기울여야 한다. 철심 내부의 장을 H_2, 철심 내부의 경로의 길이를 l_2라 하면, 이 부분이 전체 적분에 기여하는 값은 H_2l_2이다. 또한 틈새의 장을 H_1, 틈새의 간격을

l_1이라고 하면, 틈새 구간은 전체 적분에 $H_1 l_1$만큼 기여할 것이다. 따라서

$$H_1 l_1 + H_2 l_2 = \frac{NI}{\epsilon_0 c^2} \tag{36.26}$$

이다.

그런데 우리가 이미 알고 있는 사실이 하나 있다. 틈새에서는 자화가 거의 무시할 만한 수준이기 때문에, $B_1 = H_1$이라는 것이다. 게다가 $B_1 = B_2$이므로, 식 (36.26)은 다음과 같이 쓸 수 있다.

$$B_2 l_1 + H_2 l_2 = \frac{NI}{\epsilon_0 c^2} \tag{36.27}$$

그래도 미지수는 여전히 두 개이다. B_2와 H_2를 알아내려면 또 다른 관계식(철 내부에서 B와 H의 관계를 나타내는 식)이 하나 더 있어야 한다.

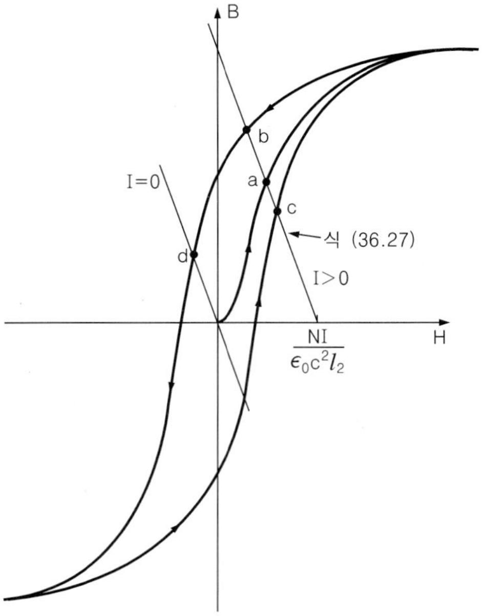

그림 36-12 전자석 내부의 장 구하기

$B_2 = \mu H_2$로 근사할 수 있다면, 식 (36.27)을 대수적으로 풀 수 있다. 그러나 이런 간단한 경우 말고, 철의 자화 곡선이 그림 36-8로 주어지는 좀 더 일반적인 경우를 생각해 보자. 우리가 원하는 것은 그림에 나타난 함수 관계와 식 (36.27)을 동시에 만족시키는 해이다. 어떻게 해야 할까? 그림 36-12와 같이 자화 곡선 그래프 위에 식 (36.27)의 그래프를 겹쳐서 그린 후, 두 그래프의 교점을 찾으면 된다.

전류 I가 주어져 있을 때, 식 (36.27)의 그래프는 그림 36-12에서 $I>0$으로 표시된 직선으로 표현된다. 이 직선의 H축($B_2=0$) 절편은 $H_2 = NI/\epsilon_0 c^2 l_2$이고, 기울기는 $-l_2/l_1$이다. 전류가 변하면 직선은 평행하게 이동할 뿐이다. 그림 36-12를 자세히 보면, 전류가 주어져 있을 때 지나온 경로에 따라 여러 가지 다른 해가 존재한다는 것을 알 수 있다. 지금 막 제작한 전자석에 전류를 서서히 흘려서 I에 이르렀다면, 자기장 $B_2(=B_1)$의 값은 점 a에서의 값이 될 것이다. 그 후 전류를 굉장히 큰 값까지 올린 후 다시 I로 줄였다면, 자기장은 점 b에서의 값으로 주어진다. 또는 조금 전까지 마이너스 방향으로 큰 전류를 흘리다가 다시 I까지 증가시켰다면, 자기장은 점 c에서의 값으로 주어진다. 이와 같이, 전자석 틈새의 자기장은 지나온 과거의 이력에 따라 달라진다.

전자석의 전류가 0인 경우, 식 (36.27)의 B_2와 H_2 사이의 관계는 그림에서 $I=0$으로 표시된 직선으로 나타난다. 이 경우에도 여러 가지 해가 가능한데, 만일 처음에 철이 포화되어 있었다면 점 d로 주어지는 상당량의 잔류 자기장이 남아 있을 수 있다. 이 상태에서 코일을 제거하면 바로 영구 자석이 된다. 좋은 영구 자석을 얻으려면, 이력 곡선의 폭이 '넓은' 물질을 사용하는 것이 유리하다. 알니코 5(Alnico V) 같은 특수 합금은 이력 곡선의 폭이 아주 넓기로 유명하다.

36-6 자발 자화

이 절에서는 강자성체가 약한 자기장에도 엄청나게 큰 자화를 일으키는 이유를 알아보기로 한다. 철이나 니켈 같은 강자성체의 자화 현상은 원자의 안쪽 껍질에 있는 전자들의 자기 모멘트가 그 원인이다. 각각의 전자는 $q/2m$에 g인

자와 각운동량 $\boldsymbol{J}$를 곱한 자기 모멘트 $\boldsymbol{\mu}$(이 절에서 μ는 투자율이 아니라 자기 모멘트를 의미한다 : 옮긴이)를 갖고 있다. 알짜 궤도 운동이 없는 전자는 $g=2$이고, 어떤 방향을 택하든 그 방향의(예를 들면 z축 방향) $\boldsymbol{J}$의 성분은 $\pm\hbar/2$이다. 따라서 $\boldsymbol{\mu}$의 z성분은 다음과 같다.

$$\mu_z = \frac{q\hbar}{2m} = 0.928 \times 10^{-23}\text{amp}\cdot\text{m}^2 \tag{36.28}$$

철 원자의 경우에는 강자성에 영향을 주는 전자를 두 개 갖고 있다. 문제를 좀 더 단순화시키기 위해, 강자성체이면서 안쪽 껍질에 단 하나의 전자를 갖고 있는 니켈을 예로 들어 보자(일단 결론이 내려진 후에는 철의 경우로 논의를 쉽게 확장할 수 있다).

문제의 핵심 포인트는 다음과 같다. 외부 자기장 $\boldsymbol{B}$가 걸려 있을 때, 원자 자석들은 자기장과 같은 방향으로 정렬하려 하지만, 상자성의 경우와 같이 열운동에 의해 방해를 받게 된다. 35장에서 살펴본 바와 같이, 원자자석들을 한 방향으로 정렬시키려는 자기장과 정렬을 흩트려 놓으려는 열운동이 균형을 이루면서, 단위 부피당 다음과 같은 평균 자기 모멘트가 형성된다.

$$M = N\mu \tanh \frac{\mu B_a}{kT} \tag{36.29}$$

여기서 $\boldsymbol{B}_a$는 원자에 작용하는 자기장이고, kT는 볼츠만 에너지이다. 상자성을 설명하는 이론에서는 주변의 원자들로부터 나오는 자기장을 무시한 채, $\boldsymbol{B}_a$ 대신 그냥 $\boldsymbol{B}$를 사용했다. 그러나 강자성의 경우에는 사정이 좀 더 복잡하다. 즉, 개별 원자에 작용하는 자기장 $\boldsymbol{B}_a$를 강자성체 내부의 평균 자기장으로 사용하면 안 되고 (앞에서 유전체를 다룰 때 했던 것처럼) 한 원자에 작용하는 '국소' 자기장을 구해야 한다. 정확한 계산을 원한다면 결정격자의 다른 모든 원자들이 해당 원자에 미치는 자기장을 모두 더해야 한다. 그러나 여기서는 유전체의 경우와 마찬가지로 "하나의 원자에 작용하는 자기장은 그곳에 작은 공 모양의 빈 구멍이 있을 때 형성되는 자기장과 같다"는 근사법을 사용하기로 한다. 이때, 주변에 있는 다른 원자의 자기 모멘트는 빈 구멍의 영향을 받지 않는다고 가정하자.

11장의 논리를 그대로 따른다면, 아마도 다음과 같은 관계가 성립할 것 같다.

$$\boldsymbol{B}_{\text{구멍}} = \boldsymbol{B} + \frac{1}{3}\,\frac{\boldsymbol{M}}{\epsilon_0 c^2} \quad \text{(틀렸음!)}$$

결론적으로 말해서, 위의 식은 옳지 않다. 그러나 이 장에서 유도한 강자성체 관련식과 11장의 식들을 주의 깊게 비교해 보면, 11장의 결과를 그대로 써먹을 수 있다. 자, 일단은 필요한 식들을 한곳에 모아 보자. 전도 전류와 전하가 없는 영역에서는 다음 식들이 성립한다.

정전기학	정적인 강자성
$\nabla\cdot\left(\boldsymbol{E}+\dfrac{\boldsymbol{P}}{\epsilon_0}\right)=0$	$\nabla\cdot\boldsymbol{B}=0$
$\nabla\times\boldsymbol{E}=0$	$\nabla\times\left(\boldsymbol{B}-\dfrac{\boldsymbol{M}}{\epsilon_0 c^2}\right)=0$

(36.30)

여기에 다음과 같은 '수학적 대응 관계'를 적용하면, 두 세트의 방정식은 유사한 형태로 전환된다.

$$\boldsymbol{E} \to \boldsymbol{B} - \frac{\boldsymbol{M}}{\epsilon_0 c^2}, \qquad \boldsymbol{E} + \frac{\boldsymbol{P}}{\epsilon_0} \to \boldsymbol{B}$$

이것은 다음과 같이 대응시키는 것과 같다.

$$\boldsymbol{E} \to \boldsymbol{H}, \quad \boldsymbol{P} \to \boldsymbol{M}/c^2 \tag{36.31}$$

다시 말해서, 강자성체에 대한 방정식을 다음과 같이 쓰면

$$\begin{aligned} \nabla \cdot \left(\boldsymbol{H} + \frac{\boldsymbol{M}}{\epsilon_0 c^2}\right) &= 0 \\ \nabla \times \boldsymbol{H} &= 0 \end{aligned} \tag{36.32}$$

정전기학의 방정식과 '비슷하게 보인다'는 것이다.

이것은 순전히 수학적인 대응 관계일 뿐인데 과거에는 이 때문에 상당한 혼동이 초래되었다. 사람들이 $\boldsymbol{H}$를 '진짜 자기장'으로 착각하곤 했던 것이다. 그러나 여러분도 이미 알고 있듯이 근본적인 물리적 장은 $\boldsymbol{B}$와 $\boldsymbol{E}$이고, $\boldsymbol{H}$는 거기서 파생된 개념에 불과하므로, 방정식 자체는 서로 비슷하다 해도 관련된 물리는 전혀 다르다. 그러나 "동일한 형태의 방정식은 동일한 해를 갖는다"는 수학적 원리를 사용하지 말아야 할 이유는 없다.

유전체에 뚫려 있는 다양한 구멍 내부의 전기장(그림 36-1에 요약되어 있음)을 이용하면 빈 구멍 안에 형성되는 $\boldsymbol{H}$를 알아낼 수 있고, $\boldsymbol{H}$를 알면 $\boldsymbol{B}$를 알 수 있다. 예를 들어, (1절에 요약된 결과를 이용하면) $\boldsymbol{M}$과 평행하게 나 있는 바늘 모양의 빈 구멍에 형성되는 $\boldsymbol{H}$는 그 물질 내부의 $\boldsymbol{H}$와 같다.

$$\boldsymbol{H}_{\text{구멍}} = \boldsymbol{H}_{\text{물질}}$$

그러나 빈 구멍 내에선 $\boldsymbol{M}=0$이므로

$$\boldsymbol{B}_{\text{구멍}} = \boldsymbol{B}_{\text{물질}} - \frac{\boldsymbol{M}}{\epsilon_0 c^2} \tag{36.33}$$

이다.

반면에, $\boldsymbol{M}$과 수직하게 나 있는 원판 모양의 빈 구멍에 대해서는 유전체에서 얻은 결과

$$\boldsymbol{E}_{\text{구멍}} = \boldsymbol{E}_{\text{유전체}} + \frac{\boldsymbol{P}}{\epsilon_0}$$

를 다음과 같이 옮기면 된다.

$$\boldsymbol{H}_{\text{구멍}} = \boldsymbol{H}_{\text{물질}} + \frac{\boldsymbol{M}}{\epsilon_0 c^2}$$

이 결과를 $\boldsymbol{B}$로 표현하면 다음과 같다.

$$\boldsymbol{B}_{\text{구멍}} = \boldsymbol{B}_{\text{물질}} \tag{36.34}$$

마지막으로, 공 모양의 빈 구멍은 식 (36.3)과 비교를 통해서

$$\boldsymbol{H}_{\text{구멍}} = \boldsymbol{H}_{\text{물질}} + \frac{\boldsymbol{M}}{3\epsilon_0 c^2}$$

또는

$$\boldsymbol{B}_{\text{구멍}} = \boldsymbol{B}_{\text{물질}} - \frac{2}{3}\frac{\boldsymbol{M}}{\epsilon_0 c^2} \tag{36.35}$$

으로 쓸 수 있다. 이 결과는 $\boldsymbol{E}$에 대한 결과 식을 보고 처음에 유추했던 '예상 답안'과 많이 다르다.

물론 직접 맥스웰 방정식을 이용하면, 동일한 결과를 좀 더 물리적인 방법으로 얻을 수 있다. 예를 들어, 식 (36.34)는 $\nabla \cdot \boldsymbol{B} = 0$으로부터 바로 얻어진다(가우스 면을 반은 물질 안에, 그리고 반은 바깥에 걸치도록 잡으면 된다). 또한 구멍 내부에서 출발하여 위로 올라가다가 물질을 통해 돌아오는 곡선을 따라 선적분을 수행하면 식 (36.33)을 얻을 수 있다. 물리적으로, 구멍의 내부에 형성되는 장은 $\nabla \times \boldsymbol{M}$으로 주어지는 표면 전류 때문에 크기가 줄어든다. 공 모양 구멍의 경계면에서 표면 전류의 효과를 고려하면 식 (36.35)도 구할 수 있는데, 이것은 여러분이 직접 해보기 바란다.

식 (36.29)로부터 평형 상태의 자화를 구하려면 $\boldsymbol{H}$를 가지고 계산하는 것이 편리하다. 따라서, 다음과 같이 써 보자.

$$\boldsymbol{B}_a = H + \lambda \frac{\boldsymbol{M}}{\epsilon_0 c^2} \tag{36.36}$$

물론 공 모양 구멍의 근사를 취하는 경우에는 $\lambda = \frac{1}{3}$이지만, 나중에 다른 값을 사용하는 경우도 생길 것이므로 지금은 조절 가능한 매개 변수로 취급하기로 한다. 그리고 장의 방향이 모두 같은 경우를 살펴볼 예정이므로, 벡터의 방향에 대해서는 신경 쓰지 않아도 된다. 이제 식 (36.36)을 식 (36.29)에 대입하면 자화 M과 자화장 H를 연결하는 다음의 관계식이 얻어진다.

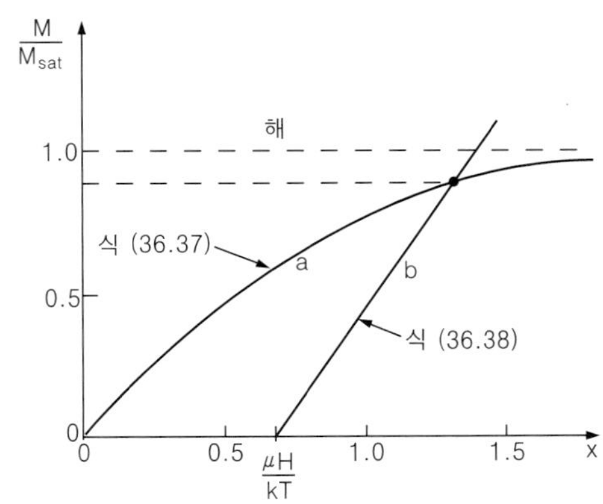

그림 36-13 식 (36.37)과 (36.38)의 그래프 해

$$M = N\mu \tanh\left(\mu \frac{H + \lambda M/\epsilon_0 c^2}{kT}\right)$$

이 식은 해석적으로 풀 수 없으므로, 그래프를 그려서 답을 구해야 한다.

일단은 식 (36.29)를 다음과 같이 써서, 우리의 문제를 일반적인 형태로 표현해 보자.

$$\frac{M}{M_{\text{sat}}} = \tanh x \tag{36.37}$$

여기서 M_{sat}는 자화의 포화 값, 즉 $N\mu$를 의미하고, x는 $\mu B_a/kT$이다. M/M_{sat}와 x의 관계는 그림 36-13의 곡선 a로 표현된다. 또한 B_a에 대한 식 (36.36)을 이용하면 x를 M의 함수로 표현할 수 있다.

$$x = \frac{\mu B_a}{kT} = \frac{\mu H}{kT} + \left(\frac{\mu\lambda M_{\text{sat}}}{\epsilon_0 c^2 kT}\right)\frac{M}{M_{\text{sat}}} \tag{36.38}$$

H가 어떤 값을 갖건 간에 M/M_{sat}와 x의 관계는 선형적이며, x절편은 $x = \mu H/kT$이고 기울기는 $\epsilon_0 c^2 kT/\mu\lambda M_{sat}$이다. 이 관계를 그림으로 나타내면 어떤 특정한 H값에 대하여 그림 36-13의 b와 같은 직선이 될 것이다. 곡선 a와 직선 b의 교점이 바로 우리가 찾는 답(M/M_{sat})이다. 이것으로 문제는 해결되었다.

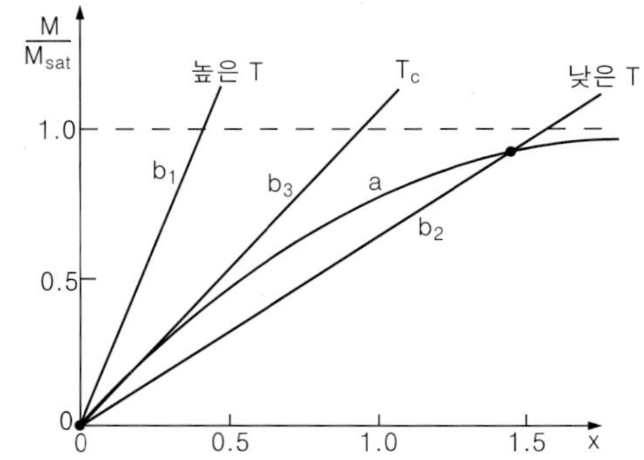

그림 36-14 $H=0$일 때 자화 구하기

이제 다양한 상황에서 해를 구해 보자. 먼저 $H=0$인 경우부터 시작하는 것이 좋겠다. 이 경우에는 그림 36-14의 선 b_1과 b_2로 표시된 두 가지 상황이 가능하다. 식 (36.38)을 자세히 보면, 직선의 기울기가 절대 온도 T에 비례한다는 것을 알 수 있다. 그러므로 '고온에서는' b_1과 같은 직선이 되고, 해는 $M/M_{sat}=0$이다. 즉, 자화장 H가 0이면 자화도 0이다. 그러나 '저온에서는' 직선이 b_2와 같이 되며, M/M_{sat}의 값이 '두 개' 존재한다. 이 중 하나는 $M/M_{sat}=0$에 해당되며, 다른 하나는 M/M_{sat}가 거의 1에 가까운 값을 갖는다. 밝혀진 바에 의하면 안정적인 해는 두 번째 해이다. 두 해의 근처에서 작은 변화를 고려해 보면 그 이유를 알 수 있다.

이 논리에 의하면, 자성체는 충분히 낮은 온도에서 '자발적으로' 자화되어야 한다. 즉, 열적인 요동이 충분히 작아지면, 원자 자석들 사이의 상호작용에 의해 모두 같은 방향으로 정렬된다는 뜻이다. 11장에서 언급했던 강유전체(ferroelectrics)와 비슷하게, 영구적인 자화가 일어나는 것이다.

높은 온도에서 출발하여 점차 온도를 내리다 보면 도중에 퀴리 온도 T_c라 불리는 임계 온도에 이르게 되는데, 이 시점에서부터 물체는 돌연 강자성을 띠기 시작한다. 이 온도는 그림 36-14에서 곡선 a에 접하는 직선 b_3에 해당하며, 따라서 기울기는 1이다. 퀴리 온도는 다음과 같이 주어진다.

$$\frac{\epsilon_0 c^2 kT_c}{\mu\lambda M_{sat}} = 1 \tag{36.39}$$

원한다면, T_c를 사용하여 식 (36.38)을 아래와 같이 간단하게 쓸 수 있다.

$$x = \frac{\mu H}{kT} + \frac{T_c}{T}\left(\frac{M}{M_{sat}}\right) \tag{36.40}$$

이제 자화장 H가 작을 때는 어떻게 되는지 알아보자. 그림 36-14에서 직선을 조금 오른쪽으로 이동시켜 보면, 어떤 일이 일어나는지 알 수 있다. 온도가 낮으면 곡선 a의 교점이 기울기가 더 완만한 쪽으로 옮겨 가기 때문에 M은 크게 변하지 않는다. 그러나 온도가 높아지면 기울기가 가파른 쪽으로 교점이 이동하면서 M에 커다란 변화가 초래된다. 여기 해당되는 곡선 a의 부분은 기울기가 1인 직선으로 근사하여($\tanh x \simeq x$) 다음과 같이 쓸 수 있다.

$$\frac{M}{M_{sat}} = x = \frac{\mu H}{kT} + \frac{T_c}{T}\left(\frac{M}{M_{sat}}\right)$$

이 식을 M/M_{sat}에 대해 풀면

$$\frac{M}{M_{sat}} = \frac{\mu H}{k(T-T_c)} \tag{36.41}$$

가 된다. 이것은 우리가 상자성을 공부하면서 얻었던 법칙과 매우 비슷하다. 상자성의 경우에는 다음과 같은 관계가 성립했었다.

$$\frac{M}{M_{\text{sat}}} = \frac{\mu B}{kT} \tag{36.42}$$

한 가지 차이는 자화를 H로 표현했다는 점인데, 여기에는 원자 자석들 간의 상호작용 효과가 어느 정도 포함되어 있다. 그러나 가장 중요한 차이점은 자화가 절대 온도 T에 반비례하지 않고 T와 T_c의 '차이'에 반비례한다는 사실이다. 이웃하는 원자들 사이의 상호작용을 무시하는 것은 곧 $\lambda=0$으로 놓는 것에 해당되는데, 이것은 식 (36.39)에서 $T_c=0$을 의미한다. 따라서 모든 결과는 35장과 정확하게 일치하게 되는 것이다.

우리의 이론은 니켈에 대한 실험 데이터로부터 확인할 수 있다. 실험적으로 관측된 바에 의하면, 니켈은 631°K 이상의 온도에서 강자성을 상실하는데, 이 온도를 식 (36.39)로 계산된 T_c와 비교해 보자. $M_{\text{sat}}=\mu N$임을 이용하면

$$T_c = \lambda \frac{N\mu^2}{k\epsilon_0 c^2}$$

이다. 또한 니켈의 밀도와 원자량으로부터

$$N = 9.1 \times 10^{28}\text{m}^{-3}$$

임을 알 수 있다. 식 (36.28)의 μ값을 사용하고 $\lambda=\frac{1}{3}$로 놓으면

$$T_c = 0.24°\text{K}$$

가 되는데, 이는 실험 결과(631°K)와 무려 2600배나 차이가 난다! 강자성에 관한 우리의 이론은 완전히 실패작이다.

어떻게 구제할 길이 없을까? 바이스(Weiss)가 그랬던 것처럼, "이유야 어쨌건 간에 λ값은 $\frac{1}{3}$이 아니라 $2600\times\frac{1}{3} \simeq 900$정도이다"라고 가정하여 이론과 실험을 억지로 끼워 맞출 수도 있다. 이렇게 하면 철과 비슷한 다른 강자성체에 대해서도 실제와 비슷한 값이 얻어진다. 이 말이 무슨 뜻인지 이해하기 위해, 식 (36.36)으로 돌아가 보자. λ가 크다는 것은 원자에 작용하는 국소 자기장 B_a가 우리의 생각보다 엄청나게 크다는 것을 의미한다. 실제로 식 (36.36)에 $H=B-M/\epsilon_0 c^2$을 대입하면

$$B_a = B + \frac{(\lambda-1)M}{\epsilon_0 c^2}$$

이 된다. $\lambda=\frac{1}{3}$인 우리의 원래 이론에 의하면, 국소 자기장 B_a는 국소 자화 M으로 인해 $-\frac{2}{3}M/\epsilon_0$만큼 '줄어든다.' 구멍을 공 모양이 아닌 다른 모양으로 가정한다 해도, 국소 자기장이 '어느 정도' 줄어든다는 결과가 얻어질 것이다. 그러나 강자성 현상을 설명하려면 국소 자기장이 자화로 인해 상당히 크게(천 배 이

상) '강화된다'고 생각할 수밖에 없다. 지금으로서는 원자에 그토록 막대한 크기의 자기장이 형성되는 이유를 설명할 수 없다. 장의 부호만이라도 국소 자기장이 강화되는 쪽으로 나오게 만드는 것조차 만만치가 않다! 따라서 강자성에 대한 우리의 자기 이론은 참담한 실패임을 인정해야 할 것 같다. 그렇다면 강자성은 이웃하는 원자의 전자들 사이에 존재하는 어떤 '비(非)자기적' 상호작용과 관련되어 있을 거라는 결론을 내릴 수밖에 없다. 만일 그렇다면 이 상호작용은 주변의 스핀들을 모두 한 방향으로 정렬시키는 강력한 힘을 발휘해야 한다. 나중에 알게 되겠지만, 이 문제는 양자역학 및 파울리의 배타 원리(Pauli exclusion principle)와 깊이 관련되어 있다.

마지막으로, 온도가 낮은 경우($T < T_c$)를 살펴보자. 앞서 확인한 바와 같이, 온도가 낮으면 ($H=0$이라 해도) 그림 36-14의 곡선 a와 직선 b_2의 교점으로 주어지는 자발 자화 현상이 나타난다. 다양한 온도에 대하여(즉, 직선 b_2의 기울기를 변화시켜 가면서) M을 계산해 보면 그림 36-15와 같은 곡선이 얻어지는데, 이 곡선은 원자의 자기 모멘트가 단 한 개의 전자로부터 기인하는 모든 강자성 물질에 동일하게 적용된다(물질에 따라 아주 조금씩 달라질 뿐이다).

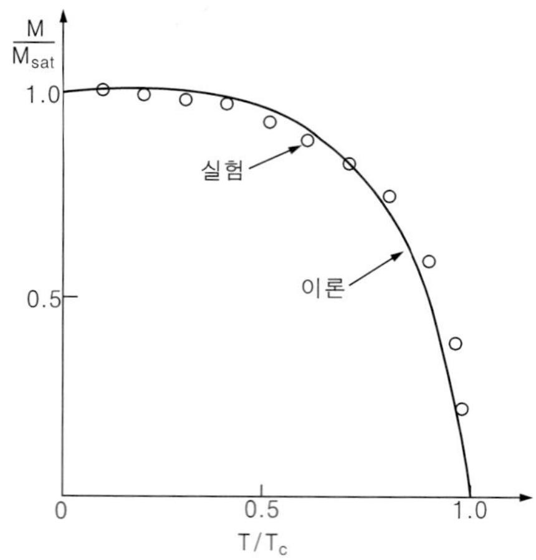

그림 36-15 온도의 함수로 나타낸 니켈의 자발 자화

T가 절대 온도 0°K에 접근하는 극단적인 경우, M은 M_{sat}에 가까워진다. 여기서 온도를 서서히 올려 주면 자화가 점점 줄어들다가 퀴리 온도에서 0으로 떨어진다. 그림 36-15에 찍혀 있는 점들은 니켈에 대해서 실험적으로 측정한 값들인데, 이론적인 곡선과 비교적 잘 맞는 것을 볼 수 있다. 근본적인 메커니즘은 아직 오리무중이지만, 이론의 일반적인 특성은 대체로 옳은 것 같다.

진짜 마지막으로, 강자성을 이해하려는 우리의 시도에 혼란스러운 모순점이 있음을 지적하고자 한다. 지금까지 알아낸 바에 의하면, 강자성체는 어떤 온도 이상에서 자화 M이 H(또는 B)에 비례하는 상자성체처럼 행동해야 하고, 그 온도 이하에서는 자발적으로 자화되어야 한다. 그러나 실제로 철의 자화 곡선을 실험적으로 구해 보면 전혀 그렇지 않다. 철은 외부에서 누군가가 '먼저' 자화시켜 놓아야 영구적으로 자화될 수 있다. 그런데 방금 살펴본 이론에 의하면 철은 스스로 자화되어야 한다! 대체 어디가 어떻게 잘못된 것일까? 사실, 철이나 니켈 결정의 '지극히 작은 영역'은 완전하게 자화되어 있다! 그러나 커다란 철 덩어리 속에는 제각기 다른 방향으로 자화된 수많은 작은 영역들, 즉 '도메인(domain)'들이 존재한다. 거시적인 스케일에서 '평균' 자화가 0인 것처럼 보이는 것은 바로 이런 이유 때문이다. 각각의 작은 도메인에서 볼 때 철은 특정 방향으로 자화되어 있으며, 자화 M은 거의 M_{sat}에 가까운 값을 갖는다. 이러한 도메인 구조 때문에 커다란 덩어리 자성 물질의 거시적 성질은 여태껏 설명한 미시적 성질과 상당히 다르다. 다음 장에서는 덩어리 자성 물질들의 거시적 성질에 대해 알아보기로 한다.

CHAPTER 37
자성체

37-1 강자성의 이해

37-1 강자성의 이해
37-2 열역학적 성질
37-3 이력 곡선
37-4 강자성체
37-5 특이한 자성체

참고 문헌 :

Bozorth, R. M., "Magnetism," *Encyclopaedia Britannica*, Vol. 14, 1957, pp. 636-667.

Kittel, C., *Introduction to Solid State Physics*, John Wiley and Sons, Inc., New York, 2nd ed., 1956.

이 장에서는 강자성체의 특성과 그 밖의 특이한 자성 물질에 대해 알아볼 예정이다. 진도를 나가기 전에, 36장에서 공부한 내용을 간단히 정리해 보자.

첫째로, 우리는 자성의 원인이 되는 원자 전류가 물질 내부에 흐르고 있다고 상상하여, 그 전류를 부피 전류 밀도 $\boldsymbol{j}_{자화}=\nabla\times\boldsymbol{M}$으로 나타냈다. 그러나 명심하라. 이것은 결코 '실제의' 전류가 아니다! 자화가 균일할 때, 실제로 전류는 정확하게 상쇄되지 않는다. 즉, 한 원자에 속한 전자가 궤도를 돌면서 만들어 내는 전류는 이웃한 원자에 속한 다른 전자가 만드는 전류와 정확하게 상쇄되지 않는다는 뜻이다. 심지어 한 원자 안에서도 자화는 고르게 분포되어 있지 않다. 예를 들어, 철 원자의 자화는 대충 공 모양의 껍질에 분포되어 있으며, 원자핵에 너무 가깝지도 멀지도 않다. 이와 같이, 물질의 자성은 매우 복잡하고 불규칙한 현상이다. 그러나 지금 당장은 세부적인 사항들을 무시하고 전체적인(그리고 평균적인) 관점에서 논의를 진행할 것이다. $\boldsymbol{M}=0$인 경우, 원자보다 훨씬 큰 유한한 면적의 내부에 흐르는 '평균' 전류는 0이라고 할 수 있다. 지금 우리가 말하는 '단위 부피당 자화'나 $\boldsymbol{j}_{자화}$ 등은 원자보다 훨씬 큰 규모에서 평균을 취한 값을 의미한다.

36장에서 확인한 바와 같이, 강자성체는 특정 온도 위에서는 강한 자성을 띠지 않다가, 그 온도 밑으로 내려가면 갑자기 자성을 띠게 된다. 이 사실은 간단한 실험으로 확인할 수 있다. 니켈로 만든 도선은 실온에서 자석에 끌려가지만, 도선을 가스불로 가열하여 온도를 퀴리 온도 이상으로 올리면 자성을 상실하여 더 이상 자석에 끌리지 않는다. 그러나 이 상태에서 니켈을 자석 옆에 두고 온도를 내리면 임계 온도 밑으로 내려가는 순간 갑자기 자석에 끌려간다!

현재의 강자성체 이론에 의하면, 강자성은 궁극적으로 전자의 스핀에 기인하는 성질이다. 전자의 스핀은 1/2이고, 이로부터 '1보어마그네톤'에 해당하는 $\mu=\mu_B=q_e\hbar/2m$의 자기 모멘트를 갖는다. 전자의 스핀은 '업' 또는 '다운' 상태를 가질 수 있다. 전자는 음의 전하를 갖고 있기 때문에, 스핀이 '업'일 때는 자기 모멘트가 음(−)이고, 스핀이 '다운'일 때는 양(+)의 자기 모멘트를 갖게 된다. 통상적인 관례에 따르면, 전자의 자기 모멘트 $\boldsymbol{\mu}$의 방향은 스핀의 방향과 반대이다. 주어진 자기장 $\boldsymbol{B}$ 속에 특정 방향으로 놓여 있는 자기 쌍극자의 에너지는 $-\boldsymbol{\mu}\cdot\boldsymbol{B}$

이다. 그러나 스핀을 띤 전자의 에너지는 이것뿐만 아니라 주변 스핀들의 정렬 상태에 따라서도 달라진다. 예를 들어, 철(Fe)을 이루는 한 원자의 자기 모멘트가 '업'이라면, 바로 옆에 있는 원자의 자기 모멘트도 똑같이 '업'으로 향하려는 경향이 매우 강하다. 철과 코발트, 니켈 등이 강한 자성을 띠는 것은 바로 이런 이유 때문이다. 원자의 자기 모멘트가 나란히 정렬하려는 경향이 있기 때문에 강한 자성이 나타나는 것이다. 우리에게 주어진 첫 번째 과제는 그 원인을 속 시원하게 규명하는 것이다.

양자역학이 한창 발달하던 무렵에, "자연에는 가까이 있는 전자의 스핀을 서로 '반대 방향으로' 향하게 만드는 매우 강력한 '겉보기 힘'(자기력이나 그 밖의 어떤 실제적인 힘은 아님)이 존재한다"는 사실이 밝혀졌다. 이 힘은 화학의 원자가결합력(valence force)과 밀접하게 연관되어 있다. 양자역학의 기본을 이루는 원리 중에는 '배타 원리(exclusion principle)'라는 것이 있다. 이 원리에 따르면 두 개의 전자는 동일한 양자 상태를 점유할 수 없다. 즉, 두 개의 전자는 같은 장소에서 동시에 같은 방향의 스핀을 가질 수는 없다는 뜻이다.*[1] 예를 들어, 두 개의 전자가 같은 위치에 있다면, 그들은 어쩔 수 없이 서로 반대 방향의 스핀을 가져야만 한다. 따라서 원자들 사이의 공간에 (화학 결합에서처럼) 전자들이 몰려들었을 때, 이미 한 곳을 점유한 전자 위에 또 다른 전자가 얹히려면, 이들의 스핀은 서로 반대 방향을 향해야 한다. 전자들이 서로 멀리 떨어져 있지 않으면서 스핀이 평행해지는 것은 자연의 법칙에 어긋난다. 이런 이유로, 가까이 있는 전자쌍의 스핀이 서로 평행한 경우는 스핀 방향이 반대인 경우보다 에너지가 훨씬 높다. 마치 스핀을 반대로 뒤집으려는 힘이 작용하는 듯한 효과가 나타나는 것이다. 스핀을 뒤집는 이 힘을 종종 '교환력(exchange force)'이라고 부르기도 하는데, 사실 이것은 신비감만 더할 뿐 그다지 좋은 용어는 아니다. 전자의 스핀 방향이 서로 반대가 되려는 경향은 바로 배타 원리 때문에 나타나는 현상이다. 사실, 배타 원리는 대부분의 물질들이 자성을 '띠지 않는' 이유를 설명해 주는 원리이다! 원자의 영향에서 벗어난 자유 전자들은 스핀이 서로 반대 방향으로 정렬되도록 기를 쓰고 있기 때문에 자성을 띠지 않게 되는 것이다. 정말 설명을 요하는 문제는 왜 철 같은 물질에서는 이와 정반대의 현상이 일어나는가 하는 것이다.

그런 물질에서는 하나의 전자 주변에 분포되어 있는 원자 자석들의 평균 자화가 M으로 주어졌을 때, 전자의 자기 모멘트가 주변 원자들의 평균 자화와 같은 방향으로 정렬하려는 강력한 경향을 보일 것이다. 이러한 정렬 효과는 에너지 식에 적당한 항을 하나 추가하여 표현할 수 있다. 그러므로 스핀이 취할 수 있는 두 가지 가능한 방향에 대해 다음과 같이 쓸 수 있다.*[2]

*[1] 제3권 4장(7절) 참조.

*[2] 36장의 내용과 일치시키기 위해 B 대신 $H=B-M/\epsilon_0c^2$으로 표현하였다. 여러분이 원한다면 $U=\pm\mu B_a=\pm\mu(B+\lambda' M/\epsilon_0c^2)$로 써도 무방하다($\lambda'=\lambda-1$).

$$\begin{aligned}\text{스핀 "업" 에너지} &= +\mu\left(H + \frac{\lambda M}{\epsilon_0 c^2}\right)\\ \text{스핀 "다운" 에너지} &= -\mu\left(H + \frac{\lambda M}{\epsilon_0 c^2}\right)\end{aligned} \tag{37.1}$$

양자역학이 스핀의 방향을 정하는 강력한 힘(우리가 예상했던 것과 반대 방향이긴 하지만)을 설명할 수 있다는 사실이 밝혀졌을 때, 학자들은 강자성도 이와 비슷한 힘으로 설명될 거라는 가설을 내세웠다. 그들은 철의 내부 구조가 워낙 복잡하여 상호작용 에너지 항의 부호가 반대로 나올 수 있을 거라고 생각했다. 이 가설은 양자역학이 처음으로 이해되기 시작한 1927년경에 처음으로 제시되었고, 그동안 많은 사람들이 여러 가지 추정과 계산을 통해 λ값을 이론적으로 예측해 왔지만, 가장 최근에 발표된 결과조차 '부호가 틀린' 답을 내놓고 있다. 이에 대한 현재의 이해 수준은 철 내부의 복잡한 사정 때문에 그럴 것이라고 생각하는 정도이고, 앞으로 어떤 천재가 혜성같이 나타나서 이러한 복잡한 사정을 고려한 계산을 통해 제대로 된 답을 찾아내길 기다리는 실정이다!

전자껍질의 안쪽에 속박되어 있는 전자들 중 자성의 원인이 되는 스핀 업 상태의 전자로 인해, 밖에서 자유롭게 돌아다니는 전도 전자들의 스핀은 그와 반대로 정렬되려는 경향을 갖는 것으로 짐작된다. 그 이유는 아마도 전도 전자가 '자성' 전자의 영역으로 침범해 들어오기 때문일 것이다. 전도 전자들은 자유롭게 움직일 수 있으므로, 반대로 뒤집힌 스핀을 가지려는 그들의 경향은 옆에 있는 원자로 전달될 수 있다. 즉, 자성 전자는 전도 전자의 스핀을 반대로 뒤집고, 그 전도 전자는 옆으로 옮겨 가서 그곳에 있는 자성 전자의 스핀을 '자신과 반대'가 되도록 뒤집는 것이다. 결국, 이러한 이중 상호작용은 이웃한 두 자성 전자의 스핀을 같은 방향으로 정렬시키는 효과를 준다. 다시 말해서, (강자성체에서) 스핀이 평행해지려는 경향이 나타나는 것은 스핀이 반대가 되게 하려는 경향을 어느 정도 전도 전자가 매개했기 때문이라는 것이다. 이 메커니즘에서 전도 전자들의 스핀이 완전히 반대로 뒤집혀야 할 필요는 없다. 다만, 스핀 다운이 되려는 경향이 어느 정도만 있으면 그것으로 충분하다. 계산을 직접 수행해 본 학자들은 이러한 원리에 의해 강자성이 생기는 것으로 믿고 있다. 그러나 여기서 강조해 둘 것은 원자 번호만으로(주기율표에서 물질의 원자 번호가 26이라는 사실만으로) λ값을 계산하는 방법은 아직 개발되지 않았다는 사실이다. 간단히 말해서, 아직은 어느 누구도 이 현상을 제대로 이해하지 못했다는 뜻이다.

일단은 이 이론을 좀 더 자세히 살펴본 후, 나중에 문제점을 알아보기로 하자. 한 전자의 자기 모멘트가 '업'이면, 이 전자의 에너지는 외부 자기장과 관계되어 있으며, 또한 (전도 전자가 매개하는 이중 상호작용에 의하여) 스핀이 평행해지려는 경향과도 관계가 있다. 스핀들이 서로 평행하면 에너지가 더 낮아지기 때문에, 이 효과는 종종 '유효 내부 장(effective internal field)'에 의해 나타나는 것으로 생각되곤 한다. 그러나 이것은 진짜 '자기력' 때문에 나타나는 효과가 아니다. 속사정은 이보다 훨씬 더 복잡하다. 어쨌거나, 우리는 식 (37.1)을 하나의 자성 전자가 가질 수 있는 두 가지 스핀 상태의 에너지에 대한 식으로 사용할 것이다. 온도가 T일 때, 각 상태에 있을 확률은 $e^{-\text{에너지}/kT}$에 비례하며, $x=\mu(H+\lambda M/\epsilon_0c^2)/kT$로 놓으면 $e^{\pm x}$로 쓸 수 있다. 자기 모멘트의 평균값을 계산하면 (지난 장에서처럼) 다음과 같이 된다.

$$M = N\mu \tanh x \tag{37.2}$$

다음으로, 물질의 내부 에너지를 계산해 보자. 우리는 전자의 에너지가 자기 모멘트에 비례한다는 사실을 이미 알고 있다. 따라서 평균 에너지의 계산과 평균 자기 모멘트의 계산은 동일한 작업이다. 그저 식 (37.2)에서 μ 대신 $-\mu B$, 즉 $-\mu(H+\lambda M/\epsilon_0c^2)$을 대입하면 된다. 이렇게 계산된 평균 에너지는 다음과 같다.

$$\langle U\rangle_{\text{av}} = -N\mu\left(H+\frac{\lambda M}{\epsilon_0c^2}\right)\tanh x$$

그러나 이 식은 정확하지 않다. 위의 식에 등장하는 $\lambda M/\epsilon_0c^2$항은 모든 가능한 원자 쌍들 사이의 상호작용을 나타내는데, 각각의 쌍들은 오직 '한 번만' 계산에 고려되어야 한다(한 전자의 에너지를 계산할 때 나머지 모든 전자와의 상호작용을 고려하고, 두 번째 전자의 에너지를 계산할 때도 나머지 모든 전자와의 상호작용을 고려한다면, 첫 번째 전자와 두 번째 전자 사이의 에너지를 두 번 계산한 셈이 된다). 그렇다고 매번 계산할 때마다 '이미 고려한 항'을 일일이 빼 줄 필요는 없고, '상호작용 항' 전체를 2로 나눠 주면 된다. 따라서 올바른 식은 다음과 같다.

$$\langle U\rangle_{\text{av}} = -N\mu\left(H+\frac{\lambda M}{2\epsilon_0c^2}\right)\tanh x \tag{37.3}$$

우리는 36장에서 한 가지 재미있는 사실을 발견했다. 특정 온도 아래에서는 외부 자기장이 없어도 자기 모멘트가 '0이 아닌' 해가 존재한다는 것이다. 식 (37.2)에서 $H=0$으로 놓으면

$$\frac{M}{M_{\text{sat}}} = \tanh\left(\frac{T_c}{T}\frac{M}{M_{\text{sat}}}\right) \tag{37.4}$$

이 되는데, 여기서 $M_{\text{sat}}=N\mu$이고 $T_c=\mu\lambda M_{\text{sat}}/k\epsilon_0c^2$이다. 이 식을 어떻게든 풀어서 M/M_{sat}를 T/T_c의 함수로 그려 보면 그림 37-1에 '양자 이론'이라고 표시된 곡선이 얻어진다. '코발트, 니켈'이라고 표시된 점선은 이들 원소의 결정에 대한 실험 결과이다. 보다시피 이론과 실험이 그럴듯하게 잘 맞아떨어지고 있다. 또한 이 그림에는 "원자의 스핀은 어떤 방향으로든 향할 수 있다"는 가정하에 계산된 고전 이론의 결과도 나와 있다. 그림에서 볼 수 있듯이 고전 이론은 실험과 전혀 일치하지 않는다.

양자역학조차도 고온 영역과 저온 영역에서는 실험 결과와 어느 정도의 오차를 보이고 있다. 다소 허술한 근사법을 사용한 것이 그 원인이다. 우리는 한 원자의 에너지가 주변 원자들의 '평균' 자화에 의존한다고 가정했었다. 다시 말해서, 주어진 원자 주변에 있는 스핀 '업'인 원자들 하나하나가 양자역학적인 정

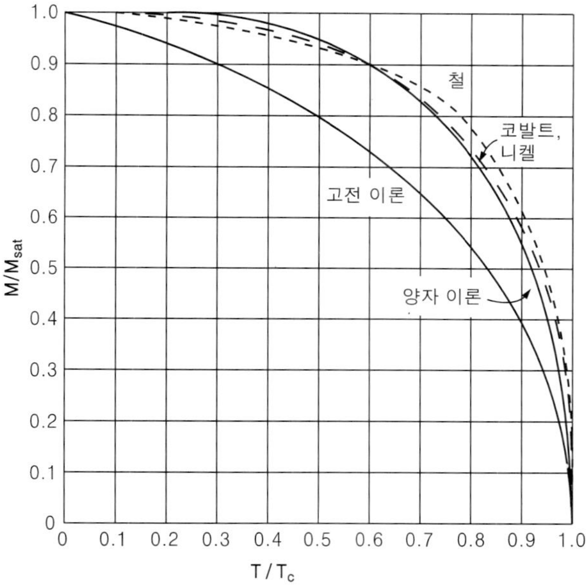

그림 37-1 온도의 함수로 나타낸 강자성 결정의 자발 자화($H=0$) [『브리태니커 백과사전』의 허가를 받아 게재함]

렬 효과로 인해 원자의 에너지에 기여할 것이다. 그러나 도대체 몇 개의 원자가 스핀 '업' 상태라는 말인가? 물론 평균적인 값은 자화 $\boldsymbol{M}$으로부터 알 수 있다. 그러나 이 값은 어디까지나 '평균'일 뿐이다. 개중에는 주변의 모든 원자들이 '업' 상태에 있는, 그런 원자도 존재할 수 있다. 이런 경우에 원자의 에너지는 평균보다 클 것이다. 또 다른 원자는 업 스핀, 다운 스핀이 반반씩 섞여 있는 이웃에 의해 둘러싸여 있을 수도 있다. 이런 경우에는 에너지 기여가 전혀 없을 것이다. 이와 같이 원자의 주변 환경은 제각기 다르고 업-다운의 개수도 제각각이므로, 평균을 낼 때에는 세심한 주의를 기울여야 한다. 평균적인 영향을 단순히 모든 원자에 일률적으로 적용하는 것보다는, 개개의 원자가 처한 실제 상황의 에너지를 계산해서 '그 에너지들의 평균'을 구하는 것이 옳다. 그러나 이웃 원자들 중 몇 개가 '업'이고 몇 개가 '다운'인지를 어떻게 알 수 있을까? 우리가 알고 싶은 내용이 바로 이 질문의 해답이다. 이것은 매우 복잡하게 얽힌 상관관계(correlation)에 관한 문제로서, 저명한 물리학자들의 이름으로 논문도 여러 편 발표되었지만 아직 시원하게 해결되지 않고 있다.

저온에서 대부분의 원자 자석들이 '업' 상태이고 극소수만 '다운'인 경우에는 문제가 쉽게 해결된다. 그리고 퀴리 온도를 훨씬 상회하는 고온에서 스핀이 거의 무작위적으로 분포되어 있는 경우에도 쉽게 풀 수 있다. 간단한 계에 대해서는 이론과 실험의 작은 오차까지도 계산해 낼 수 있다. 저온의 간단한 계에서 오차가 발생하는 이유는 거의 명쾌하게 밝혀졌으며, 고온에서 자화가 오차를 보이게 되는 (필연적인) 통계적 이유도 물리적으로 이해하고 있다. 그러나 퀴리 온도 근처에서 나타나는 거동은 아직도 완전하게 이해하지 못하고 있다. 물리학계의 스타가 되기를 원하는 학생이라면 한 번쯤 도전해 봐도 좋을 것이다.

37-2 열역학적 성질

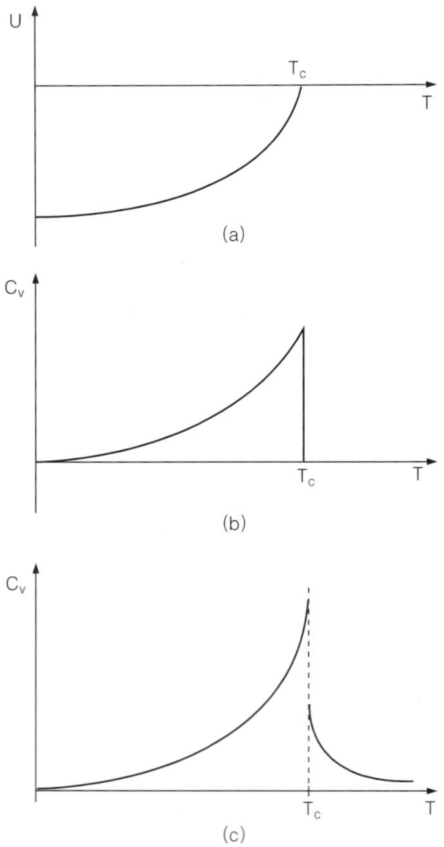

그림 37-2 강자성 결정의 단위 부피당 에너지와 비열

우리는 36장에서 강자성체의 열역학적 성질들을 계산하기 위한 기초 작업을 수행하였다. 물체의 열역학적 성질은 결정의 내부 에너지와 밀접하게 관련되어 있으며, 내부 에너지는 여러 스핀들 사이의 상호작용을 고려한 식 (37.3)으로 주어진다. 퀴리온도 아래에서의 자발 자화 에너지를 구하려면 식 (37.3)에서 $H = 0$으로 놓고 $\tanh x = M/M_{\text{sat}}$를 이용하면 M^2에 비례하는 평균 에너지가 얻어진다.

$$\langle U \rangle_{\text{av}} = -\frac{N\mu\lambda M^2}{2\epsilon_0 c^2 M_{\text{sat}}} \tag{37.5}$$

자화로 인한 에너지를 온도의 함수로 그려 보면 그림 37-2(a)와 같은 곡선이 얻어지는데, 이것은 그림 37-1의 곡선을 제곱한 후 음의 부호를 붙인 것과 같다. 그다음, 이 물질의 '비열(specific heat)'을 측정하면 그림 37-2(a) 곡선의 도함수에 해당하는 곡선이 얻어진다. 이 곡선은 그림 37-2(b)에 제시되어 있다. 온도를 올리면 비열이 서서히 증가하다가 $T = T_c$에서 갑자기 0으로 떨어진다. 비열의 급격한 하락은 자기 에너지 곡선의 기울기 변화에 기인하는 것으로, 정확하게 퀴리 온도에서 나타난다. 따라서 자기적 성질을 제쳐 두고 이러한 열역학적인 성질만 측정해도, 철이나 니켈 같은 물질의 내부에서 무언가 특이한 일이 벌어지고 있다는 사실을 알 수 있다. 그러나 (요동이 고려된) 이론 및 실험에 의하면 실제 상황은 훨씬 더 복잡하여 이런 간단한 곡선으로 표현될 수 없다. 실제 곡선은 정점에서 좀 더 높이 올라가고, 0으로 감소할 때는 그렇게 급격하게 떨어지지는 않는다. 심지어는 스핀이 '평균적으로 무작위 상태'가 될 정도로 온도가 높을 때에도 일부 영역은 여전히 자화되어 있으며, 이런 영역에서 스핀들은 약간의 추가적인 상호작용 에너지를 더 갖고 있다. 물론, 온도를 좀 더 높여서 운동 상태가 완전히 무작위적이 되면 이러한 특성은 점차 사라진다. 따라서 실제 곡선의 모양은 그림 37-2(c)와 같다. 오늘날 이론물리학이 안고 있는 가장 큰 과제 중 하나는 퀴리 온도 근처에서 비열의 변화를 이론적으로 정확하게 설명하는 것이다. 이 역시 매우 흥미로운 문제로서 아직까지 미해결 상태이다[이러한 임계점 부근에서의 상전이 현상에 대한 이해는 1970년대 초에 들어와 윌슨(K. Wilson)의 재규격화 군 이론(renormalization group theory)이 나오면서 새로운 전기를 맞이하였다 : 옮긴이]. 이 문제는 퀴리 온도에서 나타나는 자화 곡선의 모양과 매우 밀접하게 관련되어 있다.

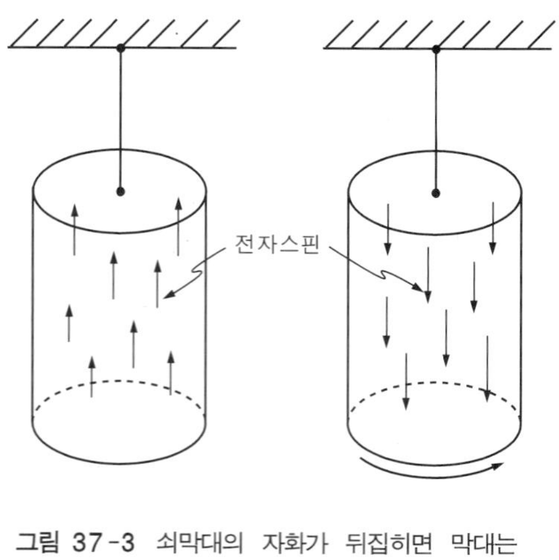

그림 37-3 쇠막대의 자화가 뒤집히면 막대는 회전한다.

이제, 열역학적 실험이 아닌 다른 실험으로 관심을 돌려 보자. 지금부터 설명할 실험은 자성을 이해하는 우리의 방식이 어느 정도 신뢰할 수 있음을 보여준다. 물질이 충분히 낮은 온도에서 자화되어 포화 상태에 이르면, M은 거의 M_{sat}에 가까워진다. 즉, 거의 모든 스핀이(물론 자기 모멘트도) 평행하게 정렬된다. 이 사실은 실험으로 확인할 수 있다. 막대자석을 가느다란 실에 매달아 놓고 그 둘레에 코일을 감아 놓는다. 이렇게 하면 자석을 건드리거나 토크를 가하지 않고서도 전류의 방향을 바꿈으로써 자기장의 방향을 바꿀 수 있다. 그러나 이것은 매우 어려운 실험이다. 왜냐하면 자기력이 너무 강해서 철의 모양이 조금이라도 삐뚤어져 있거나 미세한 요철이나 흠이 있으면 우연히 토크가 생길 수도 있기 때문이다. 어쨌거나, 이 실험은 원치 않는 토크가 최소화되도록 매우 엄격하게 제어된 상태에서 성공적으로 수행된 바 있다. 코일의 자기장을 이용하면 원자 자석들을 한꺼번에 모두 뒤집을 수 있는데, 이때 모든 스핀의 각운동량도 '업'에서 '다운'으로 바뀌게 된다(그림 37-3 참조). 스핀이 모두 뒤집힐 때 각운동량이 보존되려면 막대의 나머지 부분의 각운동량이 반대로 변해야 하므로, 자석 전체가 돌기 시작한다. 실제 실험에서도 자석이 약간 돌아가는 현상이 관측되었다. 또한 전체 자석의 총 각운동량도 측정할 수 있는데, 이론적으로는 각 스핀의 각운동량 변화량의 합, 즉 $N\hbar$이다. 이렇게 측정한 각운동량과 자기 모멘트의 비율은 오차 범위 10% 이내에서 우리의 계산 결과와 일치한다. 사실, 우리의 계산은 원자의 자성이 순전히 전자의 스핀에 기인한다는 가정하에 수행된 것이다. 그러나 실제로 대부분의 물질에서는 스핀과 함께 어느 정도의 궤도 운동이 존재한다. 궤도 운동은 격자에 구속되어 그리 자유롭지 못하기 때문에, 전체 자성에 수 %밖에 기여하지 못한다. 철의 밀도를 7.9로 놓고 스핀하는 전자의 자기 모멘트 μ를 이용해서 $M_{\text{sat}}=N\mu$가 되게 하는 포화 자기장을 계산해 보면, 대략 20,000가우스 정도가 나온다. 그런데 실험적으로 측정된 포화 자기장의 값은 약 21,500가우스 근처로서, 이것은 궤도 운동에 의한 자기 모멘트를 무시했을 때 나타나는 전형적인 오차(5~10%)이다. 그러므로 자기 회전 측정(gyromagnetic measurement)에서 약간의 오차가 생기는 것은 당연한 일이다.

37-3 이력 곡선

이로써 우리는 강자성체가 특정 온도 아래에서 자발적으로 자화되며, 이때 내부의 스핀들이 모두 같은 방향으로 정렬된다는 결론을 내릴 수 있다. 그러나 다들 알다시피, '자화되지 않은' 평범한 철은 우리의 결론을 따르지 않는다. 모든 철이 자화되어 있지 않은 이유는 무엇인가? 그림 37-4를 이용하면 그 답을 알 수 있다. 철의 구조가 그림 37-4(a)와 같이 거대한 단결정 형태이며, 한 방향으로 자발적으로 자화되어 있다고 가정해 보자. 그러면 당연히 외부에는 제법 강한 자기장이 형성되어 있을 것이고, 에너지도 상당히 클 것이다. 그림 37-4(b)와 같이 자석을 두 부분으로 나눠서 한쪽은 '업'으로 자화시키고, 다른 한쪽은 '다운'으로 자화시키면, 자기장은 철 바깥으로 멀리 퍼지지 못하기 때문에 장 에너지가 감소한다.

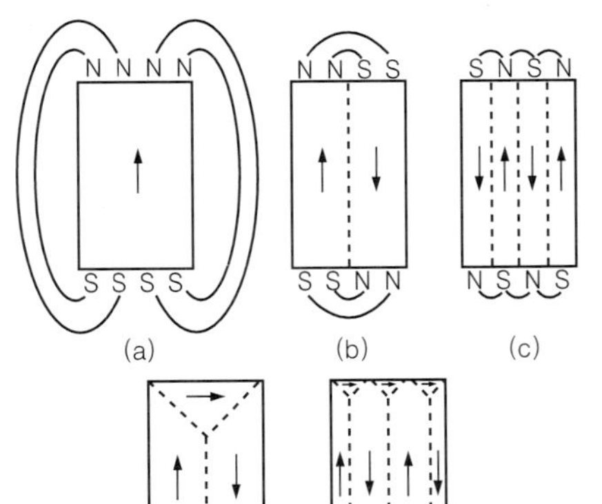

그림 37-4 철 단결정 내의 도메인 형성 [Charles Kittel, *Introduction to Solid State Physics*, John Wiley and Sons, Inc., New York, 2nd ed., 1956.]

그러나 잠깐! 두 영역의 경계면에서는 업-스핀 전자와 다운-스핀 전자가 바로 이웃해 있다. 그러나 강자성은 전자의 스핀이 반대일 때보다 '평행'할 때 에너지가 더 낮아지는 물질에 한하여 나타난다. 그러므로 그림 37-4(b)에 점선으로 표시된 경계면을 따라 약간의 추가적인 에너지가 존재할 것이다. 이 에너지를 종종 '벽 에너지(wall energy)'라고 부른다. 또 자화의 방향이 한 방향으로 통일되어 있는 영역을 '도메인(domain)'이라고 한다. 두 도메인 사이의 경계면(벽)에서는 스핀 방향이 서로 반대인 원자들이 이웃해 있으므로, 벽에는 단위 면적당 에너지가 존재한다. 지금까지 우리는 벽을 경계로 이웃한 원자들의 스핀 방향이 정반대인 것처럼 말해 왔는데, 실제로는 어느 정도 점진적으로 변한다. 그러나 현 시점에서 이런 세세한 사항까지 걱정할 필요는 없다.

이제 다음과 같은 질문을 제기해 보자. "벽(wall)이 있어서 좋은 점은 무엇인가?" 답부터 말하면, 도메인의 '크기'에 따라 다르다. 예를 들어, 철로 만들어진 자석을 정확하게 두 배로 키웠다고 가정해 보자. 그러면 주어진 세기의 자기장으로 채워진 외부 공간의 부피는 8배로 늘어날 것이고, 부피에 비례하는 자기장의 에너지 역시 8배로 커질 것이다. 그러나 두 도메인 사이의 경계면의 넓이는 단지 4배밖에 늘어나지 않는다. 벽 에너지는 넓이에 비례하므로, 역시 4배 증가할 것이다. 그러므로 에너지 절약이라는 측면에서 볼 때, 철 덩어리가 충분히 큰 경우에는 영역을 나눠서 더 많은 도메인을 만드는 것이 유리하다. 단일 도메인이 매우 작은 결정에서만 나타나는 것은 바로 이런 이유 때문이다. 그러나 크기가 대략 0.01mm 이상인 물체들은 적어도 하나 이상의 도메인 벽을 갖고 있으며, cm단위의 보통 물체들은 그림과 같이 수많은 도메인으로 나누어져 있다. 도메인의 분할 과정은 '벽 하나를 추가할 때 필요한 에너지가 결정 외부 자기장의 에너지 감소량과 맞먹을 때까지' 계속된다.

그러나 자연은 에너지를 절약하는 또 다른 방법을 찾아냈다. 그림 37-4(d)와 같이 작은 삼각형 영역이 '옆으로' 자화되면, 자기장은 결정 밖으로 전혀 나가지 않는다.* 그림 37-4(d)의 경우에는 외부 자기장이 존재하지 않으며, 약간의 벽만 더 추가될 뿐이다.

그러나 이렇게 되면 새로운 문제가 발생한다. 지금까지 밝혀진 바에 따르면, 철의 단결정이 자화될 때에는 자화된 방향으로 결정의 길이가 변한다. 따라서 '업'으로 자화되어 있는 '이상적인' 정육면체 결정은 더 이상 완벽한 '정육면체'가 아니다. 수직 방향의 길이가 수평 방향의 길이와 다르기 때문이다. 이런 효과를 '자기 변형(magnetostriction)'이라고 한다. 결정의 형태가 변하면 그림 37-4(d)의 삼각형 영역은 주어진 공간 안에 딱 들어맞지 않게 된다. 결정의 한쪽이 너무 길어졌고 다른 한쪽은 너무 짧아졌기 때문이다. 물론, 실제로는 그런대로 들어맞긴 하지만 다소 찌그러진 상태가 될 수밖에 없다—이런 이유로 어느 정도의 기계적 응력이 내부에 존재하게 된다. 따라서 이러한 배열의 경우에도[그림 37-4(d)] 추가적인 에너지가 필요하게 된다. 자화되지 않은 철 덩어리 내부에 형성된 복잡한 형태의 도메인들은 이런 모든 종류의 에너지 득실을 따져서 가장 유리한 쪽으로 배열된 결과이다.

여기에 외부 자기장을 걸어 주면 어떻게 될까? 간단한 예로, 그림 37-4(d) 형태의 도메인을 갖는 결정을 생각해 보자. 여기에 자기장을 위쪽 방향으로 걸어 주면 결정은 어떤 방식으로 자화될 것인가? 일단, 중앙에 있는 도메인 벽은 에너지를 줄이기 위해 옆으로(오른쪽으로) 이동할 것이다. 그래야 '업' 상태인 영역이

* 여러분은 이런 의문을 떠올릴지도 모른다. "'업' 이나 '다운' 중 하나이어야 할 스핀이 어떻게 '옆으로' 누울 수 있다는 말인가요?" 좋은 질문이다. 그러나 지금은 이 문제를 심각하게 고려하지 않을 것이다. 일단은 고전적인 관점을 받아들여서, 원자 자석들이 옆으로도 자화될 수 있는 '고전적 쌍극자'라고 생각하자. '업-다운'과 '좌-우'로 동시에 양자화되는 과정을 양자역학적으로 이해하려면 상당히 전문적인 지식이 필요하다.

'다운' 상태인 영역보다 넓어질 수 있기 때문이다. 이렇게 되면 더 많은 원자 자석들이 자기장 방향으로 정렬하기 때문에 에너지가 낮아진다. 따라서 약한 자기장 속에 (이제 막 자화가 시작되는 단계의) 철 덩어리가 놓이면 자기장과 반대 방향으로 자화된 영역들을 잠식해 들어가는 쪽으로 도메인 벽이 이동한다. 자기장의 세기가 점점 증가하면 결정 전체가 점진적으로 하나의 거대한 도메인으로 바뀌는 과정이 진행되는데, 이러한 정렬은 외부 자기장이 작용하는 한 계속 유지된다. 강한 자기장 속에서는 결정 전체가 한 방향으로 정렬하려는 경향이 있는데, 이것 역시 에너지를 최소화하려는 노력의 일환으로 이해할 수 있다. 결정 자체가 만드는 자기장은 더 이상 큰 문제가 되지 않는다.

기하학적 구도가 복잡한 경우에는 어떻게 될 것인가? 결정축과 자발 자화의 방향이 같은 상태에서 자기장을 다른 방향으로(예를 들면 45° 각도로) 걸어 주면 어떻게 될까? 언뜻 생각하기에는 자화의 방향을 외부 자기장에 평행하게 맞추는 쪽으로 도메인들이 재형성되어, 방금 전에 말한 것처럼 하나의 커다란 도메인으로 합쳐질 것 같다. 그러나 철에서는 이런 일이 쉽게 일어나지 않는다. 결정을 자화시키는 데 필요한 에너지는 결정축에 대한 자화의 방향에 따라 다르기 때문이다. 철을 결정축 방향으로 자화시키는 것은 비교적 쉽지만, 다른 방향으로(예를 들면 결정축과 45° 각도로) 자화시키려면 '더 많은' 에너지가 필요하다. 그러므로 결정축에 비스듬한 각도로 자기장을 걸어 주면, 자기장의 방향과 '비슷한' 방향을 향하고 있던 도메인들이 점차 자라나다가 결국 그들 중 한 방향으로 모두 합쳐진다. 이 상태에서 '자기장의 세기를 더 증가시키면', 자화는 점차 자기장의 방향으로 끌려가게 된다(그림 37-5 참조).

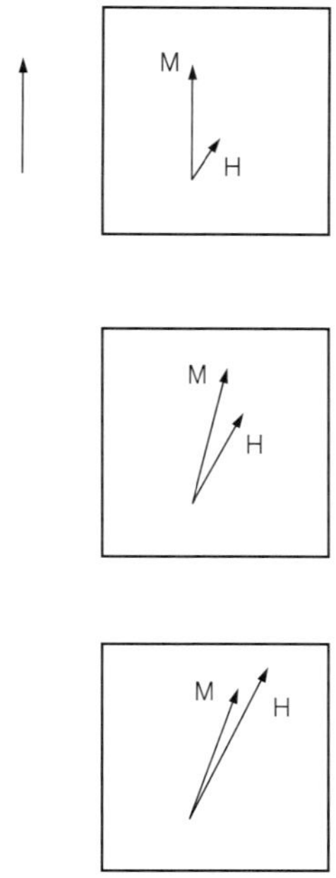

그림 37-5 결정축에 대하여 비스듬한 방향으로 걸린 자화장 H는 자화의 크기를 유지한 채 점진적으로 자화의 방향을 변화시킨다.

그림 37-6은 철 단결정의 자화 곡선을 실험적으로 구한 것이다. 이 그림을 이해하려면, 먼저 결정 내에서 방향을 기술하는 표기법을 알아야 한다. 결정을 자르는 방향에 따라 단면의 형태는 천차만별로 달라진다. 차를 타고 과수원이나 포도 농장을 가로질러 본 사람은 이 사실을 잘 알고 있을 것이다. 어느 한 방향을 쳐다보면 나무들이 곧게 늘어선 줄이 눈에 보이는데, 다른 방향을 쳐다보면 또 다른 줄이 시야에 들어온다. 이와 마찬가지로, 고체 결정의 내부에도 많은 원자들을 품고 있는 특정한 평면들이 존재하는데, 이 결정면들은 다음과 같은 중요

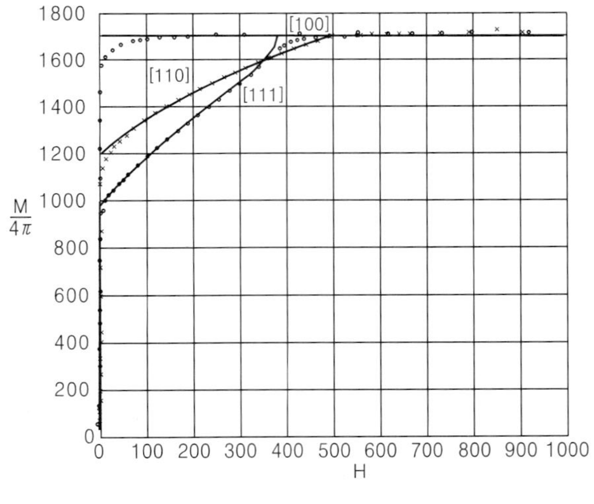

그림 37-6 (결정축에 대하여) 여러 가지 다른 방향으로 $\boldsymbol{H}$를 걸었을 때, $\boldsymbol{H}$에 평행한 $\boldsymbol{M}$성분의 변화 [F. Bitter, *Introduction to Ferromagnetism,* McGraw-Hill Book Co., Inc., 1937.]

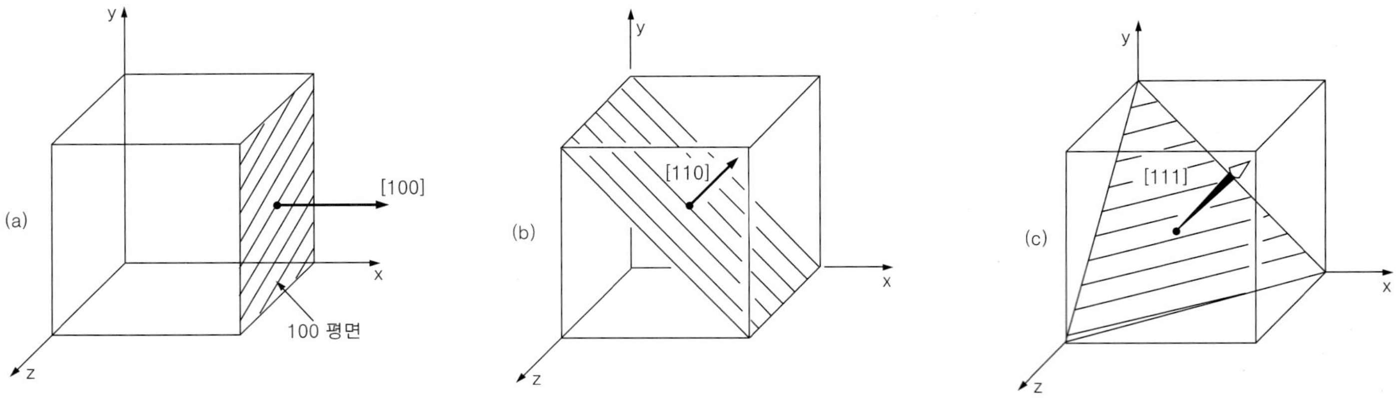

그림 37-7 결정면 표기법

한 특징을 갖고 있다(편의상 입방 결정을 예로 들어 보자). 우선, 결정면과 세 개의 좌표축(x, y, z)이 만나는 교점을 구한다. 그리고 원점과 교점(3개) 사이의 거리에 역수를 취해 보면, 이들 사이에 간단한 정수 비가 성립한다는 것을 알 수 있다. 이렇게 얻은 세 개의 정수로 하나의 평면을 정의하는 것이다. 예를 들어, 그림 37-7(a)와 같이 yz면과 평행한 평면은 [100] 평면이라 불린다. 이 평면은 y, z축과 무한대의 교점에서 만나므로(즉, 만나지 않으므로) 교점에 역수를 취한 값은 당연히 0이다. 또한 이 평면에 수직한 방향도 (입방 결정에서) 같은 숫자들로 기술된다. 입방 결정을 놓고 생각해 보면 그 이유는 자명하다. [100]은 x방향의 성분이 1이고 y, z방향의 성분이 0인 벡터를 의미한다. 그리고 [110]은 그림 37-7(b)와 같이 x, y축과 45°를 이루는 방향이며, [111]은 그림 37-7(c)처럼 입방체의 대각선 방향을 의미한다[결정면을 나타내는 이러한 숫자 조합을 '밀러 지수(Miller index)'라고 한다 : 옮긴이].

그림 37-6에는 여러 방향으로 측정한 철 단결정의 자화 곡선이 제시되어 있다. 자기장이 아주 약한 영역(그래프의 왼쪽 끝 부분. 자기장이 너무 약해서 그림의 스케일 상으로는 잘 보이지 않는다)에서는 자화가 매우 급격하게 증가하여 꽤 큰 값에 이르는 것을 볼 수 있다. 자기장이 [100] 방향(자화가 쉽게 일어나는 방향 중 하나)으로 걸리면, 곡선이 매우 큰 값까지 급격히 올라가서 약간 구부러진 다음 포화 상태에 이르는데, 이것은 이미 자리 잡고 있던 도메인들이 자기장에 의해 쉽게 제거되었음을 의미한다. 도메인 벽들이 움직여서 '잘못된 방향의' 도메인들을 모두 잠식해 버리는 데에는 약한 자기장만으로 충분하다. 철의 단결정은 보통의 다결정 철보다 (자기적인 의미에서) 침투성이 매우 좋다. 즉, 완벽한 결정은 매우 쉽게 자화된다는 뜻이다. 그런데 자기 곡선이 곧바로 자기 포화 상태로 가지 않고 서서히 휘어지는 이유는 무엇일까? 이것은 아직 풀리지 않은 수수께끼로서, 훗날 여러분들이 한번 연구해 보기 바란다. 이렇게 모르는 것이 많지만, 강한 자기장에서 자화 곡선이 평평하게 되는 이유는 알고 있다. 덩어리 전체가 단일 도메인으로 통합된 후에는 자기장의 세기를 증가시켜도 자화가 더 이상 되지 않기 때문이다. 다시 말해서, 이미 모든 전자의 스핀이 가지런히 정렬되어 M_{sat}로 포화된 상태이기 때문이다.

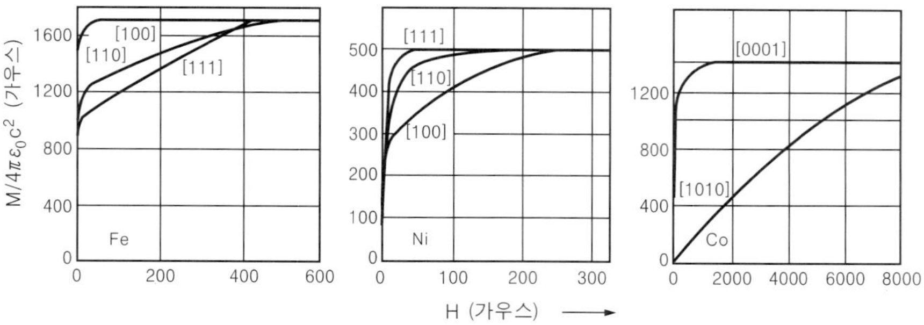

그림 37-8 철, 니켈, 코발트 단결정의 자화 곡선 [Charles Kittel, *Introduction to Solid State Physics*, John Wiley and Sons, Inc., New York, 2nd ed., 1956.]

[110] 방향(결정축과 45°를 이루는 방향)으로 자기장을 걸어 주면 어떻게 될까? 자기장을 조금만 걸어 줘도 도메인들이 넓어지면서 자화가 급격하게 진행된다. 그러나 ([110] 방향의 경우) 자기 포화 상태에 이르려면 꽤 강한 자기장이 필요하다. 왜냐하면 우리가 자화의 방향을 '쉬운' 방향으로부터 억지로 '돌리려고' 하고 있기 때문이다. 이 설명이 옳다면, [110] 곡선을 뒤로 외삽한 선은 자기 포화 값의 $1/\sqrt{2}$ 지점에서 수직축과 만나야 할 것이다. 실제로 외삽을 해보면 $1/\sqrt{2}$에 매우 가까운 지점에서 만나는 것을 알 수 있다. 같은 식으로, [111] 방향(입방체의 대각선 방향)에 대한 자화 곡선의 경우에도 뒤로 외삽한 선은 예상대로 자기 포화 값의 거의 $1/\sqrt{3}$이 되는 지점에서 수직축과 만난다($1/\sqrt{2}$은 쉽게 자화되는 [100] 방향과 자기장이 걸린 [110] 방향이 이루는 각의 코사인 값이다. 두 벡터의 내적 $(1,\ 0,\ 0)\cdot(1,\ 1,\ 0)=\sqrt{2}\cos\theta$를 계산하거나 두 벡터의 사이각 45°를 바로 대입하면 $\cos 45°=1/\sqrt{2}$임을 알 수 있다. 마찬가지로, [111] 방향으로 자기장이 걸린 경우에는 $(1,\ 0,\ 0)\cdot(1,\ 1,\ 1)=\sqrt{3}\cos\theta$로부터 $\cos\theta=1/\sqrt{3}$이다 : 옮긴이).

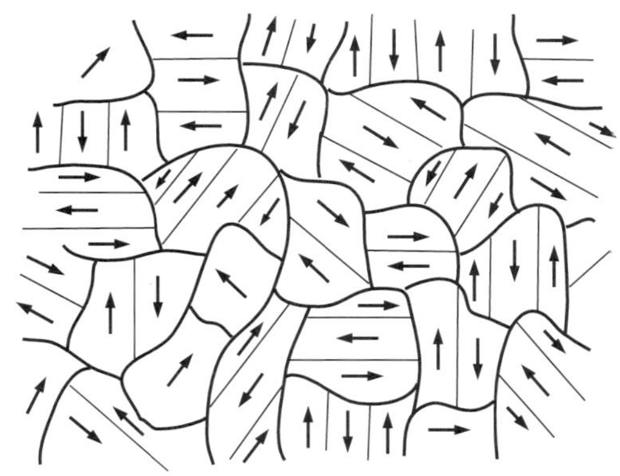

그림 37-9 자화되지 않은 강자성체의 미시적 구조. 각 결정 입자는 저마다 자화되기 쉬운 방향이 있으며, (일반적으로) 그 방향에 평행하게 자발적으로 자화된 도메인들로 나누어져 있다.

그림 37-8에는 철, 니켈, 코발트에 대한 자화 곡선이 제시되어 있다. 니켈은 철의 경우와 달리, [111] 방향이 가장 자화되기 쉬운 방향이다. 코발트는 육방 결정 구조를 이루고 있는데, 사람들은 이런 경우를 기술하기 위해 다소 어설픈 명명법을 만들어 냈다. 즉, 육각형 바닥면 위에 세 개의 축을 택하고, 이와 수직한 축 하나를 더해서 총 네 개의 지수를 사용하는 것이다. [0001] 방향은 육각형의 축방향이고, [1010] 방향은 이 축에 수직한 방향이다. 서로 다른 금속 결정들은 그 특성도 다르다는 것을 알 수 있다.

이제 흔히 볼 수 있는 다결정 물질(쇳덩어리 등)에 대해 이야기해 보자. 이런 물질들은 다수의 작은 결정들로 이루어져 있으며, 결정축들은 제각기 다른 방향을 향하고 있다. 단, 작은 결정들을 도메인과 혼동하면 안 된다. 도메인이란 '단결정'의 구역들을 의미하는 것이다. 철 덩어리는 그림 37-9와 같이 축의 방향이 제각각인 다수의 '서로 다른 결정들'로 이루어져 있으며, 각 결정의 내부에는 일반적으로 도메인이 존재할 수 있다. 이러한 다결정 물질에 '약한' 자기장을 걸어 주면 도메인 벽들이 움직이기 시작하면서 자화가 되기 쉬운 방향을 향하고 있던 도메인들이 점차 넓어진다. 자기장이 약한 상태에서 도메인이 성장하는 과정은 가역적이다. 즉, 자기장을 끄면 자화는 다시 0으로 돌아온다. 자화 곡선에서 이에 해당하는 부분은 그림 37-10에 a로 표시되어 있다.

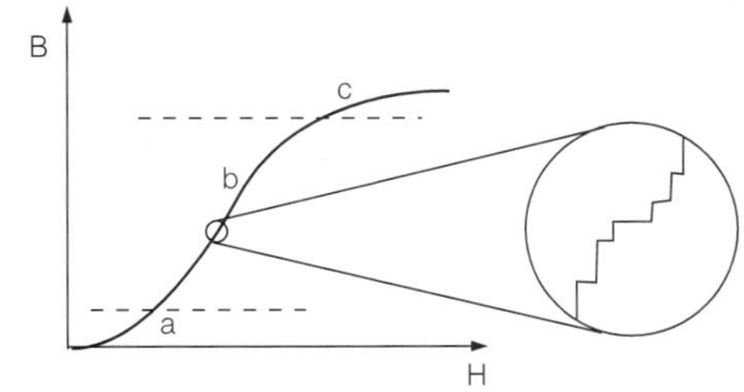

그림 37-10 다결정 철의 자화 곡선

자기장이 강해지면(자화 곡선의 b부분) 상황은 한층 더 복잡해진다. 개개의 작은 결정의 내부에는 변형 및 전위(strain and dislocation)와 더불어 불순물이나 먼지, 결정 결함도 함께 존재한다. 따라서 증가하는 자기장과 함께 움직이던 도메인 벽들은 이런 것들에 달라붙게 된다. 도메인 벽과 전위, 또는 그레인 경계나 불순물 사이에는 상호작용 에너지가 있기 때문에, 다가오는 벽에 달라붙는 것이다. 자기장의 세기가 어느 한계 값을 넘기 전까지는 벽에 그대로 붙어 있다가, 자기장이 좀 더 강해지면 순간적으로 떨어져 나온다. 따라서 도메인 벽의 움직임은 완벽한 결정에서 움직일 때처럼 매끄럽지 않고, 중간에 잠깐씩 멈췄다가 갑자기 움직이는 식으로 진행된다. 자화 곡선을 확대해 보면, 그림 37-10의 동그라미 속에 보이는 계단형 곡선이 될 것이다.

자화 과정에서 이와 같이 덜커덕거리는 움직임이 일어나면 에너지가 손실된다. 왜 그런가? 도메인 벽이 방해물에서 빠져나오면 다음 방해물까지 매우 빠르게 이동한다. 움직임에 방해받지 않을 만큼 자기장이 이미 세졌기 때문이다. 이런 빠른 움직임은 급격하게 변하는 자기장이 걸려 있음을 의미하며, 그로 인해 결정 내에는 와상 전류(eddy current)가 발생하고, 그 결과 금속 내부에 열이 발생된다. 즉, 에너지가 손실되는 것이다. 또 한 가지 이유는 도메인이 갑자기 변할 때 결정의 일부분이 자기 변형으로 인해 크기가 변하는 데서 원인을 찾을 수 있다. 도메인 벽이 갑자기 이동할 때마다 미약한 음파가 발생하는데, 이를 통해서도 에너지가 빠져나간다. 이와 같은 효과들 때문에 자화 곡선의 두 번째 부분은 '비가역적'이며, '에너지 손실이 지속적으로 일어나는 구간'이다. 또한 이것은 이력 현상(hysteresis)이 일어나는 원인이기도 하다. 왜냐하면 벽을 앞으로 (급격하게) 움직였다가 다시 뒤로 (급격하게) 빼서 원위치시키면 처음 상태와 달라지기 때문이다. 이것은 덜커덕거리며 움직일 때 발생하는 마찰(jerky friction)과 비슷한 현상으로, 에너지 소모가 필연적으로 수반된다.

충분히 강한 자기장에서 모든 도메인 벽들이 이동하여 개개의 작은 결정들이 저마다 최상의 방향으로 자화된 상태에서도, 여전히 일부 결정들은 자화되기 쉬운 방향과 외부 자기장의 방향이 일치하지 않은 상태로 존재한다. 이런 경우에 어긋난 자기 모멘트를 외부 자기장의 방향으로 틀기 위해서는 상당한 자기장을 추가로 걸어 줘야 한다. 따라서 자기장이 센 구간에서는 자화가 천천히, 그러나 매끄럽게 진행된다[이 구간의 자화 곡선은 크게 확대해도 매끄럽게 나타난다. 그림 37-10에 c로 표시된 부분]. 자화가 급속하게 포화 상태에 이르지 않는 이유는 자화 곡선의 마지막 부분에서는 강한 자기장 속에서 원자 자석들이 '방향을 틀고 있기' 때문이다. 이제 여러분은 일반적인 다결정 물질의 자화 곡선이 그림 37-10과 같은 형태임을 알 수 있을 것이다. 처음에는 '가역적으로' 조금씩 증가하다가 비가역적으로 급격히 증가하고, 그다음에는 천천히 휘어지면서 포화 상태에 이르는 것이다. 물론, 각 단계들이 뚜렷하게 구분되지는 않는다.

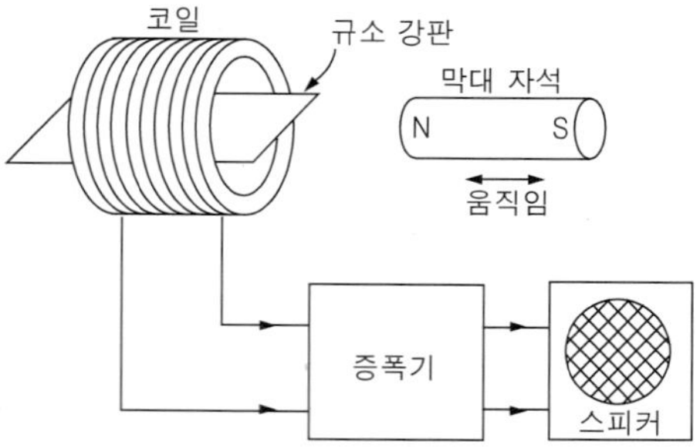

그림 37-11 규소 강판의 자화가 갑자기 변하면 확성기에서 '딸깍' 하는 소리가 난다.

자화 곡선의 가운데 부분에서 자화 과정이 덜커덕거리며(도메인 벽들이 한동안 멈췄다가 갑자기 움직이는 식으로) 진행되는 현상은 그림 37-11의 간단한 실험 장치를 통해 쉽게 확인할 수 있다. 거창한 장비도 필요 없다. 그저 (수천 번 감은) 코일과 증폭기, 그리고 스피커만 있으면 된다. 몇 개의 규소 강판(변압기에 쓰이는 것과 비슷한 종류)을 코일 중앙에 집어넣고 막대자석을 서서히 접근시키면 자기장의 급격한 변화로 인해 코일에 펄스 타입의 기전력이 발생하고, 이는 스피커에서 나는 딸깍 소리로 전환된다. 막대자석을 더 가까이 가져가면 딸깍 소리가 엄청나게 나는데, 이 소리는 마치 모래상자를 기울였을 때 모래 알갱이들끼리 부딪히는 소리와 비슷하다. 자기장이 증가함에 따라 도메인 벽들이 덜커덕거리며 갑자기 움직이기 때문에 이런 소리가 나는 것이다. 이 현상을 '바르크하우젠 효과(Barkhausen effect)'라고 한다.

여기서 막대자석을 더 가까이 가져가면 어떻게 될까? 한동안은 소리가 점점 커지다가 자석이 아주 가까워지면 상대적으로 소리가 잦아든다. 왜 그럴까? 이유는 간단하다. 모든 도메인 벽들이 이미 이동할 만큼 다 이동했기 때문이다. 여기서 자기장을 더 증가시키면 도메인이 이동하지 않고 방향만 수정되기 때문에 소리가 잦아드는 것이다.

여기서 다시 자석을 멀리 가져가면(즉, 이력 곡선에서 아래쪽으로 내려가는 경로로 접어들면), 도메인들은 다시 낮은 에너지 상태로 돌아가려고 할 것이고, 이로 인해 또 한 번 덜커덕거리며 후퇴하는 소리가 들린다. 또 자석을 어떤 한 위치로 가져간 후 그 지점에서 앞뒤로 조금씩 움직여 주면 소리가 다소 잦아드는데, 이 역시 모래상자를 기울이는 것으로 설명할 수 있다. 모래 알갱이들이 안정된 자리를 잡은 상태라면, 모래상자를 조금 기울였다고 해서 입자들이 움직이지는 않을 것이다. 철의 경우에도 자기장의 작은 변화로는 '장애물들'을 넘어 벽이 움직이도록 만들 수 없다.

37-4 강자성체

이 절에서는 기술적인 분야에 사용되는 여러 종류의 자성체에 대해 알아보기로 하자. 이와 더불어 자성체를 다양한 용도에 맞게 설계할 때 직면하게 되는 여러 가지 문제점들도 생각해 볼 것이다. 제일 먼저 지적하고 싶은 것은, '철의 자기적 성질'이라는 말 자체가 잘못된 용어라는 점이다. 철(iron)은 정확하게 정의할 수 있는 물질이 아니다. 철의 성질은 불순물의 함유량에 따라 크게 달라지며, 제조 과정 또한 중요한 요소로 작용한다. 여러분은 물질의 자기적 성질이라는 것이 도메인 벽의 자유도(쉽게 움직일 수 있는 정도)에 따라 달라진다는 사실을 이미 알고 있다. 이것은 개개의 원자가 갖고 있는 성질이 아니라, '총체적인' 성질이다. 따라서 강자성은 '철 원자' 자체의 성질이 아니라 '특정 형태의 고체 철'이 갖고 있는 성질일 뿐이다. 예를 들어, 철은 두 가지 결정 형태를 취할 수 있다. 흔한 형태는 체심 입방격자 구조지만, 경우에 따라서는 면심 입방격자 구조를 취할 때도 있다. 그러나 후자의 구조가 안정적으로 유지되려면 온도가 섭씨 1100°C를 넘어야 한다. 물론, 이 정도의 온도라면 체심 입방 구조의 철은 이미 퀴리 온도를 한참 지난 상황이다(통상적인 철의 퀴리 온도는 768°C이고, 녹는점은 1731°C이다 : 옮긴이). 그러나 철에 크롬과 니켈을 섞으면(한 가지 가능한 배합은 크롬 18%와 니켈 8%이다) 스테인리스강(stainless steel)이라 불리는 물질이 만들어지는데, 이 합금의 주성분은 물론 철이지만 저온에서도 면심 입방격자 구조를 안정적으로 유지할 수 있다. 스테인리스강의 결정 구조는 이와 같이 보통의 철과 다르기 때문에, 자기적 성질도 완전히 다르게 나타난다. 대부분의 스테인리스강은 어지간한 온도에서 거의 자성을 갖지 않는다. 물론 그중 몇 종류는 약간의 자성을 갖기도 한다—스테인리스강의 특성은 합금의 구성 비율에 따라 천차만별이다. 그러한 합금이 어느 정도의 자성을 갖는다 해도, 보통의 철과 같은 강자성을 띠지는 않는다.

이제 여러 가지 용도로 개발된 몇 가지 특수한 물질에 대해 알아보자. 여러분에게 영구 자석을 만들어야 할 일이 생겼다면, 이력 곡선의 폭이 굉장히 '넓은' 물질을 고르는 것이 유리하다. 이력 곡선이 넓을수록, 처음에 가했던 자기장을 끈 후에도 어느 정도 크기의 자화가 남아 있을 것이기 때문이다. 물체가 이런 성질을 가지려면, 도메인 벽들이 최대한 제자리에 '얼어붙어 있어야' 한다. 이런 물질 중 하나가 바로 기적의 합금이라는 '알니코 5(Alnico V)'이다(구체적인 함량은 철 51%, 알루미늄 8%, 니켈 14%, 코발트 24%, 구리 3%이다. 숫자의 나열만 봐도 이 합금을 만들기 위해 얼마나 많은 시행착오를 거쳤는지 가히 짐작이 가고도 남는다. 제작자들은 다섯 가지 성분의 이상적인 구성비를 찾아내기 위해 엄청난 인내심을 발휘했을 것이다!). 알니코는 응고되면서 2차 상(second phase)을 겪게 되는데, 이 과정에서 강한 내부 변형이 일어나고 수많은 작은 결정 입자(grain)들이 침전된다. 이렇게 되면 도메인 벽들은 거의 움직일 수가 없다. 알니코를 만들려면 구성 비율을 정확히 지켜야 함은 물론, 자화가 일어나는 방향으로 결정 입자들이 길쭉한 형태로 보이도록 가공하는 공정도 거쳐야 한다. 그러면 자화가 자연스럽게 그 방향으로 진행되고, 일단 자화가 일어난 후에는 비등방성 효과(anisotropic effect)로 인해 그대로 유지된다. 또한 알니코를 만들 때는 외부 자기장 속에서 냉각시켜야 한다. 그래야만 작은 결정 입자들이 결정 배향에 맞게 형성되기 때문이다. 그림 37-12는 알니코 5의 이력 곡선을 보여 주고 있다. 36장의 그림 36-8에 제시된 철의 이력 곡선과 비교할 때, 알니코 5의 이력 곡선의 폭이 무려 500배 이상 넓다!

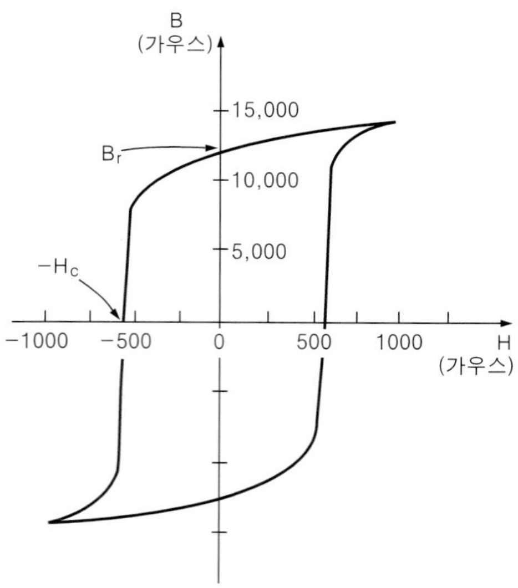

그림 37-12 알니코 5의 이력 곡선

이제 또 다른 종류의 물질을 살펴보자. 변압기나 모터를 만들려면 자기적으로 '연한(soft)' 물질이 필요하다. 다시 말해서, 자성이 쉽게 변하여 아주 작은 자기장으로도 엄청나게 큰 자화가 일어나는 물질이 필요하다. 이를 위해서는 순도가 높고 잘 단련된(well-annealed) 물질이 필요하다. 불순물이나 전위 같은 것이 없어야 도메인 벽이 쉽게 움직일 수 있기 때문이다. 비등방성을 최소화시킬 수 있다면 더욱 좋을 것이다. 이 조건까지 만족한다면 물질의 결정 입자 중 어느 하나가 자기장과 어긋난 방향을 향하고 있다 해도 쉽게 자화될 수 있을 것이다. 앞에서 나는 철이 [100] 방향으로 자화되기 쉽고, 니켈은 [111] 방향을 선호한다고 말한 적이 있다. 따라서 철과 니켈을 여러 가지 비율로 섞다 보면, 특정 방향을 선호하지 않는(즉, [100]과 [111] 방향이 동일한) 합금의 배합 비율을 찾을 수 있을 것이다. 실험 결과, 70%의 니켈과 30%의 철로 만든 합금이 이러한 성질을 만족한다는 사실이 밝혀졌다. 또한 (순전히 운이거나, 아니면 비등방성과 자기 변형 효과 사이의 어떤 물리적 관계로 인해) 철과 니켈의 '자기 변형'의 부

표 37-1
몇 가지 강자성체의 성질

물질	B_r 잔류 자기장 (가우스)	H_c 보자력 (가우스)
슈퍼멀로이	(≈5,000)	0.004
규소강(변압기용)	12,000	0.05
아암코 철	4,000	0.6
알니코 5	13,000	550.

호는 반대인 것으로 밝혀졌다. 그리고 이런 성질은 니켈을 80% 섞었을 때 사라진다. 따라서 니켈의 비율 70%～80% 사이의 어딘가에서 매우 연한(자화시키기 쉬운) 자성체를 얻을 수 있다. 이런 물질을 '퍼멀로이(permalloy)'라고 한다. 퍼멀로이는 입력 신호가 매우 작을 때 사용되는 고성능 변압기를 만드는 데 유용한 합금이지만, 영구 자석으로는 결코 좋은 물질이 아니다. 퍼멀로이를 제작하거나 취급할 때에는 매우 세심한 주의를 기울여야 한다. 퍼멀로이에 탄성 한계 이상의 응력을 가하면 자기적 성질이 매우 급격하게 변하기 때문에, 절대 구부리면 안 된다! 만일 기계적 변형이 가해지면 그로 인해 발생하는 전위(dislocation)나 슬립 띠(slip band) 등의 효과 때문에 투자율(permeability)이 크게 감소해서 도메인 벽들이 더 이상 쉽게 움직이지 않는다. 물론, 손상된 퍼멀로이를 고온에서 단련시키면 다시 높은 투자율을 회복할 수 있다.

다양한 자성체의 특징을 수치로 나타낼 수 있으면 여러모로 편리할 것이다. 그래서 사람들은 이력 곡선이 B축과 만나는 점 또는 H축과 만나는 점을 자성의 척도로 사용한다. 이들 두 교점을 각각 '잔류 자기장(remanent magnetic field)' B_r과 '보자력(保磁力, coercive force)' H_c라고 한다. 표 37-1에는 몇 가지 자성체의 B_r과 H_c값이 나열되어 있다.

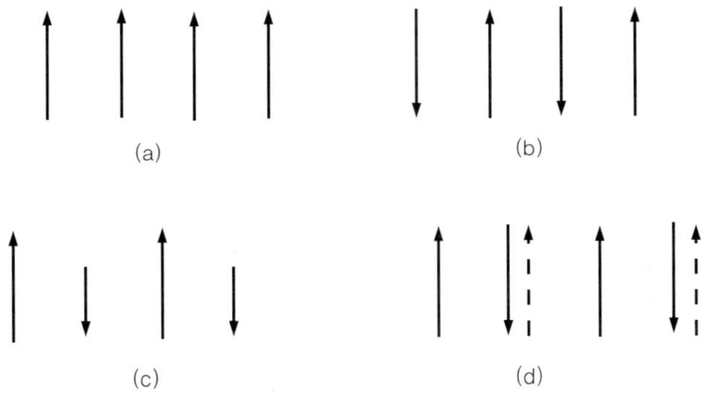

그림 37-13 여러 물질에서 전자스핀의 상대적인 배향. (a)강자성체 (b)반강자성체 (c)페라이트 (d)이트륨-철 합금(점선 화살표는 궤도 운동 효과가 포함된 총 자기 모멘트의 방향을 나타낸다)

37-5 특이한 자성체

이 절에서는 더욱 특이한 몇 가지 자성체를 살펴볼 것이다. 주기율표에는 내부 전자껍질이 꽉 차지 않은 원소가 많이 있으며, 이들은 자기 모멘트를 갖는다. 주기율표에서 강자성 원소인 철, 니켈, 코발트의 바로 왼쪽에 있는 크롬과 망간을 예로 들어 보자. 이들은 왜 강자성을 띠지 않는 것일까? 크롬과 망간의 경우에는 식 (37.1)에 등장하는 λ항의 부호가 반대이기 때문이다. 예를 들어, 크롬 결정에서 한 원자의 스핀은 그림 37-13(b)와 같이 바로 옆에 있는 원자의 스핀과 교대로 엇갈려 있다. 즉, 개개의 크롬 원자는 자성을 띠고 있지만, 전체적으로는 외부에 자기적 효과를 나타내지 않는다. 그래서 크롬은 그다지 흥미로운 소재가 아니다. 또한 크롬은 양자역학적 효과에 의해 스핀이 교대로 정렬하는 물질의 대표적인 사례이다. 이런 물질을 '반강자성체(antiferromagnetic material)'라고 한다. 반강자성체의 스핀 배열도 온도에 영향을 받는다. 어떤 임계 온도(이것도 퀴리 온도라고 한다) 아래에서는 모든 스핀이 교대로 정렬되어 있지만, 임계 온도 이상으로 가열하면 반강자성체의 스핀 배열이 갑자기 무작위적으로 변한다. 물체 내부에서 급작스런 전이가 일어나는 것이다. 이 전이는 비열 곡선에 뚜렷이 나타난다. 반강자성 배열은 몇 가지 특수한 '자기적' 효과를 통해 실험적으로 확인할 수 있다. 예를 들어, 결정 내에서 스핀의 방향이 교대로 뒤바뀌는 성질은 크롬 결정에 중성자를 산란시켜 보면 확인할 수 있다. 중성자는 스핀과 자기 모멘트를 갖고 있으므로, 중성자의 스핀 방향이 산란체(크롬 원자)의 스핀과 평행인지, 또는 반대인지에 따라 산란 진폭(양자역학적 확률 진폭)이 달라진다. 결정 원자의 스핀 방향이 번갈아 가며 뒤바뀌는 경우에는 스핀이 무작위적으로 분포된 경우와 전혀 다른 간섭무늬가 얻어진다.

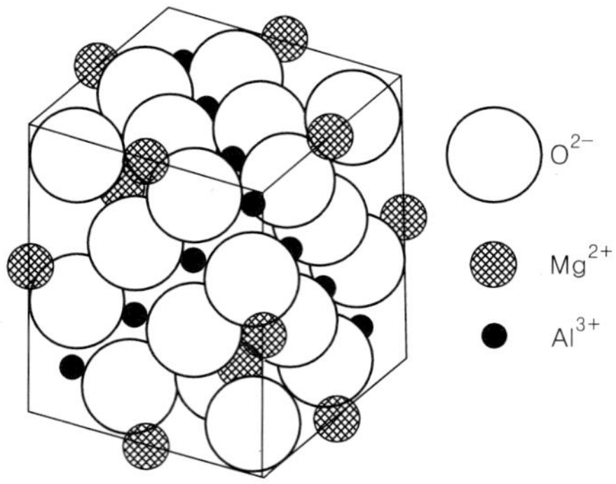

그림 37-14 광물성 스피넬($MgAl_2O_4$)의 결정 구조. Mg^{+2} 이온은 사면체의 꼭지점에 위치하고, 각각은 4개의 산소 이온으로 둘러싸여 있다. Al^{+3} 이온은 팔면체의 꼭지점에 위치하며, 각각은 6개의 산소 이온으로 둘러싸여 있다. [Charles Kittel, *Introduction to Solid State Physics*, John Wiley and Sons, Inc., New York, 2nd ed., 1956.]

양자적 효과에 의해 전자의 스핀 방향이 번갈아 바뀌면서도 여전히 강자성을 띠는 물질이 있다. 즉, 결정 전체에 영구적인 알짜 자화가 존재한다는 뜻이다. 기본적인 원리는 그림 37-14에 도식적으로 표현되어 있다. 그림에서 보다시피, 마그네슘-알루미늄 산화물인 '스피넬(spinel)'의 결정은 자성을 띨 수 없다. 이 산화물에는 두 종류의 금속 원자(마그네슘과 알루미늄)가 포함되어 있는데, 이들이 있던 자리에 철과 아연 또는 아연과 망간 같은 자기적 성질을 지닌 다른 금속을 대신 넣어 주면(다시 말해서, 비자기적인 원자 대신 '자기적인' 원자를 넣어 주면) 흥미로운 일이 벌어진다. 대치된 두 종류의 금속 원자를 각각 a, b라고 하면, 우리가 고려해야 할 힘의 조합은 다음과 같다. 우선, a원자와 b원자의 스핀을 반대로 하려는 $a-b$ 상호작용이 존재한다. 양자역학을 고려하면 스핀이 항상 반대이기 때문이다(물론 철, 니켈, 코발트 같은 특이한 금속은 제외한다). 다음으로, a원자들의 스핀을 서로 반대로 향하게 만드는 직접적인 $a-a$ 상호작용이 있고, b원자들의 스핀을 반대로 하려는 $b-b$ 상호작용도 있다. 물론, a와 b가 반대이고, a와 a도 반대, 그리고 b와 b도 반대인 배열은 불가능하다. 그런데 확실한 이유는 잘 모르지만 $a-b$ 상호작용이 $a-a$나 $b-b$ 상호작용보다 훨씬 강한 것으로 밝혀졌다(a원자들 사이의 거리가 멀다는 것과 산소 원자의 존재 때문으로 추정된다). 이런 경우 자연이 택한 해법은 'a끼리는 스핀이 모두 평행하고 b끼리도 모두 평행하지만, a집단과 b집단은 스핀이 서로 '반대가 되는' 구조이다. $a-b$ 상호작용이 워낙 강하기 때문에 이런 구조를 갖춰야만 가장 낮은 에너지 상태로 갈 수 있다. 그 결과, 'a원자들은 모두 스핀-업이고 b원자들은 모두 스핀-다운'이거나, 혹은 그 반대가 된다. 그러나 만일 a타입 원자와 b타입 원자의 자기 모멘트의 크기가 다르다면, 상황은 그림 37-13(c)와 같이 되는데, 이렇게 되면 알짜 자화가 생겨서 (다소 약하긴 하지만) 강자성을 띠게 된다. 이런 물질을 '페라이트(ferrite)'라고 한다. 페라이트는 철과 달리 포화 자기장이 그다지 높지 않기 때문에(그 이유는 자명하다) 비교적 작은 자기장이 필요할 때 사용된다. 페라이트의 가장 큰 특징은 절연체라는 점이다. 페라이트는 '강자성 절연체'로서 고주파 전자기장 속에서 와상 전류를 거의 만들지 않기 때문에, 마이크로파 시스템과 같은 분야에 유용하게 쓰일 수 있다. 마이크로파 대역의 전자기장은 와상 전류 때문에 철 같은 도체 내부로 들어가지 못하지만, 페라이트 같은 절연체의 내부로는 쉽게 들어갈 수 있다.

최근 들어 새로운 종류의 자성체가 발견되었다. 오르토규산염(orthosilicates)족에 속하는 광물로서, '가닛(garnets, 석류석)'이라 불리는 물질이 바로 그것이다. 이 물질 역시 두 종류의 금속 원자를 포함한 결정 구조를 하고 있으며, 금속 원자들은 별다른 제약 없이 다른 종류의 원자로 대치될 수 있다. 또한 수많은 종류의 화합물 중에서 완벽하게 강자성을 띠는 것이 하나 있는데, 이 물질은 이트륨과 철이 포함된 가닛 구조를 하고 있다. 그런데 강자성을 띠는 이유가 매우 흥미롭다. 여기서도 마찬가지로 양자역학에 의해 이웃한 스핀들이 서로 반대가 되려고 하기 때문에, 철의 전자스핀은 일제히 한 방향으로 정렬하고 이트륨의 전자스핀은 그 반대로 정렬하게 된다. 그런데 이트륨이라는 원소는 매우 복잡한 성질을 갖고 있다. 이트륨은 소위 말하는 희토류 원소들(rare-earth elements) 중 하나이며, 자기 모멘트의 상당 부분이 전자의 궤도 운동으로부터 기인한다. 이트륨에서 전자의 궤도 운동이 자기 모멘트에 기여하는 부분은 스핀에 의한 기여분보다 훨씬 크고 방향은 '반대'이다. 따라서 이트륨의 '스핀'은 양자역학의 배타원리에 의해 철의 스핀과 반대 방향이지만, 궤도 운동에 의한 효과 때문에 이트륨의 '총' 자기 모멘트는 그림 37-13(d)와 같이 철의 자기 모멘트와 평행하며, 따라서 완전한 강자성체로 존재한다.

강자성의 또 다른 흥미로운 사례는 희토류 원소 중에서 찾아볼 수 있다. 이 역시 한층 더 특이한 스핀 배열 상태와 관련이 있다. 이런 물질들은 스핀이 평행해서 강자성을 띠는 것도 아니고 원자의 스핀이 서로 반대여서 반강자성을 띠는 것도 아니다. 이 물질의 결정을 조사해 보면, '한 층을 이루는' 모든 스핀들이 평행한 상태를 유지하고 있음을 알 수 있다. 그다음 층의 스핀들도 모두 평행하지만, 아래층과 방향이 조금 다르다. 그다음 층의 스핀들은 또 다른 방향을 향하고 있다. 그래서 이 배열을 전체적으로 바라보면, 국소 자화 벡터가 나선 모양으로 돌아가는 듯한 형상을 하고 있다. 즉, 연속되는 층의 자기 모멘트를 층에 수직한 방향으로 진행하면서 바라보면 나선형으로 돌아가는 것처럼 보이는 것이다. 이러한 나선형 스핀 배열에 자기장을 걸면 어떻게 될까? 모든 원자 자석들이 꼬이면서 돌아갈 것이다(이런 현상을 기술하는 이론을 가지고 취미로 즐기는 사람들도 있다!). 뿐만 아니라, 연속된 층의 자기 모멘트가 원뿔 모양의 나선을 그리는 경우(나선 성분과 함께 어떤 한 방향으로 일정한 강자성 성분을 갖는 경우)도 있다!

지금까지 강의한 내용보다 한 단계 높은 수준에서 물질의 자기적 성질을 연구해 보면 더욱 놀라운 사실과 직면하게 된다. 그래서 다양한 분야의 물리학자들은 오랜 세월 동안 물질의 신비한 자성에 매료되어 왔다. 그들 중에서 좀 더 개선된 제품을 만드는 것이 지상 최대의 목표인 실용주의자들이 자성에 가장 큰 관심을 갖고 있다. 그들은 '성능 좋고 흥미로운' 자성체를 끊임없이 개발해 왔으며, 페라이트 같은 물질이 발견되었을 때에는 열광적인 반응을 보였다. 이 밖에도, 물리학자들 중에는 자연이 창출해 내는 끔찍하게 복잡한 현상들을 단 몇 개의 단순한 법칙으로 연구하는 사람들이 있다. 똑같이 기본적인 아이디어에서 출발했지만, 철은 도메인을 만들며 강자성을 나타내고, 크롬은 반강자성을 나타낸다. 그리고 페라이트와 가닛은 그들만의 특이한 자성을 나타내며, 희토류 원소들은 나선 구조를 보여 준다. 이런 특수한 물질의 다양한 성질을 실험적으로 발견해 내는 것은 굉장히 흥분되는 일이다. 또한 강자성은 이론물리학자들에게도 흥미로운 도전 과제를 던져 주고 있다. 대체 강자성은 어디서 비롯된 성질인가? 이상적인 격자에서 스핀들 사이의 상호작용을 통계적으로 예측할 수 있는가? 외부의 영향을 완전히 배제하고 모든 상황을 이상적으로 단순화시켰음에도 불구하고, 아직은 완전하게 해결되지 않고 있다. 이 문제가 사람들의 흥미를 끄는 이유는 문제 자체가 너무나도 단순하기 때문이다. "규칙적인 격자에 전자스핀이 주어져 있고, 이러이러한 법칙에 의해 스핀들이 상호작용한다면 그 결과는 어떻게 될 것인가?"—이것이 전부이다. 문제는 이렇게 간단한데 수년간 분석했음에도 불구하고 아직도 완전히 풀리지 않고 있다. 퀴리 온도보다 조금 낮은 온도에서는 그런대로 자세하게 분석이 되어 있지만, 퀴리 온도에서 일어나는 순간적인 전이는 아직도 미스터리로 남아 있다.

스핀을 갖는 원자 자석으로 이루어진 계는 그 종류를 불문하고(강자성체이건, 상자성체이건, 아니면 원자핵의 스핀이건) 물리학을 연구하는 사람들에게 매우 매력적인 대상이다. 스핀계는 외부 자기장을 통해 조작이 가능하기 때문에, 공명(resonances)이나 이완 효과(relaxation effect) 또는 스핀에코(spin-echo) 등 여러 가지 효과를 이용하여 다양한 트릭을 부릴 수 있다. 간단히 말해서, 스핀으로 이루어진 물리계는 복잡한 열역학계의 전형(prototype)이다. 그런데 상자성체가 비교적 상황이 간단하기 때문에, 사람들은 상자성 현상과 관련된 실험과 이론적 연구를 꾸준히 수행하고 있는 것이다.

이것으로 전기와 자기에 대한 강의를 마무리 짓고자 한다. 그동안 우리는 호박(amber)과 천연 자석(lodestone)의 신기한 성질에 대한 고대 그리스인들의 관찰 이후로 지난 세월 동안 인류가 성취해 온 경이로운 발전상을 살펴보았다. 그러나 지금 이 시점까지 이르는 동안 '호박을 문지르면 대전되는 이유'나 '천연 자석이 자화되어 있는 이유'에 대해서는 단 한마디의 설명도 하지 않았다! 여러분은 이렇게 말할지도 모른다. "그거야 부호가 조금 틀린 정도인데요, 뭐……." (36장의 강자성 이론을 두고 하는 말임 : 옮긴이) 하지만 속사정은 그렇게 간단하지 않다. 여러분의 생각보다 훨씬 더 심각하다. 설령 우리가 부호를 제대로 맞췄다 하더라도, 다음과 같은 의문은 여전히 남을 것이다. "지구에서 발견되는 천연 자석들은 처음에 어떻게 자화되었을까?" 물론 지구 자기장 때문일 수도 있다. 그렇다면 지구 자기장은 어떻게 생성되는 것일까? 답을 아는 사람은 아무도 없다. 이런저런 추측들만 난무할 뿐이다. 전기와 자기를 설명하는 현대물리학은 이처럼 허술하기 짝이 없다. 처음에는 호박이나 천연 자석의 성질과 같이 단순한 의문에서 시작했다가, 결국 둘 중 어느 하나도 제대로 이해하지 못한 채로 마무리를 짓고 있지 않은가? 그러나 이 과정에서 매우 실용적이고 아주 흥미로운 정보를 엄청나게 많이 얻어 낸 것만은 분명한 사실이다!

CHAPTER 38
탄성

38-1 훅의 법칙

38-1 훅의 법칙
38-2 균일한 변형
38-3 비틀림 막대 : 층밀림 파
38-4 휘어진 보
38-5 갑자기 휘는 현상(좌굴 현상)

복습 과제 :
제1권 47장 〈음파와 파동 방정식〉

탄성이란 물체에 변형을 일으킨 힘을 제거했을 때 크기와 형태가 다시 원래대로 돌아가려는 성질을 말한다. 각 물체마다 정도의 차이는 있지만, 탄성은 모든 고체가 갖고 있는 공통적인 성질이다. 시간만 충분하다면 강의하고 싶은 내용은 정말 많다. 탄성체의 거동, 탄성의 일반 법칙들, 탄성의 일반 이론, 탄성을 결정하는 원자 수준의 미시적인 메커니즘, 그리고 강한 힘이 작용할 때 나타나는 소성 흐름(plastic flow)이나 파단(fracture) 등의 탄성 법칙의 범위를 벗어나는 현상들까지…… 일일이 열거하자면 한도 끝도 없다. 그러나 이 모든 내용을 상세하게 다루기에는 시간이 턱없이 부족하므로, 어쩔 수 없이 이들 중 몇 개는 그냥 넘어가야 할 것 같다. 예를 들어, 가소성(plasticity)이나 탄성 법칙의 한계 등은 다루지 않을 것이다(이 문제는 예전에 금속 내부의 전위를 강의할 때 간략하게 다룬 적이 있다). 또한 탄성을 일으키는 내부 메커니즘에 대해서도 자세한 설명을 생략할 것이다. 따라서 이 장의 강의는 지금까지의 강의와 비교할 때 다소 어설프게 진행될 것이다. 우리의 주된 목표는 보의 휘어짐(bending of beam)과 같은 실제적인 문제들을 다루는 몇 가지 방법을 알고 넘어가는 것이다.

다들 알다시피, 물체에 힘을 가하면 '찌그러진다'. 즉, 물체에 변형이 일어나는 것이다. 변형을 일으킨 힘이 매우 약한 경우, 물질 내부의 여러 지점들이 움직인 상대적 변위는 가해진 힘에 비례하는데, 이때 우리는 물체의 거동이 '탄성적'이라고 말한다. 이 장에서는 탄성적인 거동만을 고려할 것이다. 우선 탄성의 기본 법칙을 알아본 후, 다양한 상황에 적용해 보기로 하자.

예를 들어, 그림 38-1과 같이 길이가 l이고 폭이 w인 사각 블록 모양의 물질을 생각해 보자. 힘 F로 물체의 양쪽 끝을 잡아당기면 길이가 Δl만큼 늘어난다. 단, 이 강의에서는 '늘어난 길이가 물체의 원래 길이보다 훨씬 작은 경우'만을 고려할 것이다. 사실, 목재나 강철 같은 물질들은 원래 길이의 몇 %만 늘어나도 곧 끊어져 버린다. 많은 물질을 대상으로 실험해 본 결과, 늘어난 길이가 아주 짧은 경우에 '가해 준 힘은 늘어난 길이에 비례한다'는 사실이 알려졌다.

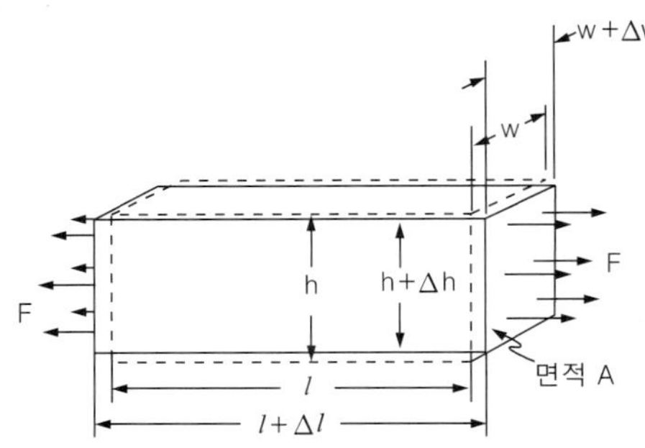

그림 38-1 균일한 인장 하에서 늘어지는 막대

$$F \propto \Delta l \tag{38.1}$$

이것이 바로 그 유명한 '훅의 법칙(Hooke's law)'이다.

늘어난 길이 Δl은 막대의 원래 길이에도 비례하는데, 그 이유는 다음과 같다. 두 개의 동일한 블록의 양 끝을 맞붙여서 견고하게 접합시킨 후 양쪽 끝에서 잡아당기면 각 블록에 똑같은 힘이 작용할 것이다. 따라서 각 블록은 Δl만큼 늘어나고, 길이가 $2l$인 블록(두 개를 붙여서 만든 블록)은 $2\Delta l$만큼 늘어나게 되는 것이다. 물체의 외형과는 무관하면서 특성이 충실하게 반영되어 있는 양을 정의한다면 여러모로 편리할 것이다. 즉, Δl 대신 '원래의 길이에 대한 늘어난 길이의 비율', $\Delta l/l$을 다루기로 하자. 이 값은 힘에 비례하지만 길이 l과는 무관하다.

$$F \propto \frac{\Delta l}{l} \tag{38.2}$$

또한 가해진 힘 F는 블록의 단면적에 따라서도 달라진다. 두 개의 블록을 옆으로 이어 놓았을 때(병렬연결), 전체 길이를 Δl만큼 늘이려면 각 블록에 힘 F를 가해야 한다. 두 개의 블록을 하나로 생각하면, 같은 길이를 늘이는 데 두 배의 힘이 드는 셈이다. 주어진 길이만큼 늘이려면, 블록의 단면적 A에 비례하는 힘을 가해야 한다. 탄성과 관련된 법칙을 쓸 때, 그 안에 들어가는 비례 상수가 물체의 크기에 따라 변한다면 몹시 불편할 것이다. 그래서 우리는 물체의 크기와 무관한 상수를 도입하여, 훅의 법칙을 다음과 같이 쓰기로 한다.

$$F = YA\frac{\Delta l}{l} \tag{38.3}$$

비례 상수 Y는 '영률(Young's modulus)'이라고 하며, 오로지 물질의 특성에만 관련된 상수이다(보통은 영률을 E로 표기하지만, E는 전기장이나 에너지, 기전력 등을 표기할 때 이미 써먹었기 때문에 다른 문자를 사용한 것이다).

'단위 면적당 힘'을 '응력(stress)'이라고 하며, 단위 길이당 늘어난 길이, 즉 늘어난 비율(fractional stretch)을 '변형률(strain)'이라고 한다. 그러므로 식 (38.3)은 다음과 같이 쓸 수 있다.

$$\frac{F}{A} = Y \times \frac{\Delta l}{l} \tag{38.4}$$

$$\text{응력} = (\text{영률}) \times (\text{변형률})$$

훅의 법칙은 또 다른 내용을 담고 있다. 물체를 한쪽 방향으로 '늘이면', 늘이는 방향에 수직한 방향으로는 물체가 수축한다는 것이다. 폭이 수축되는 정도는 폭 w에 비례하며, 또한 $\Delta l/l$에도 비례한다. 옆면의 수축은 폭과 높이 가릴 것 없이 동일한 비율로 일어나며, 이 법칙은 흔히 다음과 같은 형태로 표현된다.

$$\frac{\Delta w}{w} = \frac{\Delta h}{h} = -\sigma\frac{\Delta l}{l} \tag{38.5}$$

여기서 상수 σ는 '푸아송 비(Poisson's ratio)'로서, 탄성 물질이 보유하고 있는 또 하나의 특성 값이다. 푸아송 비는 항상 양수이며, $\frac{1}{2}$보다 작다(σ가 일반적으로 양수가 되어야 한다는 논리는 그런대로 타당해 보이지만, 반드시 그렇게 되어야 하는 이유는 그다지 분명치 않다).

위에서 도입한 두 개의 상수 Y와 σ가 알려지면 '균일한 등방성' 물질[비정질(noncrystalline) 물질]의 탄성은 완벽하게 규정된다. 결정질 물질은 늘어나거나 수축되는 비율이 방향에 따라 다르게 나타날 수 있기 때문에 더 많은 탄성 상수가 도입되어야 하지만, 당분간은 Y와 σ만으로 기술되는 균일한 등방성 물질만을 다루기로 한다. 지금까지 물리학을 공부하면서 다들 느끼고 있겠지만, 사물을 기술하는 방법에는 여러 가지가 있다. 물질의 탄성을 기술할 때에도 다른 상수를 사용하는 경우가 있는데, 어떠한 상수를 도입하더라도 이들은 항상 σ 및 Y와 관련되어 있다.

마지막으로 필요한 일반적 법칙은 중첩의 원리이다. 식 (38.4)와 (38.5)의 두 법칙은 힘과 변위에 대해 선형적이기 때문에, 중첩의 원리가 적용된다. 즉, 물체에 힘을 가하여 변위를 발생시킨 후, 또다시 새로운 힘을 가하여 추가적인 변위를 발생시켰을 때, 최종적인 변위는 각 단계에서 나타난 변위의 합으로 표현된다.

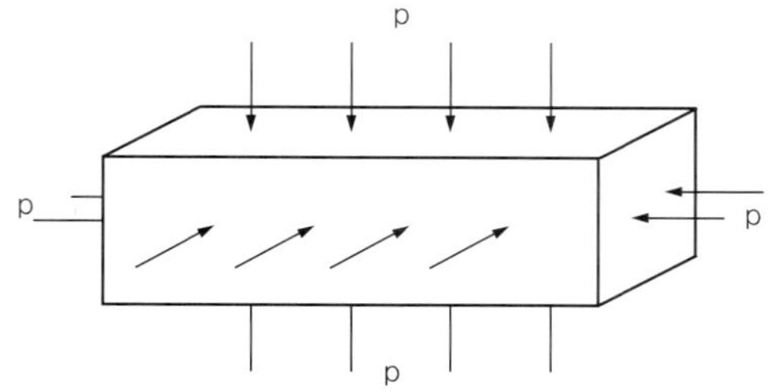

그림 38-2 균일한 정수압을 받고 있는 막대

이것으로 일반적인 법칙은 모두 갖춘 셈이다. 중첩의 원리와 식 (38.4), (38.5)는 탄성에 관한 모든 것을 담고 있다. 그러나 이런 식의 설명은 뉴턴의 운동법칙 $F=ma$만 달랑 써 놓고 "이것이 역학에 관한 모든 것이다"라고 선언하거나, 맥스웰 방정식만 써 놓고 "전자기에 대한 모든 내용이 이 안에 담겨 있다"고 주장하는 것과 마찬가지다. 물론, 현재 여러분의 수학적 능력이면 많은 것을 할 수 있기 때문에 원리와 법칙이 있으면 그로부터 많은 내용을 알아낼 수 있을 것이다. 그렇다 하더라도 지금부터 몇 가지 구체적인 적용 사례를 생각해 보기로 하자.

38-2 균일한 변형

첫 번째 예로서, 균일한 정수압(hydrostatic pressure)이 사각 블록에 작용할 때 어떤 일이 일어나는지 알아보자. 물이 차 있는 압력 탱크에 사각 블록 하나를 집어넣으면 블록의 모든 면에는 면적에 비례하는 힘이 안쪽으로 작용하게 된다(그림 38-2 참조). 정수압은 모든 곳에서 균일하기 때문에, 블록의 각 면에 작용하는 '응력(stress, 단위 면적당 작용하는 힘)'은 모두 같다. 먼저 길이의 변화부터 계산해 보자. 블록의 길이 변화는 그림 38-3에 그려 놓은 세 가지 독립적인 문제에서 발생하는 길이 변화의 합으로 생각할 수 있다.

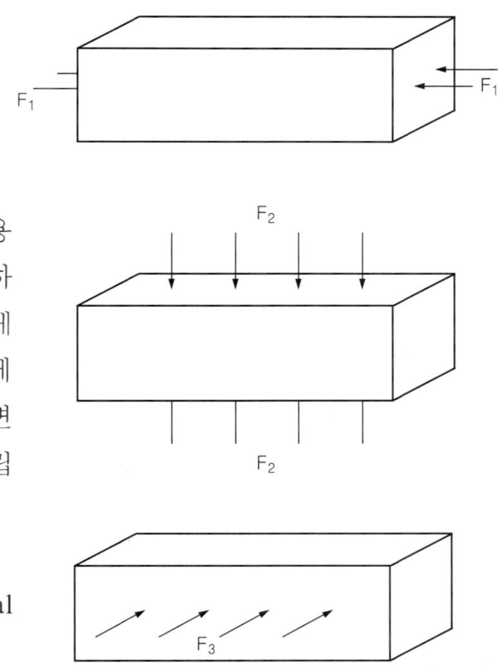

그림 38-3 정수압은 세 방향으로 작용하는 압력의 중첩이다.

문제 1. 블록의 양 끝에 압력 p가 작용할 때, 압축 변형률(compressional strain)은 p/Y이고, 앞에 마이너스 부호가 붙는다.

$$\frac{\Delta l_1}{l}=-\frac{p}{Y}$$

문제 2. 블록의 양쪽 측면을 압력 p로 누르는 경우에도, 압축 변형률은 p/Y이다. 그러나 우리가 알고 싶은 것은 길이 방향의 변형률이다. 그 값은 측면 방향의 변형률에 $-\sigma$를 곱하여 얻을 수 있다. 측면 방향의 변형률은

$$\frac{\Delta w}{w} = -\frac{p}{Y}$$

이므로

$$\frac{\Delta l_2}{l} = +\sigma\frac{p}{Y}$$

이다.

문제 3. 블록의 위쪽을 누르는 경우에도 압축 변형률은 p/Y이며, 그에 해당하는 측면 방향의 변형률은 다시 $-p/Y$이다. 따라서 길이 방향의 변형률은 다음과 같다.

$$\frac{\Delta l_3}{l} = +\sigma\frac{p}{Y}$$

문제 1, 2, 3의 결과를 종합하면(즉, $\Delta l = \Delta l_1 + \Delta l_2 + \Delta l_3$를 계산하면) 다음과 같은 결과가 얻어진다.

$$\frac{\Delta l}{l} = -\frac{p}{Y}(1-2\sigma) \tag{38.6}$$

원래의 문제는 세 방향에 대하여 대칭적이므로

$$\frac{\Delta w}{w} = \frac{\Delta h}{h} = -\frac{p}{Y}(1-2\sigma) \tag{38.7}$$

이다.

또한 정수압에 의한 '부피의 변화'도 우리의 관심 대상이다. $V = lwh$이므로, 작은 변위에 대해서는 다음과 같이 쓸 수 있다.

$$\frac{\Delta V}{V} = \frac{\Delta l}{l} + \frac{\Delta w}{w} + \frac{\Delta h}{h}$$

식 (38.6)과 (38.7)을 이용하면

$$\frac{\Delta V}{V} = -3\frac{p}{Y}(1-2\sigma) \tag{38.8}$$

로 쓸 수 있다. 흔히 $\Delta V/V$를 '부피 변형률(volume strain)'이라고 하며, 다음과 같이 쓴다.

$$p = -K\frac{\Delta V}{V}$$

'부피 응력(volume stress)' p는 부피 변형률에 비례하는데, 이것은 훅의 법칙의 재탕이다. 계수 K는 '부피 탄성률(bulk modulus)'이라고 불리며, 기존의 상수들과 다음과 같이 연관되어 있다.

$$K = \frac{Y}{3(1-2\sigma)} \tag{38.9}$$

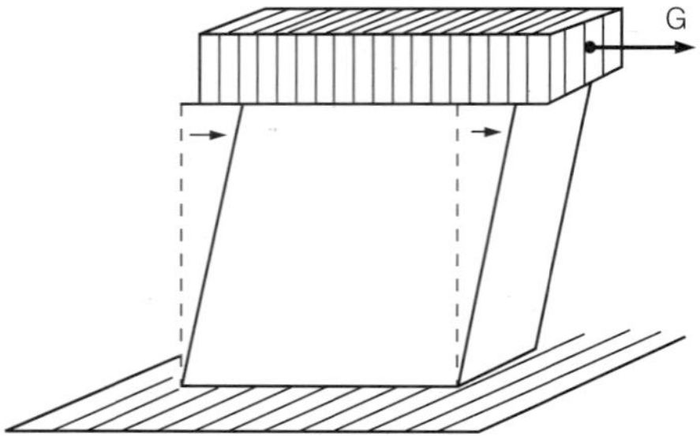

그림 38-4 균일한 층밀림 상태에 놓여 있는 정육면체

K의 값은 실용적인 관심사이기 때문에, 대부분의 편람에는 Y와 σ 대신 Y와 K값이 수록되어 있다. σ값을 원한다면 식 (38.9)로부터 항상 구할 수 있다. 식 (38.9)에서 알 수 있듯이, 푸아송 비 σ는 $\frac{1}{2}$보다 작아야 한다. 만일 그렇지 않으면 부피 탄성률 K는 음수가 될 것이고, 따라서 압력이 증가해도 물체는 도리어 팽창하게 될 것이다. 만약 그렇다면 낡아서 못 쓰는 블록으로부터 역학적 에너지를 얻을 수 있을 것이다! 이는 곧 블록이 불안정한 평형 상태에 있었음을 뜻한다. 일단 한 번 팽창하기 시작하면, 에너지를 방출하면서 스스로 계속 팽창할 것이다.

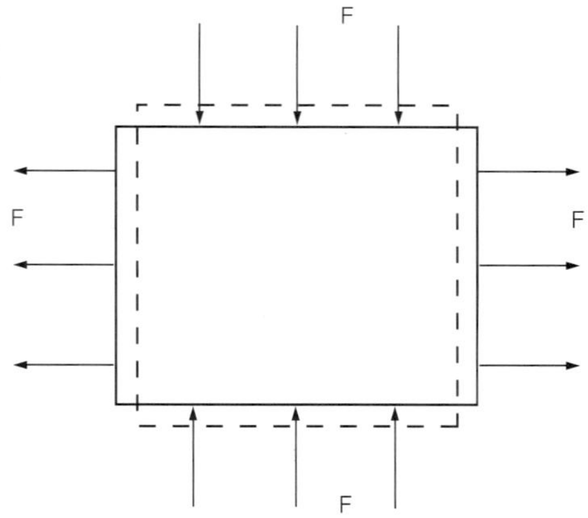

그림 38-5 위아래로는 압축되고 양옆으로는 늘여지는 정육면체

이번에는 물체에 층밀림 변형(shear strain)이 가해졌을 때 나타나는 현상에 대해 알아보자. 층밀림 변형이란, 그림 38-4와 같은 일종의 일그러짐(distortion)을 의미한다. 본론으로 들어가기 전에, 그림 38-5와 같이 상하좌우로 힘을 받고 있는 정육면체에 어떤 변형이 일어나는지 알아보자. 이 문제 역시 두 개의 문제로 나누어 생각할 수 있다. 수직으로 누르는 것과 수평으로 당기는 것으로 나누어 생각해 보자. 정육면체 한 면의 면적을 A라고 할 때, 수평 길이의 변화는 다음과 같다.

$$\frac{\Delta l}{l} = \frac{1}{Y}\frac{F}{A} + \sigma\frac{1}{Y}\frac{F}{A} = \frac{1+\sigma}{Y}\frac{F}{A} \tag{38.10}$$

수직 높이의 변화는 이 값에 음의 부호를 붙인 것과 같다.

이제, 동일한 정육면체가 그림 38-6(a)와 같이 층밀림 힘을 받고 있는 상황을 떠올려 보자. 여기서 주목할 점은 정육면체에 작용하는 알짜 토크가 없고 평형 상태에 있다면, 모든 힘의 크기가 같다는 사실이다(그림 38-4의 경우에도 블록은 평형 상태에 있기 때문에 이와 같은 힘들이 반드시 존재해야 한다. 블록을 테이블에 고정시켜 주고 있는 '접착제'가 그러한 힘을 제공하고 있다). 이럴 때 우리는 "정육면체가 순 층밀림 상태(state of pure shear)에 있다"고 말한다. 그러나 45° 각도로 기울어진 평면을 따라 정육면체를 자르면(예를 들어, 그림의 대각선 A를 따라 자르면), 단면을 가로질러 작용하는 총 힘은 평면에 '수직하고' 크기는 $\sqrt{2}\,G$이며, 이 힘이 작용하는 면적은 $\sqrt{2}\,A$이다. 따라서 이 평면에 수직한

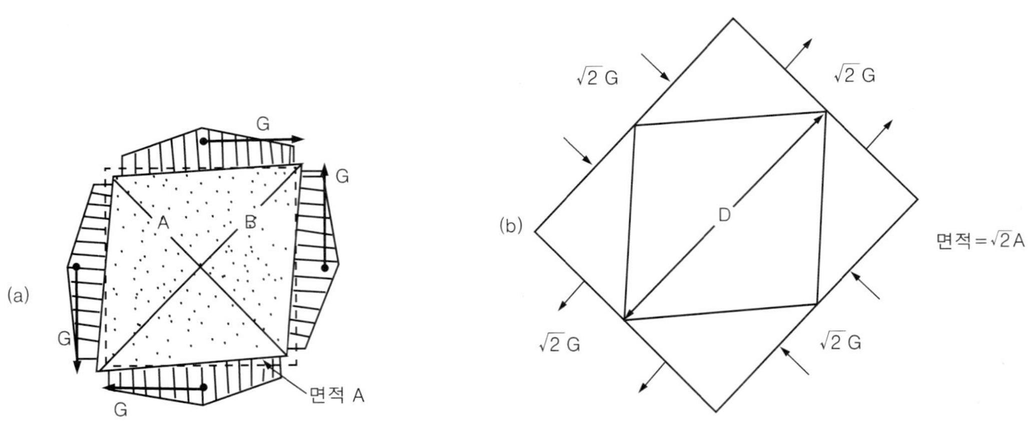

그림 38-6 (a)에서 두 쌍의 층밀림 힘에 의해 발생되는 응력은 (b)의 늘임과 압축에 의해 발생되는 응력과 동일하다.

인장 응력(tensile stress)은 G/A가 된다. 마찬가지로, 45° 각도를 이루고 있는 나머지 다른 평면에도(그림의 대각선 B) 수직한 방향으로 $-G/A$의 압축 응력(compressional stress)이 존재한다는 것을 알 수 있다. 그러므로 '순 층밀림' 상태에서 작용하는 응력은 크기가 같고 서로 직각을 이루면서 원래 정육면체의 면과 45°의 각도를 이루는 인장 응력과 압축 응력의 조합으로 나타낼 수 있다. 즉, 물체의 내부 응력과 내부 변형은 이보다 더 큰 블록에 그림 38-6(b)와 같은 힘이 작용하는 경우와 동일하다. 그런데 사실 이것은 앞에서 이미 풀었던 문제이다. 대각선 길이의 변화는 식 (38.10)에 의해서 다음과 같이 주어진다.

$$\frac{\Delta D}{D} = \frac{1+\sigma}{Y}\frac{G}{A} \tag{38.11}$$

(대각선 중 하나는 짧아지고 다른 하나는 길어진다.)

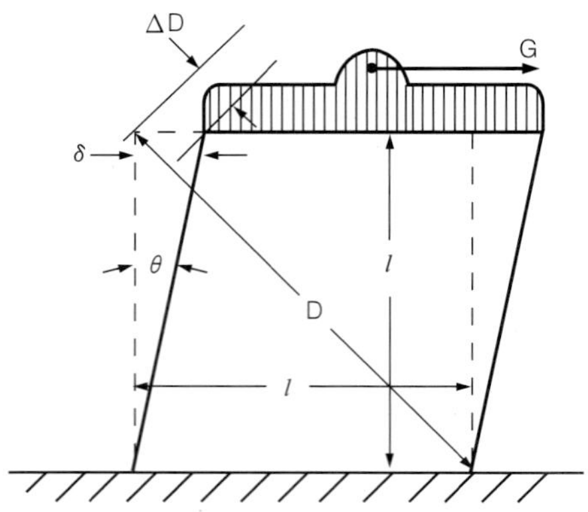

그림 38-7 층밀림 변형 θ는 $2\Delta D/D$이다.

층밀림 변형률을 정육면체의 비틀림 각(그림 38-7의 θ)으로 표현하면 편리할 때가 있다. 그림으로부터 상단의 수평 이동 δ는 $\sqrt{2}\Delta D$와 같음을 알 수 있다. 따라서

$$\theta = \frac{\delta}{l} = \frac{\sqrt{2}\Delta D}{l} = 2\frac{\Delta D}{D} \tag{38.12}$$

이다. 층밀림 응력 g는 면에 접하는 방향으로 작용하는 힘을 면적으로 나눈 값, 즉 $g = G/A$로 정의된다. 식 (38.11)을 (38.12)에 대입하면

$$\theta = 2\frac{1+\sigma}{Y}g$$

가 얻어진다. 또는 이것을 '응력=상수×변형률'의 형태로 쓰면 다음과 같다.

$$g = \mu\theta \tag{38.13}$$

비례 상수 μ는 '층밀림 탄성률[shear modulus, 또는 강성률 계수(coefficient of rigidity)]'이라고 한다. 이것을 Y와 σ로 표현하면 다음과 같다.

$$\mu = \frac{Y}{2(1+\sigma)} \tag{38.14}$$

μ는 반드시 양수여야 한다. 그렇지 않으면 저절로 층이 밀리는 블록으로부터 공짜로 일을 얻을 수 있게 된다. 따라서 식 (38.14)로부터, σ는 -1보다 커야 하고, 앞에서 σ는 $\frac{1}{2}$보다 작아야 한다고 했으므로, 결국 σ는 -1과 $+\frac{1}{2}$ 사이의 값이어야 한다. 그러나 실제로는 항상 0보다 큰 값을 갖는다.

물체 전체에 걸쳐 균일한 응력이 작용하는 마지막 사례로서, '측면의 수축이 일어날 수 없도록 제한을 둔 상태에서' 블록이 당겨지는 경우를 생각해 보자(실제로 이 상황을 구현할 때는 측면이 부풀어 오르지 못하게 하면서 블록을 누르는 편이 더 쉽다. 그러나 어떻게 하건 문제의 본질은 동일하다). 과연 어떤 일이 일어날 것인가? 일단은 블록의 두께가 유지되도록 옆으로 작용하는 힘이 존재해야 한다. 지금 당장은 알 수 없지만 앞으로 계산해야 할 힘이다. 사실 이것은 대

수적인 계산만 조금 다를 뿐, 앞에서 풀었던 문제와 같은 종류의 문제이다. 그림 38-8과 같이, 모든 면에 가해지는 힘을 생각해 보자. 각 방향의 길이(dimension) 변화를 계산해서, 물체의 폭과 높이를 변하지 않게 하는 세로 방향의 힘을 선택한다. 통상적인 논의에 따라 세 개의 변형률에 관한 식을 써 보면 다음과 같다.

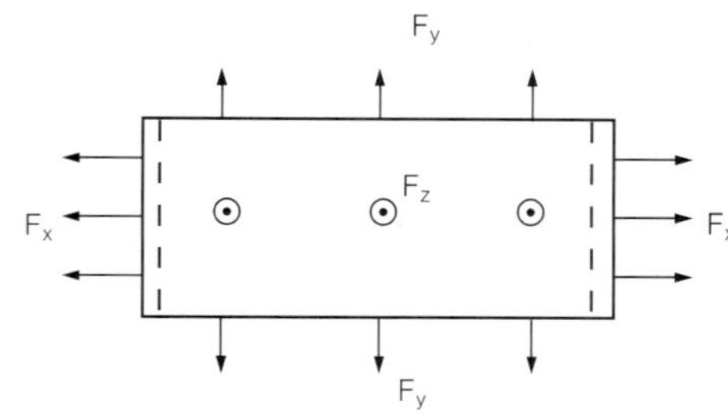

그림 38-8 측면 수축 없이 늘이기

$$\frac{\Delta l_x}{l_x}=\frac{1}{Y}\frac{F_x}{A_x}-\frac{\sigma}{Y}\frac{F_y}{A_y}-\frac{\sigma}{Y}\frac{F_z}{A_z}=\frac{1}{Y}\left[\frac{F_x}{A_x}-\sigma\left(\frac{F_y}{A_y}+\frac{F_z}{A_z}\right)\right] \tag{38.15}$$

$$\frac{\Delta l_y}{l_y}=\frac{1}{Y}\left[\frac{F_y}{A_y}-\sigma\left(\frac{F_x}{A_x}+\frac{F_z}{A_z}\right)\right] \tag{38.16}$$

$$\frac{\Delta l_z}{l_z}=\frac{1}{Y}\left[\frac{F_z}{A_z}-\sigma\left(\frac{F_x}{A_x}+\frac{F_y}{A_y}\right)\right] \tag{38.17}$$

그런데 Δl_y와 Δl_z는 0이므로, 식 (38.16)과 (38.17)로부터 F_y와 F_z를 F_x와 연결시켜 주는 두 개의 식을 얻을 수 있다. 이들을 함께 풀면 다음 식이 얻어진다.

$$\frac{F_y}{A_y}=\frac{F_z}{A_z}=\frac{\sigma}{1-\sigma}\frac{F_x}{A_x} \tag{38.18}$$

이 결과를 식 (38.15)에 대입하면

$$\frac{\Delta l_x}{l_x}=\frac{1}{Y}\left(1-\frac{2\sigma^2}{1-\sigma}\right)\frac{F_x}{A_x}=\frac{1}{Y}\left(\frac{1-\sigma-2\sigma^2}{1-\sigma}\right)\frac{F_x}{A_x} \tag{38.19}$$

가 되는데, 이 식을 응력에 대해 풀어서 σ에 대한 2차식을 얻은 후 인수분해하면 다음과 같은 형태가 된다.

$$\frac{F}{A}=\frac{1-\sigma}{(1+\sigma)(1-2\sigma)}Y\frac{\Delta l}{l} \tag{38.20}$$

옆면이 늘어나거나 줄어들지 않는다는 제한을 두면, 영률 앞에 복잡한 σ의 함수가 곱해지게 된다. 식 (38.19)에서 알 수 있듯이, Y 앞에 붙어 있는 인자는 항상 1보다 크다. 또한 옆면이 고정되어 있을 때는 블록을 늘이기가 더 힘들다. 이는 곧 옆면이 고정되어 있을 때 블록이 더 강해진다는 것을 뜻한다.

38-3 비틀림 막대 : 층밀림 파

실제의 물체는 부위별로 응력의 분포가 다르다. 이 점을 이해하기 위해, 좀 더 복잡한 사례를 들어 보자. 기계류의 구동축이나 정밀 기계에 사용되는 석영섬유 서스펜션(quartz fiber suspension) 등에서 볼 수 있는 비틀림 막대(torsion bar)를 생각해 보자. 비틀림 진자(torsion pendulum)로 실험을 해본 사람들은 알겠지만, 비틀림 막대에 가해지는 토크는 비틀어진 각도에 비례하며, 비례 상수는 막대의 길이와 막대의 반경, 그리고 물질의 특성에 따라 달라진다. 우리의 과제는 이들 사이의 구체적인 관계를 알아내는 것이다. 앞에서 몇 가지 사례를 통하여 기본적인 지식을 익혔으므로 그다지 어려운 문제는 아니다. 그저 약간의 기하 문제를 풀기만 하면 된다.

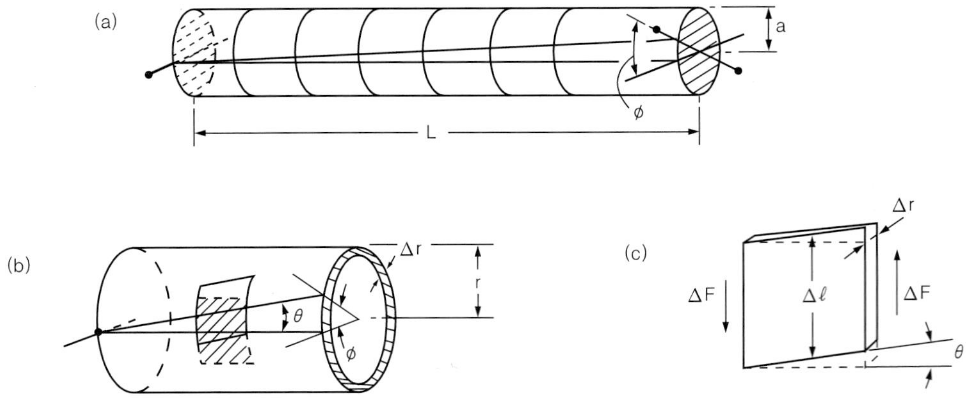

그림 38-9 (a)비틀림 상태에 놓여 있는 원통형 막대 (b)비틀림 상태에 놓여 있는 원통 껍질 (c)껍질의 각 부분은 층밀림 상태에 놓여 있다.

그림 38-9(a)와 같이, 길이가 L이고 반경이 a인 원통형 막대의 한쪽 끝이 맞은편 끝에 비해 각도 ϕ만큼 비틀어진 경우를 생각해 보자. 이 변형(strain)을 우리가 알고 있는 물리량과 관련지으려면, 막대를 여러 개의 짧은 원통 껍질로 분할한 후 각각의 원통 껍질에 일어나는 현상을 따로 분석하면 된다. 우선, 그림 38-9(b)와 같이 반경이 r(a보다 작음)이고 두께가 Δr인 짧은 원통 껍질을 살펴보자. 이 원통의 표면에 작은 사각형을 그려 놓고 한쪽 방향으로 비틀면 사각형이 평행사변형으로 변하는 것을 볼 수 있다. 이와 같이, 원통을 이루는 기본 요소들은 모두 층밀림 상태에 놓여 있으며, 층밀림 각 θ는

$$\theta = \frac{r\phi}{L}$$

이다. 따라서 물체 내부의 층밀림 응력 g는 다음과 같다[식 (38.13) 참조].

$$g = \mu\theta = \mu\frac{r\phi}{L} \tag{38.21}$$

층밀림 응력은 사각형 부분의 단면에 가해진 접선 방향의 힘 ΔF를 단면적 $\Delta l \Delta r$로 나눈 값이다[그림 38-9(c) 참조].

$$g = \frac{\Delta F}{\Delta l \Delta r}$$

이러한 사각형 부분의 단면에 가해진 힘 ΔF로 인해서, 막대의 축 주위는 다음과 같은 토크 $\Delta\tau$가 걸린다.

$$\Delta\tau = r\,\Delta F = rg\,\Delta l \Delta r \tag{38.22}$$

총 토크 τ는 원통의 둘레를 따라 위의 토크를 모두 더한 값이다. Δl들의 합이 $2\pi r$이 되도록 조각들을 충분히 모으면 '속이 빈 튜브'에 걸린 총 토크를 구할 수 있다.

$$rg(2\pi r)\,\Delta r \tag{38.23}$$

또는 식 (38.21)을 이용하면

$$\tau = 2\pi\mu \frac{r^3 \Delta r \phi}{L} \tag{38.24}$$

로 쓸 수 있다. 속이 빈 튜브의 회전 강성(rotational stiffness) τ/ϕ는 반경 r의 세제곱과 두께 Δr에 비례하고, 길이 L에는 반비례한다.

속이 꽉 찬 막대는 동일 축 상에 놓인 일련의 튜브들로 이루어져 있다고 생각할 수 있다. 튜브들은 모두 동일한 각 ϕ만큼 비틀어져 있으며(그러나 내부 '응력'은 튜브마다 다르다), 총 토크는 각각의 튜브를 돌리는 데 필요한 토크의 합으로 주어진다. '속이 꽉 찬' 막대의 경우, 총 토크는

$$\tau = 2\pi\mu \frac{\phi}{L} \int r^3 dr$$

이다. 적분 구간은 $r=0$에서 막대의 반경 $r=a$까지이다. 적분 결과는 다음과 같다.

$$\tau = \mu \frac{\pi a^4}{2L} \phi \tag{38.25}$$

비틀린 상태에 있는 막대의 경우, 토크는 비틀린 각 ϕ에 비례하고 직경의 '네제곱'에 비례한다. 즉, 막대의 두께가 2배로 굵어지면 비틀림에 대한 강성은 16배로 커진다.

비틀림(torsion)에 대한 논의를 마치기 전에, 방금 배운 내용을 재미있는 문제에 적용해 보자. 바로 '비틀림 파(torsional wave)'에 대한 문제이다. 기다란 막대의 한쪽 끝을 갑자기 비틀면, 그림 38-10(a)와 같이 비틀림 파동이 막대를 따라 전달된다. 이것은 비틀림 상태가 일정하게 유지되는 경우보다 확실히 흥미로운 문제이다. 과연 무슨 일이 어떻게 진행되고 있을까?

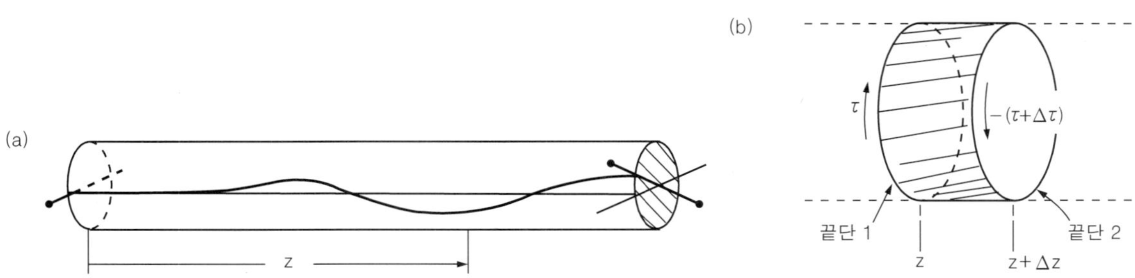

그림 38-10 (a)막대를 타고 전달되는 비틀림 파 (b)막대의 부피 요소

막대의 한쪽 끝에서 임의의 지점까지의 거리를 z라고 하자. 정적인 비틀림의 경우에 토크는 막대의 모든 부분에서 동일하고, 전체 길이분의 총 비틀림 각, 즉 ϕ/L에 비례한다. 비틀림이 갑자기 가해진 경우에 중요한 것은 국소 비틀림 변형률(local torsional strain)이다. 좀 지나면 알게 되겠지만 이것은 $\partial\phi/\partial z$로 표현된다. 막대를 따라 비틀림이 균일하지 않은 경우에는 식 (38.25)를 다음 식으로 대체해야 한다.

$$\tau(z) = \mu \frac{\pi a^4}{2} \frac{\partial \phi}{\partial z} \tag{38.26}$$

이제, 그림 38-10(b)에 확대되어 있는 길이 요소 Δz에 어떤 일이 생기는지 살펴보자. 이 조그만 막대 토막의 끝단 1에는 토크 $\tau(z)$가 걸려 있고, 끝단 2에는 조금 다른 토크 $\tau(z+\Delta z)$가 걸려 있다. Δz가 충분히 작다면, $\tau(z+\Delta z)$는 테일러 전개를 이용하여 다음과 같이 쓸 수 있다.

$$\tau(z+\Delta z) = \tau(z) + \left(\frac{\partial \tau}{\partial z}\right)\Delta z \tag{38.27}$$

z와 $z+\Delta z$ 사이의 작은 토막 전체에 작용하는 알짜 토크 $\Delta\tau$는 $\tau(z)$와 $\tau(z+\Delta z)$의 차이, 즉 $\Delta\tau=(\partial\tau/\partial z)\Delta z$이다. 식 (38.26)을 미분하여 이 값을 구해 보면 다음과 같다.

$$\Delta\tau = \mu\frac{\pi a^4}{2}\frac{\partial^2\phi}{\partial z^2}\Delta z \tag{38.28}$$

이 알짜 토크로 인하여 막대의 얇은 조각에는 각가속도가 생긴다. 조각의 질량은

$$\Delta M = (\pi a^2 \Delta z)\rho$$

이며, 여기서 ρ는 물질의 밀도이다. 제1권 19장에 의하면 원통의 관성 모멘트는 $mr^2/2$이므로, 우리가 다루는 원통 조각의 관성 모멘트를 ΔI라 하면

$$\Delta I = \frac{\pi}{2}\rho a^4\Delta z \tag{38.29}$$

이다. 뉴턴의 법칙에 의하면 토크는 관성 모멘트에 각가속도를 곱한 것과 같다. 즉,

$$\Delta\tau = \Delta I\frac{\partial^2\phi}{\partial t^2} \tag{38.30}$$

이다. 지금까지의 결과를 종합해 보면 다음과 같은 관계가 얻어진다.

$$\mu\frac{\pi a^4}{2}\frac{\partial^2\phi}{\partial z^2}\Delta z = \frac{\pi}{2}\rho a^4\Delta z\frac{\partial^2\phi}{\partial t^2}$$

즉,

$$\frac{\partial^2\phi}{\partial z^2} - \frac{\rho}{\mu}\frac{\partial^2\phi}{\partial t^2} = 0 \tag{38.31}$$

여러분은 이것이 1차원 파동 방정식이라는 것을 쉽게 알 수 있을 것이다. 이 방정식만으로 알 수 있는 사실은 비틀림 파의 전달 속도가 다음과 같다는 것이다.

$$C_{\text{shear}} = \sqrt{\frac{\mu}{\rho}} \tag{38.32}$$

막대의 '밀도가 클수록' (강성이 균일할 경우) 파동의 속도는 '느려진다'. 그리고 막대의 '강성이 클수록' 파동은 빠르게 진행한다. 파동의 진행 속도는 막대의 직경과 무관하다.

비틀림 파는 '층밀림 파'의 특수한 예이다. 일반적으로 층밀림 파는 변형(strain)으로 인해 물체의 어느 부분도 부피가 변하지 않을 때 나타나는 파동이다. 비틀림 파의 경우에는 특이하게도 층밀림 응력이 원 위에 분포한다. 그런데 흥미로운 것은, 층밀림 응력이 어떻게 분포하건 간에 파동의 진행 속도가 항상 식 (38.32)로 똑같다는 사실이다. 지진학자들은 지금도 지구 내부에서 진행되는 층밀림 파를 찾고 있다.

고체 내부의 탄성 영역에는 또 다른 종류의 파동이 존재할 수 있다. 여러분이 무언가를 밀면 종파(longitudinal wave)가 발생한다[압축파(compressional wave)라고도 한다]. 이것은 공기 중이나 물 속에서 진행하는 음파와 비슷하다. 종파는 진동의 변위가 파의 진행 방향과 같은 방향이다[탄성체의 표면에 종방향도 아니고 횡방향도 아닌 어정쩡한 방향으로 변형력이 가해지면 '레일리 파(Rayleigh wave)'나 '러브 파(Love wave)' 등도 나타날 수 있는데, 이 강의에서는 다루지 않을 것이다](여기서 횡방향이란 파동의 진행 방향에 수직한 방향이며, 종방향은 파동의 진행 방향을 말한다 : 옮긴이).

이왕 파동이라는 말이 나온 김에, 지구와 같이 '거대한' 고체에서 순수한 압축파가 얼마나 빠르게 전달되는지 알아보자. 여기서 '거대하다'는 표현을 쓴 이유는 물체의 두께에 따라 소리의 전달 속도가 다르기 때문이다. '두꺼운' 물체란, 횡방향의 길이가 소리의 파장보다 훨씬 긴 물체를 말한다. 이런 물체는 아무리 세게 밀어도 옆으로 늘어나지 않는다. 오직 밀린 방향으로만 압축될 뿐이다. 다행히도 우리는 제한된 조건하에서 탄성체를 압축하는 특수한 경우를 살펴본 적이 있다. 또, 제1권 47장에서는 기체 속에서 진행하는 음파의 속도를 구한 적도 있다. 똑같은 논리를 여기 적용하면 고체 속에서 소리의 속도는 $\sqrt{Y'/\rho}$임을 알 수 있다. 제한이 가해진 경우, Y'은 종방향 탄성률(압력을 길이의 상대적인 변화로 나눈 값)이며, 이것은 바로 식 (38.20)에서 구했던 'F/A에 대한 $\Delta l/l$의 비율'이다. 따라서 종파의 속력은 다음 식으로 주어진다.

$$C_{\text{long}}^2 = \frac{Y'}{\rho} = \frac{1-\sigma}{(1+\sigma)(1-2\sigma)}\,\frac{Y}{\rho} \tag{38.33}$$

σ가 0과 $\frac{1}{2}$ 사이의 값을 갖는 한, 층밀림 탄성률 μ는 영률 Y보다 작고 Y'은 Y보다 크다. 즉,

$$\mu < Y < Y'$$

의 대소 관계가 성립하는데, 이것은 종파의 속도가 층밀림 파의 속도보다 빠르다는 것을 의미한다. 물질의 탄성 상수를 측정하는 가장 정확한 방법 중 하나는 방금 언급한 두 종류의 파동 속도와 물체의 밀도를 측정하는 것이다. 이로부터 Y와 σ를 모두 구할 수 있다. 지진학자들은 진원에서 발생한 이러한 두 종류의 지진파가 현지에 도달한 시간차를 측정하여(한 관측소에 도착한 신호만으로도 충분하다) 진원지까지의 거리를 추정하고 있다.

38-4 휘어진 보

또 다른 실용적인 문제로서, 막대나 보(beam)의 '휨(bending)'에 대해 알아보자. 특정 단면을 가진 막대를 구부리려면 얼마나 강한 힘을 가해야 하는가? 일단은 막대의 단면을 원형이라 가정하자. 그러나 이 문제의 답은 단면의 형태와 무관하다. 그렇지만 시간을 절약하기 위해 약간 속성으로 답을 구할 것이므로 앞으로 전개될 이론은 단지 근사적인 이론일 뿐이다. 즉, 우리의 결과는 휨의 반경이 보의 두께보다 훨씬 큰 경우에 한하여 성립한다.

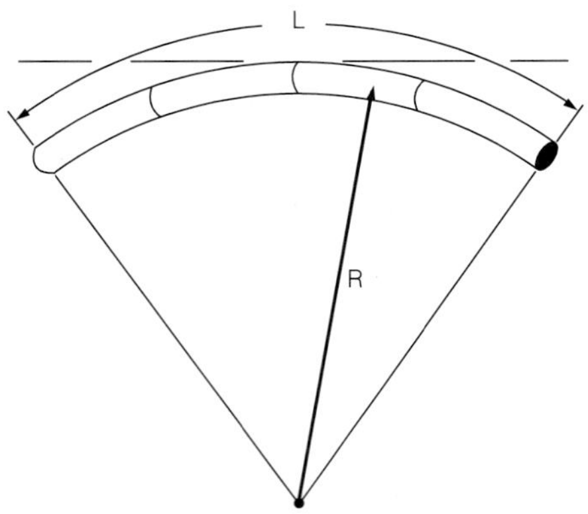

그림 38-11 휘어진 보

곧은 막대의 양 끝을 잡고, 그림 38-11과 비슷한 곡선 모양으로 휘게 한다고 가정해 보자. 이 경우에 막대의 내부 상태는 어떻게 변할 것인가? 막대가 휘어진다는 것은, 곡선의 안쪽 부분이 압축되고 바깥쪽 부분은 늘어난다는 것을 의미한다. 그러면 막대의 내부에는 늘어나지도 않고 압축되지도 않은 채 원래의 중심축과 평행한 면이 존재할 것이다. 이것을 '중립면(neutral surface)'이라고 한다. 여러분은 중립면이 단면의 가운데쯤에 있다고 생각할 것이다. 휘어진 정도가 그리 크지 않은 경우에는 중립면이 단면의 무게 중심을 지난다는 것을 어렵지 않게 증명할 수 있다(이 강의에서는 증명을 생략한다). 그러나 이 정리는 막대가 오직 휘기만 하는 경우에 한하여 적용된다. 막대를 구부리면서 동시에 늘이거나 압축시킨다면, 중립면은 단면의 무게 중심을 지나지 않을 수도 있다.

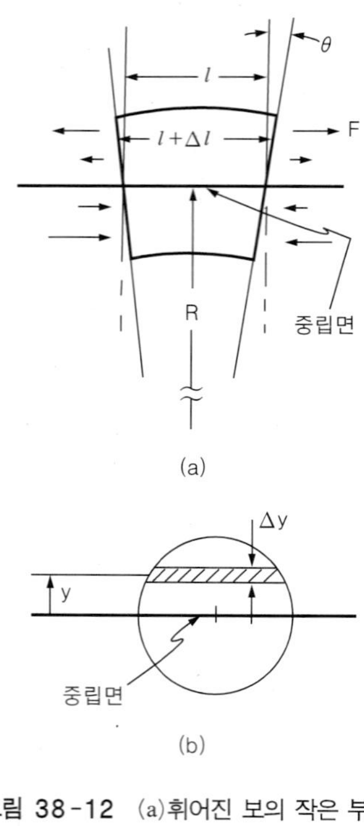

그림 38-12 (a)휘어진 보의 작은 부분 (b)보의 단면

보를 휘게 하는 힘만 작용하는 경우, 보를 횡방향으로 얇게 썬 단면은 그림 38-12(a)와 같이 일그러진다. 중립면 아랫부분에는 중립면과의 '거리에 비례하는' 압축 변형이 가해진다. 이와는 반대로 윗부분은 늘어나게 되는데, 이 역시 중립면으로부터의 거리에 비례한다. 따라서 종방향으로 늘어난 길이 Δl은 높이 y에 비례하며, 비례 상수는 l/R이다[여기서 R은 막대의 곡률 반경이다. 그림 38-12(a) 참조].

$$\frac{\Delta l}{l} = \frac{y}{R}$$

그러므로 y에 위치한 가느다란 띠(빗금 친 부분)에 작용하는 단위 면적당 힘(응력)도 중립면으로부터의 거리에 비례한다.

$$\frac{\Delta F}{\Delta A} = Y\frac{y}{R} \tag{38.34}$$

지금부터, 이와 같은 변형을 초래하는 '힘'들을 살펴보자. 그림 38-12(a)에는 작은 조각에 작용하는 힘들이 표시되어 있다. 횡방향으로 자른 조각을 생각해 볼 때, 조각의 측면에 작용하는 힘은 중립면을 기준으로 위와 아래에서 반대 방향으로 작용한다. 그리고 이 힘들은 각각 짝을 이루어 '휨 모멘트(bending moment)' $\mathfrak{M}$을 만들어 내는데, 이것은 중립선에 대한 토크를 의미한다. 그림 38-12(a)의 한 단면에서 중립면으로부터의 거리에 힘을 곱하여 적분하면 총 모멘트를 구할 수 있다.

$$\mathfrak{M} = \int_{\text{단면}} y\,dF \tag{38.35}$$

식 (38.34)에 의하면 $dF = Yy/R\, dA$이므로

$$\mathfrak{M} = \frac{Y}{R}\int y^2\, dA$$

이다. $y^2 dA$의 적분은 질량 중심을 통과하는 수평축에 대한 기하학적 단면의 관성 모멘트에 해당된다.* 이 값을 I라고 하자. 그러면 휨 모멘트 $\mathfrak{M}$은 다음과 같이 쓸 수 있다.

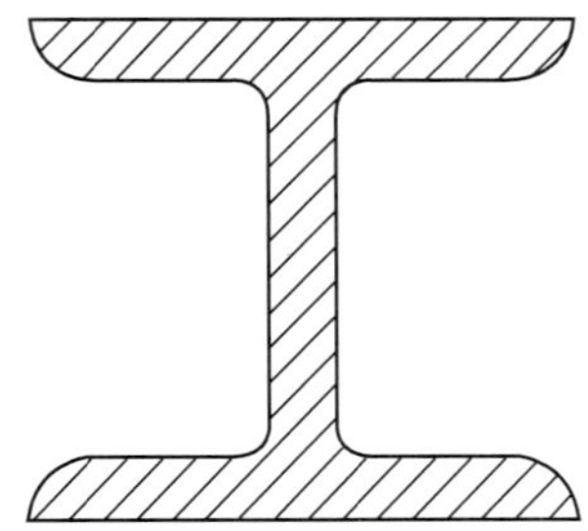

그림 38-13 I자형 보

$$\mathfrak{M} = \frac{YI}{R} \tag{38.36}$$

$$I = \int y^2\, dA \tag{38.37}$$

식 (38.36)은 휨 모멘트 $\mathfrak{M}$과 보의 곡률 $1/R$ 사이의 관계를 말해 주고 있다. 보의 '강성'은 Y와 관성 모멘트 I에 비례한다. 다시 말해서, 가령 주어진 양의 알루미늄으로 강성이 큰 보를 만들고자 한다면, 중립면으로부터 먼 곳에 가능한 한 많은 질량을 집중시켜서 관성 모멘트를 크게 만들어야 한다는 얘기다. 그러나 질량을 가장자리에 지나치게 집중시킬 수는 없다. 이렇게 되면 우리가 원하는 대로(안정적으로) 휘지 않고 갑자기 휘는 현상[buckling, 좌굴(挫屈)]이 발생하거나 비틀어지는 수가 있다. 건축용 보를 그림 38-13과 같이 I자나 H자형으로 만드는 것은 바로 이런 이유 때문이다.

보 방정식 (38.36)의 적용 사례로서, 그림 38-14와 같은 캔틸레버 보(cantilevered beam, 외팔보)의 자유로운 한쪽 끝에 힘 W가 작용할 때 보의 처지는 정도를 계산해 보자('캔틸레버'란 보의 한쪽 끝의 위치와 기울기가 고정된 채로 보가 지지되고 있음을 의미한다). 보는 어떤 형태로 처질 것인가? 고정된 끝으로부터 측정한 거리를 x라 하고, 보가 처진 수직 거리를 z라고 하자. 우리가 알고 싶은 것은 위치에 따른 처짐의 변화, 즉 $z(x)$이다. 단, 여기서는 처진 정도가 매우 작은 경우만을 고려하기로 한다. 또한 보의 길이는 단면적에 비해서 매우 길다고 가정하자. 여러분이 수학 시간에 배운 대로 임의의 곡선 $z(x)$의 곡률 $1/R$은 다음과 같이 주어진다.

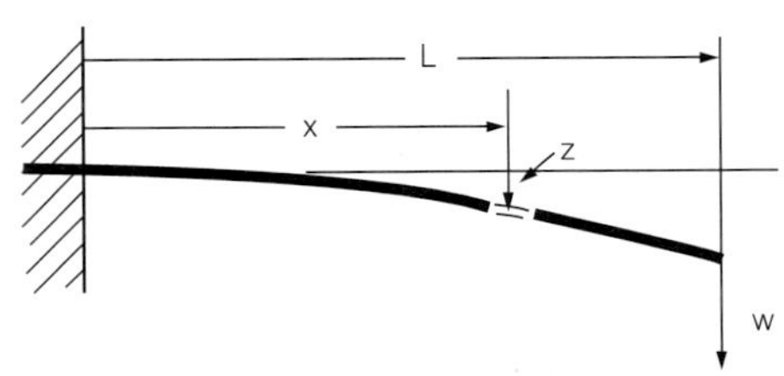

그림 38-14 한쪽 끝에 하중이 걸린 캔틸레버 보

$$\frac{1}{R} = \frac{d^2z/dx^2}{[1 + (dz/dx)^2]^{3/2}} \tag{38.38}$$

처진 정도가 작은 경우만을 고려한다고 했으므로(대부분의 공학 구조물은 이 조건을 만족한다), $(dz/dx)^2$은 1보다 훨씬 작아서 무시할 수 있다. 따라서 곡률은 다음과 같이 간단해진다.

$$\frac{1}{R} = \frac{d^2z}{dx^2} \tag{38.39}$$

휨 모멘트 $\mathfrak{M}$도 알아야 한다. 휨 모멘트는 임의의 단면의 중립축에 대한 토크이므로 x의 함수로 표현된다. 보의 무게는 무시하고 보의 끝에서 아래쪽으로 걸리

* 단위 면적당 단위 질량을 갖는 얇은 단면이라면 실제로 이와 같은 관성 모멘트를 갖는다.

는 힘 W만 생각해 보자(원한다면 보의 무게를 고려하여 풀 수도 있다). 그러면 위치 x에서의 휨 모멘트는

$$\mathfrak{M}(x) = W(L - x)$$

가 된다. 왜냐하면 $\mathfrak{M}$은 W에 의해 위치 x에 가해지는 토크이기 때문이다. 여기에 식 (38.36)과 (38.39)를 대입하면

$$W(L - x) = \frac{YI}{R} = YI\frac{d^2z}{dx^2}$$

즉

$$\frac{d^2z}{dx^2} = \frac{W}{YI}(L - x) \tag{38.40}$$

를 얻게 된다. 이 식은 별다른 트릭 없이 쉽게 적분할 수 있으며, $z(0)=0$ 및 $x=0$에서 $dz/dx=0$이라는 가정으로부터 적분 상수까지 결정하면

$$z = \frac{W}{YI}\left(\frac{Lx^2}{2} - \frac{x^3}{6}\right) \tag{38.41}$$

을 얻는다. 이것이 바로 보의 휘어진 모양을 나타내는 식이다. 예를 들어, 끝 부분의 변위는

$$z(L) = \frac{W}{YI}\frac{L^3}{3} \tag{38.42}$$

이다. 끝 부분의 변위는 보의 길이의 세제곱에 비례한다.

우리는 보의 휘어짐 이론을 근사적으로 전개하면서, 보가 휘어져도 단면은 변하지 않는다고 가정하였다. 보의 두께가 곡률 반경에 비해 작을 때는 단면이 거의 변하지 않기 때문에 위의 결과를 별문제 없이 사용할 수 있다. 그러나 일반적으로는 단면의 변화를 무시할 수 없다. 부드러운 고무지우개를 직접 손으로 구부려 보면 이 사실을 쉽게 확인할 수 있다. 지우개의 단면이 원래 사각형이었다면, 구부러질 때 바닥이 불룩해지는 것을 볼 수 있을 것이다(그림 38-15 참조). 이런 현상이 나타나는 이유는 바닥이 압축되면서 푸아송 비에 따라 물체가 옆으로 퍼지기 때문이다. 고무는 구부리거나 늘이기 쉽지만, 부피를 변화시키기가 어렵다는 점에서는 다소 액체와 비슷하다. 비압축성(incompressible) 물질의 경우에 푸아송 비는 정확하게 $\frac{1}{2}$이며, 고무의 경우도 거의 $\frac{1}{2}$에 가깝다.

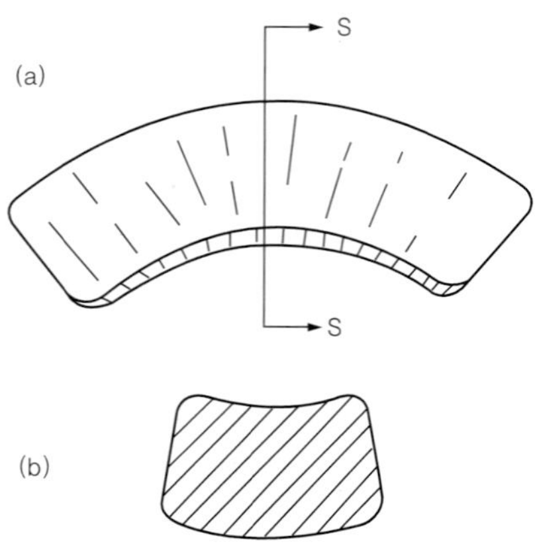

그림 38-15 (a)휘어진 지우개 (b)단면

38-5 갑자기 휘는 현상(좌굴 현상)

이 절에서는 보의 휘어짐 이론을 이용하여 막대나 기둥 또는 보의 '갑자기 휘는 현상(buckling)'에 대해 알아보기로 한다. 대략적인 상황은 그림 38-16과 같다. 곧은 막대를 양쪽 끝에서 마주 보는 방향으로 밀면 그림과 같이 휘어진다. 우리의 목적은 막대의 휘어진 모양과 양 끝에 작용하는 '힘의 크기'를 계산하는 것이다.

양 끝을 잇는 직선으로부터 막대가 벗어난 정도를 $y(x)$라고 하자. 여기서 x는 한쪽 끝에서 막대 위의 임의의 지점까지 측정한 거리이다. 그림의 P점에서의 휨 모멘트 $\mathfrak{M}$은 힘 F에 모멘트 팔(moment arm), 즉 수직 거리 y를 곱한 것과 같다.

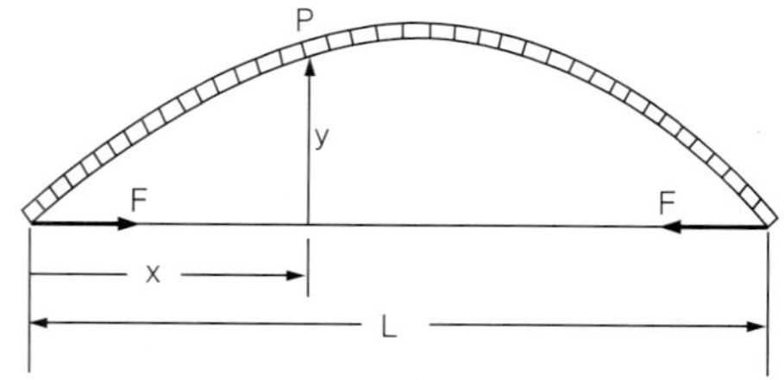

그림 38-16 갑자기 휘어진 보

$$\mathfrak{M}(x) = Fy \tag{38.43}$$

여기에 보 방정식 (38.36)을 적용하면

$$\frac{YI}{R} = Fy \tag{38.44}$$

가 된다. 식 (38.39)와 마찬가지로, 막대의 휘어진 정도가 작으면 $1/R = -d^2y/dx^2$으로 놓을 수 있다(휘어진 모양이 위로 볼록하기 때문에 곡률의 부호는 마이너스이다). 따라서

$$\frac{d^2y}{dx^2} = -\frac{F}{YI}y \tag{38.45}$$

가 되는데, 이것은 사인파를 해로 갖는 미분 방정식이다. 따라서 벗어난 정도가 작은 경우에 보의 휘어진 형태는 사인 곡선으로 기술된다. 사인파의 파장 λ는 양 끝 사이의 거리 L의 두 배이다. 휘어진 정도가 크지 않다면 막대의 원래 길이와 L이 거의 같으므로, 사인파의 파장은 막대의 원래 길이의 두 배라고 할 수 있다. 따라서 막대가 그리는 곡선은 다음과 같다.

$$y = K\sin \pi x/L$$

양변을 두 번 미분하면

$$\frac{d^2y}{dx^2} = -\frac{\pi^2}{L^2}y$$

가 되는데, 이 식을 식 (38.45)와 비교하면 힘 F는

$$F = \pi^2\frac{YI}{L^2} \tag{38.46}$$

임을 알 수 있다. 즉, 휘어진 정도가 작을 때 막대에 가해진 힘 F는 휘어진 변위 y와 무관하다!

이로부터 물리적으로 다음과 같은 사실을 알 수 있다. 가해진 힘이 식 (38.46)의 F보다 작으면 막대는 전혀 휘어지지 않는다. 그러나 이보다 조금이라도 '더 강한' 힘을 가하면 막대는 갑자기 크게 휘어져 버린다. 즉, 힘이 임계 값[종종 "오일러 힘(Euler force)"이라고 불린다] π^2YI/L^2을 넘어서면 보가 갑자기 활처럼 휘어져 버린다는 것이다. 예를 들어, 건물의 2층에 실린 하중이 아래층 기둥의 오일러 힘을 넘어서면 그 건물은 당장 무너진다. 갑자기 휘는 힘이 중요하게 취급되는 또 다른 분야는 우주로켓 설계 분야이다. 로켓은 발사대에서 자체 하중을 지탱해야 하고 가속되는 동안 가해지는 압박도 견뎌야 한다. 그러나 로켓은 짐과 연료를 잔뜩 싣고 날아야 하기 때문에, 로켓 자체의 무게를 가능한 한 줄이는 것이 중요하다.

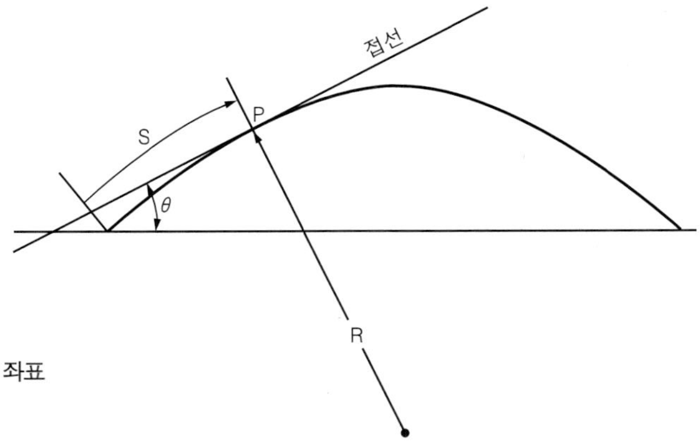

그림 38-17 휘어진 보의 곡선을 기술하는 좌표 S와 θ

보에 가해진 힘이 오일러 힘을 넘어섰다고 해서 보가 완전히 망가져 버리는 것은 아니다. 변위가 커지면 식 (38.38)의 $1/R$에서 무시했던 항들이 살아나기 때문에 임계 힘의 값이 우리가 계산한 것보다 커지게 된다. 이런 경우에 힘을 구하려면 R과 y 사이의 근사적인 관계식을 폐기하고 정확한 공식 (38.44)에서 다시 시작해야 한다. 식 (38.44)는 기하학적으로 매우 단순한 특성을 갖고 있다.*[1] 해법은 다소 복잡하지만 흥미는 만점이다. 곡선을 x와 y로 기술하지 않고 두 개의 새로운 변수로 기술할 수 있는데, 곡선을 따라 측정한 거리 S와 곡선에 접하는 접선의 기울기 θ가 바로 그것이다(그림 38-17 참조). 곡률은 거리에 따른 각도의 변화율로 정의된다.

$$\frac{1}{R}=\frac{d\theta}{dS}$$

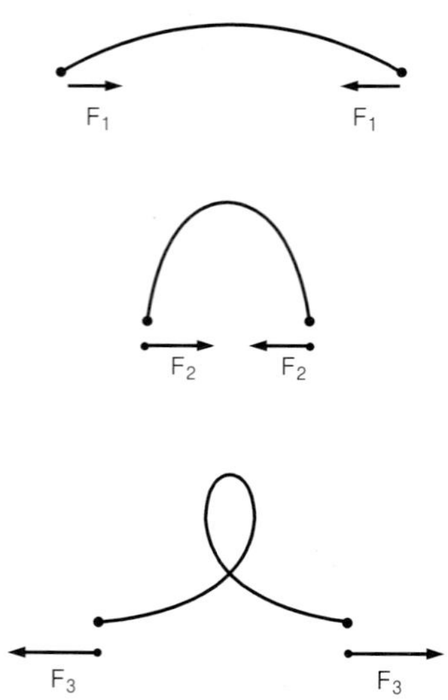

그림 38-18 휘어진 막대가 만들어 내는 다양한 곡선들

따라서 정확한 식 (38.44)는 다음과 같이 쓸 수 있다.

$$\frac{d\theta}{dS}=-\frac{F}{YI}y$$

이 식의 양변을 S로 미분하고 dy/dS를 $\sin\theta$로 대치하면 다음과 같은 방정식이 얻어진다.

$$\frac{d^2\theta}{dS^2}=-\frac{F}{YI}\sin\theta \tag{38.47}$$

[θ가 작은 경우에는 식 (38.45)와 같아지므로 모든 것이 OK다!]

식 (38.47)은 커다란 진폭으로 진동하는 진자의 운동 방정식과 완전히 동일한 형태이다. 이 사실을 알면 좋아하는 사람도 있겠지만 개중에는 실망하는 사람도 있을 것 같다. 물론, 진자의 경우에는 F/YI를 다른 상수로 대치해야 한다. 컴퓨터를 이용한 수치해석법을 통해서 방정식 (38.47)의 해를 구할 수 있는데, 자세한 내용은 제1권 9장에서 강의했으므로 생략한다.*[2] 방정식의 해는 매우 아

*[1] 물리학에는 전혀 다른 상황이 동일한 방정식으로 서술되는 경우가 종종 있다. 예를 들어, 평행한 면 사이에 담겨 있는 액체 표면의 요철(meniscus)을 기술하는 방정식도 위의 방정식과 동일하기 때문에, 여기서 얻은 기하학적 해를 그대로 적용할 수 있다.

*[2] 이 방정식의 해는 '야코비안 타원 함수(Jacobian elliptic function)'로 표현될 수 있다. 누군가가 이미 계산을 완료했으므로 우리는 그저 가져다 쓰기만 하면 된다.

름답고 매끈한 곡선들로 나타나는데, 이들 중 F/YI의 세 가지 다른 값에 대한 곡선이 그림 38-18에 제시되어 있다. 이 곡선들을 '일래스티카 곡선(Elastica curves)'이라고 한다.

CHAPTER 39
탄성체

39-1 변형률 텐서
39-2 탄성 텐서
39-3 탄성체 내부의 움직임
39-4 비탄성 거동
39-5 탄성 상수의 계산

참고 문헌 :

C. Kittel, *Introduction to Solid State Physics*, John Wiley and Sons, Inc., New York, 2nd ed., 1956.

39-1 변형률 텐서

38장에서 우리는 특정한 탄성체들의 일그러짐에 대해 알아보았다. 이 장에서는 탄성체의 내부에서 '일반적으로' 일어날 수 있는 현상에 대해 알아볼 것이다. 우리의 목적은 (좀 원대하긴 하지만) 복잡한 방식으로 비틀리고 짓눌려진 커다란 젤리 덩어리의 응력과 변형 상태를 수학적으로 기술하는 것이다. 이를 위해서는 탄성체 내부의 모든 지점에서 여섯 개의 숫자로 정의되는 '국소 변형률(local strain)'을 기술할 수 있어야 한다. 나중에 알게 되겠지만, 이 여섯 개의 숫자들은 어떤 대칭 텐서의 성분이다. 우리는 31장에서 응력 텐서(stress tensor)를 공부한 적이 있다. 이제 우리에게 필요한 것은 변형률 텐서(strain tensor)이다.

먼저, 물체에 변형을 가했을 때 그 속에 박혀 있는 작은 '이물질' 반점의 움직임을 생각해 보자. 그림 39-1과 같이 $\boldsymbol{r}=(x, y, z)$로 표현되는 점 P에 있던 이물질 반점은 $\boldsymbol{r}'=(x', y', z')$으로 표현되는 새로운 점 P'으로 이동한다. P에서 P'을 잇는 변위 벡터를 $\boldsymbol{u}$라 하면,

$$\boldsymbol{u} = \boldsymbol{r}' - \boldsymbol{r} \tag{39.1}$$

이다. 변위 $\boldsymbol{u}$는 시작점 P에 따라 달라지므로 $\boldsymbol{u}$는 $\boldsymbol{r}$[즉 (x, y, z)]의 벡터 함수이다.

물체 전체에 걸쳐 변형이 일정하게 가해지는 간단한 경우부터 따져 보자. 이러한 변형을 '균일한 변형(homogeneous strain)'이라고 한다. 예를 들어, 그림 39-2와 같이 물체의 모든 부분을 x방향으로 고르게 늘인다고 가정해 보자. 위치 x에 있는 반점의 변위 u_x는 x에 비례한다.

$$\frac{u_x}{x} = \frac{\Delta l}{l}$$

앞으로는 u_x를 다음과 같이 쓰기로 한다.

$$u_x = e_{xx}x$$

e_{xx}는 비례 상수로서 물론 $\Delta l/l$과 같다(아래 첨자를 이중으로 쓰는 이유는 잠시 후에 알게 된다).

변형이 균일하지 않다면 u_x와 x 사이의 관계는 물체 내에서 위치에 따라 변할 것이다. 따라서 일반적인 상황에서 e_{xx}는 일종의 국소적 $\Delta l/l$로 정의된다. 즉,

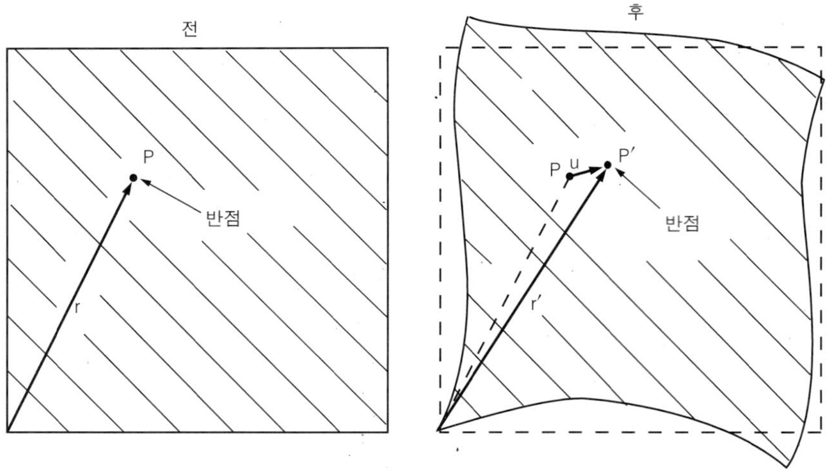

그림 39-1 물체가 변형되기 전에 점 P에 있던 반점은 물체가 변형된 후 점 P'으로 이동한다.

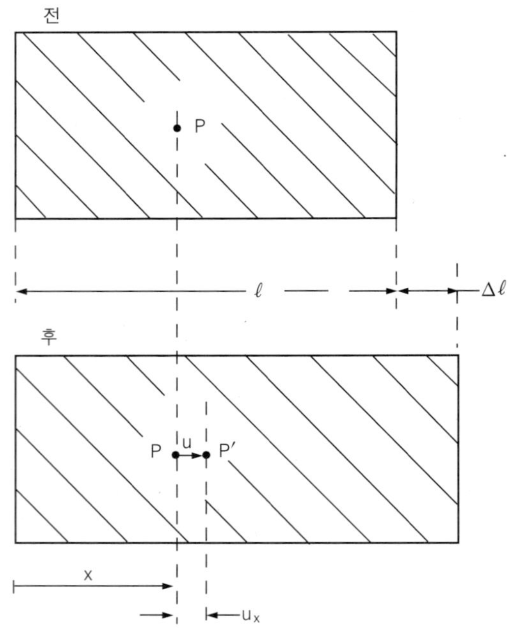

그림 39-2 균일한 늘임 타입의 변형

$$e_{xx} = \partial u_x / \partial x \tag{39.2}$$

이다. e_{xx}(일반적으로 x, y, z의 함수)는 젤리 덩어리 전체에 걸쳐 x방향으로 늘어나는 양을 기술한다. 물론 y나 z방향으로 늘일 수도 있다. 이들은 다음과 같은 양으로 기술된다.

$$e_{yy} = \frac{\partial u_y}{\partial y}, \qquad e_{zz} = \frac{\partial u_z}{\partial z} \tag{39.3}$$

또한 층밀림 타입(shear-type)의 변형도 기술할 수 있어야 한다. 아직 변형이 가해지지 않은 젤리 속에 작은 정육면체 모양의 영역을 표시해 놓았다고 가정해 보자. 젤리를 눌러서 모양을 변형시키면 정육면체는 그림 39-3과 같이 평행육면체 형태로 바뀔 것이다.* 이런 변형에서 각 입자의 x방향 변위는 입자의 y좌표에 비례한다.

$$u_x = \frac{\theta}{2} y \tag{39.4}$$

또한 y방향 변위는 x에 비례한다.

$$u_y = \frac{\theta}{2} x \tag{39.5}$$

따라서 층밀림 타입의 변형은 다음과 같이 기술될 수 있다.

$$u_x = e_{xy} y, \qquad u_y = e_{yx} x$$

* 당분간은 층밀림 각 θ가 양쪽으로 정확히 반씩 나뉘어서 x, y에 대하여 변형이 대칭적인 경우만을 고려하기로 한다.

여기서

$$e_{xy} = e_{yx} = \frac{\theta}{2}$$

이다.

변형이 균일하지 않다면 무엇이 어떻게 달라질 것인가? 여러분은 "e_{xy}와 e_{yx}를 다음과 같이 정의하면 일반적인 층밀림 변형(shear strain)을 기술할 수 있을 것이다"라고 생각할지도 모른다.

$$e_{xy} = \frac{\partial u_x}{\partial y}, \qquad e_{yx} = \frac{\partial u_y}{\partial x} \tag{39.6}$$

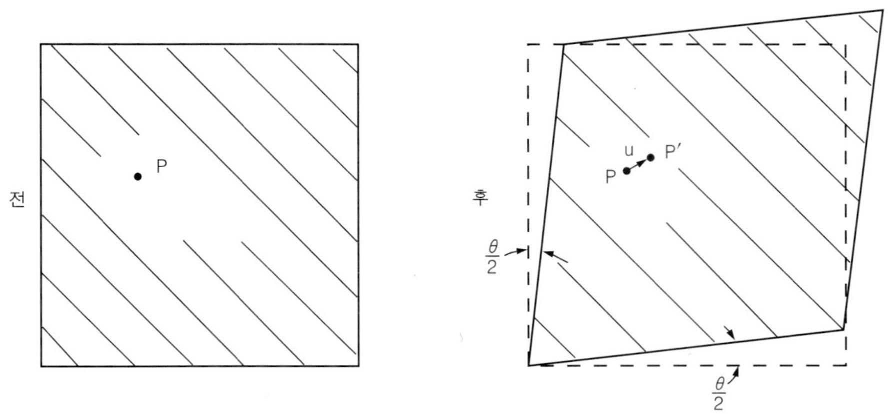

그림 39-3 균일한 층밀림 변형

그러나 여기에는 한 가지 문제가 있다. 변위 u_x와 u_y가 다음과 같이 주어졌다고 가정해 보자.

$$u_x = \frac{\theta}{2} y, \qquad u_y = -\frac{\theta}{2} x$$

이것은 u_y의 부호가 바뀐 것을 제외하고 식 (39.4), (39.5)와 동일하다. 따라서 변위가 이런 식으로 일어나면 젤리 속에 표시된 작은 정육면체는 그림 39-4와 같이 전체적으로 $\theta/2$만큼 돌아간 것 외에는 달라진 것이 전혀 없다. 그저 공간

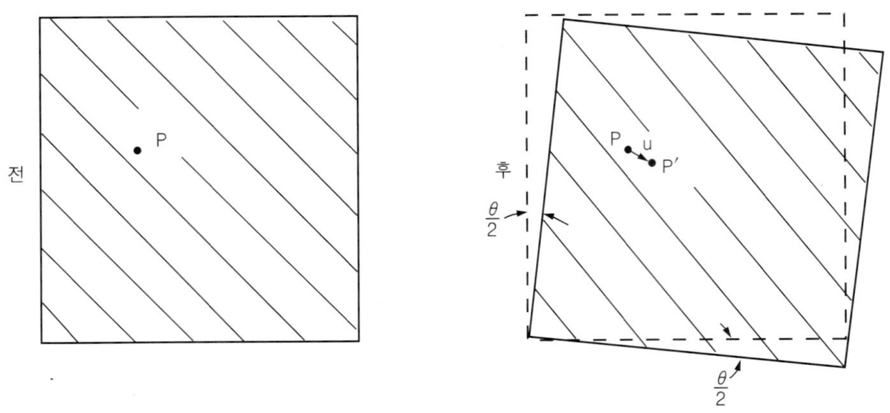

그림 39-4 균일한 회전—변형은 전혀 없음

상의 회전만 일어났을 뿐, 물체는 전혀 변형되지 않았다. 즉, 모든 원자의 '상대적인' 위치가 전혀 변하지 않은 것이다. 이와 같은 '순수한 회전'은 층밀림 변형의 정의에서 어떻게든 제외시켜야 한다. "$\partial u_y/\partial x$와 $\partial u_x/\partial y$의 크기가 같고 방향이 반대이면 변형은 없다"는 것이 문제의 핵심 포인트다. 따라서 다음과 같이 정의하면 이러한 문제를 피해 갈 수 있다.

$$e_{xy} = e_{yx} = \frac{1}{2}(\partial u_y/\partial x + \partial u_x/\partial y)$$

이렇게 정의하면 우리가 원하던 대로 순수한 회전만 일어난 경우에는 $e_{xy}=e_{yx}=0$이며, 순수한 층밀림에서는 $e_{xy}=e_{yx}$가 된다.

가장 일반적인 일그러짐(층밀림뿐만 아니라 늘임과 압축도 포함)의 경우에는, 물체 내부의 각 지점에 다음 아홉 개의 숫자를 부여하여 변형의 상태를 정의한다.

$$\begin{aligned} e_{xx} &= \frac{\partial u_x}{\partial x}, \\ e_{yy} &= \frac{\partial u_y}{\partial y}, \\ &\vdots \\ e_{xy} &= \frac{1}{2}(\partial u_y/\partial x + \partial u_x/\partial y) \\ &\vdots \end{aligned} \tag{39.7}$$

이들은 '변형률 텐서'의 각 성분에 해당된다. 변형률 텐서는 대칭 텐서이기 때문에(우리의 정의에 따라 항상 $e_{xy}=e_{yx}$이다) 실제로 독립적인 숫자는 여섯 개뿐이다. 여러분도 기억하고 있겠지만, 일반적으로 텐서의 각 항은 좌표 변환에 대하여 '두 벡터의 성분의 곱'처럼 변환된다(31장 참조 : $\boldsymbol{A}$와 $\boldsymbol{B}$가 벡터이면, $C_{ij}=A_iB_j$는 텐서이다). e_{ij}의 각 항은 벡터 $\boldsymbol{u}=(u_x, u_y, u_z)$와 벡터처럼 변환되는 연산자 $\boldsymbol{\nabla}=(\partial/\partial x, \partial/\partial y, \partial/\partial z)$의 성분 곱(또는 그러한 곱들의 합)이다. 앞으로 x, y, z는 x_1, x_2, x_3로, u_x, u_y, u_z는 u_1, u_2, u_3로 표기하기로 약속하자. 그러면 변형률 텐서의 일반항 e_{ij}를 다음과 같이 쓸 수 있다.

$$e_{ij} = \frac{1}{2}(\partial u_j/\partial x_i + \partial u_i/\partial x_j) \tag{39.8}$$

여기서 i와 j는 1, 2, 3 중 한 값을 갖는다.

변형이 균일한 경우(늘임과 층밀림, 둘 다 포함될 수 있다), 모든 e_{ij}는 상수이며 다음과 같이 쓸 수 있다.

$$u_x = e_{xx}x + e_{xy}y + e_{xz}z \tag{39.9}$$

(x, y, z의 원점은 $\boldsymbol{u}$가 0인 점으로 잡는다.) 이 경우에 변형률 텐서 e_{ij}는 위치 벡터 $\boldsymbol{r}=(x, y, z)$와 변위 벡터 $\boldsymbol{u}=(u_x, u_y, u_z)$ 사이의 관계를 알려 준다.

변형이 균일하지 않으면 젤리의 어떤 부위는 비틀어질 수도 있다. 즉, 국소적인 회전이 발생하는 것이다. 또한 모든 부위에서 일그러짐이 작게 일어나는 경우에는

$$\Delta u_i = \sum_j (e_{ij} - \omega_{ij}) \Delta x_j \tag{39.10}$$

로 쓸 수 있다. 여기서 ω_{ij}는 '반대칭 텐서(antisymmetric tensor)'로서

$$\omega_{ij} = \frac{1}{2} (\partial u_j / \partial x_i - \partial u_i / \partial x_j) \tag{39.11}$$

이며, 물체의 회전을 기술한다. 그러나 이 장에서는 회전에 대해서는 더 이상 신경 쓰지 않고 대칭 텐서 e_{ij}로 기술되는 변형만을 고려할 것이다.

39-2 탄성 텐서

이제 변형률을 기술할 수 있게 되었으므로, 변형률을 물질 내부의 힘(응력)과 연결시켜 보도록 하자. 물질 내의 모든 부분에서 훅의 법칙이 성립한다고 가정하면 응력을 변형률에 비례하는 형태로 쓸 수 있다. 우리는 31장에서 응력 텐서 S_{ij}를 j축에 수직한 단위 면적을 가로지르는 힘의 i축 방향 성분으로 정의하였다. 훅의 법칙에 의하면 S_{ij}의 각 성분은 변형률 텐서의 각 성분과 선형적으로 관련되어 있다. S와 e가 각각 아홉 개의 성분을 가지고 있기 때문에, 물질의 탄성을 기술하는 계수는 $9 \times 9 = 81$개가 있을 수 있다. 물질 자체가 균일하다면 이들은 모두 상수이다. 이 계수들을 C_{ijkl}로 표기하고 다음과 같이 정의한다.

$$S_{ij} = \sum_{k,l} C_{ijkl} e_{kl} \tag{39.12}$$

여기서 i, j, k, l은 1, 2, 3 중 하나의 값을 취할 수 있다. 계수 C_{ijkl}은 하나의 텐서를 다른 텐서와 연관시키는 계수이므로 이들 역시 하나의 텐서를 이룬다(4차 랭크 텐서이다). 이것을 '탄성 텐서(tensor of elasticity)'라고 한다.

모든 C값을 알고 있는 상태에서, 독특한 모양을 한 물체에 복잡한 힘을 가한다고 생각해 보자. 그러면 물체는 다양하게 일그러지면서 이리저리 비틀릴 것이다. 이런 경우에 모든 변위를 알아낼 수 있을까? 두말할 것도 없이, 이것은 엄청나게 복잡한 문제이다. 만일 변형률을 알고 있다면 식 (39.12)로부터 응력을 구할 수 있을 것이다. 물론 그 반대 과정도 가능하다. 그러나 물질 내부의 임의의 점에 나타나는 최종 응력과 변형률은 나머지 모든 부분의 상태에 따라 달라진다.

이 문제에 접근하는 가장 쉬운 방법은 에너지를 고려하는 것이다. 힘 F가 변위 x에 비례할 때($F = kx$), 변위 x를 일으키는 데 필요한 일은 $kx^2/2$이다. 이와 비슷하게, 일그러진 물질에 '단위 부피당' 투입되는 일 w는

$$w = \frac{1}{2} \sum_{ijkl} C_{ijkl} e_{ij} e_{kl} \tag{39.13}$$

이다. 물체를 일그러뜨리는 데 투입된 전체 일 W는 w를 부피에 대해 적분하여 구할 수 있다.

$$W = \int \frac{1}{2} \sum_{ijkl} C_{ijkl} e_{ij} e_{kl} \, dV \tag{39.14}$$

이것은 물질이 변형되는 과정에서 내부에 저장된 퍼텐셜 에너지이다. 그런데 한 물체가 평형 상태에 있으려면 이 내부 에너지는 최소가 되어야 한다. 따라서 물체 전체에 걸쳐 W를 최소로 만드는 변위 $\boldsymbol{u}$의 집합을 찾아내면 물체의 변형률을 구할 수 있다. 최소화 문제를 풀 때 사용되는 변분법(calculus of variations)은 19장에서 이미 살펴본 바 있다. 시간 관계상 여기서는 더 이상 이 문제를 자세하게 다루지는 않겠다.

지금 우리의 주된 관심사는 탄성 텐서의 일반적인 성질을 알아내는 것이다. 한 가지 분명한 것은, C_{ijkl}의 81개 성분들이 모두 독립적이지는 않다는 것이다. S_{ij}와 e_{ij}는 모두 대칭 텐서로서 각각 6개의 독립된 항만을 갖고 있다. 따라서 C_{ijkl}의 성분들 중 독립적인 것은 기껏해야 36개뿐이며, 실제로 마주치는 대부분의 경우는 이보다 훨씬 적다.

특별한 사례로서 입방 결정(cubic crystal)을 예로 들어 보자. 결정 내부의 에너지 밀도 w를 적어 보면 다음과 같다.

$$
\begin{aligned}
w = \frac{1}{2}\{ & C_{xxxx}e_{xx}^2 + C_{xxxy}e_{xx}e_{xy} + C_{xxxz}e_{xx}e_{xz} \\
& + C_{xxyx}e_{xx}e_{xy} + C_{xxyy}e_{xx}e_{yy} \cdots \text{등등} \cdots \\
& + C_{yyyy}e_{yy}^2 + \cdots \text{등등} \cdots \text{등등} \cdots \}
\end{aligned}
\tag{39.15}
$$

이런 식으로 81개의 항이 줄줄이 등장한다! 그러나 겁먹을 필요는 없다. 입방 결정은 뚜렷한 대칭성을 갖고 있기 때문에, 이들 중 상당수가 서로 같아져서 거국적인 통폐합이 일어난다. 특히, 입방 결정은 90° 회전시켜도 물리적 성질이 변하지 않는다. 즉, 늘임에 대한 y방향의 강성(stiffness)이 x방향의 강성과 똑같다는 뜻이다. 그러므로 식 (39.15)에서 x와 y좌표의 방향을 반대로 정의해도 에너지는 변하지 않을 것이다. 따라서 입방 결정에서는 다음의 관계가 성립한다.

$$C_{xxxx} = C_{yyyy} = C_{zzzz} \tag{39.16}$$

뿐만 아니라, C_{xxxy}와 같은 항들은 모두 0으로 사라진다. 왜 그런가? 입방 결정은 결정축에 수직한 평면에 대하여 반사 대칭성(reflection symmetry)을 갖고 있기 때문이다. 예를 들어, y를 $-y$로 대치시켜도 달라지는 것은 아무 것도 없다. 그러나 y를 $-y$로 바꾸면 e_{xy}는 $-e_{xy}$로 바뀐다(변위의 방향이 $+y$에서 $-y$로 바뀐다). 이렇게 좌표를 반전시켜도 에너지가 변하지 않으려면, 반전 변환을 가했을 때 C_{xxxy}는 $-C_{xxxy}$로 바뀌어야 한다. 그런데 입방 결정에 반전 변환을 가해도 물리적으로는 변하는 것이 전혀 없으므로 C_{xxxy}는 $-C_{xxxy}$와 '같아야' 한다. 따라서 C_{xxxy}는 0이 되는 수밖에 없다.

여러분은 이렇게 생각할지도 모른다. "그렇다면 같은 논리에 의해 C_{yyyy}도 0이겠네?" 아니다. C_{yyyy}는 0이 아니다. 왜냐하면 y가 '네 개'이기 때문이다. 각각의 y마다 부호가 한 번씩 바뀌므로, 마이너스가 네 번 곱해지면 플러스가 된다. 첨자 y가 '두 개' 또는 '네 개'인 상수는 0이 될 이유가 없다. '한 개'나 '세 개'일 때만 0으로 사라진다. 그러므로 입방 결정에서 0이 아닌 C는 중복되는 동일한 아래 첨자의 개수가 '짝수'인 경우뿐이다(위에서는 y를 예로 들었지만, x와

z에 대해서도 동일한 논리를 적용할 수 있다). C_{xxyy}, C_{xyxy}, C_{xyyx} 등은 0이 아닐 수도 있다. 그런데 이미 앞에서 확인했듯이, 모든 x를 y로 바꾸거나 모든 z를 x로 바꿔도 (입방 결정의 경우에는) C의 값이 변하지 않는다. 이상의 결과를 종합할 때, '서로 다른' 값을 갖는 C는 다음의 '세 가지 경우'뿐이다.

$$\begin{aligned}&C_{xxxx}\,(=C_{yyyy}=C_{zzzz}),\\&C_{xxyy}\,(=C_{yyxx}=C_{xxzz},\ \text{등등}),\\&C_{xyxy}\,(=C_{yxyx}=C_{xzxz},\ \text{등등})\end{aligned}\tag{39.17}$$

그러므로 입방 결정의 에너지 밀도는 다음과 같이 몰라보게 간단해진다.

$$\begin{aligned}w=\frac{1}{2}\{&C_{xxxx}(e_{xx}^2+e_{yy}^2+e_{zz}^2)\\&+2C_{xxyy}(e_{xx}e_{yy}+e_{yy}e_{zz}+e_{zz}e_{xx})\\&+4C_{xyxy}(e_{xy}^2+e_{yz}^2+e_{zx}^2)\}\end{aligned}\tag{39.18}$$

등방성(비결정질) 물질은 대칭성이 더욱 높아서 어떤 좌표계를 택하더라도 C가 변하지 않는다. 이 조건을 만족하려면 C의 성분들은 아래 조건을 추가로 만족해야 한다.

$$C_{xxxx}=C_{xxyy}+C_{xyxy}\tag{38.19}$$

그 이유는 다음과 같다. 응력 텐서 S_{ij}는 좌표의 방향에 무관한 형태로 e_{ij}와 관련되어야 한다. 즉 '스칼라'양에 의해서만 관련되어 있어야 한다. 여러분은 이렇게 말하고 싶을 것이다. "그건 쉽지요. e_{ij}로부터 S_{ij}를 얻어 내는 유일한 방법은 스칼라 상수를 곱하는 건데, 그건 바로 훅의 법칙과 같은 형태지요. 즉, $S_{ij}=$(상수)e_{ij}와 같은 형태가 되어야 하겠지요." 하지만 이건 완벽한 답이 아니다. 그 외에도 e_{ij}와 선형적으로 관련되어 있는 어떤 스칼라에 단위 텐서 δ_{ij}가 곱해진 항도 있을 수 있다. e의 성분으로 만들 수 있는 선형 식 중 불변(스칼라)인 것은 $\sum e_{ii}$뿐이다(이것은 스칼라양 $x^2+y^2+z^2$과 같은 방식으로 변환된다). 따라서 (등방성 물질의 경우에) S_{ij}와 e_{ij}를 연관시키는 가장 일반적인 식은

$$S_{ij}=2\mu e_{ij}+\lambda\Bigl(\sum_k e_{kk}\Bigr)\delta_{ij}\tag{39.20}$$

이다(첫 번째 상수는 보통 2μ로 적는데, 그렇게 하면 계수 μ가 38장에서 정의했던 층밀림 탄성률과 같아진다). 여기서 상수 μ와 λ를 '라메 탄성 상수(Lamé elastic constant)'라고 한다. 식 (39.20)과 (39.12)를 비교하면

$$\begin{aligned}&C_{xxyy}=\lambda,\\&C_{xyxy}=2\mu,\\&C_{xxxx}=2\mu+\lambda\end{aligned}\tag{39.21}$$

임을 알 수 있다. 이로써 우리는 식 (39.19)가 참임을 입증한 셈이다. 이와 더불어, 38장에서 말한 바와 같이 등방성 물질의 탄성은 두 개의 상수로 완전하게 기술된다는 것도 알 수 있다.

C값은 우리가 앞에서 사용했던 탄성 상수들 중 임의의 두 개(예를 들어, 영률 Y와 푸아송 비 σ)로 표현될 수 있다. 아래 적어 놓은 식은 여러분 스스로 증명해 보기 바란다.

$$\begin{aligned} C_{xxxx} &= \frac{Y}{1+\sigma}\left(1+\frac{\sigma}{1-2\sigma}\right), \\ C_{xxyy} &= \frac{Y}{1+\sigma}\left(\frac{\sigma}{1-2\sigma}\right), \\ C_{xyxy} &= \frac{Y}{(1+\sigma)} \end{aligned} \tag{39.22}$$

39-3 탄성체 내부의 움직임

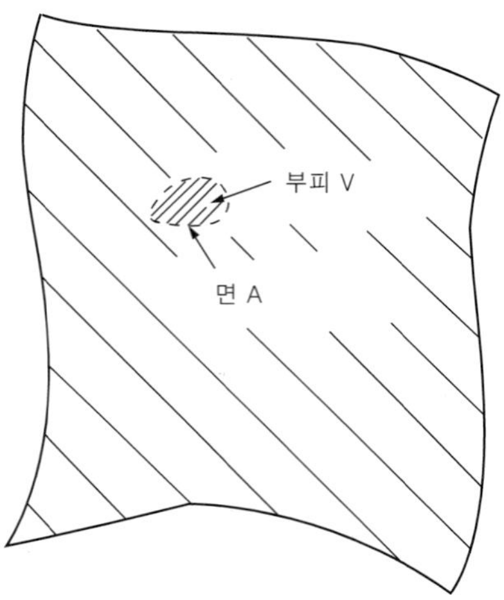

그림 39-5 면 A로 둘러싸인 작은 부피 요소 V

앞서 지적한 바와 같이, 평형 상태에 있는 탄성체는 내부 응력을 스스로 조절하여 에너지를 최소화시킨다. 그렇다면 내부 힘이 균형을 이루고 있지 않을 때에는 어떤 현상이 나타날 것인가? 탄성체 내부의 작은 영역(면적$=A$)을 생각해 보자(그림 39-5 참조). 이 부분이 평형 상태에 있다면, 여기 작용하는 총 힘 $\boldsymbol{F}$는 0이 되어야 한다. 일반적으로, 탄성체에 작용하는 힘은 두 부분으로 나누어 생각할 수 있다. 그중 하나는 중력과 같이 물체의 외부에서 작용하는 힘으로서, 이들을 통틀어 외력(external force)이라고 한다. 물체의 단위 부피당 가해지는 외력을 $\boldsymbol{f}_{\text{ext}}$라 하자. $\boldsymbol{f}_{\text{ext}}$를 해당 영역의 부피에 대하여 적분하면 총 외부 힘 $\boldsymbol{F}_{\text{ext}}$를 구할 수 있다.

$$\boldsymbol{F}_{\text{ext}} = \int \boldsymbol{f}_{\text{ext}}\,dV \tag{39.23}$$

평형 상태에서 $\boldsymbol{F}_{\text{ext}}$는 주변 물질들이 면 A를 가로질러 작용하는 총 내부 힘 $\boldsymbol{F}_{\text{int}}$와 균형을 이룰 것이다. 그러나 이 부분이 평형 상태에 있지 않다면(즉, 움직이고 있다면) 내부 힘과 외부 힘의 합은 뉴턴의 운동 법칙에 따라 질량×가속도와 같을 것이다. 즉,

$$\boldsymbol{F}_{\text{ext}} + \boldsymbol{F}_{\text{int}} = \int \rho\ddot{\boldsymbol{r}}\,dV \tag{39.24}$$

이다. 여기서 ρ는 물질의 밀도이고 $\ddot{\boldsymbol{r}}$은 해당 부분(면적$=A$)의 가속도이다. 식 (39.23)과 (39.24)를 결합하면 다음과 같이 쓸 수 있다.

$$\boldsymbol{F}_{\text{int}} = \int_v (-\boldsymbol{f}_{\text{ext}} + \rho\ddot{\boldsymbol{r}})\,dV \tag{39.25}$$

적분 안에 들어 있는 양을 다음과 같이 정의하면

$$\boldsymbol{f} = -\boldsymbol{f}_{\text{ext}} + \rho\ddot{\boldsymbol{r}} \tag{39.26}$$

식 (39.25)는 다음과 같이 된다.

$$\boldsymbol{F}_{\text{int}} = \int_v \boldsymbol{f}\,dV \tag{39.27}$$

$\boldsymbol{F}_{\rm int}$는 물질 내부의 응력과 관련되어 있다. 응력 텐서 S_{ij}의 정의에 따르면 (31장) 법선 방향의 단위 벡터가 $\boldsymbol{n}$인 면적 요소 da를 가로지르는 힘 dF의 x성분은 다음과 같이 주어진다.

$$dF_x = (S_{xx}n_x + S_{xy}n_y + S_{xz}n_z)\,da \tag{39.28}$$

그러면 면적 A의 작은 조각에 작용하는 $\boldsymbol{F}_{\rm int}$의 x성분은 dF_x를 이 면에 대해 적분한 것과 같다. 이 값을 식 (39.27)의 x성분에 대입하면 다음의 관계가 얻어진다.

$$\int_A (S_{xx}n_x + S_{xy}n_y + S_{xz}n_z)\,da = \int_v f_x\,dV \tag{39.29}$$

이것은 표면 적분과 부피 적분을 연결하는 관계식이다. 무언가가 뇌리를 스치지 않는가? 그렇다, 전자기학에서 이와 비슷한 정리를 배운 적이 있다. 식 (39.29)의 좌변에서 S의 첫번째 아래 첨자 x를 무시하면 "$\boldsymbol{S}$"$\cdot$ $\boldsymbol{n}$—벡터의 법선 성분—에 대한 표면 적분처럼 보인다. 즉, 위의 식은 부피 밖으로 빠져나가는 "$\boldsymbol{S}$"의 플럭스로 간주할 수 있다. 그리고 여기에 가우스 정리를 적용하면 "$\boldsymbol{S}$"의 다이버전스에 대한 부피 적분으로 바꿔 쓸 수 있다. 아래 첨자 x를 무시하고 내린 결론이라 다소 찜찜하겠지만, 사실 이것은 x의 유무에 상관없이 항상 성립한다(그저 부분 적분을 통해 얻어지는 수학적 정리일 뿐이다). 그러므로 식 (39.29)는 다음과 같이 바꿔 쓸 수 있다.

$$\int_v \left(\frac{\partial S_{xx}}{\partial x} + \frac{\partial S_{xy}}{\partial y} + \frac{\partial S_{xz}}{\partial z}\right) dV = \int_v f_x\,dV \tag{39.30}$$

양변에서 부피 적분 기호를 떼어 내면 $\boldsymbol{f}$의 각 성분이 만족하는 미분 방정식이 얻어진다.

$$f_i = \sum_j \frac{\partial S_{ij}}{\partial x_j} \tag{39.31}$$

이 방정식은 단위 부피당 작용하는 힘과 응력 텐서 S_{ij} 사이의 관계를 말해 준다.

고체 내부의 움직임을 기술하는 이론은 다음과 같은 방식으로 진행된다. 초기 변위 $\boldsymbol{u}$를 알고 있으면 변형률 e_{ij}를 구할 수 있다. 그리고 식 (39.12)를 이용하면 변형률로부터 응력을 구할 수 있으며, 응력을 알면 식 (39.31)의 힘 밀도 $\boldsymbol{f}$를 알 수 있다. $\boldsymbol{f}$를 알면 식 (39.26)으로부터 물체의 가속도 $\ddot{\boldsymbol{r}}$가 얻어지고, 따라서 항후에 변위가 어떻게 변할 것인지 알 수 있다. 이 모든 과정을 종합하면, 쳐다보기조차 싫을 정도로 엄청나게 복잡한 탄성체 운동 방정식이 얻어진다. 여기서는 그저 등방성 물질에 대한 결과만 적어 보도록 하겠다. 식 (39.20)의 S_{ij}에서 e_{ij}를 $\frac{1}{2}(\partial u_i/\partial x_j + \partial u_j/\partial x_i)$로 쓰면 다음과 같은 벡터 방정식이 얻어진다.

$$\boldsymbol{f} = (\lambda+\mu)\boldsymbol{\nabla}(\boldsymbol{\nabla}\cdot\boldsymbol{u}) + \mu\nabla^2\boldsymbol{u} \tag{39.32}$$

$\boldsymbol{f}$와 $\boldsymbol{u}$를 연결시켜 주는 방정식이라면 당연히 이런 형태로 표현되어야 한다. 힘은 변위 $\boldsymbol{u}$의 2계 도함수와 밀접하게 관련되어 있기 때문이다. $\boldsymbol{u}$의 2계 도함수와 관련된 벡터로는 어떤 것이 있을까? 이런저런 가능성을 나열하다 보면

$\boldsymbol{\nabla}(\boldsymbol{\nabla}\cdot\boldsymbol{u})$와 $\nabla^2\boldsymbol{u}$임을 알 수 있다. 따라서 $\boldsymbol{f}$의 가장 일반적인 형태는 다음과 같다.

$$\boldsymbol{f} = a\boldsymbol{\nabla}(\boldsymbol{\nabla}\cdot\boldsymbol{u}) + b\nabla^2\boldsymbol{u}$$

이 식은 상수의 정의만 달라졌을 뿐, 식 (39.32)와 완전히 동일하다. "$\boldsymbol{\nabla}\times\boldsymbol{\nabla}\times\boldsymbol{u}$도 분명히 벡터인데 왜 빠졌습니까?"라고 묻고 싶겠지만, $\boldsymbol{\nabla}\times\boldsymbol{\nabla}\times\boldsymbol{u}$는 $\nabla^2\boldsymbol{u}-\boldsymbol{\nabla}(\boldsymbol{\nabla}\cdot\boldsymbol{u})$와 같기 때문에 따로 고려할 필요가 없다. 지금 우리는 등방성 물질의 탄성 상수가 단 두 개뿐임을 다시 한 번 증명한 셈이다!

식 (39.32)를 $\rho\,\partial^2\boldsymbol{u}/\partial t^2$과 같다고 놓으면 다음과 같은 운동 방정식이 얻어진다(당분간 중력과 같은 체적력은 무시하기로 한다).

$$\rho\frac{\partial^2\boldsymbol{u}}{\partial t^2} = (\lambda+\mu)\boldsymbol{\nabla}(\boldsymbol{\nabla}\cdot\boldsymbol{u}) + \mu\nabla^2\boldsymbol{u} \tag{39.33}$$

이 방정식은 전자기학에서 접했던 파동 방정식과 매우 비슷하다. 다른 점이라고는 우변에 복잡한 항이 하나 더 추가되었다는 것뿐이다. 모든 부위에서 탄성이 균일한 물질의 경우, 일반해의 형태는 다음과 같은 논리를 통해 추정할 수 있다. 여러분도 기억하다시피, 임의의 벡터장은 두 벡터의 합으로 표현될 수 있다. 하나는 다이버전스가 0인 벡터이고, 다른 하나는 컬이 0인 벡터이다. 다시 말해서,

$$\boldsymbol{u} = \boldsymbol{u}_1 + \boldsymbol{u}_2 \tag{39.34}$$

이다. 여기서 $\boldsymbol{u}_1$과 $\boldsymbol{u}_2$는

$$\boldsymbol{\nabla}\cdot\boldsymbol{u}_1 = 0, \qquad \boldsymbol{\nabla}\times\boldsymbol{u}_2 = 0 \tag{39.35}$$

을 만족한다. 식 (39.33)의 $\boldsymbol{u}$에 $\boldsymbol{u}_1+\boldsymbol{u}_2$를 대입하면

$$\rho\,\partial^2/\partial t^2[\boldsymbol{u}_1+\boldsymbol{u}_2] = (\lambda+\mu)\boldsymbol{\nabla}(\boldsymbol{\nabla}\cdot\boldsymbol{u}_2) + \mu\nabla^2(\boldsymbol{u}_1+\boldsymbol{u}_2) \tag{39.36}$$

가 되는데, 양변에 다이버전스를 취해서 $\boldsymbol{u}_1$을 소거하면

$$\rho\,\partial^2/\partial t^2(\boldsymbol{\nabla}\cdot\boldsymbol{u}_2) = (\lambda+\mu)\nabla^2(\boldsymbol{\nabla}\cdot\boldsymbol{u}_2) + \mu\boldsymbol{\nabla}\cdot\nabla^2\boldsymbol{u}_2$$

가 된다. 미분 연산자 (∇^2)과 $(\boldsymbol{\nabla}\cdot)$는 서로 교환이 가능하므로, 다이버전스를 앞으로 빼서 정리하면 다음과 같이 쓸 수 있다.

$$\boldsymbol{\nabla}\cdot\{\rho\,\partial^2\boldsymbol{u}_2/\partial t^2-(\lambda+2\mu)\nabla^2\boldsymbol{u}_2\}=0 \tag{39.37}$$

정의에 따라 $\boldsymbol{\nabla}\times\boldsymbol{u}_2=0$이므로, 중괄호 전체에 대한 컬도 0이다. 따라서 중괄호는 항상 0이 되어야 한다(다이버전스와 컬이 동시에 0인 벡터장은 일반적으로 상수 벡터장이지만, 물질의 경계에서도 다이버전스와 컬이 0이 되려면 중괄호는 항등적으로 0이 되어야 한다 : 옮긴이). 즉,

$$\rho\,\partial^2\boldsymbol{u}_2/\partial t^2 = (\lambda+2\mu)\nabla^2\boldsymbol{u}_2 \tag{39.38}$$

이것은 $C_2=\sqrt{(\lambda+2\mu)/\rho}$의 속력으로 진행하는 파동을 기술하는 벡터 파동 방정식이다. $\boldsymbol{u}_2$의 컬은 0이기 때문에, 이 파동에는 어떠한 층밀림도 관련되어 있지 않다. 이 파동은 바로 38장에서 언급했던 압축 파동(compressional wave, 음파

타입의 파동)이며, 속도는 예전에 구했던 C_{long}와 같다[식 (39.21)과 (39.22)를 이용하여 λ, μ를 Y, σ로 표현한 후 C_2에 대입하면 $C_2 = C_{long}$임을 보일 수 있다 : 옮긴이].

같은 방식으로 식 (39.36)에 컬을 취하면, $\boldsymbol{u}_1$이 만족하는 방정식은 다음과 같다.

$$\rho\, \partial^2 \boldsymbol{u}_1/\partial t^2 = \mu \nabla^2 \boldsymbol{u}_1 \tag{39.39}$$

이것도 $C_2 = \sqrt{\mu/\rho}$의 속도로 진행하는 파동을 기술하는 벡터 파동 방정식이다. $\nabla \cdot \boldsymbol{u}_1 = 0$이기 때문에, $\boldsymbol{u}_1$은 밀도에 변화를 일으키지 않는다. 벡터 $\boldsymbol{u}_1$은 38장에서 언급했던 층밀림 타입의 횡파이며, $C_2 = C_{shear}$이다.

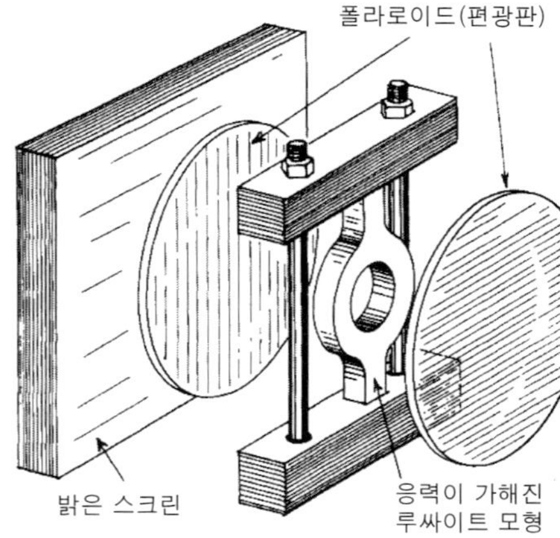

그림 39-6 편광을 이용한 내부 응력의 측정

등방성 물질 내부의 정적인 응력을 알고 싶다면, 원리적으로는 식 (39.32)에서 $\boldsymbol{f}$를 0으로 놓고(또는 $\boldsymbol{f}$를 중력에 의한 정적인 체적력 $\rho \boldsymbol{g}$와 같다고 놓고) 풀면 된다. 그러나 이 문제는 이에 상응하는 전자기학 문제보다는 다소 풀기가 어렵다. 방정식을 다루기가 더 어려울 뿐만 아니라, 일반적으로 탄성체의 모양이 전자기학에서 다루던 물체보다 훨씬 더 복잡하기 때문이다. 전자기학에서는 종종 원통이나 구 등과 같이 비교적 단순한 형태의 물체를 놓고 맥스웰 방정식을 풀곤 했다. 실제로 전기 기기에 사용되는 물건들도 대개 이런 모양을 하고 있으므로, 형상을 단순화시켰다고 해서 크게 문제될 일은 없었다. 그러나 탄성체를 다룰 때에는 물체의 모양이 (크레인의 고리나 자동차의 크랭크축 또는 가스 터빈의 회전 날개 등과 같이) 복잡한 경우가 태반이다. 이런 문제는 최소 에너지 원리에 입각하여 수치해석적인 방법을 통해 근사적으로 풀거나, 물체의 모형에 편광된 빛을 투과시켜 내부 응력을 실험적으로 측정해야 한다.

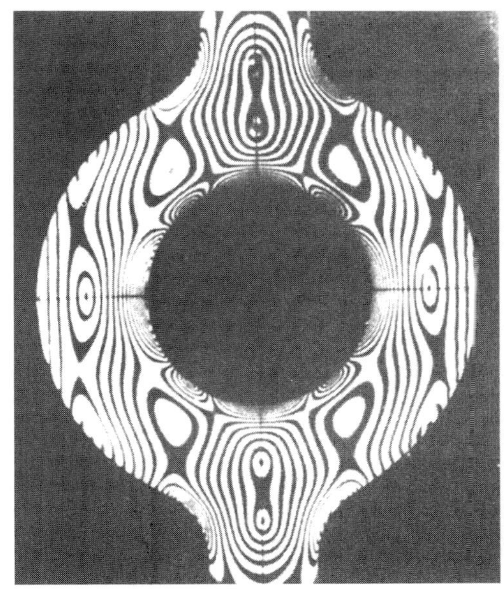

그림 39-7 교차된 편광판 사이에서 관찰된 투명 플라스틱의 응력 분포 [F. W. Sears, *Optics*, Addison-Wesley Publishing Co., Reading, Mass., 1949.]

편광을 사용한 방법은 대략 다음과 같이 진행된다. 투명한 등방성 물질[루싸이트(lucite, 투명합성수지) 같은 투명한 플라스틱]에 응력이 가해지면 복굴절 현상이 나타난다. 여기에 편광된 빛을 통과시키면 편광면은 응력의 정도에 따라 회전하게 되는데, 그 회전량을 측정하면 응력을 알아낼 수 있다. 실험 장치는 그림 39-6에 개략적으로 나와 있다. 그림 39-7은 응력을 받고 있는 복잡한 모양의 광탄성(photoelastic) 모형을 찍은 사진이다.

39-4 비탄성 거동

지금까지 우리는 물체의 응력이 변형률에 비례한다고 가정해 왔지만, 일반적으로는 그렇지 않다. 그림 39-8은 연성(ductile) 물질에 대한 전형적인 응력 변형률 곡선(stress-strain curve)을 보여 주고 있는데, 보다시피 변형률이 작을 때에는 응력이 변형률에 비례하지만, 어떤 한계점을 넘어서면 응력과 변형률의 관계는 직선에서 벗어나게 된다. 대부분의 물체들['잘 깨지는(brittle)' 물체들]은 곡선이 구부러지기 시작하는 점에서 변형이 아주 조금만 더 가해져도 금방 부러진다. 응력과 변형률 사이에는 또 다른 복잡한 측면이 있다. 예를 들어, 한 물체에 변형을 가하면 처음에는 응력이 커졌다가 시간이 지나면 서서히 줄어든다. 또한 '부러지는' 지점까지 이르지 않도록 조심하면서 응력을 높였다가 힘을 서서히

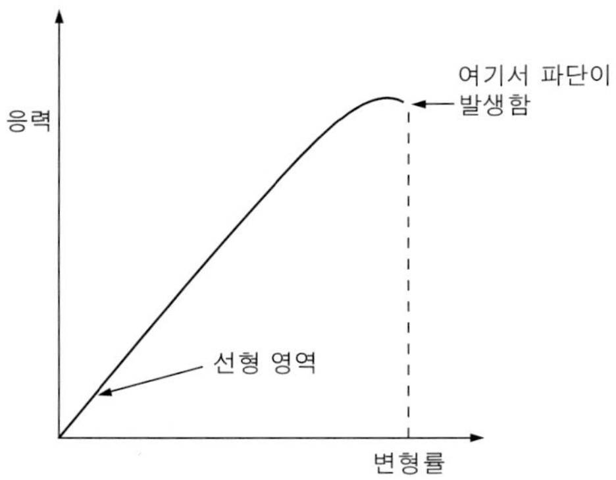

그림 39-8 변형이 큰 경우, 응력과 변형률 사이의 관계

제거하면, 응력은 다른 곡선을 따라 감소하게 된다. 자성체에서 B와 H 사이의 관계처럼, 탄성체에도 작은 이력 효과가 존재하는 것이다.

물체가 부러지는 시점에서 응력의 크기는 물질에 따라 천차만별이다. 어떤 물질은 최대 '인장 응력(tensile stress)'이 특정 값에 이르렀을 때 부러지고, 또 다른 물질은 최대 '층밀림 응력(shear stress)'이 특정 값에 이르렀을 때 부러진다. 분필은 층밀림보다 인장에 훨씬 더 약한 물질로서, 분필의 양 끝을 잡아당기면 그림 39-9(a)와 같이 가해진 응력에 수직한 방향으로 부러진다. 분필은 당기면 쉽게 떨어지는 입자들로 이루어져 있기 때문에, 가해진 힘에 수직한 방향으로 부러지는 것이다. 그러나 분필을 층밀기로 자르려면 훨씬 더 강한 힘을 줘야 한다. 왜냐하면 입자들이 서로의 길을 방해하기 때문이다. 여러분은 막대를 비틀었을 때 막대 전체에 층밀림 변형이 퍼진다는 사실을 기억할 것이다. 또한 우리는 층밀림이 '인장과 45° 압축의 조합'과 동등하다는 것을 보인 바 있다. 이런 이유로, 분필을 비틀면 축에 대해서 45°로 시작되는 복잡한 면을 따라 부러지게 된다. 그림 39-9(b)는 '비틀어서 부러뜨린' 분필의 단면을 보여 준다. 분필은 최대 인장에 이르렀을 때 부러진다.

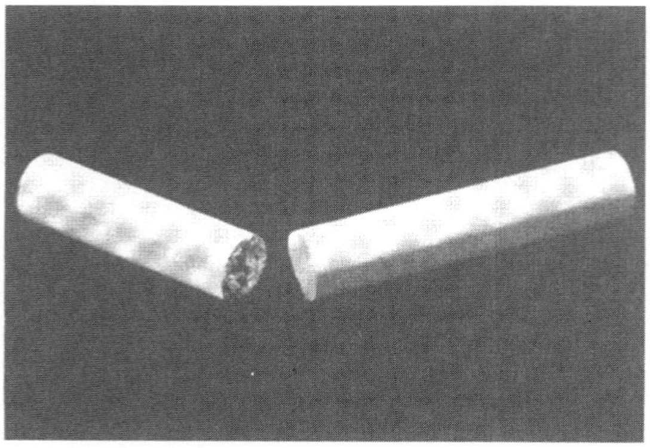

(a)

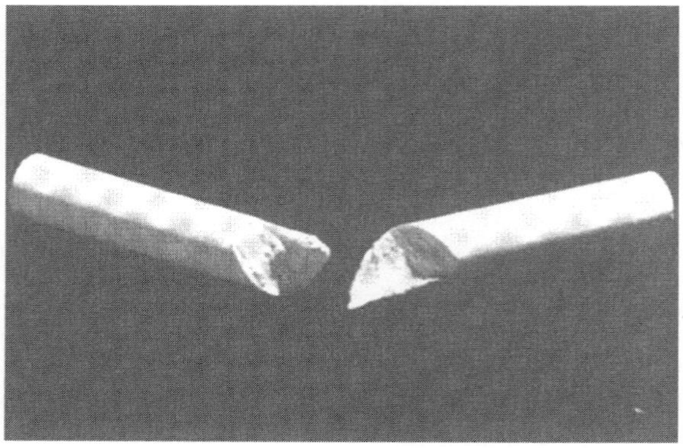

(b)

그림 39-9 (a)양 끝을 당겨서 부러뜨린 분필 조각 (b)비틀어서 부러뜨린 분필 조각

개중에는 이보다 훨씬 더 복잡하고 기묘한 방식으로 행동하는 물질도 있다. 복잡한 물질일수록 그 행동은 더욱 흥미로운 법이다. '사란랩(Saran-Wrap)' 한 장을 공 모양으로 뭉쳐서 탁자 위에 던지면 저절로 서서히 펴지면서 원래의 평평한 형태로 돌아간다. 언뜻 보면 '원래의 형태로 돌아가는 것을 방해하는' 일종의 관성이 작용한다고 생각하기 쉽다. 그러나 막상 계산을 해보면 관성의 개념으로는 이 효과를 설명할 수 없음을 알게 된다. 관성이 이 정도로 작용하려면 계산상의 수치보다 수백~수천 배나 커야 하기 때문이다. 사실, 사란랩에는 두 가지 상반된 효과가 서로 경쟁을 벌이고 있다. 즉, 물질 내의 '무언가'는 처음의 형태를 '기억하여' 원상태로 '되돌아가려' 하지만, 또 다른 무언가는 새로운 모양을 '더 좋아해서' 예전의 모양으로 돌아가지 '않으려고' 버티고 있는 것이다.

여기서는 사란 플라스틱의 내부에서 일어나는 메커니즘을 일일이 기술하지는 않을 것이다. 그러나 다음에 제시될 모형을 보면 이 현상을 설명하는 기본적인 아이디어를 얻을 수 있다. 여기, 길고 유연하며 매우 강한 섬유조직으로 만들어진 물질이 있다. 이 속에는 점성 액체로 채워진 모종의 포체(胞體, hollow cell)들이 복잡하게 섞여 있으며, 포체들 사이에는 좁은 통로가 나 있어서 액체가 한 포체에서 이웃한 포체로 서서히 새어 나갈 수 있다. 종이처럼 생긴 이 물질을 손으로 구기면 긴 섬유조직이 일그러지면서 한 곳의 포체들이 압축되고, 그 속에 있던 액체는 어쩔 수 없이 확장된 다른 포체로 이동하게 된다. 그런 다음 그대로 내버려 두면 긴 섬유조직은 원래의 모양으로 되돌아오려고 할 것이다. 그러나 물체의 원형이 회복되려면 액체가 원래의 위치로 되돌아가야 하고, 이 과정은 액체의 점성 때문에 비교적 천천히 진행된다. 종이 형태의 물질을 구기는 데 가해진 외력은 섬유조직에 의해 발휘되는 힘보다 훨씬 강하다. 우리는 그것을 얼마든지 빠르게 구길 수 있지만, 원상으로 복귀되려면 한참을 기다려야 한다. 이런 현상이 나타나는 이유는 사란랩 속에 '뻣뻣한 거대 분자'와 '이동 가능한 작은 분자'가 섞여 있기 때문이다. 이것은 차가운 물체보다 뜨거운 물체가 원래의 모양으로 더 빨리 되돌아온다는 사실과도 맞아떨어진다. 열로 인해서 작은 분자의 점성이 감소하고 이동성은 더욱 증가하기 때문이다.

지금까지 우리는 훅의 법칙이 어떻게 붕괴되는지에 대해서 논의해 왔지만, 사실 주목할 점은 훅의 법칙이 붕괴된다는 것이 아니라, 거의 대부분의 탄성체가 훅의 법칙을 한결같이 따른다는 점이다. 즉, 이 법칙의 광범위한 보편성에 주목해야 하는 것이다. 왜 그럴까? 물질 내부의 변형 에너지(strain energy)를 따져 보면 그 이유를 대충 짐작할 수 있다. 응력이 변형에 비례한다는 것은, 변형 에너지가 변형의 제곱에 비례한다는 것과 같은 의미이다. 예를 들어, 어떤 막대를 작은 각도 θ만큼 비튼다고 가정해 보자. 훅의 법칙이 성립한다면 변형 에너지는 θ의 제곱에 비례해야 한다. 일단은 에너지가 각도의 함수라고 가정하고, $\theta=0$을 중심으로 이 함수를 테일러 전개하면

$$U(\theta) = U(0) + U'(0)\,\theta + \frac{1}{2}U''(0)\,\theta^2 + \frac{1}{6}U'''(\theta)\,\theta^3\cdots \qquad (39.40)$$

이 된다. 물체에 가해진 토크 τ는 U를 θ로 미분한 것과 같으므로

$$\tau(\theta) = U'(0) + U''(0)\,\theta + \frac{1}{2}U'''(0)\,\theta^2 + \cdots \qquad (39.41)$$

으로 쓸 수 있다. 여기서 물체의 평형 상태를 기준으로 비틀린 각도 θ를 재면, 식 (39.41)의 첫 번째 항은 0이 된다. 따라서 살아남은 첫 번째 항은 θ에 비례하고, θ가 충분히 작다면 첫 번째 항은 θ^2이 곱해져 있는 두 번째 항보다 훨씬 크다[실제로는 물질의 내부 대칭성으로 인해서 $\tau(\theta)=-\tau(-\theta)$이다. 따라서 θ^2항은 0이며, 물체의 비선형성은 θ^3항에서 비롯된다(물론 비선형 항으로는 5제곱, 7제곱 등 고차 항들도 있지만, 각이 작은 경우에 그 기여도는 세제곱 항보다 훨씬 작으므로 무시할 수 있다 : 옮긴이). 그러나 이것이 압축과 인장에 대해서도 그대로 성립해야 할 이유는 없다]. 이제 남은 일은 고차 항들이 중요해지면 대개의 경우에 물체가 곧바로 부서지는 이유를 설명하는 것이다.

39-5 탄성 상수의 계산

탄성에 관한 마지막 주제로서, 원자에 대한 약간의 지식을 이용하여 물질의 탄성 상수를 계산하는 방법을 소개하고자 한다. 염화나트륨(NaCl)과 같은 단순 입방 '이온' 결정을 예로 들어 보자. 결정에 변형이 가해지면 부피나 모양에 변형이 생기고, 그 결과로 결정의 퍼텐셜 에너지가 증가한다. 변형 에너지(strain energy)의 변화를 계산하려면, 개개의 원자들이 어디로 이동했는지를 알아야 한다. 복잡한 결정에서는 전체 에너지를 가능한 한 낮추기 위해 원자들이 매우 복잡한 방식으로 재배열되기 때문에 변형 에너지를 계산하기가 쉽지 않다. 그러나 단순 입방 결정의 경우에는 결정 내부의 일그러짐이 표면의 일그러짐과 기하학적으로 유사하기 때문에, 내부에서 일어나는 일을 비교적 쉽게 알아낼 수 있다.

입방 결정체의 탄성 상수는 다음과 같은 방법으로 계산할 수 있다. 먼저, 결정 내에 있는 각 원자 쌍들 간의 상호작용을 규정하는 모종의 법칙을 가정한다. 그다음, 결정이 평형 상태로부터 벗어났을 때 내부 에너지의 변화량을 계산하면 에너지와 변형 사이의 관계를 얻을 수 있는데, 그 식은 모든 변형에 대하여 제곱의 형태가 된다. 이렇게 얻은 에너지와 식 (39.13)을 비교하면 계수들 사이의 대응 관계로부터 탄성 상수 C_{ijkl}을 알아낼 수 있다.

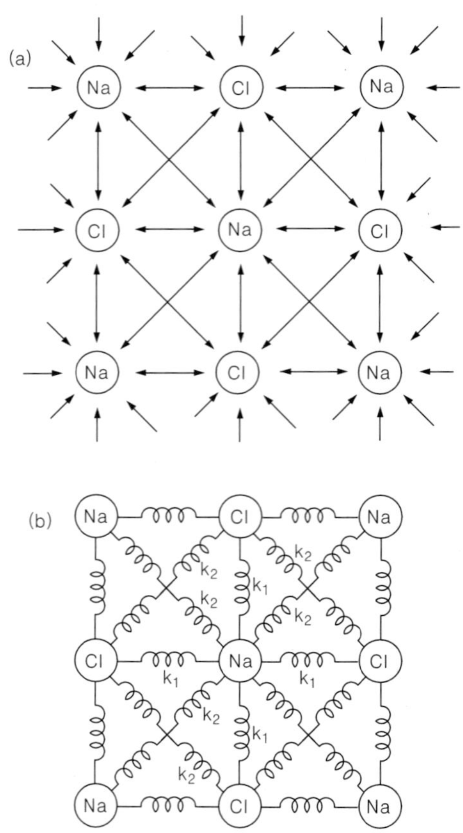

그림 39-10 (a)계산에 포함시켜야 할 원자들 사이의 힘 (b)원자들이 용수철로 연결되어 있는 모형

우리의 예제에서는 다음과 같이 단순한 힘을 가정할 것이다. 즉, "이웃하는 원자들 사이에 작용하는 힘은 중심력(central force)이라고 가정한다." 중심력이란, 두 물체를 잇는 직선과 일치하는 방향으로 작용하는 힘을 말한다. 이온 결정 속에서 작용하는 힘이 이와 같을 것이라고 예상하는 이유는 주로 작용하는 힘이 '쿨롱 힘'이기 때문이다(공유 결합의 경우에는 가까운 원자들을 옆으로 미는 힘이 존재하기 때문에 힘의 형태가 훨씬 복잡하다. 이런 힘은 고려하지 않을 것이다). 또한 원자는 자신을 제외한 모든 원자들과 힘을 주고받을 수 있지만, 우리의 예제에서는 '가장 가까운' 원자와 '그다음으로 가까운' 원자 사이의 힘만을 고려할 것이다. 다시 말해서, 두 번째로 가까운 이웃보다 멀리 떨어져 있는 원자들과의 상호작용은 모두 무시하겠다는 뜻이다. 그림 39-10(a)에는 xy평면에서 계산에 포함시켜야 할 힘들이 표시되어 있다. yz평면과 zx평면에서도 이 그림에 나타난 것에 상응하는 힘들을 고려해 주면 된다.

우리의 목적은 변형이 작은 경우의 탄성 상수를 계산하는 것이므로, 에너지 항 중에서 변형의 제곱에 비례하는 항만을 고려하는 것으로 충분하다. 그러면 각 원자 쌍들 사이에 작용하는 힘은 변위에 대하여 선형적으로 변한다고 생각할 수 있다. 이것은 그림 39-10(b)와 같이 각 원자들이 선형 용수철로 연결되어 있는 상황과 비슷하다. 나트륨 원자와 염소 원자를 연결하는 용수철 상수는 어디서나 같다. 이것을 k_1이라 하자. 두 나트륨 원자 사이의 용수철 상수와 두 염소 원자 사이의 용수철 상수는 서로 다를 수 있지만, 문제를 단순화시키기 위해 일단은 같다고 가정하고, 그 상수들을 k_2라고 하자(계산이 진행되는 상황을 보고 나서 상수를 수정해도 늦지 않을 것이다).

이제 변형률 텐서 e_{ij}로 기술되는 균일한 변형에 의해 결정이 일그러진다고 가정해 보자. 변형률 텐서의 성분을 나타내는 아래 첨자 i, j는 일반적으로 x,

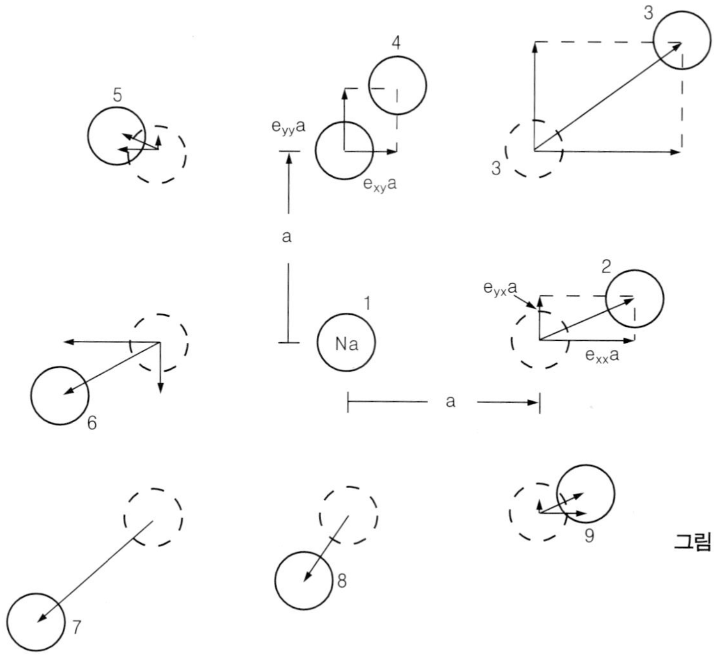

그림 39-11 원자 1 주변의 가장 가까운 이웃 원자와 두 번째로 가까운 이웃 원자의 변위(스케일은 크게 과장되었음)

y, z 중 하나를 취할 수 있다. 그러나 여기서는 시각화하기 쉽게 e_{xx}, e_{xy}, e_{yy}만이 허용되는 특수한 변형을 고려하기로 한다. 임의의 한 원자를 원점으로 잡으면 다른 모든 원자의 변위는 식 (39.9)로 주어진다. 여기서 우리가 가했던 제한 조건을 적용하면 다음과 같은 성분들이 남는다.

$$
\begin{aligned}
u_x &= e_{xx}x + e_{xy}y \\
u_y &= e_{xy}x + e_{yy}y
\end{aligned}
\tag{39.42}
$$

$x=y=0$에 있는 원자를 "원자 1"이라 하자. 그리고 xy평면에 있는 주변의 원자들에게도 그림 39-11과 같이 번호를 붙여 주자. 격자 상수를 a라고 했을 때, 각 원자의 변위 u_x와 u_y는 표 39-1에 나열되어 있다.

그러면 이제 용수철에 저장된 에너지를 계산할 수 있는데, 그 값은 $k/2$에 각 용수철의 변형된 길이의 제곱을 곱한 것이다. 예를 들어, 원자 1과 원자 2를 수평으로 연결하는 용수철에 저장된 에너지는 다음과 같다.

$$
\frac{k_1(e_{xx}a)^2}{2}
\tag{39.43}
$$

1차 근사까지만 생각하면, 원자 2의 y변위는 원자 1과 원자 2를 연결하는 용수철의 길이를 변화시키지 않는다. 그러나 원자 3에 연결된 대각선 방향의 용수철에 저장된 변형 에너지를 계산하려면 수평 및 수직 변위에 의한 길이의 변화를 모두 고려해야 한다. 입방격자의 원래 위치에서 작은 변위가 일어났을 때, 원자 3까지의 거리(대각선 방향)의 변화는 u_x와 u_y의 합으로 쓸 수 있다.

$$
\frac{1}{\sqrt{2}}\,(u_x + u_y)
$$

표에 나와 있는 u_x와 u_y값을 이용하면 대각선 방향으로 원자 3에 연결된 용수철의 에너지는 다음과 같다.

표 39-1

원자	위치 $x,\ y$	u_x	u_y	k
1	$0,\ 0$	0	0	—
2	$a,\ 0$	$e_{xx}a$	$e_{yx}a$	k_1
3	$a,\ a$	$(e_{xx}+e_{xy})\,a$	$(e_{yx}+e_{yy})\,a$	k_2
4	$0,\ a$	$e_{xy}a$	$e_{yy}a$	k_1
5	$-a,\ a$	$(-e_{xx}+e_{xy})\,a$	$(-e_{yx}+e_{yy})\,a$	k_2
6	$-a,\ 0$	$-e_{xx}a$	$-e_{yx}a$	k_1
7	$-a,\ -a$	$-(e_{xx}+e_{xy})\,a$	$-(e_{yx}+e_{yy})\,a$	k_2
8	$0,\ -a$	$-e_{xy}a$	$-e_{yy}a$	k_1
9	$a,\ -a$	$(e_{xx}-e_{xy})\,a$	$(e_{yx}+e_{yy})\,a$	k_2

$$\frac{k_2}{2}\left(\frac{u_x+u_y}{\sqrt{2}}\right)^2=\frac{k_2a^2}{4}\,(e_{xx}+e_{yx}+e_{xy}+e_{yy})^2 \tag{39.44}$$

xy평면에 있는 모든 용수철의 총 에너지를 구하려면, 식 (39.43)과 (39.44)와 같은 8개의 항을 모두 더해야 한다. 이 에너지를 U_0라 하면

$$\begin{aligned}U_0=\frac{a^2}{2}\Big\{&k_1e_{xx}^2+\frac{k_2}{2}\,(e_{xx}+e_{yx}+e_{xy}+e_{yy})^2\\&+k_1e_{yy}^2+\frac{k_2}{2}\,(e_{xx}-e_{yx}-e_{xy}+e_{yy})^2\\&+k_1e_{xx}^2+\frac{k_2}{2}\,(e_{xx}+e_{yx}+e_{xy}+e_{yy})^2\\&+k_1e_{yy}^2+\frac{k_2}{2}\,(e_{xx}-e_{yx}-e_{xy}+e_{yy})^2\Big\}\end{aligned} \tag{39.45}$$

이 된다. 원자 1에 연결된 모든 용수철의 총 에너지를 구하려면 식 (39.45)의 에너지에 한 가지 에너지를 추가해야 한다. 우리가 생각하는 변형은 x성분과 y성분만을 갖고 있지만, xy평면을 벗어나 있는 '두 번째로 가까운 이웃 원자'들과 관련된 에너지도 있다. 이 에너지는 다음과 같은 형태로 기술된다.

$$k_2(e_{xx}^2a^2+e_{yy}^2a^2) \tag{39.46}$$

탄성 상수는 식 (39.13)에 의해 에너지 밀도 w와 관련되어 있다. 방금 우리가 계산한 에너지는 하나의 원자와 관련된 에너지이다. 그런데 각 용수철에 저장된 에너지는 양 끝에 연결된 두 개의 원자에 반씩 할당되어야 하므로, 위에서 계산한 에너지는 원자 하나당 에너지의 '두 배'에 해당된다. 단위 부피당 원자의 개수는 $1/a^3$이므로, w와 U_0는 다음의 관계를 만족해야 한다.

$$w=\frac{U_0}{2a^3}$$

식 (39.45)에 있는 제곱 항들을 전개한 후[물론 식 (39.46)도 더해 줘야 한다] $e_{ij}e_{kl}$의 계수를 식 (39.13)과 비교하면 탄성 상수 C_{ijkl}을 구할 수 있다. 예를 들어, e_{xx}^2과 e_{yy}^2항들을 모아 보면 그 앞의 계수는 다음과 같다.

$$(k_1+2k_2)\,a^2$$

따라서 이에 대응되는 탄성 상수는

$$C_{xxxx} = C_{yyyy} = \frac{k_1 + 2k_2}{a}$$

이다. 나머지 항들의 경우에는 사정이 좀 복잡하다. 전개식에서 $e_{xx}e_{yy}$, $e_{yy}e_{xx}$와 같은 항들은 서로 구별이 안 되기 때문에, 이들의 계수는 식 (39.13)에서 두 항의 합과 같게 놓을 수밖에 없다. 식 (39.45)에서 $e_{xx}e_{yy}$의 계수는 $2k_2$이므로

$$(C_{xxyy} + C_{yyxx}) = \frac{2k_2}{a}$$

이다. 그런데 입방 결정에서는 대칭성에 의해 $C_{xxyy} = C_{yyxx}$이므로

$$C_{xxyy} = C_{yyxx} = \frac{k_2}{a}$$

임을 알 수 있다. 이와 비슷한 과정을 거치면

$$C_{xyxy} = C_{yxyx} = \frac{k_2}{a}$$

가 얻어진다. 마지막으로, 이미 눈치 챈 사람들도 있겠지만 아래 첨자에 x나 y가 한 번 들어 있는 항들은 모두 0이다. 이것은 39-2절의 대칭성에 관한 논의에서 내렸던 결론을 그대로 따른 것이다. 지금까지 얻은 결과를 정리해 보면 다음과 같다.

$$\begin{aligned} C_{xxxx} &= C_{yyyy} = \frac{k_1 + 2k_2}{a} \\ C_{xyxy} &= C_{yxyx} = \frac{k_2}{a} \\ C_{xxyy} &= C_{yyxx} = C_{xyyx} = C_{yxxy} = \frac{k_2}{a} \\ C_{xxxy} &= C_{xyyy} = \text{등등} = 0 \end{aligned} \tag{39.47}$$

이로써 우리는 거시적 물리량인 부피 탄성 상수를 원자 수준의 특성을 나타내는 미시 상수인 k_1, k_2로 표현하는 데 성공하였다. 단, 우리의 예제에서는 $C_{xyxy} = C_{xxyy}$이다. 계산이 진행되는 과정에서 알아차린 사람들도 있겠지만, 결정 내부의 힘이 각 원자 쌍을 연결하는 직선을 따라 작용하기만 하면(중심력)—다시 말해서, 원자들 사이의 힘이 용수철의 힘과 같고 캔틸레버 보(cantilevered beam, 외팔보) 같은 것에서 볼 수 있는 측면으로 작용하는 힘이 없다면(그리고 공유 결합에 대해서는 생각하지 않는다면)—아무리 많은 힘의 항들을 고려하더라도 입방 결정의 경우에는 이러한 항들이 '항상' 같다는 것이 밝혀져 있다.

우리는 탄성 상수의 실험적인 측정값을 가지고 위의 결과를 확인해 볼 수 있다. 표 39-2에는 몇 개의 입방 결정에 대한 세 종류의 탄성 상수 측정값이 나와 있다.* 표에 나온 수치를 보면, 일반적으로는 C_{xxyy}와 C_{xyxy}가 같지 않다는

* 논문을 읽다 보면 낯선 표기법과 마주치는 경우가 종종 있다. 일부 학자들은 $C_{xxxx} = C_{11}$, $C_{xxyy} = C_{12}$ 그리고 $C_{xyxy} = C_{44}$로 쓰기도 한다.

표 39-2*

입방 결정의 탄성률(단위 : 10^{12}dynes·cm^2)

	C_{xxxx}	C_{xxyy}	C_{xyxy}
Na	0.055	0.042	0.049
K	0.046	0.037	0.026
Fe	2.37	1.41	1.16
Diamond	10.76	1.25	5.76
Al	1.08	0.62	0.28
LiF	1.19	0.54	0.53
NaCl	0.486	0.127	0.128
KCl	0.40	0.062	0.062
NaBr	0.33	0.13	0.13
KI	0.27	0.043	0.042
AgCl	0.60	0.36	0.062

* C. Kittel, *Introduction to Solid State Physics*, John Wiley and Sons, Inc., New York, 2nd. ed., 1956, p.93

것을 알 수 있다. 그 이유는 나트륨(Na)이나 칼륨(K) 같은 금속에서는 우리의 가정과 달리 원자들 사이의 힘이 그들을 연결하는 직선을 따라 작용하지 않기 때문이다. 다이아몬드도 이 법칙을 따르지 않는다. 다이아몬드는 공유 결합을 하고 있어서 힘의 방향이 단순하지 않기 때문이다. 그 힘은 원자들을 사면각(tetrahedral angle) 방향으로 결합시키려는 특성이 있다. 그러나 불화리튬(LiF)이나 염화나트륨(NaCl) 등과 같은 이온 결정들은 우리가 가정했던 물리적 성질을 거의 모두 갖고 있다. 표 39-2에서 C_{xxyy}와 C_{xyxy}가 대부분 비슷하게 나온 것은 바로 이런 이유 때문이다. 염화은(AgCl)의 경우에는 $C_{xxyy}=C_{xyxy}$를 만족하지 않는데, 그 이유는 아직 잘 모른다.

CHAPTER 40
마른 물의 흐름

40-1 유체정역학
40-2 운동 방정식
40-3 정상 흐름 — 베르누이의 정리
40-4 순환 흐름
40-5 소용돌이선

40-1 유체정역학

유체의 흐름, 특히 물과 관련된 내용은 누구에게나 매혹적인 주제이다. 여러분은 어린 시절에 진흙탕이나 욕조 속에서 신나게 뛰어놀았던 경험이 있을 것이다. 그 후로 시냇물과 폭포, 소용돌이 등을 접하면서, 고체와는 달리 생동적으로 움직이는 유체의 장관에 매혹되었을 것이다. 유체는 우리의 예상을 뛰어넘는 흥미로운 모습을 다양한 방식으로 보여 준다. 그래서 40장과 41장에서는 아름다운 유체의 특성을 물리적 관점에서 조명하고자 한다. 아이들은 작은 냇물의 흐름을 막으려고 둑을 열심히 쌓아 보지만, 물은 신기하게도 둑을 요리조리 빠져나가면서 기필코 제 갈 길을 간다. 물의 흐름을 제어하려고 땀방울을 흘리는 아이들의 모습은, 지난 세월 동안 유체의 흐름을 필사적으로 연구해 온 과학자들과 닮은 점이 있다. 그들은 물의 흐름을 기술하는 법칙이나 방정식을 세움으로써, 우리가 이해할 수 있는 영역 안에 물을 가두어 놓으려고 노력해 왔다. 이 장에서는 물을 이해하기 위해 그동안 시도되어 왔던 다양한 방법에 대해 알아보기로 한다. '이해의 둑'을 교묘하게 빠져나가는 물의 독특한 성질은 다음 장에서 살펴볼 것이다.

물의 기본적인 성질에 대해서는 초·중·고등학교에서 이미 배웠을 것이므로, 모두 알고 있다고 가정하겠다. 유체는 고체와 달리 층밀림 응력을 잠시도 견디지 못한다. 이것은 고체와 유체의 가장 큰 차이점이다. 유체에 층밀림 힘이 가해지면, 그 힘에 의해 움직이게 된다. 단, 꿀처럼 걸쭉한 액체는 공기나 물 같은 유체보다 움직임이 원활하지 않다. 흐름의 원활함을 나타내는 척도가 바로 '유체의 점성'이다. 이 장에서는 점성 효과를 무시할 수 있는 경우만을 고려할 것이다. 점성 효과는 다음 장에서 다룰 예정이다.

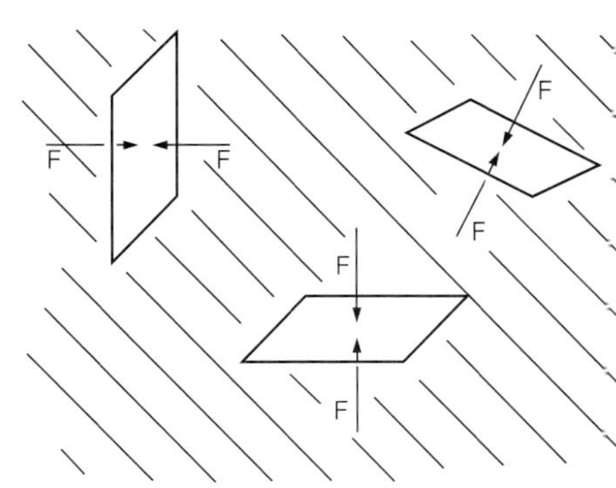

그림 40-1 정지된 유체에서 임의의 면을 가로질러 단위 면적에 작용하는 힘은 그 면에 수직하며, 면의 방향에 관계없이 어디서나 크기가 같다.

제일 먼저 '유체정역학(hydrostatics)', 즉 정지 상태의 액체를 기술하는 이론부터 생각해 보자. 액체가 정지해 있을 때 층밀림 힘은 존재하지 않는다(점성이 있는 액체도 마찬가지다). 따라서 유체정역학에 적용되는 법칙 중 하나는 응력이 유체 내부의 모든 면에 대하여 항상 수직으로 작용한다는 것이다. 단위 면적당 수직 방향으로 작용하는 힘을 압력이라고 한다. 앞서 말했듯이, 정지해 있는 유체의 내부에는 층밀림이 없다. 우리는 이로부터 "압력에 의한 응력(pressure stress)은 모든 방향에서 같다"는 사실을 연역해 낼 수 있다(그림 40-1 참조). 이 증명은 여러분이 직접 해보기 바란다. 아주 재미있는 문제이다. 여

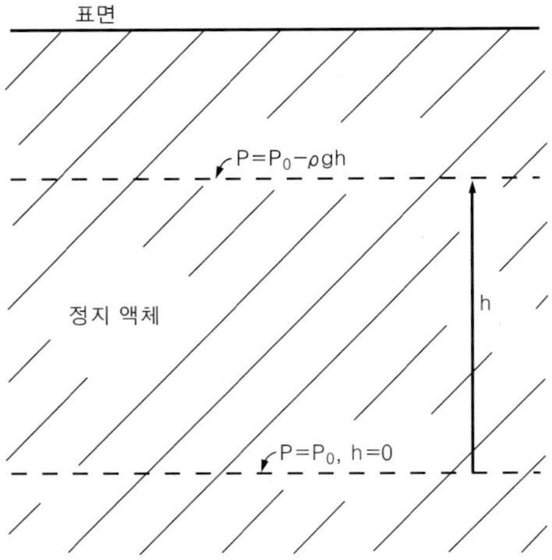

그림 40-2 정지 액체에서의 압력

러분이 증명할 내용은 다음과 같다. "유체 내부의 어떤 평면에서도 층밀림이 존재하지 않는다면, 압력은 모든 방향에 대하여 동일하게 작용한다."

유체 내부의 압력은 위치에 따라 변할 수 있다. 예를 들어, 지면 위에 놓여 있는 정지 유체의 내부 압력은 유체의 무게 때문에 높이에 따라 변한다. 유체의 밀도 ρ를 상수로 간주하고 임의로 잡은 기준 수위(zero level)에서의 압력을 p_0라 하면(그림 40-2), 기준점보다 h만큼 높은 곳에서의 압력은 $p=p_0-\rho gh$이다. 여기서 g는 단위 질량당 중력, 즉 중력 가속도이다. 그러므로 정지해 있는 유체에서

$$p+\rho gh$$

는 상수이다. 물론 이 관계식은 여러분도 잘 알고 있다. 지금부터 위의 경우를 포함하면서 어떤 경우에도 적용할 수 있는 일반적인 결과를 유도해 보자.

여기, 작은 정육면체 모양의 물이 있다. 물론 물의 내부에는 압력이 작용할 것이다. 그렇다면 압력에 의해 물에 작용하는 알짜 힘은 얼마나 될까? 임의의 한 지점에서 압력은 모든 방향에 대하여 똑같다고 했으므로, 단위 부피당 알짜 힘이 존재하려면 위치에 따라 압력이 달라져야 한다. 일단은 압력이 x방향을 따라 변한다고 가정해 보자. 좌표축은 정육면체의 각 모서리와 평행하게 잡는 것이 편리하다. x에 위치한 면에 작용하는 압력은 $p\Delta y\Delta z$의 힘을 가하고(그림 40-3), $x+\Delta x$에 위치한 면에 작용하는 압력은 $-[p+(\partial p/\partial x)\Delta x]\Delta y\Delta z$의 힘을 가하므로, 두 힘의 합력은 $-(\partial p/\partial x)\Delta x\Delta y\Delta z$이다. 정육면체의 나머지 면에 대해서도 이런 식으로 둘씩 짝 지어 생각해 보면, 단위 부피당 압력에 의한 힘(pressure force)은 $-\boldsymbol{\nabla}p$임을 쉽게 알 수 있다. 추가로 다른 힘(중력 등)이 작용한다면, 압력이 이 힘들과 조화를 이루면서 전체적인 평형 상태를 유지할 것이다.

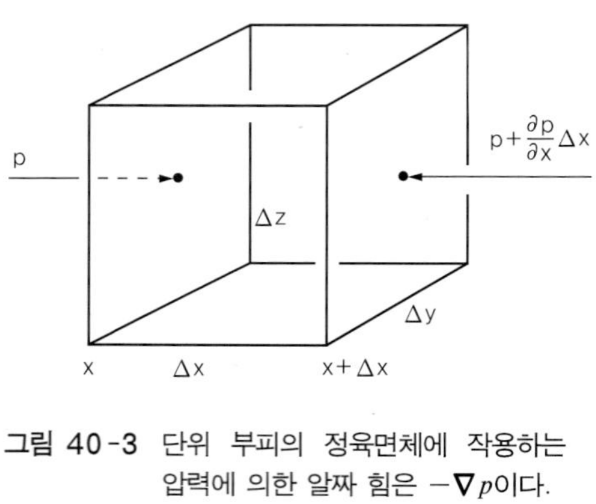

그림 40-3 단위 부피의 정육면체에 작용하는 압력에 의한 알짜 힘은 $-\boldsymbol{\nabla}p$이다.

추가된 힘이 퍼텐셜 에너지로 표현되는 경우를 생각해 보자. 중력이 대표적인 사례이다. 단위 질량당 퍼텐셜 에너지를 ϕ라고 하자(중력의 경우, ϕ는 gz이다). 단위 질량당 작용하는 힘을 퍼텐셜로 나타내면 $-\boldsymbol{\nabla}\phi$이다. 그리고 유체의 밀도를 ρ라 하면, 단위 부피당 작용하는 힘은 $-\rho\boldsymbol{\nabla}\phi$이다. 평형 상태에서는 (단위 부피당 압력에 의한 힘)+(단위 부피당 추가된 힘)=0이 되어야 한다. 따라서

$$-\boldsymbol{\nabla}p-\rho\boldsymbol{\nabla}\phi=0 \tag{40.1}$$

임을 알 수 있다. 이것이 바로 유체정역학 방정식이다. 그런데 일반적으로 이 방정식은 해를 갖지 않는다. 밀도가 위치에 따라 제멋대로 변하는 경우에는 힘이 균형을 이룰 수 없기 때문에 유체는 정적인 평형 상태를 유지할 수 없다. 즉, 대류가 시작되는 것이다. 이 사실은 방정식으로부터 곧바로 알 수 있다. 압력 항은 순수한 그래디언트인 반면, 변수 ρ에 대한 나머지 항은 그렇지 않기 때문이다. 밀도 ρ가 상수인 경우에 한하여 퍼텐셜 항은 순수한 그래디언트가 되고, 방정식은 다음과 같은 해를 갖는다.

$$p+\rho\phi=\text{상수}$$

유체정역학적 평형이 허용되는 또 다른 사례는 ρ가 p만의 함수로 표현되는 경우이다. 그러나 유체정역학은 그다지 흥미로운 주제가 아니므로 더 이상의 설명은 생략한다.

40-2 운동 방정식

먼저 유체의 운동을 추상적이고 이론적인 관점에서 논하고 난 후에 구체적인 사례로 넘어가기로 한다. 유체의 운동을 제대로 기술하려면 각 점에서 유체의 상태를 알아야 한다. 예를 들어, 흐르는 물은 각 지점마다 유속이 제각각이다. 물의 흐름을 특징지으려면 임의의 시각에, 모든 지점에서 속도의 세 성분(v_x, v_y, v_z)을 알아야 한다. 속도를 결정하는 방정식을 찾아낼 수 있다면, 임의의 순간에 액체가 어떻게 움직이는지 알 수 있을 것이다. 그러나 유체에서 각 점마다 변하는 양은 속도뿐만이 아니다. 방금 전에 다루었던 압력도 각 지점마다 변하는 양이었고, 각 점마다 '밀도'가 제각각인 경우도 있다. 또한 유체가 도체인 경우에는 각 점마다 크기와 방향이 다른 전류 밀도 $\boldsymbol{j}$가 존재할 수 있다. 뿐만 아니라, '온도'나 '자기장'도 위치에 따라 변할 수 있다. 그러므로 문제의 복잡한 정도에 따라, 상황을 기술하는 데 필요한 장(fields)의 개수는 달라진다. 전류와 자성이 유체의 행동을 결정하는 데 주도적인 역할을 하는 흥미로운 경우도 있다. 이런 주제를 다루는 분야를 '자기유체역학(magnetohydrodynamics)'이라고 하며, 현재 연구가 활발하게 진행되고 있다. 그러나 단순한 경우에도 흥미로운 현상을 얼마든지 발견할 수 있으므로, 이 강의에서는 굳이 복잡한 상황을 다루지 않을 것이다. 사실, 유체에 관한 한 '단순한 문제'란 존재하지 않는다. 그만큼 관련된 변수도 많고 다루기가 어렵다는 뜻이다.

앞으로는 자기장이 없고 전도율도 0인 경우를 다룰 것이다. 그리고 임의의 지점에서의 온도는 밀도와 압력에 의해 유일하게 결정된다고 가정할 것이다. 그러므로 온도에 대해서는 신경 쓰지 않아도 된다. 또한 문제를 단순화시키기 위해 유체의 밀도가 어디서나 일정하다고 가정할 것이다. 다시 말해서, 비압축성(incompressible) 유체만을 고려하겠다는 뜻이다. 이런 경우에는 압력의 변동이 거의 없어서 밀도의 변화가 아주 작게 나타나기 때문에 상수로 취급할 수 있다. 만일 위치에 따라 유체의 밀도가 변한다면 앞으로 논의할 현상들 이외에 새로운 현상들이 추가로 발생하게 된다. 음파나 충격파의 전달 과정이 대표적인 사례이다. 이와 관련된 내용은 전에 다룬 적이 있으므로, 여기서는 밀도 ρ가 상수인 '간단한' 유체역학만을 다루기로 하겠다. 유체의 흐르는 속도가 유체 내에서 진행하는 음파의 속도보다 훨씬 느린 경우에는 밀도의 변동을 심각하게 고려할 필요가 없다. 밀도를 상수로 근사시키는 것은 물의 난해한 속성과 별 상관이 없다. 우리의 시도가 먹혀들지 않는 복잡한 경우는 다음 장에서 다룰 예정이다.

유체의 일반 이론은 압력과 밀도를 연결시키는 '상태 방정식(equation of state)'에서 출발한다. 우리의 가정이 적용된 상태 방정식은 다음과 같다.

$$\rho = \text{상수}$$

이 간단한 식이 우리의 출발점이다. 그다음으로 알아야 할 방정식은 유체의 '보존'과 관련되어 있다. 유체가 어느 한 지점에서 밖으로 새 나간다면, 남은 양은 당연히 줄어들 것이다. 유체의 속도를 $\boldsymbol{v}$라 하면, 단위 시간에 단위 면적을 통해 흘러가는 질량은 $\rho\boldsymbol{v}$의 법선 성분(면에 수직한 성분)과 같다. 우리는 전류의 흐름을 다룰 때에도 이와 비슷한 관계식을 접한 적이 있다. 전류의 경우에는 전류 밀도에 다이버전스를 취한 값이 단위 시간당 전하 밀도의 감소율과 같았다. 이와 마찬가지로, 유체의 흐름에서 방정식

$$\boldsymbol{\nabla}\cdot(\rho\boldsymbol{v}) = -\frac{\partial\rho}{\partial t} \tag{40.2}$$

는 질량 보존을 나타내는 식으로서, 유체역학의 핵심을 이루는 '연속 방정식(equation of continuity)'이다. 우리의 가정에 의하면 유체는 비압축성이고 밀도 ρ가 상수이므로, 연속 방정식은 다음과 같이 단순해진다.

$$\boldsymbol{\nabla}\cdot\boldsymbol{v} = 0 \tag{40.3}$$

유체의 속도 $\boldsymbol{v}$의 다이버전스는 0이다(자기장의 다이버전스도 0이었음을 기억하라. 유체역학의 방정식은 전자기학의 방정식과 놀라울 정도로 비슷하다. 그래서 전자기학을 먼저 공부한 것이다. 물론, 이와 정반대로 생각하는 사람들도 있다. 그들은 유체역학을 먼저 익혀 두면 전자기학을 공부하기가 훨씬 쉽다고 주장한다. 그러나 아무리 생각을 해봐도, 유체역학과 비교할 때 전자기학은 너무나 쉬운 테마이다!).

다음으로 필요한 방정식은 힘과 가속도 사이의 관계를 규정하는 뉴턴의 운동 법칙으로부터 얻을 수 있다. 유체의 부피 요소의 질량에 유체의 가속도를 곱한 값은 해당 부피 요소에 작용하는 힘과 같다. 단위 부피를 부피 요소로 잡고, 단위 부피당 힘을 $\boldsymbol{f}$라고 하면 다음과 같은 관계가 성립한다.

$$\rho \times \text{가속도} = \boldsymbol{f}$$

힘의 밀도 $\boldsymbol{f}$는 세 개의 항의 합으로 쓸 수 있다. 그중 단위 부피당 압력에 의한 힘(pressure force) $-\boldsymbol{\nabla}p$는 이미 앞에서 다루었다. 그다음으로는 (중력이나 전기력처럼) 원격으로 작용하는 '외력'이 있는데, 이 힘이 단위 질량당 퍼텐셜 ϕ로 기술되는 보존력이라면, 힘의 밀도는 $-\rho\boldsymbol{\nabla}\phi$이다(보존력이 아닌 외력이 작용하는 경우, 단위 부피당 외부 힘은 $\boldsymbol{f}_{\text{ext}}$이다). 또한 여기에는 다른 종류의 단위 부피당 '내부 힘'도 작용하는데, 이것은 '흐르는' 유체의 층밀림 응력에서 비롯되는 힘으로서 '점성력(viscous force)'이라고 한다. 여기서는 이 힘을 $\boldsymbol{f}_{\text{visc}}$로 표기하겠다. 따라서 우리에게 필요한 운동 방정식은 다음과 같다.

$$\rho \times (\text{가속도}) = -\boldsymbol{\nabla}p - \rho\boldsymbol{\nabla}\phi + \boldsymbol{f}_{\text{visc}} \tag{40.4}$$

이 장에서는 유체의 점성을 고려하지 않을 것이므로($\boldsymbol{f}_{\text{visc}}=0$) 액체가 '묽다'고 가정할 것이다. 점성 항을 뺀다는 것은, 실제의 물이 아니라 이상적인 액체를 다루겠다는 뜻이다. 폰 노이만(John von Neumann)은 점성 항을 고려했을 때

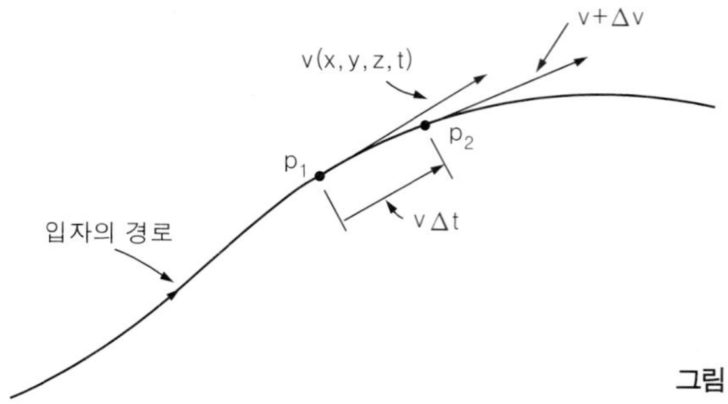

그림 40-4 유체 입자의 가속

와 고려하지 않았을 때 나타나는 엄청난 차이를 제대로 간파하고 있었다. 사실, 유체역학이 한창 발전하고 있었던 1900년경에 대부분 과학자들의 관심은 실제의 유체가 아니라 단순하고 아름다운 유체역학 문제를 수학적으로 푸는 것이었다. 노이만은 이러한 현실을 개탄하면서 오로지 수학으로 유체 문제를 해결하려는 사람들을 가리켜 '물기가 없는 마른 물(dry water)을 연구하는 사람들'이라고 평가하였다. 그도 그럴 것이, 당시에 진행된 연구에는 액체의 본질적인 특성이 대부분 누락되어 있었다. 이 장의 제목을 '마른 물의 흐름'이라고 한 이유도, 유체의 중요한 특성을 무시한 채 계산을 진행할 것이기 때문이다. 현실적인 물의 특성은 다음 장에서 논의될 것이다.

$\boldsymbol{f}_{\text{visc}}$를 고려하지 않는다면, 식 (40.4)에는 가속도를 제외한 모든 정보가 들어 있다. 언뜻 생각하기에, 임의의 위치에서 유체 입자의 속도가 $\boldsymbol{v}$라면 가속도는 $\partial\boldsymbol{v}/\partial t$가 될 것 같지만, 사실은 그렇지 않다. 여기에는 아주 미묘한 속사정이 숨어 있다. 도함수 $\partial\boldsymbol{v}/\partial t$는 공간상의 '고정된 한 점'에서 속도 $\boldsymbol{v}(x,\ y,\ z,\ t)$의 변화율이다. 그러나 우리에게 필요한 것은 유체의 '특정 부분'에서 속도의 변화율이다. 물 속의 물방울 하나를 눈에 잘 띄는 색으로 염색하여 관찰한다고 상상해 보자. 짧은 시간 간격 Δt 동안 이 물방울은 근처의 다른 위치로 이동할 것이다. 물방울이 그림 40-4와 같은 경로를 따라 움직이고 있다면, Δt 동안 P_1에서 P_2까지 움직여 갈 것이다. 이 변위를 성분별로 표시하면 x방향으로는 $v_x\Delta t$, y방향으로는 $v_y\Delta t$, 그리고 z방향으로는 $v_z\Delta t$이다. 시각 t에서 위치 $(x,\ y,\ z)$에 있는 유체 입자의 속도를 $\boldsymbol{v}(x,\ y,\ z,\ t)$라 하면 시각 $t+\Delta t$에서 그 입자의 속도는 $\boldsymbol{v}(x+\Delta x,\ y+\Delta y,\ z+\Delta z,\ t+\Delta t)$로 쓸 수 있다. 여기서

$$\Delta x = v_x\Delta t, \qquad \Delta y = v_y\Delta t, \qquad \Delta z = v_z\Delta t$$

이다. 편미분의 정의를 이용하여[식 (2.7) 참조] 1차 근사를 취하면

$$\begin{aligned}&\boldsymbol{v}(x + v_x\Delta t,\ y + v_y\Delta t,\ z + v_z\Delta t,\ t + \Delta t)\\&\qquad = \boldsymbol{v}(x,\ y,\ z,\ t) + \frac{\partial\boldsymbol{v}}{\partial x}v_x\Delta t + \frac{\partial\boldsymbol{v}}{\partial y}v_y\Delta t + \frac{\partial\boldsymbol{v}}{\partial z}v_z\Delta t + \frac{\partial\boldsymbol{v}}{\partial t}\Delta t\end{aligned}$$

이므로, 가속도 $\Delta\boldsymbol{v}/\Delta t$는 다음과 같다.

$$v_x\frac{\partial\boldsymbol{v}}{\partial x} + v_y\frac{\partial\boldsymbol{v}}{\partial y} + v_z\frac{\partial\boldsymbol{v}}{\partial z} + \frac{\partial\boldsymbol{v}}{\partial t}$$

연산자 $\boldsymbol{\nabla}$을 벡터로 취급하면 위의 식은 다음과 같이 축약된다.

$$(\boldsymbol{v} \cdot \boldsymbol{\nabla})\,\boldsymbol{v} + \frac{\partial \boldsymbol{v}}{\partial t} \tag{40.5}$$

$\partial \boldsymbol{v}/\partial t = 0$인 경우에도('주어진 한 점에서' 속도가 변하지는 않는다 해도) 가속도는 0이 아닐 수 있다. 예를 들어, 일정한 빠르기로 원을 그리면서 흐르는 물은 주어진 한 점에서의 속도가 변하지 않지만 분명히 가속되고 있다. 원 위의 한 점에 있던 물방울의 속도가 다음 순간에 변하기 때문이다. 이것은 다름 아닌 구심 가속도이다.

이제 남은 부분은 단순한 수학에 불과하다. 가속도를 나타내는 식 (40.5)를 식 (40.4)에 대입하여 운동 방정식을 쓰고 해를 구하면 된다. 운동 방정식은 다음과 같다.

$$\frac{\partial \boldsymbol{v}}{\partial t} + (\boldsymbol{v} \cdot \boldsymbol{\nabla})\,\boldsymbol{v} = -\frac{\boldsymbol{\nabla} p}{\rho} - \boldsymbol{\nabla}\phi \tag{40.6}$$

물론, 이 방정식에는 물의 점성이 빠져 있다. 이제 아래의 벡터 항등식을 이용하여 방정식을 조금 다르게 표현해 보자.

$$(\boldsymbol{v} \cdot \boldsymbol{\nabla})\,\boldsymbol{v} = (\boldsymbol{\nabla} \times \boldsymbol{v}) \times \boldsymbol{v} + \frac{1}{2}\boldsymbol{\nabla}(\boldsymbol{v} \cdot \boldsymbol{v})$$

$\boldsymbol{v}$의 컬을 다음과 같이 새로운 벡터장 $\boldsymbol{\Omega}$로 정의하면

$$\boldsymbol{\Omega} = \boldsymbol{\nabla} \times \boldsymbol{v} \tag{40.7}$$

위의 벡터 항등식을 다음과 같이 쓸 수 있다.

$$(\boldsymbol{v} \cdot \boldsymbol{\nabla})\,\boldsymbol{v} = \boldsymbol{\Omega} \times \boldsymbol{v} + \frac{1}{2}\boldsymbol{\nabla} v^2$$

따라서 운동 방정식 (40.6)은 다음과 같이 변형된다.

$$\frac{\partial \boldsymbol{v}}{\partial t} + \boldsymbol{\Omega} \times \boldsymbol{v} + \frac{1}{2}\boldsymbol{\nabla} v^2 = -\frac{\boldsymbol{\nabla} p}{\rho} - \boldsymbol{\nabla}\phi \tag{40.8}$$

$\boldsymbol{\Omega}$의 정의를 염두에 두고 양변의 성분을 확인해 보면 식 (40.6)과 (40.8)이 동일하다는 것을 알 수 있다.

벡터장 $\boldsymbol{\Omega}$를 '소용돌이도(vorticity)'라고 하고, 소용돌이도가 모든 곳에서 0인 흐름을 '비회전성 흐름(irrotational flow)'이라고 한다. 우리는 3-5절에서 벡터장의 '서큘레이션(circulation)'을 정의한 적이 있다. 유체 내에서 임의의 폐곡선에 대한 서큘레이션은 주어진 한 시점에서 유체의 속도를 폐곡선에 대하여 선적분한 값으로 정의된다.

$$\text{서큘레이션} = \oint \boldsymbol{v} \cdot d\boldsymbol{s}$$

무한소의 폐곡선에 대한 단위 면적당 서큘레이션은(스톡스 정리를 이용하면) $\boldsymbol{\nabla} \times \boldsymbol{v}$이다. 따라서 '소용돌이도 $\boldsymbol{\Omega}$'란, ($\boldsymbol{\Omega}$의 방향에 수직한) 단위 면적 둘레에 대한 서큘레이션을 의미한다. 그리고 (무한히 작지 않은) 작은 먼지를 액체 속의

임의의 장소에 삽입하면 $\Omega/2$의 각속도로 회전하게 된다. 이 사실은 여러분이 직접 증명해 보기 바란다. 또한 턴테이블 위에 한 동이의 물이 올려져 있을 때, Ω가 물의 국소적인 각속도의 두 배가 된다는 것도 확인해 보기 바란다.

속도장(velocity field)에만 관심을 둔다면, 운동 방정식에서 압력 항을 제거해도 상관없다. 식 (40.8)의 양변에 컬을 취한 다음, 그래디언트의 컬이 항상 0이라는 것과 $\rho=$상수를 적용하면 다음의 식을 얻게 된다.

$$\frac{\partial \Omega}{\partial t} + \nabla \times (\Omega \times \boldsymbol{v}) = 0 \tag{40.9}$$

이 방정식은 다음의 두 식

$$\Omega = \nabla \times \boldsymbol{v} \tag{40.10}$$

$$\nabla \cdot \boldsymbol{v} = 0 \tag{40.11}$$

과 함께 속도장 $\boldsymbol{v}$를 완벽하게 기술한다. 수학적으로 말하자면, "어떤 한 순간에 Ω를 알면 속도 벡터의 컬을 알 수 있다." 또한 $\boldsymbol{v}$의 다이버전스가 0이라는 것도 방정식으로 주어져 있다. 즉, 주어진 상황에서 $\boldsymbol{v}$를 결정하기 위한 모든 정보가 갖추어져 있는 것이다(이것은 정자기학에서 두 개의 방정식 $\nabla \cdot \boldsymbol{B}=0$과 $\nabla \times \boldsymbol{B} = \boldsymbol{j}/\epsilon_0 c^2$로 자기장이 결정되던 상황과 비슷하다). $\boldsymbol{j}$가 주어지면 $\boldsymbol{B}$가 결정되는 것과 마찬가지로, Ω가 주어지면 $\boldsymbol{v}$가 결정된다. 이렇게 $\boldsymbol{v}$를 알아내고 나면 식 (40.9)를 통해 Ω의 변화율을 알 수 있으므로 그다음 순간의 Ω를 계산할 수 있다. 그 후, 다시 식 (40.10)을 이용하여 새로운 $\boldsymbol{v}$를 구하는 식으로 계속 진행해 나가면 된다. 그러나 이런 절차로는 오직 속도장 $\boldsymbol{v}$만을 알 수 있을 뿐, 압력에 관한 정보는 전혀 얻을 수 없다.

위의 방정식은 한 가지 특별한 결론을 낳는다. 임의의 시각 t에 모든 곳에서 $\Omega=0$이면 $\partial\Omega/\partial t$도 0이므로, 시간이 $t+\Delta t$로 흘러도 Ω는 여전히 모든 곳에서 0이라는 것이다. 이로써 우리는 방정식의 해를 구한 셈이다. 방금 말한 해는 영구적인 비회전성 흐름을 뜻한다. 즉, 처음부터 흐름에 (국소적인) 회전이 전혀 없었다면, 앞으로도 회전이 나타나지 않는다는 뜻이다. 이런 경우에 풀어야 할 방정식은 다음과 같다.

$$\nabla \cdot \boldsymbol{v} = 0, \qquad \nabla \times \boldsymbol{v} = 0$$

이 식은 자유 공간에서 정전기장이나 정자기장이 만족하는 방정식과 동일한 형태이다. 나중에 이 식을 이용하여 몇 가지 특별한 문제를 풀어 볼 것이다.

40-3 정상 흐름—베르누이의 정리

정상 흐름만을 고려한다는 가정하에, 운동 방정식 (40.8)로 다시 돌아가 보자. 정상 흐름이란, 유체 내의 모든 곳에서 속도가 변하지 않는 흐름을 의미한다. 즉, 유체 속의 어떠한 지점을 바라보아도 '흘러 나간' 양과 동일한 양의 유체가 꾸준하게 흘러들어 오고 있는 것이다. 정상 흐름에서 속도장을 나타내는 그림은

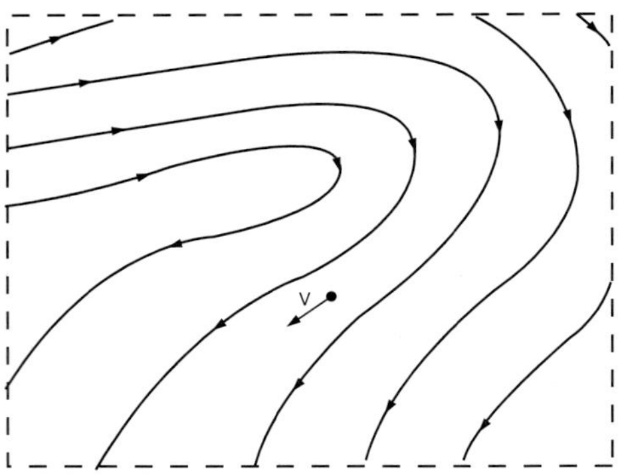

그림 40-5 정상 유체 흐름의 유선

시간이 흘러도 변하지 않는다. 다시 말해서, 속도 $\boldsymbol{v}$는 정적인 벡터장을 형성한다. 정자기학에서 '장선(field line)'을 그렸던 것처럼, 각 지점에서 유체의 속도에 접하는 선들을 모아 보면 그림 40-5와 같은 일종의 장선이 나타나는데, 이러한 선들을 '유선(streamline)'이라고 한다. 정상 흐름의 경우, 이 선들은 유체 입자의 실제 운동 경로를 나타낸다(정상 흐름이 아니라면 유선의 패턴이 시간에 따라 변하므로 임의의 시간에 그린 유선의 패턴은 유체 입자의 경로를 나타내지 않는다).

정상 흐름이라고 해서 아무 일도 일어나지 않는 것은 아니다. 유체 속의 원자들은 분명히 이동하고 있으며, 위치에 따라 속도가 달라지고 있다. 다만, 정해진 위치에서 $\partial\boldsymbol{v}/\partial t=0$일 뿐이다. 운동 방정식에 $\boldsymbol{v}$의 도트 곱(내적)을 취하면 $\boldsymbol{v}\cdot(\boldsymbol{\Omega}\times\boldsymbol{v})$항이 떨어져 나가면서 다음과 같은 형태가 된다.

$$\boldsymbol{v}\cdot\boldsymbol{\nabla}\left\{\frac{p}{\rho}+\phi+\frac{1}{2}v^2\right\}=0 \tag{40.12}$$

이 식은 '유체의 속도 방향으로 일어나는 작은 변위에 대하여' 괄호 안의 양이 변하지 않는다는 것을 의미한다. 그런데 정상 흐름에서는 모든 변위가 유선을 따라 일어나기 때문에 식 (40.12)는 '한 유선 상의 모든 점에 대하여' 다음과 같이 쓸 수 있다.

$$\frac{p}{\rho}+\frac{1}{2}v^2+\phi=\text{상수}\quad(\text{유선}) \tag{40.13}$$

이것이 바로 그 유명한 '베르누이의 정리(Bernoulli's theorem)'이다. 우변의 상수는 일반적으로 유선에 따라 달라진다. 우리가 아는 것이라곤 "하나의 유선을 따라갈 때 식 (40.13)의 좌변은 항상 같다"는 것뿐이다. 특히, $\boldsymbol{\Omega}=0$인 '비회전성' 정상 흐름의 경우에 운동 방정식 (40.8)은 다음과 같은 형태가 된다.

$$\boldsymbol{\nabla}\left\{\frac{p}{\rho}+\frac{1}{2}v^2+\phi\right\}=0$$

따라서

$$\frac{p}{\rho}+\frac{1}{2}v^2+\phi=\text{상수}\quad(\text{유체 전체}) \tag{40.14}$$

이다. 이 식은 식 (40.13)과 똑같이 생겼지만, 우변의 상수 값이 유체 전체에 걸쳐 동일하다는 점이 다르다.

사실, 베르누이의 정리는 에너지 보존을 다른 형태로 표현한 것뿐이다. 그래서 우리는 방정식을 직접 풀어 보지 않고서도 보존 정리(conservation theorem)로부터 많은 정보를 얻어 낼 수 있다. 베르누이의 정리는 단순하면서도 매우 중요하기 때문에 지금까지와는 조금 다른 방식으로 다시 한 번 유도해 보고자 한다. 그림 40-6과 같이 유관(stream tube)을 이루고 있는 인접한 유선들의 다발을 떠올려 보자. 관의 벽은 유선으로 둘러싸여 있으므로, 벽을 뚫고 흘러나가는 흐름은 있을 수 없다. 유관의 한쪽 끝의 면적을 A_1이라 하고, 그곳에서의 유속을 v_1, 유체의 밀도를 ρ_1, 퍼텐셜 에너지를 ϕ_1이라 하자. 다른 쪽 끝에서 이

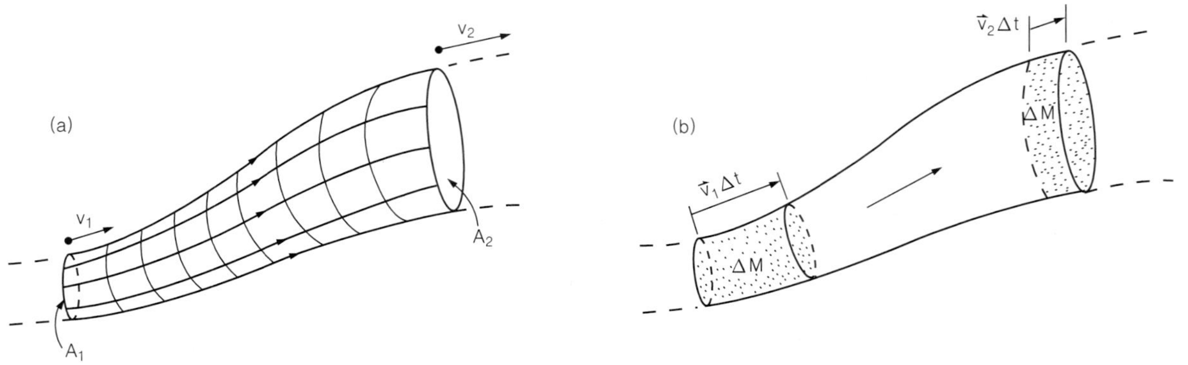

그림 40-6 유관 내의 유체 운동

에 해당되는 값은 A_2, v_2, ρ_2, ϕ_2이다. Δt라는 짧은 시간이 흐르고 나면 A_1에 있던 유체는 $v_1 \Delta t$만큼 이동하고, A_2에 있던 유체는 $v_2 \Delta t$만큼 이동할 것이다 [그림 40-6(b) 참조]. 이 경우에도 질량은 보존되어야 하므로, A_1으로 흘러들어 가는 질량은 A_2로 빠져나가는 질량과 같아야 한다.

$$\Delta M = \rho_1 A_1 v_1 \Delta t = \rho_2 A_2 v_2 \Delta t$$

양변에서 Δt를 소거하면

$$\rho_1 A_1 v_1 = \rho_2 A_2 v_2 \tag{40.15}$$

가 된다. 이 방정식은 ρ가 일정한 경우에 유속이 유관의 단면적에 반비례한다는 것을 말해 주고 있다.

이제 유체의 압력이 한 일을 계산해 보자. A_1으로 흘러들어 가는 유체에 행해진 일은 $p_1 A_1 v_1 \Delta t$이며, A_2에서 도로 환원되는 일은 $p_2 A_2 v_2 \Delta t$이다. 그러므로 A_1과 A_2 사이에 있는 유체에 행해진 알짜 일은

$$p_1 A_1 v_1 \Delta t - p_2 A_2 v_2 \Delta t$$

이며, 이 값은 A_1에서 A_2로 흘러가는 동안 나타난 ΔM의 에너지 증가량과 일치해야 한다. 다시 말해서,

$$p_1 A_1 v_1 \Delta t - p_2 A_2 v_2 \Delta t = \Delta M (E_2 - E_1) \tag{40.16}$$

이다. 여기서 E_1은 A_1에서 측정한 유체의 단위 질량당 에너지이고, E_2는 A_2에서 측정한 단위 질량당 에너지이다. 또한 유체에 함유된 단위 질량당 에너지는 다음과 같다.

$$E = \frac{1}{2} v^2 + \phi + U$$

여기서 $\frac{1}{2} v^2$은 단위 질량당 운동 에너지이고, ϕ는 단위 질량당 퍼텐셜 에너지이며, U는 단위 질량당 유체의 내부 에너지를 나타내는 항이다. 압축 가능한 유체 속의 열에너지나 화학 에너지가 U에 해당된다. 이 모든 양들은 위치에 따라 값이 변할 수 있다. 이것을 식 (40.16)에 대입하고 양변을 ΔM으로 나누면

$$\frac{p_1 A_1 v_1 \Delta t}{\Delta M} - \frac{p_2 A_2 v_2 \Delta t}{\Delta M} = \frac{1}{2} v_2^2 + \phi_2 + U_2 - \frac{1}{2} v_1^2 - \phi_1 - U_1$$

이 된다. 그런데 $\Delta M = \rho A v \Delta t$이므로, 위의 식은

$$\frac{p_1}{\rho_1} + \frac{1}{2} v_1^2 + \phi_1 + U_1 = \frac{p_2}{\rho_2} + \frac{1}{2} v_2^2 + \phi_2 + U_2 \tag{40.17}$$

로 쓸 수 있다. 이것은 내부 에너지 항을 추가하여 얻은 베르누이의 결과이다. 유체가 압축 불가능한 경우에는 양변의 내부 에너지 항이 같기 때문에 식 (40.14)는 어떠한 유선을 따라가더라도 성립한다.

이제 베르누이 적분[식 (40.14)]으로부터 유체의 흐름을 추정할 수 있는 몇 가지 간단한 사례를 들어 보자. 첫 번째 예로, 물탱크의 아랫부분에 나 있는 구멍을 통해 물이 흘러 나가는 경우를 생각해 보자(그림 40-7). 단, 수면 근처의 유속보다 구멍에서의 유속 v_{out}이 훨씬 빠르다고 가정한다. 즉, 탱크의 직경이 구멍의 직경보다 훨씬 커서, 낮아지는 물의 수위를 무시할 수 있는 경우를 고려한다는 뜻이다(굳이 원한다면 수위의 변화까지 고려하여 더 정확한 계산을 할 수도 있다). 탱크 꼭대기의 압력은 대기압 p_0와 같고, 분출구 측면의 압력도 p_0이다. 이제 그림에 표현된 유선에 대하여 베르누이 방정식을 써 보자. 탱크의 꼭대기에서는 $v=0$이며, 그 지점의 중력 퍼텐셜을 $\phi=0$으로 세팅한다. 분출구에서의 유속은 v_{out}이고 $\phi=-gh$이므로, 이 경우의 베르누이 방정식은 다음과 같다.

$$p_0 = p_0 + \frac{1}{2}\rho v_{\text{out}}^2 - \rho g h$$

즉,

$$v_{\text{out}} = \sqrt{2gh} \tag{48.18}$$

보다시피, v_{out}은 높이 h에서 자유 낙하한 물체가 지면에 도달할 때 획득하는 속도이다. 이것은 꼭대기에 있는 물의 퍼텐셜 에너지가 출구에서 나오는 물의 운동 에너지로 전환되었다고 생각할 수 있으므로 그다지 놀라운 결과는 아니다. 그러나 "v_{out}에 구멍의 면적을 곱하면 탱크에서 흘러나오는 유체의 유출률을 알 수 있다"고 생각하면 안 된다. 물이 구멍으로 분출되어 나올 때 각 지점의 속도 벡터들은 완전히 평행하지 않고 물줄기의 중심을 향하는 성분을 갖고 있다. 즉, 분출된 물줄기의 속도 벡터는 중심으로 '수렴하다가' 어느 정도 진행한 후에 비로소 평행해진다. 따라서 유출률은 (속도)×(그 지점에서의 면적)이다. 배출구의 구멍이 둥글고 끝이 예리하다면, 구멍 면적의 62%까지 수렴하면서 분출된다. 배출 면적의 줄어드는 정도는 배출관의 모양에 따라 다르게 나타나며, 실험적인 수렴 비율은 분출 계수(efflux coefficient)표에 정리되어 있다.

배출관이 그림 40-8과 같이 안으로 들어갔다가 돌출된 경우, 분출 계수는 정확하게 50%이다. 이것은 매우 아름다운 논리로 증명할 수 있는데, 여기서는 약간 힌트만 주고 넘어가기로 한다. 우리는 에너지 보존 법칙을 이용하여 속도[식 (40.18)]를 구했지만, 사실은 운동량 보존 법칙도 함께 고려해야 한다. 물이 분출될 때는 운동량도 함께 유출되기 때문에 배출관의 단면에 힘이 가해진다.

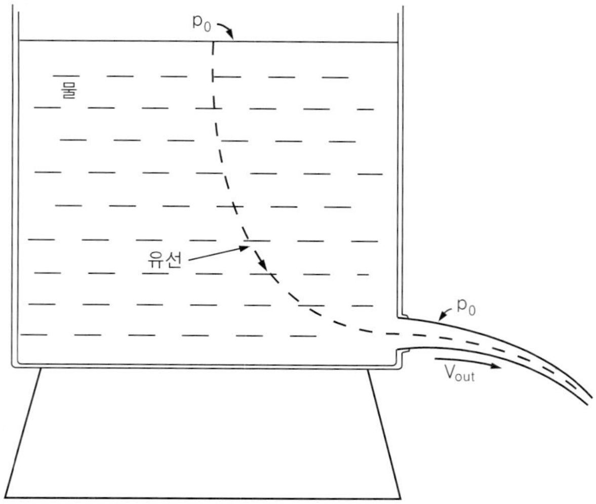

그림 40-7 탱크에서 나오는 흐름

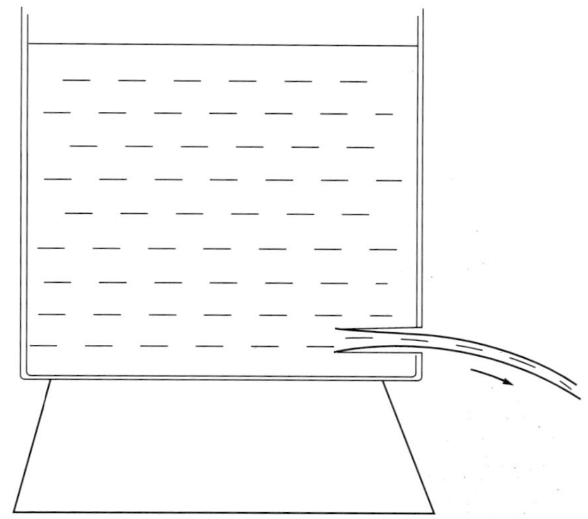

그림 40-8 배출관이 안으로 들어갔다가 다시 돌출된 경우, 분출되는 흐름의 단면적은 배출구 면적의 절반까지 수축된다.

이 힘은 어디서 나오는 것일까? 벽에 작용하는 압력에서 비롯되었음이 분명하다. 분출구의 크기가 작고 벽에서 멀리 떨어져 있으면(배출관의 길이가 길면) 탱크의 벽 근처에서의 유속은 매우 느릴 것이다. 그러면 모든 벽면에 작용하는 압력은 [식 (40.14)에 의해] 정지해 있는 유체의 압력과 거의 같으므로, 탱크 벽면의 임의의 한 점에 작용하는 정적인 압력은 맞은편 벽면에 작용하는 동일한 크기의 압력과 짝을 이루어야 한다(물론, 배출관 맞은편의 점들은 여기서 제외된다). 이 압력에 의해 분출구를 통해 쏟아져 나오는 운동량을 계산하면 분출 계수가 1/2임을 증명할 수 있다. 그러나 그림 40-7과 같은 형태의 배출구에는 이 방법을 사용할 수 없다. 배출구 근처의 벽을 따라 흐르는 유체의 속도가 빨라지면서, 현재 여러분의 수준으로는 계산 불가능한 압력 감소가 발생하기 때문이다.

또 하나의 예로서, 그림 40-9와 같이 단면적이 일정하지 않은 수평관의 한쪽 끝으로 물이 유입되어 반대쪽 끝을 향해 흘러 나가는 경우를 생각해 보자. 에너지 보존으로 대변되는 베르누이의 공식에 의하면, 유속이 빨라지는 가느다란 구간에서는 압력이 낮아져야 한다. 유체의 흐름을 방해하지 않을 정도로 가느다란 구멍을 관에 꽂아 놓고 수직으로 솟아오른 물기둥의 높이를 측정하면 압력의 변화를 눈으로 확인할 수 있다(압력은 수직 물기둥의 높이에 비례한다). 실험을 해보면 알겠지만, 가느다란 부분을 지날 때 일시적으로 압력이 낮아졌다가 굵은 부분으로 진입하면 압력이 다시 상승한다. 베르누이의 공식에 의하면 그림 40-9의 오른쪽 끝과 왼쪽 끝에서 압력이 같아야 하지만, 실제로는 오른쪽 끝의 압력이 낮게 나타난다. 이러한 현상이 나타나는 이유는 '점성에 의한 마찰'을 무시했기 때문이다. 모든 유체는 점성을 갖고 있기 때문에 관을 따라 흘러가면서 압력이 점차 떨어지게 된다. 그러나 점진적인 압력 감소에도 불구하고 가느다란 구간에서의 압력은 (속도가 빨라졌기 때문에) 양쪽 끝의 압력과 비교할 때 확연히 낮아진다. 좁은 관으로 같은 양의 물이 통과하려면 속도 v_2는 v_1보다 빨라야 한다. 흐르는 물이 넓은 곳에서 좁은 곳으로 진입할 때 속도가 빨라지는 것은 바로

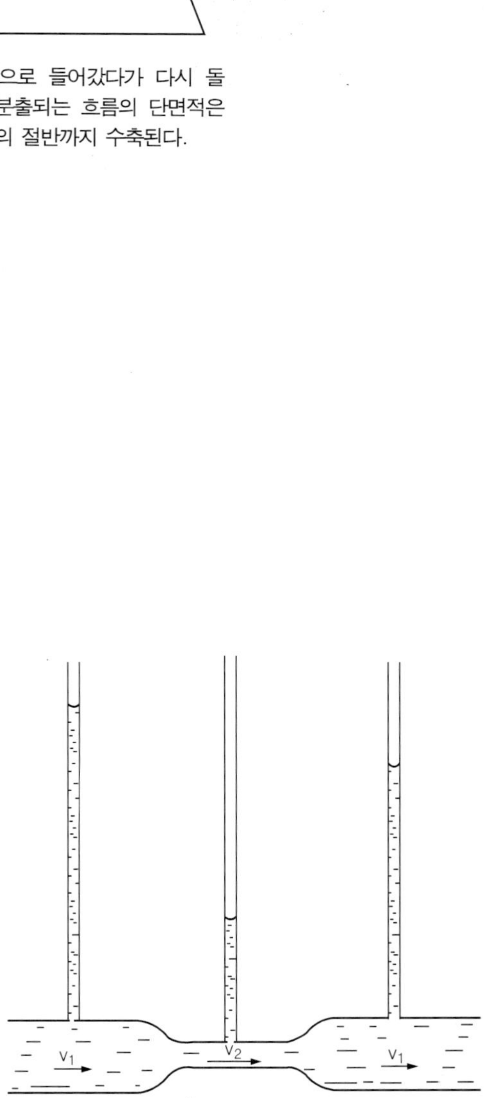

그림 40-9 속도가 가장 빠른 곳에서 압력은 가장 낮다.

이런 이유 때문이다. 압력이 떨어지면서 여분으로 남은 힘이 가속을 일으키는 힘으로 작용하는 것이다.

이러한 현상은 다른 사례를 통해 확인할 수 있다. 그림 40-10과 같이 하부의 배출관이 위쪽을 향하고 있는 물탱크를 생각해 보자. 분출 속도가 정확하게 $\sqrt{2gh}$라면, 배출되는 물은 탱크에 담긴 물의 수위까지 올라와야 한다. 그러나 정작 실험을 해보면, 분출된 물줄기는 탱크의 수위까지 도달하지 못한다. 앞에서 고려하지 않았던 유체의 점성 마찰로 인해 에너지 손실이 발생하는 것이다.

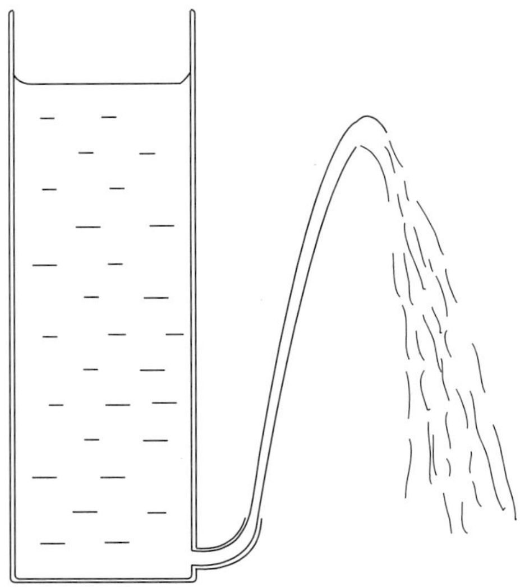

그림 40-10 v는 $\sqrt{2gh}$와 같지 않다(수면까지 올라오지 않는다!).

가까이 포개진 두 장의 종이 틈새를 입으로 불어서 서로 떨어뜨리려고 해본 적이 있는가? 한번 해보라! 떨어지기는커녕, 서로 '달라붙는다.' 밖으로 나오는 공기의 속도보다 종잇장 사이의 좁은 공간을 통과하는 공기의 속도가 더 빠르기 때문에 종잇장 사이의 압력이 대기압보다 낮아지면서 종이가 서로 밀착되는 것이다.

40-4 순환 흐름

40-2절의 끝 부분에서 언급한 대로, 비회전성-비압축성 유체의 흐름은 다음 두 개의 방정식을 만족한다.

$$\nabla \cdot \boldsymbol{v} = 0, \qquad \nabla \times \boldsymbol{v} = 0 \tag{40.19}$$

이것은 빈 공간에서 정전기학이나 정자기학의 방정식과 동일한 형태이다. 전하가 없을 때 전기장의 다이버전스는 0이고, 정전기장의 컬은 항상 0이다. 또한 전류가 없으면 정자기장의 컬은 0이고, 자기장의 다이버전스는 항상 0이다. 따라서 식 (40.19)는 정전기학의 $\boldsymbol{E}$나 정자기학의 $\boldsymbol{B}$와 똑같은 해를 갖는다. 사실, 우리는 12-5절에서 정전기학의 풀이법을 흉내 내어 구를 지나가는 유체의 흐름을 계산한 적이 있다. 균일한 전기장에 쌍극자장(dipole field)을 더하되, 구의 표면에 수직한 장의 성분이 0이 되도록 쌍극자장을 조절하면 유체의 흐름을 구할 수 있다. 유체가 원통을 지나는 경우에도 균일한 흐름장 속에 놓인 선형 쌍극자(line dipole)를 도입하면 유체의 흐름을 계산할 수 있다. 이렇게 구한 해는 먼 곳에서 유체의 속도가(크기와 방향 모두) 일정할 때에 한하여 적용된다. 구체적인 해의 형태는 그림 40-11(a)에 제시되어 있다.

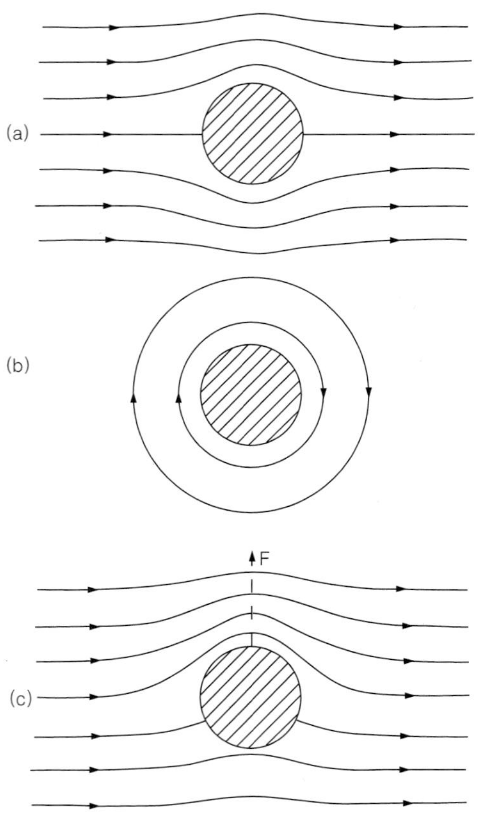

그림 40-11 (a)원통을 지나는 이상적인 유체의 흐름 (b)원통 주위의 순환 흐름 (c)(a)와 (b)의 중첩

먼 거리에 있는 유체가 원통 주위로 원을 그리며 움직일 때에는 또 다른 해가 존재한다. 이런 경우에 유체는 그림 40-11(b)와 같이 모든 곳에서 원을 그리며 돌아가게 된다. 유체의 내부에서는 여전히 $\nabla \times \boldsymbol{v}=0$임에도 불구하고, 원통 주변에 형성된 속도장의 서큘레이션은 0이 아니다. 컬이 0인데, 어떻게 서큘레이션이 존재할 수 있을까? 원통을 '감싸는' 임의의 고리에 대하여 $\boldsymbol{v}$의 선적분이 0이 아니기 때문에 원통 주위로 서큘레이션이 존재하는 것이다. 한편, 원통을 포함하지 '않는' 임의의 닫힌 경로에 대하여 $\boldsymbol{v}$의 선적분은 항상 0이다. 이것은 도선 주위에 형성된 정자기장의 경우와 동일하다. 도선을 감싸는 경로를 따라 $\boldsymbol{B}$를 선적분한 값은 0이 아니지만, 도선 바깥에서 $\boldsymbol{B}$의 컬은 0이다. 원통 주위의 비회

전성 순환 흐름의 속도장은 도선 주위의 자기장과 정확하게 같다. 원통과 동심을 이루는 원형 경로에 대한 속도의 선적분은

$$\oint \boldsymbol{v} \cdot d\boldsymbol{s} = 2\pi r v$$

인데, 비회전성 흐름의 경우 이 적분은 r과 무관해야 한다. 그 값을 C라 하면, 속도는 다음과 같다.

$$v = \frac{C}{2\pi r} \tag{40.20}$$

여기서 v는 접선 방향의 속도이며, r은 중심축으로부터의 거리이다.

구멍 주위로 순환하는 유체의 흐름을 극명하게 보여 주는 좋은 예가 있다. 바닥의 중앙에 배수구가 뚫려 있는 투명한 원통형 탱크를 준비한다. 여기에 물을 채우고 막대로 저어서 약간의 순환 흐름을 일으킨 후 배수 마개를 뽑으면, 그림 40-12와 같은 현상이 나타난다(아마도 욕조 속에서 매일같이 보는 현상일 것이다!). 처음에 나타난 각속도 ω는 물의 점성 때문에 곧 사라지고, 전체적인 움직임은 비회전성 흐름으로 전환된다. 그러나 구멍 주위로는 순환 흐름이 여전히 존재한다.

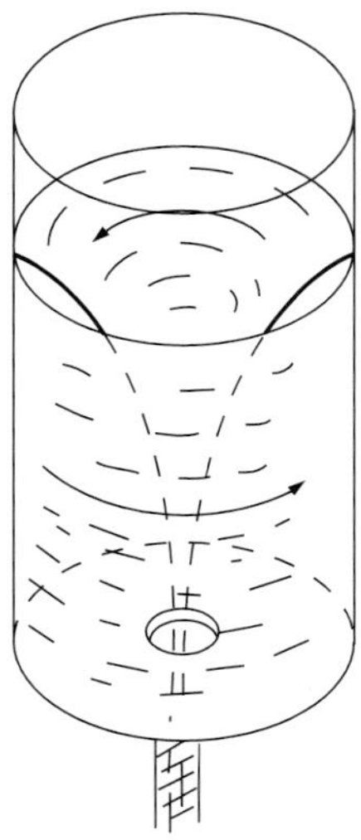

그림 40-12 탱크에서 물이 빠져나갈 때 형성되는 순환 흐름

안쪽 수면의 모양은 이론적으로 계산할 수 있다. 물의 입자가 안쪽으로 빨려 들어갈수록 속도는 빨라진다. 식 (40.20)에 의하면 접선 방향의 속도는 $1/r$에 비례한다. 이것은 피겨 스케이트 선수가 제자리에서 회전할 때 팔을 모으면 회전 속도가 빨라지는 것과 동일한 원리(각운동량 보존 법칙)이다. 접선 방향의 운동을 무시한다면 물은 반경 방향으로 구멍 쪽을 향해 빨려 들어간다. 그런데 $\nabla \cdot \boldsymbol{v} = 0$이므로 반경 방향의 속도 역시 $1/r$에 비례한다는 결과를 얻을 수 있다. 따라서 전체 속도는 $1/r$을 따라 변하고, 결국 물은 아르키메데스의 나선을 따라 회전하게 된다. 공기와 물의 경계면에는 대기압이 작용하고 있으므로, [식 (40.14)로부터] 이곳에서는 다음의 관계가 만족되어야 한다.

$$gz + \frac{1}{2}mv^2 = \text{상수}$$

그런데 v는 $1/r$에 비례하므로, 표면의 모양은 다음과 같다.

$$(z - z_0) = \frac{k}{r^2}$$

여기서 흥미로운 사실은, (일반적으로 성립하지는 않지만) 두 개의 해를 별도로 구했을 때 이들의 합도 역시 해가 된다는 것이다. 비압축성, 비회전성 흐름을 나타내는 해들은 이 법칙을 만족한다. 그 이유는 식 (40.19)의 두 방정식이 선형적이기 때문이다. 그러나 유체역학의 완전한 방정식 (40.9), (40.10), (40.11)은 선형 방정식이 아님을 명심하기 바란다(일반적으로 선형 방정식과 비선형 방정식의 해는 현저하게 다른 특성을 갖고 있다). 원통 주위에 나타나는 비회전성 흐름에서는 그림 40-11(a)와 (b)의 흐름을 중첩시켜서 그림 40-11(c)와 같은 새로운 흐름 패턴을 얻어 낼 수 있다. 이 흐름은 특히 우리의 관심을 끈다. 그

림에서 알 수 있듯이 유체는 원통의 아래쪽보다 위쪽에서 더 빠르게 흐르기 때문에 아래쪽보다 위쪽의 압력이 더 낮다. 따라서 원통 주위의 순환 흐름과 전체적인 수평 흐름이 섞이면 원통에 수직 방향의 알짜 힘이 작용하게 되는데, 이것을 '양력(揚力, lift force)'이라고 한다. 물론, 순환 흐름이 없는 경우에는 (우리의 '마른 물' 이론에 의하면) 어떠한 모양의 물체에도 알짜 힘은 작용하지 않는다.

40-5 소용돌이선

소용돌이도(vorticity)가 0이 아닌 경우를 포함하여, 비압축성 유체의 흐름을 서술하는 일반적인 방정식은 다음과 같다.

$$\text{I.}\quad \nabla\cdot\boldsymbol{v}=0$$

$$\text{II.}\quad \boldsymbol{\Omega}=\nabla\times\boldsymbol{v}$$

$$\text{III.}\quad \frac{\partial\boldsymbol{\Omega}}{\partial t}+\nabla\times(\boldsymbol{\Omega}\times\boldsymbol{v})=0$$

헬름홀츠(Helmholtz)는 이 방정식에 담긴 물리적 의미를 다음과 같이 설명하였다. 우선, 유체의 내부에 유선(streamline) 대신 '소용돌이선(vortex line)'을 그려 넣는다고 상상해 보자. 소용돌이선이란 $\boldsymbol{\Omega}$의 방향을 따라 그린 일종의 장선(field line)으로서, $\boldsymbol{\Omega}$의 값이 큰 곳에서는 선을 촘촘하게 그린다. 방정식 II로부터 $\boldsymbol{\Omega}$의 다이버전스는 항상 0이므로(컬의 다이버전스는 항상 0이다. 3-7절 참조), 소용돌이선은 자기장선(the lines of $\boldsymbol{B}$)과 동일한 특성을 갖고 있다. 즉, 특정한 점에서 시작되거나 끝나지 않고 폐곡선을 이루는 것이다. 또한 헬름홀츠는 방정식 III을 "소용돌이선은 유체와 함께 움직인다"는 말로 표현하였는데, 그 의미는 다음과 같다. 하나의 소용돌이선을 구성하는 유체 입자들을 눈으로 식별할 수 있도록 잉크로 색깔을 입혀 놓았다면 이 입자들은 유체와 함께 움직이면서 매 순간 새로운 위치에 항상 소용돌이선을 형성할 것이라는 뜻이다. 액체 원자들이 어떤 식으로 움직이건 간에, 소용돌이선은 그 원자들과 함께 움직인다. 이것은 법칙을 설명하는 여러 가지 방법들 중 하나이다.

이것은 또한 어떠한 문제도 풀 수 있는 방법을 제시해 준다. 초기의 흐름 패턴이 주어져 있으면(모든 곳에서 $\boldsymbol{v}$가 주어져 있으면) $\boldsymbol{\Omega}$를 계산할 수 있다. 또한 우리는 주어진 $\boldsymbol{v}$로부터 잠시 후에 소용돌이선들이 어디에 위치할 것인지도 예측할 수 있다(소용돌이선은 속도 $\boldsymbol{v}$로 움직인다). 새로운 $\boldsymbol{\Omega}$와 함께 방정식 I, II를 이용하면 새로운 $\boldsymbol{v}$를 구할 수 있다(이것은 전류가 주어져 있을 때 $\boldsymbol{B}$를 구하는 문제와 동일하다). 주어진 한 순간에 흐름의 패턴이 주어져 있다면, (원리적으로는) 그 이후의 모든 시간에 대한 흐름 패턴을 계산할 수 있다. 이로써 우리는 비점성 흐름에 대한 일반해를 구한 셈이다.

다음과 같이 생각하면 헬름홀츠의 해석을(더불어 방정식 III을) 부분적으로나마 이해할 수 있다. 사실, 그의 해석은 각운동량 보존 법칙을 유체에 적용한 것에 불과하다. 그림 40-13(a)와 같이 중심축이 소용돌이선과 평행한 가상의 작은 원통을 떠올려 보자. 시간이 조금 흐르면 이곳에 있던 액체는 어딘가 다른 곳으로 이동해 갔을 것이다. 일반적으로 이 부분의 액체는 다른 곳으로 이동하여 다른 직경의 원통을 차지하게 된다. 또는 그림 40-13(b)와 같이 원통의 방향이 달라질 수도 있다. 그런데 원통형 유체가 이동한 후에 직경이 줄어들었다면, 부피를 일정하게 유지하기 위해 원통의 길이가 늘어났을 것이다(지금 우리는 비압축성 유체를 다루는 중이다). 또한 헬름홀츠의 설명에 의하면 소용돌이선은 유체 입자들과 함께 이동하기 때문에 단면적이 감소하면 소용돌이선의 밀도는 증가해야 한다. 따라서 소용돌이도 $\boldsymbol{\Omega}$와 원통의 단면적 A의 곱은 항상 상수이며, 다음의 관계를 만족해야 한다.

$$\Omega_2 A_2 = \Omega_1 A_1 \tag{40.21}$$

유체에 점성이 없다면 원통형 부피(또는 임의의 부피)의 표면에 작용하는 모든 힘은 표면에 수직하게 작용한다는 점을 명심하기 바란다. 압력은 유체를 한 곳에서 다른 곳으로 이동시키거나 형태를 변화시킬 수 있다. 그러나 접선 방향으로 작용하는 힘이 없으면, 특정 부피의 '내부에 들어 있는 물질의 각운동량'은 변할 수 없다. 작은 원통 속에 들어 있는 액체의 각운동량은 (관성 모멘트 I)×(액체의 각속도)이며, 각속도는 소용돌이도 Ω에 비례한다. 그리고 원통의 관성 모멘트는 mr^2에 비례한다. 따라서 각운동량 보존 법칙으로부터 다음과 같은 결론을 내릴 수 있다.

$$(M_1 R_1^2)\,\Omega_1 = (M_2 R_2^2)\,\Omega_2$$

이동 전과 이동 후의 질량은 같아야 하므로 $M_1 = M_2$이고, 단면적은 R^2에 비례하므로 이것은 식 (40.21)과 동일하다. 방정식 III을 해석한 헬름홀츠의 설명은 "점성이 없을 때 유체의 부피 요소의 각운동량은 변하지 않는다"는 사실을 다르게 표현한 것일 뿐이다.

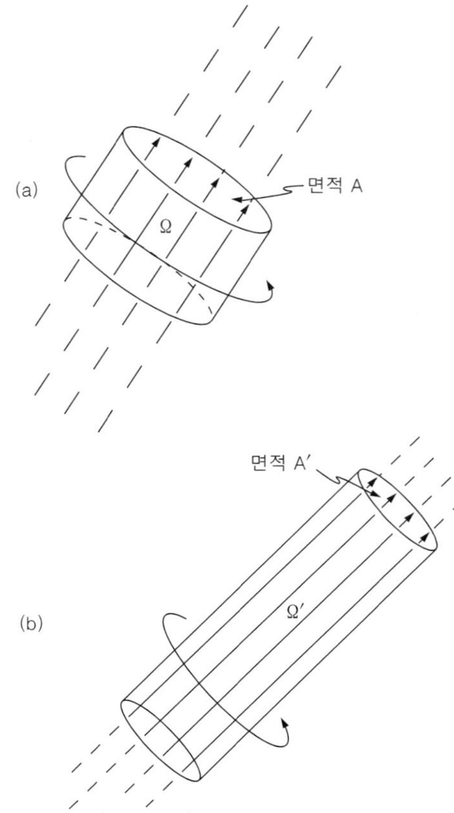

그림 40-13 (a)시각 t에서 소용돌이선 집단의 모습 (b)그 후의 시각 t'에서 동일한 소용돌이선의 모습

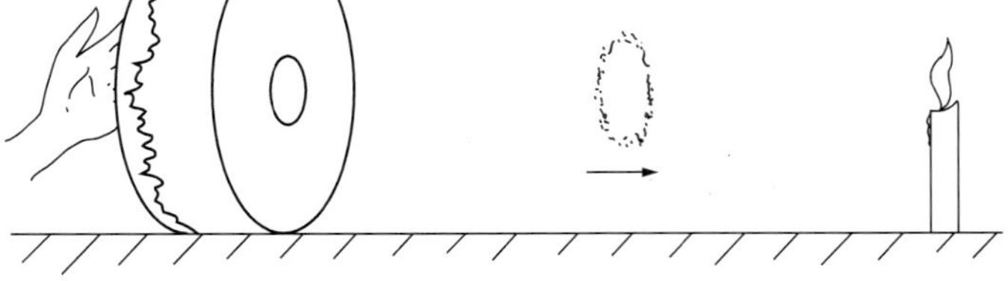

그림 40-14 진행하는 소용돌이 고리 만들기

그림 40-14와 같이 단순한 장치를 이용하면 움직이는 소용돌이를 멋지게 재현할 수 있다. 그림에 나온 것은 원통형 박스의 터진 면에 두꺼운 고무판을 잡아당긴 채로 덮어씌워 만든 직경 60cm, 길이 60cm짜리 '드럼'이다. 바닥은 단단한 재질로 되어 있고(드럼은 옆으로 세워져 있다), 중앙에는 직경 7.5cm짜리 구멍이 뚫려 있다. 이제 손으로 고무막을 세차게 두드리면, 소용돌이 고리(vortex ring)가 구멍 밖으로 튀어나온다. 이때 생성된 소용돌이는 눈에 보이지 않지만, 3~6m 떨어진 곳에 세워 둔 촛불이 꺼지는 것을 보면 분명히 존재한다고 장담할 수 있다. 그런데 드럼을 두드린 후 촛불이 꺼질 때까지는 특정한 시간이 소요되므로, 여기에는 '무언가'가 유한한 속도로 진행하고 있는 것으로 생각해야 한

다. 처음에 원통 안에 연기를 불어 넣어 두면 중간 과정도 눈으로 확인할 수 있다. 드럼을 두드릴 때마다 둥글고 아름다운 연기 고리(smoke ring)형 소용돌이가 생성되는 것이다.

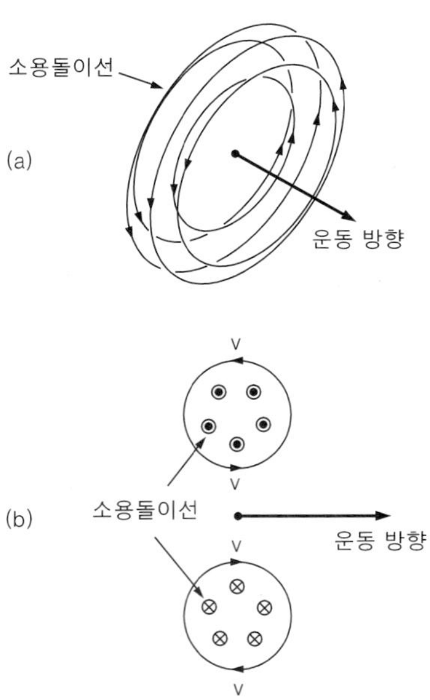

그림 40-15 이동하는 소용돌이 고리(연기 고리) (a)소용돌이선 (b)고리의 단면

연기 고리는 그림 40-15(a)와 같이 도넛 모양을 한 소용돌이선의 다발로 이루어져 있다. $\boldsymbol{\Omega}=\nabla\times\boldsymbol{v}$이므로, 이 소용돌이선은 그림 (b)와 같이 $\boldsymbol{v}$의 서큘레이션을 나타내기도 한다. 이때, 고리가 앞으로 이동하는 이유는 다음과 같은 논리로 설명할 수 있다. 고리의 '아랫부분에서' 고리 주위를 순환하는 흐름은 고리의 윗부분에 영향을 미쳐 고리의 윗부분이 앞으로 진행하도록 만든다. $\boldsymbol{\Omega}$의 선들은 유체와 함께 움직이기 때문에 소용돌이선 역시 속도 $\boldsymbol{v}$로 앞을 향해 나아간다(물론, 고리의 윗부분에서 고리 주위를 순환하는 흐름은 고리의 아랫부분을 앞으로 나아가게 한다).

그러나 우리의 이론은 한 가지 심각한 문제점을 안고 있다. 앞서 지적한 대로, $\boldsymbol{\Omega}$가 처음에 0이었다면 [식 (40.9)에 의해] 그 후에도 계속 0이어야 하는데, 이것은 '마른 물' 이론의 대실패를 의미한다. 왜 그런가? $\boldsymbol{\Omega}$가 한 번 0이면 '영원히' 0이라는 것은, 어떠한 상황에서도 소용돌이를 일으키기가 불가능하다는 것을 의미하기 때문이다. 그러나 드럼을 이용한 간단한 실험에서 알 수 있듯이, 공기가 처음에 정지해 있는 경우에도 소용돌이 고리를 얼마든지 만들어 낼 수 있다(드럼을 두드리기 전에는 드럼 내부의 모든 곳에서 $\boldsymbol{v}=0$, $\boldsymbol{\Omega}=0$이다). 또한 호수에서 배를 타고 노를 저으면 약간의 소용돌이를 일으킬 수 있다. 그러므로 유체의 거동을 완벽하게 이해하려면 '젖은 물 이론(theory of "wet" water)'을 도입해야 한다.

마른 물 이론이 실패로 끝난 또 하나의 이유는, 물체의 표면과 유체 사이의 경계에서 흐름의 특성을 사실과 다르게 가정했기 때문이다. 우리는 원통을 지나는 흐름에 대해 이야기하면서(그림 40-11) 유체가 원통의 표면을 따라 미끄러질 수 있다고 생각했다. 우리의 이론에 의하면 초기 조건에 따라 표면에서의 속도는 어떤 값도 가질 수 있으며, 유체와 물체 사이의 '마찰'은 전혀 고려하지 않았다. 그러나 실제로 실험을 해보면 유체의 속도는 단단한 물체의 표면에서 항상 0이다. 따라서 순환 흐름이 있건 없건 간에, 원통을 지나는 흐름에 대하여 우리가 구한 해는 틀릴 수밖에 없다. 소용돌이가 생성되지 못한다는 결과도 마찬가지다. 좀 더 정확한 이론은 다음 장에서 알아보기로 한다.

CHAPTER 41

젖은 물의 흐름

41-1 점성
41-2 점성 흐름
41-3 레이놀즈수
41-4 원통을 지나는 흐름
41-5 점성→0의 극한
41-6 쿠에트 흐름

41-1 점성

40장에서는 점성을 고려하지 않은 채로 물의 거동을 살펴보았다. 이 장에서는 점성 효과를 고려하여 유체의 흐름을 분석해 볼 것이다. 즉, 유체의 '실제적인 거동'을 살펴보자는 것이다. 앞으로 나는 여러분이 쉽게 감을 잡을 수 있도록, 유체의 실제적인 거동을 다양한 상황에서 정성적으로 기술할 것이다. 40장보다는 내용이 다소 복잡하겠지만, 모든 것을 속속들이 알고 있을 필요는 없다. 사실, 이 장은 자연의 실제 거동과 관련하여 약간의 아이디어를 제공하는 '교양 강의'에 가깝다. 잠시 뒤에 나오는 '점성(viscosity)의 정의'만 잘 기억해 둔다면, 그것으로 충분하다. 나머지 강의는 그저 즐기는 마음으로 들어 주기 바란다.

우리는 40장에서 유체의 운동 법칙을 다음의 방정식으로 기술하였다.

$$\frac{\partial \boldsymbol{v}}{\partial t}+(\boldsymbol{v}\cdot\nabla)\,\boldsymbol{v}=-\frac{\nabla p}{\rho}-\nabla\phi+\frac{\boldsymbol{f}_{\text{visc}}}{\rho} \tag{41.1}$$

'마른 물' 근사에서는 점성 효과를 무시했으므로 마지막 항이 0이었다. 또한 유체가 압축 불가능하다는 가정을 도입하면 다음 방정식이 추가된다.

$$\nabla\cdot\boldsymbol{v}=0$$

위의 근사식은 대부분 잘 들어맞는다. 특히 유체의 속도가 음속보다 훨씬 느린 경우에는 거의 정확한 결과를 얻을 수 있다. 그러나 실제의 유체는 예외 없이 점성 마찰을 갖고 있다. 유체의 가장 흥미로운 특성은 바로 이 점성에서 비롯된다. 예를 들어, 40장에서 논했던 '마른 물'의 경우에는 순환 흐름이 절대로 변하지 않는다. 처음에 순환 흐름이 없었다면 그 후로 아무리 많은 시간이 흘러도 순환 흐름은 발생할 수 없다. 그러나 유체의 순환 흐름은 흔히 발생하는 현상이므로, 마른 물 이론은 수정되어야 한다.

한 가지 중요한 실험적 사실로부터 이야기를 풀어나가 보자. 40장에서 원통을 지나거나 혹은 그 주위를 순환하는 마른 물의 흐름[이른바 "퍼텐셜 흐름(potential flow)"]을 다룰 때, 원통 표면에 접하는 방향의 속도 성분을 0으로 놓아야 할 이유가 전혀 없었다. 그래서 우리는 속도의 수직 성분만을 0으로 놓고 문제를 풀었다. 다시 말해서, 액체와 고체의 경계에서 작용할 수도 있는 층밀림 힘(shear force)을 전혀 고려하지 않았던 것이다. 그러나 지금까지 실험을 통해

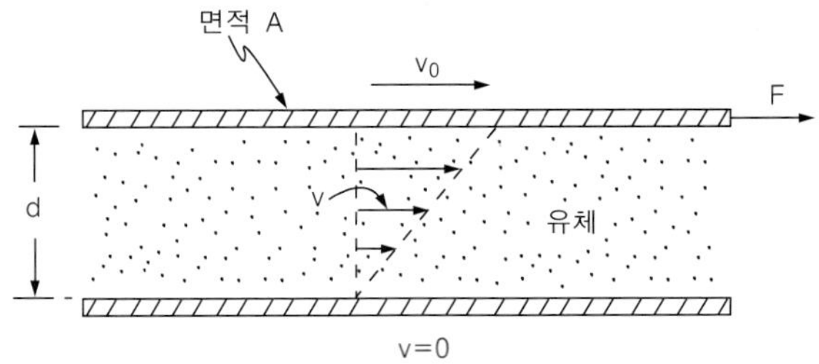

그림 41-1 평행한 두 판 사이의 점성 항력

확인된 바에 의하면, (그 이유는 분명치 않지만) 고체 표면에서 유체의 속도는 정확하게 0이다. 여러분은 선풍기 날개에 얇은 먼지 층이 쌓여 있는 것을 본 적이 있을 것이다. 날개를 공기 중에서 회전시킨 후에도 먼지 층은 그대로 남아 있다. 심지어는 풍동(wind tunnel)의 거대한 송풍기 날개에도 먼지가 쌓여 있다. 먼지 층은 왜 바람에 의해 날아가지 않는 것일까? 송풍기의 날개가 공기 중에서 빠른 속도로 회전했음에도 불구하고, 날개에 대한 공기의 상대 속도는 날개의 표면에서 0이다. 그래서 미세한 먼지 입자들은 날개의 영향을 받지 않는 것이다.*[1] 따라서 우리는 고체의 표면에서 유체 입자의 속도(표면에 대한 상대 속도)가 0이라는 실험적 사실에 부합되도록 이론을 수정해야 한다.*[2]

우리는 액체의 특성을 다음과 같이 정의하였다—"액체는 아무리 약한 층밀림 응력도 견디지 못한다." 간단히 말해서, 액체는 무조건 흐른다는 것이다. 정지해 있는 액체 안에는 층밀림 응력이 전혀 작용하지 않는다. 그러나 평형 상태에 도달하기 전에는(즉, 응력이 가해지는 동안에는) 층밀림 힘이 존재할 수 있다. 움직이는 유체에 작용하는 층밀림 힘을 설명하려면, '점성(viscosity)'을 반드시 고려해야 한다. 층밀림 힘의 척도를 결정하기 위해, 다음과 같은 실험을 생각해 보자. 그림 41-1과 같이 딱딱하고 평평한 두 개의 판 사이에 물이 채워져 있다. 아래쪽 판은 정지해 있고, 위쪽 판은 수평 방향을 따라 v_0의 속도로 움직이고 있다. 위쪽 판을 움직이는 데 필요한 힘을 측정해 보면, 판의 면적과 v_0/d에 비례한다는 것을 알 수 있다. 여기서 d는 판 사이의 거리이다. 따라서 층밀림 응력 F/A는 v_0/d에 비례한다.

$$\frac{F}{A} = \eta \frac{v_0}{d}$$

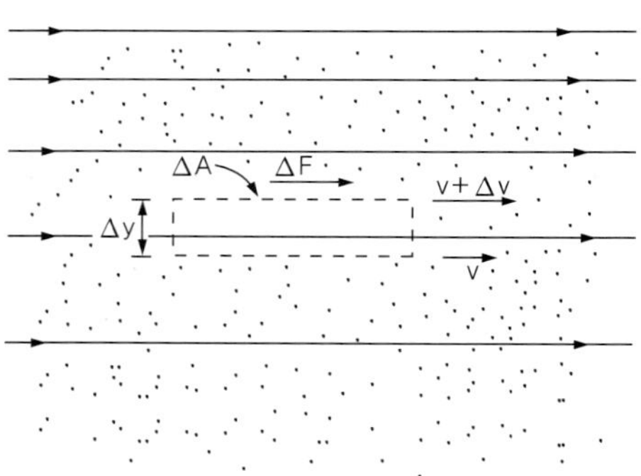

그림 41-2 점성 유체 내의 층밀림 응력

여기서 비례 상수 η를 '점성 계수(coefficient of viscosity)'라고 한다.

복잡한 상황에서는 그림 41-2와 같이 유체의 흐름과 나란한 방향으로 작고 납작한 직사각형 영역을 잡으면 된다. 이 영역을 가로지르는 층밀림 힘은 다음과 같이 주어진다.

$$\frac{\Delta F}{\Delta A} = \eta \frac{\Delta v_x}{\Delta y} = \eta \frac{\partial v_x}{\partial y} \tag{41.2}$$

*[1] 책상 위에 쌓인 굵은 먼지는 입으로 불면 날아가지만, 미세한 먼지는 아무리 세게 불어도 날아가지 않는다.

*[2] 반드시 그런 것은 아니다. 유리는 이론적으로 '액체'이지만, 강철 표면을 타고 흘러내릴 수 있다. 따라서 이 주장은 어느 시점에서 또다시 수정되어야 한다.

그런데 $\partial v_x/\partial y$는 39장에서 정의한 층밀림 변형(shear strain)의 '변화율'이므로, 액체의 층밀림 응력은 층밀림 변형의 '변화율'에 비례한다.

일반적으로, 층밀림 응력은 다음과 같이 대칭적인 두 항의 합으로 쓸 수 있다.

$$S_{xy} = \eta\left(\frac{\partial v_y}{\partial x} + \frac{\partial v_x}{\partial y}\right) \tag{41.3}$$

유체가 등속으로 회전하는 경우에는 $\partial v_x/\partial y = -\partial v_y/\partial x$가 되어 $S_{xy}=0$이다. 등속으로 회전하는 유체에는 응력이 작용하지 않기 때문에 이것은 당연한 결과이다(39장에서 e_{xy}를 정의할 때도 이와 비슷한 과정을 밟았다). 물론, S_{yz}와 S_{zx}도 이와 비슷한 방식으로 쓸 수 있다.

간단한 예로, 그림 41-3과 같이 두 개의 동축 원통 사이에 갇혀 있는 유체를 생각해 보자. 안쪽 원통의 반경은 a이고 테두리의 회전 속도는 v_a이며, 바깥쪽 원통의 반경은 b이고 테두리의 속도는 v_b이다. 이러한 상황에서 원통 사이에 있는 유체의 속도 분포는 어떻게 될 것인가? 이 질문에 답하려면, 우선 축으로부터 r만큼 떨어진 지점의 유체에 발생한 점성 층밀림부터 구해야 한다. 문제의 대칭성으로부터, 유체의 흐름은 항상 접선 방향이고 크기는 r에만 의존하므로 $v = v(r)$로 쓸 수 있다. 중심에서 r만큼 떨어져 있는 물 속의 한 지점은 시간의 함수로서 다음의 좌표로 표현된다.

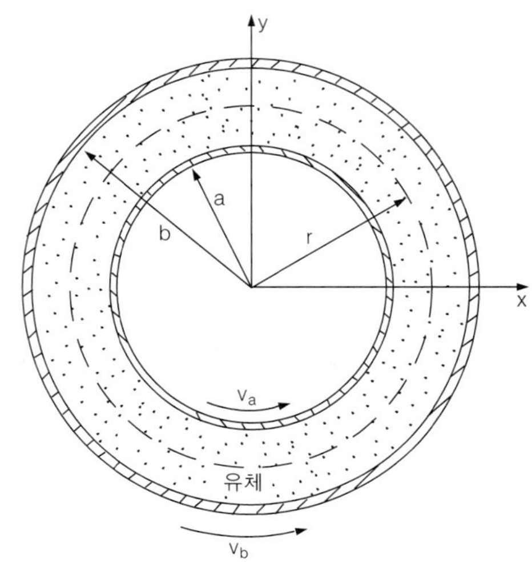

그림 41-3 서로 다른 각속도로 회전하는 두 개의 동심 원통 사이의 유체의 흐름

$$x = r\cos\omega t, \qquad y = r\sin\omega t$$

여기서 $\omega = v/r$이다. 따라서 속도의 x성분과 y성분은 다음과 같다.

$$v_x = -r\omega\sin\omega t = -\omega y, \qquad v_y = r\omega\cos\omega t = \omega x \tag{41.4}$$

이것을 식 (41.3)에 대입하면

$$S_{xy} = \eta\left[\frac{\partial}{\partial x}(x\omega) - \frac{\partial}{\partial y}(y\omega)\right] = \eta\left[x\frac{\partial\omega}{\partial x} - y\frac{\partial\omega}{\partial y}\right] \tag{41.5}$$

가 된다. $y=0$인 지점에서는 $y\,\partial\omega/\partial y=0$이고, $x\,\partial\omega/\partial x$는 $r\,d\omega/dr$과 같다. 그러므로 그 지점에서 층밀림 응력은 다음과 같다.

$$(S_{xy})_{y=0} = \eta r\frac{d\omega}{dr} \tag{41.6}$$

(S가 $\partial\omega/\partial r$에 비례하는 것은 타당한 결과이다. ω가 r에 따라 변하지 않을 때는 액체가 등속 회전 운동을 하는 경우이므로 응력은 당연히 존재하지 않는다.)

방금 위에서 계산한 응력은 원통 둘레의 모든 지점에서 동일한 크기를 갖는 '접선 방향의 층밀림'이다. 반경 r에 위치한 '원통면 전체'에 작용하는 토크는 층밀림 응력에 모멘트 팔 r과 면적 $2\pi rl$을 곱하여 구할 수 있다(여기서 l은 원통의 길이다).

$$\tau = 2\pi r^2 l(S_{xy})_{y=0} = 2\pi\eta l r^3\frac{d\omega}{dr} \tag{41.7}$$

지금 우리가 가정한 상황에서는 물의 흐름에 변함이 없으므로(각가속도가

0이므로) r과 $r+dr$ 사이에 있는 파이프 형태의 물에 작용하는 알짜 토크는 0이 되어야 한다. 즉, r에 작용하는 토크는 $r+dr$에 반대 방향으로 작용하는 토크와 정확하게 상쇄되어야 하는데, 이것이 구현되려면 τ는 r과 무관해야 한다. 다시 말해서, $r^3\,d\omega/dr$이 일정한 상수가 되어야 한다는 뜻이다. 그 상수를 A라고 하면 다음과 같이 쓸 수 있다.

$$\frac{d\omega}{dr}=\frac{A}{r^3} \tag{41.8}$$

양변을 적분하면 ω가 r에 따라 다음과 같이 변한다는 것을 알 수 있다.

$$\omega=-\frac{A}{2r^2}+B \tag{41.9}$$

여기서 상수 A와 B는 $r=a$에서 $\omega=\omega_a$이고, $r=b$에서 $\omega=\omega_b$라는 조건에 맞도록 결정하면 된다($\omega_a=v_a/a$, $\omega_b=v_b/b$). 그 결과는 다음과 같다.

$$\begin{aligned} A&=\frac{2a^2b^2}{b^2-a^2}(\omega_b-\omega_a)\\ B&=\frac{b^2\omega_b-a^2\omega_a}{b^2-a^2} \end{aligned} \tag{41.10}$$

이렇게 r의 함수로 표현된 ω를 $v=\omega r$에 대입하면 속도 분포를 구할 수 있다.

식 (41.7)과 (41.8)로부터 계산된 토크는 다음과 같다.

$$\tau=2\pi\eta lA$$

또는

$$\tau=\frac{4\pi\eta la^2b^2}{b^2-a^2}(\omega_b-\omega_a) \tag{41.11}$$

보다시피, 토크는 두 원통의 상대적인 각속도($\omega_b-\omega_a$)에 비례한다. 점성 계수를 측정하는 표준 장비는 다음과 같은 방식으로 제작된다. 두 개의 원통 중 하나(예를 들어, 바깥쪽 원통)는 토크를 측정하는 용수철 저울로 고정시키고, 안쪽 원통은 일정한 각속도로 회전하도록 만드는 것이다. 그러면 식 (41.11)을 이용하여 점성 계수를 결정할 수 있다.

η의 단위는 정의에 의해 뉴턴 · 초/m^2이다. 20°C의 물에서는

$$\eta=10^{-3}\text{뉴턴}\cdot\text{초}/\text{m}^2$$

이다. 일반적으로는 η를 밀도 ρ로 나눈 '비점도(比粘度, specific viscosity)'를 사용하는 것이 편리하다. 물과 공기의 비점도는 다음과 같다.

$$\begin{aligned} &\text{20°C의 물,} && \eta/\rho=10^{-6}\text{m}^2/\text{sec}\\ &\text{20°C의 공기,} && \eta/\rho=15\times10^{-6}\text{m}^2/\text{sec} \end{aligned} \tag{41.12}$$

일반적으로 점성은 온도에 따라 크게 달라진다. 예를 들어, 빙점보다 약간 높은 온도의 물은 20°C의 물보다 비점도가 1.8배나 크다.

41-2 점성 흐름

지금부터는 점성 흐름을 설명하는 일반적인 이론을 살펴보기로 하자. 앞에서 나는 층밀림 응력의 각 성분들이 $\partial v_x/\partial y$나 $\partial v_y/\partial x$와 같은 속도 성분의 공간 도함수에 비례한다고 말했었다. 그러나 일반적으로 '압축 가능한' 유체의 경우에는 다른 항이 추가되어야 한다. 가장 일반적인 표현식은 다음과 같다.

$$S_{ij} = \eta\left(\frac{\partial v_i}{\partial x_j} + \frac{\partial v_j}{\partial x_i}\right) + \eta'\delta_{ij}(\boldsymbol{\nabla}\cdot\boldsymbol{v}) \tag{41.13}$$

여기서 x_i는 직교 좌표 x, y, z 중 하나이고, v_i는 속도 성분들 중 하나를 나타낸다[δ_{ij}는 $i=j$일 때 1이고 $i\neq j$일 때 0을 의미하는 크로네커 델타(Kronecker delta)이다]. 우변의 끝 부분에 추가된 항으로 인해, 응력 텐서의 모든 대각 성분 S_{ii}에는 $\eta'\boldsymbol{\nabla}\cdot\boldsymbol{v}$가 더해진다. 그러나 비압축성 유체의 경우에는 $\boldsymbol{\nabla}\cdot\boldsymbol{v}=0$이기 때문에 추가된 항이 나타나지 않는다. 즉, $\eta'\boldsymbol{\nabla}\cdot\boldsymbol{v}$는 압축되는 동안 발생하는 내력(internal forces)과 관련되어 있다. 그러므로 균일한 탄성체를 기술할 때 두 개의 상수가 필요했던 것처럼, 액체를 기술할 때에도 두 개의 상수가 필요하다. 계수 η는 우리가 이미 알고 있는 '보통의' 점성 계수로서 '1차 점성 계수' 또는 '층밀림 점성 계수'라고 하며, 새로운 계수 η'은 '2차 점성 계수'라고 한다.

이번에는 단위 부피당 점성력 $\boldsymbol{f}_{\text{visc}}$를 계산해 보자. 여기서 얻은 결과를 식 (41.1)에 대입하면 실제 유체의 운동을 서술하는 방정식의 구체적인 형태를 알 수 있다. 작은 정육면체 모양의 유체에 작용하는 총 힘은 여섯 개의 면에 가해지는 힘들을 모두 더한 것과 같다. 서로 마주 보는 한 쌍의 면에 작용하는 힘을 더해 보면, 응력의 도함수에 비례하는(즉, 속도의 2계 도함수에 비례하는) 차이가 얻어지는데, 이것은 벡터 방정식으로 표현될 수 있으므로 바람직한 결과라고 할 수 있다. 단위 부피당 점성력의 x_i방향 성분은 다음과 같다.

$$\begin{aligned}(f_{\text{visc}})_i &= \sum_{j=1}^{3}\frac{\partial S_{ij}}{\partial x_j}\\ &= \eta\sum_{j=1}^{3}\frac{\partial}{\partial x_j}\left\{\eta\left(\frac{\partial v_i}{\partial x_j} + \frac{\partial v_j}{\partial x_i}\right)\right\} + \frac{\partial}{\partial x_i}(\eta'\boldsymbol{\nabla}\cdot\boldsymbol{v})\end{aligned} \tag{41.14}$$

대개의 경우, 위치에 따른 점성 계수의 변화는 그다지 중요하지 않으므로 무시해도 상관없다. 따라서 단위 부피당 점성력은 속도의 2계 도함수만을 포함하게 된다. 39장에서 확인한 바와 같이, 벡터 방정식에 들어갈 수 있는 2계 도함수의 가장 일반적인 형태는 라플라시안($\boldsymbol{\nabla}\cdot\boldsymbol{\nabla}\boldsymbol{v}=\nabla^2\boldsymbol{v}$)과 다이버전스의 그래디언트 [$\boldsymbol{\nabla}(\boldsymbol{\nabla}\cdot\boldsymbol{v})$]이다. 그런데 식 (41.14)는 바로 이러한 항에 계수 η와 $(\eta+\eta')$이 곱해진 형태이다.

$$\boldsymbol{f}_{\text{visc}} = \eta\nabla^2\boldsymbol{v} + (\eta+\eta')\boldsymbol{\nabla}(\boldsymbol{\nabla}\cdot\boldsymbol{v}) \tag{41.15}$$

비압축성 유체에서서는 $\boldsymbol{\nabla}\cdot\boldsymbol{v}=0$이므로 단위 부피당 점성력은 $\eta\nabla^2\boldsymbol{v}$이다. 대부분의 경우에는 이것만으로 충분하다. 그러나 유체에 흡수되는 소리의 양을 계산하고자 한다면 두 번째 항을 반드시 포함시켜야 한다.

이제 우리는 실제 유체에 대한 일반적인 운동 방정식을 완성할 수 있게 되었다. 식 (41.15)를 식 (41.1)에 대입하면

$$\rho\left\{\frac{\partial \boldsymbol{v}}{\partial t}+(\boldsymbol{v}\cdot\boldsymbol{\nabla})\,\boldsymbol{v}\right\}=-\boldsymbol{\nabla}p-\rho\boldsymbol{\nabla}\phi+\eta\nabla^2\boldsymbol{v}+(\eta+\eta')\boldsymbol{\nabla}(\boldsymbol{\nabla}\cdot\boldsymbol{v})$$

가 되는데, 보다시피 꽤나 복잡한 방정식이다. 그러나 어쩌겠는가? 마음에 들지 않는다고 해서 자연의 법칙을 바꿀 수는 없지 않겠는가?

위의 방정식은 소용돌이도(vorticity) $\boldsymbol{\Omega}=\boldsymbol{\nabla}\times\boldsymbol{v}$를 도입하여 다음과 같이 쓸 수 있다.

$$\rho\left\{\frac{\partial \boldsymbol{v}}{\partial t}+\boldsymbol{\Omega}\times\boldsymbol{v}+\frac{1}{2}\boldsymbol{\nabla}v^2\right\}=-\boldsymbol{\nabla}p-\rho\boldsymbol{\nabla}\phi+\eta\nabla^2\boldsymbol{v}+(\eta+\eta')\boldsymbol{\nabla}(\boldsymbol{\nabla}\cdot\boldsymbol{v}) \tag{41.16}$$

이번에도 유체에 작용하는 유일한 체적력은 중력과 같은 보존력이라고 가정한다. 새로운 항의 물리적 의미를 이해하기 위해, 비압축성 유체를 예로 들어 보자. 식 (41.16)의 양변에 컬을 취한 결과는 다음과 같다.

$$\frac{\partial \boldsymbol{\Omega}}{\partial t}+\boldsymbol{\nabla}\times(\boldsymbol{\Omega}\times\boldsymbol{v})=\frac{\eta}{\rho}\nabla^2\boldsymbol{\Omega} \tag{41.17}$$

여기에서 우변의 새로운 항을 0으로 놓으면 식 (40.9)와 완전히 같아진다. 우변이 0일 때에는 유체에서 소용돌이도가 그대로 지속된다는 헬름홀츠의 정리(Helmholtz theorem)가 성립했었다. 지금은 우변에 다소 복잡한 항이 추가되어 문제가 좀 더 난해해진 것 같지만, 물리적 의미는 어렵지 않게 해석할 수 있다. 방정식 (41.17)에서 $\boldsymbol{\nabla}\times(\boldsymbol{\Omega}\times\boldsymbol{v})$항을 무시하면 곧바로 '확산 방정식(diffusion equation)'이 된다. 즉, 우변의 새로운 항은 소용돌이도 $\boldsymbol{\Omega}$가 유체 속으로 확산된다는 것을 의미한다. 소용돌이도의 그래디언트 값이 큰 곳에서는 소용돌이도가 주위의 유체로 퍼져 나간다.

연기 고리가 앞으로 진행하는 동안 점점 두꺼워지는 것은 우변의 $\eta\nabla^2\boldsymbol{\Omega}/\rho$ 때문이다. 또한 투명한 소용돌이 고리(40장에서 드럼을 두드려 생성시킨 '연기 없는' 고리)를 연기구름 속으로 들여보내면 이 현상을 쉽게 관측할 수 있다. 소용돌이 고리가 연기구름을 빠져나올 때 약간의 연기를 묻힌 채 나오기 때문에 속이 빈 연기 고리의 껍질을 볼 수 있다. $\boldsymbol{\Omega}$의 일부는 외각의 연기 속으로 확산되며, 소용돌이와 함께 앞으로 진행하는 움직임은 그대로 유지된다.

41-3 레이놀즈수

이제 점성 항 때문에 나타나는 새로운 결과들에 대해 알아보기로 하자. 여기서는 두 가지 문제를 집중적으로 다룰 것이다. 첫 번째는 비점성 유체 이론에 입각하여 40장에서 계산을 시도했던 '원통을 지나가는 유체'와 관련된 문제이다. 지금까지 밝혀진 바에 의하면, 점성 방정식(viscous equation)은 몇 가지 특수

한 경우에 한하여 해를 구할 수 있다. 앞으로 이야기할 내용 중 일부는 "실험적인 모델이 식 (41.17)을 만족한다"는 가정하에 얻은 측정값에 근거를 두고 있다.

우리의 과제는 직경이 D인 긴 원통을 지나는 비압축성 점성 유체의 흐름을 나타내는 해를 구하는 것이다. 흐름은 식 (41.17)과

$$\Omega = \nabla \times \boldsymbol{v} \tag{41.18}$$

를 만족해야 한다. 그리고 원통으로부터 멀리 떨어진 곳의 유체는 일정한 속도로 흐르는데, 그 속도를 V라 하자(x축에 평행하다고 가정한다). 또한 원통의 표면에서는 유체의 속도가 0이라는 조건도 만족해야 한다. 즉,

$$x^2 + y^2 = \frac{D^2}{4}$$

인 곳에서는

$$v_x = v_y = v_z = 0 \tag{41.19}$$

이다. 이로써 수학적인 부분은 완벽하게 정의되었다.

방정식을 보면 알 수 있듯이, 이 문제에는 네 개의 매개 변수 η, ρ, D, V가 개입되어 있다. 여러분은 다양한 변수 값에 대한 해들을 몽땅 구해야 한다고 생각할지도 모른다. 그러나 다행히도 그럴 필요는 없다. 서로 다른 해들은 '하나의 매개 변수'를 통해 연결되기 때문이다. 이것은 점성 흐름과 관련하여 우리가 말할 수 있는 가장 중요한 사실이다. 그 이유를 이해하려면, 먼저 점성과 밀도가 둘 사이의 비인 η/ρ, 즉 '비점도(specific viscosity)'의 형태로만 등장한다는 사실에 주목할 필요가 있다. 이런 이유 때문에 독립 매개 변수는 네 개에서 세 개로 줄어든다. 이제 새로운 변수 x', y', z'을 도입하여 문제에 등장하는 모든 거리를 원통의 직경 D의 단위로 표현해 보자.

$$x = x'D, \qquad y = y'D, \qquad z = z'D$$

이렇게 하면 식 (41.19)에서 D가 소거된다. 비슷한 방법으로, 모든 속도를 V의 단위로 환산하면(즉, $v = v'V$로 놓으면) V가 소거되며, 원통에서 멀리 떨어진 곳에서 v'은 1이다. 길이와 속도의 단위를 고정시켰기 때문에 시간의 단위는 D/V가 된다.

$$t = t' \frac{D}{V} \tag{41.20}$$

변수를 새로 바꿨으므로, 식 (41.18)의 미분은 $\partial/\partial x$에서 $(1/D)\partial/\partial x'$ 등으로 대체된다. 따라서 식 (41.18)은 다음과 같이 쓸 수 있다.

$$\Omega = \nabla \times \boldsymbol{v} = \frac{V}{D} \nabla' \times \boldsymbol{v}' = \frac{V}{D} \Omega' \tag{41.21}$$

그리고 우리의 주된 방정식 (41.17)은 다음과 같이 변환된다.

$$\frac{\partial \Omega'}{\partial t'} + \nabla' \times (\Omega' \times \boldsymbol{v}') = \frac{\eta}{\rho V D} \nabla^2 \Omega'$$

여기 등장하는 모든 상수들은 $1/\mathcal{R}$이라는 하나의 상수로 통합되는데, 여기서 $\mathcal{R}$을 '레이놀즈수(Reynolds number)'라고 한다.

$$\mathcal{R} = \frac{\rho}{\eta} VD \tag{41.22}$$

방정식의 모든 양들을 새로운 단위의 변수들로 바꿔 썼다는 사실만 잘 기억한다면, 프라임(′)을 떼 내도 무방할 것이다. 결국, '젖은 물'의 흐름에 관한 방정식은 다음과 같이 쓸 수 있다.

$$\frac{\partial \Omega}{\partial t} + \nabla \times (\Omega \times \boldsymbol{v}) = \frac{1}{\mathcal{R}} \nabla^2 \Omega \tag{41.23}$$

$$\Omega = \nabla \times \boldsymbol{v}$$

이와 더불어 다음의 조건을 만족해야 한다.

$$x^2 + y^2 = 1/4$$

에서는

$$\boldsymbol{v} = 0$$

이고

$$x^2 + y^2 + z^2 \gg 1$$

인 곳에서는

$$v_x = 1, \qquad v_y = v_z = 0 \tag{41.24}$$

이다.

위의 방정식들은 물리적으로 매우 재미있는 의미를 담고 있다. 예를 들어, 임의의 V_1과 D_1에 대하여 방정식을 푼 다음, "직경이 D_2인 원통을 지나는 다른 유체의 흐름은 어떻게 되는가?"라고 묻는다면, 그 답은 다음과 같다. "만일 그 유체가 이전과 동일한 레이놀즈수를 주는 속도 V_2로 흐른다면 해는 이전과 동일하다." 다시 말해서

$$\mathcal{R}_1 = \frac{\rho_1}{\eta_1} V_1 D_1 = \mathcal{R}_2 = \frac{\rho_2}{\eta_2} V_2 D_2 \tag{41.25}$$

이면, 두 흐름은 동일하다는 것이다. 어떤 두 상황에서 레이놀즈수가 동일하다면, 두 흐름은 (x', y', z'과 t'의 스케일을 적절히 조절하면) 완전히 동일하게 보인다. 이것은 매우 중요한 정리이다. 이 사실을 이용하면 값비싼 비행기를 제작하지 않고서도 비행기의 날개를 지나는 공기의 흐름을 파악할 수 있다. 작은 모형을 제작한 후 동일한 레이놀즈수를 주는 조건하에서 실험을 수행하면 된다. 소위 말하는 풍동(wind tunnel) 실험은 바로 이 원리를 이용한 것이다. 비행기나 배를 실제로 제작하지 않고 작은 모형을 적절한 환경에 놓아 두면 실제와 동일한 효과를 관측할 수 있다. 그러나 이것은 유체의 압축률을 무시하여 얻은 결과임을 명심하기 바란다. 압축률까지 고려하면 새로운 물리량이 개입되는데, 그것은 다름 아닌 음속(sound speed)이다. 이런 서로 다른 두 상황이 동일한 효과를 내려면 레이놀즈수뿐만 아니라 음속에 대한 V의 비율도 서로 같아야 한다. 이

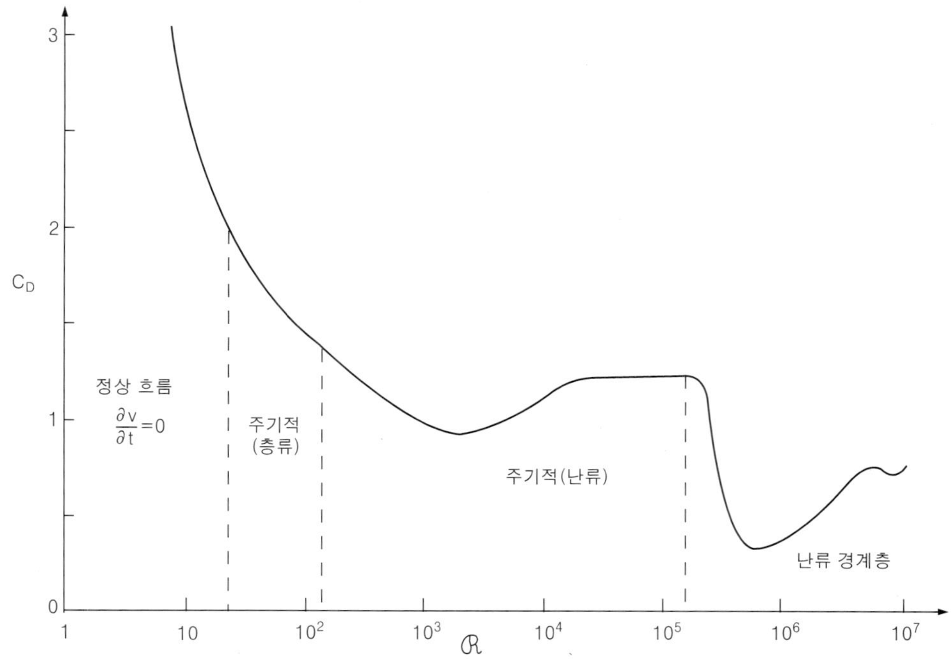

그림 41-4 레이놀즈수의 함수로 나타낸 원통의 항력 계수 C_D

비율을 '마하수(Mach number)'라고 한다. 유속이 음속에 가깝거나 또는 음속을 상회하는 경우에, 서로 다른 두 환경에서 유체의 흐름이 동일해지려면 '레이놀즈수'와 '마하수'가 모두 같아야 한다.

41-4 원통을 지나는 흐름

저속으로 원통을 지나는 (거의 압축 불가능한) 흐름으로 다시 돌아가서, 실제 유체의 흐름을 정성적으로 기술해 보자. 여기에는 궁금한 점이 사방에 널려 있다. 예를 들어, 원통에 작용하는 항력(抗力, drag force)은 얼마인가? 그림 41-4에는 원통에 작용하는 항력이 $\mathcal{R}$의 함수로 그려져 있다. 다른 값들이 변하지 않는다면, $\mathcal{R}$은 공기의 속도 V에 비례한다. 그래프의 세로축은 항력이 아니라 '항력 계수(drag coefficient)' C_D인데, 이것은 항력을 $\frac{1}{2}\rho V^2 Dl$로 나눈 값으로서 차원이 없는 상수이다(D는 원통의 직경, l은 원통의 길이, ρ는 액체의 밀도이다).

$$C_D = \frac{F}{\frac{1}{2}\rho V^2 Dl}$$

항력 계수가 매우 복잡한 방식으로 변하는 것은, 유체가 흐르는 와중에 무언가 흥미롭고 복잡한 사건이 연속적으로 일어난다는 뜻이다. 지금부터 레이놀즈수를 구간별로 나눠서 흐름의 특성을 기술해 보기로 한다. 첫째로, 레이놀즈수가 아주 작으면 흐름은 거의 변하지 않는다. 즉, 유체는 모든 곳에서 일정한 속도로 흐르며, 원통과 마주쳤을 때는 부드럽게 우회한다. 그러나 흐름선(flow line)의 실제 분포는 퍼텐셜의 흐름선과 조금 다르게 나타난다. 이들이 만족하는 방정식의 형태가 조금 다르기 때문이다. 속도가 아주 느린 경우(예를 들어, 꿀과 같이 점성이 매우 큰 경우)에는 관성 항을 무시할 수 있으므로 유체의 흐름은 다음 방정식으로 기술된다.

$$\nabla^2 \Omega = 0$$

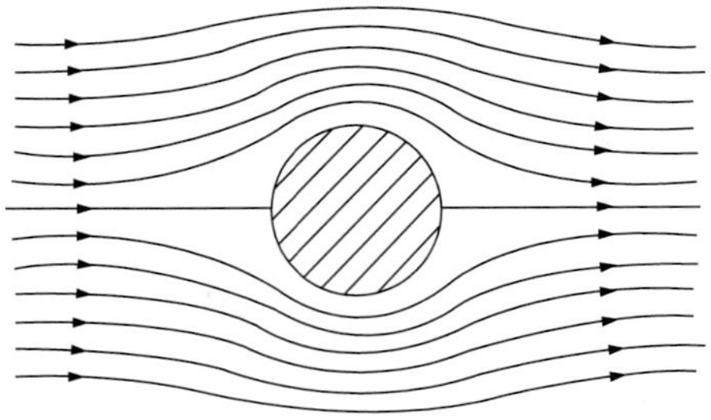

그림 41-5 원통 주위의 점성 흐름(유속은 느림)

이 방정식을 처음으로 푼 사람은 스톡스 경(Stokes, Sir George Gabriel)이었다. 그는 동일한 문제를 구(sphere)에 대해서도 풀었는데, 레이놀즈수가 작을 때 유체 속의 작은 구를 끄는(drag) 데 필요한 힘은 $6\pi\eta a V$이다(a는 구의 반경이고 V는 구의 속도이다). 이 사실을 알고 있으면 침전이나 확산 과정 또는 원심분리기 속에서 유체 속을 이동하는 작은 먼지 알갱이(또는 구형으로 근사할 수 있는 입자)의 속도를 알아낼 수 있다. 레이놀즈수가 작은 영역($\mathcal{R}$이 1보다 작은 경우)에서 원통 주변의 $\boldsymbol{v}$는 그림 41-5와 같다.

레이놀즈수가 1보다 조금 커지도록 유속을 증가시키면 흐름의 양상이 크게 달라진다. 가장 눈에 띄는 것은 그림 41-6(b)와 같이 원통 뒤에 생성되는 순환 흐름인데, 레이놀즈수가 작을 때도 순환 흐름이 존재하는지, 아니면 특정한 레이놀즈수에서 갑자기 상황이 변하는지는 아직 분명치 않다. 종전에는 $\mathcal{R}$값이 증가함에 따라 순환 흐름이 연속적으로 커진다고 생각했지만, 요즘에는 갑자기 생기는 것으로 추정되고 있다. 어쨌거나, 순환 흐름의 크기가 $\mathcal{R}$값에 따라 점점 커진다는 것은 분명한 사실이다. $\mathcal{R}$이 대략 10～30인 구간에서 나타나는 흐름은 그 전과 확연하게 다르다. 보다시피 원통의 뒤에 한 쌍의 소용돌이가 형성되어 있다.

$\mathcal{R}$값이 40정도에 이르면 흐름의 특성이 완전히 변한다. 원통 뒤의 소용돌이 중 하나가 길어지다가 떨어져 나가면서 유체와 함께 흘러내려 가고, 또다시 원통 뒤에서 맴도는 흐름이 발생하여 새로운 소용돌이가 만들어진다. 양쪽에 생긴 소용돌이는 번갈아 가며 떨어져 나간다. 임의의 한 순간에 이 상황을 묘사하면 대충 그림 41-6(c)와 같다. 그림에 나타난 소용돌이의 연이은 흐름을 '카르만 소용돌이 길(Kármán vortex street, 또는 카르만 와열)'이라고 하는데, 이것은 $\mathcal{R} > 40$이면 항상 나타나는 현상이다. 그림 41-7은 이러한 흐름을 사진으로 촬영한 것이다(원통의 뒤편에서 발생한 한 쌍의 소용돌이가 원통으로부터 번갈아 떨어져 나가면서 원통에는 주기적인 진동이 발생하는데, 이 진동수와 원통의 고유 진동수가 일치하면 공명 현상이 발생하여 원통에 심각한 손상을 줄 수 있다. 바람이 심하게 부는 날 전신주에 귀를 대고 있으면 '우웅～' 하고 떨리는 소리가 들리는 것도 이러한 진동 때문에 나타나는 현상이다. 미국 워싱턴주의 타코마 해협에 건설된 다리가 개통된 지 얼마 안 되어 1940년에 강풍에 붕괴된 것도 바로 이런 식의 진동 때문이었다. 그 사건 이후로 흐름에 노출되는 구조물을 건설할 때는 카르만 소용돌이에 의한 진동수와 물체의 고유 진동수가 겹치지 않도록 각별한 주의를 기울이고 있다 : 옮긴이).

그림 41-6의 (a), (b)는 (c)와 완전히 다른 흐름이다. (a)나 (b)에서는 속도가 일정한 반면, (c)에서는 모든 지점에서 속도가 시간에 따라 변한다. 그림 41-4에서 점선으로 표시된 $\mathcal{R} = 40$을 넘어서면 더 이상 정상해(steady solution)가 존재하지 않는다. 이 영역에서는 흐름의 양상이 '규칙적이고 주기적인' 방식으로 변한다.

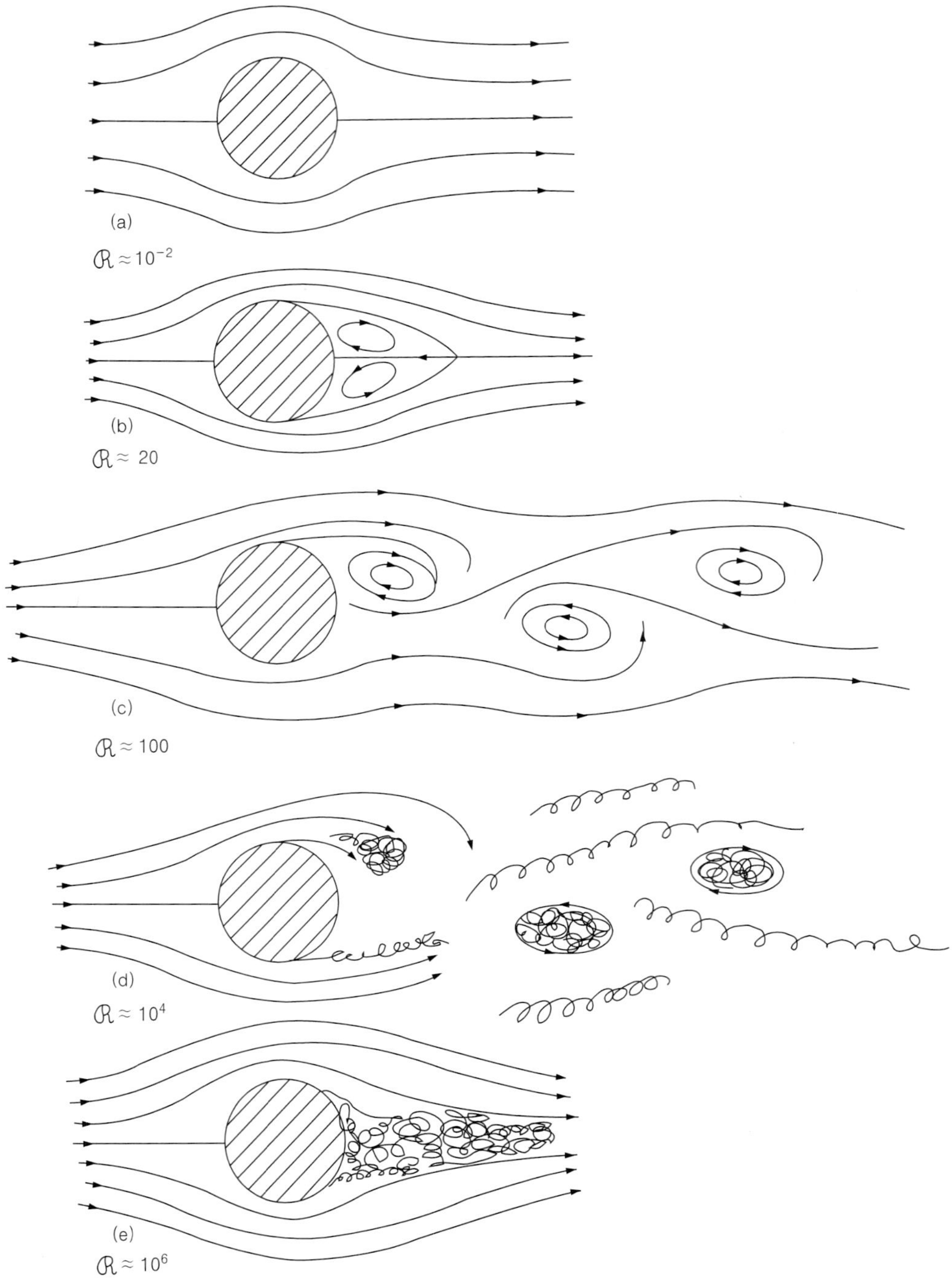

그림 41-6 여러 가지 레이놀즈수에 대한 원통 주변의 흐름

소용돌이가 발생하는 이유는 다음과 같다. 앞서 지적한 대로 원통의 표면에서 유체의 속도는 0이 되어야 하고, 따라서 표면으로부터 조금만 떨어져도 속도가 급격하게 증가한다. 이와 같이 유체의 속도가 국소적으로 빠르게 변하면서 소용돌이가 생성되는 것이다. 그런데 주 흐름(main stream)의 속도가 충분히 느린 경우에는 소용돌이가 고체 표면 부근의 얇은 영역에서 생성된 후 넓은 영역으로 확산되어 나올 만큼 충분한 시간적 여유가 있다. 이 사실을 염두에 두면 주 흐름의 속도($\mathcal{R}$)가 한 단계 올라갈 때마다 나타나는 변화를 추정할 수 있다.

흐름의 속도가 더욱 빨라지면 소용돌이가 넓은 영역으로 확산되어 나올 수

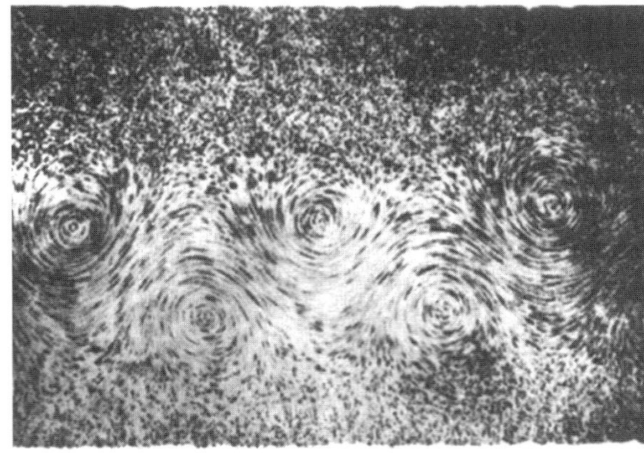

그림 41-7 원통 뒤의 흐름에 나타나는 '소용돌이 길'을 찍은 사진(촬영자 : Ludwig Prandtl)

있는 시간이 점점 줄어든다. 레이놀즈수가 수백에 이르면, 그림 41-6(d)처럼 소용돌이가 얇은 띠를 채우기 시작한다. 이 영역을 '경계층(boundary layer)'이라고 하는데, $\mathcal{R}$ 값이 증가할수록 경계층의 위치는 점점 더 상류 쪽으로 거슬러 올라가는 경향이 있다. 난류가 일어나는 영역에서는 속도가 매우 불규칙하고 시끄러운 소리가 나며, 흐름은 2차원을 벗어나 3차원적으로 휘감겨 돌아간다. 그래도 아직은 규칙적이고 주기적인 흐름이 난류와 더불어 공존하고 있는 상태이다.

여기서 레이놀즈수가 더 커지면 난류 영역이 더욱 앞으로 전진하여 흐름선이 원통을 떠나는 지점까지 이르게 된다. 이런 흐름은 대략 $\mathcal{R}=10^5$ 바로 위에서 나타나는데, 그 모습은 대략 그림 41-6(e)와 같다. 여기서는 소위 '난류 경계층(turbulent boundary layer)'이라 불리는 복잡한 층이 형성되어 있다. 또한 항력은 그림 41-4에 나온 것처럼 큰 비율로 하락한다. 이 영역에서는 속도가 증가할수록 항력이 감소하며, 주기성의 흔적은 거의 찾아볼 수 없다.

레이놀즈수가 이보다 더 커지면 어떤 일이 일어날 것인가? 속도를 더 증가시키면 후류(後流, wake)가 더욱 커지고 항력은 다시 증가한다. $\mathcal{R}=10^7$ 근처까지 조사한 최근의 실험 결과, 후류에서 새로운 주기성이 발견되었는데, 이는 후류 전체가 앞뒤로 진동하고 있기 때문이거나 아니면 불규칙하고 시끄러운 운동을 동반하는 새로운 소용돌이가 계속 발생하기 때문일 것이다. 이 연구는 아직도 진행 중이어서, 세부적인 사항은 좀 더 기다려야 할 것 같다.

41-5 점성→0의 극한

지금까지 다양한 흐름의 사례를 제시했지만, 이들 중 40장에서 구했던 퍼텐셜 흐름 해(potential flow solution)와 일치하는 흐름은 없다. 언뜻 생각하면 이것은 매우 놀라운 결과이다. $\mathcal{R}$은 결국 $1/\eta$에 비례하기 때문에 η가 0으로 접근하면 $\mathcal{R}$은 무한대가 된다. 따라서 식 (41.23)에서 $\mathcal{R}\to\infty$의 극한을 취하면 우변$=0$이 되어 40장의 방정식이 재현된다. 그러나 $\mathcal{R}=10^7$의 극심한 난류가 '마른 물' 방정식이 예견하는 유연한 흐름에 가까워진다는 것은 결코 있을 수 없는 일이다. $\mathcal{R}\to\infty$로 갈 때, 식 (41.23)으로 기술되는 흐름과 처음부터 $\eta=0$으로 놓고 구한 해가 왜 이렇게 다른 것일까? 그 원인을 추적하다 보면 매우 흥미로운 사실과 접하게 된다. 식 (41.23)의 우변은 $1/\mathcal{R}$에 2계 도함수가 곱해진 형태로 되어 있는데, 이것은 방정식에 포함된 도함수들 중 가장 차수가 높은 도함수이다. 앞에 곱해진 계수 $1/\mathcal{R}$이 작긴 하지만, 표면 근처의 공간에서는 Ω가 매우 급격하게 변하여 앞에 곱해진 계수가 무색해진다. 즉, $\mathcal{R}$이 아무리 커져도 우변의 $\nabla^2\Omega/\mathcal{R}$은 0이 되지 않는 것이다. 따라서 $\nabla^2\Omega$의 계수가 0으로 접근해도 방정식의 해는 퍼텐셜 흐름과 일치하지 않는다.

"세립 난류(細粒亂流, fine-grain turbulence)란 무엇이며, 그것이 스스로 유지되는 비결은 무엇인가? 원통의 언저리에 만들어진 소용돌이가 요란한 소음을 발생시키는 이유는 무엇인가?"—개중에는 이런 의문을 품는 사람도 있을 것이다. 이 질문도 답을 찾다 보면 흥미로운 사실과 접하게 된다. 소용돌이는 스스로 증폭되는 경향을 갖고 있다. 소용돌이의 확산에 의한 손실을 무시한다면 (앞에서 살펴보았던) 흐름의 법칙에 따라 소용돌이선은 속도 $\boldsymbol{v}$로 유체와 함께 움직인다. $\boldsymbol{\Omega}$의 선들은 $\boldsymbol{v}$의 복잡한 흐름 패턴으로 인해 이리저리 뒤틀리고 꼬일 것이다. 이전에는 단순했던 선들이 엉킨 실타래처럼 뒤죽박죽으로 섞이는 것이다. 시간이 흐를수록 선들은 점점 더 길어지고 더욱 심하게 엉킨다. 또한 소용돌이가 강해지면서 들쭉날쭉한 불규칙성도 점차 증가한다. 그래서 유체를 이리저리 휘저으면 3차원 소용돌이의 세기가 증가하는 것이다.

"그렇다면 40장에서 배운 퍼텐셜 흐름은 무용지물입니까?"라고 묻고 싶을 것이다. 물론 그렇지는 않다. 이 이론은 소용돌이의 확산이 그다지 심하게 침범하지 않은 난류 영역 바깥의 흐름을 매우 정확하게 기술하고 있다. 그리고 물체의 외관을 특수한 유선형으로 다듬으면 난류 영역을 최소한으로 줄일 수 있다. 정밀하게 디자인된 비행기 날개 주변의 흐름은 퍼텐셜 흐름과 거의 완벽하게 일치한다.

41-6 쿠에트 흐름

원통을 지나는 흐름이 제아무리 복잡하고 변화무쌍하다 해도 그다지 특별한 현상은 아니다. 이것은 우리의 일상생활 속에서 수시로 나타나는 흐름일 뿐이다. 이 사실을 더욱 실감나게 느끼기 위해, 41-1절에서 계산했던 두 원통 사이의 점성 흐름을 실험 결과와 비교해 보기로 하자. 두 개의 동심 원통 사이의 공간을 기름으로 채우고, 유체의 흐름이 잘 보이도록 기름 속에 고운 알루미늄 가루를 풀어서 현탁액을 만든다. 이제 바깥쪽 원통을 천천히 돌려 보면 별다른 현상이 나타나지 않는다[그림 41-8(a)]. 안쪽 원통을 천천히 돌려 봐도 달라지는 것은 별로 없다. 그런데 안쪽 원통을 좀 더 빠르게 돌리면 갑자기 놀라운 일이 발생한다. 그림 41-8(b)와 같이 기름이 수평 띠로 나뉘어지는 것이다. 안쪽 원통을 고정시키고 바깥쪽 원통을 비슷한 속도로 돌리면 이런 현상이 발생하지 않는다. 안쪽 원통을 돌린 것과 바깥쪽 원통을 돌린 것이 무슨 차이가 있다는 말인가? 41-1절의 계산 결과에 의하면, 흐름 패턴은 오직 $\omega_b-\omega_a$에 따라 달라지지 않았던가? 그림 41-9에 제시된 단면을 살펴보면 이 질문의 답을 알 수 있다. 안쪽의

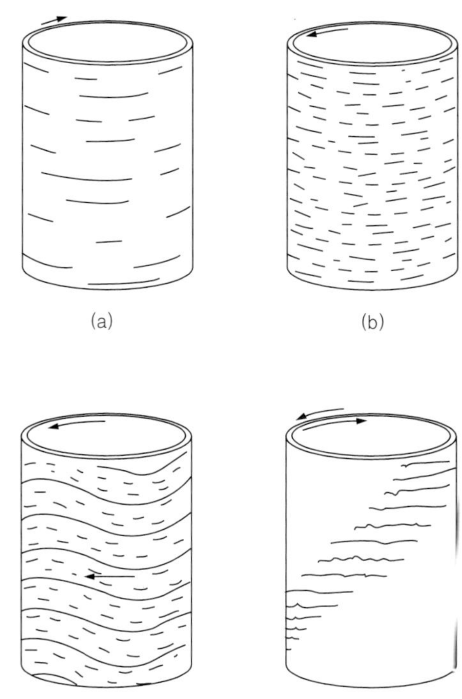

(a) (b) (c) (d)

그림 41-8 회전하는 투명한 두 원통 사이에 나타나는 유체의 흐름 패턴

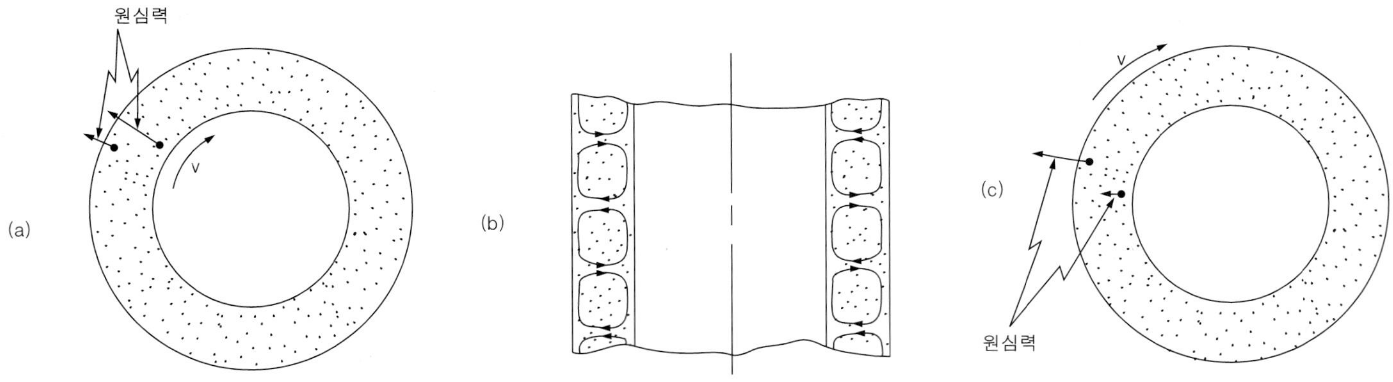

그림 41-9 흐름이 여러 개의 띠로 나뉘는 이유

유체 층이 바깥쪽 층보다 빠르게 움직이면, 안쪽 층이 '바깥쪽으로' 쏠리는 경향이 생긴다. 바깥쪽으로 작용하는 원심력이 유체를 제자리에 붙들어 두는 압력보다 크기 때문이다. 그런데 바깥쪽 층이 길을 막고 있으므로, 안쪽 층 전체가 균일하게 바깥쪽으로 움직일 수는 없다. 따라서 그림 41-9(b)와 같이 여러 부분으로 나뉘어 순환 흐름을 형성하게 되는 것이다. 이는 마치 바닥의 따뜻한 공기로 인해 방 안에서 대류가 일어나는 것과 비슷한 현상이다. 안쪽 원통은 정지해 있고 바깥쪽 원통이 고속으로 회전하는 경우에는 원심력에 의해 압력의 그래디언트가 바깥쪽으로 갈수록 점점 커지므로 모든 것이 평형을 유지하게 된다. 그림 41-9(c)는 마치 방 안의 따뜻한 공기가 방의 윗부분에 머물러 있는 상태와 비슷하다.

안쪽 원통의 속도를 더 올려 보자. 처음에는 띠의 수가 증가하다가, 갑자기 그림 41-8(c)처럼 띠의 모양이 구불구불해진다. 이때 나타나는 파동의 속도는 비교적 쉽게 측정할 수 있는데, 원통을 고속으로 회전시켰을 때 파동의 속도는 안쪽 원통 속도의 1/3에 가까워진다. 그런데 이상한 것은 그 이유를 아무도 모른다는 것이다! 앞으로 여러분이 나서서 해결해 보기 바란다. 1/3은 간단한 분수인데, 그에 대한 설명은 전혀 없다. 사실은 파동이 형성되는 메커니즘조차도 제대로 이해하지 못하고 있다.

이제 바깥쪽 원통도 함께 (그러나 반대 방향으로) 회전시키면 흐름 패턴이 분열되기 시작하여 그림 41-8(d)처럼 구불구불한 영역과 잔잔한 영역이 번갈아 나타나며, 전체적으로는 나선형 패턴을 이룬다. 그러나 '잔잔한' 영역 안에서 진행되는 흐름은 실제로 매우 불규칙하여, 거의 난류 상태에 가깝다. 그리고 구불구불한 영역의 흐름도 점차 불규칙한 난류로 바뀌기 시작한다. 두 개의 원통을 더욱 빠르게 회전시키면 전체 흐름은 혼돈스러운 난류 상태가 된다.

이토록 다양한 흐름들은 우리의 방정식 속에 들어 있는 단 하나의 매개 변수 $\mathcal{R}$이 변하면서 나타나는 현상이다. 원통을 지나는 흐름에서 볼 수 있는 여러 현상은 회전하는 원통 실험에서도 관측할 수 있다. 여기에는 정상 흐름이 존재하고, (시간에 따라 변하기는 하지만) 규칙적이고 유연하게 변하는 흐름도 있으며, 완전히 불규칙한 흐름도 볼 수 있다. 여러분은 안정된 공기 속에서 담배 연기가 위로 올라갈 때 이와 비슷한 광경을 본 적이 있을 것이다. 담배 끝에서 피어오르는 연기는 처음에 별다른 변화 없이 유연하게 위로 올라가다가, 점차 여러 갈래로 나뉘면서 일련의 뒤틀림 현상이 발생한다. 그리고 결국은 불규칙하게 얽힌 연기구름이 되어 공기 중으로 고르게 확산되어 나간다.

이와 같이 겉으로 드러난 결과는 엄청나게 다양하지만, 모든 비밀은 식 (41.23)으로 주어지는 한 세트의 방정식 속에 고스란히 감추어져 있다. 우리가 구한 모든 해는 $\mathcal{R}$ 값만 다를 뿐, 동일한 방정식을 만족한다. 방정식에서 우리가 모르는 어떤 항이 빠져 있다고 생각할 이유는 전혀 없다. 유일한 문제는 레이놀즈수가 아주 작은 경우(아주 끈적끈적한 점성 유체의 경우)를 제외하고는 이 방정식을 풀 수가 없다는 것이다. "방정식을 성공적으로 세웠다"는 사실만으로는 유체의 흐름과 관련된 매력이나 신비함을 이해할 수 없다.

매개 변수가 단 하나뿐인 단순한 방정식에서 이렇게 다양한 해가 나온다면, 좀 더 복잡한 방정식에서는 정말로 엄청나게 많은 정보를 얻을 수 있을 것이다! 소용돌이치는 성운이나 응축하며 회전하다가 폭발하는 별과 은하를 기술하는 기본 방정식은 순수한 수소가스의 유체역학적 거동을 기술하는 단순한 방정식에 지나지 않는다. 물리학을 놓고 필요 이상의 근심 걱정에 싸인 사람들은 생명에 대한 방정식을 세우는 것이 불가능하다고 주장한다. 글쎄, 과연 그럴까? 잘하면 찾을 수 있을 것 같기로 하다. 사실 양자역학의 기본 방정식이 발견되었을 때, '생명체를 서술하는 방정식'이 근사적인 형태로 이미 우리 수중에 들어왔는지도 모른다.

$$H\psi = -\frac{\hbar}{i}\frac{\partial\psi}{\partial t} \quad \text{(슈뢰딩거의 파동 방정식)}$$

여러분도 알다시피, 사물의 복잡성은 그것을 기술하는 단순한 방정식으로부터 너무나 쉽게, 그리고 극적인 방식으로 돌출된다. 사람들은 단순한 방정식을 어디까지 적용해야 할지 전혀 알지도 못하면서 "이 세상의 복잡성을 일개 방정식으로 설명하는 것은 불가능하다. 이를 위해서는 조물주와 같은 절대적인 존재를 도입해야 한다"고 섣부른 결론을 내리곤 한다.

우리는 물의 흐름을 기술하는 방정식을 세웠다. 그리고 실험실에서는 방정식의 해를 분석할 수 있는[소용돌이 길(vortex street), 난류성 후류(turbulent wake), 경계층(boundary layer) 등] 다양한 개념과 근사법을 찾아냈다. 생소한 상황에서 이와 유사한 방정식이 성립한다면, 그리고 애석하게도 실험이 불가능한 상황이라면, 우리는 원시적이고 불완전하며 혼란스러운 방식으로나마 어떻게든 방정식을 풀어서, 해의 새로운 특징을 파악하거나 방정식의 결과로 어떤 형태들이 정성적으로 가능한지를 알아내려고 노력할 것이다. 예를 들어, 태양을 공 모양의 수소가스 덩어리로 간주하여 세운 근사적 방정식으로는 흑점이나 태양 표면의 쌀알 구조, 홍염, 코로나 등의 복잡한 현상을 이해할 수 없다. 그러나 이 모든 것은 이미 방정식 안에 들어 있다. 단지 방정식에서 필요한 정보를 끄집어내는 방법을 찾지 못했을 뿐이다.

다른 행성에서 생명체가 발견되지 않았다고 해서 실망하는 사람들도 있는데, 나는 아직도 가능성이 얼마든지 있다고 생각한다. 행성 탐사를 통해 단순한 원리로부터 무한한 다양성과 신기한 현상이 발견되기를 바라며, 그로 인해 다시 한 번 환희와 경이로움을 느끼고 싶다. 과학은 예측 능력으로 평가되는 학문이다. 만일 여러분이 지구를 방문한 적이 전혀 없는 외계인이라면 폭풍우나 화산, 대양의 파도, 오로라, 아름다운 색으로 물든 낙조 등을 상상이나 할 수 있겠는가? 태양계의 행성들은 동일한 먼지구름으로부터 탄생했고 지금도 동일한 물리법칙을 따르고 있다. 이 죽은 행성들 속에서 일어나고 있는 모든 현상을 알 수 있다면, 그것은 매우 유익한 교훈이 될 것이다.

인류의 지적 능력이 활짝 피어날 미래의 위대한 시대에는 이러한 방정식의 '정성적인' 분석이 가능해지겠지만, 애석하게도 지금은 그렇지가 못하다. 지금 우리는 회전하는 원통 사이의 난류에서 나타나는 이발소 간판을 닮은 줄무늬 모양의 구조가 물의 흐름 방정식 속에 포함되어 있는지조차 모르고 있다. 또한 슈뢰딩거 방정식 속에 개구리나 작곡가 혹은 도덕성 같은 것이 포함되어 있는지(아니면 전혀 무관한지)도 알 방법이 없다. 누군가가 조물주 운운하면 할 말이 더욱 궁해진다. 그래서 어느 쪽 편을 들건 간에, 목소리를 마음껏 높일 수 있는 것이다.

CHAPTER 42
휘어진 공간

42-1 휘어진 2차원 공간
42-2 3차원 공간의 곡률
42-3 우리가 살고 있는 공간은 휘어져 있다
42-4 시공간의 기하학
42-5 중력과 등가 원리
42-6 중력장 안의 시계
42-7 시공간의 곡률
42-8 휘어진 시공간 속에서의 운동
42-9 아인슈타인의 중력 이론

42-1 휘어진 2차원 공간

뉴턴에 의하면, 모든 만물은 떨어진 거리의 제곱에 반비례하는 힘으로 서로를 끌어당기며, 물체는 힘을 받으면 가해진 힘에 비례하여 가속된다. 이것이 바로 그 유명한 뉴턴의 만유인력의 법칙(law of universal gravitation)과 운동의 법칙(law of motion)이다. 다들 알다시피 공이나 행성, 인공위성, 은하 등의 운동은 모두 이 법칙들로 설명된다.

아인슈타인은 중력에 대하여 새로운 해석을 내렸다. 그에 따르면 시간과 공간은 시공간(space-time)이라는 개념으로 대체되어야 하며, 거대한 질량 주변의 시공간은 '휘어져 있다'는 것이다. 그리고 물체의 겉보기 운동은 그러한 휘어진 시공간 속에서 '직선 경로'를 따라 움직이려는 속성으로 설명된다. 그런데 이것은 매우 복잡한 아이디어이다. 이 장에서는 바로 이 아이디어에 대해 설명하고자 한다.

우리가 지금부터 다룰 주제는 세 부분으로 나눌 수 있다. 첫 번째 부분은 중력의 효과에 관한 것이고, 두 번째는 이미 앞에서 공부했던 시공간의 개념이며, 마지막 세 번째는 이 장의 제목인 '휘어진 시공간(curved space-time)'에 대한 것이다. 앞으로 당분간은 문제의 단순화를 위해 중력을 생각하지 않고 시간 차원도 배제시킨 채로 '휘어진 공간(curved space)'에 대해서만 논의할 것이다. 휘어진 시공간에 대해서는 이 장의 후반부에서 설명하기로 하고, 당장은 휘어진 공간이라는 개념에만 집중하기로 한다. 즉, 휘어진 공간이 무얼 뜻하는지, 좀 더 구체적으로는 아인슈타인이 논의한 맥락에서 휘어진 공간이란 어떤 의미인지에 대해 알아보려는 것이다. 그런데 여러분에게 이 정도만 이해시키려고 해도 3차원에서는 설명하기가 만만치 않기 때문에 우선 문제를 단순화시켜 2차원에서 '휘어진 공간'이란 용어가 무얼 뜻하는지 설명하기로 하겠다.

휘어진 2차원 공간을 이해하려면 2차원에 사는 생명체의 제한된 관점을 철저하게 수용할 필요가 있다. 다시 말해서, 면적만 있고 높이는 없는 평면적 시각에 익숙해져야 한다는 뜻이다. 그림 42-1과 같이, 2차원 평면에 사는 벌레 한 마리를 상상해 보자. 평면은 이 벌레에게 '모든 세상'이며, 평면을 벗어난 '바깥 세상'은 상상조차 할 수 없다. 물론 지금 우리는 유추를 통해 논의를 진행하려는 것이다. 3차원 공간에 살고 있는 우리들의 입장에서도 어딘가 새로운 방향을 찾아

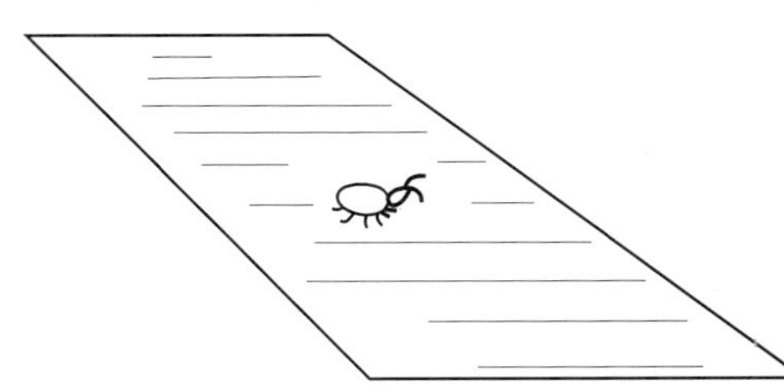
그림 42-1 2차원 평면 위에 사는 벌레

3차원 공간을 벗어난다는 것은 상상하기 어렵다. 유추해서 생각해 보면 우리의 처지는 평면 위에 살고 있는 벌레의 상황과 같다. 즉, 또 다른 방향으로 펼쳐진 공간이 있으나 그것을 알지 못하는 상황에 처해 있는 것이다. 바로 이러한 이유에서 면을 벗어나지 못한 채 그 위에서 살아가는 벌레의 관점을 먼저 살펴보는 것이다.

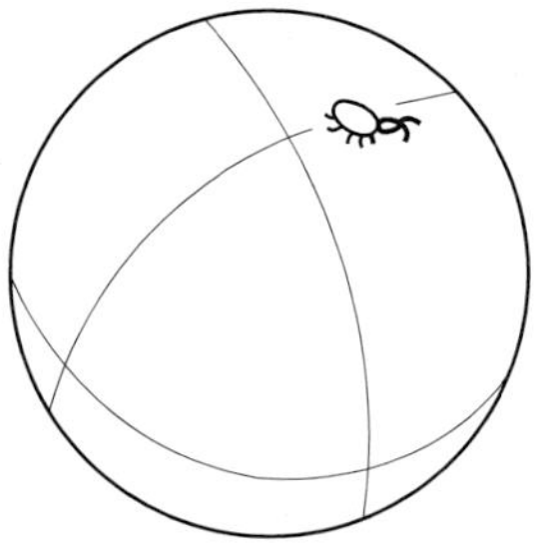

그림 42-2 구면 위의 벌레

2차원 공간에 사는 벌레의 또 다른 예로, 구면 위에 사는 벌레를 생각해 보자(그림 42-2). 면이 휘어져 있긴 하지만 이 경우 역시 벌레가 바라보는 세상은 2차원이다. 벌레는 구면 위를 마음대로 돌아다닐 수 있지만 '위'나 '아래' 혹은 '밖'을 내다볼 수는 없다.

계속해서 또 다른 예로, 이번에는 각 위치마다 온도가 다른 평면을 생각해 보자. 그리고 이 세계에 존재하는 모든 물질들은 온도가 올라감에 따라 일정한 비율로 팽창한다고 가정하자. 이곳에서 두 지점 사이의 거리를 재기 위해 자를 사용한다면, 자의 눈금 간격은 각 지점의 온도에 따라 다양하게 변할 것이다. 평면 위의 한 지점에 놓인 물체는(직선자, 삼각자, 또는 벌레 자신 등 어떤 것이든), 모두 열 팽창에 의해서 그곳의 온도에 맞는 적절한 길이로 늘어난다. 모든 물질은 차가운 곳에 있을 때보다 뜨거운 곳에서 길이가 더 길어지며, 온도에 따른 팽창 계수는 물질의 종류에 상관없이 동일하다고 가정한다. 편의상 이 세 번째 벌레가 사는 공간을 '뜨거운 판(hot plate)'이라고 부르기로 하자. 사실, 우리는 가운데의 온도가 가장 낮고 바깥쪽으로 나갈수록 온도가 점점 높아지는 특별한 종류의 뜨거운 판에만 관심이 있다(그림 42-3 참조. 물론, 평면 자체는 온도에 따라 팽창하지 않는다고 가정해야 한다 : 옮긴이).

이제 이 벌레들이 자신들의 세계에서 기하학을 공부하기 시작했다고 상상해 보자. 이 벌레들은 2차원적 생물이기 때문에 '바깥'세상을 볼 수는 없지만, 자신의 다리와 더듬이를 이용하여 선을 그리거나 길이를 재는 등 여러 가지 다양한 측량을 할 수 있다. 이제, 기하학을 갓 배우기 시작한 이 벌레들은 두 점 사이를 잇는 최단 선, 즉 직선을 작도하려고 한다. 그림 42-4처럼 온도를 고려할 필요가 없는 평면에서 사는 벌레라면 이 일은 너무나 쉽다. 그냥 똑바른 자를 만들어서 줄을 긋기만 하면 된다. 그러나 구면 위에 사는 벌레의 경우에는 어떻게 해야 할까? 이 경우에는 그림 42-5에서와 같이 벌레 자신이 느끼기에 두 점을 잇는 가장 짧은 선이라고 판단되는 선을 그을 것이다. 이 선은 우리의 눈에 곡선으로 보이지만, 벌레가 사는 세계에서는 이것이 바로 직선이다. 왜냐하면 구면 위에서

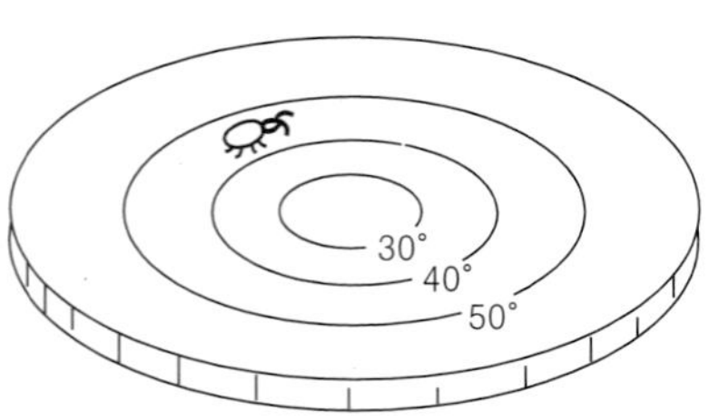

그림 42-3 '뜨거운 판' 위의 벌레

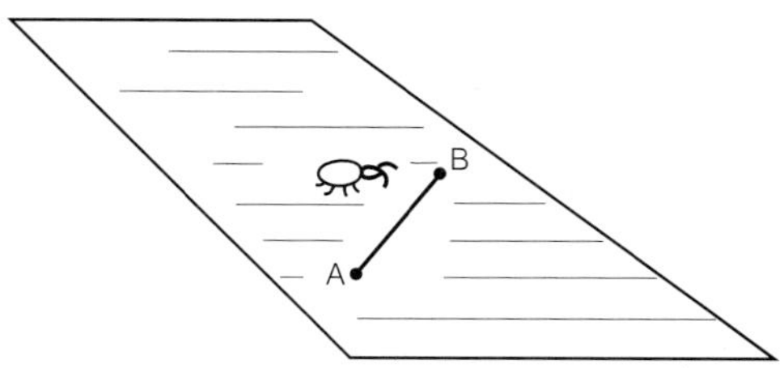

그림 42-4 평면 위에 그린 직선

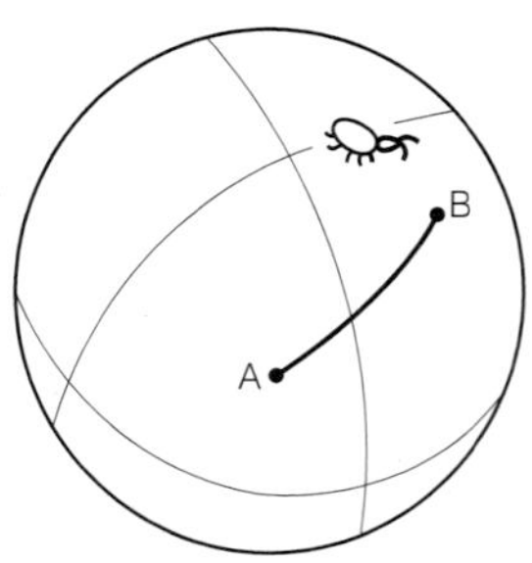

그림 42-5 구면 위에 그린 직선

는 다른 어떤 선을 그어도 이것보다 길이가 길어지기 때문이다. 벌레의 입장에서는 구면을 이탈한 공간에 '실제로' 더 짧은 선이 있다는 사실을 도저히 알 수가 없다. 그러므로 벌레의 입장에선 두 점 사이의 가장 짧은 호가 직선이라는 것을 인정해 주기로 하자[물론 이 호는 대원(great circle, 구면 위에 그릴 수 있는 가장 큰 원)의 일부이다].

마지막으로, 그림 42-3의 벌레가 그린 직선도 우리의 눈에는 곡선으로 보인다. 예를 들어, 그림 42-6처럼 점 A와 점 B 사이의 최단거리는 그림에 나타나 있는 곡선을 따라 잰 것이다. 왜 그럴까? 이 경우에는 판 위의 중심에서 바깥쪽으로 나갈수록 자가 늘어나므로 벌레가 그은 선이 (전지적인 우리의 관점에서 보았을 때) 그림에서와 같이 판의 뜨거운 쪽으로 휘어져야 점 A에서 점 B까지 짧은 막대 자를 여러 번 놓아가며 거리를 측정할 때 자를 놓는 횟수가 줄어들기 때문이다. 이렇게 얻어진 곡선은 벌레의 입장에서 보면 분명한 직선인 것이다. 벌레로서는 미지의 3차원 외부 세계에 "그 선이 아니라 다른 선이 직선이다"라고 말하는 어떤 존재가 있다는 것을 전혀 알 길이 없다.

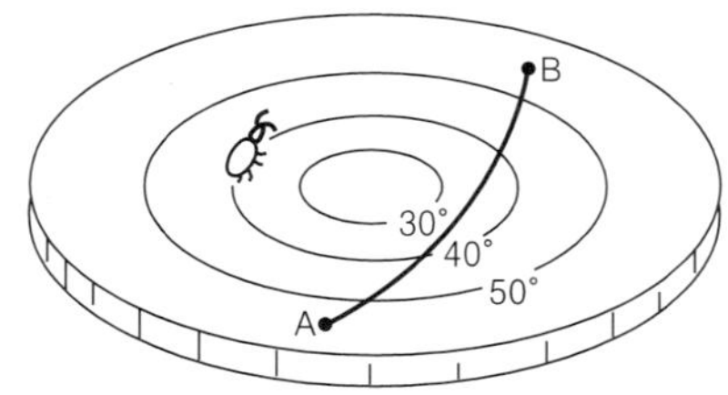

그림 42-6 '뜨거운 판' 위에 그린 직선

앞으로 진행될 모든 논의는 이와 같이 우리의 관점이 아니라 해당 공간에 살고 있는 생명체의 관점에서 진행될 것이다. 이 점을 마음속에 새겨 두고, 위에서 언급한 세 종류의 2차원 공간에 적용되는 기하학을 마저 살펴보기로 하자(각각의 세계에 살고 있는 벌레들은 제법 똑똑하여 '직교하는 두 직선'을 작도할 줄 안다고 가정한다—어떻게 하면 작도가 가능할지는 여러분 나름대로 생각해 보기 바란다). 평범한 평면에 사는 첫 번째 벌레는 곧 재미있는 사실을 알게 된다. 점 A에서 출발하여 임의의 방향으로 100인치만큼 전진한 다음, 방향을 오른쪽으로 90° 틀어서 다시 100인치를 진행하고, 그곳에서 다시 오른쪽으로 90° 틀어서 100인치를 진행하고, 마지막으로 한 번 더 오른쪽으로 90° 틀어서 100인치를 가면 그림 42-7(a)처럼 정확하게 출발점으로 되돌아오는 것이다. 이것은 그가 살고 있는 세계의 기하학적 특성 중 하나이다.

그 후 벌레는 또 다른 흥미로운 사실을 발견하게 된다. 삼각형(세 개의 직선으로 이루어진 도형)을 그려 보니, 내각의 합은 언제나 180°가 되는 것이다. 즉, 90°를 두 번 더한 것과 같아진다[그림 42-7(b) 참조].

재미를 느낀 벌레는 한 걸음 더 나아가 원을 작도하기로 마음먹었다. 원은 어떻게 그리면 될까? 원이란 하나의 점으로부터 거리가 같은 점들의 집합이므로, 다음과 같은 방법으로 작도할 수 있다—하나의 점을 정해 놓고 그곳으로부터 여러 방향으로 똑같은 거리만큼 기어가서 각 지점마다 표시를 해 놓는다. 물론, 이 점은 많을수록 좋기 때문에 벌레는 아주 부지런해야 한다. 가능한 모든 방향으로 열심히 돌아다니다 보면 나중에 굳이 점들을 연결하지 않아도 빽빽하게 늘어선 점들이 자연스럽게 원을 형성하게 될 것이다[그림 42-7(c) 참조 : 우리는 이런 도형들에 대한 정의를 신중하게 선택해야 하는데 왜냐하면 다른 벌레들이 사는 공간에서도 동일한 정의를 적용할 수 있어야 하기 때문이다]. 조금 게으르고 똑똑한 벌레였다면 자의 한쪽 끝을 고정시키고 다른 쪽 끝에 펜을 꽂아 한 바퀴 돌렸을 수도 있다. 물론 이것도 원으로서 손색이 없다. 어쨌거나, 이렇게 원의 작도

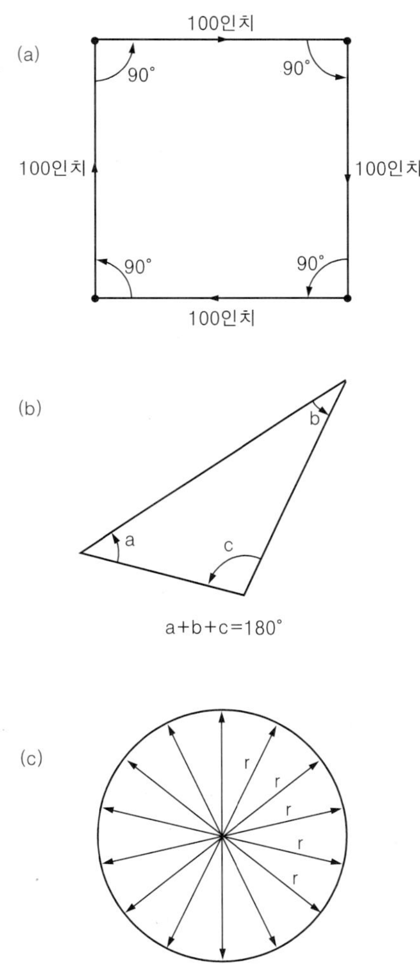

그림 42-7 평면 위에 작도한 정사각형, 삼각형, 원

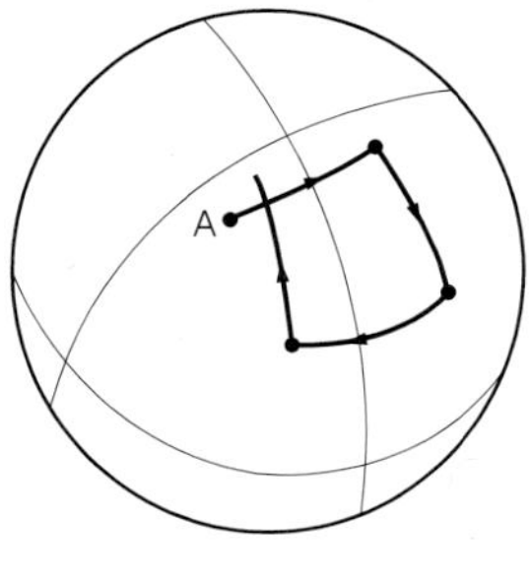

그림 42-8 구면 위에 정사각형 그리기

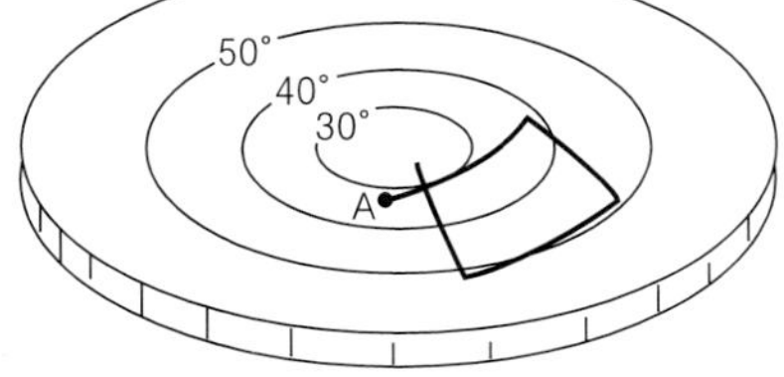

그림 42-9 '뜨거운 판' 위에 정사각형 그리기

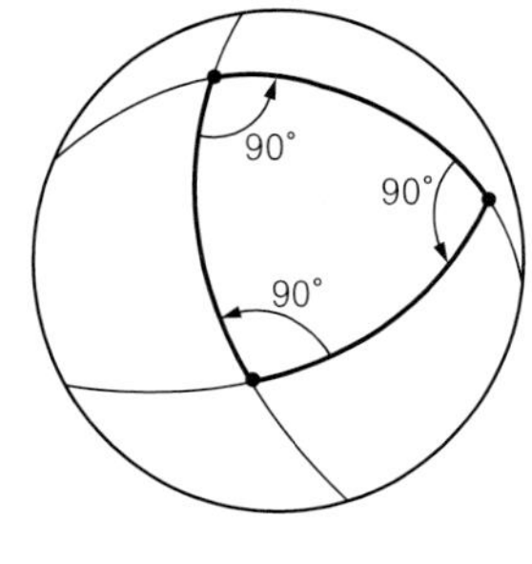

그림 42-10 구면 위에 그린 정삼각형. 세 내각이 모두 직각이다.

법을 터득한 벌레는 문득 원둘레의 길이가 궁금해졌다. 그래서 다양한 크기의 원에 대하여 원주의 길이를 측정해 봤더니 거기에는 어떤 규칙이 있었다—원주의 길이는 항상 원의 반경 r(중심으로부터 곡선까지의 거리)에 어떤 일정한 수를 곱한 값으로 주어지는 것이었다. 즉, 원주의 길이와 반경의 비율이 원의 크기에 상관없이 약 6.283정도로 항상 일정하다는 사실을 알게 된다.

이제, 구면 위에 사는 벌레에게로 가 보자(그 역시 지적 호기심은 여느 벌레 못지않다). 구면 위에서 아까와 같은 방법으로 '정사각형'을 그리면 과연 어떤 결과가 나올 것인가? 정사각형의 작도법을 그대로 실행한 벌레는 크게 실망스러웠다. 그림 42-8처럼, 시작점 A와 끝점 B가 일치하지 않는 이상한 도형이 얻어졌기 때문이다. 평면에 사는 벌레가 이용했던 정사각형 작도법은 구면 위에서는 더 이상 통하지 않는다. 여러분도 직접 그려 보라. 뜨거운 판 위에 사는 벌레의 경우도 사정은 비슷하다. 이곳에서 (팽창하는 막대자로 측정한) 길이가 같은 네 개의 직선을 서로 직교하도록 이어 붙이면 그림 42-9와 같이 삐딱한 도형이 얻어진다.

지금까지 등장한 세 마리의 벌레들은 어릴 적에 유클리드 기하학을 배웠다고 가정해 보자. 그리고 비교적 작은 스케일에서는 유클리드 기하학이 대충 맞는다는 것을 투박한 측정을 통해 확인도 했다고 가정하자. 그 후 벌레들은 제법 커다란 스케일의 정사각형을 늘 하던 방식대로 작도하려고 시도하면서 뭔가 잘못되었다는 것을 알게 된다. 여기서 핵심은, '기하학적 측정'만으로 그들이 속한 공간에 뭔가 문제가 있다는 것을 발견하게 된다는 사실이다. 이처럼 평면에서 적용되는 기하학이 성립하지 않는 공간을 '휘어진 공간(curved space)'이라고 정의한다. 구면이나 뜨거운 판 위에서 성립하는 기하학은 평면기하학이 아닌 휘어진 공간의 기하학인 것이다. 거기에서는 유클리드 기하학의 규칙들이 적용되지 않는다. 그렇다고 자신이 살고 있는 공간이 휘어져 있는지를 확인하기 위해 공간 밖으로 빠져나올 필요는 없다. 구면 위에 사는 벌레는 굳이 세계 일주를 하지 않아도 자신이 구의 표면에서 살고 있다는 사실을 쉽게 알 수 있다. 그냥 간단하게 사각형을 그려 보면 된다. 아주 작게 그린다면 굉장한 정밀도가 요구되겠지만, 아주 크게 그리면 대충 그려도 금방 그러한 사실을 알 수 있다.

평면 위에 그려진 삼각형을 예로 들어 보자. 다들 알다시피, 삼각형의 내각을 모두 합하면 180°이다. 그러나 구면 위에 사는 벌레가 그린 삼각형은 사정이 전혀 다르다. 그는 세 개의 내각이 모두 90°인 정삼각형을 그릴 수 있다! 믿을 수 없다면 그림 42-10을 자세히 보라. 북극점에서 출발하여 적도까지 내려온 후에 방향을 90° 틀어서 적도를 따라 같은 거리만큼 이동하고, 거기서 다시 90° 틀어서 북극점을 향해 이동하면 정확하게 출발점으로 되돌아오게 된다. 그리고 처음 출발할 때 그린 직선과는 수직으로 만나게 된다. 따라서 이동 경로는 분명히 삼각형인데도 내각의 합은 270°가 되는 것이다. 이것은 벌레의 입장에서는 의심의 여지가 없는 사실이다. 사실 구면 위에서는 다른 삼각형을 그려 봐도 내각의 합은 항상 180°보다 크다. 180°를 초과하는 여분의 각도는 (위의 특별한 경우에 여분의 각도는 90°임) 삼각형의 면적에 비례한다. 구면 위에 그려진 삼각형이 아주 작다면 내각의 합은 거의 180°에 가깝다. 하지만 삼각형의 크기가 커질수록 편차는 점점 더 커진다. 뜨거운 판 위에 사는 벌레 역시 삼각형을 조사해 보면 이와 유사한 문제점들을 발견하게 될 것이다.

그렇다면 원의 경우는 어떤가? 원주의 길이와 반경 사이의 비율이 어디서나 6.283으로 일정할 것인가? 구면 위에 그려진 원은 그림 42-11과 같은 형태인데, 이 경우에 원주와 반경 사이의 비율은 2π보다 작다(즉, 원주의 길이는 반경의 2π배가 채 되지 않는다. 그런데 이것은 3차원에 사는 우리의 시각으로 볼 때 너무나 당연한 이야기다. 그림 42-11에 그려진 원의 반경은 3차원적 시각에서 볼 때 분명한 '곡선'이므로, 원의 실제 반경보다 당연히 길 수밖에 없다). 구면 위에 사는 벌레가 유클리드 기하학을 공부한 적이 있다고 가정하고, 다음과 같이 원주의 길이 C를 2π로 나눠서 반경을 예상해 보려 한다고 해보자.

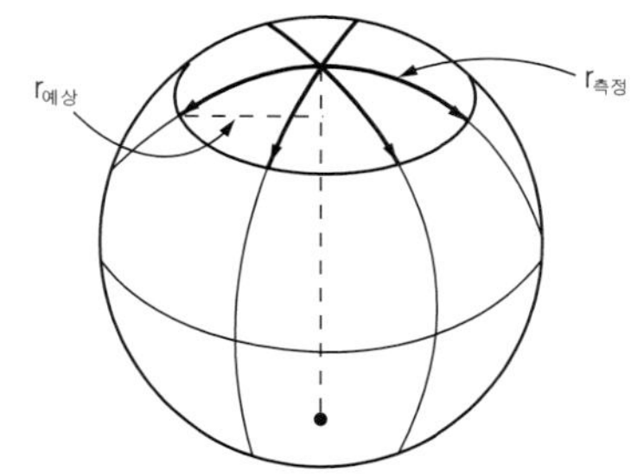

그림 42-11 구면 위에 그린 원

$$r_{\text{예상}} = \frac{C}{2\pi} \tag{42.1}$$

벌레가 실제로 측정한 반경($r_{\text{측정}}$)은 예상 반경($r_{\text{예상}}$)보다 크게 나올 것이다. 이에 흥미를 느낀 벌레는 두 값 사이의 차이를 다음과 같이 "초과 반경(excess radius)"으로 정의하여 이 값과 원의 크기 사이에 어떤 관계가 있는지 연구해 볼 수 있을 것이다.

$$r_{\text{측정}} - r_{\text{예상}} = r_{\text{초과}} \tag{42.2}$$

뜨거운 판 위의 벌레도 이와 비슷한 결과를 얻게 된다. 그가 그림 42-12와 같이 온도가 가장 낮은 곳을 중심으로 하여 원을 그리고 있다고 가정해 보자. 우리가 이 광경을 3차원적 관점에서 바라보면, 벌레가 사용하는 자(ruler)가 중심에서 멀어질수록 길이가 늘어난다는 사실을 알 수 있다. 그러나 평면 위의 세상에서 사는 벌레는 이 사실을 알 수가 없다. 이런 환경에서 벌레가 원주의 길이를 재는 동안 자의 길이는 늘어난 상태이므로(즉, C값이 작게 측정됨 : 옮긴이) 그로부터 계산된 원의 예상 반경 $C/2\pi$는 실제로 측정된 반경보다 짧게 나올 것이다. 즉, 뜨거운 판 위의 벌레도 '반경 초과 현상'을 겪게 된다. 그리고 이 경우 역시 초과 반경은 원의 크기에 따라 달라진다.

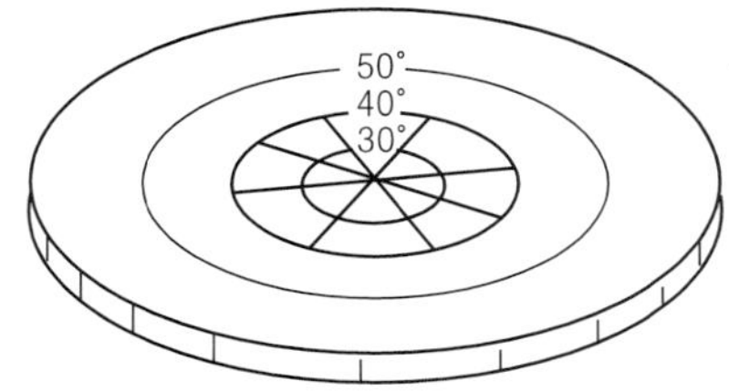

그림 42-12 '뜨거운 판' 위에 그린 원

이러한 종류의 기하학적인 "편차"가 발생하는 공간을 "휘어진 공간(curved space)"이라 정의한다. 삼각형의 내각의 합이 180°가 아니거나, 원주의 길이를

2π로 나눈 값이 측정된 원의 반경과 일치하지 않거나, 혹은 정의에 따라 자를 가지고 정사각형을 작도해도 닫혀진 형태로 되지 않는 공간은 모두 휘어진 공간이다. 물론, 여러분들 나름대로 그 밖의 다른 기하학적 특성들도 생각해 낼 수 있을 것이다.

지금까지 우리는 휘어진 공간의 두 가지 사례(구면과 뜨거운 판)를 살펴보았다. 그런데 재미난 것은, 뜨거운 판의 온도 분포를 거리에 따라 적절하게 조절해 주면 구면의 기하학을 정확하게 재현해 낼 수 있다는 것이다. 이것은 매우 흥미로운 사실이다. 즉, 뜨거운 판 위의 벌레가 구한 답이 구면 위의 벌레가 구한 답과 똑같게 되도록 할 수 있다는 말이다. 기하학과 기하 문제 푸는 것을 좋아하는 학생들을 위해서 어떻게 하면 그렇게 되는지 답만 이야기하고 넘어가기로 한다. 자의 길이가 온도에 따라 $(1+cr^2)$에 비례하도록 판의 온도 분포를 설정해 주면($c=$상수, $r=$원점으로부터의 거리), 뜨거운 판의 기하학은 구면의 기하학과 똑같아진다.*

물론 이것이 전부는 아니다. 다른 종류의 기하학도 있다. 가령 서양배(열매)의 표면처럼 울퉁불퉁한 곡면 위에서는 어떤 한 곳에 그려진 작은 삼각형의 내각의 합이 다른 지점에 그려진 삼각형의 내각의 합보다 훨씬 크다. 다시 말해서 공간의 곡률이 위치에 따라 변하는 것이다. 이것은 위의 아이디어의 일반화에 지나지 않는다. 이런 곡면의 기하학 역시 '뜨거운 판'의 온도 분포를 적절히 조절하면 모방이 가능하다.

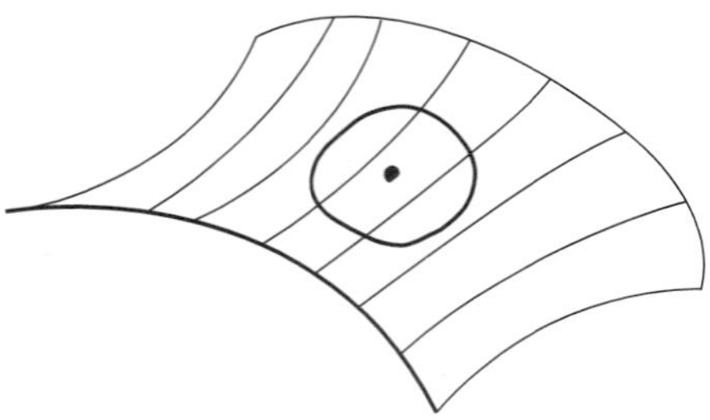

그림 42-13 말안장 모양의 표면에 그린 원

지금까지 언급한 것과는 정반대의 기하학적 편차가 나타나는 공간도 있다. 예를 들어, 삼각형의 내각의 합이 180°보다 항상 작은 곡면을 여러분은 상상할 수 있겠는가? 언뜻 생각하면 불가능할 것 같지만 이런 곡면은 얼마든지 존재할 수 있다. 뜨거운 판에서 가운데 지점의 온도가 가장 높고 밖으로 멀어질수록 온도가 낮아지게 하면 위에서 살펴본 모든 효과가 반대로 나타난다. 그런데 이와 같은 상황도 순수하게 기하학적으로 구현될 수 있다. 말안장 표면의 2차원 기하학이 바로 그것이다. 그림 42-13과 같이 말안장처럼 생긴 곡면 위에 원(중심으로부터 거리가 같은 모든 점들의 집합)을 그려 보자. 이 원은 물결무늬처럼 구불구불한 곡선이다. 그러므로 원주의 길이는 $2\pi r$을 써서 계산한 값보다 더 크게 나온다. 즉, r(측정 반경)이 $C/2\pi$(예상 반경)보다 작게 나온다. 따라서 '초과 반경'은 음수가 된다.

구면이나 서양배의 표면은 양의 곡률(positive curvature)을 갖는 곡면이고, 말안장의 표면은 음의 곡률(negative curvature)을 갖는다. 일반적으로 2차원 세계에서는 위치에 따라 곡률이 변할 것이며, 어느 한 지점에서 곡률이 양이었다 해도 다른 지점에서는 음이 될 수 있다. 일반적으로 휘어진 공간이란, 편차의 부호와 관계없이 유클리드 기하학의 규칙이 성립하지 않는 공간을 말한다. 가령, 초과 반경 등을 이용해서 정의한 곡률의 값은 위치에 따라 달라질 수 있다.

이와 같은 곡률의 정의에 입각해서 보면, 원통의 표면은 휘어진 공간이 아니다. 원통 표면의 벌레가 그린 삼각형과 사각형, 원의 기하학적 특성은 유클리드

* 단, 원점으로부터 무한히 떨어져 있는 지점은 제외된다.

기하학과 정확하게 일치하기 때문이다(그림 42-14). 이것은 원통의 표면을 평면으로 펼쳐 놓았을 때, 그 위에 그려진 도형들이 어떻게 보일지를 생각해 보면 쉽게 알 수 있다. 펼쳐 놓고 보면 모든 기하학적 도형들은 평면에 그려진 도형과 다를 바 없게 보일 것이다. 그러므로 원통의 표면에 사는 벌레는 (국소적으로 제한된 측량만 할 뿐 원통을 한 바퀴 돌아보지 않는 한) 자신이 속한 세계가 휘어져 있다고 생각할 만한 근거가 전혀 없다. 우리의 눈에 보이는 원통의 표면은 분명히 휘어져 있지만, '휘어진 공간'의 수학적 정의에 의하면 평면과 다를 것이 없다. 지금 말하는 곡률은 엄밀히 말하면 '내재 곡률(intrinsic curvature)'이란 것으로서, 국소적 지역(local region)에서 측정한 곡률을 의미한다(원통 표면의 내재 곡률은 0이다). 이것이 바로 아인슈타인이 "우리가 살고 있는 공간은 휘어져 있다"고 했을 때, '휘어져 있다'라는 말의 의미이다. 그러나 아직 우리는 2차원에서만 휘어진 공간을 정의했을 뿐이다. 계속해서 이 아이디어를 3차원으로 확장해 보자.

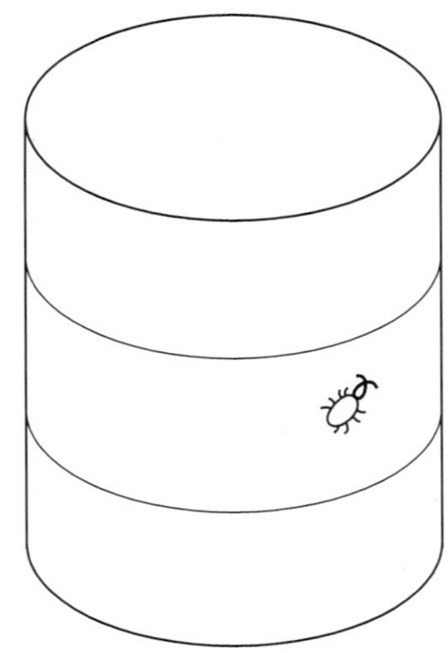

그림 42-14 내재 곡률이 0인 2차원 곡면의 예

42-2 3차원 공간의 곡률

우리가 사는 공간은 3차원이므로, 아인슈타인이 한 말의 의미를 제대로 이해하려면 '휘어진 3차원 공간'을 머릿속에 그릴 수 있어야 한다. 여러분은 이렇게 물어올지도 모른다. "그런데 어떻게 (3차원) 공간이 어떤 방향으로 휘어져 있는 것을 상상할 수 있나요?" 그렇다. 우리의 상상력은 그다지 뛰어나지 않기 때문에 특정 방향으로 구부러진 공간을 상상할 수 없다. 그러나 우리는 우리가 속해 있는 3차원 공간을 벗어나지 않은 채로 공간의 곡률을 정의할 수는 있다. 앞에서 2차원의 사례를 살펴본 것은 3차원의 세계를 벗어난 초인적 관점을 동원하지 않고서도 우리가 속한 공간의 곡률을 수학적으로 정의할 수 있다는 것을 보여 주기 위한 연습이었다.

우리가 사는 공간이 휘어져 있는지 여부를 판단하는 방법은 구면과 뜨거운 판 위의 거주민들이 사용했던 방법과 아주 비슷하다. 두 종류의 휘어진 공간은 구별하지 못할 수도 있지만, 휘어진 공간과 평평한 공간은 쉽게 구별해 낼 수 있다. 어떻게 하면 될까? 아주 쉽다. 삼각형을 그려서 내각의 합을 재거나, 또는 커다란 원을 그려서 원주와 반경의 비율을 계산하거나, 아니면 정사각형이나 정육면체를 정의에 따라 작도해 보면 된다. 만일 이 결과들 중 어느 하나라도 유클리드 기하학과 다르다면 우리가 살고 있는 공간은 휘어져 있는 것이다. 커다란 삼각형을 그린 다음 내각의 합을 구했을 때 180°가 넘는다면 우리의 공간은 휘어져 있는 것이다. 또는 원의 반경을 측정했을 때 원주의 길이를 2π로 나눈 값과 다르게 나온다면 공간이 휘어져 있다고 말할 수 있다.

그러나 여러분도 짐작했겠지만 3차원 공간은 2차원의 경우보다 사정이 훨씬 더 복잡하다. 2차원 곡면 위의 각 점에는 각각 하나의 곡률 값이 대응되지만, 3차원 공간의 경우에는 각 점에 '여러 개의 곡률 성분들'이 대응된다. 즉, 공간 속의 한 면에 삼각형을 그려 넣고 내각의 합을 잰 후, 이 면을 다른 방향으로 회전

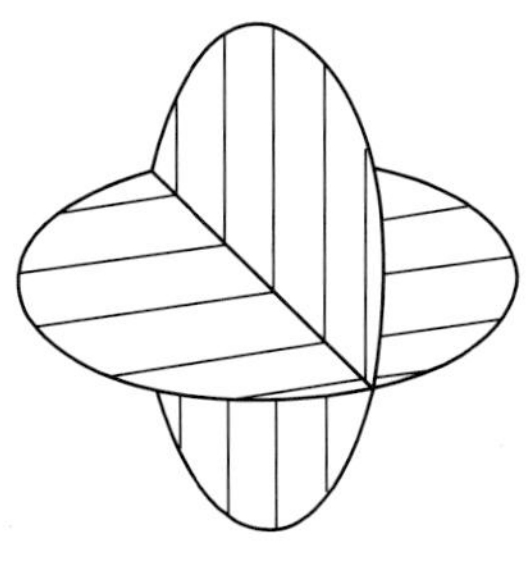

그림 42-15 초과 반경은 원의 배향에 따라 달라질 수 있다.

시켜서 같은 측정을 해보면 결과가 다르게 나올 수 있다는 것이다. 원의 경우도 사정은 마찬가지다. 예를 들어, 공간 속에 원을 그리고 원주와 반경의 비율을 측정한 결과 반경이 $C/2\pi$보다 컸다고 가정해 보자. 그렇다면 이 원을 그림 42-15처럼 90° 돌려서 같은 측정을 반복했을 때에도 동일한 결과가 얻어질 것인가? 두 경우에 초과 반경이 똑같이 나와야 할 이유는 전혀 없다. 한 원에서 초과 반경이 양(+)이었다 해도, 다른 원에서는 얼마든지 음이 될 수 있는 것이다.

여러분은 이 난해한 상황을 어떻게든 피해 가고 싶을 것이다. 3차원 공간에서는 구(sphere)를 고려하면 이런 문제가 사라지지 않을까? 다들 알다시피, 구의 정의는 3차원 공간 속의 한 점에서 거리가 같은 모든 점들의 집합이다. 구의 표면적은 구의 표면 전체에 바둑판 모양으로 아주 미세한 모눈을 그려, 모눈의 개수에 모눈 하나의 면적을 곱하면 구할 수 있다. 유클리드 기하학에 의하면 반경이 r인 구의 표면적 A는 $4\pi r^2$이므로, 구의 "예상 반경"은 $\sqrt{A/4\pi}$로 정의할 수 있다. 그리고 구의 실제 반경은 구의 표면에서 중심까지 수직으로 구멍을 파 내려가 그 거리를 측정하면 구할 수 있다. 역시 전과 마찬가지로 측정 반경에서 예상 반경을 뺀 것을 초과 반경으로 정의할 수 있다.

$$r_{\text{초과}} = r_{\text{측정}} - \left(\frac{\text{측정된 면적}}{4\pi}\right)^{1/2}$$

이 양은 곡률에 대한 만족스러운 척도이다. 이렇게 정의된 곡률은 공간에 그린 삼각형이나 원을 임의의 방향으로 돌려도 그 값이 변하지 않는다는 굉장한 장점을 갖고 있다.

그러나 위와 같이 곡률을 구의 초과 반경으로 정의하면 단점이 있다. 이것만 가지고는 공간의 특성을 완벽하게 기술하기엔 부족하다. 이것은 이른바 '평균 곡률(mean curvature)'에 해당되는 양이다. 왜냐하면 위의 식으로부터 계산한 곡률은 여러 방향에서 측정한 곡률의 '평균값'에 해당되기 때문이다. 이것만으로는 공간의 세부적인 기하학적 특성을 완전하게 기술할 수가 없다. 즉, 우리가 이 값을 알고 있다 하더라도 원이 놓인 배향에 따라 곡률이 어떻게 될지는 말할 수 없기 때문에 공간의 기하학적 특성을 정확하게 기술할 수 없는 것이다. 곡률을 완전하게 정의하려면 공간상의 각 점마다 그에 딸린 여섯 개의 '곡률 성분(curvature numbers)'을 알아야 한다. 물론 수학자들은 그러한 모든 곡률 성분들을 표현하는 방법을 잘 알고 있다. 나중에 수학을 공부하다 보면 곡률 성분들을 고급스럽고 우아한 형식으로 표현하는 방법을 배울 기회가 있을 것이다. 하지만 지금 우리의 논의에서는 평균 곡률만 고려해도 충분하다.*

* 여기서 완벽을 기하기 위해 한 가지만 짚고 넘어가자. 휘어진 2차원 공간의 '뜨거운 판' 모델을 3차원 공간의 경우에 적용시키려면, 자의 길이가 위치마다 달라질 뿐만 아니라 자가 놓인 각도, 즉 자의 배향에 따라서도 달라진다고 생각해야 한다. 이것은 자의 길이가 자가 놓인 위치에만 의존하고 놓인 방향에는 무관했던 단순한 경우를 일반화한 것이다. 2차원에서는 우연의 일치로 그렇게 생각할 필요가 없었지만, 3차원 공간의 임의의 기하학을 기술하는 데 그와 같은 모델을 도입하려 한다면 이러한 일반화가 필요하다.

42-3 우리가 살고 있는 공간은 휘어져 있다

이쯤되면 핵심적인 의문이 떠오른다. "우리가 살고 있는 3차원의 물리적 공간은 정말로 휘어져 있는 걸까?" 수학적으로 공간이 휘어질 수도 있다는 사실을 이해한 사람이라면 누구나 떠올릴 법한 질문이다. 이 궁금증을 해소하기 위하여 많은 사람들이 직접적인 기하학적 측량을 시도해 보았지만 휘어진 증거를 발견한 사람은 없었다. 그러나 아인슈타인은 오로지 중력에 대한 논의만으로 우리의 공간이 '실제로' 휘어져 있다는 것을 발견해 냈다. 지금부터는 중력에 대한 아인슈타인의 법칙과 곡률과의 관련성을 살펴볼 것이다. 또한 그가 이것을 어떻게 발견했는지에 대해서도 약간 언급하고 넘어가겠다.

아인슈타인의 이론에 의하면 공간은 휘어져 있고, 휘어짐의 원인은 바로 물질(질량)이다(물질은 중력의 원천이기도 하다. 따라서 중력은 공간의 곡률과 밀접하게 관련되어 있다. 이 점은 나중에 설명하기로 한다). 좀 더 쉽게 설명하기 위해서, 물질이 공간상에 연속적으로 분포되어 있다고 가정하고 물질의 밀도는 위치에 따라 변할 수 있다고 해보자.*[1] 아인슈타인이 제시한 곡률에 대한 법칙은 다음과 같다—"**공간상에 물질이 분포할 때, 그 물질의 밀도 ρ를 일정하게 취급해도 좋을 만큼 작은 가상의 구를 상정해 보면 그 구의 '초과 반경'은 구 내부에 들어 있는 질량에 비례한다.**" 초과 반경에 대한 정의를 이용하면 수식으로는 다음과 같이 표현된다.

$$\text{초과 반경} = r_{\text{측정}} - \sqrt{\frac{A}{4\pi}} = \frac{G}{3c^2}\cdot M \tag{42.3}$$

여기서 G는 뉴턴의 중력 이론에 등장하는 중력 상수이고, c는 빛의 속력이며, M은 구 내부에 포함되어 있는 물질의 질량을 뜻한다($M = 4\pi\rho r^3/3$). 이것이 바로 공간의 평균 곡률을 기술하는 아인슈타인의 법칙이다.

지구를 예로 들어 보자. 지구의 밀도가 일정하다고 가정하면 적분을 해야 하는 번거로움을 피할 수 있다. 이제, 지구의 표면적을 매우 정밀하게 측정한 후에 표면에서 지구의 중심까지 구멍을 뚫어서 반경까지 측정했다고 가정하자. 예상 반경은 측정된 표면적을 $4\pi r^2$과 같게 놓으면 구할 수 있다. 그리고 이렇게 구한 예상 반경을 실제로 측정된 반경과 비교해 보면 측정 반경이 예상 반경보다 식 (42.3)에 제시된 양만큼 더 길다는 것을 알게 된다. 상수 $G/3c^2$의 값은 약 2.5×10^{-29}cm/g이므로, 질량 1g당 측정 반경이 예상 반경보다 2.5×10^{-29}cm만큼 초과되는 셈이다. 지구의 총 질량은 6×10^{27}g이므로, 지구의 실제 반경은 표면적으로부터 계산된 반경보다 약 1.5mm정도 더 클 것이다.*[2] 동일한 계산을 태양에 대해서 해보면 태양의 반경은 예상 값보다 약 0.5km정도 더 길게 나온다.

---

*[1] 질량이 한 점에 집중되어 있다고 가정하면 어느 누구라도, 설령 아인슈타인이 직접 나선다 할지라도 설명할 수가 없다.

*[2] 이것은 근사적인 값이다. 왜냐하면 지구의 밀도는 우리의 가정과는 달리 반경에 따라 변하기 때문이다.

이 법칙에 의하면 지구 표면 위쪽 공간의 평균 곡률은 0이다. 그러나 이것은 곡률의 성분들이 모두 0이라는 뜻은 아니다. 실제로 지표면 위쪽의 공간은 곡률을 갖고 있다. 특정 배향으로 놓인 평면 위에 그려진 원의 초과 반경이 양의 값을 갖고, 그 지점에서 다른 배향으로 놓인 평면 위에 그려진 원의 초과 반경은 음의 값을 가질 수 있다. 결국 모든 배향을 고려하여 평균을 취하면 구 내부에 물질이 없는 경우에는 값들이 서로 상쇄되어 평균 곡률이 0이 되는 것이다. 참고로, 위치에 따른 평균 곡률의 변화와 곡률의 성분들 사이에는 모종의 관계가 있음이 밝혀져 있다. 따라서 공간의 모든 지점에서 평균 곡률을 알고 있다면 각 지점에서 곡률 성분들의 상세한 정보를 알 수 있다. 지구 내부의 평균 곡률은 고도에 따라 달라지는데, 이것은 지구의 내부와 외부 공간 모두에서 곡률 성분 중에 0이 아닌 성분이 존재한다는 것을 의미한다. 우리가 '중력'이라고 느끼는 힘은 바로 이 '곡률'인 것이다.

조그만 굴곡이 나 있는 평면 위를 벌레가 기어간다고 상상해 보자. 벌레는 굴곡을 만날 때마다 그 공간이 국소적으로 휘어져 있다고 느낄 것이다. 3차원 공간에 살고 있는 우리도 마찬가지다. 물질(질량) 주변의 공간은 국소적으로 휘어져 있다. 일종의 3차원적인 굴곡인 것이다.

평면을 수없이 두들겨서 구부리면 위에서 말한 조그만 굴곡들 외에 전체적인 곡률이 형성될 수 있을 것이다. 면은 마치 공의 표면과 비슷해질 것이다. 우리가 살고 있는 우주공간이 태양이나 지구 등과 같은 물질의 존재로 인한 국소적인 굴곡들뿐만 아니라 전체적으로 알짜 평균 곡률을 가지고 있는지 여부를 알아보는 것은 흥미로운 일이다. 천체물리학자들은 이 의문에 답하기 위해 멀리 떨어져 있는 은하를 열심히 관측해 왔다. 예를 들어, 지구를 중심으로 하여 엄청나게 큰 가상의 구 껍질을 상정해 놓고 그 안에 들어 있는 은하의 개수를 헤아린 후에, 그것이 구 껍질의 반경으로부터 추정된 우리의 예상치와 다르다면 이를 거대한 구의 초과 반경을 재는 척도로 삼을 수 있을 것이다. 그리고 이로부터 그들은 우리의 우주 전체가 평균적으로 평평한지, 아니면 둥근지를 추정해 낼 수 있기를 바라는 것이다. 다시 말해서 우주가 구의 표면처럼 '닫혀 있는' 공간인지, 아니면 평면처럼 '열려 있는' 공간인지를 판별해 내려는 것이다. 여러분도 현재 진행 중인 이런 종류의 논쟁에 대해서 들어본 적이 있을 것이다. 논쟁이 생기는 이유는 아직도 천문학적 관측을 통해 결정적인 증거를 얻지 못했기 때문이다. 지금까지 얻어진 관측 자료는 정확성이 떨어지기 때문에 이로부터 명확한 결론을 내리기가 어렵다. 불행히도 아직까지는 광대한 스케일에서 우주의 곡률이 어떻게 되는지에 대해서 전혀 모르는 상태이다.

42-4 시공간의 기하학

공간이 휘어져 있다면 시간은 어떤가? 특수 상대성 이론에서 배운 바와 같이 공간의 측정과 시간의 측정은 서로 얽혀 있다. 그리고 상식적으로도 시간이 개입되지 않은 채로 공간에서 어떤 일이 일어난다는 것은 말이 안 되는 이야기다. 우리가 시간을 측정한 결과는 우리가 움직이는 속력에 따라 달라진다. 예를 들어, 우리 앞을 지나가는 우주선에 탄 사람을 관찰해 보면, 우주선 안에서 진행되는 모든 과정이 그 사람에게는 정상보다 느리게 진행된다는 것을 알 수 있다. 그 우주선이 '우리의 시계'로 100초 동안 우주공간을 여행한 후 지구로 귀환했다면, 우주선 안의 시계는 95초 정도밖에 지나지 않았을 것이다(시간이 단축되는 정도는 우주선의 속력에 따라 달라진다). 시계뿐만 아니라 승무원의 심장박동 등 모든 과정이 느리게 진행되는 것이다. 이제, 재미있는 문제 하나를 생각해 보자. 여러분은 지금 우주선에 타고 있다. 여러분의 첫 번째 임무는 주어진 신호와 함께 우주선을 출발시켜 공간을 여행하다가 지상의 시계로 정확하게 100초가 지났을 때 출발 지점으로 되돌아오는 것이고, 두 번째 임무는 이 여행 시간을 여러분의 시계로 측정했을 때 '가능한 한 가장 긴' 시간이 소요되는 비행 코스를 따라 여행하는 것이다. 자, 어떻게 해야 할까? 움직이지 않고 그 자리에 그대로 있는 것이 정답이다. 조금이라도 움직인다면 여러분의 시계가 느려져서, 여러분이 측정한 여행 시간은 100초를 채우지 못할 것이기 때문이다.

이제 여러분의 임무를 조금 수정해 보자. 주어진 신호에 맞추어 A 지점을 출발하여 가령, 내 시계로 100초 후에 발생되는 두 번째 신호를 받는 순간에 B 지점에 도착하는 것이 여러분의 임무이다(두 지점은 모두 나에 대하여 고정된 위치에 있다). 이 경우에도 역시 여러분이 측정한 비행 시간은 가능한 한 가장 길어야 한다는 조건이 붙는다. 어떻게 해야 임무를 완수할 수 있을까? 비행 경로와 여정을 어떻게 잡아야 '여러분의' 시계로 가장 오랜 시간이 걸려서 도착할 수 있을까? 답은 직선 경로를 따라 등속으로 비행하면 '여러분의' 관점에서 가장 오랜 시간이 소요된다는 것이다. 등속으로 가지 않고 중간에 더 빠른 속도를 낸다거나 직선 경로에서 이탈하면 여러분의 시계는 더 느려질 것이기 때문이다(시간이 지연되는 정도는 속도의 '제곱'에 의존하기 때문에, 어떤 구간에서 속도를 올려서 손해 본 것은 다른 곳에서 속도를 늦춘다 해도 만회되지 않는다).

지금까지 한 이야기의 핵심은 이 아이디어를 이용하면 시공간에서 '직선'이 무엇인지를 정의할 수 있다는 것이다. 시공간에서 공간에서의 직선에 대응되는 개념은 한 방향을 향해 일정한 속도로 진행하는 등속도 '운동'인 것이다.

공간에서 최단 거리를 나타내는 선에 대응하는 시공간상의 경로는 최단 시간의 경로가 아니라 '최장' 시간의 경로인데, 그 이유는 우습게도 상대론에 등장하는 t항의 부호가 공간 좌표와 관련된 항들의 부호와 반대이기 때문이다. 따라서 시공간에서 '직선' 운동(직선을 따라 등속도로 진행하는 운동)은 시계를 특정한 시각에 한 곳으로부터 정해진 시각까지 다른 곳으로 옮기는 동안 시계바늘이 가장 많이 돌아가는 운동이 되는 것이다. 앞으로 이것을 시공간에서의 직선의 정의로 삼을 것이다.

42-5 중력과 등가 원리

이제 비로소 중력의 법칙을 논할 단계가 되었다. 아인슈타인은 자신이 이미 발표했던 특수 상대성 이론에 부합되는 중력 이론을 만들기 위해 각고의 노력을 기울이던 중 그가 올바른 법칙에 이르도록 이끌어 준 중요한 원리를 하나 찾아냈다. 그것은 자유 낙하하는 물체의 내부가 무중력 상태와 동일하다는 간단한 아이디어에서 출발한 원리였다. 예를 들어, 궤도를 돌던 위성이 지구로 추락할 때 그 안에 타고 있는 승무원들은 무중력 상태에 놓이게 된다. 이 아이디어를 좀 더 정확하게 표현한 것이 바로 그 유명한 '아인슈타인의 등가 원리(Einstein's principle of equivalence)'이다. 이것은 "자유 낙하하는 물체는 질량이나 재질에 관계없이 모두 동일한 가속도로 떨어진다"는 사실에 근거를 두고 있다. 승무원을 태운 우주선이 자유 낙하할 때, 승무원과 우주선의 낙하를 관장하는 법칙은 동일하다. 그러므로 만일 승무원이 우주선의 중앙에 있었다면 그는 추락하는 동안 줄곧 그곳에 머물러 있을 것이다. 다시 말해서, 승무원은 결코 '우주선 바닥을 향해' 떨어지지 않는다. 자유 낙하하는 승무원이 무중력 상태에 있다고 표현하는 이유가 바로 이것이다.

이제, 여러분을 태운 우주선이 가속 운동을 한다고 가정해 보자. 그런데 무엇을 기준으로 한 가속 운동인가? 일단은 우주선의 엔진이 추진력을 발휘하여 자유 낙하 상태를 벗어났다고만 해 두자. 그리고 우주선의 주변에는 질량을 가진 천체가 전혀 없어서 중력이 작용하지 않는다고 가정하자. 만일 우주선의 가속도가 1g(지구의 중력 가속도)였다면 우주선의 바닥에 서 있는 여러분은 마치 지상에 있을 때와 마찬가지로 자신의 평소 체중을 느끼게 될 것이다. 이런 상태에서 들고 있던 공을 손에서 놓으면 곧장 바닥으로 '떨어질' 것이다. 왜 그런가? 우주선은 위쪽 방향으로 가속되고 있지만 공에는 아무런 힘도 작용하지 않으므로 가속 운동을 하지 않기 때문이다. 즉, 공은 원래 있던 자리에 그대로 있는 것이다. 우주선의 내부에서 보면, 공이 아래쪽으로 1g의 가속도로 운동하는 것처럼 보일 것이다.

이런 상태와 우주선이 지구에 착륙해 있는 상태를 비교해 보자. 과연 다른 점이 있을까? 놀랍게도 모든 것이 동일하다! 여러분은 평소 자신의 체중으로 우주선 바닥을 누를 것이고, 공은 1g의 가속도로 떨어질 것이다. 만일 우주선에 창문이 나 있지 않다면 그 안에 타고 있는 여러분은 우주선이 우주공간을 1g의 가속도로 운행 중인지, 아니면 지상에 착륙해 있는지 구별할 수 있을까? 아인슈타인의 등가 원리에 따르면 우주선 내부에서의 측정만으로는 어떤 방법을 동원한다 해도 그것은 절대 불가능하다.

좀 더 엄밀하게 말하면, 위의 주장은 우주선 내의 한 점에 대해서만 맞다. 지구의 중력이 완벽하게 균일하지는 않기 때문에 우주선 안에서 떨어지는 공의 가속도도 위치에 따라 아주 조금씩 달라진다. 그러나 중력장이 완벽하게 균일하다면 중력에 의한 효과와 가속 운동에 의한 효과는 전혀 구별할 수 없게 된다. 이것이 바로 등가 원리의 기반이다.

42-6 중력장 안의 시계

자, 이제 등가 원리를 이용하여 중력장에서 일어나는 이상한 현상을 규명해 보자. 중력장 속에서는 도저히 일어나리라고 예상하지 못했던 현상이 가속 중인 우주선 안에서 일어난다는 것을 보이도록 하겠다. 그림 42-16과 같이 우주선의 앞쪽에 시계 A를 설치하고, 뒤쪽에도 이와 똑같은 시계 B를 설치했다고 가정해 보자. 이제, 우주선이 위쪽으로 가속되고 있을 때 두 시계를 비교해 보면 앞쪽에 있는 시계가 더 빠르게 가는 것처럼 보인다. 이 사실을 확인하기 위해, 여러분은 지금 시계 B의 바로 옆에 앉아서 매 초마다 시계 A로부터 방출되는 빛신호가 도착하는 시간 간격과 시계 B의 빠르기를 비교한다고 생각해 보자. 그림 42-17처럼 시계 A가 빛을 발할 때 우주선의 위치를 a라 하고, 그 빛이 시계 B에 도착했을 때 우주선의 위치를 b라 하자. 그리고 시계 A가 그다음 빛신호를 발할 때 우주선의 위치를 c라 하고, 그 빛이 시계 B에 도착했을 때 우주선의 위치를 d라 하자.

첫 번째 신호가 여행한 거리는 L_1이며, 두 번째 신호의 여행 거리는 L_2이다. 그런데, 우주선은 지금 위쪽으로 가속되고 있으므로 L_2는 L_1보다 짧다. 따라서 시계 A로부터 매초마다 방출되는 빛신호를 시계 B의 위치에서 감지한다면 신호의 간격은 1초보다 짧아진다. 그 다음 신호들에 대해서도 똑같은 일들이 벌어질 것이다. 그러므로 만일 여러분이 우주선의 후미에 앉아 있다면 시계 A가 시계 B보다 빠르게 간다는 결론을 내릴 수밖에 없다. 이와 반대로, 여러분이 우주선의 앞쪽에 앉아서 시계 B로부터 나오는 빛신호를 감지하는 경우에도 여전히 A는 B보다 '빠르게' 간다는 결론에 이르게 된다. 여기까지는 아무런 모순도, 이상한 점도 없다.

이번에는 똑같은 우주선이 지구의 중력장 안에서 가만히 정지해 있다고 가정해 보자(그냥 지표면에 착륙한 상태라고 생각하면 된다). 그래도 두 개의 시계가 다르게 갈 것인가? 그렇다. 다르게 간다! 굳이 우주선까지 동원하지 않더라도, 마룻바닥에 앉아서 높은 선반 위에 얹혀 있는 시계를 쳐다보면 마룻바닥에 있는 시계가 더 느리게 가는 것처럼 보인다! 여러분은 이렇게 따지고 싶을 것이다. "그건 말도 안됩니다! 아까는 우주선이 가속 운동을 했지만 지금 지구는 그렇지 않잖아요? 그러니까 두 개의 시계는 당연히 같은 속도로 가야 하는 게 아닌가요?" 그러나 등가 원리가 정말로 옳다면 그래야 한다. 아인슈타인은 자신이 떠올린 등가 원리가 틀림없는 진실이라고 믿고 과감하게 논리를 전개하여 올바른 방향으로 나아갔다. 그는 중력장 안에서 서로 다른 높이에 위치한 시계는 각기 다른 빠르기로 가는 것처럼 보여야 한다고 주장했다. 그런데 만일 한 시계가 다른 시계에 대해서 항상 다른 빠르기로 가는 것처럼 보인다면, 그 시계를 기준으로 생각했을 때는 나머지 시계가 다른 빠르기로 가고 있는 것이다.

앞에서 이야기했던 뜨거운 판 위의 벌레가 사용하던 자와 뭔가 유사한 점이 있는 것 같지 않은가? 벌레가 사용하는 자는 온도에 따라 길이가 변하지만, 자뿐만 아니라 벌레 자신을 포함한 모든 것이 똑같은 비율로 늘어나거나 줄어들기 때문에 장소를 옮겨가며 거리를 측정하고 있는 벌레는 자의 길이가 변한다는 사

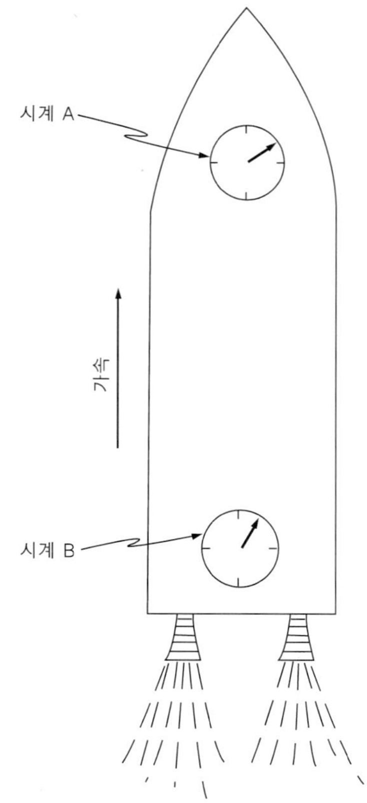

그림 42-16 위쪽으로 가속되고 있는 우주선 속의 두 시계

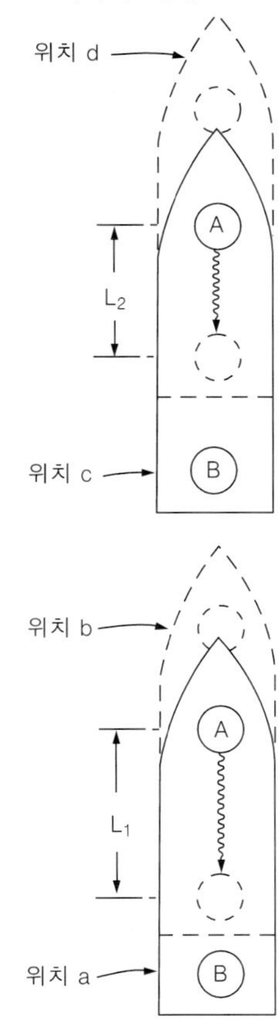

그림 42-17 가속 중인 우주선의 앞쪽에 있는 시계는 뒤쪽에 있는 시계보다 빠르게 가는 것처럼 보인다.

실을 알 방법이 없었다. 중력장 안에 있는 시계의 경우도 이와 비슷하다. 높은 곳에 있는 시계는 빠르게 가는 것으로 보인다. 시계뿐만 아니라 사람의 심장박동이나 그 밖의 모든 과정이 모두 똑같은 비율로 빨라진다.

만일 그렇지 않다면 우리는 중력에 의한 효과와 가속 운동에 의한 효과를 구별할 수 있을 것이다. 시간이 위치(고도)에 따라 다르게 간다는 발상은 정말로 이해하기 어렵다. 그러나 아인슈타인의 일반 상대성 이론은 여기서 출발하였고 여러분이 믿거나 말거나 사실로 판명되었다.

등가 원리를 이용하면 중력장 안에서 고도에 따라 시계의 빠르기가 얼마나 변하는지를 계산할 수 있다. 지구의 중력과 똑같은 효과를 주는 가속 중인 우주선 속에서 두 시계의 겉보기 시간의 차이를 계산하면 된다. 이 계산을 가장 쉽게 하려면 제1권 34장에 수록되어 있는 도플러 효과(Doppler effect)에 대한 결과를 이용하면 된다. 거기에 있는 식 (34.14)를 보면, 발신자와 수신자 사이의 상대 속도가 v일 때 수신자가 측정한 진동수 ω와 발신할 당시의 진동수 ω_0 사이에는 다음과 같은 관계가 있다.

$$\omega = \omega_0 \frac{1 + v/c}{\sqrt{1 - v^2/c^2}} \tag{42.4}$$

이제 그림 42-17처럼 가속 중인 우주선을 생각해 보면, 그 속에 타고 있는 발신자 A와 수신자 B는 매 순간마다 동일한 속도로 움직이고 있다. 그런데 A에서 방출된 빛신호가 B에 도달하는 데 걸리는 시간 동안 우주선은 꾸준히 가속되고 있다. 빛신호가 A에서 B까지 거리 H를 진행하는 데 걸리는 시간을 t라 하고 우주선의 가속도를 g라 하면, 이 시간 동안 우주선의 속도는 gt만큼 빨라진다. 이 시간 t는 H/c에 아주 가까운 값이다(신호가 진행하는 동안 B는 신호를 마중 나오기 때문에 이것보다 조금 짧다 : 옮긴이). 따라서 신호가 B에 도달했을 때 우주선의 속도는 gH/c만큼 증가한다. 즉, 수신자 B는 신호를 방출할 당시의 '발신자 A에 대해서' 항상 gH/c의 상대 속도로 움직인다. 그러므로 도플러 편이 공식 (42.4)를 이 경우에 적용하려면 v에 이 값을 대입해야 한다. 우주선의 길이(H)가 충분히 작아서 gH/c가 c보다 훨씬 작은 값이라면 식 (42.4)의 분모에 있는 v^2/c^2항은 무시할 수 있으므로 다음과 같이 된다.

$$\omega = \omega_0\left(1 + \frac{gH}{c^2}\right) \tag{42.5}$$

결국, 우주선 안의 두 시계 사이에는 다음의 관계가 성립한다.

$$(\text{수신자 측에서 측정되는 주파수}) = (\text{발신 주파수})\left(1 + \frac{gH}{c^2}\right) \tag{42.6}$$

여기서, H는 수신자에서 '위에 있는' 발신자까지의 높이다.

등가 원리에 의하면 자유 낙하 가속도가 g인 중력장 속에서 높이 H만큼 떨어져 있는 두 시계에 대해서도 동일한 결과가 성립해야 한다.

이것은 너무나도 중요한 결과이므로 다른 물리 법칙(에너지 보존 법칙)을 이용해서 중력장 속에서도 같은 결과를 유도할 수 있음을 보이도록 하겠다. 물체에 작용하는 중력은 물체의 질량 M에 비례하며, 질량 M은 물체의 총 내부 에너지 E와 $M=E/c^2$의 관계에 있다. 예를 들어, 핵자(양성자, 중성자)의 질량은 핵반응 과정에서 생성되는 에너지로부터 결정될 수 있는데, 이 값은 원자량으로부터 구한 질량과 일치한다.

자, 이제 바닥상태의 에너지가 E_0이고 바로 위의 들뜬상태의 에너지가 E_1인 원자를 생각해 보자. 들뜬상태에 있는 원자는 외부로 빛을 방출하면서 바닥상태로 떨어질 수 있다. 이때 방출되는 빛의 진동수 ω는 다음과 같이 주어진다.

$$\hbar\omega = E_1 - E_0 \tag{42.7}$$

이제, E_1 상태에 있는 원자 하나가 마룻바닥에 놓여 있다고 가정해 보자. 우리는 이 원자를 높이 H까지 들어올리려고 한다. 다들 알다시피, 중력장 하에서 물건을 들어올리려면 그에 상응하는 일을 해 주어야 한다. 원자의 질량은 $m_1 = E_1/c^2$이므로, 우리가 해야 할 일은

$$\frac{E_1}{c^2}\,gH \tag{42.8}$$

이다. 이렇게 원자를 들어올린 후, 원자가 광자 하나를 방출하도록 유도하여 E_0 상태로 떨어지게 한다. 그다음 이 원자를 다시 마룻바닥에 내려놓는다. 이때 원자의 질량은 E_0/c^2이므로,

$$\frac{E_0}{c^2}\,gH \tag{42.9}$$

만큼의 에너지가 되돌려진다. 따라서 우리가 원자에 해 준 일의 총량은 다음과 같다.

$$\Delta U = \frac{E_1 - E_0}{c^2}\,gH \tag{42.10}$$

원자가 광자(빛)를 방출할 때 원자의 에너지는 $E_1 - E_0$만큼 줄어든다. 그런데 이렇게 방출된 광자가 우연히 마룻바닥에 충돌하여 흡수되었다면 광자가 흡수된 곳에는 얼마만큼의 에너지가 전달되었을까? 언뜻 생각하기에는 당연히 $E_1 - E_0$만큼의 에너지가 전달되어야 할 것 같다. 그러나 이렇게 되면 에너지 보존 법칙에 위배된다. 지금부터 그 이유를 자세히 따져 보자. 맨 처음에 우리는 바닥에 놓여 있는 에너지 E_1의 원자에서 시작하였다. 최종적으로 다시 바닥에 내려왔을 때의 에너지는 바닥에 놓인 원자의 에너지 E_0와 광자로부터 반환받은 에너지 E_{ph}를 더한 것이다. 그리고 중간 과정에서 우리가 원자에 해 준 일 ΔU는 식 (42.10)에 계산되어 있다. 에너지가 보존된다면, 최종 상태의 에너지는 초기 상태의 에너지보다 ΔU만큼 커야 한다. 즉, 다음 식이 성립되어야 하는 것이다.

$$E_{ph} + E_0 = E_1 + \Delta U$$

즉 (42.11)

$$E_{ph} = (E_1 - E_0) + \Delta U$$

따라서 광자가 바닥에 충돌할 때 갖고 있던 에너지는 광자가 생성될 당시에 갖

고 있던 에너지 $E_1 - E_0$보다 '조금 더 커야 한다.' 그렇지 않으면 도중에 어딘가에서 에너지가 사라진 것이다. 식 (42.10)의 ΔU를 식 (42.11)에 대입하면 바닥에 도달한 광자의 에너지는

$$E_{\text{ph}} = (E_1 - E_0)\left(1 + \frac{gH}{c^2}\right) \tag{42.12}$$

임을 알 수 있다. 그런데 바닥에 도달한 광자의 진동수는 $\omega = E_{\text{ph}}/\hbar$인 반면, 처음에 공중에서 방출될 당시의 광자의 진동수는 식 (42.7)에서와 같이 $\omega_0 = (E_1 - E_0)/\hbar$이다. 그러므로 (중력장 속에서) 방출될 당시의 광자의 진동수와 바닥에 흡수될 때의 광자의 진동수 사이의 관계를 말해 주는 식 (42.12)는 (가속 중인 우주선 속에서 도플러 효과를 이용하여 구한) 식 (42.5)와 정확하게 일치한다.

이 결과는 또 다른 방법으로도 얻을 수 있다. 진동수가 ω_0인 광자의 에너지는 $E_0 = \hbar\omega_0$이다. 그런데 E_0의 에너지에 해당되는 중력 질량은 E_0/c^2이므로 광자는 $\hbar\omega_0/c^2$의 유효 질량(정지 질량이 아님)을 가진다. 따라서 광자는 지구의 중력에 의해 "끌어당겨진다." H의 높이를 떨어지는 동안 광자는 $(\hbar\omega_0/c^2)gH$의 에너지를 추가로 얻게 되고, 결국 바닥에 도달한 광자의 에너지는

$$E = \hbar\omega_0\left(1 + \frac{gH}{c^2}\right)$$

가 된다. 그리고 바닥에 도달한 광자의 진동수는 $E/\hbar$이므로 다시 식 (42.5)의 결과가 얻어진다. 상대론과 양자역학, 그리고 에너지 보존 법칙에 대한 우리의 관념은 중력장 내의 시계에 관한 아인슈타인의 예측이 옳아야만 서로 모순 없이 성립하게 되는 것이다. 지금 여기서 말하는 진동수의 변화는 사실 매우 작은 양이다. 예를 들어, 20m 위에서 지면으로 떨어진 광자의 진동수는 $2 \times 10^{-13}\%$정도밖에 변하지 않는다. 그러나 이 미세한 변화는 최근에 뫼스바우어 효과(Mössbauer effect)를 통해 실험적으로 확인되었다.* 결국 아인슈타인이 옳았던 것이다.

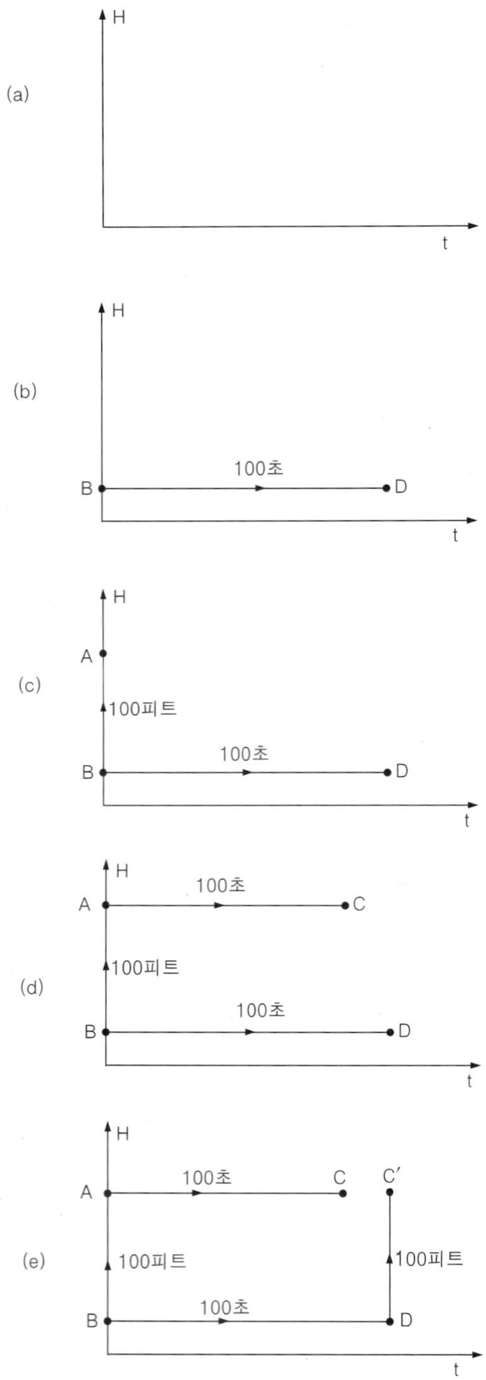

그림 42-18 시공간에서 사각형 그리기

42-7 시공간의 곡률

이제 위에서 이야기한 내용을 휘어진 시공간이라는 개념과 연결시켜 보자. 앞에서 지적했던 대로, 위치에 따라 시간이 다르게 가는 현상은 뜨거운 판 위에 구현된 휘어진 공간의 경우와 비슷하다. 그러나 여기에는 단순한 비유 이상의 중요한 정보가 담겨 있다. 즉, '실제로' 시공간이 휘어져 있음을 의미하는 것이다. 지금부터 시공간에서 약간의 기하학적 작도를 해보자. 처음에는 좀 이상하게 들릴지도 모르지만 여태껏 종종 해 왔던 대로 시간축과 공간축을 잡고 시공간을 평면상에 그려 보면 이 말의 의미를 알 수 있다. 이를 위해, 그림 42-18(a)와 같이

* R. V. Pound and G. A. Rebka, Jr., *Physical Review Letters* Vol. 4, p. 337, 1960

수직 방향의 좌표축에는 공간(거리, H)을, 그리고 수평 좌표축에는 시간(t)을 대응시킨 시공간 좌표 평면을 사용하기로 한다. 이제, 여기에 직사각형을 그려 보자. 직사각형의 밑변은 높이 H_1에 '정지해 있는' 물체의 세계선(world line)을 100초 동안 따라가면서 그린다. 그러면 그림 42-18(b)에 보이는 시간축에 평행한 선분 BD가 얻어진다. 다음으로, $t=0$에서 이 물체보다 100피트 높은 위치에 있는 또 다른 물체를 생각해 보자. 물체는 그림 42-18(c)의 점 A에서 출발한다. 점 A에 있는 시계로 100초 동안 제자리에 가만히 있는 이 물체의 세계선을 따라가면 그림 42-18(d)의 선분 AC가 얻어진다. 그런데 중력장 하에서는 고도에 따라 시간의 흐름이 다르기 때문에, 점 C와 점 D는 동시간 선상에 있지 않다. 마지막으로, 사각형을 완성하기 위해 동일 시각에 D보다 100피트 위에 있는 점 C'을 잡아서 선분 DC'을 그어 보면 그림 42-18(e)처럼 한쪽 귀퉁이가 열려 있는 불완전한 도형이 얻어진다. 우리가 "시공간이 휘어져 있다"고 말하는 것은 바로 이런 의미이다.

42-8 휘어진 시공간 속에서의 운동

재미있는 퍼즐 문제를 하나 생각해 보자. 그림 42-19와 같이, 지표면의 두 지점에 똑같은 종류의 시계 A와 B가 놓여 있다. 이제, 시계 A를 높이 H만큼 들어올려서 한동안 그 상태를 유지하다가 시계 B로 100초가 지났을 때 A를 다시 지표면에 내려놓는다. 높은 곳에서는 시계가 빨리 가기 때문에, 바닥에 내려온 A는 가령 107초 정도를 가리키고 있을 것이다. 자, 문제는 지금부터다. 시계 B로 100초가 지나는 동안 A의 초침이 가장 많이 돌아가게 하려면 A를 어떻게 움직여야 할까? 당장은 이런 대답이 나올 것 같다—"그건 아주 쉬워요. 일단 A를 가능한 한 높은 곳까지 올려놓으면 아주 빨리 가잖아요? 그곳에서 한참 있다가 내려오면 B와의 시간차가 크게 나겠지요. 그러니까 무조건 높이 올리기만 하면 되는 거죠." 그러나 애석하게도 이것은 틀린 답이다. 위로 올라갔다가 내려오는 데 주어진 시간은 (B로 측정했을 때) 단 100초뿐이다. 따라서 100초 동안에 아주 높이 올라갔다가 다시 내려오려면 아주 빨리 올라갔다가 빨리 내려와야 한다. 그런데 특수 상대성 이론에 의하면 움직이는 물체의 시간은 $\sqrt{1-v^2/c^2}$에 비례하여 느려지기 때문에, 위로 올라가는 동안(또는 내려오는 동안) A는 B보다 천천히 가게 된다. 그러므로 이것은 일종의 게임이다. 시계 A를 그 자리에 가만히 놓아 두면 100초가 지날 것이다. 시계를 천천히 들어올렸다가 천천히 내려놓으면 100초보다 조금 더 흘러 있을 것이며, 조금 더 높이 들어올렸다가 내리면 A의 초침은 조금 더 돌아가 있을 것이다. 그러나 욕심을 부려서 너무 높은 곳까지 들어올리려고 한다면 시간 제한 때문에 아주 빠른 속도로 올라갔다가 내려와야 하고, 그동안에 나타나는 시간 지연 현상에 의해 A의 초침은 미처 100초에도 미치지 못할 수 있다. 아주 높은 곳까지 올라갔다 내려오려면 시간 제한 때문에 빨리 움직여야 하므로 시계가 느려져서 손해를 보겠고, 천천히 조금만 올라갔다 내려오자니 중력의 덕을 조금밖에 보지 못할 것 같고…… 과연 어떻게

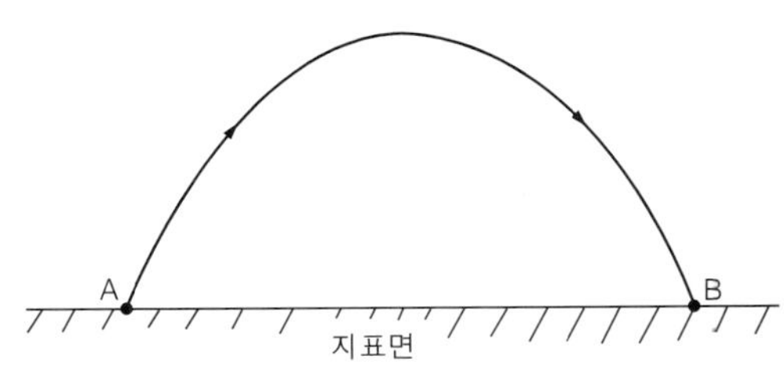

그림 42-19 균일한 중력장 하에서 정해진 시간 내에 고유 시간이 최대가 되는 이동 경로는 포물선이다.

해야 A의 초침을 최대한 많이 돌아가게 할 수 있을까? 너무 높지도 너무 낮지도 않은 선에서 적절히 타협을 해야 할 것이다.

정답은 다음과 같다. 공중에 공을 던져서 정확히 100초 만에 다시 지표에 떨어지게 하려면 얼마나 빠른 속도로 던져야 하는지를 알아내면 된다. 빠른 속도로 던져져서 위로 올라갈수록 점점 느려지다가 최고점에서 순간적으로 멈췄다가 다시 아래로 내려오는 공의 운동이 문제의 정답이다. 이 경우에 공에 매어 놓은 손목시계는 가장 긴 체공 시간을 기록하게 된다(물론, 지상에서 측정한 체공 시간은 정확하게 100초이다).

이제, 조금 다른 게임을 생각해 보자. 지표면 위에 어떤 특정한 거리만큼 떨어져 있는 두 지점 A와 B가 있다. 이것은 앞에서 다루었던 시공간 상의 '직선 경로'를 구하는 것과 동일한 게임이다—지상에 고정되어 있는 시계로 정확하게 100초가 흐르는 동안 A에서 B로 이동할 때, 함께 이동하는 시계로 소요 시간이 가장 긴 경로는 무엇인가? 여러분은 이렇게 대답할지도 모른다. "앞에서 배운 것처럼, 100초 동안 직선을 따라 등속으로 진행해서 B에 도착하면 되겠지요. 직선을 따라가지 않으면 속도를 더 올려야 하고, 속도를 올리면 시계가 늦게 갈 테니까요." 그러나 잠깐! 그것은 중력을 고려하지 않았을 때의 이야기다. 중력이 작용하고 있다면 조금 위쪽으로 곡선을 그리다가 내려오는 게 더 유리하지 않을까? 그러면 위로 떠서 가는 동안 중력의 효과로 인해서 시계가 약간 더 빨리 가지 않을까? 그렇다. 움직이는 시계의 경과 시간이 최대가 되는 운동 경로를 수학적으로 구해 보면 그림 42-19와 같은 포물선이 나온다. 그러므로 중력장 하에서의 운동 법칙은 다음과 같이 표현될 수 있다. **"물체가 한 지점에서 다른 지점으로 이동할 때는 물체에 부착된 시계로 항상 최장 시간이 걸리는 경로(trajectory)를 따른다."** 물론, 처음과 마지막에 같은 조건을 만족시키는 가능한 모든 경로들 중에서 최장 시간이 걸리는 경로를 따른다는 말이다. 물체와 함께 움직이는 시계로 측정한 시간을 흔히 '고유 시간(proper time)'이라고 부른다. 자유 낙하하는 물체도 고유 시간이 최대가 되는 경로를 따르고 있는 것이다[여기서 '경로'는 단순한 기하학적인 곡선을 의미하는 것이 아니라 매 순간 물체의 운동 상태(속도, 가속도)까지 포함하는 개념이다. 가령, 주어진 시간에 서울에서 부산까지 동일한 곡선을 따라 이동한 경우에도 처음부터 끝까지 등속으로 간 경우와 처음에는 빨리 가다가 나중에 천천히 간 경우는 지금의 문맥에서 볼 때, 서로 다른 경로로 간 것이다 : 옮긴이].

문제를 좀 더 자세히 살펴보자. 우선, 식 (42.5)와 등가 원리에 의하면 중력장 속에서 높이 H까지 올라간 시계의 빠르기는 다음 양만큼 증가한다.

$$\frac{\omega_0 g H}{c^2} \tag{42.13}$$

또한 물체가 움직이면 속력 때문에 시계가 늦게 가는 효과도 같이 나타나는데, 그 정도는 다음과 같다.

$$\omega = \omega_0\sqrt{1 - v^2/c^2}$$

이 관계는 모든 속력에서 항상 성립하지만, 여기서는 속력 v가 c보다 훨씬 느리

다고 가정해 보자. 그러면 위의 식은 다음과 같이 근사될 수 있고

$$\omega = \omega_0(1 - v^2/2c^2)$$

따라서 시계가 느려지는 정도는 다음과 같이 된다.

$$-\omega_0\frac{v^2}{2c^2} \tag{42.14}$$

식 (42.13)과 (42.14)를 하나로 합치면 포물선을 그리며 움직이는 시계의 진동수 편이는

$$\Delta\omega = \frac{\omega_0}{c^2}\left(gH - \frac{v^2}{2}\right) \tag{42.15}$$

이 된다. 따라서 고정된 시계로 dt만큼 흐르는 동안 움직이는 시계는

$$dt\left[1 + \left(\frac{gH}{c^2} - \frac{v^2}{2c^2}\right)\right] \tag{42.16}$$

만큼 흐르게 되고, 경로 전체를 이동하는 동안 초과된 총 시간은 괄호 안의 양을 시간으로 적분하여 얻어진다. 즉,

$$\frac{1}{c^2}\int\left(gH - \frac{v^2}{2}\right)dt \tag{42.17}$$

이 값이 최대가 되는 경로가 바로 중력장 안에서 물체가 이동하는 경로이다.

그런데 식 (42.17)에 들어 있는 gH항은 바로 중력 퍼텐셜 ϕ이다. 이제, 적분에 $-mc^2$이라는 상수를 곱해 보자(m은 물체의 질량이다). 상수를 곱한다 해도 극값을 갖는 조건은 변하지 않지만, 마이너스 부호 때문에 이 경우에는 최대가 최소로 바뀌게 된다. 따라서 물체는 항상 다음의 조건을 만족하는 경로를 따라 이동하게 된다.

$$\int\left(\frac{mv^2}{2} - m\phi\right)dt = \text{최소값} \tag{42.18}$$

적분 기호 안에 들어 있는 함수를 자세히 보면 운동 에너지와 위치 에너지의 차이임을 알 수 있다. 제2권 19장에는 최소 작용의 원리(least action principle)가 소개되어 있는데, 그 내용에 의하면 뉴턴의 운동 법칙은 식 (42.18)과 정확하게 동일한 형태로 표현될 수 있었다. 그러므로 중력장 하에서 고유 시간이 최대가 될 것을 요구한다는 것은 곧 뉴턴의 운동 법칙이 성립할 것을 요구하는 것과 동일하다.

42-9 아인슈타인의 중력 이론

"휘어진 시공간에서 물체의 고유 시간은 최대가 된다"는 아인슈타인의 운동 방정식은 속도가 낮은 경우에 뉴턴의 운동 방정식과 동일한 결과를 준다. 고든 쿠퍼(Gordon Cooper, 1950~1960년대 미 유인 우주선 머큐리의 우주비행사 : 옮긴이)가 지

구 주위를 돌고 있는 동안 그의 시계가 가리키는 시간은 그의 우주선을 여러분이 상상해 낼 수 있는 다른 어떤 경로로 운행했을 때보다도 더 길 것이다.*

따라서 중력 법칙은 시공간의 기하학을 이용하여 다음과 같은 획기적인 방식으로 재서술될 수 있다. "모든 입자는 항상 고유 시간이 최대가 되는 경로를 취한다." 이것은 '최단 거리'의 개념이 4차원 시공간으로 확장된 것이다. 이것이 바로 중력장 하에서의 운동 법칙이다. 운동 법칙을 이런 식으로 기술하면 좌표에 의존하지 않는 형태로 표현되며, 수많은 경우들의 세부적인 상황을 따로 정의할 필요도 없기 때문에 아주 편리하다.

지금까지 언급한 내용을 정리해 보면, 중력은 다음 두 가지 법칙으로 기술된다.

(1) 물질(질량)의 존재는 시공간의 기하학적 구조를 변화시킨다. '초과 반경'으로 표현되는 시공간의 곡률은 우리가 잡은 구형 안에 들어 있는 질량에 비례한다 [식 (42.3)].

(2) 오직 중력만이 작용하고 있다면 모든 물체는 자신의 고유 시간이 최대가 되는 경로를 따라 움직인다.

위의 두 법칙은 예전에 살펴보았던 뉴턴의 두 법칙과 대응 관계에 있다. 원래 우리는 중력장 내에서 물체의 운동을 거리의 제곱에 반비례하는 뉴턴의 중력 법칙과 가속도와 힘의 비례 관계를 규정하는 뉴턴의 운동 법칙을 이용하여 기술하였다. 이제는 법칙 (1)과 (2)가 이들을 대신한다. 다시 말해서, 뉴턴 법칙의 새로운 버전인 것이다. 뿐만 아니라, 이 한 쌍의 새로운 법칙은 전자기학의 법칙과도 대응된다. 전하에 의해 생성되는 장(field)은 한 세트의 맥스웰 방정식으로 기술되는데, 하전 입자의 존재로 인해 공간의 특성이 달라지는 것은 중력에 대한 법칙 (1)에 대응되며, 주어진 전자기장 속에서 하전 입자의 운동 방정식[$(m\boldsymbol{v})/dt = q(\boldsymbol{E}+\boldsymbol{v}\times\boldsymbol{B})$]은 법칙 (2)에 대응된다.

일반 상대론 책에는 매우 복잡한 방정식의 형태로 서술되어 있는 것이 보통이지만, 사실 아인슈타인의 중력 이론은 위에 적은 법칙 (1)과 (2)가 전부다. 여기에 한 가지만 더 첨부하면, 중력장 속에서는 위치에 따라 시간의 척도(time scale)가 달라질 뿐만 아니라 길이의 척도(length scale)도 달라진다. 즉, 위치에 따라 자의 길이가 변하는 것이다. 시간과 공간은 밀접한 관계로 얽혀 있기 때문에, 공간에 아무런 영향을 주지 않고 시간만 변화를 겪는 것은 불가능하다. 아주 간단한 예를 들어 보자. 지금 여러분은 우주선을 타고 지구 옆을 스쳐 지나가는 중이라고 생각해 보자. 이때, 여러분의 관점에서 보는 '시간'의 일부는 지구에 있는 우리의 관점에서 볼 때 '공간'에 해당된다. 그러므로 공간도 시간을 따라 변할 수밖에 없다. 물질이 존재함으로써 왜곡되는 것은 개별적인 시간과 공간이 아니라 이 둘이 한데 얽혀 있는 '시공간'인 것이다. 이것은 시간 척도 하나만 변하는

---

* 엄밀히 말하면, 최대가 아니라 '극대'(local maximum)라고 해야 한다. 다시 말해서, "고유 시간은 임의의 '주변' 경로(nearby path)에 대해서 그보다는 더 길다"라고 말해야 한다. 예를 들어, 지구 주위의 타원 궤도 상의 고유 시간이 하늘 높이 쏘아 올려졌다 다시 땅으로 떨어지는 물체의 탄도 경로 상의 고유 시간보다 길어야 할 이유는 없다.

것보다 훨씬 더 복잡하다. 그러나 공간의 곡률에 관한 법칙이 단 한 사람의 관점에서만 옳은 것이 아니라 모든 관점에서 성립한다는 사실을 염두에 두면, 중력의 법칙은 식 (42.3) 하나만으로도 충분하다. 누군가가 질량을 가진 물체 옆을 스쳐 지나가고 있다면, 그의 관점에서 볼 때 물체는 운동 에너지를 갖고 있을 것이다. 따라서 그의 입장에서는 운동 에너지에 해당하는 질량을 포함시켜야 하기 때문에 질량의 내용이 달라질 것이다. 아인슈타인의 중력 이론이 말하는 바는 어느 누가 어떠한 속도로 움직이건 간에, 임의의 구형을 잡아서 그 안에 들어 있는 질량 M을 측정하면 구의 초과 반경은 $GM/3c^2$(또는 보다 나은 표현을 쓰면, $G/3c^4 \times$구 내부의 총 에너지)이라는 것이다. 임의의 방식으로 움직이는 모든 계에서 항상 성립하는 이 법칙[법칙 (1)]은 이른바 '아인슈타인의 장 방정식(Einstein's field equation)'이라고 불리는 중력의 위대한 법칙이다. 그리고 모든 물체는 고유 시간이 최대가 되는 경로를 따른다는 두 번째 법칙이 바로 '아인슈타인의 운동 방정식(Einstein's equation of motion)'이다.

말로 설명하면 어느 정도 수긍이 가겠지만, 이 두 개의 법칙을 수식으로 표현하여 뉴턴의 법칙이나 전자기학의 법칙과 연계하여 이해하는 것은 그리 만만한 과제가 아니다. 이것이 바로 오늘날의 물리학자들이 수용하고 있는 최신 버전의 중력 법칙이다.

이들 새로운 중력 법칙은 앞에서 생각해 본 몇 가지 간단한 경우에는 뉴턴의 법칙과 동일한 결과를 주지만, 항상 그런 것은 아니다. 아인슈타인은 자신의 중력 법칙으로부터 세 가지 새로운 현상을 예견하였는데, 이들은 모두 실험을 통해 사실임이 확인되었다. 수성의 궤도는 고정된 타원 궤도가 아니라는 것과 태양 근처를 지나는 빛이 기존의 예상치보다 두 배나 휘어진다는 것, 그리고 중력장 속에서 시계의 빠르기가 위치마다 달라진다는 것이 바로 그것이다. 아인슈타인의 예상이 뉴턴 역학의 예상과 다를 때마다 자연은 매번 아인슈타인의 손을 들어 주었던 것이다.

지금까지 말한 내용을 요약하면 다음과 같다. 첫째로, 시간과 거리는 관측자의 위치와 관측하는 시점에 따라 달라진다. 이것은 시공간이 휘어져 있다고 말하는 것과 동등하다. 임의의 구를 잡아서 면적을 측정한 결과 A라는 값을 얻었다면, 이로부터 예상되는 구의 반경은 $\sqrt{A/4\pi}$이다. 그러나 실제로 측정된 반경 값은 예상 반경 값과 차이가 나는데 그 차이, 즉 구의 초과 반경은 구 안에 포함되어 있는 총 질량에 비례한다(이때 비례 상수는 $G/3c^2$). 시공간의 곡률은 이 값으로부터 결정된다. 그리고 시공간의 곡률은 어느 누가 어떤 운동 상태에서 보건 간에 항상 같아야 한다. 둘째로, 휘어진 시공간 속에서 모든 입자는 '직선 경로'(고유 시간이 최대가 되는 경로)를 따라 움직인다. 이상이 바로 아인슈타인이 새롭게 정식화한 중력 법칙의 내용이다.

역자후기

『파인만의 물리학 강의』가 출판된 것이 1960년대 중반이었으니 40년 이상이 지난 오늘에 와서 이 강의록을 번역한다는 것은 뒤늦은 감이 없지 않다. 그래도 이 강의록을 우리말로 옮겨야 한다고 생각한 데에는 다음과 같은 몇 가지 이유가 있었다. 첫째로는, 이 책이 물리학이나 기타 자연과학을 공부하는 학부 신입생들의 필독서로 인식은 되어 있었으나 학부 1, 2학년 시절에 이것을 원서로 완독하는 경우는 소수의 학생들로 한정되어 왔다는 문제 때문이었다. 한글판이 나오면 학부생 독자의 저변이 넓어질 수 있을 것이고 영어의 해석보다는 내용에만 집중할 수 있을 거라는 생각이 들었다. 둘째는, 과학에 지대한 관심을 갖고 있는 똑똑한 어린 학생들을 위한 것이다. 이런 좋은 입문서가 번역되면 물리에 관심 있는 중·고등 학생들도 부담 없이 읽어볼 수 있을 거라는 생각이 들었다. 영어권 나라들은 물론이고 양서의 번역물이 풍성한 일본만 하더라도, 어린 학생들 중에서 과학에 관심이 있는 학생들은 일찍부터 이런 좋은 책들을 자국어로 접하고 있음을 생각할 때 우리의 척박한 환경을 탓하고만 있을 수는 없었다. 마지막으로, 우리나라가 독자적인 과학 선진국으로 발전하려면 우리말로 번역된 파인만 강의록쯤은 갖고 있어야 한다는 생각 때문이었다. 이 강의록은 지금까지 12개국의 언어로 번역되었다고 하는데, 이들 나라의 학생들이 영어를 잘 못해서 강의록이 그네들 말로 번역된 것은 아닐 것이다.

여기서 잠시 미국에서 파인만 강의록이 나오게 된 시대적 배경을 살펴보기로 하자. 미소 냉전 시절이었던 1957년 10월에 구소련이 세계 최초로 인공위성 스푸트니크 1호를 쏘아 올리자 이에 충격을 받고 위기감을 느낀 미국은 이공계 학문 후속 세대 양성을 위해 국가 차원에서 기초과학 교육혁신의 필요성을 절감하게 된다. 하지만 요즘의 시대상과 마찬가지로 제2차 세계대전의 승전국으로서 엄청난 풍요를 구가하고 있던 당시 미국의 청소년들에게 이공계 공부는 기피의 대상이었다. 이러한 시대적 상황 속에서 대학들을 중심으로 이공계를 지망하는 학생들의 흥미를 유발하기 위해서 새로운 과학 교육과정들이 개발되기 시작했는데, 대표적인 것으로는 'PSSC 물리'와 다섯 권의 '버클리 물리학 강좌' 그리고 '파인만의 물리학 강의 Ⅰ, Ⅱ, Ⅲ'을 꼽을 수 있다. 앞의 두 과정은 다수의 저자들이 공동으로 개발한 것인데 반해서 '파인만의 물리학 강의'는 사실상 파인만 혼자 단기필마로 교육과정 개혁에 뛰어들어 이루어 낸 성과라고 할 수 있다. 이 책은 그 당시의 시대적 요구에 부응했을 뿐만 아니라 그 이후로도 40여 년간 줄

곧 그 생명력을 잃지 않고 최상의 입문서로서 부동의 위치를 고수해 오고 있다.

이 강의록 속에는 참신하고 기발한 내용 전개뿐만 아니라 여타의 물리학 교과서에서는 찾아보기 힘든 파인만 특유의 물리에 대한 느낌과 철학이 곳곳에 녹아 있어 위대한 물리학자의 마음을 엿볼 수 있는 즐거움이 덤으로 들어 있다. 강의록을 읽어 본 이들은 대부분 느끼는 것이겠지만, 파인만은 과학자이기 이전에 한 인간으로서의 종합적인 관점을 잃지 않으려 했던 고도의 균형 감각을 지닌 사람이었던 것 같다. 이런 이유로 강의에서는 기회가 있을 때마다 자신이 과학을 하면서 느끼고 경험한 자연의 신비와 인간 지성의 한계를 독자들과 나누려 하고 있다. 이러한 면이 파인만 강의록의 인기 비결 중 하나가 아닌가 싶다.

파인만 스스로는 강의록 1권에 대해서 그런대로 잘 된 강의, 2권에 대해서는 평범한 강의, 그리고 3권에 대해서는 학부 저학년을 대상으로 다시는 하지 말아야 할 강의로 평가하고 있다. 하지만 이러한 파인만의 다소 부정적인 평가와 세간의 평가는 좀 다르다는 점을 밝혀 두고 싶다. 2, 3권의 주 내용이 파인만의 전공 분야라 할 수 있는 '양자전기역학(Q.E.D.)'의 토대를 이루는 전자기학과 양자역학이라는 점을 상기하면 이러한 파인만의 자평을 액면 그대로 받아들이기는 어렵다. 실제로 2권은 여타의 전자기학 책에서는 찾아볼 수 없는 깊이 있는 내용들이 돋보이는 완성도 높은 전자기학 강의이며, 파인만 스스로도 강의록 곳곳에서 상당한 자부심을 드러내고 있다(대표적으로 제2권 31-1쪽 참조). 3권 역시 누구도 흉내 낼 수 없는 파인만 특유의 독창적인 설명으로 양자역학의 핵심을 잘 보여 주는 보석 같은 책으로 평가되고 있다. 2권의 체계상 특징을 잠시 언급하면, 제1장에 완전한 전자기학의 법칙이 제시되어 있어 강의 시작부터 전자기학을 통째로 손바닥 위에 올려놓고 보는 듯한 느낌이 든다는 것이다. 2권의 나머지 여정도 길 잃을 걱정 없이 노련한 길잡이 파인만의 안내를 받으며 즐겁게 마칠 수 있도록 세심하게 짜여져 있다.

마지막으로 2권의 번역 과정을 간략히 소개하고 글을 마칠까 한다. 필자를 포함한 7명의 번역진들이 각자의 사정에 맞추어 양을 분담하여 몇 장씩 나누어 번역한 다음 필자를 주축으로 이정국, 이창희, 김종옥 님이 1차 교정을 보았으며 원고 전체의 일관성을 갖추기 위해 필자가 2차 교정을 보았다. 그런 다음 1권 역자이신 박병철 박사님께서 전문가적인 솜씨로 1권 한글판의 스타일에 맞게 문장을 다듬고 고쳐 주셨다. 2권의 번역진 중 박병철 박사님을 제외한 7명은 인터넷 상의 물리학 동호회인 프리챌의 '물리사랑' 커뮤니티를 통해 결성되었으며, 당시 커뮤니티의 운영자였던 이동윤 님의 주선으로 이상민 교수님께서 감수를 맡아 주셨다는 것을 밝혀 둔다. 덧붙여서 2권 번역진이 구성될 무렵에 관심을 갖고 도와준 '물리사랑'의 박미나, 김태곤, 김형섭, 강지영, 나현정, 사공혜선, 윤윤희 회원님께 감사의 말씀을 드린다. 필자 개인적으로는 이 지면을 빌어 번역 기간 동안 여러모로 배려해 주시고 격려해 주신 서울시립대 안도열 교수님, 배재대 김칠민 교수님, 서강대 박영재 교수님 그리고 동료 선후배님들께 감사의 말씀을 드리고 싶다.

끝으로, 한국의 어려운 출판 환경 속에서도 미래 세대의 과학 교육을 위해 양질의 수학, 과학 도서를 꾸준히 발간하시는 도서출판 승산의 황승기 사장님과 필자의 까다로운 요구를 수용하여 꼼꼼한 편집을 해주신 편집부의 임순지 씨께 심심한 감사를 드린다. 또한 책을 정성들여 만들어 주신 모든 관계자분들께도 감사의 말씀을 전하고 싶다. 번역에 대한 평가는 강호제현들께 맡겨 두기로 하고 홀가분한 마음으로 이만 붓을 내려놓는다.

역자대표 김인보

2006년 8월

찾아보기

2차원 정전기장 two-dimensional field II-7-2
3차원 파동 three-dimensional waves II-20-10
3체 문제 three-body problem I-10-1
4차원 벡터 four-vectors I-15-12, I-17-7, II-25-1
X선 X-rays I-26-1
X선 회절 X-ray diffraction II-30-2

ㄱ

가닛 garnet II-37-17
가상적 일의 원리 virtual work, principle of I-4-8
가속기 가이드 장 accelerator guide field II-29-6
가속도 acceleration I-8-12
  가속도의 성분 components I-9-4
  중력 가속도 of gravity I-9-5
가우스 Gauss, K. II-16-3
가우스(단위) gauss I-34-5
가우스 면 Gaussian surface II-10-2
가우스 법칙 Gauss' law II-4-13, II-5-1
가우스 정리 Gauss' theorem II-3-8
가이거 Geiger II-5-4
각막 cornea I-35-1
각운동량 angular momentum I-7-11, I-18-7, I-20-1
  각운동량의 보존 conservation of I-4-11, I-18-10, I-20-6
  강체의 각운동량 of rigid body I-20-11
각운동량의 보존 conservation, of angular momentum I-4-11, I-18-10, I-20-6
  선운동량의 보존 of linear momentum I-4-11
  에너지 보존 of energy I-3-3, I-4-1, II-27-1, II-42-14
  전하의 보존 of charge I-4-12, II-13-1
각진동수 frequency, angular I-21-5
  진동수 of oscillation I-2-8
  플라스마 주파수(플라스마 진동수) plasma II-7-9, II-32-17
간상 세포 rods I-35-2, I-36-7
간섭 interference I-28-8, I-29-1
간섭계 interferometer I-15-7
간섭파 interfering waves I-37-6
갈릴레이 Galilei, G. I-5-1, I-7-3, I-9-1, I-52-4
갈릴레이 변환 Galilean transformation I-12-15
갈릴레이의 상대성 Galilean relativity I-10-4
감쇠 attenuation II-22-22
강유전성 ferroelectricity II-11-11
강자성 ferromagnetism II-34-1, II-36-1, II-37-1
강자성 절연체 ferromagnetic insulators II-37-16
강체 rigid body I-18-1
  강체의 각운동량 angular momentum of I-20-11
  강체의 회전 rotation of I-18-4
거리 distance I-5-8
거리의 측정 distance measurement I-5-8
  별빛의 색과 밝기를 이용한 거리 측정 color brightness I-5-9
  삼각측량법을 이용한 거리 측정 triangulation I-5-9
거울상 전하 image charge II-6-12
검류계 galvanometer II-1-12, II-16-2
게를라흐 Gerlach II-35-4
겔만 Gell-Mann, M. I-2-14
결정 crystal II-30-1
  결정의 기하학 geometry of II-30-1
결정격자 crystal lattice II-30-4
결정에 의한 회절 crystal diffraction I-38-5
결합 계수 coupling, coefficient of II-17-18
겹눈 eye, compound I-36-7
  인간의 눈 human I-35-1, I-36-4
경계값 문제 boundary-value problems II-7-1
경계층 boundary layer II-41-12
경사면 inclined plane I-4-7

계단형 선행 방전 step leader II-9-14
고전압 절연 파괴 high-voltage breakdown II-6-18
고전적인 전자 반경 classical electron radius II-28-4
고체물리학 solid-state physics II-8-8
골격근 striated muscle I-14-3
공간 space I-8-3
공기 홈통 air trough I-10-6
공동 공진기 cavity resonator II-23-1
공명 resonance I-23-1
　자연계에 나타나는 공명 in nature I-23-9
　전기적 공명 electrical I-23-6
공명 상호작용 resonance interaction I-2-10
공유 결합 covalent bond II-30-3
공진 공동 resonant cavity II-23-8
공진 모드 resonant mode II-23-13
공진 회로 resonant circuits II-23-13
과학적 방법 scientific method I-2-2
관성 inertia I-2-4, I-7-17
　관성 모멘트 moment of I-18-11, I-19-6
　관성의 원리 principle of I-9-1
광자 photon I-2-16, I-26-1, I-37-10
광축 optic axis I-33-4
광파 light waves I-48-1
광학 optics I-26-2
　기하광학 geometrical I-26-2, I-27-1
교류 전원 generator, alternating-current II-17-8
　발전기 electric II-16-1
　밴더그래프 발전기 van de Graaff II-5-14, II-8-10
교류 회로 circuits, alternating-current II-22-1
　등가 회로 equivalent II-22-14
교환력 exchange force II-37-2
구면파 spherical waves II-20-15, II-21-3
구형 전하 sphere of charge II-5-6
굴절 refraction I-26-3
　굴절률 index of I-31-1, II-32-1
　비정상 굴절 anomalous I-33-10
　빛의 굴절 of light II-33-1
궤도 운동 orbital motion II-34-4
그래디언트 연산자 gradient operator II-2-9, II-3-1
그린 함수 Green's function I-25-6
극성 분자 polar molecule II-11-4, II-11-7
근축광선 paraxial rays I-27-3
"기묘도" 값 "strangeness" number I-2-14
"기묘한" 입자 "strange" particles II-8-10
기전력(emf) electromotive force II-16-4
기하광학 geometrical optics I-26-2, I-27-1

ㄴ

나이 Nye, J. F. II-30-13
내부 반사 internal reflection II-33-17
내부 전반사 total internal reflection II-33-16
내재 곡률 curvature, intrinsic II-42-7
　3차원 공간의 곡률 in three-dimensional space II-42-7
　　양의 곡률 positive II-42-6
　　음의 곡률 negative II-42-6
　　평균 곡률 mean II-42-8
네른스트의 열 정리(열역학 제3법칙) Nernst heat theorem I-44-15
뇌우(雷雨) thunderstorms II-9-6
뉴턴 Newton, I. I-8-6, I-15-2, I-37-2, II-4-14
뉴턴·미터(단위) newton·meter I-13-4
뉴턴의 법칙 Newton's laws I-2-9, I-7-4, I-7-10, I-9-1, I-10-1, I-11-11, I-12-1, I-39-3, I-41-1, I-46-1, II-7-7, II-42-1, II-42-19
니시지마 Nishijima I-2-14

ㄷ

다이버전스 divergence II-25-9
다이버전스가 0인 zero divergence II-3-14, II-4-2
다이버전스 연산자 divergence operator II-2-10, II-3-1
단기 반응(과도 반응) transient response I-21-8
단기 현상(과도 현상) transient I-24-3
　전기적 과도 현상 electrical I-24-6
단사정의 단위세포 monoclinic cell II-30-9
단열 소자(斷熱 消磁) demagnetization, adiabatic II-35-12
단열 압축 compression, adiabatic I-39-7
　등온 압축 isothermal I-44-7
단열 팽창 expansion, adiabatic I-44-7
　등온 팽창 isothermal I-44-6
단원자 기체 monatomic gas I-39-7
단위 벡터 unit vector I-11-15, II-2-4
단위세포 unit cell I-38-6
달랑베르시안 D'alembertian II-25-11
대기의 퍼텐셜 그래디언트 potential gradient of the atmosphere II-9-4
대수학 algebra I-22-1
대전된 도체 charged conductor II-8-2
대칭성 symmetry I-1-7, I-11-1

물리 법칙의 대칭성 of physical laws I-16-4, I-52-1
데데킨트 Dedekind, R. I-22-5
도메인 domain II-37-8
도체 conductor II-1-3
도트 곱(내적) dot product II-2-6, II-25-5
도파관 waveguides II-24-1
도플러 효과 Doppler effect I-17-12, I-23-12, I-34-9, II-42-14
도함수, 미분 derivative I-8-8
편도함수, 편미분 partial I-14-12
동시성 simultaneity I-15-11
동역학 dynamics I-7-3, I-9-1
상대론적 동역학 relativistic I-15-13
동위원소 isotopes I-3-6
동축 선로 coaxial line II-24-2
뒤처진 시간 retarded time I-28-3
들뜬상태 excited state II-8-10
등가 원리 principle of equivalence II-42-12
등가 회로 equivalent circuits II2-22-14
등온 대기 isothermal atmosphere I-40-2
등온선 isotherm II-2-4
등온 압축 isothermal compression I-44-7
등온 팽창 isothermal expansion I-44-6
등퍼텐셜면(등전위면) surface, equipotential II-4-16
가우스 면 Gaussian II-10-2
등온면 isothermal II-2-4
디랙 Dirac, P. I-52-14, II-2-2, II-28-10
디랙 방정식 Dirac equation I-20-9
디바이 길이 Debye length II-7-12
디키 Dicke, R. H. I-7-17

ㄹ

라메 탄성 상수 Lamé elastic constants II-39-7
라모어 정리 Larmor's theorem II-34-8
라모어 진동수 Larmor frequency II-34-9
라비 Rabi, I. I. II-35-5
라비의 분자 빔 방법 Rabi molecular-beam method II-35-5
라이프니츠 Leibnitz, G. W. I-8-6
라플라스 Laplace, P. I-47-9
라플라스 방정식 Laplace equation II-6-1, II-7-1
라플라시안 연산자 Laplacian operator II-2-14
란데 g인자 Landé g-factor II-24-5
래칫과 폴 ratchet and pawl machine I-46-1
래프턴 Laughton II-5-9
램 Lamb II-5-10
램시 Ramsey, N. I-5-7
러더퍼드 Rutherford II-5-4
러더퍼드-보어의 원자 모형 Rutherford-Bohr atomic model II-5-4
러쉬턴 Rushton I-35-11
레더퍼드 Retherford II-5-10
레오나르도 다 빈치 Vinci, Leonardo da I-36-3
레이놀즈수 Reynolds' number II-41-6
레이저 laser I-32-7, I-42-13
레일리 기준 Rayleigh's criterion I-30-7
레일리의 법칙 Rayleigh's law I-41-7
레일리 파 Rayleigh waves II-38-11
렌즈 공식 lens formula I-27-8
렌츠의 규칙 Lenz's rule II-16-6, II-34-2
로그 logarithms I-22-3
로렌츠 Lorentz, H. A. I-15-4
로렌츠 게이지 Lorentz gauge II-18-15
로렌츠 공식 Lorentz formula II-21-16
로렌츠 변환 Lorentz transformation I-15-4, I-17-1, I-34-10, I-52-1, II-25-1
전기장의 로렌츠 변환 of fields II-26-1
로렌츠 수축 Lorentz contraction I-15-10
로렌츠 조건 Lorentz condition II-25-12
로렌츠 힘 Lorentz force II-13-1, II-15-20
뢰머 Roemer, O. I-7-8
르베리에 Leverrier, U. I-7-9
리나르트-비헤르트 퍼텐셜 Liénard-Wiechert potentials II-21-15
리드베리(단위) rydberg I-38-8
리액턴스 reactance II-22-16
리츠의 결합 법칙 Ritz combination principle I-38-9

ㅁ

마구 걷기(랜덤 워크) random walk I-6-7, I-41-10
마디 nodes I-49-2
마르스덴 Marsden II-5-4
"마른" 물 "dry" water II-40-1
마이어 Mayer, J. R. I-3-3
마이컬슨과 몰리의 실험 Michelson-Morley experiment I-15-5
마찰 friction I-10-6, I-12-4
마찰 계수 coefficient of I-12-6
마하수 mach number II-41-9

망막 retina I-35-1
맥스웰 Maxwell, J. C. I-6-1, I-6-13, I-28-1, I-40-11, I-41-9, I-46-7, II-1-11, II-1-15, II-5-11, II-18-1
맥스웰 방정식 Maxwell's equations I-15-3, I-25-4, I-47-9, II-2-1, II-2-11, II-4-1, II-6-1, II-18-1, II-32-4, II-42-20
(맥스웰 방정식의) 전류와 전하 currents and charges II-21-1
자유 공간에서의 맥스웰 방정식 free space II-20-1
맥컬러프 McCullough II-1-13
메가전자볼트(단위) Mev I-2-15
메이저 maser I-42-14
멘델레예프 Mendeléev I-2-14
면전하 sheet of charge II-5-7
모드 modes I-49-1
몰(단위) mole I-39-13
뫼스바우어 Mössbauer, R. I-23-12
뫼스바우어 효과 Mössbauer effect II-42-16
물방울 파열 이론 breaking-drop theory II-9-12
미분법(학) calculus, differential I-8-9, II-2-1
변분법(학) of variations II-19-4
적분법(학) integral 2-3-1
미터(단위) meter I-5-12
민코프스키 Minkowski I-17-12
민코프스키 공간 Minkowski space II--31-17
밀도 density I-1-6

ㅂ

바닥상태 ground state II-8-10
바일 Weyl, H. I-11-1
바르크하우젠 효과 Barkhausen effect II-37-13
반물질 antimatter I-52-13
반사 reflection I-26-3
내부 반사 internal II-33-16
반사각 angle of I-26-3
빛의 반사 of light II-33-1
반사파 reflected waves II-33-10
반응 속도 이론 chemical kinetics I-42-9
반입자 antiparticle I-2-13
반자성 diamagnetism II-34-1
반자성 물질 antiferromagnetic material II-37-15
봅 Bopp II-28-11
방사능 물질 시계 radioactive clock I-5-5
방사율 emissivity II-6-20
배음 harmonics I-50-1
배향 분극 orientation polarization II-11-4
배향된 자기 모멘트 oriented magnetic moment II-35-5
밴더그래프 발전기 van de Graaff generator II-5-14, II-8-10
번개(낙뢰) lightning II-9-13
베르누이의 정리 Bernoulli's theorem II-40-7
베셀 함수 Bessel function II-23-8
베크렐 Becquerel, A. H. I-28-4
베타트론 betatron II-17-6
벡터 vector I-11-7
벡터 곱(외적) vector product I-20-6
벡터 대수학 vector algebra I-11-7
벡터 연산자 vector operator II-2-9
벡터장 vector field II-1-4, II-2-2
벡터장의 플럭스 flux of II-3-3
벡터 적분 vector integrals II-3-1
벡터 퍼텐셜 vector potential II-4-1, II-15-1
벡터 해석 vector analysis I-11-7, I-52-2
벨 Bell, A. G. II-16-5
벽 에너지 wall energy II-37-7
변압기 transformer II-16-5
변형(변형률) strain II-38-2
변형률 텐서 strain tensor II-31-15, II-39-1
보른 Born, M. I-37-2, II-28-10
보어 Bohr, N. I-42-11, II-5-4
보어마그네톤 Bohr magneton II-34-16
보어 반경 Bohr radius I-38-7
"보이스" 카메라 "Boys" camera II-9-14
보일의 법칙 Boyle's law I-40-11
복굴절 birefringence I-33-3
복사 에너지 radiant energy I-4-3
복사의 감쇠 radiation damping I-32-4
복사 저항 radiation resistance I-32-1
복소 변수 complex variable II-7-2
복소수 complex numbers I-22-10, I-23-1
복소 임피던스 complex impedance I-23-9
볼츠만 Boltzmann, L. I-41-2
볼츠만의 법칙 Boltzmann's law I-40-3
봄 Bohm II-7-10, II-15-17
부피 변형률 volume strain II-38-4
부피 응력 volume stress II-38-4
부피 탄성률 bulk modulus II-38-4
분극 벡터 polarization vector II-10-3
분극 전하 polarization charges II-10-4
분산 dispersion I-31-7
분자 molecule I-1-3

분자 간 인력 molecular attraction I-1-4, I-12-9
분자 결정 molecular crystal II-30-3
분자 쌍극자 molecular dipole II-11-1
분자의 운동 molecular motion I-41-1
분자의 확산 molecular diffusion I-43-9
분해능 resolving power I-27-10, I-30-7
불확정성 원리 uncertainty principle I-2-9, I-6-13, I-37-14, I-38-10, II-5-4
브라운 Brown, R. I-41-1
브라운 운동 Brownian motion I-1-14, I-6-7, I-41-1
브래그 Bragg, L. II-30-13
브래그-나이 결정 모델 Bragg-Nye crystal model II-30-13
브러시 방전 brush discharge II-9-13
브루스터 각 Brewster's angle I-33-7
브리그스 Briggs, H. I-22-9
비극성 분자 nonpolar molecule II-11-1
비열 specific heat I-40-9, I-45-3, II-37-6
비오-사바르의 법칙 Biot-Savart law II-14-12
비정상 굴절 anomalous refraction I-33-10
비틀림 막대 torsion bar II-38-7
비회전성 흐름 irrotational flow II-40-7
빛 light II-21-1
　빛의 산란 scattering of I-32-8
　빛의 속도 speed of I-15-1, II-18-9
　빛의 운동량 momentum of I-34-13
　편광된 빛 polarized I-32-11

ㅅ

사방정계의 단위세포 tetragonal cell II-30-9
사인파 sinusoidal waves I-29-3
사중극자 렌즈 quadrupole lens II-7-5, II-29-8
사중극자 퍼텐셜 quadrupole potential II-6-10
산란 단면적 cross section for scattering I-32-9
삼방정계 격자 trigonal lattice II-30-9
삼사정계 격자 triclinic lattice II-30-9
상대 투자율 relative permeability II-36-12
상대론적 동역학 relativistic dynamics I-15-13
상대론적 에너지 relativistic energy I-16-1
상대론적 운동량 relativistic momentum I-10-12, I-16-1
상대론적 질량 relativistic mass I-16-1
상자성 paramagnetism II-34-1, II-35-1
상호 인덕턴스 mutual inductance II-17-12
색도 chromaticity I-35-8
색상의 인지 color vision I-35-1
　색상 인지의 생리화학 physiochemistry of I-35-11
섀넌 Shannon, C. I-44-3
서큘레이션 circulation II-1-7, II-3-11
선운동량 보존 법칙 linear momentum, conservation of I-4-11, I-10-1
선적분 line integral II-3-1
선전하 line of charge II-5-4
선형계 linear system I-25-1
세차 운동 각 precession, angle of II-34-6
　원자 자석의 세차 운동 of atomic magnets II-34-6
소리 sound I-2-5, I-47-1, I-50-1
　음속 speed of I-47-9
소용돌이도 vorticity II-40-6
소용돌이선 vortex lines II-40-14
속도 velocity I-8-4, I-9-3
속도의 변환 transformation of I-16-5
속도의 성분 components of I-9-3
속도 퍼텐셜 velocity potential II-12-12
속력 speed I-8-4, I-9-3
　빛의 속력(광속) of light I-15-1, II-18-9
　음속 of sound I-47-9
솔레노이드 solenoid II-13-6
수차 aberration I-27-9, I-34-12
수축 가설 contraction hypothesis I-15-7
수치 해석 numerical analysis I-9-7
슈뢰딩거 Schrödinger, E. I-35-7, I-37-2, I-38-11
슈뢰딩거 방정식 Schrödinger equation II-15-17
슈테른 Stern II-35-4
슈테른-게를라흐 실험 Stern-Gerlach experiment II-35-4
슈퍼맬로이 supermalloy II-36-12
스넬 Snell, W. I-26-4
스넬의 법칙 Snell's law I-26-4, I-31-3, II-33-1
스몰루초프스키 Smoluchowski I-41-10
스칼라 scalar I-11-7
스칼라 곱(내적) scalar product II-25-4
스칼라장 scalar field II-2-2
스크류 잭 screw jack I-4-7
스크류 전위 screw dislocation II-30-12
스테비누스 Stevinus, S. I-4-7
스톡스 정리 Stokes' theorem II-3-12
스피넬 spinel II-37-16
스핀 궤도 spin-orbit II-8-9
슬립 전위 slip dislocation II-30-12
시각 vision I-36-1
　색상의 인식 color I-35-1

시간, 시각 time I-2-4, I-5-1, I-8-1, I-8-2
뒤처진 시간 retarded I-28-3
시간의 변환 transformation of I-15-8
시간의 표준 standard of I-5-7
시공간 space-time I-2-9, I-17-1, II-26-15
시신경 optic nerve I-35-2
시피질 visual cortex I-36-4
시홍(視紅) visual purple I-35-11
실제적 미래 affective future I-17-6
싱크로트론 synchrotron I-2-9, I-34-4, I-34-6, II-17-7
쌍극자 dipole II-21-7
자기 쌍극자 magnetic II-14-9
전기 쌍극자 electric II-6-2
쌍극자 모멘트 moment, dipole I-12-8
관성 모멘트 of inertia I-18-11, I-19-6
힘의 모멘트 of force I-18-7
쌍극자 복사체 dipole radiator I-28-6, I-29-4
쌍극자 퍼텐셜 dipole potential II-6-4
쌍둥이 역설 twin paradox I-16-4

ㅇ

아날로그 컴퓨터 analog computer I-25-11
아라노프 Aharanov II-15-17
아리스토텔레스 Aristotle I-5-1
아보가드로 Avogadro I-39-2
아보가드로의 수 Avogadro's number I-41-13
아인슈타인 Einstein, A. I-2-9, I-7-17, I-12-16, I-15-1, I-16-1, I-41-10, I-42-11, I-42-12, II-42-1, II-42-7, II-42-9, II-42-16
알니코 5 Alnico V. II-37-14
압력 pressure I-1-4
압전기성 piezoelectricity II-11-11
앙페르 Ampere, A. II-13-4
앙페르의 법칙 Ampere's law II-13-6
앙페르 전류 current, Amperian II-36-3
와상 전류 eddy II-16-8
원자 전류 atomic II-13-6
유도 전류 induced II-16-2
전류(전기의 흐름) electric II-13-1
애덤스 Adams, J. C. I-7-9
앤더슨 Anderson, C. D. I-52-14
양성자 proton I-2-6
양성자 스핀 proton spin II-8-9
양자역학 quantum mechanics I-2-9, I-6-14, I-10-13, I-37-1, I-38-1
양자전기역학 quantum electrodynamics I-2-12, I-28-4
양자화된 자기 상태 quantized magnetic states II-35-1
에너지 energy II-22-15
복사 에너지 radiant I-4-3
상대론적 에너지 relativistic I-16-11
에너지의 보존 conservation of I-3-3, I-4-1, II-27-1
역학적 에너지 mechanical II-15-4
열에너지 heat I-4-3, I-4-10, I-10-10, I-10-12
운동 에너지 kinetic I-1-11, I-4-3, I-4-8, I-39-5
위치 에너지 potential I-4-6, I-13-1, I-14-1
자기 에너지 magnetic II-17-16
전기 에너지 electrical I-4-3, II-15-4
전자기 에너지 electromagnetic I-29-2
정전기 에너지 electrostatic II-8-1
정전기장의 에너지 in electrostatic field II-8-13
중력 에너지 gravitational I-4-3
질량 에너지 mass I-4-3, I-4-11
축전기의 에너지 of a condenser II-8-2
탄성 에너지 elastic I-4-3, I-4-9
핵에너지 nuclear I-4-3
화학 에너지 chemical I-4-3
에너지 밀도 energy density II-27-2
에너지 정리 energy theorem I-50-10
에너지 준위 energy levels I-38-8
에너지 플럭스 energy flux II-27-2
에르스텟(단위) oersted II-36-8
엔탈피 enthalpy I-45-6
엔트로피 entropy I-44-13, I-46-10
역학적 에너지 mechanical energy II-15-4
연성 double stars I-7-9
열 heat I-1-5, I-13-5
열기관 heat engines I-44-1
열에너지 heat energy I-4-3, I-4-10, I-10-10, I-10-12
열역학 thermodynamics I-39-3, I-45-1, II-37-6
열역학 법칙 laws of I-44-1
열 이온화 thermal ionization I-42-6
열전도 heat conduction II-3-8
열전도율 thermal conductivity II-2-12, II-12-3
기체의 열전도율 of a gas I-43-13
열평형 thermal equilibrium I-41-4
열 확산 방정식 heat diffusion equation II-3-10
열 흐름 heat flow II-2-11, II-12-3
영 Young, T. I-35-9

영구 운동 perpetual motion I-46-2
영률 Young's modulus II-38-2
오일러 힘 Euler force II-38-15
온도 temperature I-39-8
옴(단위) ohm I-25-9
옴의 법칙 Ohm's law I-25-9, I-43-9
옹스트롬(단위) angstrom I-1-4
와상 전류 eddy current II-16-8
와트(단위) watt I-13-4
외트뵈시 Eötvös, L. I-7-17
외팔 보(캔틸레버 빔) cantilever beam II-38-13
우주선 cosmic rays II-9-3
운동 motion I-5-1, I-8-1
  구속된 운동 constrained I-14-3
  원운동 circular I-21-5
  전하의 운동 of charge II-29-1
  조화 운동 harmonic I-23-1
  포물선 운동 parabolic I-8-15
  행성의 운동 planetary I-7-1, I-9-9, I-13-7
운동 방정식 equation of motion II-42-20
운동 에너지 kinetic energy I-1-11, I-4-3, I-4-8, I-39-5
  회전 운동 에너지 rotational I-19-10
운동량 momentum I-9-1, I-38-2
  각운동량 angular I-18-7, I-20-1, I-20-6
  빛의 운동량 of light I-34-13
  상대론적 운동량 relativistic I-10-9, I-16-1
  선운동량 linear I-4-11, I-10-1
운동량 스펙트럼 momentum spectrum II-29-2
운동량 스펙트로미터 momentum spectrometer II-29-2
운동론 kinetic theory I-42-1
  기체 운동 이론 of gases I-39-1
움직이는 전하의 장 운동량 moving charge, field momentum of II-28-2
원심력 force, centrifugal I-7-8, I-12-16
  기전력 electromotive II-16-4
  로렌츠 힘 Lorentz II-13-1, II-15-20
  보존력 conservative I-14-4
  분자력 molecular I-12-8
  비보존력 nonconservative I-14-8
  유사힘 pseudo I-12-15
  자기력 magnetic II-1-2, II-13-1
  전기력 electrical I-2-3, II-1-1, I-13-1
  중력 gravitational I-2-3
  코리올리 힘 Coriolis I-19-12
  핵력 nuclear I-12-17
  힘의 모멘트 moment of I-18-7
  힘의 성분 components of I-9-4
원운동 circular motion I-21-5
원자 atom I-1-1
  러더퍼드-보어의 원자 모형 Rutherford-Bohr model II-5-4
  원자의 안정성 stability of atom II-5-4
  준안정 원자 metastable I-42-14
  톰슨의 원자 모형 Thompson model II-5-4
원자 가설 atomic hypothesis I-1-3
원자 궤도 atomic orbits II-1-10
원자 분극성 atomic polarizability II-32-3
원자 수준의 입자들 atomic particles I-2-10
원자 시계 atomic clock I-5-7
원자적 과정 atomic processes I-1-8
원자 전류 atomic currents II-13-6
원추 세포 cones I-35-2
웨버 Weber II-16-3
웨버(단위) weber II-13-1
위상 속도 phase velocity I-48-8
위상 이동 phase shift I-21-5
위치 에너지 potential energy I-4-6, I-13-1, I-14-1
윌슨 Wilson, C. T. R. II-9-12
유도 전류 induced currents II-16-1
유사힘 pseudo force I-12-15
유선(流線) streamlines II-40-8
유스토바 Yustova, E. N. I-35-10
유전 상수 dielectric constant II-10-1
유전체 dielectric II-10-1, II-11-1
유체역학 hydrodynamics II-40-3
유체의 흐름 flow, fluid II-12-11
  비회전성 흐름 irrotational II-40-6
  점성 흐름 viscous II-41-5
유체정역학 hydrostatics II-40-1
유카와 Yukawa, H. I-2-13, II-28-17
유카와 퍼텐셜 Yukawa potential II-28-18
유클리드 Euclid I-5-8
유클리드 기하학 Euclidean geometry I-12-4
육방정계의 단위세포 hexagonal cell II-30-9
음악 music I-50-1
응력 stress II-38-1
응력 텐서 stress tensor II-3-12
이력 곡선 hysteresis curve II-37-7
이력 폐곡선 hysteresis loop II-36-11
이상 기체 법칙 ideal gas law I-39-13

이상적인 열기관의 효율 efficiency of ideal engine I-44-9
이온 ion I-1-10
이온 결합 ionic bond II-30-3
이온 분극성 ionic polarizability II-11-11
이온 전도율 ionic conductivity I-43-8
이온층 ionosphere II-7-7, II-9-4
이온화 에너지 ionization energy I-42-7
인덕터 inductor I-23-7
인덕턴스 inductance I-23-8, II-16-5, II-17-15, II-22-2
상호 인덕턴스 mutual II-17-12, II-22-23
자체 인덕턴스 self- II-16-6, II-17-14
인펠트 Infeld II-28-10
일 work I-13-1, I-14-1
일래스티카 elastica II-38-17
일렉트릿 electret II-11-10
일률 power I-13-3
임피던스 impedance I-25-11, II-22-1
복소 임피던스 complex I-23-9
입방정계의 단위세포 cubic cell II-30-9
입사각 angle, of incidence I-26-3
반사각 of reflection I-26-3

ㅈ

자기 공명 magnetic resonance II-35-1
자기 렌즈 magnetic lens II-29-4
자기력 magnetic force II-1-3, II-13-1
전류에 미치는 자기력 on a current II-13-3
자기 모멘트 magnetic moments II-34-3
자기 변형 magnetostriction II-37-8
자기 쌍극자 magnetic dipole II-14-9
자기 쌍극자 모멘트 magnetic dipole moment II-14-10
자기 에너지 magnetic energy II-17-16
자기 유도 magnetic induction I-12-14
자기장 magnetic field I-12-14, II-1-3, II-13-1, II-14-1
자기장의 상대성 relativity of II-13-8
정상 전류의 자기장 of steady currents II-13-4
자기장 지수 field index II-29-7
자발 방출 spontaneous emission I-42-12
자성(磁性) magnetism I-2-7, II-34-1
자성체(자성 물질) magnetic materials II-37-1
자외선 복사 ultraviolet radiation I-26-1
자유도 degrees of freedom I-25-2, I-39-15
자이로스코프 gyroscope I-20-7
자체 인덕턴스 self-inductance II-16-6, II-17-14
자화율 magnetic susceptibility II-35-10
자화장 magnetizing fields II-36-9
자화 전류 magnetization currents II-36-1
잡음 noise I-50-2
장 fields I-10-13, I-12-10, I-12-11, I-13-10, I-14-10
2차원 장 two-dimensional II-7-2
공동 내부의 장 in a cavity II-5-12
대전된 도체의 장 of a charged conductor II-6-11
도체의 장 of a conductor II-5-11
벡터장 vector II-1-5, II-2-2
스칼라장 scalar II-2-2
자기장 magnetic II-1-3, II-13-1, II-14-1
자화장 magnetizing II-36-9
장의 중첩 superposition of I-12-13
전기장 electric I-2-7, I-12-11, II-1-3, II-6-1, II-7-1
정전기장 electrostatic II-5-1, II-7-1
장동(章動) nutation I-20-9
장 방정식 field equation II-42-21
장선 field lines II-4-16
장 에너지 field energy II-27-1
점전하의 장 에너지 of a point charge II-28-1
장 운동량 field momentum II-27-12
움직이는 전하의 장 운동량 of a moving charge II-28-2
장의 세기 field strength II-1-5
장-이온 현미경 field-ion microscope II-6-20
저항 resistance I-23-7
저항기(또는 저항) resistor I-23-7, II-22-6
적분 integral I-8-11
적분법(학) integral calculus II-3-1
적외선 복사 infrared radiation I-23-10, I-26-1
복사의 상대론적 효과 relativistic effects I-34-1
싱크로트론 복사 synchrotron I-34-4, I-34-6
자외선 복사 ultraviolet I-26-1
전기동역학 electrodynamics II-1-4
(전기동역학의) 상대론적 표현 relativistic notation II-25-1
전기력 electrical forces II-1-1, II-13-1
전기 모터 motors, electric II-16-1
전기 분극률 electric susceptibility II-10-6
전기 쌍극자 electric dipole II-6-2
전기 에너지 electrical energy I-4-3, II-15-4
전기 퍼텐셜(전위) electric potential II-4-5
전기 플럭스 electric flux II-1-6
전기장 electric field I-2-7, I-12-11, II-1-3, II-6-1, II-7-1
전기장의 상대성 relativity, of electric field II-13-6

갈릴레이 상대성 Galilean I-10-4
상대성 이론 theory of I-7-15, I-17-1
자기장의 상대성 of magnetic field II-13-8
특수 상대성 이론 special theory of I-15-1
전도율 conductivity II-32-14
열전도율 thermal II-2-12, II-12-3
전류 electric current II-13-1
대기 중의 전류 in the atmosphere II-9-2
전류계 ammeter II-16-2
전류 밀도 electric current density II-2-11, II-13-1
전송 선로 transmission line II-24-1
전압계 voltmeter II-16-2
전위(轉位) dislocation II-30-11, II-30-12
전자 electron I-2-6, I-37-2, I-37-7
전자의 고전적인 반경 radius of, classical I-32-5
전자의 전하량 charge on I-12-11
전자 빔 튜브 electron-ray tube I-12-13
전자 현미경 electron microscope II-29-5
전자구름 electron cloud I-6-15
전자기 복사 electromagnetic radiation I-26-1, I-28-2
전자기 에너지 electromagnetic energy I-29-2
전자기 유도 규칙 induction, laws of II-17-1
전자기장 electromagnetic field I-2-3, I-2-8, I-10-12
전자기적 질량 electromagnetic mass II-28-4
전자기파 electromagnetic waves II-21-1
X선 x-rays I-2-8, I-26-1
감마선 gamma rays I-2-8
빛(가시광선) light I-2-8
우주선 cosmic rays I-2-9
자외선 ultraviolet I-2-8, I-26-1
적외선 infrared I-2-8, I-23-10, I-26-1
전자기(학) electromagnetism II-1-3
전자기학의 법칙 laws, of electromagnetism II-1-7
전자기 유도 규칙 of induction II-17-1
전자볼트(단위) electron volt I-34-5
전자석 electromagnet II-36-11
전자의 반경 radius of electron I-32-5
전자의 분극 electronic polarization II-11-1
전지(배터리) battery II-22-9
전파 인자 propagation factor II-22-19
전하 밀도 electric charge density II-2-11, II-4-4
전하 분리 charge separation II-9-10
전하의 보존 charge, conservation of I-4-12, II-13-1
구형 전하 sphere of II-5-6
면전하 sheet of II-5-5
선전하 line of II-5-4
전자의 전하량 on electron I-12-11
전하의 운동 motion of II-29-1
절대 영도 absolute zero I-1-7
절연체 insulator II-10-1
점전하의 정전기 에너지 point charge, electrostatic energy of II-8-16
점전하의 장 에너지 field energy of II-28-1
점성 viscosity II-41-1
점성 계수 coefficient of II-41-2
점성 흐름 viscous flow II-41-5
정류 rectification I-50-12
정류기 rectifier II-22-21
정방정계의 단위세포 orthorhombic cell II-30-9
정상 흐름 steady flow II-40-7
정역학 statics II-4-1
정자기학 magnetostatics II-4-1, II-13-1
정전 렌즈 electrostatic lens II-29-3
정전기 방정식 electrostatic equations II-10-8
정전기 에너지 electrostatic energy II-8-1
이온 결정의 정전기 에너지 of ionic crystal II-8-6
전하 분포의 정전기 에너지 of charges II-8-1
점전하의 정전기 에너지 of a point charge II-8-16
핵 내부의 정전기 에너지 in nuclei II-8-8
정전기장 electrostatic field II-5-1, II-7-1
그리드의 정전기장 of a grid II-7-13
정전기장의 에너지 energy in II-8-13
정전기 퍼텐셜 방정식 electrostatic potential, equations of II-6-1
정전기학 electrostatics II-4-1, II-5-1
"젖은" 물 "wet" water II-41-1
제곱 평균 거리 mean square distance I-6-8, I-41-11
제곱 평균 제곱근 root-mean-square I-6-8
제논 Zeno I-8-4
제동 복사 bremsstrahlung I-34-7
조도 illumination II-12-14
조석(潮汐) tides I-7-7
조화 운동 harmonic motion I-21-5, I-23-1
조화 진동자 harmonic oscillator I-10-1, I-21-1
강제 조화 진동자 forced I-21-8, I-23-6
존슨 잡음 Johnson noise I-41-3, I-41-10
좌표축의 평행 이동 translation of axes I-11-3
좌표축의 회전 rotation, of axes I-11-4
2차원 회전 in two dimensions I-18-1
강체의 회전 of a rigid body I-18-4

공간상의 회전 in space I-20-1
평면 회전 plane I-18-1
주기적인 시간 periodic time I-5-2
준안정 원자 metastable atom I-42-14
줄 Joule I-13-4
줄 발열 Joule heating I-24-2
중력 gravitation I-2-4, I-7-1, I-12-2, II-42-1
중력에 의한 가속 acceleration of I-9-5
중력 가속도 gravitational acceleration I-9-5
중력 상수 gravitational coefficient I-7-14
중력 에너지 gravitational energy I-4-3
중력 이론 theory of gravitation II-42-19
중력장 gravitational field I-12-12, I-13-10
중성자 neutrons I-2-6
중성자의 확산 diffusion of II-12-8
중성자 확산 방정식 neutron diffusion equation II-12-9
중첩 superposition II-13-15
장의 중첩 of fields I-12-13
중첩의 원리 principle of superposition I-25-3, II-1-4, II-4-3
증발 evaporation I-1-8
액체의 증발 of a liquid I-40-4, I-42-1
지수함수적인 대기 exponential atmosphere I-40-1
지진계 seismograph I-51-6
진동의 위상 phase of oscillation I-21-5
진동의 주기 period of oscillation I-21-5
진동의 진폭 oscillation, amplitude, of I-21-5
감쇠 진동 damped I-24-3
주기적인 진동 periodic I-9-6
진동의 위상 phase of I-21-5
진동의 주기 period of I-21-5
진동의 진동수 frequency of I-2-8
진동자 oscillator I-5-3
조화 진동자 harmonic I-10-1, I-21-1, I-21-5, I-23-1
진스 Jeans, J. I-40-11, I-41-8, II-2-8
진자 pendulum I-49-7
진자시계(괘종시계) pendulum clock I-5-3
진폭 변조 amplitude modulation I-48-4
진행하는 장 travelling field II-18-7
질량 mass I-9-2, I-15-1
상대론적 질량 relativistic I-16-8
전자기적 질량 electromagnetic II-28-4
질량 에너지 mass energy I-4-3, I-4-11
질량 중심 center of I-18-1, I-19-1
질량-에너지 등가성 mass-energy equivalence I-15-5
질량이 0인 zero mass I-2-15
쪼개짐 면 cleavage plane II-30-2

ㅊ

차단 주파수 cutoff frequency II-22-19
천연 자석 lodestone II-1-15
체렌코프 Cerenkov, P. A. I-51-2
체렌코프 복사 Cerenkov radiation I-51-2
초(단위) second I-5-7
초과 반경 excess radius II-42-5
초자연성 unworldliness II-25-14
초전기성(焦電氣性) pyroelectricity II-11-11
초점 focus I-26-8
초점 거리 focal length I-27-2
촉매 catalyst I-42-10
최소 시간의 원리 least time, principle of I-26-4, I-26-10
최소 작용의 원리 least action, principle of II-19-1
축성 벡터 axial vector I-52-9
축전기 capacitor I-23-7, II-22-3, II-23-2
평행판 축전기 parallel-plate I-14-14, II-6-16, II-8-3
축전용량 capacity II-6-17
축전기의 축전용량 of a condenser II-8-3
축전용량 capacitance I-23-7
상호 축전용량 mutual II-22-24
충돌 collision I-16-8
탄성 충돌 elastic I-10-10
측파대 side bands I-48-5
층밀림 탄성률 shear modulus II-38-6
층밀림 파(전단파) shear wave I-51-6, II-38-8
침투 깊이 skin depth II-32-14

ㅋ

카르노 Carnot, S. I-4-3, I-44-3
카르노 행정 Carnot cycle I-44-7, I-45-3
카르만 소용돌이 길(카르만 와열) Kármán vortex street II-41-10
캐리어 신호 carrier signal I-48-4
캐번디시 Cavendish, H. I-7-13
캐번디시의 실험 Cavendish's experiment I-7-13
컬 연산자 operator, curl II-2-11, II-3-1
그래디언트 연산자 gradient II-2-5, II-3-1
다이버전스 연산자 divergence II-2-10, II-3-1
라플라시안 연산자 Laplacian II-2-14

벡터 연산자 vector II-2-9
컬이 0인 zero curl II-3-14, II-4-2
케르 전지 Kerr cell I-33-6
케플러 Kepler, J. I-7-2
케플러의 법칙 Kepler's laws I-7-2
코리올리 힘 Coriolis force I-19-12
코페르니쿠스 Copernicus I-7-2
콜로이드 입자 colloidal particles II-7-10
쿠에트 흐름 Couette flow II-41-13
쿨롱의 법칙 Coulomb's law I-28-3, II-4-3, II-5-8
퀴리 온도 Curie temperature II-36-18
퀴리-바이스 법칙 Curie-Weiss law II-11-13
퀴리의 법칙 Curie law II-11-6
크로네커 델타 kronecker delta II-31-8
크로스 곱(외적) cross product II-2-10, II-31-11
클라우지우스 Clausius, R. I-44-3
클라우지우스-모소티 방정식 Clausius-Mossotti equation II-11-9, II-32-9
클라우지우스-클라페롱 방정식 Clausius-Clapeyron equation I-45-8
키르히호프의 법칙 Kirchhoff's laws I-25-12, II-22-10
킬로칼로리(단위) kilocalorie II-8-6

ㅌ

타원 ellipse I-7-2
탄성 elasticity II-38-1
탄성 상수 elastic constants II-39-7, II-39-14
탄성 에너지 elastic energy I-4-3, I-4-9
탄성체 elastic materials II-39-1
탄성 충돌 elastic collision I-10-10
탄성 텐서 elasticity tensor II-39-5
탐 Tamm, I. I-51-2
테일러 전개 Taylor expansion II-6-10
텐서 tensor II-26-10, II-31-1
텐서장 tensor field II-31-15
토크 torque I-18-5, I-20-1
톰슨 Thompson II-5-4
톰슨 산란 단면적 Thompson scattering cross section I-32-10
톰슨의 원자 모형 Thompson atomic model II-5-4
통계역학 statistical mechanics I-3-2, I-40-1
통계적 요동 statistical fluctuations I-6-5
투과파 transmitted waves II-33-10
투자율 permeability II-36-12
특수 상대성 이론 special theory of relativity I-15-1
티코 브라헤 Tycho Brahe I-7-2

ㅍ

파동 wave I-51-1, II-20-1
3차원 파동 three-dimensional II-20-10
광파 light I-48-1
구면파 spherical II-20-15, II-21-3
반사파 reflected II-33-10
사인파 sinusoidal I-29-3
전자기파 electromagnetic II-21-1
층밀림 파 shear I-51-6, II-38-10
투과파 transmitted II-33-10
평면파 plane II-20-1
파동 방정식 wave equation I-47-1, II-18-13
파동선단 wavefront I-47-4
파수 wave number I-29-3
파스칼의 삼각형 Pascal's triangle I-6-5
파인만 Feynman, R. II-28-11
파인스 Pines II-7-10
파장 wavelength I-26-1
파푸스 정리 Pappus, theorem of I-19-5
패러데이 Faraday, M. II-10-1
패러데이의 유도 법칙 Faraday's law of induction II-17-2
패럿(단위) farad I-25-10, II-6-18
퍼멀로이 permalloy II-37-15
퍼킨지 효과 Purkinje effect I-35-3
페라이트 ferrite II-37-16
페르마 Fermat, P. I-26-4
페르미 Fermi, E. I-5-12
페르미(단위) fermi I-5-12
편광 polarization I-33-2, II-32-2
편광된 빛 polarized light I-32-11
편도함수(편미분) partial derivative I-14-12
평균 자유 경로 mean free path I-43-4
평면 격자 plane lattice II-30-6
평면파 plane waves II-20-1
평행축 정리 parallel-axis theorem I-19-8
평행판 축전기 parallel-plate capacitor I-14-13, II-6-16, II-8-3
평형 equilibrium I-1-10
평활근 smooth muscle I-14-3
포물면 안테나 parabolic antenna I-30-8
포물선 운동 parabolic motion I-8-15

포인팅 Poynting, J. II-27-4
폰 노이만 von Neumann, J. II-12-12, II-40-4
표면 장력 surface tension II-12-6
표면 장력(모세관 작용) capillary action I-51-11
표준 편차 standard deviation I-6-12
푸리에 Fourier, J. I-50-3
푸리에 변환 transformation, Fourier I-25-5
 갈릴레이 변환 Galilean I-12-15
 로렌츠 변환 Lorentz I-15-4, I-17-1, I-34-10, I-52-1, II-25-1, II-26-1
 선형 변환 linear I-11-10
 속도의 변환 of velocity I-16-5
 시간의 변환 of time I-15-8
푸리에 정리 Fourier theorem II-7-14
푸리에 해석 Fourier analysis I-25-5
푸아송 비 Poisson's ratio II-38-2
푸앵카레 Poincaré, H. I-15-8, I-16-1
푸앵카레 장력 Poincaré stress II-28-6
프랑크 Frank, I. I-51-2
프랭클린 Franklin, B. II-5-9
프레넬의 반사 공식 Fresnel's reflection formulas I-33-10
프리스틀리 Priestly, J. II-5-9
프톨레미 Ptolemy I-26-3
플라스마 주파수(플라스마 진동수) plasma frequency II-7-9, II-32-16
플라스마 진동 plasma oscillations II-7-7
플랑크 Planck, M. I-41-8, I-42-11, I-42-13
플랑크 상수 Planck's constant I-5-14, I-6-14, I-17-12, I-37-17
플럭스 flux II-4-10
 벡터장의 플럭스 of a vector field II-3-3
 전기 플럭스 electric II-1-6
플럭스 규칙 flux rule II-17-1
플림턴 Plimpton II-5-9
필터 filter II-22-19

ㅎ

하이젠베르크 Heisenberg, W. I-6-14, I-37-2, I-37-14, I-37-17, I-37-18, I-38-11
하이포사이클로이드 hypocycloid I-34-4
항력 계수 drag coefficient II-41-9
해밀턴의 제1주함수 Hamilton's first principal function II-19-11
핵 nucleus I-2-6, I-2-13
핵력 nuclear forces I-12-17
핵 상호작용 nuclear interactions II-8-9
핵에너지 nuclear energy I-4-3
핵의 단면적 nuclear cross section I-5-12
핵의 g인자 nuclear g-factor II-34-5
핵자기 공명 nuclear magnetic resonance II-35-14
행성의 운동 planetary motion I-7-1, I-9-9, I-13-7
헤스 Hess II-9-3
헨리(단위) henry I-25-9
헬름홀츠 Helmholtz, H. I-35-9, II-40-14
호박(琥珀) amber II-1-15
호이겐스 Huygens, C. I-15-3, I-26-3
화학 반응 chemical reaction I-1-11
화학 에너지 chemical energy I-4-3
확대 magnification I-27-7
확률 probability I-6-1
확률 밀도 probability density I-6-11
확률 분포 probability distribution I-6-10
확산 diffusion I-43-1
 중성자의 확산 of neutrons II-12-8
활성화 에너지 activation energy I-42-9
황반 fovea I-35-2
회로 소자 circuit elements II-23-1
 능동 소자 active II-22-7
 수동 소자 passive II-22-7
회절 diffraction I-30-1
 스크린에 의한 회절 by screen I-31-13
회절격자 diffraction grating I-29-7, I-30-4
훅의 법칙 Hooke's law I-12-9, II-38-1
휘어진 공간 curved space II-42-1
휠러 Wheeler II-28-11
흑체 복사 blackbody radiation I-41-7
흡수 absorption I-31-10
흡수 계수 coefficient, absorption II-32-11
 결합 계수 of coupling II-17-18
 마찰 계수 of friction I-12-6
 점성 계수 of viscosity II-41-2
 중력 상수 gravitational I-7-14

번역자 소개

김 인 보

1971년 서울 생. 서강대학교 물리학과를 졸업하고 동대학원에서 혼돈 및 비선형동역학 분야로 이론물리학 박사학위를 받았다. 2001년~2004년까지 서울시립대 양자정보처리연구단 책임연구원을 역임했고, 현재 배재대 광혼돈현상제어연구단의 연구교수로 있다.

박 병 철

1960년 서울에서 태어나 연세대학교와 동대학원 물리학과를 졸업하고 한국과학기술원(KAIST)에서 이론물리학을 전공하여 박사학위를 받았다. 현재 대진대학교 물리학과 초빙교수이며, 번역가로도 활발히 활동하고 있다. 옮긴 책으로는 『엘러건트 유니버스』, 『일반인을 위한 파인만의 QED 강의』, 『파인만의 물리학 강의 I』, 『우주의 구조』, 『페르마의 마지막 정리』(영림카디널), 『평행우주』(김영사) 등 20여 권이 있다.

이 정 국

1973년 서울에서 태어나 고려대학교 수학과와 서강대학교 대학원 물리학과를 졸업하고 현재는 한국수력원자력에 근무하고 있다. 역서로는 『이야기로 아주 쉽게 배우는 삼각함수』(이지북)가 있다.

이 창 희

1999년에 서울과학고등학교를 졸업하고 2002년~2005년까지 (주)에프씨아이(FCI)의 엔지니어로 근무했으며 2006년에 서울대학교 전기공학부를 졸업했다. 현재 존스홉킨스 의대 세포분자생물학(CMM) 박사과정 중이다.

김 종 옥

일본 토호쿠대학교(Tohoku Univ.) '중성미자 과학 연구소'에서 2002년부터 1년간 교환학생 자격으로 연구했으며, 전북대학교 물리학과를 졸업하고 동대학원에서 석사학위를 취득하였다. 현재 동대학원 박사과정에 재학 중이다.

김 동 익

금오공과대학교 물리학과와 동대학원을 졸업하고 서강대학교 물리학과 대학원에서 레이저 실험 분야로 박사학위를 취득하였다. 현재 한국표준과학연구원 박사후연구원이다.

강 필 식

1972년 경남 통영에서 태어나 서강대학교 물리학과와 동대학원을 졸업했다. 배재대학교 광혼돈현상제어연구단 연구원을 역임하였고, 현재 (주)TSE 선행기술팀에 근무하고 있다.

이 동 윤

1975년 영주에서 태어나 휘문고, 성균관대학교 물리학과를 졸업하고 동대학원에서 컴퓨터비전 및 패턴인식을 전공하였다. 1998년~2000년까지 나우누리, 프리챌 커뮤니티 '물리사랑'의 운영자였으며, 현재 삼성전자 반도체 연구소에 근무하고 있다.

이 상 민(감수)

1971년 서울에서 태어나 서울대학교 물리학과를 졸업하고 미국 프린스턴 대학교에서 이론물리학을 전공하여 박사학위를 받았다. 고등과학원(KIAS), 유럽입자물리연구소(CERN) 등에서 연구원으로 재직하였고 현재 서울대학교 물리학부 기금조교수이다.

파인만의 물리학 강의 II
최신 개정판

1판 1쇄 펴냄 2006년 9월 1일
1판 10쇄 펴냄 2024년 9월 27일

지은이 | 리처드 파인만, 로버트 레이턴, 매슈 샌즈
옮긴이 | 김인보, 박병철 외 6명
감　수 | 이상민
펴낸이 | 황승기
편　집 | 김지혜, 곽지은, 김슬기
마케팅 | 송선경
본문디자인 | 미래미디어
펴낸곳 | 도서출판 승산
등록날짜 | 1998년 4월 2일
주　소 | 서울특별시 강남구 테헤란로 34길 17(역삼동 723번지) 혜성빌딩 402호
전화번호 | 02-568-6111
팩시밀리 | 02-568-6118
이메일 | books@seungsan.com
트위터 | @booksseungsan

ISBN | 978-89-88907-84-9 94420
978-89-88907-62-7 (세트)

· 이 도서의 국립중앙박물관 출판시도서목록(CIP)은 e-CIP홈페이지(http://www.nl.go.kr/cip.php)에서 이용하실 수 있습니다.
(CIP제어번호: CIP2007002869)
· 도서출판 승산은 좋은 책을 만들기 위해 언제나 독자의 소리에 귀를 기울이고 있습니다.